Günter Wellenreuther
Dieter Zastrow

Automatisieren mit SPS
Theorie und Praxis

Günter Wellenreuther
Dieter Zastrow

Automatisieren mit SPS

Theorie und Praxis

Programmierung:
IEC 61131-3, STEP 7-Lehrgang,
Lösungsverfahren, Bausteinbibliothek
SPS-Anwendungen:
Steuerungen, Regelungen, Sicherheit
Kommunikation:
AS-i-Bus, PROFIBUS, Ethernet-TCP/IP,
PROFINET, Web-Technologien, OPC

3., überarbeitete und ergänzte Auflage

Mit mehr als 800 Abbildungen,
101 Steuerungsbeispielen und
6 Projektierungen

Viewegs Fachbücher der Technik

vieweg

Bibliografische Information Der Deutschen Bibliothek
Die Deutsche Bibliothek verzeichnet diese Publikation in der Deutschen Nationalbibliografie; detaillierte bibliografische Daten sind im Internet über <http://dnb.ddb.de> abrufbar.

1. Auflage August 2001
2., überarbeitete Auflage August 2002
3., überarbeitete Auflage September 2005

Lektorat: Reinhard Dapper

Der Vieweg Verlag ist ein Unternehmen von Springer Science+Business Media.
www.vieweg.de

Konzeption und Layout des Umschlags: Ulrike Weigel, www.CorporateDesignGroup.de
Druck und buchbinderische Verarbeitung: Tesínská tiskárna, a.s., Tschechische Republik
Gedruckt auf säurefreiem und chlorfrei gebleichtem Papier.
Printed in Germany

ISBN 3-528-23910-7

Vorwort

In der dritten Auflage dieses Lehrbuchs wurden Wünsche aus dem Leserkreis bezüglich einer Vertiefung der Kommunikation über OPC-Schnittstellen und die Neuaufnahme von Web-Technologien für die Automatisierungstechnik berücksichtigt. Bei der Darstellung der Bussysteme wurde das Kapitel über Ethernet-TCP/IP erweitert und der Abschnitt Profibus-FMS durch das neue PROFINET-System auf der Basis von "switched" Ethernet ersetzt. Neu bearbeitet wurde ebenfalls das wichtige Kapitel über Ablaufsteuerungen und Betriebsartenteil unter Berücksichtigung von DIN EN 60848 GRAFCET. Damit zusammenhängend wurde auch die als Download zur Verfügung stehende Bausteinbibliothek aktualisiert. Bei der Darstellung des SPS-Operationsvorrates wurde an allen Stellen, wo es uns erforderlich erschien, von der Programmiernorm DIN EN 61131-3 ausgegangen und erst danach zu STEP 7 übergeleitet. In einigen Kapiteln wurden Kürzungen oder Streichungen vorgenommen, um den Umfang des Buches zu halten. Mit der neuen Gliederung des Buches in 7 Hauptabschnitte mit insgesamt 25 Kapiteln soll mehr Übersicht und Abgrenzung bei den Themengebieten erzielt werden. Erfreulicherweise hat sich der Verlag entschlossen, die neue Auflage des Buches mit einem Hardcover-Einband erscheinen zu lassen.

Es bleibt das Anliegen der Autoren, ihr Lehrbuch der Automatisierungstechnik mit der schnellen Entwicklung im Einsatzfeld der SPS Schritt halten zu lassen und dabei alle bisherigen und neuen Lehrinhalte auf der Grundlage eigener Unterrichtserfahrungen darzustellen.

Das sehr positiv aufgenommene Lehrbuchkonzept ist in seinem systematischen Aufbau unverändert geblieben und nach Meinung der Autoren mit dem Buchtitel *Automatisieren mit SPS, Theorie und Praxis* auch zutreffend beschrieben:

- Automatisieren

Automatisieren im Sinne dieses Lehrbuches bedeutet Steuern, Regeln und Überwachen von technischen Prozessen durch aufgabenspezifische Programme in Speicherprogrammierbaren Steuerungen (SPS). In Anlagen mit dezentralisierter Peripherie und verteilten Steuerungsprogrammen gehört zum Automatisieren auch noch die erforderliche Datenkommunikation über standardisierte Bussysteme wie AS-i-Bus, PROFIBUS, PROFINET und Ethernet-TCP/IP.

- SPS-Technologien

Zur Ausführung von Automatisierungsfunktionen werden Speicherprogrammierbare Steuerungen eingesetzt, die es in drei Ausführungsformen gibt, nämlich als Hardware-SPS, als Slot-SPS (CPU-Karte mit Echtzeitbetriebssystem zum Einbau in einen Host-Industrie-PC) und als Soft-SPS (softwaremäßige Nachbildung der SPS-Funktionalität auf einem Industrie-PC). Im SIMATIC-System sind die Anwenderprogramme codekompatibel für alle drei SPS-Varianten, sodass es in dieser Hinsicht offen bleiben kann, welche SPS-Technologie eingesetzt wird. Ausgeführte Anwendungsbeispiele wurden mit einer SIMATIC-SPS der Serie S7-300 getestet.

- Theorie

Unter Theorie wird in diesem Lehrbuch eine Sammlung von Entwurfsmethoden und Beschreibungsmitteln zur systematischen Lösung von Automatisierungsaufgaben verstanden, wie z.B. Tabellen, Zuordner, Ablauf-Funktionspläne, Graphen sowie Programmablaufpläne (PAP) und Struktogramme (STG). Zur Theorie zählen auch die wichtigen Grundsätze der Deklaration von

Variablen und Datentypen und der Operationsvorrat einer SPS, der in Form eines Programmierlehrgangs für STEP 7 eingeführt und in den Steuerungssprachen AWL (Anweisungsliste), FUP bzw. FBS (Funktionsbaustein-Sprache), KOP (Kontaktplan) und SCL bzw. ST (Strukturierter Text) angewendet wird. Einen besonderen Rang nimmt die Ablaufsprache (AS) zur Darstellung von Ablaufsteuerungen ein. Die Einführung in S7-HiGraph stellt die Prinzipien der immer aktueller werdenden grafischen Programmierung vor. Zum theoretischen Rüstzeug der Automatisierungstechnik zählen unverzichtbar die Grundlagen der Regelungstechnik mit Bezug zur digitalen Abtastregelung sowie die Analogwertverarbeitung. Einen immer breiteren Raum muss den Informationstechnologien mit den Bussystemen, Software-Schnittstellen und den Client-Server-Strukturen eingeräumt werden.

- Praxis

Der Praxisbezug wird durch ausführlich erläuterte und vollständig gelöste Anwendungsbeispiele hergestellt, die in STEP 7 ausgeführt sind. Gezeigt wird auch wie man zu einer systematischen und kostengünstigen Programmierung unter Verwendung von standardisierten Codebausteinen kommt, die im Programmier-Lehrgang entworfen und in einer eigenen Bausteinbibliothek zur Verfügung gestellt werden. Für das Projektierungsbeispiel AS-i-Bus und die anschließende Programmierung einer Ablaufsteuerung wurde CoDeSys von 3S-Smart Software Solutions verwendet, um auch zu zeigen, dass die für STEP 7 entworfenen Bibliotheksbausteine auf CoDeSys übertragbar sind. Wegen seiner besonderen Bedeutung in der Praxis ist das Thema Steuerungssicherheit innerhalb eines umfassenden normenbezogen Rahmens dargestellt.

Es sei hier noch auf einige Besonderheiten dieses Lehrbuches ergänzend hingewiesen. Im Anhang befindet sich eine kommentierte Übersicht der Bibliotheksbausteine. Empfohlen wird, diese Sammlung von Baustein-Kurzbeschreibungen durchzulesen, um zu erfahren, für welche Teilprobleme eigener Anwenderprogramme schon fertige Lösungen vorliegen. Eine weitere Übersicht listet den Operationsvorrat von STEP 7 für AWL, FUP und SCL auf. Am Ende des Buches befindet sich ein Hinweis auf die Download-Möglichkeit für die Bausteinbibliothek und die STEP 7-Lösungen der Beispiele.

Das vorliegende Lehrbuch eignet sich für alle, die in Ausbildung, Studium, Beruf oder Weiterbildung vertieft in das Gebiet der Automatisierung mit SPS einsteigen oder über ein aktuelles Nachschlagewerk verfügen wollen. Ferner wendet sich das Buch auch an SPS-Programmierer, die von der konventionellen auf die normgerechte Programmiermethode umsteigen und künftig parametrierbare Codebausteine für die Lösung ihrer praktischen Steuerungsprobleme einsetzen wollen. Zum Schluss sei noch hingewiesen auf das ebenfalls im Vieweg Verlag erschienene Übungsbuch “Automatisieren mit SPS, Übersichten und Übungen“ der Autoren.

Dem Vieweg Verlag und allen, die durch Kritik und Verbesserungsvorschläge zur Weiterentwicklung dieses Lehrbuches beigetragen haben, sei herzlich gedankt. Für Anregungen aus dem Leserkreis sind wir auch weiterhin dankbar.

Mannheim, Ellerstadt, Juli 2005

Günter Wellenreuther
Dieter Zastrow

Inhaltsverzeichnis

I Automatisierung, SPS, Variablen und Daten

VI Informationstechnologien zur Integration von Betriebsführungs- und Fertigungsabläufen

I Automatisierung, SPS, Variablen und Daten

1 Einführung

Wie jedes Lehrbuch der Automatisierungstechnik ringt auch dieses mit der Informationsfülle. An zahlreichen Beispielen wird die Anwendung der Theorie gezeigt und verständlich gemacht. Trotzdem wird einem Einsteiger die moderne Automatisierungstechnik als ein unübersichtlich großes und kompliziertes Fachgebiet erscheinen. Das liegt vor allem daran, dass sich die Automatisierungstechnik auf die Anwendung einer sich rasch entwickelnden Informationstechnologie stützt und dadurch immer neue Anwendungsfelder erschließt. Es erleichtert die Einarbeitung in die Informationsfülle ein wenig, wenn man zunächst die übergeordneten Gesichtspunkte kennen lernt, um sich erst danach den wichtigen Einzelheiten zuwendet. In diesem Sinne sind die nachfolgenden Ausführungen dieses Kapitels zu sehen.

1.1 Automatisierung

1.1.1 Grundfunktionen der Automatisierung

Unter dem Begriff der Automatisierung versteht man umgangssprachlich das Umstellen auf selbsttätige Arbeitsvorgänge im Zusammenhang mit fertigungstechnischen oder verfahrenstechnischen Prozessen wie z.B. der Automobilproduktion oder der Erzeugung elektrischer Energie. Diese Prozesse und Verfahren laufen innerhalb technischer Systeme ab, die aus einer aufgabenspezifischen Anlage und aus standardisierten Automatisierungsgeräten bestehen. Als Standardgeräte haben sich Speicherprogrammierbare Steuerungen und Industrie-PCs etabliert.

Als Grundfunktionen der Automatisierung sind Steuerungen, Regelungen und Visualisierungen anzusehen. Unstetige Systeme, die einen Bearbeitungsvorgang auszuführen haben, werden überwiegend gesteuert (Beispiel: Pressensteuerung). Stetige Systeme, die einen großen Energie- oder Massenfluss bewältigen müssen, werden überwiegend geregelt (Beispiel: Durchflussregelung). Um den korrekten Ablauf in den Systemen beobachten und ggf. auch eingreifen zu können, werden die Systeme visualisiert.

Steuerung: Steuern oder Steuerung wird als Ablauf in einem System definiert, bei dem eine oder mehrere Eingangsgrößen andere Größen als Ausgangsgrößen aufgrund der dem System eigentümlichen Gesetzmäßigkeiten beeinflussen. Kennzeichen für das Steuern ist der *offene Wirkungsablauf über die Steuerstrecke*. Eine Steuerung liegt also vor, wenn Eingangsgrößen nach einer festgelegten Gesetzmäßigkeit Ausgangsgrößen beeinflussen. Die Auswirkung einer nicht vorhersehbaren Störgröße wird nicht ausgeglichen. Sogenannte Ablaufsteuerungen stellen den größten Teil der realisierten Steuerungslösungen in der Praxis dar. In diesem Lehrbuch wird dargestellt, wie selbst komplexe Ablaufsteuerungen mit Hilfe von standardisierten „Programmbausteinen" klar strukturiert und schnell realisiert werden können.

Regelung: Immer dann, wenn Störgrößenänderungen das System nicht hinnehmbar beeinflussen können, werden Regelungen erforderlich. Die Regelgröße (Aufgabengröße) muss sich messtechnisch erfassen lassen, denn eine Regelung ist ein Vorgang, bei dem die Regelgröße fortlaufend erfasst, mit der Führungsgröße verglichen und abhängig vom Ergebnis dieses Vergleiches im Sinne einer Angleichung an die Führungsgröße beeinflusst wird. Der sich dabei ergebende Wirkungsablauf findet in einem geschlossenen Kreis, dem *Regelkreis,* statt. Die genannten Automatisierungsgeräte können die Aufgaben des Steuerns und Regelns ausführen, denn beide Funktionen beruhen auf Programmen unter Verwendung desselben Operationsvorrates.

Automatisierung: Reale Aufgaben der Automatisierungstechnik sind im allgemeinen sehr komplex. Als umfassender Ausdruck für Steuerungs-, Regelungs- und Visualisierungs-Vorgänge hat sich der Begriff der Automatisierung durchgesetzt. Er beinhaltet, dass Automatisierungsgeräte selbsttätig Programme befolgen und dabei Entscheidungen auf Grund vorgegebener Führungsgrößen und rückgeführter Prozessgrößen aus der Anlage sowie erforderlicher Daten aus internen Speichern des Systems treffen, um daraus notwendige Ausgangsgrößen für den Betriebsprozess zu bilden.

1.1.2 SPS-Norm DIN EN 61131-3 (IEC 61131-3)

Auch wenn das Programmieren von Steuerungen und Regelungen ein sehr individueller Prozess ist, muss seit ca. 10 Jahren der Stand der SPS-Programmiernorm DIN EN 61131-3 zu Grunde gelegt werden, die eine rationellere Programmerstellung und mehr Herstellerunabhängigkeit zum Ziel hat. Dem Anwendungsprogrammierer müssen heute wirksame Mittel an die Hand gegeben werden, um wiederverwendbare Programme entwickeln zu können, weil sonst bei noch zunehmender Komplexität der Automatisierungsaufgaben die Software-Entwicklungskosten unverhältnismäßig ansteigen werden. Beim Programmieren geht es daher nicht nur darum, überhaupt eine Programmlösung zu finden, sondern diese auch *bibliotheksfähig* und das bedeutet wiederverwendbar zu gestalten. Die zur Lösung von Steuerungsproblemen entworfenen Software-Bausteine müssen dazu soweit wie möglich frei gehalten werden von anlagenspezifischen Bedingungen wie z.B. den SPS-Operanden für Eingänge, Ausgänge, Zählern und Zeitgliedern sowie Merkern. Erst beim Zusammenfügen der Software-Bausteine zu einem Hauptprogramm sind die anlagenspezifischen SPS-Operanden einzugeben. Dieses Hauptprogramm-Unterprogramm-Verfahren erfordert vielfach noch ein Umdenken beim Entwurf der Anwenderprogramme.

Die SPS-Norm DIN EN 61131-3 hat den Programmier-Standard durch Vorgabe einiger grundlegender Konzepte entscheidend beeinflusst. Dazu zählen:

Datentyp- und Variablenkonzeption: Es ist eine einheitliche Definition für Datentypen, Konstanten und Variablen verbindlich vorgeschrieben. Die eingeführten *Datentypen* bilden die Grundlage einer explizit auszuführenden *Variablendeklaration* für symbolische und absolute Adressierung. In der klassischen SPS-Programmierung war man dagegen gewohnt, mit Eingängen, Ausgängen und Merkern sowie mit Zählern und Zeiten ungebunden zu operieren.

Programmorganisationskonzept: Es ist ein hierarchisch gegliedertes System von sogenannten Programmorganisationseinheiten (POE) eingeführt worden, bestehend aus einem Hauptprogrammtyp (PROGRAM) mit Zugriffsmöglichkeit auf E/A-Variablen und zwei Unterprogrammtypen davon einen Typ mit Gedächtnisfunktion (FUNCTION_BLOCK) und einen Typ ohne Gedächtnisfunktion (FUNCTION). Gedächtnisfunktion bedeutet die Möglichkeit der Deklaration von internen Zustandsvariablen, die ihre Werte speichern können. Durch dieses Programmorganisationskonzept in Verbindung mit dem Datentyp- und Variablenkonzept zur Entwicklung strukturierter Programme wird die Wiederverwendbarkeit von Bausteinen bei späteren Anwendungen ermöglicht. Insgesamt ist dadurch die neue Anwendungsprogrammierung sehr viel anspruchsvoller als die herkömmliche SPS-Programmierung geworden.

Fachsprachenkonzept: Für die SPS-Programmierung liegt ein Fachsprachenkonzept vor, das aus fünf Programmiersprachen besteht, von denen zwei für grafische Programmierung (Kontaktplansprache KOP, Funktionsbausteinsprache FBS) und zwei für textuelle Programmierung (Anweisungsliste AWL, Strukturierter Text ST) vorgesehen sind. Eine übergeordnete Stellung nimmt die Ablaufsprache AS ein, die über grafische und textuelle Elemente verfügt.

Taskkonzept: Die Ausführungssteuerung von Programmorganisationseinheiten erfolgt durch sog. Tasks. Das Taskkonzept eines Automatisierungssystems muss über die Fähigkeit einer priorisierbaren, zeitzyklischen und ereignisorientierten Programmsteuerung verfügen. Für den Anwendungsprogrammierer bedeutet dies, dass er zyklisch arbeitende Steuerungen und getaktet arbeitende Regelungsprogramme mit konstanter Abtastzeit sowie ereignisorientierte Programmabläufe entwerfen kann.

In diesem Lehrbuch werden die der SPS-Norm zu Grunde liegenden Konzepte umgesetzt, indem bei der Lösung der Steuerungsbeispiele nach den Intentionen der Norm programmiert wird, also mit Variablendeklaration, Programmstrukturierung und in verschiedenen Programmiersprachen.

1.1.3 Projektierungssystem STEP 7

Es ist ein wesentliches Ziel dieses Lehrbuches, die Grundprinzipien der SPS-Norm für die Praxis umzusetzen. Praktisch kann dies nur dadurch erfolgen, dass man an Hand von Beispielen unter Verwendung eines ausgewählten Projektierungssystems und auf der Grundlage von praktischen Erfahrungen schrittweise vorgeht. Es standen den Autoren mehrere Projektierungssysteme zur Verfügung. Dabei hat sich gezeigt, dass eine Beschränkung auf wenige Projektierungssysteme ausreichend ist, um die Allgemeingültigkeit des typischen Vorgehens erkennen zu können. In diesem Lehrbuch wird auf der Grundlage von SIMATIC S7-Steuerungen mit *STEP 7* programmiert, ergänzt mit dem *CoDeSys-Programmiersystem* bei der AS-i- Feldbus-Projektierung.

Die Umsetzung der oben beschriebenen Programmierkonzepte der SPS-Norm ist mit STEP 7 sehr gut möglich, wenn der Programmierer das will; er könnte jedoch auch in der klassischen SPS- Tradition weiterprogrammieren. In diesem Lehrbuch wird von der SPS-Norm als der allgemeingültigen Darstellung ausgegangen und die Umsetzung mit den Mitteln von STEP 7 gezeigt und auf Abweichungen hingewiesen. Im Mittelpunkt steht jedoch immer STEP 7 bei der Realisierung von Programmlösungen.

1.1.4 STEP 7 – Programmierlehrgang

STEP 7 verfügt über einen sehr umfangreichen und komfortablen Operationsvorrat. Es ist ein Schwerpunkt diese Lehrbuches, die zur Verfügung stehenden Anweisungen (Befehle) vorzustellen, zu erläutern und in ausführlich kommentierten Beispielen anzuwenden. Eigens dafür ist ein aus mehreren Kapiteln bestehender Programmierlehrgang vorgesehen, der den Operationsvorrat und die Beispiele für die Sprachen AWL, FUP (FBS) und SCL (ST) anbietet. Im Rahmen vieler Beispiele entstehen dabei bibliotheksfähige Bausteine (FB, FC), die auch zur Lösung anderer Aufgaben vorteilhaft verwendet werden können. Diese Bausteine sind in einer Baustein-Bibliothek zusammengefasst und im Anhang übersichtlich dargestellt. Dort findet sich auch die Web-Adresse für den freien Bezug dieser Bibliothek zum eigenen Gebrauch.

1.1.5 Beschreibungsmittel für den systematischen Steuerungsentwurf

In der Regel steht der Steuerungstechniker vor einer Problemstellung und muss dafür eine Lösung finden. Das Auffinden von Lösungswegen beruht auf Erfahrung, Kreativität und der Anwendung von Methoden des Steuerungsentwurfs. Mit Ausnahme von ganz einfachen Steuerungsproblemen, bei denen die Lösung offensichtlich ist, muss vor dem eigentlichen Programmieren ein Lösungsweg entwickelt werden. Wenn es dabei gelingt, die Steuerungsaufgabe mit einem formalen Mittel zu beschreiben, ist das Problem im Prinzip schon gelöst. Die bekanntesten Beschreibungsmittel und Lösungsmethoden der Automatisierungstechnik sind in einem Kapitel gesammelt und werden dort ausführlich erklärt sowie in Beispielen angewendet. Sehr geeignete Beschreibungsmittel sind Tabellen, Ablauf-Funktionspläne, Freigrafische Funktionspläne, Struktogramme und Zustandsgraphen. Von grundsätzlicher Bedeutung ist dabei die Strategie der Aufteilung eines komplexen Problems in mehrere Teilprobleme. Sehr komfortable Projektierungssysteme bieten Werkzeuge (Tools) für den Steuerungsentwurf an. Es erleichtert die Einarbeitung in solche Hilfsmittel wesentlich, wenn man die ihnen zu Grunde liegenden Beschreibungsmittel und Lösungsmethoden bereits kennt, auch wenn man sie nur mit „Papier und Bleistift" anwenden kann, weil Tools wie S7-GRAPH und HiGraph eventuell nicht zur Verfügung stehen. Die Umsetzung solcher Entwürfe kann auch mit einfacheren Mitteln erfolgen.

1.1.6 SPS und PC als Automatisierungsgeräte

Der Begriff der *Speicherprogrammierbaren Steuerung SPS* drückt eigentlich nicht mehr aus, was diese Geräte an Leistungsfähigkeit auszeichnet und beschreibt auch nicht mehr den klassischen Aufbau einer SPS, bestehend aus einer CPU und zentralen E/A-Baugruppen, wegen der heute schon gängigen Nutzung standardisierter Feldbussysteme. SPS-basierte und PC-basierte Steuerungen werden unter Einbeziehung ihrer Kommunikationssysteme als *Automatisierungssysteme* bezeichnet. Ein Automatisierungssystem benötigt zusätzlich auch noch ein Projektierungssystem mit einer Projektierungs-/Programmier-Software.

In der Praxis werden nicht mehr ausschließlich SPS-basierte Automatisierungssysteme eingesetzt, sondern vernetzte Mischsysteme bestehend aus SPSen und PCs mit unterschiedlichen Aufgaben, wobei die SPS mehr prozessnah und der PC mehr übergeordnet und datenverarbeitend genutzt wird. Soll die Steuerungsfunktionalität nicht mehr von einer modernen SPS sondern von einem PC ausgeführt werden, so gibt es diese Lösung als Industrie-PC mit eingebauter SPS-Karte und zusätzlicher Feldbus-Schnittstelle. In Sonderfällen kommt auch eine sog. Soft-SPS-Lösung in Frage, bei der in einem PC die Funktion einer SPS softwaremäßig nachgebildet und Steuerungsaufgaben „nebenher" miterledigt werden. Für die Programmerstellung macht es keinen Unterschied, ob die Hardware-Plattform ein PC oder eine SPS ist.

1.2 Kommunikation

1.2.1 Kommunikation in Automatisierungssystemen

Die Automatisierungstechnik befindet sich im Umbruch. Durch Anwendung moderner Kommunikationstechnik erhofft man sich entscheidende Verbesserungen bei Effizienz und Flexibilität der Automatisierungsprozesse. Der Begriff der Automatisierungstechnik umfasst heute mehr als nur das Automatisieren im Sinne von Steuern, Regeln und Visualisieren, eingeschlossen ist auch das Kommunizieren.

Zwischen den Anlagenkomponenten eines Automatisierungssystems müssen in der Regel Informationen ausgetauscht werden. Das sind im einfachsten Fall Signale von Sensoren und Aktoren, die zum übergeordneten Automatisierungsgerät gelangen müssen oder von dort herkommen. In anderen Fällen handelt es sich um Messwerte, Statusmeldungen und Diagnoseinformationen, die schon kompliziertere Daten darstellen. Realität ist auch, dass Auftragsdaten der Produktion zwischen Büro und Fertigungsanlage übertragen werden müssen. Es liegen also umfangreiche Kommunikationsbeziehungen in der Automatisierungstechnik vor, zu deren Bewältigung moderne Kommunikationssysteme verwendet werden.

1.2.2 Bussysteme

Die klassische Informationsübertragung von Prozesssignalen mittels analoger Spannungs- oder Stromwerte passt nicht zur digitalen Datenverarbeitung in den Automatisierungsgeräten. Es ist deshalb naheliegend, auch die Informationsübertragung auf eine digitale Grundlage zu stellen. Um gleichzeitig den Verkabelungsaufwand so gering wie möglich zu halten, überträgt man Daten über Bussysteme in Form serieller Zweidrahtverbindungen, an die alle Teilnehmer angeschlossen sind. Für den Informationsaustausch werden Telegramme mit entsprechenden Sende- und Empfangsadressen sowie den Nutzdaten gebildet. Ein solches digitales Kommunikationssystem ist leichter erweiterbar durch Anschluss weiterer Teilnehmerstationen und Änderungen erfordern zum großen Teil nur softwaremäßige Eingriffe. Digitale Kommunikationssysteme vereinfachen nicht nur den sonst erforderlichen Verdrahtungsaufwand radikal, sondern bringen für den Anlagenbetreiber auch noch einen Zusatznutzen, indem außer den eigentlichen Messwerten nützliche Anlageninformationen wie z.B. Fehlermeldungen ohne großen Mehraufwand zusätzlich zur Verfügung stehen und Fernparametrierungen intelligenter Sensoren möglich sind.

Je nach Anwendungsbereich werden in der Automatisierungstechnik unterschiedliche Bussysteme eingesetzt, deren wichtigste Merkmale ihre sog. Echtzeitfähigkeit und Störsicherheit sind. Echtzeit bedeutet, dass die neuen Daten immer „rechtzeitig“ eintreffen. Zu spät eintreffende Daten können sonst zu gefährlichen Anlagenzuständen führen.

Im prozessnahen Bereich der Anlage, der Feldebene, findet man überwiegend sogenannte Feldbussysteme mit Master-Slave-Kommunikation vor. Die Slaves sind die Buskomponenten, über die alle Eingangs- und Ausgangssignale der Anlage erfasst bzw. ausgegeben werden. Die Master-Station ist ein Kommunikationsprozessor, der für die zyklische Bedienung der zugeordneten Slave-Stationen sorgt, indem er die Daten von Eingängen der Slaves abholt bzw. an Ausgänge von Slaves ausliefert. Bekannte Master-Slave-Systeme für den Feldbereich sind der AS-i-Bus (Aktor-Sensor-Interface), der PROFIBUS-DP (Process Field BUS-Dezentrale Peripherie), der INTERBUS-S und andere Systeme. In der Feldebene zählen Bussysteme seit vielen Jahren zum Stand der Technik. In komplexeren Anlagen mit mehrerer SPSen kann jedoch auch ein Datenaustausch zwischen Steuerungsstationen (SPSen) erforderlich sein. Das erfordert bereits die höherwertige Master-Master-Kommunikation, die aber auch noch dem Produktionsbereich der Fabrik zuzurechnen ist. Muss ein noch weitergehender Datenaustausch unter Einbeziehung von Bürobereichen, z.B. der Fertigungssteuerung, verwirklicht werden, so wird eine zweite Netzinfrastruktur neben dem vorhandenen Feldbussystem erforderlich. Hierfür bietet sich dann das im Bürobereich bereits etablierte Ethernet-TCP/IP-Netz an. Schon lange wurde gefordert, das TCP/IP-Netz in die Fertigungsebene zu verlängern bei gleichzeitiger Erfüllung der Echtzeitbedingung. Am Beispiel des neuen Kommunikationssystems PROFINET wird diese Entwicklung ausführlich behandelt.

1.2.3 Durchgängiger Informationsfluss

PC-basierte Automatisierungssysteme und modulare SPS-Systeme mit besonderen Kommunikationsprozessoren können zusätzlich noch anspruchsvollere Funktionen übernehmen. Sie steuern und regeln nicht nur technische Prozesse sondern verbinden die Welt der Steuerungstechnik mit der Welt der übergeordneten organisatorischen Lenkung der Produktion oder auch mit Service-Abteilungen. Die hierfür zentrale Voraussetzung ist der Anschluss des Automatisierungssystems an das lokale Netz des Unternehmens.

Die Szenarien lassen sich kurz umreißen:

1. Kundenaufträge in einer Chargenfertigung sollen effizient und termingerecht abgewickelt werden. Kundenrückfragen sollen sich präzise beantworten lassen. Mitarbeiter aus der Materialbeschaffung bis hin zum Auslieferungslager benötigen Informationen aus der Produktion. Stillstandszeiten der Produktion sollen minimiert und Wartungsarbeiten in den Produktionsablauf einplanbar sein, d.h. es muss ein Zugang zu den Programmen der übergeordneten unternehmensweiten Informationswelt geschaffen werden.
2. Wenn in einer Produktionsanlage ein Störfall auftritt, benötigen der Werker an der Maschine oder das Wartungspersonal der Firma oder der Servicetechniker des Anlagenbauers eine durchgängige Informationskette über die Art des laufenden Auftrags, den aktuellen Zustand der Maschine sowie technische Beschreibungen der einzelnen Komponenten der Maschine, um gezielt und schnell eine Fehlerbehebung durchführen zu können.

Der Datenaustausch zwischen Automatisierungsprogrammen und Büro-Applikationen ist schon aus Gründen der unterschiedlichen Betriebssysteme nicht natürlicherweise möglich. Daher muss die Automatisierungswelt sich für weiterreichende standardisierte Datentransfer-Technologien öffnen. Aus diesem Grund wurde das Lehrbuch um ein Kapitel über Web-Technologien ergänzt und der bisher schon berücksichtigte OPC-Ansatz zu einem eigenen Kapitel erweitert.

1.2.4 Web-Technologien

Web-Technologien sind Verfahren, mit denen Informationen jeder Art effizient und unabhängig von Verschiedenheiten der Rechner-Plattformen- und Betriebssysteme sowie der lokalen Netze zugänglich gemacht werden können. In dem Kapitel über Web-Technologien wird für die folgenden Themen eine Einführung geboten:

- **HTTP**, das Übertragungsprotokoll für den Dienst World Wide Web,
- **HTML**, die Beschreibungssprache zur Erzeugung von Hypertext-Dokumenten,
- **Java Applets**, externe Programmkomponenten für Interaktionen in HTML-Dokumenten,
- **JavaScript**, eine Skriptsprache zur Erzeugung von Interaktionen in HTML-Dokumenten,

In Ergänzung zu den genannten Web-Technologien werden die entsprechenden Fähigkeiten einer SPS-Kommunikationsbaugruppe mit Web-Server vorgestellt und genutzt.

1.2.5 OPC-Technologie

Die OPC-Technologie (OLE for Process Control) bietet eine standardisierte Schnittstelle zu Anwenderprogrammen und behebt eine altbekannte Schwierigkeit: Will man, dass ein Anwenderprogramm auf die Prozessdaten der Hardware eines beliebigen Steuerungsherstellers zugreifen kann, so muss man ein entsprechendes Treiberprogramm entwickeln. Für den Zugriff auf die Hardware eines anderen Herstellers wird wiederum ein entsprechend anderes Treiberprogramm benötigt usw.. Ein typisches Beispiel hierfür sind Visualisierungssysteme, die auf die Daten verschiedener SPSen zugreifen müssen, dazu brauchen sie normalerweise eine Reihe von Treiberprogrammen. Durch OPC ist nunmehr eine standardisierte Zugriffsmöglichkeit auf Prozessdaten einer Hardware geschaffen worden. OPC bildet eine Datenbrücke zwischen einer Applikation, die Prozessdaten übergeordnet zu verarbeiten hat und einer Hardware, die als gerätespezifischer Datenlieferant angesehen werden kann.

Ein OPC-Server ist eine Software-Komponente, die der Hersteller einer SPS-Hardware für diese zur Verfügung stellt, damit von übergeordneten Anwenderprogrammen (z.B. MS Excel) aus auf seine spezifische Hardware zugegriffen werden kann. Für den OPC-Server, der auf einem PC läuft, muss eine unterlagerte Kommunikationsverbindung zur Hardware des Herstellers eingerichtet werden, z.B. PROFIBUS oder Industrial Ethernet-TCP/IP.

Im Anwenderprogramm muss ein OPC-Client angelegt und konfiguriert werden, um auf einen OPC-Server und somit auf die Prozessdaten beispielsweise einer SPS lokal oder entfernt zugreifen zu können. Die Entwicklung eines OPC-Client-Programms kann beispielsweise mit Excel-VBA oder durch Einbindung eines fertigen ActiveX-Elements gelöst werden.

1.3 Sicherheit von Steuerungen

Das Thema Steuerungssicherheit einschließlich der sicheren Bussysteme wird von Grund auf in Abschnitt VII behandelt.

1.3.1 Europäische Normung zur Steuerungssicherheit

Im europäischen Raum gibt es keine eigenständige nationale Normung mehr, da technische Normen EG-weit einheitlich sein müssen, um den freien Warenverkehr nicht unterlaufen zu können. Die Sicherheit von Steuerungen hat ihren Ausgangspunkt in der EG-Maschinenrichtlinie und konkretisiert sich in einer vorgeschriebenen Risikoanalyse, in den Aussagen eines Risikographen und der Beschreibung von Risikokategorien sowie explizit ausgeführter Sicherheitsnormen. Eine solche ist die wichtige DIN EN 60204-1 (VDE 0113 Teil 1) mit den Bestimmungen für die „Elektrische Ausrüstung von Maschinen“, deren wichtigste Bestimmung erläutert werden.

1.3.2 Programmierbare Sicherheitssteuerungen und sichere Bussysteme

Die Sicherheit von Steuerung muss sich auch auf die eingesetzten Bussysteme erstrecken. In der Anfangszeit der Bustechnologie war im Bereich der Automatisierungstechnik klar, dass über den Bus nur „gewöhnliche“ Steuerungsinformationen übertragen werden können. Alle sicherheitsgerichteten Signale, wie z.B. “Not-Aus“ mussten über elektromechanische Schaltgeräte geführt werden, weil die Sicherheit einer programmierbaren elektronischen Steuerung angezweifelt wurde. Das hat sich inzwischen auch in den Normenbestimmungen geändert. Fest steht zwar, dass Übertragungsfehler oder sogar Unterbrechungen auf einem Bussystem nie auszuschließen sind. Aber Kommunikationsfehler können erkannt und die Steuerungen in einen sicheren Zustand gebracht werden. Die Fehleraufdeckungsmethoden sind vielfältig und raffiniert und objektivierbar, sodass Sicherheitszertifikate von Prüfinstituten wie dem TÜV u.a. erteilt werden können. Nach wie vor laufen zwei Entwicklungstrends bei den sicheren Bussystemen parallel. Erstens der sicherheitstechnisch verbesserte Standardbus mit Standard-Feldgeräten und fehlersicheren Busteilnehmern an einem Kabel, der auf eine Standard-SPS führt und zweitens der neben einem Standardbus separat geführte spezielle Sicherheitsbus, der sicherheitsrelevante Anlagenteile mit einer eigens dafür vorgesehenen Sicherheitssteuerung verbindet, deren Programmierung nur mit sicherheitsgeprüften Bausteinen erfolgen darf.

2 Aufbau und Funktion der Automatisierungsgeräte

2.1 Verfügbare Automatisierungssysteme

2.1.1 Hardware-SPS

Die derzeit am weitesten verbreitete Hardware-Plattform der Steuerungstechnik ist die *Speicherprogrammierbare Steuerung SPS*. Eine Speicherprogrammierbare Steuerung hat die Struktur eines Rechners, deren Funktion als Programm gespeichert ist. Sie besteht im einfachsten Fall aus einer *Stromversorgung PS*, einem *Steuerungsprozessor CPU*, einigen zentralen *digitalen Eingabe- und Ausgabebaugruppen* sowie einem internen Bussystem. Bei Bedarf können auch Baugruppen zur *Analogwertverarbeitung* oder für besondere Funktionen wie *Regler*, schnelle *Zähler* und *Positionierungen* hinzukommen. Die Peripheriebaugruppen und die Programmiersprachen sind auf die Belange der Steuerungstechnik ausgerichtet. Speicherprogrammierbare Steuerungen gibt es als modulare und kompakte Systeme für unterschiedliche Anforderungsniveaus.

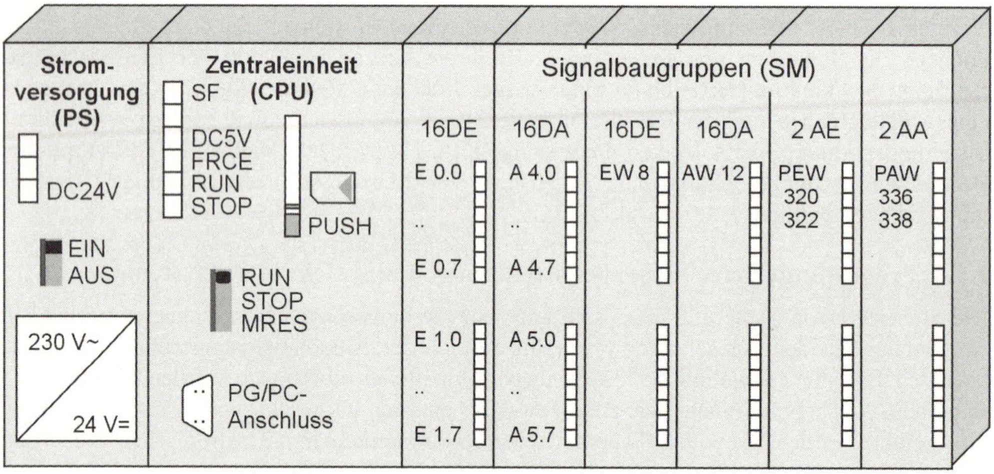

Bild 2.1: Aufbau einer Speicherprogrammierbaren Steuerung ohne Feldbusanschluss, wie in den Beispielen verwendet.
DE = Digitale Eingänge, DA = Digitale Ausgänge,
AE = Analoge Eingänge, AA = Analoge Ausgänge

Stand der technischen Entwicklung ist jedoch der Einsatz von Feldbussystemen in der Automatisierungstechnik zur einfacheren Ankopplung der dezentralisierten Prozessperipherie an das SPS-Steuerungssystem. Darauf soll erst in den späteren Kapiteln näher eingegangen werden.

2.1.2 PC-basierte Steuerungen

Neuerdings wird auch der PC unter den Betriebssystemen Windows und Linux als Hardware-Plattform für Steuerungsaufgaben entdeckt, wenn gleichzeitig neben der Prozesssteuerung noch eine typische Datenerfassungs- bzw. Datenverarbeitungsaufgabe (z.B. Prozessvisualisierung, Datenbank, Produktionsdatenspeicherung etc.) kostengünstig mit ausgeführt werden muss.

Man unterscheidet zwei Arten von PC-basierten SPS-Steuerungen:

	PC+SPS-Karte = **Slot-SPS**	**PC+SPS-Software** = **Soft-SPS**
Merkmale:	SPS-Steuerung ist unabhängig vom PC-Betriebssystem	SPS-Steuerung basiert auf PC-Betriebssystem
	Hartes Echtzeitverhalten der SPS	Weiches Echtzeitverhalten der SPS
	Höhere Ausfallsicherheit	Geringere Ausfallsicherheit

In beiden Varianten erhalten die PC-basierten Steuerungen ihre Prozessdaten über ein angeschlossenes Feldbussystem (z.B. PROFIBUS-DP).

Als Vorteile PC-basierter Steuerungen gegenüber den klassischen SPS-Steuerungen werden verschiedene Argumente angeführt:

- Kosteneinsparung gegenüber einer SPS-Lösung mit separatem Visualisierungssystem,
- unbegrenzte Speicherressourcen des PC, Festplatte, Laufwerke,
- direkter Zugriff vom Leitrechner im Büro auf die Steuerung über TCP/IP-Netzwerk,
- Nutzung von Intranet- oder Internet-Anschlussmöglichkeit,
- verfügbare Systemschnittstellen: serielle, parallele, USB,
- größere Rechengeschwindigkeit.

Als Nachteile PC-basierter Steuerungen gegenüber SPS-Steuerungen werden angesehen:

- Geringere Betriebssicherheit der PC-Hardware,
- Kurzlebigkeit der PC-Hardware im Gegensatz zur Langlebigkeit der Anlagentechnik,
- Einschränkungen beim Echtzeitverhalten. Als Echtzeitbedingung bezeichnet man die Anforderung an ein Steuerungssystem, ausreichend schnell auf Vorgänge in der Anlage reagieren zu können. Echtzeit meint nicht die Schnelligkeit sondern die Rechtzeitigkeit einer Reaktion.

PC-basierte Steuerungen haben keine Vorteile gegenüber der klassischen SPS, wenn es sich um Anwendungen im reinen Steuerungsbereich handelt. Insbesondere für Kleinststeuerungsaufgaben (z.B. Garagentürsteuerung) sind die neuen Micro-SPSen kostengünstiger.

2.2 Struktur und Funktionsweise einer SPS-CPU

2.2.1 Zentraleinheit (CPU)

Als Steuerungseinheit oder Zentraleinheit oder CPU wird die SPS-Baugruppe bezeichnet, in der die Steuerungsfunktionalität untergebracht ist. Modernerweise kann in der CPU auch die Kommunikationsfunktionalität der SPS enthalten sein. Dieser Aspekt wird in der nachfolgenden Systembetrachtung ausgespart und erst in späteren Kapiteln dargestellt.

Über welche Vorstellungen von der Arbeitsweise einer CPU muss man für die erfolgreiche Anwendung eines SPS-Systems verfügen? Das nachfolgende Bild 2.2 zeigt in vereinfachter Darstellung wichtige Systembereiche.

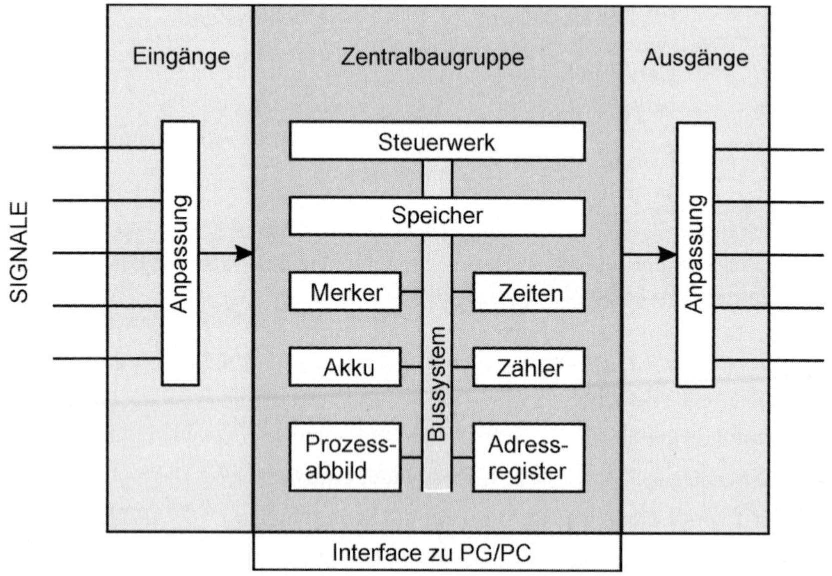

Bild 2.2: Systemfunktionen eines Automatisierungsgerätes (SPS)

Speicherbereich

Durch Projektierung auf einem Programmiergerät (PC) entstehen Konfigurationsdaten für die Hardware-Baugruppen der SPS sowie ein Anwenderprogramm bestehend aus Steuerungsbefehlen und Steuerungsdaten, die in Codebausteinen und Datenbausteinen enthalten sind. Hinzu kommen auch noch die Symboltabelle und Kommentare zum Programm sowie Angaben zu Kommunikationsverbindungen. Diese Informationen stehen zunächst im *Erstellsystem* (Programmiergerät oder PC) und müssen in das *Zielsystem* (CPU) gebracht werden, siehe Bild 2.3:

- Über die serielle Schnittstellenverbindung zwischen dem PC und der CPU. Die Informationen gelangen in den *Ladespeicher*, der als gepufferter Schreib-Lese-Speicherbereich (RAM) ausgeführt ist. Auf diesem Wege sind auch Änderungen schnell ausführbar, wie es z.B. während einer Inbetriebnahme- oder Testphase erforderlich ist.

- Über die programmierte Flash EPROM Memory Card, die in den vorgesehenen Steckplatz der CPU gesteckt wird. Durch Stecken der Memory Card wird der *Ladespeicher* der CPU erweitert. Die Memory Card enthält die Informationen unverlierbar im Festwertspeicher.

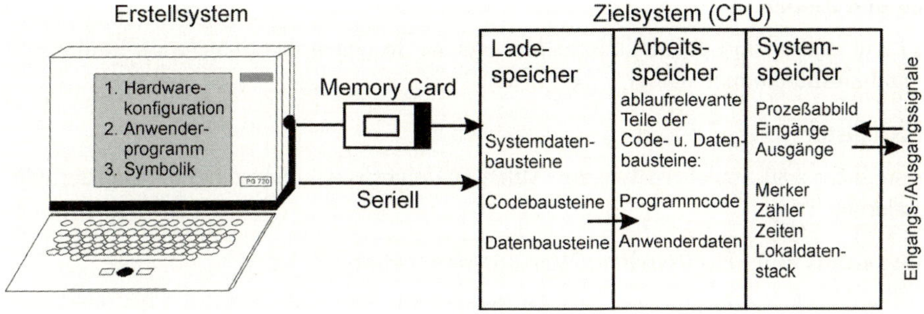

Bild 2.3: Projektierungsdaten für das Zielsystem einer S7-SPS

Im *Ladespeicher* steht das gesamte Anwenderprogramm in Form von übersetzten Bausteinen und Konfigurationsdaten der Hardware (CPU, E/A-Baugruppen etc.). Je nach SPS-System können auch Deklarations- und Symboltabellen (Definition symbolischer Variablen) sowie Kommentare dort abgespeichert sein. Durch Auslesen des Ladespeichers in ein neues Projekt könnte man dann die vollständige Information zurück erhalten (ist bei STEP 7, Version 5.3 noch nicht realisiert).

Im *Arbeitsspeicher* stehen nur die ablaufrelevanten Teile des Anwenderprogramms, das sind im wesentlichen der Programmcode und die Anwenderdaten. Diese ablaufrelevanten Teile werden vom Betriebssystem der CPU aus dem Ladespeicher in den Arbeitsspeicher kopiert. Der Arbeitsspeicher ist als schneller RAM-Speicher ausgeführt.

Der *Systemspeicher* enthält die Operanden, die im aktuellen Steuerungsprogramm anzusprechen sind, dazu zählen die Eingänge (E) und Ausgänge (A) der Digitalbaugruppen, die in einem so genannten Prozessabbild der Eingänge und Ausgänge zusammengefasst sind, sowie die Merker, Zeiten und Zähler. Ein Operand ist ein Teil einer Anweisung und sagt aus, womit (mit wem) der Prozessor etwas tun soll.

Steuerwerk

Nach Anlegen der Netzspannung gibt das Steuerwerk einen Richtimpuls ab, der die nichtremanenten Zähler, Zeiten und Merker sowie den Akkumulator und das Prozessabbild der Eingänge und Ausgänge auf null setzt. Zur Programmbearbeitung „liest“ das Steuerwerk eine Programmzeile nach der anderen und führt die dort stehenden Anweisungen aus.

Merker

Merker sind Speicherplätze für Zwischenergebnisse, die über Code-Bausteingrenzen hinaus Gültigkeit haben. Auf Merker kann schreibend und lesend zugegriffen werden (Bit, Byte, Wort und Doppelwort). Ein Teil der Merker sind als remanente Merker einstellbar, d.h. sie behalten ihren Signalzustand bei Spannungsausfall.

Prozessabbild

Das Prozessabbild ist ein Speicherbereich für die Signalzustände der binären Eingänge und Ausgänge. Auf diesen Speicherbereich greift das Steuerwerk bei der Programmbearbeitung zu.

Akkumulatoren (Akku)

Akkumulatoren sind Zwischenspeicher, die bei Lade- und Transferoperationen eng mit der Arithmetik-Logik-Einheit ALU zusammenarbeiten.

Zeiten und Zähler

Zeiten und Zähler sind ebenfalls Speicherbereiche, in denen das Steuerwerk Zahlenwerte für Zeit- und Zählfunktionen ablegt.

Adressregister

Adressregister sind Speicherplätze zur Aufnahme einer Basisadresse bei der registerindirekten Adressierung.

Rückwandbus und Schnittstellen: Wer mit wem gekoppelt ist.

Anwenderspeicher, Systemspeicher und Steuerwerk bilden zusammen den Prozessteil der Zentralbaugruppe CPU. Der Prozessteil übernimmt die klassischen Bearbeitungsaufgaben einer SPS wie die Bearbeitung des Anwenderprogramms, den Zugriff auf die Peripheriebaugruppen und die Überwachung/Verwaltung des gesamten Programmablaufsystems. Ein zusätzlich vorhandener Kommunikationsteil ist zuständig für den Betrieb der Programmier-Schnittstelle MPI und für den Datenverkehr mit intelligenten, kommunikationsfähigen Peripheriebaugruppen innerhalb eines Automatisierungsgerätes (SPS).

Peripheriebus (P-Bus) ist Bestandteil des Rückwandbusses und übernimmt den Datenverkehr zwischen CPU und den Signalmodulen (Nutzdatenübertragung weniger Bytes). Der P-Bus ist ein Mono-Master-Bus, nur die CPU kann einen Datenverkehr initiieren.

Kommunikationsbus (K-Bus) ist Bestandteil des Rückwandbusses und übernimmt den Datenverkehr zu den kommunikationsfähigen Baugruppen FM (Funktionsmodule für schnelles Zählen, Regeln, Positionieren) und CP (Kommunikationsmodule für den Anschluss von Feldbussystemen). Er ist optimiert für den Austausch größerer Datenmengen.

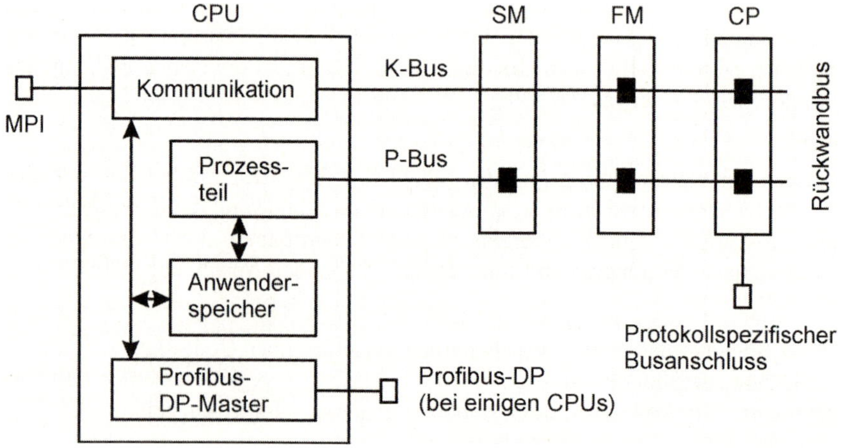

Bild 2.4: Systemarchitektur einer S7-SPS. MPI = Multi-Point Interface, CPU = Zentralbaugruppe, SM = Signalmodul, FM = Funktionsmodul, CP = Kommunikationsmodul, K-Bus = Kommunikations-Bus, P-Bus = Peripherie-Bus

2.2.2 Zyklische Programmbearbeitung

Bei der Programmbearbeitung durch die Zentraleinheit werden über einen Adresszähler die Adressen der einzelnen Speicherzellen des Arbeitsspeichers, in dem das ablauffähige Steuerprogramm steht, angewählt. Eine Steueranweisung wird in das Steuerwerk übertragen und dort bearbeitet. Danach wird der Adresszähler um +1 erhöht; damit ist die nächste Adresse des Arbeitsspeichers angewählt und zur nachfolgenden Bearbeitung vorbereitet. Nach dem Ende des Programms beginnt die Programmbearbeitung wieder von vorne. Man spricht von einer zyklischen Programmbearbeitung.

Jeder Zyklus beginnt mit dem Einlesen der aktuellen Signalzustände der Eingänge E in das Prozessabbild der SPS und endet mit der Ausgabe der Signale an die Ausgänge A aus dem Prozessabbild. Die für einen Programmdurchlauf benötigte Zeit wird *Zykluszeit* genannt. Die Zykluszeit einer SPS muss so klein sein, dass Signaländerungen an den Eingängen sicher erfasst und Ausgangssignale so rechtzeitig ausgegeben werden, wie es der zu steuernde Prozess erfordert, dies wird die *Echtzeitbedingung* der Steuerungstechnik genannt.

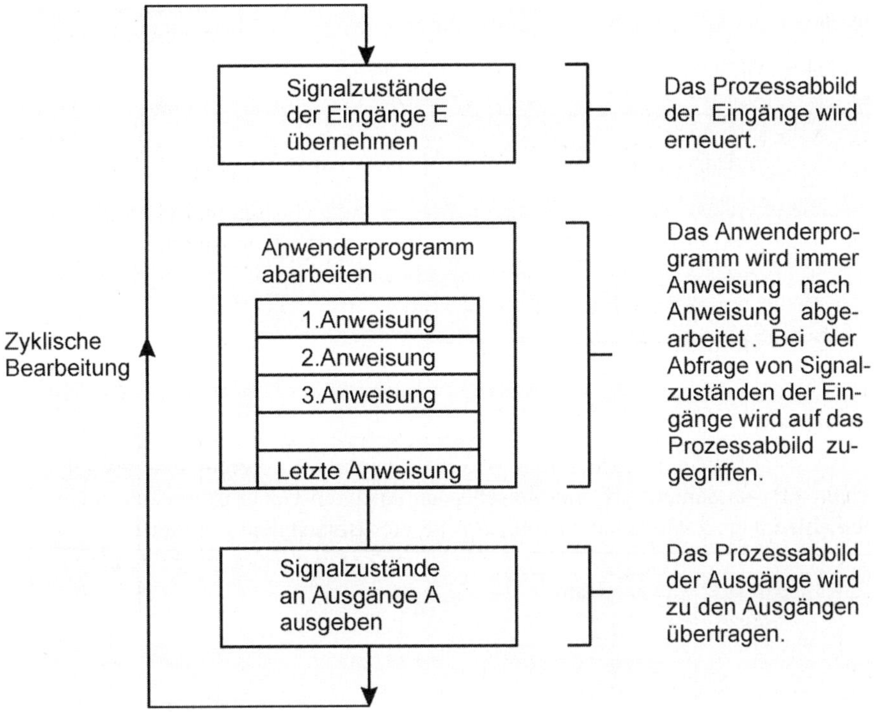

Bild 2.5: Einfaches Funktionsmodell einer SPS

Eine differenziertere Betrachtung der Arbeitsweise einer SPS ergibt sich erst, wenn man auch die Funktionsmöglichkeiten der verschiedenen Organisationsbausteine (bei S7-SPS) für eine ereignisgesteuerte Programmausführung mit berücksichtigt (s. Kap 2.5.5).

2.3 Zentrale Prozessperipherie einer S7-SPS

2.3.1 Signale: Welche Signalarten in einer SPS verarbeitet werden können

In den technischen Prozessen von Anlagen treten physikalische Größen wie Temperaturen, Drucke, elektrische Spannungen etc. auf. Automatisierungsgeräte können in der Regel nur elektrische Signale erkennen und ausgeben. Wo erforderlich, muss also eine Signalumwandlung erfolgen. Man unterscheidet verschiedene Signalarten:

Binäre Signale

Ein binäres Signal ist ein 1 Bit-Signal, das nur einen von zwei möglichen Signalzuständen annehmen kann. Ein typischer Binärsignal-Geber ist ein Schalter.

Ein Signal heißt binär, wenn es nur zweier Werte fähig ist. Die SPS-Hersteller haben für ihre Steuerungskomponenten ein Toleranzschema festgelegt, das den Wertebereich konkreter Spannungen den binären Signalzuständen zuordnet, die von den Geräten verarbeitet werden.

Die Automatisierungsgeräte können nicht den Schaltzustand von angeschlossenen Schaltern sondern nur anliegende Signale erkennen, d.h. die unterschiedliche Wirkung von Öffner- und Schließerkontakten in Anlagen muss bei der Programmerstellung bedacht werden.

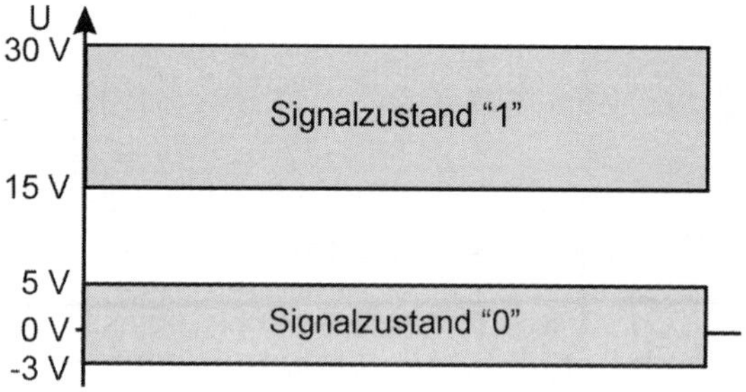

Bild 2.6:
Signalzustände und Spannungspegel. Offene (unbeschaltete) Steuerungseingänge erzeugen Signalzustand „0".

Digitale Signale

Ein digitales Signal ist eine mehrstellige Bitkette, die durch Codierung eine festgelegte Bedeutung erhält, z.B. als Zahlenwert. Ein typischer Digitalsignal-Geber ist ein Zifferneinsteller. Um z.B. die Zahlen 0 bis 9 darstellen zu können, sind vier Binärstellen erforderlich.

Dezimal-zahl	Dualzahl 8	4	2	1 Wert
0	0	0	0	0
1	0	0	0	1
2	0	0	1	0
3	0	0	1	1
4	0	1	0	0
5	0	1	0	1
6	0	1	1	0
7	0	1	1	1
8	1	0	0	0
9	1	0	0	1

1 Binärstelle	= 1 Bit
1 Byte	= 8 Bit
1 Wort = 2 Byte	= 16 Bit
1 Doppelwort	= 32 Bit

Analoge Signale

Für ein analoges Signal ist charakteristisch, dass der Signalparameter (z.B. die Spannung) innerhalb bestimmter Grenzen jeden beliebigen Wert annehmen kann. Automatisierungsgeräte können intern keine analogen Signale verarbeiten. So genannte Analogbaugruppen nehmen eine Signalumsetzung vor und wandeln ein analoges Signal in ein digitales Signal um bzw. auch umgekehrt.

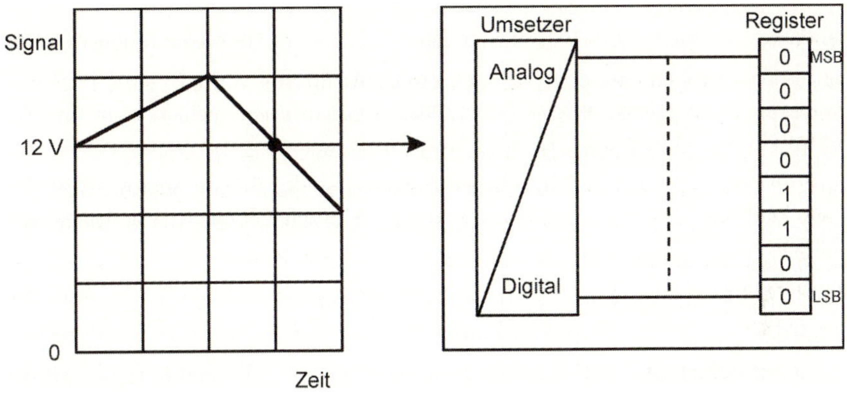

Bild 2.7: Ein Spannungswert wird in eine Zahl umgesetzt.

2.3.2 Eingabe-/Ausgabebaugruppen: Was angeschlossen werden darf

Die in den Bildern 2.1 und 2.2 angedeuteten Eingabe- und Ausgabebaugruppen der SPS werden üblicherweise als zentrale digitale Eingabe- und Ausgabebaugruppen bezeichnet im Gegensatz zu den dezentralen Baugruppen (Slaves), die über ein Feldbussystem angeschlossen sind. Die digitalen Eingabe- und Ausgabebaugruppen umfassen meistens 1 Byte = 8 Bit; 2 Byte = 16 Bit; 4 Byte = 32 Bit Eingänge bzw. Ausgänge. Im Steuerungsprogramm können Bits, Bytes, Worte oder Doppelworte abgefragt oder angesteuert werden. Bei Analogbaugruppen sind entsprechend die Anzahl der Eingänge bzw. Ausgänge angegeben.

Digitaleingabebaugruppen gibt es für DC 24 V und AC 120/230 V mit Entstörung und Potenzialtrennung über Optokoppler sowie Anzeige des aktuellen Signalzustandes durch Leuchtdioden. Aufgrund der Entstörmaßnahmen liegt die Frequenzobergrenze für Eingangssignale bei etwa 50 Hz. Die Digitaleingabebaugruppen formen die Pegel der externen digitalen Signale aus dem Prozess in den internen Signalpegel des SPS-Systems um. Die Baugruppen sind z.B. geeignet für den Anschluss von Schaltern und 2-Draht-Näherungsschaltern (BERO).

Digitalausgabebaugruppen gibt es für Lastspannungen DC 24 V oder AC 120/230 V bei spezifizierter Strombelastbarkeit und Potenzialtrennung mittels Optokoppler. Die Schaltfrequenz der Ausgänge wird nach ohmscher Last, induktiver Last und Lampenlast unterschieden und liegt im Bereich bis 100 Hz. Die Digitalausgabebaugruppen formen den internen Signalpegel des SPS-Systems in die externen, für den Prozess benötigten Signalpegel um. Die Baugruppen sind z.B. geeignet für den Anschluss von Magnetventilen, Schützen, Kleinmotoren, Lampen und Motorstartern.

Analogeingabebaugruppen wandeln analoge Signale aus dem Prozess in digitale Signale für die interne Verarbeitung innerhalb der SPS um. Es können Spannungs- und Stromgeber, Thermoelemente, Widerstände und Widerstandsthermometer angeschlossen werden:

Spannung	z.B. ± 10 V	
Strom	z.B. 4 bis 20 mA	
Widerstand	z.B. 0 ... 300 Ohm	
Thermoelement	z.B. Typ E, N, K	(mit Kennlinien-Linearisierung)
Widerstandsthermometer	z.B. Pt 100-Standard	(mit Kennlinien-Linearisierung)

Die Baugruppen verfügen über eine parametrierbare Auflösung von z.B. 9 bis 15 Bit + Vorzeichen, unterschiedliche Messbereiche (einstellbar durch Messbereichsmodule und Software) sowie Alarmfähigkeit (Diagnose und Grenzwertalarme an die CPU).

Analogausgabebaugruppen wandeln digitale Signale aus der SPS in analoge Signale für den Prozess um und sind für den Anschluss analoger Aktoren geeignet. Als Ausgangsbereiche werden angeboten:

Spannungsausgang	z.B. ± 10 V
Stromausgang	z.B. 0 bis 20 mA

Die Baugruppen haben z.B. eine Auflösung von 12 bis 15 Bit. Es sind unterschiedliche Messbereiche je Kanal einstellbar. Die Baugruppen verfügen über eine Alarmfähigkeit bei auftretenden Fehlern.

2.3.3 Absolute Adressen von Eingängen und Ausgängen

Möglichkeiten der direkten Adressierung von Eingängen, Ausgängen. Entsprechendes gilt für Merker, soweit diese noch verwendet werden.

Bitweise	**STEP 7**	**IEC 61131-3**
Einzel-Eingänge	E0.7...E0.0	%IX0.7...%IX0.0
Einzel-Ausgänge	A0.7...A0.0	%QX0.7...%QX0.0
Byteweise		
Eingangsbyte	EB0=E0.7...E0.0	%IB0=%IX0.7...%IX0.0
Eingangsbyte	EB1=E1.7...E1.0	%IB1=%IX1.0...%IX1.0
Ausgangsbyte	AB0=A0.7...A0.0	%QB0=%QX0.7...%QX0.0
Ausgangsbyte	AB1=A1.7...A1.0	%QB1=%QX1.7...%QX1.0
Wortweise		
Eingangswort	EW0=EB0+EB1	%IW0=%IB0+%IB1
Ausgangswort	AW0=AB0+AB1	%QW0=%QB0+%QB1
Doppelwortweise		
E-Doppelwort	ED0=EW0+EW1	%ID0=%IW0+%IW1
A-Doppelwort	AD0=AW0+AW1	%QD0=%QW0+%QW1

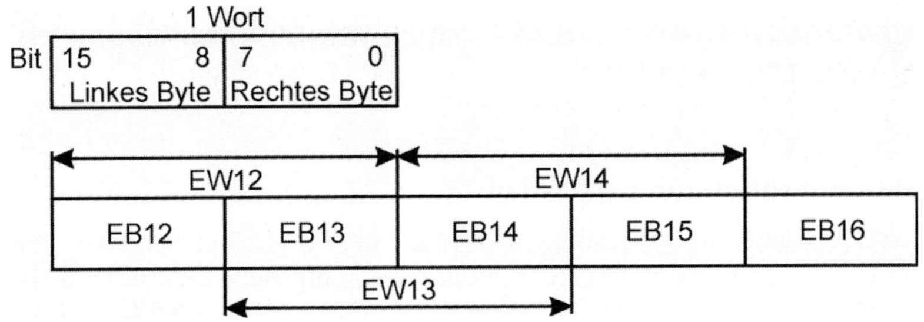

Bild 2.8: Wortadressen
Ein Wort hat eine Länge von 16 Bits, die von rechts nach links durch die Bitadresse 0...15 gekennzeichnet sind. Das linke Byte hat immer die niedrigere Byteadresse, die bei Zusammenfassung von 2 Byte zu einem Wort mit der Wortadresse identisch ist.

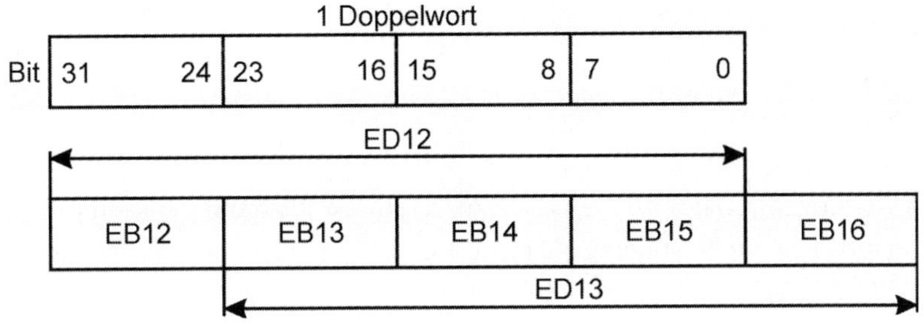

Bild 2.9: Doppelwortadressen
Vier Byte oder zwei Worte können zu einem Doppelwort zusammengefasst werden. Ein Doppelwort hat demnach eine Länge von 32 Bit. Auch bei einem Doppelwort bestimmt das links stehende Byte mit seiner Adresse die Adresse des entsprechenden Doppelwortes.

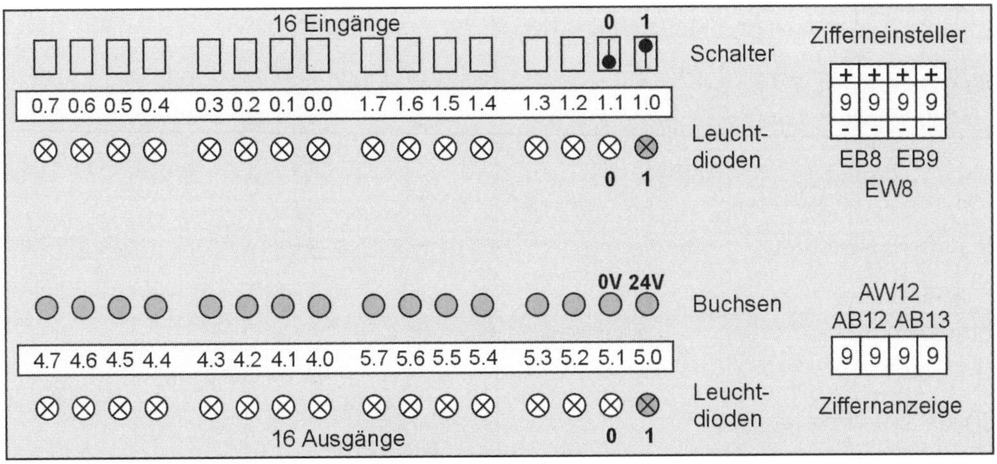

Bild 2.10: Aufbau eines Eingabe-/Ausgabegerätes

2.4 Programmiersprachen und Programmorganisationseinheiten nach DIN EN 61131-3

2.4.1 Übersicht Programmiersprachen

Zur Erstellung der Steuerungsprogramme mit Hilfe einer Programmiersoftware können gemäß DIN EN 61131-3 fünf Programmiersprachen zur Verfügung stehen: Zwei textuelle Fachsprachen (AWL, ST) und zwei grafische Fachsprachen (KOP, FBS) sowie die übergeordnete Ablaufsprache (AS), die grafische und textuelle Elemente enthält.

SPS-Programmiersprachen

Textsprachen — Grafische Sprachen

Ablaufsprache AS

Anweisungsliste AWL

Strukturierter Text ST

Funktionsbausteinsprache FBS

Kontaktplan KOP

Die bekannten SPS-Programmiersysteme stellen alle in der DIN EN 61131-3 aufgeführten Programmiersprachen zur Verfügung. Manche Hersteller bieten noch zusätzlich Sprachen wie CFC (Continuous Function Chart = freigrafischer Funktionsplan) oder S7-HiGraph an.

Darstellungsbeispiele:

CoDeSys:	**STEP 7:**
Anweisungsliste AWL	

`LD %IX0.0`
`AND %IX0.1`
`ORN %IX0.2`
`ST %QX4.0`
	`U E 0.0`
	`U E 0.1`
	`ON E 0.2`
	`= A 4.0`

Strukturierter Text ST (SCL bei STEP 7)	
`%QX4.0:= %IX0.0 AND %IX0.1` `OR NOT %IX0.2;`	`A4.0:= E0.0 AND E0.1 OR NOT E0.2;`
Funktionsplandarstellung FBS (FUP bei STEP 7)	
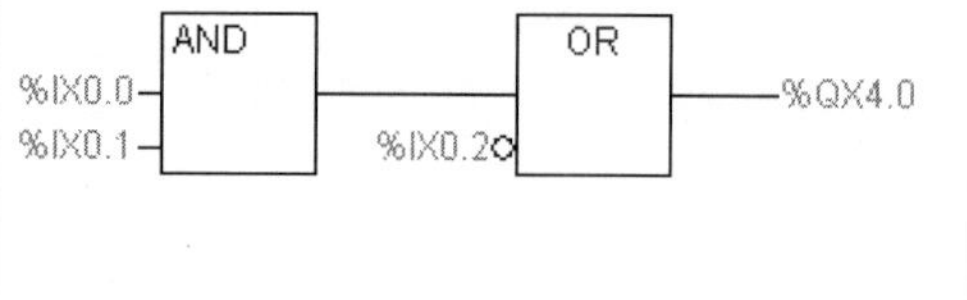	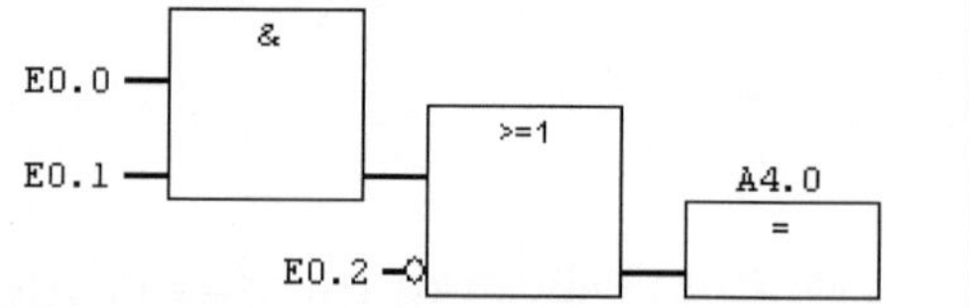
Kontaktplandarstellung KOP	
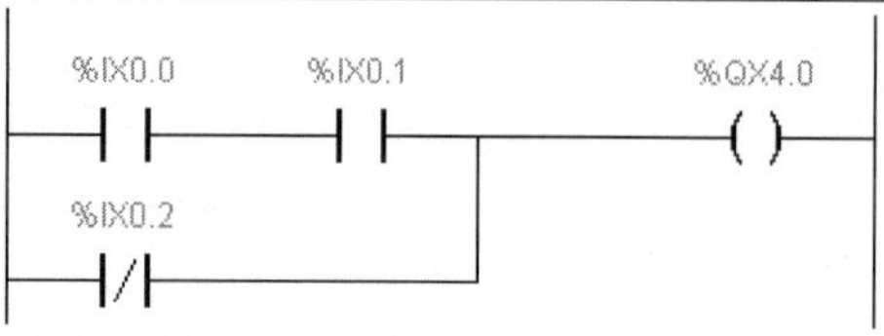	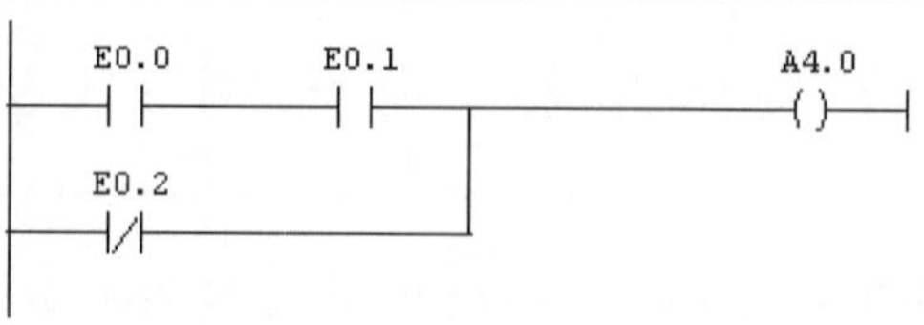

2.4.2 Übersicht Programmorganisationseinheiten

Ein Steuerungsprogramm (Anwenderprogramm) ist eine in Programm-Organisationseinheiten (POE) gegliederte Einheit.

Programm-Organisationseinheiten

Programm (PRG) **Funktionsbaustein (FB)** **Funktion (FC)**

zunehmende Funktionalität

Funktion: Dieser POE-Typ ist geeignet, wenn eine oder mehrere Eingangsvariablen zu einem Funktionswert verarbeitet werden sollen. Die Funktionen dürfen keine internen Zustandsvariablen beinhalten, d.h. der Aufruf einer Funktion mit denselben Eingangsparametern muss denselben Ausgangswert liefern. Es stehen auch viele Standard-Funktionen zur Verfügung.

Funktionsbaustein: Dieser POE-Typ ist geeignet, wenn in einer Funktion auch interne Zustandsvariablen vorkommen. Das bedeutet, dass bei Vorliegen derselben Eingangsparameter der Ausgangswert auch abhängig ist von den internen Zustandsvariablen. Anschaulich spricht man hier von einem Bausteintyp mit Gedächtnis. Ein weiteres Merkmal dieses Bausteintyps ist die sog. *Instanziierung*, worunter man das Bilden einer Kopie eines Standard-Funktionsbausteines versteht, dem bestimmte Bausteinparameter zugeordnet werden. Jede Kopie (Instanz) muss einen Namen erhalten, unter dem die Datenkopie im Speicherbereich der SPS abgelegt ist. Es stehen viele Standard-Funktionsbausteine zur Verfügung.

Programm: Dieser POE-Typ ist zur Aufnahme des steuerungstypischen SPS-Programmteiles gedacht, in dem die direkt dargestellten Variablen zur Ansteuerung des E/A-Bereichs vorkommen, während in Funktionen und Funktionsbausteinen nur mit symbolischen Variablen programmiert werden soll, um damit hardwareunabhängige, bibliotheksfähige Programme zu erhalten. Der Code-Bausteintyp Programm ist quasi das Hauptprogramm einer Steuerung. Von Bausteinen des Typs Programm können ebenfalls Instanzen gebildet werden.

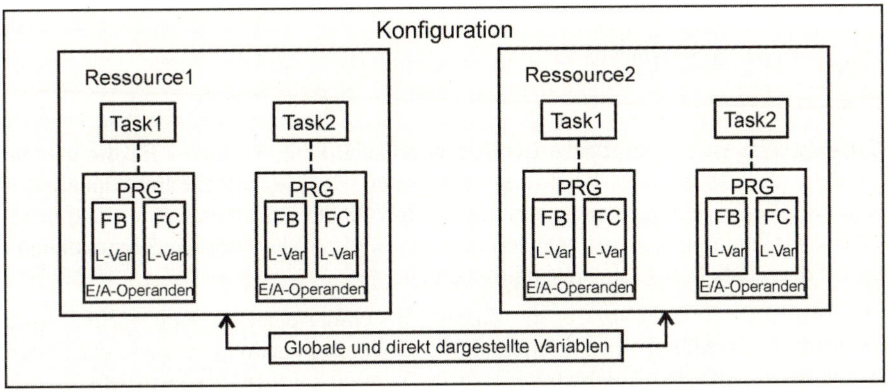

Bild 2.11: Vereinfachtes Software-Modell der DIN EN 61131-3 und Zuordnung zu Begriffen der S7-SPS Konfiguration = SPS; Ressource1 = CPU 1; Task = Element zur Ausführungssteuerung von Programmen, PRG = Hauptprogramm (OB1), FB = Funktionsbaustein, FC = Funktion, L-Var = Lokale Variablen

2.5 Projektierungssystem STEP 7

2.5.1 Systemüberblick

Die Basissoftware STEP 7 ist das Standardwerkzeug für die Projektierung der SIMATIC-Automatisierungssysteme (AS), zu denen auch die Speicherprogrammierbaren Steuerungen der Bauart S7 gehören. STEP 7 stellt alle Software-Funktionen für Hardware-Konfigurierung (Zusammenstellen der Steuerungsbaugruppen), Parametrierung (Einstellen von Eigenschaften parametrierbarer Baugruppen), Programmierung (Erstellen von Anwenderprogrammen) und Inbetriebnahme (Diagnose, Test) bereit. Nachfolgend sollen die wichtigsten Grundlagen des STEP 7 Systems ohne Handlings-Erklärungen (wegen Versionsabhängigkeit) dargestellt werden. Eine Einführung in den Befehlssatz von STEP 7 wird in den Kapiteln 4 bis 6 gegeben.

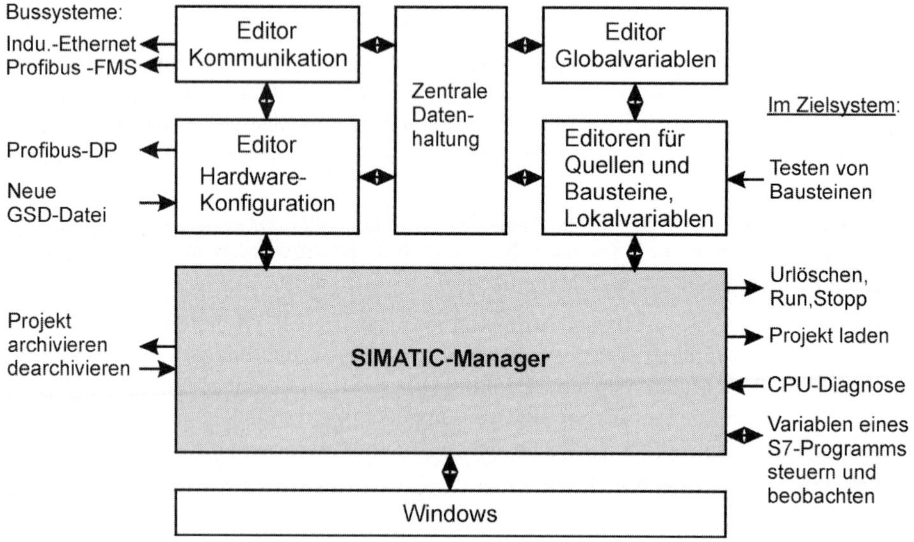

Bild 2.12: Vereinfachte Struktur von STEP 7

SIMATIC-Manager ist eine grafische Benutzeroberfläche unter Windows für die gemeinsame übersichtliche Verwaltung aller Werkzeuge und Daten. Der Zugang zur Funktionalität ist objektorientiert gestaltet, d.h. erst muss das zugehörige Objekt selektiert werden und dann kann die gewünschte Funktion über die Menüs in der Menüleiste oder über das Kontextmenü durch Klicken auf die rechte Maustaste angewählt werden.

Hardware-Konfigurations-Editor für die Zusammenstellung der Baugruppen eines Automatisierungssystems einschließlich der Festlegung von Baugruppenadressen sowie der Parametrierungen. Ein Fenster mit dem benötigten Hardware-Katalog kann geöffnet werden.

Programm-Editoren zum Erstellen des Anwenderprogramms in Baustein- und Quellenform. Für die Bausteinprogrammierung in den Programmiersprachen AWL, KOP und FUP (FUP = Funktionsplan-Darstellung entspricht FBS) stehen inkrementelle Editoren zur Verfügung, die jede Eingabe nach Abschluss hinsichtlich der Verwendung von Adressen, Symbolen, Syntax der Programmiersprache und Verwendung der Datentypen überprüfen. Eventuelle Fehler werden sofort angezeigt. Ein Fenster mit einer Bibliothek der verfügbaren Programm-Elemente kann geöffnet werden.

Symbol-Editor zur Deklaration globaler Variablen in einer *Symboltabelle*. Globale Variablen bestehen aus Operanden, für die eine symbolische Bezeichnung eingeführt wird und einem Datentyp (s. Seite 34 ff).

Kommunikations-Editor zum Projektieren von Kommunikationsverbindungen außer PROFIBUS-DP, die im Hardware-Konfigurations-Editor erfolgt. Für den Datenaustausch zwischen Teilnehmern sind Kommunikationsverbindungen erforderlich (auch als Vernetzung bezeichnet), die den Anschluss an ein gemeinsames Bussystem voraussetzen. Darauf aufbauend müssen so genannte logische Kommunikationsverbindungen softwaremäßig eingerichtet werden.

2.5.2 Projekt

Die Lösung einer Automatisierungsaufgabe geschieht im Rahmen einer umfassenden Planung, die Projekt genannt wird. Die Projektierung erfolgt auf einen PC (Erstellsystem) und wird auf eine SPS (Zielsystem) übertragen. Der technische Prozess selbst ist im Rahmen des hier betrachteten Projekts nur durch die Eingänge und Ausgänge für seine Signalgeber und Aktoren vertreten.

In STEP 7 umfasst ein Projekt die Planung der erforderlichen Hardwarekonfiguration, die Vernetzung der Anlagenkomponenten und das Programm einschließlich Datenhaltung und Symboltabellen. Eine vorhandene Projektverwaltung unterstützt das Vorhaben und sichert die Vollständigkeit und Aktualität der Projektdokumentation.

Zur Realisierung des Projekts sind erforderlich: der komplette Anlagenprozess, die Steuerungs-Hardware (SPS) und die Projektierung, diese wird in das Zielsystem geladen und befindet sich dann im Ladespeicher der CPU. Nach diesem Download kann mit der Inbetriebnahme fortgefahren werden. Es besteht eine Online-Verbindung zwischen Zielsystem (SPS) und Erstellsystem (PC, Programmiergerät), die dem Inbetriebnehmer gestattet, alle wichtigen Abläufe zu kontrollieren. Diagnosehilfen unterstützen bei der Fehlersuche.

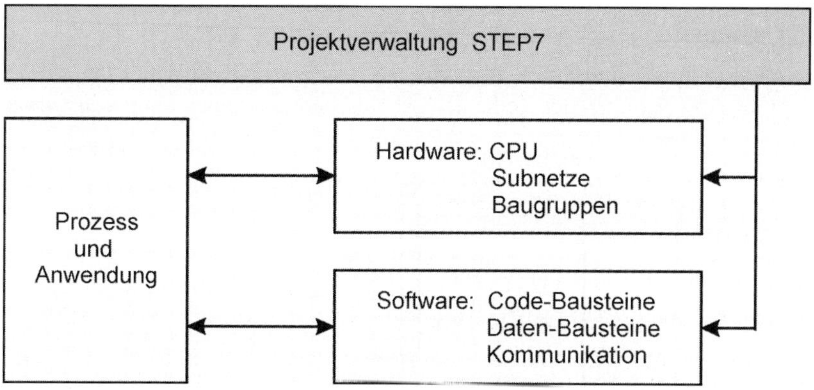

Bild 2.13: Prozess, Projekt, Programm

2.5.3 Projektstruktur

Die Darstellung von Projekten erfolgt in Projektfenstern und orientiert sich am Erscheinungsbild des Windows-Explorers. Das Projekt gliedert sich in Hierarchie-Ebenen. Das nachfolgende Bild zeigt eine erstellte Projektstruktur mit verschiedenen Behältern und Objekten. Behälter sind Ordner auf der Benutzeroberfläche des SIMATIC-Managers, die geöffnet und weitere Behälter und Objekte enthalten können.

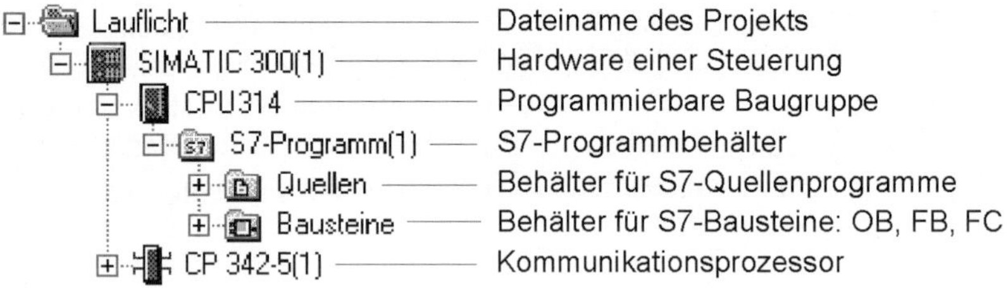

Bild 2.14: Struktur eines S7-Projekts mit dem Dateinamen „Lauflicht“

S7-Programme können in Bausteinform oder Quellenform erzeugt werden. Quellen dienen bei der S7-Programmierung allerdings nur als Basis zur Erzeugung von Bausteinen. Es steht ein Umwandlungsmechanismus in jeder Richtung zur Verfügung. Nur Bausteine können auf eine S7-CPU geladen werden. Ob beim Programmieren Bausteine oder Quellen erzeugt werden, hängt von der gewählten Programmiersprache bzw. vom *Spracheditor* ab.

Inkrementelle Eingabe bei AWL, FUP, KOP und S7-Graph: Jede Zeile bzw. jedes Element wird nach der Eingabe sofort auf syntaktische Fehler untersucht. Fehler werden angezeigt und müssen vor dem Abspeichern verbessert werden.

Quellorientierte Eingabe bei AWL-Quelle und SCL: Programm wird in einer Textdatei editiert und anschließend compiliert, wobei Fehler erst bei der Übersetzung angezeigt werden.

2.5.4 Programmstrukturen

Unter einer Programmstruktur versteht man den Aufbau eines Anwenderprogramms aus Codebausteinen. Es können drei Strukturen unterschieden werden:

Lineares Programm

Das gesamte Programm befindet sich im zyklisch bearbeiteten Organisationsbaustein OB1. Die CPU arbeitet die Anweisungen der Reihe nach ab und beginnt dann wieder von vorne.

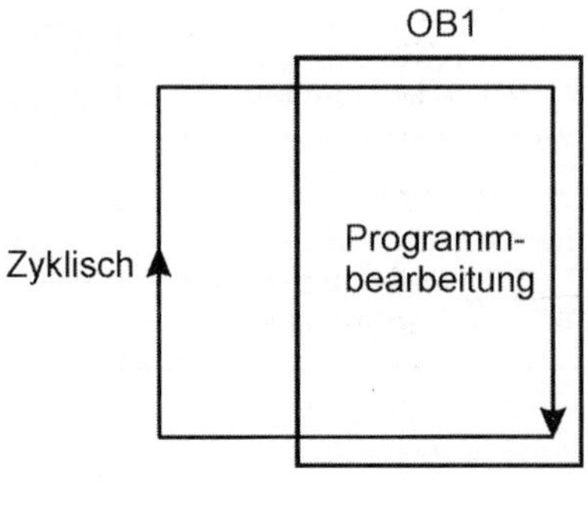

Bild 2.15:
Lineares Programm

Gegliedertes Programm

Das Programm ist in mehrere Bausteine aufgeteilt, wobei jeder Baustein nur das Programm einer Teilaufgabe enthält. Der Organisationsbaustein OB1 enthält die Aufruf-Anweisungen, nach deren Reihenfolge die einzelnen Bausteine bearbeitet werden. Gegenüber dem linearen Programm besteht der Vorteil der überschaubaren kleinen Einheiten. Im nachfolgenden Bild erkennt man die Gliederungsstruktur besonders daran, dass in den zwei aufgerufenen Bausteinen ein jeweils anderes Teilprogramm ausgeführt wird. Dabei ist angenommen, dass für einen Programmteil ein Baustein mit Gedächtnis (Funktionsbaustein: FB10 mit DB10) und für einen anderen Programmteil ein Baustein ohne Gedächtnis (Funktion: FC20) verwendet wird.

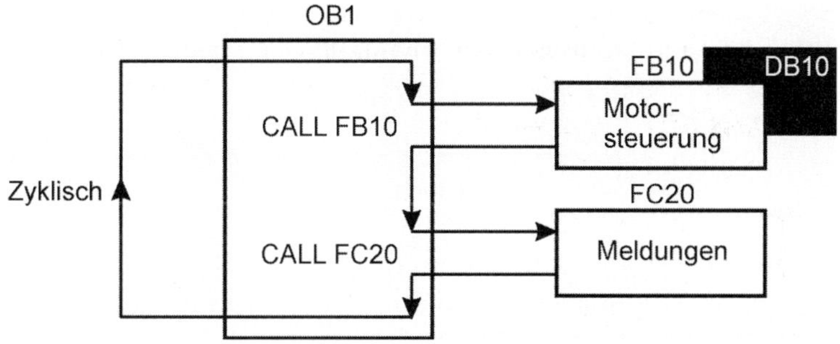

Bild 2.16: Das gesamte Programm besteht aus mehreren Hauptprogrammteilen (Gliederungsprinzip)

Strukturiertes Programm

Ein strukturiertes Programm besteht im Prinzip aus einem Hauptprogramm und mehrfach aufrufbaren Unterprogrammen. Dazu müssen die Unterprogramme parametrierbar, d.h. ihre Formalparameter durch Aktualparameter substituierbar sein. Die Substitution erfolgt immer bei Aufruf des Unterprogramm-Bausteins. Der mit Formalparametern allgemein gültig geschriebene Unterprogramm-Baustein (FB20), führt sein Programm mit den beim Aufruf übergebenen Aktualparameterwerten aus und erzielt so Aufruf-spezifische Ergebnisse.

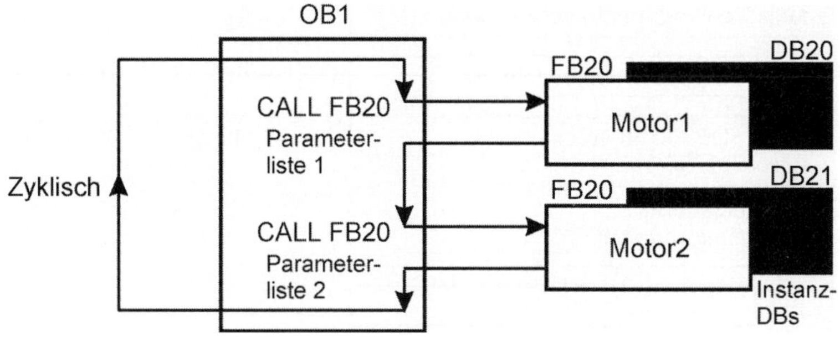

Bild 2.17: Das Gesamtprogramm besteht aus einem Hauptprogramm (OB1) und einem parametrierbaren Unterprogramm (FB20 mit DB20), das vom Hauptprogramm zweimal mit verschiedenen Aktualparametern aufgerufen wird. Voraussetzung ist, dass in einem Prozess identische Funktionen wiederholt vorkommen, die sich nur in bestimmten Ausführungswerten unterscheiden.

2.5.5 Bausteine in STEP 7

Bei STEP 7 werden alle Anwenderprogramme sowie die hierfür erforderlichen Daten in Bausteinen abgelegt. Anstelle von Programm-Organisationseinheiten wird im STEP 7 System von Code-Bausteinen gesprochen. *Code-Bausteine* enthalten das Anwenderprogramm, die dazu gehörenden Daten werden in *Datenbausteinen* gespeichert.

Bausteine in STEP 7

Code-Bausteintypen (Programm) — Datenbausteintypen (Daten)

Organisationsbaustein	**Funktionsbaustein**	**Funktion**	**Instanz-DB**	**Global-DB**
OB	FB(SFB)	FC(SFC)	DB	DB

FB(SFB) und Instanz-DB: gehören zusammen

Organisationsbausteine: Die in der SPS-Norm DIN EN 61131-3 vorgesehenen Tasks werden bei STEP 7 in Form von Organisationsbausteinen (OBs) zur Verfügung gestellt. Sie stellen die Schnittstelle zwischen Betriebssystem und Anwenderprogramm dar.

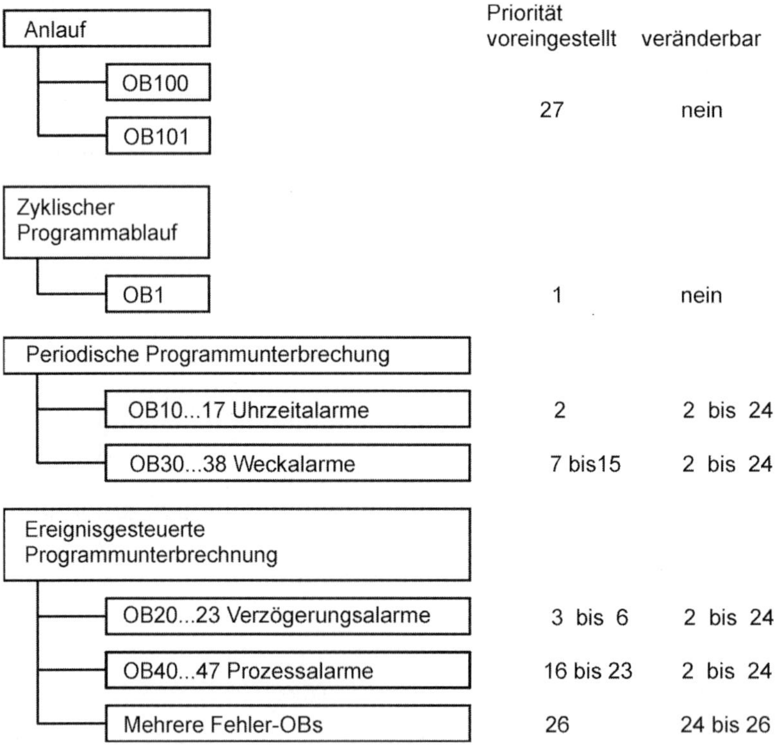

Bild 2.18: Organisationsbausteine und ihre Prioritäten (1 = niedrigste, 29 = höchste Priorität)

Aufruf: Organisationsbausteine können nicht von anderen Bausteinen aufgerufen werden, sondern nur durch das Betriebssystem bei Eintreten bestimmter Situationen, die sofort eine Unterbrechung des sonst endlos ausgeführten OB1 veranlassen. Der OB1 organisiert durch den Aufruf anderer Code-Bausteine (FBs, FCs) das zyklische Programm.

Priorität: Organisationsbausteine werden entsprechend der ihnen zugeordneten Priorität im Aufruf-Fall bearbeitet (1 = niedrigste und 29 = höchste Priorität). Der OB1 hat die niedrigste Priorität 1. Jeder andere OB kann daher das Hauptprogramm kurzzeitig unterbrechen und sein eigenes Programm bearbeiten.

Funktionsbaustein: In strukturierten Anwenderprogrammen stehen in Funktionsbausteinen die aufgabenspezifischen Unterprogramme. Zu diesem Code-Bausteintyp gehört immer ein Instanz-Datenbaustein (DB), damit dem Funktionsbaustein bei jedem Aufruf ein eigener Speicherbereich zur Aufnahme der speziellen Daten zugewiesen werden kann. Dadurch können Funktionsbausteine bei jedem Aufruf mit unterschiedlichen Daten versorgt werden.

Der Code-Bausteintyp Funktionsbaustein hat folgende Eigenschaften:

- Parametrierbarkeit, d.h. er verfügt über Bausteinparameter, die als Schnittstellen nach außen zur Übergabe von Daten verwendet werden können.
- Statische Lokaldatenspeicherung, d.h. es können statische Variablen deklariert werden, die nur bausteinintern gültig sind. Statisch bedeutet hier die Eigenschaft, dass diese Daten über den aktuellen Bausteinaufruf hinaus gespeichert werden (Gedächtnisfunktion).
- Temporäre Lokaldatenverwendung, d.h. es können temporäre Variablen deklariert werden, die nur bausteinintern gültig sind. Temporär bedeutet hier die Eigenschaft, dass diese Daten nur innerhalb eines Bausteinaufrufes gespeichert bleiben (Hilfsmerker-Funktion).

Funktion: Strukturierte Anwenderprogramme enthalten auch Programmroutinen mit häufig verwendeten mathematischen und verknüpfungslogischen Funktionen, zu deren Aufnahme der Bausteintyp Funktion gedacht ist. Jede Funktion ermittelt einen Funktionswert, den sog. Rückgabewert, der auch einen Multi-Wert beinhalten kann. Der Programmierer hat dann die Möglichkeit, Einzelwerte aus dem Rückgabewert abzufragen.

In STEP 7 kann jedoch abweichend von der SPS-Norm DIN EN 61131-3 der Bausteintyp Funktion FC mit Funktionswert und ohne Funktionswert verwendet werden. Soll der Funktionswert verwendet werden, der den festgelegten Name „RET_VAL" (Rückgabewert) hat, dann ist für die Funktion ein Datentyp anzugeben, z.B. FUNCTION FC 10: BOOL.

Soll die Funktion ohne Funktionswert verwendet werden, ist als Ersatz für einen Datentyp „VOID" (typlos) anzugeben, z.B. FUNCTION FC 20: VOID. Diese von der Norm in der STEP 7-Programmierung abweichende Variante hat den Vorteil, die Funktion mit mehreren Ausgangsparametern deklarieren zu können, wie das auch beim Funktionsbaustein FB möglich ist. Trotzdem kann eine Funktion FC nicht einen Funktionsbaustein FB ersetzen, da sie nicht über dessen Gedächtnisfunktion für bausteininterne Speichervariablen verfügt.

Der Code-Bausteintyp Funktion hat folgende Eigenschaften:

- Parametrierbarkeit, d.h. er verfügt über Bausteinparameter, die als Schnittstellen nach außen zur Übergabe von Daten verwendet werden können.
- Grundsätzlich ohne Gedächtnis, also keine Speicherfähigkeit für bausteininterne Variablen über den aktuellen Bausteinaufruf hinaus.

- Temporäre Lokaldatenverwendung, d.h. es können temporäre Variablen deklariert werden, die nur bausteinintern gültig sind. Temporär bedeutet hier die Eigenschaft, dass diese Daten nur innerhalb eines Bausteinaufrufes erhalten bleiben und deshalb nur zur Speicherung von Zwischenergebnissen genutzt werden können.

Systemfunktionen: Systemfunktionsbausteine SFB und Systemfunktionen SFC sind fertige, im Betriebssystem der CPU integrierte Code-Bausteine.

Datenbausteine: Datenbausteine sind Datenbereiche zur Speicherung von Anwenderdaten mit denen das Anwenderprogramm arbeitet. Auf die gespeicherten Daten eines Datenbausteines kann über Bit-, Byte-, Wort- und Doppelwortoperationen zugegriffen werden. Der Zugriff kann symbolisch oder absolut erfolgen. Man unterscheidet zwei Arten von Datenbausteinen:

Instanz-Datenbausteine sind Funktionsbausteinen FB fest zugeordnet. In den Instanz-DBs stehen die Daten der statischen Lokalvariablen (statische Lokaldaten). Für jeden Aufruf eines Funktionsbausteines ist ein eigener Instanz-DB durch Bestätigung der Anfrage anzulegen.

Global-Datenbausteine enthalten Informationen, auf die von allen Code-Bausteinen aus zugegriffen werden kann. Global-DBs müssen vom Anwender programmiert werden.

Bausteinaufrufe: Bausteine können andere Bausteine aufrufen, es kann eine Verkettung gebildet werden. Für Bausteinaufrufe ist eine spezielle STEP 7 Operation vorgesehen, die sog. CALL-Anweisung. Jeder Aufruf verursacht einen Wechsel in den aufgerufenen Baustein. Das nachfolgende Bild zeigt den typischen Ablauf eines Aufrufvorgangs.

Aufgabenverteilung für Bausteine:

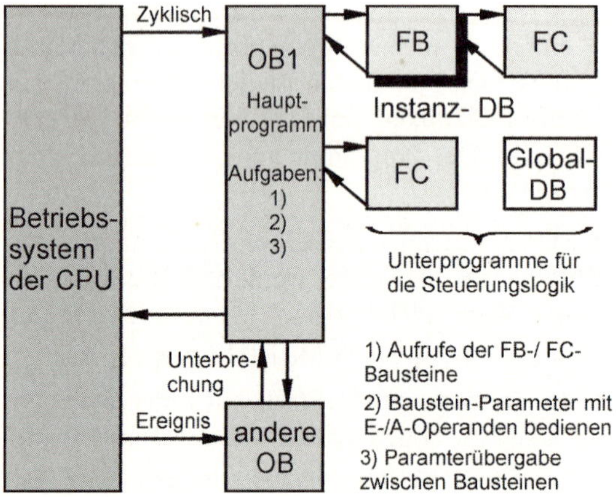

Bild 2.19:
System der Bausteinaufrufe sowie die Aufgabenverteilung der Bausteine.
Ereignisgesteuerte Unterbrechungen des zyklisch arbeitenden Hauptprogramms OB 1 dienen z.B. einer vorrangigen Alarmbearbeitung.
Die Unterprogramme in den FB- und FC-Bausteinen enthalten die Steuerungslogik, im OB 1 erfolgt die Zuweisung ihrer SPS-Operanden und temporärer Variablen.

Kriterien der Bausteinauswahl:

Funktion FC
FCs sind parametrierbare Programmbausteine ohne eigenen Datenbereich. FCs genügen, wenn keine interne Speicherfunktion nötig ist oder die Speicherung einer Variablen nach außen verlagert werden kann.

Funktionsbaustein FB
FBs sind parametrierbare Programmbausteine, denen beim Aufruf ein eigener Speicherbereich (Instanz-DB) zugewiesen wird. FBs sind notwendig, wenn ein speicherndes Verhalten einer bausteininternen Variablen nötig ist.

Organisationsbaustein OB 1
Für zyklische Programmbearbeitung der aufgerufenen FBs und FCs und der Beschaltung der Bausteinparameter mit SPS-Operanden (E-/A-Adressen, Zeitglieder, Zähler) sowie zur Parameterübergabe zwischen aufgerufenen Bausteinen.

2.5.6 Parametrierbarkeit der S7-Bausteine

Lokale Variablen: Im Deklarationsteil der Bausteine Funktion FC und Funktionsbaustein FB können lokale, d.h. nur für den betreffenden Baustein geltende *Variablen* mit einem symbolischen Namen vereinbart und im Anweisungsteil der Bausteine wie „normale" SPS-Operanden beim Programmieren verwendet werden.

Bausteinparameter: Die lokalen Variablen vom Deklarationstyp IN, OUT und IN_OUT werden auch als *Bausteinparameter* bezeichnet, da sie parametrierbar sind, d.h. es können ihnen beim Bausteinaufruf SPS-Operanden oder andere lokale Variablen zugewiesen werden. Die Bausteinparameter sind die Schnittstellen-Variablen an den Bausteingrenzen.

Deklarationstypen in S7-Codebausteinen

Deklaration **IN**: Der Eingangsparameter kann innerhalb des Code-Bausteins (FB und FC) nur abgefragt werden.

Deklaration **OUT**: Der Ausgangsparameter soll innerhalb des Code-Bausteins (FB und FC) nur beschrieben werden.

Deklaration **IN_OUT**: Der Durchgangsparameter kann innerhalb des Code-Bausteins (FB und FC) abgefragt und beschrieben werden.

Nicht zu den Bausteinparametern gehören die rein bausteininternen *Lokalvariablen*:

Deklaration **STAT**: Interne Zustandsvariable zum Abspeichern von Daten (Gedächtnisfunktion) über den Zyklus einer Bausteinbearbeitung hinaus. Eine solche Variable heißt statische Lokalvariable, sie kann nur in einem Funktionsbaustein FB deklariert werden

Deklaration **TEMP**: Interne temporäre Variable zum Zwischenspeichern von Ergebnissen innerhalb eines Zyklus der Bausteinbearbeitung und zur Datenübergabe zwischen den im OB 1 aufgerufenen Bausteinen. Sie heißen temporäre Lokalvariablen und sind deklarierbar in FB und FC.

Deklarationstabelle: FB 1
(innere Sicht der Deklaration)

Name	Datentyp	Anfangswert
IN		
S1	Bool	FALSE
Zeitgl	Timer	
Zeitw	S5Time	S5T#0MS
IN_OUT		
K1	Bool	FALSE
OUT		
Motor	Bool	FALSE
STAT		
SP	Int	0
TEMP		
HO	Word	

Aufruf des FB 1 im OB 1
(äußere Sicht der Deklaration)

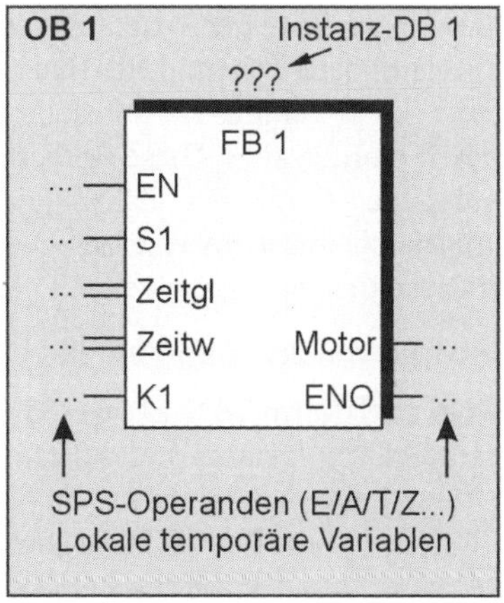

EN/ENO: Bei EN = 1 oder unbeschaltet wird der Baustein bearbeitet. Tritt dabei kein Fehler auf, wird ENO = 1 gesetzt. Bei EN = 0 wird der Baustein nicht bearbeitet und ENO =0 gesetzt.

Versorgung der Bausteinparameter: Beim Bausteinaufruf der Funktion FC müssen den Bausteinparametern entsprechende SPS-Operanden oder deklarierte Variablen zugeordnet werden. Beim Bausteinaufruf des Funktionsbausteins FB können diese zugeordnet werden. Geschieht dies nicht, werden die deklarierten Anfangswerte als Defaultwerte verwendet.

Vorgang der Parameterübergabe: Mit dem Mechanismus der Parameterübergabe werden die Bausteinparameter vom Deklarationstyp IN mit aktuellen Werten von außerhalb des Bausteins versorgt, während die Bausteinparameter vom Deklarationstyp OUT ihre Werte an SPS-Operanden oder andere Variablen nach außen abgeben können.

Bei der Parameterübergabe für einen Funktionsbaustein FB ist dessen Instanz-Datenbaustein DB mitbeteiligt. Stößt das SPS-Programm in seinem Ablauf auf einen Funktionsbaustein FB, so wird vom aufrufenden Baustein z.B. dem OB 1 veranlasst, dass die Werte für die Eingangs- und Durchgangsparameter (IN und IN_OUT) an den Instanz-DB übergeben werden. Wird bei der Programmabarbeitung im FB ein Eingangsparameter angetroffen, so kann sein aktueller Wert aus dem Instanz-DB zur Verarbeitung entnommen werden. Umgekehrt werden Ausgangs- und Durchgangsparameter (OUT und IN_OUT) mit den Ergebnissen aus dem Programm bedient und speichern diese im Instanz-DB ab. Am Ende der Programmbearbeitung des Baustein werden diese Werte an den aufrufenden Baustein (OB 1) ausgegeben.

Bei der Parameterübergabe für eine Funktion FC muss der Vorgang ohne einen Instanz-DB als Speicherbereich ablaufen. Der Speicherort aktueller Werte liegt jeweils außerhalb des Bausteins in den zugeordneten SPS-Operanden oder anderen Variablen.

Der Mechanismus der Parameterübergabe ermöglicht, dass die FB- und FC-Bausteine mehrmals in einem Programm aufgerufen und mit unterschiedlichen SPS-Operanden beschaltet und unabhängig von einander ausgeführt werden können. Für wichtige Bausteine kommt sogar eine Wiederverwendbarkeit in anderen Projekten in Frage.

Selbstgeschriebene, bibliotheksfähige Bausteine in eigener Bausteinbibliothek

In STEP 7 stehen dem Programmierer mehrere Programm-Bibliotheken zur Verfügung. Diese enthalten Bausteine der Typen SFB, SFC, FC, FB und OB. Der Nutzen für den Anwender besteht darin, dass dort für viele Detailprobleme von Anwenderprogrammen bereits fertige Lösungen angeboten werden.

Darüber hinaus kann der Programmierer auch eine eigene Bausteinbibliothek anlegen und dort selbstgeschriebene FC- und FB-Bausteine zur Wiederverwendung ablegen. Das macht jedoch nur dann Sinn, wenn diese Bausteine allgemeingültig, man sagt auch "bibliotheksfähig" programmiert worden sind. Diese Forderung schließt ein, dass **keine** SPS-Operanden wie Eingänge, Ausgänge, Zeitglieder, Zähler und Merker im Bausteinprogramm verwendet werden dürfen. Entsprechende Hinweise zur Deklaration von Bausteinparametern und Variablen finden sich im anschließenden Kapitel.

Abweichung von der Norm: Instanz-Datenbausteine

Nach der SPS-Norm DIN EN 61131-3 soll die Verwendung von Funktionsbausteinen FB im Programm durch Instanz-Bildung erfolgen, wobei jeder Instanz (Kopie) des FB-Bausteins ein Name zugeordnet werden muss. Im STEP 7-System bleibt der FB immer derselbe, dafür muss aber für jeden Aufruf des Funktionsbausteins ein Instanz-Datenbaustein angelegt werden, dem bei Bedarf auch ein symbolischer Name über die S7-Symboltabelle gegeben werden kann. In den Instanz-DBs werden die aktuellen Werte der Bausteinparameter und die Werte von Lokalvariablen für jeden FB-Aufruf gespeichert. In der Bausteinbibliothek erscheinen die Instanz-DBs deshalb nicht.

3 Variablen, Datentypen und Zahlenformate

Eines der wichtigsten Konzepte der SPS-Norm DIN EN 61131-3 ist die explizit auszuführende Deklaration von Variablen und Konstanten mit Festlegung eines zugehörigen Datentyps. Es soll nachfolgend gezeigt werden, wie dies mit dem Programmiersystem STEP 7 zu realisieren ist. Dabei wird an einigen Stellen auf STEP 7-typische Abweichungen von der Norm hingewiesen.

3.1 Variablen und Daten im Überblick

Eine *Variable* ist ein mit einem Namen versehener Speicherplatz, der im Anwenderprogramm als Platzhalter für Daten fungiert, die sich zur Laufzeit des Programms ändern können. Durch Festlegung auf einen bestimmten Datentyp erhält der Speicherplatz eine passende Größe für die Daten (Anzahl der reservierten Speicherzellen in Bit bzw. Byte oder Worte). Die Festlegung, auch Vereinbarung oder Deklaration genannt, geschieht durch Verwendung von Schlüsselwörtern.

Unter *Daten* sollen hier Informationen aus technischen Anlagen verstanden werden, wie z.B. Messdaten über Temperaturen, Füllstände, Durchflussmengen in Reaktionsbehältern usw., die verarbeitet und gespeichert werden müssen. Die Variablen sind die Mittel, um die Daten zu erfassen. Dabei wird für die Variablen ein bestimmter Datentyp festgelegt. Dieser Datentyp hängt direkt zusammen mit den auf ihn zulässigen Operationen. Die Operationen wiederum sind Teil der Anweisungen (Befehle), die der Programmierer zur Verarbeitung der Daten auswählt.

3.2 Variablendeklaration in STEP 7

STEP 7 erleichtert die Deklaration von Variablen durch Bereitstellung einer Deklarationstabelle in den Bausteintypen Funktion FC und Funktionsbaustein FB. In STEP 7 werden Eingangs-, Ausgangs- und Durchgangsvariablen der Bausteine auch als Parameter bezeichnet. Ein Eingangs-Parameter ist also eine Eingangs-Variable eines Bausteins.

Der Programmierer muss sich zuerst einen Überblick schaffen, welche Typen von Variablen zur Problemlösung benötigt werden. Danach richtet sich die Entscheidung, ob der Bausteintyp Funktion FC ausreicht oder ein Funktionsbaustein FB erforderlich ist. In Kapitel 2 wurde bereits erläutert, dass ein Funktionsbaustein FB immer dann notwendig ist, wenn ein speicherndes Verhalten einer bausteininternen Variablen benötigt wird. Ist dies nicht der Fall, kann in STEP 7 immer eine Funktion FC verwendet werden, gerade auch dann, wenn der Baustein mehrere Ausgangsvariablen haben muss. Das ist nach DIN EN 61131-3 nicht zulässig, weil eine Funktion normgemäß nur ein Datenelement als Funktionsergebnis liefern darf. Ein solches Datenelement als Rückgabewert der Funktion darf jedoch ein Multi-Wert in Form eines Feldes oder einer Struktur sein. Der Programmierer hat dann die Möglichkeit, gewünschte Einzelwerte aus dem Multi-Wert abzufragen. In STEP 7 kann man sich diesen Umweg ersparen. Es besteht jedoch auch die Möglichkeit den Rückgabewert (RET_VAL) einer Funktion über den Deklarationstyp RETURN zu nutzen.

Deklarationsbeispiel für eine Funktion FC 1:

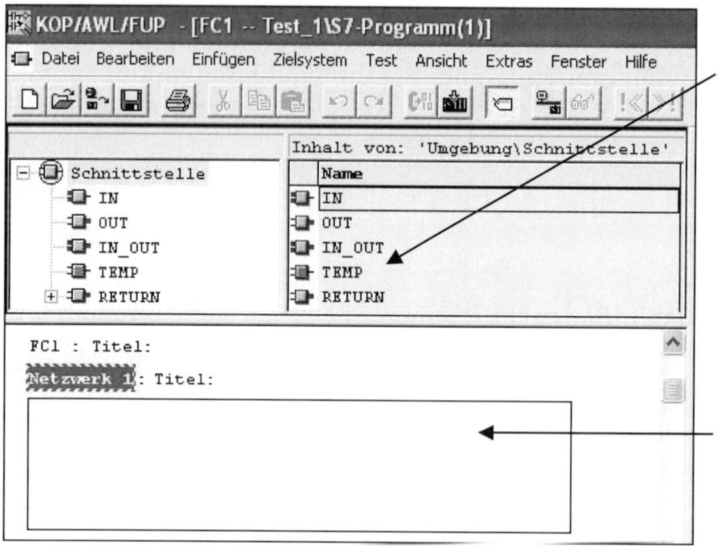

Deklarationsbereich:

IN:	Eingangs-,
OUT:	Ausgangs-,
IN_OUT:	Durchgangs-parameter
TEMP:	Temporäre Daten
RETURN:	Beinhaltet den Rückgabewert (RET_VAL) der Funktion

Programmbereich

Zur Deklaration von **Eingangsparametern** wird der Deklarationstyp **IN** markiert. Im sich öffnenden Eingabebereich ist für jeden Parameter ein Name und der erforderliche Datentyp einzugeben:

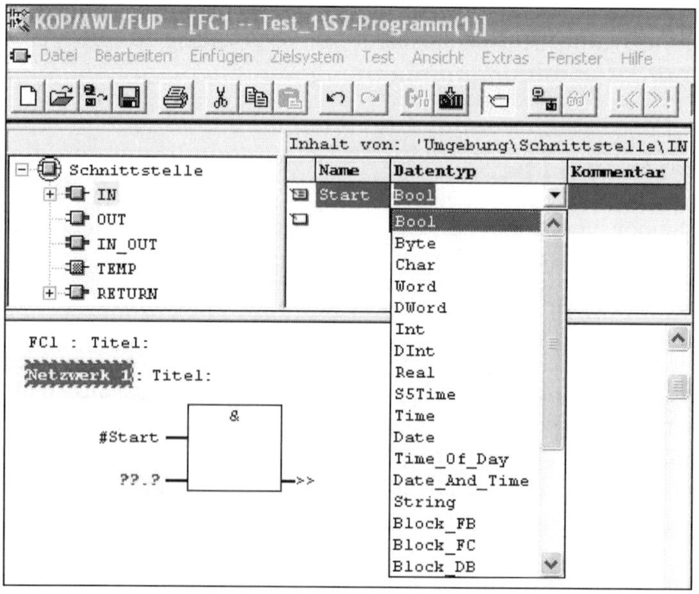

Darstellung für einen einzelnen Eingangs-Parameter:

Die in diesem Baustein deklarierten Variablen sind nur hier bekannt, sie sind daher sogenannte lokale Variablen.

Bei ihrer Verwendung im Programm erhalten lokale Variablen das Zeichen # vorgesetzt.

Die Liste der Eingangs-Parameter kann erweitert werden. Zur Deklaration von Ausgangs-Parametern wird der Deklarationstyp **OUT** markiert und entsprechend verfahren.

Beim Aufruf des Bausteins FC in Funktionsplandarstellung im OB 1 erscheinen die deklarierten Eingangs- und Ausgangs-Parameter innerhalb des Bausteins auf der linken bzw. rechten Seite und können mit entsprechenden SPS-Operanden versorgt werden.

Deklarationsbeispiel für einen Funktionsbaustein FB 1

Zur Deklaration einer bausteininternen Zustandsvariablen oder Speichervariablen (in STEP 7 als "Statische Lokaldaten" bezeichnet) wird der Deklarationstyp **STAT** markiert. Im sich öffnenden Eingabebereich ist für jede Variable ein Name und der erforderliche Datentyp einzugeben. Zusätzlich kann unter "Anfangswert" der dort automatisch eingetragene Vorgabewert überschrieben werden.

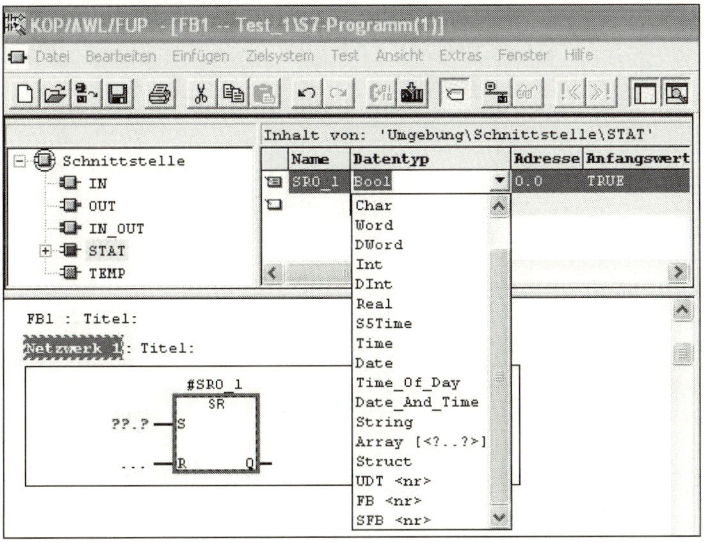

Darstellung einer einzelnen Speichervariablen:

Für jeden Aufruf eines Funktionsbausteins FB im OB 1 ist ein sog. Instanz-Datenbaustein anzulegen. Die Adresse in der nebenstehenden Deklarationstabelle wird automatisch vergeben. Sie bedeutet die Adresse der Variablen im Instanz-DB.

SRO = Schrittoperand

3.3 Variablendeklaration gemäß IEC 61131-3

3.3.1 Deklaration symbolischer Variablen

Die Deklaration symbolischer Variablen erfolgt im dafür vorgesehenen Deklarationsteil der Bausteine unter einem Namen (Bezeichner) durch Verwendung von Schlüsselwörtern wie VAR, VAR_INPUT, VAR_OUTPUT, VAR_IN_OUT und Angabe eines Datentyps nach folgendem Schema im Vergleich zur entsprechenden STEP 7-Deklaration:

Deklarationsbeispiel für eine Funktion FC 1:

Allgemein	Beispiel in Teildarstellung
FUNCTION FC 1 : BOOL ; **VAR_INPUT** Bezeichner : Datentyp ; **END_VAR** **BEGIN** Programm **END_FUNCTION**	**FUNCTION FC 1** : BOOL ; **VAR_INPUT** Start : BOOL ; **END_VAR** **BEGIN** 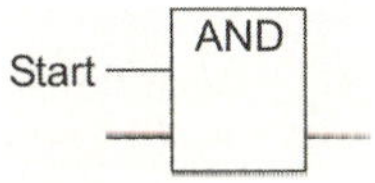 **END_FUNCTION**

Der Speicherort der symbolischen Variablen liegt im RAM-Speicherbereich der CPU.

Deklarationsbeispiel für einen Funktionsbaustein FB 1:

Im Vergleich zur entsprechenden S7-Deklaration:

Allgemein	Beispiel in Teildarstellung
FUNCTION_BLOCK FB 1 **VAR** Bezeichner : Datentyp ; **END_VAR** **BEGIN** Programm **END_FUNCTION_BLOCK**	**FUNCTION_BLOCK FB 1** **VAR** SRO_1 : BOOL ; **END_VAR** **BEGIN** 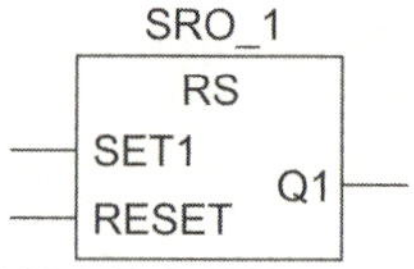 **END_FUNCTION_BLOCK**

Tabelle: Schlüsselwörter zur Deklaration von Variablen nach DIN EN 61131-3

Schlüsselwort	**Bezeichnung und Gebrauch der Variablen**
VAR_INPUT	Eingangsvariable: Von außerhalb kommend, nicht innerhalb des Bausteins änderbar.
VAR_OUTPUT	Ausgangsvariable: Nach außen lieferbar.
VAR_IN_OUT	Durchgangsvariable: Von außerhalb kommend, innerhalb des Bausteins änderbar, nach außen lieferbar.
VAR	Zustandsvariable: Gebrauch nur innerhalb des Bausteines
VAR_TEMP	Temporäre Variable: Gebrauch nur innerhalb von FB's und Programmen mit temporärer Speicherung.
VAR_GLOBAL	Globalvariable: Geltungsbereich: Konfiguration (SPS)
RETAIN	Variable ist gepuffert (Remanenzverhalten).
CONSTANT	"Konstante Variable", nicht veränderbar.
AT	Zuweisung eines direkten Speicherortes.

3.3.2 Deklaration direkter Variablen

In der SPS-Norm DIN EN 61131-3 ist vorgesehen, dass ein Operand des Eingangs-, Ausgangs- und Merkerbereiches direkt als Variablenname verwendet werden kann. Um die direkten Variablen von den symbolischen Variablen klar zu trennen, wird das Prozentzeichen „%" vor den Operanden gesetzt.

Allgemein	Beispiel
VAR_INPUT **AT** %Operand : Datentyp ; **END_VAR**	**VAR_INPUT** **AT** %IX4.7 : BOOL ; **END_VAR**

Die Deklaration direkter Variablen ist nur in den Programmorganisationseinheiten *PROGRAM* zulässig und nur dort sind sie lokal gültig und bekannt.

Tabelle: Präfix für Speicherort und Größe der Operanden

Präfix	Bedeutung	Abweichung in STEP7
I Q M	Speicherort Eingang Speicherort Ausgang Speicherort Merker	STEP7 verwendet nicht die Einzelbit-Kennzeichnung „X" und verzichtet auf das Prozentzeichen „%" vor dem Operanden. Anstelle von %IX4.7 heißt der Bit-Eingang in deutscher Version E 4.7 bzw. in der englischen Version I 4.7 in Kontinuität zum weit verbreiteten STEP 5-Programmierstandard.
X B W D	(Einzel)-Bit-Größe Byte-(8 Bit) Größe Wort-(16 Bit) Größe Doppelwort-(32 Bit) Größe	

SPS-Operanden in STEP 7: Abweichung von der Norm:

In STEP 7 ist die Deklaration von SPS-Operanden (SPS-Eingänge/Ausgänge) nicht vorgesehen. Ein SPS-Operand wie z.B. E 4.7 ist global in allen Codebausteinen ohne Deklaration gültig und bekannt.

3.3.3 Symbolische Variablen mit Zuweisung eines Speicherortes

Dieser Fall stellt eine Erweiterungsmöglichkeit zu der in 3.3.2 gezeigten Deklaration direkter Variablen dar, indem für den Operanden ein anschaulicher Name (Bezeichner) eingeführt wird, der das Programm leichter lesbar gestalten soll. Diese Deklaration ist ebenfalls nur im Bausteintyp *PPROGRAM* zulässig und ergibt eine lokal gültige Variable nach nachfolgendem Schema:

Allgemein	Beispiel
VAR_INPUT Bezeichner **AT** %Operand : Datentyp ; **END_VAR**	**VAR_INPUT** Halt **AT** %IX4.7 : BOOL ; **END_VAR**

Symboltabelle in STEP 7: Abweichung von der Norm

Im STEP 7 System kann für einen Operanden aus Gründen der besseren Verständlichkeit des Programms ein Symbol eingeführt und ein beliebiger Datentyp vergeben werden, solange die Datengröße des Operanden dafür passend ist, z.B. Integer (INT) für EW 2. Im Unterschied zur Norm handelt es sich hier jedoch nicht um die Deklaration einer symbolischen Lokalvariablen, sondern um die Einführung einer symbolischen Globalvariablen mit festgelegten Datentyp auf nicht normgerechtem Wege. Daher kann auch die Deklaration nicht im Deklarationsteil eines Codebausteines erfolgen, sondern wird in der Symboltabelle des S7-Programms durchgeführt.

S7-Symboltabelle:

Lfd. Nr.	**Symbol**	**Adresse**	**Datentyp**	**Kommentar**
1	Halt	E 4.7	BOOL	----

Dem SPS-Operanden E 4.7 wird in der Symboltabelle das Symbol Halt zugeordnet. Dieses Symbol ist in allen Bausteinen des Anwenderprogramms genauso gültig wie E 4.7. Das Symbol erscheint im Programm in Hochkommata ("Halt") gesetzt, wenn im Editor die Ansicht mit "Symbolische Darstellung" eingestellt ist.

3.4 Datentypen

Für die Steuerungstechnik hat die Norm DIN EN 61131-3 eine Anzahl von bekannten Datentypen zur Verwendung anerkannt und für normgerechte SPS-Programmiersysteme vorgeschrieben. Dazu gehört auch die Schreibweise der Datentypen durch reservierte *Schlüsselwörter*, die nicht für andere Zwecke verwendet werden dürfen.

Die Datentypen werden vor allem bei der Deklaration der Variablen des Steuerungsprogramms benötigt. Dort haben sie einen bestimmenden Einfluss auf den möglichen Wertebereich der Daten und auf die zulässigen Operationen mit ihnen.

3.4.1 Elementare Datentypen

In der nachfolgenden Tabelle sind die wichtigsten elementaren Datentypen angegeben, die ein SPS-Programmierer kennen muss. In der Zusammenstellung dieser Datentypen ist lediglich der im STEP 7 System bekannte Zeittyp S5TIME außerhalb der SPS-Norm. Die Einklammerungen in der Spalte „Schreibweise und Wertebereich" machen den Unterschied zwischen der STEP 7- und Norm-Notation aus, das Eingeklammerte entfällt bei der Norm.

Ein mögliches Einteilungskriterium für die Zuordnung zur Gruppe der elementaren Datentypen ist die beanspruchte Speicherplatzgröße. Hier ist die Obergrenze 32 Bit, die auch die Wortlänge eines Akkumulators einer S7-CPU ist. Ein weiteres Einteilungskriterium ist die Vordefiniertheit der Datentypen dieser Gruppe. Vordefiniert bedeutet unveränderbar festgelegt; damit ist gesagt, dass ein Anwendungsprogrammierer nichts weiter tun muss und kann, als der deklarierten Variablen einen elementaren Datentyp zuzuordnen. Das ist bei den folgenden zusammengesetzten Datentypen bereits ganz anders.

Tabelle: Zusammenstellung elementarer Datentypen

Schlüsselwort	Datentyp	Größe	Schreibweise und Wertebereiche
Bit-Datentype			
BOOL	Boolesche Variablen	1 Bit	FALSE (0), TRUE (1)
BYTE	Bit-Folge und 8 Bit-Hex-Zahlen	8 Bit	(B#)16# 0...FF
WORD	Bit-Folge und 16 Bit-Hex-Zahlen	16 Bit	(W#)16# 0000...FFFF
DWORD	Bit-Folge und 32 Bit-Hex-Zahlen	32 Bit	(DW#)16# 0000_0000...FFFF_FFFF
CHAR	ASCII-Zeichen	8Bit	‘A‘
Arithmetische Typen			
INT	Ganze Zahlen (Festpunktzahlen)	16 Bit	-32768 bis +32767
DINT	Ganze Zahlen (Festpunktzahlen)	32 Bit	L#-2147483648 bis +2147483647
REAL	Reelle Zahlen (Gleitpunktzahlen)	32 Bit	Dezimalzahl mit Punkt: 341.7 oder Exponentialdarstellung: 3.417 E+02

Zeittypen			
S5TIME	Zeitdauer (S5-Format)	16 Bit	S5T#0ms bis 9990s
TIME	Zeitdauer (IEC-Format)	32 Bit	TIME#-24d20h31m bis +24d20h31m
TIME OF DAY	Uhrzeit (Tageszeit)	32 Bit	TIME_OF_DAY#23:59:59,9
DATE	Datum	16 Bit	DATE#1990-01-01

Hinweis: Es gibt keinen besonderen Datentyp für BCD-Zahlen (Binär Codierte Dezimalzahlen), weder in der Norm noch im STEP 7 System. BCD-Zahlen sind eine Teilmenge der Hexadezimalzahlen, für die es die Datentypen BYTE, WORD und DWORD gibt. Man gibt BCD-Zahlen als Hex-Zahlen ein, verwendet aber nur die Ziffern 0 bis 9. Beim Datentyp WORD lautet z.B. eine entsprechende Eingabe zur Erzeugung der 4-stelligen BCD-Zahlen „1234“: (W#)16#1234. Unabhängig davon gibt es nach wie vor das BCD-Zahlenformat und dementsprechend auch Codeumsetzer, z.B. ITB (INTEGER nach BCD).

3.4.2 Zusammengesetzte Datentypen in STEP 7

Neben den elementaren Datentypen kennt man auch noch zusammengesetzte Datentypen. Bei der Deklaration von Variablen mit den Datentypen ARRAY und STRUCT besteht kein Unterschied zwischen der Norm DIN EN 61131-3 und STEP7, bis auf eine Abweichung bei der Initialisierung (Vorgabe von Anfangswerten) beim Bausteintyp Funktion FC.

Tabelle: Zusammenstellung zusammengesetzter Datentypen (Auswahl)

Schlüsselwort	Datentyp	Schreibweise
ARRAY	Gruppierung (Feld) von Komponenten gleichen Datentyps.	Messwerte: ARRAY[1..3] OF INT ; Jede Feldkomponente kann über einen Feldindex angesprochen werden: L Messwerte [Index] T Messwerte [Index] Index ist ein fester Wert und kann zur Laufzeit des Programms nicht verändert werden, d.h. es ist keine Variablenindizierung möglich. Der Inhalt einer ARRAY-Variablen ist mit der Systemfunktion SCF 20 „BLKMOV“ kopierbar.
STRUCT	Gruppierung (Struktur) von Komponenten unterschiedlichen Datentyps	Messwerte: STRUCT Temperatur : INT ; Druck : REAL ; END_STRUCT ; Alle Komponenten mit einfachem Datentyp sind einzeln mit AWL-Anweisungen ansprechbar, z.B: L Messwerte. Temperatur STRUCT-Variablen können mit der Systemfunktion SFC 20 „BLKMOV“ kopiert werden.

UDT	User Defined Data Typ = Anwenderdefinierter Datentyp: Ein UDT ist eine Zusammenfassung von Komponenten mit beliebigem Datentyp zu einem selbstgeschaffenen speziellen Datentyp.	Ein UDT entsteht durch Deklaration über: Bausteine > Einfügen > Datentyp, sein Name ist UDTn (n = Nummer) oder ein symbolischer Name und ist global in allen Bausteinen gültig und bekannt. Der Datentyp UDT entspricht dem Aufbau der Datenstruktur STRUCT. Daher können UDT-Komponenten ebenso angesprochen werden wie die STRUCT-Komponenten, z.B.: L Analogwert.Alarme.Messwert_zu_hoch

3.4.3 Parametertypen in STEP 7

Zusätzlich zu den elementaren und zusammengesetzten Datentypen, kennt das STEP 7 System noch einige besondere Datentypen, die *Parametertypen* genannt werden:

- Bausteinparameter mit Datentypen BLOCK_FB/_FC/_DB/_SDB
- Zeitglied- und Zählerparameter mit Datentypen TIMER und COUNTER
- Zeiger mit Datentypen ANY und POINTER

3.4.3.1 Datentypen BLOCK, TIMER, COUNTER zur Übergabe von Nummern

Die Übergabe von Baustein-Nummern, Timer-Nummern und Zähler-Nummern an Eingangsparameter von Bausteinen gehört zur Strategie der bibliotheksgerechten Programmerstellung. Ein Baustein ist dann bibliotheksgerecht erstellt, d.h wiederverwendbar, wenn er nur mit bausteinlokalen Variablen geschrieben ist. Dazu müssen auch die in einem Baustein verwendeten Timer (T), Zähler (Z) sowie die bausteinintern aufgerufenen anderen Funktionen (FC), Funktionsbausteine (FB) und Datenbausteine (DB) mit Eingangsparametern benannt sein. Diese Eingangsparameter können dann durch zugewiesene SPS-Operanden im Programmlauf des aufgerufenen Codebausteines ersetzt werden, z.B.:

<u>Eingangsparameter</u>	mit	<u>Datentyp</u>	wird ersetzt durch	<u>SPS-Operand</u>
Zeitglied		TIMER		T 10

Eingangsparameter können auch die Datentypen BLOCK_FB, BLOCK_FC, BLOCK_DB aufweisen, denen beim Aufruf des Bausteins dann konkrete Bausteinnummern wie z.B. FB n, FC n, DB n übergeben werden können (es bestehen allerdings einige Einschränkungen).

3.4.3.2 Datentyp ANY (ANY-Zeiger)

Ein *Zeiger* ist eine Variable, die keinen bestimmten Wert sondern die Adresse einer anderen Variablen enthält. Der ANY-Zeiger zeigt auf den Anfang eines Datenbereiches und nennt dessen Länge.

Der ANY-Zeiger kann nicht in AWL-Anweisungen verwendet werden, da er 80 Bits lang ist und damit die Akkubreite von 32 Bit übersteigt.

Hat ein Eingangsparameter den Parametertyp ANY, so kann der Datentyp eines zugeordneten Operanden oder einer Variablen beliebig sein. Es erfolgt immer die Umwandlung in einen ANY-Zeiger wie die nachfolgenden Beispiele verdeutlichen:

Eingabe	Umsetzung in ANY-Zeiger durch Editor nach Abspeichern
Operand: AW 10	P#A 10.0 Byte 2 Der ANY-Zeiger zeigt auf das Ausgangsbit A 10.0 und dort beginnt der angegebene Operandenbereich, der hier 1 Wort = 2 Byte umfasst. Angesprochen werden also die Ausgangsbyte AB 10 und AB 11 bzw. das Ausgangswort AW 10.
Operand: A 10.0	P#A 10.0 BOOL 1 Der ANY-Zeiger zeigt auf das Ausgangsbit A 10.0 und dort beginnt der angegebene Operandenbereich, der hier nur 1 Bit umfasst. Angesprochen wird also nur das Ausgangsbit A 10.0.
Variable: "Rezept".Nummer	P#DB10.DBW 2; vorausgesetzt ist, dass für die symbolische Variable [Rezept] in der Symboltabelle unter Adresse und Datentyp DB 10 deklariert wurde und ferner im Datenbaustein DB 10 unter Adresse 2 bei Namen die Variable [Nummer] mit beliebigem Datentyp (sinnvoll: INT) eingegeben wurde.

3.4.3.3 Datentyp POINTER (Bereichszeiger und DB-Zeiger)

Mit POINTER ist hier ein sog. *Bereichszeiger* gemeint, der auf eine Adresse hinzeigt. Eine solche Eingabemöglichkeit benötigt man bei der registerindirekten Adressierung (siehe Kap. 6.8.1.3). Der Bereichszeiger kann in AWL-Anweisungen und bei Parameterübergaben verwendet werden.

- Bereichszeiger mit einfacher Adresse: P # Byte.Bit z.B. P#10.7
- Bereichszeiger mit Operandenadresse: P # Operandenbereich Byte.Bit z.B. P#M 10.0

Ein Sonderfall ist der sog. *DB-Zeiger* für Datenoperandenangaben in Datenbausteinen.

- DB-Zeiger: P # Datenbausteinnummer.Datenoperandenangabe z.B. P # DB10.DBX20.7

Tabelle: Zusammenstellung der Parametertypen (Auszug)

Schlüsselwort	Größe	Information, die übergegeben wird	Format
Bausteine:			(n = Baustein-Nr.)
BLOCK_DB	16 Bit	Nummer des Datenbausteins	DB n
BLOCK_FB	16 Bit	Nummer des Funktionsbausteins	FB n
BLOCK_FC	16 Bit	Nummer der Funktion	FC n
BLOCK_SDB	16 Bit	Nummer des Systemdatenbausteins	SDB n
Zähler, Zeiten:			
COUNTER	16 Bit	Nummer des Zählers	Z n
TIMER	16 Bit	Nummer des Timers	T n
Zeiger			
ANY	80 Bit	ANY-Zeiger zeigt auf Anfang eines Datenbereichs (A 10.0), nennt den Datentyp (Byte) und die Anzahl der Einheiten des Datentyps (20)	P#A10.0 Byte 20

3.5 Zahlendarstellung

3.5.1 Grundlagen des Dualzahlensystems

Im Dualzahlensystem kann man im Prinzip genauso zählen wie im Dezimalsystem, jedoch:

- Es sind nur die Ziffern 0 und 1 verfügbar.
- Ein Übertrag in die nächst höhere Stelle erfolgt schon beim Überschreiten der Zahl 1.

Zählt man auf diese Art und Weise, so entsteht eine Folge von *Dualzahlen*.

	000	001	010	011	100	101	110	111	usw.
	+ 001	001	001	001	001	001	001	001	
	___	1	___	11	___	1	___	111	Übertrag
dual	001	010	011	100	101	110	111	1000	
dezimal	1	2	3	4	5	6	7	8	

Kennzeichen der dualen Zahlendarstellung ist es, dass die aufsteigenden Stellenwerte Potenzen der Basis 2 sind. Ein Dual-Zahlwort wird dargestellt durch die Summe aller vorkommenden Produkte $Z_i \cdot 2^i$ mit von rechts nach links ansteigenden Potenzwerten.

Zahlenbeispiel: Dualzahl

Wie heißt der Zahlenwert für das Dual-Zahlwort 100011?

Dual-Zahlwort $= Z_5 \quad Z_4 \quad Z_3 \quad Z_2 \quad Z_1 \quad Z_0$

$= 1 \cdot 2^5 + 0 \cdot 2^4 + 0 \cdot 2^3 + 0 \cdot 2^2 + 1 \cdot 2^1 + 1 \cdot 2^0$

Zahlenwert $= 32 + 0 + 0 + 0 + 2 + 1 = 35$

Der darstellbare Zahlenumfang ist abhängig von der Wortlänge der Dualzahlen:

1. Dualzahlen im Format 4 Bit

dezimal	dual
0	0000
1	0001
2	0010
3	0011
4	0100
5	0101
6	0110
7	0111
8	1000
9	1001
10	1010
11	1011
12	1100
13	1101
14	1110
15	1111

Zahlengrenze bei 2^4-1 = 15

2. Dualzahlen im Format 8 Bit = 1 Byte

dezimal	dual
0	00000000
|	|
255	11111111

Zahlengrenze bei 2^8-1 = 255

3. Dualzahlen im Format 16 Bit = 1 Wort

dezimal	dual
0	00000000 00000000
|	| |
65535	11111111 11111111

Zahlengrenze bei 2^{16}-1 = 65535

3.5.2 Zweierkomplement

Die Zweierkomplement-Methode ist ein besonderes Verfahren zur Darstellung negativer Zahlen im Dualzahlensystem. Die Grundidee besteht darin, eine negative Zahl so zu notieren, dass sie in Addition mit der betragsgleichen positiven Zahl Null ergibt.

dezimal	*dual*	
(+7)	00000111	
+(-7)	+????????	Wie muss diese negative Zahl dargestellt werden?
0	00000000	

Für die Zweierkomplement-Arithmetik gelten folgende Regeln:

Regel 1: Das höchstwertige Bit kennzeichnet das Vorzeichen der Dualzahl.

VZ-Bit 0 ≙ positive Zahl

VZ-Bit 1 ≙ negative Zahl

Regel 2: Positive Dualzahlen werden entsprechend dem Dualcode notiert. Die größte darstellbare positive Zahl ist erreicht, wenn alle nachrangigen Stellenwertigkeiten mit Einsen besetzt sind, z.B. für 8 Bit-Zahlen die Zahl 0111 1111 (≙ +127):

Bit 7(VZ) 0

Tabellenauszug

Bit 7(VZ) … 0		
0111 1111	= Zahlenwert	+127
0111 1110	= Zahlenwert	+126
| |		
0000 0001	= Zahlenwert	+1
0000 0000	= Zahlenwert	0

Regel 3: Negative Dualzahlen werden entsprechend ihrem Zweierkomplement notiert. Die größte darstellbare negative Zahl ist erreicht, wenn alle nachrangigen Stellenwertigkeiten mit Nullen besetzt sind, z.B. für 8 Bit-Zahlen die Zahl 1000 0000 (≙ -128):

Bit 7(VZ) 0

Tabellenauszug

Bit 7(VZ) … 0		
0000 0000	= Zahlenwert	0
1111 1111	= Zahlenwert	-1
| |		
1000 0001	= Zahlenwert	-127
1000 0000	= Zahlenwert	-128

Erklärung des Zweierkomplements

Das Zweierkomplement Y^* ist eine Ergänzung einer n-stelligen Dualzahl Y zur Höchstzahl 2^n.

$$Y^* = 2^n - Y$$

Die Ermittlung der Ergänzungszahl Y^* kann durch echte Subtraktion oder durch Anwendung einer Regel erfolgen. Die Regel lautet:

$Y^* = \overline{Y} + 1$ $\qquad \overline{Y}$ = alle Stellen der Zahl Y invertieren (= Einerkomplement)

Die Ergänzungszahl Y^* hat die besondere Eigenschaft, dass

$Y + Y^* = 0$ $\qquad$ mit Übertrag = 1 ist.

Die nachstehende Tabelle zeigt die Darstellung positiver und negativer Zahlenwerte im Dualzahlensystem für 4-stellige Dualzahlen:

Dezimalzahlen	0	+1	+2	+3	+4	+5	+6	+7
Dualzahlen	0000	0001	0010	0011	0100	0101	0110	0111

Dezimalzahlen	-8	-7	-6	-5	-4	-3	-2	-1
Dualzahlen	1000	1001	1010	1011	1100	1101	1110	1111

Zahlenbeispiel: Zweierkomplement

Es sind die Bitmuster zur Darstellung der Zahlenwerte +7 und –7 für eine 8-stellige Dualzahl gesucht.

Lösung:

Dualzahl Y = 0000 0111 = +7 dezimal
Y^*= 1111 1001 = -7 dezimal
ermittelt durch

Rechnung

```
              1 0000 0000
              - 0000 0111
Entlehnung    1 1111 111
              ___________
                1111 1001
```

Regel $Y^* = \overline{Y} + 1$

Y	0000 0111	
$\overline{Y}$	1111 1000	Invertierung
	+1	Addition +1
Y^*	1111 1001	

Die Anwendung der Regel ist der günstigere Weg für den Computer.

Wir probieren, ob $Y^* = \overline{Y} + 1 = 0$ mit Übertrag = 1 ist.

```
     +7 =    0000 0111
  +(-7) =+   1111 1001
           1 1111 111     Übertrag
           ___________
           1 0000 0000
```

→ Übertrag entfällt, da er außerhalb des Wortformats liegt.

Zahlenbeispiel: Bitmusterdarstellung negativer Zahlen

Wie lautet die Zweierkomplement-Darstellung der Zahl –52 (dezimal) in Bytedarstellung und Wortdarstellung?

```
Bytedarstellung:   +52 =          00110100
                                  11001011   Einerkomplement
                                        +1
                   -52 =          11001100   Zweierkomplement

Wortdarstellung:   +52 = 00000000 00110100
                         11111111 11001011   Einerkomplement
                                        +1
                   -52 = 11111111 11001100   Zweierkomplement
```

3.5.3 Zahlenformate

3.5.3.1 Ganzzahlen

Ganzzahlen sind ganze, mit Vorzeichen versehene Dualzahlen.
Man unterscheidet:

- Ganzzahlen mit dem Datentyp INTEGER (INT) und einer Bitkettenlänge von 16 Bits = 1 Wort, wobei das Bit Nr. 15 das Vorzeichen VZ enthält.

Bit	15	14	0
	VZ	2^{14}	2^{0}
	MSB		LSB

Z_{max}	$(2^{15}\ 1)$	32767	positiver Zahlenbereich
		0	
		-1	negativer Zahlenbereich
Z_{min}	(2^{15})	- 32768	

- Ganzzahlen mit dem Datentyp DOPPELINTEGER (DINT) und einer Bitkettenlänge von 32 Bits = 1 Doppelwort = 2 Worte, wobei das Bit Nr. 31 das Vorzeichen VZ enthält.

Bit	31	30	16	15	0
	VZ	2^{31}	2^{16}	2^{15}	2^{0}
	MSB				LSB

Der Zahlenbereich liegt zwischen

Z_{max}	$(2^{31}\ 1)$	2147483647	positiver Zahlenbereich
		0	
		-1	negativer Zahlenbereich
Z_{min}	(2^{31})	- 2147483648	

Die Vorzeichenregeln für INT und DINT lauten:

VZ: „0“ = positive Zahl
VZ: „1“ = negative Zahl in Zweierkomplementdarstellung

Weitere Bezeichnungen an den Bitketten lauten:

MSB = Most Significant Bit (höchstwertigstes Bit)
LSB = Least Significant Bit (niedrigwertigstes Bit)

Merkregeln zum „Lesen“ von Ganzzahlen:

1. Positive Ganzzahl

Höchster Stellenwert gleich „0“ bedeutet positive Zahl. Der Betrag der Zahl ist gleich der Summe aller Stellenwerte, die den Signalzustand „1“ führen.

Bitmuster der Ganzzahl	**0**0000000 00101100
Zahlenwert der Ganzzahl	+(32+8+4) +44

2. Negative Ganzzahl

   Höchster Stellenwert gleich „1" bedeutet negative Zahl. Der Betrag der Zahl ist gleich der Summe aller Stellenwerte, die den Signalzustand „0" führen vermehrt um + 1.

   Bitmuster der Ganzzahl **1**1111111 11010100
   Zahlenwert der Ganzzahl -[(32+8+2+1)+1] = - 44

3.5.3.2 Gleitpunktzahlen nach IEEE

Gleitpunktzahlen sind gebrochene, mit einem Vorzeichen versehene Zahlen und haben den Datentyp REAL. Sie bestehen intern aus drei Komponenten: dem Vorzeichen VZ, dem 8 Bit-Exponenten Exp zur Basis 2 mit einem Abzugsfaktor von 127 und einer 23 Bit-Mantisse. Die Mantisse stellt den gebrochenen Anteil dar. Der ganzzahlige Anteil der Mantisse wird nicht gespeichert, da er immer 1 ist (bei normalisierten Gleitpunktzahlen). Die Codierung einer Gleitpunktzahl umfasst somit 32 Bits = 1 Doppelwort.

Bit	31	30 … 23	22 … 0
	VZ	2^7 … 2^0	2^{-1} … 2^{-23}
		Exponent	Mantisse

$$\text{Wert} = (\text{VZ}) \cdot (1.\text{Mantisse}) \cdot (2^{(\text{Exp-127})})$$

VZ: „0" = positive Zahl
VZ: „1" = negative Zahl

Obwohl betragsmäßig kein Unterschied zwischen den Zahlen 3 und 3.0 besteht, liegen vollkommen verschiedene Zahlenformate vor. Die Zahl 3 ist eine Ganzzahl mit dem Datentyp INTEGER und die Zahl 3.0 ist eine Gleitpunktzahl mit dem Datentyp REAL. Man darf die beiden Zahlen auch nicht addieren, ohne den Datentyp einer Zahlen umzuwandeln.

Zahlenbeispiel

Wie lautet der Zahlenwert, wenn die Bitmuster-Darstellung einer Gleitpunktzahl wie folgt gegeben ist:

VZ
0 0111111 01000000 00000000 00000000
Exponent: 0111111 0 — Mantisse: 1000000 00000000 00000000

Lösung:

VZ = 0 bedeutet Vorzeichen +
Exponent 01111110 bedeutet Exp =126
Mantisse: Bit 22 = 1 bedeutet, dass dieser Stellenwert 2^{-1} = 0,5 zählt, die anderen Stellenwerte zählen nicht, da Null.

Ergebnis: $\text{Wert} = (\text{VZ}) \cdot (1, \text{Mantisse}) \cdot (2^{(\text{Exp-127})})$

$\text{Wert} = (+) \cdot (1{,}5)\ (2^{(126-127)}) = +\,1{,}5 \cdot 0{,}5$

$\text{Wert} = +0{,}75$

3.5.3.3 BCD-Zahlen

- **Grundlagen**

Um den dezimalen Wert einer Dualzahl zu erfassen, ist man besonders bei großen Zahlen auf umständliche Berechnungen oder die Benutzung des Taschenrechners angewiesen.

Eine geschicktere Methode der Zahlendarstellung besteht darin, ein Binärwort so aufzubauen, dass man den dezimalen Wert ziffernweise ablesen kann. Bei der nachfolgend beschriebenen Zahlendarstellung wird unterstellt, dass man die Dualzahlen von 0000...1111 direkt lesen und verstehen kann.

Binär-codierte Dezimalzahlen werden abgekürzt als *BCD-Zahlen* bezeichnet. Eine vorliegende Dezimalzahl wird ziffernweise codiert, wobei nur der binäre Zeichenvorrat (0, 1) verwendet wird. Für die Darstellung der 10 Dezimalziffern werden mindestens 4 Binärstellen (1 Tetrade) benötigt.

Es gibt mehrere BCD-Codes, der bekannteste ist der BCD-8421-Code. Die Ziffernfolge 8421 benennt die Stellenwertigkeit der Binärstellen innerhalb einer Tetrade. Nachfolgend werden Zahlen, die im BCD-8421-Code codiert sind, auch einfach als BCD-Zahlen bezeichnet.

Tabelle: BCD-Zahlen für 1 Dezimalstelle

Dezimalzahlen	BCD-8421-Zahlen
0	0000
1	0001
2	0010
3	0011
4	0100
5	0101
6	0110
7	0111
8	1000
9	1001
Nicht verwendete Kombinationen (sog. Pseudotetraden)	1010 1011 1100 1101 1110 1111

Mit 4 Tetraden = 16 Bit lässt sich ein Zahlenumfang von 0 bis $10^4 - 1 = 9999$ darstellen.

Zahlenbeispiel: BCD-codierte Zahl schreiben

Die Darstellung des dezimalen Wertes 7254 im BCD-Code ergibt:

7	2	5	4	dezimal
0111	0010	0101	0100	BCD-Zahl

Zahlenbeispiel: BCD-codierte Zahl lesen

Wie lautet der dezimale Zahlenwert der gegeben BCD-codierten Zahl?

1001	0011	1000	0110	BCD-codiert
9	3	8	6	dezimal

Zahlenbeispiel: Ziffernanzeige

Eine BCD-codierte Ziffernanzeige zeigt die Zahl 80 an.

a) Welches Bitmuster weist das anliegende Binärwort auf?

b) Welche Zahl würde eine geeignete dual-codierte Ziffernanzeige beim gleichen Bitmuster wie bei a) anzeigen?

c) Welches Ergebnis würden eine BCD-codierte Ziffernanzeige ausgeben, wenn sie mit dem Bitmuster 0111 1111 angesteuert werden würden?

d) Welche Zahl würde eine geeignete dual-codierte Ziffernanzeige beim gleichen Bitmuster wie bei c) anzeigen?

Lösung:

a) Bit-Nr.	7	6	5	4	3	2	1	0	
	1	0	0	0	0	0	0	0	(4 Signalleitungen je Stelle)
	8				0				BCD-codierte Ziffernanzeige

b) Bit-Nr.	7	6	5	4	3	2	1	0	
	1	0	0	0	0	0	0	0	
	1 2 8								Dual-codierte Ziffernanzeige

c) Bit-Nr.	7	6	5	4	3	2	1	0	
	0	1	1	1	1	1	1	1	
	7				dunkel				BCD-codierte Ziffernanzeige

Das Bitmuster 1111 der niederwertigen Stelle kann nicht als Ziffer angezeigt werden, da es 9 übersteigt. Die Anzeige schaltet auf "dunkel".

d) Bit-Nr.	7	6	5	4	3	2	1	0	
	0	1	1	1	1	1	1	1	
	1 2 7								Dual-codierte Ziffernanzeige

- **BCD-Zahlen in der S7-SPS:**

Das BCD-Zahlenformat kommt im technischen Prozessbereich vor bei Zahleneinsteller und Ziffernanzeigen sowie programmintern bei der Vorgabe von Zeitwerten bei Zeitgliedern und Zählwerten bei Zählern.

Weder in der SPS-Norm noch in STEP 7 existiert ein Datentyp für BCD-Zahlen. Um trotzdem BCD-Zahlen darstellen zu können verwendet man das hexadezimale Zahlenformat und verwendet nur die Ziffern 0...9.

Man unterscheidet nach dem Zahlenformat 16-Bit-BCD-Zahlen und 32-Bit-BCD-Zahlen und nach der Verwendung vorzeichenlose und vorzeichenbehaftete BCD-Zahlen.

Eingabe einer vorzeichenlosen 16 Bit-BCD-Zahl, die auch als solche im Programm verarbeitet wird.

Zahlenbeispiel: Dezimalzahl 1234

Im Programm als Konstante: W # 16 # 1234

Mit BCD-Zahleneinsteller: 1234

Bitmuster: 0001 0010 0011 0100

Eingabe einer vorzeichenbehafteten 16 Bit-BCD-Zahl, die auch als solche im Programm verarbeitet wird, z.B. bei der Umwandlungsfunktion 16-Bit-BCD TO INT. Diese Funktion wertet die links außen stehende Dekade als Vorzeichenstelle und hat dann nur noch 3 Dekaden für den Betrag:

0xxx = positiv

1xxx = negativ

Zahlenbeispiel: Dezimalzahl +234

Im Programm als Konstante: W# 16 # 0234

Mit BCD-Zahleneinsteller: 0234

Bitmuster: = **0**000 0010 0011 0100

Zahlenbeispiel: Dezimalzahl -234

Im Programm als Konstante: W # 16 # 8234

Mit BCD-Zahleneinsteller: 8234

Bitmuster: = **1**000 0010 0011 0100

3.5.3.4 Hexadezimalzahlen

- **Grundlagen**

Kennzeichen der *Hexadezimalzahlen* ist, dass die aufsteigenden Stellenwerte Potenzen der Basis 16 sind und ein Zeichenvorrat von 16 Zeichen zur Verfügung steht. Da 16 verschiedene einstellige Ziffern unterschieden werden müssen, reicht der Vorrat der Ziffern 0...9 nicht aus und muss durch die „Ziffern" A...F ergänzt werden.

Zeichenvorrat: 0, 1, 2, 3, 4, 5, 6, 7, 8, 9, A, B, C, D, E, F

Zahlenbeispiel: Hexadezimalzahl

Wie heißt die Dezimalzahl für das Hexadezimal-Zahlwort Z = 12C?

Hex-Zahlwort	$Z = Z_2 + Z_1 + Z_0$
Hex-Zahlwort	$Z = 1 \cdot 16^2 + 2 \cdot 16^1 + 12 \cdot 16^0$
Dezimalzahl	$Z = 256 + 32 + 12 = 300$

Die Bedeutung der hexadezimalen Darstellung von Zahlen in der Steuerungstechnik besteht darin, dass sie eine weitverbreitete Kurzschreibweise für Dualzahlen der Wortlänge 4, 8, 16 und 32 Bit sind. Das ist möglich bei Kenntnis der 1-stelligen Hexadezimalzahlen wie sie in der nachfolgenden Tabelle gezeigt werden.

Tabelle: 1-stellige Hexadezimalzahlen-Zahlen

Dezimalzahlen	Hexadezimalzahlen	Dualzahlen
0	0	0000
1	1	0001
2	2	0010
3	3	0011
4	4	0100
5	5	0101
6	6	0110
7	7	0111
8	8	1000
9	9	1001
10	A	1010
11	B	1011
12	C	1100
13	D	1101
14	E	1110
15	F	1111

Die hexadezimale Zahlendarstellung verändert nicht den mit 16 Bit erreichbaren Zahlenumfang des Dualsystems, sondern bringt lediglich eine strukturierte Lesart hervor, indem man immer 4 Bit zu einer Einheit zusammenzieht und dafür die hexadezimale Ziffer setzt, beginnend links vom Komma.

Zahlenbeispiel: Hexzahl

Eine 16-Bit-Dualzahl wird strukturiert geschrieben	0011	1111	1100	0101,
Für jede 4-Bit-Einheit wird gemäß Tabelle eine Hex-Ziffer gesetzt:	3	F	C	5

Die Darstellungsart 3FC5 ist weniger fehleranfällig als die Schreibweise der Dualzahl.

- **Hexadezimalzahlen in der S7-SPS**

Das Hexadezimal-Zahlenformat kommt im technischen Prozessbereich vor bei Zahleneinsteller und Ziffernanzeigen sowie programmintern z.B. bei sog. Maskierungen in Verbindung mit UND- bzw. ODER-Wortbefehlen zum Aus- bzw. Einblenden von Binärstellen in Wort-Operanden.

Man unterscheidet nach dem Zahlenformat 16-Bit-Hex-Zahlen und 32-Bit-Hex-Zahlen. Bei der Eingabe als Konstanten lauten die entsprechenden Ausdrücke:

16-Bit-Hex-Zahlen: W # 16 # 0000 ... FFFF,

32-Bit-Hex-Zahlen: DW # 16 # 0000 0000 ... FFFF FFFF.

II Operationsvorrat der SPS

4 Binäre Operationen

4.1 Binäre Abfragen und Verknüpfungen

Werden binäre Signalzustände von Variablen funktional miteinander verbunden, so spricht man von Verknüpfungen. Alle auch noch so komplizierten Verknüpfungen lassen sich aus der Negation NICHT und den beiden Grundverknüpfungen UND und ODER zusammensetzen. Die meisten SPSen bieten noch die XOR Verknüpfung (Exclusiv-ODER) im Operationsvorrat an.

4.1.1 Die Negation von Variablen

Der Signalwert einer Variablen wird durch die Negation invertiert. Das bedeutet, der Ausgangswert A der Negation hat dann den Wert „1“, wenn der Eingangswert E den Wert „0“ hat und umgekehrt.

Allgemeine Darstellungen der Negation:

Funktionstabelle:

E	A
0	1
1	0

Mit einer Funktionstabelle kann der Zusammenhang zwischen der Eingangsvariablen E und der Ausgangsvariablen A sehr übersichtlich dargestellt werden.

Schaltalgebraischer Ausdruck:

$A = \overline{E}$

Funktionsplan:

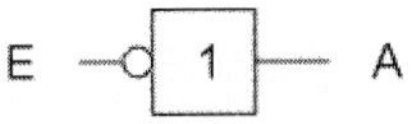

Stromlaufplan:

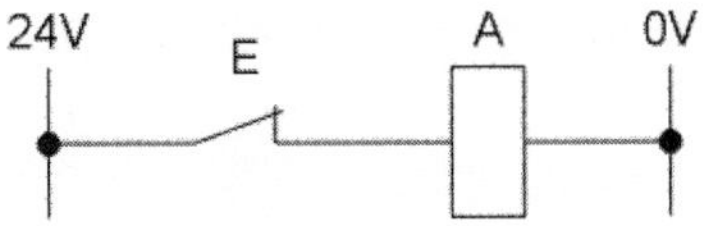

Zeitdiagramm:

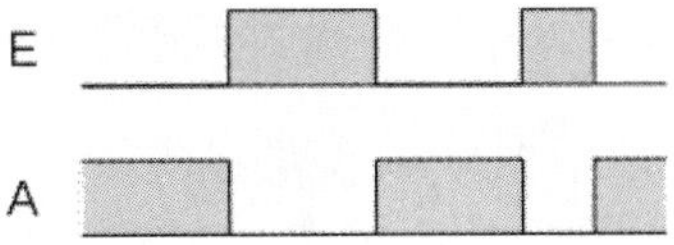

Operationsdarstellung in der Steuerungssprache STEP 7:

AWL	FUP
`UN E 0.0` `= A 4.0`	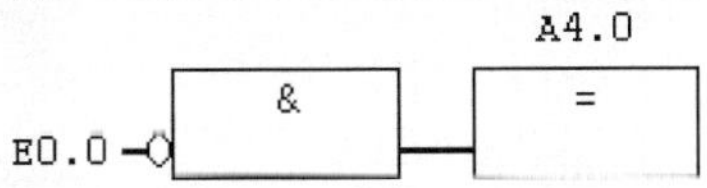

SCL	KOP
A4.0:=NOT E0.0;	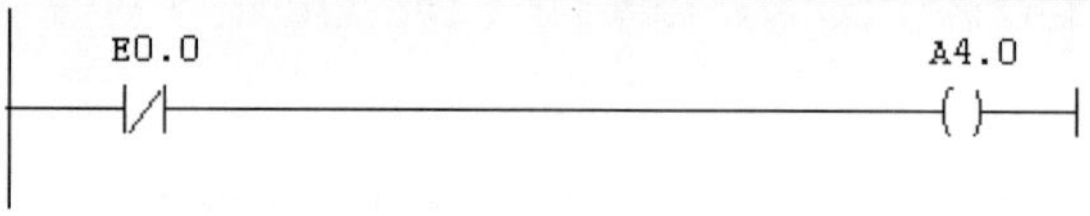

Beispiel 4.1: Bohrerkontrolle

Eine Bohrerkontrolle wird mit einer Lichtschranke durchgeführt. Ist der Bohrer nicht abgebrochen, so wird der Lichtstrahl unterbrochen und ein Freigabesignal für den Bohrvorgang erteilt. Im umgekehrten Fall wird das Freigabesignal unterdrückt.

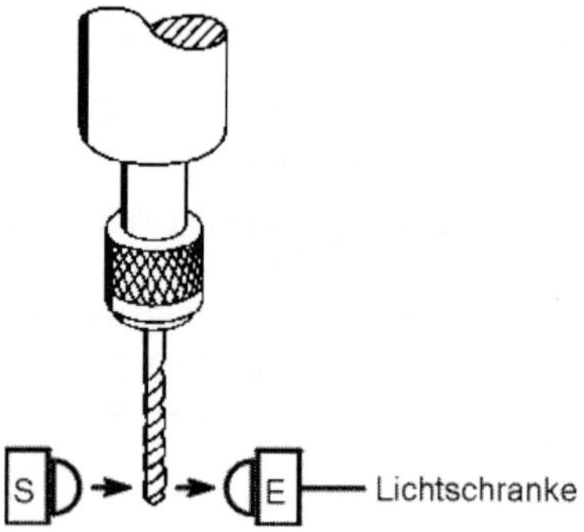

Bild 4.1: Bohrerkontrolle

Zuordnungstabelle der Eingänge und Ausgänge:

Eingangsvariable	Symbol	Datentyp	Logische Zuordnung		Adresse
Lichtschranke	E	BOOL	Unterbrochen Nicht unterbrochen	E = 0 E = 1	E 0.0
Ausgangsvariable					
Freigabe	A	BOOL	Keine Freigabe Freigabe erteilt	A = 0 A = 1	A 4.0

STEP 7 Programm (AWL-Quelle):

```
ORGANIZATION_BLOCK OB 1
VAR_TEMP
      ...                          //Standardeinträge
END_VAR
BEGIN
UN E   0.0;
=  A   4.0;
END_ORGANIZATION_BLOCK
```

Die NICHT-Abfrage stellt die Umkehrung des Signalwertes dar, den ein Geber am Eingang des Automatisierungsgerätes liefert. Vor der Programmerstellung muss bekannt sein, ob der verwendete Geber ein „Öffner“ oder eine „Schließer“ ist. Diese Begriffe kommen von der Stromlaufplantechnik und bedeuten:

„Schließer“	Betätigt Nicht betätigt	Signalwert „1“ Signalwert „0“
„Öffner“	Betätigt Nicht betätigt	Signalwert „0“ Signalwert „1“

Die Begriffe „Öffner“ und „Schließer“ werden im Folgenden nur im Zusammenhang mit Schaltern oder Tastern verwendet. Ob Schalter bzw. Taster als Öffner oder Schließer eingesetzt werden, ist aus der Sicht der Sicherheitsanforderungen zu entscheiden. Bei den häufig auftretenden elektronischen Signalgebern (Sensoren) werden die Begriffe „Öffner“ und „Schließer“ nicht verwendet. Die Sensoren werden dahingehend untersucht, ob bei Betätigung oder Aktivierung des Sensors der Signalwert „0“ oder „1“ an den Eingang des Automatisierungsgerätes gelegt wird.

4.1.2 Die UND-Verknüpfung

Die Ausgangsvariable einer UND-Verknüpfung hat dann den Signalwert „1“, wenn alle Eingangsvariablen der UND-Verknüpfung den Signalwert „1“ haben.

Allgemeine Darstellungen der UND-Verknüpfung:

Funktionstabelle:

E2	E1	A
0	0	0
0	1	0
1	0	0
1	1	1

Funktionsplan:

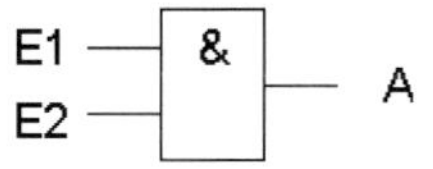

Schaltalgebraischer Ausdruck:

$A = E1 \wedge E2$

$A = E1 \,\&\, E2$

$A = E1\ E2$

(Gleichwertige Schreibweisen)

Stromlaufplan:

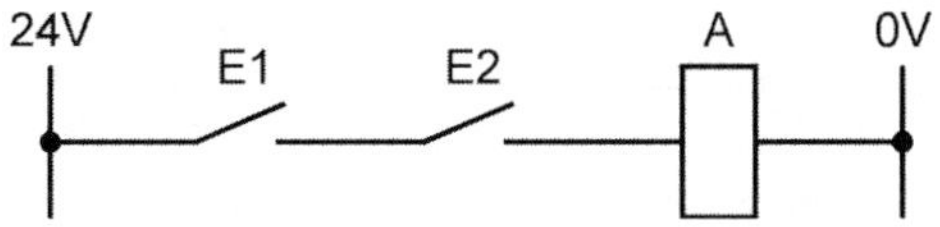

Zeitdiagramm:

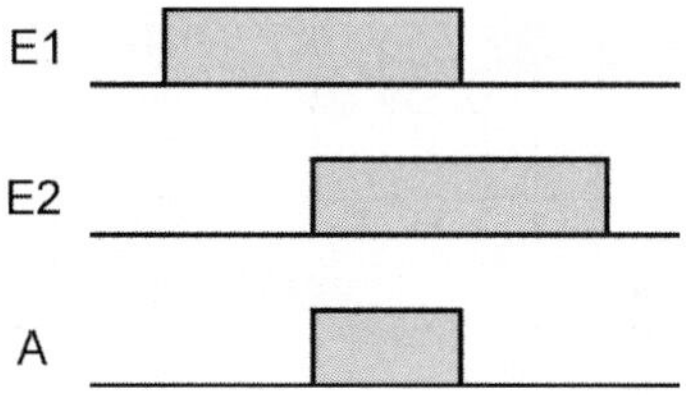

Welche der Darstellungsarten jeweils verwendet wird, ist von der Aufgabenstellung und der weiteren Zielsetzung abhängig.

Operationsdarstellung in der Steuerungssprache STEP 7:

AWL	FUP
U E 0.1 U E 0.2 = A 4.0	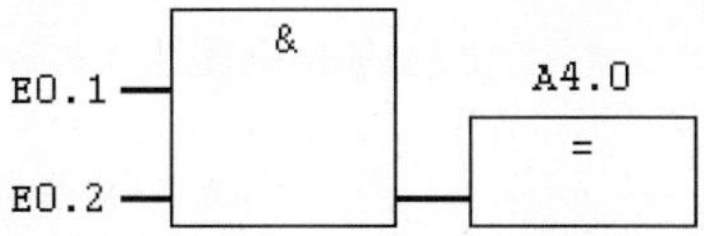
SCL	**KOP**
A4.0:= E0.1 AND E0.2;	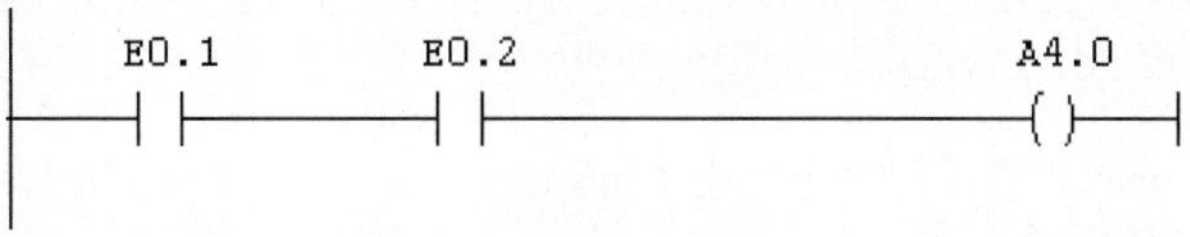

Beispiel 4.2: Schutzgitter

Eine Presse führt den Arbeitshub nur aus, wenn das Schutzgitter geschlossen ist (Meldung mit S2) und der Starttaster S1 betätigt wird.

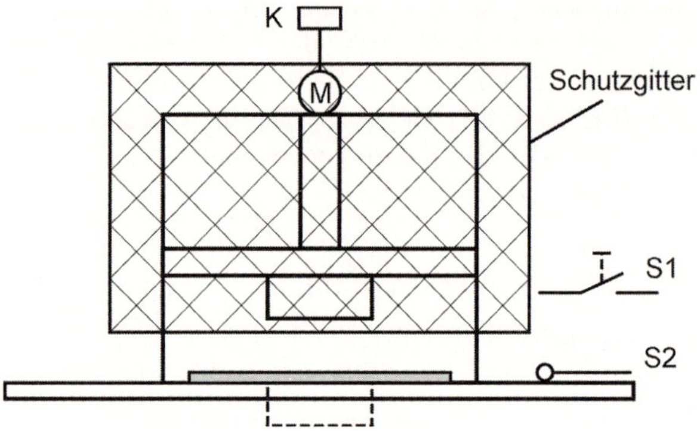

Bild 4.2: Schutzgitter

Zuordnungstabelle der Eingänge und Ausgänge:

Eingangsvariable	Symbol	Datentyp	Logische Zuordnung		Adresse
Taster Start	S1	BOOL	Betätigt	S1 = 1	E 0.1
Endschalter	S2	BOOL	Betätigt	S2 = 1	E 0.2
Ausgangsvariable					
Pressenschütz	K	BOOL	Arbeitshub wird ausgeführt	K = 1	A 4.0

Funktionstabelle:

S2	S1	K
0	0	0
0	1	0
1	0	0
1	1	1

Funktionsplan:

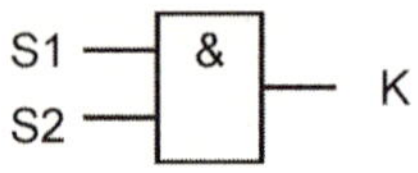

Schaltalgebraischer Ausdruck:

K = S1&S2

STEP 7 Programm (AWL-Quelle):

```
ORGANIZATION_BLOCK OB 1
VAR_TEMP
      ...                    //Standardeinträge
END_VAR
BEGIN
U  E   0.1;
U  E   0.2;
=  A   4.0;
END_ORGANIZATION_BLOCK
```

Eine UND-Verknüpfung kann mehr als zwei Eingangsvariablen haben, wobei einzelne Variablen dabei auch negiert werden können.

Die Abarbeitung einer UND-Verknüpfung mit mehreren Variablen zeigt der nebenstehende Ablaufplan.

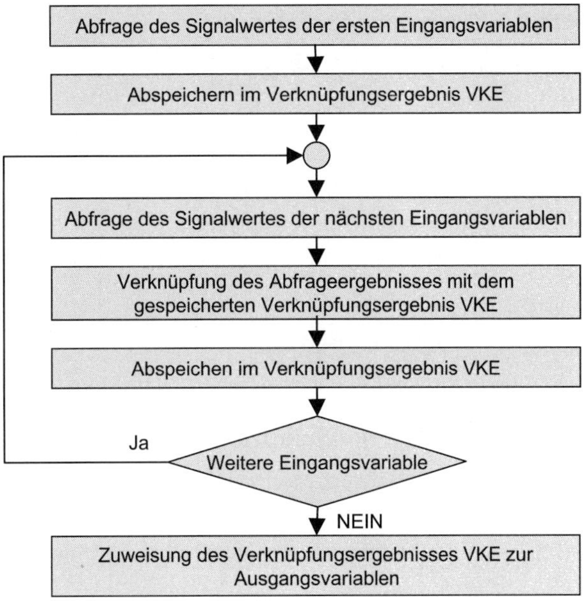

Beispiel 4.3: Mitschreibbeleuchtung

Die Mitschreibbeleuchtung in einem Vortragsraum darf nur leuchten, wenn das Hauptlicht ausgeschaltet, der Raum verdunkelt und der Mitschreibschalter betätigt ist.

Zuordnungstabelle der Eingänge und Ausgänge:

Eingangsvariable	Symbol	Datentyp	Logische Zuordnung		Adresse
Hauptlichtschalter	S1	BOOL	Betätigt	S1 = 1	E 0.1
Raumverdunkelung	S2	BOOL	Betätigt	S2 = 1	E 0.2
Mitschreibschalter	S3	BOOL	Betätigt	S2 = 1	E 0.3
Ausgangsvariable					
Mitschreibbeleuchtung	H	BOOL	An	H = 1	A 4.0

Aus der Aufgabenbeschreibung geht hervor, dass die Mitschreibbeleuchtung an ist, wenn die UND-Verknüpfung S1 = 0 & S2 = 1 & S3 = 1 vorliegt.

Funktionstabelle:

Okt. Nr.	S3	S2	S1	H
0	0	0	0	0
1	0	0	1	0
2	0	1	0	0
3	0	1	1	0
4	1	0	0	0
5	1	0	1	0
6	1	1	0	1
7	1	1	1	0

Funktionsplan:

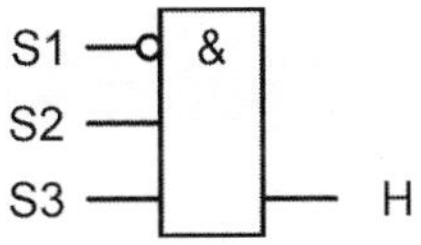

Schaltalgebraischer Ausdruck:

$H \quad \overline{S1}\, S2\, S3$

STEP 7 Programm (AWL-Quelle):

```
ORGANIZATION_BLOCK OB 1
VAR_TEMP
     ...                 //Standardeinträge
END_VAR
BEGIN
UN E   0.1;
U  E   0.2;
U  E   0.3;
=  A   4.0;
END_ORGANIZATION_BLOCK
```

4.1.3 Die ODER-Verknüpfung

Der Ausgangssignalwert einer ODER-Verknüpfung hat dann den Signalwert „1", wenn einer der Eingangsvariablen der ODER-Verknüpfung den Signalwert „1" hat.

Allgemeine Darstellungen der ODER-Verknüpfung:

Funktionstabelle:

E2	E1	A
0	0	0
0	1	1
1	0	1
1	1	1

Funktionsplan:

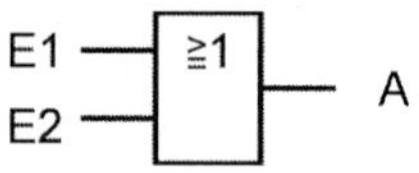

Schaltalgebraischer Ausdruck:

A = E1 v E2

Stromlaufplan:

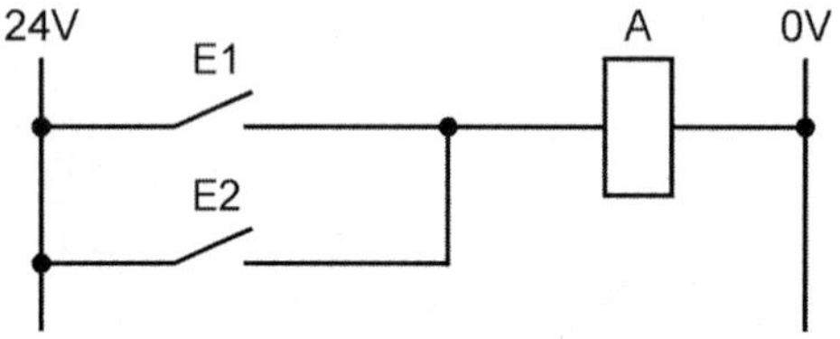

Zeitdiagramm:

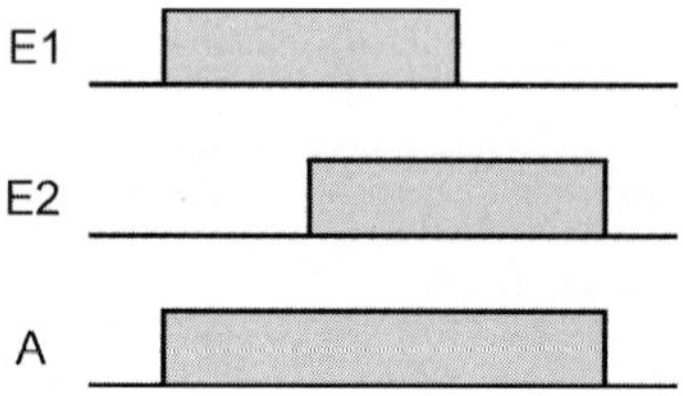

Operationsdarstellung in der Steuerungssprache STEP 7:

AWL	FUP
O E 0.1 O E 0.2 = A 4.0	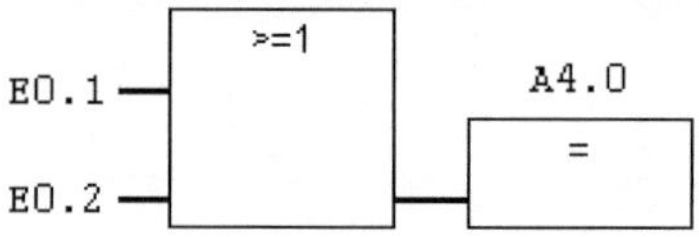

SCL	KOP
`A4.0:=E0.0 OR E0.1;`	

Auch die ODER-Verknüpfung kann mehr als zwei Eingangsvariablen haben, wobei einzelne Variablen dabei auch negiert werden können. Die Abarbeitung einer solchen ODER-Verknüpfung erfolgt wie bei der UND-Verknüpfung durch Zwischenspeichern im Verknüpfungsergebnis VKE.

Beispiel 4.4: Turbinen-Schutzüberwachung

Die Alarmleuchte H einer Turbine geht an, wenn eine bestimmte Drehzahl n überschritten oder die Lagertemperatur ϑ zu hoch oder der Kühlkreislauf K nicht mehr in Betrieb ist.

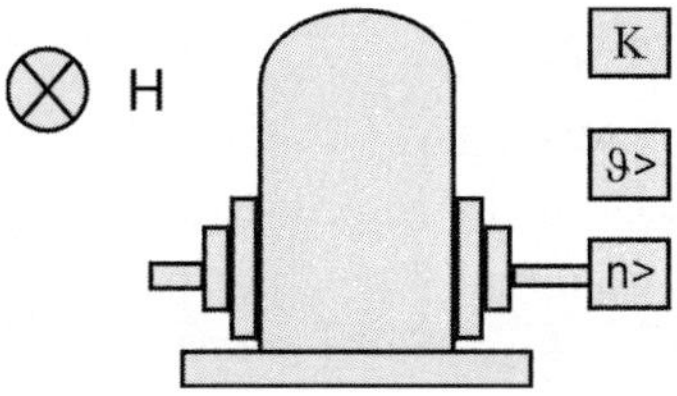

Bild 4.3: Turbine

Zuordnungstabelle der Eingänge und Ausgänge:

Eingangsvariable	Symbol	Datentyp	Logische Zuordnung		Adresse
Drehzahl n	S1	BOOL	n zu groß	S1 = 0	E 0.1
Lagertemperatur ϑ	S2	BOOL	ϑ zu hoch	S2 = 0	E 0.2
Kühlkreislauf K	S3	BOOL	In Betrieb	S3 = 1	E 0.3
Ausgangsvariable					
Alarmleuchte	H	BOOL	Ein	H = 1	A 4.0

Aus der Aufgabenbeschreibung geht hervor, dass die Alarmleuchte angeht, wenn S1 = 0 oder S2 = 0 oder S3 = 0 ist.

Funktionstabelle:

Okt. Nr.	S3	S2	S1	H
0	0	0	0	1
1	0	0	1	1
2	0	1	0	1
3	0	1	1	1
4	1	0	0	1
5	1	0	1	1
6	1	1	0	1
7	1	1	1	0

Funktionsplan:

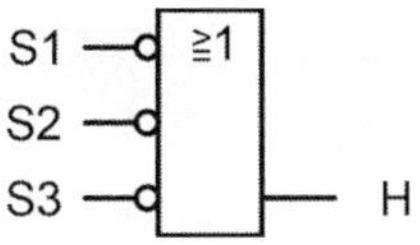

Schaltalgebraischer Ausdruck:

$$H = \overline{S1} \vee \overline{S2} \vee \overline{S3}$$

STEP 7 Programm (AWL-Quelle):

```
ORGANIZATION_BLOCK OB 1
VAR_TEMP
     ...                    //Standardeinträge
END_VAR
BEGIN
ON E   0.1;
ON E   0.2;
ON E   0.3;
=  A   4.0;
END_ORGANIZATION_BLOCK
```

4.1.4 Die Exclusiv-ODER-Verknüpfung

Der Ausgangssignalwert einer Exclusiv-ODER-Verknüpfung mit zwei Eingangsvariablen hat dann den Signalwert „1", wenn die beiden Eingangsvariablen unterschiedliche Signalwerte haben.

Allgemeine Darstellungen der Exclusiv-ODER-Verknüpfung:

Funktionstabelle:

E2	E1	A
0	0	0
0	1	1
1	0	1
1	1	0

Funktionsplan:

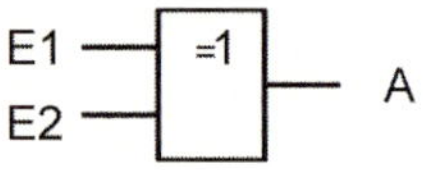

Schaltalgebraischer Ausdruck:

$$A = E1 \not\leftrightarrow E2$$

$$A = E1 \neq E2$$

Stromlaufplan:

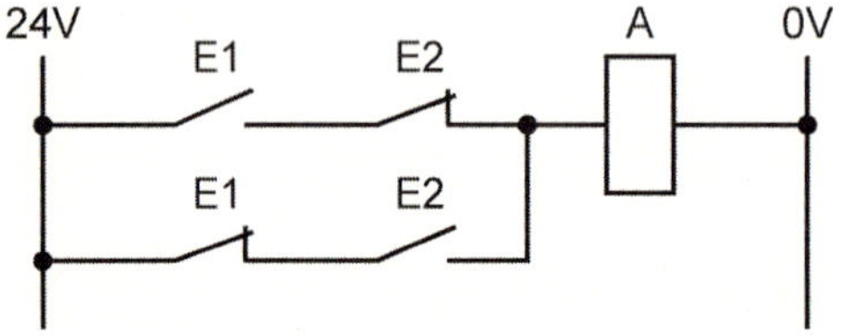

Zeitdiagramm:

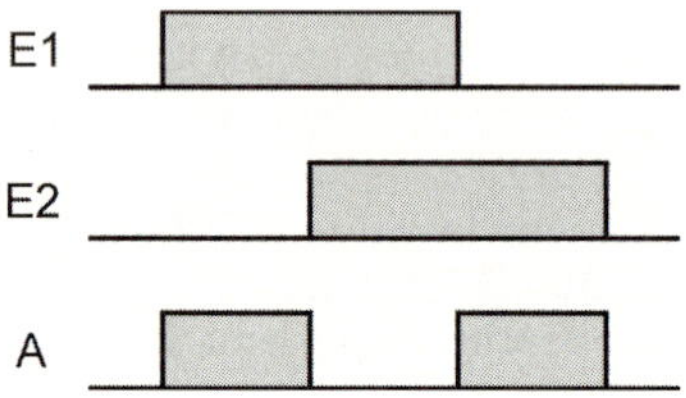

Operationsdarstellung in der Steuerungssprache STEP 7:

AWL	FUP
X E 0.1 X E 0.2 = A 4.0	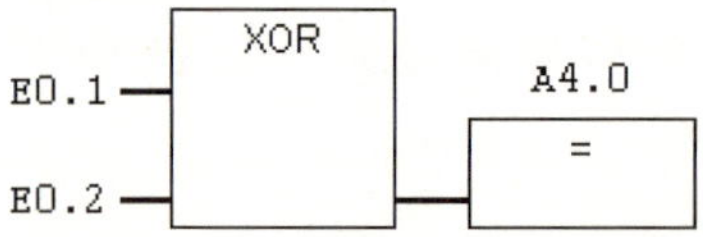
SCL	**KOP**
A4.0:=E0.0 XOR E0.1;	Keine Darstellung möglich

Beispiel 4.5: Sicherheitsabfrage

Der Endschalter einer Aufzugstür besteht aus Sicherheitsgründen aus einem „Öffner“ und einem „Schließer“. Nur wenn die beiden Signalgeber unterschiedliche Signalzustände haben, ist eine richtige Funktion des Endschalters gegeben.

Zuordnungstabelle der Eingänge und Ausgänge:

Eingangsvariable	Symbol	Datentyp	Logische Zuordnung		Adresse
Öffner	S1	BOOL	Betätigt	S1 = 0	E 0.1
Schließer	S2	BOOL	Betätigt	S2 = 1	E 0.2
Ausgangsvariable					
Funktionskontrolle	FK	BOOL	Funktion richtig	FK = 1	A 4.0

Funktionstabelle:

S2	S1	FK
0	0	0
0	1	1
1	0	1
1	1	0

Funktionsplan:

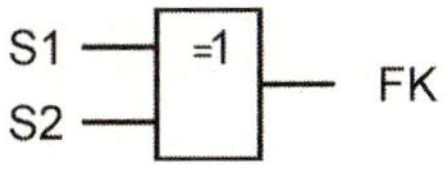

STEP 7 Programm (AWL-Quelle):

```
ORGANIZATION_BLOCK OB 1
VAR_TEMP
      ...                        //Standardeinträge
END_VAR
BEGIN
X  E   0.1;
X  E   0.2;
=  A   4.0;
END_ORGANIZATION_BLOCK
```

An die Exclusiv-ODER-Verknüpfung können auch mehr als zwei Eingangsvariable geschrieben werden. Die Verknüpfung bildet dabei das Ergebnis so, als ob die Verknüpfung mit zwei Eingangsvariablen mehrfach hintereinander angewandt werde. Das Verknüpfungsergebnis einer mit mehr als zwei Eingangsvariablen verwendeten Exclusiv-ODER-Verknüpfung hat dann den Signalwert „1“, wenn eine ungerade Anzahl der Eingangsvariablen den Signalwert „1“ liefern.

Beispiel 4.6: Mehrfachschaltstellen

Ein Motor soll von vier Schaltstellen aus über ein 24 V-Leistungsschütz ein- und ausgeschaltet werden können. Die Schaltstellen bestehen aus einpoligen Schaltern.

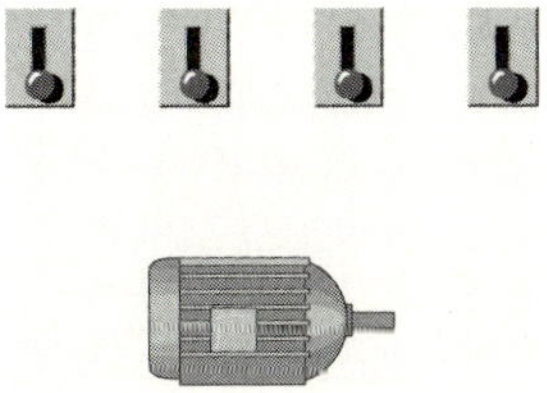

Bild 4.4: Schalten eines Motors

Zuordnungstabelle der Eingänge und Ausgänge:

Eingangsvariable	Symbol	Datentyp	Logische Zuordnung		Adresse
Schalter 1	S1	BOOL	Betätigt	S1 = 1	E 0.1
Schalter 2	S2	BOOL	Betätigt	S2 = 1	E 0.2
Schalter 3	S3	BOOL	Betätigt	S3 = 1	E 0.3
Schalter 4	S4	BOOL	Betätigt	S4 = 1	E 0.4
Ausgangsvariable					
Leistungsschütz	K	BOOL	Schütz angezogen	K = 1	A 4.0

Der Signalwert der Ausgangsvariablen K ist nur abhängig von den Schalterstellungen. Immer wenn ein Schalter seinen Signalwert wechselt, wechselt auch der Signalwert der Ausgangsvariablen. Es wird festgelegt: Wenn alle Schalter den Signalwert „0" haben, sei der Ausgangssignalwert ebenfalls „0". Bei einer ungeraden Anzahl von 1-Signalen der Eingangsvariablen hat dann die Ausgangsvariable den Signalwert „1".

Funktionstabelle:

Okt. Nr.	S4	S3	S2	S1	K
00	0	0	0	0	0
01	0	0	0	1	1
02	0	0	1	0	1
03	0	0	1	1	0
04	0	1	0	0	1
05	0	1	0	1	0
06	0	1	1	0	0
07	0	1	1	1	1
10	1	0	0	0	1
11	1	0	0	1	0
12	1	0	1	0	0
13	1	0	1	1	1
14	1	1	0	0	0
15	1	1	0	1	1
16	1	1	1	0	1
17	1	1	1	1	0

Funktionsplan:

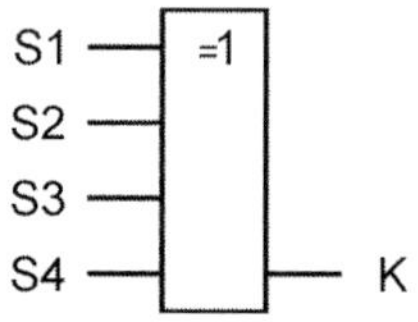

Zeilennummerierung der Funktionstabelle

Die Verwendung von *Oktalzahlen* gegenüber den geläufigeren Dezimalzahlen bringt bei Funktionstabellen mit mehr als drei Eingangsvariablen Vorteile für die Auswertung im KVS-Diagramm (siehe Seite 406 f).

Oktalzahl	Umrechnung in den Dezimalwert
07	$0 \cdot 8^1 + 7 \cdot 8^0 = 7$
10	$1 \cdot 8^1 + 0 \cdot 8^0 = 8$
17	$1 \cdot 8^1 + 7 \cdot 8^0 = 15$

STEP 7 Programm (AWL-Quelle):

```
ORGANIZATION_BLOCK OB 1
VAR_TEMP
     ...                        //Standardeinträge
END_VAR
BEGIN
X  E   0.1;
X  E   0.2;
X  E   0.3;
X  E   0.4;
=  A   4.0;
END_ORGANIZATION_BLOCK
```

4.1.5 Die Negation einer Verknüpfung

Der Signalwert einer Verknüpfung wird durch die Negation invertiert. Mit der Operation NOT kann z.B. eine UND-Verknüpfung oder ODER-Verknüpfung negiert werden. Das Ergebnis ist dabei eine NAND-Verknüpfung bzw. NOR-Verknüpfung.

Allgemeine Darstellungen der Negation einer „UND-Verknüpfung“:

Funktionstabelle:

E2	E1	A
0	0	1
0	1	1
1	0	1
1	1	0

Funktionsplan:

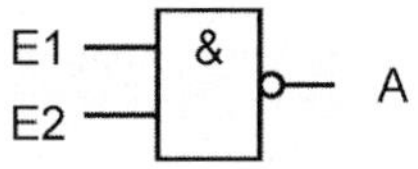

Schaltalgebraischer Ausdruck:

$A=\overline{E2 \,\&\, E1}$

Stromlaufplan:

Keine Darstellung möglich

Zeitdiagramm:

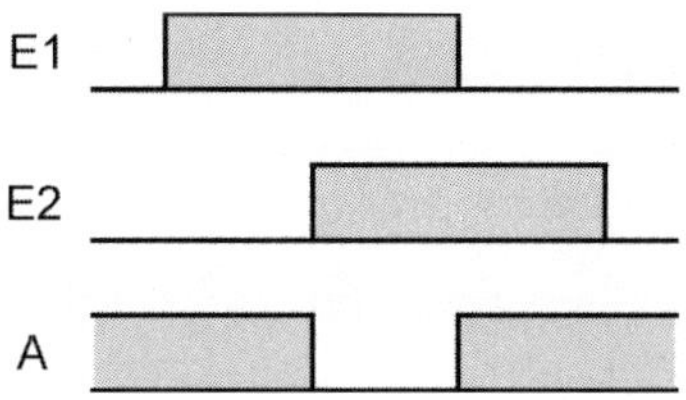

Operationsdarstellung in der Steuerungssprache STEP 7:

AWL	FUP
U E 0.1 U E 0.2 NOT = A 4.0	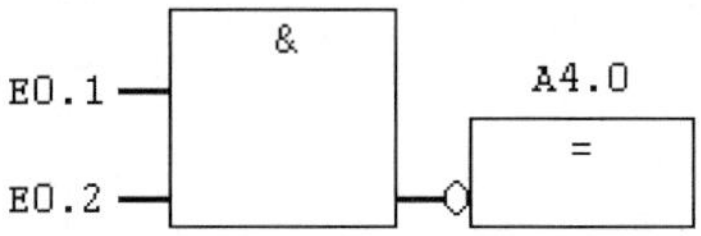
SCL	**KOP**
A4.0:=NOT (E0.1 AND E0.2);	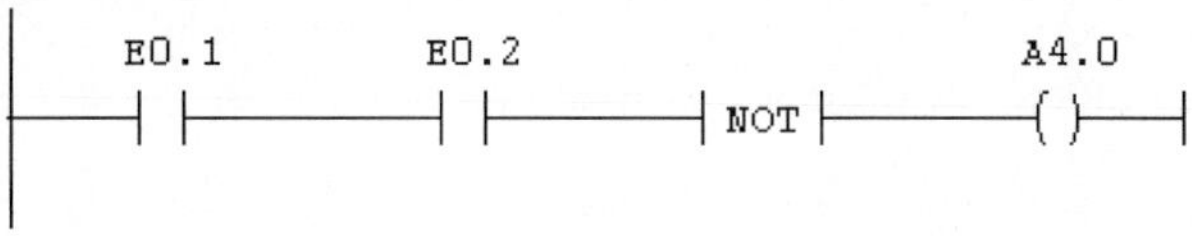

Allgemeine Darstellungen der Negation einer „ODER-Verknüpfung“:

Funktionstabelle:

E2	E1	A
0	0	1
0	1	0
1	0	0
1	1	0

Funktionsplan:

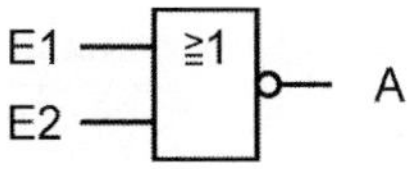

Schaltalgebraischer Ausdruck:

$A=\overline{E2 \text{ v } E1}$

Stromlaufplan:

Keine Darstellung möglich

Zeitdiagramm:

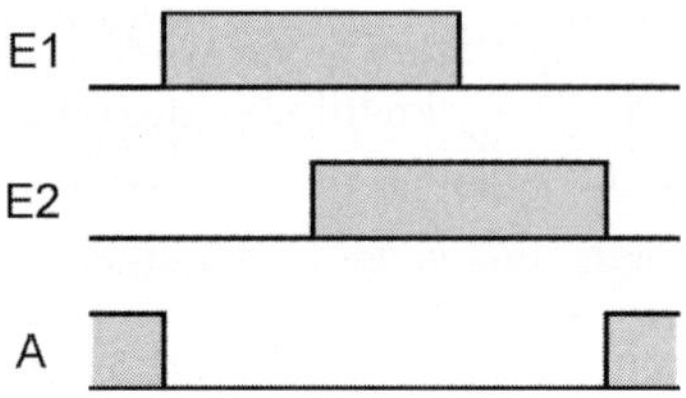

Operationsdarstellung in der Steuerungssprache STEP 7:

AWL

```
O E 0.1
O E 0.2
NOT
= A 4.0
```

FUP

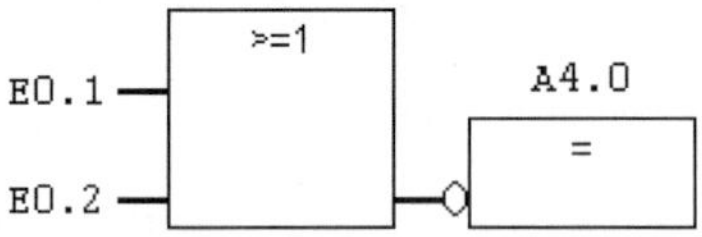

SCL

```
A4.0:=NOT (E0.1 OR
E0.2);
```

KOP

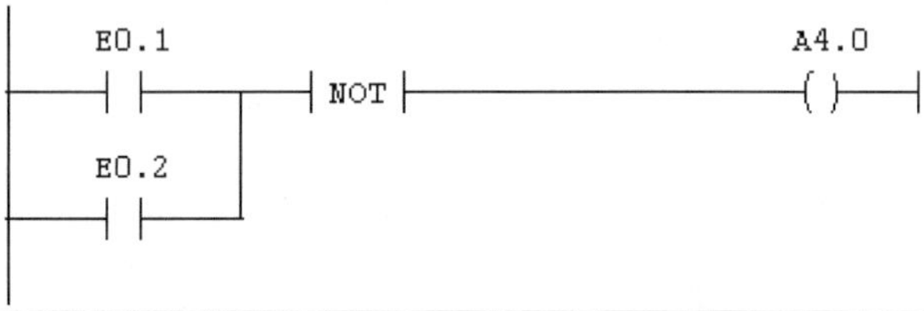

Die NAND- und NOR-Verknüpfungen hatten ihre Bedeutung hauptsächlich beim Aufbau von Digitalschaltkreisen mit diskreten Digitalbausteinen. Dabei war nur eine Art von Logikbausteinen erforderlich. Derart aufgebaute Digitalschaltungen lassen sich aber nur sehr schwer in ihrer Funktion bestimmen. In der Steuerungstechnik steht jedoch eine einfache Analyse des Steuerungsprogramms im Vordergrund. Wie das folgende Beispiel zeigt, kann jedoch die Verwendung der NOT-Funktion auch in der Steuerungstechnik sinnvoll sein.

Beispiel 4.7: Reaktionsbehälter

Bei einem Reaktionsbehälter muss ein Sicherheitsventil geöffnet werden, wenn der Druck zu groß oder die Temperatur zu hoch oder das Einlassventil geöffnet oder eine bestimmte Konzentration der chemischen Reaktion erreicht ist. Ist das Sicherheitsventil geöffnet, zeigt dies eine Meldeleuchte H an.

Zuordnungstabelle der Eingänge und Ausgänge:

Eingangsvariable	Symbol	Datentyp	Logische Zuordnung		Adresse
Drucksensor	S1	BOOL	Druck zu groß	S1 = 0	E 0.1
Thermoelement	S2	BOOL	Temperatur zu groß	S2 = 0	E 0.2
Sensor Einlassventil	S3	BOOL	Ventil offen	S3 = 0	E 0.3
Sensor Konzentration	S4	BOOL	Konzentration erreicht	S4 = 1	E 0.4
Ausgangsvariable					
Sicherheitsventil	K	BOOL	Schütz angezogen	K = 1	A 4.0
Meldeleuchte	H	BOOL	Meldeleuchte an	H = 1	A 4.1

Für das Öffnen des Sicherheitsventils genügt es, wenn eine der Eingangsvariablen S1, S2 oder S3 den Signalwert „0“ oder die Eingangsvariable S4 den Signalwert „1“ hat. Da das Öffnen des Ventils allerdings mit dem Signalwert „0“ erfolgt, muss die „ODER-Verknüpfung“ negiert werden. Zur Ansteuerung der Meldeleuchte, ist das Ergebnis dann wieder zu negieren.

Funktionstabelle:

Okt. Nr.	S4	S3	S2	S1	K	H
00	0	0	0	0	0	1
01	0	0	0	1	0	1
02	0	0	1	0	0	1
03	0	0	1	1	0	1
04	0	1	0	0	0	1
05	0	1	0	1	0	1
06	0	1	1	0	0	1
07	0	1	1	1	1	0
10	1	0	0	0	0	1
11	1	0	0	1	0	1
12	1	0	1	0	0	1
13	1	0	1	1	0	1
14	1	1	0	0	0	1
15	1	1	0	1	0	1
16	1	1	1	0	0	1
17	1	1	1	1	0	1

Funktionsplan:

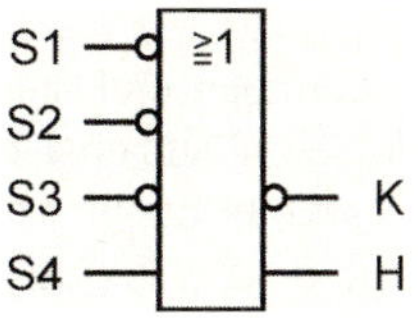

Hinweis:

Die Zeilennummerierung ist mit Oktalzahlen angegeben. Siehe hierzu Kap. 9.1.1 (Aufstellen einer Funktionstabelle, bei Regeln).

STEP 7 Programm (AWL-Quelle):

```
ORGANIZATION_BLOCK OB 1
VAR_TEMP
      ...                        //Standardeinträge
END_VAR
BEGIN
      ON    E     0.1;
      ON    E     0.2;
      ON    E     0.3;
      O     E     0.4;
      NOT   ;
      =     A     4.0;
      NOT   ;
      =     A     4.1;
END END_ORGANIZATION_BLOCK
```

4.1.6 Verknüpfungsergebnis

Das Verknüpfungsergebnis VKE ist in der CPU ein Register welches entweder Signalzustand „0“ oder Signalzustand „1“ enthält. Abfrageanweisungen wie UND, ODER, NOT usw. verändern das Verknüpfungsergebnis. Die Zuweisung „=“ fragt das Verknüpfungsergebnis ab. Die erste Operation nach einer Zuweisung wird als Erstabfrage bezeichnet. Die besondere Bedeutung einer Erstabfrage besteht darin, dass die CPU das Abfrageergebnis dieser Anweisung direkt als Verknüpfungsergebnis übernimmt. Das „alte“ Verknüpfungsergebnis geht dabei verloren. Ein neues Netzwerk beginnt stets mit einer Erstabfrage. Mit den Befehlen CLR und SET kann das Verknüpfungsergebnis ohne Operand auf Signalzustand „0“ oder „1“ gesetzt werden.

4.2 Zusammengesetzte logische Grundverknüpfungen

In Steuerungsprogrammen kommen nicht nur die reinen Elemente NICHT, UND, ODER und XOR vor. In vielen Fällen setzt sich eine logische Funktion aus der Kombination mehrerer unterschiedlicher binärer Verknüpfungen zusammen. Bei solchen kombinierten Verknüpfungen treten immer wieder die beiden Grundstrukturen UND-vor-ODER und ODER-vor-UND auf.

4.2.1 UND-vor-ODER-Verknüpfung

Bei dieser Grundstruktur führen die Ausgänge von UND-Verknüpfungen auf eine ODER-Verknüpfung. Eine andere Bezeichnung für diese Struktur ist: *DISJUNKTIVE FORM.*

Beispiel einer UND-vor-ODER-Verknüpfung:

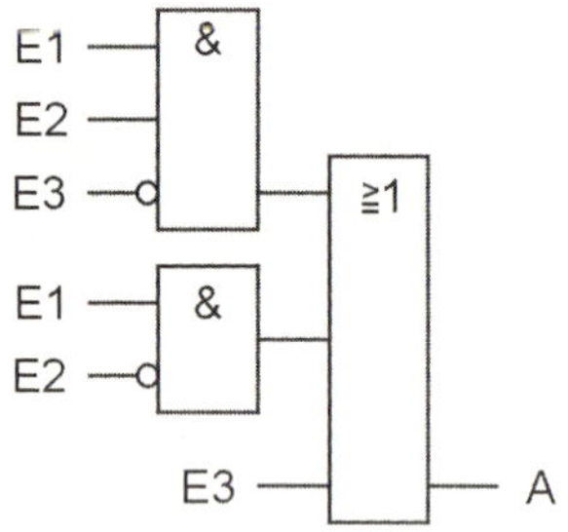

Die Verknüpfungsergebnisse der UND-Verknüpfungen werden zusammen mit dem Eingang E3 ODER-verknüpft. Wenn eine der UND-Verknüpfungen erfüllt ist oder wenn der Eingang E3 Signalzustand „1“ führt, erscheint am Ausgang A Signalzustand „1“. Mit einer Funktionstabelle wird der Zusammenhang zwischen Eingangs- und Ausgangsvariablen deutlich.

Funktionstabelle:

Okt. Nr.	E3	E2	E1	$E1\,E2\,\overline{E3}$	$E1\,\overline{E2}$	E3	A
00	0	0	0	0	0	0	0
01	0	0	1	0	1	0	1
02	0	1	0	0	0	0	0
03	0	1	1	1	0	0	1
04	1	0	0	0	0	1	1
05	1	0	1	0	1	1	1
06	1	1	0	0	0	1	1
07	1	1	1	0	0	1	1

Diese aus UND- und ODER-Verknüpfungen zusammengesetzte Funktion lässt sich aufgrund einer SPS-bezogenen Festlegung ohne Klammern schreiben:

$$A = E1\,E2\,\overline{E3} \ \mathrm{v}\ E1\,\overline{E2} \ \mathrm{v}\ E3$$

Es ist definiert, dass zuerst die UND-Verknüpfungen bearbeitet werden. Danach erfolgt die ODER-Verknüpfung der Ergebnisse der UND-Verknüpfungen mit der ODER-Abfrage. Die Anweisungsliste nach STEP 7 entspricht dieser Schreibweise.

```
U   E   0.1;
U   E   0.2;
UN  E   0.3;
O         ;
U   E   0.1;
UN  E   0.2;
O   E   0.3;
=   A   4.0;
```

Beispiel 4.8: Tunnelbelüftung

In einem langen Autotunnel sind zwei Lüfter unterschiedlicher Leistung installiert. Im Tunnel verteilt befinden sich drei Rauchgasmelder. Gibt ein Rauchgasmelder Signal, so muss Lüfter 1 laufen. Geben zwei Rauchgasmelder Signal, so muss Lüfter 2 laufen. Geben alle drei Rauchgasmelder Signal, müssen beide Lüfter laufen.

Zuordnungstabelle der Eingänge und Ausgänge:

Eingangsvariable	Symbol	Datentyp	Logische Zuordnung		Adresse
Rauchgasmelder 1	S1	BOOL	Spricht an	S1 = 0	E 0.1
Rauchgasmelder 2	S2	BOOL	Spricht an	S2 = 0	E 0.2
Rauchgasmelder 3	S3	BOOL	Spricht an	S3 = 0	E 0.3
Ausgangsvariable					
Lüfter 1	K1	BOOL	Lüfter 1 an	K1 = 1	A 4.1
Lüfter 2	K2	BOOL	Lüfter 2 an	K2 = 1	A 4.2

Funktionstabelle:

Okt. Nr.	S3	S2	S1	K1	K2
0	0	0	0	1	1
1	0	0	1	0	1
2	0	1	0	0	1
3	0	1	1	1	0
4	1	0	0	0	1
5	1	0	1	1	0
6	1	1	0	1	0
7	1	1	1	0	0

Funktionsplan:

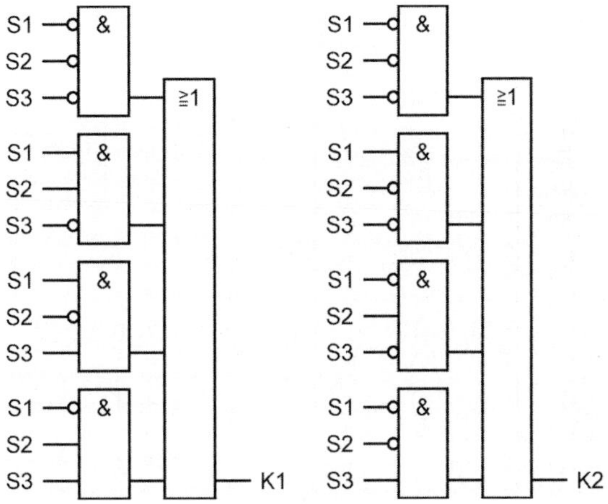

STEP 7 Programm (AWL-Quelle):

```
ORGANIZATION_BLOCK OB 1
VAR_TEMP
      ...                          //Standardeinträge
END_VAR
BEGIN
 UN E   0.1;     U  E   0.1;     UN E   0.1;     UN E   0.1;
 UN E   0.2;     UN E   0.2;     UN E   0.2;     U  E   0.2;
 UN E   0.3;     U  E   0.3;     UN E   0.3;     UN E   0.3;
 O  ;            O  ;            O               O  ;
 U  E   0.1;     UN E   0.1;     U  E   0.1;     UN E   0.1;
 U  E   0.2;     U  E   0.2;     UN E   0.2;     UN E   0.2;
 UN E   0.3;     U  E   0.3;     UN E   0.3;     U  E   0.3;
 O  ;            =  A   4.1;     O  ;            =  A   4.2;
END_ORGANIZATION_BLOCK
```

4.2.2 ODER-vor-UND-Verknüpfung

Bei dieser Grundstruktur führen die Ausgänge von ODER-Verknüpfungen auf eine UND-Verknüpfung. Eine andere Bezeichnung für diese Struktur ist: *KONJUNKTIVE FORM.*

Beispiel einer ODER-vor-UND-Verknüpfung

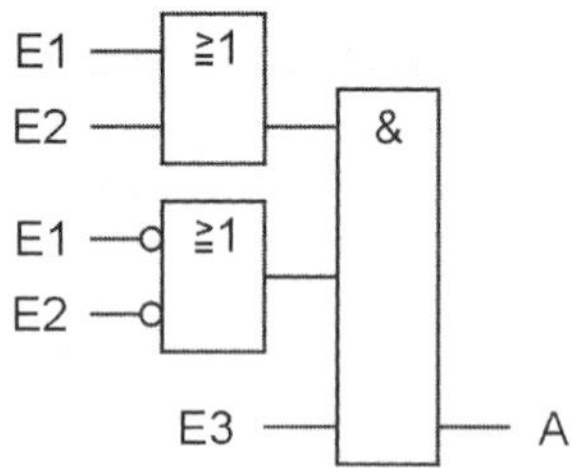

Die Verknüpfungsergebnisse der ODER-Verknüpfungen werden zusammen mit dem Eingang E3 UND-verknüpft. Nur wenn beide ODER-Verknüpfungen erfüllt sind und E3 den Signalwert „1“ führt, erscheint am Ausgang Signalwert „1“. Mit einer Funktionstabelle wird der Zusammenhang zwischen Eingangs- und Ausgangsvariablen deutlich.

Funktionstabelle:

Okt. Nr.	E3	E2	E1	E1 v E2	$\overline{E1} \vee \overline{E2}$	E3	A
00	0	0	0	0	1	0	0
01	0	0	1	1	1	0	0
02	0	1	0	1	1	0	0
03	0	1	1	1	0	0	0
04	1	0	0	0	1	1	0
05	1	0	1	1	1	1	1
06	1	1	0	1	1	1	1
07	1	1	1	1	0	1	0

Diese aus ODER- und UND-Verknüpfungen zusammengesetzte Funktion muss man in der Booleschen Algebra mit Klammern schreiben, um festzulegen, dass die ODER-Verknüpfungen vor der UND-Verknüpfung bearbeitet werden.

$$A = (E1 \vee E2) \& (\overline{E1} \vee \overline{E2}) \& E3$$

In der Anweisungsliste nach STEP 7 werden die ODER-Verknüpfungen bei dieser Struktur in Klammern gesetzt. Dabei ist die Anweisung *Klammer auf* mit dem UND-Operator kombiniert.

```
U(  ;
O   E   0.1;
O   E   0.2;
)   ;
U(  ;
ON  E   0.1;
ON  E   0.2;
)   ;
U   E   0.3;
=   A   4.0;
```

Beispiel 4.9: Generatorüberwachung

Ein Generator ist mit maximal 10 kW belastbar. An den Generator können 4 Motoren mit den Leistungen 2 kW, 3 kW, 5 kW und 7 kW angeschaltet werden. Das Laufen der Motoren wird mit Drehzahlwächtern der Steuerung gemeldet. Für alle zulässigen Kombinationen ist ein Leuchtmelder H einzuschalten.

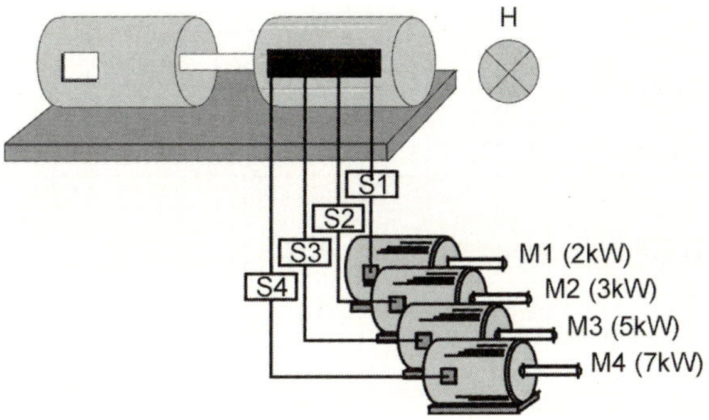

Bild 4.5: Generatorüberwachung

Zuordnungstabelle der Eingänge und Ausgänge:

Eingangsvariable	Symbol	Datentyp	Logische Zuordnung		Adresse
Drehzahlwächter 1 (2kW)	S1	BOOL	Motor 1 läuft	S1 = 0	E 0.1
Drehzahlwächter 2 (3kW)	S2	BOOL	Motor 2 läuft	S2 = 0	E 0.2
Drehzahlwächter 3 (5kW)	S3	BOOL	Motor 3 läuft	S3 = 0	E 0.3
Drehzahlwächter 4 (7kW)	S4	BOOL	Motor 4 läuft	S4 = 0	E 0.4
Ausgangsvariable					
Leuchtmelder	H	BOOL	Leuchtmelder an	H = 1	A 4.0

Um eine zulässige Kombination zu erhalten, dürfen Motor 4 und Motor 3 nicht gleichzeitig laufen. Ferner dürfen bei eingeschaltetem Motor 4 nicht gleichzeitig noch Motor 2 und Motor 1 laufen. Aus diesen Bedingungen ergibt sich die ODER-vor-UND-Verknüpfung durch die UND-Verknüpfung von (S4 v S3) mit (S4 v S2 v S1). Zur Kontrolle wird die Funktionstabelle herangezogen, bei der für jede Zeile die Leistung der eingeschalteten Motoren addiert wird. Ist die Summe der Leistungen größer zehn, liegt eine unzulässige Kombination (H = FALSE) vor.

Funktionstabelle:

Okt. Nr.	S4	S3	S2	S1	H	S4 v S3	S4 v S2 v S1
00	0	0	0	0	0	0	0
01	0	0	0	1	0	0	1
02	0	0	1	0	0	0	1
03	0	0	1	1	0	0	1
04	0	1	0	0	0	1	0
05	0	1	0	1	1	1	1
06	0	1	1	0	1	1	1
07	0	1	1	1	1	1	1
10	1	0	0	0	1	1	1
11	1	0	0	1	1	1	1
12	1	0	1	0	1	1	1
13	1	0	1	1	1	1	1
14	1	1	0	0	1	1	1
15	1	1	0	1	1	1	1
16	1	1	1	0	1	1	1
17	1	1	1	1	1	1	1

Funktionsplan:

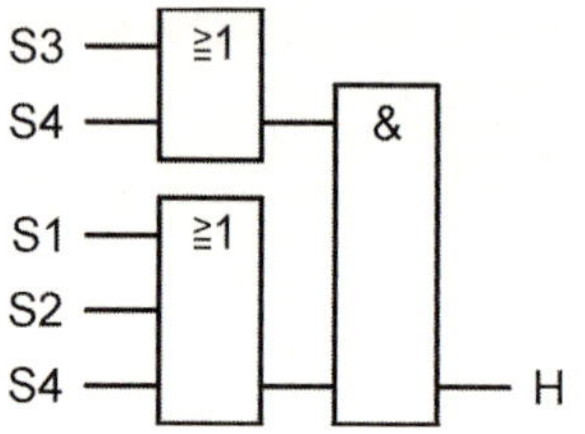

STEP 7 Programm (AWL-Quelle):

```
ORGANIZATION_BLOCK OB 1
VAR_TEMP
      ...                        //Standardeinträge
END_VAR
BEGIN
U( ;
O  E   0.3;
O  E   0.4;
)  ;
U( ;
O  E   0.1;
O  E   0.2;
O  E   0.4;
)  ;
=  A   4.0;
END_ORGANIZATION_BLOCK
```

4.2.3 Zusammengesetzte Verknüpfungen mit Exclusiv-ODER

UND-Verknüpfung von Exclusiv-ODER-Verknüpfungen

Werden die Ausgänge von Exclusiv-ODER-Verknüpfungen auf eine UND-Verknüpfung geführt, müssen in der Anweisungsliste die Exclusiv-ODER-Verknüpfungen in Klammern geschrieben werden.

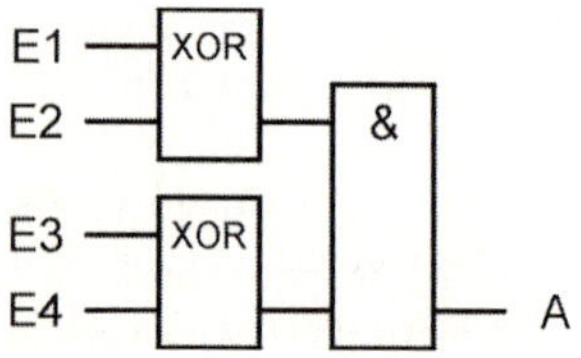


```
U(
X  E   0.1
X  E   0.2
)
U(
X  E   0.3
X  E   0.4
)
=  A   4.0
```

Exclusiv-ODER-Verknüpfung von UND-Verknüpfungen

Werden die Ausgänge von UND-Verknüpfungen auf eine Exclusiv-ODER-Verknüpfung geführt, müssen in der Anweisungsliste die UND-Verknüpfungen in Klammern geschrieben werden.

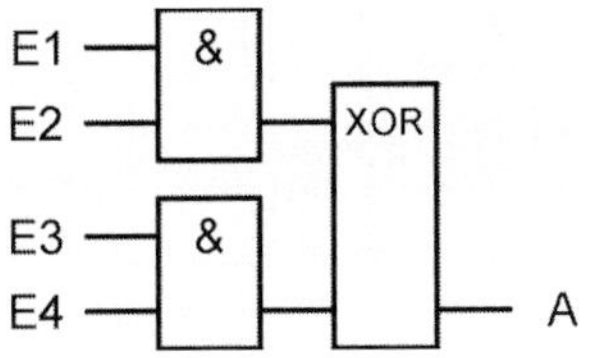


```
X(
U  E  0.1
U  E  0.2
)
X(
U  E  0.3
U  E  0.4
)
=  A  4.0
```

ODER-Verknüpfung von Exclusiv-ODER-Verknüpfungen:

Werden die Ausgänge von Exclusiv-ODER-Verknüpfungen auf eine ODER-Verknüpfung geführt, müssen in der Anweisungsliste die Exclusiv-ODER-Verknüpfungen in Klammern geschrieben werden.

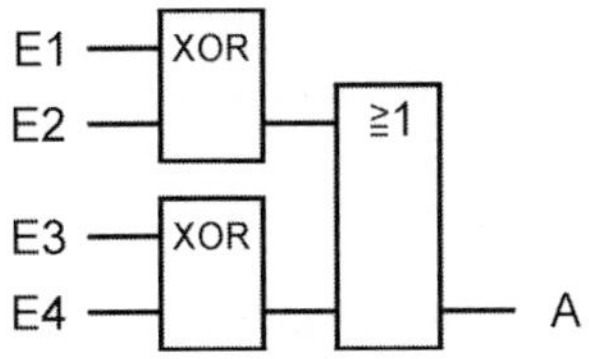


```
U(
X    E    0.1
X    E    0.2
)
O
U(
X    E    0.3
X    E    0.4
)
=    A    4.0
```

Exclusiv-ODER-Verknüpfung von ODER-Verknüpfungen:

Werden die Ausgänge von ODER-Verknüpfungen auf eine Exclusiv-ODER-Verknüpfung geführt, müssen in der Anweisungsliste die ODER-Verknüpfungen in Klammern geschrieben werden.

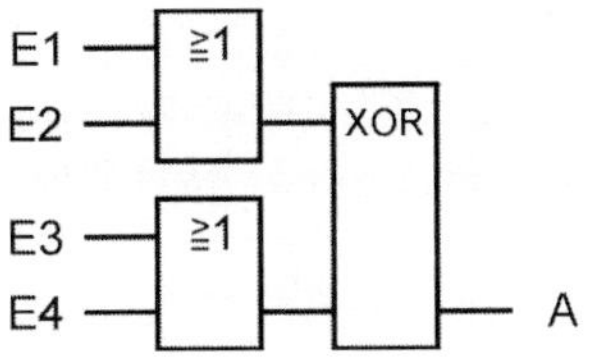


```
X(
O    E    0.1
O    E    0.2
)
X(
O    E    0.3
O    E    0.4
)
=    A    4.0
```

Um eine leichte Lesbarkeit der Steuerungsprogramme zu gewährleisten, sollte die Exclusiv-ODER-Verknüpfung insbesondere in kombinierten Netzwerken nur dann verwendet werden, wenn sich die Anwendung der Verknüpfung direkt aus der Aufgabenstellung heraus ergibt.

Beispiel 4.10: Sicherheitsabfrage bei Türschleusen

Um den staubfreien Bereich einer Halbleiterfertigung betreten zu können, muss durch eine Türschleuse gegangen werden. Die Endschalter der beiden Schleusentüren melden, ob die jeweilige Tür geschlossen ist. Aus Sicherheitsgründen werden die beiden Endschalter mit einem Öffner und einem Schließer ausgestattet. Wenn einer der Endschalter einen Fehler meldet, wird eine Alarmleuchte eingeschaltet.

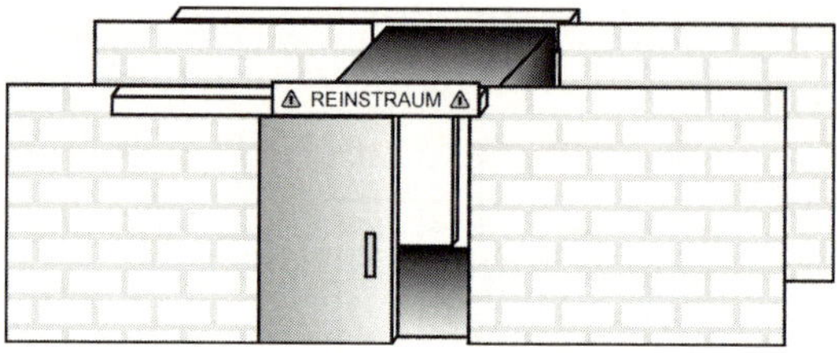

Bild 4.6: Türschleuse

Zuordnungstabelle der Eingänge und Ausgänge:

Eingangsvariable	Symbol	Datentyp	Logische Zuordnung		Adresse
Endschalter 1 (Schließer)	S1	BOOL	Endschalter betätigt	S1 = 1	E 0.1
Endschalter 1 (Öffner)	S2	BOOL	Endschalter betätigt	S2 = 0	E 0.2
Endschalter 2 (Schließer)	S3	BOOL	Endschalter betätigt	S3 = 1	E 0.3
Endschalter 2 (Öffner)	S4	BOOL	Endschalter betätigt	S4 = 0	E 0.4
Ausgangsvariable					
Alarmleuchte	H	BOOL	Alarmleuchte an	H = 1	A 4.0

Ist der Endschalter einer Tür in Ordnung, haben S1 und S2 bzw. S3 und S4 unterschiedliche Signalzustände. Die Exclusiv-Oder-Verknüpfung des Öffners und des Schließers liefert in diesem Fall ein „1“-Signalwert. Die Alarmleuchte kann demnach angesteuert werden, indem die Ergebnisse der Exclusiv-ODER_Verknüpfungen negiert auf eine ODER-Verknüpfung geführt werden.

Funktionsplan:

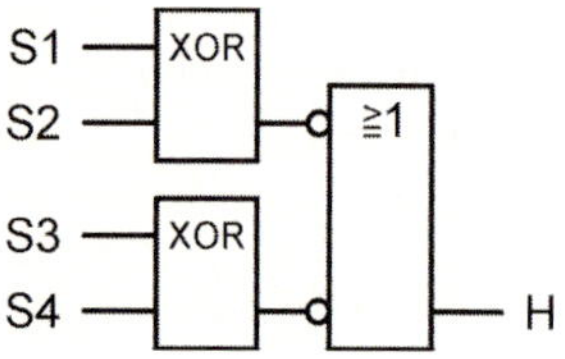

STEP 7 Programm (AWL-Quelle):

```
ORGANIZATION_BLOCK OB 1
VAR_TEMP
...                          //Standardeinträge
END_VAR
 BEGIN
 U( ;                  U( ;
 X  E   0.1;           X  E       0.3;
 X  E   0.2;           X  E       0.4;
 ) ;                   ) ;
 NOT;                  NOT;
 O  ;                  =  A       4.0;

                       END_ORGANIZATION_BLOCK
```

4.2.4 Zusammengesetzte Verknüpfungen mit mehreren Klammernebenen

Treten bei einem Entwurf eines Steuerungsprogramms Verknüpfungsstrukturen auf, die mehrere Klammerebenen benötigen, so erfordert die Programmierung des Ausdrucks in der AWL einige Übung. In der Funktionsplandarstellung lassen sich solche Ausdrücke allerdings sehr einfach schreiben.

Verknüpfungsstruktur mit zwei Klammerebenen:

Schaltalgebraischer Ausdruck:

$$A = (E1 \;\&\; E2 \vee (E2 \vee E4) \;\&\; E3) \;\&\; E5 \vee (E2 \vee E3) \;\&\; E1$$

Funktionsplan:

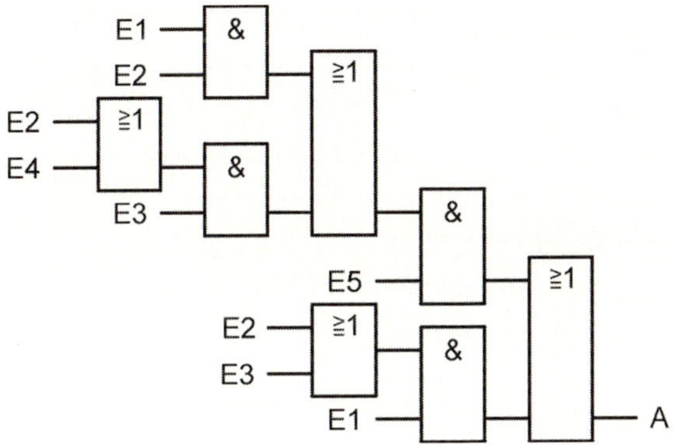

Diese Verknüpfungsstruktur kann in der Anweisungsliste wie folgt geschrieben werden:

```
U(
U  E  0.1
U  E  0.2
O
U(
O  E  0.2
O  E  0.4
)
U  E  0.3
)
U  E  0.5
O
U(
O  E  0.2
O  E  0.3
)
U  E  0.1
=  A  4.0
```

Solche umfangreiche logische Verknüpfungen sind für die Überprüfung des Signalzustandes bei der Fehlersuche wenig geeignet. Ein übersichtlicheres und einfacher zu analysierendes Steuerungsprogramm erhält man durch Bildung von Zwischenergebnissen. Die Zwischenergebnisse können mit Merkern oder temporären Lokaldaten gebildet werden. Dabei werden Merkern oder temporären Lokaldaten ähnlich wie Ausgängen logische Signalzustände zugewiesen. Diese Signalzustände werden bei Merkern in festen Speicheradressen im Automatisierungssystem hinterlegt. Bei der Verwendung von temporären Lokaldaten werden die Signalzustände im Lokaldaten-Stack hinterlegt. Die Verwendung von Merkern führt allerdings dazu, dass die so programmierten Codebausteine (FC oder FB) nicht mehr bibliotheksfähig sind.

Wird in der vorangegangenen Verknüpfungsstruktur mit zwei Klammerebenen als Verknüpfungstiefe nur die UND-vor-ODER bzw. ODER-vor-UND Struktur zugelassen, so ist zur Aufnahme der Zwischenergebnisse die Einführung von drei Zwischenspeichern erforderlich.

Funktionsplan:

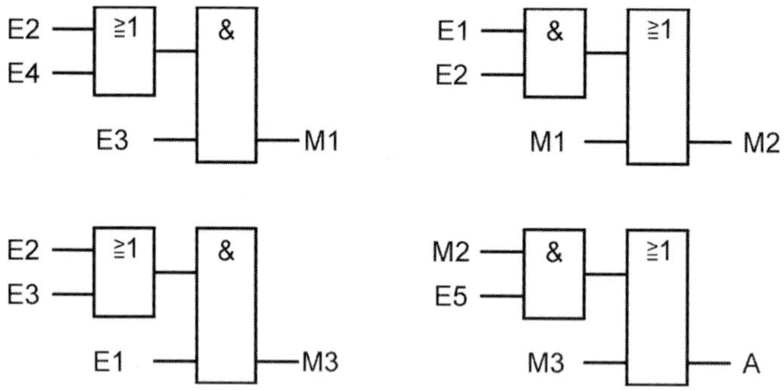

Werden für die Zwischenspeicher Merker verwendet, wird die Verknüpfungsstruktur in der Anweisungsliste wie folgt geschrieben:

```
U(
O  E  0.2
O  E  0.4
)
U  E  0.3
=  M  0.1
```

```
U  E  0.1
U  E  0.2
O  M  0.1
=  M  0.2
```

```
U(
O  E  0.2
O  E  0.3
)
U  E  0.1
=  M  0.3
```

```
U  M  0.2
U  E  0.5
O  M  0.3
=  A  4.0
```

Obwohl *Merker* in der Norm IEC 61131-3 als mögliche Operanden mit festem Speicherplatz aufgeführt sind, werden in modernen Steuerungsprogrammen, welche nach den Intentionen der Norm geschrieben sind, keine Merker innerhalb von Funktionen oder Funktionsbausteinen verwendet. Die in diesem und den weiteren Kapitel geschriebenen Steuerungsprogramme verzichten deshalb weitgehend auf die Verwendung von Merkern. Neben der damit gewonnenen Voraussetzung zur Bibliotheksfähigkeit der Bausteine werden auch häufig aufgetretene Programmierfehler vermieden, welche sich durch die Doppeltverwendung von Merkern einschleichen können.

Es gibt aber auch Vorteile, die sich bei der Verwendung von Merkern ergeben. Zum einen haben die in den Merkern gespeicherten Zwischenergebnisse über Bausteingrenzen hinweg Gültigkeit. Zum anderen gibt es remanente Merker, welche ihren Signalzustand auch bei Spannungsausfall beibehalten können. Deshalb bieten auch die meisten Steuerungshersteller noch immer Speicherbereiche zur Aufnahme von Merkeroperanden an. Die Anzahl der Merker ist CPU-spezifisch. Die Remanenz der Merker kann bei der Parametrierung der CPU eingestellt werden. Wird das Automatisierungsgerät in den STOPP-Zustand versetzt oder tritt ein Stromausfall ein, behält ein remanenter Merker seinen Signalzustand. Durch die Verwendung von remanenten Merkern kann der letzte Anlagen- oder Maschinenzustand vor Verlassen des „Betriebs"-Zustandes gespeichert werden. Bei Neustart oder Spannungswiederkehr kann die Anlage dann an der Stelle weiterarbeiten, wo sie zum Stillstand gekommen ist.

Nichtremanenten Merkern wird bei Neustart oder Spannungswiederkehr der Signalzustand „0" zugewiesen.

4.3 Speicherfunktionen

Viele Steuerungsaufgaben erfordern die Verwendung von Speicherfunktionen. Eine Speicherfunktion liegt dann vor, wenn ein kurzzeitig auftretender Signalzustand über den Programmzyklus hinaus festgehalten, d.h. gespeichert wird. Steuerungsprogramme mit Speicherfunktionen werden auch als Schaltwerke bezeichnet.

4.3.1 Entstehung des Speicherverhaltens

Bei den bisher behandelten Operationen hängt der Ausgangssignalwert nur von der augenblicklichen Kombination der Eingangssignale ab. Bei den Speicherfunktionen ist der Signalzustand der Ausgänge noch zusätzlich von einem „inneren Zustand" abhängig. Soll beispielsweise ein Leuchtmelder H durch kurzzeitiges Betätigen eines EIN- Tasters Sl eingeschaltet und durch kurzzeitiges Betätigen eines AUS-Tasters S0 wieder ausgeschaltet werden, so kann der Ausgangssignalwert nicht mehr allein durch die Kombination der Eingangssignalwerte angegeben werden.

Zeile	S1	S0	H
0	0	0	0 ⇒ wenn S0 zuvor betätigt wurde 1 ⇒ wenn S1 zuvor betätigt wurde
1	0	1	0
2	1	0	1
3	1	1	0 ⇒ wenn Ausschalten dominant 1 ⇒ wenn Einschalten dominant

Die Tabelle zeigt, dass der Ausgangssignalwert H in der Zeile 0 von der Vorgeschichte des Schaltwerks abhängt und der Ausgangssignalwert H in der Zeile 3 durch Festlegung bestimmt und eingetragen werden kann. Mit Hilfe eines kleinen *Tricks* ist es möglich, eine vollständig ausgefüllte Funktionstabelle anzugeben. Man führt für die Vorgeschichte des Schaltwerks eine neue Variable, *die „Zustandsvariable Q"* ein. Die Zustandsvariable Q beschreibt den inneren Signalzustand, den das Schaltwerk **vor** dem Anlegen der jeweiligen Eingangskombination hatte.

Zeile	Q	S1	S0	H
0	0	0	0	0
1	0	0	1	0
2	0	1	0	1
3	0	1	1	0
4	1	0	0	1
5	1	0	1	0
6	1	1	0	1
7	1	1	1	0

Festlegung: Werden S0 und S1 gleichzeitig gedrückt, so soll der Ausgangssignalwert H „0" sein.

Der Ausgangssignalwert H des Schaltwerks ist also abhängig von den Eingangsvariablen S0, S1 und der Zustandsvariablen Q,

H = f (Sl; S0; Q)

und kann zwei Zustände annehmen.

Da bei dieser Speicherfunktion der Signalzustand der Zustandsvariablen Q jeweils mit dem Signalwert der Ausgangsvariablen H übereinstimmt, kann in der Funktionstabelle statt der Zustandsvariablen Q die Ausgangsvariable H eingetragen werden. Die Ausgangsvariable H erscheint somit zweimal in der Funktionstabelle, jedoch mit unterschiedlicher Bedeutung. Einmal steht die Variable bei den Eingangsvariablen und entspricht dem Ausgangssignalzustand H vor Anlegen der Eingangskombination (bisher Q) und zum anderen taucht die Ausgangsvariable H in der Ausgangsspalte auf, in die der Signalwert nach angelegter Eingangskombination eingetragen wird.

Aus dieser Funktionstabelle kann nach der disjunktiven Normalform folgende Schaltfunktion abgelesen werden:

$$H = \overline{H}\,S1\,\overline{S0} \vee H\,\overline{S1}\,\overline{S0} \vee H\,S1\,\overline{S0}$$

Nach der Anwendung eines Minimierungsverfahrens ergibt sich dann:

Schaltfunktion:

$$H = H\,\overline{S0} \vee S1\,\overline{S0} = \overline{S0} \,\&\, (H \vee S1)$$

Funktionsplan:

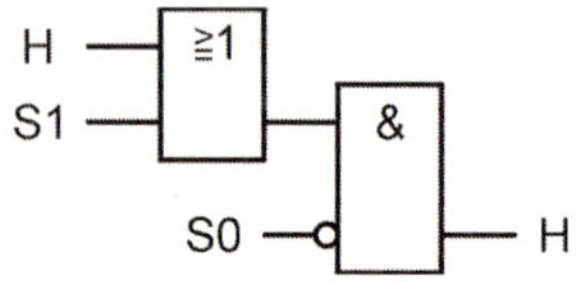

In der Schütztechnik werden Speicher nach derselben Schaltfunktion realisiert. Überträgt man die Schaltfunktion $H = \overline{S0} \,\&\, (H \vee S1)$ in eine Kontaktlogik, so erhält man den folgenden Schaltplan.

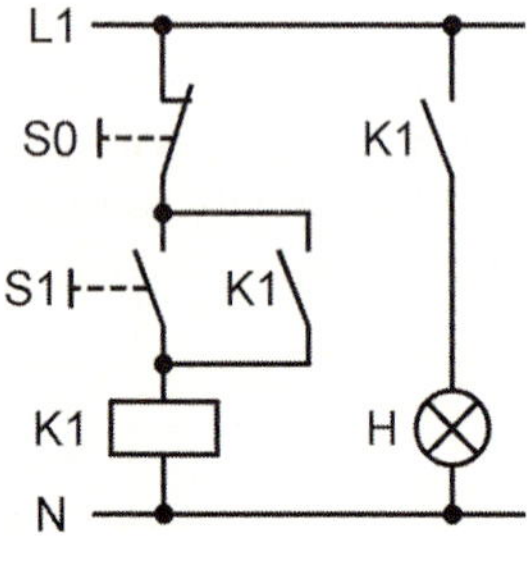

Durch die Parallelschaltung von S1 und Schützkontakt K1 wird ein kurzzeitiges Drücken des Tasters S1 gespeichert. In der Schütztechnik wird dies als Selbsthaltung bezeichnet

Das Prinzip der Selbsthaltung für eine Speicherfunktion hat in Steuerungsprogrammen nur noch Bedeutung, wenn entweder der Kontaktplan als Programmiersprache verwendet wird oder eine Speicherung nur dann erfolgen darf, wenn ein externer Kontakt meldet, dass das Schütz tatsächlich angezogen hat.

Beispiel 4.11: Sammelbecken

Der Inhalt eines Sammelbeckens wird mit zwei Schwimmschaltern überwacht. Übersteigt der Füllstand eine bestimmte Höhe, so meldet der obere Signalgeber S2 „1“-Signal und das Sammelbecken ist über das Ablaufventil Y vollständig zu entleeren. Ist das Sammelbecken entleert, so meldet der untere Schwimmschalter S1 „0“-Signal.

Technologieschema:

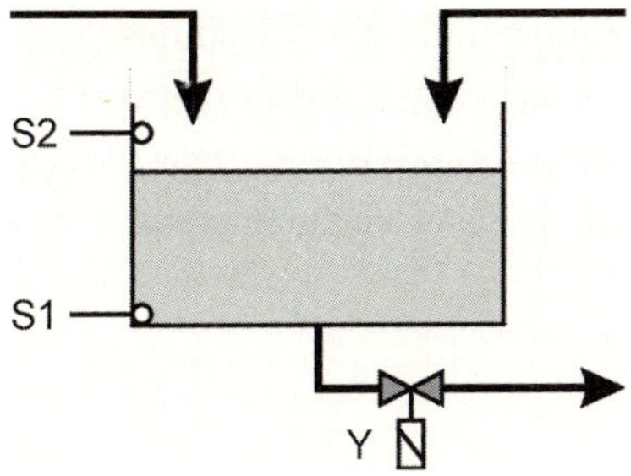

Anschlussplan:

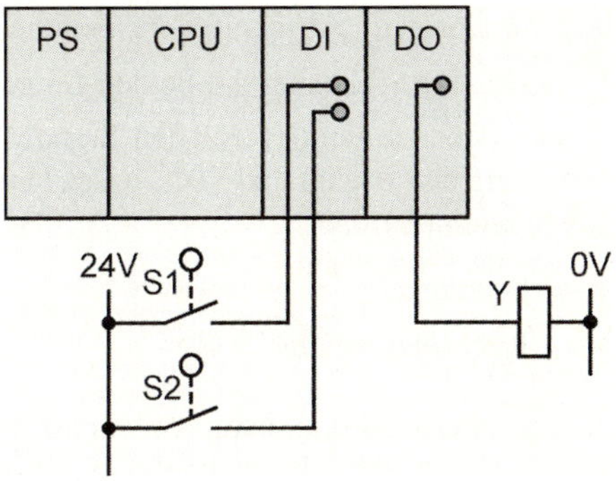

Bild 4.7: Sammelbecken und Anschlussplan

Zuordnungstabelle der Eingänge und Ausgänge:

Eingangsvariable	Symbol	Datentyp	Logische Zuordnung		Adresse
Unterer Signalgeber	S1	BOOL	Behälter entleert	S1 = 0	E 0.1
Oberer Signalgeber	S2	BOOL	Behälter gefüllt	S2 = 1	E 0.2
Ausgangsvariable					
Ablaufventil	Y	BOOL	Ablaufventil offen	Y = 1	A 4.0

Der Zusammenhang zwischen den Eingangsvariablen S1, S2 und der Ausgangsvariablen Y wird in der erweiterten Funktionstabelle dargestellt.

Zeile	Yv	S2	S1	Yn
0	0	0	0	0
1	0	0	1	0
2	0	1	0	x
3	0	1	1	1
4	1	0	0	0
5	1	0	1	1
6	1	1	0	x
7	1	1	1	1

Index: v = vorher n = nachher

Hinweis: Die Eintragungen x in der Spalte Yn bedeuten keine Zuweisung für den Ausgang Y, da die Eingangskombinationen nicht vorkommen können.

Schaltfunktion nach der Minimierung:

Y = S2 v S1 Y

Funktionsplan:

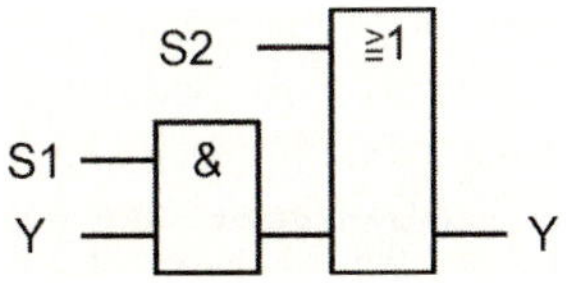

STEP 7 Programm (AWL-Quelle):

```
ORGANIZATION_BLOCK OB 1
VAR_TEMP
...           //Standardeinträge
END_VAR
BEGIN                        U  E   0.1;
O  E   0.2;                  U  A   4.0;
O  ;                         =  A   4.0;

                             END_ORGANIZATION_BLOCK
```

4.3.2 RS-Speicherfunktion

Die im vorigen Abschnitt entworfene Speicherschaltung mit der Funktionsgleichung $H = \overline{S0} \,\&\, (H \vee S1)$ besitzt die beiden Eingänge S0 und S1 sowie ein Ausgang H. Der Eingang S1 setzt den Ausgang H auf den Signalwert „1“ und der Eingang S0 setzt den Ausgang H wieder auf den Signalwert „0“ zurück. Die Eingänge der Speicherschaltung werden deshalb auch bezeichnet mit:

S1 = Setzeingang = S

S0 = Rücksetzeingang = R

Die Speicherschaltung kann zu einem Speicherbaustein zusammengefasst werden, welche dann als RS-Speicher bezeichnet und mit folgendem Symbol dargestellt wird.

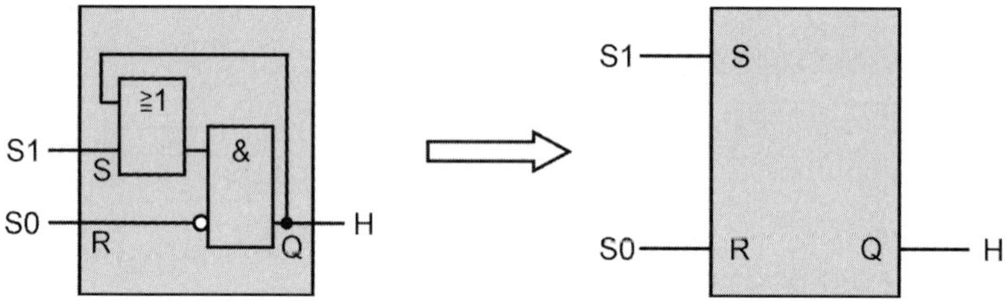

Die meisten Programmerstellungswerkzeuge bieten nach IEC 61131-3 Speicherbausteine als Standard-Funktionsbausteine an. Bei STEP 7 werden Speicherbausteine durch eine Setz- und eine Rücksetzoperation mit dem selben Operanden in der AWL realisiert. Die beiden Operationen lassen sich auch im Funktionsplan als Speicherbaustein darstellen. Für die Funktionsweise der RS-Speicherfunktion ist wichtig, in welcher Reihenfolge die Setz- und die Rücksetzoperation programmiert wird. Wird zuerst die Setz- und dann die Rücksetzoperation programmiert, so entsteht eine Speicherfunktion mit vorrangigem Rücksetzen. Im umgekehrten Fall entsteht eine Speicherfunktion mit vorrangigem Setzen.

Speicherfunktion mit vorrangigem Rücksetzen:

Anweisungsliste:

```
U   S1
S   H
U   S0
R   H
```

Funktionsplan:

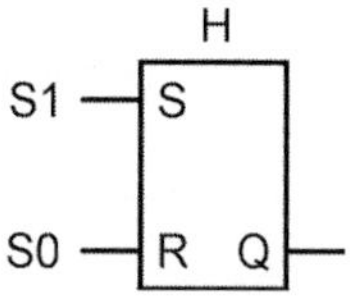

Zeitdiagramm:

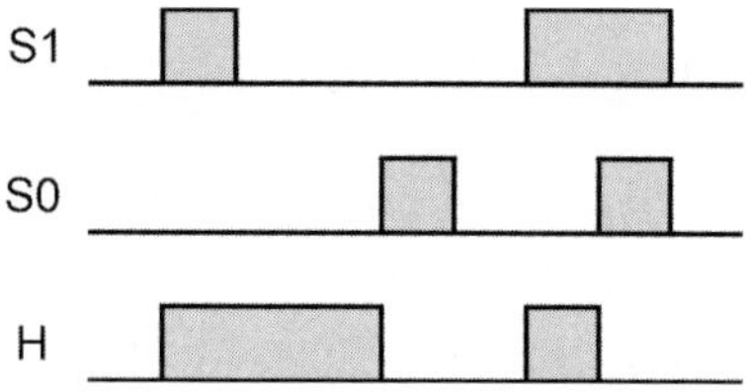

Vorrangiges Rücksetzen bedeutet, dass bei gleichzeitigem Auftreten von Signalzustand „1“ am Setzeingang S und Rücksetzeingang R die Speicherfunktion zurückgesetzt wird. Bedingt durch die sequentielle Abarbeitung der Anweisungen setzt die CPU mit der zuerst bearbeiteten Setzoperation den Operanden der Speicherfunktion, welcher mit der Rücksetzanweisung jedoch anschließend gleich wieder zurückgesetzt wird. Der Speicheroperand bleibt dann für den Rest der Programmabarbeitung zurückgesetzt. Wird der Speicheroperand einem externen Ausgang zugewiesen, so bleibt dieser von dem kurzzeitigen Setzen unbeeinflusst. Das kurzzeitige Setzen des Ausganges findet nur im Prozessabbild der Ausgänge statt, da erst am Ende des Programmzyklus das Prozessabbild den Ausgängen zugewiesen wird. Die Speicherfunktion mit vorrangigem Rücksetzen wird in den meisten Fällen angewandt, da in der Regel der zurückgesetzte Signalzustand der sichere bzw. ungefährlichere Zustand ist.

Operationsdarstellung in der Steuerungssprache STEP 7:

AWL	FUP
U E 0.1 S A 4.0 U E 0.0 R A 4.0	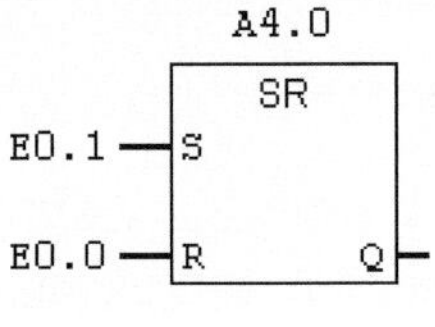

SCL

```
IF E0.1=1 THEN A4.0:=1; END_IF;
IF E0.0=1 THEN A4.0:=0; END_IF;
```

KOP

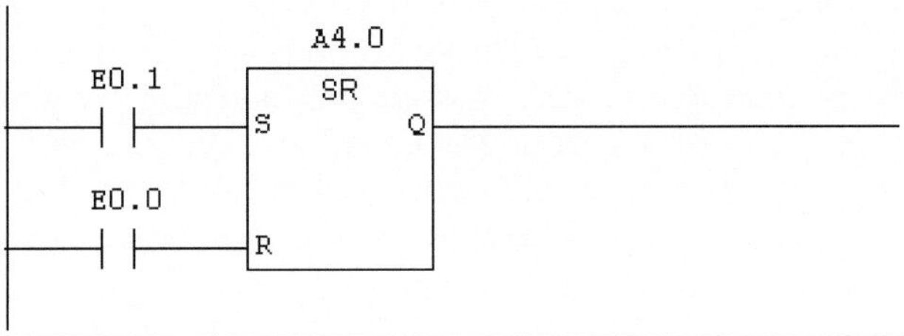

Der Aufruf von Funktionen wie Speicher, Zeiten, Zähler etc. im Kontaktplan wird von vielen Programmerstellsystemen unterstützt. Da sich Funktionen selbstverständlich nicht mit Kontakten darstellen lassen, erscheinen in der Steuerungssprache Kontaktplan KOP die Funktionen mit Funktionssymbolen. Die Bezeichnung Kontaktplan wird damit aber fragwürdig. Im weiteren Verlauf wird deshalb auf die Darstellung von Funktionen im Kontaktplan verzichtet.

Speicherfunktion mit vorrangigem Setzen:

Anweisungsliste:

```
U   S0
R   H
U   S1
S   H
```

Funktionsplan:

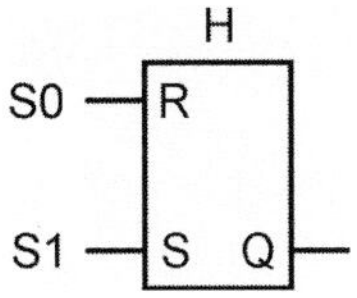

Zeitdiagramm:

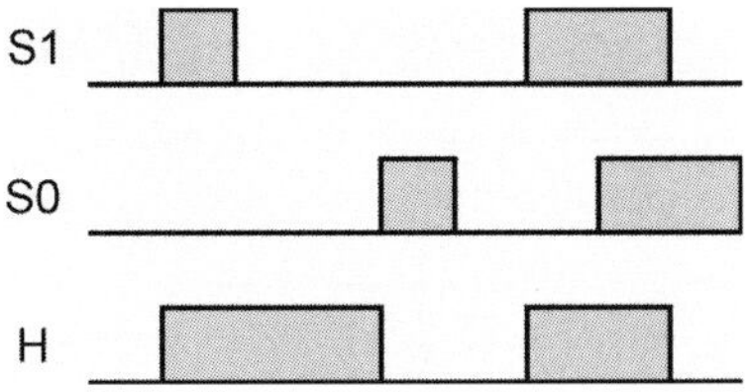

Vorrangiges Setzen bedeutet, bei gleichzeitigem Auftreten von Signalzustand „1“ am Setzeingang S und Rücksetzeingang R wird die Speicherfunktion gesetzt. Beim Bearbeiten der Anweisungen setzt die CPU mit der Rücksetzoperation den Operanden der Speicherfunktion zunächst auf „0“-Signal zurück und anschließend mit der Setzoperation auf Signalzustand „1“. Der Speicheroperand bleibt dann für den Rest der Programmabarbeitung gesetzt. Wird der Speicheroperand einem externen Ausgang zugewiesen, so bleibt dieser von dem kurzzeitigen

Rücksetzen unbeeinflusst. Das kurzzeitige Setzen des Ausganges findet nur im Prozessabbild der Ausgänge statt, da erst am Ende des Programmzyklus das Prozessabbild den Ausgängen zugewiesen wird.

Operationsdarstellung in der Steuerungssprache STEP 7:

AWL	FUP
U E 0.0 R A 4.0 U E 0.1 S A 4.0	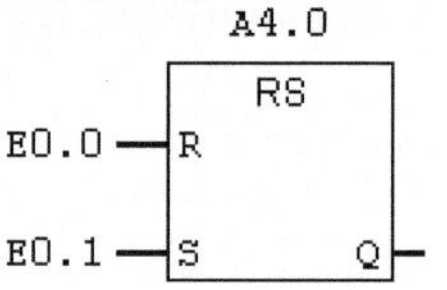

SCL
IF E0.0=1 THEN A4.0:=0; END_IF; IF E0.1=1 THEN A4.0:=1; END_IF;

Beispiel 4.12: Selektive Bandweiche

Auf einem Transportband werden lange und kurze Werkstücke in beliebiger Reihenfolge antransportiert. Die Bandweiche soll so gesteuert werden, dass die ankommenden Teile nach ihrer Länge getrennten Abgabestationen zugeführt werden. Die Länge der Teile wird über eine Abtastvorrichtung ermittelt (Rollenhebel): Durchläuft ein langes Teil die Abtastvorrichtung, sind kurzzeitig alle drei Rollenhebel betätigt. Durchläuft ein kurzes Teil die Abtastvorrichtung, wird kurzzeitig nur der mittlere Rollenhebel betätigt. Bewegt wird die Bandweiche durch einen pneumatischen Zylinder, der von einem 5/2-Wegeventil mit elektromagnetischer Betätigung und Rückstellfeder angesteuert wird. Ist der Elektromagnet Y des Ventils stromdurchflossen, fährt der Kolben des Zylinders aus.

Technologieschema:

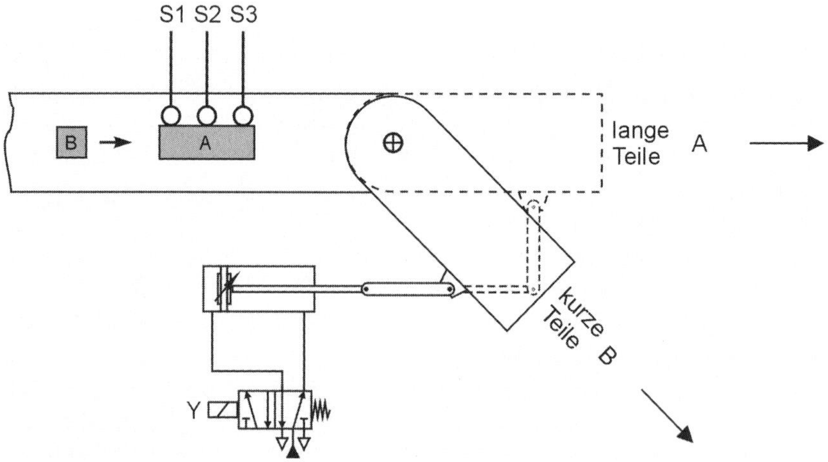

Bild 4.8: Bandweiche

Zuordnungstabelle der Eingänge und Ausgänge:

Eingangsvariable	Symbol	Datentyp	Logische Zuordnung		Adresse
Rollenhebel 1	S1	BOOL	Betätigt	S1 = 1	E 0.1
Rollenhebel 2	S2	BOOL	Betätigt	S2 = 1	E 0.2
Rollenhebel 3	S3	BOOL	Betätigt	S3 = 1	E 0.3
Ausgangsvariable					
Magnetventil	Y	BOOL	Angezogen	Y = 1	A 4.0

Zur Lösung der Steuerungsaufgabe werden die Bedingungen für das Umschalten der Bandweiche durch die Kombinationen der Rollenhebelventile ermittelt.

Bedingung für das Setzen des Ausgangssignals Y: $Y_S = S1 \,\&\, S2 \,\&\, S3$

Bedingung für das Rücksetzen des Ausgangssignals Y: $Y_R = \overline{S1} \,\&\, S2 \,\&\, \overline{S3}$

Funktionsplan:

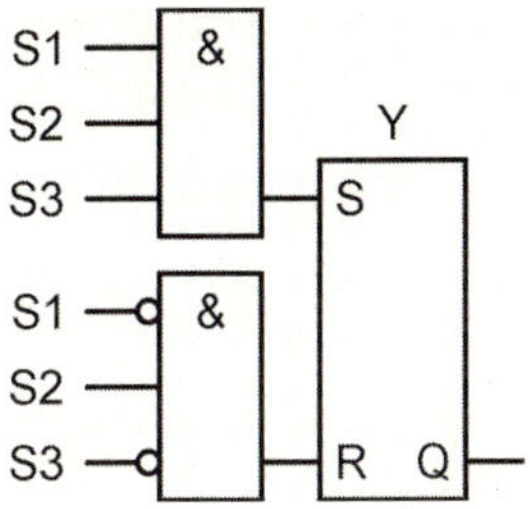

STEP 7 Programm (AWL-Quelle):

```
ORGANIZATION_BLOCK OB 1
VAR_TEMP
...          //Standardeinträge
END_VAR
BEGIN
U  E   0.1;        UN E   0.1;
U  E   0.2;        U  E   0.2;
U  E   0.3;        UN E   0.3;
S  A   4.0;        R  A   4.0;
                   END_ORGANIZATION_BLOCK
```

Sowohl das Setzen wie auch das Rücksetzen eines Operanden kann an verschiedenen Stellen des Steuerungsprogramms ausgeführt werden. Der RS-Speicherbaustein zerfällt dann in die beiden Operationen Setzen und Rücksetzen. Damit geht zwar die Übersicht verloren, durch welche Bedingung der Operand gesetzt bzw. rückgesetzt wird, es kann aber der Vorteil genutzt werden, ein Verknüpfungsergebnis für mehrere Setz- bzw. Rücksetzfunktionen zu nutzen. Mehrere Setz- und Rücksetzoperationen sowie Zuweisungen in beliebiger Kombination können nämlich dasselbe Verknüpfungsergebnis VKE auswerten.

In der AWL werden dazu die entsprechenden Operationen mit den unterschiedlichen Operanden untereinander geschrieben. Solange Setz-, Rücksetz- und Zuweisungs-Operationen bearbeitet werden, ändert sich das Verknüpfungsergebnis nicht. Erst wieder mit der nächsten Abfrageanweisung wird ein neues Verknüpfungsergebnis durch die CPU gebildet.

Auch im Funktionsplan ist eine Darstellung von Mehrfachabfragen des Verknüpfungsergebnisses möglich. Dazu werden mehrere Boxen am Ende der Verknüpfung angeordnet. Das Zeichen in der Box bestimmt, ob der zugehörige Operand gesetzt oder rückgesetzt wird bzw. eine Zuweisung vorliegt.

Beispiel einer Mehrfachabfrage des Verknüpfungsergebnisses in den verschiedenen Programmdarstellungen:

AWL

```
U  E   0.1
UN E   0.2
S  A   4.0
R  A   4.1
S  A   4.3
=  A   4.7
```

FUP

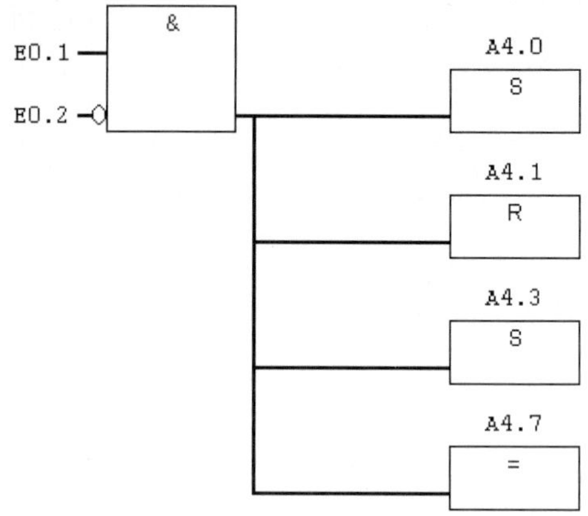

SCL

```
IF (E0.1=1 AND E0.2=0) THEN A4.0:=1; A4.1:=0; A4.3:=1; A4.7:=1;
ELSE A4.7:=0;
END_IF;
```

4.3.3 Verriegelung von Speichern

Das Verriegeln von Speichern ist in der Steuerungstechnik ein immer wiederkehrendes und wichtiges Prinzip. Zwei Arten von Verriegelungen lassen sich unterscheiden. Bei der einen (gegenseitiges Verriegeln) dürfen bestimmte Speicher nicht gleichzeitig gesetzt sein. Beispiel hierfür ist eine Wendeschützschaltung, bei der Rechts- und Linkslaufschütz niemals gleichzeitig angezogen sein dürfen. Bei der anderen Art der Verriegelung (Reihenfolgeverriegelung) darf ein Speicher nur gesetzt werden, wenn bereits einer oder mehrere Speicher gesetzt sind. Diese Art der Verriegelung trifft man beispielsweise bei hintereinander geschalteten Förderbändern an.

4.3.3.1 Gegenseitiges Verriegeln

Am Beispiel von zwei RS-Speicherfunktionen sollen die beiden Möglichkeiten der gegenseitigen Verriegelung gezeigt werden. Ist eines der beiden Speicherglieder gesetzt, kann das andere nicht mehr gesetzt werden. Für diese Verriegelung gibt es zwei Realisierungsmöglichkeiten.

Verriegelung über den Rücksetz-Eingang:

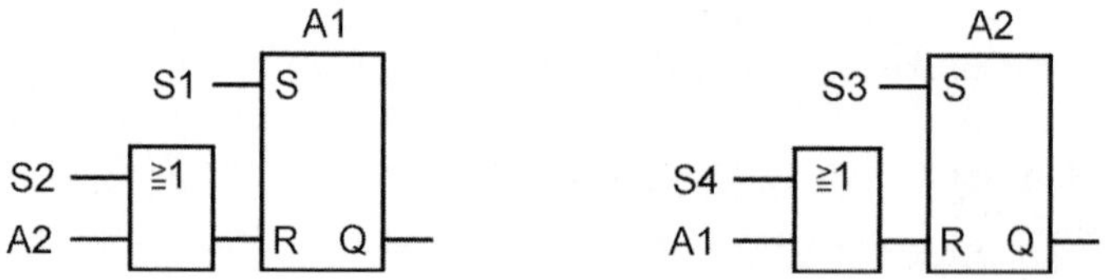

Ist beispielsweise die Speicherfunktion A2 gesetzt und wird über S1 ein „1“ Signal an den Setzeingang der Speicherfunktion A1 gelegt, so wird durch die sequentielle Programmabarbeitung der Operand im Prozessabbild der Ausgänge gesetzt und sofort wieder nach Abarbeiten der Rücksetzoperation zurückgesetzt. Am Ende des Programmzyklus ist dann die Speicherfunktion A1 im Prozessabbild der Ausgänge zurückgesetzt.

Verriegelung über den Setz-Eingang:

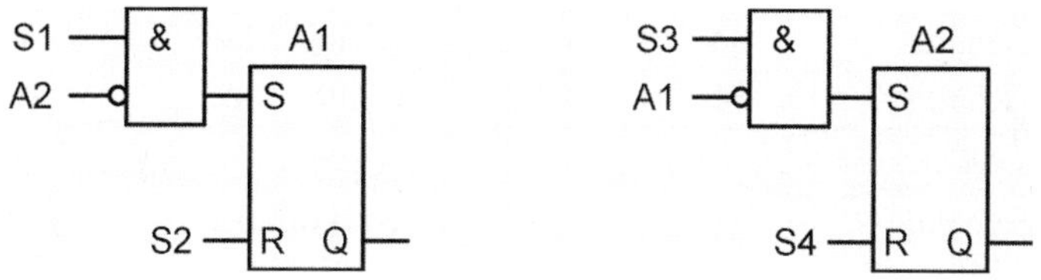

Über die UND-Verknüpfung an den Setz-Eingängen der Speicherglieder wird der Setz-Befehl nur wirksam, wenn der jeweils andere Speicher ein „0“-Signal hat, also nicht gesetzt ist.

Der Unterschied der beiden Verriegelungsarten besteht darin, dass bei der Verriegelung über die Rücksetzeingänge ein bereits gesetzter Speicher durch eine Verriegelungsbedingung zurückgesetzt werden kann. Dieser Fall kommt bei Schrittkettenprogrammierung mit Hilfe von Speicherfunktionen sehr häufig vor. Der Folgeschritt setzt dabei stets den vorangegangenen Schritt zurück. Die Verriegelung über den Rücksetzeingang wird in den meisten Fällen bei Steuerungsprogrammen bevorzugt.

Beispiel 4.13: Behälter-Füllanlage

Drei Vorratsbehälter mit den Signalgebern S1, S3 und S5 für die Vollmeldung und S2, S4 und S6 für die Leermeldung können von Hand in beliebiger Reihenfolge entleert werden. Eine Steuerung soll bewirken, dass stets nur ein Behälter nach erfolgter Leermeldung gefüllt werden kann. Das Füllen eines Behälters dauert solange an, bis die entsprechende Vollmeldung erfüllt ist.

Technologieschema:

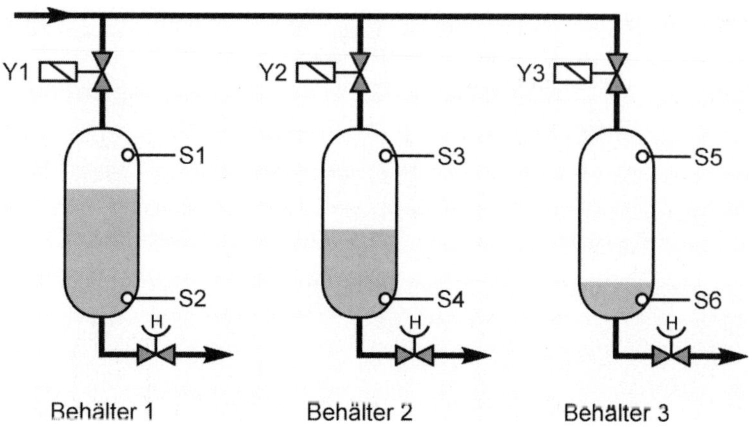

Bild 4.9: Behälterfüllanlage

Zuordnungstabelle der Eingänge und Ausgänge:

Eingangsvariable	Symbol	Datentyp	Logische Zuordnung		Adresse
Vollmeldung Behälter 1	S1	BOOL	Behälter 1 voll	S1 = 1	E 0.1
Vollmeldung Behälter 2	S3	BOOL	Behälter 2 voll	S3 = 1	E 0.3
Vollmeldung Behälter 3	S5	BOOL	Behälter 3 voll	S5 = 1	E 0.5
Leermeldung Behälter 1	S2	BOOL	Behälter 1 leer	S2 = 1	E 0.2
Leermeldung Behälter 2	S4	BOOL	Behälter 2 leer	S4 = 1	E 0.4
Leermeldung Behälter 3	S6	BOOL	Behälter 3 leer	S6 = 1	E 0.6
Ausgangsvariable					
Magnetventil Behälter 1	Y1	BOOL	Ventil offen	Y1 = 1	A 4.1
Magnetventil Behälter 2	Y2	BOOL	Ventil offen	Y2 = 1	A 4.2
Magnetventil Behälter 3	Y3	BOOL	Ventil offen	Y3 = 1	A 4.3

Jedes Ventil wird über eine RS-Speicherfunktion angesteuert. Von den drei RS-Speicherfunktionen darf jeweils nur ein Speicher gesetzt werden. Dies erfordert eine Verriegelungsschaltung 1 aus 3. Die Bedingungen für das Setzen und Rücksetzen der Speicherfunktionen werden in eine Tabelle eingetragen.

Speicherfunktion	Bedingungen für das Setzen	Bedingungen für das Rücksetzen
Y1 für Behälter 1	S2 = 1	S1 = 1 oder Y2 = 1 oder Y3 = 1
Y2 für Behälter 2	S4 = 1	S3 = 1 oder Y1 = 1 oder Y3 = 1
Y3 für Behälter 3	S6 = 1	S5 = 1 oder Y1 = 1 oder Y2 = 1

Funktionsplan

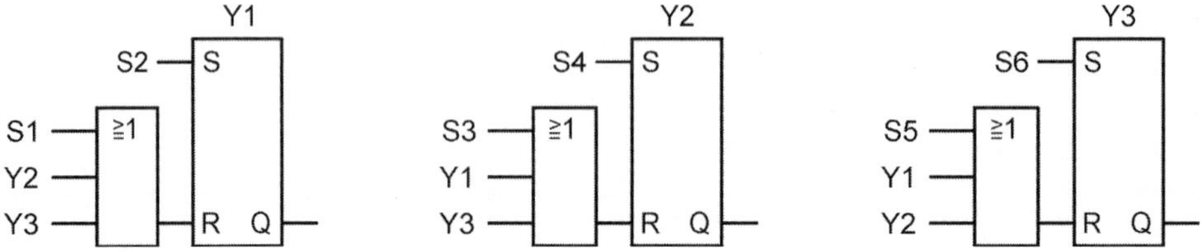

STEP 7 Programm (AWL-Quelle):

```
ORGANIZATION_BLOCK OB 1
VAR_TEMP
...                     //Standardeinträge
END_VAR
BEGIN
 U  E   0.2;      U  E   0.4;      U  E   0.6;
 S  A   4.1;      S  A   4.2;      S  A   4.3;
 O  E   0.1;      O  E   0.3;      O  E   0.5;
 O  A   4.2;      O  A   4.1;      O  A   4.1;
 O  A   4.3;      O  A   4.3;      O  A   4.2;
 R  A   4.1;      R  A   4.2;      R  A   4.3;
                                  END_ORGANIZATION_BLOCK
```

4.3.3.2 Reihenfolgeverriegelung

Eine Reihenfolgeverriegelung liegt vor, wenn Speicherfunktionen nur in einer ganz bestimmten festgelegten Reihenfolge gesetzt werden dürfen. Am Beispiel von zwei RS-Speicherfunktionen sollen die beiden Möglichkeiten der Folgeverriegelung gezeigt werden. Damit eine Speicherfunktion gesetzt werden kann muss zuvor ein anderer Speicher gesetzt sein

Verriegelung über den Setz-Eingang:

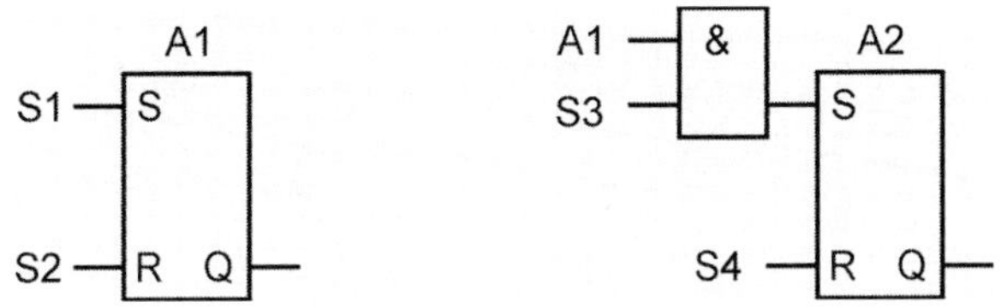

Über die UND-Verknüpfung an dem Setz-Eingang der RS-Speicherfunktion A2 wird der Setz-Befehl nur wirksam, wenn die Speicherfunktion A1 „1"-Signal hat, also gesetzt ist. Die zweite Möglichkeit, eine Reihenfolgeverriegelung über den Rücksetzeingang zu realisieren, hat den Nachteil, dass beim Rücksetzen der Speicherfunktion A1 auch die Speicherfunktion A2 zurückgesetzt wird.

Verriegelung über den Rücksetz-Eingang:

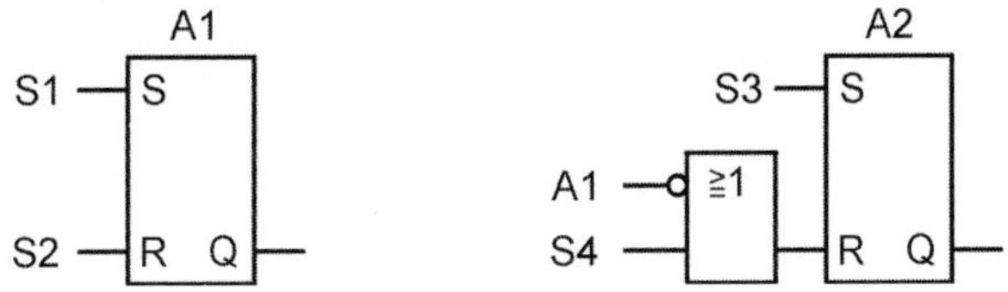

Durch den beschriebenen Nachteil dieser Verriegelungsart werden Reihenfolgeverriegelungen in der Mehrzahl über den Setz-Eingang ausgeführt.

Beispiel 4.14: Kiesförderanlage

Eine Kiesförderanlage besteht aus drei Förderbändern, deren Antriebsmotoren einzeln ein- und ausgeschaltet werden können. Dazu befindet sich an jedem Förderband ein EIN-Taster und ein AUS-Taster.

Eine geeignete Einschalt- und Ausschaltreihenfolge soll verhindern, dass es zu Stauungen des Fördergutes auf Band 2 oder Band 3 kommen kann. Das bedeutet, dass Band 1 nur eingeschaltet werden darf, wenn Band 2 bereits eingeschaltet ist und Band 2 wiederum nur eingeschaltet werden darf, wenn Band 3 bereits läuft. Das Ausschalten des Bandes 3 ist nur möglich, wenn Band 2 bereits ausgeschaltet ist und Band 2 darf wiederum nur ausgeschaltet werden, wenn Band 1 bereits ausgeschaltet ist.

Eine Rückmeldung, ob das jeweilige Band tatsächlich ordnungsgemäß läuft oder ob ein Bandriss bzw. ein zu großer Schlupf vorliegt, wird von der Anlage nicht geliefert. Die Auswertung solcher Rückmeldungen ist in anderen Beispielen gezeigt.

Ein NOT-AUS-Taster S0 kann bei Betätigung alle Bänder sofort abschalten.

Technologieschema:

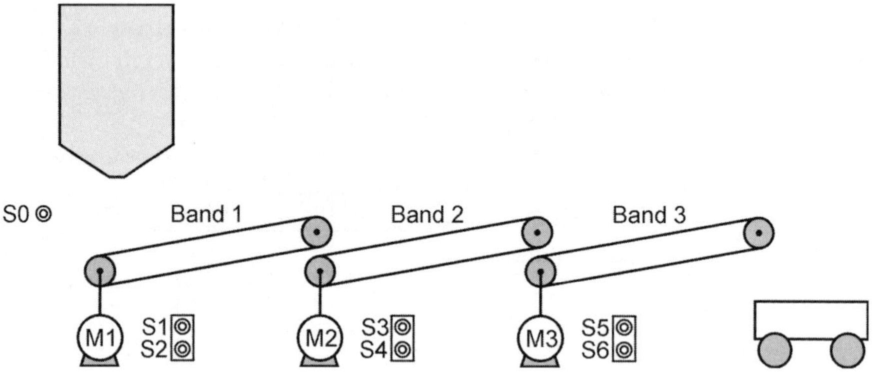

Bild 4.10: Kiesförderanlage

Zuordnungstabelle der Eingänge und Ausgänge:

Eingangsvariable	Symbol	Datentyp	Logische Zuordnung		Adresse
NOT-AUS-Taster	S0	BOOL	Betätigt	S0 = 0	E 0.0
Band 1 Ein	S1	BOOL	Betätigt	S1 = 1	E 0.1
Band 1 Aus	S2	BOOL	Betätigt	S2 = 0	E 0.2
Band 2 Ein	S3	BOOL	Betätigt	S3 = 1	E 0.3
Band 2 Aus	S4	BOOL	Betätigt	S4 = 0	E 0.4
Band 3 Ein	S5	BOOL	Betätigt	S5 = 1	E 0.5
Band 3 Aus	S6	BOOL	Betätigt	S6 = 0	E 0.6
Ausgangsvariable					
Motorschütz 1	K1	BOOL	Motor M1 läuft	K1 = 1	A 4.1
Motorschütz 2	K2	BOOL	Motor M2 läuft	K2 = 1	A 4.2
Motorschütz 3	K3	BOOL	Motor M3 läuft	K3 = 1	A 4.3

Zur Ansteuerung der Antriebsmotoren der Bänder werden Speicherfunktionen verwendet. Die Bedingungen für das Setzen und das Rücksetzen ergeben sich aus den Einschalt- und Ausschaltbedingungen der einzelnen Bänder.

Einschaltbedingungen (= Setzbedingungen):

Band 1 darf nur einschaltbar sein, wenn Band 2 läuft und Band 2 darf nur einschaltbar sein, wenn Band 3 läuft. Außerdem muss der jeweilige Taster für das Einschalten betätigt sein.

Ausschaltbedingungen (= Rücksetzbedingen):

Band 3 darf nur ausschaltbar sein, wenn Band 2 ausgeschaltet ist und Band 2 darf nur ausschaltbar sein, wenn Band 1 ausgeschaltet ist. Außerdem muss der jeweilige Taster für das Ausschalten betätigt sein. Eine Betätigung des NOT-AUS-Tasters S0 führt in jedem Falle zur Abschaltung.

Wie in Kapitel 9.2 noch näher beschrieben wird, ist eine tabellarische Übersicht der Setz- und Rücksetzbedingung für die Erstellung des Funktionsplans der Steuerungsaufgabe sehr hilfreich. Deshalb werden nachfolgend die verbal beschriebenen Ein- und Ausschaltbedingungen in eine *RS-Tabelle* eingetragen.

Tabelle für das Setzen und Rücksetzen der Speicherfunktionen

Speicherfunktion	Bedingungen für das Setzen	Bedingungen für das Rücksetzen
Motorschütz K1	S1 = 1 und K2 = 1	S0 = 0 oder S2 = 0
Motorschütz K2	S3 = 1 und K3 = 1	S0 = 0 oder (S4 = 0 und K1 = 0)
Motorschütz K3	S5 = 1	S0 = 0 oder (S6 = 0 und K2 = 0)

Funktionsplan:

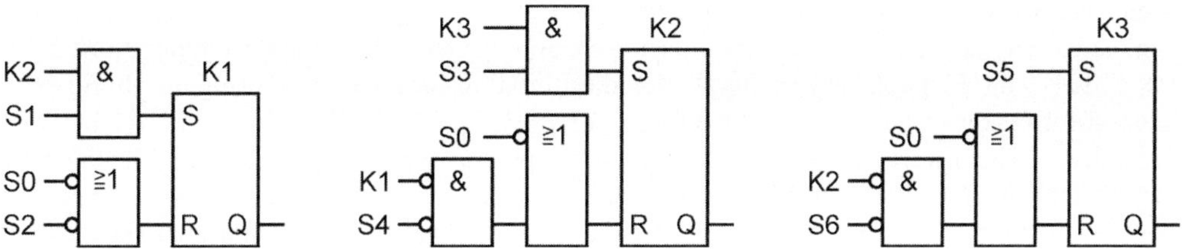

STEP 7 Programm (AWL-Quelle):

```
ORGANIZATION_BLOCK OB 1
VAR_TEMP
...                     //Standardeinträge
END_VAR
BEGIN
 U  A   4.2;       U  A   4.3;       U  E   0.5;
 U  E   0.1;       U  E   0.3;       S  A   4.3;
 S  A   4.1;       S  A   4.2;       ON E   0.0;
 ON E   0.0;       ON E   0.0;       O  ;
 ON E   0.2;       O  ;              UN A   4.2;
 R  A   4.1;       UN A   4.1;       UN E   0.6;
                   UN E   0.4;       R  A   4.3;
                   R  A   4.2;

                                     END_ORGANIZATION_BLOCK
```

4.4 Flankenauswertung

Mit einer Flankenauswertung wird die Änderung eines Signalzustandes erfasst. Eine ansteigende Flanke (Signalzustandswechsel von „0“ nach „1“) wird als positive Flanke und eine abfallende Flanke (Signalzustandswechsel von „1“ nach „0“) wird als negative Flanke bezeichnet. Aus einem Dauersignal wird somit ein Impuls gebildet, welcher bei der Programmabarbeitung mit einer SPS ein Zyklus lang ist.

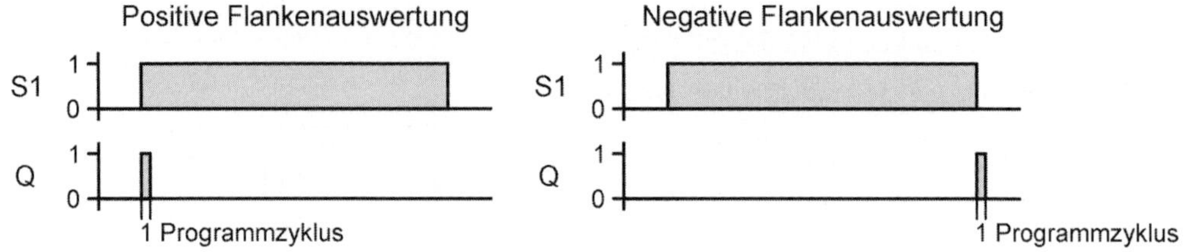

In der Schütztechnik wird eine Flankenauswertung durch Wischkontakte oder Kurzzeiteinschaltglieder vorgenommen. Zur Realisierung einer Flankenauswertung mit einer SPS ist in jedem Fall ein Operand erforderlich, der den Signalwert des vorhergehenden Programmzyklus speichert. Mit Hilfe einer UND-Verknüpfung und einer RS-Speicherfunktion kann eine Flankenauswertung realisiert werden. Die meisten Steuerungshersteller stellen nach der Norm DIN EN 61131-3 die Flankenauswertung als Standardfunktionsbaustein zur Verfügung. In STEP 7 kann die Flankenauswertung als Operation aufgerufen werden. Der Operand, welcher den veränderten Signalwert speichert wird als Flankenoperand, Flankenspeicher oder Flankenmerker bezeichnet. Die Flankenauswertung selbst kann einem Binäroperanden, Impulsoperand oder Impulsmerker zugewiesen werden, der dann für die Dauer eines Bearbeitungszyklus den Signalwert „1“ hat. Es ist aber auch eine direkte Abfrage des Verknüpfungsergebnisses als Flankenauswertung möglich.

4.4.1 Positive Flanke

Eine positive Flanke liegt vor, wenn der Signalzustand eines Operanden oder das Verknüpfungsergebnis von „0“ nach „1“ wechselt. Während eines jeden Programmzyklus wird der Signalzustand des VKE-Bits mit dem Signalzustand des VKE-Bits des vorigen Zustands verglichen, um Änderungen festzustellen. Damit der Vergleich ausgeführt werden kann, muss der vorherige VKE-Zustand in einem Flankenoperanden FO gespeichert werden.

Der nachfolgenden Funktionsplan zeigt, wie eine positive Flankenauswertung mit einer UND-Operation und einer RS-Speicherfunktion realisiert werden kann.

Funktionsplan:

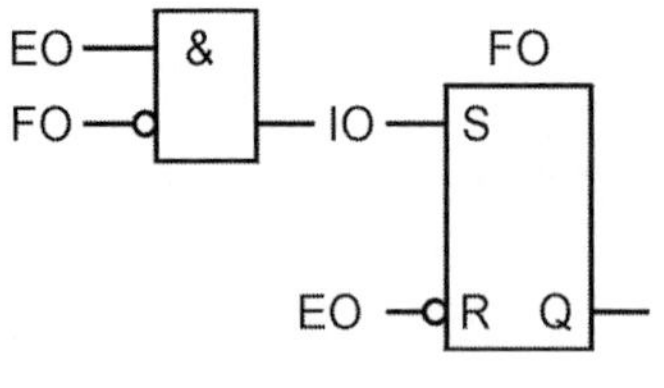

Signalzustände der Operanden:

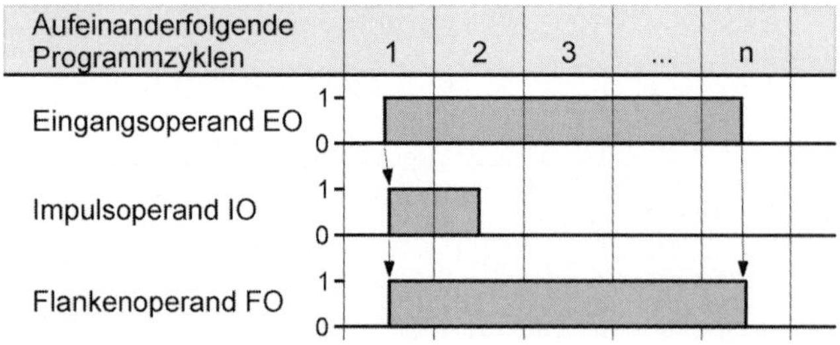

EO: Eingangsoperand; FO: Flankenoperand; IO: Impulsoperand.

Die richtige Funktionsweise des dargestellten Funktionsplans setzt die zyklische Programmabarbeitung voraus. Die Arbeitsweise des Programms wird durch die voranstehende Darstellung der Signalzustände der Operanden über mehrere aufeinanderfolgende Programmzyklen deutlich.

Da der Flankenoperand FO speicherndes Verhalten hat, kommen für diesen Operanden bei STEP 7 nur Merkerbits, Datenbits in Globaldatenbausteinen oder statische Lokaldatenbits in Frage. Die Verwendung von temporären Lokaldaten in Funktionen oder Funktionsbausteinen führt zu einem Fehlverhalten. Im Organisationsbaustein OB1 kann allerdings ein temporäres Lokaldatenbit als Flankenoperand verwendet werden.

Die von STEP 7 zur Verfügung gestellte Operation zur positiven Flankenauswertung, deren Logik das nebenstehende Bild zeigt, erfordert ebenfalls die Verwendung eines Flankenoperanden FO. Die Operation kann mit oder ohne Impulsoperand verwendet werden.

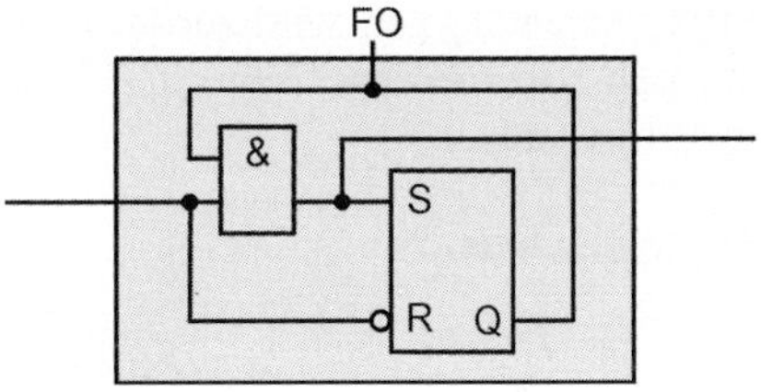

Operationsdarstellung in der Steuerungssprache STEP 7 mit Impulsoperand IO:

Hinweis: Die beiden Operanden FO und IO sind als Lokaldaten deklariert.

AWL	FUP
U E 0.1 FP #FO = #IO	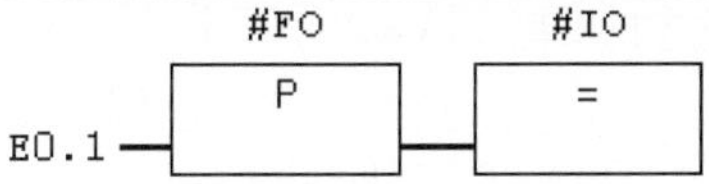
SCL	
IF E0.1 = 1 AND FO = 0 THEN IO:=1; ELSE IO:=0; END_IF; FO:= E 0.1;	

Die Abfrage des Impulsoperanden IO kann mehrmals und an verschiedenen Stellen des Steuerungsprogramms innerhalb des Bausteins erfolgen.

Operationsdarstellung in der Steuerungssprache STEP 7 ohne Impulsoperand IO:

Hinweis: Die Flankenauswertung des Verknüpfungsergebnisses VKE wird hier beispielsweise benutzt, um den Ausgang 4.0 mit einer RS-Speicherfunktion zu setzen.

AWL	FUP
U E 0.1 FP #FO S A 4.0 U E 0.2 R A 4.0	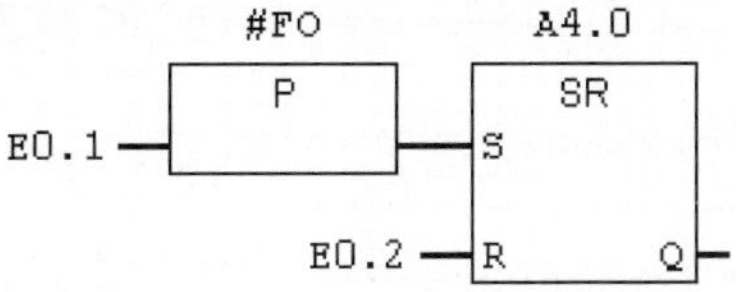
SCL	
IF E0.1 = 1 AND FO = 0 THEN A4.0:=1; END_IF; FO:= E0.1; IF E0.2 = 1 THEN A4.0:=0; END_IF;	

Die Befehlsfolge in der Programmiersprache SCL darf nicht vertauscht werden. Die Zuweisung FO:= E 0.1 muss in jedem Falle nach der IF-Kontrollanweisung geschrieben werden. Der Grund dafür ist, dass der Flankenoperand FO bei der IF-Abfrage den Signalzustand des Eingangsoperanden des vorhergehenden Programmzyklus besitzen muss.

Beispiel 4.15: Drehrichtungserkennung

Die Drehrichtung einer Welle soll mit zwei Leuchtmeldern H1 bzw. H2 angezeigt werden. Dazu ist auf der Welle ein Segment angebracht, welches zwei induktive Sensoren B1 bzw. B2 zum Ansprechen bringt. Das Drehen der Welle wird mit dem Schalter S freigegeben. Liegt eine Rechtsdrehung vor, wird zunächst Sensor B1 und dann Sensor B2 bedämpft. Die Sensoren müssen so angeordnet sein, dass bei entsprechender Stellung der Welle beide Sensoren gleichzeitig melden.

Technologieschema:

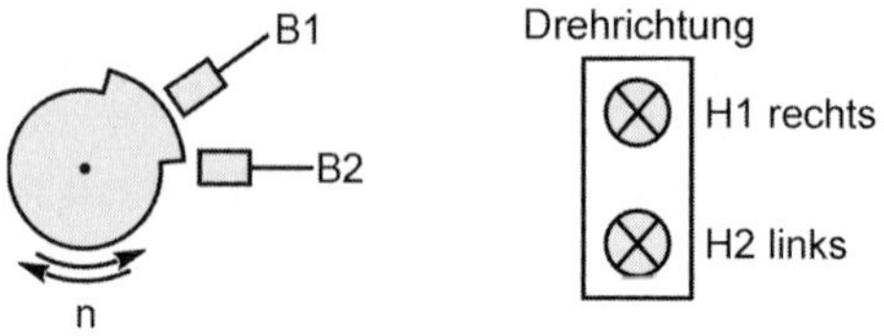

Bild 4.11: Drehrichtungserkennung

Zuordnungstabelle der Eingänge und Ausgänge:

Eingangsvariable	Symbol	Datentyp	Logische Zuordnung	Adresse
Freigabe Drehen	S	BOOL	Welle dreht sich S = 1	E 0.0
Sensor 1	B1	BOOL	Aktiviert B1 = 1	E 0.1
Sensor 2	B2	BOOL	Aktiviert B2 = 1	E 0.2
Ausgangsvariable				
Anzeige Rechtslauf	H1	BOOL	Leuchtet H1 = 1	A 4.1
Anzeige Linkslauf	H2	BOOL	Leuchtet H2 = 1	A 4.2

Wird die Aktivierung der Sensoren für den Rechts- oder Linkslauf in einem Zeitdiagramm dargestellt, so wird deutlich, dass dann Rechtslauf vorliegt, wenn Sensor B1 „1“ Signal hat und bei Sensor B2 ein Signalzustandswechsel von „0“ nach „1“ auftritt.

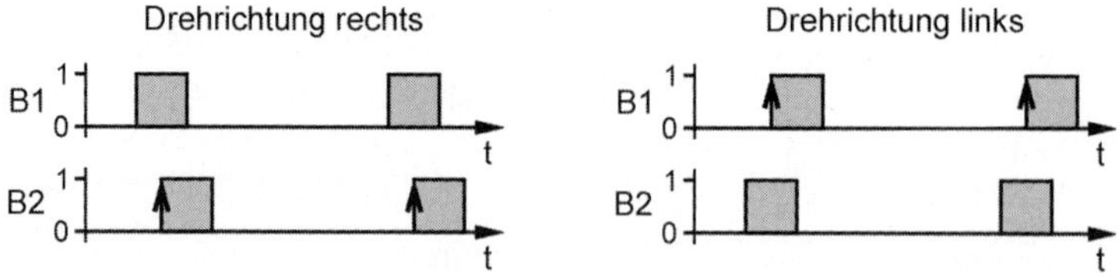

Die Drehrichtung links liegt vor, wenn Sensor B2 „1“-Signal hat und bei Sensor B1 ein „0“-„1“ Flankenwechsel auftritt. Das Setzen der einen Drehrichtungsanzeige setzt jeweils die andere Anzeige zurück.

Funktionsplan

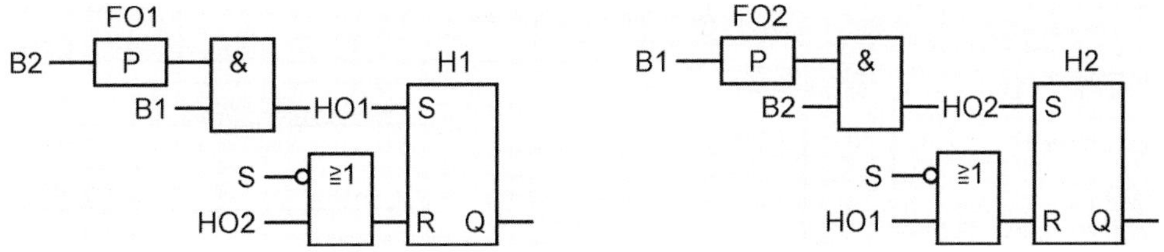

Die Funktionskontrolle des Steuerungsprogramms kann mit zwei Schaltern erfolgen, welche die Sensoren darstellen.

Für die zusätzlichen Variablen FO1 bzw. FO2 (Flankenoperanden) und HO1 bzw. HO2 (Hilfsoperanden) werden bei der Realisierung des Funktionsplans mit STEP 7 in diesem Beispiel ausnahmsweise Merker verwendet.

Zuweisungen: FO1 = M 10.1, FO2 = M 10.2, HO1 = M 11.1 und HO2 = M 11.2.

STEP 7 Programm (AWL-Quelle):

```
ORGANIZATION_BLOCK OB 1
VAR_TEMP
...                     //Standardeinträge
END_VAR
BEGIN
 U  E   0.2;    ON E   0.0;    U  E   0.1;    ON E   0.0;
 FP M  10.1;    O  M  11.2;    FP M  10.2;    O  M  11.1;
 U  E   0.1;    R  A   4.1;    U  E   0.2;    R  A   4.2;
 =  M  11.1;                   =  M  11.2;
 S  A   4.1;                   S  A   4.2;
                                              END_ORGANIZATION_BLOCK
```

Ein Pendeln des Segments im Bereich der Sensoren kann bei dieser Realisierung des Steuerungsprogramms zu einer falschen Anzeige führen. Im nächsten Beispiel 4.16 Richtungserkennung wird das Steuerungsprogramm dahingehend verbessert, dass auch ein Pendeln der Welle zu einer richtigen Anzeige führt. Die Realisierung dieses Richtungsanzeigers erfolgt dann in einem bibliotheksfähigen Baustein.

4.4.2 Negative Flanke

Eine negative Flanke liegt vor, wenn der Signalzustand eines Operanden oder das Verknüpfungsergebnis VKE von „1“ nach „0“ wechselt. Wie bei der positiven Flankenauswertung ist ein Vergleich des vorhergehenden und aktuellen Zustands des Operanden erforderlich, für den eine Flankenauswertung erfolgen soll. Auch hier muss der vorherige VKE-Zustand in einem Flankenoperanden FO gespeichert werden. Ist der Signalzustand des Flankenoperanden „1“ und der aktuelle Signalzustand „0“ liegt eine negative Flanke vor.

Der nachfolgende Funktionsplan zeigt, wie eine negative Flankenauswertung mit einer UND-Operation und einer RS-Speicherfunktion realisiert werden kann. Zu beachten ist, dass dabei eine setzdominante Speicherfunktion für die richtige Arbeitsweise des Steuerungsprogramms verwendet werden muss.

Funktionsplan:

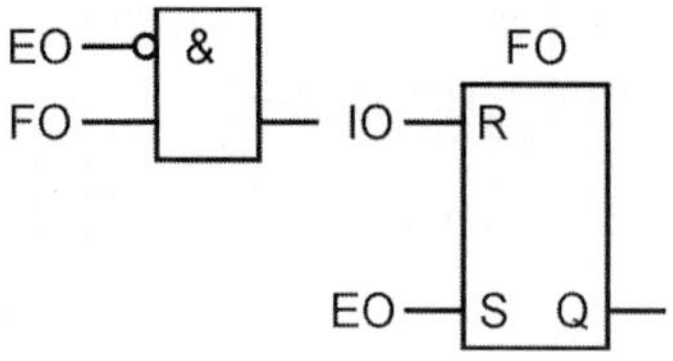

Signalzustände der Operanden:

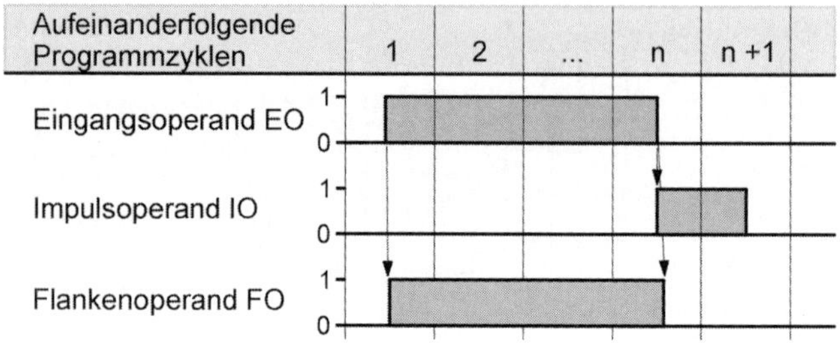

EO: Eingangsoperand; FO: Flankenoperand; IO: Impulsoperand.

Zur Verdeutlichung der Arbeitsweise des Programms sind wieder die Signalzustände der Operanden über mehrere aufeinanderfolgende Programmzyklen dargestellt. Für den Flankenoperand FO gilt das gleiche wie bei der positiven Flankenauswertung. Es kommen wieder nur Merkerbits, Datenbits in Globaldatenbausteinen oder statische Lokaldatenbits in Frage.

Operationsdarstellung in der Steuerungssprache STEP 7:

Mit Impulsoperand IO:

Hinweis: Die beiden Operanden FO und IO sind als Lokaldaten deklariert

AWL

```
U  E   0.1
FN #FO
=  #IO
```

FUP

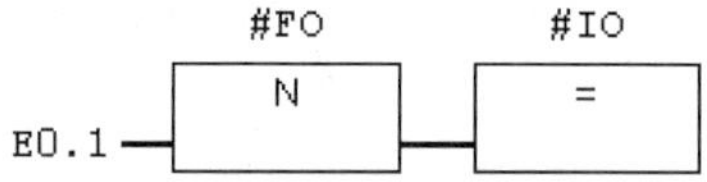

SCL

```
IF E0.1 = 0 AND FO = 1 THEN IO:=1; ELSE IO:=0;  END_IF;
FO:= E0.1;
```

Ohne Impulsoperand IO:

Hinweis: Die Flankenauswertung des Verknüpfungsergebnisses VKE wird hier beispielsweise benutzt, um den Ausgang 4.0 mit einer RS-Speicherfunktion zu setzen.

AWL

```
U  E   0.1
FN #FO
S  A   4.0
U  E   0.2
R  A   4.0
```

FUP

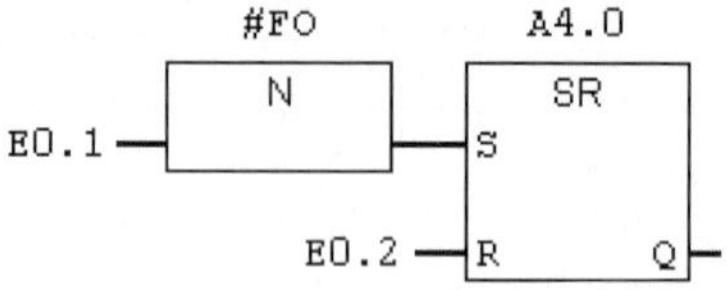

SCL

```
IF E0.1 = 0 AND FO = 0 THEN A4.0:=1;  END_IF;
FO:= E0.1;
IF E0.2 = 1 THEN A4.0:=0;  END_IF;
```

Beispiel 4.16: Richtungserkennung

Es ist ein Steuerungsprogramm zu entwerfen, das zur richtungsabhängigen Zählung für rotierende oder reversierende Bewegungen verwendet werden kann. Zur besseren Anschauung wird angenommen, dass der Richtungsdiskriminator für eine einspurige Einfahrt in eine Tiefgarage zur Erzeugung von Zählimpulsen für einfahrende bzw. ausfahrende Autos genutzt werden soll. Mit H1 bzw. H2 soll angezeigt werden, ob zuletzt ein Fahrzeug in die Tiefgarage eingefahren oder ausgefahren ist.

Technologieschema:

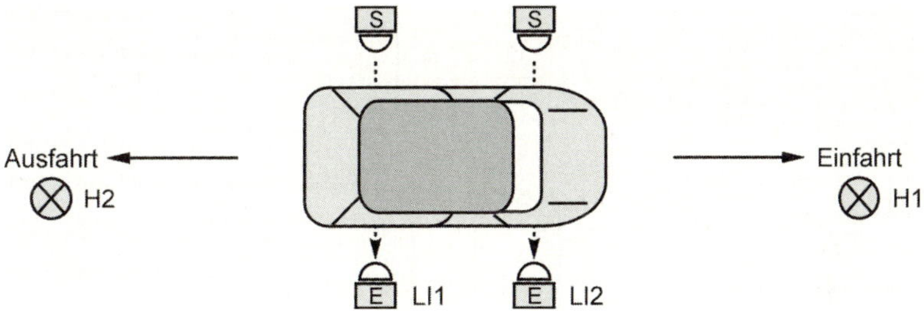

Bild 4.12: Parkhauseinfahrt

Zuordnungstabelle der Eingänge und Ausgänge:

Eingangsvariable	Symbol	Datentyp	Logische Zuordnung		Adresse
Lichtschranke 1	LI1	BOOL	Aktiviert	LI1 = 1	E 0.1
Lichtschranke 2	LI2	BOOL	Aktiviert	LI2 = 1	E 0.2
Ausgangsvariable					
Anzeige Einfahrt	H1	BOOL	Leuchtet	H1 = 1	A 4.1
Anzeige Ausfahrt	H2	BOOL	Leuchtet	H2 = 1	A 4.2

Fährt ein Fahrzeug in die Tiefgarage, wird zunächst LI1 und dann LI2 unterbrochen. Beim Ausfahren werden die Lichtschranken in der umgekehrten Reihenfolge unterbrochen. Es könnte deshalb die Lösung von Beispiel 4.15 herangezogen werden. Allerdings führt dieses Steuerungsprogramm zu einer Fehlfunktion, wenn ein Fahrzeug beim Einfahren zunächst beide Lichtschranken unterbricht und dann wieder rückwärts ausfährt. Es entsteht dabei ein Vorwärtszählimpuls und die Anzeige würde auf Einfahrt geschaltet. Eine fehlerfreie Funktion wird erreicht, wenn folgende Auswertung der Lichtschranken vorgenommen wird:

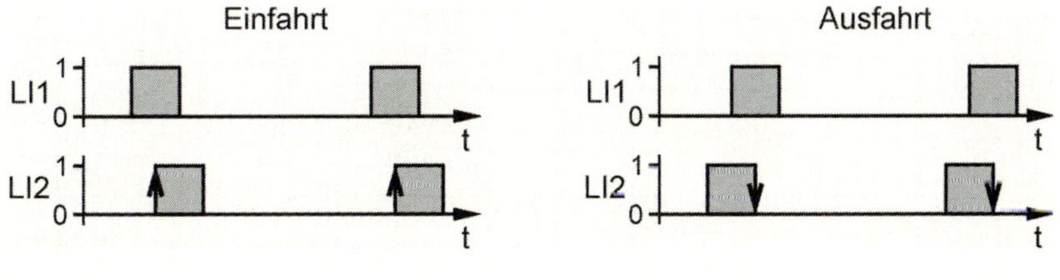

Der Einfahrtimpuls entsteht immer dann, wenn Lichtschranke 1 „1"-Signal hat und bei Lichtschranke 2 ein „0-1"-Flankenwechsel auftritt. Ein Ausfahrtimpuls entsteht, wenn Lichtschranke 1 „1"-Signal hat und bei Lichtschranke 2 ein „1-0"-Flankenwechsel auftritt. Im Falle des Einfahrens bis beide Lichtschranken gleichzeitig unterbrochen sind und nachfolgender Rückwärtsausfahrt entstehen ein Vorwärts- und ein Rückwärtszählimpuls. Ein Zähler würde somit richtig zählen.

Funktionsplan:

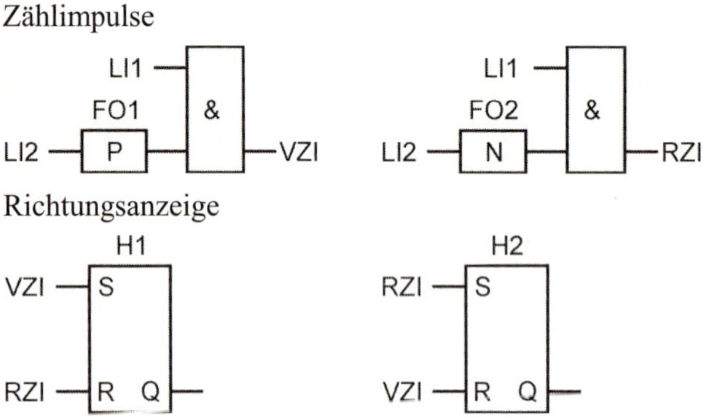

LI1: Lichtschranke 1
LI2: Lichtschranke 2
FO1: Flankenoperand 1
FO2: Flankenoperator 2
VZI: Vorwärtszählimpuls
RZI: Rückwärtszählimpuls
H1: Anzeige Einfahrt
H2: Anzeige Ausfahrt

Das Steuerungsprogramm soll in einem bibliotheksfähigen Baustein realisiert werden. Die oben genannten Variablen sind deshalb alle lokale Variablen des Bausteins.

LI1 und LI2 sind Eingangsvariablen, die Variablen H1 und H2 sind Ausgangsvariablen und die Variablen VZI und RZI Ein-Ausgabevariablen des Bausteins. Die beiden Variablen FO1 und FO2 kommen nur innerhalb des Bausteins vor und haben speicherndes Verhalten (Flankenoperand). Deshalb muss als Bausteintyp ein Funktionsbaustein FB (hier FB 20) gewählt werden.

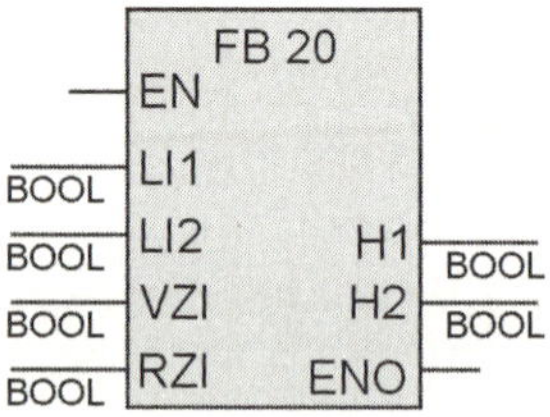

Programmstruktur mit Deklarationstabellen der Bausteine:

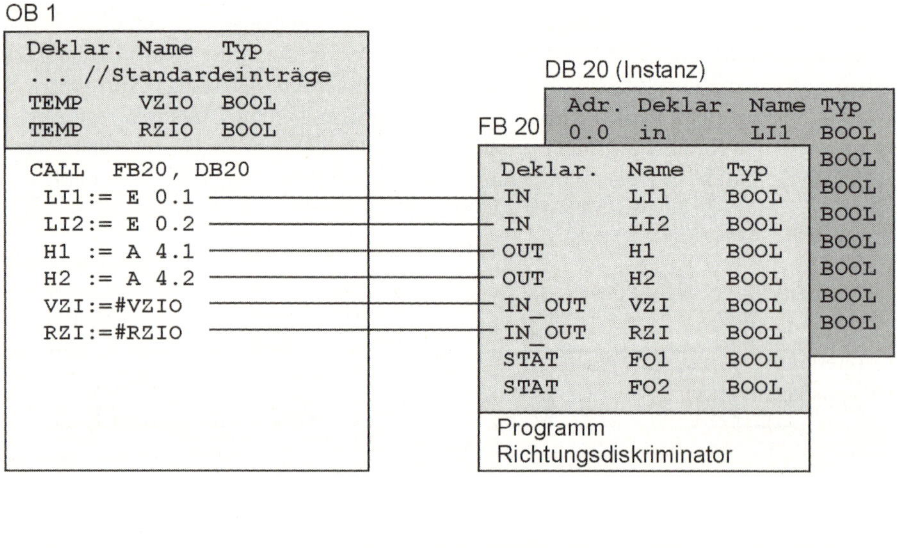

STEP 7 Programm (AWL-Quelle):

```
FUNCTION_BLOCK FB 20
VAR_INPUT        VAR_OUTPUT       VAR_IN_OUT       VAR
LI1 : BOOL;      H1  : BOOL       VZI : BOOL;      FO1 : BOOL;
LI2 : BOOL;      H2  : BOOL       RZI : BOOL;      FO2 : BOOL;
END_VAR          END_VAR          END_VAR          END_VAR
BEGIN
U  #LI1;           =  #VZI;           );               R #H1;
U(;                U  #LI1;           = #RZI;          U #RZI;
U  #LI2;           U(;                U #VZI;          S #H2;
FP #FO1;           U  #LI2;           S #H1;           U #VZI;
);                 FN #FO2;           U #RZI;          R #H2;
                                                       END_FUNCTION_BLOCK
```

```
DATA_BLOCK DB 20
FB 20
BEGIN
IN1 := FALSE;      H1 : FALSE         VZI := FALSE;      FO1 := FALSE;
IN2 := FALSE;      H2 : FALSE         RZI := FALSE;      FO2 := FALSE;
                                                         END_DATA_BLOCK
```

```
ORGANIZATION_BLOCK OB 1
VAR_TEMP
...                      //Standardeinträge
VZIO : BOOL ;
RZIO : BOOL ;
END_VAR
BEGIN
CALL FB 20 , DB 20(                      H1   := A  4.1,
   LI1  := E  0.1,                       H2   := A  4.2,
   LI2  := E  0.2,                       VZI  := #VZIO,
                                         RZI  := #RZIO);
                                         END_ORGANIZATION_BLOCK
```

4.4.3 Binäruntersetzer

Ein Binäruntersetzer gibt nach einer festgelegten Zahl von Eingangsimpulsen einen Impuls am Ausgang ab. Im einfachsten Fall ist die Frequenz des Ausgangssignals halb so groß wie die des Eingangssignals. Beispiele für die Anwendung von Binäruntersetzern sind Stromstoßschalter, modulo-n Zähler oder Impulsweiterschaltungen. Zur Realisierung eines Binäruntersetzers mit einer SPS gibt es mehrere meist sehr trickreiche Methoden. Im Folgenden wird nur eine dieser Methoden dargestellt, welche allerdings bei allen Binäruntersetzern mit 2^n Teilung angewandt werden kann.

Impulsdiagramm für einen Binäruntersetzer mit halber Ausgangsfrequenz:

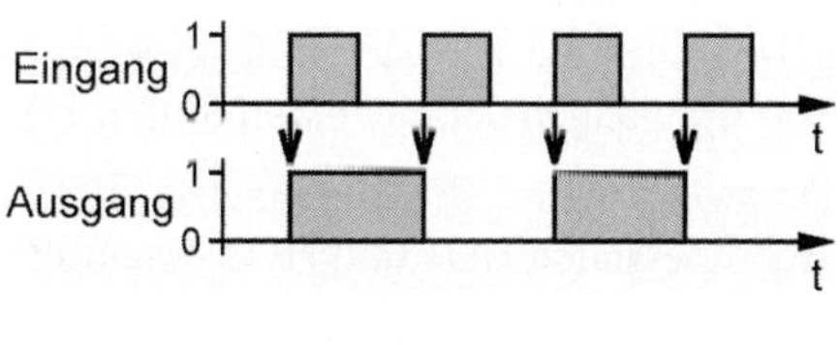

Aus dem Impulsdiagramm ist zu erkennen, dass stets die positive Flanke der Eingangsvariablen zu einer Änderung des Signalzustandes der Ausgangsvariablen führt.

Die Ausgangsvariable wird bei einer positiven Flanke am Eingang abwechselnd gesetzt und rückgesetzt. Ausgangspunkt für die Realisierung des Binäruntersetzers ist eine RS-Speicherfunktion. Die Speicherfunktion wird mit der Eingangsflanke gesetzt, wenn sie nicht gesetzt ist und wieder rückgesetzt, wenn sie gesetzt ist. Es ist allerdings darauf zu achten, dass dies nicht im gleichen Programmzyklus erfolgt. Deshalb wird der Impulsoperand IO nach Erfüllen der Setz-Bedingung sofort wieder zurückgesetzt.

Funktionsplan

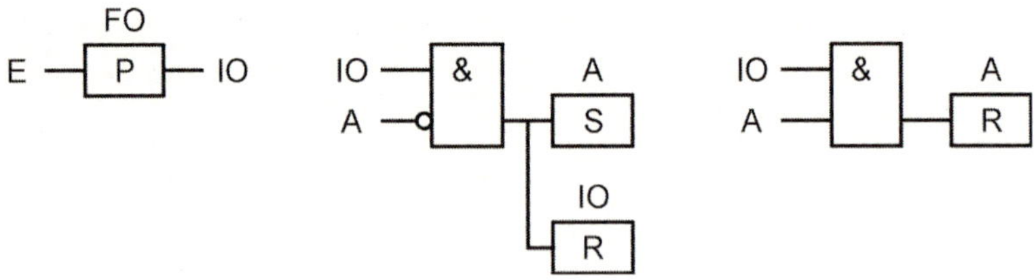

STEP 7 Anweisungsliste:

```
U  E  0.0          U  #IO            U  #IO
FP #FO             UN A  4.0         U  A  4.0
=  #IO             S  A  4.0         R  A  4.0
                   R  #IO
```

Die dargestellte Realisierungsmethode kann auch für Binäruntersetzer mit einem größeren Teilerverhältnis angewandt werden. Durch Hintereinanderschaltung von Binäruntersetzern mit jeweils halber Ausgangsfrequenz entstehen größere Teilerverhältnisse. Werden n Binäruntersetzer hintereinander geschaltet, entsteht ein Teilungsverhältnis zwischen Ein- und Ausgangsfrequenz von 2^n.

Die einzelnen Untersetzungsstufen verhalten sich dabei wie die einzelnen Stellen eines Binärzählers. Damit wird gleichzeitig ein Binärzähler entworfen.

Beispiel: Binäruntersetzer mit dem Teilerverhältnis 8.

Impulsdiagramm:

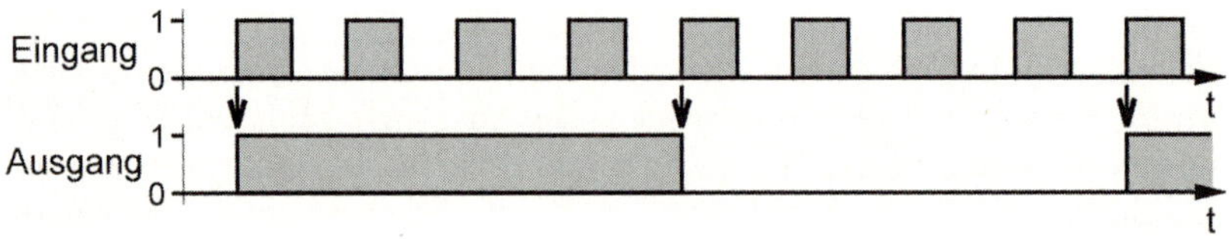

Das Teilerverhältnis 8 ergibt sich durch die Hintereinanderschaltung von drei Binäruntersetzern mit jeweils halber Ausgangsfrequenz. Mit der Taktflanke, die eine Stufe zurücksetzt, wird gleichzeitig die nächste Stufe gesetzt. Das bedeutet, dass die Taktflanke wieder nur bei den Setz-Eingängen der einzelnen Stufen zurückgesetzt wird.

Da zwei der drei Binäruntersetzer nicht am Ausgang erscheinen, werden für diese Stellen die Hilfsoperanden HO1 und HO2 eingeführt.

Funktionsplan

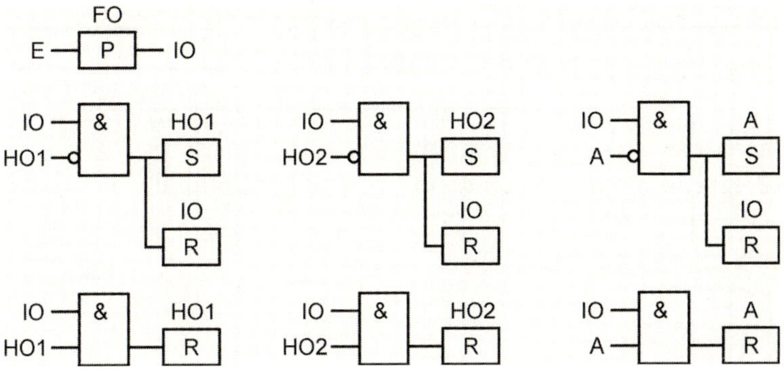

Die Reihenfolge bei der Abarbeitung des Funktionsplans muss bei dieser Umsetzungsmethode unbedingt eingehalten werden. Eine Vertauschung der Reihenfolge führt zu einem Fehlverhalten des Steuerungsprogramms.

STEP 7 Anweisungsliste:

```
U  E  0.0      U  #IO        U  #IO        U  #IO
FP #FO         UN #HO1       UN #HO2       UN A  4.0
=  #IO         S  #HO1       S  #HO2       S  A  4.0
               R  #IO        R  #IO        R  #IO
               U  #IO        U  #IO        U  #IO
               U  #HO1       U  #HO2       U  A  4.0
               R  #HO1       R  #HO2       R  A  4.0
```

Dieser Trick zur Umsetzung von Binärumsetzern ist nur anwendbar, wenn der Impulsoperand rückgesetzt werden darf, da er nicht mehr benötigt wird.

Beispiel 4.17: Blindstromkompensation

Zur Verbesserung des Leistungsfaktors soll in der Trafostation einer Fabrikationshalle eine vierstufige Blindstromkompensationsanlage eingebaut werden. Zur Kompensation können über die Schütze K1 bis K4 vier Kompensationsgruppen zugeschaltet werden. Eine Gruppe besteht dabei aus drei Kondensatoren, die in „Dreieck" geschaltet sind.

Der aktuelle Leistungsfaktor kann an einem Messinstrument abgelesen werden. Wird der Wert von 0,9 (induktiv) unterschritten, so wird durch Betätigung von Taster S1 eine Kompensationsgruppe dazugeschaltet. Ist der Wert dann immer noch unter 0,9, kann mit einem erneuten Tastendruck auf S1 die nächste Kompensationsgruppe dazugeschaltet werden, bis alle vier Kompensationsgruppen zugeschaltet sind. Unterschreitet der Leistungsfaktor den Wert 0,9 (kapazitiv), so wird durch Betätigung des Taster S2 die zuletzt zugeschaltete Kompensationsgruppe wieder abgeschaltet. Ein erneuter Tastendruck auf S2 schaltet die nächste Kompensationsgruppe wieder ab.

Zur Lösung der Aufgabe ist ein Impulsschrittwerk zu entwerfen. Dazu wird die zuvor beschriebene Programmiermethode von Binärumsetzern verwendet.

Technologieschema:

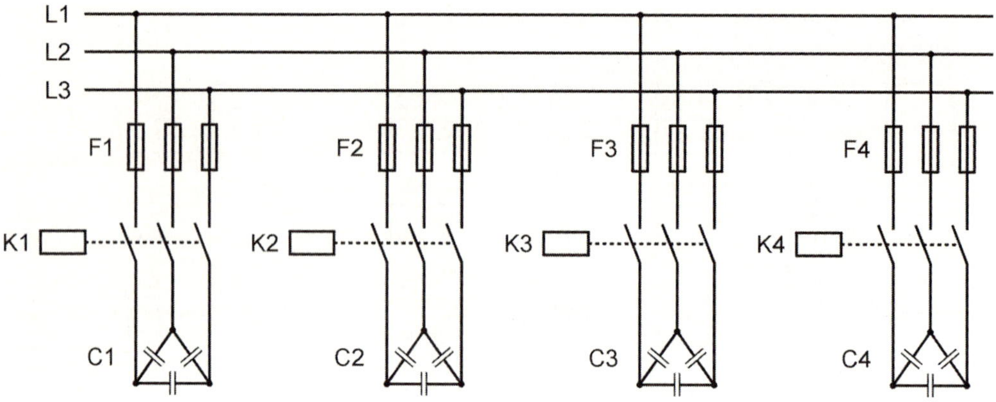

Bild 4.13: Blindstromkompensationsanlage

Zuordnungstabelle der Eingänge und Ausgänge:

Eingangsvariable	Symbol	Datentyp	Logische Zuordnung		Adresse
Taster zuschalten	S1	BOOL	Betätigt	S1 = 1	E 0.1
Taster abschalten	S2	BOOL	Betätigt	S2 = 1	E 0.2
Ausgangsvariable					
Schütz 1	K1	BOOL	Angezogen	K1 = 1	A 4.1
Schütz 2	K2	BOOL	Angezogen	K2 = 1	A 4.2
Schütz 3	K3	BOOL	Angezogen	K3 = 1	A 4.3
Schütz 4	K4	BOOL	Angezogen	K4 = 1	A 4.4

Bei der Lösung für diese Aufgabe wird der Binäruntersetzer unterteilt in einen Abschnitt für das Zuschalten und in einen Abschnitt für das Abschalten der Schütze für die Kompensationsgruppen. Die Reihenfolge der Anweisungen spielt dabei wieder eine große Rolle.

Funktionsplan:

Zuschalten

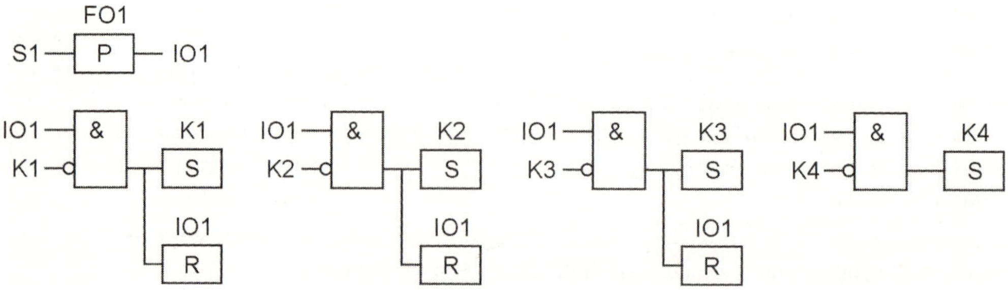

Abschalten

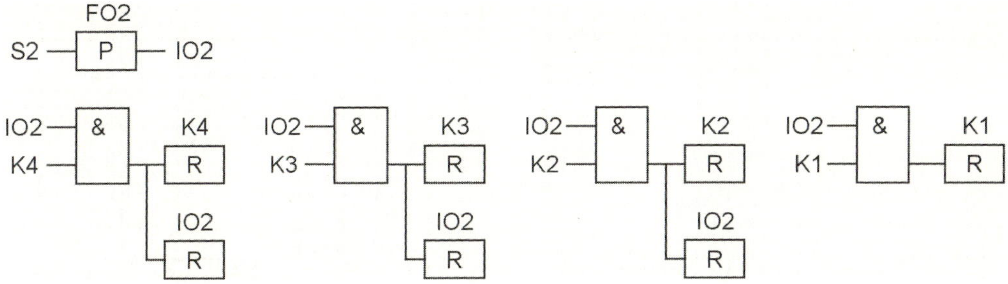

Zur Umsetzung des Funktionsplans in ein Steuerungsprogramm wird ein Funktionsbaustein FB 22 verwendet. Die Flankenoperatoren FO1 und FO2 werden dabei als statische Lokaldaten und die Impulsoperatoren IO1 und IO2 als temporäre Lokaldaten vereinbart. Beim Aufruf des Funktionsbausteins FB 22 im OB 1 wird ein Instanzdatenbaustein durch Angabe der Datenbausteinnummer (hier DB 22) automatisch generiert.

Programmstruktur, Übergabeparameter und Lokaldaten des Funktionsbausteins FB 22:

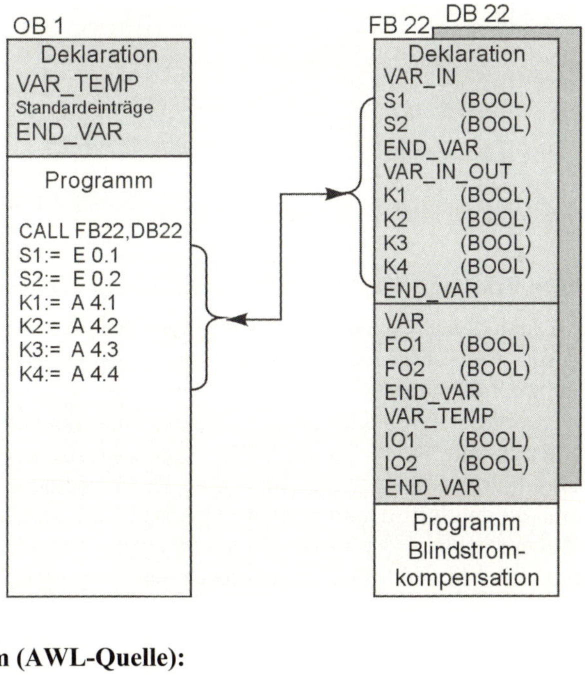

STEP 7 Programm (AWL-Quelle):

```
FUNCTION_BLOCK FB 22
VAR_INPUT           VAR_IN_OUT          VAR                 VAR_TEMP
S1 : BOOL ;         K1 : BOOL ;         FO1 : BOOL ;        IO1 : BOOL ;
S2 : BOOL ;         K2 : BOOL ;         FO2 : BOOL ;        IO2 : BOOL ;
END_VAR             K3 : BOOL ;         END_VAR             END_VAR
                    K4 : BOOL ;
                    END_VAR
```

```
BEGIN
U  #S1;         U  #IO1;         U  #IO1;         U  #IO2;         U  #IO2;
FP #FO1;        UN #K2;          UN #K4;          U  #K4;          U  #K2;
=  #IO1;        S  #K2;          S  #K4;          R  #K4;          R  #K2;
                R  #IO1;                          R  #IO2;         R  #IO2;

U  #IO1;        U  #IO1;         U  #S2;          U  #IO2;         U  #IO2;
UN #K1;         UN #K3;          FP #FO2;         U  #K3;          U  #K1;
S  #K1;         S  #K3;          =  #IO2;         R  #K3;          R  #K1;
R  #IO1;        R  #IO1;                          R  #IO2;

END_FUNCTION_BLOCK
DATA_BLOCK DB 22
 FB 22
BEGIN
 S1 := FALSE;              K2 := FALSE;              FO1 := FALSE;
 S2 := FALSE;              K3 := FALSE;              FO2 := FALSE;
 K1 := FALSE;              K4 := FALSE;              END_DATA_BLOCK

ORGANIZATION_BLOCK OB 1
VAR_TEMP
...                        BEGIN
   //Standardeinträge      CALL FB 22 ,  DB 22 (     K2 := A  4.2,
END_VAR                         S1 := E  0.1,        K3 := A  4.3,
                                S2 := E  0.2,        K4 := A  4.4);
                                K1 := A  4.1,        END_ORGANIZATION_BLOCK
```

Bit- und Wortleitungen bei freigrafischer Funktionsplan-Darstellung ab Kapitel 4.5

In den Funktionsplan-Darstellungen ab dem Kapitel Zeitfunktionen kommen zu den bekannten *binären Operationen* sog. *wortverarbeitende Operationen* hinzu, die im weiteren Sinne alles ermöglichen, was man mit Zahlen machen kann. Viele Bausteine enthalten zugleich binäre und wortverarbeitende Operationen. Verbindungen von Bausteineingängen und Bausteinausgängen werden durch Linien dargestellt. Leider ist bei STEP 7 keine grafische Unterscheidung zwischen *Bitleitungen* und *Wortleitungen* vorgesehen. Eine Unterscheidung der Linienarten ist jedoch lernlogisch sinnvoll und hilft Irrtümer schon im Ansatz zu vermeiden. Am einfachsten wäre eine farbliche Unterscheidung der Linien für verschiedene Datentypen, wie sie für die Plansprache CFC bei STEP 7 eingeführt wurde. In diesem einfarbig gestalteten Lehrbuch werden ersatzweise *Einfachlinien für binäre Operanden* und *Doppellinien für Wortoperanden* (mit den Datentypen BYTE, WORD, DWORD, INT, DINT, REAL, etc.) verwendet.

Hinweis: Bei der Programmeingabe in Funktionsplan (FUP) in STEP 7 können Doppellinien aus der systemunabhängigen *freigrafischen Funktionsplan-Darstellung* nicht übernommen werden. Auch gibt es keine Wortleitungen zur direkten Verbindung von Bausteinausgängen mit Bausteineingängen. Es müssen die Einschränkungen des FUP-Editors in STEP 7 beachtet werden.

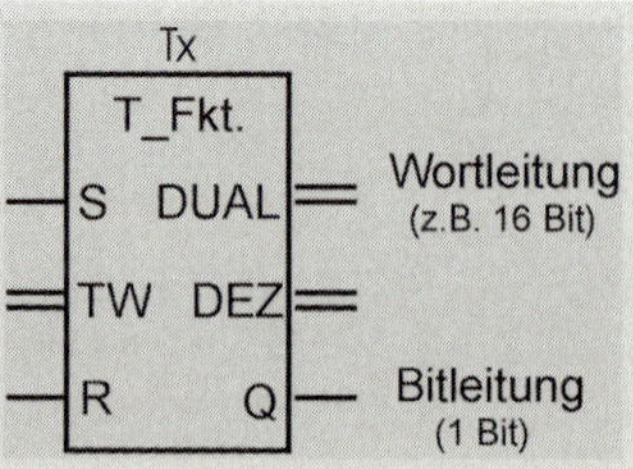

4.5 Zeitfunktionen

Die Zeitbildung ist eine Grundfunktion der Steuerungstechnik. Es können zeitliche Abläufe, wie Warte- und Überwachungszeiten, Zeitmessungen oder Taktimpulse programmiert werden.

4.5.1 Zeitfunktionen nach DIN EN 61131-3

In der Norm DIN EN 61131-3 sind neben einer Echtzeituhr drei Standardfunktionsbausteine für die Zeitbildung aufgeführt:

Name	Funktion Grafische Darstellung	Zeitdiagramm
TP	Erzeugen eines Impulses 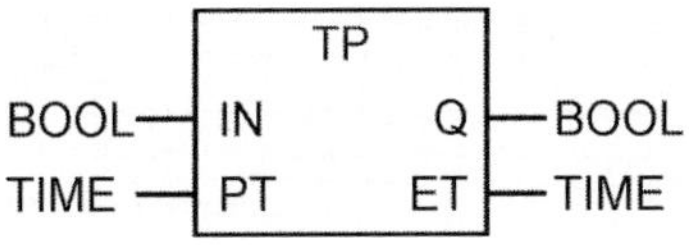	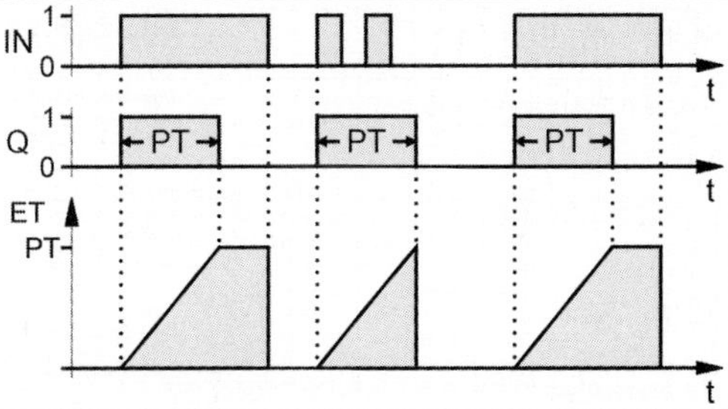
TON	Einschaltverzögerung 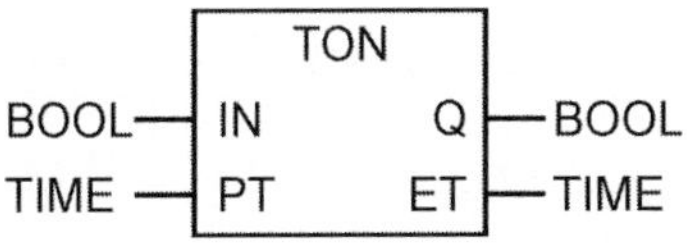	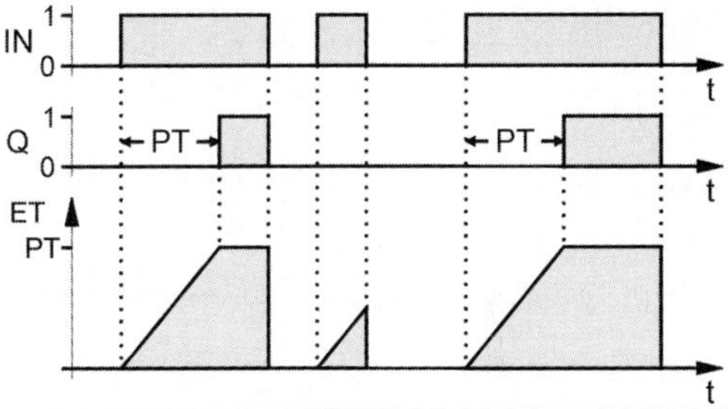
TOF	Ausschaltverzögerung 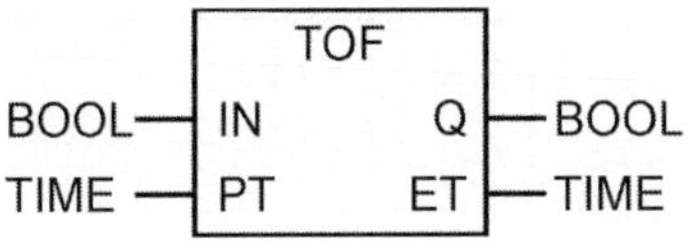	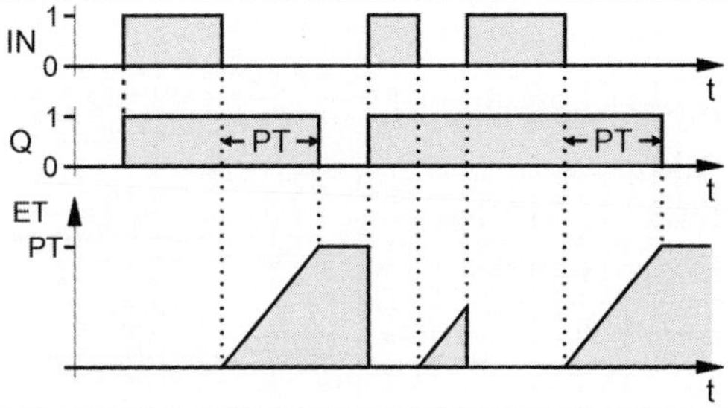

Operandenbedeutung:
IN = Startbedingung; PT = Zeitvorgabe; Q = Status der Zeit; ET = Aktueller Zeitwert.

4.5.2 Zeitfunktionen in STEP 7, Übersicht

Viele SPS-Programmiersysteme bieten neben diesen drei Zeitfunktionen noch weitere firmenspezifische Zeitfunktionen an. Diese haben dann erweiterte Funktionalitäten, wie Rücksetzeingänge oder die Möglichkeit der Nachtriggerung. In STEP 7 sind die drei Standard-Funktionsbausteine als Systemfunktionsbausteine (SFB3 TP; SFB4 TON; SFB5 TOF) im Betriebssystem der CPU integriert. Den SFBs ist ein Instanzdatenbaustein zuzuordnen. Neben diesen Standardfunktionsbausteinen bietet STEP 7 noch fünf Zeitfunktionen im Operationsvorrat an, deren Verwendung dann statt Instanz-DBs die Einführung von Zeitoperanden Tx erfordern.

Bezeichnung und Impulsdiagramm der STEP 7 Zeitfunktionen:

<table>
<tr><th>Funktion</th><th>Zeitverhalten:</th></tr>
<tr><td>Impuls

Bezeichnung in
AWL: SI
FUP: S_IMPULS
SCL: S_PULSE;</td><td>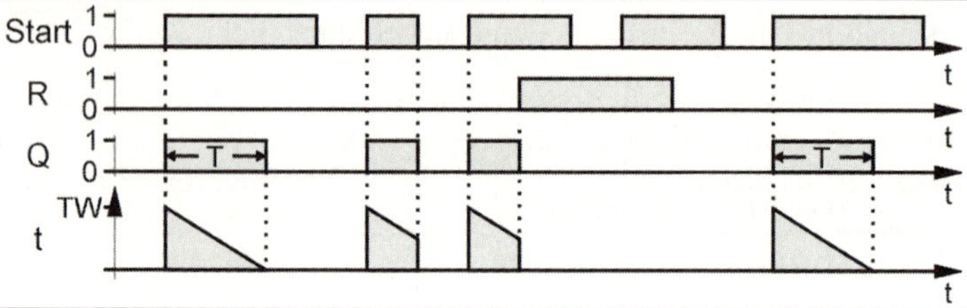
</td></tr>
<tr><td>Verlängerter Impuls

Bezeichnung in
AWL: SV
FUP: S_VIMP
SCL: S_PEXT</td><td>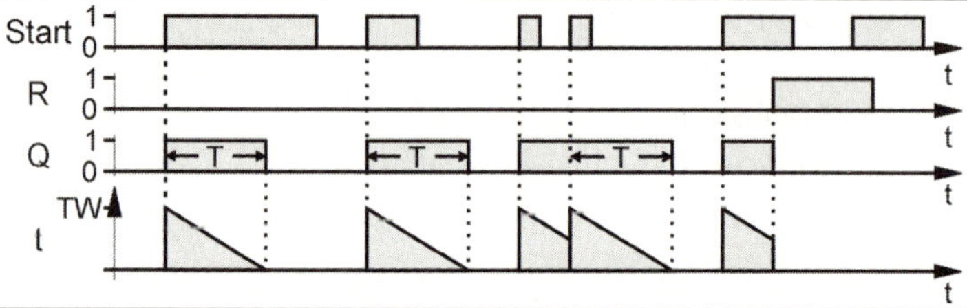
</td></tr>
<tr><td>Einschaltverzögerung

Bezeichnung in
AWL: SE
FUP: S_EVERZ
SCL: S_ODT</td><td>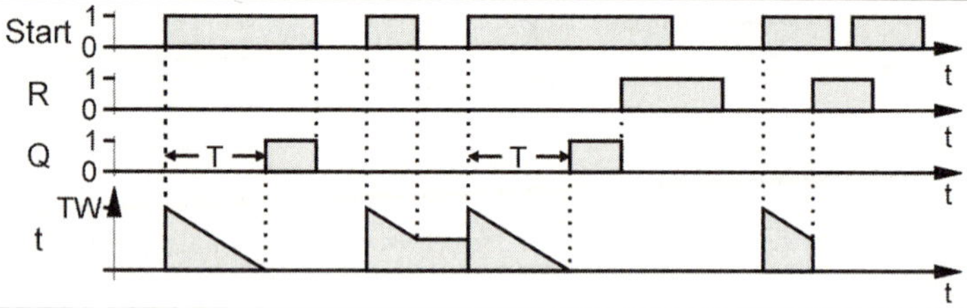
</td></tr>
<tr><td>Speichernde Einschaltverzögerung

Bezeichnung in
AWL: SS
FUP: S_SEVERZ
SCL: S-ODTS</td><td>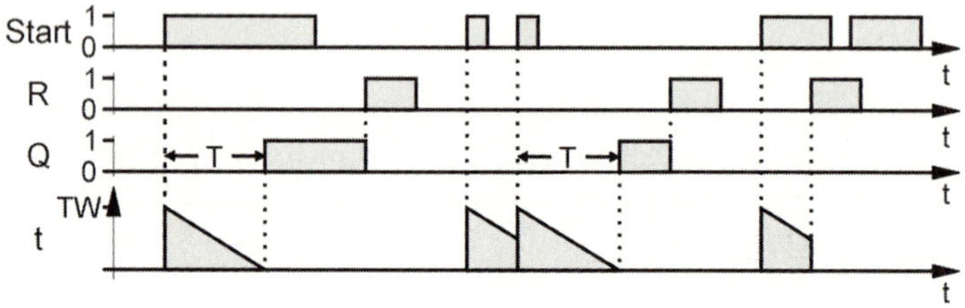
</td></tr>
<tr><td>Ausschaltverzögerung

Bezeichnung in
AWL: SA
FUP: S_AVERZ
SCL: S_OFFDT</td><td>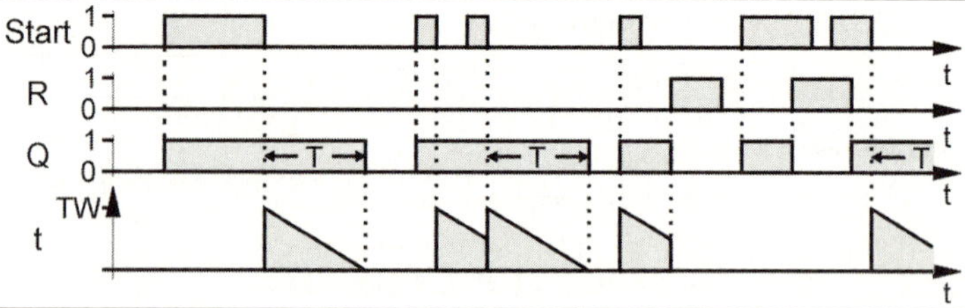
</td></tr>
</table>

Operandenbedeutung:
Start = Start-Eingang; R = Reset-Eingang; Q = Status des Zeitoperanden Tx; t = Rest-Zeitwert; TW = Vorgabe der Zeitdauer

Die geräteinterne Realisierung der Zeitbildung muss vom Anwender nicht bedacht werden. Es genügt zu wissen, dass ein interner Taktgeber Zählimpulse an einen Rückwärtszähler liefert. Starten einer Zeit bedeutet in diesem Fall, den Zähler auf eine bestimmte Zahl voreinzustellen. Die Zeit ist dann abgelaufen, wenn die internen Zählimpulse den Zählerstand auf null vermindert haben. Die zyklische Abarbeitung des Anwenderprogramms bleibt davon jedoch unbeeinflusst. Die Aktualisierung der Zeitfunktionen erfolgt asynchron zur Programmbearbeitung. Dadurch kann es vorkommen, dass der Signalzustand des Zeitoperanden am Zyklusanfang einen anderen Wert hat als am Zyklusende.

Durch die einfachere Handhabung der von STEP 7 zur Verfügung gestellten Zeitoperationen wird im weiteren Verlauf auf die Verwendung der IEC Zeitfunktionsbausteine verzichtet. Die weiteren Ausführungen und Erklärungen zu den Zeitfunktionen beziehen sich deshalb stets auf die STEP 7 Zeitoperationen.

4.5.3 Programmieren von Zeitfunktionen

Der Aufruf der fünf Zeitfunktionen kann in Anweisungsliste AWL, Kontaktplan KOP, Funktionsplan FUP oder in der Programmiersprache SCL erfolgen. Die Eingangs- und Ausgangsvariablen sind bei allen Zeitfunktionen gleich.

Übergabeparameter

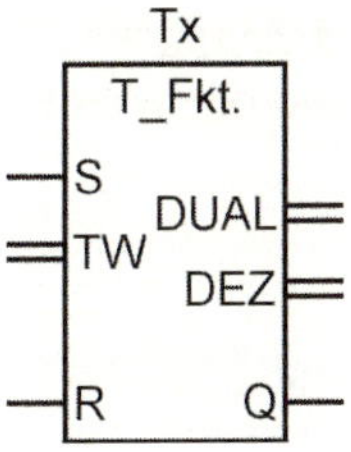

Beschreibung

Tx: Zeitoperand T0...T15 (CPU abhängig)
T_Fkt. Zeitfunktion (SI, SV, SE, SS, SA)
S: Starteingang
TW: Vorgabewert der Zeitdauer
R: Rücksetzeingang
DUAL: Restwert der Zeit dual codiert
DEZ: Restwert der Zeit BCD-codiert (S5TIME)
Q: Abfrage des Status des Zeitoperanden

4.5.3.1 Starten einer Zeitfunktion

Bei einem Zustandswechsel am Starteingang des Zeitgliedes wird die Zeit gestartet. Das bedeutet, dass die am Eingang der Zeitfunktion TW vorgegebene Zeit abzulaufen beginnt. Wie aus den Zeitdiagrammen der Zeitfunktionen zu erkennen ist, starten die Zeitfunktionen SI, SV, SE, SS mit einer „0 – 1“-Flanke und die SA Zeitfunktion mit einer „1 – 0“-Flanke.

4.5.3.2 Vorgabe der Zeitdauer

Vor der Startoperation muss der Wert für die Zeitdauer in den Akkumulator 1 geladen werden. Die Zeitfunktion übernimmt beim Starten den im Akkumulator 1 stehenden Wert. Wie und an welcher Stelle die Zeitdauer in den Akku 1 gelangt, spielt dabei keine Rolle. Steht der Ladebefehl für den Zeitwert jedoch unmittelbar vor der Startoperation, so trägt dies zu einer übersichtlicheren Lesbarkeit des Steuerungsprogramms bei.

Die Zeitdauer kann über eine Konstante oder eine Variable in den Akku 1 geladen werden und setzt sich aus dem Zeitfaktor und der Zeitbasis zusammen. Die Zeitdauer ergibt sich dabei aus dem Produkt von Zeitfaktor und Zeitbasis (Zeitdauer = Zeitfaktor x Zeitbasis). Mit der Zeitbasis wird ein Zeitraster angegeben. Je kleiner das Zeitraster gewählt wird, umso genauer ist die real abgearbeitete Zeitdauer.

Die nachfolgende Tabelle beschreibt den Bereich des Zeitfaktors, die Möglichkeiten bei der Vorgabe der Zeitbasis und die Bitbelegung der Zeitdauer im Akkumulator.

Zeitfaktor	Zeitbasis	Bit-Belegung der Zeitdauer im Akkumulator 1
Zahl von 1 bis 999	Zeitraster 0 = 0,01s 1 = 0,1s 2 = 1s 3 = 10s	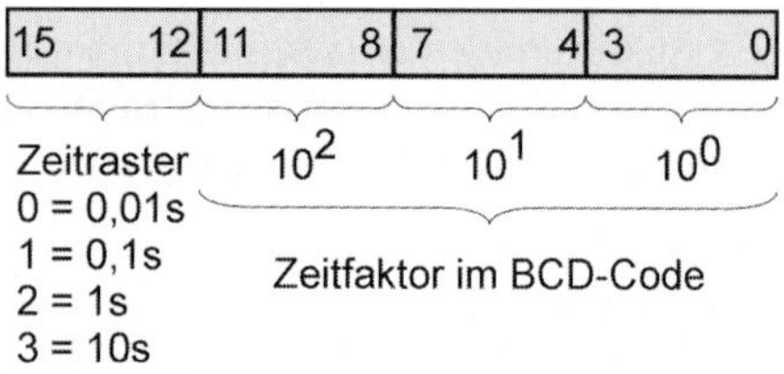

Der Anwender kann bei STEP 7 die Zeitdauer durch Angabe von Zeitraster und Zeitfaktor, wie in der Bit-Belegung angegeben, in einem Wort-Operanden aufbauen und in den Akkumulator laden. Dies wird immer dann erfolgen, wenn die Zeitdauer beispielsweise über einen Zifferneinsteller vorgegeben wird. Wird die Zeitdauer als Konstante vorgegeben, so kann der Anwender nach folgender Syntax die Zeitdauer eingeben:

S5T#aHbbMccSdddMS eingeben.

Dabei bedeuten: a = Stunden, bb = Minuten, cc = Sekunden und ddd = Millisekunden. Die Umwandlung der Syntaxeingabe in die Wortdarstellung mit Zeitraster und Zeitfaktor erledigt die Programmiersoftware. Die Zeitbasis wird dabei automatisch gewählt und der Wert bis zur nächstniedrigeren Zahl dieses Zeitrasters gerundet.

Beispiele für die Eingabe:

		Eingabe von Zeitfaktor und Zeitraster			
		Raster	10^2	10^1	10^0
Zeitdauer	Syntaxeingabe	Bit 15-12	11-8	7-4	3-0
500ms	S5T#500MS	0	0	5	0
25,5s	S5T#25S500MS	1	2	5	5
5min 42,5s = 342,5s	S5T#5M42S	2	3	4	2
1h 40min 25s = 6025s	S5T#1H40M20S	3	6	0	2

Wie aus der Tabelle ersichtlich, ergibt sich die Eingabe von Zeitfaktor und Zeitraster durch die Berechnung der Zeitdauer in Sekunden. Bei der Zeitdauer von 332,5 s und 6025 s ist eine Rundung erfolgt, da die mögliche Auflösung des Zeitrasters überschritten wurde.

Die folgende Tabelle zeigt die möglichen Zeitbereiche innerhalb der einzelnen Zeitraster:

Zeitbasis	Auflösung
0,01s	10ms bis 9990ms (9s 990ms)
0,1s	100ms bis 99900ms (1min 39s 900ms)
1s	1s bis 999s 1(6min 39s)
10s	10s bis 9990s (2h 46 min 30s)

4.5.3.3 Rücksetzen einer Zeitfunktion

Die STEP 7 Zeitfunktionen besitzen alle einen Rücksetzeingang R. Über diesen Eingang wird der Zeitoperand Tx, wie aus dem Zeitverhalten der Zeitfunktionen ersichtlich, bei Signalzustand „1“ an R zurückgesetzt.

Während die Zeit läuft, wird der Restwert der Zeit ebenfalls zurückgesetzt, wenn der Rücksetzeingang R von „0“ auf „1“ wechselt. Der Signalzustand „1“ am Eingang R hat keinen Einfluss, wenn die Zeit nicht läuft.

4.5.3.4 Abfragen des Zeitoperanden

Der Zeitoperand Tx kann beispielsweise wie ein Eingang abgefragt werden. Mögliche Abfrageoperationen sind dabei: U; O; X; UN; ON und XN. Wird ein Zeitoperand innerhalb eines Programmdurchlaufs mehrmals abgefragt, so kann dieser, wie bereits beschrieben, unterschiedliche Werte aufweisen. Um möglichen Fehlfunktionen des Steuerungsprogramms dabei vorzubeugen, sollte bei einem mehrmaligen Abfragebedarf nicht der Zeitoperand, sondern ein Hilfsoperand abgefragt werden, dem an einer Stelle des Programms der Signalwert des Zeitoperanden zugewiesen wurde.

4.5.3.5 Abfragen der Restzeitwerte

Über Ladebefehle (siehe Kapitel 6.1.1) kann während des Ablaufs der Zeit der Restzeitwert abgefragt werden. Die Anweisung L Tx lädt den Restzeitwert dualcodiert und die Anweisung LC Tx lädt den Restwert BCD-codiert in den Akkumulator. Bei der Abfrage des dualcodierten Restzeitwertes geht das Zeitraster verloren. An seiner Stelle steht null im Akkumulator. Der Dualwert entspricht einer positiven Zahl im Datenformat INT und kann zu Vergleichsfunktionen im Steuerungsprogramm verwendet werden. Wird der Restzeitwert codiert geladen, liegen sowohl Zeitraster, wie auch Zeitfaktor BCD-codiert im Akkumulator vor. Dieser Wert kann dann beispielsweise benutzt werden, um die Timerfunktion mit der Restlaufzeit erneut zu starten.

4.5.3.6 Datentypen und Operanden

Wird eine Zeitoperation in einer Funktion oder einem Funktionsbaustein programmiert, so können die Parameter mit Operanden oder mit Formalparametern besetzt werden. Die Parameter, mögliche Operanden und die Datentypen sind in der folgenden Tabelle angegeben.

Übergabeparameter	Parameter	Operand	Datentyp
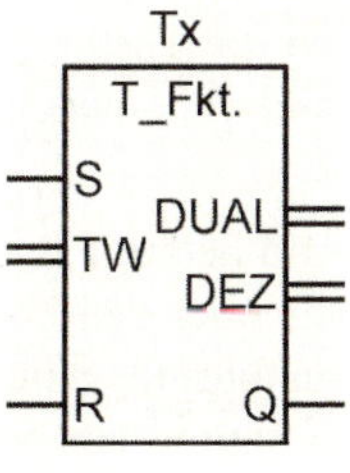	Tx	T	TIMER
	S	E, A, M, DBX, L, T, Z	BOOL
	TW	Konstante, EW, AW, MW, DBW, LW	S5TIME
	R	E, A, M, DBX, L, T, Z	BOOL
	DUAL	EW, AW, MW, DBW, LW	WORD
	DEZ	EW, AW, MW, DBW, LW	WORD
	Q	E, A, M, DBX, L	BOOL

4.5.4 Zeitfunktion Impuls SI

Bei einem Zustandswechsel von „0“ nach „1“ am Starteingang der Zeitfunktion *Impuls* wird die Zeit gestartet. Während der Laufzeit führt der Zeitoperand Tx den Signalzustand „1“. Tritt während der Laufzeit des Zeitgliedes am Starteingang der Signalzustand „0“ auf, wird die Zeitfunktion auf null gesetzt. Das bedeutet eine vorzeitige Beendigung der Laufzeit.

Operationsdarstellung in der Steuerungssprache STEP 7:

AWL		FUP
U E 0.1 L S5T#4S SI T 1 U E 0.7 R T 1	L T 1 T MW 10 LC T 1 T MW 12 U T 1 = A 4.1	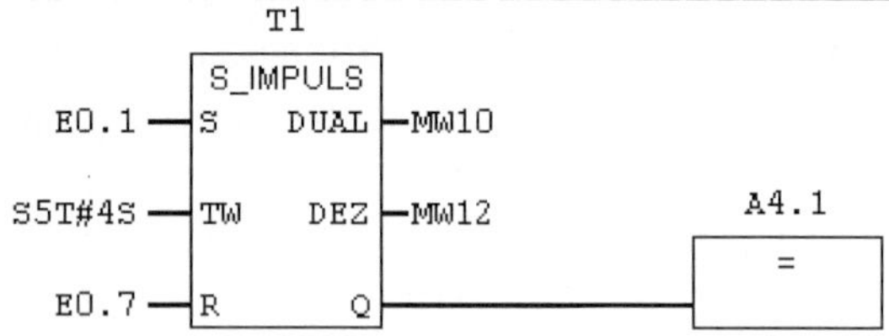
SCL		
`BCD_Zeitwert:= S_PULSE (T_NO:= T1, S:= E0.1, TV:= t#4S, R:= E0.7, BI:-MW10, Q:= A4.1);`		

Bei der Programmiersprache SCL muss die Variable BCD_Zeitwert mit dem Datenformat S5TIME deklariert sein.

Werden die Parameter R, DUAL und DEZ nicht benötigt und der Zeitoperand erst später abgefragt, so kann die Zeitfunktion auch verkürzt aufgerufen werden.

AWL	FUP
U E 0.1 L S5T#4S SI T 1	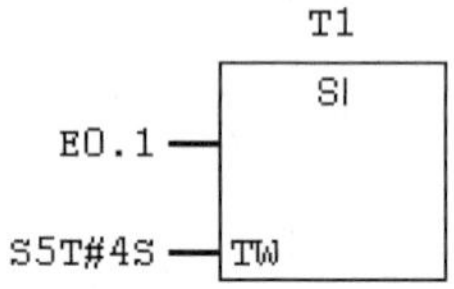
SCL	
`BCD_Zeitwert:= S_PULSE (T_NO:= T1, S:=E0.1, TV:= t#4S);`	

Beispiel 4.18: Zweihandverriegelung

Zur Vermeidung von Unfallgefahren soll die Steuerung einer Presse durch eine sogenannte „Zweihandverriegelung“ gesichert werden. Es ist die Aufgabe der Zweihandverriegelung, die Presse über das Schütz K1 nur dann in Gang zu setzen, wenn die Bedienperson die Taster S1 und S2 innerhalb von 0,1 s betätigt. Beide Taster sind in ausreichendem Abstand voneinander angebracht.

Die Presse führt den Arbeitshub nicht aus, wenn einer oder beide Taster dauernd betätigt sind (z.B. Feststellung mittels Klebeband). Ebenso wird die Bewegung des Stempels über den Excenter bei Unterbrechung der Tastenbetätigung sofort unterbunden. Nach Ausführung eines Arbeitshubes verbleibt die Presse in der Ausgangsstellung. Erst die erneute Betätigung von S1 und S2 innerhalb von 0,1 s löst einen weiteren Arbeitshub aus.

Technologieschema:

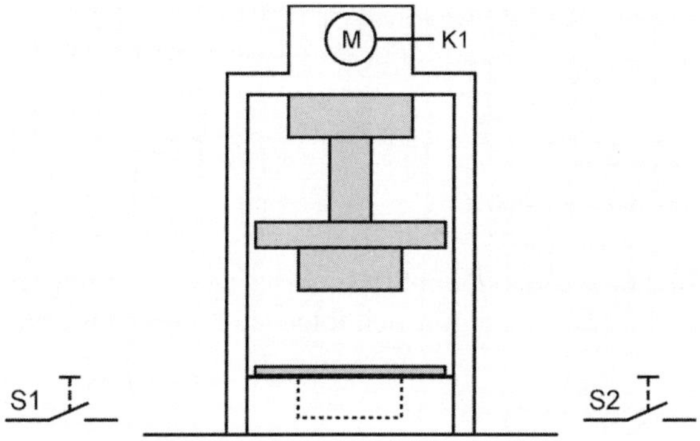

Bild 4.14: Presse

Zuordnungstabelle der Eingänge und Ausgänge:

Eingangsvariable	Symbol	Datentyp	Logische Zuordnung		Adresse
Taster links	S1	BOOL	Betätigt	S1 = 1	E 0.1
Taster rechts	S2	BOOL	Betätigt	S2 = 1	E 0.2
Ausgangsvariable					
Pressenschütz	K1	BOOL	Angezogen	K1 = 1	A 4.1

Zur Lösung der Steuerungsaufgabe wird eine SI-Zeitfunktion mit einer Laufzeit von 0,1 s benötigt. Gestartet wird die Zeitfunktion entweder durch Betätigung von S1 oder S2. Während die Zeit abläuft, muss auch der andere Taster gedrückt werden. Ansonsten ist ein Einschalten des Pressenhubes über den Schütz K1 nicht möglich.

In einer verkürzten Funktionstabelle wird der Zusammenhang zwischen den Eingangsvariablen S1 und S2, dem Zeitoperand T und dem Zustand $Q = K1_{vor}$ sowie der Ausgangsvariablen Zustand K1 dargestellt.

Verkürzte Funktionstabelle:

Q	T	S2	S1	K1
0	1	1	1	1
1	0	1	1	1
1	1	1	1	1
alle anderen Kombinationen				0

Aus der Funktionstabelle ergibt sich der folgende schaltalgebraische Ausdruck:

$$K1 = \overline{Q}\,T\,S2\,S1 \vee Q\,\overline{T}\,S2\,S1 \vee Q\,T\,S2\,S1$$

$$K1 = T\,S2\,S1 \vee Q\,S2\,S1 \quad \text{(minimiert, s.S. 405)}$$

$$K1 = S1\,S2\,(T \vee Q) \quad \text{(umgeformt, s.S. 404)}$$

Der freigrafische Funktionsplan (siehe Hinweis auf Seite 94) stellt die umgeformte Schaltfunktion und die Zeitbildung dar.

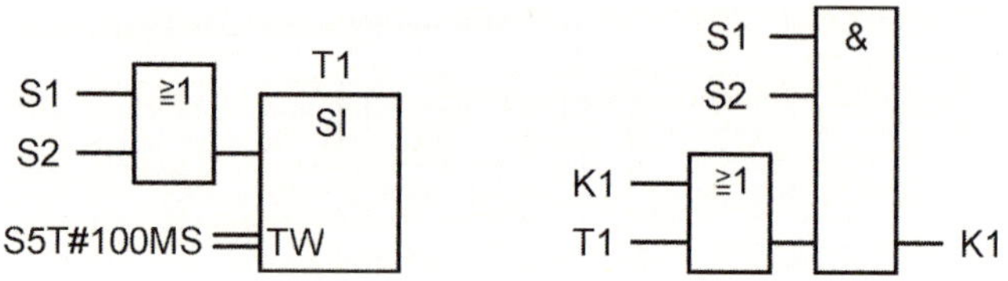

Die Umsetzung des Funktionsplans in ein Steuerungsprogramm erfolgt mit einem bibliotheksfähigen Codebaustein FC 23. Damit ergibt sich folgende Programmstruktur:

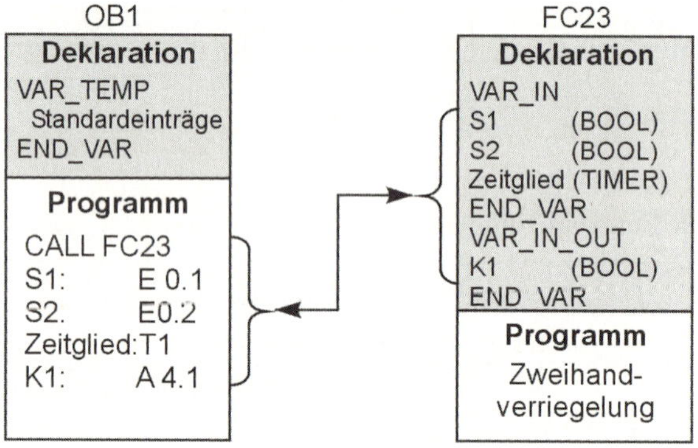

STEP 7 Programm (AWL-Quelle):

```
FUNCTION FC 23: VOID
VAR_INPUT
S1 : BOOL ;
S2 : BOOL ;
Zeitglied : TIMER ;
END_VAR
VAR_IN_OUT
K1 : BOOL ;
END_VAR
BEGIN                U  #S1;
O  #S1;              U  #S2;
O  #S2;              U( ;
L  S5T#100MS;        O  #Zeitglied;
SI #Zeitglied;       O  #K1;
                     )  ;
                     =  #K1;
END_FUNCTION
```

```
ORGANIZATION_BLOCK OB 1
VAR_TEMP
...    //Standardeinträge
END_VAR
BEGIN
CALL FC 23 (
     S1 := E  0.1,
     S2 := E  0.2,
     Zeitglied := T  1,
     K1  := A  4.1);
END_ORGANIZATION_BLOCK
```

4.5.5 Zeitfunktion Verlängerter Impuls SV

Bei einem Zustandswechsel von „0“ nach „1“ am Starteingang der Zeitfunktion *Verlängerter Impuls* wird die Zeit gestartet. Unabhängig von der zeitlichen Dauer des Eingangssignals läuft die vorgegebene Zeit ab. Während der Laufzeit führt der Zeitoperand Tx den Signalzustand

„1“. Kurze oder lange Impulse am Starteingang erzeugen gleich lange Zeitblöcke am Ausgang. Tritt ein erneuter Startimpuls noch während der Laufzeit auf, beginnt die Zeitdauer aufs Neue, sodass sich der Ausgangsimpuls zeitlich verlängert (Nachtriggerung).

Operationsdarstellung in der Steuerungssprache STEP 7:

AWL

```
U  E   0.2        L  T   2
L  S5T#4S         T  MW  14
SV T   2          LC T   2
U  E   0.7        T  MW  16
R  T   2          U  T   2
                  =  A   4.2
```

FUP

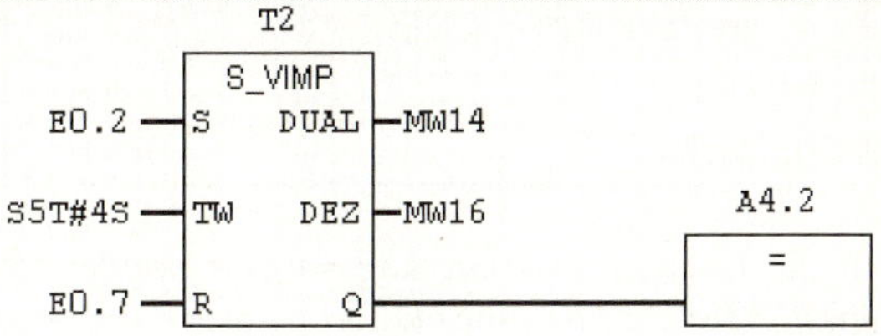

SCL

```
BCD_Zeitwert:= S_PEXT (T_NO:= T2, S:= E0.2, TV:= t#4S, R:= E0.7,
                       BI:=MW14, Q:= A4.2);
```

Werden die Parameter R, DUAL und DEZ nicht benötigt und der Zeitoperand erst später abgefragt, so kann die Zeitfunktion auch verkürzt aufgerufen werden.

AWL

```
U  E   0.2
L  S5T#4S
SV T   2
```

FUP

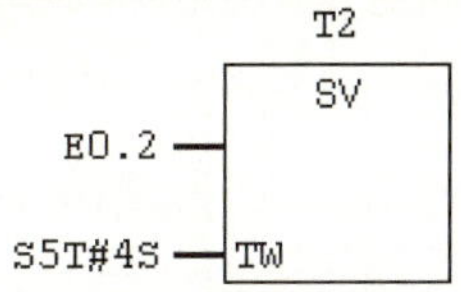

SCL

```
BCD_Zeitwert:= S_PEXT (T_NO:= T2, S:= E0.2, TV:= t#4S);
```

Beispiel 4.19: Trockenlaufschutz einer Kreiselpumpe

Ein Ultraschall-Durchflussmessgerät soll verhindern, dass eine Kreiselpumpe, die von einem Drehstrommotor angetrieben wird, trocken läuft. Bei richtigem Förderstrom liefert der Messgeräteausgang S2 24 V-Impulse der Frequenz 10 Hz. Die Durchflussüberwachung beginnt erst 5 s nach Einschalten des Drehstrommotors über den Taster S1. Bleiben die Impulse aus, so wird der Drehstrommotor sofort abgeschaltet und die Alarmleuchte H1 geht an. Mit dem Aus-Taster S0 können der Drehstrommotor der Pumpe und die Alarmleuchte H1 abgeschaltet werden.

Technologieschema:

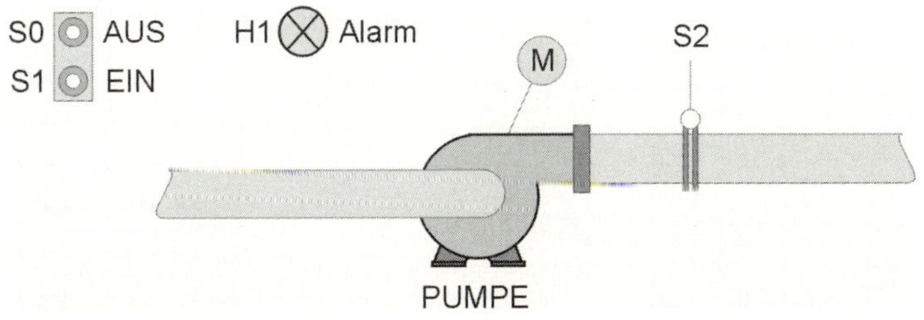

Bild 4.15: Kreiselpumpe

Zuordnungstabelle der Eingänge und Ausgänge:

Eingangsvariable	Symbol	Datentyp	Logische Zuordnung		Adresse
Taster AUS	S0	BOOL	Betätigt	S0 = 0	E 0.0
Taster EIN	S1	BOOL	Betätigt	S1 = 1	E 0.1
Durchflussmessgerät	S2	BOOL	Impulse		E 0.2
Ausgangsvariable					
Motorschütz	K1	BOOL	Angezogen	K1 = 1	A 4.0
Alarmleuchte	H1	BOOL	Leuchtet	H1 = 1	A 4.1

Für die Lösung der Steuerungsaufgabe werden zwei Zeitfunktionen benötigt. Die erste Zeitfunktion (SI-Zeitfunktion) liefert während der Anlaufphase von 5 s ein „1"-Signal für die Ansteuerung des Motorschützes K1. Die zweite Zeitfunktion (SV-Zeitfunktion) wird durch die Impulse von S2 ständig nachgetriggert und übernimmt nach der Anlaufphase das „1"-Signal zur Ansteuerung von K1. Läuft das zweite Zeitglied ab, weil die Impulse des Durchflussmessgerätes ausbleiben, so erhält der Ausgang K1 „0" und der Ausgang für die Alarmleuchte „1"-Signal. Zur Speicherung der Ein- und Aus-Signale wird eine RS-Speicherfunktion verwendet.

Freigrafischer Funktionsplan:

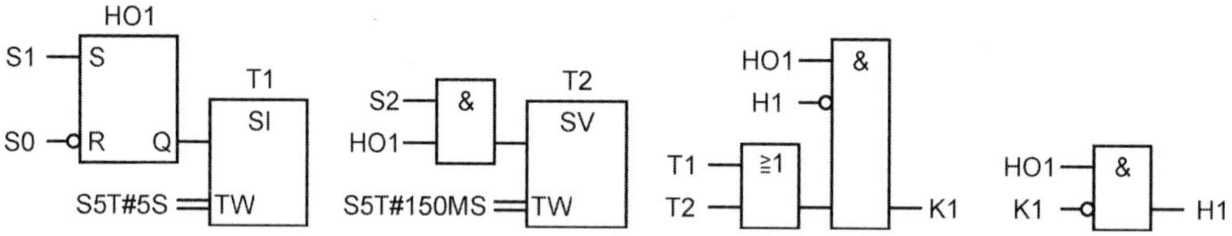

Die Umsetzung des freigrafischen Funktionsplans in ein Steuerungsprogramm erfolgt im Organisationsbaustein OB1. Der Operand HO1 kann trotz Speicherverhalten im OB1 als temporäre Variable deklariert werden.

STEP 7 Programm (AWL-Quelle):

```
ORGANIZATION_BLOCK OB 1
VAR_TEMP
...   //Standardeinträge
HO1 : BOOL ;
END_VAR
BEGIN
U  E   0.1;        U  E   0.2;          U  #HO1;          U  #HO1;
S  #HO1;           U  #HO1;             UN A    4.1;      UN A    4.0;
UN E   0.0;        L  S5T#150MS;        U( ;              =  A    4.1;
R  #HO1;           SV T 2;              O  T 1;
U  #HO1;                                O  T 2;
L  S5T#5S;                              )  ;
SI T 1;                                 =  A    4.0;

END_ORGANIZATION_BLOCK
```

4.5.6 Zeitfunktion Einschaltverzögerung SE

Bei einem Zustandswechsel von „0“ nach „1“ am Starteingang der Zeitfunktion *Einschaltverzögerung* wird die Zeit gestartet. Nach Ablauf der Zeitdauer führt der Zeitoperand Tx den Signalzustand „1“ solange am Starteingang noch der Signalzustand „1“ anliegt. Eingangssignale, welche kürzer als die Laufzeit sind, haben am Ausgang der Zeitfunktion keine Wirkung. In diesem Fall wirkt die Einschaltverzögerung wie eine Impulsunterdrückung für kurze Impulse.

Operationsdarstellung in der Steuerungssprache STEP 7:

AWL

```
U  E   0.3        L  T   3
L  S5T#4S         T  MW  18
SE T   3          LC T   3
U  E   0.7        T  MW  20
R  T   3          U  T   3
                  =  A    4.3
```

FUP

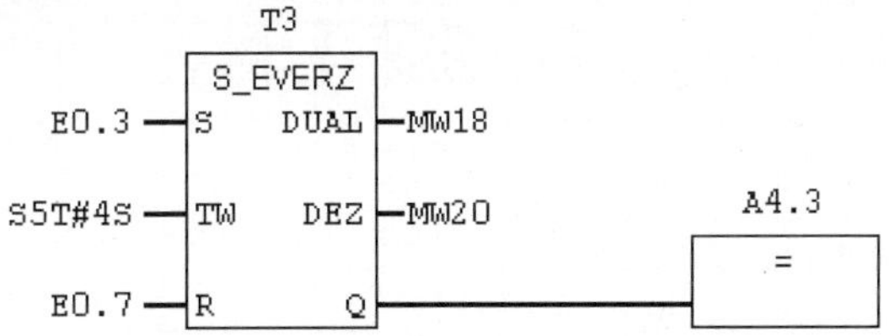

SCL

```
BCD_Zeitwert:= S_ODT (T_NO:= T3, S:= E0.3, TV:= t#4S, R:= E0.7,
                      BI:=MW18, Q:= A4.3);
```

Werden die Parameter R, DUAL und DEZ nicht benötigt und der Zeitoperand erst später abgefragt, so kann die Zeitfunktion auch verkürzt aufgerufen werden.

AWL

```
U  E   0.3
L  S5T#4S
SE T   3
```

FUP

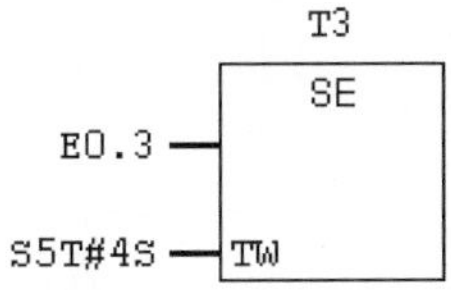

SCL

```
BCD_Zeitwert:= S_ODT (T_NO:= T3, S:= E0.3, TV:= t#4S);
```

Beispiel 4.20: Ofentürsteuerung

Eine Ofentür mit den Funktionen „Öffnen, Schließen und Stillstand“ wird mit einem Zylinder auf- und zugefahren. Der Zylinder wird von einem 5/3-Wegeventil mit beidseitig elektromagnetischer Betätigung angesteuert. In der Grundstellung ist die Ofentür geschlossen.

Funktionsablauf:

Durch den Taster S1 (Öffnen) wird die Öffnung der Tür eingeleitet und durch den Endschalter S3 (Tür auf) abgeschaltet. Ist die geöffnete Tür in der Endposition, wird die Tür entweder durch Betätigung von S2 (Schließen) oder nach Ablauf von 6 s automatisch geschlossen. Die Türschließung wird durch den Endschalter S4 (Tür zu) abgeschaltet. Die Schließbewegung wird sofort gestoppt, wenn die Lichtschranke LI unterbrochen ist und wird fortgesetzt, sobald die Lichtschranke wieder frei ist. Sowohl das Öffnen wie auch das Schließen der Tür kann durch Betätigung des Tasters S0 (Halt) jederzeit abgeschaltet werden. Ein direktes Umschalten soll nicht möglich sein.

Technologieschema:

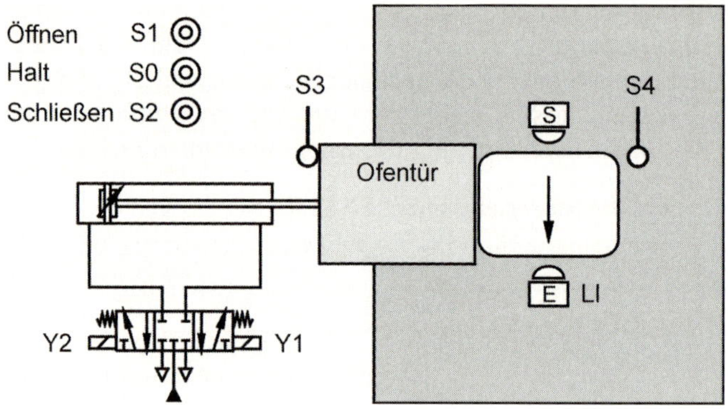

Bild 4.16: Ofentür

Zuordnungstabelle der Eingänge und Ausgänge:

Eingangsvariable	Symbol	Datentyp	Logische Zuordnung		Adresse
Taster Halt	S0	BOOL	Betätigt	S0 = 0	E 0.0
Taster Öffnen	S1	BOOL	Betätigt	S1 = 1	E 0.1
Taster Schließen	S2	BOOL	Betätigt	S2 = 1	E 0.2
Endschalter Tür auf	S3	BOOL	Betätigt	S3 = 0	E 0.3
Endschalter Tür zu	S4	BOOL	Betätigt	S4 = 0	E 0.4
Lichtschranke	LI	BOOL	Frei	LI = 1	E 0.5
Ausgangsvariable					
Magnetventil Tür auf	Y1	BOOL	Zylinder fährt ein	Y1 = 1	A 4.1
Magnetventil Tür zu	Y2	BOOL	Zylinder fährt aus	Y2 = 1	A 4.2

Zur Lösung der Steuerungsaufgabe wird für das Öffnen und das Schließen jeweils eine RS-Speicherfunktion benötigt. Für die automatische Schließung nach 6 s wird die Zeitfunktion Einschaltverzögerung verwendet. Die Ansteuerung der RS-Speicher und der Zeitfunktion ist im nachfolgenden freigrafischen Funktionsplan angegeben.

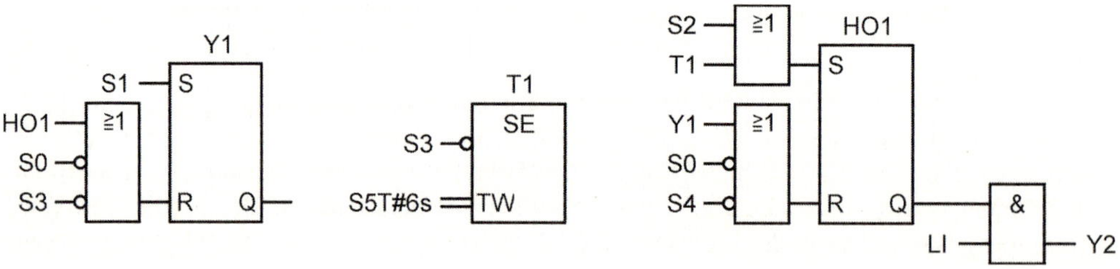

Die Umsetzung des Funktionsplans in ein Steuerungsprogramm erfolgt im Organisationsbaustein OB1.

STEP 7 Programm (AWL-Quelle):

```
ORGANIZATION_BLOCK OB 1
VAR_TEMP
...   //Standardeinträge
HO1 : BOOL ;
END_VAR
BEGIN
U   E    0.1;
S   A    4.1;
U( ;
O   #HO1;
ON  E    0.0;
ON  E    0.3;
)  ;
R   A    4.1;

UN E    0.3;
L   S5T#6S;
SE T 1;

U( ;
U( ;
O   E    0.2;
O   T 1;
)  ;
S   #HO1;

U( ;
O   A    4.1;
ON  E    0.0;
ON  E    0.4;
)  ;
R   #HO1;
U   #HO1;
)  ;
U   E    0.5;
=   A    4.2;

END_ORGANIZATION_BLOCK
```

4.5.7 Zeitfunktion Speichernde Einschaltverzögerung SS

Bei einem Zustandswechsel von „0“ nach „1“ am Starteingang der Zeitfunktion *Speichernde Einschaltverzögerung* wird die Zeit gestartet. Unabhängig vom Signalzustand am Starteingang führt der Zeitoperand Tx nach Ablauf der Zeitdauer den Signalzustand „1“, bis an dem Rücksetzeingang der Signalzustand „1“ angelegt wird. Tritt während des Ablaufs der Zeit ein weiterer Zustandswechsel von „0“ nach „1“ am Starteingang auf, wird die Zeitdauer von Neuem gestartet (nachgetriggert). Dieser Neustart der Zeitfunktion kann beliebig oft wiederholt werden, ohne dass die Zeit vorher abläuft.

Im Unterschied zur nichtspeichernden Einschaltverzögerung kann hier der Zeitoperand Tx bei Signalzustand „1“ nur über den Rücksetzeingang nach Signalzustand „0“ gebracht werden.

Operationsdarstellung in der Steuerungssprache STEP 7:

AWL

```
U  E   0.4      L  T   4
L  S5T#4S       T  MW  22
SS T   4        LC T   4
U  E   0.7      T  MW  24
R  T   4        U  T   4
                =  A   4.4
```

FUP

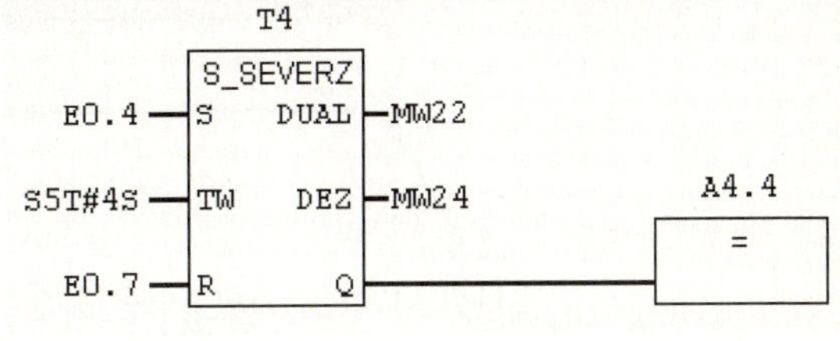

SCL

```
BCD_Zeitwert:= S_ODTS (T NO:= T4, S:= E0.4, TV:= t#4S, R:= E0.7,
                       BI:=MW22, Q:= A4.4);
```

Werden die Parameter R, DUAL und DEZ nicht benötigt und der Zeitoperand erst später abgefragt, so kann die Zeitfunktion auch verkürzt aufgerufen werden

AWL	FUP

`U E 0.4`
`L S5T#4S`
`SS T 4`
	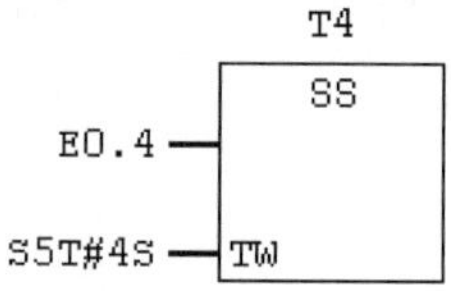

SCL	
`BCD_Zeitwert:= S_ODTS (T_NO:= T4, S:= E0.4, TV:= t#4S);`	

Beispiel 4.21: Bandkontrolle

Ein Förderband wird durch den Motor M angetrieben. Wenn das Band mit der richtigen Geschwindigkeit läuft, liefert der Bandwächter S2 24 V-Impulse der Frequenz 10 Hz. Bei einem Bandriss bleiben die Impulse aus. Sinkt die Frequenz der Bandwächterimpulse unter 8 Hz, liegt ein unzulässiger Schlupf des Bandes vor.

Eine Störung liegt dann vor, wenn der Motor eingeschaltet ist und entweder keine Bandwächterimpulse vorhanden sind oder die Frequenz der Bandwächterimpulse kleiner als 8 Hz ist. In beiden Fällen soll der Bandmotor abgeschaltet und eine Störungsleuchte eingeschaltet werden. Um das Band nach einer Störung wieder mit Taster S1 einschalten zu können, ist zunächst die AUS-Taste S0 zu betätigen. Während der Anlaufphase des Bandes von 3 Sekunden sollen die Impulse nicht ausgewertet werden.

Technologieschema:

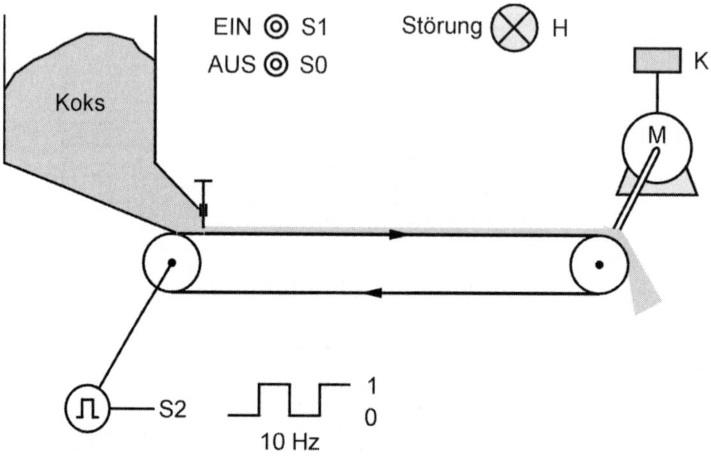

Bild 4.17: Bandkontrolle

Zum Testen des Steuerungsprogramms können die 24 V-Bandwächterimpulse von einem Frequenzgenerator an den entsprechenden Eingang der SPS gelegt werden.

Zuordnungstabelle der Eingänge und Ausgänge:

Eingangsvariable	Symbol	Datentyp	Logische Zuordnung		Adresse
Taster AUS	S0	BOOL	Betätigt	S0 = 0	E 0.0
Taster EIN	S1	BOOL	Betätigt	S1 = 1	E 0.1
Bandwächter	S2	BOOL	Impulse		E 0.2
Ausgangsvariable					
Schütz Bandmotor	K	BOOL	Angezogen	K = 1	A 4.0
Störungsleuchte	H	BOOL	Leuchtet	H = 1	A 4.1

Für die Ansteuerung des Bandmotorschützes K wird der Ausgang einer RS-Speicherfunktion mit dem negierten Signalwert des Zeitoperanden T2 UND-verknüpft. Der Zeitoperand T2 gehört zu einer SS-Zeitfunktion, welche durch die Bandwächterimpulse nachgetriggert wird. Um die Impulse in der Anlaufphase von 3 s zu unterdrücken, wird die SS-Zeitfunktion erst nach Ablauf einer SE-Zeitfunktion (T1) gestartet. Die Ansteuerung der Störungsleuchte erfolgt mit dem Zeitoperanden T2. Eine Flankenauswertung des Zeitoperanden T1 startet das Zeitglied T2 auch, wenn beim Einschalten bereits ein Bandriss vorliegt.

Freigrafischer Funktionsplan:

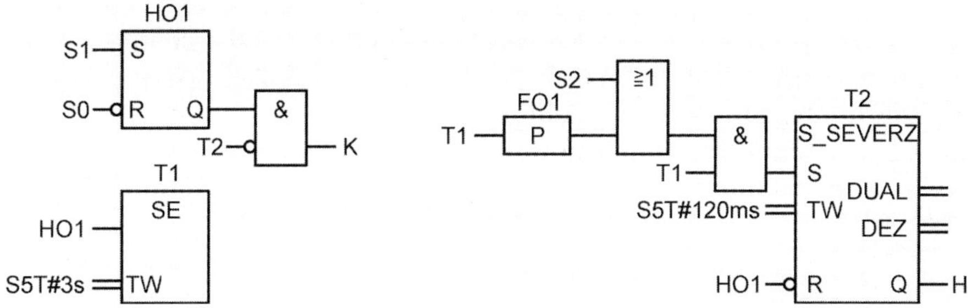

Die Umsetzung des freigrafischen Funktionsplans in ein Steuerungsprogramm erfolgt im Organisationsbaustein OB1.

STEP 7 Programm (AWL-Quelle):

```
ORGANIZATION_BLOCK OB 1
VAR_TEMP
...    //Standardeinträge
HO1 : BOOL ;  // Hilfsoperand
FO1 : BOOL ;  // Flankenoperand
END_VAR
BEGIN
U(    ;
U  E   0.1;
S  #HO1;
UN E   0.0;
R  #HO1;
U  #HO1;
)  ;

UN T   2;
=  A   4.0;

U  #HO1;
L  S5T#3S;
SE T   1

U( ;
O  E   0.2;
O( ;
U  T   1;
FP #FO1;
)  ;
)  ;

U  T      1;
L  S5T#120MS;
SS T   2;
UN #HO1;
R  T   2;
U  T   2;
=  A   4.1;
END_ORGANIZATION_BLOCK
```

4.5.8 Zeitfunktion Ausschaltverzögerung SA

Nach einem Zustandswechsel von „0“ nach „1“ am Starteingang der Zeitfunktion *Ausschaltverzögerung* führt der Zeitoperand Tx den Signalzustand „1“. Tritt am Starteingang der Zeitfunktion nun ein Zustandswechsel von „1“ nach „0“ auf, wird die Zeit gestartet. Solange die Zeit läuft, behält der Zeitoperand Tx den Signalzustand „1“. Der Zeitoperand Tx wird verzögert abgeschaltet.

Operationsdarstellung in der Steuerungssprache STEP 7:

AWL

```
U  E   0.5        L  T   5
L  S5T#4S         T  MW 26
SA T   5          LC T   5
U  E   0.7        T  MW 28
R  T   5          U  T   5
                  =  A   4.5
```

FUP

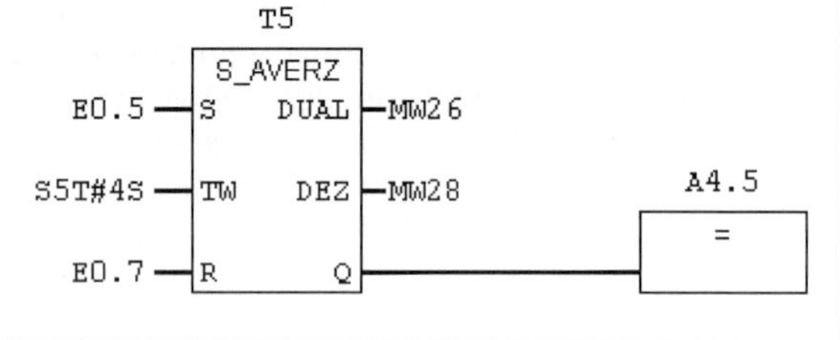

SCL

```
BCD_Zeitwert:= S_OFFDT (T_NO:= T5, S:= E0.5, TV:= t#4S, R:= E0.7,
                        BI:=MW26, Q:= A4.5);
```

Werden die Parameter R, DUAL und DEZ nicht benötigt und der Zeitoperand erst später abgefragt, so kann die Zeitfunktion auch verkürzt aufgerufen werden.

AWL

```
U  E   0.5
L  S5T#4S
SA T   5
```

FUP

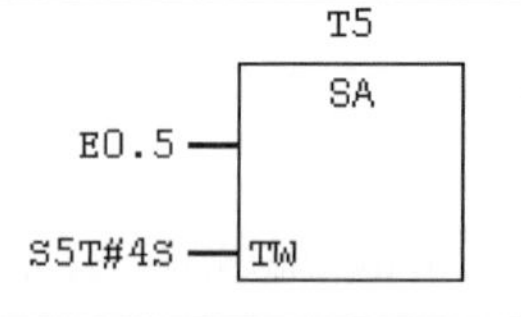

SCL

```
BCD_Zeitwert:= S_OFFDT (T_NO:= T5, S:= E0.5, TV:= t#4S);
```

Beispiel 4.22: Förderbandanlage

Eine Förderbandanlage ist zu steuern. Über Handtaster können die Motoren M1 (Band 1) oder M2 (Band 2) ein- und ausgeschaltet werden. Je eine EIN- und AUS-Leuchte sollen den Betriebszustand anzeigen. Die Bänder 1 und 2 dürfen nicht gleichzeitig fördern. Band 3 soll immer fördern, wenn Band 1 oder Band 2 fördert.

Nach dem Betätigen einer der AUS-Tasten sollen vor dem Abschalten der Motoren die Bänder 1 und 2 noch 2 s und das Band 3 noch 6 s leer fördern. Die Bandwächter liefern bei richtiger Bandgeschwindigkeit Impulse mit einer Frequenz von 10 Hz. Eine Störung tritt dann auf, wenn bei Bandriss die Bandwächterimpulse fehlen oder durch Schlupf die Frequenz der Bandwächterimpulse kleiner als 8 Hz wird. Während einer Anlaufphase von 3 s sollen die Impulse nicht ausgewertet werden.

Tritt während des Betriebs eine Störung bei Band 1 oder Band 2 auf, soll der Antrieb M1 oder M2 sofort ausgeschaltet werden. Band 3 soll jedoch noch leer fördern und dann ebenfalls stillgesetzt werden. Tritt eine Störung bei Band 3 auf, so sind die beiden laufenden Antriebe sofort auszuschalten. Die zugehörige Aus-Leuchte von Band 1 oder Band 2 soll die Störung durch Blinken mit der Frequenz 2 Hz melden. Zum Quittieren und Löschen der Störung ist der entsprechende AUS-Taster zu betätigen.

Technologieschema:

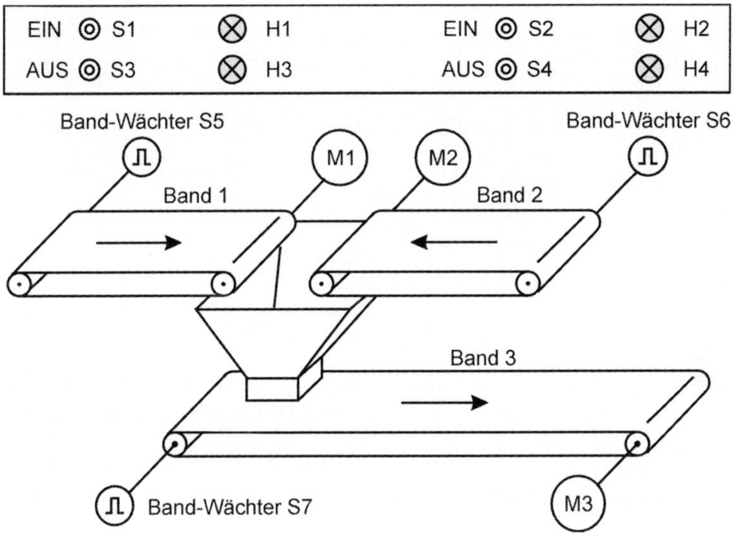

Bild 4.18: Förderbandanlage

Zuordnungstabelle der Eingänge und Ausgänge:

Eingangsvariable	Symbol	Datentyp	Logische Zuordnung		Adresse
EIN-Taster Band 1	S1	BOOL	Betätigt	S1 = 1	E 0.1
EIN-Taster Band 2	S2	BOOL	Betätigt	S2 = 1	E 0.2
AUS-Taster Band 1	S3	BOOL	Betätigt	S3 = 1	E 0.3
AUS-Taster Band 2	S4	BOOL	Betätigt	S4 = 1	E 0.4
Bandwächter Band 1	S5	BOOL	Impulse		E 0.5
Bandwächter Band 2	S6	BOOL	Impulse		E 0.6
Bandwächter Band 3	S7	BOOL	Impulse		E 0.7
Ausgangsvariable					
EIN-Leuchte Band 1	H1	BOOL	Leuchtet	H1 = 1	A 4.1
EIN-Leuchte Band 2	H2	BOOL	Leuchtet	H2 = 1	A 4.2
AUS-Leuchte Band 1	H3	BOOL	Leuchtet	H3 = 1	A 4.3
AUS-Leuchte Band 2	H4	BOOL	Leuchtet	H4 = 1	A 4.4
Antrieb Bandmotor 1	M1	BOOL	In Betrieb	M1 = 1	A 5.1
Antrieb Bandmotor 2	M2	BOOL	In Betrieb	M2 = 1	A 5.2
Antrieb Bandmotor 3	M3	BOOL	In Betrieb	M3 = 1	A 5.3

In dem Lösungsvorschlag für das Steuerungsprogramm finden vier unterschiedliche Zeitfunktionen Anwendung. Die Bildung der Anlaufzeit erfolgt mit der Zeitfunktion *Einschaltverzögerung*, die Auswertung Bandwächterimpulse erfolgt mit der Zeitfunktion *Speichernde Einschaltverzögerung*, die Nachlaufzeit der Bänder wird mit der Zeitfunktion *Ausschaltverzögerung* und der Blinktakt mit zwei Zeitfunktionen *Impuls* gebildet.

Die EIN-Leuchten H1 bzw. H2 werden über je eine Speicherfunktion angesteuert, die gegenseitig über den Setzeingang verriegelt sind. Gesetzt werden die Speicherfunktionen mit den entsprechenden EIN-Tastern S1 bzw. S2. Rückgesetzt wird mit den AUS-Tastern S3 bzw. S4.

EIN-Leuchte H1 Band 1

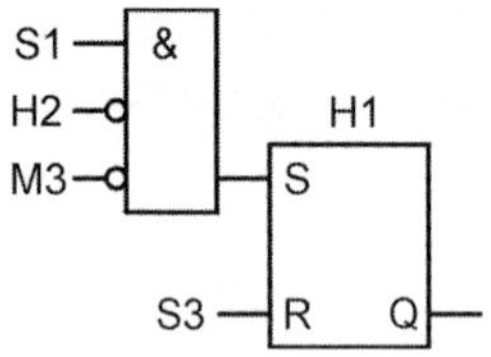

EIN-Leuchte H2 Band 2

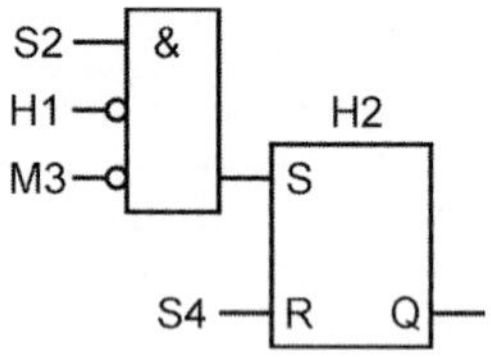

Die AUS-Leuchten H3 bzw. H4 sind an, wenn H1 bzw. H2 Signalzustand „0“ haben oder blinken bei eingeschaltetem Zustand, wenn eine Störung vorliegt. Für die Anlaufzeit wird eine SE-Zeitfunktion gestartet.

AUS-Leuchte H3 Band 1

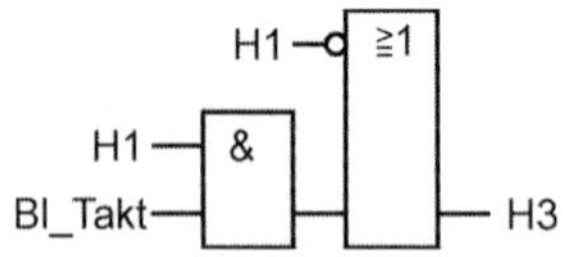

AUS-Leuchte H4 Band 2

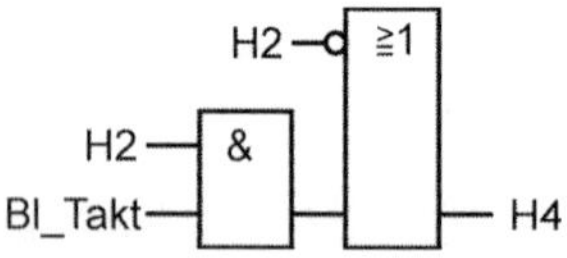

Anlaufzeit

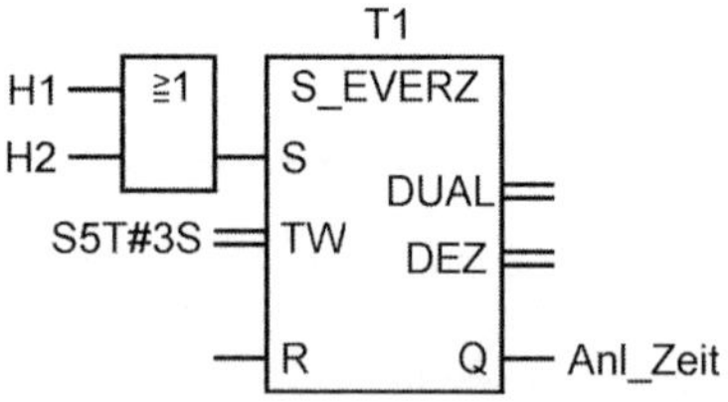

Die Bandwächter-Impulse von Band 1 oder Band 2 werden mit einer SS-Zeitfunktion ausgewertet. Nach Ablauf der Anlaufzeit wird das Zeitglied gestartet und von den Bandwächterimpulsen von Band 1 oder Band 2 jeweils nachgetriggert. Liegt gleich beim Einschalten des Bandes ein Bandriss vor, wird das SS-Zeitglied über eine Flankenauswertung der Anlaufzeit gestartet.

Auswertung Bandwächter-Impulse
Band 1 und Band 2

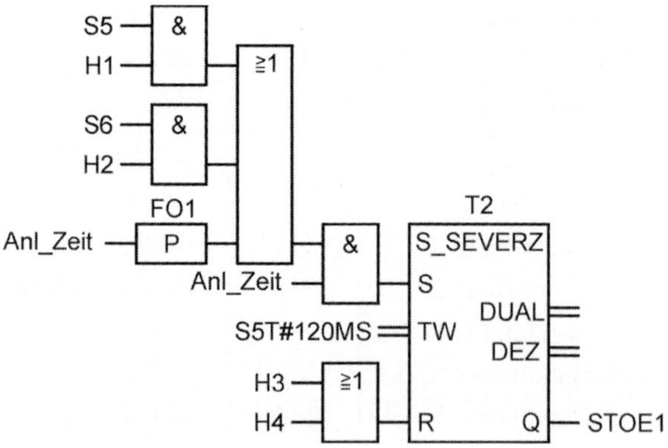

Die Bandwächterimpulse von Band 3 werden mit einer weiteren SS-Zeitfunktion ausgewertet. Nach Ablauf der Anlaufzeit wird das Zeitglied gestartet und von den Bandwächterimpulsen von Band 3 nachgetriggert. Über die Flankenauswertung der Anlaufzeit wird das Zeitglied auch dann gestartet, wenn beim Einschalten ein Bandriss vorliegt.

Auswertung Bandwächter-Impulse Band 3

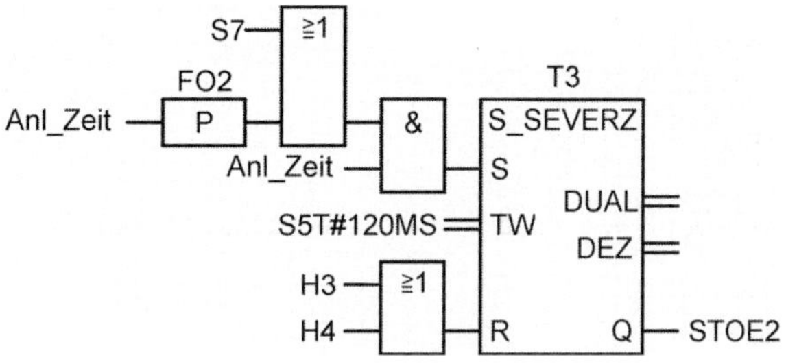

Die Ansteuerung der drei Bandmotoren erfolgt über drei ausschaltverzögerte Zeitfunktionen. Gestartet werden die Zeitfunktionen über die entsprechenden EIN-Leuchten. Beim Auftreten einer Störung werden die Zeitfunktionen sofort zurückgesetzt.

Ansteuerung Band 1

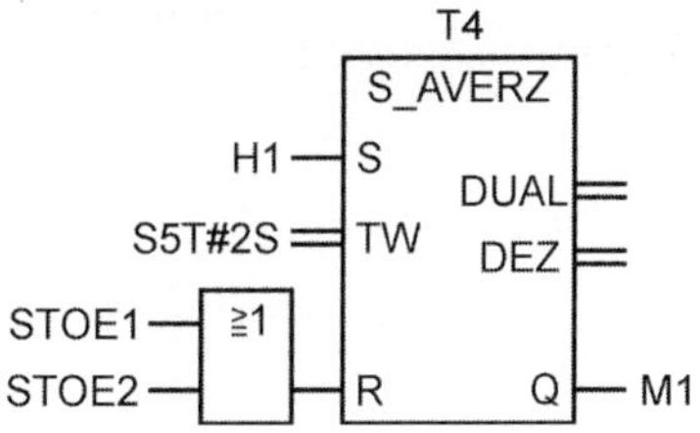

Ansteuerung Band 2

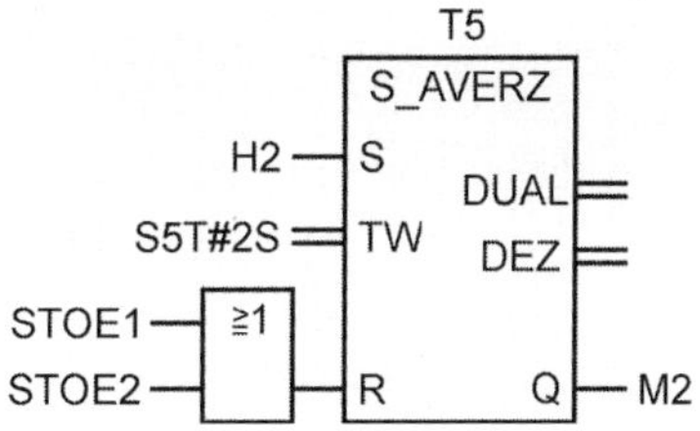

Ansteuerung Band 3

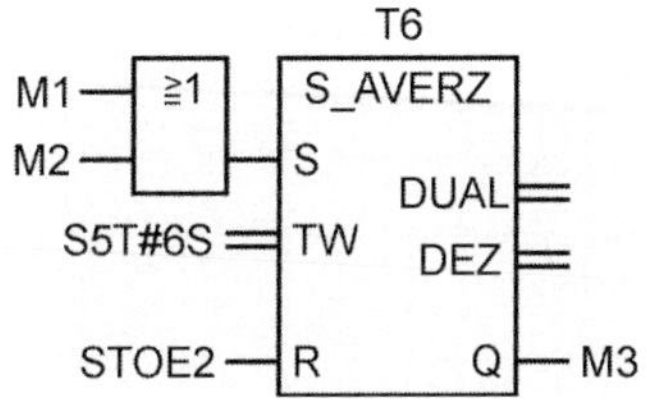

Der Blinktakt zum Anzeigen einer Störung wird mit zwei Zeitfunktionen gebildet, die sich gegenseitig jeweils neu starten.

Blinktakt 2 Hz

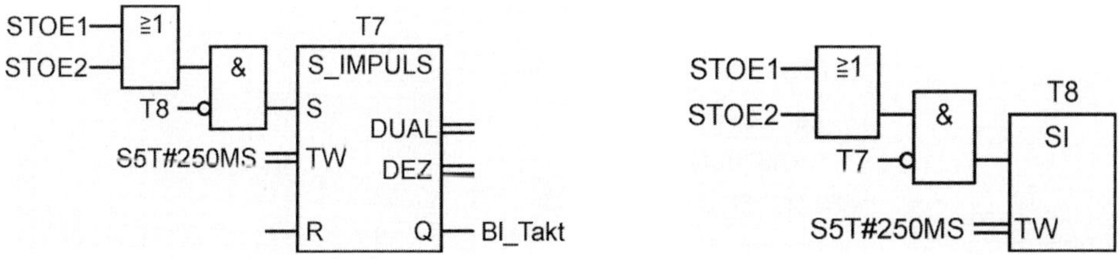

Die Umsetzung des Funktionsplans in ein Steuerungsprogramm erfolgt im Organisationsbaustein OB1.

STEP 7 Programm (AWL-Quelle):

```
ORGANIZATION_BLOCK OB 1
VAR_TEMP
...   //Standardeinträge
Anl_Zeit  : BOOL ;
STOE1     : BOOL ;
STOE2     : BOOL ;
FO1       : BOOL ;
FO2       : BOOL ;
Bl_Takt   : BOOL ;
END_VAR
BEGIN
U  E   0.1;
UN A   4.2;
UN A   5.3;
S  A   4.1;
U  E   0.3;
R  A   4.1;

U  E   0.2;
UN A   4.1;
UN A   5.3;
S  A   4.2;
U  E   0.4;
R  A   4.2;

ON A   4.1;
O  ;
U  A   4.1;
U  #Bl_Takt;
=  A   4.3;

ON A   4.2;
O  ;
U  A   4.2;
U  #Bl_Takt;
=  A   4.4;

U( ;
O  A   4.1;
O  A   4.2;
)  ;
L  S5T#3S;
SE T   1;
U  T   1;
=  #Anl_Zeit;
U( ;
U  E   0.5;
U  A   4.1;
O( ;
U  E   0.6;
U  A   4.2;
)  ;
O( ;
U  #Anl_Zeit;
FP #FO1;
)  ;
)  ;
U  #Anl_Zeit;
L  S5T#200MS;
SS T       2;
U( ;
O  E   0.3;
O  E   0.4;
)  ;
R  T   2;
U  T   2;
=  #STOE1;

U( ;
O  E   0.7;
O( ;
U  #Anl_Zeit;
FP #FO2;
)  ;
)  ;
U  #A_Zeit;
L  S5T#200MS;
SS T   3;
U( ;
O  E   0.3;
O  E   0.4;
)  ;
R  T   3;
U  T   3;
=  #STOE2;

U  A   4.1;
L  S5T#2S;
SA T   4;
U( ;
O  #STOE1;
O  #STOE2;
)  ;
R  T   4;
U  T   4;
=  A   5.1;

U  A   4.2;
L  S5T#2S;
SA T   5;
U( ;
O  #STOE2;
O  #STOE1;
)  ;
R  T   5;
U  T   5;
=  A   5.2;
U( ;
O  A   5.1;
O  A   5.2;
)  ;
L  S5T#6S;
SA T   6;
U  #STOE2;
R  T   6;
U  T   6;
=  A   5.3;

U( ;
O  #STOE1;
O  #STOE2;
)  ;
UN T   8;
L  S5T#250MS;
SI T   7;
U  T   7;
=  #Bl_Takt;

U( ;
O  #STOE1;
O  #STOE2;
)  ;
UN T   7;
L  S5T#250MS;
SI T   8;

END_ORGANIZATION_BLOCK
```

4.6 Erzeugung von Taktsignalen

In Steuerungsprogrammen werden häufig periodische Signale (Pulse - Pause) benötigt. Kennzeichen eines Taktsignals ist seine Frequenz oder Periodendauer und das Puls-Pausen-Verhältnis. Die meisten Programmiersysteme stellen Funktionsbausteine zur Erzeugung der Taktsignale zur Verfügung. Das Puls-Pausen-Verhältnis ist dabei 1:1 und die Frequenz ist durch Angabe der Periodendauer einstellbar.

Bei dem Programmiersystem STEP 7 gibt es folgende Möglichkeiten, ein Taktsignal zu erzeugen.

- Taktmerker: In einem Taktmerkerbyte haben die einzelnen Bits festgelegte Frequenzen. Die Nummer des Taktmerkerbytes wird bei der Parametrierung der CPU festgelegt.
- Weckalarm: Ein Weckalarm ist ein in periodischen Zeitabständen ausgelöster Alarm, der die Bearbeitung eines Weckalarm-Organisationsbausteine veranlasst. In einem solchen zeitgesteuerten Organisationsbaustein wird bei jedem Aufruf der Signalzustand einer Variablen negiert.
- Taktgeber: Mit Hilfe von einer oder zwei Zeitfunktionen wird ein Taktgenerator programmiert.

4.6.1 Taktmerker

Mögliche Taktmerker sind die acht Merker des projektierten Taktmerkerbytes. Wird beispielsweise das Merkerbyte MB 0 als Taktmerker in der Hardwareprojektierung vereinbart, so haben die einzelnen Bits folgende Frequenzen bzw. Periodendauer:

Bit	M 0.7	M 0.6	M 0.5	M 0.4	M 0.3	M 0.2	M 0.1	M 0.0
Frequenz (Hz)	0,5	0,625	1	1,25	2	2,5	5	10
Periodendauer (s)	2	1,6	1	0,8	0,5	0,4	0,2	0,1

Die Abfrage des Merkers M 0.5 liefert somit folgende Impulsfolge:

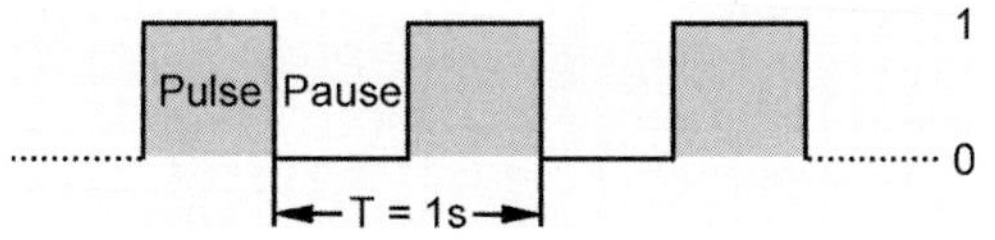

Beispiel 4.23: Tiefgaragentor

Die Tiefgarageneinfahrt der staatlichen Akademie für Lehrerfortbildung in Esslingen ist mit einem automatischen Kipptor ausgestattet. Durch Betätigen des Schlüsseltasters S1 (außerhalb) oder Zugtasters S2 (innerhalb) kann das Kipptor geöffnet werden. Bevor sich das Kipptor bewegt, wird eine Warnphase von 3 s eingeschaltet. Innerhalb dieser Warnphase und während sich das Tor bewegt blinkt eine Warnleuchte mit der Frequenz von 2 Hz. Endschalter S3 „Tor auf" und S4 „Tor zu" beenden jeweils die Bewegung des Tores. Das Kipptor bleibt nach Erreichen des Endschalters S3 für 6 s auf und fährt dann nach der Warnphase wieder zu. Mit einem Bewegungsmelder S5 wird der Schwenkbereich des Tores überwacht. Meldet beim Schließen des Tores der Bewegungsmelder S5 ein Hindernis oder werden die Tasten S1 oder S2 betätigt, fährt das Tor sofort wieder auf.

Um das Programm auch bei Anlagen mit mehreren Tiefgaragentoren verwenden zu können, soll die Ansteuerung eines Kipptores in einem bibliotheksfähigen Funktionsbaustein FB 15 realisiert werden. In diesem Beispiel wird von drei Toren ausgegangen, sodass der Funktionsbaustein dreimal aufgerufen und mit den entsprechenden E-/A-Adressen parametriert wird.

Technologieschema:

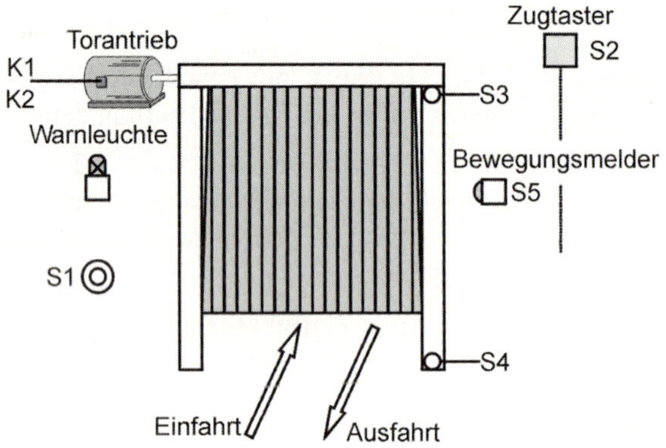

Bild 4.19: Kipptor

Zuordnungstabelle der Eingänge und Ausgänge:

Eingangsvariable	Symbol	Datentyp	Logische Zuordnung		Adresse
Schlüsseltaster	S1	BOOL	Betätigt	S1 = 1	E 0.0; E 0.5; E 1.2
Zugtaster	S2	BOOL	Betätigt	S2 = 1	E 0.1; E 0.6; E 1.3
Endschalter Tor auf	S3	BOOL	Betätigt	S3 = 0	E 0.2; E 0.7; E 1.4
Endschalter Tor zu	S4	BOOL	Betätigt	S4 = 0	E 0.3; E 1.0; E 1.5
Bewegungsmelder	S5	BOOL	Bewegung	S5 = 0	E 0.4; E 1.1; E 1.6
Ausgangsvariable					
Motorschütz AUF	K1	BOOL	Angezogen	K1 = 1	A 4.0; A 4.3; A 4.6
Motorschütz ZU	K2	BOOL	Angezogen	K2 = 1	A 4.1; A 4.4; A 4.7
Warnleuchte	H	BOOL	Leuchtet	H = 1	A 4.2; A 4.5; A 5.0

Zur Realisierung der Steuerungsaufgabe in einem Funktionsbaustein FB 15 werden zwei einschaltverzögerte Zeitfunktionen benötigt. Die Impulse für die Warnleuchte werden durch den Taktmerker M 0.3 beim Aufruf des Bausteins an die lokale Variable „Takt" übergeben. Ein Hilfsspeicher HO1 ist erforderlich, um die Tastenbetätigung über die Warnphase zu speichern und die Warnlampe anzusteuern. Da die Signalzustände der beiden Zeitfunktionen mehrmals abgefragt werden, ist die Einführung zweier zusätzlicher statischer Lokalvariablen TO1 und TO2 erforderlich.

Funktionsplan:

Ansteuerung des Tastenspeichers HO1 und der Warnzeit TO1.

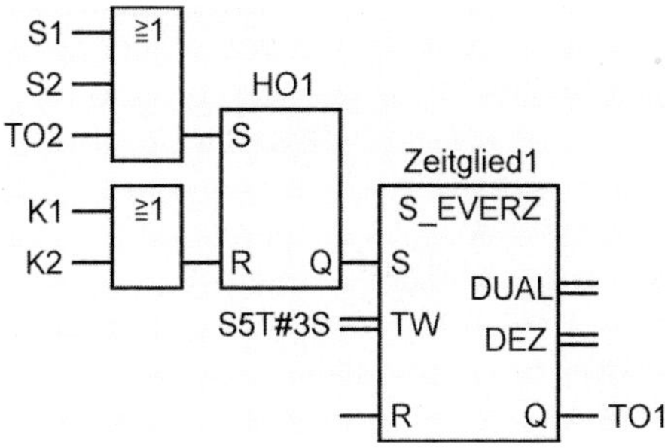

Motorschütz AUF (K1) wird nach Ablauf der Warnzeit oder beim Zugehen der Tür in Verbindung mit S1, S2 und S5 direkt gesetzt.

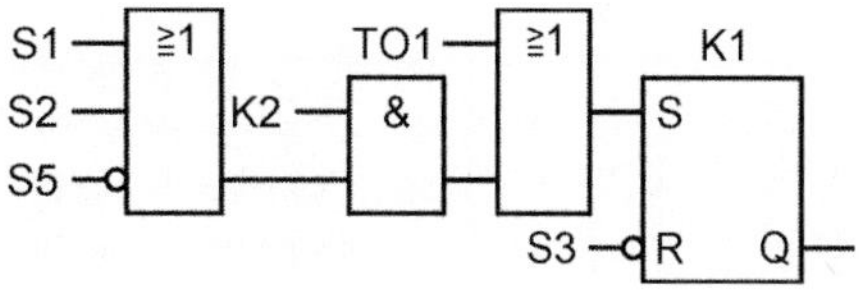

Zeit für Tor auf

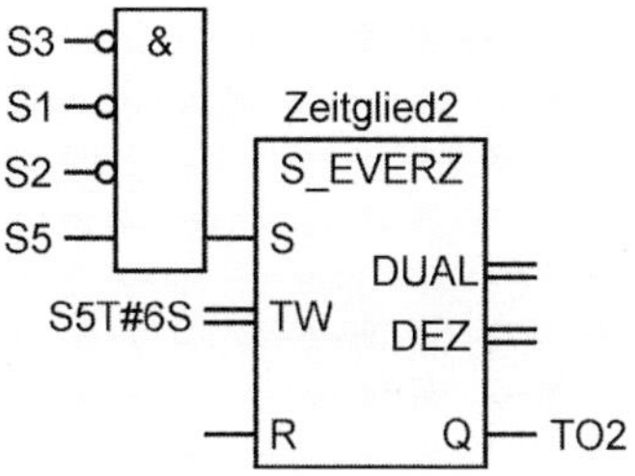

Motorschütz ZU (K2)

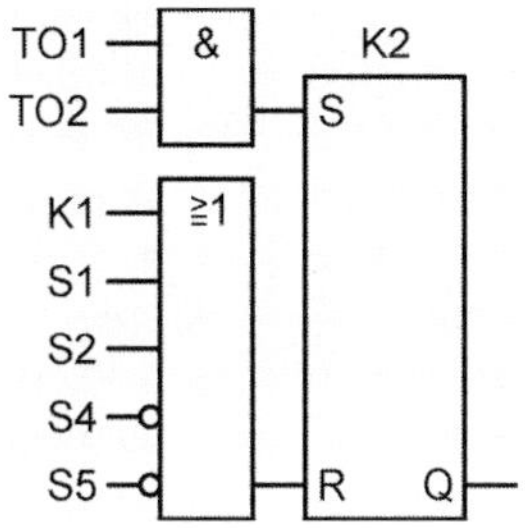

Warnleuchte H

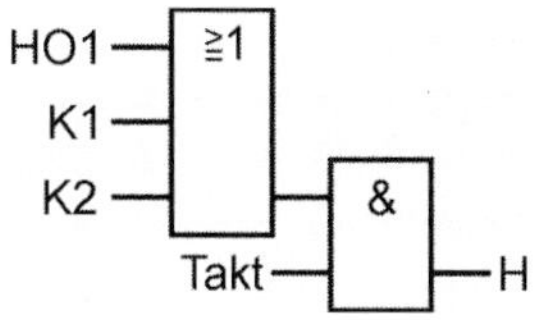

Für den dreimaligen Aufruf des Funktionsbausteins FB 15 ergibt sich folgende Programmstruktur:

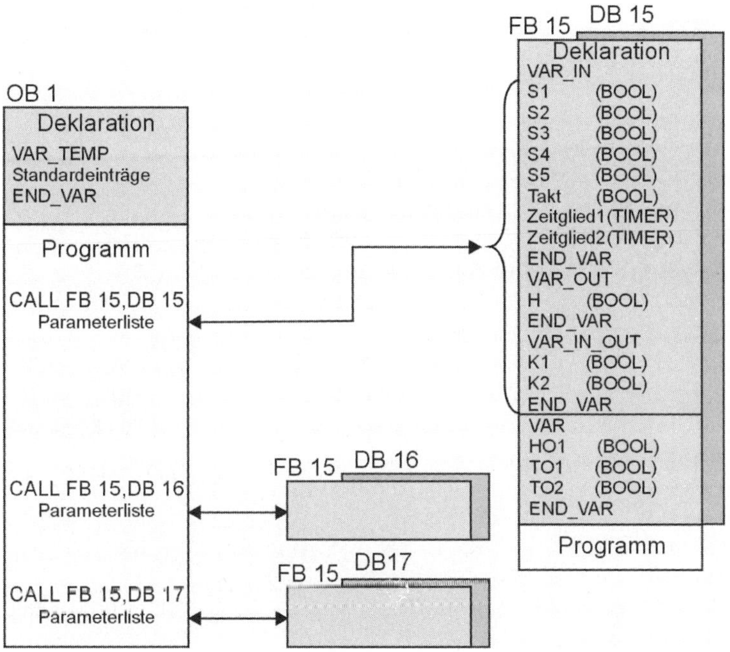

STEP 7 Programm (AWL-Quelle):

```
FUNCTION_BLOCK FB 15
VAR_INPUT
 S1 : BOOL ;
 S2 : BOOL ;
 S3 : BOOL ;
 S4 : BOOL ;
 S5       :BOOL;
 Takt     :BOOL;
 Zeitglied1:TIMER;
 Zeitglied2:TIMER;
END_VAR
VAR_OUTPUT
  H  : BOOL ;
END_VAR
VAR_IN_OUT
  K1 : BOOL ;
  K2 : BOOL ;
END_VAR
VAR
  HO1 : BOOL ;
  TO1 : BOOL ;
  TO2 : BOOL ;
END_VAR

BEGIN
U( ;
U( ;
O  #S1;
O  #S2;
O  #TO2;
)  ;
S  #HO1;
U( ;
O  #K1;
O  #K2;
)  ;
R  #HO1;
U  #HO1;
)  ;
L  S5T#3S;
SE #Zeitglied1;
U  #Zeitglied1;
=  #TO1;
U(    ;
O  #TO1;
O  ;
U  #K2;
U( ;
O  #S1;
O  #S2;
ON #S5;
)  ;
)  ;
S  #K1;
UN #S3;
R  #K1;
UN #S3;
UN #S1;
UN #S2;
U  #S5;
L  S5T#6S;
SE #Zeiglied2;
U  #Zeiglied2;
=  #TO2;

U  #TO1;
U  #TO2;
S  #K2;
U( ;
O  #K1;
O  #S1;
O  #S2;
ON #S4;
ON #S5;
)  ;
R  #K2;

U(    ;
O  #HO1;
O  #K1;
O  #K2;
)  ;
U  #Takt;
=  #H;
END_FUNCTION_BLOCK
```

```
ORGANIZATION_BLOCK OB 1
VAR_TEMP
...  //Standardeinträge
END_VAR
BEGIN
CALL FB 15 , DB 15 (
   S1   := E 0.0,
   S2   := E 0.1,
   S3   := E 0.2,
   S4   := E 0.3,
   S5   := E 0.4,
   Takt := M 0.3,
   Zeitglied1:= T 1,
   Zeitglied2:= T 2,
   H    := A 4.2,
   K1   := A 4.0,
   K2   := A 4.1);
CALL FB 15 , DB 16 (
   S1   := E 0.5,
   S2   := E 0.6,
   S3   := E 0.7,
   S4   := E 1.0,
   S5   := E 1.1,
   Takt := M 0.3,
   Zeitglied1:= T 3,
   Zeitglied2:= T 4,
   H    := A 4.5,
   K1   := A 4.3,
   K2   := A 4.4);
CALL FB 15 , DB 17 (
   S1   := E 1.2,
   S2   := E 1.3,
   S3   := E 1.4,
   S4   := E 1.5,
   S5   := E 1.6,
   Takt := M 0.3,
   Zeitglied1:= T 5,
   Zeitglied2:= T 6,
   H    := A 5.1,
   K1   := A 4.6,
   K2   := A 4.7);

END_ORGANIZATION_BLOCK
```

4.6.2 Weckalarm-Organisationsbausteine

Die CPUs der Siemens S7-Automatisierungssysteme stellen Weckalarm-OBs zur Verfügung, welche die zyklische Programmbearbeitung in bestimmten Abständen unterbrechen. Der Aufruf dieser Organisationsbausteine wird in bestimmten Zeitintervallen vom Betriebssystem ausgelöst. Startpunkt des Zeittaktes ist der Betriebszustandswechsel von STOP in RUN. Der Zeittakt für die Aufrufe der Bausteine kann in der Parametrierung der CPU als ein Vielfaches von 1ms abgelesen und eingestellt werden

Eine wichtige Anwendung von Weckalarm-Organisationsbausteinen ist die Bearbeitung von Algorithmen mit integrierenden oder differenzierenden Anteilen wie beim PID-Regler. Die Bausteine können aber auch verwendet werden, um ein periodisches Signal zu erzeugen. Die Befehlsfolge

```
UN   A  4.0
=    A  4.0
```

in einem Weckalarm-OB erzeugt ein Blinken des Ausgangs A 4.0 mit der halben Frequenz des Zeittaktes für den Aufruf.

4.6.3 Taktgeber

Mit Hilfe von Zeitfunktionen können Taktgeber im Steuerungsprogramm programmiert werden. Bei einem Pulse/Pause-Verhältnis von 1:1 genügt die Verwendung einer SE-Zeitfunktion. Grundlage dabei ist, dass sich das Zeitglied selbsttätig nach Ablauf der Zeit wieder startet.

Der nachfolgende freigrafische Funktionsplan gibt die Ansteuerung der SE-Zeitfunktion an, welche sich nach Ablauf der Zeit wieder selbst startet.

Wie aus dem Zeitdiagramm zu sehen ist, führt der Operand TIO nach jeweils einer Sekunde für die Dauer eines Programmzyklus lang ein „1“-Signal. Dieser Einzyklusimpuls kann ausgenutzt werden, um einen Binäruntersetzer anzusteuern, der dann das periodische Taktsignal mit der doppelten Periodendauer der Zeitfunktion liefert und dabei ein Puls-Pausen-Verhältnis von 1:1 aufweist. Die Ansteuerung des Binäruntersetzers kann aber nicht nach der in Abschnitt 4.4 gezeigten Methode erfolgen, da der Impulsoperand TIO nicht zurückgesetzt werden darf. Durch die Einführung eines Hilfsoperanden HO wird der Binäruntersetzer wie folgt realisiert:

Der Impulsoperand TIO setzt und rücksetzt den Hilfsoperanden HO. Das Rücksetzen erfolgt in Abhängigkeit vom Signalzustand der Variablen Takt. Erst danach wird die Variable Takt durch den Hilfsoperanden HO aktualisiert.

Da viele Anwendungen einen Taktgeber mit einstellbarer Taktzeit benötigen, wird im folgenden Beispiel eine Takt-Funktion FC 100 für die eigene Programmbibliothek entworfen.

Beispiel 4.24: Takt-Funktion FC 100

Es ist das Steuerungsprogramm eines Taktgenerators für Frequenzen < 50Hz zu bestimmen. Das Steuerungsprogramm ist in der Funktion FC 100 so zu realisieren, dass die Funktion in die eigene Programmbibliothek als Standardbaustein aufgenommen werden kann.

Beim Aufruf der Funktion kann die Taktfrequenz durch Angabe einer S5-Zeit frei gewählt werden. Die angegebene Zeit entspricht dabei der halben Periodendauer. An einem weiteren Eingabeparameter der Funktion ist ein Zeitoperand Tx anzugeben. Ausgabeparameter der Funktion ist die Variable TAKT.

Übergabeparameter des Taktgeneratorbausteins FC 100:

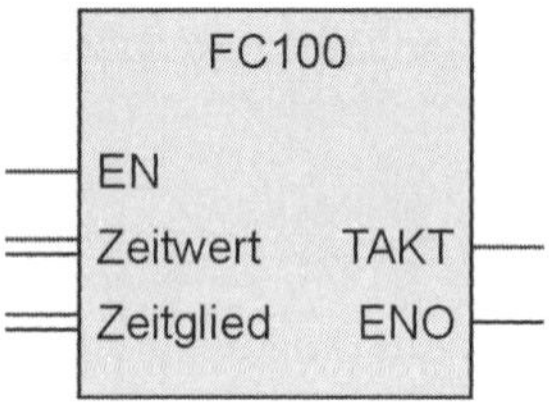

Parameter:	**Datentyp:**
Zeitwert	S5TIME
Zeitglied	TIMER
TAKT	BOOL

Zum Test des Steuerungsprogramms wird die Funktion FC 100 im OB 1 aufgerufen und die Abarbeitung mit dem Schalter S1 über den EN-Eingang gestartet (Beschreibung des EN-Eingangs siehe Kap. 5.3.2). Der Ausgang TAKT der Funktion wird an eine Anzeigeleuchte H1 gelegt.

Zuordnungstabelle der Eingänge und Ausgänge:

Eingangsvariable	Symbol	Datentyp	Logische Zuordnung	Adresse
Taktgenerator EIN/AUS	S1	BOOL	Eingeschaltet S1 = 1	E 0.1
Ausgangsvariable				
Taktanzeige	H1	BOOL	Leuchtet H1 = 1	A 4.1

Das Steuerungsprogramm für die Takt-Funktion FC 100 basiert auf dem zuvor gezeigten Aufruf der SE-Zeitfunktion verbunden mit dem Binäruntersetzer mit Hilfsoperand HO. Obwohl dadurch innerhalb der Funktion ein Speicher erforderlich ist, ist es mit Hilfe eines kleinen „Tricks“ möglich, die Verwendung eines Funktionsbausteins mit zugehörigem Instanzdatenbaustein zu vermeiden. Der Signalzustand des Hilfs-Operanden HO wird dabei außerhalb der Funktion in dem Operanden gespeichert, der an die Ausgangsvariablen TAKT geschrieben ist. Gleich zu Beginn des Programms der Funktion FC 100 wird der außerhalb der Funktion gespeicherte Signalzustand an die Speichervariable HO wieder übergeben.

Die Ausgangsvariable TAKT müsste streng genommen als IN-OUT-Variable deklariert werden. Da STEP 7 jedoch die Abfrage von binären Variablen des Typs OUT in der AWL zulässt, kann die Variable TAKT auch als OUT-Variable deklariert werden. Eine Deklaration als IN-OUT-Variable hätte zur Folge, dass bei Aufruf der Funktion in der Programmdarstellung Funktionsplan FUP die Übergabevariable TAKT auf der linken Seite (!) der FUP-Box erscheinen würde.

Funktionsplan FC 100

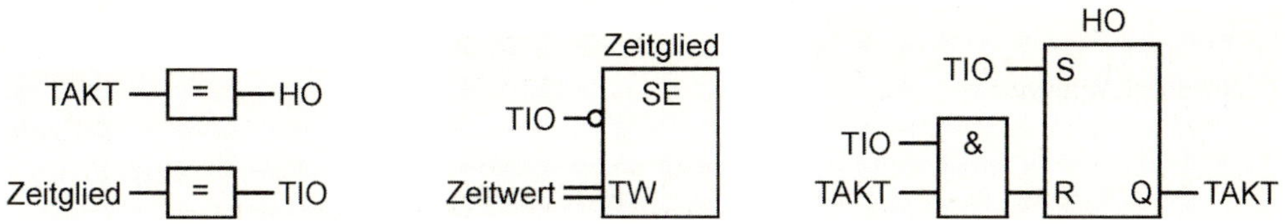

STEP 7 Programm (AWL-Quelle):

```
FUNCTION FC 100 : VOID
NAME : Takt
VAR_INPUT                VAR_OUTPUT              VAR_TEMP
Zeitwert : S5TIME ;      TAKT : BOOL ;           HO   : BOOL ;
Zeitglied: TIMER ;       END_VAR                 TIO  : BOOL ;
END_VAR                                          END_VAR

BEGIN
U  #Takt;         UN #TIO;         U  #TIO;         U  #HO;
=  #HO;           L  #Zeitwert;    S  #HO;          =  #TAKT;
U  #Zeitglied;    SE #Zeitglied;   U  #TIO;
=  #TIO;                           U  #TAKT;
                                   R  #HO;
END_FUNCTION

ORGANIZATION_BLOCK OB 1
VAR_TEMP
...             //Standardeinträge
END_VAR
     U  E  0.1;               //Die Belegung des EN-Eingangs mit einer
     SPBNB M001;              //Variablen hat in der AWL immer einen
     CALL FC 100 (            //Sprungbefehl zur Folge. Liegt an dem
       Zeitwert := S5T#1S,    //EN-Eingang der Funktion ein „0"-Signal,
       Zeitglied  := T 1,     //wird der Aufruf der Funktion über-
       TAKT     := A  4.1);   //sprungen und die Programmabarbeitung an
M001:NOP 0;                   //der Marke _001 fortgesetzt.
END_ORGANIZATION_BLOCK
```

Das nächste Beispiel zeigt die Verwendung der Takt-Funktion FC 100 bei einer Drehrichtungsanzeige. Der Aufruf der Taktfunktion kann dabei aus der eigenen Programmbibliothek erfolgen.

Beispiel 4.25: Drehrichtungsanzeige

Die Drehrichtung eines Antriebs soll mit einem rotierenden Lauflicht angezeigt werden. Dazu sind sechs Anzeigelampen kreisförmig angebracht. Jeweils zwei der sechs Anzeigelampen leuchten gleichzeitig und rotieren in Abhängigkeit von der Drehrichtung des Motors rechts oder links herum. Da der Antrieb mit zwei Geschwindigkeiten laufen kann, soll die hohe Drehzahl mit einer größeren Rotationsfrequenz angezeigt werden. Der Geber S1 meldet, dass der Antrieb eingeschaltet ist. Mit dem Geber S2 wird die Drehrichtung angegeben. Die hohe oder niedrige Drehzahl wird durch den Signalzustand von Geber S3 bestimmt.

Technologieschema:

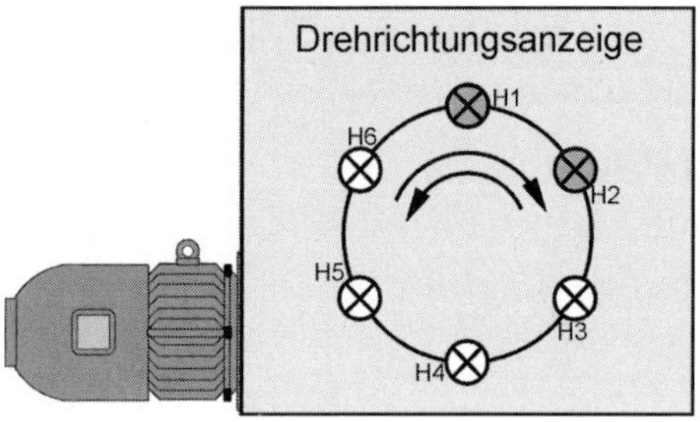

Bild 4.20: Drehrichtungsanzeige

Zuordnungstabelle der Eingänge und Ausgänge:

Eingangsvariable	Symbol	Datentyp	Logische Zuordnung		Adresse
Antrieb EIN / AUS	S1	BOOL	Eingeschaltet	S1 = 1	E 0.1
Drehrichtung	S2	BOOL	Drehrichtung rechts	S2 = 0	E 0.2
Drehzahl	S3	BOOL	Hoch	S3 = 1	E 0.3
Ausgangsvariable					
Anzeigeleuchte 1	H1	BOOL	Leuchtet	H1 = 1	A 4.1
Anzeigeleuchte 2	H2	BOOL	Leuchtet	H2 = 1	A 4.2
Anzeigeleuchte 3	H3	BOOL	Leuchtet	H3 = 1	A 4.3
Anzeigeleuchte 4	H4	BOOL	Leuchtet	H4 = 1	A 4.4
Anzeigeleuchte 5	H5	BOOL	Leuchtet	H5 = 1	A 4.5
Anzeigeleuchte 6	H6	BOOL	Leuchtet	H6 = 1	A 4.6

Die Ansteuerung der Anzeigeleuchten kann nach der in Kapitel 4.4.3 gezeigten Methode für Binäruntersetzer ausgeführt werden. Dabei wird eine Einzyklusimpulsvariable verwendet, um die entsprechende Anzeigeleuchte ein oder auszuschalten. Tritt ein Impuls auf und leuchten beispielsweise H1 und H2, so sind, wenn Rechtslauf vorliegt, H3 ein- und H1 auszuschalten. Liegt Linkslauf vor, so ist H6 ein- und H2 auszuschalten. Nachdem diese Aktion ausgeführt ist, wird der Impuls zurückgesetzt. Erzeugt wird der Impuls durch Flankenauswertung des Taktgeneratorausgangs.

Die unterschiedliche Frequenz der Impulse für die niedrige und hohe Drehzahl wird durch den bedingten Aufruf der Takt-Funktion FC100 gebildet. Bei niedriger Drehzahl wird die Takt-Funktion FC 100 mit einer Taktzeit von 100 ms aufgerufen. Bei hoher Drehzahl erfolgt der Aufruf mit 50 ms Taktzeit.

Der folgende Funktionsplan zeigt die Ansteuerung der Anzeigeleuchten.

Rechtslauf:

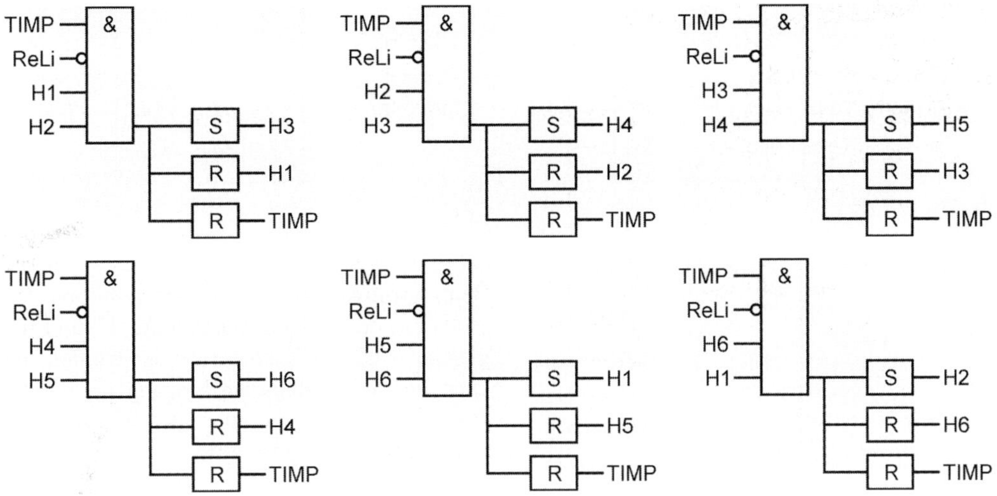

Linkslauf:

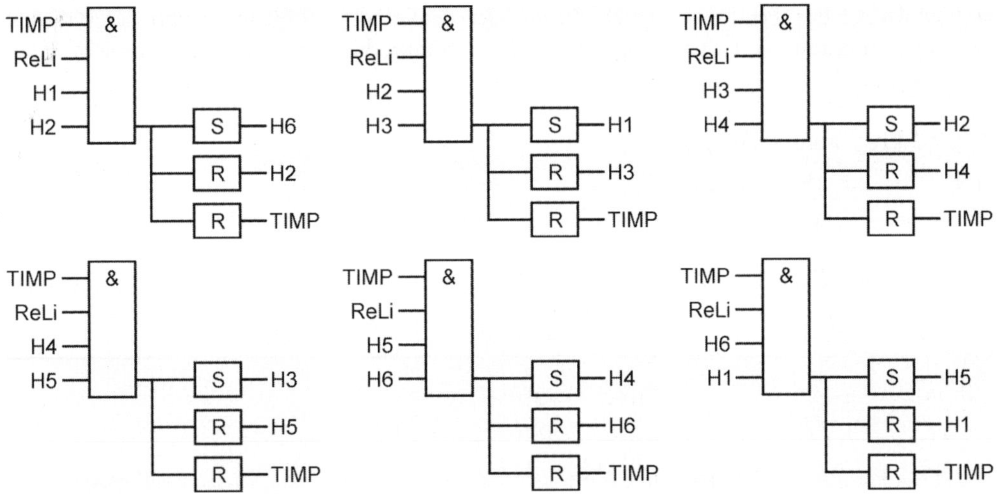

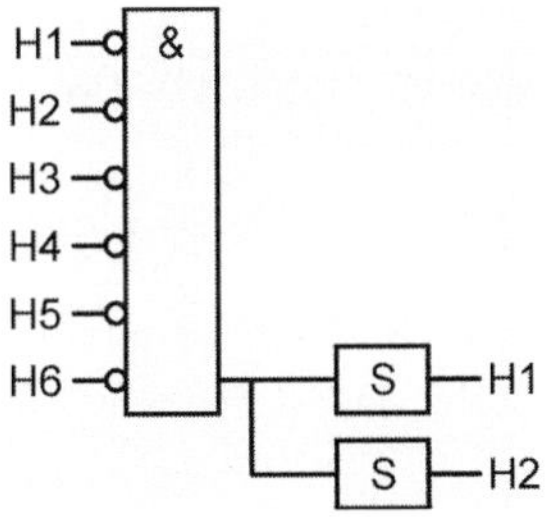

Voraussetzung für die richtige Funktionsweise der Schaltung ist, dass zwei aufeinanderfolgende Anzeigeleuchten an sind. Da dies beim Start des Steuerungsprogramms nicht der Fall ist, werden zu Beginn der Programmbearbeitung zwei Leuchten nach dem nebenstehenden Funktionsplan angesteuert.

Der Funktionsplan wird in einer bibliotheksfähigen Funktion FC 28 programmiert. IN-Variablen sind TIMP sowie ReLi und OUT-Variablen sind H1 bis H6.

Freigrafischer Funktionsplan OB1

Aufruf FC100 bei niedriger Drehfrequenz

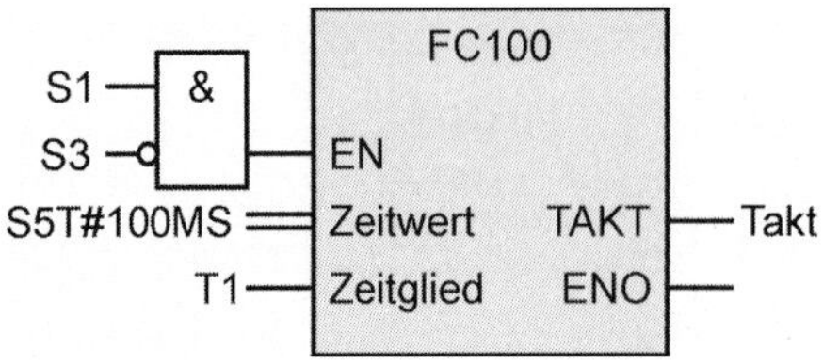

Aufruf FC 100 bei hoher Drehfrequenz

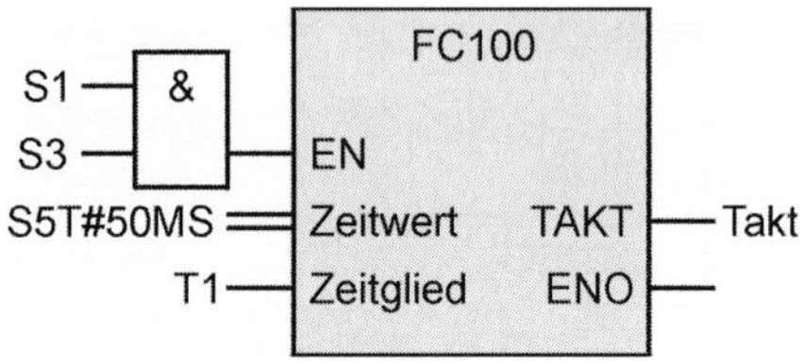

Aufruf FC 28

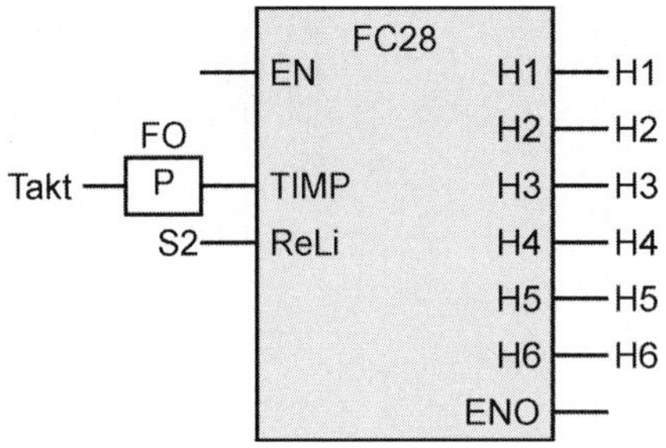

Anmerkung:

Beim zweimaligen Aufruf der Funktion FC 100 kann der gleiche Zeitoperand T1 und die gleiche Variable Takt verwendet werden, da über die Verriegelung am Eingang EN sichergestellt ist, dass nur einer der beiden Bausteinaufrufe ausgeführt wird.

Da der Aufruf der Taktfunktion FC 100 aus der Bibliothek erfolgt und somit der Baustein nicht mehr programmiert werden muss, ist das Programm dieses Bausteins in der nachfolgenden AWL-Quelle nicht angegeben.

STEP 7 Programm (AWL-Quelle):

```
FUNCTION FC 28 : VOID

VAR_INPUT                   VAR_OUTPUT
  TIMP : BOOL ;               H1 : BOOL ;
  ReLi : BOOL ;               H2 : BOOL ;
END_VAR                       H3 : BOOL ;
                              H4 : BOOL ;
                              H5 : BOOL ;
                              H6 : BOOL ;
                            END_VAR

BEGIN
UN    #H1;          //Zu Beginn des Steuerungsprogramms werden die zwei
UN    #H2;          //Leuchten H1 und H2 gesetzt, wenn keine der 6
UN    #H3;          //Leuchten an ist. Damit ist der erforderliche
UN    #H4;          //Grundzustand für die folgenden Anweisungen der
UN    #H5;          //Richtungsanzeige hergestellt.
UN    #H6;
S     #H1;
S     #H2;
```

Fortsetzung nächste Seite

```
U  #TIMP;       U  #TIMP;       U  #TIMP;       U  #TIMP;
UN #ReLi;       UN #ReLi;       U  #ReLi;       U  #ReLi;
U  #H1;         U  #H4;         U  #H1;         U  #H4;
U  #H2;         U  #H5;         U  #H2;         U  #H5;
S  #H3;         S  #H6;         S  #H6;         S  #H3;
R  #H1;         R  #H4;         R  #H2;         R  #H5;
R  #TIMP;       R  #TIMP;       R  #TIMP;       R  #TIMP;

U  #TIMP;       U  #TIMP;       U  #TIMP;       U  #TIMP;
UN #ReLi;       UN #ReLi;       U  #ReLi;       U  #ReLi;
U  #H2;         U  #H5;         U  #H2;         U  #H5;
U  #H3;         U  #H6;         U  #H3;         U  #H6;
S  #H4;         S  #H1;         S  #H1;         S  #H4;
R  #H2;         R  #H5;         R  #H3;         R  #H6;
R  #TIMP;       R  #TIMP;       R  #TIMP;       R  #TIMP;

U  #TIMP;       U  #TIMP;       U  #TIMP;       U  #TIMP;
UN #ReLi;       UN #ReLi;       U  #ReLi;       U  #ReLi;
U  #H3;         U  #H6;         U  #H3;         U  #H6;
U  #H4;         U  #H1;         U  #H4;         U  #H1;
S  #H5;         S  #H2;         S  #H2;         S  #H5;
R  #H3;         R  #H6;         R  #H4;         R  #H1;
R  #TIMP;       R  #TIMP;       R  #TIMP;       R  #TIMP;
                                                END_FUNCTION
```

```
ORGANIZATION_BLOCK OB 1
VAR_TEMP
...            //Standardeinträge
  Takt : BOOL ;
  FO   : BOOL ;
END_VAR
BEGIN
      U  E   0.1;
      UN E   0.3;
      SPBNB M001;
      CALL FC   100 (
        Zeitwert  := S5T#100MS,
        Zeitglied := T 1,
        TAKT      := #Takt);
M001: NOP 0;
      U  E  0.1;
      U  E  0.3;
      SPBNB M002;
      CALL FC   100 (
        Zeitwert  := S5T#50MS,
        Zeitglied := T 1,
        TAKT      := #Takt);

M002: NOP   0;
      U  #Takt;
      FP #FO;
      =  L  21.0; //Lokale Variable
      CALL FC 28 (
         TIMP := L  21.0,
         ReLi := E  0.2,
         H1   := A  4.1,
         H2   := A  4.2,
         H3   := A  4.3,
         H4   := A  4.4,
         H5   := A  4.5,
         H6   := A  4.6);

END_ORGANIZATION_BLOCK
```

4.7 Zählerfunktionen

Zählerfunktionen werden in Steuerungsaufgaben benötigt, um bestimmte Mengen oder Positionen durch Aufzählen von Impulsen zu erfassen, Frequenzen zu ermitteln oder die Funktion von Steuerwerken zu übernehmen.

Grundsätzlich lassen sich Zähler in Automatisierungssystemen auf drei Arten realisieren.

- Zähler werden als Funktionsbausteine oder Funktionen im Steuerungsprogramm aufgerufen und parametriert. Diese Zähler können je Zykluszeit nur einen Vorwärts- und einen Rückwärtszählimpuls verarbeiten. Die Verarbeitung von externen Zählimpulsen ist von der Zykluszeit und der Schaltfrequenz der Signaleingänge abhängig. Innerhalb dieses Kapitels wird ausschließlich diese Zählerart verwendet.
- Zähler werden durch eine Variable vom Datentyp Integer oder Doppelinteger realisiert. Das Auf- bzw. Abwärtszählen erfolgt bei diesen Zählern mit Additions- bzw. Subtraktionsbefehlen. Diese Zähler können je Zykluszeit mehrere interne Vorwärts- bzw. Rückwärtszählimpulse verarbeiten. Die Verarbeitung von externen Zählimpulsen ist jedoch wieder von der Zykluszeit abhängig. Die Anwendung solche Zähler ist in Kapitel 5 dargestellt.
- Zähler sind auf einer speziellen Baugruppe untergebracht oder sind als „Schnelle Zähler“ mit separaten Signaleingängen Teil des Betriebssystems der Zentralbaugruppe CPU. Mit diesen Zählern ist es möglich, externe Zählimpulse zu erfassen, die schneller als die Zykluszeit sind. Innerhalb des Steuerungsprogramms können Zählerstände mit Übergabevariablen abgerufen werden.

4.7.1 Zählerfunktionen nach DIN EN 61131-1

Bei der Realisierung von Zählern mit Funktionsbausteinen oder Funktionen unterscheidet man Vorwärts- bzw. Aufwärts-Zähler, Rückwärts- bzw. Abwärts-Zähler und Vor-Rückwärts- bzw Auf-Abwärts-Zähler. Der Zählerstand ergibt sich aus der Anzahl der positiven Signalflanken an den Eingängen für das Vorwärts- und Rückwärtszählen.

In der Norm DIN EN 61131-3 sind für die drei Zähler die grafische Darstellung und die Arbeitsweise der Standardfunktionsbausteine wie folgt festgelegt:

Name	Grafische Darstellung	Arbeitsweise in ST-Sprache

Aufwärts-Zähler	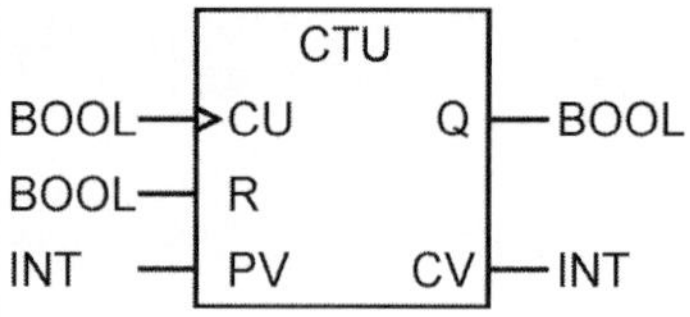	`IF R THEN CV := 0;`
		`ELSIF CU AND (CV < Pvmax)`
		`Then CV := CV+1;`
		`END_IF;`
		`Q := (CV >= PV)`

Abwärts-Zähler	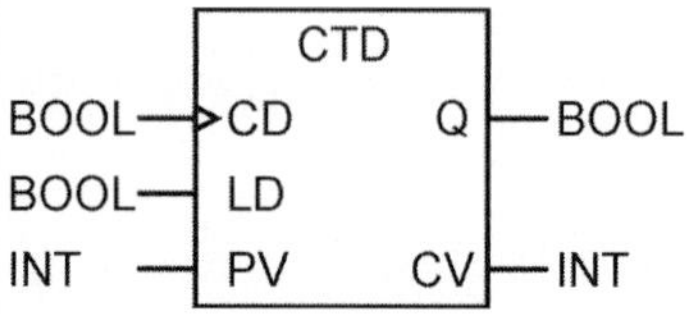	`IF LD THEN CV := PV;`
		`ELSIF CD AND (CV < Pvmin)`
		`Then CV := CV-1;`
		`END_IF;`
		`Q := (CV <= 0)`

Auf-Abwärts-Zähler	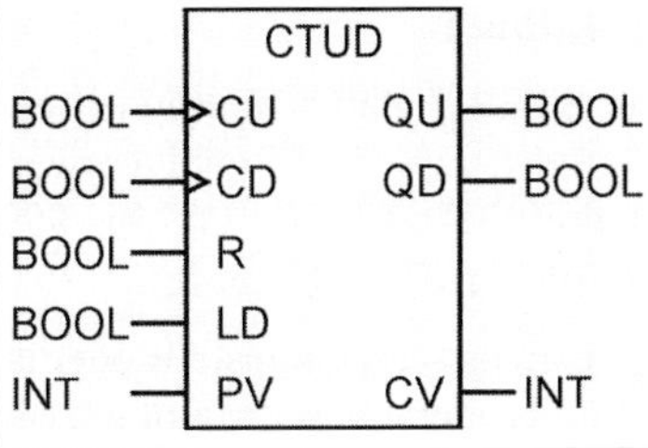	`IF R THEN CV := 0;`
		`ELSIF LD THEN CV := PV;`
		`ELSIF CU AND (CV < Pvmax)`
		`    THEN CV := CV+1;`
		`ELSIF CD AND (CV < Pvmin)`
		`    THEN CV := CV-1;`
		`END_IF;`
		`QU := (CV >= PV)`
		`QD := (CV <= 0)`

Bedeutung der Eingänge und Ausgänge: CU = Vorwärtszähleingang steigende Flanke; CD = Rückwärtszähleingang steigende Flanke; R = Rücksetzeingang; LD = Ladeeingang; PV = Ladewert; QU = Status Zählerstand (CV größer gleich Ladewert); QD = Status Zählerstand (CV kleiner gleich 0); CV = Zählerstand.
Hinweis: Die numerischen Werte der Grenzvariablen Pvmax und Pvmin sind implementierungsabhängig. Mögliche Werte sind Pvmax = 32767 und Pvmin = -32768.

4.7.2 Zählerfunktionen in STEP 7, Übersicht

Bei STEP 7 werden die drei Zähler-Funktionsbausteine der Norm DIN EN 61131-3 als Systemfunktionsbausteine (SFB0 CTU; SFB1 CTD und SFB2 CTUD) in der Standard-Bibliothek zur Verfügung gestellt. Den Systemfunktionsbausteinen SFBs ist beim Aufruf jeweils ein Instanzdatenbaustein zuzuordnen. Neben diesen Systemfunktionsbausteinen bietet STEP 7 noch die Zählfunktionen im Operationsvorrat an. Die Verwendung dieser Zählfunktionen erfordert dann statt Instanz-DBs die Einführung von Zähleroperanden Zx. Aufgrund der einfachen Handhabung der von STEP 7 zur Verfügung gestellten Zähleroperationen wird in diesem Abschnitt auf die Verwendung der IEC Zählerfunktionsbausteine verzichtet. Die weiteren Ausführungen und Erklärungen in diesem Kapitel zu den Zählerfunktionen beziehen sich deshalb stets auf die STEP 7 Zählerfunktionen mit Zähleroperand Zx.

Name	Funktionsplandarstellung
Aufwärts-Zähler	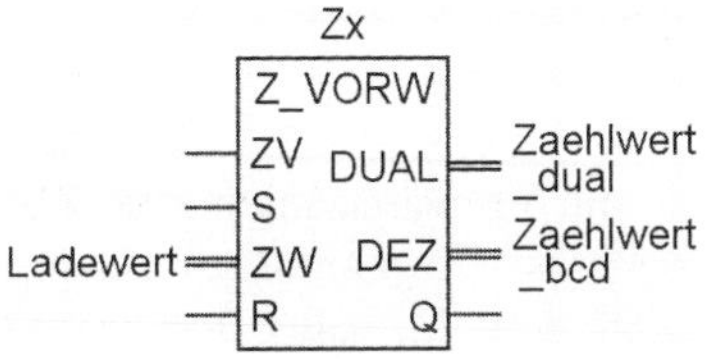
Abwärts-Zähler	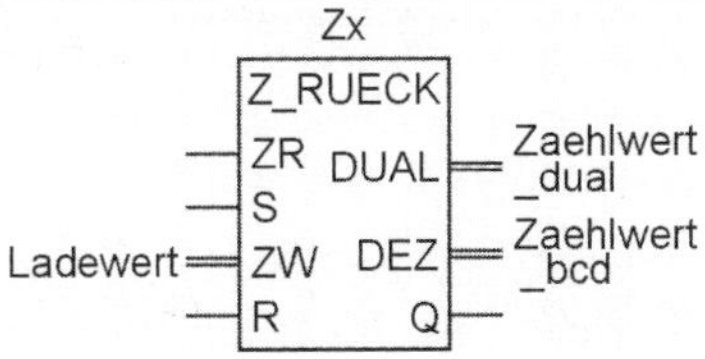
Auf- Abwärts-Zähler	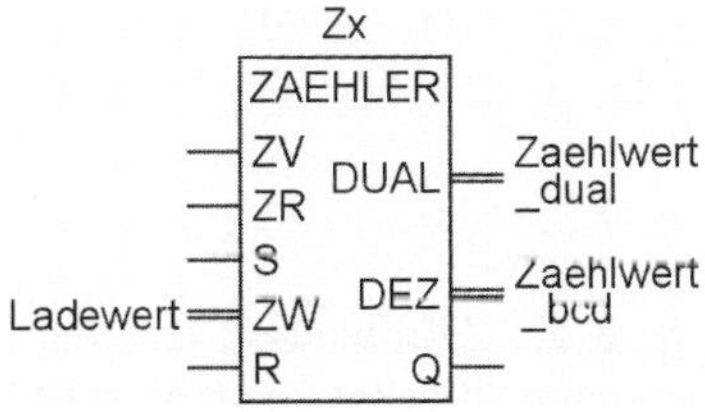

Einzelne Zählerfunktionen
Zähleranfangswert setzen 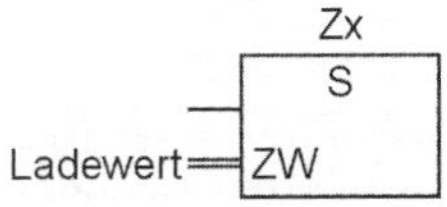
Vorwärtszählen 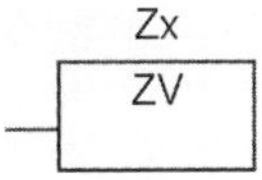
Rückwärtszählen 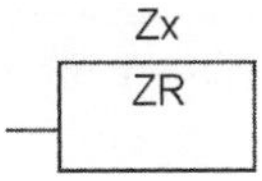
Zähler rücksetzen 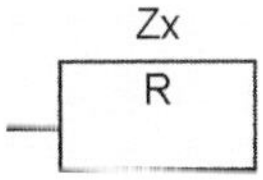

4.7.3 Programmieren der Zählerfunktionen

Zur Aufnahme des Zählwertes haben die STEP 7 Zählerfunktionen einen reservierten Speicherbereich in der CPU. Die Zählerfunktionen können sowohl vorwärts als auch rückwärts zählen. Der Zählbereich geht dabei über drei Dekaden von 000 bis 999. Die Anzahl der zur Verfügung gestellten Zähleroperanden ist von der CPU abhängig.

Der Zählwert kann auf einen bestimmten Anfangswert eingestellt oder auf den Wert 0 zurückgestellt werden. Die binäre Abfrage des Zähleroperanden Zx gibt an, ob der Zähler den Zählwert null oder nicht null hat. Der aktuelle Zählwert kann dualcodiert oder BCD-codiert abgefragt werden.

Der Aufruf der Zählerfunktion kann in Anweisungsliste AWL, Kontaktplan KOP, Funktionsplan FUP oder in der Programmiersprache SCL erfolgen. Je nach Art des Zählers sind dabei die Zählereingänge ZV (Zähle vorwärts) oder ZR (Zähle rückwärts) oder beide Zählereingänge vorhanden. Die weiteren Ein- und Ausgänge sind bei allen Zählerfunktionen gleich.

Übergabeparameter:

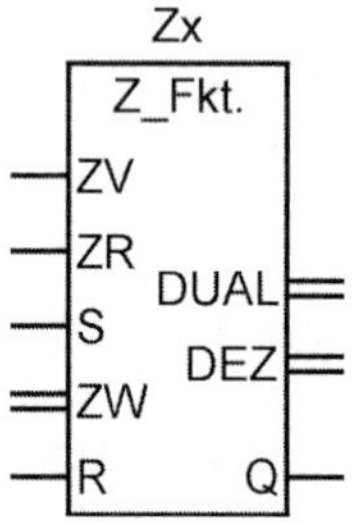

Beschreibung:

Zx:	Zähleroperand Z0...Z63 (CPU abhängig)
Z_Fkt.	Zählfunktion (Z_VOR; Z_RÜCK; ZAEHLER)
ZV:	Vorwärtszähleingang
ZR:	Rückwärtszähleingang
S:	Zählfunktion auf Vorgabewert setzen
ZW:	Vorgabe des Zählwertes
R:	Rücksetzeingang
DUAL:	Zählwert dual codiert
DEZ:	Zählwert BCD-codiert
Q:	Abfrage des Status des Zähloperanden

Zum besseren Verständnis der Arbeitsweise der Zählfunktion sind nachfolgend die einzelnen Ein- und Ausgänge in ihrer Wirkungsweise näher beschrieben.

4.7.3.1 Vorwärtszählen

Bei einem Zustandswechsel von „0“ nach „1“ am Vorwärtszähleingang ZV wird der Zählwert um eins erhöht, bis die obere Grenze 999 erreicht ist. Liegt am Rücksetzeingang ein „1“-Signal oder hat der Zähler die obere Grenze von 999 erreicht, haben weitere positive Flanken am Vorwärtszähleingang ZV auf den Zählwert keine Auswirkungen mehr. Ein Übertrag findet nicht statt.

4.7.3.2 Rückwärtszählen

Bei einem Zustandswechsel von „0“ nach „1“ am Rückwärtszähleingang ZR wird der Zählwert um eins verringert bis die untere Grenze 0 erreicht ist. Liegt am Rücksetzeingang ein „1“-Signal, oder hat der Zähler die untere Grenze erreicht, haben weitere positive Flanken am Rückwärtszähleingang ZR auf den Zählwert keine Auswirkungen mehr. Ein Zählen mit negativen Zählwerten findet nicht statt.

4.7.3.3 Zähler setzen

Mit einer positiven Flanke am Eingang S wird die Zählfunktion auf den im Akkumulator 1 stehenden Anfangswert gesetzt. Der Wertebereich geht dabei von 0 bis 999.

4.7.3.4 Vorgabe des Zählwertes

Mit dem Eingang ZW (Vorgabe des Zählerwertes) wird der Vorgabewert in den Akkumulator 1 geladen. Der Vorgabewert darf drei Dekaden im Bereich von 000 bis 999 betragen. Die positiven Werte sind im BCD-Code anzugeben.

Bitbelegung des Vorgabewertes:

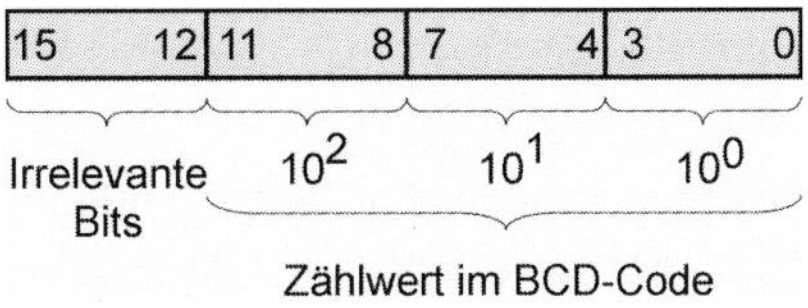

Um das Programm leicht lesbar zu gestalten, sollte der Zählervorgabewert direkt vor der Setzoperation in den Akkumulator geladen werden. Wird der Vorgabewert als Konstante angegeben, so kann der Wert mit C# oder W# in Verbindung mit drei Dezimalziffern geschrieben werden. **Beispiel:** Vorgabewert 150: `L C#150 oder L W#16#0150` (Hinweis: Die Operation L steht für Lade in den Akkumulator 1, siehe Kapitel 6.1.1).

4.7.3.5 Rücksetzen der Zählerfunktion

Über den Rücksetzeingang wird die Zählerfunktion Zx bei Signalzustand „1“ auf den Zählwert null zurückgesetzt. Solange das VKE „1“ am Rücksetzeingang ansteht, haben die anderen Eingänge keine Wirkung mehr.

4.7.3.6 Abfragen des Zählwertes

Über Ladebefehle kann der Zählerstand abgefragt werden. Die Anweisung L Zx lädt den Zählwert dualcodiert und die Anweisung LC Zx lädt den Zählerstand BCD-codiert in den Akkumulator. Der Dualwert entspricht dabei einer positiven Zahl im Datenformat INT und kann bei Vergleichsfunktionen im Steuerungsprogramm verwendet werden. Wird der Zählwert codiert geladen, liegen die drei Dekaden BCD-codiert im Akkumulator vor. Dieser Wert kann dann beispielsweise benutzt werden, um den Zählwert an eine Anzeige auszugeben.

4.7.3.7 Abfragen des Zähleroperanden Zx

Der Status des Zähleroperanden Zx kann mit den binären Operationen U, O, X, UN, ON oder XN abgefragt und das Abfrageergebnis weiter verknüpft werden. Ist der Zählwert größer null, wird das Abfrageergebnis „1“. Nur wenn der Zählerstand null ist ergibt die Abfrage des Zähleroperanden „0“.

4.7.4 Vorwärtszähler

Bei dieser Zählerfunktion wird nur der Vorwärtszähleingang ZV verwendet.

AWL

```
U  E  0.1      L  Z  1
ZV Z  1        T  MW 10
U  E  0.2      LC Z  1
L  C#150       T  MW 12
S  Z  1        U  Z  1
U  E  0.7      =  A  4.1
R  Z  1
```

FUP

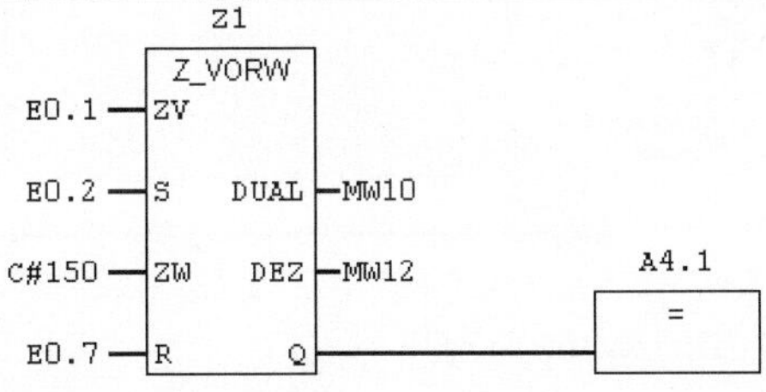

SCL

```
BCD_Wert:= S_CU (C_NO:= Z1, CU:= E0.1, S:= E0.2, PV:= 16#150,
                 R:= E0.7, CV:=MW10, Q:= A4.1);
```

Die Programmierung der einzelnen Eingänge der Zählfunktion kann sowohl in der AWL wie auch im Funktionsplan an verschiedenen Stellen des Steuerungsprogramms erfolgen. Dies spielt insbesondere dann eine Rolle, wenn nicht alle Eingänge der Zählfunktion benötigt werden oder ein Eingang mehrmals aufgerufen wird. Die Übersichtlichkeit und der Zusammenhang der FUP-Box geht dabei allerdings verloren.

Operationsdarstellung bei der Programmierung der einzelnen Eingänge.

Operation	AWL	FUP	SCL
Vorwärtszählen	`U E 0.1` `ZV Z 1`	Z1 ZV E0.1	`BCD_Wert:= S_CU` `(C_NO:= Z1, CU:= E0.1);`

Zählwert setzen	`U E 0.2`
	`L C#150`
	`S Z 1`
		Z1
		SZ
		E0.2
		C#150 ZW
			`BCD_Wert:= S_CU`
			`(C_NO:= Z1, S:= E0.2);`

Zähler rücksetzen	`U E 0.7` `R Z 1`	Z1 R E0.7	`BCD_Wert:= S_CU` `(C_NO:= Z1, R:= E0.7);`

Beispiel 4.26: Drehzahlmessung

Die Drehzahl eines Antriebes für ein Transportband soll stichprobenartig ermittelt und angezeigt werden. Dazu befindet sich auf der Antriebswelle des Bandes eine Metallplatte mit dessen Hilfe ein induktiver Geber S2 bei jeder Umdrehung ein „1“ Signal abgibt. Mit dem Taster S1 wird die Stichprobe gestartet. Die Drehzahl pro Minute soll an einer dreistelligen BCD-Ziffernanzeige angezeigt werden. Solange die Messung läuft (1 min) leuchtet eine Anzeigeleuchte H1.

Technologieschema:

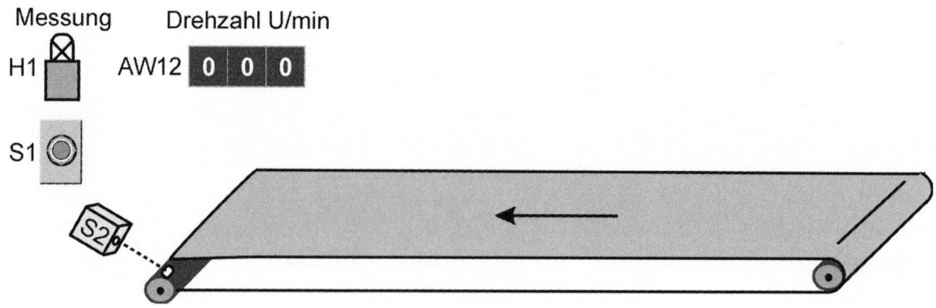

Bild 4.21: Drehzahlmessung

Zum Test des Steuerungsprogramms können die 24 V-Impulse des induktiven Gebers S2 mit einem Frequenzgenerator an den Eingang der SPS gelegt werden.

Zuordnungstabelle der Eingänge und Ausgänge:

Eingangsvariable	Symbol	Datentyp	Logische Zuordnung	Adresse
Taster Messung starten	S1	BOOL	Betätigt S1 = 1	E 0.1
Induktiver Geber	S2	BOOL	1 Impuls pro Umdrehung	E 0.2
Ausgangsvariable				
Anzeigeleuchte	H1	BOOL	Leuchtet H1 = 1	A 4.1
3-stellige BCD-Anzeige	AW	WORD	BCD-Code	AW 12

Die Messzeit von 1 min wird bei Betätigung von Taster S1 durch die SV-Zeitfunktion T1 gestartet. Der Zeitoperand T1 wird der Anzeigeleuchte H1 zugewiesen. Zu Beginn der Messzeit wird der Zähler mit einer Flankenauswertung der Anzeigeleuchte H1 zurückgesetzt. Während der Messzeit sind die Impulse des Gebers S2 am Vorwärtszähleingang des Zählers Z1 freigegeben. Um ein Nachtriggern der Zeitfunktion zu verhindern, wird die Anzeigeleuchte H1 über eine ODER-Funktion noch auf den Starteingang der Zeitfunktion gelegt.

Freigrafischer Funktionsplan:

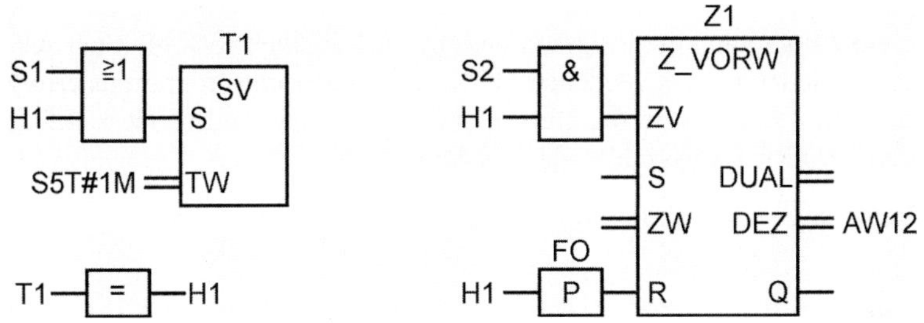

Die Umsetzung des Funktionsplans in ein Steuerungsprogramm erfolgt im OB1.

STEP 7 Programm (AWL-Quelle):

```
ORGANIZATION_BLOCK OB 1
VAR_TEMP
...   //Standardeinträge
FO  : BOOL ;
END_VAR
BEGIN
O  E  0.1;          U  E  0.2;
O  A  4.1;          U  A  4.1;
L  S5T#1M;          ZV Z  1;
SV T 1;
                    U  A  4.1;
U  T 1;             FP #FO;
=  A  4.1;          R  Z 1;
                    LC Z 1;
                    T  AW 12;

                    END_ORGANIZATION_BLOCK
```

4.7.5 Rückwärtszähler

Bei dieser Zählerfunktion wird nur der Rückwärtszähleingang ZR verwendet.

Operationsdarstellung in der Steuerungssprache STEP 7:

AWL

```
U  E   0.3      L  Z   2
ZR Z   2        T  MW 14
U  E   0.4      LC Z   2
L  C#150        T  MW 16
S  Z   2        U  Z   2
U  E   0.7      =  A   4.2
R  Z   2
```

FUP

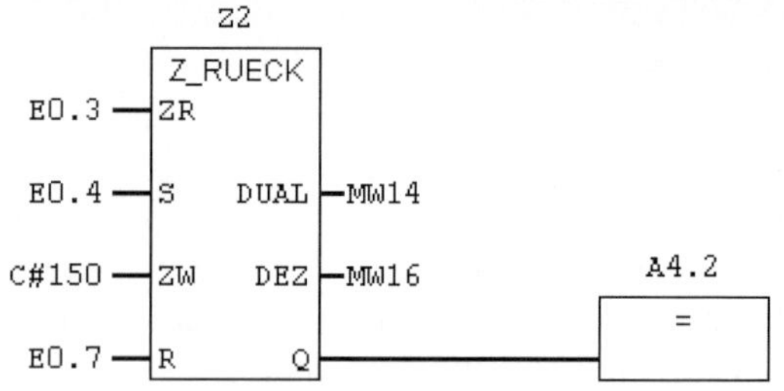

SCL

```
BCD_Wert:= S_CD(C_NO:= Z2,  CD:= E0.3,  S:= E0.4, PV:= 16#150,  R:=
             E0.7,  CV:=MW14,  Q:= A4.2);
```

Auch bei diesem Zähler kann die Programmierung der Eingänge sowohl in der AWL wie auch im Funktionspan wieder an verschiedenen Stellen des Steuerungsprogramms erfolgen. Da sich für die Eingänge S, ZW und R in der Darstellungsweise nichts ändert, ist nachfolgend nur die Programmierung des Rückwärtszähleinganges dargestellt.

Operationsdarstellung bei der Programmierung des ZR-Eingangs.

Operation	AWL	FUP	SCL
Rückwärtszählen	U E 0.3 ZR Z 1	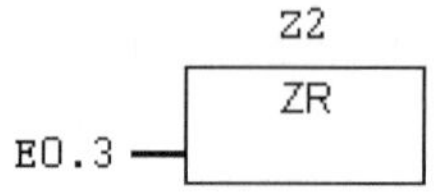	BCD_Wert:= S_CD (C_NO:= Z2, CD:= E0.3);

Beispiel 4.27: Reinigungsanlage

Der Korb einer Reinigungsanlage wird über einen elektropneumatischen Antrieb in ein Reinigungsbad gesenkt und aus dem Reinigungsbad gehoben.

Durch Betätigung von Taster S1 wird der Reinigungszyklus gestartet. Nach dreimaligem Heben und Senken bleibt der Kolben des Arbeitszylinders in seiner eingefahrenen Stellung stehen. Der Behälter soll jeweils für 10 Sekunden im Reinigungsbad verbleiben. Während des Reinigungsvorgangs leuchtet die Anzeigeleuchte H1.

Hinweis: Das elektromagnetisch betätigte 5/2-Wegeventil wirkt wie eine RS-Speicherfunktion. Wird die Betätigungsspule Y2 kurzzeitig stromführend, so gelangt das 5/2-Wegeventil in die gezeichnete Stellung und der Arbeitszylinder wird eingefahren oder in der eingefahrenen Stellung gehalten. Ein 24 V-Impuls auf die Betätigungsspule Y1 steuert das 5/2-Wegeventil um und lässt den Kolben des Arbeitszylinders ausfahren. Die Betätigungsspulen sind elektrisch jedoch so ausgelegt, dass auch ein längerer Stromdurchfluss zulässig ist. Werden beide Betätigungsspulen stromführend, bleibt das Ventil in der ursprünglichen Lage.

Technologieschema:

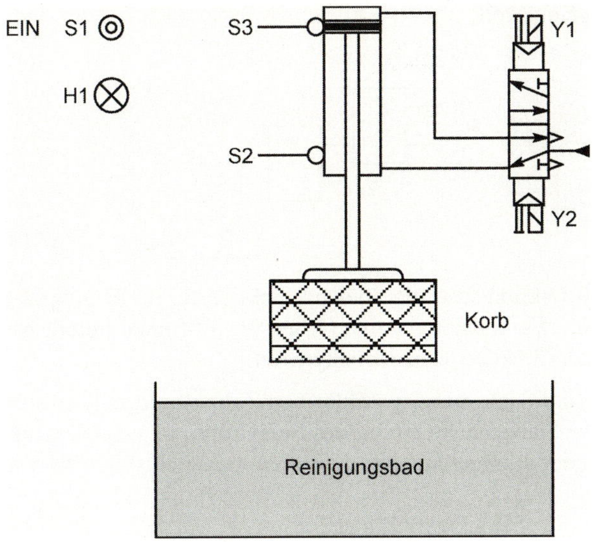

Bild 4.22: Reinigungsbad

Zuordnungstabelle der Eingänge und Ausgänge:

Eingangsvariable	Symbol	Datentyp	Logische Zuordnung		Adresse
Taster EIN	S1	BOOL	Betätigt	S1 = 1	E 0.1
Induktiver Geber unten	S2	BOOL	Korb unten	S2 = 1	E 0.2
Induktiver Geber oben	S3	BOOL	Korb oben	S3 = 1	E 0.3
Ausgangsvariable					
Anzeigeleuchte	H1	BOOL	Leuchtet	H1 = 1	A 4.0
Magnetventil Korb ab	Y1	BOOL	Zylinder fährt aus	Y1 = 1	A 4.1
Magnetventil Korb auf	Y2	BOOL	Zylinder fährt ein	Y2 = 1	A 4.2

Bei Betätigung von Taster EIN fährt der Zylinder aus und ein Rückwärtszähler wird auf den Zählerstand 3 gesetzt. Jede Ansteuerung des Magnetventils „Korb auf" zählt den Zähler um eins zurück.

Das erstmalige Ausfahren des Zylinders wird mit einer Flankenauswertung des Tasters EIN gestartet. Damit während des weiteren Ablaufs eine Betätigung des Tasters EIN keine Auswirkungen mehr hat, wird die Flankenauswertung nur bei Zählerstand null (Z1 = 0) ausgeführt. Die zur Betätigungsspule Y1 gehörende Speicherfunktion wird mit dem induktiven Geber S3 immer dann gesetzt, wenn entweder der Impulsoperand IO der Flankenauswertung oder der Zählerstand verschieden von null ist (Z1 = „1"-Signalzustand). Rückgesetzt wird die Speicherfunktion mit dem induktiven Geber S2, der bei ausgefahrenem Zylinder „1"-Signal meldet.

Gleichzeitig mit dem Rücksetzen der Speicherfunktion für die Betätigungsspule Y1 wird eine SE-Zeitfunktion gestartet. Die angegebene Zeit entspricht der Dauer, wie lange der Behälter im Reinigungsbad verbleiben soll.

Einschalten (Impuls)

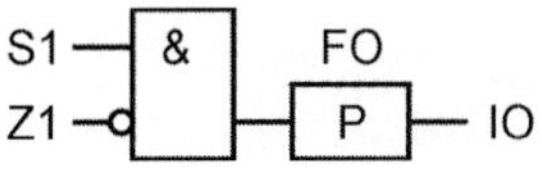

Zylinder Ausfahren

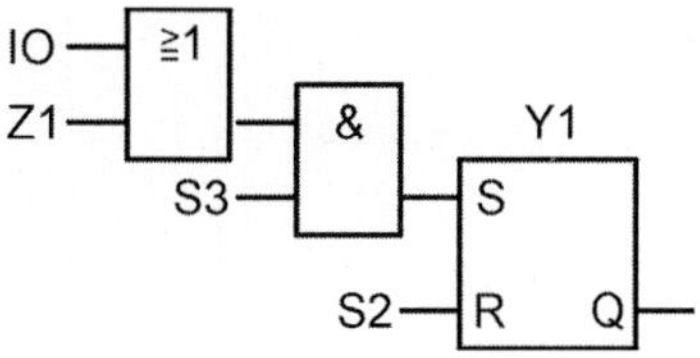

Zeit starten

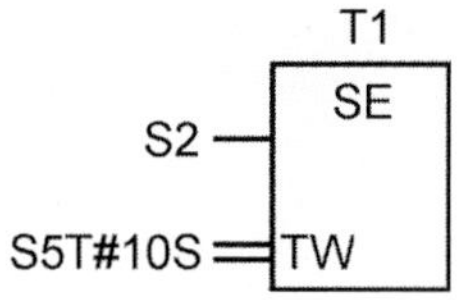

Die abgelaufene Zeitfunktion setzt die Speicherfunktion für die Betätigungsspule Y2. Dadurch fährt der Zylinder ein. Wenn der induktive Geber S3 „1“-Signal liefert, ist der Zylinder eingefahren und die Speicherfunktion wird zurückgesetzt.

Der Vorgang wiederholt sich, bis der Zähler den Zählerstand null erreicht hat. Mit dem Impulsoperanden IO der Flankenauswertung des Ein-Tasters S1 wird der Zähler auf die vorgegebene Anzahl der Wiederholungen gesetzt. In diesem Beispiel ist der Wert mit C#3 vorgegeben.

Zylinder einfahren

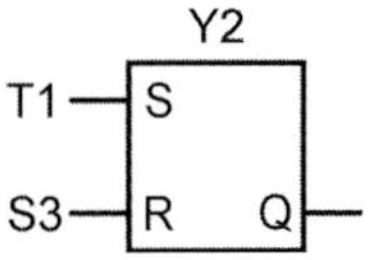

Rückwärtszähler

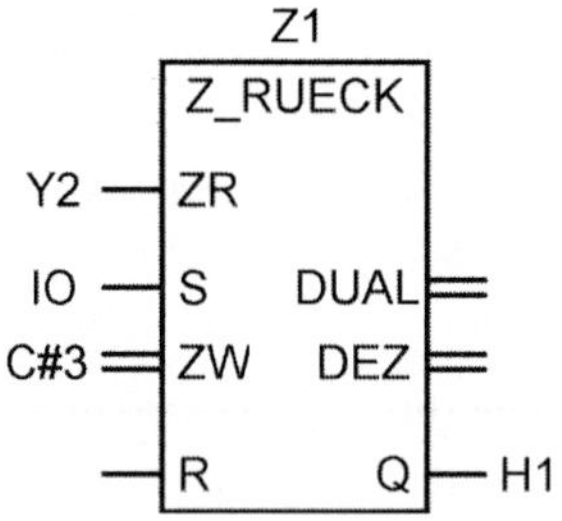

Die Umsetzung des freigrafischen Funktionsplans in ein Steuerungsprogramm erfolgt im OB1.

STEP 7 Programm (AWL-Quelle):

```
ORGANIZATION_BLOCK OB 1
VAR_TEMP
...    //Standardeinträge
FO   : BOOL ;
IO   : BOOL ;
END_VAR
BEGIN
U  E   0.1;     U( ;            U  E   0.2;      U  A   4.2;
UN Z   1;       O  #IO;         L  S5T#10S;      ZR Z   1;
FP #FO;         O  Z   1;       SE T   1;        U  #IO;
=  #IO;         )  ;                             L  C#3;
                U  E   0.3;     U  T   1;        S  Z   1;
                S  A   4.1;     S  A   4.2;      U  Z   1;
                U  E   0.2;     U  E   0.3;      =  A   4.0;
                R  A   4.1;     R  A   4.2;
END_ORGANIZATION_BLOCK
```

4.7.6 Vor-Rückwärtszähler

Bei dieser Zählerfunktion werden sowohl der Vorwärtszähleingang ZV wie auch der Rückwärtszähleingang ZR verwendet.

Operationsdarstellung in der Steuerungssprache STEP 7:

AWL

```
U  E   0.5      L  Z   3
ZV Z   3        T  MW 18
U  E   0.6      LC Z   3
ZR Z   3        T  MW 20
U  E   1.0      U  Z   3
L  C#150        =  A   4.3
S  Z   3
U  E   0.7
R  Z   3
```

FUP

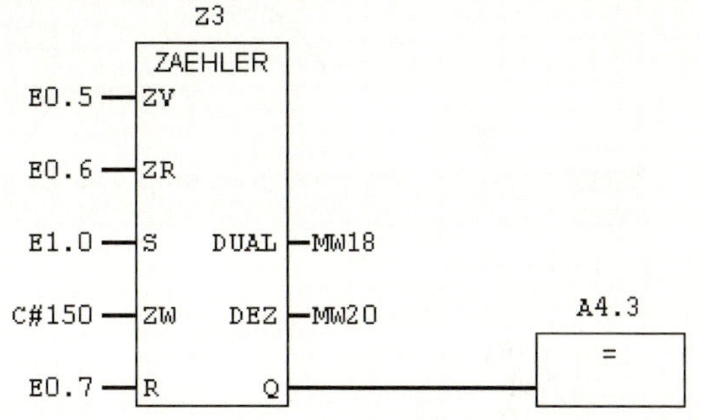

SCL

```
BCD_Wert:= S_CUD(C_NO:= Z3,  CU:= E0.5,  CD:= E0.6,  S:= E1.0, PV:=
                 16#150,  R:= E0.7,  CV:=MW18,  Q:= A4.3);
```

Auch bei diesem Zähler kann die Programmierung der Eingänge sowohl in der AWL wie auch im Funktionsplan wieder an verschiedenen Stellen des Steuerungsprogramms erfolgen. Die Einzelaufrufe der Eingänge in AWL, FUP und SCL wurden bereits alle bei den beiden vorausgehenden Zählerarten dargestellt.

Beispiel 4.28: Pufferspeicher

In einer Flaschenabfüllanlage werden gefüllte Flaschen über Transportbänder in Leerkästen verpackt. Damit immer genügend Flaschen zur Verfügung stehen, gibt es einen Pufferspeicher für die Flaschen. Die Kapazität des Pufferspeichers ist auf 150 Flaschen begrenzt.

Mit dem Schlüsselschalter S1 wird die Anlage eingeschaltet. Der Zu- und Abgang zum Pufferspeicher wird mit Lichtschranken kontrolliert, deren Impulse einem Zähler zugeführt werden. Steigt der Bestand auf den oberen Grenzwert von 150 an, wird der Antriebsmotor des Transportbandes M vor dem Pufferspeicher abgeschaltet. Unterschreitet der Vorrat den unteren Grenzwert von 30, so ist dies durch eine Meldeleuchte H1 anzuzeigen. Der Bestand des Pufferspeichers soll an einer Ziffernanzeige angezeigt werden.

Das Löschen des Zählers erfolgt zu Beginn der Schicht, wenn der Pufferspeicher leer ist. Durch Betätigung des Tasters S2 wird der Zähler zurückgesetzt.

Technologieschema:

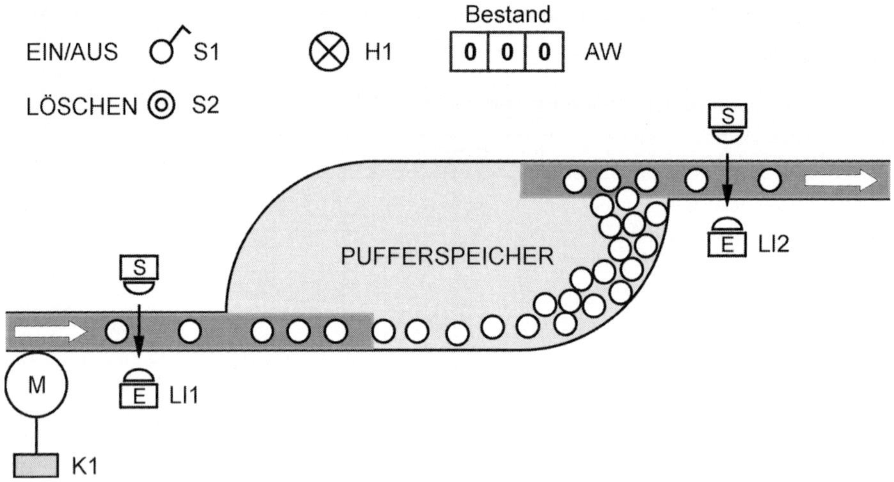

Bild 4.23: Pufferspeicher

Zuordnungstabelle der Eingänge und Ausgänge:

Eingangsvariable	Symbol	Datentyp	Logische Zuordnung		Adresse
Schlüsselschalter	S1	BOOL	Betätigt	S1 = 1	E 0.1
Taster Löschen	S2	BOOL	Betätigt	S2 = 1	E 0.2
Lichtschranke 1	LI1	BOOL	Frei	LI1 = 0	E 0.3
Lichtschranke 2	LI2	BOOL	Frei	LI2 = 0	E 0.4
Ausgangsvariable					
Anzeigeleuchte	H1	BOOL	Leuchtet	H1 = 1	A 4.1
Motorschütz	K1	BOOL	Motor ein	K1 = 1	A 4.2
BCD-Anzeige	AW	WORD	BCD-Code		AW 12

Zur Realisierung der Steuerungsaufgabe sind zwei Vergleichsfunktionen (siehe Kapitel 6.2) erforderlich. Mit diesen wird überprüft, ob der Zählerstand kleiner 30 bzw. 150 ist.

Die Beschaltung des Vor-Rückwärtszählers ergibt sich unmittelbar aus der Aufgabenstellung. Die Lichtschranke LI1 wird an den Vorwärtszähleingang und die Lichtschranke LI2 an den Rückwärtszähleingang der Zählfunktion gelegt. Der Taster S2 setzt bei Betätigung die Zählerfunktion zurück.

Am Ausgang DUAL der Zählerfunktion kann der Zählerstand als Dualwert abgefragt werden. Dieser Wert wird mit der unteren und oberen Grenze verglichen. Dazu werden zwei Vergleichsfunktionen aufgerufen, welche die an die Eingänge der Funktion geschriebenen Integer-Werte auf „kleiner“ vergleichen. Ist ein Vergleich erfüllt, wird das Verknüpfungsergebnis auf den Wert „1“ gesetzt. Das Verknüpfungsergebnis der Vergleichsfunktionen wird dann jeweils mit dem Schlüsselschalter S1 UND-verknüpft. Mit den Ergebnissen werden die Anzeigeleuchte H1 und das Bandmotorschütz K1 angesteuert.

Freigrafischer Funktionsplan:

Vor-Rückwärtszähler

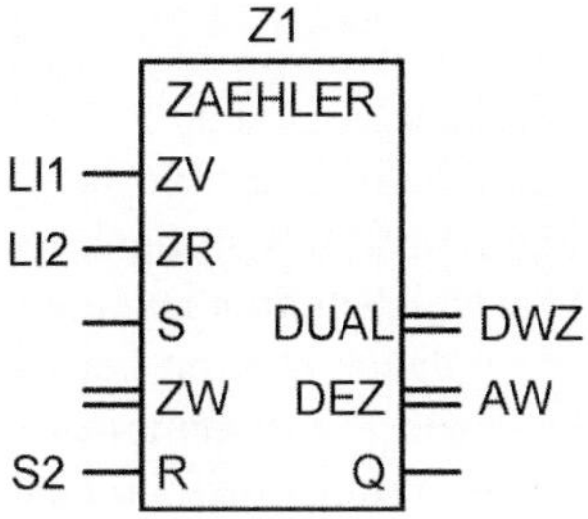

Meldeleuchte H1

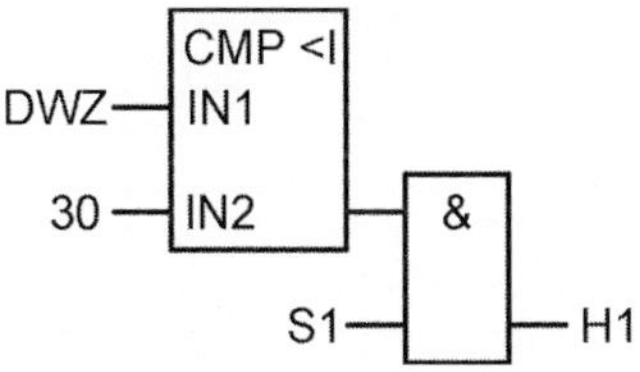

Schütz K1 Bandmotor

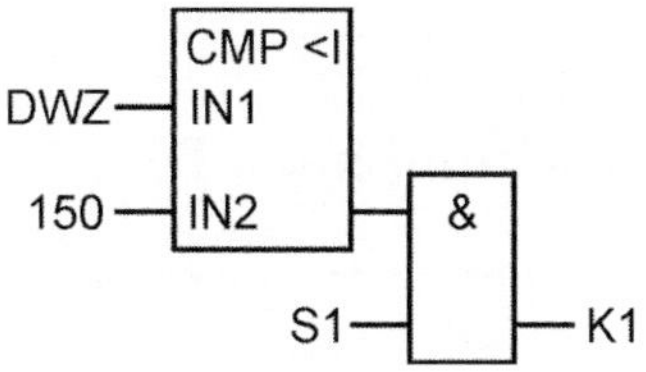

Die Umsetzung des Funktionsplans in ein Steuerungsprogramm erfolgt im OB1. Die Variable DWZ (Dualwert Zählerstand) könnte als temporäre Variable im OB1 deklariert werden. Bei der Zuweisung des Datentyps zu dieser Variablen tritt in der Funktionsplandarstellung allerdings ein Konflikt auf. Die Zählfunktion erwartet am Ausgang DUAL den Datentyp WORD und die Vergleichsfunktion erwartet am Eingang IN den Datentyp INTEGER. In der AWL tritt dieser Konflikt nicht auf, da der Datentyp der Variablen bei der Ladeoperation nicht überprüft wird. Der Konflikt kann in der Funktionsplandarstellung nur gelöst werden, indem zwei temporäre Variablen deklariert werden und dann eine Typwandlung über die MOVE-Operation (siehe Kap. 6.1) durchgeführt wird. Umgangen wird der Konflikt auch, wenn statt der temporären Variablen ein Merkerwort wie im nachfolgendem STEP 7 Programm verwendet wird.

STEP 7 Programm (AWL-Quelle):

```
ORGANIZATION_BLOCK OB 1
VAR_TEMP
...   //Standardeinträge
END_VAR
BEGIN
U  E   0.3;        L  Z   1;        U(    ;            U(    ;
ZV Z   1;          T  MW 10;        L  MW 10;          L  MW 10;
U  E   0.4;        LC Z   1;        L  30;             L  150;
ZR Z      1;       T  AW 12;;       <I ;               <I ;
U  E   0.2;                         )  ;               )  ;
R  Z   1;                           U  E    0.1;       U  E    0.1;
                                    =  A    4.1;       =  A    4.2;

END_ORGANIZATION_BLOCK
```

5 Operationen zur Programm-Ausführungssteuerung

In vielen Steuerungsprogrammen ist es erforderlich, die lineare Programmbearbeitung zu verlassen und alternative Programmzweige auszuführen. Dies kann innerhalb eines Bausteins durch Sprünge, Schleifen oder Bausteinoperationen erfolgen. Bedingte Aufrufe von Funktionen und Bausteinen oder Alternativverzweigungen bei der Ablaufsprache AS führen zu einem Verlassen der linearen Programmbearbeitung. Dies hat zur Folge, dass die Zykluszeit bei jedem Programmdurchlauf unterschiedlich sein kann. Für die verschiedenen Programmiersprachen gibt es unterschiedliche Operatoren bzw. Anweisungen zur Programm-Ausführungssteuerung. Insbesondere in den Programmiersprachen *Strukturierter Text ST* und *Ablaufsprache AS* gibt es neben Sprungfunktionen und Bausteinoperationen noch weitere Anweisungen und Möglichkeiten, die Reihenfolge der Programmabarbeitung zu beeinflussen.

5.1 Programmausführung nach DIN EN 61131-3

Zusammenstellung der aufgeführten Operationen in der Anweisungsliste AWL

Operator	Modifizierer	Operand	Bedeutung
JMP	C,N	MARKE	Sprung zur Marke
CAL	C,N	NAME	Aufruf Funktionsbaustein
RET	C,N		Rücksprung von Funktion oder Funktionsbaustein

Funktionsbausteinsprache FBS

Symbol/Beispiel	Erläuterung
`1---->>LABEL_A`	Unbedingter Sprung
`x---->>LABEL_B`	Bedingter Sprung
`x----<RETURN>`	Bedingter Rücksprung

Kontaktplan

<table>
<tr><th>Symbol/Beispiel</th><th>Erläuterung</th></tr>
<tr><td>|
+--->>LABEL_A
|</td><td>Unbedingter Sprung</td></tr>
<tr><td>| x
+--| |->>LABEL_B
|</td><td>Bedingter Sprung</td></tr>
<tr><td>| x
+--| |---<RETURN>
|</td><td>Bedingter Rücksprung</td></tr>
</table>

Strukturierter Text ST

Anweisungstyp	Struktur
IF	`IF...THEN...; ELSIF...THEN...; ELSE...; END_IF`
CASE	`CASE...OF 1: ...; 2: ...; 3: ...; ELSE...; END_CASE`
FOR	`FOR...TO...BY...DO...END_FOR;`
WHILE	`WHILE...DO...END_WHILE`
REPEAT	`REPEAT...UNTIL...END_REPEAT`

Ablaufsprache AS (Auswahl)

<table>
<tr><th>Beispiel</th><th>Regel</th></tr>
<tr><td>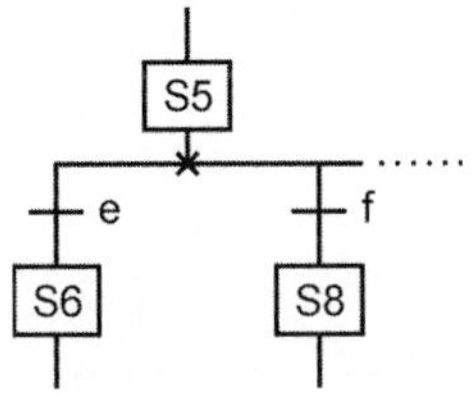
</td><td>Verzweigung bei Kettenauswahl

Eine Auswahl zwischen mehreren Ketten wird durch so viele Transitionssymbole unter der horizontalen Linie dargestellt, wie es unterschiedliche mögliche Abläufe gibt.</td></tr>
<tr><td>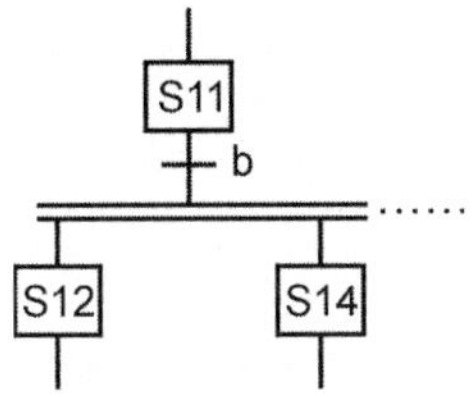
</td><td>Verzweigung von Simultanketten

Es ist nur ein gemeinsames Transitionssymbol unmittelbar über der doppelten horizontalen Synchronisationslinie möglich.</td></tr>
<tr><td>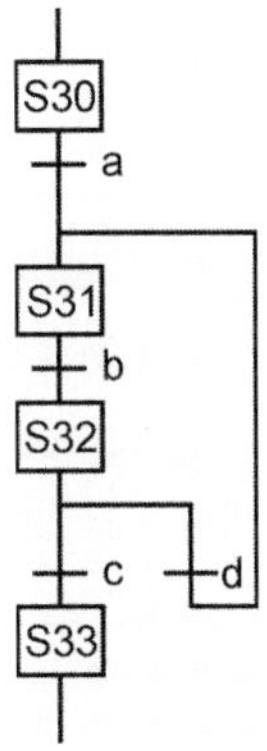
</td><td>Ketten-Schleife

Eine „Kettenschleife ist ein Sonderfall einer Kettenauswahl, in der ein oder mehrere Zweige zu einem Vorgängerschritt zurückführen.</td></tr>
</table>

Ziel dieses Kapitels ist es, die von der Programmiersprache STEP 7 zur Verfügung gestellten Operationen, Anweisungen und Funktionen zur Programm-Ausführungssteuerung in den Programmiersprachen AWL, FUP und SCL darzustellen. Da die Operationen in der Programmiersprache Kontaktplan KOP denen der Funktionsbausteinsprache FUP sehr ähnlich sind, wird auf eine Darstellung verzichtet. Die Möglichkeiten in der Ablaufsprache AS den Programmfluss zu steuern, sind in Kapitel 10 dargestellt.

5.2 Ausführungs-Funktionen in der STEP 7 - AWL

5.2.1 Sprungfunktionen

Mit Sprungfunktionen kann die Bearbeitung des Programms an einer anderen Stelle fortgesetzt werden. Die Programmverzweigung wird dabei unbedingt oder bedingt ausgeführt. Sonderformen der Sprungfunktion sind der Sprungverteiler und der Schleifensprung.

Sprungfunktionen bestehen aus der Sprungoperation, welche die Art der Sprungbedingung festlegt, und einer Sprungmarke, an der nach erfolgtem Sprung die Programmbearbeitung fortgesetzt wird.

Übersicht der in AWL bei STEP 7 möglichen Sprungoperationen:

Operation	Operand	Bedeutung
SPA	MARKE	Springe unbedingt
SPB	MARKE	Springe bedingt bei VKE = „1“
SPBN	MARKE	Springe bedingt bei VKE = „0“
SPBB	MARKE	Springe bedingt bei VKE = „1“. Retten des VKE in das BIE-Bit
SPBNB	MARKE	Springe bedingt bei VKE = „0“. Retten des VKE in das BIE-Bit
SPBI	MARKE	Springe bedingt bei BIE = „1“
SPBIN	MARKE	Springe bedingt bei BIE = „0“
Sprungfunktionen, welche von Akkumulatormanipulationen abhängen		
SPO	MARKE	Springe bedingt bei Überlauf (OV = „1“)
SPS	MARKE	Springe bedingt bei speicherndem Überlauf (OS = „1”)
SPU	MARKE	Springe bei unzulässiger Operation (A0 = „1“ und A1 = „1“)
SPZ	MARKE	Springe bedingt bei Ergebnis gleich null
SPP	MARKE	Springe bedingt bei Ergebnis größer null
SPM	MARKE	Springe bedingt bei Ergebnis kleiner null
SPN	MARKE	Springe bedingt bei Ergebnis ungleich null
SPMZ	MARKE	Springe bedingt bei Ergebnis kleiner gleich null
SPPZ	MARKE	Springe bedingt bei Ergebnis größer gleich null
SPL	MARKE	Sprungverteiler. Der Operation SPL folgt einer Liste von Sprungoperationen
LOOP	MARKE	Schleifensprung. Dekrementiere AKKU 1 und springe bei AKKU $\neq$ 0

Das Sprungziel der Sprungfunktion wird mit einer Marke angegeben. Eine Sprungmarke darf bis zu vier Zeichen haben, welche sich aus Buchstaben, Ziffern und dem Unterstrich zusammensetzen können. Beginnen muss die Bezeichnung der Sprungmarke mit einem Buchstaben. Groß- und Kleinschreibung sind zu berücksichtigen. Am Sprungziel steht die Sprungmarke gefolgt von einem Doppelpunkt. Die Sprungmarke darf nur einmal vergeben werden. Es kann aber von mehreren Stellen aus auf die gleiche Marke gesprungen werden. Das Sprungziel kann sowohl vor der Sprungoperation (Rückwärtssprung) als auch nach der Sprungoperation (Vorwärtssprung) liegen, muss sich aber innerhalb des gleichen Bausteins befinden.

5.2.1.1 Bedingte und unbedingte Sprünge

Eine häufige Anwendung von Sprungfunktionen besteht in der bedingten Abarbeitung von zwei oder mehreren Programmteilen.

Programmverzweigung mit Sprungbefehlen:

`U  E 0.1`
`UN E 0.2`
`...`
	Bedingung

`SPB  M001`	**Bedingter Sprung**

`U  E 0.7`
`...`
`=  A 4.0`
`...`
	Programmteil 1:
	Ausführung bei nicht erfüllter Bedingung

`SPA  M002`	**Absoluter Sprung**

`M001: U  E 0.7`
`...`
`=  A 4.1`
`...`
	Programmteil 2:
	Ausführung bei erfüllter Bedingung

`M002: Anweisung x`
`Anweisung y`
`...`
	Gemeinsame Programm-fortführung

In Abhängigkeit von der Bedingung wird entweder Programmteil 1 (bei VKE = „1“) oder Programmteil 2 (bei VKE = „0“) bearbeitet. Es ist zu beachten, dass Zuweisungen in solchen Programmteilen erhalten bleiben, auch wenn Sie nicht mehr bearbeitet werden. Wird beispielsweise dem Ausgang A 4.0 in Programmteil 1 ein „1“-Signal zugewiesen, so behält dieser Ausgang den Signalzustand bei, wenn aufgrund der erfüllten Sprungbedingung Programmteil 2 bearbeitet wird, unabhängig davon, ob die Zuweisungsbedingung für den Ausgang noch erfüllt ist oder nicht.

Bei der Vielzahl der vorhandenen Sprungfunktionen muss sich der Programmierer genau über die verwendete Sprungbedingung im Klaren sein. Die Anwendung vieler dieser Sprungfunktionen sind in Beispielen der folgenden Kapiteln gezeigt. Das Beispiel 5.1 zeigt die Anwendung der Sprungfunktionen SPA und SPB.

Beispiel 5.1: Auswahl Anzeigewert

Eine dreistellige Ziffernanzeige soll in Abhängigkeit des Wahlschalters S1 den Zählerstand von Zähler Z1 (S1 = 0) oder Zähler Z2 (S1 = 1) anzeigen. Die Zählimpulse liefert ein Taktgenerator mit der Frequenz f = 1 Hz entweder an Zähler Z1 oder an Zähler Z2 je nach Stellung von Schalter S2. Mit Taster S3 können beide Zähler zurückgesetzt werden. Mit dem Schalter S4 werden bei S4 = „0“ die Taktimpulse ausgeblendet.

Die verbale Aufgabegabenstellung kann sehr anschaulich durch einen Funktionsplan zur Beschreibung von digitalen Steuerungsaufgaben (siehe Kap. 11) dargestellt werden. Die Realisierung erfolgt dann aber mit der Programmiersprache AWL.

Freigrafischer Funktionsplan der Steuerungsaufgabe:

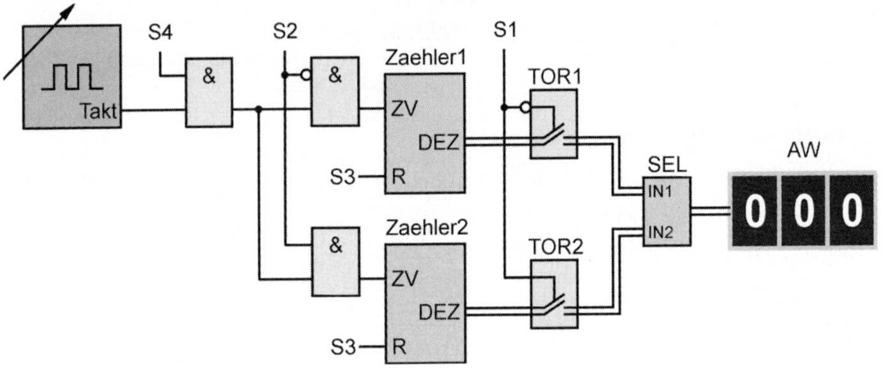

Bild 5.1: Anzeigenauswahl

Zuordnungstabelle der Eingänge und Ausgänge:

Eingangsvariable	Symbol	Datentyp	Logische Zuordnung		Adresse
Wahlschalter Anzeige	S1	BOOL	Betätigt	S1 = 1	E 0.1
Wahlschalter Zähler	S2	BOOL	Betätigt	S2 = 1	E 0.2
Taster Rücksetzen	S3	BOOL	Betätigt	S3 = 1	E 0.3
Schalter Takt-EIN	S4	BOOL	Betätigt	S4 = 1	E 0.4
Ausgangsvariable					
BCD-Anzeige	AW	WORD	BCD-Wert		AW 12

Bei der Lösung der Aufgabe wird der entworfene Taktgeber FC 100 aus der Programmbibliothek verwendet (siehe Kapitel 4.6). Das Programm für die beiden Zähler mit der Anzeigenauswahl wird in der Funktion FC 10 realisiert.

Anweisungsliste AWL für die Funktion FC 10:

```
UN  S2                   UN  S1
U   Takt                 SPB M001
U   S4                   LC  Zaehler2     //Programmteil 2
ZV  Zaehler1             T   ANZ          //Anzeige Zähler 2
U   S2                   SPA M002
U   Takt           M001: LC  Zaehler1     //Programmteil 1
U   S4                   T   ANZ          //Anzeige Zähler 1
ZV  Zaehler2       M002: U   S3           //Gemeinsamer Programmteil
                         R   Zaehler1
                         R   Zaehler2
```

Hinweis: Der absolute Sprung SPA in Programmteil 2 ist erforderlich, damit nicht nach Abarbeitung von Programmteil 2 der Programmteil 1 bearbeitet wird.

Für das Steuerungsprogramm ergibt sich damit folgende Bausteinstruktur:

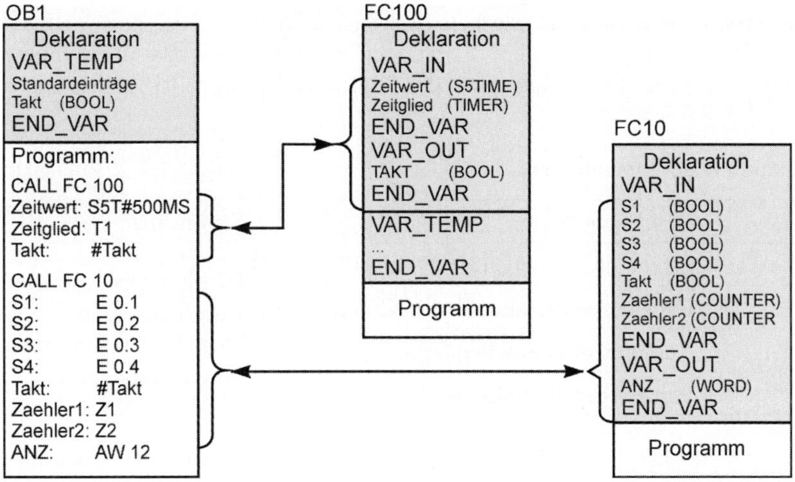

Das Programm des Taktgenerators FC 100 ist in der nachfolgenden AWL-Quelle nicht angegeben.

STEP 7 Programm (AWL-Quelle):

```
FUNCTION FC 10 : VOID
VAR_INPUT
  S1 : BOOL ;
  S2 : BOOL ;
  S3 : BOOL ;
  S4 : BOOL ;
  Takt : BOOL;
  Zaehler1 : COUNTER ;
  Zaehler2 : COUNTER ;
END_VAR
VAR_OUTPUT
  ANZ : WORD ;
END_VAR
BEGIN
UN #S2;
U  #Takt;
U  #S4;
ZV #Zaehler1;

U  #S2;
U  #Takt;
U  #S4;
ZV #Zachler2;

      UN #S1;
      SPB M001;
      LC #Zaehler2;
      T     #ANZ;
      SPA M002;
M001:LC #Zaehler1;
      T  #ANZ;
M002:U  #S3;
      R  #Zachler1;
      R  #Zaehler2;
END_FUNCTION
```

```
ORGANIZATION_BLOCK OB 1
VAR_TEMP
 ...//Standardeinträge
 Takt : BOOL ;
END_VAR
BEGIN
CALL FC 100 (
   Zeitwert := S5T#500MS,
   Zeitglied  := T   1,
   TAKT       := #Takt);

CALL FC 10
  (S1        := E 0.1,
   S2        := E 0.2,
   S3        := E 0.3,
   S4        := E 0.4,
   Takt      := #Takt,
   Zaehler1 := Z 1,
   Zaehler2 := Z 2,
   ANZ       := AW 12);
END_ORGANIZATION_BLOCK
```

5.2.1.2 Setzen, Rücksetzen, Negieren und Sichern des VKE

Oft werden in angesprungenen Programmteilen nur Zuweisungen ohne vorausgehende Bedingungen ausgeführt. Dazu ist es erforderlich, dass das Verknüpfungsergebnis VKE auf „1“ oder „0“ gesetzt wird. Mit den folgenden Operationen ist es möglich das Verknüpfungsergebnis VKE, welches im VKE-Bit im Statuswort des Zentralprozessors CPU gespeichert ist, zu verändern.

Zusammenfassung der Operationen:

Operation	Beschreibung	Kommentar
SET	Setzen des aktuellen VKE auf „1“	Da diese Operationen das Verknüpfungsergebnis VKE direkt beeinflussen, besitzen sie keinen Operanden.
CLR	Rücksetzen des aktuellen VKE auf „0“	
NOT	Negieren des aktuellen VKE	
SAVE	Sichern des aktuellen VKE	

Das Beispiel 5.2 „6-Stufen Taktgenerator“ zeigt die Anwendung der SET-Operation.

5.2.1.3 Sprungleiste SPL

Die Verwendung der Operation Sprungleiste SPL ist dann sinnvoll, wenn eine Auswahl von mehreren Programmteilen in Abhängigkeit einer Zahl (Programmteil-Nummer) von 0 bis n mit lückenloser Folge getroffen werden soll. Die Programmteil-Nummer wird unmittelbar vor der Operation SPL in den AKKU geladen.

Befehlsfolge einer Sprungleiste SPL:

```
       L    Z1      Laden der Programmteil-Nummer

       SPL  M004    Sprungverteiler
                    M004 ist Sprungziel für Z1 >3

Liste  SPA  M000    Sprungziel für Z1 = 0
       SPA  M001    Sprungziel für Z1 = 1
       SPA  M002    Sprungziel für Z1 = 2
       SPA  M003    Sprungziel für Z1 = 3

M004:  ...          Programmteil 4:
       ...          Ausführung bei Z > 3
       SPA  M005    Absoluter Sprung
M000:  ...          Programmteil 0:
       ...          Ausführung bei Z = 0
       SPA  M005    Absoluter Sprung
M001:  ...          Programmteil 1:
       ...          Ausführung bei Z = 1
       SPA  M005    Absoluter Sprung
M003:  ...          Programmteil 2:
       ...          Ausführung bei Z = 2
       SPA  M005    Absoluter Sprung
M004:  ...          Programmteil 3:
       ...          Ausführung bei Z = 3

M005:  ...          Fortsetzung
       ...          Programm
```

Hinweise:

- Die Liste der SPA-Anweisungen muss unmittelbar hinter der SPL-Anweisung stehen und darf maximal 255 Einträge lang sein.
- Die bei der SPL-Anweisung stehende Sprungmarke muss direkt nach der Liste der SPA-Anweisungen geschrieben werden, siehe M004.
- Die Sprungmarken in der Liste können beliebig vergeben werden. Gleiche Sprungmarken sind ebenfalls möglich.

Beispiel 5.2: 6-Stufen Taktgenerator

An einem Montageband kann die Taktzeit stufenweise über ein Bedienfeld verstellt werden. Auf dem Bedienfeld befinden sich ein Schalter, zwei Taster und fünf Meldeleuchten. Mit dem Schalter S0 wird die Taktvorgabe eingeschaltet. Die Taktzeit ist nach dem Einschalten auf die höchste Taktzeit (T = 32 s) eingestellt. Bei jeder Betätigung des Tasters S1 wird die Taktzeit halbiert, bis die kleinste Taktzeit von 1 s erreicht ist. Mit dem Taster S2 kann die Taktzeit bei jeder Betätigung wieder um eine Stufe erhöht werden. Die aktuelle Taktzeit soll an einer der sechs Meldeleuchten H0 bis H5 angezeigt werden. Der Takt selbst wird an Meldeleuchte H6 angezeigt.

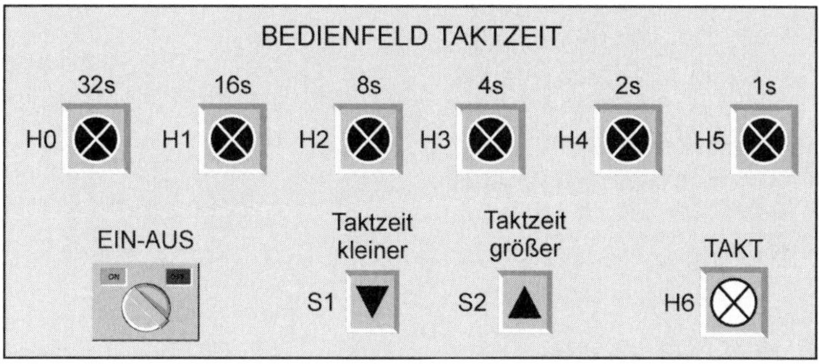

Bild 5.2: Bedienfeld

Zuordnungstabelle der Eingänge und Ausgänge:

Eingangsvariable	Symbol	Datentyp	Logische Zuordnung		Adresse
Schalter EIN - AUS	S0	BOOL	Betätigt	S0 = 1	E 0.0
Taster Taktzeit kleiner	S1	BOOL	Betätigt	S1 = 1	E 0.1
Taster Taktzeit größer	S2	BOOL	Betätigt	S2 = 1	E 0.2
Ausgangsvariable					
Anzeige Taktzeit 32s	H0	BOOL	Leuchtet	H0 = 1	A 4.0
Anzeige Taktzeit 16s	H1	BOOL	Leuchtet	H1 = 1	A 4.1
Anzeige Taktzeit 8s	H2	BOOL	Leuchtet	H2 = 1	A 4.2
Anzeige Taktzeit 4s	H3	BOOL	Leuchtet	H3 = 1	A 4.3
Anzeige Taktzeit 2s	H4	BOOL	Leuchtet	H4 = 1	A 4.4
Anzeige Taktzeit 1s	H5	BOOL	Leuchtet	H5 = 1	A 4.5
Anzeige Takt	H6	BOOL	Leuchtet	H6 = 1	A 5.0

Das Steuerungsprogramm des 6-Stufen-Taktgenerators wird im Code-Baustein FC 101 realisiert. Mit dem Taster S1 „Taktzeit kleiner" wird der Zähler Z1 vorwärts und mit dem Taster S2 „Taktzeit größer" rückwärts gezählt. Der Zählerstand bestimmt dann über eine Sprungleiste die Programmteil-Nummer. Innerhalb der einzelnen Programmteile werden die unterschiedlichen Zeiten geladen und die zugehörigen Anzeigeleuchten angesteuert. Der Programmteil Taktgeber ist aus dem selbst erstellten Bibliotheksbaustein FC 100 (siehe Kap. 4.6) entnommen. Zu Beginn des Programms müssen alle Anzeigeleuchten zurückgesetzt werden. Ist der Taktgenerator ausgeschaltet, wird der Zähler zurückgesetzt und an das Programmende gesprungen.

STEP 7 Programm (AWL-Quelle):

```
FUNCTION FC 101 : VOID
VAR_INPUT
 E_A : BOOL ;
 TK : BOOL ;
 TG : BOOL ;
 Zaehler   : COUNTER ;
 Zeitglied : TIMER ;
END_VAR
VAR_OUTPUT
 Takt : BOOL ;
 Anz0 : BOOL ;
 Anz1 : BOOL ;
 Anz2 : BOOL ;
 Anz3 : BOOL ;
 Anz4 : BOOL ;
 Anz5 : BOOL ;
END_VAR
VAR_TEMP
 HO : BOOL ;
 TIO : BOOL ;
END_VAR
BEGIN
      SET    ;    //Rücksetzen der
      R #Anz0;    //Anzeigen
      R #Anz1;
      R #Anz2;
      R #Anz3;
      R #Anz4;
      R #Anz5;
      UN #E_A;    //Ausgeschaltet?
      R  #Takt;  //JA, rücksetzen
      R #Zaehler;//Takt u. Z1
      SPB  ENDE; //Programmende
      U  #TK;     //Vorwärtszählen
      ZV Z   1;
      U  #TG;     //Rückwärtszählen
      ZR Z   1;
      L  Z   1;
      SPL M005;   //Sprungleiste
      SPA M000;   //Sprungliste
      SPA M001;
      SPA M002;
      SPA M003;
      SPA M004;
M005: L  S5T#1S; //Prog. Teil 5
      SET;
      =  #Anz5;
      SPA M006;
M000: L  S5T#32S; //Prog. Teil 0
      SET;
      =  #Anz0;
      SPA M006;
M001: L  S5T#16S; //Prog. Teil 1
      SET;
      =  #Anz1;
      SPA M006;
M002: L  S5T#8S; //Prog. Teil 2
      SET;
      =  #Anz2;
      SPA M006;
M003: L  S5T#4S; //Prog. Teil 3
      SET ;
      =  #Anz3;
      SPA M006;
M004: L  S5T#2S; //Prog. Teil 4
      SET ;
      =  #Anz4;
                 //Programmteil
M006: U  #Takt; //Taktgeber
      =  #HO;    //(siehe FC100)
      U  #Zeitglied;
      =  #TIO;
      UN #TIO;
      SE #Zeitglied;
      U  #TIO;
      S  #HO;
      U  #TIO;
      U  #Takt;
      R  #HO;
      U  #HO;
      =  #Takt;
ENDE: NOP 0;     //Programmende
END_FUNCTION

ORGANIZATION_BLOCK OB 1
VAR_TEMP
...        //Standardeinträge
END_VAR
```

```
BEGIN
CALL FC    101 (
      E_A         := E   0.0,
      TK          := E   0.1,
      TG          := E   0.2,
      Zaehler     := Z   1,
      Zeitglied   := T   1,
      Takt        := A   5.0,
      Anz0        := A   4.0,
      Anz1        := A   4.1,
      Anz2        := A   4.2,
      Anz3        := A   4.3,
      Anz4        := A   4.4,
      Anz5        := A   4.5);
END_ORGANIZATION_BLOCK
```

5.2.1.4 Schleifensprung LOOP

Mit dem Schleifensprung LOOP ist eine einfache Programmierung einer Schleife möglich. Unter einer Schleife versteht man die wiederholte Abarbeitung eines Programmteils, bis eine Abbruchbedingung erfüllt ist.

Befehlsfolge einer LOOP-Anweisung:

	`L ZAE`	**Laden** der Anzahl der Wiederholungen
`M001:`	`T ZAE`	**Beginn der Schleife**
	`...` `...` `...`	**Programmteil der Schleife**
	`L ZAE` `LOOP M001`	**Ende der Schleife**

Hinweise:

- Die Variable ZAE enthält die Anzahl der Wiederholungen.
- Mit der Anweisung LOOP wird der Inhalt des Akku 1 dekrementiert und geprüft. Ist der Akkuinhalt verschieden von 0, wird der Sprung zur Marke M001 ausgeführt.

Die Anweisung LOOP interpretiert das rechte Wort von Akku 1 als vorzeichenlose 16-bit-Zahl im Bereich von 0 bis 65 535. Bei der Bearbeitung der LOOP-Anweisung wird zunächst vom Inhalt des Akku 1 der Wert 1 abgezogen. Ist dann der Inhalt verschieden von null, wird der Sprung zur angegebenen Sprungmarke ausgeführt. Ist nach dem Dekrementieren der Inhalt von Akku 1 gleich null, wird nicht gesprungen sondern die nachfolgende Anweisung bearbeitet. Die Anzahl der noch zu durchlaufenden Programmschleifen wird einer Variablen (hier ZAE) zugewiesen.

Die Anwendung der Schleifenfunktion LOOP ist in Beispielen der Kapitel 6 und 12 dargestellt.

5.2.2 Bausteinfunktionen

Zu den Bausteinfunktionen gehören Anweisungen zum Aufrufen und Beenden von Bausteinen. Die Norm DIN EN 6 1131-3 gibt dafür die beiden Operatoren „CAL“ und „RET“ vor. Mit dem Operator „CAL“ können Funktionsbausteine FB unbedingt oder bedingt aufgerufen werden (CAL; CALC bzw. CALCN). Es bestehen verschiedene Aufrufmöglichkeiten, die am Beispiel eines Funktionsbausteins mit dem Namen „Speicher“ gezeigt werden.

1. Aufruf CAL mit Liste der Eingangsparameter in Klammern:

```
CAL  Speicher(S1:= %IX1.0, R:=%IX1.1)
```

2. Aufruf CAL mit vorausgegangenem Laden der Eingangsparameter

```
LD   %IX1.0
ST   Speicher.S1
LD   %IX1.1
ST   Speicher.R
CAL  Speicher
```

Der Aufruf von Funktionen FC ist nach Norm mit dem CAL Operator nicht möglich.

Rücksprünge von Funktionen oder Funktionsbausteinen können unbedingt oder bedingt mit dem „RET“ Operator (RET, RETC bzw. RETCN) ausgeführt werden. Die Anweisung „RET“ bewirkt einen unbedingten Rücksprung in die aufrufende POE – bei der POE „Programm“ in das Systemprogramm. Beim Rücksprung in eine POE wird die aufrufende POE an der unterbrochenen Stelle fortgesetzt.

Bei der Steuerungssprache STEP 7 können in der AWL mit der Anweisung „CALL“ Funktionsbausteine FB und Funktionen FC aufgerufen werden. Beim Aufruf sind an die Übergabeparameter Operanden oder Konstanten zu legen. Bausteinrücksprünge werden mit Bausteinende-Anweisungen wie BE, BEB und BEA veranlasst. Nach Beenden eines aufgerufenen Bausteins setzt die CPU die Programmabarbeitung im aufrufenden Baustein nach der Aufrufanweisung fort.

5.2.2.1 Bausteinaufrufe

Üblicherweise werden die Bausteine FC, FB, SFC und SFB in der AWL bei STEP 7 mit „CALL“ aufgerufen. Die Aufrufanweisung „CALL“ enthält zusätzlich zum Bausteinwechsel auch die Übergabe von Bausteinparametern. Bei Funktionsbausteinen wird mit „CALL“ der zugehörige Instanzdatenbaustein aufgerufen. Besitzen die aufgerufenen Code-Bausteine Übergabeparameter, so folgt nach der Aufrufanweisung die Liste der Bausteinparameter. Im Gegensatz zu Funktionen müssen bei Funktionsbausteinen die Bausteinparameter nicht mit Operanden versorgt werden. Die nicht versorgten Bausteinparameter behalten ihren aktuellen Wert.

Neben der „CALL“ Anweisung stellt STEP 7 noch weitere Aufrufanweisungen für Bausteine ohne Parameterübergabe bzw. Datenbausteine zur Verfügung.

Baustein-Aufrufoperationen bei STEP 7:

Operation	Operanden	Beschreibung
CALL	FB, SFB, FC, SFC	Unbedingter Aufruf von Bausteinen
UC	FB, FC	Unbedingter Aufruf von Bausteine ohne Parameter
CC	FB, FC	Bedingter Aufruf von Bausteinen ohne Parameter
AUF	DB, DI	Aufschlagen von Datenbausteinen

Bei der Verwendung der Aufrufanweisungen „UC“ und „CC“ können nur Bausteine ohne Bausteinparameter bzw. Funktionswert aufgerufen werden. Der Aufruf kann jedoch bedingt oder unbedingt erfolgen. Sollen Bausteinaufrufe von Bausteinen mit Parameter oder Funktionswerten bedingt durchgeführt werden, ist ein Sprungbefehl erforderlich, mit dessen Hilfe die erforderliche „CALL“ Anweisung übersprungen wird.

Das Aufschlagen von Datenbausteinen mit der Anweisung „AUF“ wird unabhängig von irgendwelchen Bedingungen ausgeführt. Der aufgeschlagene Datenbaustein bleibt solange gültig, bis ein anderer Datenbaustein aufgeschlagen wird.

5.2.2.2 Bausteinende-Funktionen

Die Bearbeitung von Bausteinen kann mit drei unterschiedlichen Anweisungen beendet werden.

Bausteinende-Operationen bei STEP 7:

Operation	Operanden	Beschreibung
BE	–	Beende Bausteinbearbeitung
BEA	–	Beende Bausteinbearbeitung absolut
BEB	–	Beende Bausteinbearbeitung bei VKE = „1“

Bei der Bearbeitung der Anweisungen „BE“ und „BEA“ wird der bearbeitete Baustein unbedingt verlassen. Es folgt ein Rücksprung auf den Baustein, von dem der Bausteinaufruf ausging. Der Unterschied zwischen „BE“ und „BEA“ besteht darin, dass im Gegensatz zu „BE“ nach der Anweisung „BEA“ noch weitere Programmteile des Bausteins folgen können, die mit Sprungbefehlen erreichbar sind.

Mit der Anweisung „BEB“ wird die Bearbeitung des aktuellen Bausteins in Abhängigkeit vom Verknüpfungsergebnis beendet. Ist das Verknüpfungsergebnis VKE = „0“ wird die Programmbearbeitung des Bausteins fortgesetzt.

Beispiel 5.3: Verpackung von Konservendosen

Am Ende einer Befüllungsanlage für Konservendosen werden die gefüllten Dosen in Kartons verpackt. Es kann zwischen den beiden Verpackungseinheiten 12 Dosen bzw. 24 Dosen pro Karton mit Schalter S1 gewählt werden. Eine Lichtschranke LI gibt bei jeder auf dem Band vorbeitransportierten Dose ein „1“-Signal. Sind 12 oder 24 Dosen an der Lichtschranke vorbeigekommen, wird das Band angehalten und eine Übergabevorrichtung befördert die Dosen in den bereitstehenden Karton. Hat die Übergabevorrichtung die Dosen an einen Karton abgegeben (Meldung mit S2), wird der Bandmotor wieder gestartet. Die Wahl der Verpackungseinheit mit Schalter S1 wird erst übernommen, wenn ein laufender Zählvorgang abgeschlossen ist.

Die voreingestellte Verpackungszahl soll an den Anzeigeleuchten Anz12 bzw. Anz24 angezeigt werden. Der aktuelle Zählerstand, der die Anzahl der noch zu verpackenden Konservendosen pro Karton angibt, wird mit einer zweistelligen BCD-Anzeige AB dargestellt. Mit Schalter S0 wird die Anlage ein- bzw. ausgeschaltet.

Technologieschema:

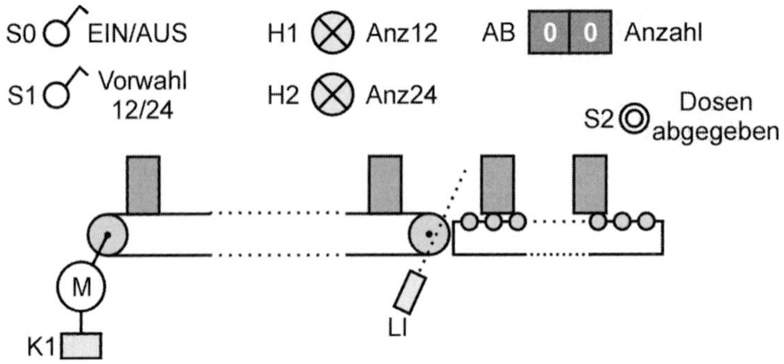

Bild 5.3: Verpackung von Konservendosen

Zuordnungstabelle der Eingänge und Ausgänge:

Eingangsvariable	Symbol	Datentyp	Logische Zuordnung		Adresse
Schalter EIN/AUS	S0	BOOL	Betätigt	S0 = 1	E 0.0
Schalter Vorwahl 12/24	S1	BOOL	Betätigt (Vorwahl 24)	S1 = 1	E 0.1
Geber Dosen abgegeben	S2	BOOL	Betätigt	S2 = 1	E 0.2
Lichtschranke	LI	BOOL	Unterbrochen	LI = 1	E 0.3
Ausgangsvariable					
Anzeige ANZ12	H1	BOOL	Leuchtet	H1 = 1	A 4.1
Anzeige ANZ24	H2	BOOL	Leuchtet	H2 = 1	A 4.2
Bandmotorschütz	K1	BOOL	Angezogen	K1 = 1	A 4.3
BCD-Anzeige	AB	BYTE	BCD-Wert		AB 13

Zur Beschreibung der Lösung werden die Anweisungen in einem Programmablaufplan (siehe Kap. 12) dargestellt. Mit einem Programmablaufplan kann die Programmflusssteuerung sehr übersichtlich dokumentiert werden.

Mit der Anweisung BEB wird die Abarbeitung des Bausteins beendet, wenn das Verknüpfungsergebnis den Signalzustand „1" hat. Im Programmablaufplan wird dies durch eine Linie zum Bausteinende BE verdeutlicht.

Programmablaufplan mit AWL-Anweisungen:

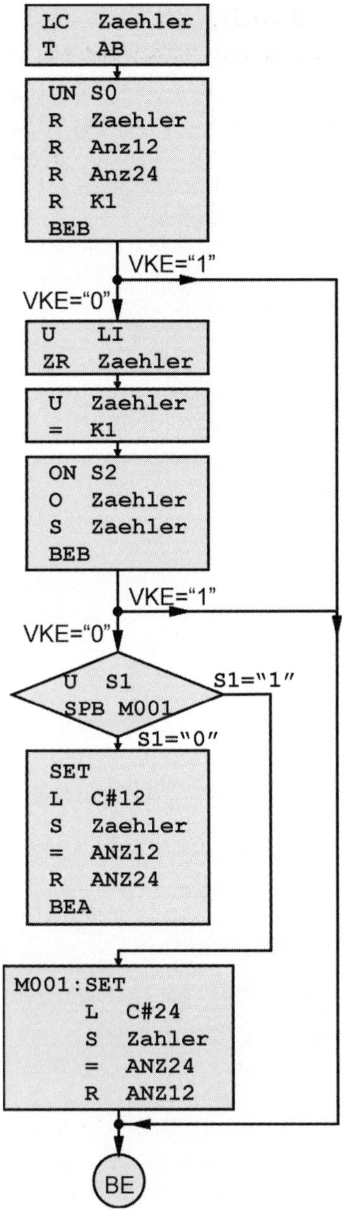

Hinweise:

Bei S0 = 0 ist die Anlage ausgeschaltet und alle Anzeigen, der Zähler und der Bandantrieb werden zurückgesetzt und die Programmbearbeitung beendet.

Mit den Impulsen der Lichtschranke LI wird der Zähler zurückgezählt. Ist der Zählerwert größer null, wird der Bandmotor über K1 eingeschaltet.

Bei S2 = 0 oder Zählerstand größer null wird die Bearbeitung des Bausteins beendet. Die Anweisung „`S Zaehler`" ist erforderlich, damit am Setzeingang des Zählers ein „0"-Signal auftritt.

Auswahl der Verpackungsmenge.

Wenn S1 = „0", wird der Zähler auf 12 gesetzt, die Anzeigeleuchte ANZ12 ein- und die Anzeigeleuchte ANZ24 ausgeschaltet. Das Programm wird danach mit BEA beendet.

Wenn S1 = „1", wird der Zähler auf 24 gesetzt, die Anzeigeleuchte ANZ24 ein- und die Anzeigeleuchte ANZ12 ausgeschaltet.

Die im Programmablaufplan gegebene Anweisungsfolge kann direkt in eine Anweisungsliste AWL übernommen werden.

Das Programm wird in einer Funktion FC 10 realisiert, die vom OB 1 aus aufgerufen und mit den Ein- und Ausgängen parametriert wird.

STEP 7 Programm (AWL-Quelle):

```
FUNCTION FC 10 : VOID
VAR_INPUT                  VAR_OUTPUT
 S0 : BOOL ;                 Anz12 : BOOL ;
 S1 : BOOL ;                 Anz24 : BOOL ;
 S2 : BOOL ;                 K1 : BOOL ;
 LI : BOOL ;                 AB : BYTE ;
 Zaehler : COUNTER ;       END_VAR
END_VAR


BEGIN
 LC #Zaehler;      U  #LI;                SET    ;
 T  #AB;           ZR #Zaehler;           L      C#12;
                   U  #Zaehler;           S      #Zaehler;
 UN #S0;           =  #K1;                =      #Anz12;
 R  #Zaehler;                             R      #Anz24;
 R  #Anz12;        ON #S2;                BEA    ;
 R  #Anz24;        O  #Zaehler;
 R  #K1;           S  #Zaehler;     M001: SET    ;
 BEB   ;           BEB   ;                L      C#24;
                                          S      #Zaehler;
                   U  #S1;                =      #Anz24;
                   SPB   M001;            R      #Anz12;
END_FUNCTION

ORGANIZATION_BLOCK OB 1
TITLE =
VAR_TEMP
...       //Standardeinträge
END_VAR
BEGIN
 CALL FC    10 (
       S0      := E 0.0,
       S1      := E 0.1,
       S2      := E 0.2,
       LI      := E 0.3,
       Zaehler := Z 1,
       Anz12   := A 4.1,
       Anz24   := A 4.2,
       K1      := A 4.3,
       AB      := AB 13);
END_ORGANIZATION_BLOCK
```

5.3 Ausführungs-Funktionen in STEP 7 - FUP

In STEP 7 sind grafische Elemente zur Ausführungssteuerung für die Funktionsbausteinsprache FBS und den Kontaktplan KOP angegeben. Diese Operationen ermöglichen

- die lineare Bearbeitung des Programms zu unterbrechen und an einer anderen Stelle innerhalb der gleichen Programmorganisationseinheit POE fortzusetzen und
- ein vorzeitiges Beenden der Bearbeitung von Funktionen oder Funktionsbausteinen durch bedingte oder unbedingte Rücksprünge.

5.3.1 Sprungfunktionen

Die Funktionsplandarstellung der Sprungfunktion besteht in der Steuerungssprache STEP 7 aus einer Sprungoperation in Form einer Box und einer Sprungmarke, welche die Programmstelle angibt, an der bei einem ausgeführten Sprung die Programmbearbeitung fortgesetzt wird. Die Sprungmarke wird über der Box bei der Sprungoperation angegeben. Die Sprungmarke am Sprungziel wird in einem Kästchen am Anfang eines Netzwerkes angegeben. Damit wird das Netzwerk gekennzeichnet, welches bei ausgeführter Sprungoperation als nächstes bearbeitet wird.

Operationsdarstellung in der Steuerungssprache STEP 7:

FUP	Operand	Beschreibung
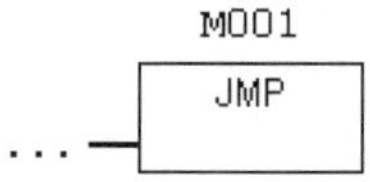	Sprungmarke (4 Zeichen)	Absoluter Sprung
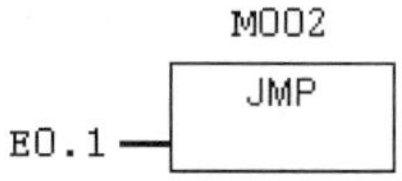	Sprungmarke (4 Zeichen)	Bedingter Sprung. Sprung bei VKE = „1“
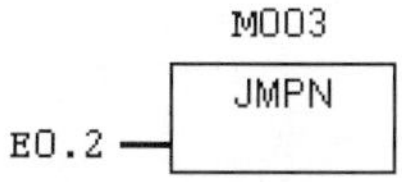	Sprungmarke (4 Zeichen)	Bedingter Sprung. Sprung bei VKE = „0“
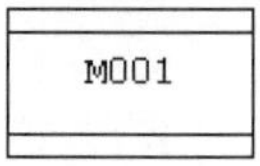	Entfällt	Sprungziel. Steht am Anfang eines Netzwerkes

Es kann sowohl auf Netzwerke nach der Sprungoperation (Vorwärtssprung) als auch auf Netzwerke vor der Sprungoperation (Rückwärtssprung) im gleichen Baustein gesprungen werden. Das Sprungziel muss eindeutig gekennzeichnet sein, d.h. eine Sprungmarke darf nur einmal vergeben werden. Es kann aber von mehreren Stellen auf die gleiche Sprungmarke gesprungen werden. Die 4 Zeichen der Sprungmarke können Buchstaben, Ziffern oder der Unterstrich sein. Beginnen muss die Marke allerdings mit einem Buchstaben. Es wird Groß- und Kleinschreibung unterschieden.

Beispiel 5.4: Automatischer Übergang von Tippbetrieb in Dauerbetrieb

Die Ansteuerung des Rechts- oder Linkslaufs eines Antriebmotors soll in der Anlaufphase nur im Tippbetrieb möglich sein. Erst wenn der Anlagenbediener 10 Sekunden die Taste S1 (Rechtslauf) oder S2 (Linkslauf) betätigt hat, wird der Dauerbetrieb eingeschaltet. Mit S0 kann der Motor wieder ausgeschaltet werden. Ein direktes Umschalten soll nicht möglich sein. Rechtslauf und Linkslauf werden mit jeweils einer Signalleuchte angezeigt. Die Anzeige Dauerbetrieb H3 leuchtet, wenn die Motoransteuerung vom Tippbetrieb in den Dauerbetrieb übergegangen ist.

Technologieschema:

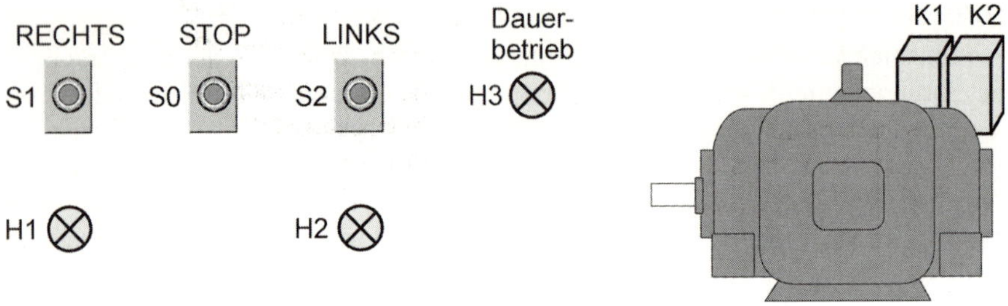

Bild 5.4: Tippbetrieb/Dauerbetrieb

Zuordnungstabelle der Eingänge und Ausgänge:

Eingangsvariable	Symbol	Datentyp	Logische Zuordnung		Adresse
Taster STOP	S0	BOOL	Betätigt	S0 = 0	E 0.0
Taster Rechtslauf	S1	BOOL	Betätigt	S1 = 1	E 0.1
Taster Linkslauf	S2	BOOL	Betätigt	S2 = 1	E 0.2
Ausgangsvariable					
Anzeige Rechtslauf	H1	BOOL	Leuchtet	H1 = 1	A 4.1
Anzeige Linkslauf	H2	BOOL	Leuchtet	H2 = 1	A 4.2
Anzeige Dauerbetrieb	H3	BOOL	Leuchtet	H3 = 1	A 4.3
Motorschütz Rechtslauf	K1	BOOL	Angezogen	K1 = 1	A 5.1
Motorschütz Linkslauf	K2	BOOL	Angezogen	K2 = 1	A 5.2

Bei der Betätigung von S1 oder S2 wird eine SE-Zeitfunktion gestartet. Ist die Zeit noch nicht abgelaufen, wird ein Programmteil bearbeitet, in dem die Schütze K1 bzw. K2 nach Loslassen des Tasters S1 oder S2 sofort wieder abfallen. Nach Ablauf von 10 s erfolgt der Sprung in einen Programmteil, in dem die Ansteuerung für die Schütze gespeichert wird. Bei Betätigung von S0 werden das entsprechende Schütz und die SE Zeitfunktion zurückgesetzt.

Das Programm wird in einer Funktion FC 10 realisiert, die vom OB 1 aus aufgerufen und mit den Ein- und Ausgängen parametriert wird. Das Steuerungsprogramm der Funktion FC 10 ist nachfolgend im Funktionsplan dargestellt. Auf die Darstellung des Aufrufs der Funktion im Organisationsbausteins OB 1 als AWL-Quelle wird verzichtet.

Funktionsplan FC 10:

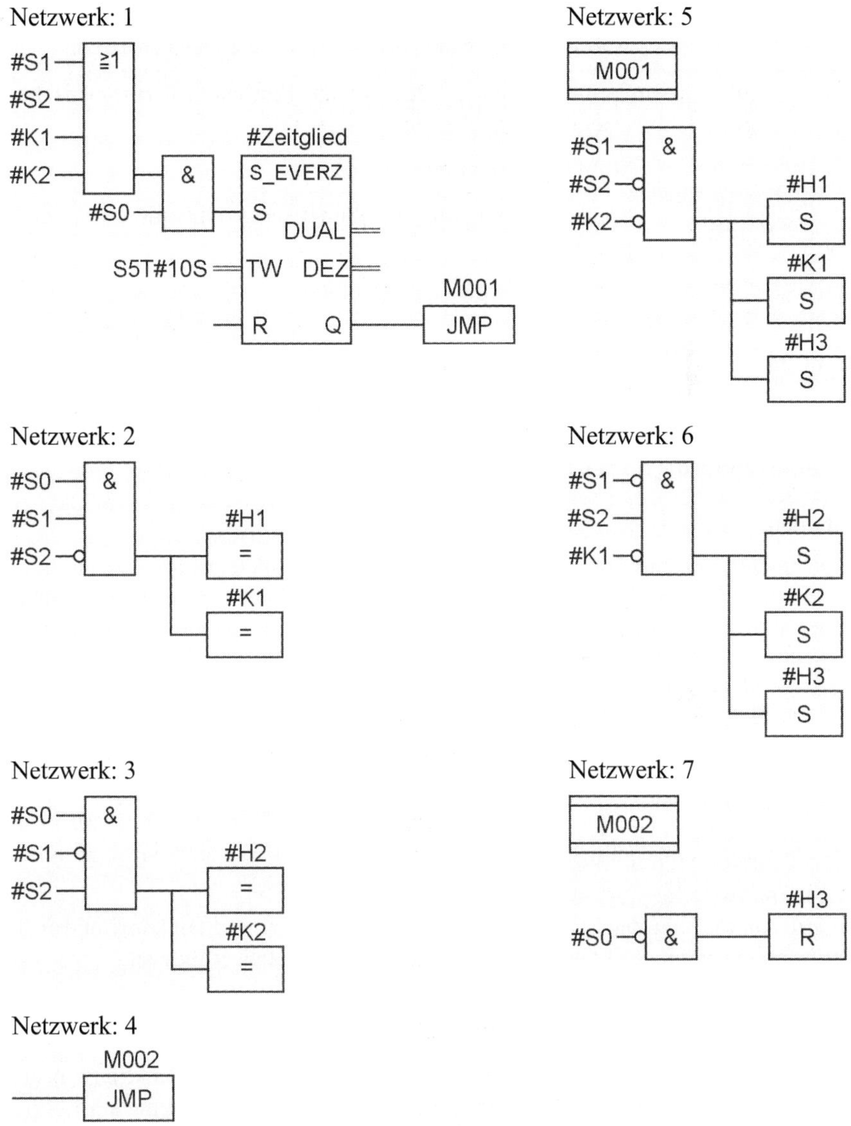

Sprungfunktionen in Abhängigkeit von vorausgegangen Akkumulatoroperationen durch digitale Funktionen können in STEP 7 auch in der Funktionsplandarstellung ausgeführt werden. Dazu werden die entsprechenden Statusbits in einer BOX vor der Sprungfunktion abgefragt. Es sind damit alle bedingten Sprungfunktionen, wie bei der Programmiersprache AWL angegeben, möglich. In der folgenden Tabelle ist eine Auswahl der von den Statusbits abhängigen Sprungdarstellungen im Funktionsplan FUP gegeben.

Sprungfunktionen in Abhängigkeit der Statusbits (Auswahl):

FUP	Beschreibung
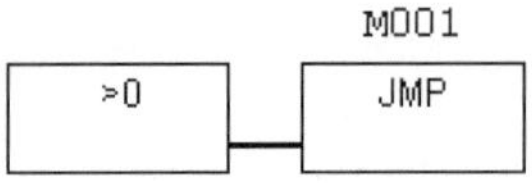	Sprung bei Ergebnis der vorausgegangenen Akkumulatoroperation größer null. Abfrage Ergebnisbit (hier > 0, die anderen siehe Text).
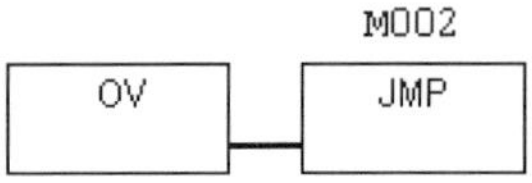	Sprung, wenn in der zuletzt bearbeiteten arithmetischen Operation ein Überlauf auftrat (OV = „1“). Störungsbit Überlauf.
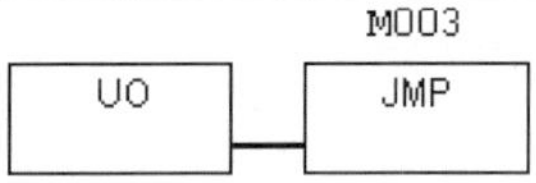	Sprung bei ungültiger arithmetischen Operation mit Gleitpunktzahlen. Störungsbit ungültige Operation

Abfrage Ergebnisbit:

Mit der Abfrage der Ergebnisbits wird geprüft, ob das Ergebnis einer arithmetischen Operation > 0, < 0, > = 0, < = 0, == 0 oder < > 0 ist. Ist die in dem Operanden angegebene Vergleichsbedingung erfüllt, so ergibt die Signalzustandsabfrage „1“.

Störungsbit Überlauf:

Mit der Abfrage des Störungsbits Überlauf wird geprüft, ob in der zuletzt bearbeiteten arithmetischen Operation ein Überlauf (OV) auftrat. Befindet sich das Ergebnis nach der arithmetischen Operation außerhalb des zulässigen negativen oder außerhalb des zulässigen positiven Bereichs, so erhält das OV-Bit den Signalzustand „1“. Eine fehlerfrei durchlaufene arithmetische Operationen setzt dieses Bit wieder zurück.

Störungsbit ungültige Operation:

Mit der Abfrage des Störungsbits ungültige Operation wird geprüft, ob das Ergebnis einer arithmetischen Operation mit Gleitpunktzahlen ungültig ist (d.h., ob einer der Werte in der arithmetischen Operation keine gültige Gleitpunktzahl ist). Ist das Ergebnis einer arithmetischen Operation ungültig (UO), so ergibt die Signalzustandsabfrage „1“.

Die Abfragen zur Auswertung der Statusbits können wie Abfragen von Binäroperanden behandelt werden und sind somit auch bei allen Verknüpfungsoperationen einsetzbar.

5.3.2 EN/ENO-Mechanismus

In der Programmiersprache FUP haben die Codebausteine Funktion bzw. Funktionsbaustein und viele Funktionen (insbesondere die digitalen Funktionen) einen Freigabeeingang EN (enable) und einen Freigabeausgang ENO (enable output). Ist der Freigabeeingang EN unbeschaltet oder mit Signalzustand „1“ belegt, wird der Bausteinaufruf oder die Funktion ausgeführt. Der Freigabeausgang ENO führt dann ebenfalls Signalzustand „1“. Tritt allerdings während der Bearbeitung einer digitalen Funktion ein Fehler auf (z.B. Überlauf bei einer arithmetischen Funktion) wird der Freigabeausgang ENO auf Signalzustand „0“ gesetzt. Ist der Freigabeeingang mit Signalzustand „0“ belegt, werden der Bausteinaufruf oder die Funktion nicht ausgeführt. Der Freigabeausgang ENO führt dann ebenfalls „0“-Signal.

Es können mehrere Bausteine oder Funktionen mit Hilfe der EN-Eingänge bzw. ENO-Ausgänge zu einer Kette zusammengeschlossen werden. Dabei wird der Freigabeausgang ENO auf den Freigabeeingang EN des nächsten Bausteins (der nächsten Funktion) geführt. Mit einer Bedingung kann somit eine ganze Kette ausgeschaltet werden oder der Rest der Kette wird nicht mehr bearbeitet, wenn in einer Funktion ein Fehler auftritt.

Der Eingang EN und der Ausgang ENO dürfen nicht mit Bausteinparametern verwechselt werden. Hinter dem EN-Eingang verbirgt sich ein bedingter Sprung, welcher in der AWL-Darstellung des Programms sichtbar wird.

Beispiel 5.5: Einstellbarer Frequenzteiler bis Teilerverhältnis 8

Die Impulsfolge eines Taktgenerators (f = 1 Hz) soll in drei Stufen um jeweils die Hälfte verringert werden. S0 schaltet den Taktgenerator mit der höchsten Frequenz ein. Ist S1 = „1", wird die Frequenz halbiert. Mit S1 = „1" und S2 = „1" wird die ursprüngliche Frequenz durch den Faktor 4, mit S1 = „1", S2 = „1" und S3 = „1" wird die ursprüngliche Frequenz um den Faktor 8 geteilt. Die Anzeigeleuchte H1 soll mit der jeweils aktuellen Frequenz blinken.

Impulsdiagramm:

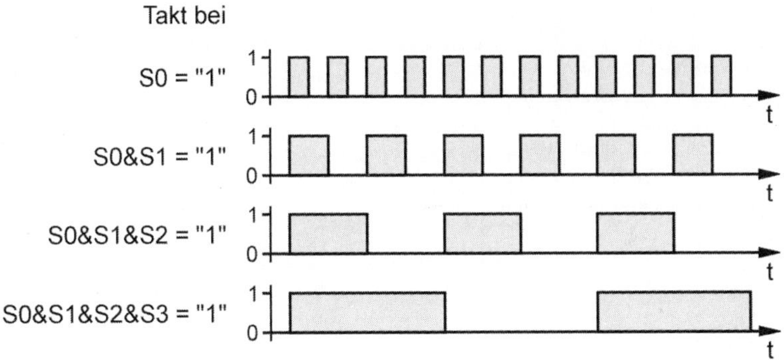

Bild 5.5: Impulsdiagramm

Zuordnungstabelle der Eingänge und Ausgänge:

Eingangsvariable	Symbol	Datentyp	Logische Zuordnung		Adresse
Schalter Takt EIN/AUS	S0	BOOL	Betätigt	S0 = 1	E 0.0
Schalter Taktfrequenz / 2	S1	BOOL	Betätigt	S1 = 1	E 0.1
Schalter Taktfrequenz / 4	S2	BOOL	Betätigt	S2 = 1	E 0.2
Schalter Taktfrequenz / 8	S3	BOOL	Betätigt	S3 = 1	E 0.3
Ausgangsvariable					
Anzeige Takt	H1	BOOL	Leuchtet	H1 = 1	A 4.1

Die Lösung des Beispiels zeigt die Anwendung des EN Eingangs und ENO-Ausgangs bei selbst geschriebenen Funktionen. Mit S0 wird der Takt über den EN-Eingang gestartet. Dabei wird auf den entworfenen Taktgeber FC 100 (siehe Kap. 4.6) zurückgegriffen und der Taktausgang dem Hilfsoperanden HO1 zugewiesen. Mit der Flankenauswertung der UND-Verknüpfung des ENO-Ausgangs (FC 100), des Hilfsoperanden HO1 und des Schalters S1 wird die Funktion FC 20 über den EN-Eingang aufgerufen. In der Funktion FC 20 steht nur die Invertierung der RET_VALUE-Variablen. Die nächsten Stufen des Frequenzteilers sind entsprechend programmiert.

Da die Taktfunktion FC 100 aus der Bibliothek geholt wird und das Programm der Funktion FC 20 lediglich aus den beiden Anweisungen

```
UN   RET_VALUE
=    RET_VALUE
```

besteht, ist nachfolgend nur das Programm des OB 1 im Funktionsplan angegeben.

Netzwerk 1:

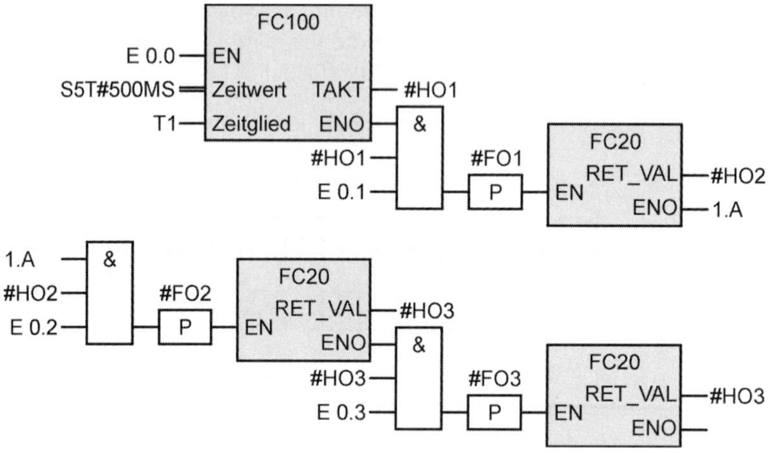

Hinweis:

1.A im nebenstehenden Funktionsplan ist keine Variable sondern eine Bezeichnung, die beim Ausdruck des Netzwerks eingeführt wird, wenn die Breite des Netzwerkes den Druckbereich überschreitet.

Netzwerk 2:

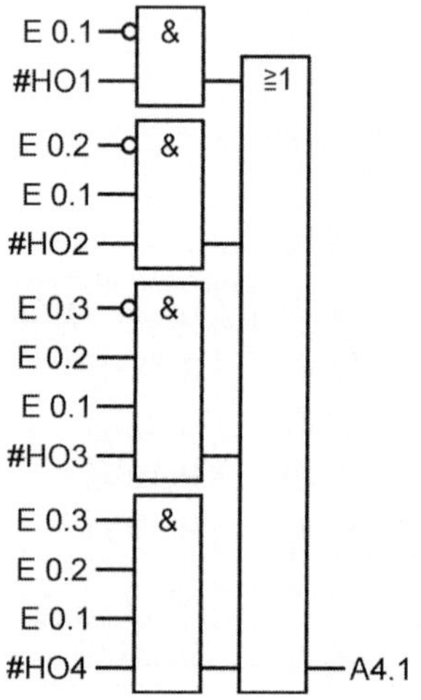

Die Hilfsvariablen HO1 bis HO4 und die Flankenoperanden FO1 bis FO3 sind als temporäre Variable im OB 1 zu deklarieren.

5.3.3 Bausteinfunktionen

Zu den Bausteinfunktionen gehören Anweisungen zum Aufrufen und Beenden von Bausteinen. Nach der Bearbeitung der Aufruffunktion setzt die CPU die Programmbearbeitung in dem aufgerufenen Baustein fort. Der Baustein wird bis zu einer Bausteinende-Funktion bearbeitet. Die CPU wechselt dann zum aufrufenden Baustein zurück und setzt die Programmbearbeitung des Bausteins nach der Aufruf-Box fort.

Bausteinaufrufe

Ein Bausteinaufruf besteht aus der Baustein-Box, welche den Namen des aufgerufenen Bausteins, den Freigabeeingang EN, den Freigabeausgang ENO und eventuelle Bausteinparameter enthält. Mit der Aufrufbox können FBs, FCs, SFBs und SFCs aufgerufen werden. Beim Aufruf von Funktionsbausteinen wird oberhalb der Aufruf-Box der zum Aufruf gehörende Instanzdatenbaustein geschrieben. Es müssen nicht alle Bausteinparameter mit Operanden versorgt werden. Die nicht versorgten Parameter behalten ihren aktuellen Wert bei. Beim Aufruf von Funktionen müssen alle Bausteinparameter versorgt werden.

Besitzen Funktionen keine Übergabeparameter, so können diese Funktionen mit einer CALL-Box aufgerufen werden.

FUP	Beschreibung
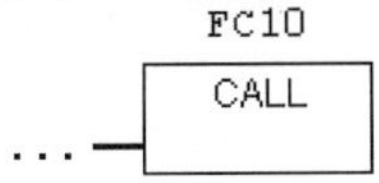	Unbedingter Aufruf der Funktion FC 10.

Die CALL-Box kann entweder mit oder ohne Bedingung ausgeführt werden. Steht vor der CALL-Box eine Bedingung, wird die Funktion nur ausgeführt, wenn das Verknüpfungsergebnis VKE = „1" ist.

Mit einer OPN-Box können Datenbausteine DB aufgeschlagen werden. Über der OPN-Box, welche allein in einem Netzwerk steht, wird der aufgeschlagene Datenbaustein geschrieben.

FUP	Beschreibung
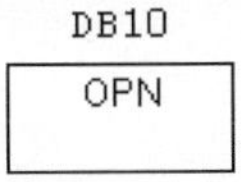	Datenbaustein DB 10 aufschlagen.

Alle aufgerufenen Bausteine müssen zur Laufzeit im Arbeitsspeicher stehen. Ansonsten wird die zyklische Programmbearbeitung unterbrochen, die CPU geht in STOPP.

Bausteinenende-Funktion

Mit der Bausteinende-Funktion RET kann die Bearbeitung eines Bausteines vorzeitig abgebrochen werden. Die RET-Funktion wird als Box dargestellt, vor die eine logische Bedingung geschrieben werden muss. Liefert die Bedingung als Verknüpfungsergebnis VKE = „1", wird die Bearbeitung des Bausteins an dieser Stelle beendet. Es erfolgt ein Rücksprung in den Baustein, in dem der Bausteinaufruf stand.

FUP	Beschreibung
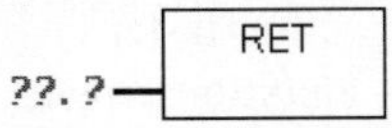	Bedingtes Bausteinende

Ist das Verknüpfungsergebnis vor der RET-Box VKE = „0", wird die Programmabarbeitung mit dem nächsten Netzwerk des Bausteins fortgesetzt.

Beispiel 5.6: Störungsdiagnose

Die Signalgeber in einer Hochsicherheitsanlage besitzen einen Schließer „SSCH" und einen Öffner „SOEF", welche bei richtiger Funktionsweise des Gebers antivalente Signale an zwei Eingänge der SPS liefern. Haben Schließer und Öffner innerhalb von 200ms gleichen Signalzustand, so liegt eine Störung des Gebers vor. Zur Diagnose soll die Störung gespeichert bleiben, auch wenn „SSCH" und „SOEF" wieder ein antivalentes Signal liefern. Somit kann der fehlerhafte Geber ermittelt und ausgetauscht werden. Erst durch Betätigen der Quittiertaste „QUIT" wird die Störungsmeldung gelöscht. Es ist eine Funktion zu entwerfen, welche für die Geber der Anlage verwendet werden kann.

Technologieschema:

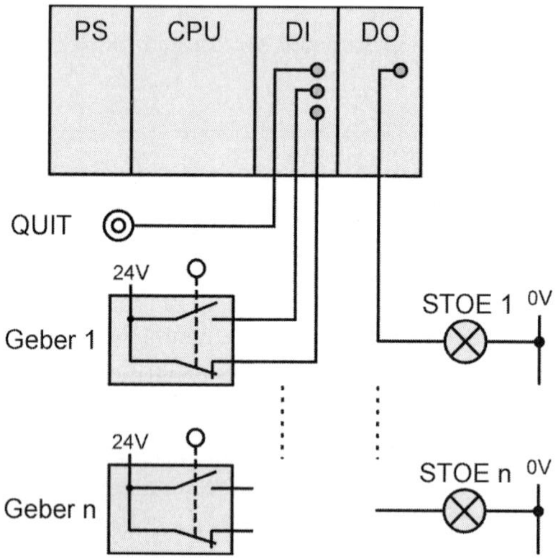

Bild 5.6: Verdrahtungsplan Störungsdiagnose

Zuordnungstabelle der Eingänge und Ausgänge:

Eingangsvariable	Symbol	Datentyp	Logische Zuordnung		Adresse
Taster Quittieren	S0	BOOL	Betätigt	S0 = 0	E 0.0
Geber 1 Schließer	S1	BOOL	Betätigt	S1 = 1	E 0.1
Geber 1 Öffner	S2	BOOL	Betätigt	S2 = 0	E 0.2
Ausgangsvariable					
Störungsanzeige	STOE1	BOOL	Leuchtet	STOE1 = 1	A 4.1

Nachdem in der Funktion die Rücksetzung der Störungsmeldung mit dem Quittiertaster QUIT programmiert wurde, wird beim Auftreten einer Äquivalenz der beiden Funktionseingänge

SSCH und SOEF eine SE-Zeitfunktion gestartet. Solange die Zeitfunktion ein „0"-Signal liefert, wird die Bearbeitung des Bausteins mit der RET-Anweisung beendet. Läuft die Zeitfunktion ab, wird der Baustein weiterbearbeitet und der Ausgang STOE gesetzt.

Übergabeparameter der Funktion FC 10:

Deklaration	Name	Datentyp	Beschreibung
in	QUIT	BOOL	Quittierungstaste
in	SSCH	BOOL	Schließer des Gebers
in	SOEF	BOOL	Öffner des Gebers.
in	Zeitglied	TIMER	Zeitglied (200 ms)
out	STOE	BOOL	Anzeige Störung

Freigrafischer Funktionsplan FC 10:

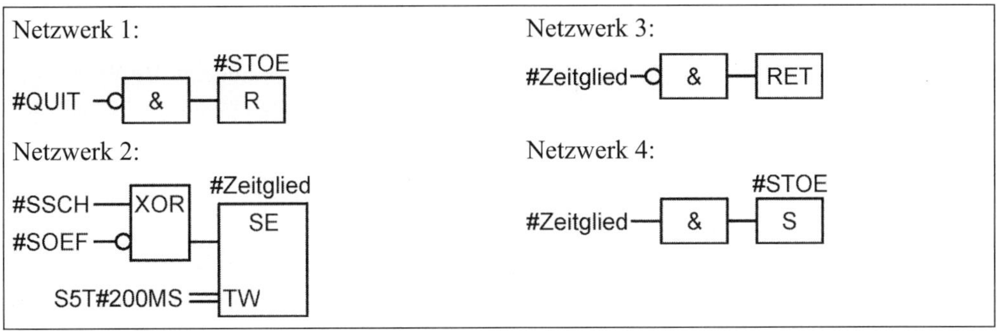

Auf die Darstellung des Aufrufs der Funktion FC 10 mit Parameterübergabe im OB 1 wird verzichtet.

5.4 Ausführungs-Funktionen in der Programmiersprache ST

Die Programmiersprache Strukturierter Text ST wird bei STEP 7 mit SCL (Structured Control Language) bezeichnet. SCL bietet vielfältige Möglichkeiten, die lineare Programmbearbeitung zu unterbrechen.

- Kontrollanweisungen: Mit Kontrollanweisungen werden nur bestimmte Anweisungen ausgeführt (Alternativen) oder mehrfach wiederholt (Schleifen). Kontrollanweisungen lassen sich deshalb in *Auswahlanweisungen* und *Wiederholungsanweisungen* unterteilen.
- Sprunganweisungen: Mit *Sprunganweisungen* können bestimmte Anweisungsteile in Abhängigkeit von Bedingungen aufgerufen und Rücksprünge zur aufgerufenen Einheit veranlasst werden, bevor das physikalische Ende (BE) der Funktion oder des Funktionsbausteins erreicht ist.
- Steueranweisungen: Mit Steueranweisungen für Funktionen und Funktionsbausteine werden *Bausteinaufrufe* ausgeführt.

5.4.1 Auswahlanweisungen

Mit den Auswahlanweisungen IF und CASE verzweigt die Programmabarbeitung in alternative Anweisungsteile. Möglich sind dabei zwei oder mehrere Anweisungsteile, welche in Abhängigkeit von Bedingungen durchlaufen werden. Die Bedingung vom Typ BOOL ist entweder ein Vergleichsausdruck oder ein logischer Ausdruck.

5.4.1.1 IF-Anweisung

Die IF-Anweisung bietet als bedingte Anweisung eine oder mehrere Optionen und wählt eine (gegebenenfalls auch keine) der Anweisungsteile zur Ausführung aus. In Abhängigkeit von den Optionen können verschiedene Formen der IF-Anweisung programmiert werden.

Syntax	Beispiel	Beschreibung

IF Bedingung
THEN Anweisungsteil
END_IF
	`IF X1=25`
	`THEN X2:=FALSE;`
	`X3:=200;`
	`END_IF;`
		Hat die Bedingung den Wert TRUE, werden die Anweisungen nach THEN ausgeführt.

IF Bedingung
THEN Anweisungsteil 1
ELSE Anweisungsteil 2
END_IF
	`IF X1=25`
	`THEN X2:=FALSE;`
	`X3:=200;`
	`ELSE X3:=150;`
	`X4:=X5;`
	`END_IF;`
		Hat die Bedingung den Wert TRUE, werden die Anweisungen nach THEN ausgeführt. Bei FALSE werden die Anweisungen nach ELSE ausgeführt.

IF Bedingung 1
THEN Anweisungsteil 1
ELS_IF Bedingung 2
THEN Anweisungsteil 2
ELSE Anweisungsteil 3
END_IF
	`IF X1=25`
	`THEN X2:=FALSE;`
	`X3:=200;`
	`ELSIF X1=30`
	`THEN X2:=TRUE;`
	`ELSE X3:=150;`
	`X4:=X5;`
	`END_IF;`
		Hat die Bedingung 1 den Wert TRUE, wird der Anweisungsteil 1 ausgeführt. Bei FALSE wird Bedingung 2 geprüft. Bei TRUE wird der Anweisungsteil 2 ausgeführt. Ist keine der Bedingungen erfüllt, werden die Anweisungen nach ELSE ausgeführt.

Regeln der IF-Anweisung:

- Ist der Wert der ersten Bedingung TRUE, wird der nach der THEN-Anweisung stehende Anweisungsteil bearbeitet und dann das Programm nach Schlüsselwort END_IF fortgesetzt.
- Ist der Wert der ersten Bedingung FALSE, wird (werden) die Bedingung(en) der ELSIF-Anweisung(en) ausgewertet. Ist der Wert einer der Bedingungen TRUE, wird der danach stehende Anweisungsteil bearbeitet und dann das Programm nach dem Schlüsselwort END_IF fortgesetzt.
- Ist keine der Bedingung bei IF und ELSIF erfüllt, wird der Anweisungsteil nach der ELSE-Anweisung ausgeführt.
- Es können beliebig viele ELSIF-Zweige vorhanden sein.
- Es können die ELSIF-Zweige und der ELSE-Zweig fehlen.

Beispiel 5.7: Ultraschall-Überwachungssystem

Ein Ultraschall-Überwachungssystem erkennt in einem dreidimensionalen Schutzfeld alle Personen und Gegenstände, die sich dem Gefahrenbereich nähern. Meldet der Ultraschallsensor S1 eine Annäherung, gibt die Hupe HU ein akustisches Warnsignal. Dauert die Wahrnehmung der Person oder des Gegenstandes länger als 2 Sekunden, wird das Warnsignal HU ausgeschaltet und ein Alarm eingeschaltet. Mit dem Schalter S0 wird das Überwachungssystem eingeschaltet. Zum Abschalten des Alarms muss das Überwachungssystem ausgeschaltet werden.

Technologieschema:

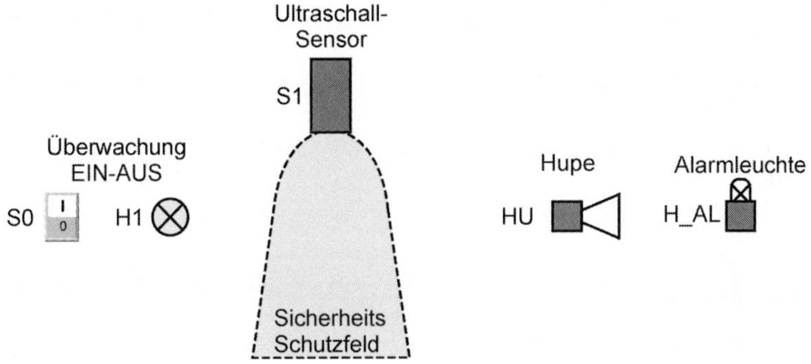

Bild 5.7: Ultraschall-Überwachungssystem

Zuordnungstabelle der Eingänge und Ausgänge:

Eingangsvariable	Symbol	Datentyp	Logische Zuordnung	Adresse
Überwachung EIN-AUS	S0	BOOL	Betätigt S0 = 1	E 0.0
Ultraschallsensor	S1	BOOL	Meldung S1 = 0	E 0.1
Ausgangsvariable				
Überwachung EIN-AUS	H1	BOOL	Leuchtet H1 = 1	A 4.0
Hupe	HU	BOOL	Warnsignal HU = 1	A 4.1
Alarmleuchte	H_AL	BOOL	Leuchtet H_AL = 1	A 4.2

Das nebenstehende Struktogramm gibt das Steuerungsprogramm der SCL-Quelle wieder. Mit der IF-Anweisung S0 = 0 wird abgefragt, ob die Überwachung ausgeschaltet ist. Wenn Ja, werden alle Ausgänge zurückgesetzt. Wenn Nein, folgen zwei ELSIF-Anweisungen. Nach dem IF-Anweisungsteil muss noch die Zeit von 2 s gestartet werden, damit bei anhaltender Meldung des Ultraschallsensors der Alarm eingeschaltet wird.

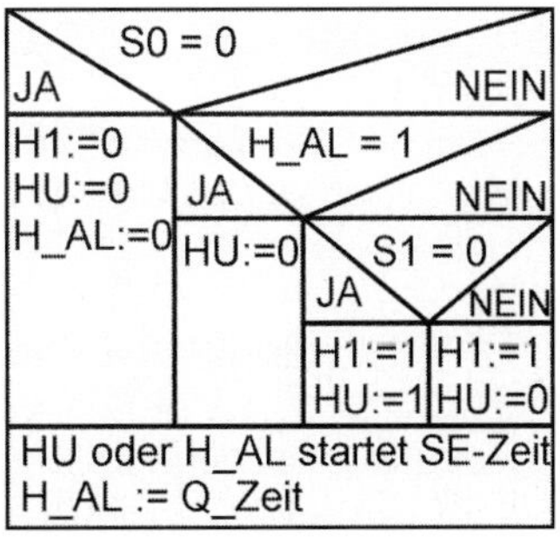

Eine Umsetzung des Struktogramms in ein Steuerungsprogramm mit der Programmiersprache Anweisungsliste AWL würde einige Sprungbefehle zur Folge haben. Solche Sprünge können in der Programmiersprache SCL durch die Auswahlanweisungen vermieden werden, was zu einer leichteren Lesbarkeit des Programms führt.

Das Programm für das Überwachungssystem wird mit einer SCL-Quelle realisiert. Als Baustein für die SCL-Quelle wird die Funktion FC 10 verwendet.

STEP 7 Programm (SCL-Quelle) FC 10:

```
FUNCTION FC 10 : VOID
VAR_INPUT          VAR_OUTPUT          VAR_TEMP
S0: BOOL;          H1: BOOL;            BCD_Zeitwert: S5TIME;
S1: BOOL;          HU: BOOL;           END_VAR
Zeit: TIMER;       H_Al: BOOL;
END_VAR            END_VAR
BEGIN
  IF S0 = FALSE THEN
    H1:=FALSE;
    HU:=FALSE;
    H_Al:=FALSE;
  ELSIF H_Al = TRUE THEN
    HU:=FALSE;
  ELSIF S1 = FALSE THEN
    H1:=TRUE;
    HU:=TRUE;
  ELSE
    H1:=TRUE;
    HU:=FALSE;
  END_IF;
  BCD_Zeitwert:= S_ODT (T_NO:=Zeit, S:=HU OR H_Al, TV:= t#2s,
Q:=H_Al);
END_FUNCTION
```

STEP 7 Programm (AWL-Quelle) OB 1:

```
ORGANIZATION_BLOCK OB 1
VAR_TEMP
...   //Standardeinträge
END_VAR
BEGIN
      CALL FC 10 (
           S0   := E  0.0,
           S1   := E  0.1,
           Zeit := T  1,
           H1   := A  4.0,
           HU   := A  4.1,
           H_Al := A  4.2);
END_ORGANIZATION_BLOCK
```

5.4.1.2 CASE-Anweisung

Mit der CASE-Anweisung kann eine 1 aus n Auswahl von Anweisungsteilen erfolgen. Die Auswahl beruht auf dem aktuellen Wert eines Auswahlausdrucks mit dem Datentyp INT. Neben dem Auswahlausdruck besteht die CASE-Anweisung noch aus einer Liste von Anweisungsteilen.

Syntax	Beispiel	Beschreibung
CASE Auswahlausdruck OF WERT1: Anweisungsteil 1 WERT2: Anweisungsteil 2 WERT3: Anweisungsteil 3 END_CASE	CASE X1 OF 0: X2:=FALSE; X3:=200; 1: X4:=25; 2: X3:=120; END_CASE;	Bei X1=0, werden die Anweisungen nach 0: ausgeführt. Entsprechendes gilt für X1=1 und X1=2. Bei anderen Werten von X1 werden die Anweisungen nach END_CASE ausgeführt.
CASE Auswahlausdruck OF WERT1: Anweisungsteil 1 WERT2: Anweisungsteil 2 WERTE: Anweisungsteil 3 LISTE: Anweisungsteil 4 ELSE Anweisungsteil 5 END_IF	CASE X1 OF 0: X2:=TRUE; X3:=200; 1: X4:=25; 2,8: X3:=120; 3..6:X5:=TRUE; X3:=80; ELSE: X6:=X1; END_CASE;	Bei X1=0, werden die Anweisungen nach 0: ausgeführt. Entsprechendes gilt für X1=1. Ist X1=2 oder 8, wird der 3. Anweisungsteil, ist der Wert von X1 im Bereich von 3 bis 6, wird der 4. Anweisungsteil ausgeführt. Bei anderen Werten von X1 werden die Anweisungen nach ELSE ausgeführt..

Regeln der CASE-Anweisung:

- Bei der Abarbeitung der CASE-Anweisung wird der Anweisungsteil bearbeitet, dessen Wertliste den Wert des Auswahlausdrucks enthält.
- Der Auswahlausdruck muss einen Wert vom Typ INTEGER liefern.
- Liefert der Auswahlausdruck einen Wert, der nicht in der Wertliste auftaucht, wird der Anweisungsteil des ELSE-Zweigs bearbeitet.
- Der ELSE-Zweig ist optional.

Regeln der Wertliste:

- Jede Wertliste kann aus der Angabe eines Wertes, mehrerer Werte oder eines Wertebereiches bestehen.
- Die Werte müssen vom Typ INTEGER sein und dürfen nur einmal vorkommen.

Beispiel 5.8: BCD-Anzeigenauswahl 1 aus 4

Es ist eine bibliotheksfähige Funktion FC 80 zu entwerfen, mit deren Hilfe auf einer Anzeige vier verschiedene BCD-Werte (Zählerstände, Sollwerte etc.) nacheinander angezeigt werden können. Bei einer positiven Flanke am EN-Eingang der Funktion FC80 wird der jeweils nächste BCD-Wert an den Ausgang BCD_OUT gelegt. Die vier binären Ausgänge A1 bis A4 der Funktion zeigen an, welcher BCD-Wert gerade durchgeschaltet ist.

Übergabewerte der Funktion:

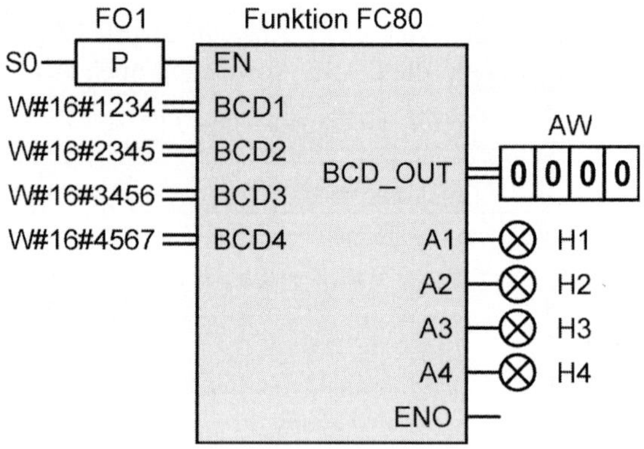

Bild 5.8: BCD-Anzeige 1 aus 4

Zuordnungstabelle der Eingänge und Ausgänge:

Eingangsvariable	Symbol	Datentyp	Logische Zuordnung	Adresse
Taster Anzeigewechsel	S0	BOOL	Betätigt S0 = 1	E 0.0
Ausgangsvariable				
BCD-Anzeige	AW	WORD	BCD-Wert	AW 12
Anzeige BCD-Wert1	H1	BOOL	Leuchtet H1 = 1	A 4.1
Anzeige BCD-Wert2	H2	BOOL	Leuchtet H2 = 1	A 4.2
Anzeige BCD-Wert3	H3	BOOL	Leuchtet H3 = 1	A 4.3
Anzeige BCD-Wert4	H4	BOOL	Leuchtet H4 = 1	A 4.4

Mit einer IF-Anweisung wird zunächst in Abhängigkeit des aktuellen Anzeigewertes der nächste auszugebende Anzeigewert bestimmt und der temporären Variablen „Wert" ein entsprechender Zahlenwert zugewiesen.

Die CASE-Anweisung legt dann in Abhängigkeit der Variablen „Wert" den zugehörigen BCD-Wert an den Ausgang BCD_OUT.

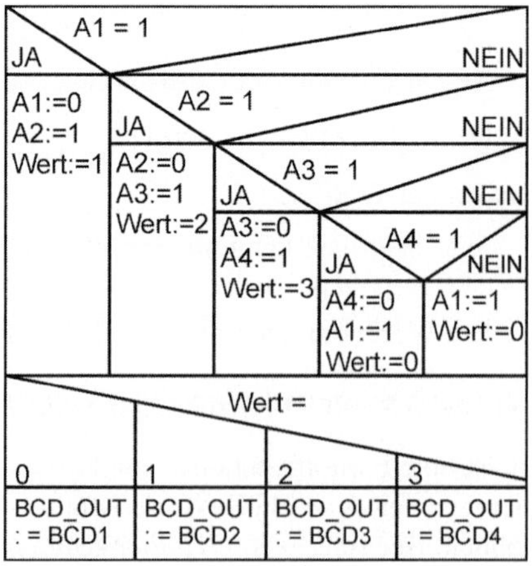

Das Programm der Funktion FC 80 wird als SCL-Quelle geschrieben.

STEP 7 Programm (SCL-Quelle):

```
FUNCTION FC 80 : VOID

VAR_INPUT          VAR_OUTPUT          VAR_IN_OUT        VAR_TEMP
 BCD1:WORD;         BCD_OUT:WORD;       A1:BOOL;          Wert:INT;
 BCD2:WORD;        END_VAR              A2:BOOL;         END_VAR
 BCD3:WORD;                             A3:BOOL;
 BCD4:WORD;                             A4:BOOL;
END_VAR;                               END_VAR
BEGIN
 IF A1=TRUE THEN
    A1:= FALSE;
    A2:= TRUE;
    Wert:= 1;
 ELSIF A2=TRUE THEN
    A2:= FALSE;
    A3:= TRUE;
    Wert:= 2;
 ELSIF A3=TRUE THEN
    A3:= FALSE;
    A4:= TRUE;
    Wert:= 3;
 ELSIF A4=TRUE THEN
    A4:= FALSE;
    A1:= TRUE;
    Wert:= 0;
 ELSE
    A1:= TRUE;
    Wert:= 0;
 END_IF;

CASE Wert OF
    0:     BCD_OUT:=BCD1;
    1:     BCD_OUT:=BCD2;
    2:     BCD_OUT:=BCD3;
    3:     BCD_OUT:=BCD4;
END_CASE;
END_FUNCTION
```

Auf die Darstellung von OB1, der die Funktion FC 80 mit Parameterübergabe aufruft, wird verzichtet.

5.4.2 Wiederholungsanweisungen

Das mehrmalige Bearbeiten eines Anweisungsteils (Schleife) innerhalb eines Programmzyklus kann mit Hilfe von Wiederholungsanweisungen erfolgen. Eine Wiederholungsanweisung gibt an, welche Anweisungsteile in Abhängigkeit von bestimmten Bedingungen wiederholt werden sollen. Es werden drei Arten von Anweisungen zur Schleifenbearbeitung unterschieden:

FOR-Anweisung: Wiederholung eines Anweisungsteils, solange die Laufvariable innerhalb des angegebenen Wertebereichs liegt.

WHILE-Anweisung: Wiederholung eines Anweisungsteils, solange eine Durchführungsbedingung erfüllt ist.

REPEAT-Anweisung: Wiederholung eines Anweisungsteils, bis eine Abbruchbedingung erfüllt ist.

Zu beachten ist, dass die Wiederholungen im gleichen Programmzyklus stattfinden. Die Zykluszeit vergrößert sich somit bei jeder Wiederholung. Endlosschleifen durch fehlerhafte Wiederholungsanweisungen führen zur Überschreitung der eingestellten Zykluszeit und zum Programmstopp. Das mehrmalige Durchlaufen eines Anweisungsteils innerhalb eines Programmzyklus macht nur Sinn, wenn digitalen Funktionen verwendet werden. Nachfolgend wird deshalb auf die Darstellung von Anwendungsbeispielen verzichtet. In Kap. 6 (Digitale Operationen) und in Kap. 12.5 (SCL-(ST-) Programmierung nach Struktogramm-Vorlage) sind Beispiele zu den Wiederholungsanweisungen angegeben.

5.4.2.1 FOR-Anweisung

Eine FOR-Anweisung dient zur Wiederholung eines Anweisungsteils, solange eine Laufvariable innerhalb des angegebenen Wertebereichs liegt. Die Definition einer Schleife mit FOR schließt die Festlegung eines Start- und eines Endwertes mit ein. Beim Start der Schleife wird die Laufvariable (Steuervariable) auf den Startwert (Anfangszuweisung) gesetzt und nach jedem Schleifendurchlauf um die angegebene Schrittweite erhöht (positive Schrittweite) oder erniedrigt (negative Schrittweite), solange bis der Endwert erreicht ist. Die Laufvariable, der Startwert und der Endwert müssen vom Typ INT oder DINT sein. Startwert und Endwert müssen den gleichen Datentyp wie die Laufvariable haben. Nach jedem Durchlauf wird überprüft, ob die Bedingung (Endwert erreicht) erfüllt ist. Bei „JA" wird die Anweisungsfolge ausgeführt, andernfalls wird die Programmbearbeitung nach dem Schlüsselwort END_FOR fortgesetzt.

Syntax	Beispiel	Beschreibung

FOR Laufvariable = Startwert
TO Endwert
DO Anweisungsteil
END_FOR
	`FOR I=10 TO 20 DO`
	`MB(I+5):=EB(I);`
	`END_FOR;`
		Die Eingangsbyte EB10 bis EB20 werden den Merkerbyten MB15 bis MB25 zugewiesen.

FOR Laufvariable = Startwert
TO Endwert
BY Schrittweite
DO Anweisungsteil
END_FOR
	`FOR I=10 TO 20 BY 2 DO`
	`MW(I+5):=EW(I);`
	`END_FOR;`
		Die Eingangsworte EW10 bis EW20 werden den Merkerworten MW15 bis MW25 zugewiesen.

Regeln der FOR-Anweisung:

- Die Auswertung von Anfangswert, Endwert und Schrittweite erfolgt einmalig zu Beginn der Ausführung der FOR-Anweisung
- Eine Veränderung von Endwert und Schrittweite während der Ausführung der Schleife ist nicht erlaubt.
- Die Angabe der Schrittweite (BY) ist optional. Ist keine Schrittweite angegeben, dann beträgt die Schrittweite +1.

Beispiel für die FOR-Anweisung:

Befindet sich der Wert 75 in einem Datenfeld von 25 Werten, soll der Ausgang A 4.1 den Signalwert „1" erhalten.

STEP 7 Programm (SCL-Quelle):

```
FUNCTION_BLOCK FB 10
VAR
  L_Var     :INT;
  Datenfeld :ARRAY [1..25] of INT;
END_VAR
BEGIN
  A4.1:= FALSE;
  FOR  L_Var:= 1 TO 25 DO
      IF Datenfeld [L_VAR] = 75 THEN
      A4.1:= TRUE;
      END_IF;
END_FOR;
END_FUNCTION_BLOCK
```

5.4.2.2 WHILE-Anweisung

Die WHILE-Anweisung bewirkt die wiederholte Ausführung eines Anweisungsteils unter der Kontrolle einer Durchführungsbedingung. Die Durchführungsbedingung wird nach den Regeln eines logischen Ausdrucks gebildet und steht vor dem Anweisungsteil. Solange die Durchführungsbedingung den Wert „TRUE“ besitzt, wird der Anweisungsteil wiederholt. Besitzt die Durchführungsbedingung den Wert „FALSE“, wird die Programmbearbeitung nach dem Schlüsselwort END_WHILE fortgesetzt.

Syntax	Beispiel	Beschreibung

WHILE Bedingung
DO Anweisungsteil
END_WHILE
	`X1:=TRUE; I:=1;`
	`WHILE X1=TRUE DO`
	`IF MESS(I)=100`
	`THEN X1=FALSE;`
	`ELSIF I=25;`
	`THEN X1:=FALSE;`
	`ELSE I:=I+1;`
	`END_IF;`
	`END_WHILE;`
		Wenn die Variable MESS(I) = 100 ist oder I=25 erreicht, wird die WHILE-Schleife beendet. Mit I wird dann die Stelle des Feldes MESS angegeben, die den Wert 100 hat.

Regeln der WHILE-Anweisung:

- Vor jeder Ausführung des Anweisungsteils wird die Durchführungsbedingung ausgewertet.
- Ergibt die Auswertung der Durchführungsbedingung den Wert „TRUE“, wird der Anweisungsteil ausgeführt.
- Ergibt die Auswertung der Durchführungsbedingung den Wert „FALSE“, wird die Ausführung der WHILE-Anweisung beendet. Dies kann auch schon bei der ersten Abfrage der Fall sein.

Beispiel für die WHILE-Anweisung:

Befindet sich der Wert 75 in einem Datenfeld von 25 Werten, soll der Ausgang A 4.1 den Signalwert „1“ erhalten.

STEP 7 Programm (SCL-Quelle):

```
FUNCTION_BLOCK FB 10
VAR
  Z_Var     :INT;
  Datenfeld :ARRAY [1..25] of INT;
END_VAR
BEGIN
  Z_Var:=1;
  A4.1:= FALSE;
  WHILE Z_VAR <= 25 DO
    IF Datenfeld [Z_VAR] = 75 THEN
      A4.1:= TRUE;
      END_IF;
      Z_Var:=Z_Var +1;
  END_WHILE;
END_FUNCTION_BLOCK
```

5.4.2.3 REPEAT-Anweisung

Die REPEAT-Anweisung bewirkt die wiederholte Ausführung eines zwischen REPEAT und UNTIL stehenden Anweisungsteils bis zum Eintreten einer Abbruchbedingung. Die Abbruchbedingung wird nach den Regeln eines logischen Ausdrucks gebildet. Die Abbruchbedingung wird jeweils nach der Ausführung des Anweisungsteils überprüft. Dies bedeutet, dass der Anweisungsteil mindestens einmal ausgeführt wird, auch wenn die Abbruchbedingung von Anfang an erfüllt ist. Ist die Abbruchbedingung erfüllt, wird die Programmbearbeitung nach dem Schlüsselwort END_REPEAT fortgesetzt.

Syntax	Beispiel	Beschreibung
REPEAT Anweisungsteil UNTIL Bedingung END_REPEAT	REPEAT SFC_ERROR:=COMPRESS(BUSY:=aktiv, DONE:=fertig); UNTIL fertig END_REPEAT	Die Systemfunktion SFC 25 COMPRESS wird im Anlaufprogramm solange aufgerufen, bis das Komprimieren des Anwenderspeichers ausgeführt ist.

Regeln der REPEAT-Anweisung:

- Nach jeder Ausführung des Anweisungsteils wird die Abbruchbedingung ausgewertet.
- Ergibt die Auswertung der Abbruchbedingung den Wert „TRUE“, wird der Anweisungsteil erneut ausgeführt.
- Ergibt die Auswertung der Abbruchbedingung den Wert „FALSE“, wird die Ausführung der REPEAT-Anweisung beendet.

Beispiel für die REPEAT-Anweisung:

Befindet sich der Wert 75 in einem Datenfeld von 25 Werten, soll der Ausgang A 4.1 den Signalwert „1“ erhalten.

STEP 7 Programm (SCL-Quelle):

```
FUNCTION_BLOCK FB 10
VAR
  Z_Var     :INT;
  Datenfeld :ARRAY [1..25] of INT;
END_VAR
BEGIN
  Z_Var:=1;
  A4.1:= FALSE;
  REPEAT
    IF Datenfeld [Z_VAR] = 75 THEN
      A4.1:= TRUE;
      END_IF;
      Z_Var:=Z_Var +1;
  UNTIL Z_VAR <= 25
  END_REPEAT;
END_FUNCTION_BLOCK
```

5.4.3 Sprunganweisungen

Sprunganweisungen bewirken die Weiterbearbeitung des Programms an einer anderen Stelle innerhalb desselben Bausteins oder beenden die Bearbeitung des aktuellen Bausteins und führen zum Rücksprung in den aufrufenden Baustein. Bei STEP 7 werden vier Arten von Sprunganweisungen unterschieden:

CONTINUE-Anweisung:	Abbruch der Ausführung des momentan bearbeiteten Anweisungsteils bei einem Schleifendurchlauf.
EXIT-Anweisung:	Verlassen einer Schliefe an beliebiger Stelle unabhängig von den Schleifenbedingungen
GOTO-Anweisung:	Sprung zu einer angegebenen Sprungmarke.
RETURN-Anweisung:	Verlassen des aktuellen Bausteins und Rücksprung zu dem aufrufenden Baustein.

Die beiden Sprunganweisungen CONTINUE und EXIT werden nur im Zusammenhang mit einer Schleifenbearbeitung angewendet. Die GOTO-Anweisung besitzt eine Sprungmarke die im gleichen Baustein als Sprungziel vorhanden sein muss. Die RETURN-Anweisung entspricht der Anweisungen BEA in der AWL-Programmiersprache. Beispiele zu den Sprunganweisungen finden sich in Kap. 6 (Digitale Operationen) und in Kap. 12 (Ablaufstrukturmethode).

5.4.3.1 CONTINUE-Anweisung

Die CONTINUE-Anweisung hat den Abbruch des momentanen Schleifendurchlaufs einer Wiederholungsanweisung (FOR, WHILE oder REPEAT) zur Folge. Die Bearbeitung des

Anweisungsteils wird abgebrochen und quasi ein Sprung zum Ende des Anweisungsteils veranlasst. Die weitere Programmbearbeitung ist dann von der Schleifenart abhängig.

In der FOR-Schleife wird nach der CONTINUE-Anweisung die Laufvariable um die angegebene Schrittweite erhöht und der Anweisungsteil erneut durchlaufen, wenn die Laufvariable kleiner gleich dem Endwert ist.

In der WHILE-Schleife entscheidet nach der CONTINUE-Anweisung die Anfangsbedingung, ob der Anweisungsteil erneut durchlaufen wird.

In der REPEAT-Schleife entscheidet nach der CONTINUE-Anweisung die Abbruchbedingung, ob der Anweisungsteil erneut durchlaufen wird.

Syntax	Beispiel	Beschreibung

CONTINUE	`FOR I=2 TO 3 DO`
	`FOR K=0 TO 7 DO`
	`IF(I=2 & K<4)`
	`THEN CONTINUE;`
	`END_IF;`
	`M(I,K):=TRUE;`
	`END_FOR;`
	`END_FOR;`
		Mit zwei geschachtelten FOR-Anweisungen werden Merkerbits des Merkerwortes MW2 auf Signalwert „1“ gesetzt. Durch die CONTINUE-Anweisung erhalten allerdings erst die Merkerbits ab M 2.4 ab den Wert TRUE.

Beispiel für die CONTINUE-Anweisung:

Befindet sich der Wert 75 in einem Datenfeld mit 25 Werten, soll der Ausgang A 4.1 den Signalwert „1“ erhalten. Die Werte des Datenfeldes, welche nicht den Wert 75 haben, sollen auf den Wert 0 gesetzt werden.

STEP 7 Programm (SCL-Quelle):

```
FUNCTION_BLOCK FB 10
VAR
  L_Var      :INT;
  Datenfeld :ARRAY [1..25] of INT;
END_VAR
BEGIN
  A4.1:= FALSE;
  FOR  L_Var:= 1 TO 25 DO
      IF Datenfeld [L_VAR] = 75 THEN
      A4.1:= TRUE;
      CONTINUE;
      END_IF;
      Datenfeld [L_VAR] := 0;
END_FOR;
END_FUNCTION_BLOCK
```

5.4.3.2 EXIT-Anweisung

Die EXIT-Anweisung hat das sofortige Verlassen einer Wiederholungsanweisung (FOR, WHILE oder REPEAT) ohne Bedingung zur Folge. Die Schleifenbearbeitung wird sofort abgebrochen und das Programm nach END_FOR, END_WHILE, oder END_REPEAT fortgesetzt. Die EXIT-Anweisung bewirkt das Verlassen derjenigen Schleife, welche die EXIT-Anweisung unmittelbar umgibt. In geschachtelten Schleifen ist das die innere Schleife.

<table>
<tr><th>Syntax</th><th>Beispiel</th><th>Beschreibung</th></tr>
<tr><td>EXIT</td><td><pre>FOR I=2 TO 3 DO
 FOR K=0 TO 7 DO
  IF(I=3 & K>5)
   THEN EXIT;
  END_IF;
  M(I,K):=TRUE;
 END_FOR;
END_FOR;</pre></td><td>Mit zwei geschachtelten FOR-Anweisungen werden Merkerbits des Merkerwortes MW2 auf Signalwert „1“ gesetzt. Durch die EXIT-Anweisung wird die innere Schleife abgebrochen, wenn I=3 und K>5 ist. Damit endet das Setzen der Merkerbits mit M 3.5.</td></tr>
</table>

Beispiel für die EXIT-Anweisung:

Befindet sich der Wert 75 in einem Datenfeld mit 25 Werten, soll der Ausgang A 4.1 den Signalwert „1“ erhalten und die Schleifenbearbeitung beendet werden. Die Laufvariable gibt somit die erste Stelle im Datenfeld an, deren Wert 75 hat.

STEP 7 Programm (SCL-Quelle):

```
FUNCTION_BLOCK FB 10
VAR
  L_Var     :INT;
  Datenfeld :ARRAY [1..25] of INT;
END_VAR
BEGIN
  A4.1:= FALSE;
  FOR  L_Var:= 1 TO 25 DO
      IF Datenfeld [L_VAR] = 75 THEN
      A4.1:= TRUE;
      EXIT;
      END_IF;
END_FOR;
END_FUNCTION_BLOCK
```

5.4.3.3 GOTO-Anweisung

Die GOTO-Anweisung bewirkt einen Programmsprung zu einer angegebenen Sprungmarke. Die Sprungmarke muss sich innerhalb desselben Bausteins befinden. Die GOTO-Anweisung ist nicht in der Norm DIN EN 61131-3 definiert. Nach den Regeln der strukturierten Programmierung sollten solche Sprünge möglichst vermieden werden. In einem Struktogramm sind Sprünge nach der GOTO-Anweisung nicht darstellbar.

<table>
<tr><th>Syntax</th><th>Beispiel</th><th>Beschreibung</th></tr>
<tr><td>GOTO Sprungmarke</td><td><pre>GOTO M1;
    X1:=TRUE;
    X2:=100;
    X3:=X4;
M1: X4:=25;</pre></td><td>Die Anweisungen X1:= bis X3:= werden übersprungen. Die Programmbearbeitung wird nach M1: fortgesetzt.</td></tr>
</table>

Regeln der GOTO-Anweisung:

- Die Sprungmarken müssen im Vereinbarungsblock innerhalb der Schlüsselworte LABEL; END_LABEL angegeben werden.
- Die GOTO-Anweisung ist nur zulässig, wenn das Sprungziel innerhalb des Anweisungsblocks oder des umgebenden Schleifenblocks liegt.
- Das Sprungziel muss eindeutig sein, d.h. es darf nur einmal vorkommen.
- Nach einer Sprungmarke muss immer eine Anweisung folgen. Leeranweisungen sind erlaubt.

Beispiel für die GOTO-Anweisung:

Befindet sich der Wert 75 in einem Datenfeld mit 25 Werten, soll der Ausgang A 4.1 den Signalwert „1" erhalten. Die Suche mit einer FOR-Schleife soll nur durchgeführt werden, wenn der Ausgang A 4.1 zu Beginn der Bausteinbearbeitung „0"-Signal besitzt.

STEP 7 Programm (SCL-Quelle):

```
FUNCTION_BLOCK FB 10
VAR
  L_Var     :INT;
  Datenfeld :ARRAY [1..25] of INT;
END_VAR
LABEL
 MARKE1;
END_LABEL
BEGIN
IF A4.1= FALSE THEN GOTO MARKE1;
END_IF;
  FOR  L_Var:= 1 TO 25 DO
      IF Datenfeld [L_VAR] = 75 THEN
      A4.1:= TRUE;
      EXIT;
      END_IF;
END_FOR;
MARKE1:;
END_FUNCTION_BLOCK
```

5.4.3.4 RETURN-Anweisung

Die RETURN-Anweisung bewirkt das Verlassen des aktuell bearbeiteten Bausteins (OB, FB, FC). Die Programmbearbeitung kehrt zu dem aufrufenden Baustein bzw. zum Betriebssystem (RETURN-Anweisung im OB) zurück.

Syntax	Beispiel	Beschreibung

RETURN	`IF FEHLER <> 0`
	` THEN RETURN;`
	`END_IF;`
		Hat die Variable FEHLER einen von 0 verschiedenen Wert, wird die Bearbeitung des Bausteins beendet.

Beispiel für die RETURN-Anweisung:

Befindet sich der Wert 75 in einem Datenfeld mit 25 Werten, soll der Ausgang A 4.1 den Signalwert „1“ erhalten. Die Suche mit einer FOR-Schleife soll nur durchgeführt werden, wenn der Ausgang A 4.1 zu Beginn der Bausteinbearbeitung „0“-Signal besitzt. Andernfalls ist die Bearbeitung des Bausteins zu beenden.

STEP 7 Programm (SCL-Quelle):

```
FUNCTION_BLOCK FB10
VAR
  L_Var     :INT;
  Datenfeld :ARRAY [1..25] of INT;
END_VAR
BEGIN
IF A4.1= FALSE THEN RETURN;
END_IF;
  FOR  L_Var:= 1 TO 25 DO
      IF Datenfeld [L_VAR] = 75 THEN
      A4.1:= TRUE;
      EXIT;
      END_IF;
END_FOR;
END_FUNCTION_BLOCK
```

5.4.4 Bausteinaufrufe

Aus einem SCL-Baustein heraus können Funktionen oder Funktionsbausteine aufgerufen werden. Die aufgerufenen Bausteine müssen zuvor in SCL, AWL, FUP oder KOP erstellt worden sein. Beim Aufruf findet über die Parameter ein Datenaustausch zwischen dem aufrufenden und dem aufgerufenen Baustein statt. Die Parameter, die übergeben werden sollen, müssen im Bausteinaufruf als Parameterliste in einer Klammer angegeben werden. Die Angabe der Parameter hat die Form einer Wertzuweisung. Durch diese Wertzuweisungen werden den Parametern des aufgerufenen Bausteins (Formaloperanden) Werte oder Operanden (Aktualoperanden) zugewiesen. Der Datentyp von Formal- und Aktualoperand muss übereinstimmen. Aufrufe von Bausteinen ohne Funktionswerte sind lediglich Programmverzweigungen im Sinne von Unterprogrammen.

5.4.4.1 Aufruf von Funktionen

Beim Aufruf von Funktionen müssen allen formalen Eingangs- Durchgangs- und Ausgangsparametern Werte oder Operanden zugewiesen werden. Liefern aufgerufene Funktionen als Ergebnis einen Rückgabewert, so können die Funktionen wie Operanden behandelt werden. Bildet die Funktion „SUMME“ beispielsweise eine arithmetische Operation von X1 und X2, so kann der Aufruf der Funktion wie folgt geschrieben werden:

```
ERGEBNIS:=SUMME(X1:=3, X2:=ANZAHL);
```

Dic aufgerufene Funktion berechnet den Rückgabewert, der den gleichen Namen trägt wie die Funktion, und übergibt diesen an die Variable „ERGEBNIS“. Der Rückgabewert kann aus einer Wertzuweisung, einem logischen, arithmetischen Ausdruck oder aus einem Parameter für einen weiteren Funktions-/Funktionsbausteinaufruf bestehen.

Ist die aufgerufene Funktion vom Typ VOID, bildet die Funktion selbst keinen Rückgabewert und kann somit auch nicht in Ausdrücken verwendet werden. Beim Aufruf dieser Funktion werden Werte über die Ausgabeparameter zurückgegeben.

Der Aufruf der Funktion erfolgt unter Angabe

- des Funktionsnamens und
- der Parameterliste.

Das Ergebnis des Funktionsaufrufs steht nach dem Aufruf

- als Rückgabewert oder
- als Durchgangs- und Ausgabeparameter zur Verfügung.

Syntax des Funktionsaufrufs:

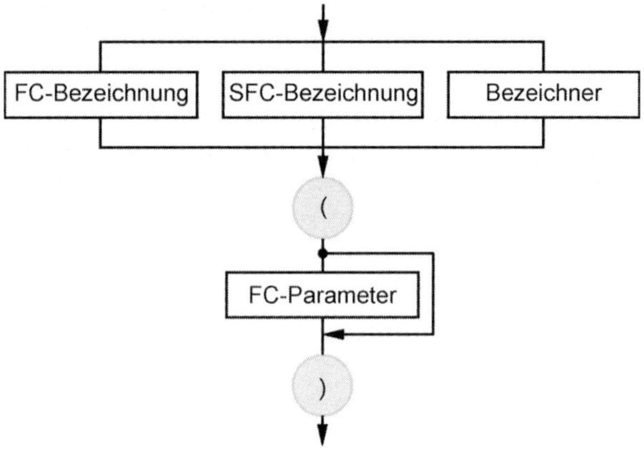

Beispiel für den Aufruf einer Funktion:

Die in Beispiel 5.7 Ultraschall-Überwachungssystem angegebene Funktion FC 10 soll von der Funktion FC 15 zweimal aufgerufen und mit den aktuellen Parameterwerten versehen werden. Die Funktion FC 10 besitzt folgende Übergabeparameter:

Eingabeparameter: S0 (BOOL); S1 (BOOL); Zeit (TIMER)

Ausgabeparameter: H1 (BOOL); HU (BOOL); H_Al (BOOL);

Die Funktion FC 15 besitzt einen Rückgabewert vom Typ BOOL, der dann „TRUE" sein soll, wenn in einem der beiden Funktionsaufrufe ein Alarm vorliegt.

STEP 7 Programm (SCL-Quelle):

```
FUNCTION FC 15 : BOOL
VAR_INPUT
 X1:BOOL;
 X2:BOOL;
 X3:BOOL;
END_VAR
```

```
VAR_TEMP
  STOE1:BOOL;
  STOE2:BOOL;
END_VAR
```

```
BEGIN
  FC10(S0:=E0.0, S1:=X1, Zeit:=T1, H1:=A4.1, HU:=A4.2,H_Al :=STOE1);
  FC10(S0:=X2, S1:=X3, Zeit:=T2, H1:=A5.1, HU:=A5.2,H_Al :=STOE2);

  IF (STOE1 = TRUE OR STOE2 = TRUE) THEN
    FC15:=TRUE;
  ELSE
    FC15:=FALSE;
  END_IF;
END_FUNCTION
```

5.4.4.2 Aufruf von Funktionsbausteinen

Der Aufruf eines Funktionsbausteins mit der Programmiersprache SCL kann prinzipiell auf zwei Arten erfolgen:

Aufruf mit einer globalen Instanz (FB-Aufruf mit eigenem Instanzdatenbaustein),
Aufruf mit einer lokalen Instanz (FB-Aufruf ohne eigenem Instanzdatenbaustein).

Die beiden Aufrufe unterscheiden sich neben der Syntax auch in der Speicherung der Daten. Beim Aufruf mit einer lokalen Instanz werden die Daten nicht in dem Instanz-Datenbaustein des aufgerufenen Bausteins abgelegt, sondern in einen Instanz-Bereich des aufrufenden Bausteins eingeschachtelt.

Bei beiden Aufrufarten muss in der Parameterliste zwischen den Eingangsparametern und den Durchgangsparametern unterschieden werden. Über Wertzuweisungen werden in der Parameterliste den Formaloperanden die Aktualoperanden oder Werte zugewiesen. Die Reihenfolge der Zuweisungen ist dabei beliebig. Ausgangsparameter dürfen in der Parameterliste nicht angegeben werden. Der Wert eines vereinbarten Ausgangsparameters ist in den Instanzdaten gespeichert und dort für den Zugriff verfügbar.

Nach dem Durchlauf eines aufgerufenen Funktionsbausteines sind die übergebenen aktuellen Eingangsparameter unverändert. Die Werte der übergebenen aktuellen Durchgangsparameter werden nach dem Programmdurchlauf aktualisiert. Die Ausgabeparameter können aus dem Instanzdatenbaustein oder dem lokalen Instanzbereich gelesen werden.

Aufruf eines Funktionsbausteins mit globaler Instanz:

Der Aufruf erfolgt in einer Aufrufanweisung unter Angabe:

- des Namens des Funktionsbausteins bzw. Systemfunktionsbausteins (FB- oder SFB-Bezeichnung),
- des Instanz-Datenbausteins (DB-Bezeichnung),
- sowie der Parameterversorgung (FB-Parameter).

Der Aufruf einer globalen Instanz kann absolut oder symbolisch definiert sein.

Syntax des FB-Aufrufs:

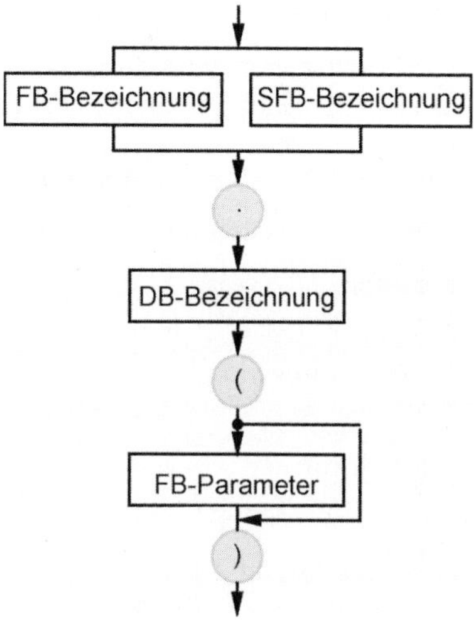

Beispiel für den FB-Aufruf mit Instanzdatenbaustein:

Der Funktionsbaustein FB20 mit Instanzdatenbaustein DB20 soll aufgerufen werden.

```
FB20.DB20(X1:=TRUE, X2:=4)     ; // absolut
ANTRIEB.EIN(X1:=TRUE, X2:=4) ; // symbolisch
```

Nach dem Aufruf der Funktion kann der Ausgangswert „ERGEBNIS“ wie folgt abgefragt und der Variablen „NEUWERT“ zugewiesen werden:

```
NEUWERT:=DB20:ERGEBNIS
```

Aufruf eines Funktionsbausteins mit lokaler Instanz:

In einem Funktionsbaustein können andere Funktionsbausteine als Lokalinstanz deklariert und aufgerufen werden. Die so aufgerufenen Funktionsbausteine legen dann ihre Lokaldaten im Instanz-Datenbaustein des aufrufenden Bausteins ab.

Der Aufruf erfolgt in einer Aufrufanweisung unter Angabe:

- des lokalen Instanznamens (BEZEICHNER) und
- der Parameterversorgung (FB-Parameter).

Die Versorgung der Bausteinparameter ist freigestellt. Wird ein Bausteinparameter nicht versorgt, behält er seinen zuletzt eingestellten Wert. Auch wenn keine Parameter versorgt werden, müssen Klammern gesetzt werden.

Syntax des FB-Aufrufs:

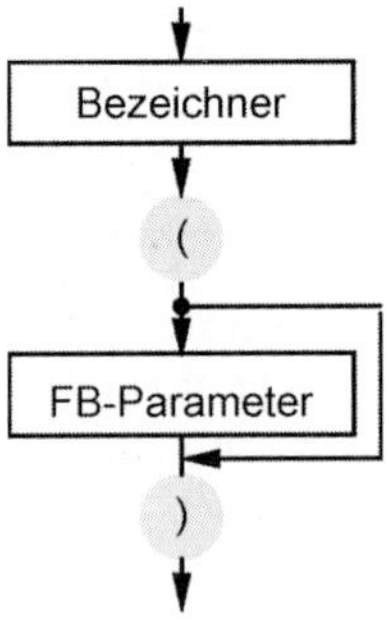

Ein Aufruf einer lokalen Instanz ist immer symbolisch. Der symbolische Namen muss im Vereinbarungsteil des aufrufenden Bausteins vereinbart werden. Die Deklaration als Lokalinstanz ist innerhalb der statischen Lokaldaten durch Angabe eines symbolischen Namen auszuführen.

```
VAR
  ERGEBNIS : FB35;
END_VAR
```

Der gleiche Funktionsbaustein kann mit verschiedenen Namen mehreren Lokalinstanzen zugewiesen werden.

Die Ausgangsparameter können bei einem Funktionsbausteinaufruf nicht versorgt werden. Der Wert eines Ausgangsparameters kann als Komponente der Lokalinstanz gelesen werden.

Beispiel für den FB-Aufruf mit lokaler Instanz:

Der Funktionsbaustein FB20 soll mit der Variablen ERG_L aufgerufen werden.

Deklaration:

```
VAR
  ERG_L: FB20;
END_VAR
```

Bausteinaufruf:

```
  ERG_L(X1:=TRUE, X2:=5);
```

Abfrage des Ausgangsparameters:

```
  AUSGABE:=ERG_L.OUT;
```

6 Digitale Operationen

6.1 Übertragungsfunktionen

Mit Übertragungsfunktionen werden Daten in den Akkumulator (Arbeitsregister) der CPU geladen und ausgelesen oder es wird ein Datenaustausch zwischen den Akkumulatoren veranlasst. Neben dem Datenaustausch zwischen verschiedenen Baugruppen der Steuerung wie den Eingängen, Ausgängen sowie dem Merker- und Datenspeicherbereich finden Übertragungsfunktionen bei STEP 7 noch Anwendung bei den digitalen Operationen wie Vergleichsoperationen, arithmetische Operationen, digitale Verknüpfungen und Schiebefunktionen, welche über die Akkumulatoren der CPU ausgeführt werden. Für diese Operationen sind zwei Akkumulatoren erforderlich. Besitzt die CPU mehr als zwei Akkumulatoren, so können diese zur Zwischenspeicherung von Daten verwendet werden.

6.1.1 Lade- und Transfer-Funktionen

Mit Lade- und Transferbefehlen werden Daten von einer Datenquelle in den Akku (Akkumulator) geladen und aus dem Akku zu einem Datenziel transferiert. Ein Akku ist ein besonderes Register in der CPU, welches als Zwischenspeicher dient. Es wird noch ein weiterer Akku (Akku 2) benötigt, da bei Vergleichsoperationen, arithmetische Operationen und digitalen Operationen zwei Operanden zu einem Ergebnis verarbeitet werden müssen. Der zuerst geladene Operand kommt in den Akku 1. Beim Laden des zweiten Operanden werden zunächst die Daten von Akku 1 in den Akku 2 verschoben und dann der zweite Operand in den Akku 1 geladen. Anschließend wird die gewünschte Operation durchgeführt. Das Ergebnis der Operation steht dann in Akku 1. Um die Richtung des Informationsflusses zu kennzeichnen, werden die Begriffe „Laden“ und „Transferieren“ eingeführt.

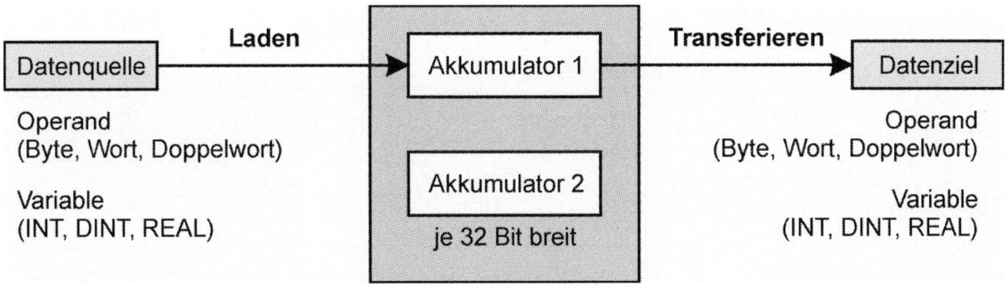

Lade- und Transferbefehle werden unabhängig vom Verknüpfungsergebnis und den Statusbits ausgeführt und beeinflussen diese Bits auch nicht. Der bei den Befehlen stehende Operand kann die Länge: Byte, Wort, oder Doppelwort, bzw. die Variable das Format: INT, DINT oder REAL haben.

6.1.1.1 Lade- und Transfer-Funktionen in der Programmiersprache AWL

Die Lade-Funktion besteht aus der Operation L und einem digitalen Operanden. Laden bedeutet, dass die Informationen einer Datenquelle zum Akku 1 gebracht werden. Die Ladefunktion verändert auch den Inhalt von Akku 2. Während der Wert des bei der Ladeoperation angegebenen Operanden in den Akku 1 geladen wird, erhält gleichzeitig der Akku 2 den alten Wert von Akku 1. Der vorherige Inhalt von Akku 2 geht dabei verloren. Laden heißt auch soviel wie Abfragen. Abgefragt werden können bei STEP 7 Eingänge, Ausgänge, Peripherie, Merker, Zeiger, Konstanten, Zeitwerte, Zählerwerte, Daten aus Datenbausteinen und Variablen.

Beim Laden eines Operanden mit der Länge von einem Byte wird der Inhalt des Bytes rechtbündig in den Akku 1 geschrieben. Die restlichen drei Bytes von Akku 1 werden mit „0" aufgefüllt.

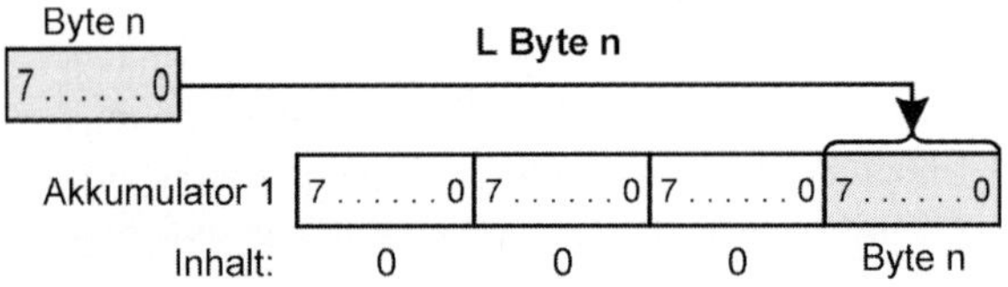

Beim Laden eines Operanden mit der Länge von einem Wort wird der Inhalt des Wortes rechtsbündig in den Akku 1 geschrieben. Das höher adressierte Byte steht dabei ganz rechts. Die restlichen zwei Bytes von Akku 1 werden mit „0" aufgefüllt.

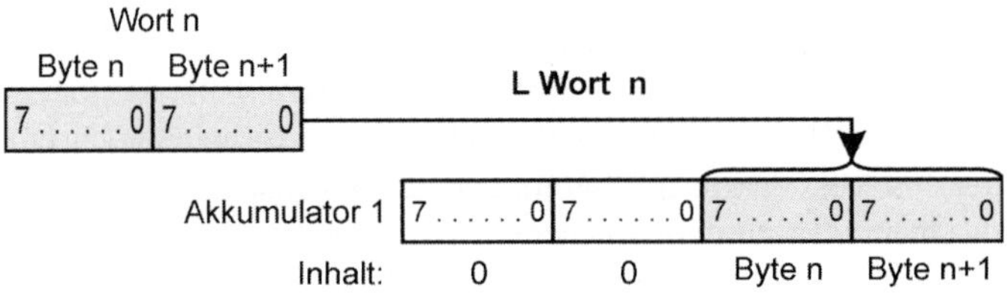

Beim Laden eines Operanden mit der Länge von einem Doppelwort wird der Inhalt des Doppelwortes rechtsbündig in den Akku 1 geschrieben. Das am niedrigsten adressierte Byte steht dabei ganz links.

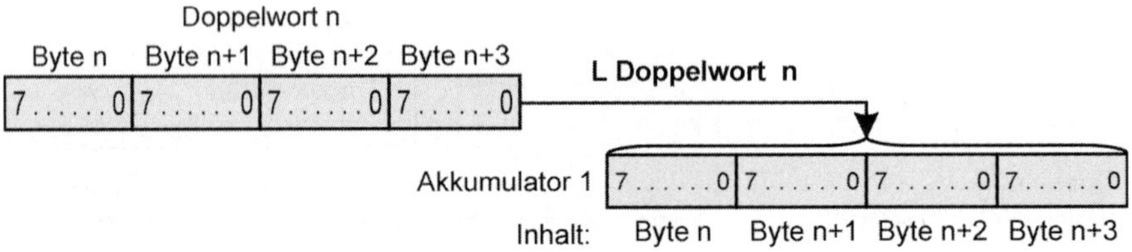

Übersicht zu den Lade-Befehlen:

Laden von:	Anweisung	Kommentar
Eingängen	L EB n L EW n L ED n	Laden eines Eingangsbytes Laden eines Eingangsworts Laden eines Eingangsdoppelworts
Ausgängen	L AB n L AW n L AD n	Laden eines Ausgangsbytes Laden eines Ausgangsworts Laden eines Ausgangsdoppelworts
Peripherie	L PB n L PW n L PD n	Laden eines Peripheriebytes Laden eines Peripherieworts Laden eines Peripheriedoppelworts

Merkern	L MB n L MW n L MD n	Laden eines Merkerbyte Laden eines Merkerwort Laden eines Merkerdoppelwort
Konstanten	L B#16#F5 L -500 L L#-100 L 2.0 L S5T#2S500MS L C#250	Laden einer zweistelligen Hex-Zahl Laden einer Integer-Zahl Laden einer Doppelinteger-Zahl Laden einer Real-Zahl Laden einer S5-Zeit Laden eines S5-Zählwertes
Zeiten	L T n LC T n	Laden eines Zeitwertes dualcodiert Lade eines Zeitwertes BCD-codiert
Zähler	L Z n LC Z n	Laden eines Zählerwertes dualcodiert Lade eines Zählerwertes BCD-codiert
Zeigern	L P#1.0 L P#M1.0 L P#name	Laden eines bereichsinternen Zeigers Laden eines bereichsübergreifenden Zeigers Laden der Adresse einer Lokalvariablen
Daten	 L DB x. DBB n L DB x. DBW n L DB x. DBD n L DBB n L DBW n L DBD n	Mit Angabe des Datenbausteins Laden eines Datenbytes Laden eines Datenworts Laden eines Datendoppelworts Ohne Angabe des Datenbausteins Laden eines Datenbytes Laden eines Datenworts Laden eines Datendoppelworts
Variablen	L #Sollwert	Laden der Variablen Sollwert

Die Transferfunktion besteht aus der Operation T und einem digitalen Operanden. Transferieren bedeutet, dass die Informationen vom AKKU 1 zu einem Datenziel gebracht werden. Die Transferfunktion bezieht sich nur auf den Akku 1. Transferieren heißt auch soviel wie Zuweisen. Der Inhalt des Akku 1 kann bei STEP 7 Eingängen, Ausgängen, Peripherie, Merkern, Daten aus Datenbausteinen und Variablen zugewiesen werden.

Beim Transferieren eines Operanden mit der Länge von einem Byte wird der Inhalt des im Akku 1 rechtsbündig gelegenen Bytes dem angegebenen Operandenbyte zugewiesen.

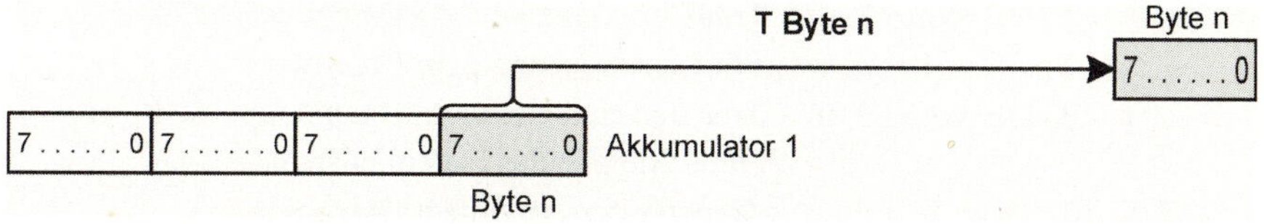

Beim Transferieren eines Operanden mit der Länge von einem Wort wird der Inhalt des im Akku 1 rechtsbündig gelegenen Wortes in das Operandenwort übertragen. Das rechtsbündig im Akku 1 gelegene Byte erscheint im (n+1)-Byte des Operandenwortes.

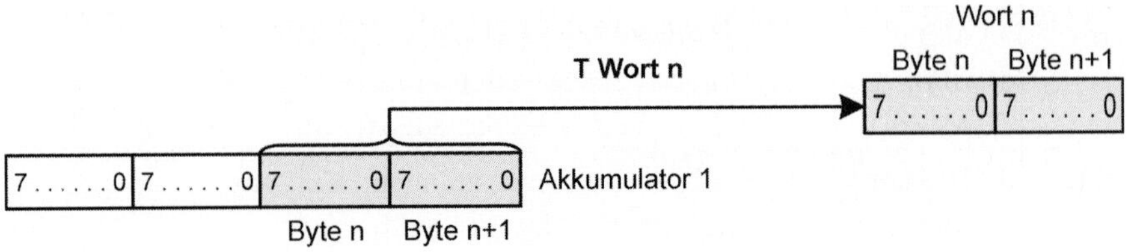

Beim Transferieren eines Operanden mit der Länge von einem Doppelwort wird der gesamte Inhalt von Akku 1 in das Operandendoppelwort übertragen. Das ganz links im Akku 1 liegende Byte wird dabei zum am niedrigsten adressierten Byte (n) übertragen.

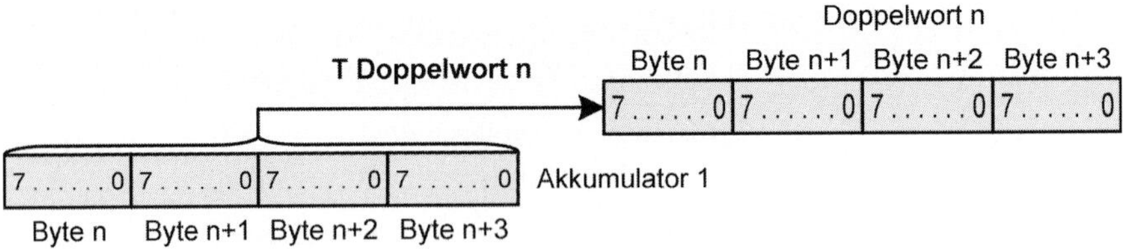

Übersicht zu den Transfer-Befehlen:

Transferieren zu:	Anweisung	Kommentar
Eingängen	T EB n T EW n T ED n	Transferieren zu einem Eingangsbyte Transferieren zu einem Eingangswort Transferieren zu einem Eingangsdoppelwort Hinweis: Nur das Prozessabbild wird beeinflusst.
Ausgängen	T AB n T AW n T AD n	Transferieren zu einem Ausgangsbyte Transferieren zu einem Ausgangswort Transferieren zu einem Ausgangsdoppelwort
Peripherie	T PAB n T PAW n T PAD n	Transferieren zu einem Peripheriebyte Transferieren zu einem Peripheriewort Transferieren zu einem Peripheriedoppelwort Hinweis: Nur Ausgänge können angesprochen werden.
Merkern	T MB n T MW n T MD n	Transferieren zu einem Merkerbyte Transferieren zu einem Merkerwort Transferieren zu einem Merkerdoppelwort
Daten	 T DB x. DBB n T DB x. DBW n T DB x. DBD n T DBB n T DBW n T DBD n	Mit Angabe des Datenbausteins Transferieren zu einem Datenbyte Transferieren zu einem Datenwort Transferieren zu einem Datendoppelwort Ohne Angabe des Datenbausteins Transferieren zu einem Datenbyte Transferieren zu einem Datenwort Transferieren zu einem Datendoppelwort
Variablen	T #Stellwert	Transferieren zu der Variablen „Stellwert“

6.1.1.2 Lade- und Transfer-Funktionen in der Programmiersprache FBS (FUP)

Im Funktionsplan FUP wird die Lade- und Transferfunktion mit einer MOVE-Box dargestellt. Diese enthält beide Übertragungswege. Sie lädt die am Eingang IN anstehenden Daten in den Akku 1 und transferiert gleich anschließend den Inhalt von Akku 1 zum Operanden am Ausgang OUT. Neben dem IN-Eingang und dem OUT-Ausgang hat die MOVE-Box noch den Freigabeeingang EN und den Freigabeausgang ENO.

Darstellung, Parameter, mögliche Operanden und die Datentypen der MOVE-Box sind in der folgenden Tabelle angegeben.

Übergabeparameter	Parameter	Operand	Datentyp
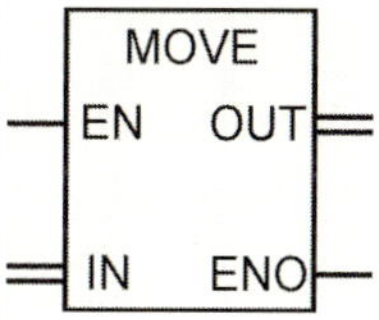	EN	E, A, M, DBX, L, T oder Z	BOOL
	IN	E, A, M, D, L, P ,Konstante oder Variable	Alle, mit 1, 2 oder 4 Byte
	OUT	E, A, M, D, L oder Variable	Alle, mit 1, 2 oder 4 Byte
	ENO	E, A, M, DBX, L oder EN	BOOL

Darstellung in STEP 7 FUP:

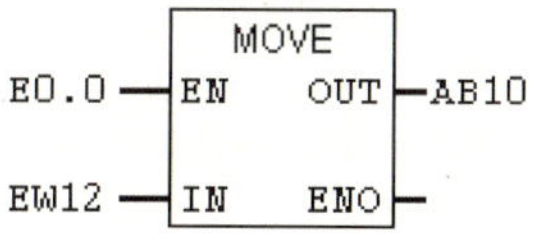

Wirkungsweise des Aufrufs: Hat der Eingang E 0.0 „1“-Signal, werden die 8 Bits des Eingangsbytes EB13 den 8 Bits des Ausgangsbytes AB10 zugewiesen. Dies erfolgt, indem zunächst das Eingangswort EW12 in den Akku 1 rechtbündig geladen wird, und dann das rechtsbündige Byte von Akku 1 zum Ausgangsbyte AB10 transferiert wird (siehe nachfolgende Regel 3).

Regeln für den Gebrauch der MOVE-Box:

- An den Eingang IN und an den Ausgang OUT können digitale Operanden mit den elementaren Datentypen außer BOOL gelegt werden.
- Die Variablen am Eingang IN und Ausgang OUT können unterschiedlichen Datentypen aufweisen.
- Die Operandenbreite am Eingang IN und am Ausgang OUT kann unterschiedlich sein.
- Der Eingang EN und der Ausgang ENO müssen nicht beschaltet werden.
- Mit dem Eingang EN kann die Abarbeitung der MOVE-BOX bedingt durchgeführt werden.

6.1.1.3 Lade- und Transferfunktionen in der Programmiersprache ST (SCL)

Wertzuweisungen mit Variablen eines elementaren Typs (ohne BOOL) entsprechen bei SCL den Lade- und Transferfunktionen. Der vorhandene Wert einer Variablen wird durch eine Wertzuweisung mit einem neuen Wert überschrieben. Jeder Ausdruck und jede Variable mit einem elementaren Datentyp kann einer anderen typengleichen Variablen zugewiesen werden.

Syntax der Wertzuweisung:

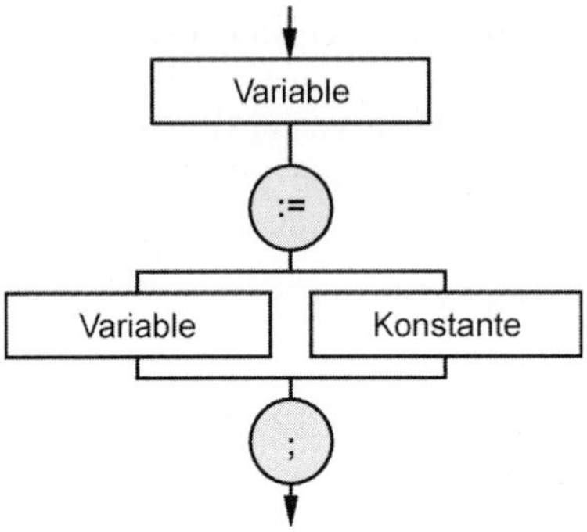

Der Ausdruck (Variable oder Konstante) auf der rechten Seite der Wertzuweisung wird in den Akku 1 geladen und der Variablen auf der linken Seite des Ausdrucks zugewiesen.

Beispiele:

```
Sollwert := EW12;
Sollwert := Sollwert_1;
Sollwert := 250;
```

Das nachfolgende Beispiel zu den Lade- und Transferfunktionen zeigt die Anwendung der MOVE-Box. Durch den EN-Eingang lassen sich die Lade- und Transferfunktionen sehr einfach bedingt durchführen.

Beispiel 6.1: Füllstandsanzeige bei einer Tankanlage

In einem Tanklager befinden sich fünf Tanks. Die Füllstände der einzelnen Tanks werden mit Ultraschallsensoren gemessen. Auf einer BCD-Anzeige wird einer der fünf Füllstände angezeigt. Die Auswahl, welcher Füllstand aktuell angezeigt wird, erfolgt mit einem fünfstufigen Wahlschalter. Es ist eine Funktion FC81 zu entwerfen, welche die Ansteuerung der Anzeige in Abhängigkeit vom Wahlschalter bewirkt. Liefert der Wahlschalter infolge einer Störung eine falsche Eingangskombination, wird die Anzeige durch Ausgabe des Wertes W#16#FFFF dunkel geschaltet. Die Aufbereitung der von den Ultraschallsensoren ermittelten Füllstände zu den BCD-Werten für die Anzeige ist nicht Gegenstand dieses Beispiels.

Technologieschema:

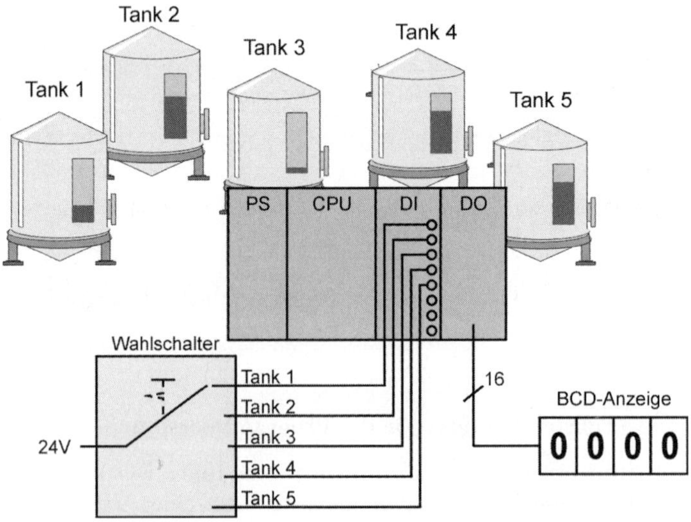

Bild 6.1: Tankanzeige

Zuordnungstabelle der Eingänge und Ausgänge:

Eingangsvariable	Symbol	Datentyp	Logische Zuordnung		Adresse
Wahlschalter Tank 1	S1	BOOL	Betätigt	S1 = 1	E 0.1
Wahlschalter Tank 2	S2	BOOL	Betätigt	S2 = 1	E 0.2
Wahlschalter Tank 3	S3	BOOL	Betätigt	S3 = 1	E 0.3
Wahlschalter Tank 4	S4	BOOL	Betätigt	S4 = 1	E 0.4
Wahlschalter Tank 5	S5	BOOL	Betätigt	S5 = 1	E 0.5
Ausgangsvariable					
4-stellige BCD-Anzeige	AW	WORD	BCD-Code		AW 12

In der Funktion FC 81 werden abhängig vom Wahlschalter die einzelnen BCD-Werte mit der MOVE-BOX durchgeschaltet. Ist eine der Bedingungen an den EN-Eingängen erfüllt, kann die Bearbeitung des Bausteins mit der RET-Funktion beendet werden.

Deklarationstabelle für Übergabeparameter der Funktion FC 81:

Deklaration	Name	Typ	Kommentar
in	W1 ... W5	BOOL	Auswahl des anzuzeigenden BCD-Wertes
in	BCD_1… BCD_5	WORD	Füllstände
out	BCD_out	WORD	Ausgabewert

Funktionsplan FC 81:

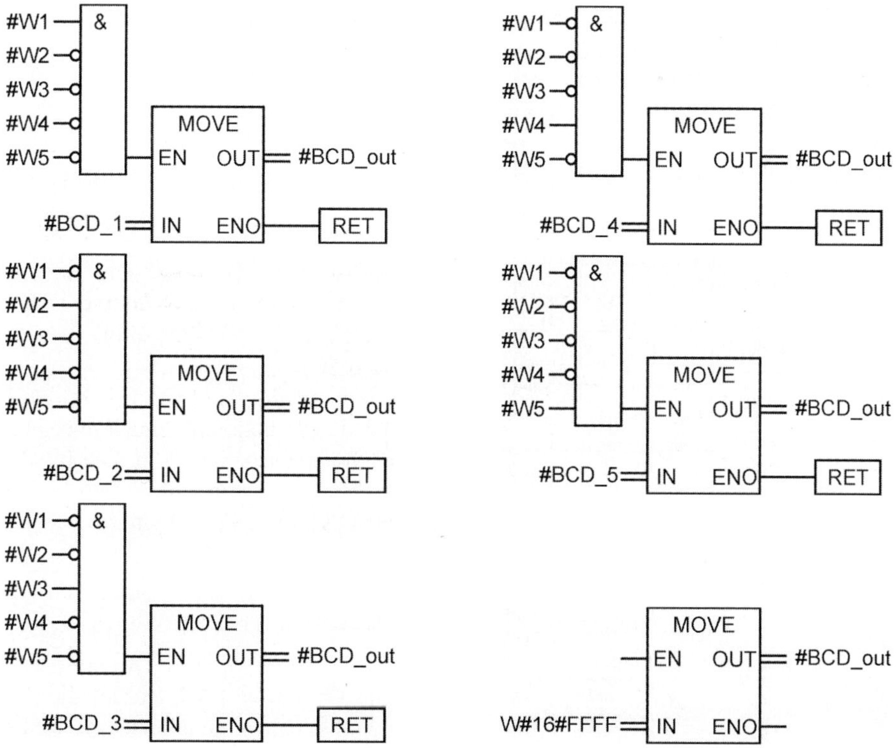

Auf die Darstellung des Aufrufs der Funktion im Organisationsbaustein OB1 wird verzichtet.

6.1.2 Akkumulatorfunktionen

Mit Akkumulatorfunktionen wie PUSH, POP, TAK, ENT und LEAVE können die Inhalte der Akkumulatoren ausgetauscht oder übertragen werden. Die Akkumulatorfunktionen TAW und TAD tauschen im Akku 1 die Bytes. Die Ausführung der Funktionen ist unabhängig vom Verknüpfungsergebnis VKE und den Statusbits. In der nachfolgenden Tabelle sind die Akkumulatorfunktionen und eine Beschreibung aufgelistet.

Name	Ausgeführte Funktion	Beschreibung
PUSH	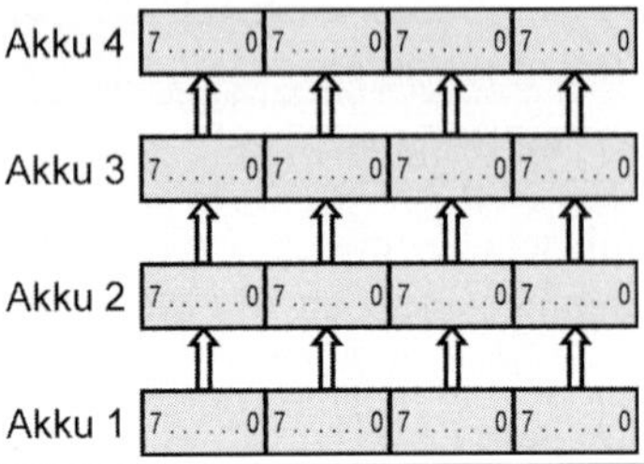	Die Operation PUSH schiebt den Inhalt der Akkumulatoren 1 bis 3 jeweils in den nächst höheren Akkumulator. Der Inhalt von Akku 1 ändert sich dabei nicht. Bei Geräten der Familie S7 300 wird nur der Inhalt von Akku 1 in den Akku 2 geschrieben
POP	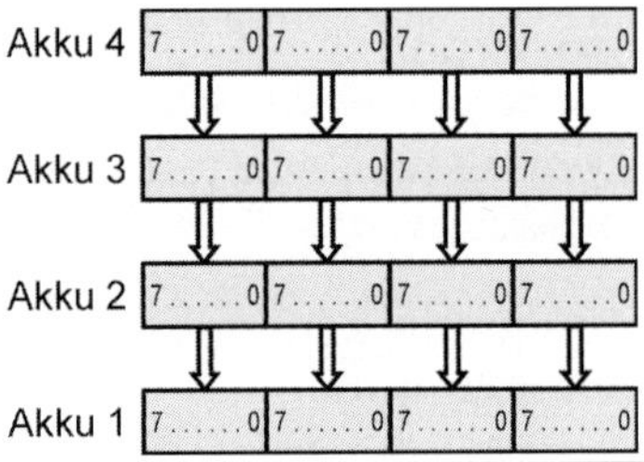	Die Operation POP schiebt den Inhalt der Akkumulatoren 4 bis 2 jeweils in den nächst niedrigeren Akkumulator. Der Inhalt von Akku 4 ändert sich dabei nicht. Bei Geräten der Familie S7 300 wird nur der Inhalt von Akku 2 in den Akku 1 geschrieben
TAK	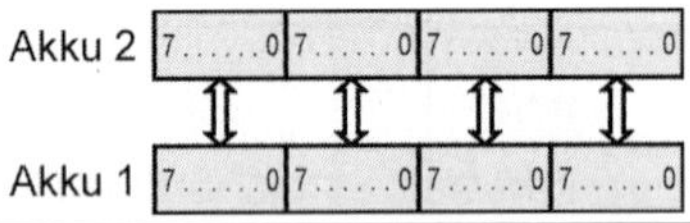	Die Operation TAK tauscht die Inhalte der Akku 1 und Akku 2.
ENT	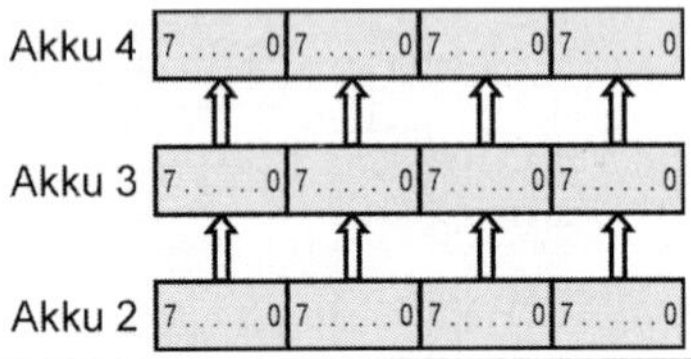	Die Operation ENT schiebt den Inhalt der Akkumulatoren 2 und 3 jeweils in den nächst höheren Akku. Die Inhalte von Akku 1 und Akku 2 ändern sich dabei nicht. Nur bei S7-400 gültig.
LEAVE	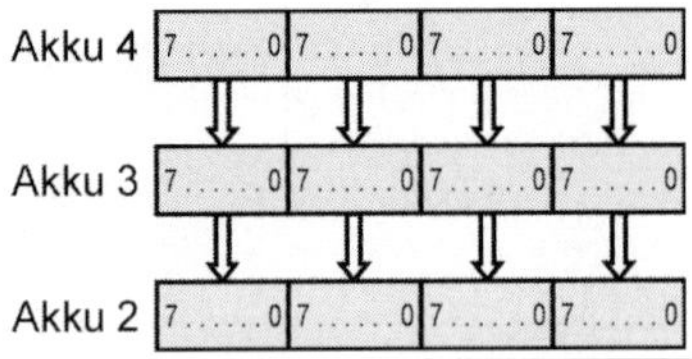	Die Operation LEAVE schiebt den Inhalt der Akkumulatoren 3 und 4 jeweils in den nächst niedrigeren Akku. Die Inhalte von Akku 1 und Akku 4 ändern sich dabei nicht. Nur bei S7-400 gültig.
TAW		Die Operation TAW tauscht im Akku 1 die Bytes des rechten Wortes.
TAD	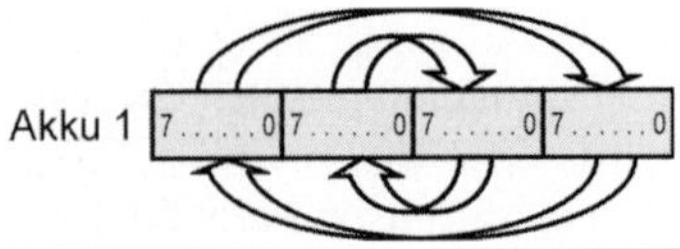	Die Operation TAD tauscht die 4 Bytes von Akku 1 in die umgekehrte Reihenfolge.

6.2 Vergleichsfunktionen

Mit Vergleichsfunktionen werden die Werte zweier Operanden des gleichen Datentyps verglichen. Das Ergebnis des Vergleichs steht als boolescher Wert zur Verfügung. Mögliche Vergleichsfunktionen sind:

Operand 1 (INT, DINT, REAL) – Operand 2 (INT, DINT, REAL)

GT	>	Größer
GE	>=	Größer oder gleich
EQ	==	Gleich
NE	<>	Ungleich
LE	<=	Kleiner oder gleich
LT	<	Kleiner

Bei STEP 7 werden alle Vergleichsfunktionen unabhängig vom Verknüpfungsergebnis VKE über Akku 1 und Akku 2 ausgeführt. Das bedeutet, dass zuerst der Operand 1 in den Akku 1 geladen wird. Beim Laden des zweiten Operanden werden die Daten von Akku 1 in den Akku 2 verschoben und dann der zweite Operand in den Akku 1 geladen. Mit der angegebenen Vergleichsoperation wird dann der Inhalt von Akku 2 (Operand 1) mit dem von Akku 1 (Operand 2) verglichen. Das Ergebnis des Vergleichs beeinflusst das Verknüpfungsergebnis VKE. Trifft die Aussage des Vergleichs zu, wird das VKE = „1". Das VKE kann mit Zuweisungsfunktionen oder Sprungfunktionen ausgewertet werden. Die Akkumulatorinhalte werden dabei nicht verändert.

Operationsdarstellung in der Steuerungssprache STEP 7:

Datentyp	AWL	FUP	SCL
INT	L MW 10 L MW 12 >I = A 4.1	CMP >I MW10 – IN1 MW12 – IN2 A4.1 =	IF WORD_TO_INT(MW10) > WORD_TO_INT(MW12) THEN A4.1:=TRUE; ELSE A4.1:=FALSE; END_IF;
DINT	L MD 14 L MD 18 >D = A 4.2	CMP >D MD14 – IN1 MD18 – IN2 A4.2 =	IF DWORD_TO_DINT(MD14) > DWORD_TO_DINT(MW18) THEN A4.2:=TRUE; ELSE A4.2:=FALSE; END_IF;
REAL	L MD 22 L MD 24 >R = A 4.3	CMP >R MD22 – IN1 MD24 – IN2 A4.3 =	IF DWORD_TO_REAL(MD22) > DWORD_TO_REAL(MW24) THEN A4.3:=TRUE; ELSE A4.3:=FALSE; END_IF;

In der Tabelle sind die Abfragen für den Vergleich „Größer" (>) dargestellt. Bei der Darstellung der Vergleichsfunktionen Größer gleich (>=), Gleich (==), Ungleich (<>), Kleiner gleich (<=) und Kleiner (<) ändert sich jeweils nur das entsprechende Relationszeichen.

Der Datentyp und das Datenformat der Operanden in der Programmiersprache AWL wird nicht geprüft. Bei der Programmiersprache FUP haben die beiden Funktionseingänge IN1 und IN2 den Datentyp, der nach dem Relationszeichen in der Vergleichsbox angegeben ist (I: INT; D: DINT bzw. R: REAL). Die angegebenen Eingangsvariablen müssen den gleichen Datentyp, wie die Eingänge IN haben. Absolut adressierte Variable an den Eingängen IN besitzen die Operandenbreiten, die dem Datentyp der Eingänge IN entsprechen. Bei der Programmiersprache SCL können nur typgleiche Variablen miteinander verglichen werden. Innerhalb der folgenden Typklasse sind alle Variablen vergleichbar:

- INT, DINT, REAL.
- BOOL, BYTE, WORD, DWORD. (Hinweis: Bei Variablen dieser Art können nur die Vergleichsausdrücke GLEICH oder UNGLEICH verwendet werden.)

Variable des Formats DATE-AND-TIME, STRING und CHAR können in SCL direkt verglichen werden. In den Programmiersprachen AWL und SCL kann bei diesen Formaten auf IEC-Funktionen in der STEP-7 Bibliothek zurückgegriffen werden.

Beispiel 6.2: Wertbegrenzung

Es ist eine Funktion FC 30 LIMIT_IND zu entwerfen, welche einen Wert auf vorgegebene Grenzen überprüft und entsprechend weitergibt. Die Funktion übergibt einen Eingangswert XIN an den Ausgang XOUT, wenn der Eingangswert den Minimalwert MN nicht unterschreitet und den Maximalwert MX nicht überschreitet. Unterschreitet der Eingangswert XIN den Minimalwert MN, wird der Minimalwert an den Ausgang XOUT übergeben und der Ausgang MN_IND zeigt dies mit einem „1"-Signal an. Überschreitet der Eingangswert den Maximalwert, wird der Maximalwert an den Ausgang übergeben und der Ausgang MX_IND zeigt dies mit einem „1"-Signal an.

Aufgabe der Funktion:

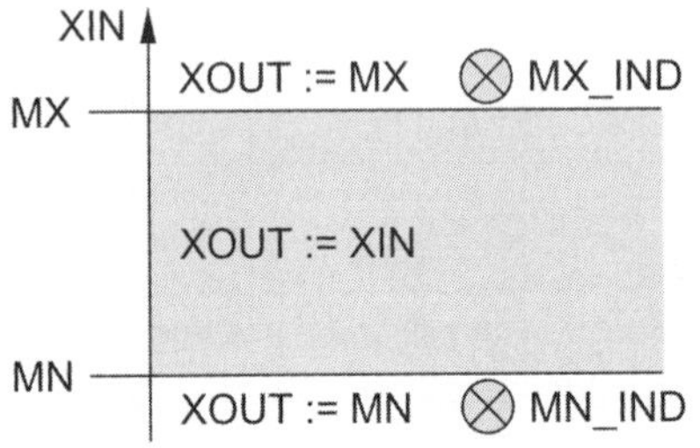

Übergabewerte der Funktion FC 30:

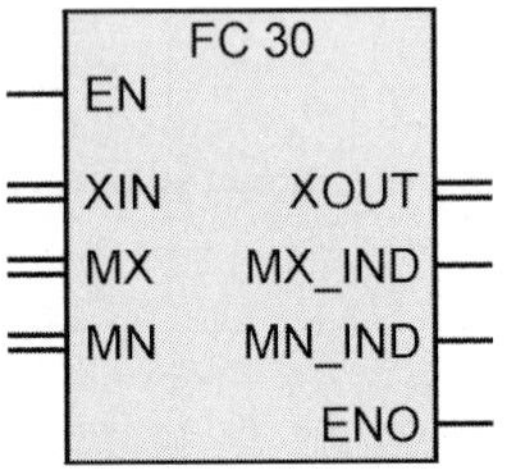

Für die Programmstruktur spielt es keine Rolle, welchen Datentyp der zu überprüfende Wert besitzt. Je nach benötigtem Datentyp müssen die Eingangs-, Ausgangsparameter und die Vergleichsoperation angepasst werden. In der gezeigten Lösung wird der Datentyp INT für den zu überprüfenden Werte verwendet.

Zur Beschreibung der Programmstruktur der Funktion FC 30 eignet sich ein Struktogramm. Aus diesem ist zu erkennen, dass das Verknüpfungsergebnis VKE der jeweiligen Vergleichsfunktion den entsprechenden Ausgangsvariablen MX_IND und MN_IND zugewiesen wird. Deshalb müssen zu Beginn der Programmbearbeitung die beiden Ausgangsvariablen auf „0"-Signal gesetzt werden.

Struktogramm der Funktion

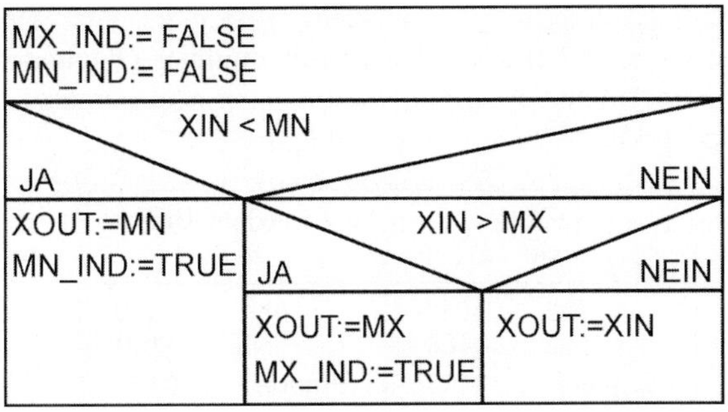

Mit der ersten Abfrage wird überprüft, ob der Eingabewert IN kleiner als die untere Grenze MN ist. Ist dies nicht der Fall, wird mit der zweiten Abfrage überprüft, ob der Eingabewert IN größer als die obere Grenze MX ist.

Die Umsetzung des Struktogramms in ein Steuerungsprogramm ist nachfolgend in den Programmiersprache AWL und SCL dargestellt. Dabei ist bei SCL der Baustein so geschrieben, dass der Übergabewert wie ein Operand in einem anderen SCL-Baustein aufgerufen werden kann.

STEP 7 Programm FC LIMIT_IND (AWL-Quelle):

```
FUNCTION FC 30 : VOID
VAR_INPUT
  XIN: INT ;
  MX : INT ;
  MN : INT ;
END_VAR
VAR_OUTPUT
  XOUT : INT ;
  MX_IND : BOOL ;
  MN_IND : BOOL ;
END_VAR

BEGIN
SET ;
R  #MX_IND;
R  #MN_IND;
L  #XIN;
L  #MN;
<I ;
T  #XOUT;
S  #MN_IND
BEB ;
L  #XIN;
L  #MX;
>I ;
T  #XOUT;
S  #MX_IND
BEB ;
L  #XIN;
T  #XOUT;
END_FUNCTION
```

STEP 7 Programm FC LIMIT_IND (SCL-Quelle):

```
FUNCTION FC 30 : INT
VAR_INPUT
  XIN:INT;
  MX:INT;
  MN:INT;
END_VAR
VAR_OUTPUT
  MX_IND:BOOL;
  MN_IND:BOOL;
END_VAR
VAR_TEMP
  XOUT:INT;
END_VAR
BEGIN
 MX_IND:= FALSE;
 MN_IND:= FALSE;
 IF XIN<MN THEN
   XOUT:=MN;
   MN_IND:=TRUE;
 ELSIF XIN>MX THEN
   XOUT:=MX;
   MX_IND:=TRUE;
 ELSE
   XOUT:=XIN;
 END_IF;
 FC30:=XOUT;   //Übergabewert
END_FUNCTION
```

Auf die Darstellung des Bausteinaufrufs im Organisationsbaustein OB 1 wird verzichtet. Die Funktion FC 30 wird in die eigene Programmbibliothek aufgenommen.

6.3 Digitale Verknüpfungen

Mit digitalen Verknüpfungen werden die einzelnen Binärstellen zweier digitaler Operanden oder eines digitalen Operanden und einer Konstanten verknüpft. Überträge zur nächsten Binärstelle gibt es dabei nicht. Folgende digitale Verknüpfungen sind ausführbar:

Funktion:	UND AND	ODER OR	Exklusiv-ODER XOR
Beispiel:	IN1: .... 1010 IN2: .... 1100 Ergebnis: 1000	IN1: .... 1010 IN2: .... 1100 Ergebnis: 1110	IN1: .... 1010 IN2: .... 1100 Ergebnis: 0110
Digitale Funktions-plandar-stellung	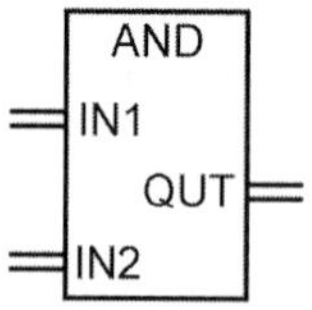	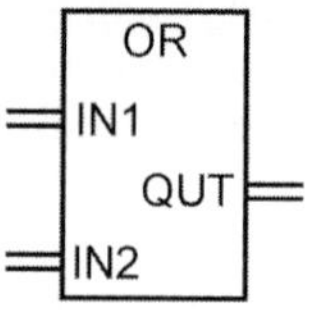	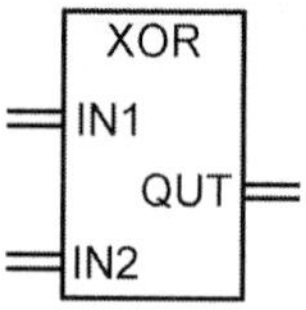

Bei STEP 7 werden alle digitalen Verknüpfungsfunktionen unabhängig vom Verknüpfungsergebnis VKE über Akku 1 und Akku 2 ausgeführt. Das bedeutet, dass zuerst der Operand 1 in den Akku 1 geladen wird. Beim Laden des zweiten Operanden werden die Daten von Akku 1 in den Akku 2 verschoben und dann der zweite Operand in den Akku 1 geladen. Mit der angegebenen Verknüpfungsoperation wird dann der Inhalt von Akku 2 (Operand 1) mit dem von Akku 1 (Operand2) verknüpft. Das Ergebnis der Verknüpfung steht in Akku 1. Das Verknüpfungsergebnis VKE wird nicht beeinflusst. Wortverknüpfungen können mit der Operandenlänge eines Wortes (UW, OW und XOW) oder mit der Operandenlänge eins Doppelwortes (UD, OD und XOD) ausgeführt werden.

6.3.1 Darstellung

Digitale Verknüpfungen können in den Programmiersprachen AWL, FUP, KOP und SCL ausgeführt werden.

Operationsdarstellung der digitalen UND-Verknüpfungen in der Steuerungssprache STEP 7:

AWL	FUP	SCL
L MW 10 L W#16#FF00 UW T MW 12	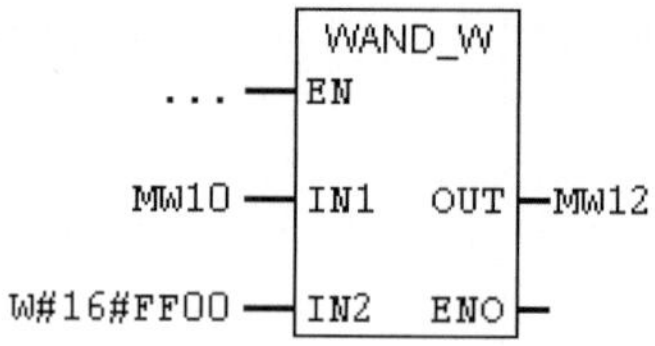	MW12:=MW10 AND 16#FF00;
L MD 14 L MD 18 UD T MD 22	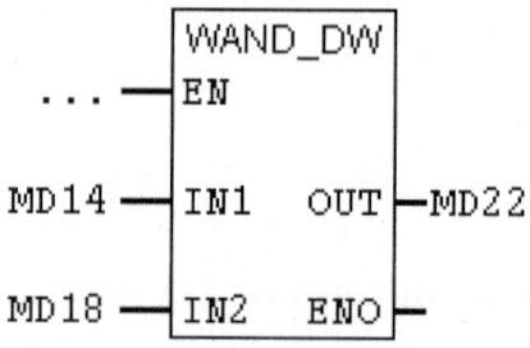	MD22:=MD14 AND MD18;

Operationsdarstellung der digitalen ODER-Verknüpfungen in der Steuerungssprache STEP 7:

AWL	FUP	SCL
L MW 10 L W#16#F0F0 OW T MW 12	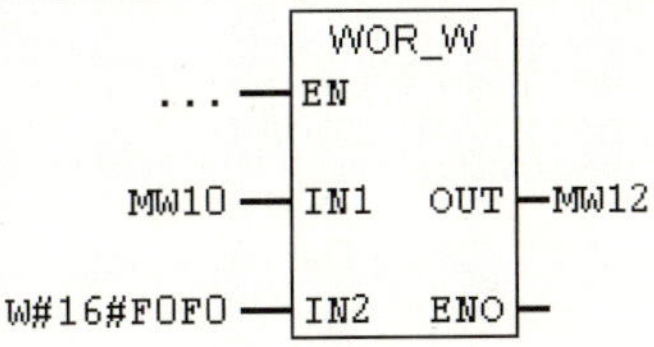	MW12:=MW10 OR 16#F0F0;
L MD 14 L MD 18 OD T MD 22	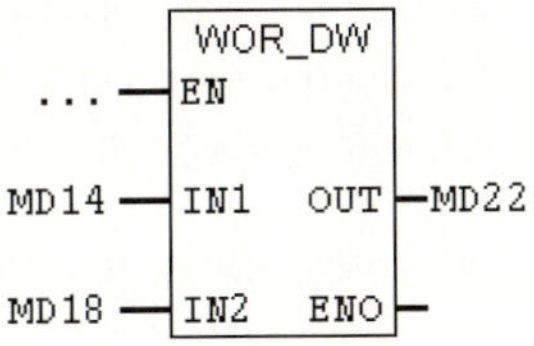	MD22:=MD14 OR MD18;

Operationsdarstellung der digitalen Exclusive-ODER-Verknüpfungen in der Steuerungssprache STEP 7:

AWL	FUP	SCL
L MW 10 L W#16#F00F XOW T MW 12	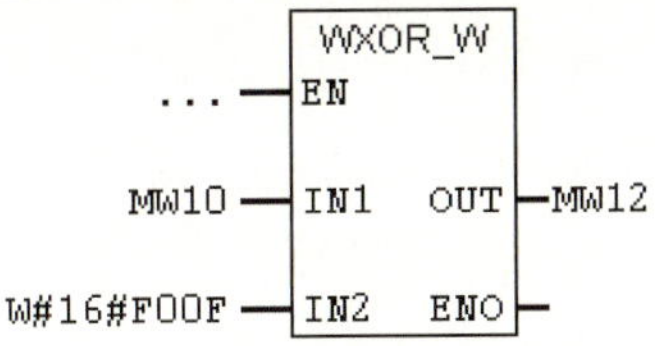	MW12:=MW10 XOR 16#F00F;
L MD 14 L MD 18 XOD T MD 22	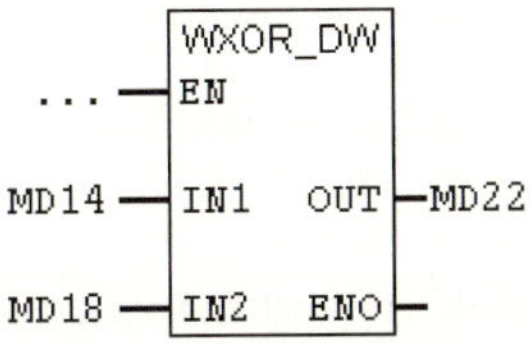	MD22:=MD14 XOR MD18;

In der Programmiersprache AWL wird der Datentyp der Operanden bei digitalen Verknüpfungen nicht überprüft. Im Funktionsplan FUP und in SCL muss der Operand oder die Konstante vom Typ WORD bzw. DWORD sein. Nach der Ausführung einer digitalen Verknüpfung kann das Ergebnis in der Programmiersprache AWL gleich weiter digital verknüpft werden, ohne dass das Zwischenergebnis in einem Operanden abgespeichert werden muss. In der Funktionsplandarstellung ist eine mehrfache Verknüpfung ohne Zwischenergebnisbildung nicht möglich.

6.3.2 Maskieren von Binärstellen

Eine Anwendung der digitalen Verknüpfung „UND" ist das Maskieren von Binärstellen. Zum Ausblenden von nichtbenötigten oder nichtrelevanten Binärstellen wird eine Maske gebildet, bei der für die benötigten oder relevanten Binärstellen eine „1" und für die auszublendenden Stellen eine „0" gesetzt wird. Die so erhaltene Konstante wird mit dem zu maskierenden Operanden UND-verknüpft. Damit fallen die nicht gewünschten Binärstellen heraus (Signalzustand „0"), während die Signalzustände der gewünschten Stellen unverändert bleiben.

Sollen beispielsweise die rechten vier Bits von Eingangswort EW0 maskiert werden, dann ist die folgende Maske erforderlich: 0000 0000 0000 1111 (W#16#000F).

Anweisungsfolge: (Beispiel)

```
L  EW 0          Vorlage   0110 1111 1010 0110
L  W#16#F        Maske     0000 0000 0000 1111
UW
T  MW10          Ergebnis  0000 0000 0000 0110
```

6.3.3 Ergänzen von Bitmustern

Eine Anwendung der digitalen Verknüpfung „ODER" ist die Bitmusterergänzung. Beim Ergänzen von Bitmustern werden einzelne oder mehrere Binärstellen mit dem Signalwert „1" in ein gegebenes Bitmuster eingefügt. Das einzufügende Bitmuster kann mit einer Konstanten oder dem Bitmusterinhalt einer Variablen vorgeben werden. Sollen beispielsweise die drei rechten Bits des Merkerworts MW10 auf „1"-Signal gebracht werden, dann ist die folgende Konstante erforderlich: 0000 0000 0000 0111 (W#16#0007).

Anweisungsfolge: (Beispiel)

```
L  MW 10         Vorlage   0110 1111 1010 0100
L  W#16#7        Ergänzung 0000 0000 0000 0111
OW
T  MW10          Ergebnis  0110 1111 1010 0111
```

Bitmusterergänzungen kommen z.B. bei der Aktualisierung von Störmeldezuständen oder wie im folgenden Beispiel bei der Vorgabe des Zeitrasters einer S5-TIME vor.

Beispiel 6.3: Zeitvorgabe mit dreistelligem BCD-Zifferneinsteller

In einer Verpackungsanlage werden Etikette auf Kartons geklebt. Da die Größe der Etiketten sich ab und zu ändert, soll die Zeit innerhalb der die Düse für den Klebstoff geöffnet ist mit einem dreistelligen BCD-Zifferneinsteller von Hand jeweils angepasst werden können. Die Zeit berechnet sich aus dem am Zifferneinsteller eingestellten dreistelligen Zahlenwert multipliziert mit 0,1 Sekunden. Mit einer Taste S1 wird der eingestellte Zahlenwert übernommen. Die Öffnungszeit der Düse soll jedoch 1 Sekunde nicht unterschreiten und 60 Sekunden nicht überschreiten.

Der Zifferneinsteller ist an das Eingangswort EW 8 angeschlossen. Die restlichen Eingänge des Eingangswortes sollen für andere Eingangssignale verwendet werden können. Es ist eine Funktion FC 35 zu entwerfen, welche die eingestellte Zeit an die Variable Zeit_Wert mit dem Datentyp S5-TIME weitergibt. Die Ansteuerung der Klebstoffdüse erfolgt nach Vorgabe von Geber S2.

Verdrahtungsschema des Zifferneinstellers:

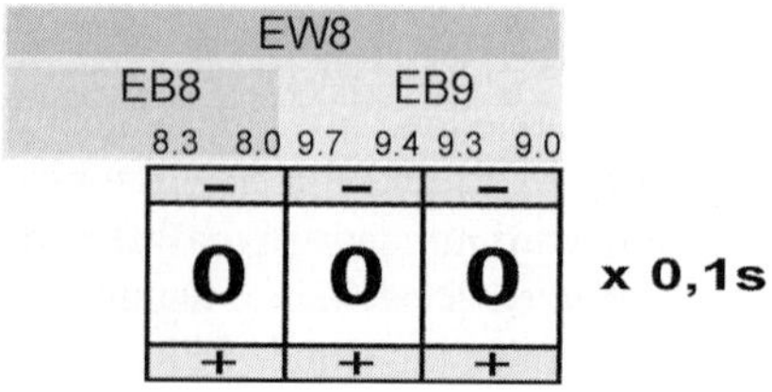

Bild 6.2: Verdrahtung Zifferneinsteller

Zuordnungstabelle der Eingänge und Ausgänge:

Eingangsvariable	Symbol	Datentyp	Logische Zuordnung		Adresse
Übernahmetaste	S1	BOOL	Betätigt	S1 = 1	E 0.1
Geber Düse auf	S2	BOOL	Betätigt	S2 = 1	E 0.2
Zifferneinsteller	EW	WORD	BCD-Code		EW 8
Ausgangsvariable					
Magnetventil der Düse	Y1	BOOL	Ventil auf	Y1 = 1	A 4.1

Zur Lösung der Aufgabe muss der dreistellige BCD-Wert des Zifferneinstellers einer Variable mit dem Datentyp S5TIME zugewiesen werden. Dazu ist die Kenntnis der Bitbelegung des Datentyps S5TIME erforderlich.

Bitbelegung des Datentyps S5TIME:

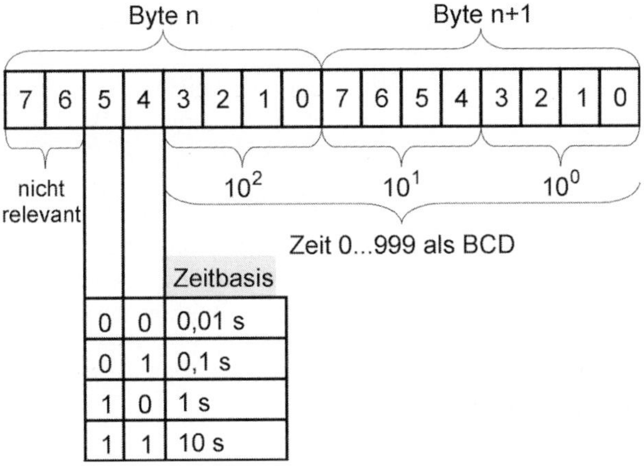

Aus der Belegung ist zu erkennen, dass der dreistellige BCD_Wert des Zifferneinstellers rechtsbündig übernommen werden kann. Die nicht relevanten vier Bits E 8.4 bis E 8.7 des Eingangswortes EW 8 werden mit einer digitalen UND-Verknüpfung ausmaskiert.

Für die richtige Zeitbasis ist in das 13. Bit von rechts eine „1“ zu schreiben. Damit wird die Zeitbasis = 0,1s. Das Ergänzen des Bitmusters wird mit der digitalen ODER-Verknüpfung ausgeführt.

Die zu entwerfende Funktion FC 35 hat folgende Übergabeparameter:

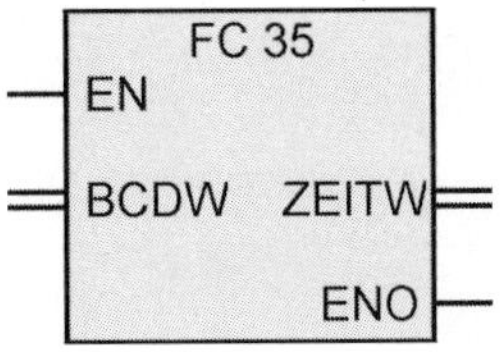

BCDW: Umzuwandelnder BCD-Eingabewert im Datenformat WORD

ZEITW: Ausgabewert der Zeit im Datenformat S5TIME

Zu Berücksichtigen sind noch die untere Grenze von 1 Sekunde und die obere Grenze von 60 Sekunden. Unterschreitet der eingegebene Wert die untere Grenze, so wird die untere Grenze ausgegeben. Bei einer Überschreitung der oberen Grenze wird der obere Grenzwert ausgegeben.

Das Programm der Funktion FC 35 kann sehr übersichtlich mit einem Struktogramm dargestellt werden, das in einem Strukturblock eine freigrafische Funktionsplandarstellung enthält.

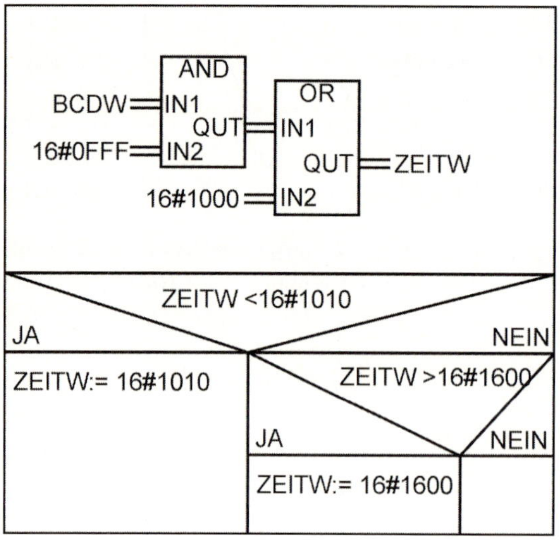

Hinweis:

Da es keine Vergleichsfunktion für BCD-Werte gibt, wird die Vergleichsfunktion für INTEGER-Werte benutzt. Mit dieser Funktion können auch BCD-Werte verglichen werden. Voraussetzung dafür ist allerdings, dass das am weitesten links stehende Bit den Wert „0“ hat. Liegt bei diesem Bit der Wert „1“ vor, wird der BCD-Wert als negative Zahl interpretiert und der Vergleich auf größer oder kleiner führt zu einem falschen Ergebnis. In diesem Beispiel ist gewährleistet, dass dieses „Vorzeichenbit“ stets den Wert „0“ hat.

Die Übernahme eines neuen Zeitwertes erfolgt durch Betätigung des Tasters S1 durch einen einmaligen Sprung in die Funktion FC 35. Die Ansteuerung des Ausgangs für die Spritzdüse ist im Organisationsbaustein OB1 über eine SV-Zeitfunktion ausgeführt. Gestartet wird die Zeitfunktion mit S2 und dem aus dem Code-Baustein FC 35 bestimmten Zeitwert.

STEP 7 Programm (AWL-Quelle):

```
FUNCTION FC 35 : VOID
VAR_INPUT                    VAR_OUTPUT
  BCDW : WORD ;                ZEITW : S5TIME;
END_VAR                      END_VAR
BEGIN
L  #BCDW;                    L  #ZEITW;               M002: L  W#16#1010;
L  W#16#FFF;                 L  W#16#1600;                  T  #ZEITW;
UW ;                         >I ;                           BEA   ;
L  W#16#1000;                SPB M003;                M003: L  W#16#1600;
OW ;                         BEA ;                          T  #ZEITW;
T  #ZEITW;                                            END_FUNCTION_BLOCK
L  W#16#1010;
<I ;
SPB M002;
```

```
ORGANIZATION_BLOCK OB 1
VAR_TEMP
...                      //Standardeinträge
Zeit_Wert : S5TIME ;     //Übergabeparameter für den Zeitwert
END_VAR
```

```
BEGIN
    U  E  0.1;                    M001: NOP   0;
    SPBNB M001;                         U  E  0.2;
    CALL FC 35 (                        L  #Zeit_Wert;
       BCDW  := EW 8,                   SV T  1;
       ZEITW := #Zeit_Wert);            U  T  1;
                                        =  A  4.1;
END_ORGANIZATION_BLOCK
```

Die Funktion FC 35 wird in die eigene Programmbibliothek unter dem Namen BCD_Zeit1 aufgenommen.

6.3.4 Signalwechsel von Binärstellen erkennen

Eine Anwendung der digitalen Verknüpfung Exclusive-ODER ist das Erkennen von Signalwechseln bei einzelnen oder mehreren Binärstellen. Dazu sind die alten und die neuen Signalzustände mit XOR zu verknüpfen. An jeder Stelle, bei der ein Signalwechsel 0→1 oder 1→0 auftrat, liefert die XOR Verknüpfung ein „1"-Signal.

Sollen allein die 0→1 Änderungen erfasst werden, ist eine UND-Verknüpfung des Änderungsmusters mit den **neuen** Signalzuständen durchzuführen.

Anweisungsfolge:	Beispiel	Kommentar
`L  MW 10`	.... 1010 0100	Wort mit alten Signalzuständen
`L  EW 0`	.... 0010 0110	Wort mit neuen Signalzuständen
`XOW`	.... 1000 0010	Änderungsmuster im Akku
`L  EW 0`	.... 0010 0110	Wort mit neuen Signalzuständen
`UW`	.... 0000 0010	0→1 Wechsel mit „1" im AKKU

Nach der UND-Verknüpfung steht im Akku 1 genau an den Stellen eine „1", bei denen ein 0→1 Wechsel auftrat.

Sollen allein die 1→0 Änderungen erfasst werden, ist eine UND-Verknüpfung des Änderungsmusters mit den **alten** Signalzuständen durchzuführen.

Anweisungsfolge:	Beispiel	Kommentar
`L  MW 10`	.... 1010 0100	Wort mit alten Signalzuständen
`L  EW 0`	.... 0010 0110	Wort mit neuen Signalzuständen
`XOW`	.... 1000 0010	Änderungsmuster im Akku
`L  MW 10`	.... 1010 0100	Wort mit alten Signalzuständen
`UW`	.... 1000 0000	1→0 Wechsel mit „1" im AKKU

Nach der UND-Verknüpfung steht im Akku 1 genau an den Stellen eine „1", bei denen ein 1→0 Wechsel auftrat.

Beispiel 6.4: Melde-Funktionsbaustein

Ein Meldefunktionsbaustein FB 30 soll zur Auswertung von 8 binären Meldesignalen, die in einem Byte zusammengefasst sind, entworfen werden. Die einzelnen Meldesignale haben z.B. die Bedeutung einer speziellen Anlagenstörung oder eines bestimmten Betriebszustandes. Jede neu auftretende Meldung wird mit der zugehörenden Anzeigeleuchte durch Blinken angezeigt. Nach Betätigen der Quittiertaste S1 geht das Blinklicht in Dauerlicht über, sofern die Meldung noch ansteht. Ist die Meldung nicht mehr vorhanden, erlischt die Anzeigeleuchte. Mit einer

Prüftaste S2 können alle acht Anzeigenleuchten gleichzeitig kontrolliert werden. Zum Programmtest werden die Meldungen mit dem Eingangsbyte EB 0 simuliert.

Übergabeparameter des Melde-Funktionsbausteins:

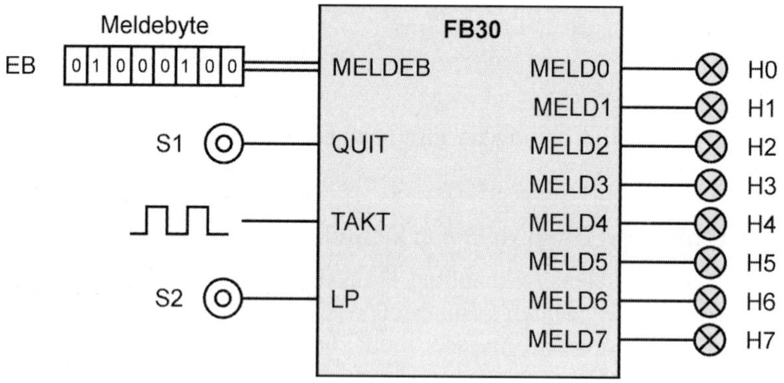

Bild 6.3: Meldebaustein

Zuordnungstabelle der Eingänge und Ausgänge:

Eingangsvariable	Symbol	Datentyp	Logische Zuordnung		Adresse
Eingangsmeldebyte	EB	BYTE	Bitmuster		EB 0
Taster Quittieren	S1	BOOL	Betätigt	S1 = 1	E 1.1
Prüftaste	S2	BOOL	Betätigt	S2 = 1	E 1.2
Ausgangsvariable					
Meldeleuchte 0	H0	BOOL	Leuchtet	H0 = 1	A 4.0
Meldeleuchte 1	H1	BOOL	Leuchtet	H1 = 1	A 4.1
Meldeleuchte 2	H2	BOOL	Leuchtet	H2 = 1	A 4.2
Meldeleuchte 3	H3	BOOL	Leuchtet	H3 = 1	A 4.3
Meldeleuchte 4	H4	BOOL	Leuchtet	H4 = 1	A 4.4
Meldeleuchte 5	H5	BOOL	Leuchtet	H5 = 1	A 4.5
Meldeleuchte 6	H6	BOOL	Leuchtet	H6 = 1	A 4.6
Meldeleuchte 7	H7	BOOL	Leuchtet	H7 = 1	A 4.7

Die Erkennung von 0→1 Flanken im Meldebyte erfolgt mit Hilfe der digitalen Verknüpfungen XOR und UND. Dazu müssen zwei neue Variablen im Funktionsbaustein deklariert werden.

Die stationäre Variable MELDAL speichert die Werte des Meldespeichers vom vorherigen Bausteinsaufruf. Die temporäre Variable AEND dient zur Aufnahme der Flankenauswertung.

Mit der nebenstehenden Anweisungsfolge wird die Erkennung der 0→1 Flanken in der Variablen MELDEB durchgeführt.

```
L   MELDEB
L   MELDAL
XOW
L   MELDEB
UW
T AEND
L MELDEB
T MELDAL
```

Die Ansteuerung der acht Meldeausgänge MELD0 bis MELD7 erfolgt für jeden Ausgang nach folgendem Funktionsplan:

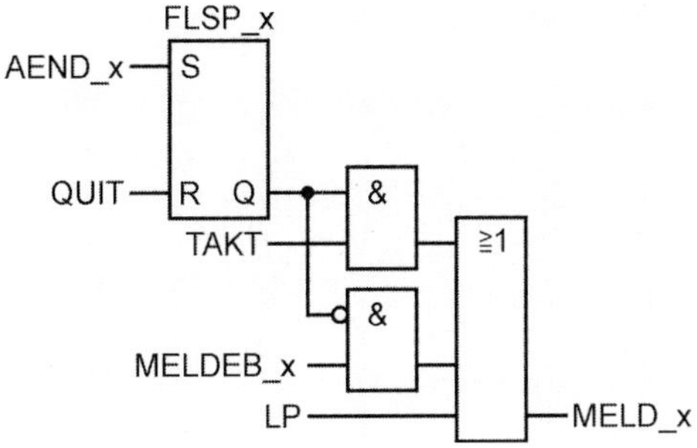

Beschreibung der neu verwendeten Variablen:

FLSP_x:	Speicher für den Flankenwechsel (x = 0..7).
AEND_x:	Flankensauwertung der einzelnen Meldebits (x = 0..7).
MELDEB_x:	Einzelne Meldebits (x = 0..7).
MELD_x:	Ausgangsbits (x = 0..7).

Die Variablen AEND_x und MELDEB_x müssen aus den Byte-Variablen AEND und MELDEB bestimmt werden. Der Signalzustand von Bit 0 der Byte-Variablen AEND wird dabei der Variablen AEND_0, der von Bit 1 der Variablen AEND_1 usw. zugewiesen. Für die Variablen MELDEB und MELDEB_x gilt Entsprechendes. Um die Bits einer Byte- oder Wortvariablen auszuwerten, gibt es viele Möglichkeiten. In diesem Beispiel wird der Weg über die temporären Lokalvariablen gezeigt. Die Variable AEND ist bereits als temporäre Variable deklariert. Auf die einzelnen Bits kann damit über die Lokaldaten L 0.0 bis L 0.7 zugegriffen werden. Um auf die Bits der Variablen MELDEB zugreifen zu können, wird diese der neuen temporären Variablen MELDH zugewiesen. Dadurch kann dann wieder über die Lokaldaten L 1.0 bis L 1.7 auf die einzelnen Bits der Variablen zugegriffen werden. Durch die Verwendung der Lokaldaten erscheinen die im Funktionsplan angegebenen Variablen AEND_x und MELDEB_x nicht im Steuerungsprogramm.

Der Takteingang TAKT des Funktionsbausteins wird vom Taktmerker M 0.3 der CPU versorgt.

STEP 7 Programm (AWL-Quelle):

```
FUNCTION_BLOCK FB 30
VAR_INPUT          VAR_OUTPUT        VAR               VAR_TEMP
MELDEB : BYTE;     MELD0 : BOOL;     MELDAL: BYTE;     AEND : BYTE;
  QUIT : BOOL;     MELD1 : BOOL;     FLSP0 : BOOL;     MELDH: BYTE;
  TAKT : BOOL;     MELD2 : BOOL;     FLSP1 : BOOL;     END_VAR
  LP   : BOOL;     MELD3 : BOOL;     FLSP2 : BOOL;
END_VAR            MELD4 : BOOL;     FLSP3 : BOOL;
                   MELD5 : BOOL;     FLSP4 : BOOL;
                   MELD6 : BOOL;     FLSP5 : BOOL;
                   MELD7 : BOOL;     FLSP6 : BOOL;
                   END_VAR           FLSP7 : BOOL;
                                     END_VAR

BEGIN
L  #MELDEB;        L  #MELDEB;
L  #MELDAL;        T  #MELDAL;
XOW;               T  #MELDH;
L  #MELDEB;
UW ;
T  #AEND;          Fortsetzung nächste Seite
```

```
U  L   0.0;
S  #FLSP0;
U  #QUIT;
R  #FLSP0;
U  #FLSP0;
U  #TAKT;
O  ;
UN #FLSP0;
U  L   1.0;
O  #LP;
=  #MELD0;

U  L   0.1;
S  #FLSP1;
U  #QUIT;
R  #FLSP1;
U  #FLSP1;
U  #TAKT;
O  ;
U  #FLSP1;
U  L   1.1;
O  #LP;
=  #MELD1;

U  L   0.2;
S  #FLSP2;
U  #QUIT;
R  #FLSP2;
U  #FLSP2;
U  #TAKT;
O  ;
UN #FLSP2;
U  L   1.2;
O  #LP;
=  #MELD2;

U  L   0.3;
S  #FLSP3;
U  #QUIT;
R  #FLSP3;
U  #FLSP3;
U  #TAKT;
O  ;
UN #FLSP3;
U  L       1.3;
O  #LP;
=  #MELD3;

U  L   0.4;
S  #FLSP4;
U      #QUIT;
R  #FLSP4;
U  #FLSP4;
U  #TAKT;
O  ;
UN #FLSP4;
U  L   1.4;
O  #LP;
=  #MELD4;

U  L   0.5;
S  #FLSP5;
U  #QUIT;
R  #FLSP5;
U  #FLSP5;
U  #TAKT;
O  ;
UN #FLSP5;
U  L   1.5;
O  #LP;
=  #MELD5;

U  L   0.6;
S  #FLSP6;
U  #QUIT;
R  #FLSP6;
U  #FLSP6;
U  #TAKT;
O  ;
UN #FLSP6;
U  L   1.6;
O  #LP;
=  #MELD6;

U  L   0.7;
S  #FLSP7;
U  #QUIT;
R  #FLSP7;
U  #FLSP7;
U  #TAKT;
O  ;
UN #FLSP7;
U  L   1.7;
O  #LP;
=  #MELD7;
END_FUNCTION_BLOCK
```

```
DATA_BLOCK DB 30
FB 30
BEGIN
MELDEB:=B#16#0;
 QUIT := FALSE;
 TAKT := FALSE;
 LP := FALSE;
MELD0:= FALSE;
MELD1:= FALSE;
MELD2:= FALSE;
MELD3:= FALSE;
MELD4:= FALSE;
MELD5:= FALSE;
MELD6:= FALSE;
MELD7:= FALSE;
MELDAL:=B#16#0;
FLSP0:= FALSE;
FLSP1:= FALSE;
FLSP2:= FALSE;
FLSP3:= FALSE;
FLSP4:= FALSE;
FLSP5:= FALSE;
FLSP6:= FALSE;
FLSP7:= FALSE;
END_DATA_BLOCK
```

```
ORGANIZATION_BLOCK OB 1
VAR_TEMP
...                    //Standardeinträge
END_VAR
BEGIN
CALL FB 30 , DB 30 (
      MELDEB := EB  0,
      QUIT   := E   1.1,
      TAKT   := M   0.3,
      LP     := E   1.2,
      MELD0  := A   4.0,
      MELD1  := A   4.1,
      MELD2  := A   4.2,
      MELD3  := A   4.3,
      MELD4  := A   4.4,
      MELD5  := A   4.5,
      MELD6  := A   4.6,
      MELD7  := A   4.7);
END_ORGANIZATION_BLOCK
```

6.4 Schiebefunktionen

Mit Schiebefunktionen kann das Bitmuster einer Variablen um eine bestimmte Anzahl von Stellen nach links oder rechts verschoben werden. Die beim Schieben freiwerdenden Stellen werden mit Nullen aufgefüllt. Als Ergebnis der Schiebefunktion steht das verschobene Bitmuster zur Verfügung.

6.4.1 Schiebefunktionen nach DIN EN 61131-3

Die Norm DIN EN 61131-3 nennt vier unterschiedliche Standard-Bitschiebe-Funktionen:

Name	Grafische Form	Beschreibung
SHL	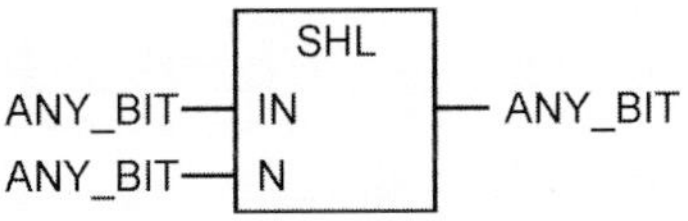	Das an IN liegende Bitmuster (Bit, Byte, Wort, ...) wird um die Anzahl des an N liegenden Wertes nach links geschoben. Die rechts frei werdenden Bits werden mit Null gefüllt.
SHR	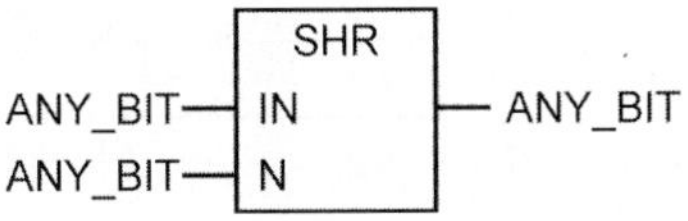	Das an IN liegende Bitmuster wird um die Anzahl des an N liegenden Wertes nach rechts geschoben. Die links frei werdenden Bits werden mit Null gefüllt.
ROL	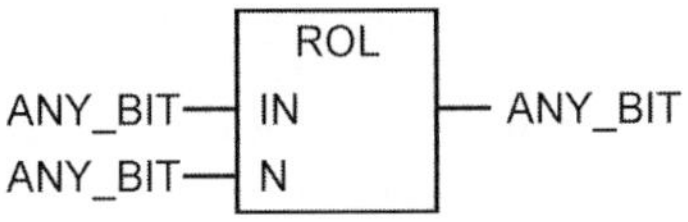	Das an IN liegende Bitmuster wird um die Anzahl des an N liegenden Wertes nach links im Kreis geschoben..
ROR	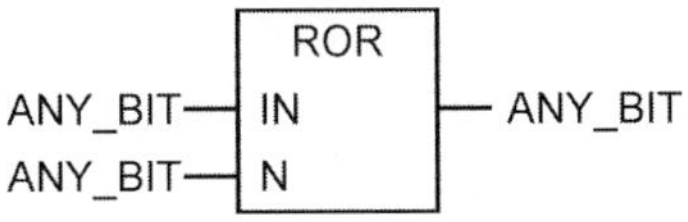	Das an IN liegende Bitmuster wird um die Anzahl des an N liegenden Wertes nach rechts im Kreis geschoben..

6.4.2 Schienefunktionen in STEP 7

Bei STEP 7 werden alle Schiebefunktionen unabhängig von Bedingungen im Akku 1 ausgeführt. Nach Ausführung der Schiebefunktion steht das verschobene Bitmuster im Akku 1. Das Verknüpfungsergebnis VKE wird dabei nicht verändert. Werden die Schiebefunktionen für den Datentyp Wort ausgeführt, wird nur das Bitmuster in der rechten Hälfte von Akku 1 verschoben. Die Schiebefunktionen für den Datentyp Doppelwort verschieben das Bitmuster des gesamten Akku 1.

In der Programmiersprache AWL können Schiebefunktionen ohne explizite Angabe der zu schiebenden Bitstellen programmiert werden. Wird nach der AWL-Schiebe-Operation keine Zahl angegeben, wird um so viele Bits verschoben, wie durch den Wert in Akku 2 angegeben ist. Befindet sich im Akku 2 eine Zahl größer 16 (bei Wort-Schieben) oder größer 32 (bei Doppelwort-Schieben), wird um 16 bzw. 32 Stellen geschoben. Der Datentyp und das Datenformat der Operanden wird in der Programmiersprache AWL nicht geprüft.

In der Programmiersprache Funktionsplan FUP enthält die Box der Schiebefunktionen neben den Parametern IN, N und OUT noch den Freigabeeingang EN und den Freigabeausgang ENO. Am Parametereingang IN liegt das zu schiebende Wort, an N die Schiebezahl und am

Parameterausgang OUT das Ergebnis. Die Parameter haben je nach Schiebefunktion den Datentyp WORD, DWORD oder INT.

In der Programmiersprache SCL werden der Norm entsprechend Standardfunktionen aufgerufen. Jede Bitstring-Standardfunktionen hat zwei Eingangsparameter, die durch IN bzw. N bezeichnet werden. Das Ergebnis ist immer der Funktionswert. Der Datentyp des Eingangsparameters N ist INTEGER. Funktionswert und Eingabeparameter IN müssen den gleichen Datentyp haben.

6.4.3 Schieben Wort oder Doppelwort

Beim Schieben des Bitmusters im Akku nach rechts oder nach links werden die freiwerdenden Binärstellen mit Nullen aufgefüllt.

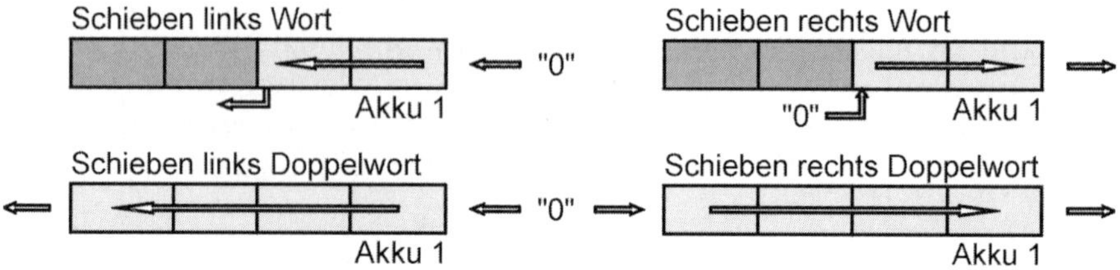

Operationsdarstellung in der Steuerungssprache STEP 7:

Name	AWL	FUP	SCL
Schieben links WORD (3 Stellen)	L MW 10 SLW 3 T MW 10	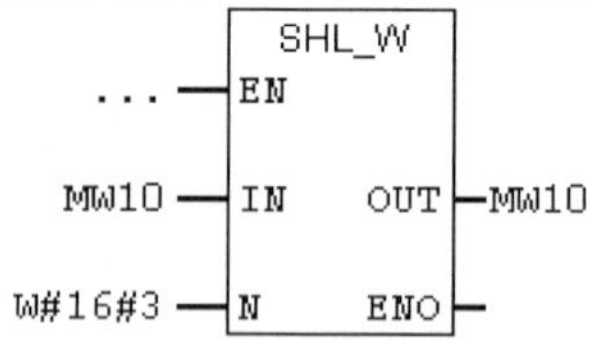	MW10:=SHL(IN:=MW10,N:=3);
Schieben links DWORD (11 Stellen)	L MD 2 SLD 11 T MD 2	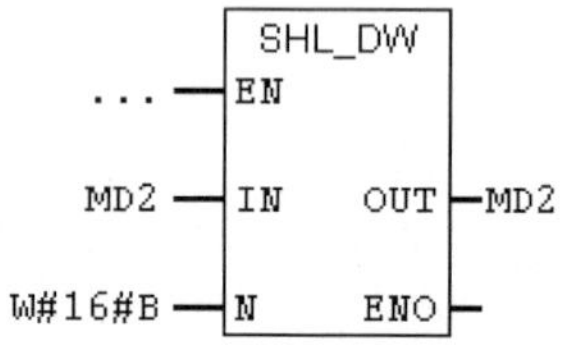	MD2:=SHL(IN:=MD2,N:=11);
Schieben rechts WORD (5 Stellen)	L MW 16 SRW 5 T MW 16	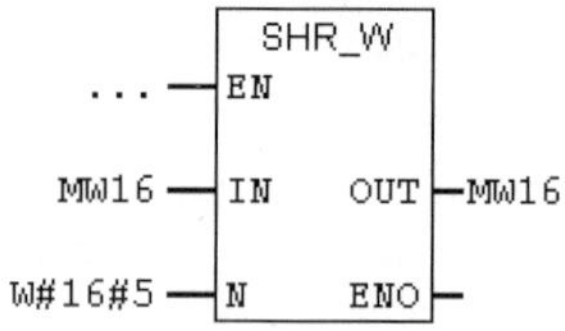	MW16:=SHR(IN:=MW16,N:=5);
Schieben rechts DWORD (20 Stellen)	L MD 20 SRD 20 T MD 20	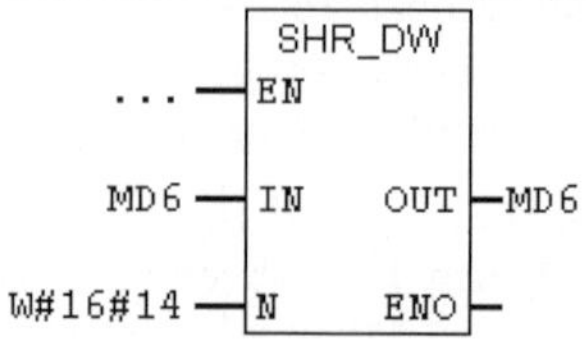	MD6:=SHR(IN:=MD6,N:=20);

Beispiel 6.5: BCD-Check

Bei BCD-Zifferneinstellern kann es beim Umschalten von 7 nach 8 oder umgekehrt zum kurzzeitigen Auftreten von Bitmustern kommen, die keiner BCD-Zahl entsprechen.

Werden die Umwandlungsfunktionen BTI oder BTD (siehe Kap. 6.5) mit einem ungültigen BCD-Bitmuster (Pseudotetrade) ausgeführt, geht die CPU in den Betriebszustand STOPP.

Um die Ausführung der Umwandlungsfunktionen mit Pseudotetraden zu verhindern, ist eine Funktion FC 39 zu entwerfen, welche vier BCD-Stellen überprüft, und als Rückgabewert ein „1"-Signal liefert, wenn alle vier Stellen keine Pseudotetraden enthalten.

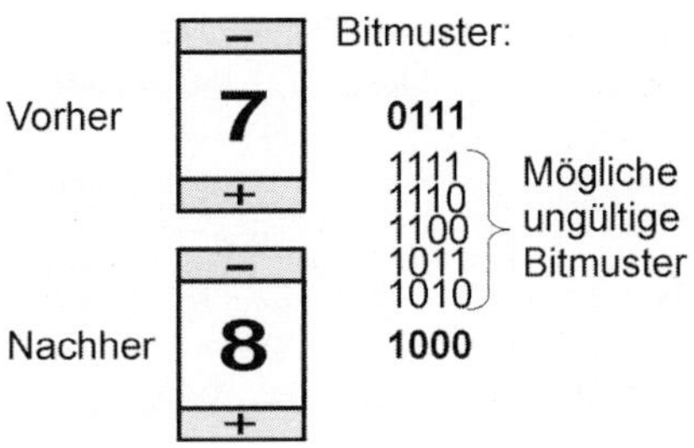

Zum Test der Funktion wird an den Eingang BCD_IN das Eingangswort EW 0 und an den Rückgabewert RET_VALUE der Ausgang A 4.1 gelegt. Mit entsprechenden Bitmustern am Eingangswort EW 0 kann dann das Steuerungsprogramm überprüft werden.

Zuordnungstabelle der Eingänge und Ausgänge:

Eingangsvariable	Symbol	Datentyp	Logische Zuordnung	Adresse
Vierstelliger BCD-Wert	EW	WORD	BCD_Code	EW 0
Ausgangsvariable				
BCD-Wert in Ordnung	H1	BOOL	Leuchtet	A 4.1

Zur Lösung der Aufgabe wird jede der vier Stellen geprüft, ob die Bitkombination kleiner 10 ist. Erfüllen alle Stellen den Vergleich, wird der Rückgabewert RET_VALUE der Funktion auf „1"-Signal gesetzt. Die einzelnen Stellen werden über Maskieren und Schieben ermittelt.

Freigrafischer Funktionsplan FC 39

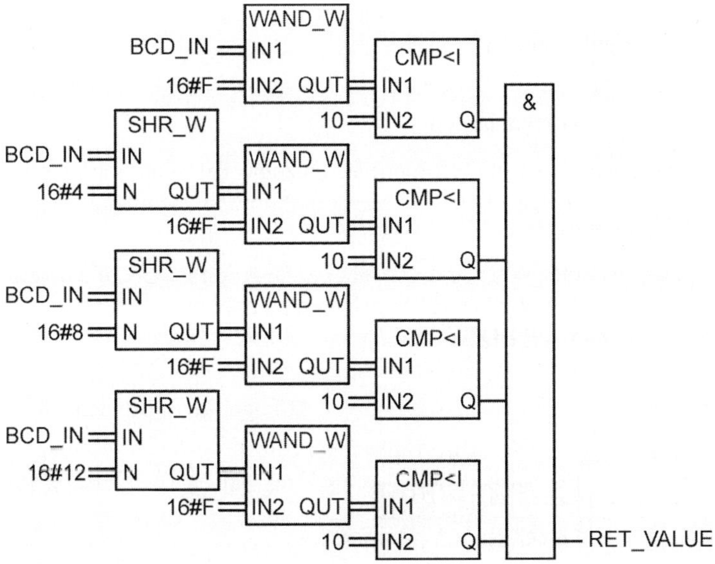

Durch den Wert 16#F am Eingang IN2 der UND-WORT-Verknüpfungen werden die rechten 4-Bits (eine Dekade) der Variablen BCD_IN am Eingang IN1 übernommen.

STEP 7 Programm (AWL-Quelle):

```
FUNCTION FC 39 : BOOL
VAR_INPUT
BCD_IN : WORD ;
END_VAR
BEGIN
U( ;
L  #BCD_IN;
L  W#16#F;
UW ;
L  10;
<I ;
)  ;
U( ;
L  #BCD_IN;
SRW 4;
L  W#16#F;
UW ;
L  10;
<I ;
)  ;
U( ;
L  #BCD_IN;
SRW 8;
L  W#16#F;
UW ;
L  10;
<I ;
)  ;
U( ;
L  #BCD_IN;
SRW 12;
L  W#16#F;
UW ;
L  10;
<I ;
)  ;
=  #RET_VAL;
END_FUNCTION

ORGANIZATION_BLOCK OB 1
VAR_TEMP
...    //Standardeinträge
END_VAR
BEGIN
CALL FC    39 (
     BCD_IN  := EW     0,
     RET_VAL := A      4.1);
END_ORGANIZATION_BLOCK
```

Schiebefunktionen können beliebig oft auf den Inhalt des Akkumulators angewandt werden. Obwohl es auf den ersten Blick so aussieht, dass die Aufeinanderfolge der Anweisungen SRW 2 und SLW 2 keine Auswirkungen hat, kann sich das Bitmuster vor und nach den Anweisungen im Akku 1 unterscheiden. Das nächste Beispiel zeigt eine Anwendung von aufeinanderfolgenden gegenläufigen Schiebefunktionen.

Beispiel 6.6: Bit-Auswertung von Wortvariablen

In digitalen Steuerungsprogrammen ist es oft erforderlich, einzelne Bits von Variablen mit dem Datentyp WORD auszuwerten. (Siehe Bsp. 6.4 Meldefunktionsbaustein: die einzelnen Bits eines Meldebytes werden abgefragt).

Für eine Auswertung einzelner Bits einer Wortvariablen ist eine Funktion FC 38 zu entwerfen, welche die Bits einer am Parametereingang XWORT angelegten Variablen dem Parameterausgang XBIT mit dem Datentyp ARRAY OF BOOL zuweist.

Übergabeparameter der Funktion:

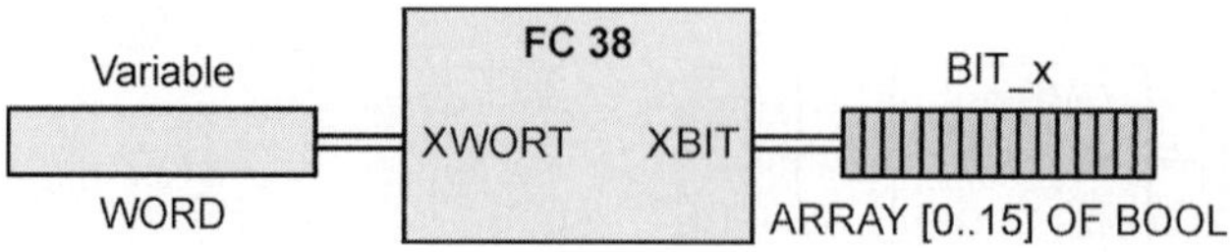

Abfrage des 5. Bits v. rechts:

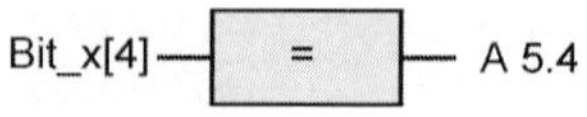

Zum Testen der Funktion FC 38 wird an den Eingangsparameter XWORT das Eingangswort EW0 gelegt. Exemplarisch soll das erste Bit (E 1.0), vierte Bit (E 1.3) zehnte Bit (E 0.1) und vierzehnte Bit (E 0.5) von rechts abgefragt und den Ausgängen A 5.0, A 5.3, A 4.1 und A 4.5 zugewiesen werden. Die Zuweisung zu den Ausgängen erfolgt über die Abfrage der entsprechenden Bits der Feldvariablen Bit_x.

Zuordnungstabelle der Eingänge und Ausgänge:

Eingangsvariable	Symbol	Datentyp	Logische Zuordnung	Adresse
Wortvariable	EW	WORD	Bitmuster	EW 0
Ausgangsvariable				
Bit 1	B1	BOOL	Gesetzt B1 = 1	A 5.0
Bit 4	B4	BOOL	Gesetzt B4 = 1	A 5.3
Bit 10	B10	BOOL	Gesetzt B10 = 1	A 4.1
Bit 14	B14	BOOL	Gesetzt B14 = 1	A 4.5

Die Ermittlung der einzelnen Bitsignalzustände der Wortvariablen XWORT wird nach folgendem Algorithmus durchgeführt und der Wortvariablen XBIT zugeführt:

```
 L  XWORT
 SRW 1
 SLW 1
 L  XWORT
 <>I
= XBIT[n]
```

Die Wortvariable wird in den Akku 1 geladen, nach rechts um eine Stelle und dann nach links um eine Stelle geschoben. Das Ergebnis wird mit der ursprünglichen Wortvariablen verglichen. Bei Gleichheit, hat die 1. Bitstelle von rechts „0"-Signal, bei Ungleichheit „1"-Signal. Der Grund dafür ist, dass beispielsweise mit SRW eine „1" rechts herausgeschoben und mit SLW ein „0" rechts hineingeschoben wird.

```
 L  XWORT
 SRW 1
 T XWORT
```

Nach Zuweisung zu der zugehörigen Bit-Variablen wird die Wortvariable XWORT um eine Stelle nach rechts geschoben und das Ergebnis der Wortvariablen wieder zugewiesen. Durch Wiederholung der Befehlsfolge wird nun die nächste Bitstelle überprüft.

Da die Anweisungsfolge 15 mal zu wiederholen ist, eignet sich die Verwendung der FOR-Schleife in der Programmiersprache SCL. Sowohl die Funktion FC 38 wie auch der Aufruf der Funktion im OB1 sind als SCL-Quelle angegeben.

STEP 7 Programm (SCL-Quelle):

```
FUNCTION FC 38 : VOID
VAR_INPUT            VAR_OUTPUT
 XWORT:WORD;           XBIT:ARRAY [0..15] OF BOOL;
END_VAR              END_VAR
BEGIN
  FOR I := 0 TO 15 DO
   IF SHL(IN:=SHR(IN:=XWORT,N:=1),N:=1) <> XWORT THEN XBIT[I]:=TRUE;
   ELSE XBIT[I]:=FALSE;
   END_IF;
   XWORT:= SHR(IN:=XWORT,N:=1);
  END_FOR;
END_FUNCTION
```

```
ORGANIZATION_BLOCK OB 1
VAR_TEMP
info:  Array [0..19] OF BYTE
BIT_X: Array [0..15] OF BOOL;
END_VAR

BEGIN
  FC38(XWORT:= EW0,  XBIT:= BIT_X);
  A5.0:= Bit_X[0];
  A5.3:= Bit_X[3];
  A4.1:= Bit_X[9];
  A4.5:= Bit_X[13];
END_ORGANIZATION_BLOCK
```

6.4.4 Rotieren

Beim Rotieren des Bitmusters im Akku nach rechts oder nach links werden die freiwerdenden Binärstellen mit den hinausgeschobenen Bitstellen aufgefüllt.

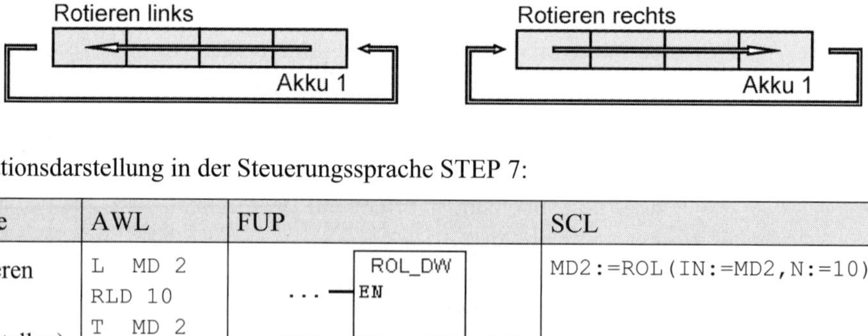

Operationsdarstellung in der Steuerungssprache STEP 7:

Name	AWL	FUP	SCL
Rotieren links (10 Stellen)	L MD 2 RLD 10 T MD 2	ROL_DW ... — EN MD2 — IN OUT — MD2 W#16#A — N ENO —	`MD2:=ROL(IN:=MD2,N:=10);`
Rotieren rechts (12 Stellen)	L MD 6 RRD 12 T MD 6	ROR_DW ... — EN MD6 — IN OUT — MD6 W#16#C — N ENO —	`MD6:=ROR(IN:=MD6,N:=12);`

Die Rotierfunktionen beziehen sich in den Programmiersprachen AWL und FUP auf den ganzen Akku (Doppelwort). Das bedeutet: Rotieren eines Wortes oder eines Bytes ist mit den in der Operationsdarstellung angegebenen Anweisungen allein nicht möglich. In der Programmiersprache SCL können die Standardfunktionen ROL und ROR auch mit Variablen der Bitlänge Wort, Byte und Bool ausgeführt werden.

Das folgende Beispiel zeigt den Aufbau des Steuerungsprogramms in AWL für eine Byte-Rotierfunktion.

Beispiel 6.7: Variables Lauflicht

Zu Reklamezwecken soll im Anzeigefeld H0 ... H7 ein Bitmuster leuchten und um eine Schrittweite rotieren. Sowohl das Bitmuster als auch die Schrittweite sollen einstellbar sein. Mit S1 wird das an Eingangsbyte EB0 eingestellte Bitmuster an die Anzeigeleuchten gelegt. Mit S2 wird die am einstelligen Zifferneinsteller EB9 vorgegebene Schrittweite übernommen. Damit das Bitmuster überhaupt rotiert, muss der Wert der Schrittweite zwischen 1 und 7 liegen. Wird ein anderer Wert eingestellt, so wird automatisch die Schrittweite 1 übernommen.

Zur Lösung der Aufgabe ist eine Funktion FC 102 zu entwerfen, welche das am Eingang IN angelegte Byte um die an Eingang N vorgegebene Zahl nach links rotieren lässt. Aufgerufen wird die Funktion durch die Flankenauswertung eines Taktes über den EN-Steuereingang.

Freigrafischer Funktionsplan:

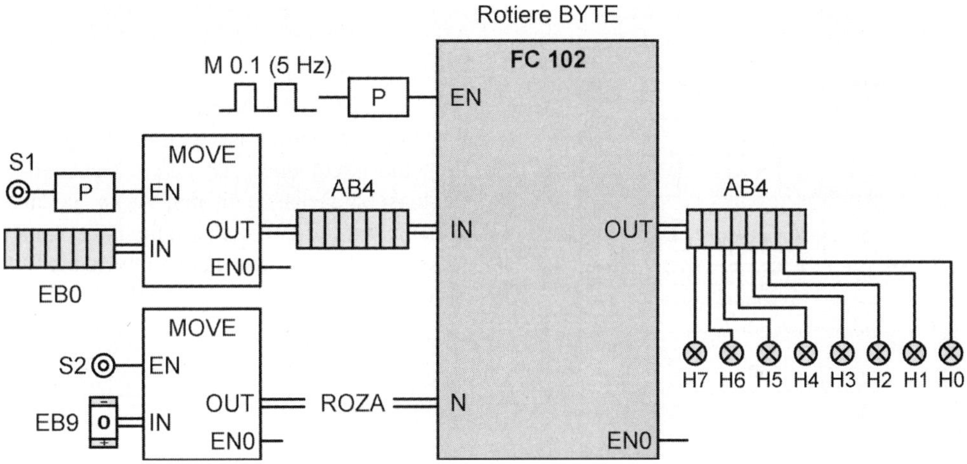

Bild 6.4: Variables Lauflicht

Zuordnungstabelle der Eingänge und Ausgänge:

Eingangsvariable	Symbol	Datentyp	Logische Zuordnung		Adresse
Taster Bitmuster	S1	BOOL	Betätigt	S1 = 1	E 1.1
Taster Schrittanzahl	S2	BOOL	Betätigt	S2 = 1	E 1.2
Bitmuster-Einsteller	EB0	BYTE	Bitmuster		EB 0
Schrittweiten-Einsteller	EB9	BYTE	BCD-Wert		EB 9
Ausgangsvariable					
Ausgabebyte	AB4	BYTE	Bitmuster		AB 4

Der Aufruf der Funktion FC 102 erfolgt mit der Flanke des Taktmerkers M 0.1 der CPU. Bei jedem Aufruf der Funktion FC 102 rotiert das am Eingang IN liegende Byte um die am Eingang N liegende Anzahl nach links. Da die Anweisung RLD den ganzen Akku verschiebt, wird das Eingangsbyte zunächst rechtsbündig und dann noch linksbündig in eine temporäre

Hilfsvariable HVD mit Doppelwortbreite geladen. Durch die Anweisung RLD werden die aus dem Akku links herausfallenden Bitkombinationen wieder rechts in den Akku eingeschoben. Zuvor wird noch überprüft, ob die am Eingang „N“ der Funktion vorgegebene Schrittweite zwischen 1 und 7 liegt. Liegt die Schrittweite außerhalb des Bereichs, wird sie auf den Wert 1 gesetzt.

Bei einer positiven Flanke von S1 wird ein neues Bit-Muster von Eingangsbyte EB 0 in das Ausgangsbyte AB 4 übernommen.

Das nachfolgende Struktogramm beschreibt die Anweisungsfolge der Funktion FC 102.

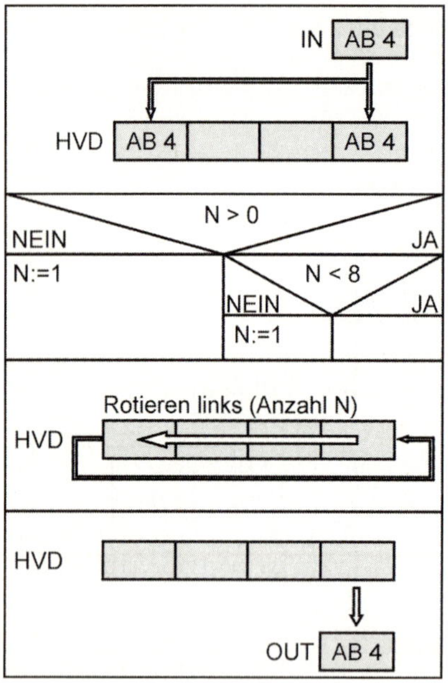

Zunächst erfolgt das Laden des Ausgangsbytes AB 4 in das linke Byte der Hilfsvariablen HVD mit einer Schiebe-Links-Funktion um 24 Stellen. In das rechte Byte der Hilfsvariablen HVD gelangt nun das Ausgangsbyte AB 4 durch eine ODER-Verknüpfung mit der Hilfsvariable HVD.

Da die Anzahl der Verschiebungen von der Variable N abhängig ist, wird die Vorgabe der Verschiebezahl über den Akku 2 ausgeführt. Dazu ist zunächst N in den Akku zu laden. Danach wird die Hilfsvariable HVD in den Akku geladen und die Rotieranweisung RLD ohne Zahlenangabe geschrieben.

STEP 7 Programm FC (AWL-Quelle):

```
FUNCTION FC 102 : VOID
VAR_INPUT                 VAR_OUTPUT               VAR_TEMP
 IN : BYTE ;               OUT : BYTE ;             HVD : DWORD ;
  N : INT ;               END_VAR                  END_VAR
END_VAR
BEGIN
L   #IN;              L   #N;          M001: L   #N;       M002: L   #HVD;
L   #IN;              L   0;                 L   8;              L   #HVD;
SLD 24;               >I ;                   <I ;                RLD ;
OW ;                  SPB M001;              SPB M002;           T   #OUT;
T   #HVD;             L   1;                 L   1;
                      T   #N;                T   #N;
                      SPA M002;
                                                          END_FUNCTION
```

```
ORGANIZATION_BLOCK OB 1
VAR_TEMP
...           //Standardeinträge
FO1: BOOL;
FO2: BOOL:
ROZA: INT;  //Zwischenvariable zur Aufnahme der Rotationszahl
END_VAR
```

Freigrafischer Funktionsplan des Steuerungsprogramms im OB 1:

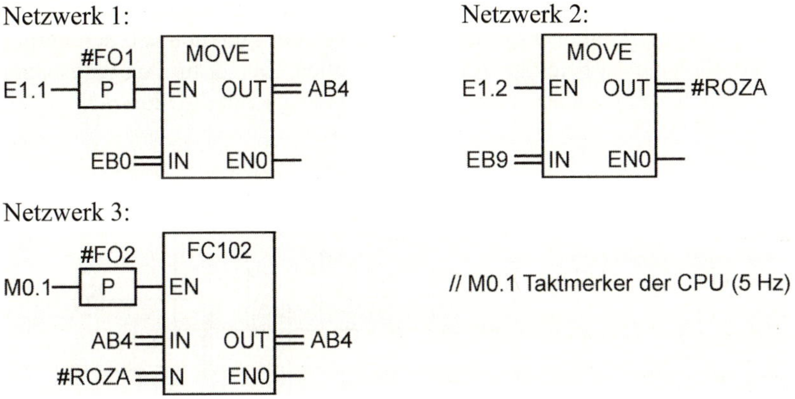

6.4.5 Schieben Integer

Beim Schieben von Integer-Werten wird das Vorzeichen berücksichtigt. Die einzuschiebenden Bitpositionen links werden mit dem Signalzustand von Bit 15 bzw. Bit 31 (Vorzeichen der Integer-Zahl) belegt. D.h. eingeschoben wird „0“, wenn die Zahl positiv ist und „1“, wenn die Zahl negativ ist.

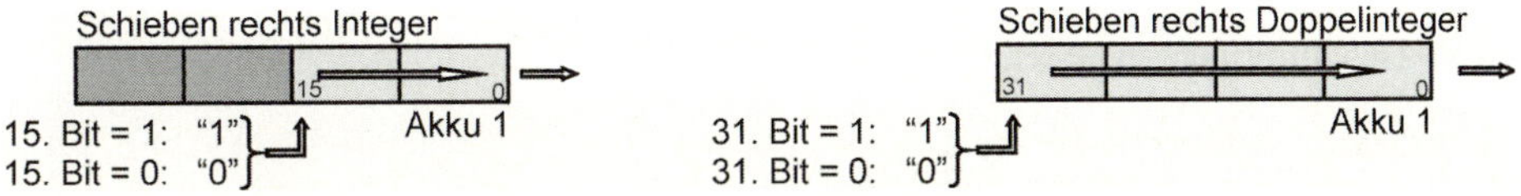

Operationsdarstellung in der Steuerungssprache STEP 7:

Name	AWL	FUP	SCL
Schieben rechts Integer	L MW 10 SSI 3 T MW 10	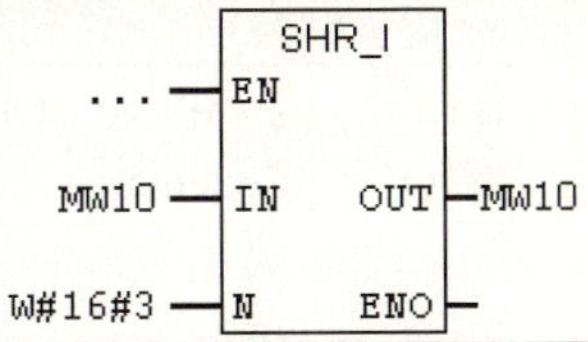	Keine Standardfunktion vorhanden
Schieben rechts Doppelinteger	L MD 20 SSD 9 T MD 20	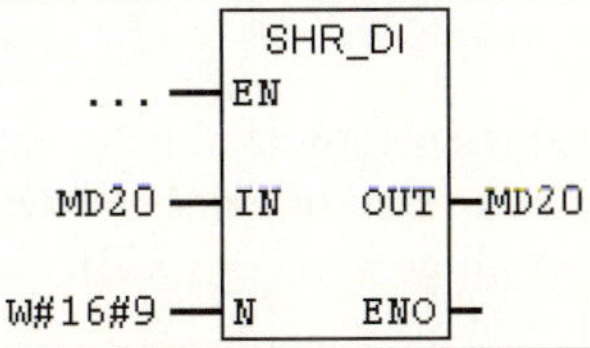	Keine Standardfunktion vorhanden

Eine Anwendung der Schiebefunktionen für Integer, ist die Division einer vorzeichenbehafteten Zahl durch 2^n. Die Verschiebung einer Zahl um n-Stellen nach rechts ist gleichbedeutend mit der Division durch 2^n.

Beispiel 6.8: Durchflussmengenmessung

Ein Durchflussmengenmesser liefert proportional zur Durchflussmenge Q einen 8-Bit Integer-Wert. Das Vorzeichen des Wertes (Bit 7) entspricht der Flussrichtung. Es ist eine Funktion FC 10 zu entwerfen, die den 8-Bit Integer-Wert am Eingang IN_INT (BYTE) in den Bereich von 0 bis 100 normiert und den Wert zur weiteren Verarbeitung am Ausgang OUT_INT (INT) ausgibt. Der zweite Ausgangsparameter OUT_BCD (BYTE) der Funktion soll den normierten Wert als BCD-Wert für eine zweistellige Anzeige ausgeben. Der dritte Ausgangsparameter SBCD (BOOL) gibt das Vorzeichen des normierten Wertes und somit die Flussrichtung an.

Technologieschema:

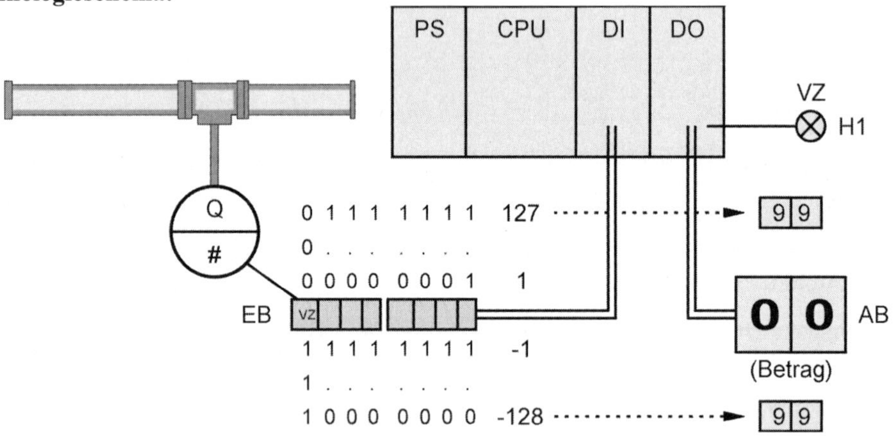

Bild 6.5: Durchflussmengenmessung

Zuordnungstabelle der Eingänge und Ausgänge:

Eingangsvariable	Symbol	Datentyp	Logische Zuordnung	Adresse
Durchfluss	EB	BYTE	8-Bit Integer	EB 0
Ausgangsvariable				
2-stellige BCD-Anzeige	AB	BYTE	2-stellige BCD-Wert	AB 13
Anzeige Flussrichtung	H1	BOOL	Leuchtet H1 = 1	A 4.0

Lösungshinweise:

1. Normierung:

Mit der 8-Bit Auflösung des Durchflussmessgerätes sind insgesamt 2^8 verschiedene Werte von –128 bis +127 darstellbar. Diese 256 Werte sind in einen Wertebereich von –99 bis +99 proportional umzusetzen. Dazu wird der jeweilige Wert des 8-Bit-Signals mit 200/256 = 0,78125 multipliziert.

Da die Berechnung im Ganzzahlen-Format durchgeführt werden soll, wird die Multiplikation mit Schiebe- und Additionsbefehlen ausgeführt. Schieben nach rechts um n-Stellen bedeutet, den Inhalt von Akku1 durch 2^n zu dividieren. Der Multiplikator wird deshalb in die 2^n-Zahlen

$$0{,}78125 = 0{,}5 + 0{,}25 + 0{,}03125 = \frac{1}{2} + \frac{1}{4} + \frac{1}{32} = 2^{-1} + 2^{-2} + 2^{-5} \quad \text{zerlegt.}$$

Die Multiplikation kann somit auf eine Division durch 2, 4 und 32 mit Addition der Ergebnisse zurückgeführt werden. Für die Addition wird die +I-Anweisung (siehe Kap. 6.6) verwendet.

An einem Beispiel sind die aufeinanderfolgenden Rechenoperationen und die dazugehörigen AWL-Anweisungen dargestellt. Es wird angenommen, dass der Messwert 64 sei. Der normierte zugehörige Wert beträgt dann 50.

Rechenvorgang:	AWL-Anweisungen	Hinweise
64 : 2 = 32	L HVW SSI 1	In der Variablen HVW steht der Integerwert 64.
64 : 4 = 16	L HVW SSI 2	Das Ergebnis des ersten Verschiebebefehls steht nun in Akku 2.
+ —— 48	+I	Mit +I wird der Inhalt von Akku 1 [16] und Akku 2 [32] addiert.
64 : 32 = 2	L HVW SSI 5	Das Ergebnis der Addition steht nun in Akku 2
+ —— 50	+I	Mit +I wird der Inhalt von Akku 1 [2] und Akku 2 [48] addiert.

2. Bildung der Hilfsvariablen HVW:

Bevor die Anweisungen für die Normierung geschrieben werden, wird der Eingangswert EB des Durchflussmengengerätes linksbündig in die Hilfsvariable HVW (WORD) transferiert. Dies erfolgt mit einer Lade-Anweisung und anschließendem Tausch der Byte des rechten Wortes in Akku 1 mit der TAW-Anweisung (siehe Kap. 6.1). Diese Vorgehensweise hat zwei Vorteile:

Erstens befindet sich das Vorzeichen der Integer-Zahl gleich an der richtigen Stelle.

Zweitens hat das rechte Byte der Variablen HVW nun freie Stellen, um das geschobene Bitmuster aufnehmen zu können. Diese geschobenen Stellen werden zur Übertragsbildung benutzt.

3. Aufbereitung der Ausgangsvariablen OUT_INT:

Nach Ausführung der Normierungsanweisungen steht in der Hilfsvariablen HVW ein um 2^8 zu großer Wert, da die gesamte Operation in das linke Byte des rechten Wortes von Akku 1 verlegt wurde. Deshalb wird der Wert mit der SSI-Anweisung um 8 Stellen nach rechts geschoben und der Ausgabevariable OUT_INT zugewiesen. An diesem Ausgang kann dann der normierte Messwert abgegriffen werden.

4. Aufbereitung der Ausgangsvariablen BCD_OUT:

Zur Ausgabe des normierten Wertes in der BCD-Darstellung wird die Umwandlungsfunktion Integer-zu-BCD ITB (siehe Kap. 6.5) angewandt. Die Funktion ITB wandelt einen Integer-

Wert in einen dreistelligen BCD-Wert um. Dazu wird einfach der Integer-Wert in den Akku 1 geladen und die Operation ITB aufgerufen. Danach steht im Akku 1 der dem Integer-Wert entsprechend BCD-Wert, der dann über eine Transferfunktion der entsprechenden Variablen zugewiesen werden kann.

5. Bildung der Ausgabevariablen SBCD:

Der normierte Wert wird auf „kleiner null" abgefragt. Das Ergebnis wird der Variablen H1 zugewiesen.

STEP 7 Programm (AWL-Quelle):

```
FUNCTION FC 10 : VOID
VAR_INPUT
 IN_INT : BYTE ;
END_VAR

VAR_OUTPUT
 OUT_INT : INT ;
 OUT_BCD : BYTE ;
 SBCD : BOOL ;
END_VAR

VAR_TEMP
 HVW : WORD ;
END_VAR

BEGIN
L  #IN_INT;
TAW ;
T  #HVW;

L  #HVW;
SSI 1;
L  #HVW;
SSI 2;
+I ;
L  #HVW;
SSI 5;
+I ;
T  #HVW;

L  #HVW;
SSI 8;
T  #OUT_INT;
ITB ;
T  #OUT_BCD;

L  #OUT_INT;
L  0;
<I ;
=  #SBCD;
END_FUNCTION
```

```
ORGANIZATION_BLOCK OB 1

VAR_TEMP
...            //Standardeinträge
Messw: INT;  //Variable zur Aufnahme des normierten Messwertes
END_VAR

END_VAR
```

Hinweis: Die Ausgangsvariable OUT_INT wird zur weiteren Auswertung der Messgröße der lokalen Variablen „Messw" zugewiesen.

```
BEGIN

CALL FC    10 (
      IN_INT    := EB  0,
      OUT_INT   := #Messw,
      OUT_BCD   := AB 13,
      SBCD      := A   4.0);

END_ORGANIZATION_BLOCK
```

6.5 Umwandlungsfunktionen

Mit Umwandlungsfunktionen werden Daten von einem in einen anderen Typ konvertiert.

6.5.1 Umwandlungsfunktionen nach DIN EN 61131-3

Nach der Norm DIN EN 61131-3 haben Typumwandlungsfunktionen die Form * _ TO _ **, wobei „*“ der Typ der Eingangsvariablen IN ist und „**“ der Typ der Ausgangsvariablen OUT ist.

Grafische Darstellung einer Umwandlungsfunktion am Beispiel BCD_TO_INT

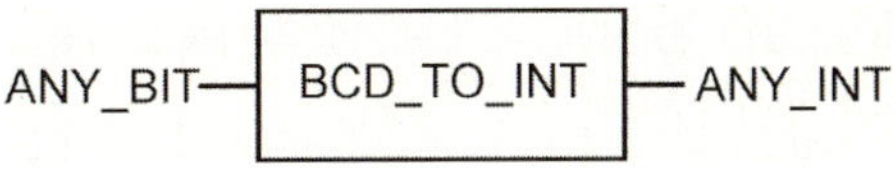

Eine Auswahl von möglichen Umwandlungsfunktionen in der Norm DIN EN 61131-3:

Name	Beschreibung
BCD_TO_INT	Der Bitfolge-Datentyp BCD am Eingang wird in den Datentyp Integer umgesetzt.
INT_TO_BCD	Der Datentyp Integer am Eingang wird in den Bitfolge-Datentyp BCD umgesetzt
INT_TO_REAL	Der Datentyp Integer am Eingang wird in den Datentyp Real umgewandelt
REAL_TO_INT	Der Datentyp Real am Eingang wird in den Datentyp Integer umgesetzt. Die Umwandlung vom Typ REAL oder LREAL nach SINT, INT, DINT oder LINT muss auf die nächste ganze Zahl runden. Somit gilt: 1.4 = 1; 1.5 = 2; -1.4 = - 1; -1.6 = -2;
TRUNC	Eine Ausnahme in der Darstellung bildet die Funktion TRUNC. Der Datentyp Real am Eingang wird dabei in den Datentyp Integer umgesetzt. Mit dieser Funktion werden die Nachkommastellen abgeschnitten. Somit gilt: 1.4 = 1; 1.5 = 1; -1.4 = - 1; -1.6 = -1;

6.5.2 Umwandlungsfunktionen in STEP 7, Übersicht

Bei STEP 7 werden alle Umwandlungsfunktionen unabhängig von Bedingungen im Akku 1 ausgeführt. Nach Ausführung der Umwandlungsfunktionen steht das konvertierte Datenformat im Akku 1. Das Verknüpfungsergebnis VKE wird dabei nicht verändert.

In der Programmiersprache AWL können Umwandlungsfunktionen beliebig oft auf den Inhalt des Akku 1 angewandt werden. Der Datentyp und die Länge der Bitkombination der Eingangs- und Ausgangsoperanden wird in der Programmiersprache AWL nicht geprüft.

In der Programmiersprache Funktionsplan FUP enthält die Box der Umwandlungsfunktionen neben den Parametern IN und OUT noch den Freigabeeingang EN und den Freigabeausgang ENO. Am Parametereingang IN liegt der zu wandelnde Wert und am Parameterausgang OUT das Ergebnis. Je nach Umwandlungsfunktion haben der Eingang und der Ausgang unterschiedliche Datentypen. Tritt beim Wandeln ein Fehler auf, wird der Freigabeausgang ENO auf „0“ gesetzt. Ein Fehler tritt dann auf, wenn bei einer Wandlung der erlaubte Zahlenbereich überschritten wird oder eine ungültige Real-Zahl vorgegeben wird.

In der Programmiersprache SCL werden der Norm entsprechend Standardfunktionen aufgerufen. Jede Funktion zur Datentyp-Konvertierung hat genau einen Eingangsparameter mit dem Namen IN. Der Rückgabewert der Funktion ist der gewandelte Wert.

Übersicht Umwandlungsoperationen in STEP 7 (Auswahl)

Name	AWL	FUP	Beschreibung
BCD_TO_INT	BTI	BCD_I	BCD_Zahl in 16 Bit Ganzzahl wandeln
INT_TO_BCD	ITB	I_BCD	16 Bit Ganzzahl in BCD_Zahl wandeln
BCD_TO_DINT	BTD	BCD_DI	BCD_Zahl in 32 Bit Ganzzahl wandeln
INT_TO_DINT	ITD	I_DI	16 Bit Ganzzahl in 32 Bit Ganzzahl wandeln
DINT_TO_BCD	DTB	DI_BCD	32 Bit Ganzzahl in BCD_Zahl wandeln
DINT_TO_REAL	DTR	DI_R	32 Bit Ganzzahl in Gleitpunktzahl wandeln
NEG_INT	NEGI	NEG_I	2er Komplement zu 16 Bit Ganzzahl erzeugen
NEG_DINT	NEGD	NEG_D	2er Komplement zu 32 Bit Ganzzahl erzeugen
NEG_REAL	NEGR	NEG_R	Negiere Gleitpunktzahl
REAL_TO_DINT	RND	ROUND	Runden einer Gleitpunktzahl zur 32 BitGanzzahl

6.5.3 Umwandlung von BCD-Zahlen

In STEP 7 gibt es zwei AWL-Anweisungen BTI und BTD zur Umwandlung von BCD-Zahlen in Integer- bzw. Doppelintegerzahlen. Dabei wird der im Akku 1 stehende Wert als BCD-Zahl mit 3 oder 7 Dekaden interpretiert. Das Vorzeichen der BCD Zahl steht in Bit 15 bzw. Bit 31 („0“ = positiv, „1“ = negativ)

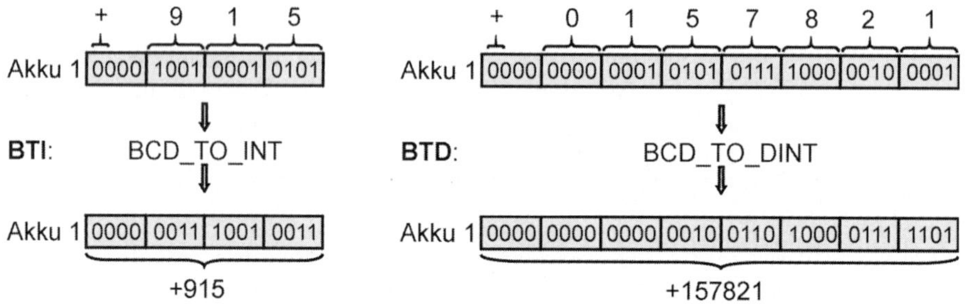

Operationsdarstellung in der Steuerungssprache STEP 7:

Name	AWL	FUP	SCL

BCD_TO_INT	`L MW 10`
	`BTI`
	`T MW 10`
		BCD_I: ... — EN, OUT — MW10; MW10 — IN, ENO —	`Standardfunktion nicht vorhanden`

BCD_TO_DINT	`L MD 20`
	`BTD`
	`T MD 20`
		BCD_DI: ... — EN, OUT — MD20; MD20 — IN, ENO —	`Standardfunktion nicht vorhanden`

Befindet sich in Akku 1 in einer BCD-Dekade eine Zahl von 10 bis 15 (Pseudotetraden), dann tritt bei der Umwandlung ein Fehler auf. Die CPU geht dann in den Zustand STOPP. Mit Hilfe von Organisationsbaustein OB 121 kann jedoch eine andere Fehlerreaktion auf diesen Synchronfehler programmiert werden.

Im folgenden Beispiel soll eine Funktion BCD_TO_INT entworfen werden, die einen vierstelligen BCD-Wert in einen Integerwert wandelt, ohne dass beim vorübergehenden Auftreten von Pseudotetraden die CPU in den Zustand STOPP geht.

Beispiel 6.9: Umwandlung BCD_TO_INT für 4-Dekaden (FC 40: BCD4_INT)

Für die eigene Programmbibliothek ist eine Funktion FC 40 (BCD4_INT) zu entwerfen, die einen vierstelligen BCD-Wert in einen Integer-Wert wandelt. Das Vorzeichen des BCD Wertes wird mit einer booleschen Variablen vorgegeben. Verursacht ein Zifferneinsteller beim Umschalten von Ziffer 7 nach 8 oder umgekehrt eine Pseudotetrade, so soll diese unterdrückt werden. Zum Test der Funktion FC 40 wird der Code-Baustein im Organisationsbaustein OB 1 aufgerufen und der gewandete BCD-Wert einem Merkerwort MW 10 zugewiesen. Mit der Funktion „Variable Steuern / Beobachten" kann dann die Arbeitsweise überprüft werden.

Zuordnungstabelle der Eingänge und Merker:

Eingangsvariable	Symbol	Datentyp	Logische Zuordnung	Adresse
Vorzeichen (Schalter)	S	BOOL	Betätigt S = 1	E 0.0
Zifferneinsteller	EW	WORD	4-stelliger BCD-Wert	EW 8
Merkervariable				
Integer-Wert	MW	INT	Integer-Format	MW 10

Übergabeparameter:

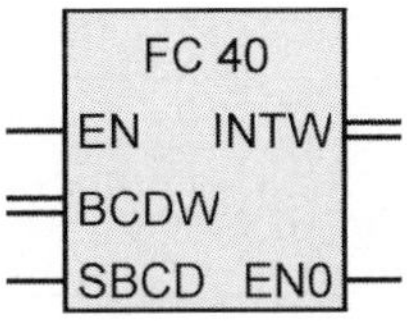

Beschreibung der Parameter:

BCDW: BCD-Wert mit 4 Dekaden im Datenformat WORD.

SBCD: Vorzeichen des BCD-Wertes („0" = positiv, „1" = negativ)

INTW: Gewandelter BCD-Wert im Integer-Format in den Grenzen –9999 bis +9999.

Zur Unterdrückung etwaiger Pseudotetraden wird das Steuerungsprogramm aus Beispiel 6.5: BCD-Check (siehe Kap. 6.4) verwendet. Zur Umwandlung von 4 BCD-Dekaden ist die BTD-Anweisung zu verwenden. Bei negativem Vorzeichen der BCD-Zahl, wird vor der Wandlung BIT 31 des Akku 1 mit „1" belegt.

STEP 7 Programm (AWL-Quelle):

```
FUNCTION FC 40 : VOID
NAME : BCD4_INT
VAR_INPUT                   VAR_OUTPUT
  BCDW : WORD ;               INTW : INT ;
  SBCD : BOOL ;             END_VAR
END_VAR
```

```
BEGIN
U( ;
L  #BCDW;
L  W#16#F;
UW ;
L  10;
<I ;
)  ;
U( ;
L  #BCDW;
SRW 4;
L  W#16#F;
UW ;
L  10;
<I ;
)  ;
U( ;
L  #BCDW;
SRW 8;
L  W#16#F;
UW ;
L  10;
<I ;
)  ;
U( ;
L  #BCDW;
SRW 12;
L  W#16#F;
UW ;
L  10;
<I ;
)  ;
NOT ;
BEB ;
//Abfrage BCD-Wert > 0
      L  #BCDW;
      UN  #SBCD;
      SPB M001;
      L DW#16#80000000;
      OW ;
//Umwandlung
M001: BTD ;
      T  #INTW;

END_FUNCTION
```

```
ORGANIZATION_BLOCK OB 1
VAR_TEMP
...   //Standardeinträge
END_VAR
BEGIN
   CALL FC 40 (
         BCDW   := EW   8,
         SBCD   := E    0.0,
         INTW   := MW  10);
END_ORGANIZATION_BLOCK
```

6.5.4 Umwandlung von Integer- und Doppelinteger-Zahlen

Zur Umwandlung von Integer- und Doppelinteger-Zahlen stehen in STEP 7 für alle Programmiersprachen (AWL, FUP, KOP und SCL) folgende Funktionen zur Verfügung:

INT_TO_DINT (Datentypumwandlung Integer-Format nach Doppeltinteger-Format).

Die Anweisung ITD interpretiert den im rechten Wort des Akku 1 stehenden Wert als Zahl mit dem Datentyp INT und überträgt den Signalzustand von Bit 15 (Vorzeichen) in die Bits 16 bis 31.

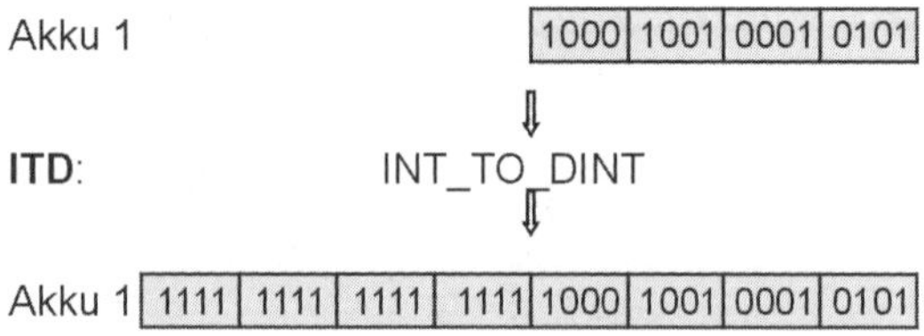

DINT_TO_REAL (Datentypumwandlung Doppelinteger-Format nach REAL-Format).

Die Anweisung DTR interpretiert den im Akku 1 stehenden Wert als Zahl mit dem Datentyp DINT und wandelt diese in eine Gleitpunktzahl (32 Bit, IEEE) mit dem Datenformat REAL um.

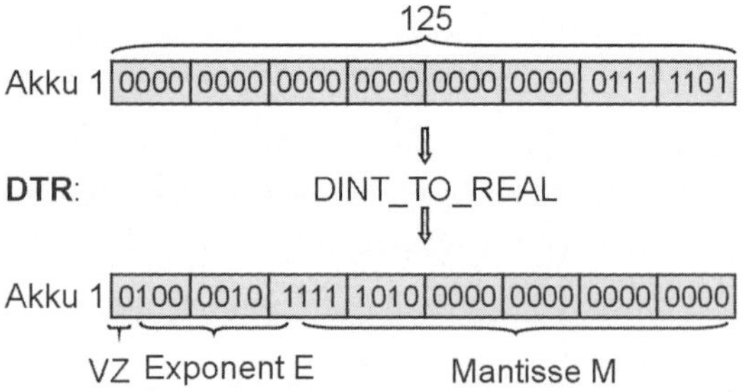

$$Z = VZ\,(1.M \cdot 2^{E-127})$$

$$E = 2^7 + 2^2 + 2^0 = 133$$

$$M = 2^{-1} + 2^{-2} + 2^{-3} + 2^{-4} + 2^{-6} = 0{,}953125$$

$$Z = +1.953125 \cdot 2^{133-127} = 125{,}0$$

Operationsdarstellung in der Steuerungssprache STEP 7:

Name	AWL	FUP	SCL
INT_TO_DINT	L MW 10 ITD T MD 20	I_DI ... —EN OUT—MD20 MW10—IN ENO—	X1: INT; X2: DINT; X2:=INT_TO_DINT(X1);
DINT_TO_REAL	L MD 30 DTR T MD34	DI_R ... —EN OUT—MD34 MD30—IN ENO—	X3: INT; X4: REAL; X4:=DINT_TO_REAL(X3);

In den Programmiersprachen AWL, FUP und KOP sind darüber hinaus noch folgende Integer- bzw. Doppelinteger Umwandlungsoperationen ausführbar:

INT_TO_BCD (Datentypumwandlung Integer-Format nach BCD-Format).

Die Anweisung **ITB** interpretiert den im rechten Wort des Akku 1 stehenden Wert als Zahl mit dem Datentyp INT und wandelt diese in eine BCD-codierte Zahl mit drei Dekaden um. Die drei Dekaden stehen rechtsbündig im Akku1. Das Vorzeichen steht in den Bits 12 bis 15 („0“ = positiv; „1“ = negativ).

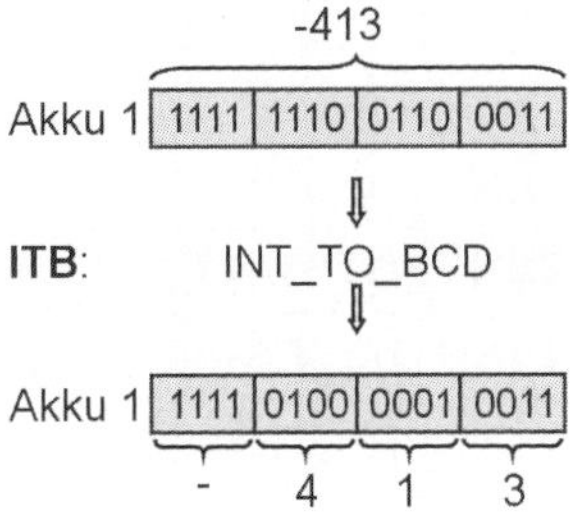

DINT_TO_BCD (Datentypumwandlung Doppelinteger-Format nach BCD-Format).

Die Anweisung **DTB** interpretiert den im Akku 1 stehenden Wert als Zahl mit dem Datentyp DINT und wandelt diese in eine BCD-codierte Zahl mit 7 Dekaden um. Die 7 Dekaden stehen rechtsbündig im Akku 1. Das Vorzeichen steht in den Bits 28 bis 31 („0“ = positiv; „1“ = negativ).

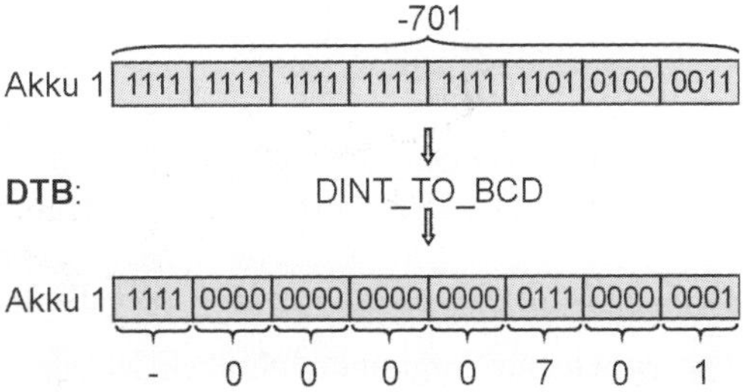

Ist der Betrag der Integer-Zahl größer als 999 bzw. 9 999 999 wird die Umwandlung nicht durchgeführt und die Statusbits OV und OS werden gesetzt.

Operationsdarstellung in der Steuerungssprache STEP 7:

Name	AWL	FUP	SCL
INT_TO_BCD	L MW 12 ITB T MW 14	I_BCD ... —EN OUT—MW14 MW12—IN ENO—	Standardfunktion nicht vorhanden
DINT_TO_BCD	L MD 24 DTB T MD 28	DI_BCD ... —EN OUT—MD28 MD24—IN ENO—	Standardfunktion nicht vorhanden

Nur in der Programmiersprache SCL sind die in der nachfolgenden Tabelle angegebenen Funktionen zur Umwandlung von Variablen mit dem Datentyp Integer bzw. Doppelinteger verfügbar.

Typumwandlung von Integer-Variablen:

Funktionsname	Umwandlungsregeln
INT_TO_REAL	Umwandlung in eine Gleitpunktzahl
INT_TO_WORD	Übernahme des Bitstrings
INT_TO_CHAR	Übernahme des Bitstrings

Typumwandlung von Doppelinteger-Variablen:

Funktionsname	Umwandlungsregeln
DINT_TO_INT	Übernahme des Wertes vom Doppelinteger in das Integer-Format. Ist der Wert größer 32 767 oder kleiner –32 768, wird die OK-Variable gesetzt.
DINT_TO_DWORD	Übernahme des Bitstrings
DINT_TO_DATE	Übernahme des Bitstrings
DINT_TO_TIME	Übernahme des Bitstrings
DINT_TO_TOD	Übernahme des Bitstrings

Werden die aufgeführten Umwandlungsfunktionen in der Programmiersprache AWL, FUP oder KOP benötigt, so kann teilweise auf Bibliotheksfunktionen in der zu STEP 7 gehörenden Standardbibliothek zurückgegriffen werden.

Die beiden nachfolgenden Beispiele zeigen die Anwendung von Umwandlungsoperationen in der Programmiersprache AWL. Für die Anwendung von Umwandlungsfunktionen in der Programmiersprache SCL wird auf das Kapitel 6.5.5 verwiesen.

Beispiel 6.10: Umwandlung INT_TO_BCD für 4 Dekaden (FC 41: INT_BCD4)

Für die eigene Programmbibliothek ist eine Funktion FC 41 (INT_BCD) zu entwerfen, die einen Integerwert von –9 999 bis + 9 999 in einen vierstelligen BCD-Wert wandelt. Das Vorzeichen wird mit einer booleschen Variablen am Ausgang der Funktion angezeigt. Liegt der Integerwert außerhalb der angegebenen Grenzen, wird 16#FFFF an den BCD-Ausgang der Funktion FC 41 gelegt.

Zum Test der Funktion FC 41 wird der Code-Baustein im Organisationsbaustein OB 1 aufgerufen und Integerwerte über „Variable steuern“ in das am Eingang der Funktion liegende Merkerwort MW 10 geschrieben. Der Ausgang der Funktion wird einem Ausgangswort zugewiesen, an das eine 4-stellige Ziffernanzeige angeschlossen ist. Das Vorzeichen wird an einem binären Ausgang angezeigt.

Zuordnungstabelle der Merker und Ausgänge:

Merkervariable	Symbol	Datentyp	Logische Zuordnung	Adresse
Integer-Wert	MW	INT	Integer-Format	MW 10

Ausgangsvariable				
Vorzeichen-Anzeige	SBCD	BOOL	Leuchtet SBCD = 1	A 4.0
Ziffernanzeige	AW	WORD	4-stelliger BCD-Wert	AW 12

Übergabeparameter:

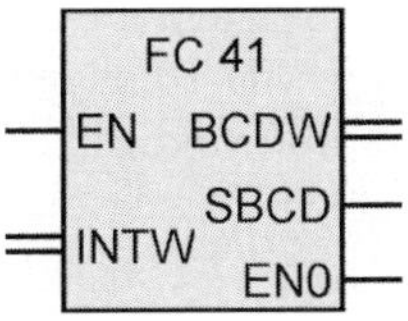

Beschreibung der Parameter:

INTW: Integer-Wert im Bereich von –9 999 bis +9 9999.

BCDW: Gewandelter Integer-Wert als BCD-Zahl im Format WORD.

SBCD: Vorzeichen des BCD-Wertes („0“ = positiv, „1“ = negativ)

Mit zwei aufeinanderfolgenden Vergleichen wird geprüft, ob der Eingangswert an INTW im angegebenen Bereich liegt. Falls er außerhalb des Bereichs liegt, werden SBCD = „0“ und der Wert 16#FFFF an den Ausgang BCDW gelegt. Die Bearbeitung des Bausteins wird dann beendet. Liegt der Wert innerhalb des Bereichs, wird mit ITD der Eingangswert INTW in den Datentyp DINT umgeformt. Danach wird mit der Anweisung DTB die Zahl in das BCD-Format umgesetzt und an den Ausgang BCDW gelegt.

STEP 7 Programm (AWL-Quelle):

```
FUNCTION FC 41 : VOID
NAME : INT_BCD4
VAR_INPUT
  INTW : INT ;
END_VAR

VAR_OUTPUT
  BCDW : WORD ;
  SBCD : BOOL ;
END_VAR

BEGIN
CLR ;
= #SBCD;
L W#16#FFFF;
T #BCDW;
O( ;
L #INTW;
L 9999;
>I ;
) ;
O( ;
L #INTW;
L -9999;
<I ;
) ;
BEB ;
L #INTW;
ITD ;
DTB ;
T #BCDW;
L #INTW;
L 0;
<I ;
= #SBCD;

END_FUNCTION
```

```
ORGANIZATION_BLOCK OB 1
VAR_TEMP
...    //Standardeinträge
END_VAR

CALL FC 41 (
      INTW  := MW 10,
      BCDW  := AW 12,
      SBCD  := A  4.0);
END_ORGANIZATION_BLOCK
```

In Steuerungsprogrammen mit Analogwertverarbeitung ist es vorteilhaft, den externen Bereich der angelegten Analogspannung von –10,0 V bis +10,0 V in einer REAL-Variablen mit dem Bereich von –10.0 bis + 10.0 im Steuerungsprogramm abzubilden. Damit für diesen Zahlenbereich beispielsweise ein Sollwert mit einem 4-stelligen Zifferneinsteller vorgeben werden kann, ist im nächsten Beispiel eine Funktion zu entwerfen, welche die Umwandlung eines 4-stelligen BCD-Wertes in eine Gleitpunktzahl vornimmt. Die vorgegebene BCD-Zahl entspricht dann einer Angabe der Spannung in mV.

Beispiel 6.11: Umwandlung BCD_TO_REAL für 4 Dekaden (FC 42: BCD4_REAL)

Für die eigene Programmbibliothek ist eine Funktion FC 42 (BCD4_REAL) zu entwerfen, die einen BCD-Wert von –9 999 bis + 9 999 in eine Gleitpunktzahl von –9.999 bis +9.999 wandelt. Das Vorzeichen des BCD-Wertes wird mit einer booleschen Variablen vorgegeben. Ein Eingabewert mit Pseudotetrade soll nicht gewandelt werden.

Zum Test der Funktion FC 42 wird der Code-Baustein im Organisationsbaustein OB 1 aufgerufen und der Ausgangsparameter SPGW einem Merkerdoppelwortwort MD 10 zugewiesen. Mit „Variable steuern / beobachten“ kann dann die Funktionsweise überprüft werden.

Zuordnungstabelle der Eingänge und Merker:

Eingangsvariable	Symbol	Datentyp	Logische Zuordnung	Adresse
Vorzeichen (Schalter)	S	BOOL	Betätigt S = 1	E 0.0
Zifferneinsteller	EW	WORD	4-stelliger BCD-Wert	EW 8
Merkervariable				
Gleitpunktzahl	MD	REAL	REAL-Format	MD 10

Übergabeparameter:

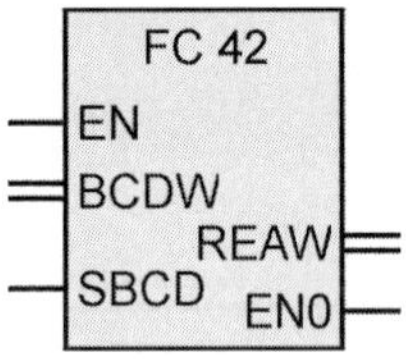

Beschreibung der Parameter:

BCDW: BCD-Wert mit 4 Dekaden im Datenformat WORD.

SBCD: Vorzeichen des BCD-Wertes („0“ = positiv, „1“ = negativ)

REAW: Gewandelter BCD-Wert als Gleitpunktzahl in den Grenzen –9.999 bis +9.999.

Das Steuerungsprogramm aus Beispiel 6.9: Umwandlung BCD_TO_INT kann bis auf die letzte Anweisung übernommen werden. Nach der vorletzten Anweisung BTD wird der Integer-Wert in Akku 1 mit der Anweisung DTR in eine Gleitpunktzahl gewandelt. Der Wert ist dann noch mit der Anweisung /R (siehe Kap. 6.6) durch 1000.0 zu dividieren.

STEP 7 Programm (AWL-Quelle):

```
FUNCTION FC 42 : VOID
NAME : BCD4_REAL
VAR_INPUT                VAR_OUTPUT
  BCDW : WORD ;           REAW : REAL ;
  SBCD : BOOL ;          END_VAR
END_VAR
BEGIN
U( ;           U( ;           ) ;            <I ;           L  10;
L  #BCDW;      L  #BCDW;      U( ;           ) ;            <I ;
L  W#16#F;     SRW 4;         L  #BCDW;      U( ;           ) ;
UW ;           L  W#16#F;     SRW 8;         L  #BCDW;      NOT ;
L  10;         UW ;           L  W#16#F;     SRW 12;        BEB ;
<I ;           L  10;         UW ;           L  W#16#F;     (Fortsetzung
) ;            <I ;           L  10;         UW ;           nächste Sei-
                                                            te)
```

```
Fortsetzung FC 42
      L  #BCDW;
      UN  #SBCD;
      SPB M001;
      L DW#16#80000000;
      OW ;
M001: BTD ;
      DTR   ;
      L 1.000000e+003;
      /R;
      T  #REAW;
END_FUNCTION
```

```
ORGANIZATION_BLOCK OB 1
VAR_TEMP
...    //Standardeinträge
END_VAR
CALL FC 42 (
        BCDW  := EW 8,
        SBCD  := E  0.0,
        REAW  := MD 10);
END_ORGANIZATION_BLOCK
```

6.5.5 Umwandlung von Gleitpunktzahlen

Zur Umwandlung von Gleitpunktzahlen stehen in STEP 7 folgende Funktionen zur Verfügung:

REAL_TO_DINT (Datentypumwandlung REAL-Format nach Doppelinteger-Format). Dafür gibt es in den Programmiersprachen AWL, FUP und KOP vier Operationen, die sich in der Ausführung der Rundung unterscheiden:

RND interpretiert den Inhalt von AKKU 1 als REAL-Zahl und wandelt sie in eine 32-Bit Ganzzahl (DINT) um.

Das Ergebnis besteht aus der der REAL-Zahl am nächsten liegenden ganzen Zahl.

- 0.51	⟹	- 1
- 0.5	⟹	0
- 0.49	⟹	0
+ 0.49	⟹	0
+ 0.5	⟹	+ 1
+ 0.51	⟹	+ 1

RND+ interpretiert den Inhalt von AKKU 1 als REAL-Zahl und wandelt sie in eine 32-Bit Ganzzahl (DINT) um.

Das Ergebnis besteht aus der nächst größeren ganzen Zahl.

- 1.1	⟹	- 1
- 0.51	⟹	0
- 0.49	⟹	0
+ 0.49	⟹	+ 1
+ 0.51	⟹	+ 1
+ 1.1	⟹	+ 2

RND- interpretiert den Inhalt von AKKU 1 als REAL-Zahl und wandelt sie in eine 32-Bit Ganzzahl (DINT) um.

Das Ergebnis besteht aus der nächst kleineren ganzen Zahl.

- 1.1	⟹	- 2
- 0.51	⟹	- 1
- 0.49	⟹	- 1
+ 0.49	⟹	0
+ 0.51	⟹	0
+ 1.1	⟹	+ 1

TRUNC interpretiert den Inhalt von AKKU 1 als REAL-Zahl und wandelt sie in eine 32-Bit Ganzzahl (DINT) um.

Das Ergebnis besteht aus dem ganzzahligen Anteil der Gleitpunktzahl (IEEE-Rundungsmodus 'Round to Zero').

- 1.1	⟹	- 1
- 0.51	⟹	0
- 0.49	⟹	0
+ 0.49	⟹	0
+ 0.51	⟹	0
+ 1.1	⟹	+ 1

Liegt die Zahl außerhalb des zulässigen Bereichs, werden die Statusbits OS (Überlauf, speichernd) und OV (Überlauf) auf „1“ gesetzt. Eine Wandlung findet dann nicht statt.

Operationsdarstellung in der Steuerungssprache STEP 7:

Name	AWL	FUP	SCL

REAL_TO_DINT	`L MD 10`
	`RND`
	`T MD 14`
		ROUND
		... — EN OUT — MD14
		MD10 — IN ENO —
			`X1: REAL;`
			`X2: DINT;`
			`X2:=REAL_TO_DINT(X1);`

	`L MD 18`
	`RND+`
	`T MD 22`
		CEIL
		... — EN OUT — MD22
		MD18 — IN ENO —
			Standardfunktion nicht vorhanden

	`L MD 26`
	`RND-`
	`T MD 30`
		FLOOR
		... — EN OUT — MD30
		MD26 — IN ENO —
			Standardfunktion nicht vorhanden

	`L MD 34`
	`TRUNC`
	`T MD 38`
		TRUNC
		... — EN OUT — MD38
		MD34 — IN ENO —
			Standardfunktion nicht vorhanden

Die in der nachfolgenden Tabelle angegebenen Funktionen zur Umwandlung von Gleitpunktzahlen sind nur in der Programmiersprache SCL verfügbar.

Funktionsname	Umwandlungsregeln
REAL_TO_DWORD	Übernahme des Bitstrings
REAL_TO_INT	Runden der Gleitpunktzahl auf einen Integerwert im Bereich von –32 768 bis +32 767.
INT_TO_CHAR	Übernahme des Bitstrings

Das folgende Beispiel zeigt die Anwendung der Umwandlung einer Gleitpunktzahl in eine BCD-Zahl. Liegt in einem Steuerungsprogramm mit Analogwertverarbeitung für die Variablen Sollwert, Istwert usw. ein Wertebereich von –10.0 bis +10.0 (entsprechend dem Spannungsbereich von –10 V bis +10 V) vor, wird zur Anzeige des Bereichs an einer vierstelligen BCD-Ziffernanzeige die Umwandlungs-Funktion REAL_TO_BCD benötigt.

Beispiel 6.12: Umwandlung REAL_TO_BCD für 4 Dekaden (FC 43: REAL_BCD4)

Für die eigene Programmbibliothek ist eine Funktion FC 43 (REA_BCD4) zu entwerfen, die eine Gleitpunktzahl von –9.999 bis + 9.999 in einen vierstelligen BCD-Wert wandelt. Bei der Analogwertverarbeitung würde die Anzeige dann einem Spannungswert in mV entsprechen. Das Vorzeichen wird mit einer booleschen Variablen am Ausgang der Funktion angezeigt. Liegt die Gleitpunktzahl außerhalb der angegebenen Grenzen, wird 16#FFFF an den Ausgang der Funktion FC 43 gelegt.

Zum Test der Funktion FC 43 wird der Code-Baustein im Organisationsbaustein OB 1 aufgerufen und über „Variable beobachten/steuern" Gleitpunktzahlen in das am Eingang der Funktion liegende Merkerwort MD 10 geschrieben. Der Ausgang der Funktion wird einem Ausgangswort zugewiesen, an das eine 4-stellige Ziffernanzeige angeschlossen ist. Das Vorzeichen der Gleitpunktzahl ist an einen binären Ausgang gelegt.

Zuordnungstabelle der Merker und Ausgänge:

Merkervariable	Symbol	Datentyp	Logische Zuordnung	Adresse
Gleitpunktzahl	MD	REAL	REAL-Format	MD 10
Ausgangsvariable				
Vorzeichen-Anzeige	SBCD	BOOL	Leuchtet SBCD = 1	A 4.0
Ziffernanzeige	AW	WORD	4-stelliger BCD-Wert	AW 12

Übergabeparameter

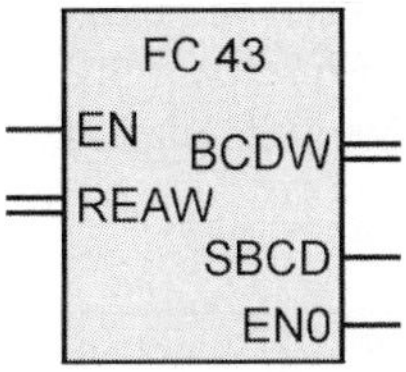

Beschreibung der Parameter:

REAW: Gleitpunktzahl im Bereich von –9.999 bis +9.9999.

BCDW: Gewandelter REAL-Wert als BCD-Zahl im Format WORD.

SBCD: Vorzeichen des BCD-Wertes („0“ = positiv, „1“ = negativ)

Das Steuerungsprogramm aus Beispiel 6.10: Umwandlung INT_TO_BCD kann übernommen werden. Zuvor ist jedoch die Variable REAW mit 1000.0 durch die Anweisung *R (siehe Kap. 6.6) zu multiplizieren und in eine Doppelinteger-Zahl zu wandeln. Zur Aufnahme der Doppelinteger-Zahl wird die temporäre Variable DINTW deklariert.

STEP 7 Programm (AWL-Quelle):

```
FUNCTION FC 43 : VOID
NAME : REAL_BCD4
VAR_INPUT
  REAW : REAL ;
END_VAR
VAR_OUTPUT
  BCDW : WORD ;
  SBCD : BOOL ;
END_VAR
VAR_TEMP
  DINTW : DINT ;
END_VAR
BEGIN
L   #REAW;
L 1.000000e+003;
*R    ;
RND   ;
T   #DINTW;
CLR ;
=   #SBCD;
L   W#16#FFFF;
T   #BCDW;
O( ;
L   #DINTW;
L   L#9999;
>D ;
)  ;
O( ;
L   #DINTW;
L   L#-9999;
<D ;
)  ;
BEB ;
L   #DINTW;
DTB ;
T   #BCDW;
L   #DINTW;
L   0;
<D  ;
=   #SBCD;
END_FUNCTION
```

```
ORGANIZATION_BLOCK OB 1
VAR_TEMP
...     //Standardeinträge
END_VAR
CALL FC 43 (
       REAW := MD 10,
       BCDW := AW 12,
       SBCD := A   4.0);
END_ORGANIZATION_BLOCK
```

6.5.6 Umwandlung durch Komplementbildung

In der Digitaltechnik sind zwei Arten der Komplementbildung bekannt, das *Einerkomplement,* welches jedes einzelne Bit eines Registers invertiert und das *Zweierkomplement,* das sich aus der Bildung des Einerkomplements und Addition +1 ergibt. In der Norm DIN EN 61131-3 tauchen die beiden Begriffe bei Funktionen nicht mehr auf. Die Bildung des Einerkomplements wird durch die Funktion „NOT“ ausgeführt. Die Bildung des Zweierkomplements durch eine Multiplikation mit –1.

Bei STEP 7 stehen in den Programmiersprachen AWL, FUP und KOP die beiden genannten Komplementbildungen als Operationen in Form von Invertierungs- und Negations-Anweisungen zur Verfügung. Ausgeführt wird die Komplementbildung im Akku 1. Bei der Programmiersprache SCL müssen für die Komplementbildung die normgerechten Funktionen NOT und Multiplikation mit –1 verwendet werden.

Beim Bilden des Einerkomplements eines Bitmusters im Akku 1 werden die einzelnen Bits umgekehrt (invertiert), d.h. die Nullen werden durch Einsen und die Einsen durch Nullen ersetzt. Mit den Anweisungen INVI bzw. INVD wird die Einerkomplementbildung auf die rechten 16 Bits bzw. auf alle Bits von Akku 1 angewandt.

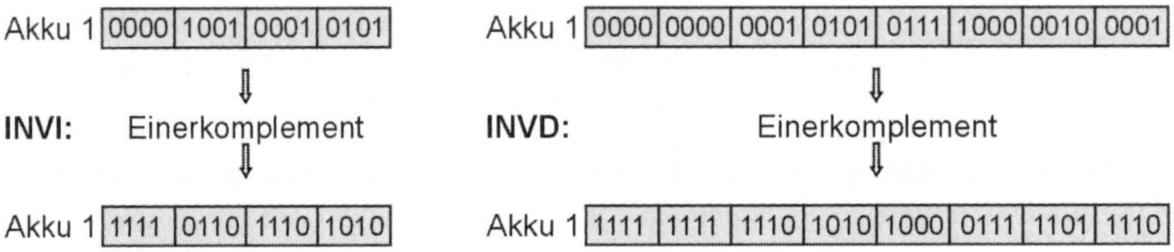

Operationsdarstellung in der Steuerungssprache STEP 7:

Name	AWL	FUP	SCL

Einerkomplement	`L MW 10`
	`INVI`
	`T MW 12`
		INV_I: ... —EN, OUT—MW12; MW10—IN, ENO—	`MW12:=NOT MW10;`

	`L MD 14`
	`INVD`
	`T MD 18`
		INV_DI: ... —EN, OUT—MD18; MD14—IN, ENO—	`MD18:=NOT MD14;`

Der Inhalt des linken Wortes in Akku 1 wird bei der Anweisung INVI nicht verändert. Die Anweisungen für das Einerkomplement ändern keine Statusbits.

Beim Bilden des Zweierkomplements einer Ganzzahl im Akku 1 werden die einzelnen Bits umgekehrt, d.h. die Nullen werden durch Einsen und die Einsen durch Nullen ersetzt. Dann wird +1 zum Inhalt des Akku 1 addiert. Das Zweierkomplement einer Ganzzahl entspricht einer Multiplikation mit –1. Mit den Anweisungen NEGI bzw. NEGD wird das Zweierkomplement oder die Negation der Ganzzahl auf die rechten 16 Bits bzw. auf alle Bits von Akku 1 angewandt.

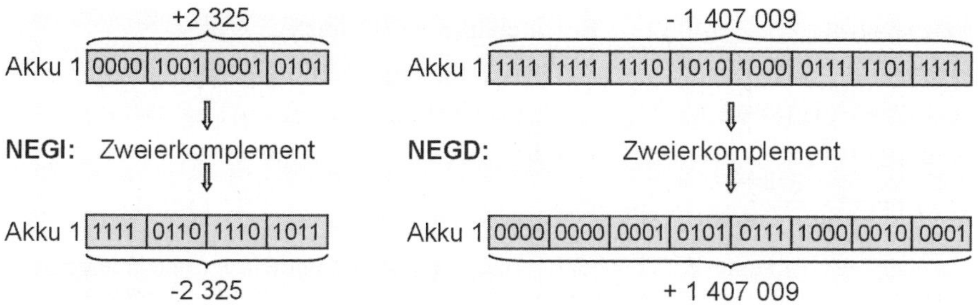

Operationsdarstellung in der Steuerungssprache STEP 7:

Name	AWL	FUP	SCL
Zweierkomplement	L MW 10 NEGI T MW 12	NEG_I ... — EN OUT — MW12 MW10 — IN ENO —	X1: INT; X2: INT; X2:=X2*(-1);
	L MD 14 NEGD T MD 18	NEG_DI ... — EN OUT — MD18 MD14 — IN ENO —	X3: DINT; X4: DINT; X4:=X3*(-1);

Der Inhalt des linken Wortes von Akku 1 wird bei der Anweisung NEGI nicht verändert.

Beispiel 6.13: Umwandlung Betragszahlenformat in Integer (FC 44: BYTE7_INT)

Ein digitaler Messwertgeber mit 8 Bit Ausgangswert liefert bei Rechtslauf einer Maschine eine zur Drehzahl proportionale positive Dualzahl Z = 0 | xxxxxxx. Bei Linkslauf der Maschine gibt der Messwertgeber eine negative Dualzahl in „Vorzeichen-Betrags-Darstellung" aus, d.h. Z = 1 | xxxxxxx. Dem Stillstand der Maschine ordnet der Messwertgeber den Zahlenwert Z = 0 | 0000000 zu.

Zur Weiterverarbeitung der Messwerte müssen die negativen Dualzahlen im Integer-Format vorliegen. Dafür ist eine Funktion FC44 (BYTE7-INT) zu entwerfen, an die am Eingang der 8-Bit Messwert gelegt wird und die am Ausgang den zugehörigen Integer-Wert liefert.

Zum Test der Funktion FC 44 wird der Code-Baustein im Organisationsbaustein OB 1 aufgerufen und an den Parametereingang das Eingangsbyte EB gelegt. Der Ausgang der Funktion wird an den Eingang der Funktion FC 41 (INT_BCD4) gelegt. Damit kann an einer BCD-Ziffernanzeige der Messwert abgelesen werden.

Zuordnungstabelle der Eingänge und Ausgänge:

Eingangsvariable	Symbol	Datentyp	Logische Zuordnung	Adresse
Messwert	EB	Word	Betrags-Zahlen-Format	EB 0
Ausgangsvariable				
Vorzeichen-Anzeige	SBCD	BOOL	Leuchtet SBCD = 1	A 4.0
Ziffernanzeige	AW	WORD	4-stelliger BCD-Wert	AW 12

Übergabeparameter

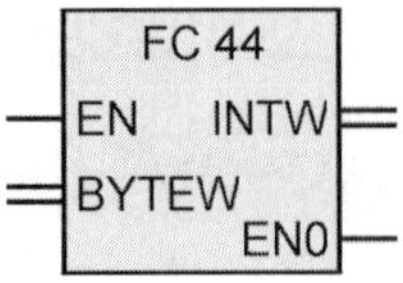

Beschreibung der Parameter:

BYTEW: Eingangswert im Betragszahlenformat mit 8 Bit.

INTW: Ausgangswert als Integer

Zunächst wird der Eingang BYTEW dem Ausgang INTW zugewiesen und überprüft, ob ein positiver Wert vorliegt. Ist der Wert negativ, wird das 8. Bit des Eingangs BYTEW ausgeblendet und mit der Anweisung NEGI das Zweierkomplement gebildet. Das Ergebnis wird der Ausgangsvariablen INTW zugewiesen. Zur Übergabe des Messwertes an die Funktion FC 41 wird im OB 1 die temporäre Variable „Messwert“ deklariert.

In dem nachfolgend gezeigten STEP 7 Programm wird auf die Darstellung des Bibliotheksbausteins FC 41 (INT_BCD4) verzichtet.

STEP 7 Programm (AWL-Quelle):

```
FUNCTION FC 44 : VOID
NAME : BYTE7_INT
VAR_INPUT                   VAR_OUTPUT
  BYTEW : BYTE ;            INTW : INT ;
END_VAR                     END_VAR
BEGIN
L  #BYTEW;      L  0;        L  #BYTEW;      NEGI ;
T  #INTW;       >I  ;       L  W#16#7F;      T  #INTW;
SLW 8;          BEB ;       UW ;
                                             END_FUNCTION

ORGANIZATION_BLOCK OB 1             CALL FC 44 (
VAR_TEMP                                   BYTEW  := EB  0,
...    //Standardeinträge                  INTW  := #Messwert);
Messwert : INT ;                    CALL FC 41 (
END_VAR                                    INTW   := #Messwert,
                                           BCDW   := AW 12,
                                           SBCD  := A 4.0);
                                    END_ORGANIZATION_BLOCK
```

6.5.7 Umwandlung BOOL, BYTE, WORD und DWORD

In STEP 7 kann für die Umwandlung der Datenformate BYTE und WORD in den Programmiersprachen AWL, FUP und KOP auf Lade- und Transferoperationen zurückgegriffen werden. Beispielsweise erfolgt die Umwandlung einer Variablen mit dem Datenformat BYTE in eine Variable mit dem Datenformat WORD mit einer Lade- und Transferanweisung in der AWL oder mit der MOVE-Box im FUP.

In der Programmiersprache SCL dürfen jedoch nur Zuweisungen von typgleichen Variablen ausgeführt werden. Deshalb ist dort z.B. für die Zuweisung einer Variablen mit dem Datenformat BYTE zu einer Variablen mit dem Datenformat WORD eine spezielle Funktion erforderlich.

Die nachfolgende Tabelle gibt eine Übersicht zu den Umwandlungsfunktionen für BOOL, BYTE, WORD und DWORD in der Programmiersprache SCL.

Funktionsname	Umwandlungsregeln
BOOL_TO_BYTE	Ergänzung führender Nullen
BOOL_TO_WORD	
BOOL_TO_DWORD	
BYTE_TO_WORD	
BYTE_TO_DWORD	
BYTE_TO_BOOL	Kopieren des niederwertigsten Bits
WORD_TO_DWORD	Ergänzung führender Nullen
WORD_TO_BOOL	Kopieren des niederwertigsten Bits
WORD_TO_BYTE	Kopieren der niederwertigen 8 Bits
WORD_TO_INT	Übernahme des Bitstrings
DWORD_TO_BOOL	Kopieren des niederwertigsten Bits
DWORD_TO_BYTE	Kopieren der niederwertigen 8 Bits
DWORD_TO_WORD	Kopieren der niederwertigen 16 Bits
DWORD_TO_DINT	Übernahme des Bitstrings
DWORD_TO_REAL	Übernahme des Bitstrings

Aus der Tabelle ist zu ersehen, dass es auch Funktionen für die Umwandlung von BOOL gibt. Dabei wird der Wert der booleschen Variablen dem ersten Bit von rechts der Variablen mit dem Datenformat BYTE, WORD oder DWORD zugewiesen.

Die Anwendung der Umwandlung von WORD-Datenformaten ist bei analogen Eingangsbaugruppen erforderlich. Analogeingabebaugruppen wandeln ein analoges Prozesssignal in einen digitalen Wert um, der über ein Peripherieeingangswort PEW angesprochen werden kann. In diesem Peripherieeingangswort wird beispielsweise eine angelegte Spannung von –10V bis +10V in einem Wertebereich von –27 648 bis + 27 648 dargestellt.

Für ein übersichtliches Steuerungsprogramm ist es wünschenswert, dass die Variable, die den Spannungswert repräsentiert, in dem Bereich von –10.0 bis + 10.0 zur internen Weiterverarbeitung vorliegt. Deshalb ist im nächsten Beispiel eine Funktion FC 46 zu entwerfen, die eine entsprechende Normierung durchführt.

Beispiel 6.14: Normierung eines Analogeingabewertes (FC 46: AE_REAL)

Es ist eine Funktion FC 46 (AE_REAL) für die eigene Programmbibliothek zu entwerfen, die den Bereich von –27 648 bis + 27 648 des Peripherieeingangswortes PEW einer Analogeingabe-Baugruppe in eine Gleitpunktzahl REAW mit dem Bereich von –10.000 bis +10.000 wandelt.

Übergabeparameter:

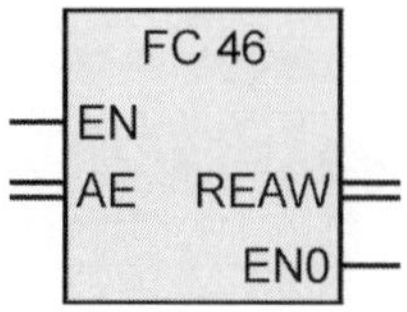

Beschreibung der Parameter:

AE: Eingangswort einer Analogeingabebaugruppe

REAW: Gewandelter Eingangswert als Gleitpunktzahl

Zum Test der Funktion FC 46 wird der Code-Baustein im Organisationsbaustein OB 1 aufgerufen. An den Eingangsparameter AE wird das Peripherieeingangswort PEW einer Analogeingabebaugruppe gelegt. Der Ausgangsparameter REAW der Funktion FC 46 gibt dann die angelegte Spannung als Gleitpunktzahl von –10.0 bis +10.0 aus. Über den Bibliotheksbaustein FC43 (REA_BCD4) wird der Ausgabewert an eine vierstellige BCD-Anzeige gelegt und kann dort als Spannungswert in mV abgelesen werden.

Beschaltungs- und Programmstruktur:

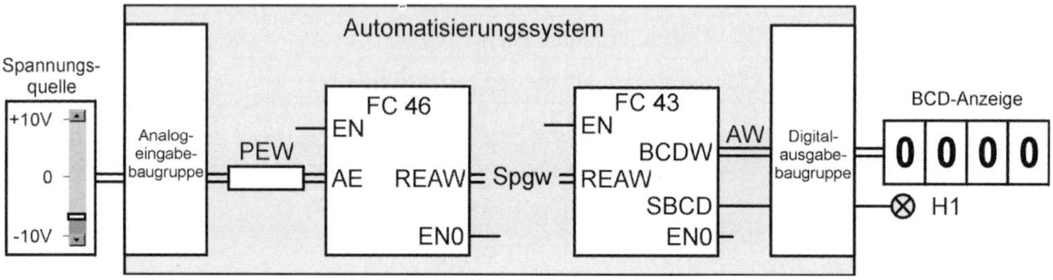

Bild 6.6: Analogwert gesteuerte BCD-Anzeige

Zuordnungstabelle der Eingänge und Ausgänge:

Eingangsvariable	Symbol	Datentyp	Logische Zuordnung	Adresse
Analogeingang	PEW	WORD	Bereich –27 648 bis +27 648	PEW 320
Ausgangsvariable				
Vorzeichen	H1	BOOL	Negativ H1 = 1	A 4.0
Ziffernanzeige	AW	WORD	BCD-Wert	AW 12

Die Formel für die Normierungsberechnung lautet:

$$SPGW = \frac{10.0}{27\,648} \cdot PEW = 0{,}0003616898 \cdot PEW$$

Da die Multiplikation im REAL-Zahlenformat durchzuführen ist, muss vor der Berechnung das Bitmuster im Peripherieeingangswort PEW in eine Gleitpunktzahl umgewandelt werden.

Das Steuerungsprogramm der Funktion FC 46 soll im Funktionsplan dargestellt werden. Deshalb ist über die MOVE-Funktion zunächst eine WORD_TO_INT Datentypumformungen durchzuführen. Danach wird mit den Umwandlungsfunktionen INT_TO_DINT und DINT_TO_REAL eine Gleitpunktzahl gebildet, die mit 0.0003616898 multipliziert wird. Zur Aufnahme der Zwischenergebnisse müssen die drei temporären Variablen AE_INT; AE_DINT und AE_REAL deklariert werden.

Funktionsplan FC 46 (AE_REAL):

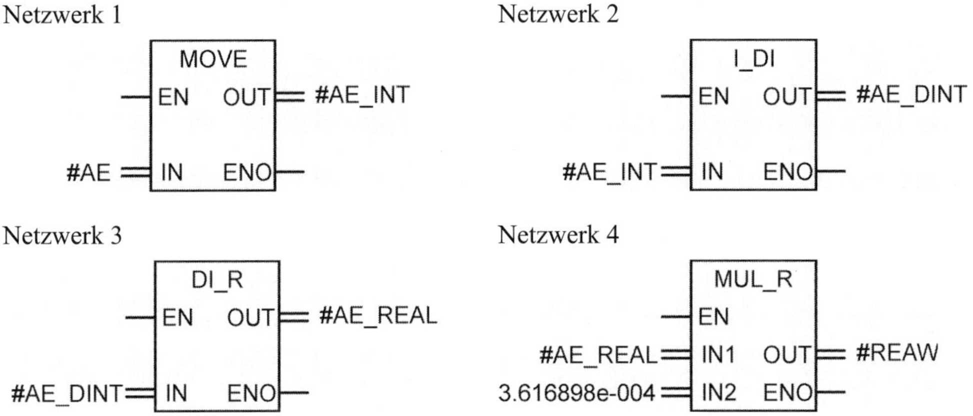

In der folgenden AWL-Quelle ist nur der Organisationsbaustein OB 1 mit dem Aufruf der beiden Funktionen (FC46 und FC 43) angegeben.

STEP 7 Programm (AWL-Quelle):

```
ORGANIZATION_BLOCK OB 1
VAR_TEMP
...              //Standardeinträge
Spgw : REAL ;//Übergabeoperand
END_VAR

CALL FC 46 (
     AE    := PEW 320,
     REAW  := #Spgw);
CALL FC 43 (
     REAW  := #Spgw,
     BCDW  := AW 12,
    SBCD   := A 4.0);

END_ORGANIZATION_BLOCK
```

Im nächsten Beispiel sind Anwendungen der WORD_Umwandlungsfunktionen in der Programmiersprache SCL gezeigt. Darüber hinaus ist noch ein Algorithmus angegeben, mit dessen Hilfe eine BCD-Zahl aus einer Integer-Zahl in der Programmiersprache SCL gebildet werden kann.

Beispiel 6.15: Anzeige eines Analogwertes (FC 45: AE_ANZ)

Ein Analogwert von –10 V bis +10 V wird über einen externen 16-Bit A/D-Wandler an ein Eingangswort des Automatisierungssystems gelegt. Der A/D-Wandler liefert für die Spannungswerte den Zahlenbereich von –32 768 bis +32 767 im Integerformat. Der Betrag des Spannungswertes soll an einer vierstelligen BCD-Anzeige in mV und das Vorzeichen an einem binären Ausgang angezeigt werden.

Es ist eine Funktion FC 45 in der Programmiersprache SCL zu entwerfen, die für das am Parametereingang angelegte Eingangswort eine der Spannung proportionale BCD-Zahl im Bereich 0 bis 9 999 und das Vorzeichen als Ausgangsparameter liefert.

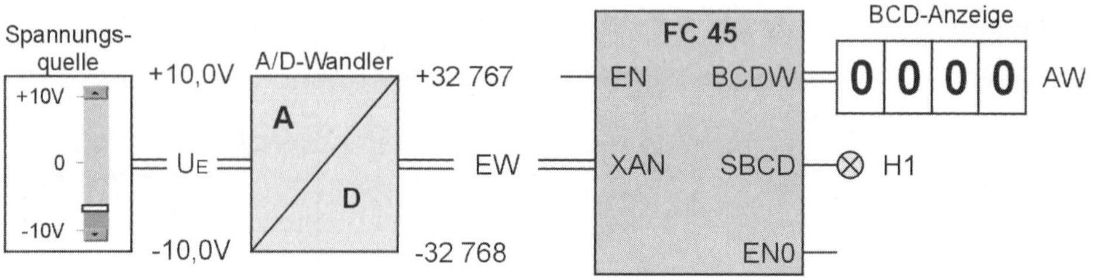

Bild 6.7: Analogwertanzeige

Zum Test der Funktion FC 45 wird der Code-Baustein im Organisationsbaustein OB 1 aufgerufen und an den Parametereingang XAN das Eingangswort EW 0 gelegt. An den Ausgangsparameter BCDW wird das Ausgangswort eines Zifferneinstellers und an SBCD ein binärer Ausgang gelegt. Liegt kein entsprechender A/D-Wandler vor, so werden verschiedene Bitmuster an das Eingangswort gelegt. Über die S7 Programmfunktion „Variable steuern/beobachten“, kann in der Darstellung „DEZ“ der Eingangswert abgelesen werden. Beispielsweise müsste beim Eingangswert +16 384 (E 0.6 = „1“) oder –16 348 (E 0.6 = „1“ und E 0.7 = „1“) der Wert 5 000 an der Ziffernanzeige erscheinen. Für andere Werte gilt Entsprechendes.

Zuordnungstabelle der Eingänge und Ausgänge:

Eingangsvariable	Symbol	Datentyp	Logische Zuordnung	Adresse
Analogwert	EW	Word	Integer-Zahl	EW 0
Ausgangsvariable				
Vorzeichen-Anzeige	SBCD	BOOL	Leuchtet SBCD = 1	A 4.0
Ziffernanzeige	AW	WORD	4-stelliger BCD-Wert	AW 12

Lösungsschritte:

1. Spannungswert größer oder kleiner null

Zunächst wird über eine IF-Kontrollanweisung abgefragt, ob der Eingangswert größer oder kleiner null ist. Ist der Wert kleiner, wird der Ausgangsparameter SBCD =„1“ gesetzt. Gleichzeitig wird der Betrag des Eingangswertes der temporären Variablen INTW im Datenformat INT zugewiesen.

Anweisungsfolge:

```
IF WORD_TO_INT(XAN) < 0 THEN
 SBCD:=TRUE;
 INTW:= WORD_TO_INT(XAN)*(-1);
ELSE
 SBCD:=FALSE;
 INTW:= WORD_TO_INT(XAN);
END_IF;
```

Hinweise:

Da 0 eine Integer-Zahl ist, muss für den Vergleich der Eingangswert XAN in das Integer Format gewandelt werden.

Die Bildung der temporären Variablen INTW erfolgt durch die WORD_TO_INT Formatwandlung und im Falle eines negativen Eingangswertes noch mit der Multiplikation mit –1 (siehe Kap. 6.6).

2. Normierung auf den Zahlenbereich –9 999 bis + 9 999

Damit die Eingangswerte von XAN, die im Bereich von –32 768 bis +32 767 proportional zur angelegten Spannung in mV sind, an der Ziffernanzeige als Zahlen von –9999 bis +9999 angezeigt werden können, muss eine Normierung durchgeführt werden. Dazu wird der Betrag des Eingangswertes mit $\frac{10\,000}{32\,767} = 0{,}305185$ multipliziert. Diese Multiplikation ist im REAL-Zahlenformat durchzuführen.

Anweisungsfolge:

```
INTW:= REAL_TO_INT (INT_TO_REAL (INTW)* 0.305185);
```

Hinweis:

Die Anweisung ist so zu lesen, dass zunächst der Betrag des Eingangswertes INTW in eine REAL-Zahl umgewandelt und mit 0,305185 multipliziert wird. Das Ergebnis wird in eine Integerzahl zurückgewandelt und wieder der temporären Variablen INTW zugewiesen.

3. Ermittlung der BCD-Dekaden

Für den Eingangswert 28 317 steht jetzt der Wert 8 642 in der Variable INTW. Zur Bildung der BCD-Dekaden müssen die einzelnen Ziffern aus diesem Wert gewonnen werden. Zur Aufnahme der einzelnen Ziffern werden vier neue temporäre Variable X1 bis X4 mit dem Datenformat WORD deklariert. Das Bitmuster der 4. Stelle (im Beispiel = 8) wird in das 13. bis 16. Bit des Variablen X4 geschrieben.

Anweisungsfolge:

```
X4:=SHL (IN:=INT_TO_WORD (INTW DIV 1000),N:=12);
```

Hinweise:

Um die 4. Stelle (8) zu erhalten, wird der Integerwert INTW durch 1000 dividiert (siehe Kap. 6.6). Das Ergebnis wird dann in das Format WORD gewandelt und um 12 Stellen verschoben.

Zur Bildung der nächsten Stelle X3 wird die Differenz des Integerwerts INTW mit dem durch 1000 dividierten und mit 1000 multiplizierten Integerwert bestimmt und der Variablen INTW wieder zugewiesen. Da bei der Division eines Integerwertes die Nachkommastellen abgeschnitten werden, sind die ersten drei Stellen der Zahl von rechts null. Die Subtraktion ergibt somit die Zahl nach der Tausender Stelle. (Eine andere Möglichkeit die Tausender Stelle zu entfernen wäre die Anwendung der MOD-Division gewesen.)

Anweisungsfolge:

```
INTW:= INTW - (INTW DIV 1000)*1000;
```

Beispiel:

INTW = 8 642 – (8 642:1 000)*1 000
= 8 642 – 8 * 1 000
= 642

Nachdem die 4. Dekade aus dem Integerwert ausgeblendet wurde, kann die nächste Stelle X3 durch Division der Zahl durch 100 und Schieben um acht Stellen nach links gebildet werden.

Anweisungsfolge:

```
X3:=SHL (IN:-INT_TO_WORD (INTW DIV 100),N:=8);
```

Die beiden Variablen X2 und X1 werden nach dem gleichen Algorithmus gebildet. Bei X1 liegt jedoch die Ziffer bereits in der Variablen INTW vor, sodass auf die Division und das Schieben verzichtet werden kann.

4. Bildung der Ausgangsvariablen BCD

Der vierstellige BCD-Wert wird durch eine digitale ODER-Verknüpfung der vier Variablen X1 bis X4 gebildet.

Anweisungsfolge:

```
BCDW:= X4 OR X3 OR X2 OR X1;
```

STEP 7 Programm (SCL-/AWL-Quelle):

```
FUNCTION FC 45 : VOID
VAR_INPUT                  VAR_OUTPUT                 VAR_TEMP
 XAN : WORD;                BCDW : WORD;              INTW:INT;
END_VAR                    END_VAR                    X1:WORD;
                                                      X2:WORD;
                                                      X3:WORD;
                                                      X4:WORD;
                                                      END_VAR
BEGIN
 IF WORD_TO_INT(XAN) < 0 THEN
    SBCD:=TRUE;
    INTW:= WORD_TO_INT(XAN)*(-1);
  ELSE
    SBCD:=FALSE;
    INTW:= WORD_TO_INT(XAN);
 END_IF;
 INTW:= REAL_TO_INT (INT_TO_REAL (INTW)* 0.30518509);
 X4:=SHL (IN:=INT_TO_WORD (INTW DIV 1000),N:=12);

 INTW:= INTW - (INTW DIV 1000)*1000;
 X3:=SHL (IN:=INT_TO_WORD (INTW DIV 100),N:=8);

 INTW:= INTW - (INTW DIV 100)*100;
 X2:=SHL (IN:=INT_TO_WORD (INTW DIV 10),N:=4);

 INTW:= INTW - (INTW DIV 10)*10;
 X1:=INT_TO_WORD (INTW);

 BCDW:= X4 OR X3 OR X2 OR X1;
END_FUNCTION

ORGANIZATION_BLOCK OB 1
VAR_TEMP
...    //Standardeinträge
END_VAR
CALL FC 45 (
      XAN    := EW  0,
      BCDW  := AW 12,
      SBCD     := A   4.0);
END_ORGANIZATION_BLOCK
```

6.6 Arithmetische Funktionen

In der Steuerungstechnik werden mit arithmetischen Funktionen die vier Grundrechnungsarten (ADD, SUB, MUL und DIV) ausgeführt.

6.6.1 Arithmetische Funktionen nach DIN EN 61131-3

Auswahl, der in der Norm DIN EN 61131-3 aufgeführten arithmetischen Standardfunktionen:

Name	Grafische Form	Beschreibung
ADD	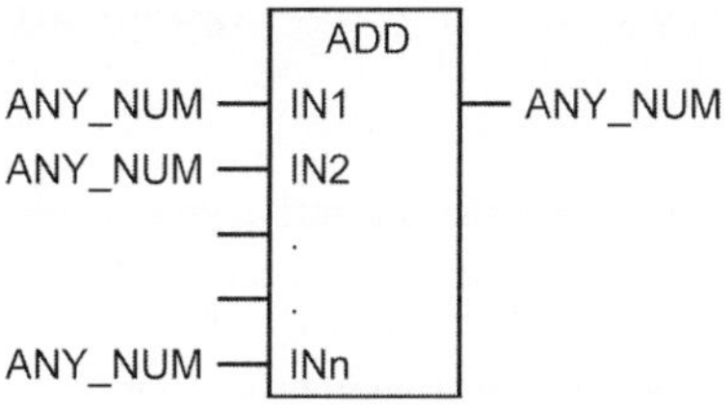	Die an den Eingängen IN1 bis INn angelegten Werte werden addiert. Das Ergebnis steht als Funktionswert für die Weiterverarbeitung zur Verfügung.
SUB	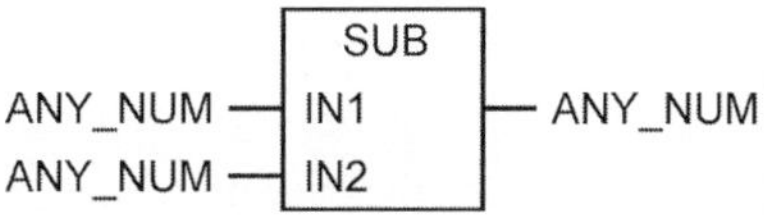	Der am Eingang IN2 angelegte Wert wird von dem an IN1 angelegten Wert subtrahiert. Das Ergebnis steht als Funktionswert für die Weiterverarbeitung zur Verfügung..
MUL	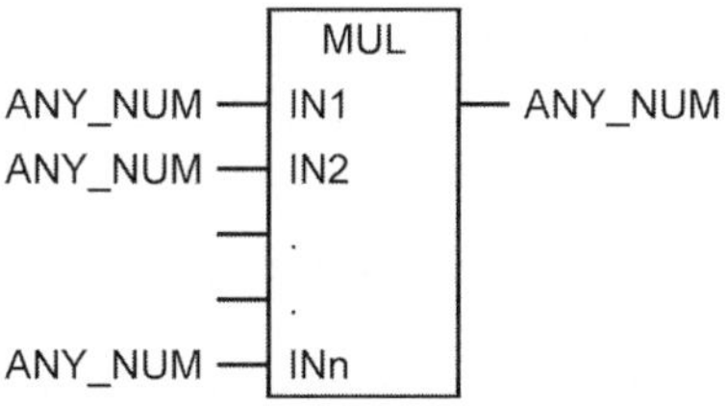	Die an den Eingängen IN1 bis INn angelegten Werte werden miteinander multipliziert. Das Ergebnis steht als Funktionswert für die Weiterverarbeitung zur Verfügung.
DIV	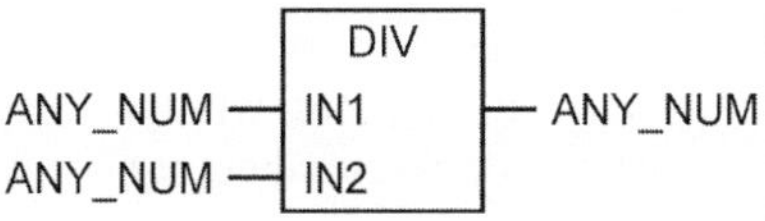	Der an den Eingang IN1 angelegte Wert wird durch den an IN2 angelegten Wert dividiert. Das Ergebnis steht als Funktionswert für die Weiterverarbeitung zur Verfügung..
MOD	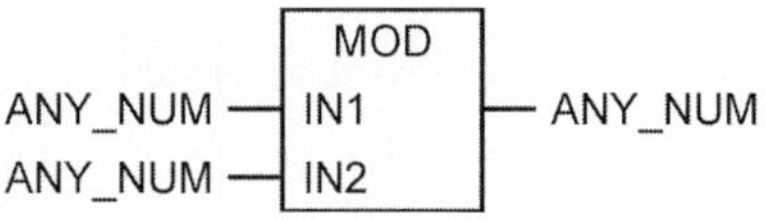	Der an den Eingang IN1 angelegte Wert wird durch den an IN2 angelegten Wert dividiert und der Divisionsrest dem Funktionswert für die Weiterverarbeitung zugewiesen.

Beim Funktionsaufruf müssen alle Eingangsoperanden vom gleichen Datentyp sein. Der Datentyp des Ergebnisses entspricht dem gewählten Datentyp der Eingangsoperanden.

6.6.2 Arithmetische Funktionen in STEP 7

Alle arithmetischen Funktionen werden bei STEP 7 unabhängig vom Verknüpfungsergebnis VKE über Akku 1 und Akku 2 ausgeführt. Das bedeutet, dass zuerst der Operand 1 in den Akku 1 geladen wird. Beim Laden des zweiten Operanden werden die Daten von Akku 1 in den Akku 2 verschoben und dann der zweite Operand in den Akku 1 geladen. Mit der angegebenen arithmetischen Funktion wird dann die Rechenoperation mit dem Inhalt von Akku 2

(Operand 1) und von Akku 1 (Operand 2) ausgeführt. Das Ergebnis steht dann in Akku1. Eine Ausnahme davon bildet die Addition von Konstanten. Für bestimmte Datenformate der Konstanten braucht nur der Akku 1 benutzt werden. Bei allen arithmetischen Funktionen informieren Statusbits über das Ergebnis und den Verlauf der Rechnung.

In der Programmiersprache Anweisungsliste AWL werden Datentyp und Datenformat der Operanden nicht geprüft, wodurch sich leicht Programmierfehler ergeben können.

In der Programmiersprache Funktionsplan FUP enthält die Box einer arithmetischen Funktion neben den Parametern IN1, IN2 und OUT noch den Freigabeeingang EN und den Freigabeausgang ENO. An den Parametereingängen IN1 und IN2 liegen die Werte, mit denen die Rechnung durchgeführt wird. Am Parameterausgang OUT liegt das Ergebnis der arithmetischen Operation vor. Die Parameter haben je nach arithmetischer Funktion den Datentyp INT, DINT oder REAL.

In der Programmiersprache SCL werden die Grundrechnungsarten mit arithmetischen Ausdrücken gebildet. Ein arithmetischer Ausdruck besteht aus einer (oder mehreren) Operation(en) und den Operanden. Die Operanden müssen alle gleiches Datenformat haben. Das Ergebnis des arithmetischen Ausdrucks kann durch eine Zuweisung ausgewertet werden.

6.6.3 Rechnen mit Konstanten

In der Programmiersprache AWL ist es bei STEP 7 möglich, die Addition oder Subtraktion eines Operanden und einer Konstanten mit nur einem Ladebefehl auszuführen. Dafür gibt es zwei Möglichkeiten.

Die Anweisung *Addiere Konstante* addiert die bei der Operation stehende Konstante zum Inhalt von Akku 1. Die Konstante kann in folgenden Formaten angegeben werden:

`+ B#16#bb`	Addieren einer Bytekonstanten in Hexadezimalform
`+ ±w`	Addieren einer Wortkonstanten in Dezimalform
`+ L#±d`	Addieren einer Doppelwortkonstanten in Dezimalform

Da die angegebene Dezimalzahl mit einem Minus-Zeichen versehen werden kann, ist auch eine Subtraktion möglich. Die Ausführung der Anweisungen erfolgt unbedingt.

Beispiele zur Konstantenoperation:

`L MW 10`
`+ B#16#11`
`T MW 10`
	Das Merkerwort MW 10 wird um den Wert 17 erhöht.
	Hinweis: Die Bytekonstante wird vor der Rechenoperation in eine Intergerzahl gewandelt.

`L MW 12`
`+ -125`
`T MW12`
	Das Merkerwort MW 12 wird um den Wert 125 verkleinert.

`L MD 14`
`+ L#-130`
`T MD 14`
	Das Merkerdoppelwort MD 14 wird um den Wert 130 verkleinert.

Die Anweisungen *Dekrementieren* DEC_n und *Inkrementieren* INC_n addieren bzw. subtrahieren zu dem Wert in Akku 1 die Zahl n. Der Parameter n kann die Werte zwischen 0 bis 255 annehmen. Die Veränderung des Akku 1 erfolgt nur im rechten Byte. Ein Übertrag erfolgt nicht. Führt beispielsweise der Befehl INC_n zu einer Zahl, die größer als 255 ist, entspricht der Wert von AKKU 1 nach der Anweisung dem Übertrag. Für das Dekrementieren gilt Entsprechendes. Die Ausführung der Anweisungen erfolgt unbedingt.

Beispiele zu Dekrementieren und Inkrementieren:

```
L MB 10
INC 10
T MB 10
```

Das Merkerbyte MB 10 wird um den Wert 10 erhöht.

```
L MB 11
DEC 7
T MB 11
```

Das Merkerbyte MB 11 wird um den Wert 7 verkleinert.

Das folgende Beispiel zeigt die Anwendung der Addition von Konstanten bei einem Zähler, der mit einer Variablen realisiert wird.

Beispiel 6.16: Parametrierbarer AUF-AB-Zähler (FC 82: AUFABZ)

Zur Kontrolle bestimmter unterschiedlicher Mengen soll eine Funktion FC 82 für einen AUF-AB-Zähler entworfen werden, mit der bis zu einem bestimmten Wert OGR hoch gezählt und dann abwärts gezählt wird. Nach Erreichen des Zählerstandes null beginnt wieder das Aufwärtszählen.

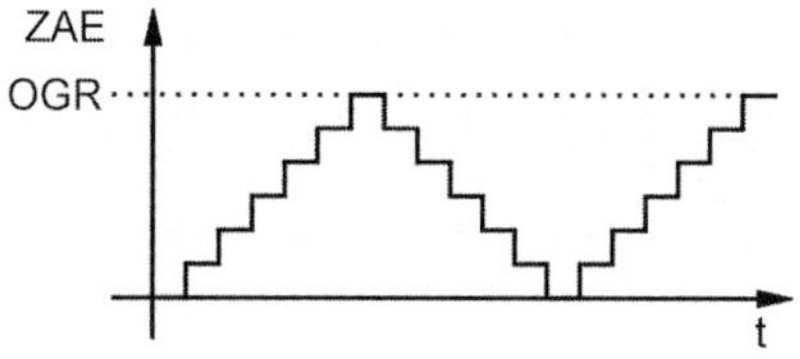

Der obere Wert OGR wird mit einem 4-stelligen Zifferneinsteller EW eingegeben. Eine Änderung des Grenzwertes OGR soll jederzeit möglich sein. Das Abwärtszählen zeigt die Leuchte H1 an.

Zum Test der Funktion werden die Zählimpulse von einem Taktgeber mit der Frequenz 5 Hz geliefert. Der Zählvorgang wird durch den Schalter S1 ein- bzw. ausgeschaltet. Beim Ausschalten soll der Zähler zurückgesetzt werden. Der jeweilige Zählerstand soll an einer vierstelligen Ziffernanzeige AW angezeigt werden. Außerdem soll an der Anzeigeleuchte H2 der Blinktakt angezeigt werden.

Bausteinstruktur:

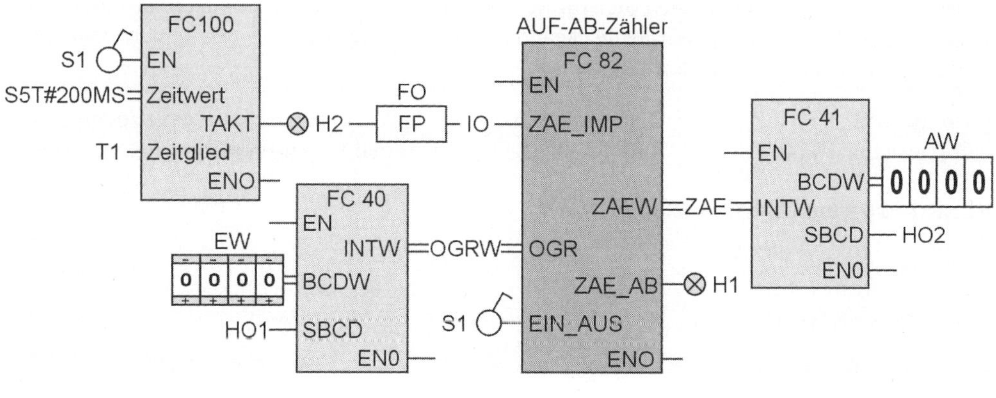

Bild 6.8: AUF-AB-Zähler

Zuordnungstabelle der Eingänge und Ausgänge:

Eingangsvariable	Symbol	Datentyp	Logische Zuordnung		Adresse
Ein-Schalter	S1	BOOL	Betätigt	S1 = 1	E 0.1
Zifferneinsteller	EW	WORD	BCD-Code		EW 8
Ausgangsvariable					
Anzeige Zählrichtung abwärts	H1	BOOL	Leuchtet	H1 = 1	A 4.1
Anzeige Takt	H2	BOOL	Leuchtet	H2 = 1	A 4.2
BCD-Anzeige	AW	WORD	BCD-Code		EW 12

Der Aufbau des Steuerungsprogramms für die Funktion FC 82 AUF-AB-Zähler wird nachfolgend durch eine Kombination der Beschreibungsmittel Struktogramm und Funktionsplan dargestellt.

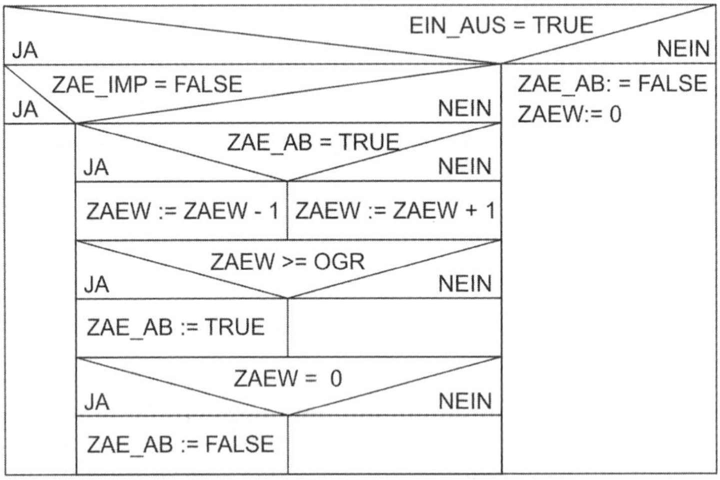

Da die Variablen ZAEW und ZAE_ AB Ausgangsvariablen der Funktion sind, werden deren Werte in den zugehörigen Ausgangsoperanden des Organisationsbausteins OB 1 gespeichert.

Somit kann eine Funktion als Programmorganisationseinheit für die Realisierung verwendet werden.

Durch die Abfrage der Variablen ZAEW und ZAE_AB im Verlauf des Programms müssten diese beiden Variablen streng genommen als IN/OUT-Variablen deklariert werden. Da bei STEP 7 in der AWL jedoch auch die Abfrage von Ausgängen von der Syntax her möglich ist, werden diese beiden Variablen als Ausgangsvariablen deklariert und erscheinen beim Bausteinaufruf im Funktionsplan auf der rechten Seite.

Im folgenden STEP 7 Steuerungsprogramm sind die AWL-Quellen der verwendeten Bibliotheksbausteine FC 40 (BCD4_INT), FC 41 (INT_BCD4) und FC 100 (Takt) nicht angegeben.

STEP 7 Program (AWL-Quelle):

```
FUNCTION_BLOCK FC 82
VAR_INPUT                    VAR_OUTPUT
 ZAE_IMP: BOOL ;              ZAEW : INT ;
 OGR    : INT ;               ZAE_AB :BOOL ;
 EIN_AUS: BOOL ;             END_VAR
 END_VAR
```

```
BEGIN
U  #EIN_AUS;
SPB M001;
SET;
R  #ZAE_AB;
L  0;
T  #ZAEW;
BEA;
M001:UN #ZAE_IMP;
     BEB;
     U #ZAE_AB;
     SPB M002;
     L #ZAEW;
     + 1;
     T #ZAEW;
     SPA M003;
M002:L #ZAEW;
     + -1;
     T #ZAEW;
M003:L #ZAEW;
     L #OGR;
     >=I;
     S #ZAE_AB;
     L #ZAEW;
     L 0;
     ==I;
     R #ZAE_AB;

END_FUNCTION
```

```
ORGANIZATION_BLOCK OB 1
VAR_TEMP
  ...                  //Standardeinträge
  OGR_IN : INT ;       //Übergabeoperand für die obere Grenze
     ZAE : INT ;       //Übergabeoperand für den Zählerwert
     FO1 : BOOL ;      //Flankenoperand
     IO1 : BOOL ;      //Impulsoperand
     HO1 : BOOL ;      //Hilfsoperand für nicht benutzte FC-Eingänge
     HO2 : BOOL ;      //Hilfsoperand für nicht benutzte FC-Ausgänge
END_VAR
BEGIN
      U  E 0.1;
      SPBNB M001;
      CALL FC 100 (
         Zeitwert   := S5T#200MS,
         Zeitglied  := T  1,
         TAKT       := A  4.2);
M001: U  A 4.2;
      FP #FO1;
      =  #IO1;
      CALL FC 40 (
         BCDW   := EW  8,
         SBCD   := #HO1,
         INTW   := #OGR_IN);
      CALL FC 82 (
         ZAE_IMP  := #IO1,
         OGR      := #OGR_IN,
         EIN_AUS  := E  0.1,
         ZAEW     := #ZAE,
         ZAE_AB   := A  4.1);
      CALL FC 41 (
         INTW   := #ZAE,
         BCDW   := AW 12,
         SBCD   := #HO2);
END_ORGANIZATION_BLOCK
```

6.6.4 Rechnen mit Integer-Werten

- **Addition/Subtraktion**

Mit der Anweisung +I bzw. –I werden die in den rechtsbündigen Worten von Akku 1 und Akku 2 stehenden Bitmuster als Zahlen mit dem Datentyp INT interpretiert. Die beiden Zahlen werden addiert bzw. subtrahiert und das Ergebnis in Akku 1 gespeichert. Die Statusbits OS und OV melden das Verlassen des erlaubten Zahlenbereichs. Das linke Wort von Akku 1 bleibt unverändert.

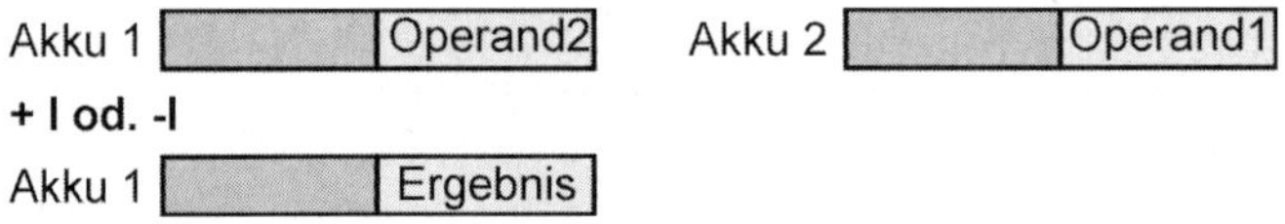

Operationsdarstellung in der Steuerungssprache STEP 7:

Name	AWL	FUP	SCL
ADD	L MW 10 L MW 12 +I T MW 14	ADD_I ... — EN MW10 — IN1 OUT — MW14 MW12 — IN2 ENO —	X1: INT; X2: INT; X3: INT; X3:= X2+X1;
SUB	L MW 16 L MW 18 -I T MW 20	SUB_I ... — EN MW16 — IN1 OUT — MW20 MW18 — IN2 ENO —	X1: INT; X2: INT; X3: INT; X3:= X2-X1;

- **Multiplikation**

Mit der Anweisung *I werden die in den rechtsbündigen Worten von Akku 1 und Akku 2 stehenden Bitmuster als Zahlen mit dem Datentyp INT interpretiert. Die beiden Zahlen werden multipliziert und das Ergebnis als Zahl mit dem Datenformat DINT in Akku 1 gespeichert. Die Statusbits OS und OV melden das Verlassen des erlaubten Zahlenbereichs.

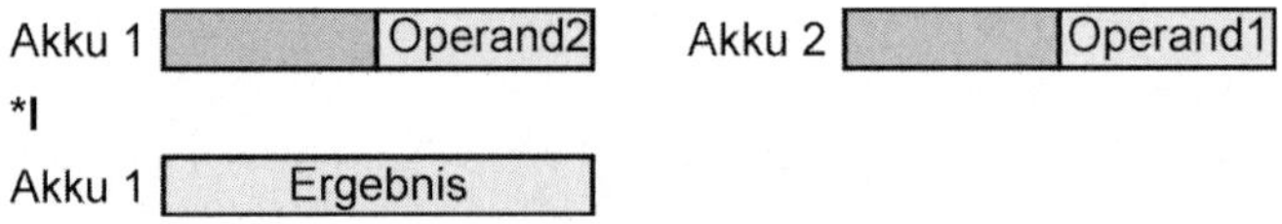

Operationsdarstellung in der Steuerungssprache STEP 7:

Name	AWL	FUP	SCL
MUL	L MW 10 L MW 12 *I T MW 14	MUL_I ... — EN MW10 — IN1 OUT — MW14 MW12 — IN2 ENO —	X1: INT; X2: INT; X3: INT; X3:= X2*X1;

- **Division**

Mit der Anweisung /I werden die in den rechtsbündigen Worten von Akku 1 und Akku 2 stehenden Bitmuster als Zahlen mit dem Datentyp INT interpretiert. Der Wert in Akku 2 (Dividend) wird durch den Wert in Akku 1 (Divisor) dividiert. Die Division liefert zwei Ergebnisse. Den ganzzahligen Quotienten im rechten Wort von Akku 1 und den Rest der Division im linken Wort von Akku 1. Die beiden Ergebnisse haben das Datenformat INT.

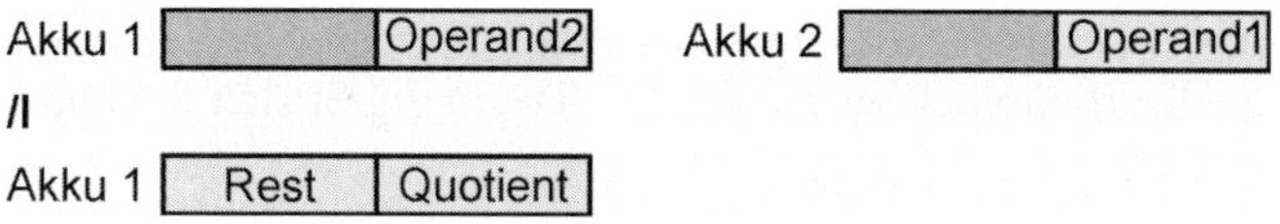

Eine Division durch null liefert als Quotienten und Rest jeweils den Wert null. Ein Verlassen des erlaubten Zahlenbereichs und die Division durch null setzen die Statusbits OV und OS auf „1".

Operationsdarstellung in der Steuerungssprache STEP 7:

Name	AWL	FUP	SCL

DIV	`L MW 10`
	`L MW 12`
	`/I`
	`T MW 14`
		DIV_I
		... — EN
		MW10 — IN1 OUT — MW14
		MW12 — IN2 ENO —
			`X1: INT;`
			`X2: INT;`
			`X3: INT;`
			`X3:= X2/X1;`

Beispiel 6.17: Sollwertnachführung (FB 40: SWN)

In einer verfahrenstechnischen Anlage soll ein neu eingestellter Sollwert stoßfrei übernommen werden. Stoßfreie Übernahme bedeutet, der aktuelle (alte) Sollwert wird nach einer bestimmten Berechnungsregel langsam auf den neuen Sollwert nachgeführt. Die Nachführung erfolgt durch Aufwärts- oder Abwärtszählen mit einer bestimmten Frequenz. Eine Berechnungsregel schreibt vor, dass die Differenz zwischen altem und neuen Sollwert in drei gleiche Teile geteilt wird. Innerhalb des ersten Drittels ist die Taktfrequenz für das Zählen 50 Hz. Im zweiten Drittel ist die Taktfrequenz 25 Hz und im letzten Drittel 10 Hz.

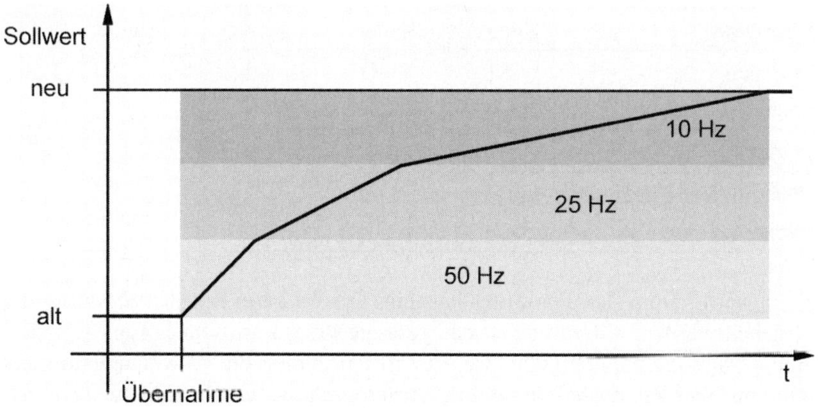

Bild 6.9: Sollwertnachführung

Eingestellt wird der Sollwert mit einem vierstelligen BCD-Zifferneinsteller. Mit der Übernahmetaste S1 wird der Sollwert übernommen. Während der Nachführung ist eine erneute Übernahme eines neuen Sollwertes nicht möglich. An einer BCD-Anzeige soll der jeweils aktuelle Sollwert abgelesen werden können. Eine Anzeigeleuchte „H1" zeigt das Erreichen des neu eingestellten Sollwertes an.

Es ist ein Funktionsbaustein FB40 zu entwerfen, der die oben beschriebene Nachführung realisiert. Die BCD Umwandlungen werden mit den Bibliotheksbausteinen FC 40 (BCD4_INT) und FC 41 (INT_BCD4) ausgeführt. Ebenso ist für die Vorgabe der Taktfrequenz die Funktion FC 100 (Takt) aus der Bibliothek zu verwenden. Damit ergibt sich folgende Programmstruktur:

Bausteinstruktur:

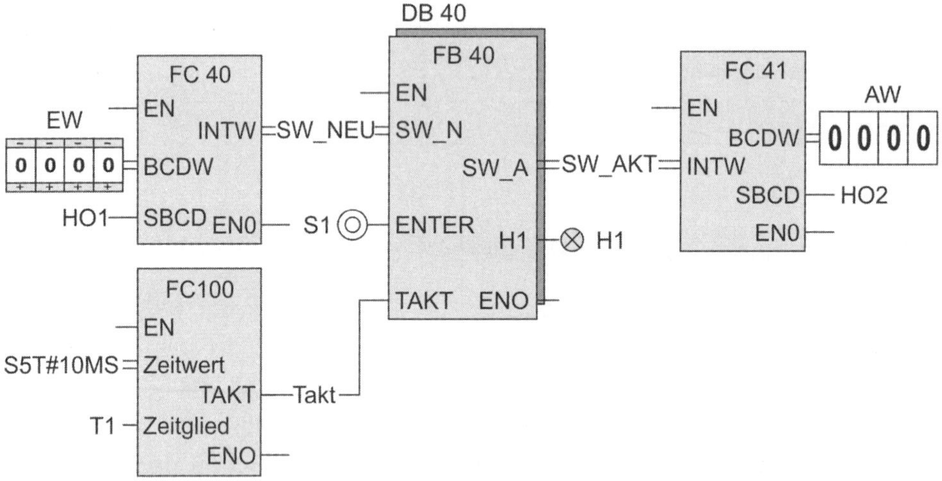

Bild 6.10: Sollwertnachführung

Zuordnungstabelle der Eingänge und Ausgänge:

Eingangsvariable	Symbol	Datentyp	Logische Zuordnung	Adresse
Übernahmetaste	S1	BOOL	Betätigt S1 = 1	E 0.1
Zifferneinsteller	EW	WORD	BCD-Code	EW 8
Ausgangsvariable				
Anzeige Nachführung beendet	H1	BOOL	Leuchtet H1 = 1	A 4.1
BCD-Anzeige	AW	WORD	BCD-Code	EW 12

Das Steuerungsprogramm des Funktionsbausteins FB 40 kann mit der Struktogrammdarstellung beschrieben werden. Allerdings ist das gesamte Programm sehr komplex, sodass ein einziges Struktogramm unübersichtlich wäre. Zur Beschreibung der Anweisungsfolge des Steuerungsprogramms werden deshalb mehrere Struktogramme verwendet, welche die Struktur einzelner Programmabschnitte (PA_1 bis PA_n genannt) wiedergeben.

Zunächst wird geprüft, ob ein neuer Sollwert überhaupt übernommen werden kann, oder ob eine Nachführung noch nicht beendet ist. Dies erfolgt durch Abfrage der Ausgangsvariablen H1 des Bausteins, welche das Ende der Nachführung anzeigt.

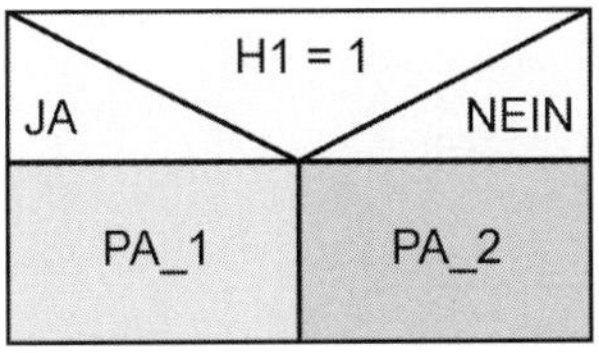

Programmabschnitt PA_1:
Mögliche Übernahme eines neuen Sollwertes

Programmabschnitt PA_2:
Nachführung des aktuellen Sollwertes

Programmabschnitt PA_1:

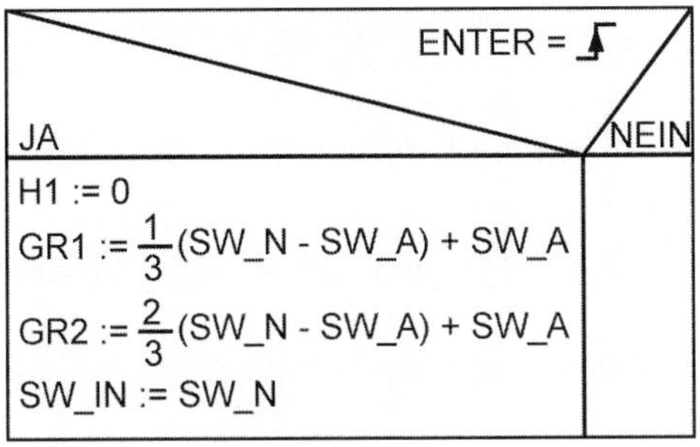

Liegt eine Flanke am Parametereingang ENTER vor, wird der Ausgang H1 zurückgesetzt und die Grenzen GR1 und GR2 für die Umschaltung der Frequenzbereiche gebildet. Der neu vorgegebene Sollwert SW_N wird in die stationäre Variable SW_IN übernommen. Auf den Wert dieser Variable wird der aktuelle Sollwert SW_A dann nachgeführt.

Programmabschnitt PA_2:

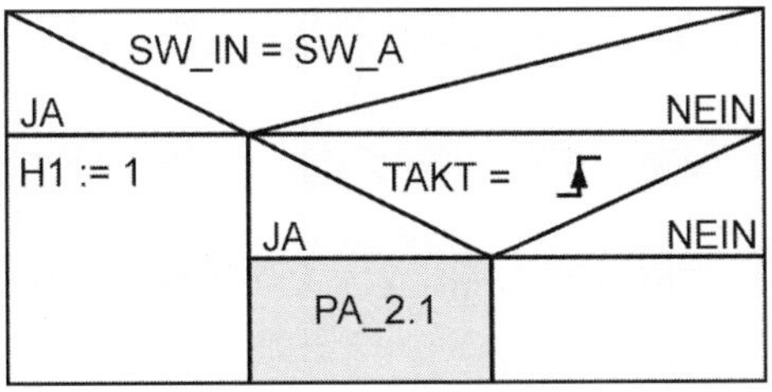

Ist die Abfrage SW_IN = SW_A erfüllt, wird die Nachführung beendet und die Anzeigeleuchte H1 auf „1"-Signal gesetzt. Ist die Abfrage nicht erfüllt, wird bei einer positiven Flanke des Eingangs TAKT im Programmabschnitt PA_2.1 der aktuelle Sollwert SW_A auf den neuen internen Sollwert SW_IN nachgeführt.

Programmabschnitt PA_2.1

Es wird eine Zählvariable ZEA eingeführt, die bei jeder Flanke der Eingangsvariablen TAKT um den Wert 1 hochgezählt wird. Durch die Auswertung des Zählerstandes wird die Änderungsfrequenz für den aktuellen Sollwert SW_A bestimmt. Im ersten Drittel wird bei jeder Taktflanke der Wert SW_A um eine Stelle hochgezählt. Im zweiten Drittel nur bei jeder zweiten Taktflanke (ZAE=2) und im letzten Drittel bei jeder fünften Taktflanke (ZAE=5) hochgezählt.

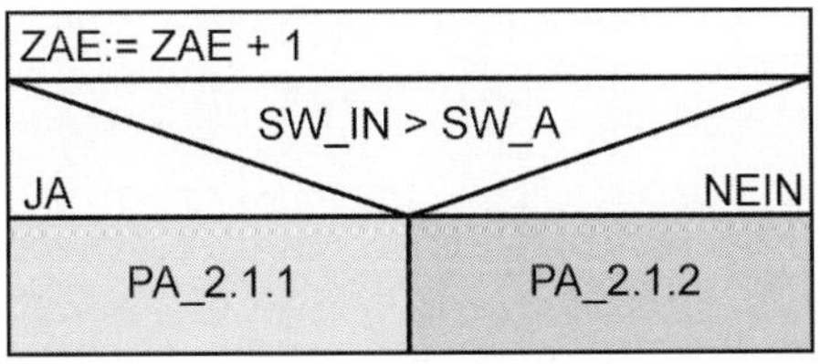

Mit der Abfrage SW_IN > SW_A wird entschieden, ob der aktuelle Sollwert SW_A vergrößert (+1) oder verkleinert (-1) werden muss. Im Programmabschnitt PA_2.1.1 wird jeweils +1 zum aktuellen Wert SW_A addiert und im Programmabschnitt PA_2.1.2 +1 subtrahiert.

In den beiden Programmabschnitten PA_2.1.1 und PA_ 2.1.2 sind die Relationszeichen der Abfragen unterschiedlich. Während in dem Programmabschnitt PA_2.1.1 abgefragt wird, ob der aktuelle Sollwert SW_A kleiner als die berechneten Grenzen sind, wird im Programmabschnitt PA_2.1.2 auf größer abgefragt.

Programmabschnitt PA_2.1.1

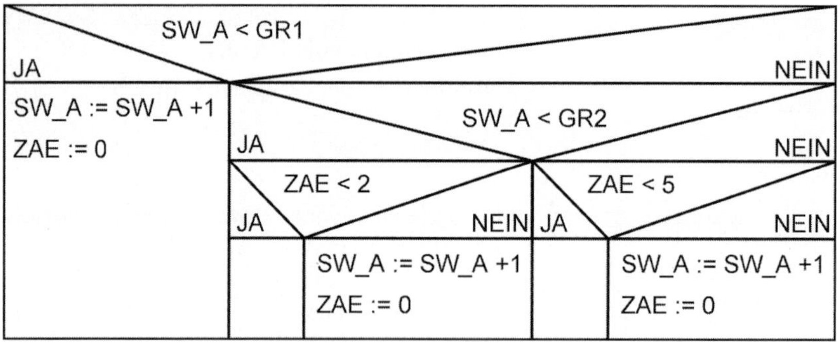

In Abhängigkeit vom Bereich und dem Wert des Zählers ZAE wird der aktuelle Sollwert SW_A jeweils um eine Stelle hoch gezählt.

Programmabschnitt PA_2.1.2

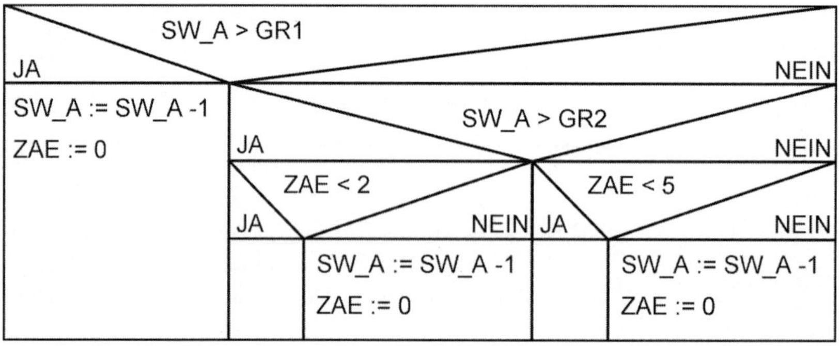

In Abhängigkeit vom Bereich und dem Wert des Zählers ZAE wird der aktuelle Sollwert SW_A jeweils um eine Stelle abwärts gezählt

Im folgenden STEP 7-Steuerungsprogramm sind die AWL-Quellen der verwendeten Bibliotheksbausteine FC 40 (BCD4_INT), FC 41 (INT_BCD4) und FC 100 (Takt) nicht angegeben.

STEP 7 Programm (AWL-Quelle):

```
FUNCTION_BLOCK FB 40
VAR_INPUT
  SW_N  : INT ;
  ENTER : BOOL ;
  Takt  : BOOL ;
END_VAR

VAR_OUTPUT
  SW_A : INT ;
  H1   : BOOL ;
END_VAR

VAR
  SW_IN : INT ;
  GR1   : INT ;
  GR2   : INT ;
  FO1   : BOOL ;
  FO2   : BOOL ;
  ZAE   : INT ;
END_VAR
```

```
BEGIN
U  #H1;
SPBN  M001;
     // PA_1
U  #ENTER;
FP #FO1;
NOT;
BEB;
SET;
R  #H1;
L  #SW_N;
L  #SW_A;
-I ;
L  3;
/I ;
L  #SW_A;
+I ;
T  #GR1;
L  #SW_N;
L  #SW_A;
-I ;
L  2;
*I ;
L  3;
/I ;
L  #SW_A;
+I ;
T  #GR2;

L  #SW_N;
T  #SW_IN;
BEA;
     // PA_2
M001:L #SW_IN;
     L #SW_A;
     ==I ;
     S #H1;
     BEB;
     U  #Takt;
     FP #FO2;
     NOT;
     BEB;
     // PA_2.1
     L  #ZAE;
     L  1;
     +I ;
     T  #ZAE;
     L  #SW_IN;
     L  #SW_A;
     >I ;
     SPBN M002;
     // PA_2.1.1
     L  #SW_A;
     L  #GR1;
     <I ;
     SPB M003;

     L  #SW_A;
     L  #GR2;
     <I ;
     SPBN M004;
     L  #ZAE;
     L  2;
     <I ;
     BEB
     SPA M003;
M004:L  #ZAE;
     L  5;
     <I ;
     BEB;
M003:L  #SW_A;
     L  1;
     +I ;
     T  #SW_A;
     L  0;
     T  #ZAE;
     BEA;

     // PA_2.1.2
M002:L  #SW_A;
     L  #GR1;
     >I ;
     SPB M005;
     L  #SW_A;
     L  #GR2;
     >I ;
     SPBN M006;
     L  #ZAE;
     L  2;
     >I;
     BEB
     SPA M005;
M006:L  #ZAE;
     L  5;
     <I ;
     BEB;
M005:L  #SW_A;
     L  1;
     -I ;
     T  #SW_A;
     L  0;
     T  #ZAE;
     BEA;

END_FUNCTION_BLOCK

DATA_BLOCK DB 40
FB 40
BEGIN
   SW_N := 0;
   ENTER := FALSE;
   Takt := FALSE;
   SW_A := 0;
   H1 := FALSE;
   SW_IN := 0;
   GR1 := 0;
   GR2 := 0;
   FO1 := FALSE;
   FO2 := FALSE;
   ZAE := 0;
END_DATA_BLOCK
```

```
ORGANIZATION_BLOCK OB 1
VAR_TEMP
  ...                //Standardeinträge
  SW_NEU : INT ;     //Übergabeoperand für den neuen Sollwert
  SW_AKT : INT ;     //Übergabeoperand für den aktuellen Sollwert
    Takt : BOOL;     //Übergabeoperand für den Takt
     H01 : BOOL;     //Hilfsoperand für nicht benutzte FC-Eingänge
     H02 : BOOL;     //Hilfsoperand für nicht benutzte FC-Ausgänge
END_VAR
BEGIN
CALL FC 40 (
     BCDW  := EW 8,
     SBCD  := H01,
     INTW  := #SW_NEU);
CALL FC 100 (
     Zeitwert  := S5T#10MS,
     Zeitglied := T  1,
     TAKT      := #Takt);
CALL FB 40, DB 40 (
     SW_N   := #SW_NEU,
     ENTER  := E   0.1,
     Takt   := #Takt,
     SW_A   := #SW_AKT,
     H1     := A   4.1);
CALL FC 41 (
     INTW  := #SW_AKT,
     BCDW  := AW 12,
     SBCD  := H02);

END_ORGANIZATION_BLOCK
```

6.6.5 Rechnen mit Doppelinteger-Werten

- **Addition/Subtraktion**

Mit der Anweisung +D bzw. –D werden die in Akku 1 und Akku 2 stehenden Bitmuster als Zahlen mit dem Datentyp DINT interpretiert. Die beiden Zahlen werden addiert bzw. subtrahiert und das Ergebnis in Akku 1 gespeichert. Die Statusbits OS und OV melden das Verlassen des erlaubten Zahlenbereichs.

Akku 1 [Operand 2]   Akku 2 [Operand 1]

+ D od. -D

Akku 1 [Ergebnis]

Operationsdarstellung in der Steuerungssprache STEP 7:

Name	AWL	FUP	SCL
ADD	L MD 10 L MD 14 +D T MD 18	ADD_DI ... — EN MD10 — IN1 OUT — MD18 MD14 — IN2 ENO —	X1: DINT; X2: DINT; X3: DINT; X3:= X2+X1;
SUB	L MD 18 L MD 22 -D T MW 26	SUB_DI ... — EN MD18 — IN1 OUT — MD26 MD22 — IN2 ENO —	X1: DNT; X2: DINT; X3: DINT; X3:= X2-X1;

- **Multiplikation**

Mit der Anweisung *D werden die in Akku 1 und Akku 2 stehenden Bitmuster als Zahlen mit dem Datentyp DINT interpretiert. Die beiden Zahlen werden multipliziert und das Ergebnis in Akku 1 gespeichert. Das Verlassen des erlaubten Zahlenbereichs wird durch die Statusbits OS und OV gemeldet.

Akku 1 [Operand 2] Akku 2 [Operand 1]
***D**
Akku 1 [Ergebnis (Produkt)]

Operationsdarstellung in der Steuerungssprache STEP 7:

Name	AWL	FUP	SCL
MUL	L MD 10 L MD 14 *D T MD 18	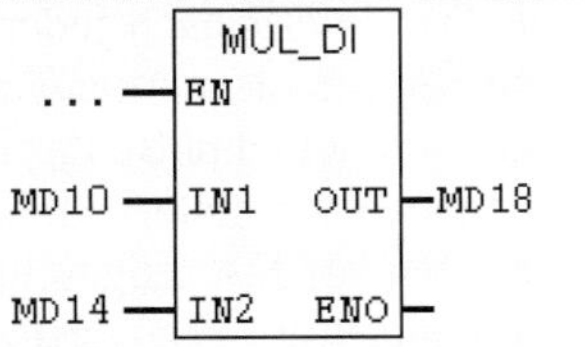	X1: DINT; X2: DINT; X3: DINT; X3:= X2*X1;

- **Division**

Beim Rechnen mit dem Zahlenformat Doppelinteger gibt es zwei Anweisungen für die Division. Mit der Anweisung /D wird der ganzzahlige Quotient als Ergebnis und mit der Anweisung MOD der Rest der Division als Ergebnis in Akku 1 gebildet. Bei beiden Anweisungen wird das in Akku 1 und Akku 2 stehenden Bitmuster als Zahlen mit dem Datentyp DINT interpretiert. Der Wert in Akku 2 (Dividend) wird durch den Wert in Akku 1 (Divisor) dividiert.

Akku 1 [Operand 2 (Divisor)] Akku 2 [Operand 1 (Dividend)]
/D
Akku 1 [Ergebnis (Quotient)]

Akku 1 [Operand 2 (Divisor)] Akku 2 [Operand 1 (Dividend)]
MOD
Akku 1 [Ergebnis (REST)]

Eine Division durch null liefert als Quotienten und Rest jeweils den Wert null. Ein Verlassen des erlaubten Zahlenbereichs und die Division durch null setzen die Statusbits OV und OS auf „1“.

Operationsdarstellung in der Steuerungssprache STEP 7:

Name	AWL	FUP	SCL
DIV	L MD 10 L MD 14 /D T MD 18	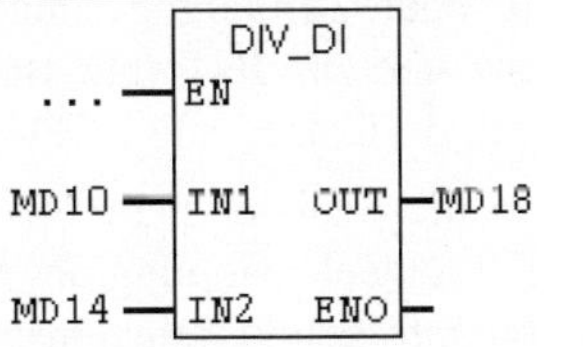	X1: DINT; X2: DINT; X3: DINT; X3:= X2/X1;

MOD	L MD 22 L MD 26 MOD T MD 30	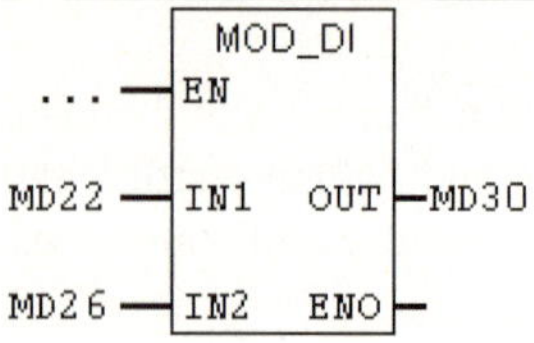	X1: DINT; X2: DINT; X3: DINT; X3:= X2 MOD X1;

Beispiel 6.18: Schlupfkontrolle (FB 21: SCHLUPF)

Zur Schlupfkontrolle eines Förderbandes werden die Drehzahlen der Antriebswelle und der Umlenkrolle mit Hilfe der Sensoren S3 und S4 in eine jeweils proportional zugeordnete Impulsfrequenz umgesetzt. Mit dem Schalter S1 wird das Band eingeschaltet. Die Schlupfüberwachung erfolgt 3 Sekunden nach Einschalten des Bandes. In Messintervallen von jeweils 5 Sekunden wird der Schlupf berechnet. Dazu wird nach jedem Messintervall die über die Sensoren S3 und S4 eingegangene Anzahl von Impulsen miteinander verglichen. Ist die Differenz (Schlupf) größer als 3 % (100% = Anzahl der Impulse der Antriebswelle), geht die Meldeleuchte HS an. Wenn in dem darauf folgenden Messintervall der Schlupf immer noch größer als 3% ist, wird zusätzlich noch eine Alarmleuchte HA eingeschaltet, die nur durch den Quittiertaster S2 wieder ausgeschaltet werden kann. An einer vierstelligen Ziffernanzeige soll der Schlupf in % mit zwei Kommastellen angezeigt werden. Der Bandlauf wird mit H1 und die Schlupfüberwachung mit H2 angezeigt.

Technologieschema:

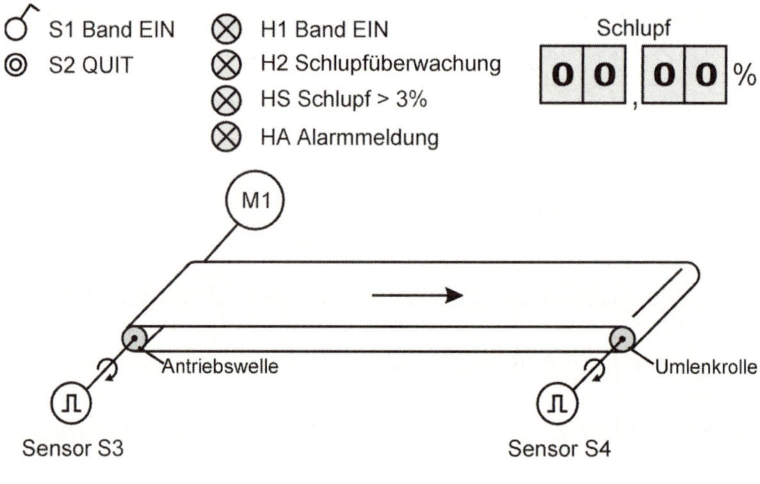

Bild 6.11: Schlupfkontrolle

Es ist ein Funktionsbaustein FB 21 zu entwerfen, der die Schlupfberechnung ausführt. Aufgerufen wird der Funktionsbaustein mit einer Zeitverzögerung von 3 Sekunden nach dem Einschalten des Bandes. Die Taktfrequenz und die INT_TO_BCD Umwandlung werden mit den Bibliotheksbausteinen FC 100 (Takt) und FC 41 (INT_BCD4) ausgeführt.

Zum Test des Funktionsbausteins können die Sensorsignale S3 und S4 durch eine angelegte Rechteckspannung simuliert werden. Die Rechteckspannung des Sensors S4 sollte dabei in der Frequenz veränderbar sein. Damit ergibt sich folgende Bausteinstruktur:

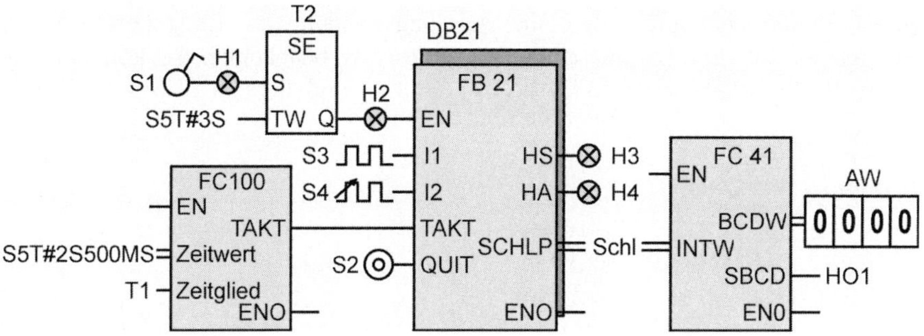

Bild 6.12: Schlupfkontrolle

Zuordnungstabelle der Eingänge und Ausgänge:

Eingangsvariable	Symbol	Datentyp	Logische Zuordnung		Adresse
Schalter Band EIN	S1	BOOL	Betätigt	S1 = 1	E 0.1
Ouittierungstaster	S2	BOOL	Betätigt	S2 = 1	E 0.2
Impulsgeber Antriebswelle	S3	BOOL	24V Impulse		E 0.3
Impulsgeber Umlenkrolle	S4	BOOL	24V Impulse		E 0.4
Ausgangsvariable					
Anzeige Band EIN	H1	BOOL	Leuchtet	H1 = 1	A 4.1
Anzeige Schlupfüberwachung	H2	BOOL	Leuchtet	H2 = 1	A 4.2
Anzeige Schlupf > 3%	H3	BOOL	Leuchtet	H3 = 1	A 4.3
Anzeige Alarm	H4	BOOL	Leuchtet	H4 = 1	A 4.4
BCD-Anzeige	AW	WORD	BCD-Code		AW 12

Das Steuerungsprogramm des Funktionsbausteins FB 21 kann in die Programmteile Impulszählung und Schlupfberechnung mit Auswertung unterteilt werden. Während der Programmteil Impulszählung sich für die Darstellung im Funktionsplan eignet, lässt sich der Programmteil Schlupfberechnung mit Auswertung besser mit einem Struktogramm darstellen.

Freigrafischer Funktionsplan für den Programmteil Impulszählung:

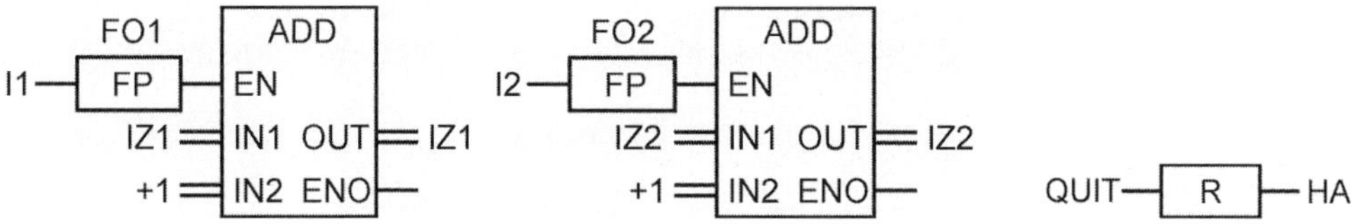

Struktogramm für den Programmteil Schlupfberechnung mit Auswertung:

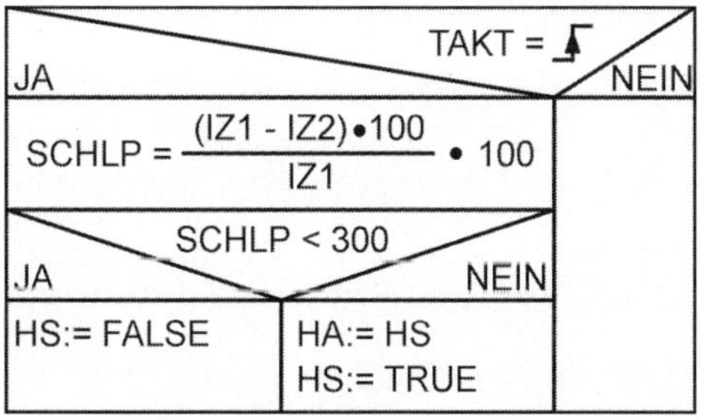

Der Wert von SCHLP (Schlupf) wird, um die Nachkommastellen anzeigen zu können, mit 100 multipliziert. Deshalb ist auch die Abfrage > 3% im Struktogramm mit > 300 angegeben.

Im nachfolgenden Steuerungsprogramm ist die Ausgangsvariable des Taktgebers auf den Ausgang A 5.0 gelegt, um den Beginn eines Messintervalls beobachten zu können. Die AWL-Quellen der Bibliotheksbausteine FC 41 (INT_BCD4) und FC 100 (Takt) sind nicht angegeben.

STEP 7 Programm (AWL-Quelle):

```
FUNCTION_BLOCK FB 21
VAR_INPUT
 I1   : BOOL ;
 I2   : BOOL ;
 TAKT : BOOL ;
 QUIT : BOOL ;;
END_VAR
VAR_OUTPUT
 HS : BOOL ;
 HA : BOOL ;
 SCHLP : INT ;
END_VAR
VAR
 IZ1 : DINT ;
 IZ2 : DINT ;
 FO1 : BOOL ;
 FO2 : BOOL ;
 FO3 : BOOL ;
END_VAR

BEGIN
U  #QUIT;
R  #HA;
U  #I1;
FP #FO1;
SPBN M001;
L #IZ1;
+  1;
T  #IZ1;
M001:U  #I2;
     FP #FO2;
     SPBN M002;
     L  #IZ2;
     +  1;
     T  #IZ2;
M002:U  #TAKT;
     FP #FO3;
     NOT;
     BEB;
L  #IZ1;
L  #IZ2;
-D ;
L  10000;
*D ;
L  #IZ1;
/D ;
T  #SCHLP;
L  L#0;
T  #IZ1;
T  #IZ2;
L  #SCHLP;
L  300;
<D ;
R  #HS;
BEB;
U  #HS;
S  #HA;
BEB;
UN #HS;
=  #HS;
END_FUNCTION_BLOCK

DATA_BLOCK DB 21  FB 21
BEGIN
 I1 := FALSE;
 I2 := FALSE;
 TAKT := FALSE;
 QUIT := FALSE;
 HS := FALSE;
 HA := FALSE;
 SCHLP := 0;
 IZ1 := L#0;
 IZ2 := L#0;
 FO1 := FALSE;
 FO2 := FALSE;
 FO3 := FALSE;
END_DATA_BLOCK

ORGANIZATION_BLOCK OB 1
VAR_TEMP
 ...             //Standardeinträge
 Schl : INT ;//Übergabeoperand für den Schlupf
 HO1  : BOOL ; //Hilfsoperand für nicht benutzte FC-Ausgänge
END_VAR
     CALL FC 100 (
        Zeitwert  := S5T#2S500MS,
        Zeitglied := T 1,
        TAKT      := A 5.0);
     U  E 0.1;
     =  A 4.1;
```

```
     L   S5T#3S;
     SE  T 2;
     U   T 2;
     =   A 4.2;
     U   A 4.2;
     SPBN M001;
     CALL FB 21 , DB 21 (
       I1   := E  0.3,
       I2   := E  0.4,
       TAKT := A  5.0,
       QUIT := E  0.2,
       HS   := A  4.3,
       HA   := A  4.4,
       SCHLP := #Schl);
M001:NOP 0;
     CALL FC 41 (
        INTW := #Schl,
        BCDW := AW 12,
        SBCD := #HO1);
END_ORGANIZATION_BLOCK
```

6.6.6 Rechnen mit Gleitpunktzahlen

- **Addition/Subtraktion**

Mit der Anweisung +R bzw. –R werden die in Akku 1 und Akku 2 stehenden Bitmuster als Zahlen mit dem Datentyp REAL interpretiert. Die beiden Zahlen werden addiert bzw. subtrahiert und das Ergebnis in Akku 1 gespeichert. Die Statusbits OS und OV melden das Verlassen des gültigen Zahlenbereichs sowie die Ausführung der Operation mit einem ungültigen REAL-Wert.

Akku 1 [Operand 2]   Akku 2 [Operand 1]

+R od. -R

Akku 1 [Ergebnis]

Operationsdarstellung in der Steuerungssprache STEP 7:

Name	AWL	FUP	SCL
ADD	L MD 10 L MD 14 +R T MD 18	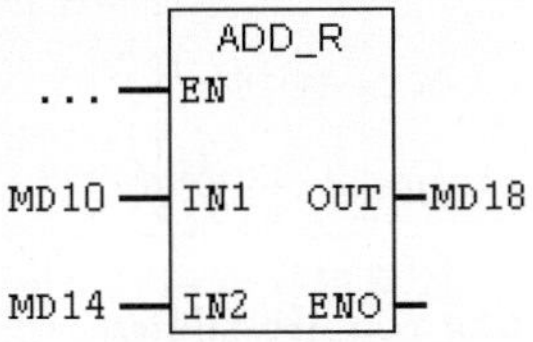	X1: REAL; X2: REAL; X3: REAL; X3:= X2+X1;
SUB	L MD 22 L MD 26 -R T MD 30	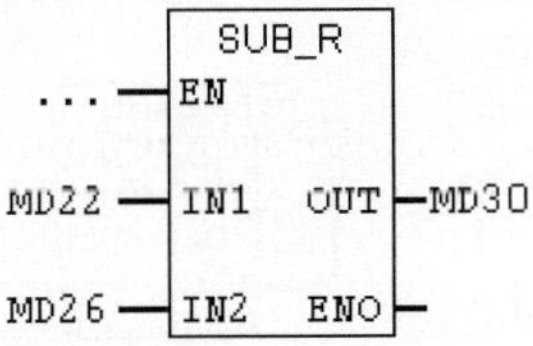	X1: REAL; X2: REAL; X3: REAL; X3:= X2-X1;

- **Multiplikation**

Mit der Anweisung *R werden die in Akku 1 und Akku 2 stehenden Bitmuster als Zahlen mit dem Datentyp REAL interpretiert. Die beiden Zahlen werden multipliziert und das Ergebnis in Akku 1 gespeichert. Das Verlassen des erlaubten Zahlenbereichs und die Ausführung der Berechnung mit einer ungültigen REAL-Zahl wird durch die Statusbits OS und OV gemeldet.

Akku 1 [Operand 2] Akku 2 [Operand 1]
*R
Akku 1 [Ergebnis (Produkt)]

Operationsdarstellung in der Steuerungssprache STEP 7:

Name	AWL	FUP	SCL

MUL	`L MD 10`
	`L MD 14`
	`*R`
	`T MD 18`
		MUL_R
		... — EN
		MD10 — IN1 OUT — MD18
		MD14 — IN2 ENO —
			`X1: REAL;`
			`X2: REAL;`
			`X3: REAL;`
			`X3:= X2*X1;`

- **Division**

Mit der Anweisung /R werden die in Akku 1 und Akku 2 stehenden Bitmuster als Zahlen mit dem Datentyp REAL interpretiert. Der Wert in Akku 2 (Dividend) wird durch den Wert in Akku 1 (Divisor) dividiert.

Akku 1 [Operand 2 (Divisor)] Akku 2 [Operand 1 (Dividend)]
/R
Akku 1 [Ergebnis (Quotient)]

Eine Division durch null oder ∞ liefert einen ungültigen Wert in Akku 1. Ein Verlassen des erlaubten Zahlenbereichs, die Division durch null und die Ausführung der Rechenoperation mit einer ungültigen REAL-Zahl setzen die Statusbits OV und OS auf „1“.

Operationsdarstellung in der Steuerungssprache STEP 7:

Name	AWL	FUP	SCL

DIV	`L MD 10`
	`L MD 14`
	`/R`
	`T MD 18`
		DIV_R
		... — EN
		MD10 — IN1 OUT — MD18
		MD14 — IN2 ENO —
			`X1: REAL;`
			`X2: REAL;`
			`X3: REAL;`
			`X3:= X2/X1;`

Beispiel 6.19: Erfassung und Auswertung von Messdaten

In einer chemischen Fabrik wird ein Fertigprodukt in Container abgefüllt. Für eine Charge werden dabei 10 Container benötigt. Das Gewicht jedes Containers wird mit einer elektronischen Waage bestimmt.

Zur Qualitätskontrolle und Kostenermittlung ist das größte Gewicht, das kleinste Gewicht und der arithmetische Mittelwert der zehn Messwerte einer Charge zu bestimmen.

Für diese Messdatenauswertung sind zwei Funktionen zu entwerfen. Mit der Funktion FC 10 „EINLESEN“ wird das Gewicht jedes Containers in ein Datenfeld eingelesen. Die Funktion FC 11 „AUSWERTUNG“ bestimmt dann nach jedem 10. eingelesenen Messwert den größten und den kleinsten Wert, sowie den arithmetischen Mittelwert.

Übergabeparameter der zu entwerfenden Funktionen:

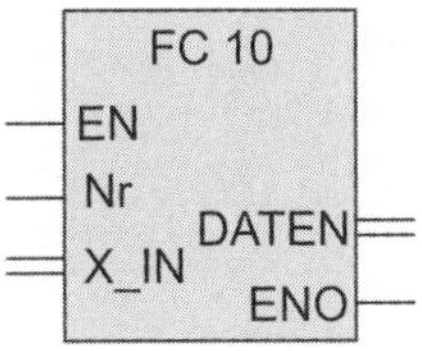

Nr : Datentyp INT. Nummer der Messung.

X_IN: Datentyp REAL. Messwert im Bereich von 0.0 bis 10.0.

DATEN: Datentyp ARRAY [0..9] of REAL. Datenspeicher für die Messwerte

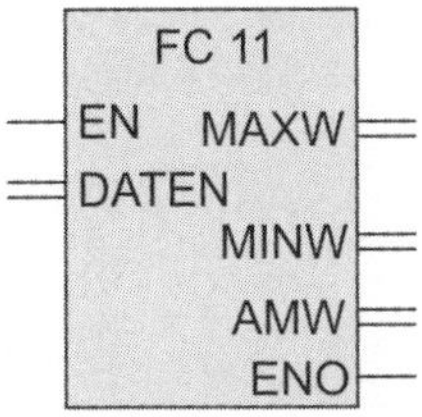

DATEN: Datentyp ARRAY [0..9] of REAL. Datenspeicher für die Messwerte

MAXW: Datentyp REAL. Größtes Gewicht der 10 Messwerte.

MINW: Datentyp REAL. Kleinstes Gewicht der 10 Messwerte.

AMW: Datentyp REAL. Arithmetischer Mittelwert der 10 Messwerte.

Damit die beiden Funktionen FC 10 und FC 11 getestet werden können, wird mit einem BCD-Zifferneinsteller EW jeweils ein Messwert vorgegeben und mit der Übernahmetaste S1 in den Datenspeicher eingelesen. Sind 10 Messwerte eingelesen, zeigt eine Ziffernanzeige AW den arithmetischen Mittelwert AMW an. Dem größten und dem kleinsten Wert der Messreihe werden die Merkerdoppelworte MD 10 bzw. MD 20 zugewiesen und können so über die S7 Programmfunktion „Variable beobachten / steuern“ kontrolliert werden. Das Datenfeld für die Messdaten wird in einem Datenbaustein DB10 „DATEN“ angelegt.

Zuordnungstabelle der Eingänge, Ausgänge, Merke- und Datenvariable:

Eingangsvariable	Symbol	Datentyp	Logische Zuordnung	Adresse
Messwert Übernahme	S1	BOOL	Betätigt S1 = 1	E 0.1
Zifferneinsteller	EW	WORD	BCD-Code	EW 8
Ausgangsvariable				
Anzeige für den Mittelwert	AW	WORD	BCD-Code	AW 12
Merker- und Datenvariable				
Maximalwert	Maxw	REAL	Gleitpunktzahl	MD 10
Minimalwert	Minw	REAL	Gleitpunktzahl	MD 20
Datenfeld	DATEN	DB	Datenbaustein	DB 10

Das Datenfeld wird in einem Datenbaustein als ARRAY [0..9] OF REAL unter dem Namen „Messwerte“ angelegt. Um das gesamte Datenfeld an einen Baustein übergeben zu können, muss der Datenbaustein mit einem symbolischen Namen (z.B. DATEN) versehen werden. Nun kann das Feld mit der Bezeichnung „DATEN“.Messwerte an einen Baustein übergeben werden.

Bausteinstruktur des Steuerungsprogramms zum Testen der beiden Funktionen:

Einlesen der Messdaten

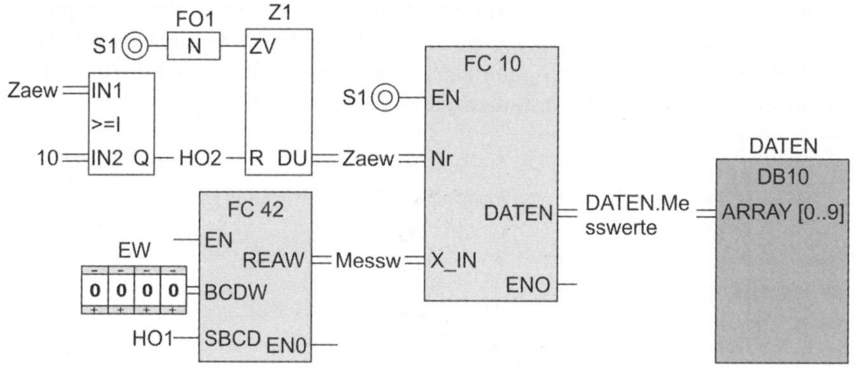

Auswertung der Messdaten

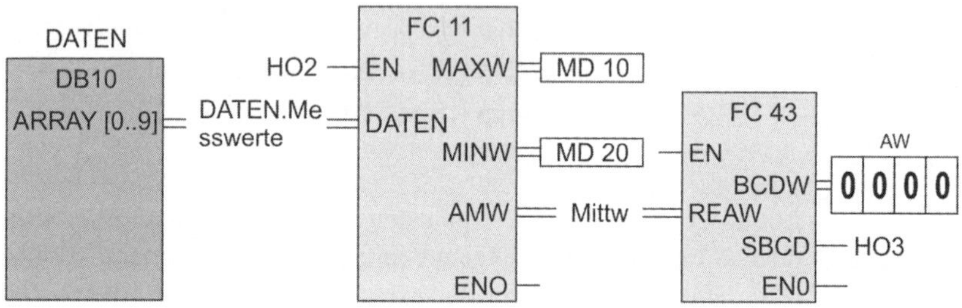

Bild 6.13: Messdatenerfassung

Die Aufgabe der Funktion **FC 10 EINLESEN** besteht darin, einen Messwert in ein Datenfeld einzulesen. In der Programmiersprache **SCL** kann dies durch eine einfache Zuweisung erfolgen. Die einzige Anweisung der Funktion FC 10 lautet dann:

```
Daten[Nr]:=X_IN
```

Hinweis: ARRAY's lassen sich nur in der Programmiersprache SCL indirekt adressieren.

Die Funktion **FC 11 AUSWERTUNG** hat drei Aufgaben. Ermittlung des Maximalwertes und Minimalwertes sowie die Berechnung des arithmetischen Mittelwertes.

Maximalwert MAXW

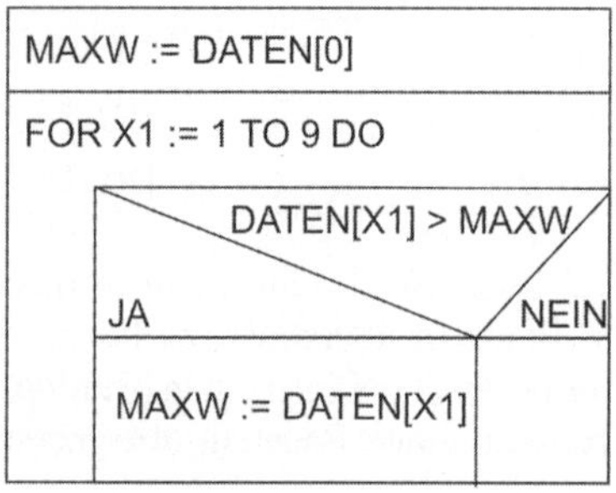

Dem Maximalwert MAXW wird vor der ersten Abfrage der erste Messwert [0] zugewiesen. Mit der FOR Kontrollanweisung werden dann die restlichen Werte des Datenfeldes DATEN mit dem Maximalwert verglichen. Ist ein Wert DATEN[X1] größer als der Maximalwert MAXW, wird dieser der neue Maximalwert.

Minimalwert MINW

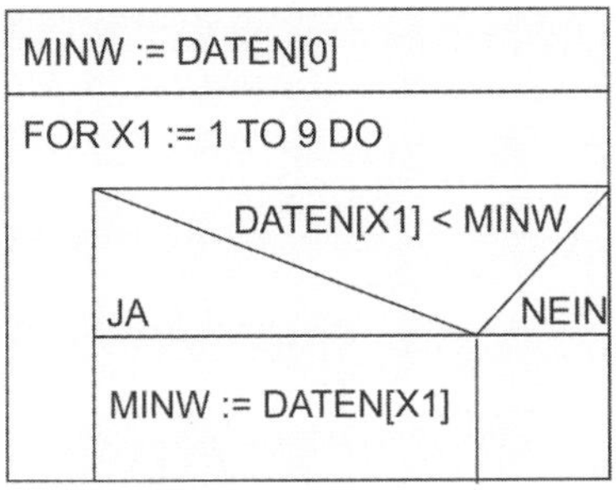

Dem Minimalwert MINW wird vor der ersten Abfrage der erste Messwert [0] zugewiesen. Mit der FOR Kontrollanweisung werden dann die restlichen Werte des Datenfeldes DATEN mit dem Minimalwert verglichen. Ist ein Wert DATEN[X1] kleiner als der Minimalwert MINW, wird dieser der neue Minimalwert.

Arithmetischer Mittelwert

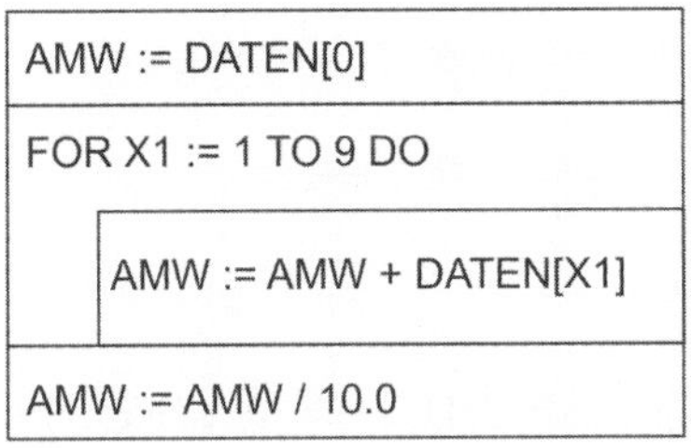

Zu Beginn wird dem arithmetischen Mittelwert AMW der erste Messwert [0] zugewiesen. Zu diesem Wert werden mit einer FOR Kontrollanweisung die restlichen Messwerte hinzugezählt. Die Summe der Messwerte wird dann durch 10.0 dividiert. Das Ergebnis entspricht dem arithmetischen Mittelwert und wird der Variablen AMW zugewiesen.

Für die Umsetzung der angegebenen Struktogramme in ein Steuerungsprogramm ist die Programmiersprache SCL zu wählen, da nur diese eine indirekte Adressierung von ARRAY's erlaubt. Mit Hilfe einer einzigen FOR Kontrollanweisung können dabei alle drei Aufgaben der Funktion ausgeführt werden.

Im folgenden STEP 7 Steuerungsprogramm sind die AWL-Quellen der verwendeten Bibliotheksbausteine FC 42 und FC 43 nicht angegeben.

STEP 7 Programm (SCL/AWL-Quelle):

```
FUNCTION FC 10 : VOID
VAR_INPUT                VAR_OUTPUT
   NR: INT;               DATEN: ARRAY[0..9] OF REAL;
 X_IN: REAL;             END_VAR
END_VAR

BEGIN
 DATEN[NR]:=X_IN;
END_FUNCTION

FUNCTION FC 11 : VOID
VAR_INPUT                                   VAR_OUTPUT          VAR_TEMP
  DATEN: ARRAY[0..9] OF REAL;                MAXW:REAL;           X1:INT;
END_VAR                                      MINW:REAL;          END_VAR
                                             AMW: REAL;
                                            END_VAR
```

```
BEGIN
 MAXW:= DATEN[0];
 MINW:= DATEN[0];
 AMWW:= DATEN[0];
 FOR X1:=1 TO 9 DO
  IF DATEN[X1] > MAXW THEN
   MAXW:=DATEN[X1];
  END_IF;
  IF DATEN[X1] < MINW THEN
   MINW:=DATEN[X1];
  END_IF;
  AMW:=AMW+DATEN[X1];
 END_FOR;
AMW:=AMW/10.0;
END_FUNCTION

DATA_BLOCK DB 10
STRUCT
  Messwerte : ARRAY  [0 .. 9 ] OF REAL ;
END_STRUCT ;
BEGIN
Messwerte[0] := 0.000000e+000;
Messwerte[1] := 0.000000e+000;
Messwerte[2] := 0.000000e+000;
Messwerte[3] := 0.000000e+000;
Messwerte[4] := 0.000000e+000;
Messwerte[5] := 0.000000e+000;
Messwerte[6] := 0.000000e+000;
Messwerte[7] := 0.000000e+000;
Messwerte[8] := 0.000000e+000;
Messwerte[9] := 0.000000e+000;
END_DATA_BLOCK

ORGANIZATION_BLOCK OB 1
VAR_TEMP
...    //Standardeinträge
Zaew : INT ;
Messw : REAL ;
Mittw : REAL ;
FO1 : BOOL ;
HO1 : BOOL ;
HO2 : BOOL ;
HO3 : BOOL ; ;
END_VAR
BEGIN
U  E 0.1;
FN #FO1;
ZV Z 1;
L  Z 1;
T  #Zaew;
U( ;
L  #Zaew;
L  10;
>=I;
)  ;
=  #HO2;
U  #HO2;
R  Z 1;

CALL FC 42 (
   BCDW := EW 8,
   SBCD := #HO1,
   REAW := #Messw);

U  E 0.1;
SPBNB M001;
CALL FC 10 (
   NR   := #Zaew,
   X_IN := #Messw,
   DATEN:= „DATEN".
           Messwerte);

M001:NOP 0;
     U #HO2;
     SPBNB M002;
     CALL FC 11 (
       DATEN:= „DATEN".
               Messwerte,
       MAXW := MD 10,
       MINW := MD 20,
       AMW  := #Mittw);
M002:NOP 0;
     CALL FC 43 (
       REAW := #Mittw,
       BCDW := AW 12,
       SBCD := #HO3);

END_ORGANIZATION_BLOCK
```

6.7 Nummerische Funktionen

Nummerische Funktionen haben nur einen Eingangsparameter. Das Ergebnis ist der Funktionswert.

6.7.1 Nummerische Funktionen nach DIN EN 61131-3

Die Norm DIN EN 61131-3 nennt folgende Standardfunktionen für nummerische Variablen:

Name	Datentyp	Beschreibung
Allgemeine Funktionen		
ABS	ANY_NUM	Absolutwert
SQRT	ANY_REAL	Quadratwurzel
Logarithmus-Funktionen		
LN	ANY_REAL	Natürlicher Logarithmus
LOG	ANY_REAL	Logarithmus zur Basis 10
EXP	ANY_REAL	Exponentialfunktion (e-Funktion)
Trigonometrische Funktionen		
SIN	ANY_REAL	Sinus, mit Eingang in Bogenmaß
COS	ANY_REAL	Cosinus, mit Eingang im Bogenmaß
TAN	ANY_REAL	Tangens, mit Eingang im Bogenmaß
ASIN	ANY_REAL	Arcsin, Hauptwert
ARCOS	ANY_REAL	Arccos, Hauptwert
ARTAN	ANY_REAL	Arctan, Hauptwert

Beim Funktionsaufruf muss der Datentyp des Eingangsoperanden gleich dem Datentyp des Ergebnisses sein.

6.7.2 Nummerische Funktionen in STEP 7

Alle nummerischen Funktionen werden bei STEP 7 unabhängig vom Verknüpfungsergebnis VKE über Akku 1 ausgeführt. Das bedeutet, dass die in Akku 1 stehende Zahl als Eingangswert für die auszuführende Funktion genommen und das Ergebnis in den Akku1 geschrieben wird. Alle nummerische Funktionen können nur mit Gleitpunktzahlen durchgeführt werden. Statusbits informieren über das Ergebnis und den Verlauf der nummerischen Funktion.

In der Programmiersprache Anweisungsliste AWL werden der Datentyp und die Länge der Bitkombination des Operanden nicht geprüft. Das in Akku 1 geladene Bitmuster wird als Zahl im Datenformat REAL interpretiert.

In der Programmiersprache Funktionsplan FUP enthält die Box einer nummerischen Funktion neben den Parametern IN und OUT noch den Freigabeeingang EN und den Freigabeausgang ENO. An dem Parametereingang IN liegt die Gleitpunktzahl, mit der die Funktion durchgeführt wird, am Parameterausgang OUT das Ergebnis.

In der Programmiersprache SCL werden die nummerischen Funktionen mit Ausdrücken gebildet. Ein Ausdruck besteht aus einem Operanden und der Funktion. Im Unterschied zu den anderen Programmiersprachen können die Operanden im Format INT, DINT und REAL angegeben werden. Sind die Eingangsoperanden vom Typ INT oder DINT, werden diese automatisch in das Datenformat REAL gewandelt. **Das Ergebnis liefert immer eine Zahl mit dem Datentyp REAL**. Ausnahme hierbei ist die Funktion ABS (Absolutbetrag), welche als Ergebnis den Datentyp des Eingangsoperanden liefert.

6.7.3 Allgemeine Funktionen

6.7.3.1 Absolutbetrag

Mit der Funktion ABS (Absolutwert einer Gleitpunktzahl, 32-Bit, IEEE-FP) wird der Absolutwert einer Gleitpunktzahl in AKKU 1 gebildet. Das Ergebnis wird in AKKU 1 gespeichert. Die Operation wird ausgeführt, ohne die Statusbits zu berücksichtigen oder zu beeinflussen. Nur in der Programmiersprache SCL kann die Betragswertbildung auch in den Datenformaten INT und DINT durchgeführt werden. Das Ergebnis liegt dann im gleichen Datenformat vor.

Operationsdarstellung in der Steuerungssprache STEP 7:

Name	AWL	FUP	SCL
ABS	L MD 10 ABS T MD 14	ABS ... —EN OUT— MD14 MD10 —IN ENO—	X1: INT; (DINT; REAL;) X2: INT; (DINT; REAL;) X2:=ABS (X1);

Beispiel 6.20: Funktion Totzone (FC 70: TOTZ)

Zur Beruhigung von analogen Größen wie z.B. Eingangsspannungswert oder Regeldifferenz soll eine Funktion FC70 „TOTZONE“ entworfen werden, die Änderungen innerhalb eines einstellbaren Wertes unterdrückt. Nur wenn eine Änderung des Eingangswertes IN größer als die eingestellte Totzone TZ ist, wird der Ausgangswert OUT aktualisiert. Kleine Spannungsschwankungen, die ein „Flackern“ von Anzeigen oder Stellgliedern zur Folge hätten, werden somit unterdrückt.

Funktionszusammenhang:

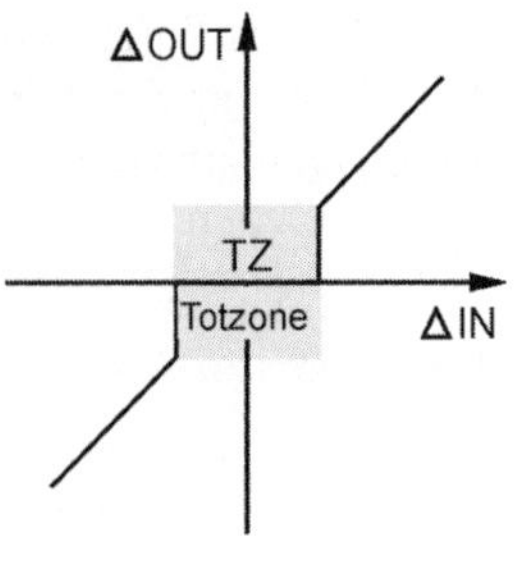

Übergabeparameter:

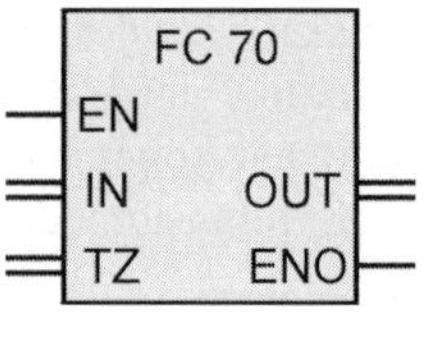

Datentyp:

IN: REAL

TZ: REAL

OUT: REAL

Zum Test der Funktion gibt ein Zifferneinsteller Werte im Bereich – 9 999 bis +9 999 vor. Mit der Bibliotheksfunktion FC 42 (BCD4_REA) werden die Eingabewerte dann in den Bereich von –10.0 bis + 10.0 gewandelt und an den Eingang IN der Funktion FC 70 gelegt. Der Ausgang OUT der Funktion FC70, der den „beruhigten“ Eingangswert ausgibt, wird an einer 4-stelligen Ziffernanzeige angezeigt. Dazu ist die Bibliotheksfunktion FC 43 (REA_BCD4) aufzurufen. Die Gleitpunktzahl von 0.1 am Funktionseingang TZ (Totzone) hat beispielsweise zur Folge, dass Änderungen des Zifferneinstellers, die kleiner als 100 sind, unterdrückt werden.

Bausteinstruktur:

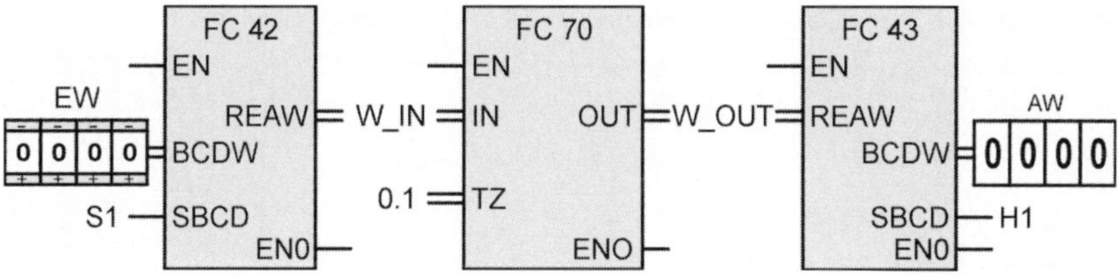

Bild 6.14: Totzone

Zuordnungstabelle der Eingänge und Ausgänge:

Eingangsvariable	Symbol	Datentyp	Logische Zuordnung	Adresse
Vorzeichen	S1	BOOL	Betätigt S1 = 1	E 0.1
Zifferneinsteller	EW	WORD	BCD-Code	EW 8
Ausgangsvariable				
Vorzeichen	H1	BOOL	Leuchtet H1 = 1	A 4.1
BCD-Anzeige	AW	WORD	BCD-Code	AW 12

Der aktuelle Wert am Eingang IN wird mit dem Wert am Ausgang OUT (Wert des vorhergehenden Zyklus) verglichen. Ist der Betrag der Differenz zwischen den beiden Werten größer als die Totzone TZ, wird der aktuelle Eingangswert IN dem Ausgangswert OUT zugewiesen.

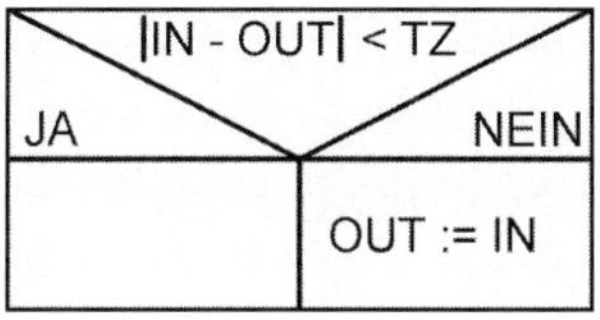

Da der Ausgabewert OUT der Funktion FC 70 innerhalb des Vergleichs abgefragt wird, muss streng genommen die Übergabevariable OUT als IN-OUT-Variable deklariert werden. Bei STEP 7 können in der Programmiersprache AWL jedoch aus OUT-Variable abgefragt werden. In der Programmiersprache FUP und SCL ist dies nicht möglich.

Im folgenden STEP 7 Steuerungsprogramm sind die AWL-Quellen der verwendeten Bibliotheksbausteine FC 42 und FC 43 nicht angegeben.

STEP 7 Programm (AWL-Quelle):

```
FUNCTION FC 70 : VOID
VAR_INPUT                   VAR_IN_OUT
  IN : REAL ;               OUT : REAL ;
  TZ : REAL ;               END_VAR
END_VAR
```

```
BEGIN
L  #IN;
L  #OUT;
-R ;
ABS;
L  #TZ;
<R ;
BEB;
L  #IN;
T  #OUT;
END_FUNCTION
ORGANIZATION_BLOCK OB 1
VAR_TEMP
...                     //Standardeinträge
  W_IN  : REAL ;        //Übergabeoperand für den Eingangswert
  W_OUT : REAL ;        //Übergabeoperand für den Ausgangswert
END_VAR
BEGIN
 CALL FC 42 (
   BCDW := EW 8,
   SBCD := E 0.1,
   REAW := #W_IN);
CALL FC 70 (
  IN := #W_IN,
  TZ := 1.000000e-001,
  OUT:= #W_OUT);
CALL FC 43 (
  REAW := #W_OUT,
  BCDW := AW 12,
  SBCD := A 4.1);
END_ORGANIZATION_BLOCK
```

Die Funktion FC 70 wird unter dem Namen TOTZ in die eigene Programmbibliothek aufgenommen

6.7.3.2 Quadrat und Quadratwurzel

Die Funktion SQR (Bilden des Quadrats einer Gleitpunktzahl, 32-Bit, IEEE-FP) berechnet das Quadrat einer Gleitpunktzahl in AKKU 1. Das Ergebnis wird in AKKU 1 gespeichert.

Beide Operationen werden ausgeführt, ohne die Statusbits zu berücksichtigen oder zu beeinflussen.

Operationsdarstellung in der Steuerungssprache STEP 7:

Name	AWL	FUP	SCL
SQR	L MD 10 SQR T MD 14	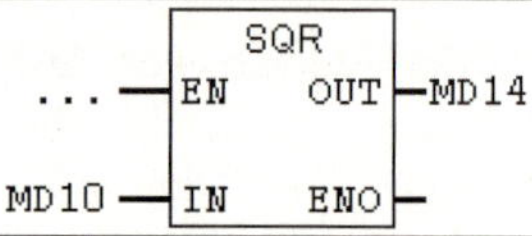	X1: INT; (DINT; REAL;) X2: REAL; X2:=SQR (X1);
SQRT	L MD 18 SQRT T MD 22	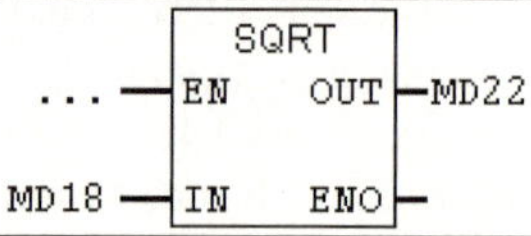	X1: INT; (DINT; REAL;) X2: REAL; X2:=SQRT (X1);

Beispiel 6.21: Blindleistungsanzeige

In einer Pumpenstation soll der Blindleistungsbedarf für Kompensationsmaßnahmen ermittelt und angezeigt werden. Dazu werden die Wirkleistung und der Strom der Anlage gemessen. Messwandler liefern eine der Wirkleistung und dem Strom proportionale Gleichspannung im Bereich von 0 V bis 10 V, welche an die Analogeingänge der SPS gelegt werden. Eine Spannung von 1 V entspricht dabei einer Wirkleistung von 10 KW bzw. einem Strom von 10 A. Die Versorgungsspannung beträgt 400 V.

Mit dem Schalter S1 wird die Anzeige der Blindleistung eingeschaltet. Der vierstellige Anzeigewert gibt dabei den Blindleistungsbedarf in kvar mit zwei Nachkommastellen an. Beim Auftreten von irrelevanten Messgrößen (Wirkleistung größer als die Scheinleistung) und bei ausgeschalteter Anzeige (S1 = 0) wird der Wert FFFF an die BCD-Anzeige gelegt. Die Meldeleuchte H1 zeigt den eingeschalteten Zustand an. Die Störanzeige H2 meldet bei eingeschalteter Anzeige eine irrelevante Messgröße.

Technologieschema:

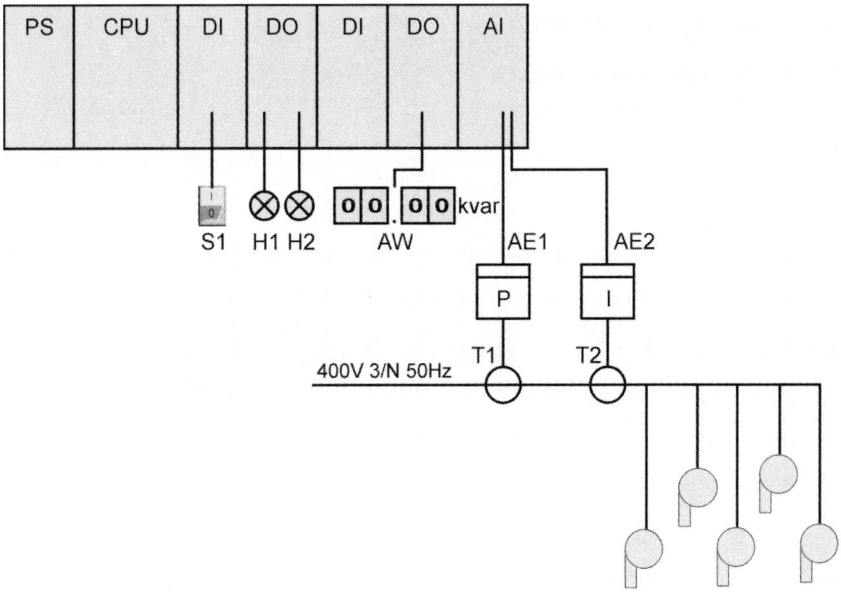

Bild 6.15: Blindleistungsanzeige

Zuordnungstabelle der Eingänge und Ausgänge:

Eingangsvariable	Symbol	Datentyp	Logische Zuordnung	Adresse
Schalter Anzeige EIN	S1	BOOL	Betätigt S1 = 1	E 0.1
Wirkleistung	AE1	WORD	Spannung (0 ..10V)	PEW 320
Stromstärke	AE2	WORD	Spannung (0 ..10V)	PEW 322
Ausgangsvariable				
Meldeleuchte Anzeige EIN	H1	BOOL	Leuchtet H1 = 1	A 4.1
Meldeleuchte Messfehler	H2	BOOL	Leuchtet H2 = 1	A 4.2
BCD-Anzeige	AW	WORD	BCD-Code (in kvar)	AW 12

Die beiden Analogeingangsspannungen werden mit dem Bibliotheksbaustein FC 46 (AE_REAL) jeweils auf den Wertebereich von 0.0 bis 10.0 normiert. Die Berechnung der Blindleistung wird in der Funktion FC 10 ausgeführt. Als Ergebnis liefert die Funktion den Wert des Blindleistungsbedarfs in „var" als Gleitpunktzahl für eine weitere Auswertung und den Blindleistungswert als BCD-Zahl für die Anzeige.

Bausteinstruktur:

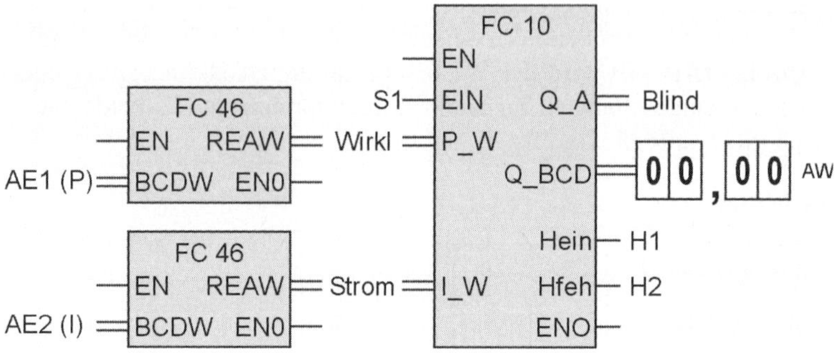

Bild 6.16: Blindleistungsanzeige

Zur Berechnung der Blindleistung in der Funktion FC 10 wird zunächst die Scheinleistung S aus dem Produkt von $\sqrt{3}$, der Eingangsvariablen I_W und der Spannung 400 V gebildet. Das Ergebnis wird mit 10 multipliziert (1 V Eingangsspannung $\hat{=}$ 10 A) und der temporären Variablen S_A zugewiesen. Um die Wirkleistung im gleichen Dimensionsbereich zu erhalten, muss die Eingangsvariable P_W mit 10 000 (1 V Eingangsspannung $\hat{=}$ 10 kW) multipliziert werden. Das Ergebnis wird der temporäre Variable P_A zugewiesen. Die Blindleistung berechnet sich dann nach der Formel:

$$Q\_A = \sqrt{(S\_A)^2 - (P\_A)^2}$$

Zur Bildung der Ausgabevariablen Q_BCD wird die Blindleistung Q_A durch 10 dividiert und in eine BCD-Zahl umgewandelt.

Programmstruktur:

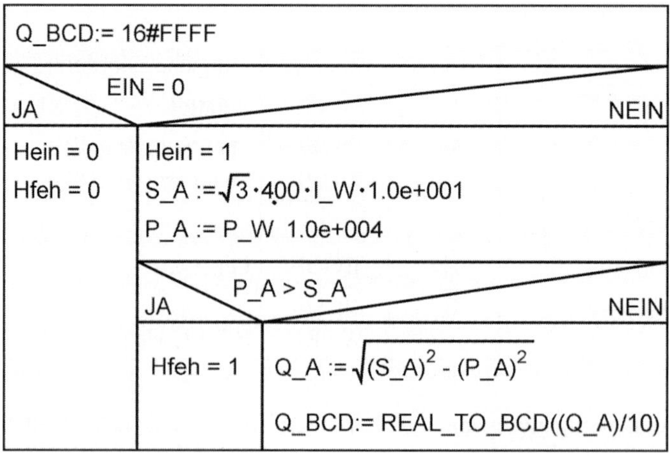

Im nachfolgenden STEP 7 Steuerungsprogramm ist die AWL-Quelle der Bibliotheksfunktion FC 46 nicht angegeben.

STEP 7 Programm (AWL-Quelle):

```
FUNCTION FC 10 : VOID
VAR_INPUT
  EIN : BOOL ;
  P_W : REAL ;
  I_W : REAL ;
END_VAR

VAR_IN_OUT
  Q_A : REAL ;
  Q_BCD : WORD ;
  Hein : BOOL ;
  Hfeh : BOOL ;
END_VAR

VAR_TEMP
  P_A : REAL ;
  S_A : REAL ;
END_VAR

BEGIN
L  W#16#FFFF;
T  #Q_BCD;
UN #EIN;
R  #Hein;
R  #Hfeh;
BEB ;

SET ;
=  #Hein;
L  3.000000e+000;
SQRT ;
L  #I_W;
*R ;
L  4.000000e+003;

*R ;
T  #S_A;

L  #P_W;
L  1.000000e+004;
*R ;
T  #P_A;

L  #P_A;
L  #S_A;
>R ;
=  #Hfeh;
BEB ;

L  #S_A;
SQR ;
L  #P_A;
SQR ;
-R ;
SQRT;
T  #Q_A;

L  1.000000e+001;
/R ;
RND;
DTB ;
T  #Q_BCD;
END_FUNCTION

ORGANIZATION_BLOCK OB 1
VAR_TEMP
...                  //Standardeinträge
  Wirkl : REAL ;     //Übergabeoperand für die Wirkleistung
  Strom : REAL ;     //Übergabeoperand für den Strom
  Blind : REAL ;     //Übergabeoperand für die Blindeistung
END_VAR
BEGIN

  CALL FC 46 (
     AE   := PEW 320,
     REAW := #Wirkl);
  CALL FC 46 (
     AE   := PEW 322,
     REAW := #Strom);
  CALL FC 10 (
     EIN  := E 0.1,
     P_W  := #Wirkl,
     I_W  := #Strom,
     Q_A  := #Blind,
     Q_BCD:= AW 12,
     Hein := A 4.1,
     Hfeh := A 4.2);
END_ORGANIZATION_BLOCK
```

6.7.4 Logarithmus- und Exponential-Funktionen

Logarithmische Funktionen ergeben sich aus der Umkehrung der Exponentialfunktionen. Mit Hilfe dieser beiden höheren Funktionen ist es in der Steuerungstechnik möglich, exponential ablaufende Vorgänge mit einem Steuerungsprogramm rechnerisch erfassen zu können.

6.7.4.1 Natürlicher Logarithmus einer Gleitpunktzahl

Mit der Funktion LN (Bilden des natürlichen Logarithmus) wird der Logarithmus zur Basis e = 2.718282e+000 einer Gleitpunktzahl in AKKU 1 gebildet. Das Ergebnis wird in AKKU 1 gespeichert. Ist der Eingang oder das Ergebnis der Funktion keine Gleitpunktzahl, haben das OV-Bit und OS-Bit den Wert „1".

Operationsdarstellung in der Steuerungssprache STEP 7:

Name	AWL	FUP	SCL

LN	`L MD 10`
	`LN`
	`T MD 14`
		LN
		... — EN OUT — MD14
		MD10 — IN ENO —
			`X1: INT; (DINT; REAL;)`
			`X2: REAL;`
			`X2:=LN (X1);`

Um den Logarithmus zu einer beliebigen Basis zu berechnen, kann die Formel:

$\log_b a = \frac{\log_n a}{\log_n b}$ verwendet werden. Wird n durch e ersetzt, so ergibt sich: $\log_b a = \frac{\ln a}{\ln b}$. Der Logarithmus zur Basis 10 lässt sich somit über die Formel: $\lg a = \frac{\ln a}{\ln 10}$ bestimmen. In der Programmiersprache SCL gibt es die Möglichkeit, den dekadischen Logarithmus auch direkt mit der Funktion „LOG" zu bestimmen.

6.7.4.2 Potenzieren zur Basis e

Mit der Funktion EXP (Bilden des Exponentialwertes) wird die Potenz zur Basis e = 2.718282e+000 einer Gleitpunktzahl in AKKU 1 gebildet. Das Ergebnis wird in AKKU 1 gespeichert. Ist der Eingang oder das Ergebnis der Funktion keine Gleitpunktzahl, haben das OV-Bit und OS-Bit den Wert „1".

Operationsdarstellung in der Steuerungssprache STEP 7:

Name	AWL	FUP	SCL

EXP	`L MD 10`
	`EXP`
	`T MD 14`
		EXP
		... — EN OUT — MD14
		MD10 — IN ENO —
			`X1: INT; (DINT; REAL;)`
			`X2: REAL;`
			`X2:=EXP (X1);`

Die Berechnung von Potenzen zu einer beliebigen Basis kann nach der Formel: $a^{b} \quad e^{b \quad \ln a}$ erfolgen. In der Programmiersprache SCL gibt es wieder die Möglichkeit, die Potenz zur Basis 10 auch direkt mit der Funktion „EXPD" zu bestimmen.

Beispiel 6.22: Wartezeit in Abhängigkeit der chem. Reaktion

Zur Herstellung von Metalllack wird als Basismaterial eine chemische Substanz in einer Flüssigkeit aufgelöst. Die Auflösung erfolgt nach der Formel: $m_A = m_S (1 - e^{-\frac{t}{\tau}})$.

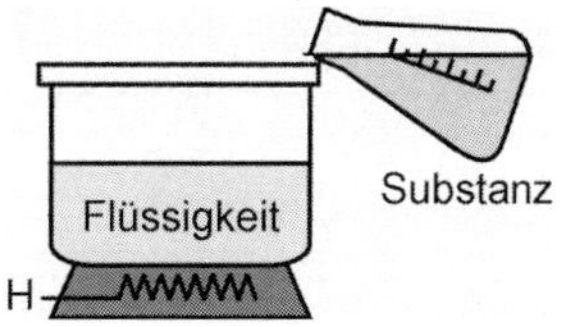

Dabei ist m_A = aufgelöste Masse des Stoffes, m_S = Sättigungsmenge und τ die Zeitkonstante. Je nach gewünschten Spezifikationen des Lacks wird nach einer bestimmten Zeit eine Heizung H eingeschaltet. Die Wartezeit für das Einschalten der Heizung richtet sich nach dem Auflösungsanteil der Substanz. Der gewünschte Auflösungsanteil wird über einen zweistelligen Zifferneinsteller in Prozent vorgegeben. Die Eingabe von 25 bedeutet beispielsweise, dass die Heizung eingeschaltet wird, wenn ein Viertel der Substanz in der Flüssigkeit aufgelöst ist. Eine vierstellige Siebensegmentanzeige zeigt die jeweils aktuelle Zeitdauer bis zum Einschalten der Heizung in Sekunden mit einer Nachkommastelle an.

Es ist eine Funktion FC10 zu entwerfen, welche abhängig vom vorgegebenen Auflösungsanteil die Zeit berechnet, nach der die Heizung H eingeschaltet werden soll. Die Zeitkonstante für die Auflösungsreaktion beträgt τ = 2 min. Der maximale vorgebbare Auflösungsanteil soll 95%, der minimale soll 5% betragen. Eingaben außerhalb dieses Bereichs werden automatisch auf die entsprechenden Grenzen korrigiert.

Zum Test der Funktion ist durch einen Taster S1 der Berechnungsbaustein FC 10 einmalig aufzurufen. Zur Vorgabe des Auflösungsanteils AUF_V wird der am Zifferneinsteller vorgegeben BCD-Wert mit der Bibliotheksfunktion FC 40 (BCD4_TO_INT) in einen Integer-Wert gewandelt. Der am Ausgang der Funktion FC 10 ermittelten Zeitwert ZW wird einer SE Zeitfunktion übergeben, welche ebenfalls durch den Taster S1 gestartet wird. Nach Ablauf der berechneten Zeit wird die Heizung H einschaltet. Zur Anzeige der ablaufenden Zeit in Sekunden mit einer Nachkommastelle ist eine Funktion FC 11 erforderlich, welche den BCD-Ausgangswert der Zeitfunktion T1 anpasst. Damit ergibt sich folgende Bausteinsteinstruktur:

Bausteinstruktur:

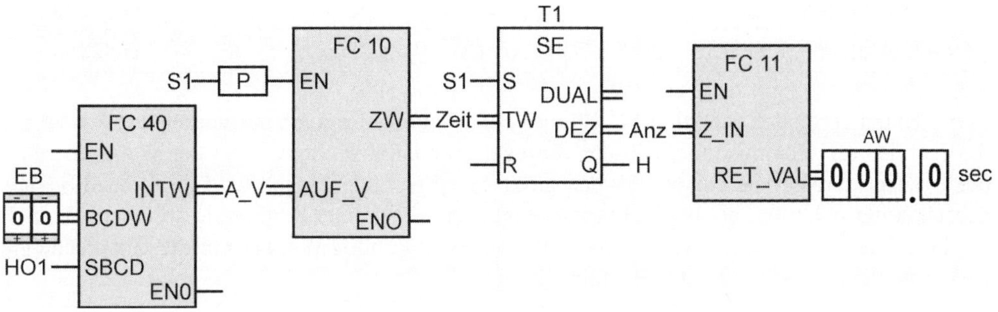

Bild 6.17: Wartezeit

Zuordnungstabelle der Eingänge und Ausgänge:

Eingangsvariable	Symbol	Datentyp	Logische Zuordnung		Adresse
Schalter EIN	S1	BOOL	Betätigt	S1 = 1	E 0.1
Auflösungsverhältnis	EB	BYTE	BCD-Code		EB 9
Ausgangsvariable					
Heizung	H	BOOL	Eingeschaltet	H = 1	A 4.0
BCD-Anzeige	AW	WORD	BCD-Code		AW 12

Zur Berechnung der Zeit bis zum Einschalten der Heizung muss die gegebene Formel für die Auflösung der Substanz $m_A \quad m_S\,(1 \quad e^{\frac{t}{\tau}})$ nach der Zeit t umgestellt werden. Für die aufgelöste Masse des Stoffes m_A kann der am Zifferneinsteller eingestellte Wert als Integerwert direkt eingesetzt werden, wenn die Sättigungsmenge m_S durch den Wert 100 ersetzt wird. Um als Ergebnis die Zeitdauer in Sekunden zu erhalten, wird die Zeitkonstante τ durch den Wert 120 (2 min = 120 s) ersetzt. Damit ergibt sich folgende Berechnungsformel für die Zeit in Sekunden: $t = 120 \cdot \ln\left(\frac{100}{100 - m_A}\right)$

Nach dieser Formel beträgt die kleinste mögliche Zeit ($m_A = 5$) = 6,155 s (entsprechend dem minimal vorgebbaren Auflösungsanteil von 5%) und die größte mögliche Zeit ($m_A = 95$) = 359,48 s (entsprechend dem maximal vorgebbaren Auflösungsanteil von 95%). Um den Ausgabewert für die Zeit im Datenformat S5-TIME bilden zu können, wird zunächst die erforderliche Zeitbasis bestimmt und dann der zugehörige BCD-Wert gebildet.

Die folgende Tabelle gibt den Zusammenhang zwischen berechneter Zeit und Zeitbasis an:

Berechnete Zeit	Zeitbasis	Zeitfaktor	Beispiel	Ausgabewert:
< 9,99 Sekunden	0	10 ms	7,5 s	16#0750
< 99,9 Sekunden	1	100 ms	75 s	16#1750
< 999 Sekunden	2	1 s	250 s	16#2250

In der zu entwerfenden Funktion FC 10 wird zunächst abgefragt, ob der vorgegebene Wert für das Auflösungsverhältnis innerhalb der vorgegebenen Grenzen liegt. Liegt der Wert außerhalb der Grenzen werden die entsprechenden Grenzen eingesetzt. Danach wird die Zeit in Sekunden nach der oben beschriebenen Formel berechnet. Nach einer Abfrage in welchem Bereich die berechnete Zeit liegt, wird der Wert in eine BCD-Zahl gewandelt und die entsprechende Zeitbasis durch Wortverknüpfungen hinzugefügt.

Programmstruktur der Funktion FC10:

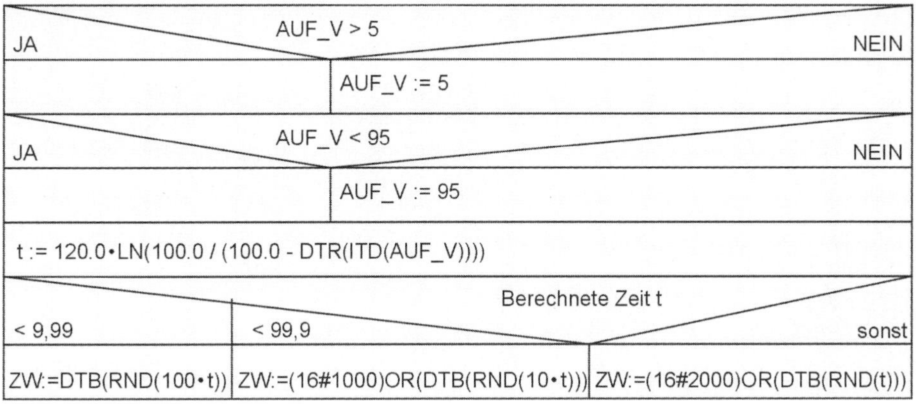

Zur Anzeige der ablaufenden Zeit muss aus dem BCD-Ausgangswert der Zeitfunktion T1 die Zeitbasis ausgeblendet und der Wert in Abhängigkeit von der Zeitbasis auf das Ausgabeformat Sekunden mit einer Nachkommastelle angepasst werden. Die Anpassung wird mit der Funktion FC 11 ausgeführt. Die folgende Tabelle gibt die erforderlichen Veränderungen in Abhängigkeit von der Zeitbasis an.

Zeitbasis	Veränderung	Beispiel	Ausgabewert:
0	Schieben rechts 4	16#0750	16#0075
1	keine	16#1750	16#0750
2	Schieben links 4	16#2250	16#2500

Nachdem die Zeitbasis ZeitM aus dem Eingabewert Z_IN bestimmt ist, wird mit einer CASE-Kontrollanweisung der Wert abgefragt und die entsprechenden Veränderungen vorgenommen. Damit ergibt sich folgende Programmstruktur für die Funktion FC 11:

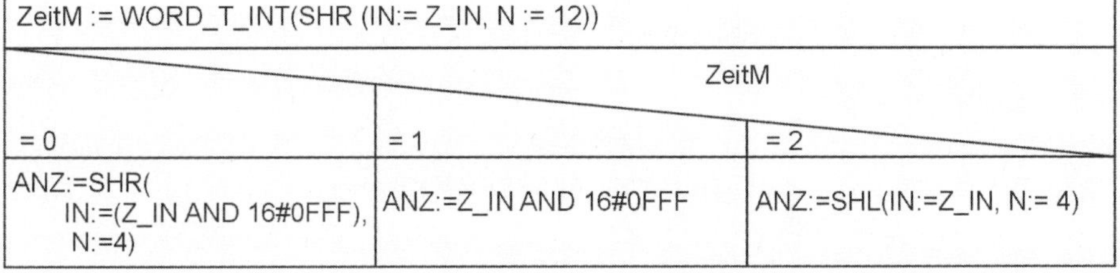

Im folgenden STEP 7 Steuerungsprogramm sind die Funktion FC 10 und der Organisationsbaustein OB 1 in der AWL-Quellen-Darstellung angegeben. Die Funktion FC 11 ist als SCL-Quelle dargestellt. Das Steuerungsprogramm der Bibliotheksfunktion FC 40 (BCD4_TO_INT) ist nicht aufgeführt.

STEP 7 Programm (AWL / SCL-Quelle)

```
FUNCTION FC 10 : VOID
VAR_INPUT                 VAR_OUTPUT                VAR_TEMP
  AUF_V : INT ;             ZW : S5TIME ;             t : REAL ;
END_VAR                   END_VAR                   END_VAR
```

```
BEGIN
      L #AUF_V;
      L 5;
      >I;
      SPB M001;
      L 5;
      T #AUF_V;
M001: L #AUF_V;
      L 95;
      <I;
      SPB M002;
      L 95;
      T #AUF_V;
M002: NOP 0;
      L #AUF_V;
      ITD;
      DTR;
      L 1.000000e+002;
      TAK;
      -R;
      L 1.000000e+002;
      TAK;
      /R;
      LN;
      L 1.200000e+002;
      *R;
      T #t;
      L 9.990000e+000;
      >R;
      SPB M003;
      L #t;
      L 1.000000e+002;
      *R;
      RND;
      DTB;
      T #ZW;
      BEA;
M003: L #t;
      L 9.990000e+001;
      >R;
      SPB M004;
      L #t;
      L 1.000000e+001;
      *R;
      RND;
      DTB;
      L W#16#1000;
      OW ;
      T #ZW;
      BEA;
M004: L #t;
      RND;
      DTB;
      L W#16#2000;
      OW ;
      T #ZW;
END_FUNCTION
```

```
FUNCTION FC 11 : WORD
VAR_INPUT
  Zeit_IN:WORD;
END_VAR
VAR_TEMP
  ZeitM:INT;
  ANZ:WORD;
END_VAR
BEGIN
ZeitM:=WORD_TO_INT(SHR (IN:=Zeit_IN, N:=12));
  CASE ZeitM OF
   0 : ANZ:=SHR(IN:=(Zeit_IN AND 16#0FFF), N:=4);
   1 : ANZ:=Zeit_IN AND 16#0FFF;
   2 : ANZ:=SHL(IN:=Zeit_IN, N:=4);
   END_CASE;
 FC11 := ANZ;
END_FUNCTION
```

```
ORGANIZATION_BLOCK OB 1
VAR_TEMP
...                   //Standardeinträge
  HO1 : BOOL ;        //Hilfsoperand
  A_V : INT ;         //Übergabeoperand Auflösungsverhältnis
  FO1 : BOOL ;        //Flankenoperand
```

```
  Zeit : S5TIME ;  //Übergabeoperand für die berechnete Zeit
  Anz  : WORD ;    //Übergabeoperand für die Anzeige
END_VAR
BEGIN
      CALL FC 40 (
         BCDW    := EW 8,
         SBCD    := #HO1,
         INTW    := #A_V);
      U  E 0.1;
      FP #FO1;
      SPBNB M001;
      CALL FC 10 (
      AUF_V      := #A_V,
      ZW         := #Zeit);
M001: NOP 0;
      U  E 0.1;
      L  #Zeit;
      SE T 1;
      LC T 1;
      T  #Anz;
      U  T 1;
      =  A 4.0;
      CALL FC 11 (
         Zeit_IN:= #Anz,
         RET_VAL:= AW 12);
END_ORGANIZATION_BLOCK
```

6.7.5 Trigonometrische Funktionen

Die ebene Trigonometrie beschäftigt sich mit der Berechnung von unbekannten Strecken mit Hilfe von Winkeln. Wie der Name schon sagt, versteht man unter Trigonometrie (Dreiwinkelmessung) das Messen oder das Berechnen von Dreiecken, in die jede geradlinig begrenzte Figur durch Diagonalen zerlegt werden kann.

6.7.5.1 Winkelfunktionen

Mit den Funktionen SIN, COS bzw. TAN wird der Sinus, Cosinus bzw. Tangens eines Winkels, der im Bogenmaß als Gleitpunktzahl angegeben sein muss, in AKKU 1 berechnet. Das Ergebnis wird in AKKU 1 gespeichert.

Operationsdarstellung in der Steuerungssprache STEP 7:

Name	AWL	FUP	SCL

SIN	`L MD 10`
	`SIN`
	`T MD 14`
		SIN: ... – EN, OUT – MD14; MD10 – IN, ENO –	`X1: INT; (DINT; REAL;)`
			`X2: REAL;`
			`X2:=SIN (X1);`

COS	`L MD 18`
	`COS`
	`T MD 22`
		COS: ... – EN, OUT – MD22; MD18 – IN, ENO –	`X1: INT; (DINT; REAL;)`
			`X2: REAL;`
			`X2:=COS (X1);`

TAN	`L MD 26`
	`TAN`
	`T MD 30`
		TAN: ... – EN, OUT – MD30; MD26 – IN, ENO –	`X1: INT; (DINT; REAL;)`
			`X2: REAL;`
			`X2:=TAN (X1);`

Allgemein kann der Wert eines Winkels im Gradmaß von 0° bis 360° oder dem Bogenmaß von 0 bis 2π ($\pi = 3{,}141593$) angegeben werden. Liegt der Wert des Winkels im Gradmaß vor, muss dieser bei STEP 7 vor Anwendung einer Winkelfunktion in das Bogenmaß umgerechnet werden. Bei Werten, die größer als 2π sind, wird 2π oder ein Vielfaches davon abgezogen, bis der Wert kleiner als 2π ist.

6.7.5.2 Arcusfunktionen

Die Funktion ASIN (Bilden des Arcussinus einer Gleitpunktzahl, 32-Bit, IEEE-FP) berechnet den Arcussinus (arcsin) einer Gleitpunktzahl in AKKU 1. Zulässiger Wertebereich für den Eingangswert: -1 <= Eingangswert <= +1.

Das Ergebnis ist ein Winkel, der im Bogenmaß angegeben wird. Der Wert liegt im Bereich:

$$\frac{\pi}{2} \quad \text{arcsin (Akku 1)} \quad \frac{\pi}{2}.$$

Die Funktion ACOS (Bilden des Arcuscosinus einer Gleitpunktzahl, 32-Bit, IEEE-FP) berechnet den Arcuscosinus (arccos) einer Gleitpunktzahl in AKKU 1. Zulässiger Wertebereich für den Eingangswert: -1 <= Eingangswert <= +1.

Das Ergebnis ist ein Winkel, der im Bogenmaß angegeben wird. Der Wert liegt in Bereich:

$$0 < \text{arccos (Akku 1)} < \pi.$$

Wird bei den beiden Funktionen (ASIN und ACOS) der erlaubte Wertebereich überschritten, liefert die Arcusfunktion eine ungültige Gleitpunktzahl zurück und setzt die Statusbits OV und OS auf den Signalwert „1“.

Die Funktion ATAN (Bilden des Arcustangens einer Gleitpunktzahl, 32-Bit, IEEE-FP) berechnet den Arcustangens (arctan) einer Gleitpunktzahl in AKKU 1. Für den Wertebereich des Eingangswertes gibt es keine Einschränkung. Das Ergebnis ist ein Winkel, der im Bogenmaß angegeben wird. Der Wert liegt im Bereich: $\frac{\pi}{2}$ arctan (Akku 1) $\frac{\pi}{2}$.

Die Operation beeinflusst die Bits OV und OS des Statusworts.

Operationsdarstellung in der Steuerungssprache STEP 7:

Name	AWL	FUP	SCL
ASIN	L MD 10 ASIN T MD 14	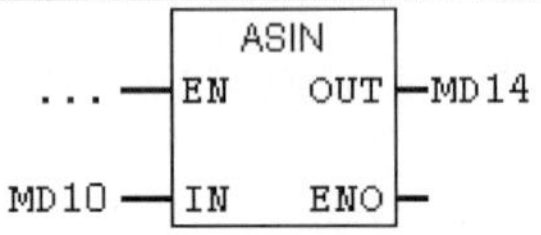	X1: INT; (DINT; REAL;) X2: REAL; X2:=ASIN (X1);
ACOS	L MD 18 ACOS T MD 22	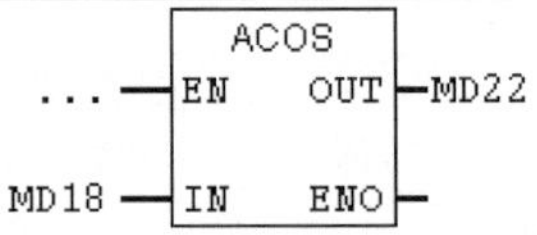	X1: INT; (DINT; REAL;) X2: REAL; X2:=ACOS (X1);
ATAN	L MD 26 ATAN T MD 30	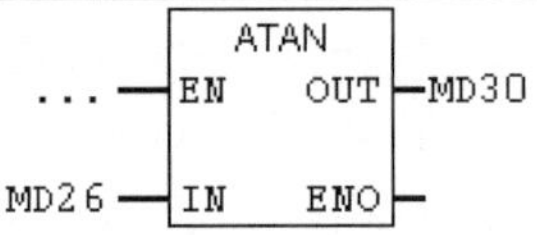	X1: INT; (DINT; REAL;) X2: REAL; X2:=ATAN (X1);

Beispiel 6.23: Füllmengenüberwachung bei Tankfahrzeugen

In einer Raffinerie wird ein chemisches Endprodukt von Tankfahrzeugen an einer Ladestation abgeholt. Die Befüllung der Tankfahrzeuge überwacht ein Ultraschallsensor, der in einem Schwallrohr angebracht ist. Das Schwallrohr verhindert eine Verfälschung der Messung durch Wellenbildung. Der Ultraschallsensor liefert eine analoge Spannung im Bereich von 0 bis 10 V proportional zur gemessenen Höhe H und ist so justiert, dass eine Spannung von 5 V einer Messhöhe H von 150 cm entspricht.

Technologieschema:

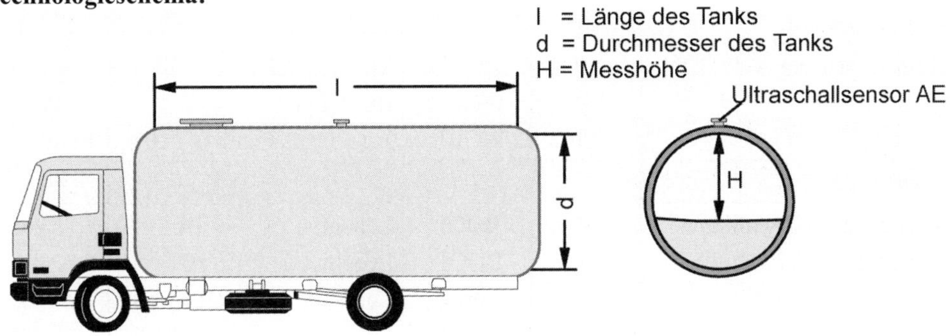

Bild 6.18: Tankfüllung

An einer vierstelligen Ziffernanzeige kann dann der Tankinhalt in Tausend Litern mit zwei Nachkommastellen abgelesen werden. Bei einer Fehlmessung (H > d) wird die Ziffernanzeige mit FFFF angesteuert und die Meldeleuchte HMF erhält „1"-Signal. Da unterschiedliche Tanklastfahrzeuge befüllt werden, muss über einen vierstelligen Zifferneinsteller sowohl die Länge l wie auch der Durchmesser d des Tanks in cm eingegeben werden. Der Wahlschalter S1 schaltet zwischen den beiden Eingabewerten um. Die Anzeigeleuchten HL bzw. HD zeigen die gewählte Eingabe an. Mit dem Taster S0 wird der jeweilige Wert übernommen. Der maximale Eingabewert ist bei der Länge l des Tanks auf 2000 (20 m) und beim Durchmesser d auf 300 (3 m) begrenzt. Ein Wert außerhalb des entsprechenden Bereichs wird für die Berechnung nicht übernommen. Die Meldeleuchte HEF weist bei einer falschen Eingabe auf den Fehler hin. Mit dem Schalter S2 wird die Messung des Tankinhalts eingeschaltet. Die Meldeleuchte HM zeigt dies an. Die beschriebenen Bedienelemente und Anzeigen sind auf einem Bedienfeld wie folgt angeordnet:

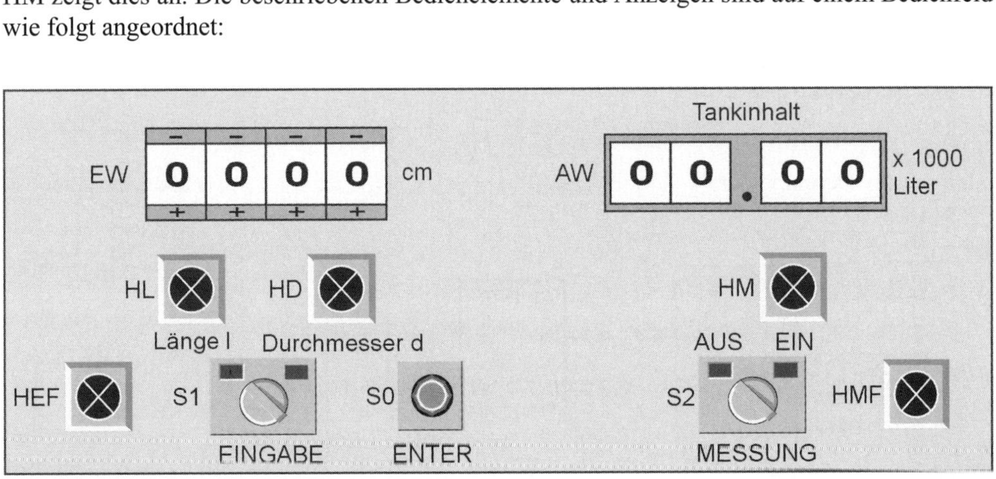

Bild 6.19: Bedienfeld

Zuordnungstabelle der Eingänge und Ausgänge:

Eingangsvariable	Symbol	Datentyp	Logische Zuordnung		Adresse
Übernahme-Taster	S0	BOOL	Betätigt	S0 = 1	E 0.0
Wahlschalter l_d	S1	BOOL	Vorwahl l	S1 = 0	E 0.1
Schalter Messung AUS_EIN	S2	BOOL	Messung EIN	S2 = 1	E 0.2
Zifferneinsteller	EW	WORD	BCD-Code		EW 8
Ultraschallsensor	AE	WORD	Analogspannung 0 .. 10V		PEW 320
Ausgangsvariable					
Meldeleuchte Vorwahl l	HL	BOOL	Leuchtet	HL = 1	A 4.0
Meldeleuchte Vorwahl d	HD	BOOL	Leuchtet	HD = 1	A 4.1
Meldeleuchte Eingabefehler	HEF	BOOL	Leuchtet	HEF = 1	A 4.2
Meldeleuchte Messung	HM	BOOL	Leuchtet	HM = 1	A 4.3
Meldeleuchte Messfehler	HMF	BOOL	Leuchtet	HMF = 1	A 4.4
BCD-Anzeige	AW	WORD	BCD-Code		AW 12

Die Berechnung des Tankinhalts führt eine Funktion FC 10 aus, wenn der Schalter „Messung AUS_EIN" ein „1"-Signal hat. Zum Einlesen der Länge l bzw. des Durchmessers d wird der Bibliothekbaustein FC 42 (BCD4_REA) zweimal aufgerufen, aber nur eine der beiden Funktionen in Abhängigkeit von der Stellung des Wahlschalters S1 bearbeitet. Der am Zifferneinsteller EW eingestellte Wert wird als Gleitpunktzahl der lokalen Variablen LAE bzw. DUM zugewiesen, sofern er innerhalb des vorgegebenen Bereichs liegt.

Einlesen der Länge l

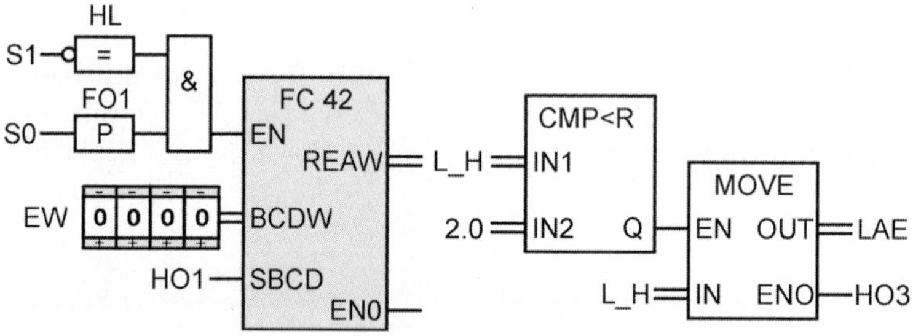

Einlesen des Durchmessers d

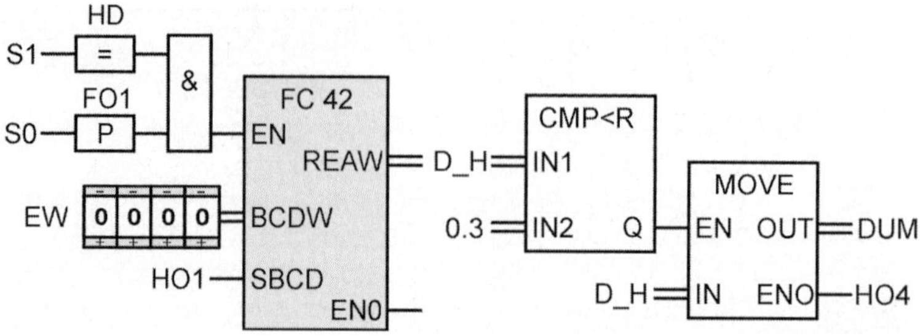

Eingabefehler

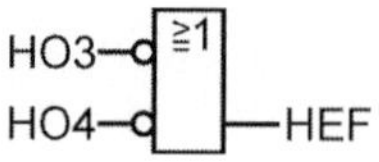

Das analoge Eingangssignal des Ultraschallsensors AE wird über den Bibliotheksbaustein FC46 (AE_REAL) in eine Gleitpunktzahl mit dem Bereich von 0.0 bis 10.0 gewandelt und der lokalen Variablen HOE zugewiesen. Mit dem Schalter S2 wird die Meldeleuchte Messung HM eingeschaltet und die Funktion FC 10 für die Berechnung aufgerufen.

Einlesen und Normieren des Analogwertes

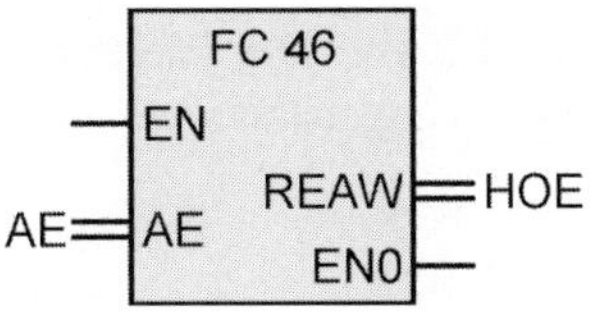

Aufruf der Berechnungsfunktion

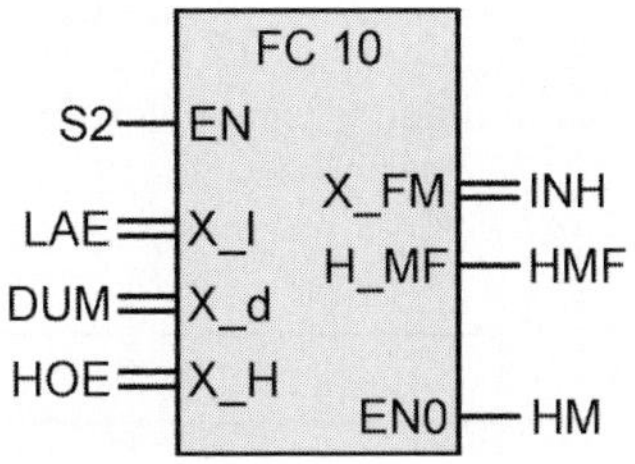

Die Anzeige der mit der Funktion FC 10 berechneten Füllmenge erfolgt mit der Bibliotheksfunktion FC 43 (REA-BCD4) jedoch nur, wenn die Messung eingeschaltet ist und kein Messfehler vorliegt. Liefert der Schalter „Messung EIN_AUS“ ein „0“-Signal oder ist die Meldeleuchte Messfehler HMF an, wird der Wert 10.0 an die Funktion FC 43 gelegt, was zur Folge hat, dass die Anzeige mit 16#FFFF angesteuert wird.

Ausgabe des berechneten Wertes

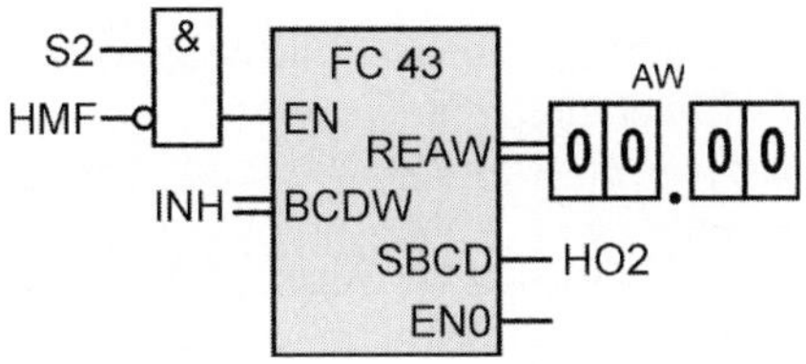

Ausgabe 16#FFFF

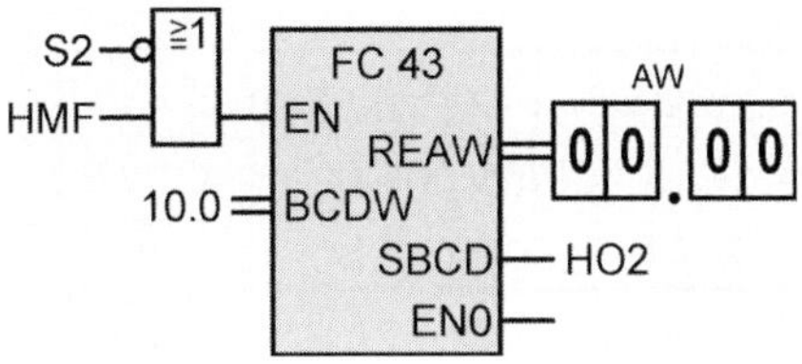

Je nachdem ob die gemessene Höhe H größer oder kleiner als der Radius r des Tanks ist, gibt es zwei Berechnungsformeln für den Tankinhalt. Grundlage beider Formeln ist die Berechnung eines Zylindersegmentvolumens V_{seg} aus der Höhe h, dem Radius r, dem Winkel x und der Länge l.

Verhältnis H zu r:	H > r	H < r	Variable:
Skizze	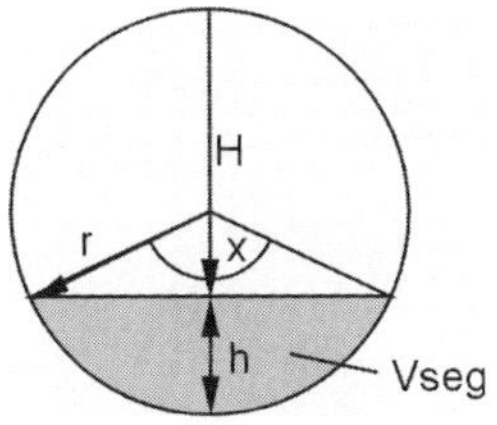	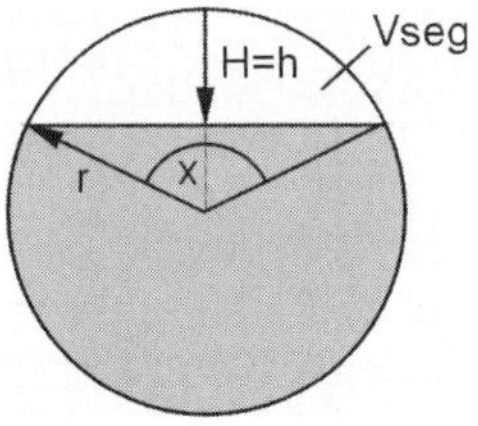	
Volumen	$V = V_{seg}$	$V = r^2 \cdot \pi \cdot l - V_{seg}$	X_FM
Segmentvolumen	$V_{seg} \quad \frac{r^2}{2} \quad (x \quad \sin x) \quad l$		V_Se
Winkel x	$x = 2 \cdot \arccos\left(\frac{r-h}{r}\right)$		W_X
Kreissegmenthöhe	h = 2r - H	h = H	X_ho

Ausgehend von der Kreissegmenthöhe h werden nach den angegebenen Formeln jeweils Zwischenergebnisse gebildet. Zuvor wird jedoch überprüft, ob die gemessene Höhe H im Bereich von 0 < H < 2r liegt. Die Werte für die Länge l und den Durchmesser d wurden in cm vorgegeben und mit der Funktion FC 42 in eine Gleitpunktzahl von 0 bis 10.0 umgewandelt. Beispielsweise liegt eine Länge von 12 m im FC 10 dann als Wert von 1.2 vor. Der Werte der gemessenen Höhe H und der Ausgabewert müssen diesem Rechenbereich angepasst werden.

Struktogramm FC 10:

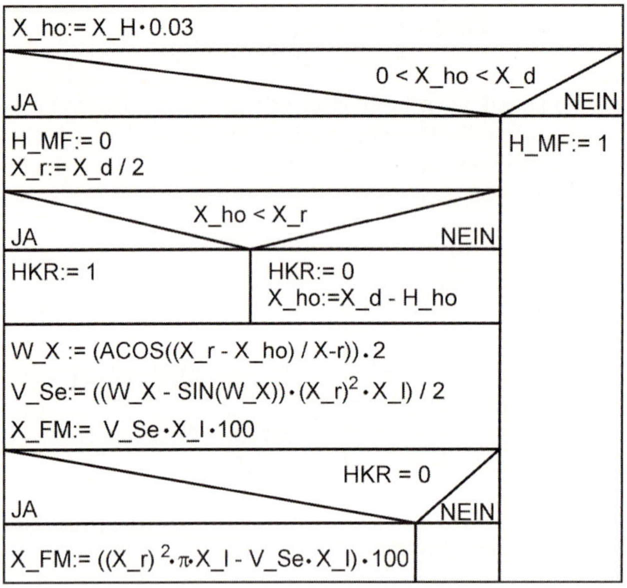

<u>Anpassung des Messwertes</u> X_ho

5 V am Analogeingang entspricht einer Höhe von 1,50 m und liegt als Gleitpunktzahl 5.0 in der Variable X_H vor. Zur Umwandlung in den Rechenbereich (1 m entspricht 0.1) muss der Wert mit $\frac{1,5}{5} \cdot 10^{-1} = 0.03$ multipliziert und der Variablen X_ho zugewiesen werden.

<u>Anpassung der Ausgabe</u> X_FM

Um den richtigen Anzeigebereich zu erhalten, wird vor der Ausgabe der berechnete Wert mit 100 multipliziert.

Im folgenden STEP 7 Steuerungsprogramm sind die AWL-Quellen der verwendeten Bibliotheksbausteine FC 42 (BCD4_TO_REA), FC 43 (REA_TO_BCD4) und FC 46 (AE_TO_RAE) nicht angegeben.

STEP 7 Programm (AWL-Quelle):

```
FUNCTION FC 10 : VOID
VAR_INPUT
  X_l : REAL ;
  X_d : REAL ;
  X_H : REAL ;
END_VAR
VAR_OUTPUT
  X_FM : REAL ;
  H_MF : BOOL ;
END_VAR
VAR_TEMP
  X_r : REAL ;
  X_ho : REAL ;
  W_X : REAL ;
  V_Se : REAL ;
  HKR : BOOL ;
END_VAR
BEGIN
L #X_H;
L 3.000000e-002;
*R;
T #X_ho;
O(;
L 0.000000e+000;
<R;
) ;
O(;
L #X_ho;
L #X_d;
>R;
);
= #H_MF;
BEB;
L #X_d;
L 2.000000e+000;
/R;
T #X_r;
L #X_ho;
L #X_r;
<R;
= #HKR;
SPB M001;
Fortsetzung
```

```
Fortsetzung FC 19
     L #X_d;
     L #X_ho;
     - ;
     T #X_ho;
M001:L #X_r;
     L #X_ho;
     -R;
     L #X_r;
     /R;
     ACOS;
     L 2.000000e+000;
     *R;
     T #W_X;
     L #W_X;
     SIN;
     -R;
     L #X_r;
     SQR;
     *R;
     L 2.000000e+000;
     /R;
     L #X_l;
     *R;
     T #V_Se;
     L 1.000000e+002;
     *R;
     T #X_FM;
     UN #HKR;
     BEB;
     L #X_r;
     SQR;
     L 3.141593e+000;
     *R;
     L #X_l;
     *R;
     L #V_Se;
     -R ;
     L 1.000000e+002;
     *R;
     T #X_FM;
     END_FUNCTION

ORGANIZATION_BLOCK OB 1
VAR_TEMP
...              //Standardeinträge
FO1 : BOOL ; //Flankenop.
HO1 : BOOL ; //Hilfsop.
FO2 : BOOL ; //Flankenop.
HO2 : BOOL ; //Hilfsop.
HO3 : BOOL ; //Hilfsop.
HO4 : BOOL ; //Hilfsop.
L_H : REAL ; //Hilfsop. Länge
LAE : REAL ; //Operand Länge l
D_H : REAL ; //Hilfsop. Durchm.
DUM : REAL ; //Operand Durchm.
HOE : REAL ; //Operand gem. Höhe H
INH : REAL ; //Operand Tankinhalt
END_VAR

BEGIN
     UN E 0.1;
     =  A 4.0;
     U  A 4.0;
     U(
     U  E 0.0;
     FP #FO1;
     )
     SPBNB M001;
     CALL FC 42 (
        BCDW := EW 8,
        SBCD := #HO1,
        REAW := #L_H);
M001: NOP 0;
     U(;
     L  #L_H;
     L  2.000000e+000;
     <R;
     );
     =  #HO3;
     SPBNB M002;
     L  #L_H;
     T  #LAE;
M002: NOP 0;
     U  E 0.1;
     =  A 4.1;
     U  A 4.1;
     U(
     U  E 0.0;
     FP #FO2;
     )
     SPBNB M003;
     CALL FC 42 (
        BCDW := EW 8,
        SBCD := #HO1,
        REAW := #D_H);
M003: NOP   0;
     U(;
     L  #D_H;
     L  3.000000e-001;
     <R;
     );
     =  #HO4;
     SPBNB M004;
     L  #D_H;
     T  #DUM;
M004: NOP 0;
     ON #HO3;
     ON #HO4;
     =  A 4.2;
     CALL FC 46 (
      AE    := PEW 320,
      REAW := #HOE);
     U  E 0.2;
     =  A 4.3;
     SPBNB M005;
     CALL FC 10 (
       X_l   := #LAE,
       X_d   := #DUM,
       X_H   := #HOE,
       X_FM  := #INH,
       H_MF  := A 4.4);
M005: NOP 0;
     U  E 0.2;
     UN A 4.4;
     SPBNB M006;
     CALL FC 43 (
       REAW := #INH,
       BCDW := AW 12,
       SBCD := #HO2);
M006: NOP 0;
     U(;
     ON E 0.2;
     O A 4.4;
     );
     SPBNB M007;
     CALL FC 43 (
     REAW := 1.00e+01,
     BCDW := AW 12,
     SBCD := #HO2);
M007: NOP 0;

END_ORGANIZATION_BLOCK
```

6.8 Indirekte Adressierung

Mit der indirekten Adressierung ist es möglich, einen Operanden anzusprechen, dessen Adresse sich im Programmdurchlauf verändern kann. Während bei den bisher beschriebenen Anweisungen wie z.B.:

```
U E 1.2        //Abfrage der Eingangsadresse 1.2 auf 1-Signal
L DB10.DBW5    //Laden des Dateninhalts von DW5 im Datenbaustein DB 10
```

den Operanden eine feste Adresse zugeordnet war, ermöglicht die indirekte Adressierung, dass die Adresse der Operanden durch einen weiteren Operanden (Adressoperand) oder Register vorgegeben wird. Da der Inhalt des Adressoperanden bzw. Registers verändert werden kann, lässt sich somit auch die Adresse des Operanden verändern. Anwendung findet die indirekte Adressierung insbesondere beim Umgang mit Datenfeldern. Durch wenige Anweisungen können diese mit Hilfe der indirekten Adressierung bearbeitet werden. Bei Programmteilen, die z.B. in einer Schleife mehrfach durchlaufen werden, kann bei jedem Durchlauf einem Operanden eine andere Adresse zugewiesen werden.

In der Norm DIN EN 61131-3 finden sich allgemeine Hinweise auf eine indirekte Adressierung bei der Verwendung von Multielementvariablen wie Felder (ARRAYS) oder Strukturen (STRUCTURES). Die Feldelemente dieser Variablen können in der Programmiersprache Strukturierter Text ST über Indizes angesprochen werden.

Bei STEP 7 unterstützen nur die Programmiersprachen Anweisungsliste AWL und Strukturierter Text SCL die indirekte Adressierung. Die zugehörigen Anweisungen sind in getrennten Abschnitten dargestellt.

6.8.1 Indirekte Adressierung in der Anweisungsliste AWL

Anstelle der Adresse steht bei der indirekten Adressierung in der AWL-Anweisung ein *Verweis*, wo die Adresse zu finden ist. Je nach Art des Verweises unterscheidet man zwischen der speicherindirekten Adressierung und der registerindirekten Adressierung.

Die speicherindirekte Adressierung verwendet als Verweis einen Operanden (Adressoperand) aus dem Systemspeicher, um die Adresse zu bestimmen. Der Adressoperand ist doppelwortbreit, wenn ein Operand mit einer Doppelwort-, Wort-, Byte- oder Bit-Adresse angesprochen werden soll. Beispiel:

`U  E [MD10]` Es wird der Eingang E abgefragt, dessen Adresse im Merkerdoppelwort MD10 steht.

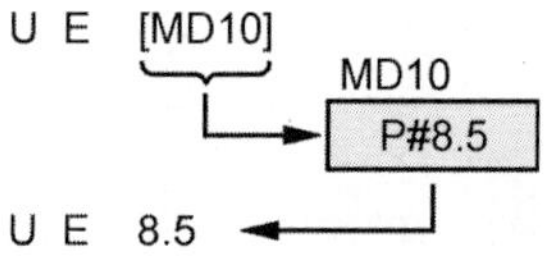

Der Adressoperand ist wortbreit, wenn eine vorzeichenlose Integer-Zahl als Nummer bei Zählern Z, Zeiten T, Funktionen FC, Funktionsbausteine FB, oder Datenbausteine DB angesprochen werden soll. Beispiel:

`ZV  Z [MW20]` Es wird der Zähler vorwärts gezählt, dessen Nummer im Merkerwort MW 20 steht.

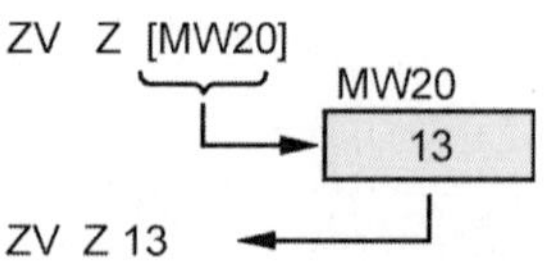

Die registerindirekte Adressierung verwendet als Verweis ein Adressregister AR1 und einen Zeiger, um die Adresse des Operanden zu bestimmen. Beispiel:

`U E [AR1,P#2.0]` Es wird der Eingang E abgefragt, dessen Adresse sich aus der Addition von der im Adressregister AR1 stehenden Adresse plus einem Versatz ergibt, der durch einen Zeiger (hier P#2.0) angegeben wird.

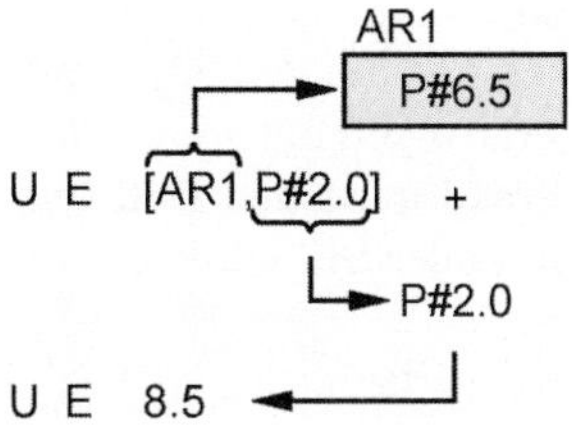

Bei der indirekten Adressierung von Operanden wie Peripherie P, Eingänge E, Ausgänge A, Merker M, Datenbausteindaten DB und temporäre Lokaldaten L muss die Adresse in dem Verweis so aufgebaut sein, dass sie die Bitadresse, die Byteadresse und gegebenenfalls auch die Bereichsadresse enthält. Dieses besondere Format wird bei STEP 7 als Zeiger (POINTER) bezeichnet. Ein Zeiger wird verwendet, um gleichsam auf einen Operanden zu zeigen. Insgesamt gibt es bei STEP 7 drei Arten von Zeigern:

- *Bereichszeiger* sind 32 Bit lang und enthalten die Bitadresse, die Byteadresse und gegebenenfalls das Operandenkennzeichen.
- *DB-Zeiger* sind 48 Bit lang und enthalten den Bereichszeiger und die Nummer eines Datenbausteins.
- *ANY-Zeiger* sind 80 Bit lang und enthalten den DB-Zeiger und weitere Angaben wie z.B. Datentyp des Operanden.

Für die indirekte Adressierung ist nur der Bereichszeiger von Bedeutung.

6.8.1.1 Bereichszeiger

Enthält ein Bereichszeiger nur die Bitadresse und die Byteadresse wird er als *bereichsinterner* Zeiger bezeichnet. Enthält der Bereichszeiger darüber hinaus noch den Operandenbereich, wird er als *bereichsübergreifender* Zeiger bezeichnet.

Aufbau der Bereichszeiger:

Bereichsinterner Zeiger:

Bereichsübergreifender Zeiger:

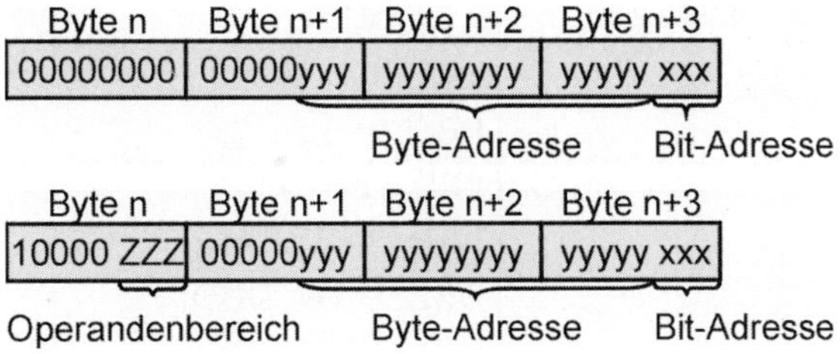

Die Belegung des Bit 31 unterscheidet die beiden Zeigerarten. Mögliche Operandenbereiche (ZZZ) beim bereichsübergreifenden Zeiger sind: PE, PA, E, A, M, DBX oder DIX.

Bereichszeiger lassen sich unmittelbar adressieren und in den Akkumulator oder in die Adressregister laden. Die Notation dabei lautet:

```
L P#y.x   //Bereichsinterner Zeiger (z. B. L P#10.2)
L P#Zy.x  //Bereichsübergreifender Zeiger (z. B. L P#A10.4)
```

Soll mit einem Bereichszeiger ein Digitaloperand angegeben werden, ist die Bit-Adresse (xxx) mit 000 zu belegen (z.B. durch Linksschieben um 3 Stellen: SLW3).

6.8.1.2 Speicherindirekte Adressierung

Bei der speicherindirekten Adressierung steht die Adresse in einem Operanden (Adressoperand). Eine Anweisung mit speicherindirekter Adressierung setzt sich zusammen aus einer Operation, einem Operandenkennzeichen mit möglicher Angabe der Zugriffsbreite (Byte, Wort, ..) und einem in eckigen Klammern stehenden Adressoperanden (Verweis). Der Adressoperand muss den Datentyp „DWORD" haben, wenn die Angabe einer Doppelwort-, Wort-, Byte- oder Bit-Adresse erforderlich ist. Beispiel:

`L EB [MD10]` Bei der Anweisung L EB ist eine Byte-Adresse anzugeben. Der Adressoperand (MD10) ist deshalb im Datenformat „DWORD" anzugeben.

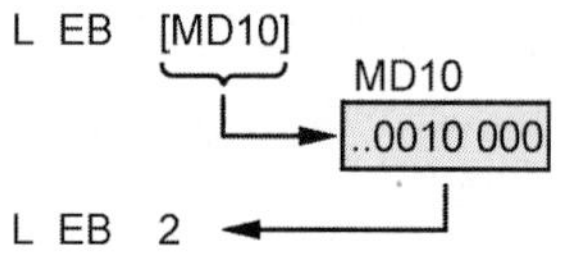

Besteht die anzusprechende Adresse aus einer Nummer (Integer-Wert) muss der Adressoperand den Datentyp „WORD" besitzen. Beispiel:

`SE T [MW20]` Bei der Anweisung SE T ist eine Integer-Adresse anzugeben. Der Adressoperand (MW20) ist deshalb im Datenformat „WORD" anzugeben.

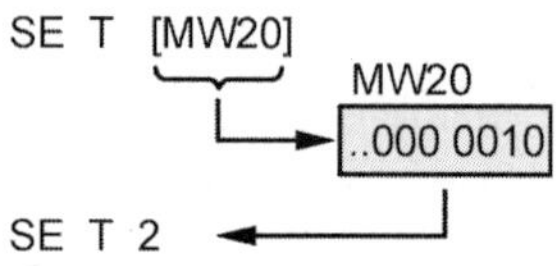

Der theoretische Zahlenbereich von 0 bis 65 535 für die Angabe der Adressen wird in der Praxis durch das Operandenvolumen der verwendeten CPU begrenzt.

Eine Zusammenfassung aller speicherindirekt adressierbarer Operanden ist in der nachfolgenden Tabelle in Abhängigkeit von der Art der Adresse angegeben.

Art der Adresse	Operandenkennzeichen	Hinweise
Bit- und Byte-Adresse	E; A; M; L; DIX; DBX	Anwendung bei Bitverknüpfungsoperationen
Byte-, Wort- und Doppelwortadresse	EB, EW, ED; AB, AW, AD; MB, MW, MD; LB, LW, LD; PEB, PEW, PED; PAB, PAW, PAD; DBB, DBW, DBD; DIB, DIW, DID;	Anwendung bei Lade und Transferfunktionen. Die Bit-Nummer des Bereichszeigers muss dabei den Wert 0 haben.
Integer-Wert	T; Z; DB; DI; FC; FB	Zum Adressieren von Zeiten, Zählern oder Bausteinen.

Aus der Tabelle ist zu ersehen, dass neben Operanden auch Datenbausteine, Funktionen oder Funktionsbausteine indirekt aufgerufen werden können.

Als Adressoperanden im Wort- oder Doppelwortformat können Merker, Lokaldaten oder Datenbausteinoperanden verwendet werden. Eine symbolische Darstellung der Operanden ist möglich.

Die nachfolgende Tabelle zeigt eine Zusammenstellung der möglichen Adressoperanden im Wort- oder Doppelwortformat:

Adressoperand	Hinweise
Merker M	Angabe als absoluter Operand oder symbolisch adressierte Variable
Lokaldaten L (temporäre Lokaldaten)	Angabe als absoluter Operand oder symbolisch adressierte Variable
Global-Datenbaustein DB	Angabe als absolut adressierter Operand. Wird ein Globaldatenoperand indirekt über ein Globaldatendoppelwort adressiert, müssen beide im selben Datenbaustein liegen.
Instanzdatenbaustein DI	Angabe als absoluter Operand oder symbolisch adressierte Variable. Instanzdaten als Adressenoperanden in Funktionen werden wie Globaldatenoperanden behandelt.

Der Inhalt des Adressoperanden kann über Lade- und Transferoperationen vorgegeben werden. Die folgenden Beispiele zeigen Möglichkeiten, wie eine Adresse in den Adressoperanden eingegeben werden kann.

Der Eingang E 8.5 soll abgefragt werden:

```
L   8
SLW 3
L   5
OW
T   MD 10
U   E[MD 10]
```

Die Byte-Adresse wird in den Akku 1 geladen und durch Linksschieben um drei Stellen an die richtige Stelle platziert. Danach wird die Bit-Adresse geladen und mit der Byte-Adresse ODER verknüpft. Der Akkuinhalt wird dann dem Adressoperanden MD 10 zugewiesen.

oder:

```
L   W#16#0045
T   MD 10
U   E[MD 10]
```

Das Bitmuster 0000 0000 0100 0101 wird über die HEX-Darstellung 16#0045 in den Akku geladen und dem Adressoperanden MD 10 zugewiesen.

oder:

```
L   P#8.5
T   MD10
U   E[MD10]
```

Ein Zeiger, der die Byte- und Bit-Adresse des anzusprechenden Operanden enthält wird in den Adressoperanden geladen.

Das Eingangswort EW 8 soll abgefragt werden::

```
L   8
SLW 3
T   DBD0
L   DBW[DBD0]
```

Die Byte-Adresse wird in den Akku 1 geladen und durch Linksschieben um drei Stellen an der richtigen Stelle platziert. Der Akkuinhalt wird dann dem Adressoperanden DBD0 zugewiesen.

oder:

```
L   W#16#0040
T   DBD0
L   DBW[DBD0]
```

Das Bitmuster 0000 0000 0100 0000 wird über die HEX-Darstellung 16#0040 in den Akku geladen und dem Adressoperanden DBD0 zugewiesen.

Der Zähler Z13 soll vorwärts gezählt werden:

```
L  13
T  MW20
ZV Z[MW20]
```

Die Integer-Zahl 13 wird in den Akku 1 geladen und dem Adressoperanden zugewiesen.

Beispiel 6.24: Einlesen und Suchen von Materialnummern (FC 65: WR_MNR u. FC 66: SU_MNR)

Zum Einlagern von Kisten mit Materialien in ein Hochregallager werden die Kisten mit einer Materialnummern versehen. Eine einzulagernde Kiste wird mit einer Fördereinrichtung in das nächste freie Fach transportiert. Die Steuerung merkt sich, welche Materialnummer welchem Fach zugeordnet wurde. Bei der Materialausgabe muss die Materialnummer gesucht werden, um das Fach zu ermitteln, welches die Fördereinrichtung anfahren muss.

Technologieschema:

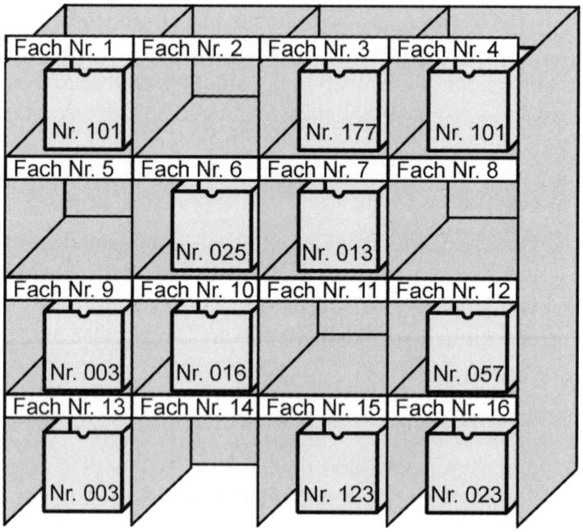

Bild 6.20: Hochregallager

Jedes der insgesamt 16 Fächer des Hochregallagers wird einem Datenwort DBW eines Datenbausteins zugewiesen. Somit entsprechen die in den Datenworten stehenden Werte den Nummern der Kisten. Die Nummer Null ist für die freien Fächer reserviert.

Das zu entwickelnde Steuerungsprogramm lässt sich in die Teile „Einlesen einer Materialnummer“ und „Suchen einer Materialnummer“ untergliedern.

- Einlesen einer Materialnummer:

Zum Testen des Steuerungsprogramms werden die Materialnummern über einen Zifferneinsteller in die Datenworte eingelesen.

Bei Betätigung des Tasters S1 „Einlesen“ soll eine Materialnummer, die durch den vierstelligen BCD-Wert eines Zifferneinstellers EW vorgegeben wird, in ein Datenwort DBW eingelesen werden. Die Adresse des Datenwortes wird dabei durch die Dualkombination der Schalter

S10 bis S13 bestimmt. Der Zusammenhang zwischen der Fachnummer, den Datenworten und der Dualkombination der Schalter ist in der folgenden Tabelle dargestellt.

Fach-nummer	Datenwort	Schalterkombination S13	S12	S11	S10
1	DBW 0	0	0	0	0
2	DBW 2	0	0	0	1
3	DBW 4	0	0	1	0
4	DBW 6	0	0	1	1
5	DBW 8	0	1	0	0
6	DBW 10	0	1	0	1
7	DBW 12	0	1	1	0
8	DBW 14	0	1	1	1
9	DBW 16	1	0	0	0
10	DBW 18	1	0	0	1
11	DBW 20	1	0	1	0
12	DBW 22	1	0	1	1
13	DBW 24	1	1	0	0
14	DBW 26	1	1	0	1
15	DBW 28	1	1	1	0
16	DBW 30	1	1	1	1

Aus der Tabelle ist zu ersehen, dass die Adresse der Datenwörter DBW sich aus der Dualkombination der Schalter S10 bis S13 multipliziert mit dem Faktor 2 berechnet.

• Suchen einer Materialnummer:

Zur Suche einer Materialnummer wird der Inhalt aller Datenworte mit dem an einem Zifferneinsteller EW eingestellten BCD-Wert verglichen. Wird eine Materialnummer gefunden, so ist dies durch einen zugeordneten Steuerungsausgang anzuzeigen. Da es sich um 16 Fächer handelt, kann die Zuordnung der Fächer zu den Ausgängen in einem Ausgangswort AW erfolgen.

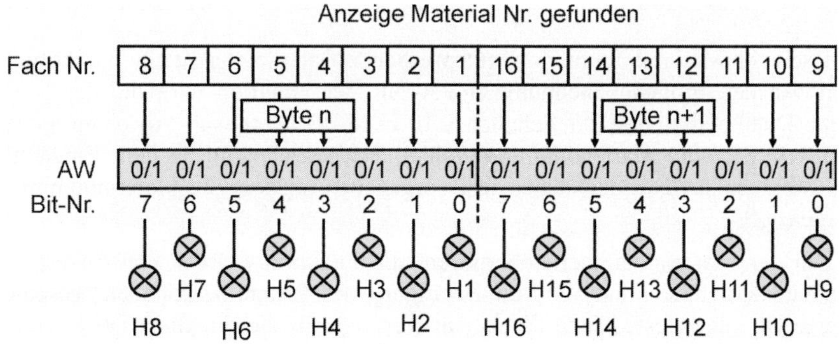

Es soll auch der Fall berücksichtigt werden, dass eine Materialnummer mehrmals vorkommen kann. Durch Betätigung des Tasters S2 „Suchen“ wird der Suchvorgang einmalig gestartet. Das Ende des Suchvorgangs soll durch die Anzeigeleuchte H0 gemeldet werden. Mit Taster S3 „Quittieren“ können alle Anzeigen gelöscht werden.

Für das Einlesen und das Suchen der Materialnummern ist es zweckmäßig, die Anzeige- und Bedienelemente auf einem Bedienfeld anzuordnen.

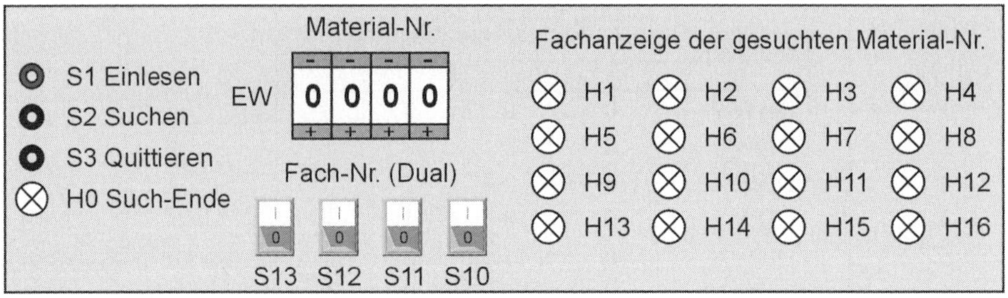

Bild 6.21: Bedienfeld Hochregallager

Zuordnungstabelle der Eingänge und Ausgänge:

Eingangsvariable	Symbol	Datentyp	Logische Zuordnung	Adresse
Taster Einlesen	S1	BOOL	Betätigt S1 = 1	E 0.1
Taster Suchen	S2	BOOL	Betätigt S2 = 1	E 0.2
Taster Quittieren	S3	BOOL	Betätigt S3 = 1	E 0.3
Schalter Wert 0	S10	BOOL	Betätigt W0 = 1	E 1.0
Schalter Wert 1	S11	BOOL	Betätigt W1 = 1	E 1.1
Schalter Wert 2	S12	BOOL	Betätigt W2 = 1	E 1.2
Schalter Wert 4	S13	BOOL	Betätigt W4 = 1	E 1.3
Zifferneinsteller	EW	WORD	4-stelliger BCD-Wert	EW 8
Ausgangsvariable				
Fachanzeige 1	H1	BOOL	Leuchtet H1 = 1	A 4.0
bis	...	...	...	...
Fachanzeige 16	H16	BOOL	Leuchtet H16 = 1	A 5.7
Anzeige Such-Ende	H0	BOOL	Leuchtet H0 = 1	A 12.0

Zum Einlesen von Materialnummern in entsprechende Datenwörter ist eine Funktion FC 65 zu entwerfen. An den Eingang Fachnummer FA_NR der Funktion wird die durch Maskieren gewonnene Dualkombination der Schalter S 10 bis S 13 übergeben. An einen weiteren Eingang MA_NR wird die Materialnummer gelegt. Schließlich wird an dem Eingang DB_NR noch die Nummer des Datenbausteins fest vorgegeben, in dem die Materialnummer gespeichert werden soll.

Das Suchen der Materialnummern übernimmt die Funktion FC 66. Zur Anzeige, dass ein Suchvorgang stattgefunden hat, wird die Betätigung des Tasters S2 „Suchen" gespeichert und der Anzeige H0 zugewiesen. Eine Flankenauswertung ruft die Suchfunktion FC 66 einmalig auf. An den Funktionseingängen MA_NR und DB_NR werden die zu suchende Materialnummer und der zugehörige Datenbaustein angegeben. Das Ergebnis des Suchvorgangs kann an den Fachanzeigen H1 bis H16 abgelesen werden, die an das Ausgangswort AW 4 angeschlossen sind. Durch Betätigung der Quittiertaste S3 werden die Speicherfunktion und alle Ausgänge von Ausgangswort AW 4 zurückgesetzt.

Bausteinstruktur und Übergabeparameter:

Einlesen

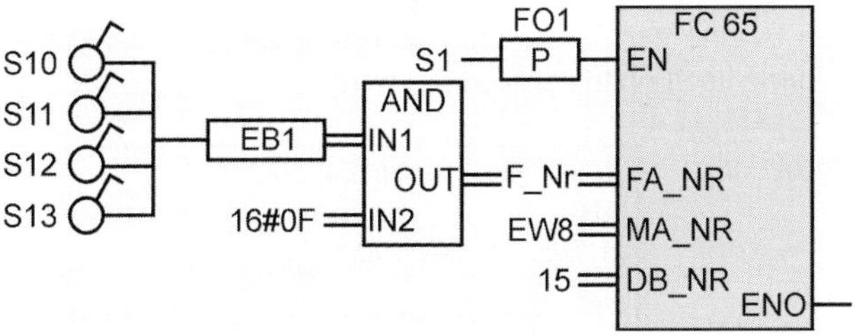

Suchen

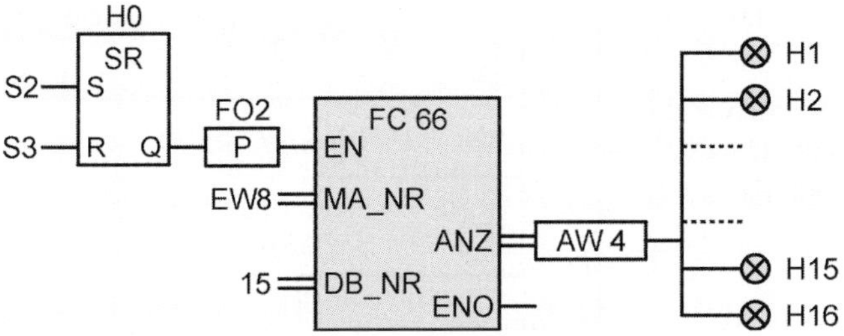

Quittieren

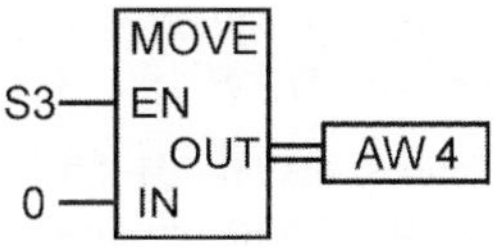

- Programmteil „Einlesen der Materialwerte”:

Aus der Angabe der Fach-Nummer FA_NR und der Datenbaustein-Nummer DB_NR wird das Datenwort ermittelt, in das die Materialnummer MA_NR geschrieben wird. Das Programm kann in drei Abschnitte unterteilt werden:

Datenbaustein aufrufen

```
L   #DB_NR
T   #DB_NRW
AUF DB [DB_NRW]
```

Zum Aufruf des Datenbausteins über eine speicherindirekte Adressierung muss der Operand, der die Nummer des Datenbausteins enthält, im Datenformat WORD vorliegen.

Berechnung der Datenwortadresse

```
L   #FA_NR
L    2
*I
SLW 3
T   #ADR
```

Die Fachnummer FA_NR muss mit zwei multipliziert werden, um die Adresse des zugehörigen Datenworts zu erhalten. Das Ergebnis wird dann um drei Stellen nach links verschoben (siehe Bereichszeiger) und der Variablen ADR (Adressoperand) mit dem Datenformat DWORD zugewiesen.

Materialnummer in das Datenwort schreiben

```
L   #MA_NR
T   DBW [ADR]
```

Die Materialnummer wird über die indirekte Adressierung in das Datenwort transferiert, dessen Nummer der Adressoperand ADR angibt.

- Programmteil „Suchen der Materialnummer“:

Die Funktion FC 66 vergleicht den an dem Funktionseingang MA_NR liegende Wert mit den Inhalten von 16 Datenworten. Um nicht 16 Vergleiche programmieren zu müssen, wird eine Schleife verwendet, die mit der AWL Funktion „LOOP“ realisiert wird. Der Schleifenzähler

S_ZAE bildet dabei den Ausgangswert, um die jeweilige Adresse des Datenwortes zu berechnen. Fällt ein Vergleich von Datenwort und Materialnummer positiv aus, wird in der Anzeigevariablen ANZ das zugehörige Bit gesetzt. Dazu wird ein Schieberegister als temporäre Variable S_RE eingeführt, dessen 16. Bit zu Beginn der Programmausführung auf „1“ gesetzt und bei jedem Schleifendurchlauf um eine Stelle nach rechts geschoben wird.

Das nebenstehende Struktogramm gibt die Befehlsfolge an.

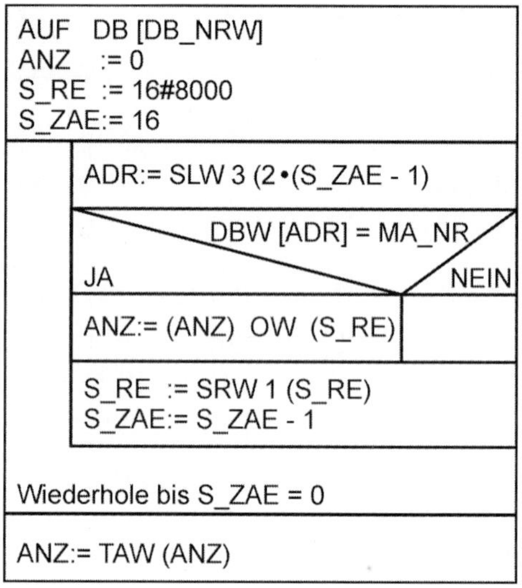

Hinweise:

Die Adressnummer wird aus dem Schleifenzähler S_ZAE nach der Formel 2*(S_ZAE -1) berechnet. Beispiel: S_ZAE = 10 zugehöriges Datenwort: DBW 18 (s. Tabelle S. 277).

Mit dem letzten Befehl TAW werden die Bytes des Anzeigewortes vertauscht. Dies ist erforderlich, damit Fach 1 auch der Fachanzeige A4.0 zugewiesen wird.

AW 4: | AB4 | AB5 |

Ohne Vertauschung würde dem Ausgang A 4.0 das Fach 9 zugewiesen werden.

STEP 7 Programm (AWL-Quelle):

```
FUNCTION FC 65 : VOID
VAR_INPUT
  FA_Nr : INT ;
  MA_Nr : WORD ;
  DB_NR : INT ;
END_VAR
VAR_TEMP
  DB_NRW : WORD ;
  ADR    : DWORD ;
END_VAR
BEGIN
 L   #DB_NR;
 T   #DB_NRW;
 AUF DB [#DB_NRW];

 L  #FA_Nr;
 L  2;
 *I ;
 SLW 3;
 T  #ADR;

 L  #MA_Nr;
 T  DBW [#ADR];

 END_FUNCTION
```

```
FUNCTION FC 66 : VOID
VAR_INPUT
  MA_Nr : WORD ;
  DB_NR : INT ;
END_VAR
VAR_OUTPUT
  ANZ : WORD ;
END_VAR
VAR_TEMP
  DB_NRW : WORD ;
  S_ZAE  : INT ;
  S_RE   : WORD ;
  ADR    : DWORD ;
END_VAR
```

```
BEGIN
 L  #DB_NRW;
```

```
BEGIN
 L  #DB_NR;
 T  #DB_NRW;
 AUF DB [#DB_NRW];

 L  0;
 T  #ANZ;
 L  W#16#8000;
 T  #S_RE;
 L  16;
M001: T  #S_ZAE;
      L  #S_ZAE;
      L  1;
      -I ;
      L  2;
      *I ;
      SLW 3;
      T  #ADR;
      L  DBW [#ADR];
      L  #MA_Nr;
      <>I ;
      SPB M002;
      L  #S_RE;
      L  #ANZ;
      OW ;
      T  #ANZ;
M002: L  #S_RE;
      SRW 1;
      T  #S_RE;
      L  #S_ZAE;
      LOOP M001;
      L  #ANZ;
      TAW;
      T  #ANZ;
END_FUNCTION
```

```
DATA_BLOCK DB 15
 STRUCT
Fach1 : WORD ;    Fach5 : WORD ;    Fach9 : WORD ;    Fach13: WORD ;
Fach2 : WORD ;    Fach6 : WORD ;    Fach10: WORD ;    Fach14: WORD ;
Fach3 : WORD ;    Fach7 : WORD ;    Fach11: WORD ;    Fach15: WORD ;
Fach4 : WORD ;    Fach8 : WORD ;    Fach12: WORD ;    Fach16: WORD ;
 END_STRUCT ;
BEGIN
Fach1 :=W#16#0;   Fach5 :=W#16#0;   Fach9 :=W#16#0;   Fach13:=W#16#0;
Fach2 :=W#16#0;   Fach6 :=W#16#0;   Fach10:=W#16#0;   Fach14:=W#16#0;
Fach3 :=W#16#0;   Fach7 :=W#16#0;   Fach11:=W#16#0;   Fach15:=W#16#0;
Fach4 :=W#16#0;   Fach8 :=W#16#0;   Fach12:=W#16#0;   Fach16:=W#16#0;
END_DATA_BLOCK
```

```
ORGANIZATION_BLOCK OB 1
VAR_TEMP
...               //Standardeinträge
 FO1 : BOOL ;     //Hilfsoperand für die Flankenauswertung
 FO2 : BOOL ;     //Hilfsoperand für die Flankenauswertung
 F_NR: INT ;      //Übergabeoperand für die Fach-Nummer
END_VAR
BEGIN
     L  EB 1;
     L  B#16#F;
     UW;
     T  #F_NR;
     U  E 0.1;
     FP #FO1;
     SPBNB M001;
     CALL FC 65 (
        FA_Nr:= #F_NR,
        MA_Nr:= EW 8,
        DB_NR:= 15);
M001:NOP   0;
     U(;
     U  E  0.2;
     S  A 12.0;
     U  E  0.3;
     R  A 12.0;
     U  A 12.0;
     );
     FP #FO2;
     SPBNB M002;
     CALL FC 66 (
        MA_Nr:= EW 8,
        DB_NR:= 15,
        ANZ  :- AW 4);
M002:NOP   0;
     U  E  0.3;
     SPBNB M003;
     L  0;
     T  AW 4;
M003:NOP   0;

END_ORGANIZATION_BLOCK
```

6.8.1.3 Registerindirekte Adressierung

Bei der registerindirekten Adressierung befindet sich die Basis-Adresse in einem der beiden Adressregister AR1 bzw. AR2. Adressregister sind 32 Bit breite Speicherzeilen in der CPU (s. Kap. 2.2.1). Der Inhalt der Adressregisters ist ein bereichsinterner oder bereichsübergreifender Zeiger. Je nach Art des Zeigers unterscheidet man die bereichsinterne oder die bereichsübergreifende indirekte Adressierung. Neben dem Adressregister mit der Basisadresse muss bei der registerindirekten Adressierung noch zusätzlich ein bereichsinterner Zeiger angegeben werden, mit dem ein Versatz bestimmt wird.

Beispiel für eine bereichsinterne indirekte Adressierung mit dem Adressregister AR1:

`U E [AR1,P#0.0]`	Die Adresse des Eingangs ergibt sich aus dem Inhalt von Adressregister AR1 (Basisadresse) plus dem Wert des Zeigers P#0.0. In diesem Fall ist kein Versatz vorhanden.

Bei der bereichsinternen registerindirekten Adressierung können in Abhängigkeit von der Art der Adresse folgende Operandenkennzeichen verwendet werden:

Art der Adresse	Operandenkennzeichen	Hinweise
Bit- und Byte- Adresse	E; A; M; L; DIX; DBX	Anwendung bei Bitverknüpfungsoperationen
Byte-, Wort- und Doppelwortadresse	EB, EW, ED; AB, AW, AD; MB, MW, MD; LB, LW, LD; PEB, PEW, PED; PAB, PAW, PAD; DBB, DBW, DBD; DIB, DIW, DID;	Anwendung bei Lade und Transferfunktionen. Die Bit-Nummer des Bereichszeigers muss dabei den Wert 0 haben.

Eine Adressierung von Operanden mit einer Nummer (INT-Zahl) als Adresse, wie bei Zeiten, Zählern, Funktionen etc. ist bei der registerindirekten Adressierung nicht möglich.

Bei der bereichsübergreifenden registerindirekten Adressierung wird kein Operandenkennzeichen geschrieben, da dieser im Zeiger des Adressregisters AR1 angegeben ist.

Beispiel für eine bereichübergreifende indirekte Adressierung mit dem Adressregister AR1:

`U [AR1,P#0.0]`	Die Adresse und der Operand ergibt sich aus dem Inhalt von Adressregister AR1 plus dem Wert des Zeigers P#0.0. In diesem Fall ist kein Versatz vorhanden.

Bereichsinterne oder bereichsübergreifende Zeiger werden über Lade-Anweisungen in die Adressregister gebracht. Die nachfolgend aufgeführten Anweisungen zeigen verschiedene Möglichkeiten, wie ein Zeiger in ein Adressregister geladen werden kann.

`LAR1 P#20.0`	Das Adressregister AR1 wird mit dem Pointer P#20.0 geladen.
`L    P#20.0`	Das Adressregister AR1 wird mit dem Inhalt von Akku 1 geladen.
`LAR1`	In diesem Fall ist es der Pointer P#20.0.

`LAR1 MD20`	Das Adressregister AR1 wird mit dem Inhalt von Merkerdoppelwort MD 20 geladen.
`LAR1 AR2`	Das Adressregister AR1 wird mit dem Inhalt von Adressregister AR2 geladen.

Die folgenden Beispiele zeigen Möglichkeiten der registerindirekten Adressierung.

Der Eingang E 8.5 soll abgefragt werden:

```
  L  P#8.5
  LAR1
  U  E[AR1,P#0.0]
```

Ein Zeiger, der die Byte- und Bit-Adresse des anzusprechenden Operanden enthält, wird in das Adressregister AR1 geladen.

oder

```
  L  8
  SLW 3
  L  5
  OW
  T  MD 10
  LAR1 MD10
  U  E[AR1,P#0.0]
```

Die Byte-Adresse wird in den Akku 1 geladen und durch Linksschieben um drei Stellen an die richtige Stelle platziert. Danach wird die Bit Adresse geladen und mit der Byte-Adresse ODER-verknüpft. Der Akkuinhalt wird dann dem Adressregister zugewiesen.

oder

```
  LAR1 P#5.6
  U  E[AR1,P#2.6]
```

Ein Zeiger, der eine Byte- und Bit-Adresse enthält, wird in das Adressregister AR1 geladen. Mit dem Versatz des Zeigers P#2.6 wird die Adresse des anzusprechenden Operanden berechnet.

oder

```
  LAR1 P#E8.5
  U  [AR1,P#0.0]
```

Ein bereichsübergreifender Zeiger, der das Operandenkennzeichen sowie die Byte- und Bit-Adresse des anzusprechenden Operanden enthält, wird in das Adressregister AR1 geladen.

Mit der bereichsübergreifenden registerindirekten Adressierung ist es möglich, die Übertragungsrichtung beim Austausch von Daten zwischen zwei Datenbereichen erst während des Programmdurchlaufs festzulegen. Zur Aufnahme der Datenbereiche werden die beiden Adressregister AR1 und AR2 verwendet. Durch Ausführung der Anweisung:

```
  TAR  //Die Inhalte von AR1 und AR2 werden vertauscht
```

kann die Übertragungsrichtung geändert werden. Im folgenden Beispiel sollen 8 Bytes Daten zwischen dem Datenbereich ab DB10.DBB0 und dem Datenbereich ab DI20.DBB30 übertragen werden. Die Übertragungsrichtung wird durch den Eingang E 0.0 bestimmt.

```
LAR1 P#DBX 0.0
LAR2 P#DIX 30.0
AUF  DB 10
AUF  DI 20
UN   E  0.0
SPB  M001
TAR
```

Die beiden Adressregister werden mit Zeigern geladen, die auf den jeweiligen Beginn des Datenbereichs zeigen. Da zwei Datenbausteine aufzuschlagen sind, wird der eine mit DB und der zweite mit DI bezeichnet. Ist der Eingang E 0.0 = „0“, werden die Daten vom DB 10 in den DI 20 übertragen. Bei Signalzustand „1“ von Eingang E 0.0 wird der Inhalt der beiden Adressregister getauscht.

```
M001: L    D[AR1,P#0.0]
      T    D[AR2,P#0.0]
      L    D[AR1,P#4.0]
      T    D[AR2,P#4.0]
```

Somit werden die Daten von DI 20 in den angegebenen Bereich von DB 10 übertragen. Die Übertragung von 8 Bytes erfolgt über 2 Lade- und Transferanweisungen mit der Zugriffsbreite Doppelwort.

Statt den Inhalt der Adressregister zu tauschen, wäre es auch möglich gewesen mit der Anweisung

```
TDB   //Tausche die Datenbausteinregister
```

die aufgeschlagenen Datenbausteine zu vertauschen und so die Übertragungsrichtung zu ändern. Allerdings wird mit der Vertauschung der Datenbausteine der entsprechende Datenbereich nicht mitgetauscht. Stünde in der vorhergehenden AWL statt „TAR" die Anweisung „TDB", werden bei „0"-Signal von E 0.0 die acht Byte von DB10 ab DBB0 zum Datenbaustein DI 20 ab DBB30 transferiert. Bei „1"-Signal von E 0.0 würden acht Byte von DI 20 ab DBB0 zum Datenbaustein DB10 ab DBB30 transferiert werden.

Besonders bei der Ausführung von Schleifen kommt es vor, dass die Adresse eines Operanden bei jedem Schleifendurchlauf erhöht wird. Die Anweisungen:

```
+AR1        //Addiere zum Inhalt des Adressregisters AR1 einen
            //Versatz der in Akku 1 steht
```

oder

```
+AR1 P#x.y  //Addiere zum Inhalt des Adressregisters AR1 den mit
            //dem Zeiger P#x,y angegebenen Versatz
```

bieten dafür eine einfache Möglichkeit, die Adresse im Adressregister AR zu erhöhen. Im nächsten Beispiel ist eine Anwendung der „+AR1"-Anweisung gezeigt. Dabei sollen die 16 Datenwörter eines Datenbereichs ab DBW 10 im Datenbaustein DB10 mit dem Wert 16#FFFF verglichen werden. Ist der Vergleich erfüllt, wird ein entsprechendes Merkerbit auf „1" gesetzt. Der Merkerbereich, der das Ergebnis der Vergleiche enthält, soll ab M 10.0 beginnen.

`AUF DB10`
`LAR1 P#DBX 10.0`
`LAR2 P#M 10.0`
	Die Adressregister AR1 bzw. AR2 werden mit bereichsübergreifenden Zeigern geladen, die jeweils auf den Beginn des Datenbereichs bzw. des Merkerbereichs zeigen.

`L 16` `M001: T #S_ZAE`	Schleifenzähler S_ZAE mit Wert 16 laden.
`L W#16#FFFF`	Vergleich durchführen.
`L W[AR1,P#0.0]` `==I`	Wenn Vergleich positiv, betreffenden Merker „1" zuweisen.

`= [AR2,P#0.0]`
`+AR1 P#2.0`
`+AR1 P#0.1`
	Bei jedem Schleifendurchlauf wird die Byte-Adresse von Adressregister AR1 um 2 und die Bit-Adresse des Adressregisters AR2 um 1 erhöht.

`L #S_ZAE` `LOOP M001`	Schleifenende überprüfen (Loop dekrementiert Schleifenzähler.)

Neben den bisher beschriebenen Anweisungen für den Umgang mit den Adressregistern gibt es noch die Anweisungen „TAR1" bzw. „TAR2", mit denen der Inhalt des jeweiligen Adressregisters z.B. ein Merkerdoppelwort, ein Lokaldatendoppelwort oder Datenbausteindoppelwort in den Akku 1 geladen werden kann. Damit kann eine aktuelle indirekte Adresse in einer Variablen gespeichert werden. Beispiel:

Der Inhalt von Adressregister AR1 soll im Datendoppelwort DBD 10 gespeichert werden.

`TAR1`	Ein Zeiger, der die Byte- und Bit-Adresse des anzusprechenden
`T DBD 10`	Operanden enthält, wird in das Datendoppelwort DBD 10 geladen.

Beispiel 6.25: Rezeptwerte einlesen und auslesen (FC 36: BCD4_ZEIT u. FC 37: ZEIT_BCD4

In einer Textilfabrik werden verschiedene Vlies- sowie Filzstoffe für technische Anwendungen in einem Mixmaster hergestellt. Je nach gewünschtem Endprodukt wird dabei ein Ausgangsstoff nach unterschiedlichen Rezepturen hergestellt. Die Rezeptur für einen Ausgangsstoff besteht dabei im wesentlichen aus vier Rezeptwerten. Diese sind:

Q1: Menge Substanz 1 (Angabe als INT-Wert im Bereich von 0 bis 9 999),

Q2: Menge Substanz 2 (Angabe als INT-Wert im Bereich von 0 bis 9 999),

T_V: Temperatur-Vorgabe (Angabe als REAL-Wert im Bereich von 0.0 bis 10.0) und

M_Z: Mischzeit (Angabe als Zeitwert S5T im Bereich von 1s bis 166,5 min).

Da es insgesamt 16 verschieden Ausgangsstoffe gibt, sind 16 Rezepturen mit je 4 Rezeptelementen in einem Datenbereich hinterlegt. Jedem Rezeptelement wird ein Rezeptwert zugeordnet. Vor der Herstellung eines bestimmten Vlies- bzw. Filzstoffes müssen die entsprechenden 4 Rezeptwerte aus dem Datenbereich geladen werden.

Technologieschema:

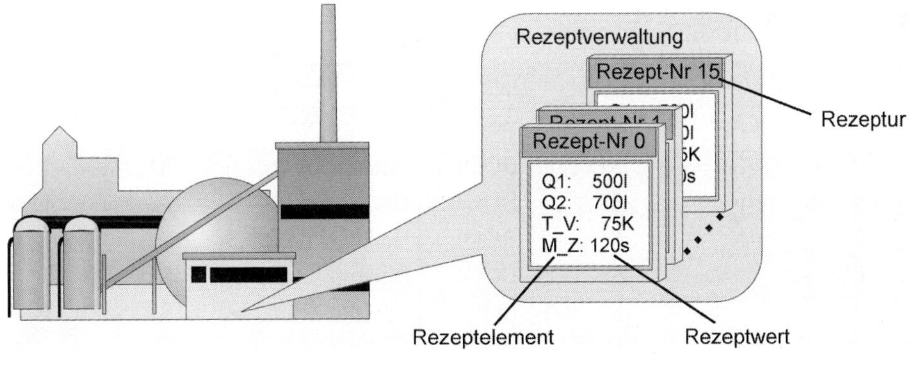

Bild 6.22: Rezeptverwaltung

Mit einem Steuerungsprogramm sollen Rezepturen in ein Datenfeld eingegeben und ausgelesen werden können. Das Datenfeld befindet sich in einem Datenbaustein DB.

Die Eingabe der Rezeptwerte erfolgt über einen Zifferneinsteller. Die vier Schalter S0 bis S3 bestimmen (dualcodiert) die Rezept-Nummer. Mit den vier Tastern S10 bis S13 wird die lokale Variable mit Datentyp bestimmt, die den am Zifferneinsteller EW vorgegeben Rezeptwert aufnimmt. Durch Betätigung von S10 wird beispielsweise der BCD-Wert in einen Integer-Wert gewandelt und der lokalen Variablen Q1_E zugewiesen. Entsprechendes gilt für die

Taster S11 bis S13. Sind alle vier Rezeptwerte in die lokalen Variablen Q1_E, Q2_E, Temp_E und Zeit_E eingegeben, wird das gesamte Rezept durch Betätigung des Tasters S6 „Einlesen“ in das Datenfeld abgespeichert. Die Nummer des Rezepts wird dabei durch die Dualkombination der Schalter S0 bis S3 vorgegeben.

Zum Auslesen der vier Rezeptwerte einer Rezeptur muss der Taster S7 „Auslesen“ betätigt werden. Die vier Werte der Rezeptur, deren Nummer mit der Dualkombination der Schalter S0 bis S3 vorzugeben ist, werden dann in die lokalen Variablen Q1_A; Q2_A, Temp_A und Zeit_A gespeichert. Durch Betätigung der Taster S14 bis S17 wird dann bestimmt, welcher Wert an der BCD-Anzeige angezeigt werden soll. Bei Betätigung von Taster S14 wird beispielsweise die Menge Q1 angezeigt.

Zum Test des Steuerungsprogramms ist die Anordnung der Eingabeelemente und Ziffernanzeige auf folgendem Bedienfeld hilfreich:

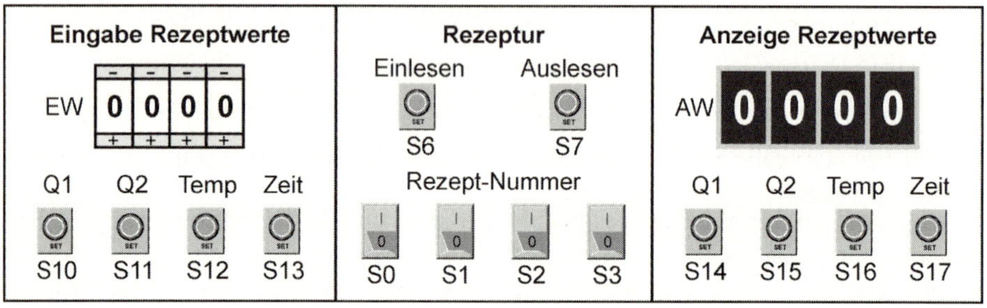

Bild 6.23: Bedienfeld

Zuordnungstabelle der Eingänge und Ausgänge:

Eingangsvariable	Symbol	Datentyp	Logische Zuordnung		Adresse
Schalter 1 Rezept-Nr.	S0	BOOL	Betätigt: Wert 1	S0 = 1	E 0.1
Schalter 2 Rezept-Nr.	S1	BOOL	Betätigt: Wert 2	S1 = 1	E 0.2
Schalter 3 Rezept-Nr.	S2	BOOL	Betätigt: Wert 4	S2 = 1	E 0.3
Schalter 4 Rezept-Nr.	S3	BOOL	Betätigt: Wert 8	S3 = 1	E 0.4
Taster Einlesen	S6	BOOL	Betätigt	S6 = 1	E 0.6
Taster Auslesen	S7	BOOL	Betätigt	S7 = 1	E 0.7
Taster Eingabe Q1	S10	BOOL	Betätigt	S10 = 1	E 1.0
Taster Eingabe Q2	S11	BOOL	Betätigt	S11 = 1	E 1.1
Taster Eingabe Temp.	S12	BOOL	Betätigt	S12 = 1	E 1.2
Taster Eingabe Zeit	S13	BOOL	Betätigt	S13 = 1	E 1.3
Taster Anzeige Q1	S14	BOOL	Betätigt	S14 = 1	E 1.4
Taster Anzeige Q2	S15	BOOL	Betätigt	S15 = 1	E 1.5
Taster Anzeige Temp.	S16	BOOL	Betätigt	S16 = 1	E 1.6
Taster Anzeige Zeit	S17	BOOL	Betätigt	S17 = 1	E 1.7
Ziffereinsteller	EW	WORD	4-stelliger BCD-Wert		EW 8

Ausgangsvariable				
BCD-Anzeige	AW	WORD	4-stelliger BCD-Wert	AW 12

Das Steuerungsprogramm wird in die Teile Eingabe von Rezeptwerten und Ausgabe von Rezeptwerten untergliedert.

• Eingabe der Rezeptwerte

Zum Einlesen der Rezeptwerte Q1 und Q2 muss der am Zifferneinsteller vorgegebene BCD-Wert mit der Bibliotheksfunktion FC 40 (BCD4_INT) jeweils in einen Integer-Wert gewandelt und den lokalen Variablen Q1_E und Q2_E durch Betätigung der Taster S10 bzw. S11 übergeben werden. Zur Eingabe der Temperatur wird der BCD-Wert des Zifferneinstellers mit der Bibliotheksfunktion FC 42 (BCD4_REA) in eine Real-Zahl von 0.0 bis 10.0 gewandelt und bei Betätigung von S12 der lokalen Variablen Temp_E zugewiesen. Der Wert von 0.0 soll dabei der Temperatur von 20 K und der Wert 10.0 dem von 120 K entsprechen. Zur Eingabe der Zeit ist der am Zifferneinsteller vorgegeben BCD-Wert in eine Zahl mit dem Datenformat S5TIME zu wandeln. Die kleinstmögliche Zeit von 1 s entsteht bei einem eingestellten BCD-Wert von 0 oder 1 und die größtmögliche Zeit von 166,5 min = 9990 s bei einem eingestellten BCD-Wert von 9990 oder größer. Für diese Wandlung ist eine Funktion FC 36 zu entwerfen. Das Programm für das Einlesen der Rezeptur wird mit der Funktion FC 10 realisiert. Damit ergibt sich folgende Bausteinstruktur:

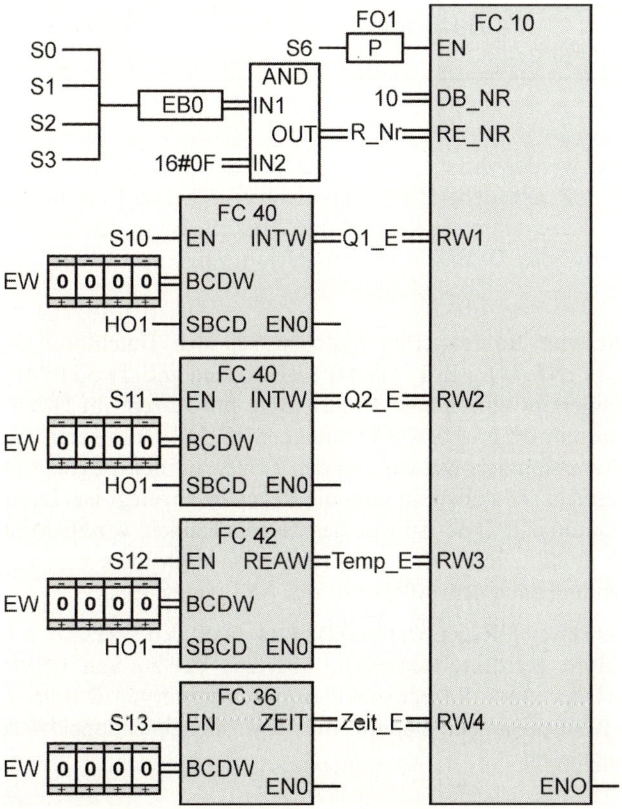

Datenformate der lokalen Variablen im Organisationsbaustein OB1:

R_NR:	INT
Q1_E:	INT
Q1_E:	INT
Temp_E:	REAL
Zeit_E:	S5TIME

Datenformate der lokalen Variablen in der Funktion FC 10:

DB_NR:	INT
RE_NR:	INT
RW1:	INT
RW2:	INT
RW3:	REAL
RW4:	S5TIME

Umwandlungsfunktion FC36 BCD-Wert in S5TIME:

Der Wert des BCD-Zifferneinstellers wird als Zeitwert in Sekunden interpretiert. Die Funktion FC 36 hat nun die Aufgabe, diese Sekundenangabe in das Zeitformat S5TIME zu wandeln. Dazu ist zu überprüfen, welches Zeitraster der Ausgangsgröße ZEIT zuzuweisen ist.

Zeitvorgabe	Zeitraster	Zeitfaktor
< 99 s	1	0,1 s
< 999 s	2	1 s
> 999 s	3	10 s

Die nebenstehende Tabelle zeigt die Abhängigkeit des Zeitrasters von der Zeit. Das Zeitraster wird dem entsprechend verschobenen BCD-Wert des Zifferneinstellers als vierte Stelle links hinzugefügt.

Beispiel 90 s: BCD-Wert: 90 Zeit im Format S5TIME: 1900

Zur Abfrage, in welchem Bereich die vorgegebene Zeit liegt, wird der BCD-Wert ab der dritten bzw. vierten Stelle auf null geprüft. Das nachfolgende Struktogramm zeigt den Programmaufbau der Funktion FC 36.

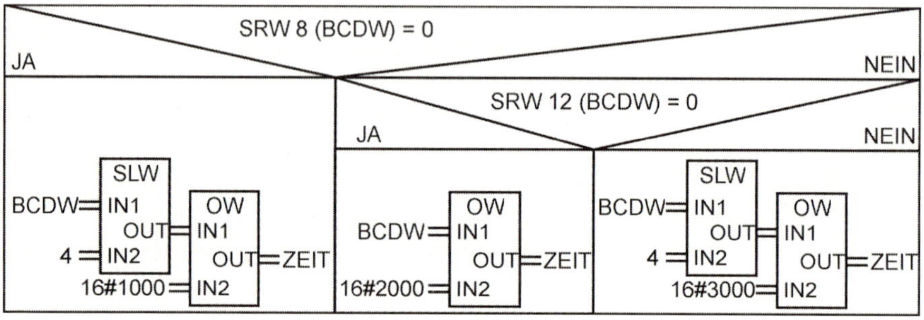

Funktion FC 10 „Einlesen“

Beim einmaligen Aufruf der Funktion werden die vier Rezeptwerte in den Datenbaustein DB 10 eingelesen. Der Integer-Wert RE_NR gibt dabei die Rezeptnummer vor. Die Berechnung der Adresse in Abhängigkeit von der Rezeptnummer RE_NR und die Zuweisung der Rezeptwerte in die Datenbausteinwörter bzw. das Datenbausteindoppelwort zeigen die folgenden Anweisungen:

```
L   DB_NR
T   DBNRW
AUF DB [#DBNRW]
L   RE_NR
L   10
*I
SLW 3
LAR1
L   RW1
T   DBW [AR1,P#0.0]
L   RW2
T   DBW [AR1,P#2.0]
L   RW3
T   DBD [AR1,P#4.0]
L   RW4
T   DBW [AR1,P#8.0]
```

Die vier Rezeptwerten bestehen aus den Datenformaten (Q1) INT, (Q2) INT; (TEMP) REAL und (ZEIT) S5TIME. Das ergibt eine Länge von 10 Byte pro Rezept im Datenbaustein DB10. Die Rezeptnummer RE_NR muss somit mit 10 multipliziert werden, um den Zeiger auf den Beginn des Bereichs zu stellen, in dem die Rezeptur abgelegt ist. Da es sich um eine Byte-Adresse des Zeigers handelt, wird der mit 10 multiplizierte Wert um drei Stellen nach links verschoben und dann dem Adressregister AR1 zugewiesen.

Der zweite Rezeptwert (Q2) wird über den Versatz von 2 Byte, der dritte Rezeptwert über den Versatz von 4 Byte und der vierte Rezeptwert über den Versatz von 8 Byte in die entsprechende Datenwörter, bzw. das Datendoppelwort eingelesen.

• Ausgabe der Rezeptwerte

Zum Auslesen und Anzeigen der Rezeptwerte werden durch Betätigung des Tasters S7 die Rezeptwerte mit der Funktion FC 11 einmalig aus dem Datenbaustein DB 10 ausgelesen. Die Rezeptnummer ist dabei durch die Dualkombination der Schalter S0 bis S3 bestimmt ist. Die einzelnen Rezeptwerte werden den lokalen Variablen Q1_A, Q2_A, Temp_A und Zeit_A zugewiesen. Mit den Tastern S 14 bis S17 können die verschiedenen Werte an die Ziffernanzeige gelegt werden. Dazu ist jedoch für die Anzeige der Mengen Q1_A und Q2_A eine Integer–BCD-Wandlung mit der Bibliotheksfunktion FC 41(INT_BCD4) vorzunehmen. Für die Anzeige der Temperatur ist die Bibliotheksfunktion FC 43 (REA_BCD4) aufzurufen, welche die Umwandlung der Gleitpunktzahl in das BCD-Zahlenformat vornimmt. Zur Anzeige der Zeit ist eine Funktion FC 37 zu entwerfen, die das Zeitformat S5TIME in eine BCD-Zahl zur Anzeige der Zeit in Sekunden umwandelt.

Damit ergibt sich folgende Bausteinstruktur:

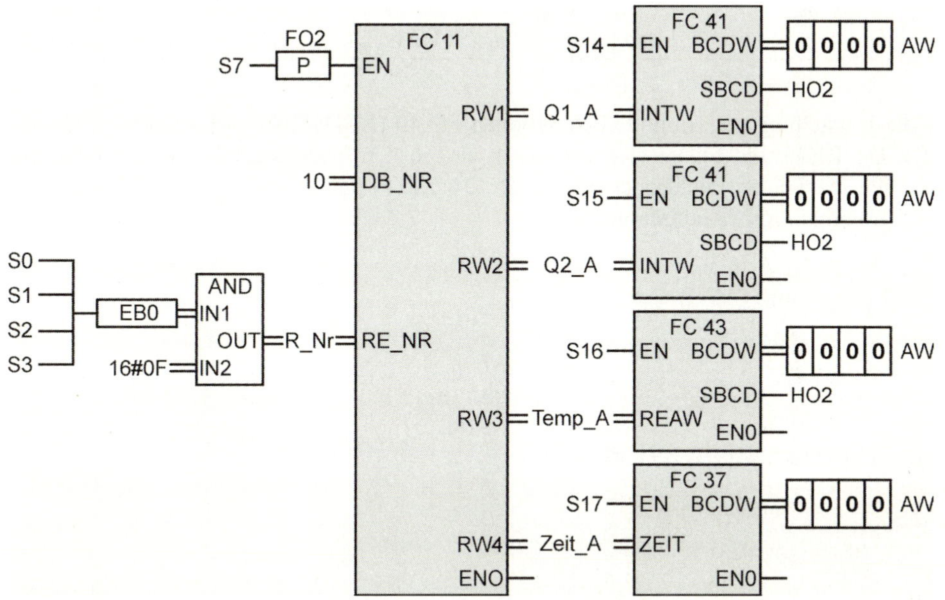

Funktion FC 11 „Auslesen“:

Beim einmaligen Aufruf der Funktion werden die vier Rezeptwerte aus dem Datenbaustein DB 10 ausgelesen. Der Integer-Wert RE_NR gibt dabei die Rezeptnummer vor. Die Berechnung der Adresse in Abhängigkeit von der Rezeptnummer RE_NR und das Laden der Rezeptwerte entspricht den Anweisungen in der Funktion FC 10. Lediglich die Lade- und Transferanweisungen sind vertauscht.

Umwandlungsfunktion FC 37 S5TIME in BCD-Wert:

Die Funktion FC 37 wandelt das Datenformat S5TIME in einen BCD-Wert um, der dem Zeitwert in Sekunden entspricht. Die Mindestzeit beträgt dabei 1 Sekunde.

Mögliche Zeitraster und die zugehörigen Aktionen zeigt die folgende Tabelle:

Zeitraster	Zeitbereich	Erforderliche Aktion
1	1 s … 99 s	Aus der Bitkombination des Funktions-Eingangs ZEIT werden die vier Bits, die das Zeitraster angeben, ausgeblendet. Die restliche Bit-Kombination wird um vier Stellen nach rechts verschoben und dem Funktions-Ausgang BCDW zugewiesen. Bsp.: Zeit: 9s S5TIME: 1090 BCDW: 0009
2	1 s … 999 s	Aus der Bitkombination des Funktions-Eingangs ZEIT werden die vier Bits, die das Zeitraster angeben, ausgeblendet. Die verbleibende Kombination wird dann dem Ausgang BCDW zugewiesen. Bsp.: Zeit: 90s S5TIME: 2090 BCDW: 0090
3	10 s ... 9990 s	Die Bitkombination des Funktions-Eingangs ZEIT wird um vier Stellen nach links verschoben und dem Ausgang BCDW zugewiesen. Bsp.: Zeit: 900s S5TIME: 3090 BCDW: 0900

Auf die Darstellung der Bibliotheksfunktionen FC 40 (BCD4_INT), FC41 (INT_BCD4), FC 42 (BCD4_REA) und FC 43 (REA_BCD4) wird in dem nachfolgendem STEP 7-Programm verzichtet. Die beiden Funktionen FC 36 (BCD4_ZEIT) und FC 37 (ZEIT_BCD4) werden in die Programmbibliothek aufgenommen.

STEP 7 Programm (AWL-Quelle):

```
FUNCTION FC 10 : VOID
VAR_INPUT
  DB_NR : INT ;
  RE_NR : INT ;
  RW1 : INT ;
  RW2 : INT ;
  RW3 : REAL ;
  RW4 : S5TIME ;
END_VAR
VAR_TEMP
  DBNRW : WORD ;
END_VAR

BEGIN
L   #DB_NR;
T      #DBNRW;
AUF    DB [#DBNRW];
L      #RE_NR;
L      10;
*I     ;
SLW   3;
LAR1  ;
L   #RW1;
T   DBW [AR1,P#0.0];
L   #RW2;
T   DBW [AR1,P#2.0];
L   #RW3;
T   DBD [AR1,P#4.0];
L   #RW4;
T   DBW [AR1,P#8.0];
END_FUNCTION
```

```
FUNCTION FC 11 : VOID
VAR_INPUT
  DBNR : INT ;
  RE_NR : INT ;
END_VAR
VAR_OUTPUT
  RW1 : INT ;
  RW2 : INT ;
  RW3 : REAL ;
  RW4 : S5TIME ;
END_VAR
VAR_TEMP
  DB_NRW : WORD ;
END_VAR
```

```
BEGIN
L   #DBNR;
T   #DBNRW;
AUF DB [#DBNRW];
L   #RE_NR;
L   10;
*I ;
SLW 3;
LAR1 ;
L  DBW [AR1,P#0.0];
T  #RW1;
L  DBW [AR1,P#2.0];
T  #RW2;
L  DBD [AR1,P#4.0];
T  #RW3;
L  DBW [AR1,P#8.0];
T  #RW4;
END_FUNCTION
```

```
FUNCTION FC 36 : VOID
VAR_INPUT
  BCDW : WORD ;
END_VAR
VAR_OUTPUT
  ZEIT : S5TIME ;
END_VAR
BEGIN
L     #BCDW;
SRW   8;
L     0;
==I   ;
SPB   M001;
L     #BCDW;
SRW   12;
L     0;
==I   ;
      SPB   M002;
      L  #BCDW;
      SRW 4;
      L  W#16#3000;
      OW ;
      T  #ZEIT;
      BEA ;
M002: L  #BCDW;
      L  W#16#2000;
      OW ;
      T  #ZEIT;
      BEA ;
M001: L  #BCDW;
      SLW 4;
      L  W#16#1000;
      OW ;
      T   #ZEIT;
END_FUNCTION
```

```
FUNCTION FC 37 : VOID
VAR_INPUT
  ZEIT : S5TIME ;
END_VAR
VAR_OUTPUT
  BCDW : WORD ;
END_VAR
BEGIN
L     #ZEIT;
SRW   12;
L     1;
==I   ;
SPB   M001;
TAK   ;
L     2;
==I   ;
      SPB   M002;
      L #ZEIT;
      SLW 4;
      T  #BCDW;
      BEA ;
M002: L  #ZEIT;
      L  W#16#FFF;
      UW ;
      T  #BCDW;
      BEA;
M001: L  #ZEIT;
      L  W#16#FFF;
      UW ;
      SRW 4;
      T  #BCDW;
END_FUNCTION
```

```
DATA_BLOCK DB 10
STRUCT
Q1_0    : INT ;        ...      ...     Q1_15   : INT ;
Q2_0    : INT ;        ...      ...     Q2_15   : INT ;
Temp_0  : REAL ;       ...      ...     Temp_15: REAL ;
Zeit_0  : S5TIME;      ...      ...     Zeit_15: S5TIME;
END_STRUCT ;
BEGIN
Q1_0    := 0;          ...      ...     Q1_15   := 0;
Q2_0    := 0;          ...      ...     Q2_15   := 0;
Temp_0  := 0.000000e+000;  ...  ...     Temp_15:= 0.000000e+000;
Zeit_0  := S5T#0MS;    ...      ...     Zeit_15:= S5T#0MS;
END_DATA_BLOCK
```

```
ORGANIZATION_BLOCK OB 1
VAR_TEMP
...     //Standardeinträge
 FO1 : BOOL ;       //Hilfsoperand für die Flankenauswertung
 FO2 : BOOL ;       //Hilfsoperand für die Flankenauswertung
 HO1 : BOOL ;       //Hilfsoperand für nichtbelegte Funktionseingänge
 HO2 : BOOL ;       //Hilfsoperand für nichtbelegte Funktionsausgänge
 R_NR : INT ;       //Übergabeoperand für die Rezeptnummer
 Q1_E : INT ;       //Übergabeoperand Einlesen für Rezeptwert 1
 Q2_E : INT ;       //Übergabeoperand Einlesen für Rezeptwert 2
 Temp_E : REAL ;    //Übergabeoperand Einlesen für Rezeptwert 3
 Zeit_E : S5TIME;   //Übergabeoperand Einlesen für Rezeptwert 4
 Q1_A : INT ;       //Übergabeoperand Auslesen für Rezeptwert 1
 Q2_A : INT ;       //Übergabeoperand Auslesen für Rezeptwert 2
 Temp_A : REAL ;    //Übergabeoperand Auslesen für Rezeptwert 3
 Zeit_A : S5TIME;   //Übergabeoperand Auslesen für Rezeptwert 4
END_VAR
BEGIN
     CLR ;
     =  #HO1;
     L  EB 0;
     L  B#16#F;
     UW ;
     T  #R_NR;
     U  E  1.0;
     SPBNB M001;
     CALL  FC 40 (
       BCDW:= EW 8,
       SBCD:= #HO1,
       INTW:= #Q1_E);
M001:NOP 0;
     U  E  1.1;
     SPBNB M002;
     CALL  FC 40 (
       BCDW:= EW 8,
       SBCD:= #HO1,
       INTW:= #Q2_E);
M002:NOP 0;
     U  E  1.2;
     SPBNB M003;
     CALL  FC 42 (
       BCDW:= EW 8,
       SBCD:= #HO1,
       REAW:=#Temp_E);
M003:NOP 0;
     U  E  1.3;
     SPBNB M004;
     CALL  FC 36 (
       BCDW:= EW 8,
       ZEIT:=#Zeit_E);
M004:NOP 0;
     U  E  0.6;
     FP #FO1;
     SPBNB M005;
     CALL  FC 10 (
       DB_NR:= 10,
       RE_NR:= #R_NR,
       RW1:= #Q1_E,
       RW2:= #Q2_E,
       RW3:= #Temp_E,
       RW4:= #Zeit_E);
M005:NOP 0;
     U  E  0.7;
     FP #FO2;
     SPBNB M006;
     CALL  FC 11 (
       DB_NR:= 10,
       RE_NR := #R_NR,
       RW1:= #Q1_A,
       RW2:= #Q2_A,
       RW3:= #Temp_A,
       RW4:= #Zeit_A);
M006:NOP 0;
     U  E  1.4;
     SPBNB M007;
     CALL  FC 41 (
       INTW:= #Q1_A,
       BCDW:= AW 12,
       SBCD:= #HO2);
M007:NOP 0;
     U  E  1.5;
     SPBNB M008;
     CALL  FC 41 (
       INTW:= #Q2_A,
       BCDW:= AW 12,
       SBCD:= #HO2);
M008:NOP 0;
     U  E  1.6;
     SPBNB M009;
     CALL  FC 43 (
       REAW:= #Temp_A,
       BCDW:= AW 12,
       SBCD:= #HO2);
M009:NOP 0;
     U E  1.7;
     SPBNB M010;
     CALL  FC 37 (
       ZEIT:= #Zeit_A,
       BCDW:= AW 12);
M010: NOP   0;

END_ORGANIZATION_BLOCK
```

6.8.2 Indirekte Adressierung in der Programmiersprache ST (SCL)

Bei der Programmiersprache SCL wird die indirekte Adressierung als indizierter Zugriff auf CPU-Speicherbereiche oder Datenbausteine bezeichnet. Auch in dieser Programmiersprache hat die indirekte Adressierung gegenüber der absoluten Adressierung den Vorteil, dass Zugriffe durch die Verwendung von veränderbaren Indizes dynamisch gestalten werden können.

Die indirekte Adressierung von Operanden unterscheidet sich von der absoluten Adressierung durch der Angabe der Adresse. Anstelle einer festen Zahl wird bei SCL ein Index in eckigen Klammern angegeben. Beispiele:

```
EBIT  := E [ByteNr , BitNr];
MBYTE := MB [ByteNr];
AWORT := AW [WortNr];
DATD  := DB10.DBD[DwortNr];
```

Die Indizes können Konstanten, veränderbare Variable oder arithmetische Ausdrücke sein und müssen folgenden Forderungen entsprechen:

- Jeder Index muss vom Datentyp Integer INT sein.
- Bei einem Zugriff auf einen Operanden vom Datentyp BYTE, WORD oder DWORD wird ein Index verwenden. Der Index wird als Byteadresse interpretiert. Die Zugriffsbreite wird durch das Größen-Präfix (B, W oder D) festgelegt.
- Bei einem Zugriff auf einen Operanden vom Datentyp BOOL sind zwei Indizes erforderlich. Der erste Index spezifiziert die Byteadresse, der zweite Index die Bitposition innerhalb des Bytes.

Mit der indirekten Adressierung lassen sich folgende Operandenbereiche ansprechen:

- Peripherie-Eingänge PE, Peripherie-Ausgänge PA,
- Eingänge E, Ausgänge A, Merker M,
- Datenoperanden D (Datenbausteinoperanden und Datenbausteine).

Eine indirekte Adressierung von Zeiten und Zählern ist in der Programmiersprache SCL nicht möglich. Zur indirekten Adressierung von Datenbausteinen muss die Konvertierungsfunktion „WORD_TO_BLOCK_DB“ verwendet werden.

Die folgenden zwei Beispiele zeigen Anwendungen der indirekten Adressierung in der Programmiersprache SCL.

Beispiel 1: Die Inhalte der Datenworte DBW20 bis DBW28 soll den Ausgangsworten AW10 bis AW 18 zugewiesen werden

```
FUNCTION FC10 : VOID
VAR_TEMP
  k:INT;
  i:INT;
END_VAR
BEGIN
 k:=10;
   FOR i:= 20 TO 28 BY 2 DO
    AW[k]:=DB10.DW[i];
```

Die Indizes k und i werden als temporäre Variable mit dem Datentyp INT deklariert.

Der Startwert für den Index k ist 10. Bei FOR-Anweisung wird die Laufvariable auf 20 gesetzt.

Bei jedem Schleifendurchlauf werden die beiden Indizes um zwei erhöht.

```
    k:=k + 2;
  END_FOR;
END_FUNCTION
```

Beispiel 2: Der Signalzustand des Eingangs, dessen Adresse durch die Indizes IBY und IBI vorgegeben ist, soll dem entsprechenden Datenbit im Datenbaustein zugewiesen werden. Die Nummer des Datenbausteins wird durch die Variable DBNR vorgegeben.

```
FUNCTION FC10 : VOID
VAR_TEMP
  IBY:INT;
  IBI:INT;
  DBNR:INT;
END_VAR
BEGIN
WORD_TO_BLOCK_DB(INT_TO_WORD(DBNR)).DX[IBY,IBI] := E[IBY,IBI];
END_FUNCTION
```

Neben den indizierten Zugriffen auf Speicher und Datenbereiche können auch die einzelnen Elemente eines Arrays mit veränderbaren Indizes angesprochen werden.

Beispiel 6.26: Betriebsstunden erfassen und auswerten

Bei einem Altglasrecyclingprozess wird der Schmelzofen durch mehrere Brenner beheizt, die je nach Bedarf zu- und abgeschaltet werden. Zur vorbeugenden Instandhaltung und Wartung wird die Betriebszeit jedes Brenners ermittelt und ausgewertet. Nach jedem Einschalten wird die Laufzeit gemessen und für jedes Einschaltintervall der Wert in einem zugehörigen Datenfeld hinterlegt. Ist eine vorgegebene Betriebsstundendauer oder eine vorgegebenen Anzahl von Betriebsintervallen überschritten, muss der Brenner gereinigt werden. Nach der Wartung des Brenners beginnt ein neues Wartungsintervall und alle Aufzeichnungen über die Laufzeiten aus dem vorherigen Wartungsintervall werden im Datenfeld gelöscht.

Technologieschema:

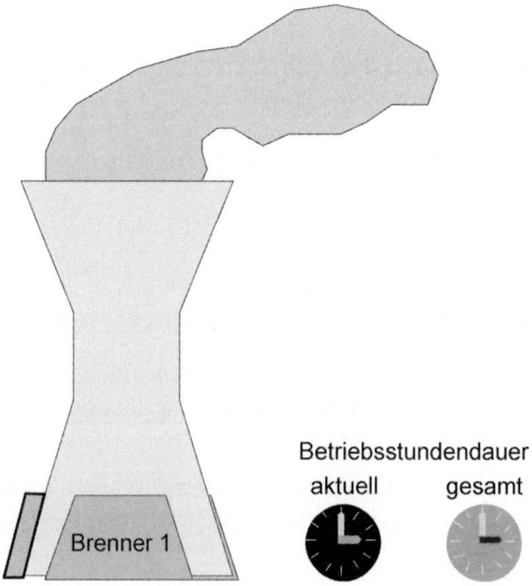

Bild 6.24: Betriebsstundenüberwachung

Für die Überwachung der Betriebszeit ist eine Funktion FC 10 zu entwerfen, die zusammen mit einem wählbaren Datenbaustein die Aufgabe der Betriebsstundenzählung und Auswertung für einen Brenner übernimmt.

Vorgehensweise bei der Simulation der Betriebsdaten:

Zum Test der Funktion FC 10 wird der Betrieb des Brenners durch den Schalter S1 (Brenner EIN) simuliert. Der Brenner ist eingeschaltet, wenn der Schalter S1 betätigt ist. Mit dem Taster S2 wird das Ende eines Wartungsintervalls gemeldet. Mit dem Schalter S3 kann entweder die aktuelle Betriebszeit des Brenners oder die gesamte Betriebszeit seit dem letzten Wartungsintervall an die BCD-Anzeige gelegt werden. Eine Meldeleuchte H1 zeigt an, dass eine Wartung des Brenners erforderlich ist.

Zuordnungstabelle der Eingänge und Ausgänge:

Eingangsvariable	Symbol	Datentyp	Logische Zuordnung	Adresse
Schalter „Brenner EIN“	S1	BOOL	Betätigt S1 = 1	E 0.1
Taster „Quittieren“	S2	BOOL	Betätigt S2 = 1	E 0.2
Schalter „Anzeigenauswahl“	S3	BOOL	Betätigt S3 = 1	E 0.3
Ausgangsvariable				
Anzeige Wartung	H1	BOOL	Leuchtet H1 = 1	A 4.0
BCD-Anzeige	AW	WORD	4-stelliger BCD-Wert	AW 12

Eingänge der Funktion FC10:

Liegt am Eingang „BR_E“ (Brenner eingeschaltet) ein „1“-Signal an, werden die am Eingang „TAKT“ liegenden Impulse gezählt. Die Periodendauer des Takts, welche die Zeitbasis für die Betriebsstundenzählung vorgibt, kann den jeweiligen Erfordernissen angepasst werden. Die gezählten Impulse entsprechen der Betriebszeit. Für die Simulation ist es günstig eine Taktzeit von 0,1 s einzustellen. An dem Eingang „Z_MAX“ wird die maximale Betriebszeit im Datenformat DINT vorgegeben. Wird dort der Wert 5000 angelegt, bedeutet dies, dass bei einer Taktzeit von 0,1 s nach etwa 8,3 Minuten die maximale Betriebszeit erreicht ist. Für Testzwecke ist dies ein akzeptabler Wert. Mit dem Taster S2 wird das Ende einer Wartung an dem Eingang „QUIT“ der Funktion FC 10 gemeldet. Bei Betätigung von S2 werden alle Daten des vorhergehenden Wartungsintervalls in dem Datenbaustein gelöscht. Die Nummer des Datenbausteins wird über den Eingang „DB_NR“ vorgegeben.

Ausgänge der Funktion FC 10:

Am Ausgang Z_AK der Funktion kann die Betriebszeit als Aktualwert (Betriebszeit seit dem letzten Einschalten) und am Ausgang Z_GE als Gesamtwert (Betriebszeit seit der letzten Wartung) im Datenformat DINT abgegriffen werden. Abhängig von der Stellung des Schalters S3 wird entweder der eine oder der andere Wert an einer BCD-Ziffernanzeige angezeigt. Der Funktionsausgang „WA“ (Wartungsintervall) meldet, wenn eine neuerliche Wartung erforderlich ist. Der Ausgang führt „1“ Signal, wenn der Brenner 16 mal eingeschaltet oder die vorgegebene Betriebszeit überschritten wurde (Z_GE > Z_MAX).

Zur Bildung der Taktfrequenz wird der Bibliotheksbaustein FC 100 (TAKT) verwendet. Zur Anzeige der Betriebsstunden sind die entsprechenden Werte mit der Bibliotheksfunktion FC 41 (INT_BCD4) in das BCD-Format zu wandeln.

Damit ergibt sich folgende Bausteinstruktur:

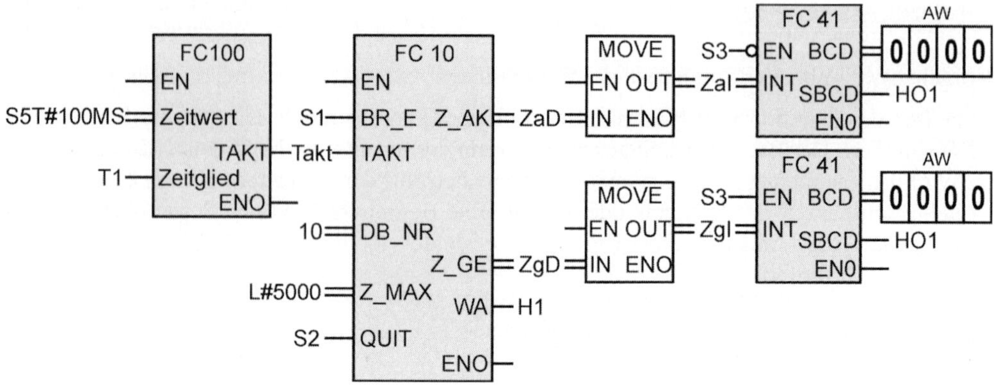

Der Datenbaustein DB 10, in dem sich das Datenfeld für die Betriebszeiten „B_Zx" befindet, muss noch bestimmte temporäre Variablen der Funktion FC 10 speichern. Dazu gehören die Anzahl der Einschaltungen „E_ZAE" und der Wert für die Gesamtbetriebsstunden „G_ZAE". Zu Beginn des Programms werden die erforderlichen Daten aus dem Datenbaustein geladen, entsprechenden lokalen Variablen zugewiesen und im Verlauf des Programms aktualisiert.

Da die Steuerungsaufgabe in einer Funktion realisiert wird und innerhalb der Funktion FC 10 insgesamt vier Flankenauswertungen vorkommen, müssen die erforderlichen Flankenoperanden FO ebenfalls im zugehörigen Datenbaustein DB 10 gespeichert werden.

Um das Datenfeld bei Bedarf erweitern zu können, werden die beschriebenen zusätzlichen erforderlichen Variablen im Anfangsbereich des Datenbausteins angeordnet. Die nachfolgende Tabelle gibt die Belegung des Datenbausteins DB 10 an.

Datenbaustein DB 10:

Adresse	Name	Datenformat	Beschreibung
0.0	FO1	BOOL	Flankenoperand
0.1	FO2	BOOL	Flankenoperand
0.2	FO3	BOOL	Flankenoperand
0.3	FO4	BOOL	Flankenoperand
2.0	E_Z	INT	Anzahl der Einschaltungen
4.0	G_Z	DINT	Wert der gesamte Betriebszeit
8.0	B_Z1	DINT	Wert der Betriebszeit für die 1. Einschaltung
12.0	B_Z2	DINT	Wert der Betriebszeit für die 2. Einschaltung
...	...	...	...
68.0	B_Z16	DINT	Wert der Betriebszeit für die 16. Einschaltung

Die Aufgaben der Funktion FC 10 bestehen im Wesentlichen aus der Zählung der Impulse zur Betriebsstundenbildung aber auch in der Verwaltung der Anzahl der Einschaltungen und der Gesamtbetriebsstundenzeit. Mit einem Struktogramm können die erforderlichen umfangreichen Aktionen, die in der Funktion FC 10 ausgeführt werden müssen, am besten beschrieben werden.

Struktogramm der Funktion FC 10:

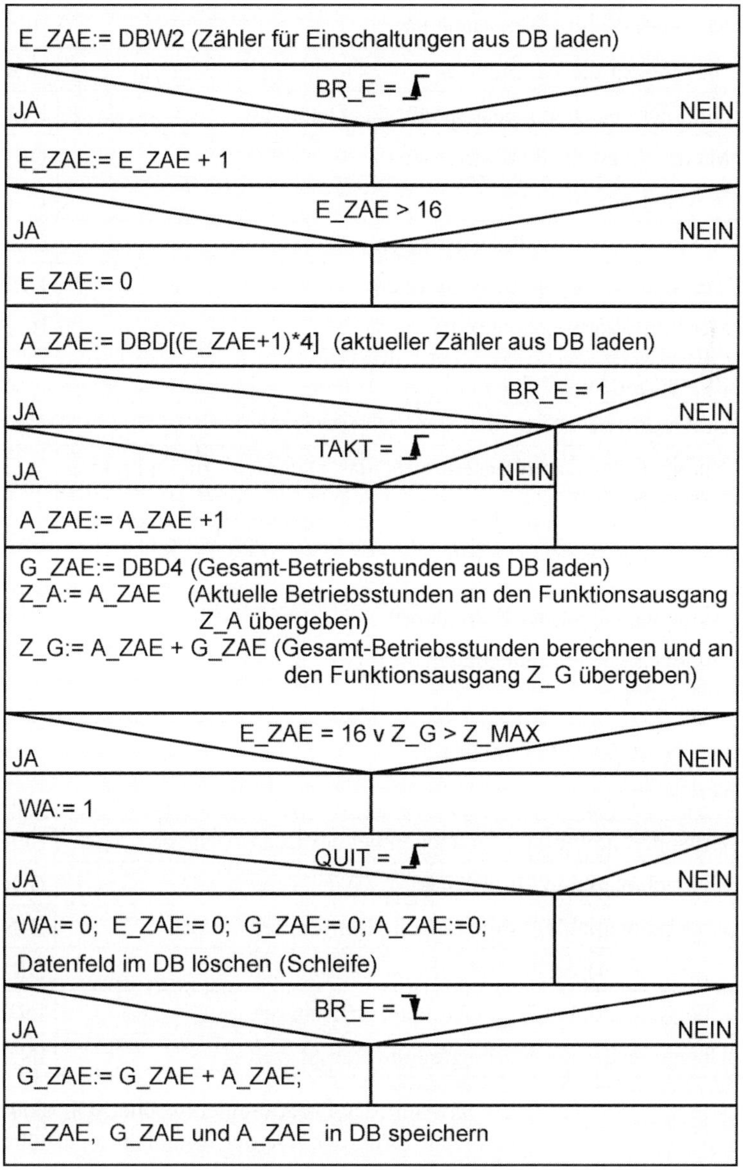

Wird nach 16 Laufzeiten des Brenners das Wartungsintervall ignoriert, beginnt der Zähler E_ZAE für die Einschaltungen wieder bei dem Wert 0. Dies ist erforderlich, da sonst in nicht existierende Datenbereiche geschrieben werden würde, was ein CPU-Stopp zu Folge hätte.

Die Zusammenstellung der verwendeten Variablen erleichtern sowohl die Analyse des Struktogramms, wie auch die Untersuchung des nachfolgenden STEP 7 Steuerungsprogramms.

Ein- und Ausgabevariablen der Funktion FC 10:

Name	Beschreibung	Datenformat
BR_E	Brenner ein- oder ausgeschaltet	BOOL
TAKT	Eingang für die Zählimpulse	BOOL
DB_NR	Nummer des Datenbausteins für das Datenfeld	INT
Z_MAX	Maximalwert für die Betriebszeit	DINT
QUIT	Wartung durchgeführt	BOOL
Z_AK	Aktuelle Betriebszeit des Brenners	DINT
Z_GK	Gesamte Betriebszeit des Brenners	DINT
WA	Meldung Wartungsintervall	BOOL

Temporäre Variable der Funktion FC 10:

Name	Beschreibung	Datenformat
DBNR	Nummer des Datenbausteins für das Datenfeld zur indirekten Adressierung	WORD
E_ZAE	Zähler für die Anzahl der Einschaltungen pro Wartungsintervall	INT
A_ZAE	Aktueller Zähler der Betriebszeit	DINT
G_ZAE	Gesamtbetriebsstundendauer	DINT
K	Zählvariable für eine Laufanweisung	INT

Verwendete temporäre Variablen im OB 1:

Name	Beschreibung	Datenformat
HO1	Hilfsoperand für das Vorzeichen bei der BCD-Ausgabe	BOOL
Takt	Übergabevariable für den Takt	BOOL
ZaD	Übergabevariable für die aktuelle Betriebszeit	DINT
ZgD	Übergabevariable für die gesamte Betriebszeit	DINT
ZaI	Übergabevariable für die aktuelle Betriebszeit	INT
ZgI	Übergabevariable für die gesamte Betriebszeit	INT

Bei der Realisierung des Struktogramms mit der Programmiersprache SCL sind bei den Datenbausteinzugriffen Formatwandlungen erforderlich. Da der Datenbaustein indirekt adressiert wird, können die einzelnen Datenelemente nur im Format WORD oder DWORD angesprochen werden. Das Datenfeld für die Betriebsstundenzähler beginnt bei der Adresse DBD8. Deshalb muss der jeweils aktuelle Wert A_ZAE indirekt mit dem Index (E_ZAE + 1)*4 aus dem Datenbaustein geladen werden. Zum Löschen des Datenfeldes kann eine FOR-Kontrollstruktur verwendet werden, die mit einer Schrittweite von 4 bei 4 beginnt (Datendoppelwort DBD4 = Gesamtzähler) und bis 68 (Datendoppelwort DBD68) hoch zählt.

Auf die Darstellung der Bibliotheksbausteine FC100 (Takt) und FC 41 (INT_BCD) wird verzichtet.

STEP 7 Programm (SCL-Quelle):

```
FUNCTION FC10 : VOID
VAR_INPUT                    VAR_OUTPUT                VAR_TEMP
  BR_EIN :BOOL;                Z_AK :DINT;               DBNR   :WORD;
  TAKT   :BOOL;                Z_GE :DINT;               E_ZAE  :INT;
  DB_NR  :INT;                 WA   :BOOL;               A_ZAE  :DINT;
  Z_MAX  :DINT;              END_VAR                     G_ZAE  :DINT;
 QUIT    :BOOL;                                          K      :INT;
END_VAR                                                END_VAR

BEGIN
  DBNR:=INT_TO_WORD(DB_NR);
  E_ZAE:=WORD_TO_INT(WORD_TO_BLOCK_DB(DBNR).DW2);
  IF BR_EIN = 1 AND WORD_TO_BLOCK_DB(DBNR).DX0.0=0 THEN
      E_ZAE:=E_ZAE +1;
  END_IF;
  WORD_TO_BLOCK_DB(DBNR).DX0.0:=BR_EIN;
  IF E_ZAE > 16 THEN E_ZAE:=0;  END_IF;
  A_ZAE:=DWORD_TO_DINT(WORD_TO_BLOCK_DB(DBNR).DD[(E_ZAE+1)*4]);
  IF BR_EIN = 1 THEN
    IF TAKT = 1 AND WORD_TO_BLOCK_DB(DBNR).DX0.1=0 THEN
      A_ZAE:=A_ZAE +1;
    END_IF;
    WORD_TO_BLOCK_DB(DBNR).DX0.1:=TAKT;
  END_IF;
  G_ZAE:=DWORD_TO_DINT(WORD_TO_BLOCK_DB(DBNR).DD4);
   Z_AK:=A_ZAE;  Z_GE:=A_ZAE + G_ZAE;
  IF E_ZAE = 16 OR Z_GE > Z_MAX THEN WA:=1; END_IF;
  IF QUIT = 1 AND WORD_TO_BLOCK_DB(DBNR).DX0.2=0 THEN
    WA:=0;  E_ZAE:=0;  G_ZAE:=0;  A_ZAE:=0;
    FOR K:= 4 TO 68 BY 4 DO
     WORD_TO_BLOCK_DB(DBNR).DD[K]:=0;
    END_FOR;
  END_IF;
  WORD_TO_BLOCK_DB(DBNR).DX0.2:=QUIT;
  IF BR_EIN = 0 AND WORD_TO_BLOCK_DB(DBNR).DX0.3=1 THEN
    G_ZAE:=G_ZAE + A_ZAE;
  END_IF;
  WORD_TO_BLOCK_DB(DBNR).DX0.3:=BR_EIN;
  WORD_TO_BLOCK_DB(DBNR).DW2:=INT_TO_WORD(E_ZAE);
  WORD_TO_BLOCK_DB(DBNR).DD4:=DINT_TO_DWORD(G_ZAE);
  WORD_TO_BLOCK_DB(DBNR).DD[(E_ZAE+1)*4]:=DINT_TO_DWORD(A_ZAE);
END_FUNCTION
```

```
DATA_BLOCK DB10
STRUCT
 FO1 : BOOL ;         B_Z2 : DINT ;        B_Z7 : DINT ;        B_Z12 : DINT ;
 FO2 : BOOL ;         B_Z3 : DINT ;        B_Z8 : DINT ;        B_Z13 : DINT ;
 FO3 : BOOL ;         B_Z4 : DINT ;        B_Z9 : DINT ;        B_Z14 : DINT ;
 FO4 : BOOL ;         B_Z5 : DINT ;        B_Z10 : DINT ;       B_Z15 : DINT ;
 E_Z : INT ;          B_Z6 : DINT ;        B_Z11 : DINT ;       B_Z16 : DINT ;
 G_Z : DINT ;
 B_Z1 : DINT ;

END_STRUCT ;
BEGIN
 FO1 := FALSE;        B_Z2 := L#0;         B_Z7 := L#0;         B_Z12 := L#0;
 FO2 := FALSE;        B_Z3 := L#0;         B_Z8 := L#0;         B_Z13 := L#0;
 FO3 := FALSE;        B_Z4 := L#0;         B_Z9 := L#0;         B_Z14 := L#0;
 FO4 := FALSE;        B_Z5 := L#0;         B_Z10 := L#0;        B_Z15 := L#0;
 E_Z := 0;            B_Z6 := L#0;         B_Z11 := L#0;        B_Z16 := L#0;
 G_Z := L#0;
 B_Z1 := L#0;
END_DATA_BLOCK

ORGANIZATION_BLOCK OB1
VAR_TEMP
// reserviert                   HO1:BOOL;            ZgD:DINT;
info:ARRAY[0..19]OF BYTE;       Takt:BOOL;           ZaI:INT;
// temporäre Variablen          ZaD:DINT;            ZgI:INT;

END_VAR
BEGIN
  FC100(Zeitwert := T#100ms,  Zeitglied :=  T1,  TAKT :=  Takt);

  FC10(BR_EIN := E0.1,
       TAKT := Takt,
       DB_NR := 10,
       Z_MAX :=5000,
       QUIT := E0.2,
       Z_AK :=ZaD,
       Z_GE :=ZgD,
       WA := A4.0);

  ZaI:=DINT_TO_INT(ZaD);
  ZgI:=DINT_TO_INT(ZgD);

  IF E0.3 = 0 THEN
    FC41(INTW :=ZaI,  BCDW :=AW12,  SBCD :=HO1);
  ELSE
    FC41(INTW :=ZgI,  BCDW :=AW12,  SBCD :=HO1);
  END_IF;
END_ORGANIZATION_BLOCK
```

III Analogwertverarbeitung und Regelungen

7 Analogwertverarbeitung

Speicherprogrammierbare Steuerungen können bei Vorhandensein bestimmter EIN- und Ausgabebaugruppen analoge Signale aufnehmen bzw. ausgeben. Die eigentliche Informationsverarbeitung innerhalb der CPU erfolgt jedoch digital. Analogeingabebaugruppen wandeln das analoge Prozesssignal in eine digitale Form um. Analogausgabebaugruppen wandeln den digitalen Ausgabewert in ein Analogsignal um.

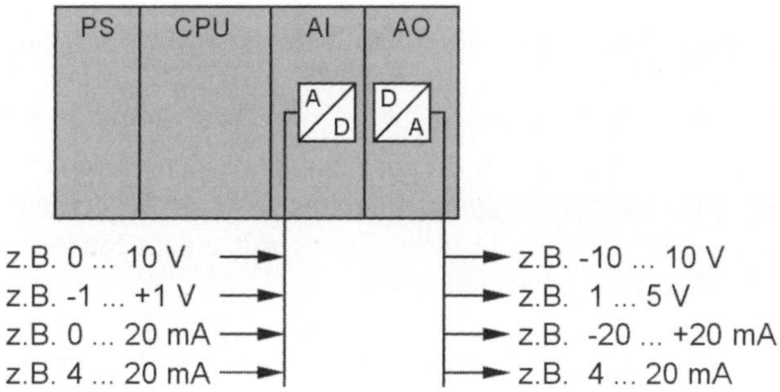

Bild 7.1: Analogwertverarbeitung

Treten bei den folgenden Ausführungen baugruppenspezifische Angaben auf, so beziehen diese sich immer auf S7-300 Analogbaugruppen der Firma Siemens. Entsprechende Daten für Baugruppen einer anderen Gerätefamilie oder eines anderen Herstellers sind aus den zugehörigen Datenblättern zu entnehmen.

7.1 Analoge Steuersignale

Signale sind Träger von Informationen. Beispiele für verschiedene physikalische Größen sind: Druck, Temperatur, Geschwindigkeit, Drehzahl, ph-Wert, Viskosität, usw..

Automatisierungssysteme können nur elektrische Signale d.h. Spannungen oder Ströme aufnehmen bzw. ausgeben. Liegen nichtelektrische Signale vor, müssen diese außerhalb der SPS zunächst in elektrische Signale gewandelt werden. Dafür gibt es Messumformer.

Um analoge Signale auswerten zu können, ist es erforderlich, den Parameter (veränderbare Eigenschaft) des Signals zu kennen, in dem die Information enthalten ist. Als Signalparameter eines elektrischen Signals kommen hauptsächlich in Frage:

- der Spannungsbetrag U (Bereiche z.B. ±500 mV, ±1 V oder ±10 V),
- der Strombetrag I (Bereiche z.B. ±20 mA oder 4 ... 20 mA).

Die Kennzeichnung eines Signals als *analoges* Signal bedeutet, dass der Signalparameter innerhalb technischer Grenzen jeden beliebigen Wert annehmen kann. So erfasst beispielsweise ein induktiver Analoggeber die Position eines metallischen Objekts und gibt innerhalb des Arbeitsbereiches ein zum Abstand proportionales Stromsignal aus. Im Gegensatz dazu liefert ein induktiver Näherungsschalter je nach Abstand des metallischen Objekts nur ein binäres Signal.

Analoger Signalgeber

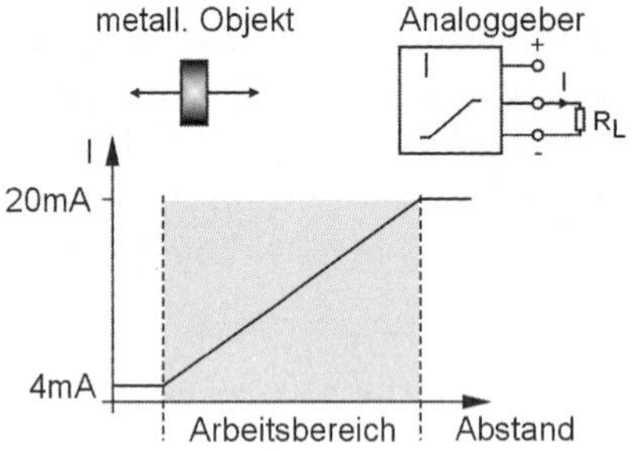

Binärer Signalgeber

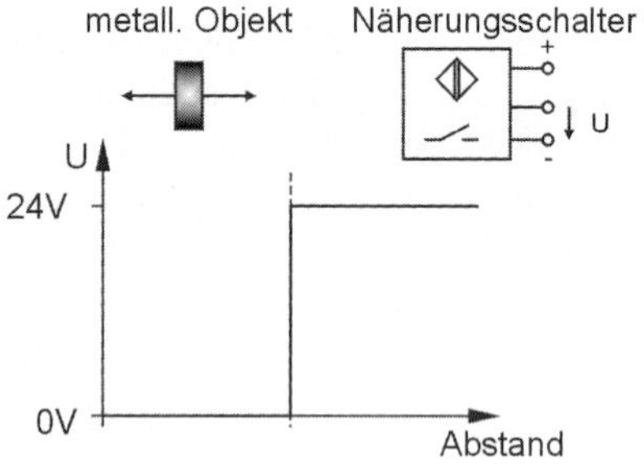

Die Ausgabe eines Analogwertes auf ein Proportionalventil bietet beispielsweise die Möglichkeit, das Ventil abhängig von der Ausgangsspannung in einer beliebigen Stellung innerhalb des Arbeitsbereichs zu positionieren. Dagegen ist es mit einem binären Signalausgang nur möglich, ein Ventil zu öffnen oder zu schließen.

7.2 Analogwertdarstellung

In den Analogeingabebaugruppen sind Analog-Digital-Umsetzer ADU vorhanden, die das analoge Prozesssignal in einen proportionalen diskontinuierlichen Digitalwert umwandeln. Entsprechend befindet sich in den Analogausgabebaugruppen ein Digital-Analog-Umsetzer DAU, der den digitalen Ausgabewert der CPU in ein proportionales analoges Signal umwandelt. Baugruppen eines oder verschiedener Hersteller unterscheiden sich dabei in der Auflösung und im Messbereich.

7.2.1 Auflösung

Unter der Auflösung eines Wertes wird die Anzahl der Bits verstanden, mit denen der zum Analogwert proportionale Digitalwert dargestellt wird. Eine 8 Bit-Auflösung für einen Analogwert von 0 bis 10 V bedeutet beispielsweise, dass der Analogbereich mit $2^8 = 256$ unterschiedlichen Werten dargestellt werden kann. Der Analogwert wird somit in Stufen von

$\frac{10\ \text{V}}{256}$ $39{,}0625\ \text{mV}$ dem Digitalwert zugewiesen.

In der Automatisierungstechnik übliche Auflösungen sind 8 Bit bis 15 Bit plus Vorzeichen. Bei den meisten Herstellern erfolgt die Darstellung des Digitalwertes im Zweierkomplement. Ist die Auflösung kleiner als 15 Bit plus Vorzeichen, wird der Wert beim Laden des Analogeingangs linksbündig in den Akku eingetragen. Entsprechend ist beim Ausgeben eines Analogwertes unabhängig von der Auflösung der Digitalwert mit Vorzeichen linksbündig in den Akku zu schreiben und dann an den Analogausgang zu transferieren. Die nicht besetzten niederwertigen Stellen werden mit „0“ beschrieben.

In der nachfolgenden Tabelle sind die Wertigkeiten, die Bitbelegungen und Stufen der gebräuchlichen Auflösungen angegeben.

Tabelle 7.1: Bitmuster eines Analog-Ein/Ausgangs

Bit Nr:		15	14	13	12	11	10	9	8	7	6	5	4	3	2	1	0	
Wertigkeit		VZ	2^{14}	2^{13}	2^{12}	2^{11}	2^{10}	2^9	2^8	2^7	2^6	2^5	2^4	2^3	2^2	2^1	2^0	Stufen
Auflösung in Bit + Vorzeichen	8	1/0	1/0	1/0	1/0	1/0	1/0	1/0	1/0	1/0	0	0	0	0	0	0	0	256
	9	1/0	1/0	1/0	1/0	1/0	1/0	1/0	1/0	1/0	1/0	0	0	0	0	0	0	512
	10	1/0	1/0	1/0	1/0	1/0	1/0	1/0	1/0	1/0	1/0	1/0	0	0	0	0	0	1024
	11	1/0	1/0	1/0	1/0	1/0	1/0	1/0	1/0	1/0	1/0	1/0	1/0	0	0	0	0	2048
	12	1/0	1/0	1/0	1/0	1/0	1/0	1/0	1/0	1/0	1/0	1/0	1/0	1/0	0	0	0	4096
	13	1/0	1/0	1/0	1/0	1/0	1/0	1/0	1/0	1/0	1/0	1/0	1/0	1/0	1/0	0	0	8192
	14	1/0	1/0	1/0	1/0	1/0	1/0	1/0	1/0	1/0	1/0	1/0	1/0	1/0	1/0	1/0	0	16 384
	15	1/0	1/0	1/0	1/0	1/0	1/0	1/0	1/0	1/0	1/0	1/0	1/0	1/0	1/0	1/0	1/0	32 768

In der letzten Spalte „Stufen" der Tabelle ist die Anzahl der Digitalwerte angegeben. Wird der positive Bereich des Analogwertes durch diesen Wert dividiert, ergibt sich der Absolutwert der Auflösung.

Je höher die Auflösung, umso länger ist die Zeit, welche der Analog-Digital-Umsetzer einer Analogeingabebaugruppe für die Umsetzung benötigt und umso kleiner ist die Frequenz der Störunterdrückung. Bei der Analogeingabebaugruppe SM331 kann die Auflösung indirekt über die Auswahl der Integrationszeit bzw. Störfrequenzunterdrückung in der Hardwareprojektierung vorgegeben werden.

Der Zusammenhang zwischen Auflösung, Zeit für die A/D-Umsetzung und Störfrequenzunterdrückung zeigt die nachfolgende Tabelle.

Auflösung	Zeit für die A/D-Umsetzung	Störfrequenzunterdrückung
9 Bit +VZ	2,5 ms	400 Hz
12 Bit +VZ	16,6 ms	60 Hz
12 Bit + VZ	20 ms	50 Hz
14 Bit + VZ	100 ms	10 Hz

Die Analog-Digitalumsetzung und die Übergabe der digitalisierten Messwerte erfolgt bei Baugruppen mit mehreren Analogeingängen sequentiell. Die Zeit bis ein Analogeingangswert wieder gewandelt wird, berechnet sich aus der Summe der Umsetzungszeiten aller aktivierten Analogeingabekanäle der Baugruppe.

7.2.2 Messarten und Messbereiche

7.2.2.1 Analogeingabe

Bei Analogeingabebaugruppen kann zwischen den Messarten Spannung, Strom, Widerstand oder Temperatur gewählt werden. Innerhalb der unterschiedlichen Messarten können wiederum verschiedene Messbereiche eingestellt werden. Die jeweilige Messart und der Messbereich können über Messbereichsmodule, die Art der Verdrahtung und die Parametrierung in der

Hardwarekonfiguration bestimmt werden. Messbereichsmodule sind Hardwarestecker, die auf der Baugruppe in eine bestimmte Position gesteckt werden müssen. Folgende Messbereiche für die unterschiedlichen Messarten sind wählbar:

Spannung: ± 80 mV; ± 250 mV; ± 500 mV; ± 1 V; ± 2,5 V; ± 5 V; ± 10 V;
0 ... 2V; 1 ... 5 V.

Strom: ± 3,2 mA; ± 10 mA; ± 20 mA;
0 ... 20 mA; 4 ... 20 mA.

Widerstand: 0 ... 150 Ω; 0 ... 300 Ω; 0 ... 600 Ω.

Temperatur:
Pt 100 -200 ... +850 °C
Ni 100 -60 ... +250 °C
Thermoelement Typ K -270 ... +1 372 °C
Thermoelement Typ N -270 ... +1 300 °C
Thermoelement Typ J -210 ... +1 200 °C
Thermoelement Typ E -270 ... +1 000 °C

Die nachfolgenden Tabellen zeigen für ausgewählte Bereiche den Zusammenhang zwischen den Analogwerten der einzelnen Messbereiche und den zugehörigen Digitalwerten für die einzelnen Messarten.

Messbereiche für Spannungssignalgeber:

Bereich	± 500 mV	± 2,5 V	± 10 V	Digitalwert
Überlauf	≥ 587,96	≥ 2,9398	≥ 11,759	32 767
Übersteuerungs-bereich	587,94	2,9397	11,7589	32 511
	.	.	.	.
	500,02	2,5001	10,0004	27 649
Nennbereich	**500,00**	**2,500**	**10,00**	**27 648**
	375,00	1,875	7,5	20 736
	.	.	.	.
	- 375,00	- 1,875	- 7,5	- 20 736
	- 500,00	**- 2,500**	**- 10,00**	**- 27 648**
Untersteuerungs-bereich	- 500,02	- 2,5001	- 10,0004	- 27 649
	.	.	.	.
	- 587,96	2,93398	- 11,759	- 32 512
Unterlauf	≤ - 588,98	≤ - 2,935	≤ - 11,76	- 32 767

1 ... 5 V	Digitalwert
≥ 5,7037	32 767
5,7036	32 511
.	.
5,0001	27 649
5,00	**27 648**
4,00	20 736
.	.
1,00	**0**
0,9999	- 1
.	.
0,2963	- 4 864
≤ 0,2962	- 32 768

Berechnungsbeispiel:

Messbereich: ± 10 V; die angelegte analoge Eingangsspannung beträgt $U_{AE} = 2{,}5\ V$;

Digitalwert Analogeingang AE: $AE = \frac{27\,648}{10\ V} \cdot U_{AE} = \frac{27\,648}{10\ V} \cdot 2{,}5\ V = 6\,912$

Messbereiche für Stromsignalgeber:

Bereich	± 3,2 mA	± 10mA	Digitalwert
Überlauf	≥ 3,7629	≥ 11,759	32 767
Übersteuerungs- bereich	3,7628 . 3,2001	11,7589 . 10,0004	32 511 . 27 649
Nennbereich	**3,200** 2,400 . - 2,400 **- 3,200**	**10,00** 7,5 . - 7,5 **- 10,00**	**27 648** 20 736 . - 20 736 **- 27 648**
Untersteuerungs- bereich	- 3,2001 . - 3,7629	- 10,0004 . - 11,759	- 27 649 . - 32 512
Unterlauf	≤ - 3,7630	≤ - 11,76	- 32 767

0 .. 20mA	4 .. 20 mA	Digitalwert
≥ 23,516	≥ 22,815	32 767
23,515 . 20,0007	22,810 . 20,0005	32 511 . 27 649
20,00 14,998 . **0,00**	**20,000** 16,00 . **4,00**	**27 648** 20 736 . **0**
- 0,0007 . - 3,5185	3,9995 . 1,1852	- 1 . - 4 864
≤ - 3,5193	≤ 1,1845	- 32 768

Berechnungsbeispiel:

Messbereich: 4 ... 20 mA; Der Stromsignalgeber liefert einen Strom von $I_A = 10$ mA;

Digitalwert AE: $AE = \frac{27\,648}{16\,\text{mA}} \cdot I_{AE} - 6\,912 = \frac{27\,648}{16\,\text{mA}} \cdot 10\,\text{mA} - 6\,912 = 10\,368$

Messbereiche für Widerstandsgeber:

Bereich	0 ... 150 Ω	0 ... 300 Ω	0 ... 600 Ω	Digitalwert
Überlauf	≥ 176,389	≥ 352,778	≥ 705,556	32 767
Übersteuerungs- bereich	176,383 . 150,005	352,767 . 300,011	705,534 . 600,022	32 511 . 27 649
Nennbereich	**150,000** 112,500 . **0,000**	**300,000** 225,000 . **0,000**	**600,000** 450,00 . **0,000**	**27 648** 20 736 . **0**
Untersteuerungs- bereich	Negative Werte physikalisch nicht möglich			- 1 . - 4 864
Unterlauf				- 32 768

Berechnungsbeispiel: Messbereich: 0 ... 300 Ω; Der Widerstandsgeber liefert R = 100 Ω

Digitalwert AE: $AE \quad \frac{27\,648}{300\,\Omega} \; R \quad \frac{27\,648}{300\,\Omega} \; 100\,\Omega \quad 9\,216$

Messbereiche für Temperaturgeber:

Bereich	Pt 100 850 °C	Digitalwert
Überlauf	≥ 1000,1	32 767
Übersteuerungs-bereich	1000,0 . 850,1	10 000 . 8 501
Nennbereich	**850,0** . **- 200**	**8 500** . **- 2 000**
Untersteuerungs-bereich	- 200,1 . - 243,0	- 2 001 . - 2 430
Unterlauf	≤ - 243,1	- 32 767

Ni 100 250 °C	Digitalwert
≥ 259,1	32 767
295,0 . 250,1	2 950 . 2 501
250,0 . **- 60,00**	**2 500** . **-600**
- 60,1 . - 105,0	- 601 . - 1 050
≤ - 150,1	- 32 768

Typ K in °C	Digitalwert
≥ 1623	32 767
1 622 . 1 373	16 220 . 13 730
1372 . **- 270,00**	**13 720** . -2700
Fehlermeldung	
≤ -271	- 2 710

Berechnungsbeispiel:

Messgeber Pt 100; Gemessene Temperatur T = 60 °C

Digitalwert AE: $AE = \frac{10\,500}{1050\,°C} \cdot T = \frac{10\,500}{1050\,°C} \cdot 60\,°C = 600$

7.2.2.2 Analogausgabe

Analogausgabebaugruppen liefern entweder Spannungs- oder Stromsignale. Innerhalb der beiden Signalausgangsarten können wiederum verschiedene Ausgabebereiche gewählt werden. Die Auswahl erfolgt bei der Parametrierung der Hardwarekonfiguration.

Die nachfolgenden Tabellen zeigen den Zusammenhang zwischen dem Digitalwert und den zugehörigen Analogwerten der einzelnen Ausgabebereiche.

Ausgabebereich 0 bis 10V und 0 bis 20 mA:

Bereich	Digitalwert	0 ... 10V	0 ... 20mA
Überlauf	≥32 512	0	0
Übersteuerungs-bereich	32 511 . 27 649	11,7589 . 10,00	23,515 . 20,0007
Nennbereich	**27 648** . **0**	**10,00** . **0**	**20,000** . **0**
Unterlauf	< 0	0	0

Berechnungsbeispiel:

Messbereich: 0 ... 10 V;

Digitalwert Analogausgabe AA: = 20 736

Analoger Spannungswert an der Baugruppe:

$$U_{AA} = \frac{10{,}0\,V}{27\,648} \cdot AA$$

$$U_{AA} = \frac{10{,}0\,V}{27\,648} \cdot 20\,736 = 7{,}5\,V$$

Ausgabebereich 1 bis 5V bzw. 4 bis 20 mA:

Bereich	Digitalwert	1 ... 5V	4 ... 20mA
Überlauf	≥32 512	0	0
Übersteuerungs-bereich	32 511 . 27 649	5,8794 . 5,0002	22,81 . 20,0005
Nennbereich	**27 648** . **0**	**5,0000** . **1,0000**	**20,000** . **4,000**
Untersteuerungs-bereich	-1 . -6 912	0,9999 . 0	3,9995 . 0
Unterlauf	≤ 6 913	0	0

Berechnungsbeispiel:

Messbereich: 4 ... 20 mA;

Digitalwert: AA = 20 726

Analoge Stromausgabe an der Baugruppe:

$$I_{AA} = \frac{16\,\text{mA}}{27\,648} \cdot AA + 4\,\text{mA}$$

$$= \frac{16\,\text{mA}}{27\,648} \cdot 20\,736 + 4\,\text{mA}$$

$$= 16\,\text{mA}$$

Ausgabebereich ± 10 V bzw. ± 20 mA:

Bereich	Digitalwert	± 10 V	± 20mA
Überlauf	≥32 512	0	0
Übersteuerungs-bereich	32 511 . 27 649	11,7589 . 10,0004	23,515 . 20,007
Nennbereich	**27 648** . **-27 648**	**10,0000** . **-10,0000**	**20,000** . **-20,000**
Untersteuerungs-bereich	-27 649 . -32 512	-10,0004 . -11,7589	-20,007 . -23,515
Unterlauf	≤ 32 513	0	0

Berechnungsbeispiel:

Messbereich: ± 10 V;

Digitalwert: AA = 20 736

Analoger Spannungswert an der Baugruppe:

$$U_{AA} = \frac{10{,}0\,\text{V}}{27\,648} \cdot AA$$

$$= \frac{10{,}0\,\text{V}}{27\,648} \cdot 20\,736$$

$$= 7{,}5\,\text{V}$$

Die elektrischen Daten wie Bürdenwiderstand, Kurzschlussstrom und Leerlaufspannung der Analogausgänge, sind den speziellen Baugruppendaten zu entnehmen.

Bei einer Spannungsausgabe führt die Analogausgabebaugruppe eine Kurzschlussprüfung durch. Das bedeutet, dass bei eingeschalteter Diagnose (Hardwarekonfiguration) die CPU bei einem Kurzschluss eines analogen Spannungsausgangs in den Betriebszustand „STOPP“ geht.

Bei einer Stromausgabe führt die Analogausgabebaugruppe eine Drahtbruchprüfung durch. Da bedeutet, dass bei eingeschalteter Diagnose (Hardwarekonfiguration) die CPU bei einem Drahtbruch an einem analogen Stromausgang in den Betriebszustand „STOPP“ geht.

In beiden Fällen leuchtet an der Baugruppe eine rote LED auf.

7.3 Anschluss von Messwertgebern und Lasten

7.3.1 Anschließen von Messgebern an Analogeingänge

Je nach Messart können an Analogeingabebaugruppen folgende Messgeber angeschlossen werden:

- Spannungsgeber
- Stromgeber als 2-Draht- oder 4-Draht Messumformer
- Widerstände

Auf den Abdeckungen der Analogeingabebaugruppen der Gerätefamilie SM 300 sind Anschlussbilder aufgedruckt, aus denen der Anschluss eines Gebers zu entnehmen ist.

Beispiel: Aufdruck auf der Baugruppe SM 331 AI 2x12Bit mit entsprechenden Erläuterungen.

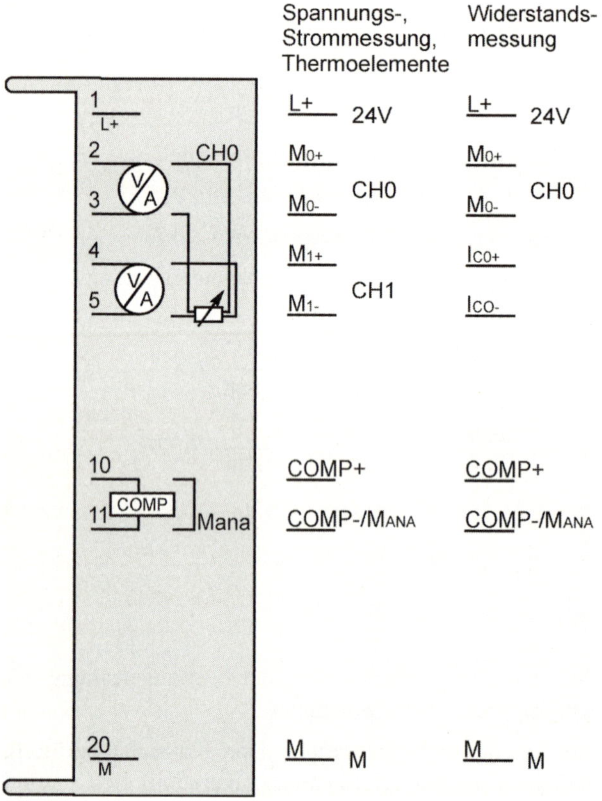

Verwendete Abkürzungen:

L+:	Spannungsversorgung
M+:	Messleitung (positiv)
M-:	Messleitung (negativ)
COMP+:	Kompensationsanschluss (positiv)
COMP-:	Kompensationsanschluss (negativ)
M_{ANA}:	Bezugspotenzial des Analogmesskreises
M:	Masseanschluss
IC+	Konstantstromleitung (positiv)
IC-	Konstantstromleitung (negativ)

Für den Anschluss der analogen Signalgeber sollten geschirmte paarweise verdrillte Leitungen verwendet werden. Dadurch wird die Störbeeinflussung verringert. Der Schirm der Leitung ist auf einer Seite zu erden.

Prinzipiell werden potenzialgetrennte und potenzialgebundene Analogeingabebaugruppen unterschieden. Im Gegensatz zu potenzialgebundenen Baugruppen besteht bei den potenzialgetrennten Baugruppen keine galvanische Verbindung zwischen dem Bezugspunkt des Messkreises M_{ANA} und dem Masseanschluss M der CPU. Die maximal zulässige Potenzialdifferenz zwischen der negativen Messleitung M- und dem Bezugspunkt M_{ANA} ist dem jeweiligen Datenblatt zu entnehmen.

Anschluss von Spannungsgebern an eine potenzialgetrennte Analogeingabebaugruppe:

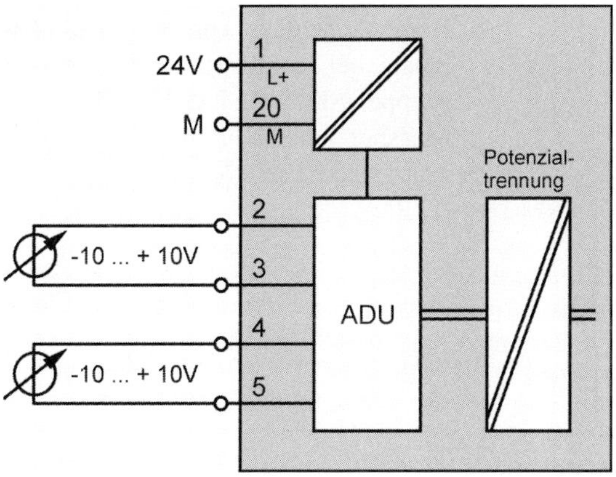

Beim Anschluss von Spannungsgebern ± 10 V muss bei der Analogeingabebaugruppe SM 331 AI 2x12Bit das Messbereichsmodul in der Stellung „B" gesteckt sein.

Nicht beschaltete Eingänge sind kurzzuschließen und wie der COMP-Eingang (10) mit M_{ANA} (11) zu verbinden.

Es wird zwischen isolierten und nichtisolierten Messwertgebern unterschieden. Die nichtisolierten Messwertgeber sind vor Ort mit dem Erdpotenzial verbunden. Der Anschluss M_{ANA} (11) muss bei den nichtisolierten Messwertgebern mit dem Masseanschluss M verbunden werden.

Anschluss von Stromgebern als 2-Draht Messumformer:

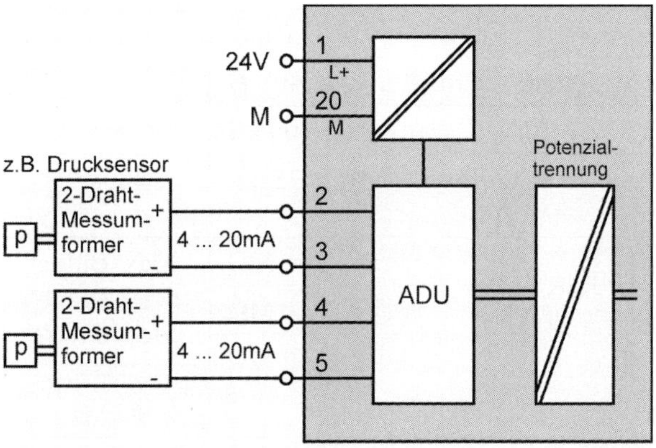

Beim Anschluss von Stromgebern als 2-Draht-Messumformer muss bei der Analogeingabebaugruppe SM 331 AI 2x12Bit das Messbereichsmodul in der Stellung „D" gesteckt sein.

Der unbenutzte COMP-Eingang (10) ist mit M_{ANA} (11) zu verbinden.

Die Versorgungsspannung des 2-Draht-Messumformers erfolgt kurzschlusssicher über den Analogeingang der Baugruppe. Der 2-Draht-Messumformer wandelt die zugeführte Messgröße in ein Stromsignal um. Ein nicht benutzter Eingang kann offen gelassen oder mit einem Widerstand von 3,3 kΩ abgeschlossen werden.

4-Draht-Messumformer besitzen eine separate Versorgungsspannung. Damit keine Spannungsversorgung von der Baugruppe erfolgt, muss bei der Baugruppe SM 331 AI 2x12Bit das Messbereichsmodul in der Stellung „C" gesteckt sein. Der Anschluss an die Analogeingabebaugruppe entspricht ansonsten dem des 2-Draht-Messumformers.

Anschluss von Widerstandsthermometern bzw. Widerständen (z.B. PT 100):

Das analoge Eingangssignal, verursacht von Widerstandsthermometern bzw. Widerständen, wird in einem 4-Leiter-Anschluss gemessen. Über die Anschlüsse I_{C+} (4) und I_{C-} (5) wird den Widerständen ein Konstantstrom zugeführt. Die dadurch entstehende Spannung wird über die Anschlüsse M+ (2) und M- (3) der Analogeingabebaugruppe zugeführt.

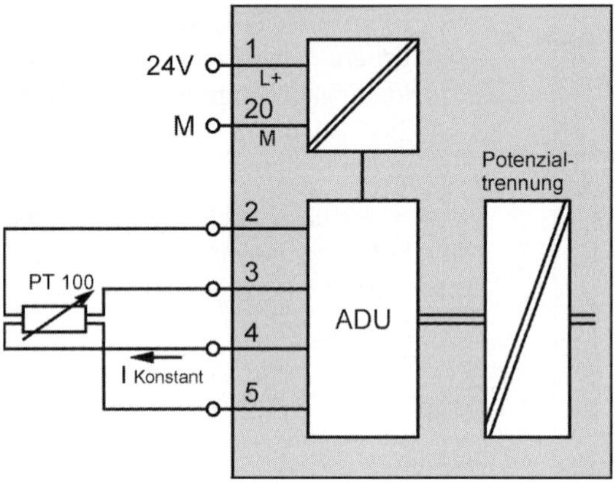

Beim Anschluss von Widerständen muss bei der Analogeingabebaugruppe SM 331 AI 2x12Bit das Messbereichsmodul in der Stellung „A“ gesteckt sein.

Werden an der Baugruppe entsprechende Brücken zwischen (2) und (4) bzw. (3) und (5) eingelegt, können die Widerstände auch mit einem 2-Leiter-Anschluss angeschaltet werden. In diesem Fall treten jedoch Genauigkeitsverluste auf.

Für die Baugruppe SM 331 AI 2x12Bit sind die elektrischen Daten zur Auswahl der Geber aus dem zugehörigen Datenblatt in der folgenden Tabelle zusammengestellt.

Messart	Messbereich	R_{EIN}	Grenzwerte
Spannung	± 80 mV; ± 250 mV; ± 500 mV; ± 1 000 mV	10 MΩ	20 V
	1 bis 5V; ± 2,5 V; ± 5 V; ± 10 V	100 kΩ	
Strom	± 3,2 mA; ± 10 mA; ± 20 mA; 0 bis 20 mA; 4 bis 20 mA	25 Ω	40 mA
Widerstand	150 Ω; 300 Ω; 600 Ω	10 MΩ	Max. Bürde des 2-Draht-Messumformers 820 Ω
Thermoelemente	Typ E, N, J, K	10 MΩ	
Widerstands-thermometer	PT 100; Ni 100	10 MΩ	

Beispiel 7.1: Rauchgastemperaturanzeige

Die Abgastemperatur einer Befeuerungsanlage wird mit einem PT100-Widerstandsthermometer im Abgasrohr zum Schornstein gemessen. Der Zustand der Heizungsanlage soll mit einer Leuchtdiodenkette optisch sichtbar gemacht und die gemessene Temperatur an einer vierstelligen Ziffernanzeige mit einer Kommastelle angezeigt werden. Die Abgastemperaturen von 180 °C bis 270 °C werden in fünf Bereiche unterteilt und mit Wertungen versehen. Eine Verlängerung der aufleuchtenden Diodenkette signalisiert die fortschreitende Verschlechterung des Anlagenzustandes von H1 (sehr gut) bis H5 (mangelhaft).

Bei Abgastemperaturen unter 160 °C bzw. über 270 °C ist ein akustischer Melder HU einzuschalten, um die Erfordernis einer Inspektion, wegen der Gefahr der Taupunktkorrosion bzw. Unwirtschaftlichkeit zu melden.

Die Abgastemperaturauswertung erfolgt nur, wenn die Heizungsanlage durch den Schalter S eingeschaltet, der Flammenwächter E das Vorhandensein der Brennerflamme anzeigt und eine Wartezeit von 30 s abgelaufen ist. Die Meldungen müssen auch nach der Brennphase erhalten bleiben, solange die Heizungsanlage eingeschaltet ist.

Technologieschema:

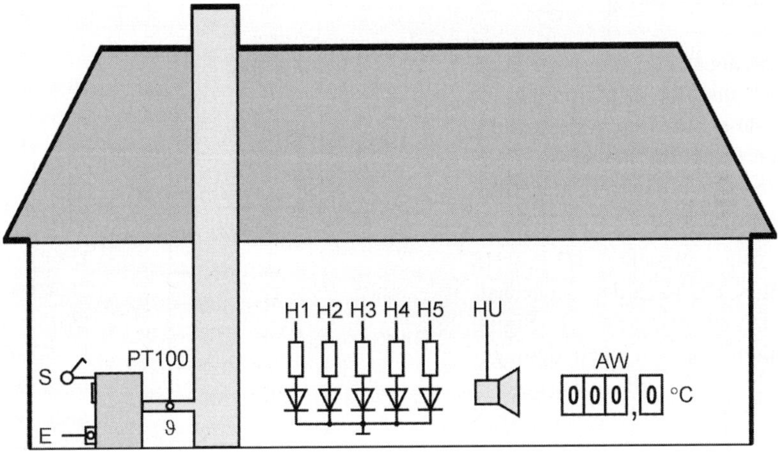

Bild 7.2: Rauchgastemperaturanzeige

Zuordnungstabelle der Eingänge und Ausgänge:

Eingangsvariable	Symbol	Datentyp	Logische Zuordnung		Adresse
Anlagenschalter	S	BOOL	Betätigt	S = 1	E 0.0
Flammenwächter	E	BOOL	Flamme vorhanden	E = 1	E 0.1
PT 100 Widerstand	PT100	WORD	Analogeingang		PEW320
Ausgangsvariable					
Leuchtdiode 1	H1	BOOL	Leuchtet	H1 = 1	A 4.1
Leuchtdiode 2	H2	BOOL	Leuchtet	H2 = 1	A 4.2
Leuchtdiode 3	H3	BOOL	Leuchtet	H3 = 1	A 4.3
Leuchtdiode 4	H4	BOOL	Leuchtet	H4 = 1	A 4.4
Leuchtdiode 5	H5	BOOL	Leuchtet	H5 = 1	A 4.5
Akustischer Melder	HU	BOOL	Signal	HU = 1	A 4.6
Ziffernanzeige	AW	WORD	BCD-Wert		AW 12

Der Anschluss des PT100-Widerstandthermometers erfolgt nach der für Widerstandsthermometer angegebenen Schaltung.

In der Hardwareprojektierung müssen bei Objekteigenschaften der Analogeingabebaugruppe die Messart und der Messbereich, wie nebenstehend gezeigt, für das PT 100 Widerstandsthermometer eingestellt werden.

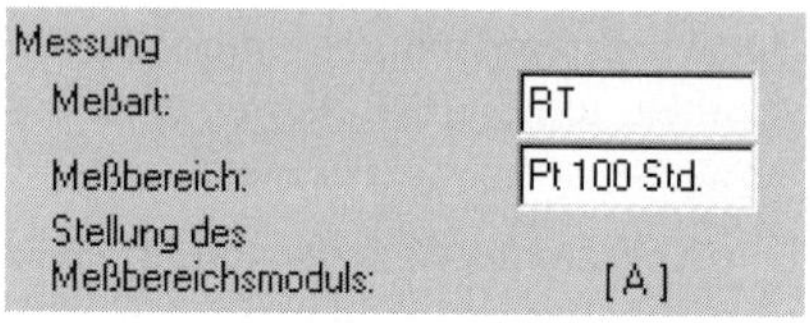

Die Analogeingabebaugruppe liefert dann, wie aus der Tabelle „Messbereiche für Temperaturgeber“ abgelesen werden kann, einen der Temperatur entsprechenden Zahlenwert, der um den Faktor 10 größer ist, als die gemessene Temperatur. Der Messbereich kann somit ohne Normierung direkt in das Steuerungsprogramm übernommen werden.

Die Auswertung der gemessenen Temperatur wird mit der Funktion FC 10 ausgeführt. Die Ein- und Ausgangsparameter der Funktion lassen sich aus dem nebenstehend dargestellten Bausteinaufruf entnehmen.

Damit die Anzeigeleuchten H1 bis H5 bzw. die Hupe HU nach dem Ausschalten der Heizungsanlage das „1“-Signal nicht behalten, müssen nach dem gezeichneten Netzwerk alle Ausgänge in Abhängigkeit vom Anlagenschalter S zurückgesetzt werden.

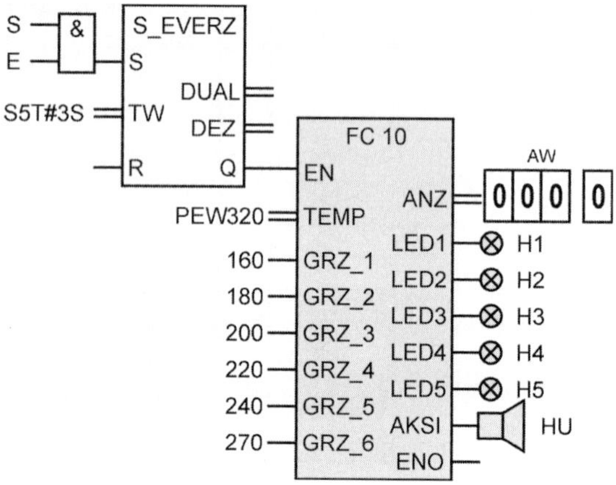

Die Anweisungsfolge für die Auswertung der Temperatur ist in dem nachfolgenden Struktogramm angegeben.

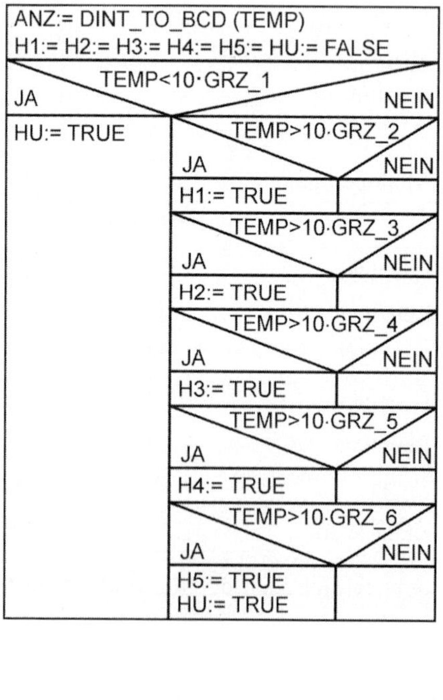

Hinweise:

Da der Wert TEMP dem 10-fachen des tatsächlichen Temperaturwertes entspricht, kann dieser nach einer DINT_TO_BCD–Umwandlung direkt an eine vierstellige BCD-Anzeige gelegt werden und wird dort dann mit einer Kommastelle angezeigt.

Zu Beginn des Programms werden alle binären Ausgangsvariablen zurückgesetzt.

STEP 7 Programm (AWL-Quelle):

```
FUNCTION FC 10 : VOID
VAR_INPUT
  TEMP  : WORD ;
  GRZ_1 : INT ;
  GRZ_2 : INT ;
  GRZ_3 : INT ;
  GRZ_4 : INT ;
  GRZ_5 : INT ;
  GRZ_6 : INT ;
END_VAR
VAR_OUTPUT
  ANZ  : WORD ;
  LED1 : BOOL ;
  LED2 : BOOL ;
  LED3 : BOOL ;
  LED4 : BOOL ;
  LED5 : BOOL ;
  AKSI : BOOL ;
END_VAR

BEGIN
L      #TEMP;
DTB    ;
T      #ANZ;

CLR;
=  #LED1;
=  #LED2;
=  #LED3;
=  #LED4;
=  #LED5;
=  #AKSI;
L  #GRZ_1;
L  10;
*I ;
L  #TEMP;
TAK;
<I ;
=  #AKSI;
BEB;
L  #GRZ_2;
L  10;
*I ;
L  #TEMP;
<I ;
=  #LED1;
L  #GRZ_3;
L  10;
*I ;
L  #TEMP;
<I ;
=  #LED2;
L  #GRZ_4;
L  10;
*I ;
L  #TEMP;
<I ;
=  #LED3;
L  #GRZ_5;
L  10;
*I ;
L  #TEMP;
<I ;
=  #LED4;
L  #GRZ_6;
L  10;
*I ;
L  #TEMP;
<I ;
=  #LED5;
=  #AKSI;
END_FUNCTION

ORGANIZATION_BLOCK OB 1
VAR_TEMP
...               //Standardeinträge
END_VAR
BEGIN
U  E 0.0;
U  E 0.1;
L  S5T#3S; //Zur Simulation verkürzt
SE T 1 ;
U  T 1 ;
SPBNB M001;
CALL FC 10 (
     TEMP := PEW 320,
     GRZ_1:= 160,
     GRZ_2:= 180,
     GRZ_3:= 200,
     GRZ_4:= 220,
     GRZ_5:= 240,
     GRZ_6:= 270,
     ANZ  := AW 12,
     LED1 := A 4.1,
     LED2 := A 4.2,
     LED3 := A 4.3,
     LED4 := A 4.4,
     LED5 := A 4.5,
     AKSI := A 4.6);
M001: UN    E      0.0;
      R     A      4.1;
      R     A      4.2;
      R     A      4.3;
      R     A      4.4;
      R     A      4.5;
      R     A      4.6;
END_ORGANIZATION_BLOCK
```

7.3.2 Anschluss von Lasten an Analogausgänge

Analogausgabebaugruppen besitzen 2, 4 oder 8 Ausgabekanäle, die wahlweise als Strom- oder Spannungsausgänge genutzt werden können.

Auf den Abdeckungen der Analogeingabebaugruppen der Gerätefamilie SM 300 sind Anschlussbilder aufgedruckt, aus denen der Anschluss der Lasten/Aktoren zu entnehmen ist.

Beispiel: Aufdruck auf der Baugruppe SM 332 AO 2x12Bit dargestellt:

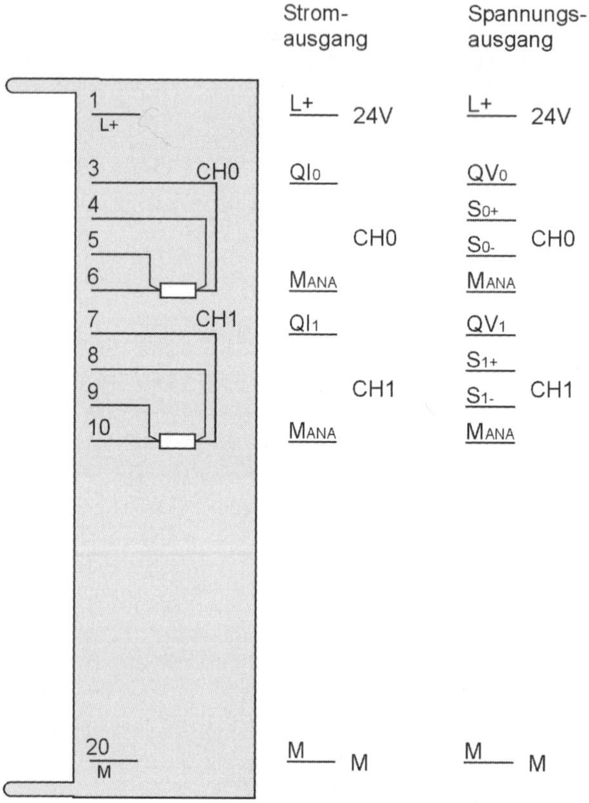

Verwendete Abkürzungen:

L+:	Spannungsversorgung
QI:	Analogausgang Strom
QV:	Analogausgang Spannung
S+:	Fühlerleitung positiv
S-:	Fühlerleitung negativ
M_{ANA}:	Bezugspotenzial des Analogkreises
M:	Masseanschluss

Für den Anschluss der analogen Lasten sollten geschirmte paarweise verdrillte Leitungen verwendet werden. Dadurch wird die Störbeeinflussung verringert. Der Schirm der Leitung ist auf einer Seite zu erden.

Prinzipiell werden potenzialgetrennte und potenzialgebundene Analogausgabebaugruppen unterschieden. Im Gegensatz zu potenzialgebundenen Baugruppen besteht bei den potenzialgetrennten Baugruppen keine galvanische Verbindung zwischen dem Bezugspunkt des Analogkreises M_{ANA} und dem Masseanschluss M der CPU. Die maximale Potenzialdifferenz zwischen dem Bezugspunkt M_{ANA} und dem Masseanschluss M darf einen zulässigen Wert nicht überschreiten.

Bei Analogausgabebaugruppen ist es möglich, die einzelnen Ausgabekanäle unterschiedlich als Strom oder Spannungsausgang zu parametrieren. Nicht beschaltete Ausgabekanäle müssen in der Hardwareprojektierung deaktiviert werden, damit der Ausgang spannungslos ist.

2-Leiternschluss einer Last an einen Stromausgang (Kanal 1) und einen Spannungsausgang (Kanal 2):

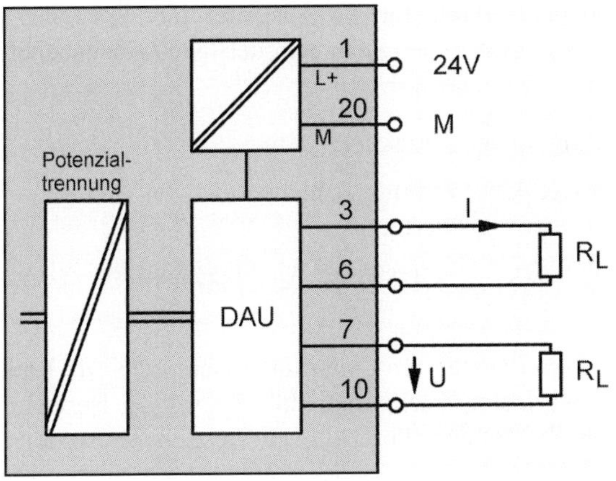

Der Stromausgang der Analogausgabebaugruppe SM 332; AO 2x12Bit führt eine Drahtbruchprüfung durch.

Der Spannungsausgang der Analogausgabebaugruppe SM 332; AO 2x12Bit führt eine Kurzschlussprüfung durch.

Der Anschluss von Lasten an einen Spannungsausgang ist neben dem gezeigten 2-Leiteranschluss auch als 4-Leiteranschluss möglich. Durch den 4-Leiteranschluss wird eine hohe Genauigkeit des Spannungssignals an der Last erzielt.

4-Leiteranschluss einer Last an einem Spannungsausgang:

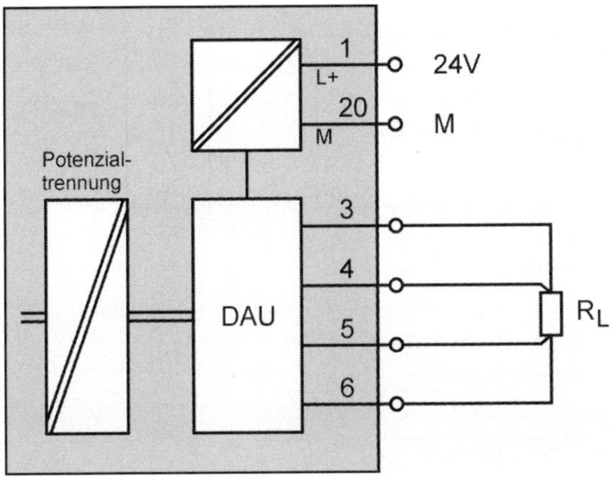

Bei 4-Leiteranschluss von Lasten an einen Spannungsausgang der Analogausgabebaugruppe SM 332; AO 2x12 Bit werden die Fühlerleitungen S+ (4) und S- (5) direkt an der Last angeschlossen. Dadurch wird das ausgegebene Spannungssignal unmittelbar an der Last gemessen und bei Bedarf nachgeregelt.

Für jede Baugruppe sind die elektrischen Daten zur Auswahl der Aktoren in einem Datenblatt angegeben. Für die Baugruppe SM 332 AI 2x12Bit sind die Daten in der folgenden Tabelle angegeben.

Art der Ausgabe	Ausgangsbereiche	Bürde	Grenzwerte
Spannung	1 bis 5V; 1 bis 10V; ± 10 V	mind. 1 kΩ max. 1 µF	Kurzschlussstrom: max. 25 mA
Strom	0 bis 20 mA; 4 bis 20 mA; ± 20 mA	max. 500 Ω max. 1 mH	Leerlaufspannung: max 18 V

Beispiel 7.2: Funktion für die Analogwertausgabe von ±10V (FC 47: REAL_AA)

Es ist eine Funktion FC 47 (REAL_AA) für die eigene Programmbibliothek zu entwerfen, die den internen Zahlenbereich von –10.000 bis +10.000 für die Ausgabe einer Spannung von –10V bis +10V an einer Analogausgabebaugruppe in den dazu erforderlichen Ausgabebereich von –27 648 bis + 27 648 wandelt.

Übergabeparameter:

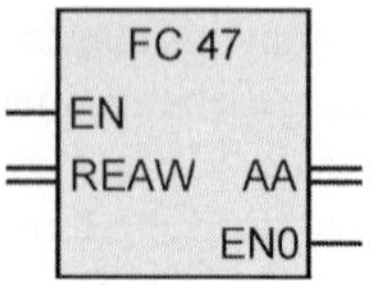

Beschreibung der Parameter:

REAW (REAL): Interner Zahlenbereich des Ausgabewertes

AA (WORD): Adresse des Analogausgangs

Zum Test der Funktion FC 47 wird der Code-Baustein im Organisationsbaustein OB 1 aufgerufen. Dem Eingangsparameter REAW wird eine Gleitpunktzahl „Spgw" im Bereich von –10V bis +10V zugeführt, die durch einen Zifferneinsteller mit nachfolgender Umwandlungsfunktion FC 42 (BCD4_REA) gebildet wird. Das Vorzeichen der Zahl wird mit einem Schalter S eingestellt. An den Funktionsausgang AA wird das Peripherieausgangswort PAW einer Analogausgabebaugruppe gelegt.

Beschaltungs- und Programmstruktur

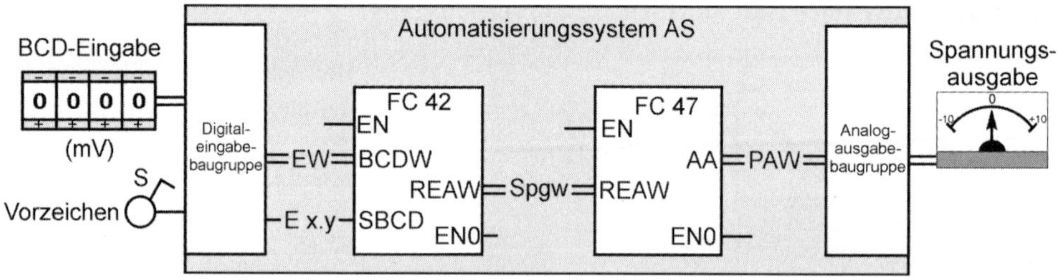

Bild 7.3: BCD-Wert gesteuerte Analogwertausgabe

Zuordnungstabelle der Ein- und Ausgänge:

Eingangsvariable	Symbol	Datentyp	Logische Zuordnung	Adresse
Vorgabewert	EW	WORD	BCD-Wert	EW 8
Vorzeichen	S	BOOL	Negativ S = 1	E 0.0
Ausgangsvariable				
Analogausgang	PAW	WORD	Bereich –27.648 bis +27.648	PAW 336

Die Formel für die Umrechnung der Zahlenbereiche des FC 47 lautet:

$$\text{PAW} = \frac{27\,648}{10.0} \cdot \text{Spgw} = 2\,764.8 \cdot \text{Spgw}$$

Zum Vergleich der Programmiersprachen Funktionsplan FUP, Anweisungsliste AWL und Strukturierter Text SCL wird das Steuerungsprogramm der Funktion FC 47 in allen drei Sprachen dargestellt.

1) FC 47 (REAW_AA) in der Programmiersprache Funktionsplan FUP:

Zur Speicherung der Zwischenergebnisse sind in der Funktionsplandarstellung die beiden lokalen Variablen AA_REAL und AA_DINT einzuführen.

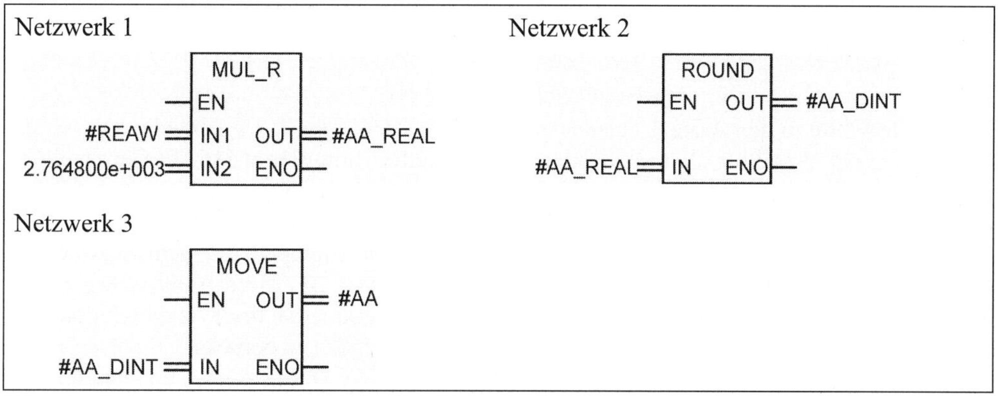

2) FC 47 (REAW_AA) in der Anweisungsliste AWL:

Bei der Umsetzung der Funktion FC 47 mit der Programmiersprache AWL brauchen keine lokalen Variablen deklariert werden, da die Zwischenergebnisse bei der Berechnung und Umwandlung im AKKU 1 stehen bleiben.

```
L   #REAW
L   2.764800e+003
*R
RND
T   #AA
```

3) FC 47 (REAW_AA) in der Programmiersprache Strukturierter Text SCL:

Bei der Programmiersprache SCL sind ebenfalls keine lokalen Variablen erforderlich. Das Steuerungsprogramm besteht aus einer einzigen Anweisung.

```
AA:= INT_TO_WORD (REAL_TO_INT(2764.8 * REAW));
```

In der folgenden AWL-Quelle ist nur der Organisationsbaustein OB 1 mit dem Aufruf der beiden Funktionen (FC 42 und FC 47) angegeben.

STEP 7 Programm (AWL-Quelle):

```
ORGANIZATION_BLOCK OB 1
VAR_TEMP
...                //Standardeinträge
Spgw : REAL ;//Übergabeoperand
END_VAR
CALL FC 42 (
   BCDW:= EW 8,
   SBCD:= E  0.0,
   REAW:= #Spgw);
CALL FC 47 (
   REAW:= #Spgw,
   AA  := PAW 336);

END_ORGANIZATION_BLOCK
```

7.4 Messwerte einlesen und normieren

Digitalisierte Analogeingabewerte liegen im Format „WORD“ im Eingangsspeicherbereich der CPU vor. Die jeweilige Adresse ist durch die Hardwareprojektierung vorgegeben. Mit den Ladebefehlen

```
L  EW   x //x < 256 (Bei Profibusankopplungen möglich) oder
L  PEW  y //y >= 256 (Analogadressen auf dem Baugruppenträger)
```

können die Werte in den Akku 1 geladen werden. Wie im Abschnitt 7.2.1 beschrieben, ist die Bitbelegung der Werte bei allen Auflösungen so, dass das Bitmuster als 16-Bit Ganzzahl (Integer) interpretiert werden kann. Aus den Tabellen der Messbereiche lassen sich dann die zum Analogsignal proportionalen Eingangs-Nennwerte ableiten. Liefert beispielsweise ein Messwertgeber ein Signal von +7,5 V an eine Analogeingabebaugruppe mit dem Messbereich ±10 V, so steht nach dem Ladebefehl der Eingangs-Nennwert 20 736 im Akku. Werden über den PROFIBUS-DP Analogeingabebaugruppen anderer Hersteller an die S7 angeschlossen, so sind die entsprechenden Messbereichstabellen dieser Baugruppen zu berücksichtigen.

Für die Auswertung der digitalisierten Analogsignalwerte mit einem Steuerungsprogramm ist es häufig erforderlich, den Eingangs-Nennbereich auf einen anderen Wertebereich umzurechnen. Die Umrechnung bezeichnet man als *Normierung* oder *lineare Skalierung*. Dazu sind in der Regel die Multiplikation des digitalisierten Eingangswertes mit einer gebrochenen Zahl und die Addition einer Konstanten erforderlich.

Beispiel: Ein Durchflussmesser für Gase liefert ein analoges Ausgangssignal von 4 bis 20 mA proportional zum Volumenstrom von 0 bis 500 m^3/h (Normvolumenstrom bezogen auf 0 °C und 1013 mbar). Zur weiteren Verarbeitung der Messgröße soll der Wert innerhalb des Steuerungsprogramms dem tatsächlichen Wert (0 bis 500) des Volumenstroms entsprechen.

Zusammenhang der verschiedenen Wertebereiche:

Physikalischer Messwert in m^3/h	Analogausgang des Sensors in mA	Digitaler Eingangs-Nennwert AE_Nenn (siehe Tabelle für Stromsignalgeber)	Normierter Wert AE_Nor zur Weiterverarbeitung
0	4	0	0
...	...	...	...
500	20	27 648	500

Aus den letzten beiden Spalten der Tabelle lässt sich die Berechnungsformel für die Normierung ableiten. Danach ist: $AE\_Norm = \frac{500}{27\,648} \cdot AE\_Nenn = 0{,}0180844 \cdot AE\_Nenn$.

Zugehörige AWL Steuerungsanweisungen:

```
L  #AE_Nenn
ITD
DTR
L  1.808440e-002
*R
T #AE_Norm
```

Vor der Ausführung der Multiplikation ist der Eingangs-Nennwert AE_Nenn in eine Gleitpunktzahl umzuwandeln über die Operationen INTEGER_TO_DOPPELINTEGER und DOPPELINTEGER_TO_REAL. Das Ergebnis der Multiplikation liegt dann ebenfalls als Gleitpunktzahl vor.

Da die Normierung von Analogeingabewerten sehr oft erforderlich ist, bietet sich die Verwendung einer Bibliotheksfunktion FC an. In Abschnitt 6.5 Umwandlungsfunktionen wurde bereits eine Normierungsfunktion FC 46 (AE_REAL) für einen festen Ein- und Ausgangsbereich entworfen. Das nächste Beispiel zeigt das Steuerungsprogramm einer Normierungsfunktion FC 48 (AE_REALN), bei der sowohl der Eingangs-Nennbereich wie auch der Normierungsbereich vorgegeben werden kann. Beide Bereiche werden durch die Angabe der Ober- und Untergrenze bestimmt.

Die universelle Normierungsfunktion FC 48 kann damit auch für Analogeingabebaugruppen anderer Hersteller verwendet werden, die einen von den SIMATIC-Baugruppen unterschiedlichen Eingangs-Nennbereich besitzen und über den Profibus DP an eine S7-Steuerung angeschlossen werden. Zum Beispiel liefert eine Analogeingabebaugruppe der Firma WAGO bei einem analogen Spannungsbereich von ±10V einen Eingangs-Nennbereich von –32 768 bis + 32 767.

Beispiel 7.3: Universelle Normierungsfunktion Analogeingabe (FC48: AE_REALN)

Es ist eine Normierungsfunktion FC 48 (AE_REALN) zu entwerfen, die einen vorgebbaren Eingangs-Nennbereich einer Analogeingabebaugruppe auf einen wählbaren Normierungsbereich umrechnet.

Übergabeparameter:

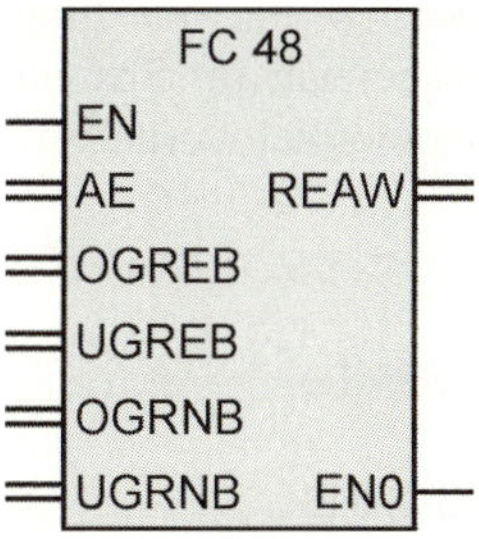

Beschreibung der Parameter:

AE:	WORD	Digitalisierter Analogeingabewert
OGREB:	INT	Obergrenze Eingangs-Nennbereich
UGREB:	INT	Untergrenze Eingangs-Nennbereich
OGRNB:	REAL	Obergrenze Normierungsbereich
UGRNB:	REAL	Untergrenze Normierungsbereich
REAW:	REAL	Normierter Analogeingabewert als Gleitpunktzahl

Zum Test der Funktion FC 48 wird der Code-Baustein im Organisationsbaustein OB 1 aufgerufen. An den Eingangsparameter AE wird das Eingangswort EW einer Analogeingabebaugruppe gelegt. In der Hardwareprojektierung wurde der Bereich ± 10 V gewählt. Damit müssen die Werte + 27 648 bzw. –27 648 an die Funktions-Eingänge OGREB bzw. UGREB gelegt werden. Dieser Eingangs-Nennbereich soll für die interne Weiterverarbeitung in den Bereich von + 10.0 bis – 10.0 linear gewandelt werden. Deshalb müssen diese Werte an die Funktions-Eingänge OGRNB bzw. UGRNB geschrieben werden.

Der Ausgangsparameter REAW der Funktion FC 48 liefert dann, proportional zu der an die Analogeingabebaugruppe gelegten Spannung, einen Wert als Gleitpunktzahl, im Bereich von – 10.0 bis + 10.0.

Zur Überprüfung, ob die Funktion FC 48 richtig arbeitet, wird über die Bibliotheks-Funktion FC 43 (REA_BCD4) der Ausgabewert REAW an eine vierstellige BCD-Anzeige gelegt und kann dort als Spannungswert in mV abgelesen werden.

Das Steuerungsprogramm hat somit die Funktionsweise eines Spannungsmessers mit einer digitalen Anzeige. Eine angelegte Spannung von 4,5 V erscheint auf der Ziffernanzeige als Wert 4 500, was der angelegten Spannung in mV entspricht.

Bausteinstruktur:

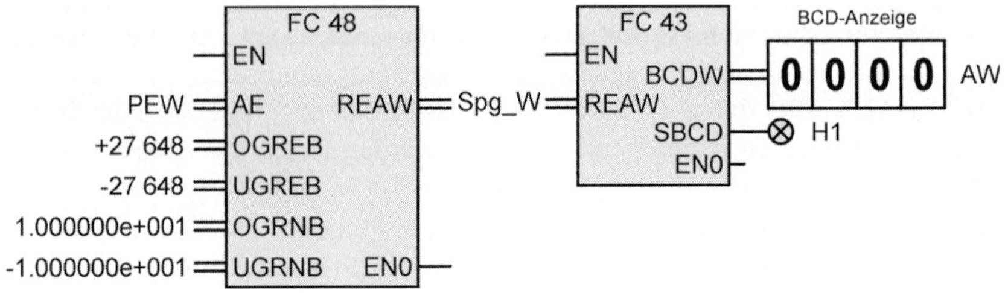

Zuordnungstabelle der Eingänge und Ausgänge:

Eingangsvariable	Symbol	Datentyp	Logische Zuordnung	Adresse
Analogeingang	PEW	WORD	Bereich –27.648 bis +27.648	PEW 320
Ausgangsvariable				
Vorzeichen	H1	BOOL	Negativ H1 = 1	A 4.0
Ziffernanzeige	AW	WORD	BCD-Wert	AW 12

Die allgemeine Berechnungsformel für die Normierung kann aus den Linearfunktionen des Eingangs-Nennbereichs und des Normierungsbereichs abgeleitet werden. Für den Eingangsnennbereich spielt es dabei keine Rolle, ob es sich um einen Messbereich für Spannungen, Ströme oder Widerstände handelt. Für die Herleitung der Normierungsformel wurde ein Spannungsmessbereich (mit U1 = 0) angenommen.

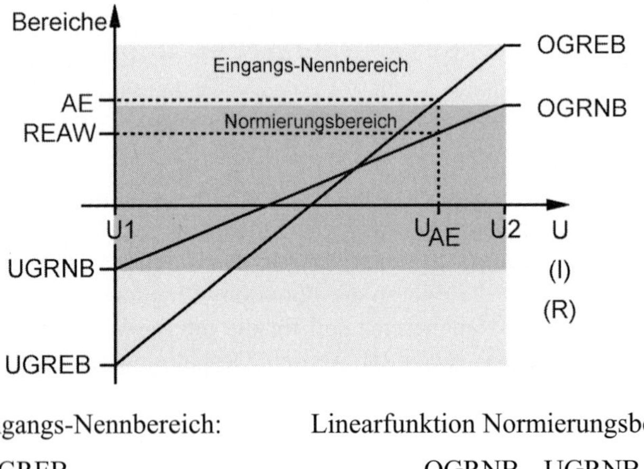

Linearfunktion Eingangs-Nennbereich:

$$AE = \frac{OGREB - UGREB}{U2 - U1} \cdot U_{AE} + UGREB$$

Linearfunktion Normierungsbereich:

$$REAW = \frac{OGRNB - UGRNB}{U2 - U1} \cdot U_{AE} + UGRNB$$

Die beiden Gleichungen werden nach U_{AE} aufgelöst und gleichgesetzt. Die Differenz U2 – U1 fällt dabei heraus und es ergibt sich folgende allgemeine Normierungsformel:

$$REAW = \frac{OGRNB - UGRNB}{OGREB - UGREB} \cdot (AE - UGREB) + UGRNB$$

Da die Berechnung des Ausgangswertes REAW nach der Normierungsformel im Datenformat REAL durchgeführt wird, sind drei lokale Variable AER, OGREBR und UGREBR einzuführen, welche die entsprechenden Werte im Datenformat REAL aufnehmen. Zur Umsetzung der Normierungsformel in ein Steuerungsprogramm sind zwei Zwischenergebnisse zu bilden. Deshalb werden die Differenzen OGREBR – UGREBR bzw. OGRNB – UGRNB den lokalen Variablen D1 bzw. D2 zugewiesen.

Auf die Darstellung der AWL-Quelle der Bibliotheksfunktion FC 43 (REA_BCD4) wird verzichtet.

STEP 7 Programm (AWL-Quelle):

```
FUNCTION FC 48 : VOID
VAR_INPUT
  AE : WORD ;
  OGREB : INT ;
  UGREB : INT ;
  OGRNB : REAL ;
  UGRNB : REAL ;
END_VAR
VAR_OUTPUT
  REAW : REAL ;
END_VAR
VAR_TEMP
  AER : REAL ;
  OGREBR : REAL ;
  UGREBR : REAL ;
  D1 : REAL ;
  D2 : REAL ;
END_VAR
BEGIN
L  #AE;
ITD;
DTR;
T  #AER;
L  #OGREB;
ITD;
DTR;
T  #OGREBR;
L  #UGREB;
ITD;
DTR;
T  #UGREBR;

L  #OGRNB;
L  #UGRNB;
-R ;
T  #D1;

L  #OGREBR;
L  #UGREBR;
-R ;
T  #D2;

L  #AER;
L  #UGREBR;
-R ;
L  #D1;
*R ;
L  #D2;
/R ;
L  #UGRNB;
+R ;
T  #REAW;

END_FUNCTION
```

```
ORGANIZATION_BLOCK OB 1
VAR_TEMP
...               //Standardeinträge
 Spg_W : REAL;   //Hilfsoperand für die Übergabe des Spannungswertes
END_VAR
BEGIN
CALL FC 48 (
      AE    := PEW 320,
      OGREB := 27648,
      UGREB := -27648,
      OGRNB := 1.000000e+001,
      UGRNB := -1.000000e+001,
      REAW  := #Spg_W);

CALL FC 43 (
      REAW := #Spg_W,
      BCDW := AW 12,
      SBCD := A  4.0);

END_ORGANIZATION_BLOCK
```

Das folgende Beispiel zeigt die Anwendung der Normierungsfunktion FC 48 (AE_REALN). Die Normierung mit Hilfe der Funktion FC 48 ist dort erforderlich, da

- die analoge Eingangsspannung an eine Analogbaugruppe des Herstellers WAGO angeschlossen ist, die über den Profibus DP mit der CPU verbunden ist und
- der Eingangsspannungswert von 0...10 V einem Winkel von 0...60° entsprechen soll.

Beispiel 7.4: Drosselklappe mit 0 .. 10V Stellungsgeber

In einem ringförmigen Klappengehäuse ist das Klappenblatt drehbar gelagert. Durch Verdrehen des Klappenblattes verändert die Drosselklappe ihren wirksamen Querschnitt und damit die Durchflussmenge. Im Regelbetrieb wird das Klappenblatt zwischen Schließstellung „ZU" und Öffnungsstellung „AUF" um maximal 60° geschwenkt. Dies entspricht einem Antriebsdrehwinkel von 90°.

Um die Positionierung des Klappenblattes kontrollieren zu können, ist mit dem Antrieb ein 10V-Stellungsgeber G verbunden. Ein Drehwinkel von 90° entspricht dabei einem vollen Spannungshub von 0 bis 10 V.

Ein Antriebsmotor öffnet die Klappe durch ein „1"-Signal an K1 und schließt sie durch ein „1"-Signal an K2. Die elektromechanische Klappenbremse blockiert das Klappenblatt beim Abschalten des Motors (K1 = K2 = 0) automatisch.

Mit einem Ziffereinsteller soll das Klappenblatt auf einen Öffnungswinkel zwischen 0,0...60,0° einstellbar sein. Werte über 60,0 am Ziffereinsteller (600) werden dabei als maximaler Winkel von 60,0° interpretiert. Mit einer Betätigung des Übernahmetasters S wird das Stellen der Klappe eingeleitet. Der Motor dreht dabei solange nach links oder rechts, bis der am Ziffereinsteller vorgegebene Stellungswinkel erreicht ist. Während des Stellvorgangs haben Änderungen am Ziffereinsteller nur dann eine Auswirkung, wenn der Übernahmetaster S erneut betätigt wird.

Technologieschema:

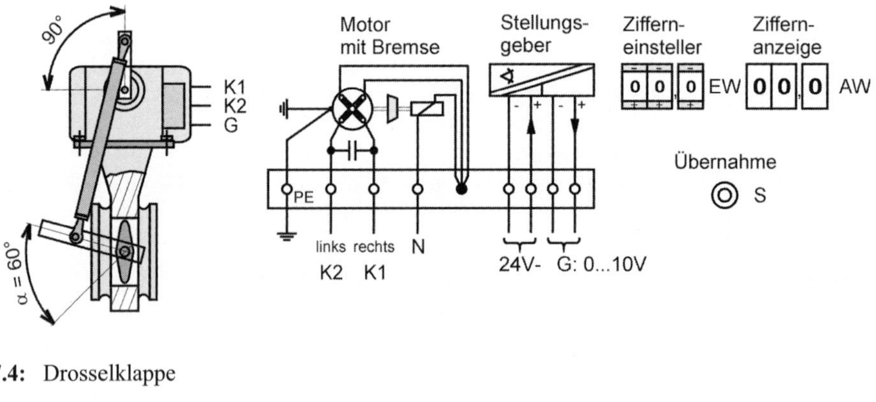

Bild 7.4: Drosselklappe

Die analoge Spannung des Stellungsgebers G wird über einen Profibus-DP-Feldbusknoten an den Profibus-Master-Kommunikationsprozessor CP des Automatisierungssystems gelegt. An dem Feldbusknoten ist eine analoge Eingangsklemme angeschlossen, welche eine Spannung von 0 ... 10 V in einen Eingangs-Nennbereich von 0 ... 32 767 umwandelt. Auf Grund der

Hardwareprojektierung und der gewählten Distanzadresse (siehe Abschnitt 10.6.2) ergibt sich für den Analogeingang AE die Adresse EW 20.

Zuordnungstabelle der Eingänge und Ausgänge:

Eingangsvariable	Symbol	Datentyp	Logische Zuordnung	Adresse
Übernahmetaster	S	BOOL	Betätigt S = 1	E 0.0
Zifferneinsteller	EW	WORD	BCD-Wert	EW 8
Stellungsgeber	G	WORD	Bereich 0 bis +32.767	EW 20
Ausgangsvariable				
Motor Rechtslauf	K1	BOOL	Klappe öffnet K1 = 1	A 4.1
Motor Linkslauf	K2	BOOL	Klappe schließt K2 = 1	A 4.2
Anzeige Sollwert erreicht	H1	BOOL	Leuchtet H1 = 1	A 5.1
Ziffernanzeige	AW	WORD	BCD-Wert	AW 12

Zum Einlesen des Sollwertes (gewünschte Stellung des Klappenblatts) wird die Bibliotheksfunktion FC 40 (BCD4_INT) verwendet. Der Istwert G (tatsächliche Stellung des Klappenblatts) wird über die Normierungsfunktion FC 48 (AE_REAN) eingelesen. Zur Anzeige des Istwertes wird die Bibliotheksfunktion FC 41 (INT_BCD4) verwendet. Der Aufruf der Funktionen ist in der nachfolgenden Bausteinstruktur dargestellt.

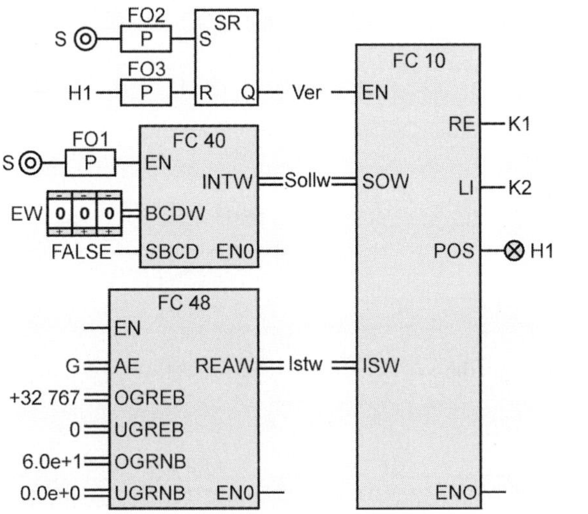

Lokale Variablen im OB1:

FO1, **FO2**, **FO3** (BOOL): Flankenoperanden.

Ver (BOOL): Speichervariable für die Dauer der Verstellung. Bei Erreichen der gewünschten Stellung des Klappenblatts wird der Speicher mit einer Flanke zurückgesetzt.

Sollw (INT): Übergabevariable für den Sollwert.

Istw (REAL): Übergabevariable für den Istwert.

Anzeige des Istwertes:

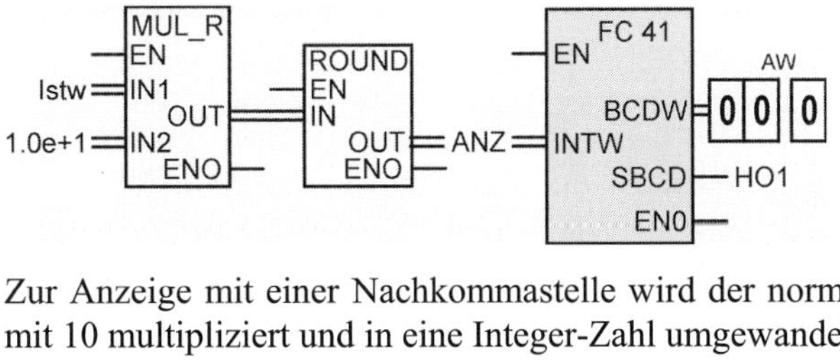

ANZ (INT): Übergabevariable für die Anzeige.

HO1 (BOOL): Hilfsoperand.

Zur Anzeige mit einer Nachkommastelle wird der normierte Wert des Klappenwinkels (Istw) mit 10 multipliziert und in eine Integer-Zahl umgewandelt.

Das Steuerungsprogramm der Funktion FC 10 ist durch das nachfolgende Struktogramm beschrieben.

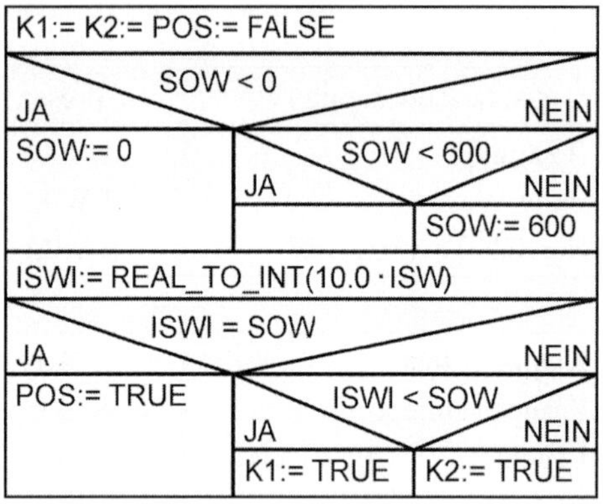

Hinweise:

Zunächst werden alle Ausgänge der Funktion zurückgesetzt.

Die Sollwertvorgabe wird überprüft, ob sie in den richtigen Grenzen ist.

Der Istwert wird mit 10 multipliziert (eine Nachkommastelle) und in eine Integer-Zahl gewandelt.

Der Soll-Istwert-Vergleich bestimmt, welcher Ausgang mit „1“-Signal angesteuert wird.

Auf die Darstellung der AWL-Quellen der Bibliotheksfunktionen FC 40 (BCD4_INT), FC 41 (INT_BCD4) und FC 48 (AE_REALN) wird im nachfolgenden STEP 7 Programm verzichtet.

STEP 7 Programm (AWL-Quelle):

```
FUNCTION FC 10 : VOID
VAR_INPUT
  SOW : INT ;
  ISW : REAL ;
END_VAR
VAR_OUTPUT
  K1  : BOOL ;
  K2  : BOOL ;
  POS : BOOL ;
END_VAR
VAR_TEMP
  ISWI : INT ;
END_VAR

BEGIN
SET ;
R  #K1;
R  #K2;
R  #POS;

L  #SOW;
L  0;
<I ;
SPB M001;
L  #SOW;
L  600;
<I ;
      SPB M002;
      L  600;
      T  #SOW;
      SPA M002;
M001: L 0;
      T #SOW;
M002: L #ISW;
      L 1.000000e+001;
      *R ;
      RND;
      T #ISWI;
L #SOW;
==I;
=  #POS;
BEB;
L      #ISWI;
L      #SOW;
<I     ;
=      #K1;
BEB    ;
SET    ;
=      #K2;
END_FUNCTION
```

```
ORGANIZATION_BLOCK OB 1
VAR_TEMP
...               //Standardeinträge
  FO1   : BOOL ; //Flankenoperand
  FO2   : BOOL ; //Flankenoperand
  FO3   : BOOL ; //Flankenoperand
  Ver   : BOOL ; //Flankenoperand
  HO1   : BOOL ; //Hilfsoperand
  Sollw: INT ;  //Übergabevariable für den Sollwert
```

```
  Istw: REAL ;  //Übergabevariable für den Istwert
  ANZ : INT ;//Übergabevariable für die Anzeige
END_VAR
BEGIN
      U  E  0.0;
      FP #FO1;
      SPBNB M001;
      CALL FC 40  (
         BCDW := EW 8,
         SBCD := FALSE,
         INTW := #Sollw);
M001: NOP   0;
      CALL FC 48  (
         AE    := EW  20,
         OGREB:= 32767,
         UGREB:= 0,
         OGRNB:= 6.000000e+001,
         UGRNB:= 0.000000e+000,
         REAW  := #Istw);
      U  E  0.0;
      FP #FO2;
      S  #Ver;
      U  A  5.1;
      FP #FO3;
      R  #Ver;
      U  #Ver;
      SPBNB M002;
      CALL FC 10  (
         SOW   := #Sollw,
         ISW   := #Istw,
         K1    := A 4.1,
         K2    := A 4.2,
         POS   := A 5.1);
M002: NOP 0;
      L  #Istw;
      L  1.000000e+001;
      *R ;
      RND;
      T  #ANZ;
      CALL FC 41  (
         INTW := #ANZ,
         BCDW := AW  12,
         SBCD := #HO1);

END_ORGANIZATION_BLOCK
```

7.5 Ausgeben von normierten Analogwerten

Digitalisierte Analogausgabewerte werden im Format „WORD" über den Akku 1 an die Adresse des Ausgangsspeicherbereichs der CPU transferiert. Die jeweilige Adresse ist durch die Hardwareprojektierung vorgegeben. Mit den Transferbefehlen

```
T  AW   x //x < 256 (Bei Profibusankopplungen möglich) oder
T  PAW  y //y >= 256 (Analogadressen auf dem Baugruppenträger)
```

können die Werte an die jeweilige Ausgangsadresse transferiert werden. Wie im Abschnitt 7.2.1 beschrieben, ist die Bitbelegung der Ausgabewerte bei allen Auflösungen so, dass das Bitmuster als 16-Bit Ganzzahl (Integer) interpretiert werden kann. Aus den Tabellen der Ausgabebereiche lassen sich dann die zum Analogsignal proportionalen Ausgangs-Nennwerte ableiten. Soll beispielsweise eine Spannung von 7,5 V an eine Analogausgabebaugruppe mit dem Bereich ±10 V ausgegeben werden, so ist an die Ausgangsadresse der Ausgangs-Nennwert 20 736 zu transferieren. Werden über den PROFIBUS-DP Analogeingabebaugruppen anderer Hersteller an die S7-SPS angeschlossen, so sind die entsprechenden Ausgangsbereichstabellen dieser Baugruppen zu berücksichtigen.

Zur Ausgabe von normierten Analogwerten ist es häufig erforderlich, den Wertebereich für die Berechnungen innerhalb des Steuerungsprogramms (Normierungsbereich) auf den Ausgangs-Nennbereich umzurechnen. Dazu ist in der Regel die Multiplikation des normierten Analogwertes mit einer gebrochenen Zahl und die Addition einer Konstanten erforderlich. Das Ergebnis ist dann an die Adresse des Analogausgangs zu transferieren.

Beispiel: Zur Steuerung der Ausgangsfrequenz eines Frequenzumrichters über den Analogeingang des Umrichters ist ein Spannungssignal von 0 ... 10 V erforderlich. Die Vorgabe von 0 V entspricht dabei der kleinsten eingestellten Frequenz (z. B. 10 Hz) und 10 V der höchsten Ausgangsfrequenz (z. B. 60 Hz). Innerhalb des Steuerungsprogramms soll mit den Werten der Ausgabefrequenzen (Normierungsbereich) gerechnet werden.

Zusammenhang der verschiedenen Wertebereiche:

Normierter Wert AA_Norm für die Analogausgabe	Digitaler Ausgangs-Nennwert AA_Nenn (siehe Tabelle für den Ausgabebereich 0 bis 10 V)	Ausgangsspannung des Analogausgangs in V	Drehfrequenz des Umrichters in Hz
10	0	0	10
...	...	...	...
60	27 648	10	60

Aus den ersten beiden Spalten der Tabelle lässt sich die Berechnungsformel für den digitalen Ausgangs-Nennwert ableiten.

Danach ist: $AA\_Nenn = \frac{27\,648}{60-10} \cdot (AA\_Norm - 10{,}0) = 552{,}96 \cdot (AE\_Norm - 10{,}0)$.

Probe: Bei AA_Norm = 35 (Mitte des Frequenzbereichs) ergibt sich aus der Berechnungsformel AA_Nenn = 13 824 (Mitte des Ausgangs-Nennbereichs).

Zugehörige AWL Steuerungsanweisungen:

```
L   #AA_Norm
L   1.000000e+001
-R
L   5.529600e+002
*R
RND
T   #AA_Nenn
```

Es wird angenommen, dass der Ausgabewert AA_Norm im Datenformat Gleitpunktzahl vorliegt. Zur Ausgabe an die Analogbaugruppe muss das Ergebnis der Berechnung in eine Integer-Zahl umgewandelt und der Variablen AA-Nenn (Datenformat WORD) zugewiesen werden..

Da die Umrechnung von normierten Analogausgabewerten sehr oft erforderlich ist, bietet sich die Verwendung einer Bibliotheksfunktion FC an. In Abschnitt 7.3 wurde bereits eine Ausgabefunktion FC 47 (REAL_AA) für einen festen Normierungsbereich (-10.0 ... + 10.0) und einen festen Ausgangs-Nennbereich (-27 648 ... + 27 648) dargestellt. Das nächste Beispiel zeigt das Steuerungsprogramm einer Ausgabefunktion für normierte Analogwerte FC 49 (REALN_AA), bei der sowohl der Normierungsbereich wie auch der Ausgangs-Nennbereich vorgegeben werden kann. Beide Bereiche werden durch die Angabe der Ober- und Untergrenze bestimmt.

Diese universelle Ausgabefunktion FC 49 kann damit auch für Analogausgabebaugruppen anderer Hersteller verwendet werden, die einen von den SIMATIC-Baugruppen unterschiedlichen Ausgangs-Nennbereich besitzen und über den Profibus DP an eine S7-Steuerung angeschlossen sind. Zum Beispiel besitzt eine Analogausgabebaugruppe der Firma WAGO mit einem analogen Spannungsbereich von ±10V einen Ausgangs-Nennbereich von -32 768 bis + 32 767.

Beispiel 7.5: Universelle Ausgabefunktion für normierte Analogwerte (FC 49: REALN_AA)

Es ist eine Normierungsfunktion FC 49 (REALN_AA) zu entwerfen, die einen vorgebbaren Normierungsbereich auf einen wählbaren Ausgangs-Nennbereich einer Analogausgabebaugruppe umrechnet.

Übergabeparameter:

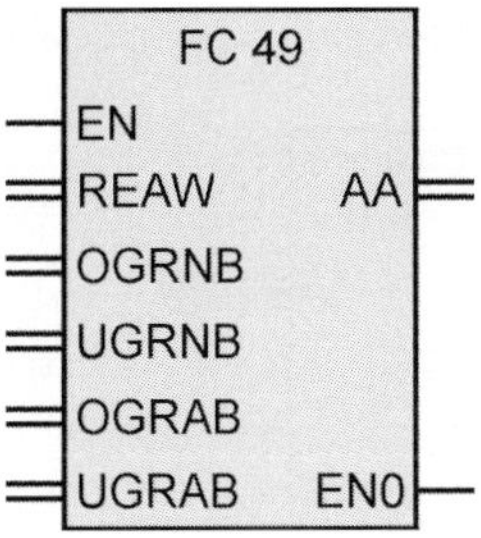

Beschreibung der Parameter:

REAW:	REAL	Interner normierter Analogausgabewert als Gleitpunktzahl
OGRNB:	REAL	Obergrenze Normierungsbereich
UGRNB:	REAL	Untergrenze Normierungsbereich
OGRAB:	INT	Obergrenze Ausgangs-Nennbereich
UGRAB:	INT	Untergrenze Ausgangs-Nennbereich
AA:	WORD	Digitaler Ausgabewert für die analoge Ausgabebaugruppe

Zum Test der Funktion FC 49 ist ein Programm zu entwickeln, das ein 0 ... 10 V Spannungssignal am Eingang der SPS proportional in ein 4 ... 20 mA Stromsignal am Ausgang der SPS umwandelt.

Technologieschema:

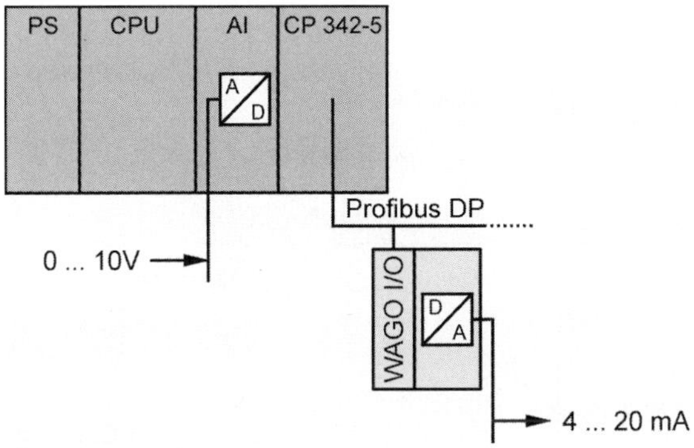

Bild 7.5: SPS als Signalumsetzer

Zuordnungstabelle der Eingänge und Ausgänge:

Eingangsvariable	Symbol	Datentyp	Logische Zuordnung	Adresse
Analogeingang 0 ..10V	PEW	WORD	Bereich 0 bis +27.648	PEW 320
Ausgangsvariable				
Analogausgang	AW	WORD	Bereich 0 bis +32.767	AW 30

Zum Einlesen und Normieren der Signaleingangsspannung wird im Organisationsbaustein OB 1 zunächst die universelle Normierungsfunktion FC 48 (AE_REAN) aufgerufen und parametriert. Die Eingangs-Nennbereichsgrenzen dabei sind: OGREB = 27 648 und UGREB = 0. Der Normierungsbereich ist durch die Grenzen 20.0 (OGRNB) und 4.0 (UGRNB) bestimmt.

Der Ausgangswert REAW der Funktion wird der lokalen Variablen „Signal“ zugewiesen. Durch die vorgegebenen Bereiche entspricht der Wert der Variablen „Signal“ bereits dem Wert des Stromsignals am Analogausgang.

Zur Ausgabe des Werte wird die Funktion FC 49 (REAN_AA) aufgerufen und parametriert. Die Obergrenze des normierten Bereichs OGRNB ist mit 20.0 und die Untergrenze UGRNB mit 4.0 anzugeben. Durch die Verwendung der Analogausgabebaugruppe der Firma WAGO ist der Ausgangs-Nennbereich durch die Werte OGRAB = 32 767 und UGRAB = 0 vorgegeben.

Bausteinstruktur des Steuerungsprogramms:

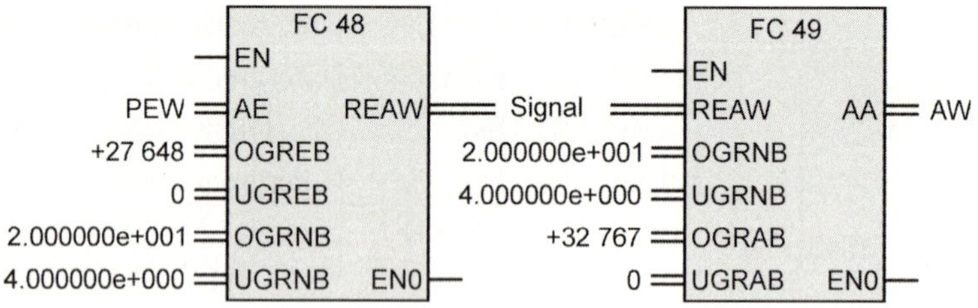

Die allgemeine Berechnungsformel für die Normierung kann aus den Linearfunktionen des Normierungsbereichs und des Ausgangs-Nennbereichs abgeleitet werden. Für den Ausgangsnennbereich spielt es dabei keine Rolle, ob es sich um eine Spannungsausgabe oder Stromausgabe handelt. Für die Herleitung der Normierungsformel wurde eine Spannungsausgabe (mit U1 = 0) angenommen.

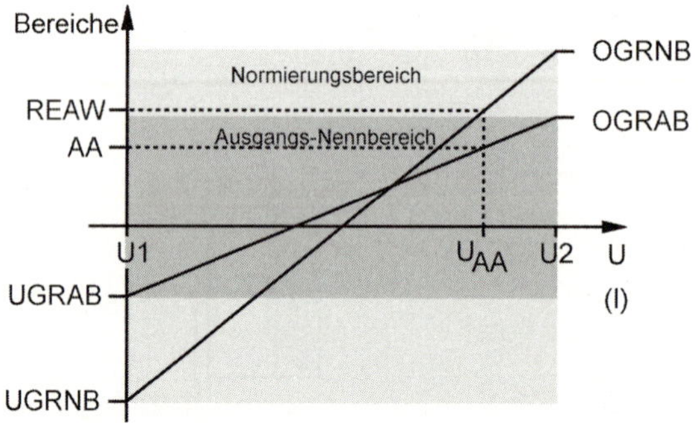

Linearfunktion Normierungsbereich:

$$\mathrm{REAW} = \frac{\mathrm{OGRNB} - \mathrm{UGRNB}}{\mathrm{U2} - \mathrm{U1}} \cdot \mathrm{U_{AA}} + \mathrm{UGRNB}$$

Linearfunktion Ausgangs-Nennbereich:

$$\mathrm{AA} = \frac{\mathrm{OGRAB} - \mathrm{UGRAB}}{\mathrm{U2} - \mathrm{U1}} \cdot \mathrm{U_{AA}} + \mathrm{UGRAB}$$

Die beiden Gleichungen werden nach U_{AA} aufgelöst und gleichgesetzt. Die Differenz U2 – U1 fällt dabei heraus und es ergibt sich folgende allgemeine Berechnungsformel:

$$\mathrm{AA} = \frac{\mathrm{OGRAB} - \mathrm{UGRAB}}{\mathrm{OGRNB} - \mathrm{UGRNB}} \cdot (\mathrm{REAW} - \mathrm{UGRNB}) + \mathrm{UGRAB}$$

Für die Ausführung der Berechnungsregel werden zwei lokale Variable eingeführt. Die Variable D1 ist durch die Differenz von OGRAB und UGRAB (Ausgabe-Nennbereich) und die

Variable D2 durch die Differenz von OGRNB und UGRNB (Normierungsbereich) bestimmt. Die beiden lokalen Variablen haben das Datenformat REAL. Bevor die Untergrenze des Ausgabe-Nennbereichs UGRAB addiert wird, ist das Zwischenergebnis in eine Integer-Zahl umzuwandeln.

Auf die Darstellung der AWL-Quelle der Bibliotheksfunktion FC 48 (AE_REALN) wird im nachfolgenden STEP 7 Programm verzichtet.

STEP 7 Programm (AWL-Quelle):

```
FUNCTION FC 49 : VOID
VAR_INPUT                VAR_OUTPUT               VAR_TEMP
  REAW : REAL ;            AA : WORD ;              D1 : REAL ;
  OGRNB : REAL ;         END_VAR                    D2 : REAL ;
  UGRNB : REAL ;                                  END_VAR
  OGRAB : INT ;
  UGRAB : INT ;
END_VAR
BEGIN
L  #OGRAB;               L  #OGRNB;                *R ;
ITD                      L  #UGRNB;                L  #D2
DTR                      -R ;                      /R ;
L  #UGRAB;               T  #D2;                   RND;
ITD                      L  #REAW;                 L  #UGRAB;
DTR                      L  #UGRNB;                +I ;
-R ;                     -R ;                      T  #AA;
T  #D1;                  L  #D1;

                                                   END_FUNCTION
```

```
ORGANIZATION_BLOCK OB 1
VAR_TEMP
...             //Standardeinträge
 Signal: REAL;  //Hilfsoperand für die Übergabe des Signalwertes
END_VAR
BEGIN
CALL FC 48 (                            CALL FC 49 (
      AE    := PEW 320,                       REAW  := #Signal,
      OGREB := 27648,                         OGRNB := 2.000000e+001,
      UGREB := 0,                             UGRNB := 4.000000e+000,
      OGRNB := 2.000000e+001,                 OGRAB := 32767,
      UGRNB := 4.000000e+000,                 UGRAB := 0,
      REAW  := #Signal);                      AA    := AW 30
END_ORGANIZATION_BLOCK
```

Das folgende Beispiel zeigt nochmals eine Anwendung der universellen Ausgabefunktion FC 49 (REALN_AA). Da hier die auszugebende analoge Spannung einem Prozentwert proportional sein soll, bietet sich die Verwendung der Ausgabefunktion für normierte Analogwerte FC 49 (REALN_AA) an. Als Ausgabebaugruppe wird die Analogausgabebaugruppe SM 332 der Firma SIEMENS angenommen.

Beispiel 7.6: Lackiererei

In einer Lackiererei mit 16 Farbspritz-Arbeitsplätzen muss für eine ausreichende Be- und Entlüftung gesorgt werden. Für jede Spritzpistole, die eingeschaltet wird, meldet der zugehörige Geber ein „1“-Signal. Die Lüftungsleistung der Zuluft- und Abluftventilatoren soll mit jeder eingeschalteten Spritzpistole um 5 % von der Gesamtleistung erhöht werden.

Die Farbspritzarbeitsplätze können nur in Betrieb genommen werden, wenn der Schalter S eingeschaltet ist, was mit einer Lüftungsgrundleistung von 20 % verbunden ist.

Die jeweils eingeschaltete Lüftungsleistung zwischen 0 ... 100 % soll an einem Analogausgang als Spannungssignal von 0 ... 10 V ausgegeben und an einer Ziffernanzeige angezeigt werden.

Technologieschema:

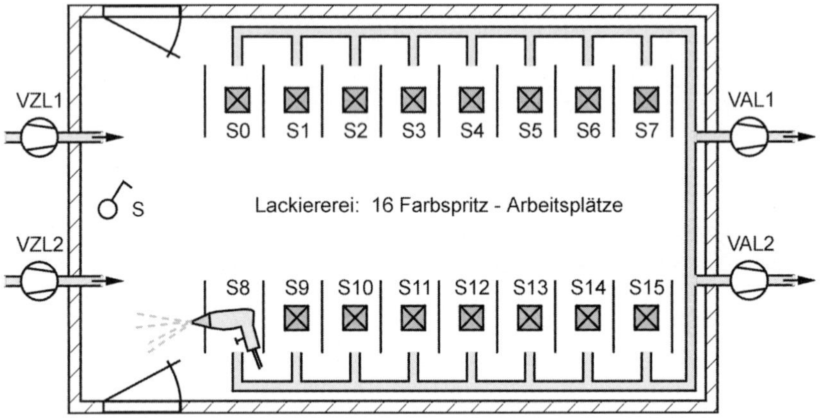

Bild 7.6: Lackiererei

Zuordnungstabelle der Eingänge und Ausgänge:

Eingangsvariable	Symbol	Datentyp	Logische Zuordnung	Adresse
Lüftungshauptschalter	S	BOOL	Betätigt S = 1	E 8.0
Geber: Farbspritzplatz	S0…S15	BOOL	Spritzpistole ein: S0...S15 = 1	EW 0
Ausgangsvariable				
Lüfterleistung:				
Spannungs-Signal	PAW	WORD	Spannungswert 0 .. 10 V	PAW 320
Anzeige	AW	WORD	BCD-Wert	AW 12

Für die Ermittlung der Anzahl der eingeschalteten Farbspritzpistolen und die daraus resultierende Berechnung der Lüftungsgesamtleistung wird eine Funktion FC 60 verwendet. Eingang der Funktion ist das Bitmuster der Geber S0 ... S15 (BMG) und Ausgang der Funktion ist die berechnete Lüftungsgesamtleistung (LGL). Aufgerufen wird die Funktion allerdings nur, wenn sich das Bitmuster ändert und der Lüftungshauptschalter betätigt ist oder beim Einschalten des Lüftungshauptschalters. Zur Feststellung einer Änderung des Bitmusters ist das aktuelle Bitmuster in einer lokalen Variablen BMALT für den nächsten Programmzyklus zu speichern. Durch einen Vergleich des aktuellen Bitmusters EW mit dem Bitmuster des vorherigen Programmzyklus BMALT kann eine Änderung bestimmt werden.

Aufruf der Funktion FC 60:

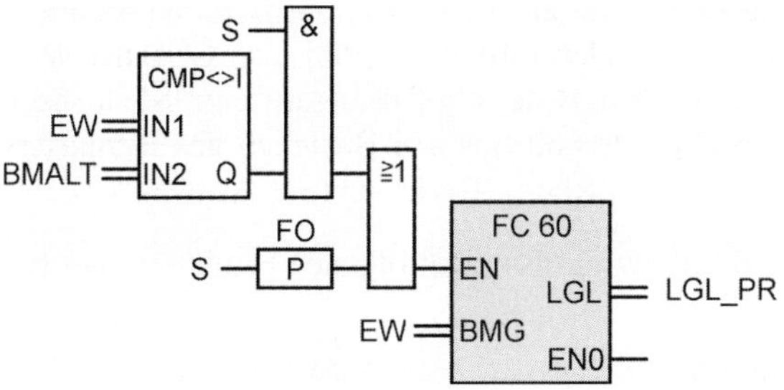

Zuweisung EW → BMALT

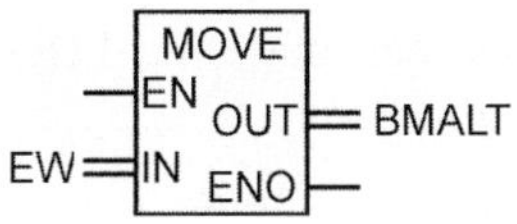

Ein- u. Ausgabevariable FC 60:

BMG: Bitmuster der Geber

LGL: Lüftergesamtleistung

Lokale Variable OB 1:

BMALT: Bitmuster der Geber des vorhergehenden Zyklus

LGL_PR: Lüftergesamtleistung in Prozent

LGL_ANZ: Lüftergesamtleistung für die Anzeige

Das Ergebnis der Funktion FC 60 liegt als Prozentwert von 0 .. 100 in der lokalen Variablen LGL_PR als Gleitpunktzahl vor. Ist der Lüftungshauptschalter S ausgeschaltet, wird die Funktion FC 60 nicht mehr bearbeitet. In die Variable LGL_PR muss dann über eine MOVE-Anweisung der Wert 0.0 transferiert werden. Für die Ausgabe des Analogwertes von 0 ... 10 V wird die Variable LGL_PR an den Eingang REAW der Ausgabefunktion FC 49 gelegt.

Bei S = 0 : LGL_PR:= 0.0

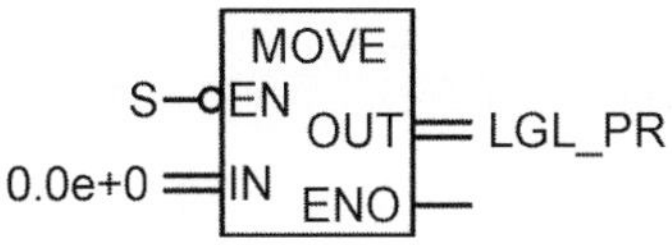

Ausgabefunktion FC 49

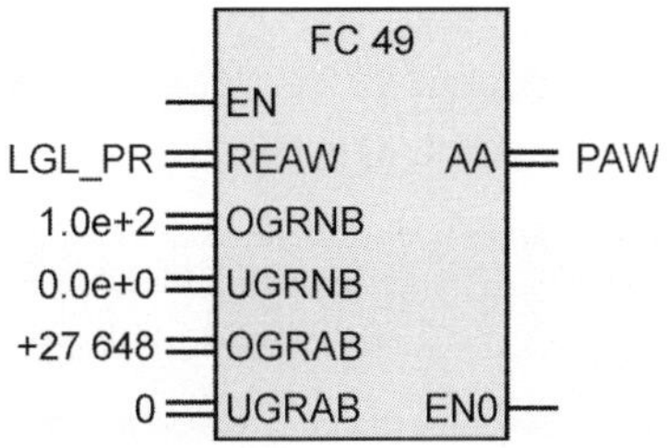

Zur Anzeige der Lüftergesamtleistung kann die Bibliotheksfunktion FC 43 (REAW_BCD4) verwendet werden. Diese erwartet am Funktionseingang REAW Werte im Bereich von -9.999 .. +9.999 zur Ausgabe an einer vierstelligen BCD-Anzeige. Damit die Prozentwerte rechtsbündig an der BCD-Anzeige erscheinen, muss die Variable LGL_PR durch 1000 dividiert werden. Zur Aufnahme des Zwischenergebnisses wird die lokale Variable LGL_ANZ eingeführt.

Division

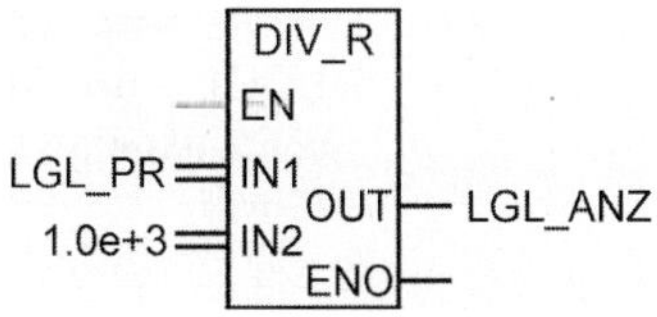

BCD-Ausgabe

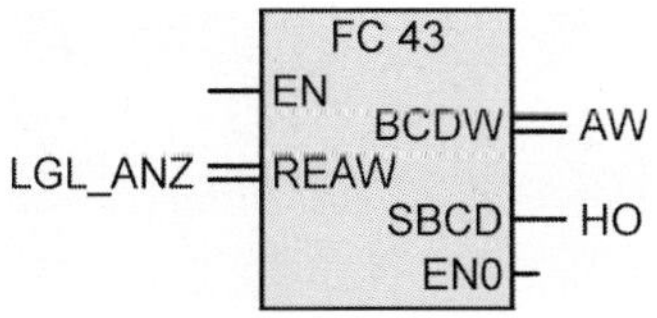

Die Aufgabe der Funktion FC 60 besteht in der Ermittlung der eingeschalteten Farbspritzarbeitsplätze und der daraus resultierenden Berechnung der Lüftergesamtleistung. Zur Feststellung, wie viele Spritzpistolen eingeschaltet sind, wird eine lokale Variable BMGL, die das Bitmuster der Geber enthält, zunächst um eine Stelle nach rechts und dann wieder um eine Stelle nach links geschoben. Ist der Vergleich mit dem nicht geschobenen Bitmuster nicht erfüllt, wurde eine „1" herausgeschoben und somit eine eingeschaltete Spritzpistole ermittelt. Bei jedem nicht erfüllten Vergleich wird zur prozentualen Lüftergesamtleistung LGL der Wert 5 dazu addiert. Das Bitmuster der lokalen Variablen BML wird dann um eine Stelle nach rechts geschoben. Dieser Vorgang wird 16 mal wiederholt, bis alle Bitstellen des Bitmusters überprüft sind.

Das Steuerungsprogramm der Funktion FC 60 ist durch das nachfolgende Struktogramm beschrieben.

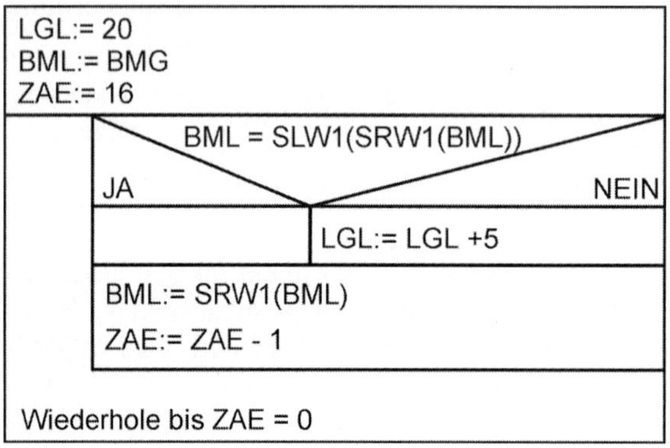

Hinweis:

Die Schleife wird im Steuerungsprogramm mit einer LOOP-Anweisung realisiert.

Auf die Darstellung der AWL-Quellen der Bibliotheksfunktionen FC 43 (REAL_BCD4) und FC 49 (REALN_AA) wird in der nachfolgenden STEP 7 AWL-Quelle verzichtet.

STEP 7 Programm (AWL-Quelle):

```
FUNCTION FC 60 : VOID
VAR_INPUT
  BMG : WORD ;
END_VAR
VAR_OUTPUT
  LGL : REAL ;
END_VAR
VAR_TEMP
  ZAE : INT ;
  BML : WORD ;
END_VAR
BEGIN
      L   2.000000e+001;
      T   #LGL;
      L   #BMG;
      T   #BML;
      L   16;
M001: T   #ZAE;
      L   #BML;
      SRW 1;
      SLW 1;
      L   #BML;
      ==I;
      SPB M002;
      L   #LGL;
      L   5.000000e+000;
      +R ;
      T   #LGL;
M002: L   #BML;
      SRW 1;
      T #BML;
      L #ZAE;
      LOOP  M001;
END_FUNCTION
```

Hinweis:

Die Subtraktion der Variablen ZAE mit 1 bei jedem Schleifendurchlauf, wie im Struktogramm dargestellt, wird von der LOOP-Anweisung eigenständig ausgeführt.

```
ORGANIZATION_BLOCK OB 1
VAR_TEMP
...     //Standardeinträge
  BMALT  : INT ;   //Speichervariable für das Bitmuster
  LGL_PR : REAL;   //Übergabevariable für den Sollwert
  LGL_ANZ: REAL;   //Übergabevariable für den Sollwert
  HO     : BOOL;   //Hilfsoperand
  FO     : BOOL;   //Flankenoperand
END_VAR

BEGIN
      U  E 8.0;
      U( ;
      L  EW 0;
      L  #BMALT;
      <>I;
      ) ;
      O(;
      U  E 8.0;
      FP #FO;
      )  ;
      SPBNB M001;
      CALL FC 60 (
         BMG  := EW 0,
         LGL  := #LGL_PR);
M001: NOP   0;
      L  EW     0;
      T  #BMALT;
      UN E      8.0;
      SPBNB M002;
      L  0.000000e+000;
      T  #LGL_PR;
M002: NOP 0;
      CALL FC 49 (
         REAW := #LGL_PR,
         OGRNB:= 1.000000e+002,
         UGRNB:= 0.000000e+000,
         OGRAB:= 27648,
         UGRAB:= 0,
         AA   := PAW  336);
      L  #LGL_PR;
      L  1.000000e+003;
      /R ;
      T  #LGL_ANZ;
      CALL FC 43 (
         REAW := #LGL_ANZ,
         BCDW := AW    12,
         SBCD := #HO);
END_ORGANIZATION_BLOCK
```

8 Regeln mit Automatisierungsgeräten

In diesem Kapitel werden die Grundlagen des Regelns mit Automatisierungsgeräten behandelt sowie der Entwurf und die Realisierung von einfachen Regelungsprogrammen unterschiedlicher Reglerarten gezeigt. Für die einzelnen Reglerfunktionen werden Funktionsbausteine bzw. Funktionen entwickelt, die in die eigene Programmbibliothek aufgenommen werden. Die allgemeinen regelungstechnischen Grundlagen werden vorab nur insoweit beschrieben, wie sie für das Verständnis der dargestellten Regelungsprogramme erforderlich sind.

8.1 Allgemeine Grundlagen

8.1.1 Regelungstechnische Grundbegriffe

Eine Regelung hat die Aufgabe, die Ausgangsgröße einer Regelstrecke, die *Regelgröße x*, auf einen von der *Führungsgröße w* vorbestimmten Wert zu bringen und sie gegen den Einfluss von *Störgrößen z* auf diesem Wert zu halten. Dazu muss der tatsächliche Istwert der Regelgröße fortlaufend erfasst und mit dem durch die Führungsgröße vorgegebenen Sollwert verglichen werden.

Das nachfolgende Bild zeigt das vereinfachte Schema einer geregelten Heizeinrichtung, an dem die bei einer Regelung auftretenden Grundbegriffe näher erläutert werden.

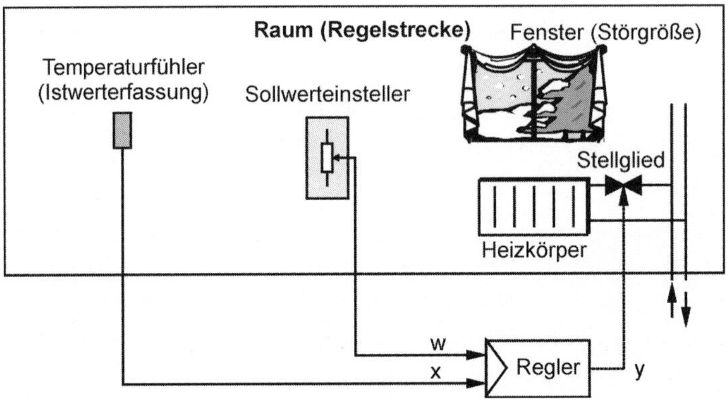

Bild 8.1: Geregelte Heizeinrichtung

Am Sollwerteinsteller wird die gewünschte Raumtemperatur, die aufgabenneutral als Regelgröße x bezeichnet wird, eingestellt. Die gewünschte Raumtemperatur ist der Sollwert, welcher der Regelung als fest eingestellter Wert oder als Führungsgröße w vorgegeben wird. Der Temperaturfühler misst die Raumtemperatur. Ein Messwertumformer liefert dem *Regler* den Istwert x in der erforderlichen Signalform. Der Regler ermittelt aus der Subtraktion des Sollwertes w und des Istwertes x die *Regeldifferenz* e (e = w – x). Nach einem bestimmten Regelalgorithmus wird aus der Regeldifferenz e die Stellgröße y gebildet. Die Stellgröße y wirkt auf das Stellglied, das die Regelgröße x im Sinne einer Angleichung an die Führungsgröße w verändert. Die Regelgröße wird beispielsweise durch das Öffnen des Fensters beeinflusst. Eine solche unerwünschte Veränderung der Regelgröße wird als Störgröße z bezeichnet.

Insgesamt muss gewährleistet sein, dass der *Wirkungssinn* der Regelung so ist, dass bei positiver Regeldifferenz e (w > x) die Regelgröße vergrößert und bei negativer Regeldifferenz e (w < x) die Regelgröße x verringert wird.

Bei einer Regelung bilden die Regelstrecken und der Regler einen geschlossenen Wirkungskreislauf, den Regelkreis.

8.1.1.1 Funktionsschema einer Regelung

Das dargestellte vereinfachte Schema einer Heizungsregelung kann in eine funktionale Darstellung übertragen werden, die geeignet ist, die meisten Regelkreisarten zu beschreiben.

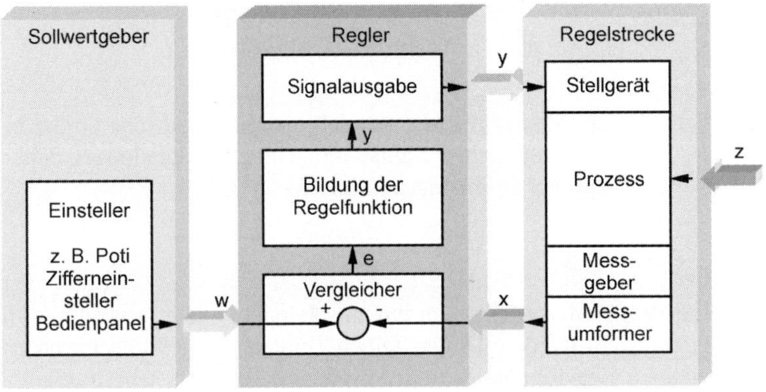

Bild 8.2: Funktionsschema einer Regelung

Die in dem Funktionsschema verwendeten regelungstechnischen Begriffe sind nachfolgend (auch mit den englischen Begriffen) aufgelistet und erläutert. Sofern vorhanden, ist das zugehörige Kurzzeichen angegeben.

Regelgröße (process variable)	x (PV)	Ausgangsgröße der Regelstrecke, die im Sinn der Regelung beeinflusst werden soll.
Istwert (actual value)	x (PV_A)	Der Momentanwert der Regelgröße heißt Istwert.
Führungsgröße (setpoint)	w (SP)	Die Führungsgröße ist die unabhängige Größe im Regelkreis, die den gewünschten Wert bzw. Verlauf der interessierenden Prozessgröße vorgibt.
Sollwert (setpoint value)	w (SV)	Der Momentanwert der Führungsgröße wird mit Sollwert bezeichnet.
Regeldifferenz (error signal)	e (ER)	Die Regeldifferenz wird aus dem Sollwert und dem Istwert gebildet: e = w – x.
Stellgröße (manipulated variable)	y (LMN)	Die Stellgröße ist die Ausgangsgröße des Reglers bzw. Eingangsgröße der Strecke. Das Stellsignal kann eine binäre Größe bei unstetigen Reglern oder analoge Größe bei stetigen Reglern sein.
Störgröße (disturbance variable)	z (DISV)	Alle Einflussgrößen auf die Regelgröße – mit Ausnahme der Stellgröße – werden als Störgrößen bezeichnet.
Sollwertgeber (setpoint value unit)		Als Sollwertgeber wird das Gerät bezeichnet, mit dem die Führungsgröße gebildet wird.

Regler (closed-loop controller)	Der Regler ist die Einrichtung, die aus der Regeldifferenz die Stellgröße bildet.
Regelstrecke (process unit)	Die Regelstrecke ist der Anlagenteilbereich, indem die Regelgröße von der Stellgröße durch Änderung der Stellenergie oder des Massestroms beeinflusst wird. Sie kann unterteilt werden in das Stellgerät, den Prozess, den Messwertgeber und den Messumformer.
Stellgerät (process control unit)	Als Stellgerät wird der Teil des Regelkreises bezeichnet, der zum Beeinflussen der Regelgröße des Prozesses dient. Das Stellgerät besteht meist aus Stellantrieb und Stellglied.
Messgeber (measuring sensor)	Gerät, das den Wert der Regelgröße misst.
Messumformer (measuring transducer)	Ein Messumformer wandelt eine physikalische Größe in ein elektrisches Signal um. Übliche Signalpegel dabei sind 4 .. 20 mA oder 0 ... 10 V.

8.1.1.2 Regelkreisdarstellung

Ein Regelkreis besteht aus einer Vielzahl von Geräten, die zur übersichtlichen Darstellung in Form eines Signalflussplanes dargestellt werden. Die einzelnen Teile des Regelkreises werden als Übertragungsglieder bezeichnet. Die Eingangs- und Ausgangsgrößen des Übertragungsgliedes werden als Pfeile dargestellt. Die Pfeile stellen keine mechanischen oder elektrischen Verbindungen dar, sondern geben nur die Wirkungsrichtung, d.h. den Signalfluss an.

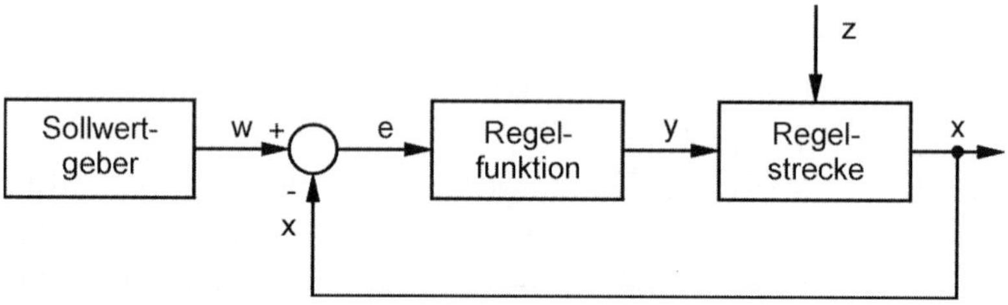

Die Elemente eines Signalflussplans sind Übertragungsglieder, Additionsstellen und Verzweigungsstellen.

Die Additionsstelle wird mit einem Kreis gezeichnet. Die einzelnen Signale führen als Pfeile auf den Kreis. Der Wirkungssinn des Signals wird durch das Vorzeichen angegeben.

Die Verzweigung von Signalen wird mit einem Punkt angegeben. Damit kann ein Signal zu mehreren Übertragungsgliedern geführt werden.

Für die mathematische Untersuchung eines Regelkreises ist seine Darstellung als Signalflussplan eine zwingende Notwendigkeit. Zum Entwurf des Signalflussplanes sind folgende Schritte durchzuführen:

- Jede im Regelkreis beteiligte Funktionseinheit wird mit einem Übertagungsglied mit entsprechendem Übertragungsfaktor dargestellt. Der Übertragungsfaktor bestimmt das Verhältnis von Ausgangsgröße zu Eingangsgröße.

- Die Übertagungsglieder werden entsprechend ihrer Funktion angeordnet.
- Die Additions- und Verzweigungsstellen werden hinzugefügt.

In vielen Fällen haben die Eingangs- und Ausgangsgrößen von Übertragungsgliedern unterschiedliche physikalische Einheiten. Für die regelungstechnischen Untersuchungen sind die physikalischen Größen von untergeordneter Bedeutung. Werden die physikalischen Größen auf ihren Nennwert, Verstellbereich oder Maximalwert bezogen, können die physikalischen Einheiten eliminiert werden.

8.1.2 Regelstrecke

8.1.2.1 Begriff der Regelstrecke

Die Regelstrecke beginnt am Stellort, d.h. dort, wo die Stellgröße eingreift und endet am Messort, wo sich der Messfühler zur Aufnahme der Regelgröße x befindet. Im nachfolgenden Technologieschema einer Temperaturregelung ist zu erkennen, dass die Regelstrecke das Mischventil, die Umwälzpumpe, den Heizkörper, die Heizrohre und den Raum einschließlich Messfühler umfasst. Die Regelstrecke ist also derjenige Teil der Anlage, innerhalb dessen eine Beeinflussung der Regelgröße x über das Stellglied erfolgen kann.

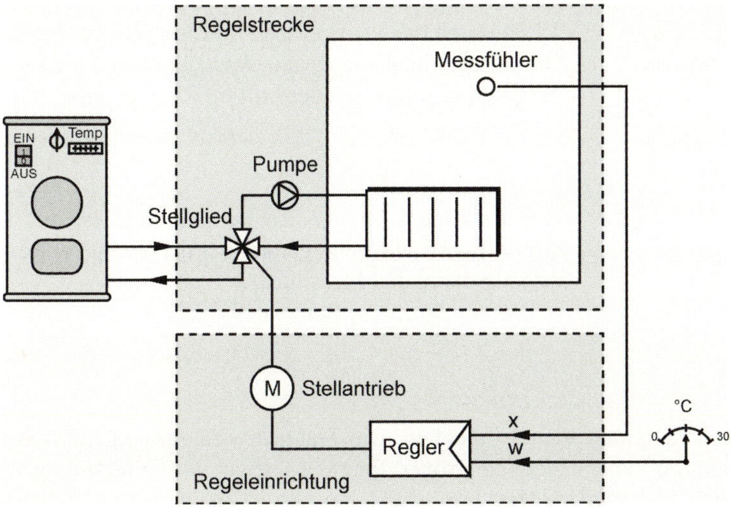

Bild 8.3: Temperaturregelung

8.1.2.2 Kennlinie und Zeitverhalten der Regelstrecke

Für die Auswahl eines geeigneten Reglers muss das Verhalten der Regelstrecke bekannt sein. Man versucht das Verhalten der Regelstrecken durch die Angabe von Kennlinien und Zeitfunktionen zu beschreiben, um daraus die Regelstreckenparameter abzuleiten.

Die bildliche Darstellung des Zeitverhaltens einer veränderlichen Größe wie z.B. der Regelgröße x heißt *Zeitfunktion*. Auf der senkrechten Achse ist z.B. die Raumtemperatur und auf der waagrechten Achse ist die Zeit aufgetragen: T = f(t). Diese Darstellung darf nicht Kennlinie genannt werden. Die Kennlinie der Regelstrecke ist die grafische Darstellung des Zusammenhangs zwischen Stellgröße y und Regelgröße x. Eine *Kennlinie* ist somit ein Diagramm, bei dem die Abhängigkeit einer physikalischen Größe von einer anderen physikalischen Größe (nicht der Zeit) dargestellt ist. Auf der senkrechten Achse können z.B. die Raumtemperatur und auf der waagrechten Achse die Stellung des Mischventils aufgetragen sein: $T = f(\alpha)$.

In den nachfolgenden Zeitfunktionen wird zunächst gezeigt, wie man sich das Entstehen des Zeitverhaltens der Regelgröße x bei der Temperaturregelung eines Raumes vorstellen kann. Dabei wird angenommen, dass die Stellung des Mischventils sprungartig zum Zeitpunkt t_0 verändert und danach nicht mehr verstellt wird.

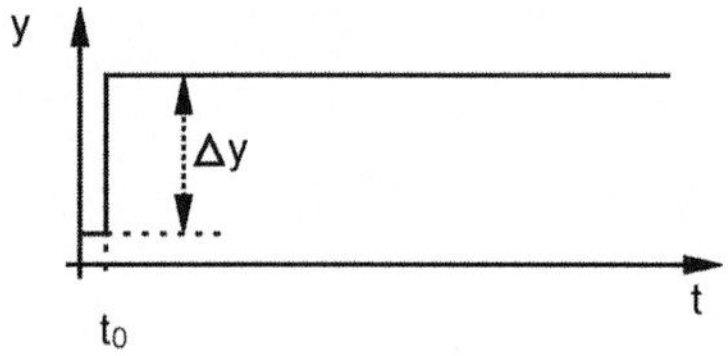

Das Mischventil wird zum Zeitpunkt t_0 um einen bestimmten Winkel α verstellt. Damit erhöht sich der Anteil des heißen Kesselwassers im Zulauf.

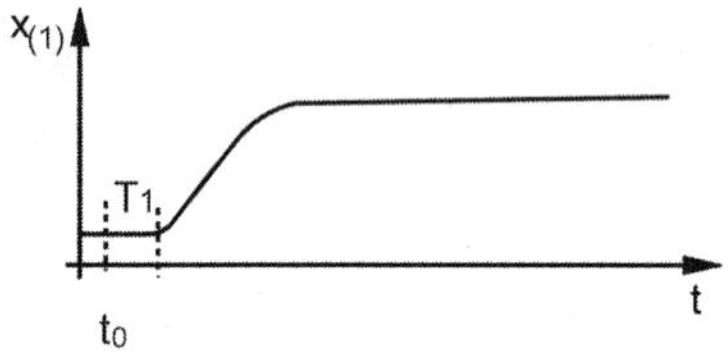

T1 ist durch die Transportzeit im Rohrleitungssystem bestimmt. Das anschließende langsame Ansteigen der Temperatur gibt das Aufheizen der Rohrleitungen und des Heizkörpers wieder.

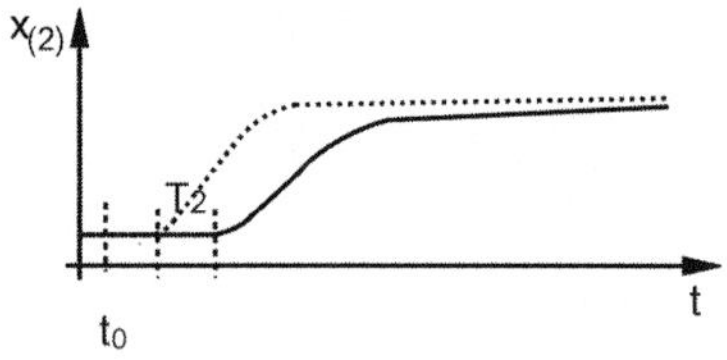

T2 ist durch die Transportzeit im Luftraum bestimmt. Das anschließende langsame Ansteigen der Temperatur gibt das Aufheizen der Luft im Raum wieder

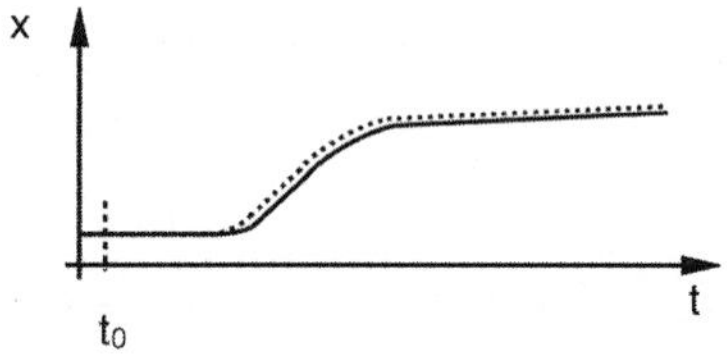

Der tatsächlich an den Regler gelieferte Istwert x erfährt noch eine Verzögerung bei der Temperaturerfassung durch den Messfühler.

Die Temperatur-Regelstrecke zeigt ein träges Verhalten. Die Trägheit wird zurückgeführt auf das Zusammenwirken mehrerer unterschiedlich großer Energiespeicher wie Rohrleitungen, Heizkörper, Luftmassen und Messfühler. Man bezeichnet Regelstrecken, in denen mehrere Speichereinflüsse wirksam sind, als *Regelstrecken höherer Ordnung*.

Um das zeitliche Verhalten einer Regelstrecke zu bestimmen, wird zu einem bestimmten Zeitpunkt t_0 eine sprungartige Änderung der Stellgröße y vorgenommen. Die Reaktion der Regelgröße wird in einem Diagramm aufgezeichnet. Der zeitliche Verlauf der Regelgröße x wird als Sprungantwort bezeichnet.

Aus der Sprungantwort einer Regelstrecke höherer Ordnung lassen sich wichtige regelungstechnische Parameter ermitteln. Durch Anwendung eines grafischen Verfahrens (Wendetangenten-Konstruktion) wird die Sprungantwort in zwei Bereiche eingeteilt. Aus der Sprungantwort lassen sich dann die drei Kennwerte Verzugszeit Tu, Ausgleichszeit Tg und Übertragungsbeiwert der Regelstrecke Ks ermitteln.

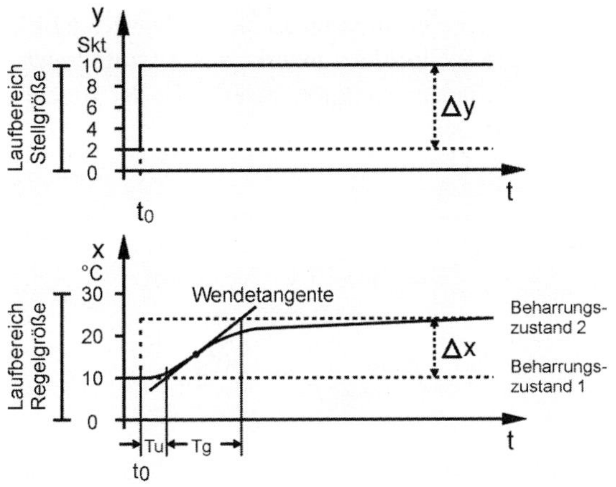

Regelparameter, die aus der Sprungantwort einer Regelstrecke höherer Ordnung mit Ausgleich bestimmt werden können:

Verzugszeit: Tu

Ausgleichszeit: Tg

Übertragungsbeiwert der Regelstrecke:

$$K_s = \frac{\Delta x\,(\%)}{\Delta y\,(\%)}$$

Liegt durch Berechnung oder Messung die Sprungantwort der Regelstrecke vor, so lassen sich die Streckenparameter Verzugszeit Tu und Ausgleichszeit Tg bei einer Strecke höherer Ordnung mit der Wendtangente ermitteln. Erfahrungen haben ergeben, dass das Verhältnis von Verzugszeit Tu und Ausgleichszeit Tg Auskunft über die Regelbarkeit einer Strecke ergeben.

Gut regelbar	Noch regelbar	Schlecht regelbar
$\frac{Tu}{Tg} < \frac{1}{10}$	$\frac{Tu}{Tg} = \frac{1}{5}$	$\frac{Tu}{Tg} > \frac{1}{3}$

Zur Einschätzung der beiden Zeitwerte sind in der folgenden Tabelle die ungefähren Größenordnungen für die Verzugszeit und Ausgleichzeit gebräuchlicher Temperaturregelstrecken angegeben.

Regelgröße	Art der Regelstrecke	Verzugszeit Tu	Ausgleichszeit Tg
Temperatur	Elektrisch beheizter Ofen	0,5 bis 1 min	5 bis 15 min
	Autoklaven (2,5 m^3)	0,5 bis 0,7 min	10 bis 20 min
	Destillationskolonne	1 bis 7 min	40 bis 60 min
	Raumheizung	1 bis 5 min	10 bis 60 min
Durchfluss	Rohrleitung mit Gas	0 bis 5 s	0,2 bis 10 s
Druck	Kessel mit Befeuerung	0	150 s
Füllstand	Trommelkessel	0,6 bis 1min	0
Drehzahl	Elektrischer Antrieb	0	1 bis 40 s

Der *Übertragungsbeiwert Ks* der Regelstrecke ist durch den Quotienten der Änderung der Regelgröße x und der Änderung der Stellgröße y bestimmt. Im Signalflussplan entspricht dies dem Verhältnis der Ausgangsgröße bezogen auf die Eingangsgröße. Damit kann bei bekanntem Übertragungsbeiwert der Regelstrecke bei einer Änderung der Stellgröße y die zu erwartende Änderung der Regelgröße x bestimmt werden. Die Zeit für die Änderung spielt dabei insofern keine Rolle, weil die zu jeder Stellgrößenordnung sich ergebende Regelgrößenänderung abgewartet werden muss (Erreichen des Beharrungszustandes).

Die Kennlinie der Regelstrecke ist in Ergänzung zu der Zeitfunktion zu sehen. Die Kennlinie zeigt den Zusammenhang zwischen Regelgröße x und Stellgröße y innerhalb des Laufbereichs beider Größen bei konstantem Störgrößeneinfluss. Zu jedem Stellgrößenwert y ist der zugehörige Regelgrößenwert x im Beharrungszustand aufgetragen.

Kennlinie:

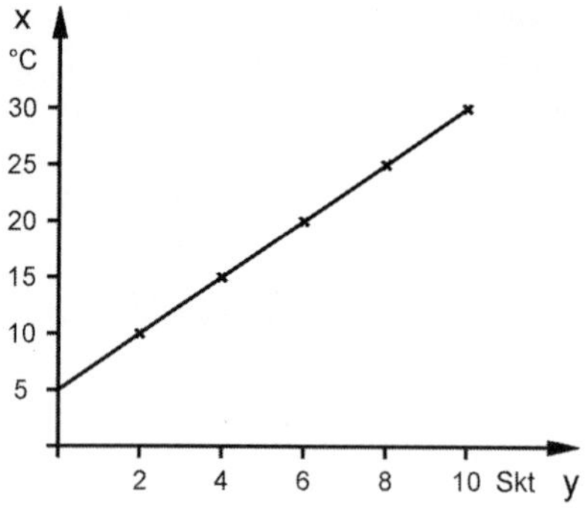

Parameter:

Übertragungsbeiwert:

$$K_S = \frac{\Delta x\,(\%)}{\Delta y\,(\%)} = \frac{\dfrac{25°C - 10°C}{25\,K}}{\dfrac{8\,Skt - 2\,Skt}{10\,Skt}} = \frac{60\%}{60\%} = 1$$

Konstante Störgröße: $z = 5°C$.

Der für die obige Kennlinie ermittelte Übertragungsbeiwert ist innerhalb des Laufbereichs der Größen konstant. Regelstrecken dieser Art heißen P-Strecken (P = Proportional) und sind regelungstechnisch einfacher zu beherrschen als Strecken mit gekrümmter Kennlinie, die keinen konstanten Übertragungsbeiwert haben.

8.1.2.3 Beispiele für Regelstrecken

Es soll nun ein Ordnungsschema eingeführt werden, um sich besser in der unübersehbaren Vielfalt möglicher Regelstrecken zurecht zu finden.

Erstes Ordnungskriterium: Regelstrecken mit und ohne Ausgleich.

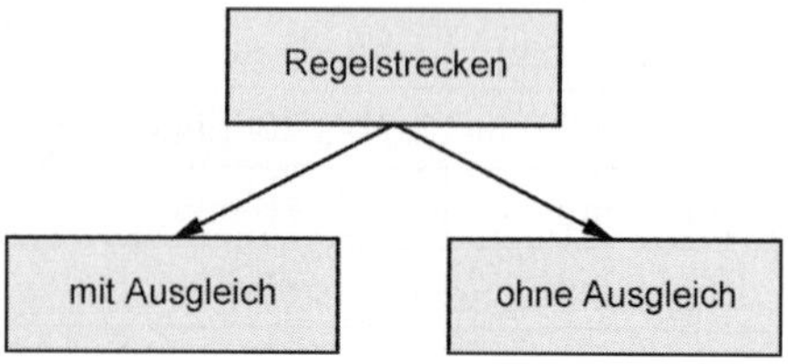

Ausgleich bedeutet, dass die Regelgröße einer Strecke nach sprungartiger Änderung der Stellgröße innerhalb einer Übergangszeit wieder einen stabilen Beharrungszustand annimmt.

Als Beispiel für eine *Regelstrecke mit Ausgleich* sei die Temperaturregelung des voranstehenden Abschnitts genannt. Bei Veränderung der Mischventilstellung erreicht die Raumtemperatur auf verändertem Niveau wieder einen stabilen Wert.

Bei einer *Regelstrecke ohne Ausgleich* würde die Regelgröße x nach einer sprungartigen Änderung der Stellgröße y keinen neuen Beharrungszustand finden. Dies ist z.B. der Fall bei einem Behälter mit dem Füllstand als Regelgröße x, wenn die Ablaufmenge in m^3/h durch eine Pumpe konstant gehalten wird. Jede Änderung der Zulaufmenge in m^3/h führt dann entweder zum Überlaufen oder Leerlaufen des Behälters.

Regelstrecken mit Ausgleich und konstantem Übertragungsbeiwert Ks haben einen proportionalen Charakter und werden deshalb auch *P-Strecken* genannt. Regelstrecken ohne Ausgleich haben einen integralen Charakter und werden daher als I-Strecken bezeichnet.

Zweites Ordnungskriterium: Regelstrecken mit und ohne Verzögerung.

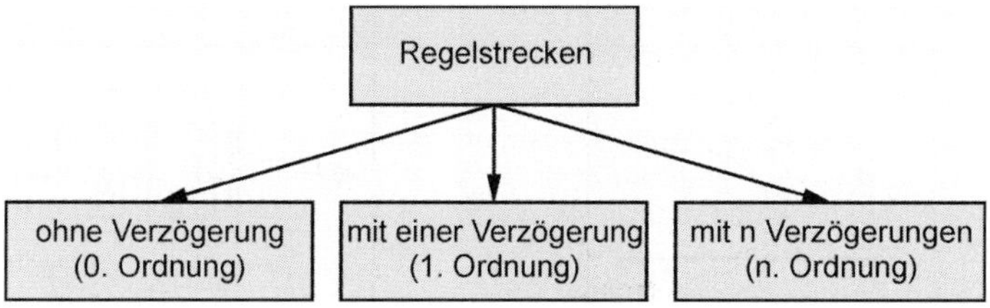

Verzögerungen werden durch Energiespeicher verursacht.

Verzögerung bedeutet, dass die Regelgröße x einer sprungartigen Änderung der Stellgröße y nicht sprunghaft folgen kann, sondern erst nach einer bestimmten Zeit einen neuen stabilen Wert erreicht. Verzögerungen treten bei technischen Prozessen immer auf, wenn Energie zu- oder abgeführt oder Massen beschleunigt oder abgebremst werden müssen.

Drittes Ordnungskriterium: Regelstrecken mit und ohne Totzeit.

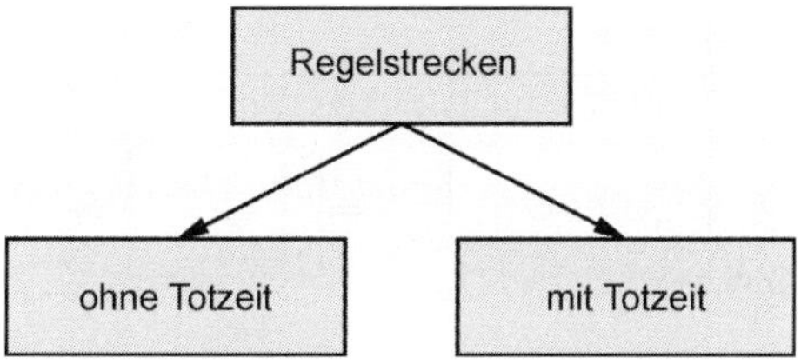

Totzeit bedeutet eine Wartezeit bis eine Reaktion eintritt.

Ein bekanntes Beispiel für eine Regelstrecke mit Totzeit ist das Förderband. Durch eine Schieberöffnung (Stellgrößenänderung Δy) gelang mehr Fördergut auf das Band. Die höhere Ausschüttmenge (Regelgrößenänderung Δx) wirkt sich am Bandende jedoch nicht sofort aus, sondern erst nach einer Totzeit, die von der Geschwindigkeit und der Länge des Bandes abhängt.

In der Praxis vorkommende Regelstrecken weisen zumeist Kombinationen von Eigenschaften auf. Die Kriterien Ausgleich, Verzögerung und Totzeit treten dann gemeinsam auf.

Die nachfolgende Tabelle zeigt Beispiele für Regelstrecken mit den genannten Ordnungskriterien.

Art der Strecke Beispiel	Sprungantwort	Strecken-parameter	Signalflussplan
P_0-Strecke 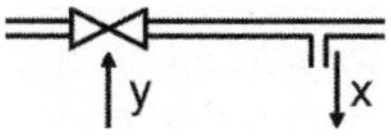 Druck und Durchfluss in Flüssigkeitsrohrnetzen	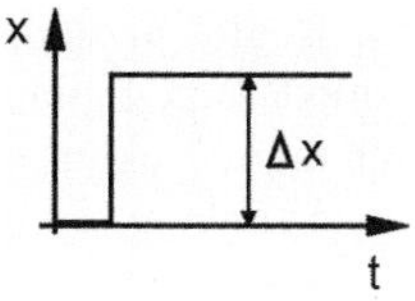	Ks:	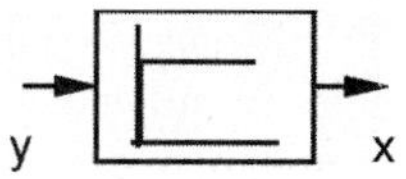
PT1-Strecke 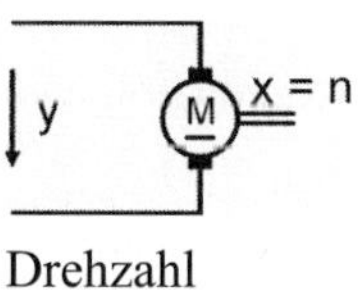 Drehzahl	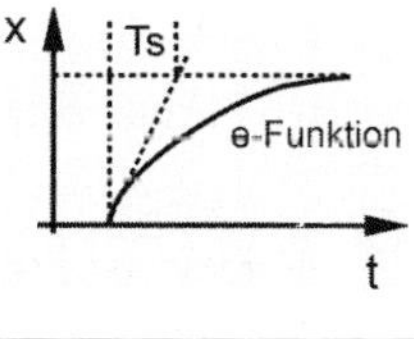	Ks, Ts	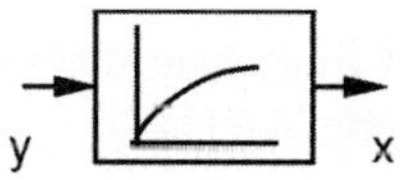

Art der Strecke Beispiel	Sprungantwort	Strecken- parameter	Signalflussplan
PT2-Strecke 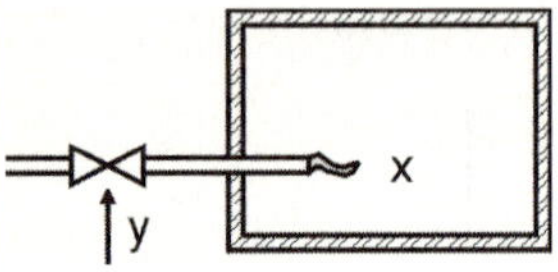 Ofentemperatur	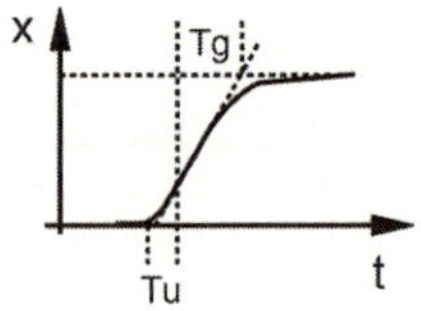	Ks, Tu, Tg	
P-Strecke mit Totzeit 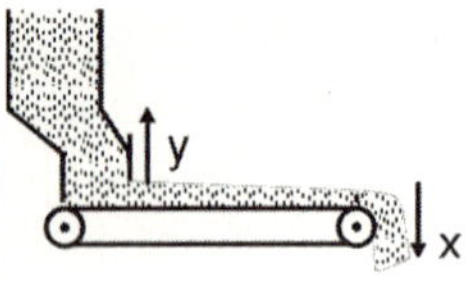 Fördermenge	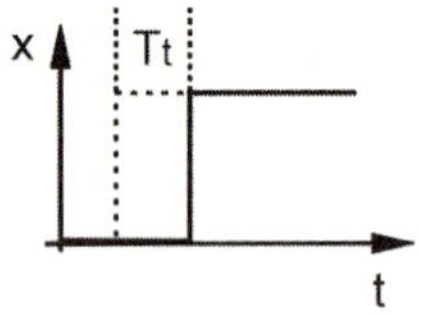	Ks Tt	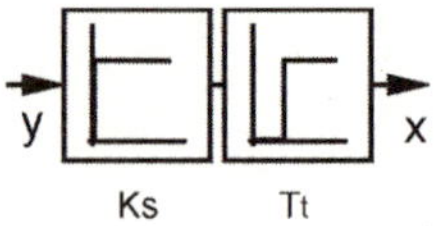
I-Strecke 0. Ordnung 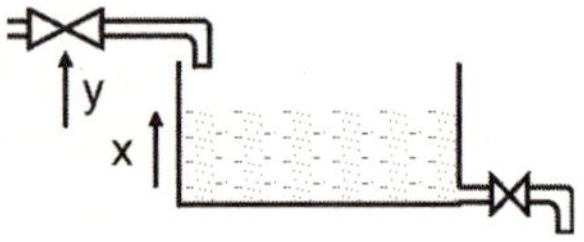 Füllstand	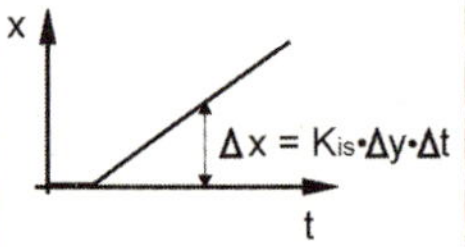	Kis	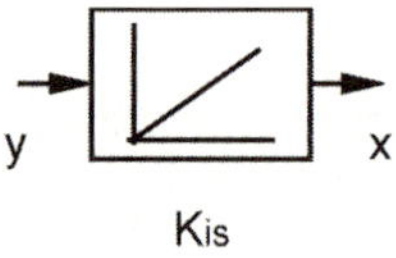

Die Eigenschaften von Regelstrecken sind durch verfahrens- bzw. maschinentechnische Gegebenheiten festgelegt und kaum zu beeinflussen. Ein gutes Regelergebnis kann also nur durch Auswahl eines für den Streckentyp am besten geeigneten Reglertyps sowie dessen Anpassung an das Zeitverhalten der Strecke erreicht werden.

8.1.3 Regler

Der Regler ist der Teil des Regelkreises, in dem aus der Führungsgröße w und Regelgröße x durch die Regelfunktion eine Stellgröße y gebildet wird. Über die Signalausgabe wird die ermittelte Stellgröße an die Stelleinrichtung weitergegeben.

Wie bei den Regelstrecken gibt es auch bei den Reglern eine große Vielfalt von realisierbaren Reglerarten. Die klassische Einteilung der Regler in stetige – und unstetige Regler mit und ohne Hilfsenergie wird insbesondere den modernen digitalen Regelungskonzepten nicht mehr gerecht. Im folgenden Abschnitt ist deshalb eine Strukturierung der verschiedenen Reglerarten vorgenommen, die sich an den beiden Reglerfunktionseinheiten „Bildung der Regelfunktion" und „Signalausgabe" orientiert.

8.1.3.1 Realisierbare Reglerarten

Die Einteilung der realisierbaren Reglerarten von einschleifigen Regelungen ergibt folgende Möglichkeiten:

- Art der Regelfunktion: Zweipunkt-, Dreipunkt-, PID-Funktion und Fuzzy-Algorithmus.
- Art des Stellsignals: Zweipunkt/Dreipunkt, Kontinuierlich, Schritt und Impuls.

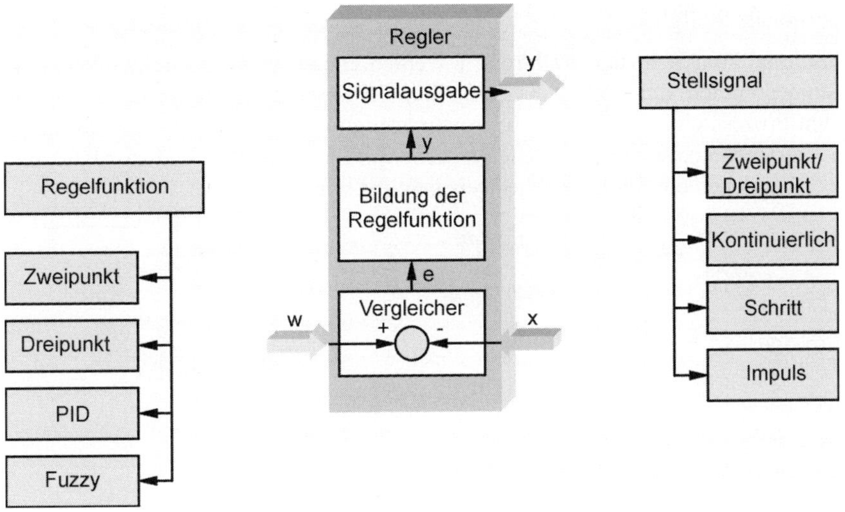

Bild 8.4: Reglerarten

Bei der Realisierung der Reglerarten sind Kombinationen aus Regelfunktionen und Stellsignalen möglich. So kann die Stellgröße y beispielsweise nach der PID-Funktion berechnet werden und das Stellsignal auf ein kontinuierliches, schritt- oder impulsgesteuertes Stellglied geführt werden. Ebenso kann ein kontinuierliches Stellsignal aus der Bildung der Regelfunktion nach der PID-Funktion oder einem Fuzzy-Algorithmus gewonnen werden.

Mit einem Automatisierungsgerät können alle angegebene Regelfunktionen und auch alle Arten von Stellsignalen realisiert werden.

Welche Reglerart eingesetzt wird, hängt in erster Linie vom verwendeten Stellgerät (Stellglied) ab. Die vom Stellglied geforderte Signalform bestimmt die Art der Signalbildung. In sehr vielen Fällen werden Ventile oder Klappen zur Verstellung von Stoff- oder Energieströmen eingesetzt. Je nach Antrieb dieser Drosselorgane sind unterschiedliche Stellsignale erforderlich.

□ Stellglieder mit Impulsen:

Bei diesen Stellgliedern wird entweder der binäre Wert der Stellgröße y direkt an das Stellglied gelegt oder im Takt der Abtastzeit ein zum Wert der analogen Stellgröße y proportionales Impulslängensignal ausgegeben. In beiden Fällen wird das betreffende Stellglied z.B. Heizwiderstand oder Kühlaggregat nach Maßgabe der Stellgröße unterschiedliche lange eingeschaltet. Das Stellglied kann die Zustände „EIN/AUS“, „AUF/AUS/ZU“, „Vorwärts/AUS/Rückwärts“, „Beschleunigen/AUS/Bremsen“ usw. repräsentieren.

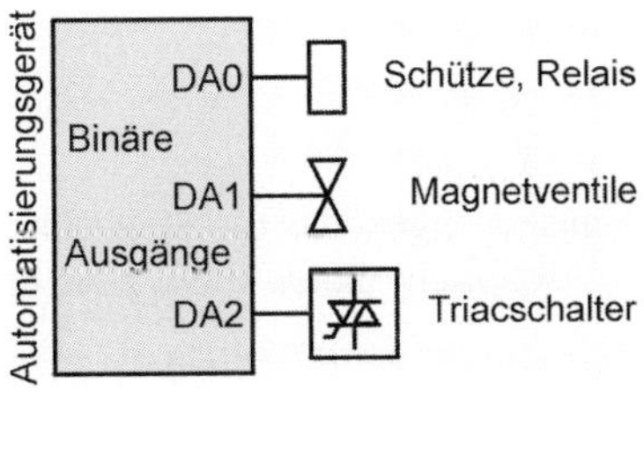

- Proportionale Stellglieder:

  Proportional zum Wert der Stellgröße y werden Öffnungsgrade, Drehwinkel oder Positionen eingenommen, d.h. innerhalb des Stellbereiches wirkt die Stellgröße in analoger Weise auf den Prozess ein. Zu dieser Gruppe von Stellgliedern gehören federbelastete pneumatische Antriebe aber auch motorische Antriebe mit Stellungsrückmeldung (Positionier-Elektronik), bei denen ein Stellungsregelkreis gebildet wird.

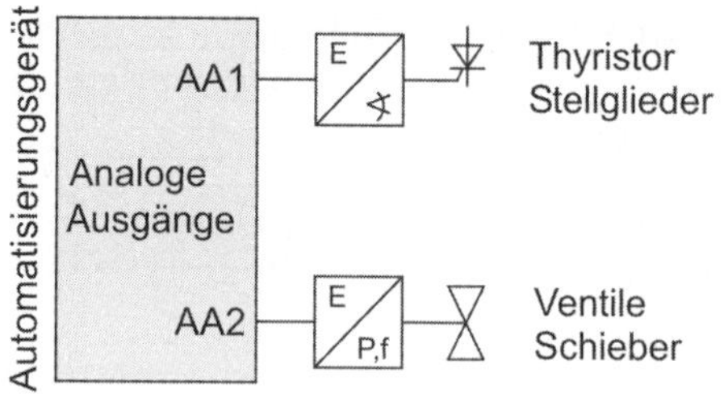

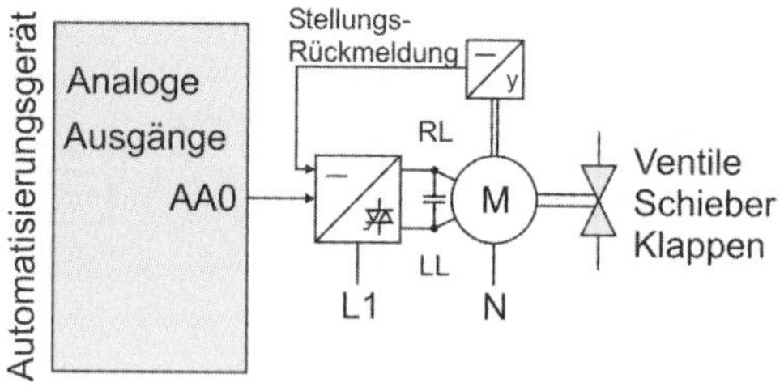

- Integralwirkende Stellglieder mit Dreipunktverhalten:

  Die Stellglieder werden meist durch Motoren betätigt, bei denen die Dauer der Einschaltung proportional zum Verstellweg des Drosselorgans ist. Die Stellglieder haben integrale Wirkung. Der große Vorteil dieser Stellglieder liegt darin, dass bei ausgeregeltem Regelkreis keine Stellgröße y mehr erforderlich ist.

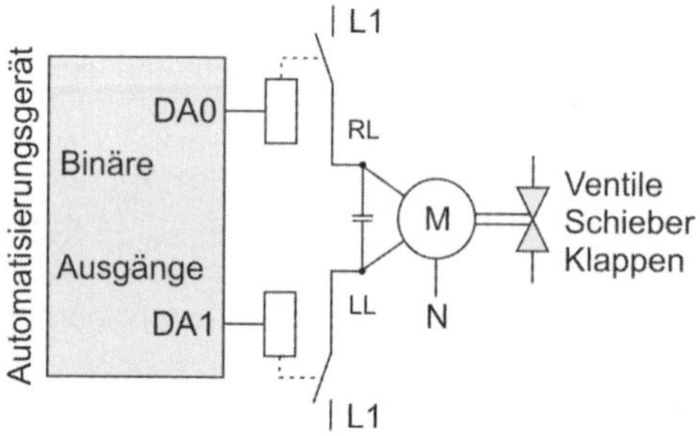

Wichtiger Grundsatz bei der Auswahl des Reglers:

Reglertyp und Stellglied müssen zusammenpassen

8.1.3.2 Bildung der Regelfunktion

1. Zweipunkt-Regelfunktion

Bei der Bildung der Zweipunkt-Regelfunktion wird davon ausgegangen, das die Stellgröße die zwei Zustände „EIN" und „AUS" annehmen kann. „EIN" entspricht dabei 100% Leistungszuführung und „AUS" 0%.

Das nebenstehende Bild zeigt die Zweipunkt-Funktion in der Signalflussplan-Darstellung. Eingangsgröße ist die Regeldifferenz e und Ausgangsgröße die Stellgröße y, die zwei unterschiedliche Werte annehmen kann.

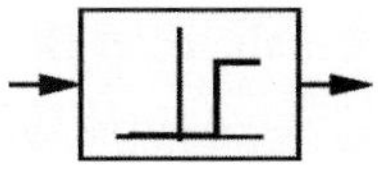

Kennlinie der Zweipunkt-Regelfunktion:

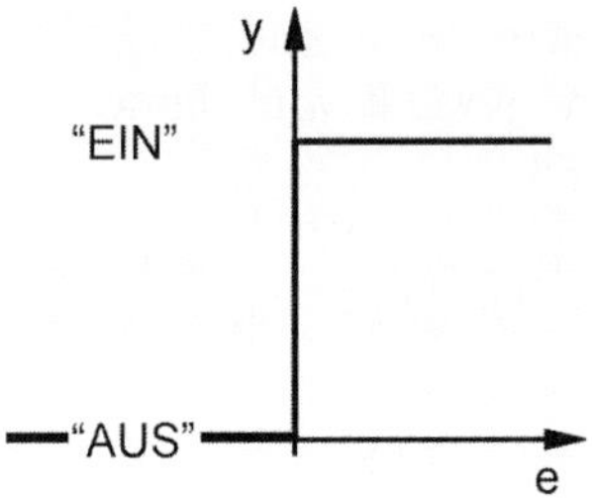

Ist die Regeldifferenz e kleiner null (e < 0) bedeutet dies, dass der Istwert x größer als der Sollwert ist (x > w). Die Leistungszuführung wird also abgeschaltet. Bei positiver Regeldifferenz (e > 0) ist der Sollwert w größer als der Istwert x (w > x). Die Leistungszuführung wird deshalb eingeschaltet.

Die Zweipunkt-Regelfunktion hat eine Dauerschwingung der Regelgröße x um den Sollwert w zur Folge. Die Amplitude und Schwingungsdauer wächst mit dem Verhältnis von Verzugszeit Tu zur Ausgleichszeit Tg der Regelstrecke. Ist die Verzugszeit Tu sehr klein oder gleich 0 (PT1-Strecke), muss eine Schalthysterese eingeführt werden, um Stellgliedschwingungen zu verhindern.

Kennlinie der Zweipunkt-Regelfunktion mit Schalthysterese SH:

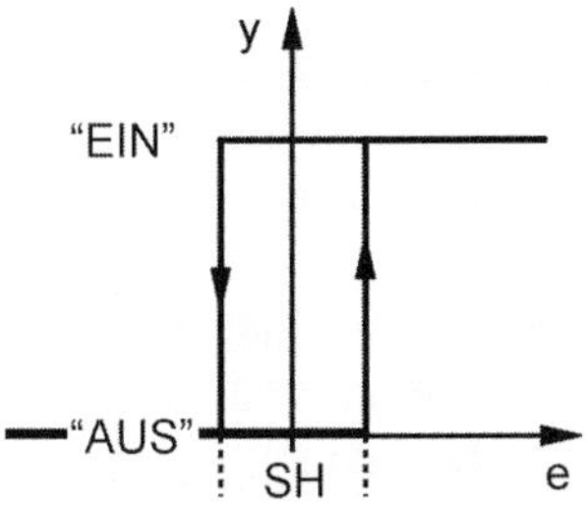

Die Größe SH gibt den Wert der Schalthysterese an. Ist die Regeldifferenz e kleiner als die negative halbe Hysterese SH (e < –SH/2) wird die Leistungszuführung abgeschaltet. Zugeschaltet wird die Leistungszuführung wieder, wenn die Regeldifferenz e größer als die positive halbe Hysterese SH (e < +SH/2) ist.

Die Zweipunkt-Funktion kann in einem Programm für ein Automatisierungsgerät durch einfache Vergleichsabfragen gebildet werden.

2. Dreipunkt-Regelfunktion

Bei der Bildung der Dreipunkt-Regelfunktion wird davon ausgegangen, das die Stellgröße die drei Zustände „EIN1", „AUS" und „EIN2" annehmen kann. „EIN1" entspricht dabei 100% Leistungszuführung für beispielsweise Heizen und „EIN2" einer 100% Leistungszuführung für Kühlen. Beim Zustand „AUS" sind die beiden Leistungszuführungen abgeschaltet. Einsatzgebiete für derartige Dreipunkt-Funktionen sind Wärme-, Kälte- und Klimakammern.

Das nebenstehende Bild zeigt die Dreipunkt-Funktion in der Signalflussplan-Darstellung. Eingangsgröße ist die Regeldifferenz e und Ausgangsgröße die Stellgröße y, die drei unterschiedliche Werte annehmen kann.

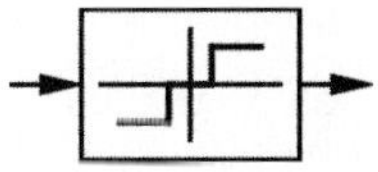

Kennlinie der Dreipunkt-Regelfunktion:

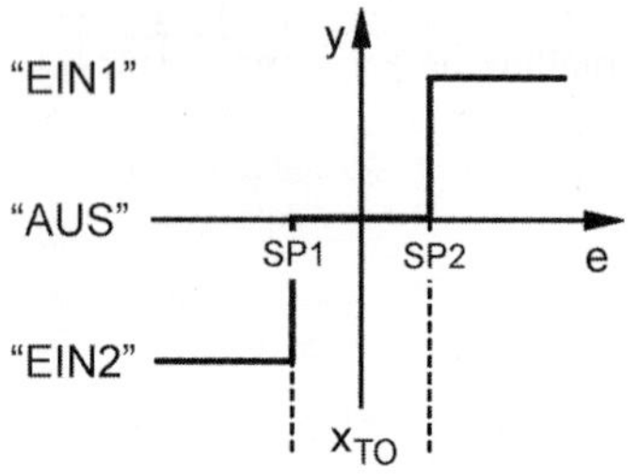

Ist die Regeldifferenz e kleiner als der Schaltpunkt SP1 wird „EIN2" (z.B. die Kühlung zu 100%) eingeschaltet. Ist die Regeldifferenz e größer als der Schaltpunkt SP2, wird „EIN1" (z.B. die Heizung zu 100%) eingeschaltet. Zwischen den beiden Schaltpunkten ist die sogenannte „tote Zone" x_{TO}. Je größer diese Schaltlücke gewählt wird, umso unempfindlicher ist der Regler.

Zur Herabsetzung der Schalthäufigkeit der Stellglieder kann der Dreipunkt-Regelfunktion noch eine Schalthysterese gegeben werden.

Kennlinie der Dreipunkt-Regelfunktion mit Schalthysterese SH:

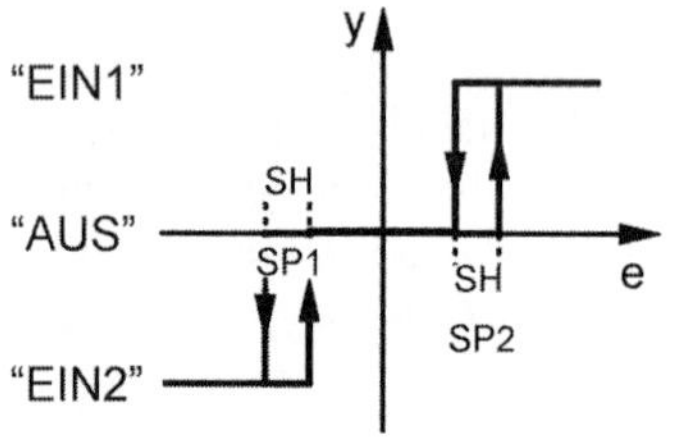

Durch die Einführung einer Schalthysterese wird wie bei der Zweipunkt-Funktion das sogenannte „Flattern" der Stellgröße an einem bestimmten Punkt verhindert.

Die Dreipunkt-Funktion kann in einem Programm für ein Automatisierungsgerät wieder durch einfache Vergleichsabfragen gebildet werden.

3. PID-Regelfunktionen

Die PID-Regelfunktion setzt sich aus den drei elementaren Übertragungsfunktionen P-Funktion, I-Funktion und D-Funktion zusammen. Die einzelnen Funktionen können auch allein (Ausnahme: D-Funktion) oder in bestimmten Kombinationen zur Bildung der Regelfunktion herangezogen werden. Im Folgenden werden die realisierbaren Regelfunktionen P, I, PI, PD, und PID im Einzelnen dargestellt.

a) P-Regelfunktion

Bei der P-Regelfunktion ist die Ausgangsgröße (Stellgröße y) proportional zur Eingangsgröße (Regeldifferenz e). Ein Faktor K_{PR} gibt an, um welchen Betrag sich die Stellgröße ändert, wenn sich die Regeldifferenz um den Betrag 1 ändert.

Das nebenstehende Bild zeigt die Signalflussplan-Darstellung der P-Regelfunktion.

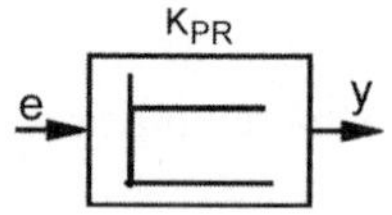

Das Verhalten der P-Funktion ist aus der Kennlinie zu ersehen. Es besteht innerhalb des Arbeitsbereichs ein linearer Zusammenhang zwischen Ausgangsgröße und Eingangsgröße.

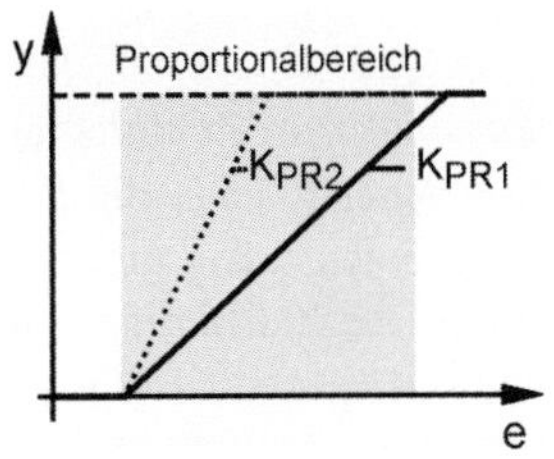

Mit zunehmender Verstärkung K_{PR} verläuft die Kennlinie steiler ($K_{PR2} > K_{PR1}$). Oberhalb des Proportionalbereichs geht die Funktion in den Sättigungsbereich über. Im Sättigungsbereich ist dann keine Erhöhung der Stellgröße y bei weiter zunehmender Regeldifferenz e möglich.

Der Proportionalbeiwert K_{PR} wird auch als Verstärkung bezeichnet. Je größer die Verstärkung desto kleiner kann die Regeldifferenz e sein, um eine bestimmte Stellgröße y zu erreichen. Die Verstärkung kann jedoch nicht beliebig erhöht werden, da bei zu großer Verstärkung Stabilitätsprobleme im Regelkreis auftreten. Der mathematische Zusammenhang zwischen Ausgangsgröße y und Eingangsgröße e ist durch folgende Gleichung gegeben:

P-Regelfunktion: $$y = K_{PR} \cdot e$$

Das Zeitverhalten der P-Regelfunktion kann aus der Sprungantwort abgelesen werden.

Einheitssprung:

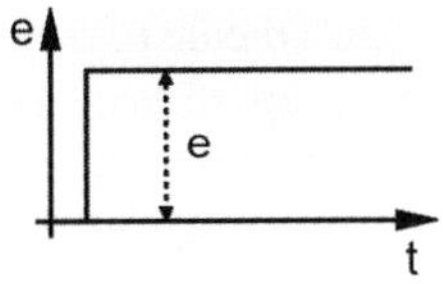

Sprungantwort:

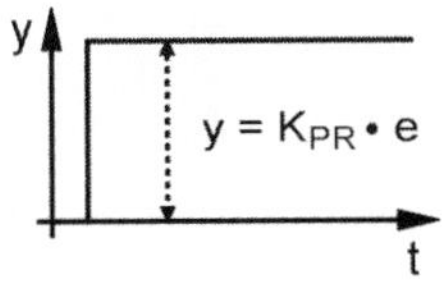

Die Ausgangsgröße ist zu jedem Zeitpunkt proportional der Eingangsgröße. Da die Eingangsgröße unmittelbar auf die Ausgangsgröße reagiert, wirkt die P-Regelfunktion sehr schnell auf die Strecke.

Das Erreichen einer bestimmten Stellgröße y setzt aber eine entsprechende Regeldifferenz e voraus. Aus dem mathematischen Zusammenhang $y = K_{PR} \cdot e$ wird dies deutlich. D.h. mit einem P-Regler kann das eigentliche Ziel der Regelung, nämlich die Angleichung der Regelgröße x an die Führungsgröße w nur annäherungsweise erreicht werden.

Die P-Regelfunktion benötigt demnach für eine Verstellung immer eine Regeldifferenz e. Eine Störgröße oder Führungsgröße, die in einer Regelstrecke eine Regeldifferenz hervorruft, kann mit der P-Regelfunktion nie vollständig beseitigt werden. Diese sogenannte bleibende Regeldifferenz kann bei bekanntem Proportionalbeiwert K_{PS} der Regelstrecke berechnet werden.

Mit: $y = K_{PR} \cdot e = K_{PR} \cdot (w - x)$ und $x = K_{PS} \cdot y$ ergibt sich aufgelöst nach der Regelgröße:

$$x = \frac{K_{PR} \cdot K_{PS}}{K_{PR} \cdot K_{PS} + 1} \cdot w$$. (Ohne bleibende Regeldifferenz müsste x = w sein.)

Die bleibende Regeldifferenz ist der Nachteil der P-Regelfunktion. Sie wird zwar bei großen Proportionalbeiwerten K_{PR} klein (siehe Formel), jedoch kann K_{PR} nicht beliebig erhöht werden, da sonst der Regler instabil wird.

b) I-Regelfunktion:

Bei einer I-Regelfunktion ist die Ausgangsgröße (Stellgröße) y proportional zum Zeitintegral der Eingangsgröße (Regeldifferenz e). Das Zeitintegral e dt entspricht der Fläche, die die Regeldifferenz e in einer bestimmten Zeitspanne Δt bildet. Der Integrierbeiwert K_{IR} gibt an, um welchen Betrag sich die Stellgröße in einer Zeiteinheit ändert, wenn die Regeldifferenz von null auf den Betrag 1 geändert wird.

Das nebenstehende Bild zeigt die Signalflussplan-Darstellung der I-Funktion.

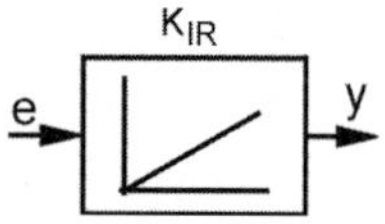

Da sich die Ausgangsgröße y der I-Regelfunktion mit der Zeit ständig ändert, kann das Verhalten nicht mit einer Kennlinie beschrieben werden. Der mathematische Zusammenhang zwischen Ausgangsgröße y und Eingangsgröße x ist durch folgende Gleichung gegeben:

I-Regelfunktion: $$y = K_{IR} \int e \cdot dt$$

Das Zeitverhalten der I-Regelfunktion kann aus der Sprungantwort abgelesen werden.

Einheitssprung:

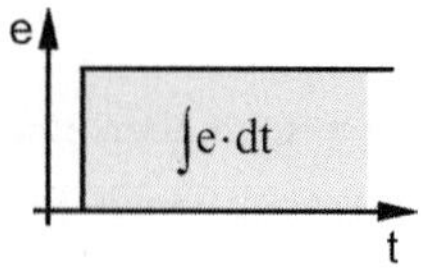

Sprungantwort:

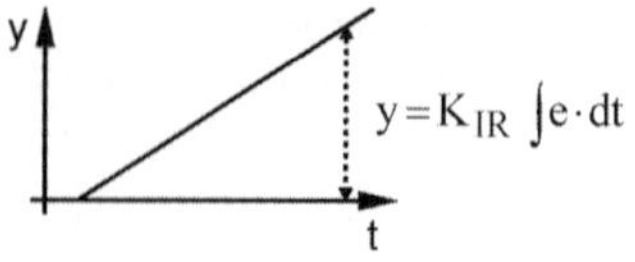

Aus der Sprungantwort ist zu erkennen, dass die Stellgrößenänderung Δy proportional zur Regeldifferenz e und zur Zeitspanne Δt ist. Der Übertragungsfaktor K_{IR}, die Zeitdifferenz Δt und die konstante Eingangsgröße e bestimmen die Stellgröße y.

Der Kennwert K_{IR} gibt das Verhältnis der Ausgangsgröße y zur Eingangsgröße e nach der Zeit t = 1 s an.

$$K_{IR} = \frac{y}{e \cdot \Delta t}$$

Einheit des Kennwertes K_{IR}: 1/s.

Eine I-Regelfunktion kann eine Änderung der Regelgröße nach Ablauf einer bestimmten Zeit ausgleichen. Die Reaktion auf eine Sollwert- oder Störgrößenänderung verläuft deshalb langsamer als bei der P-Regelfunktion. Je größer der Kennwert K_{IR} ist, umso schneller ändert sich jedoch die Stellgröße in Abhängigkeit von der Regeldifferenz. I-Regelfunktionen sind nur bei P-Strecken ohne oder mit geringer Zeitverzögerung einsetzbar. An I-Strecken kann die I-Regelfunktion nicht verwendet werden.

c) PI-Regelfunktion:

Bei der PI-Regelfunktion entspricht die Ausgangsgröße (Stellgröße) y einer Addition der Ausgangsgrößen einer P- und einer I-Regelfunktion.

Das nebenstehende Bild zeigt die Signalflussplan-Darstellung der PI-Regelfunktion.

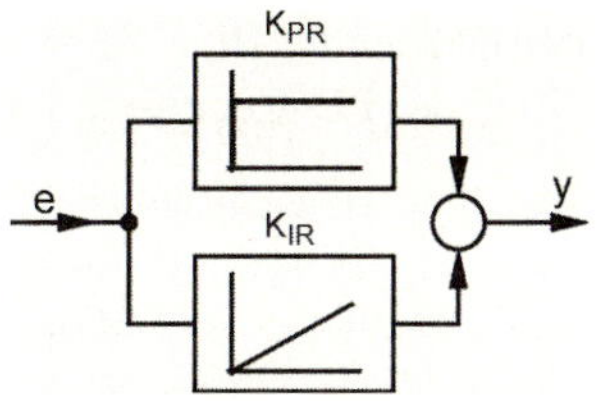

Der mathematische Zusammenhang zwischen Ausgangsgröße y und Eingangsgröße e ergibt sich aus der Addition der P- und I-Regelfunktion.

PI-Regelfunktion:
$$y = K_{PR} \cdot e + K_{IR} \int e \cdot dt = K_{PR} \left(e + \frac{1}{T_n} \cdot \int e \cdot dt \right)$$

Aus der Gleichung ist zu ersehen, dass mit $T_n = \frac{K_{PR}}{K_{IR}}$ ein neuer Parameter durch Ausklammern des Proportionalbeiwerts K_{PR} eingeführt wurde. Der Parameter T_n wird als Nachstellzeit bezeichnet. Die Nachstellzeit T_n ist die Zeit, die bei der Verwendung eines PI-Reglers gegenüber der Verwendung eines reinen I-Reglers eingespart wird, um bei einer Änderung der Regeldifferenz den gleichen Stellgrößenwert zu erreichen.

Das Zeitverhalten der PI-Funktion kann aus der Sprungantwort abgelesen werden.

Einheitssprung:

Sprungantwort:

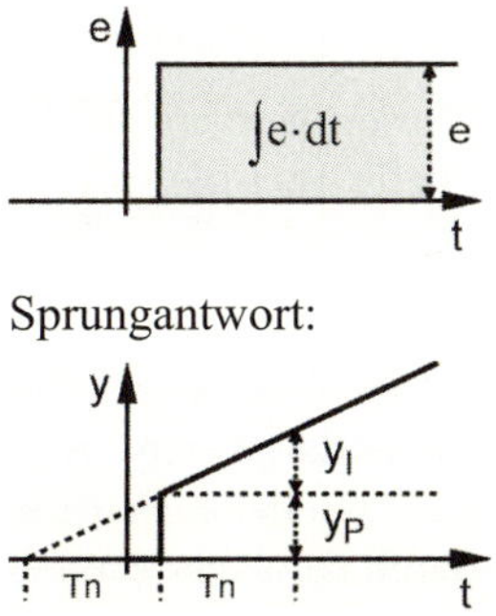

Verlängert man die Gerade der I-Verstellung in der Sprungantwort nach links bis zum Schnittpunkt mit der Zeitachse, so ergibt sich ein Zeitabschnitt, der der Nachstellzeit T_n entspricht. Die Zeitkonstante T_n gibt somit die Zeit an, um die eine PI-Regelfunktion schneller ist als eine reine I-Regelfunktion. Die Stellgröße ergibt sich aus der Addition von P- und I-Anteil:

$$y = y_P + y_I = K_{PR} \cdot e + \frac{K_{PR}}{T_n} \int e\,dt$$

Die PI-Regelfunktion hat den Vorteil, dass nach der schnellen P-Verstellung in der nachfolgenden durch den Wert T_n bestimmten Zeit die bleibende Regelabweichung vollständig kompensiert wird. Die Einstellwerte sind der Übertragungsfaktor K_{PR} und die Nachstellzeit Tn. Gegenüber der P-Regelfunktion erfordert die Einstellung des Beharrungszustandes eine längere Zeit, wodurch die Stabilität des Regelkreises herabgesetzt wird. Aus diesem Grund darf der Übertragungsfaktor K_{PR} nicht zu groß und die Nachstellzeit T_n nicht zu klein gewählt werden.

d) PD-Regelfunktion:

Eine PD-Regelfunktion besteht aus einer P-Funktion mit zusätzlicher D-Aufschaltung (D = Differenzial). Durch die D-Aufschaltung wird erreicht, dass bei einer schnellen Änderung der Regeldifferenz e die Stellgröße y gleich am Anfang kräftig verstellt wird. Wie bei der PI-Regelfunktion besteht die PD-Regelfunktion aus zwei Anteilen, dem P-Anteil und dem D-Anteil.

Das nebenstehende Bild zeigt die Signalflussplan-Darstellung der PD-Regelfunktion.

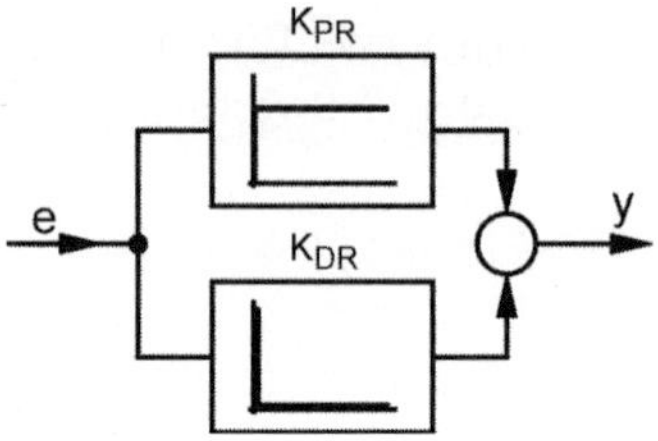

Der Übertragungsbeiwert der D-Funktion ist K_{DR}. Je größer dieser Übertragungsbeiwert ist, umso heftiger ist die Reaktion der Stellgröße auf eine Regeldifferenzänderung. Der Übertragungsfaktor K_{DR} gibt dabei die Zeit an, bei der die Ausgangsgröße y gleich der Eingangsgröße e ist, wenn diese einen zeitlinearen Anstieg besitzt. Der mathematische Zusammenhang zwischen Ausgangsgröße y und Eingangsgröße e ergibt sich aus der Addition der P- und D- Regelfunktion.

PD-Regelfunktion:
$$y = K_{PR} \cdot e + K_{DR} \cdot \frac{de}{dt} = K_{PR}\left(e + T_v \cdot \frac{de}{dt}\right)$$

Aus der Gleichung ist zu ersehen, dass mit $T_v = \frac{K_{DR}}{K_{PR}}$ ein neuer Parameter durch Ausklammern des Proportionalbeiwerts K_{PR} eingeführt wurde. Der Parameter T_v wird als Vorhaltzeit bezeichnet. Die Vorhaltzeit T_v gibt die Zeit an, um die der Wirkungsbeginn eines reinen P-Reglers vorverlegt werden müsste, um die gleiche Stellgrößenänderung zu erreichen, die der PD-Regler sofort auslöst.

Das Zeitverhalten der PD-Funktion kann aus der Sprungantwort abgelesen werden. In der nachfolgenden Darstellung ist die Vorhaltzeit T_v jedoch nicht sichtbar, dafür aber die sprunghafte Stellgrößenänderung.

Einheitssprung:

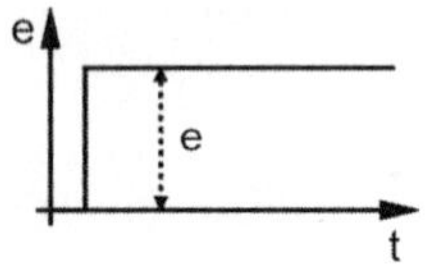

Sprungantwort:

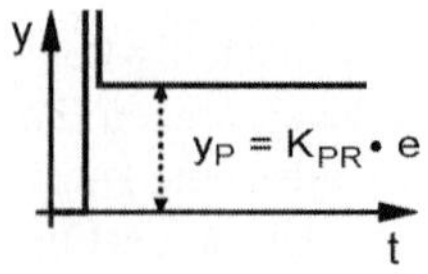

Der D-Anteil ist der Änderungsgeschwindigkeit der Regeldifferenz de/dt proportional. Bei der idealen Regelfunktion ergibt der Differentialquotient de/dt eine Nadelfunktion mit $y \rightarrow \infty$; bei der realen Regelfunktion wird die Größe durch den Aussteuerbereich begrenzt.

Die Stellgröße ergibt sich aus der Addition von P- und D-Anteil:

$$y = y_P + y_D = K_{PR} \cdot e + K_{PR} \cdot T_v \cdot \frac{de}{dt}$$

Die PD-Regelfunktion ist eine schnelle Funktion, die um die Vorhaltzeit T_v schneller ist als eine P-Funktion. Im Beharrungszustand ist der D-Anteil ohne Einfluss. Die PD-Regelfunktion hat also das gleiche statische Verhalten wie die P-Regelfunktion. Die Einstellwerte sind K_{PR} und T_v. Bei Verwendung des D-Anteils ist jedoch Vorsicht geboten. Störsignale, die der Regelgröße überlagert sein können, werden durch die differenzierende Wirkung des D-Anteils verstärkt und führen unter Umständen zu kräftigen Änderungen der Stellgröße y. Bei richtiger Anwendung hat der D-Anteil eine stabilisierende Wirkung, da Übergangsvorgänge schneller abklingen.

e) PID-Regelfunktion:

In der PID-Regelfunktion sind die drei grundsätzlichen Übertragungseigenschaften – proportional, integral und differenziell – zusammengefasst. Gebildet wird die PID-Regelfunktion durch parallel schalten der drei Funktionen P, I und D. Diese Regelfunktion vereint somit sämtliche Eigenschaften der Regelfunktionen dieses Abschnitts.

Das nebenstehende Bild zeigt die Signalflussplan-Darstellung der PID-Regelfunktion.

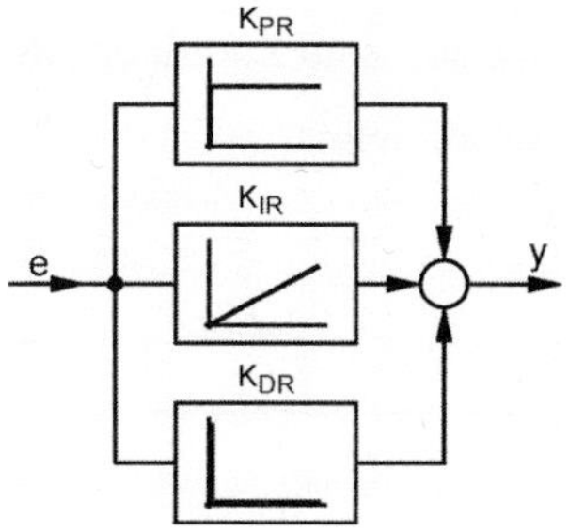

Der mathematische Zusammenhang zwischen Ausgangsgröße y und Eingangsgröße e ergibt sich aus der Addition der P-, I- und D- Regelfunktion.

PID-Regelfunktion: $$y = K_{PR}\left(e + \frac{1}{T_n}\cdot\int e\cdot dt + T_v\cdot\frac{de}{dt}\right)$$

Das Zeitverhalten der PID-Funktion kann aus der Sprungantwort abgelesen werden.

Einheitssprung:

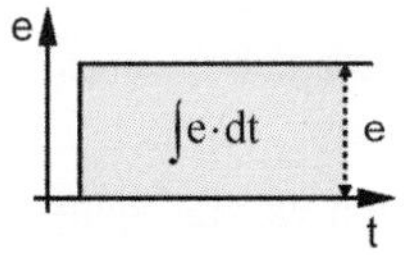

Sprungantwort:

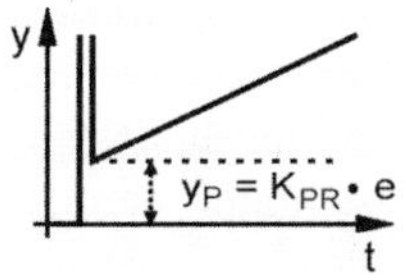

Der D-Anteil ist wie schon beim PD-Regler nicht sinnvoll darzustellen, da die Änderungsgeschwindigkeit eines Sprunges einen impulsförmigen Stellgrößenverlauf ergibt.

Die PID-Regelfunktion zeichnet sich sowohl durch ein gutes statisches Verhalten (keine bleibende Regeldifferenz) als auch durch eine gute Anpassbarkeit an die dynamischen Forderungen einer Regelstrecke aus. Durch die drei Einstellparameter K_{PR}, T_n und T_v ist die PID-Funktion geeignet, auch komplizierte Regler-Anforderungen zu erfüllen.

4. Fuzzy-Regelfunktion

Die Grundlage beim Entwurf einer Fuzzy-Regelfunktion ist die Fuzzy-Logik. Fuzzy als Regelwerk mit unscharfer Logik hat gegenüber der Boole´schen Logik mit eindeutigen Zugehörigkeitsaussagen den Vorteil, dass sie dem menschlichen Verständnis von den Vorgängen in Anlagen und Prozessen sehr entgegen kommt. Wie im täglichen Leben genügt es völlig, die Objekte und Teilvorgänge qualitativ mit Worten der Umgangssprache wie groß, etwas, klein, wenig usw. zu charakterisieren ohne den Zwang der Festlegung auf konkrete Zahlenwerte. Die Boole'sche Logik zwingt dagegen dazu, relativ willkürlich Grenzen zu definieren und eine starre Entweder-Oder-Logik zu entwerfen.

Wird beispielsweise in einem verfahrenstechnischen Prozess eine Temperatur beschreiben, die "heiß" ist, so kann die Aussage zutreffen, dass eine Temperatur über 90 °C mit Sicherheit der Kategorie "heiß" zuzuordnen ist. Bei einer Temperatur von 80 °C gehen die Meinungen auseinander, aber eine Temperatur von 70 °C wird eindeutig nicht mehr als "heiß" eingeordnet. In der Boole´schen Logik nimmt eine Zuordnung nur die Werte 0 oder 1 an. In der Fuzzy-Logik kann die Zuordnung von unscharfen Aussagen mit einer Zugehörigkeitsfunktion beschreiben werden. Dabei sind Zuordnungswerte zwischen 0 und 1 möglich.

Boole´sche Logik:

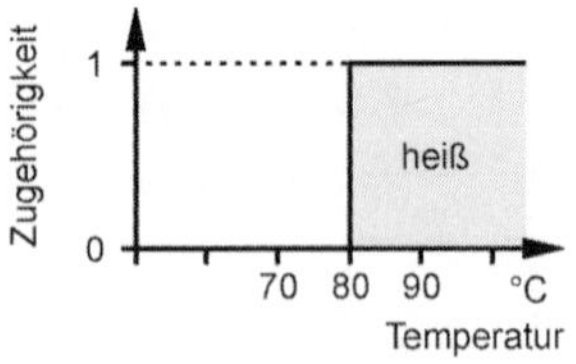

Fuzzy Logik:

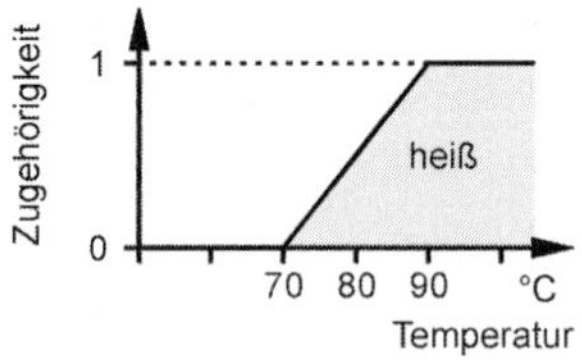

Für jede Prozessgröße lässt sich nach der Fuzzy-Logik ein Wertebereich bestimmen, in dem diese Größe variieren kann. Eine *Zugehörigkeitsfunktion* legt die Zuordnung zu einem bestimmten Prozesszustand innerhalb des angegebenen Wertebereiches fest. Beispiele von möglichen Zuordnungsfunktionen sind:

Gauß-Kurve:

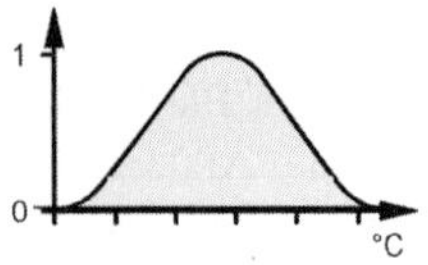

Trapez

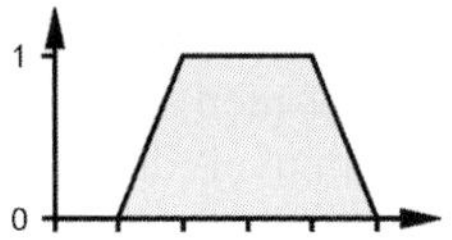

Dreieck

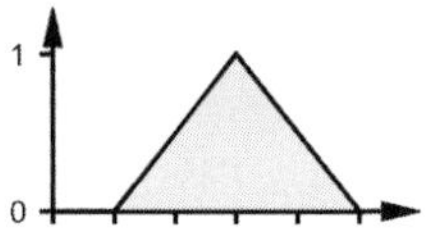

Singleton

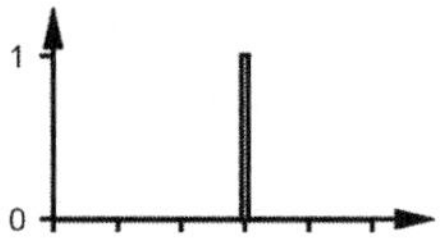

Bei der Realisierung von Fuzzy-Regelfunktionen mit Automatisierungsgeräten werden hauptsächlich lineare Zuordnungsfunktionen verwendet.

Die verschiedenen Aussagen über eine Prozessgröße (kalt, warm, heiß, sehr heiß etc.) werden als *linguistische Werte* der Größe bezeichnet. Mit linguistischen Werten werden somit nicht eindeutig abgrenzbare Bereiche (d.h. unscharfe Mengen) der Prozess- oder Regelgröße festgelegt. Für die Regeldifferenz e können z.B. folgende linguistischen Werte bestimmt werden: Negativ_groß; Negativ_klein, NULL, Positiv_klein und Positiv_groß. Die verschiedenen linguistischen Werte werden in einem Diagramm der Kenngröße (Linguistische Variable) mit den entsprechenden Zugehörigkeitsfunktionen aufgetragen.

Beispiel: Satz von linguistischen Termen für die linguistische Variable Regeldifferenz:

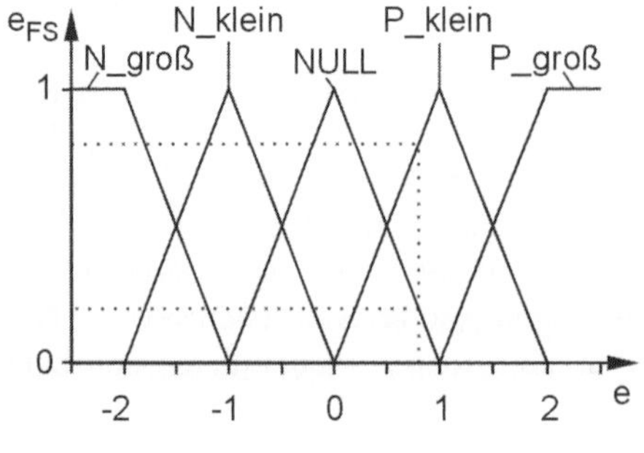

Ist der Signalwert der Regeldifferenz beispielsweise 0,8, so ist dieser Wert dem linguistischen Term „NULL“ mit dem Faktor 0,2 und dem linguistischen Term „P_klein“ mit dem Faktor 0,8 zugeordnet. Der scharfe Signalwert

e = 0,8 ergibt den Fuzzy-Signalwert e_{FS}

e_{FS} = 0,2 „NULL“; 0,8 „P_klein“;

e_{FS} = (0; 0; 0,2; 0,8; 0)

Der Übergang vom scharfen Signalwert auf den zugehörigen Fuzzy-Signalwert wird als *Fuzzifizierung* bezeichnet.

Sind alle Eingangs- und Ausgangsgrößen einer Fuzzy-Regelfunktion fuzzifiziert, werden die Ausgangsgrößen durch *Fuzzy-Regeln* mit den Eingangsgrößen verknüpft. Die Regeln werden wie in der Umgangssprache durch Verknüpfung der linguistischen Terme mit WENN.... DANN - Relationen gebildet. Aufbau einer Fuzzy-Regel:

WENN <Vorbedingung>, DANN <Folgerung>

Solche WENN-DANN-Regeln entsprechen der einfachsten Art menschlichen Entscheidungsvermögens. Vorbedingung und Folgerung sind unscharfe Aussagen wie:

WENN <der Druck hoch ist> DANN <Ventil etwas öffnen> oder die verknüpfte Aussage wie:

WENN <der Druck hoch ist UND die Temperatur groß ist> DANN <Ventil weit öffnen>.

Die linguistischen Terme lassen sich umgangssprachlich mit UND oder ODER verknüpfen. Die UND-Verknüpfung entspricht der Schnittmenge (Minimum oder MIN-Operator) und die ODER- Verknüpfung er Vereinigungsmenge (Maximum bzw. Max-Operator).
Jede dieser Fuzzy-Regeln beschreibt eine Strategie, das Verhalten der Fuzzy-Regelfunktion zu bestimmen. Zur mathematischen Verarbeitung der WENN-DANN-Regeln muss eine Operation zwischen den unscharfen Werten des WENN-Teils und denen des DANN-Teils gefunden werden. Die Verarbeitungsvorschrift für die WENN-DANN-Regeln wird als *Fuzzy-Inferenz* bezeichnet. Eine gebräuchliche Art einer Auswertung der Fuzzy-Regeln in der Automatisierungstechnik ist die MAX-MIN-Methode. Wie diese Methode die Fuzzy-Regeln abarbeitet, ist im folgenden Beispiel dargestellt.

Beispiel: Fuzzifizierung, Aufstellen der Fuzzy-Regeln und MAX-MIN-Methode

Die Stellung eines Entlüftungsventils soll Abhängigkeit von der Temperatur T und dem Druck P verändert werden.

1. *Fuzzifizierung*: Für die drei Größe werden linguistische Terme eingeführt und Zuordnungsfunktionen gebildet.

Temperatur

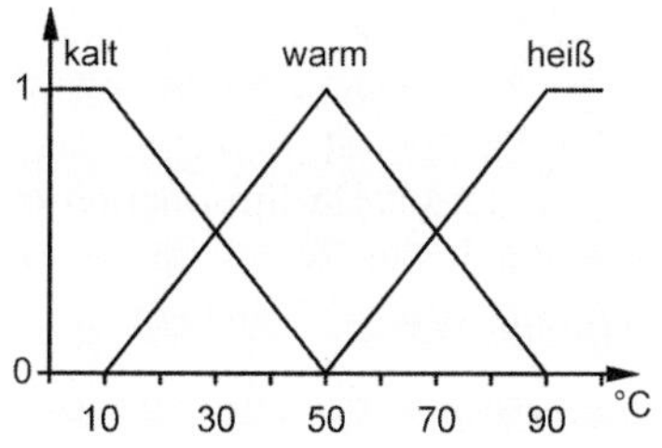

Druck

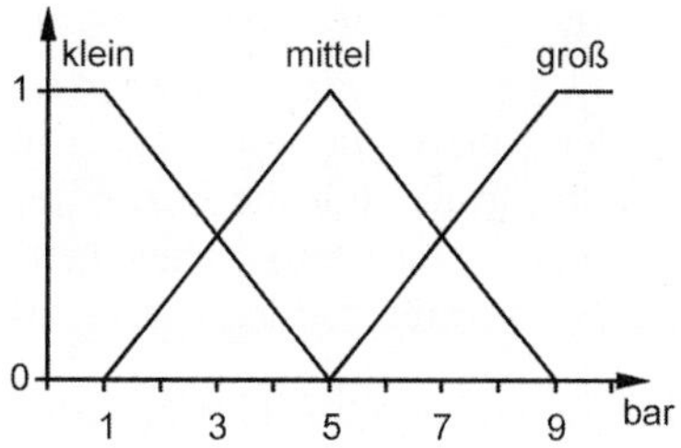

Ventilstellung

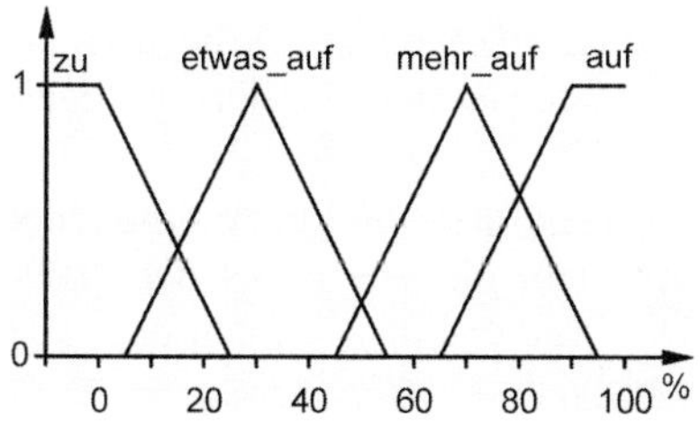

2. *Aufstellen der Fuzzy-Regeln.*

Mit den linguistischen Termen der Temperatur und des Drucks lassen sich folgende sinnvolle Regeln aufstellen:

Regel 1: WENN die Temperatur kalt und der Druck klein, DANN Ventil zu.

Regel 2: WENN die Temperatur kalt und der Druck mittel, DANN Ventil zu.

Regel 3: WENN die Temperatur warm und der Druck klein, DANN Ventil zu.

Regel 4: WENN die Temperatur warm und der Druck mittel, DANN Ventil etwas_auf.

Regel 5: WENN die Temperatur heiß und der Druck mittel, DANN Ventil mehr_auf.

Regel 6: WENN die Temperatur warm und der Druck groß, DANN Ventil mehr_auf.

Regel 7: WENN die Temperatur heiß und der Druck groß, DANN Ventil auf.

3. *Auswertung nach der MAX-MIN-Methode*

Das Inferenzschema soll für die scharfen Eingangswerte T = 60 °C und P = 9 bar ausgewertet werden.

Aus der Fuzzifizierung der Eingangsgrößen Temperatur und Druck sind folgende Zugehörigkeiten ablesbar: Temperatur T: 0-kalt; 0,75-warm und 0,25-heiß. Druck P: 0-klein, 0-mittel, 1-groß. Damit greifen nur die Regel 6 und Regel 7.

Regel 6: MIN(0,75 und 1) = 0,75; Regel 7: MIN(0,25 und 1) = 0,25.

Ergebnis der Auswertung:

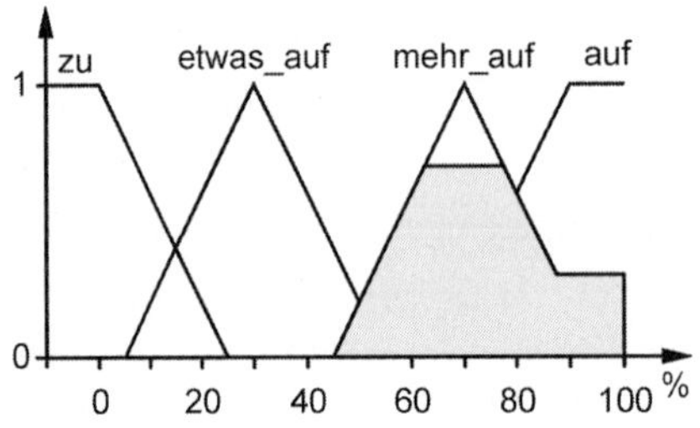

Die schraffierte Fläche bestimmt das Ergebnis der Auswertung der Regeln nach der MAX-MIN-Methode und ergibt sich aus dem in der Höhe H = 0,75 abgeschnittenen Fuzzy-Term „mehr_auf" vereint (MAX) mit dem in der Höhe H = 0,25 abgeschnittenen Fuzzy-Term „auf".

Das Ergebnis der Auswertung der Regeln nach der MAX-MIN-Methode ist wiederum eine unscharfe Ausgangsgröße. Für die Fuzzy-Regelfunktion muss diese unscharfe Information in einen repräsentativen (scharfen) Zahlenwert umgesetzt werden, damit der Wert von einem analogen Stellglied verarbeitbar ist. Dieser Vorgang wird als *Defuzzifizierung* bezeichnet.

Für die Defuzzifizierung (Bildung des scharfen Ausgabewertes) werden in der Fuzzy-Theorie mehrere Methoden angeboten. Eine Auswahl der existierenden Methoden sind: die Maximum-Methode, die Akkumulationsmethode, die Schwerpunktmethode, die Singleton-Schwerpunktmethode und die lineare Defuzzifizierung. Im Folgenden wird nur die Singleton-Schwerpunktmethode näher dargestellt, da diese Methode sich für die Realisierung der Fuzzy-Regelfunktion für Automatisierungsgeräte am besten eignet.

Die Anwendung der Singleton-Schwerpunktmethode setzt voraus, dass die Fuzzy-Terme der Ausgangsgröße Singletons (Strichfunktionen) sind. Es wird dann für jede Regel der Erfüllungsgrad μ mit dem Wert des Singleton y multipliziert. Die Produkte μ_i y_i werden über alle Regeln aufsummiert und durch die Summe der Erfüllungsgrade y_i dividiert.

Damit ergibt sich die „scharfe“ Ausgangsgröße durch:

$$y = \frac{\mu_1 \cdot y_1 + \mu_2 \cdot y_2 + \mu_3 \cdot y_3 + \ldots}{\mu_1 + \mu_2 + \mu_3} = \frac{\sum \mu_i \cdot y_i}{\sum \mu_i}$$

Im vorangegangenen Beispiel würde die Fuzzifizierung der Ausgangsgröße (Ventilstellung in %) wie folgt aussehen:

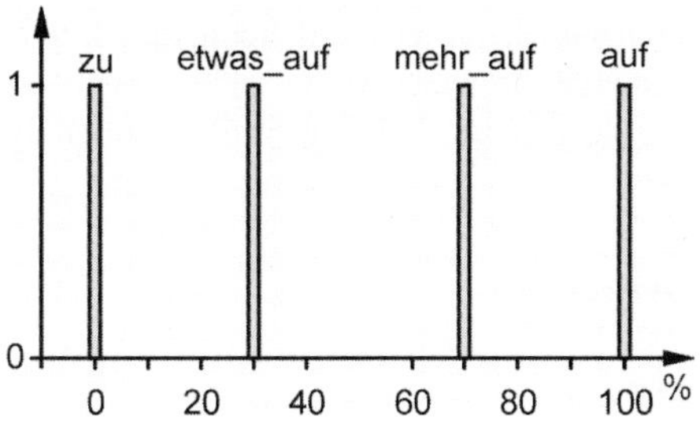

Die Ventilstellung ist nun durch vier Fuzzy-Terme mit Singleton-Zuordnungs-Funktionen beschrieben.

Die Auswertung der Regeln bei einer Temperatur von 60 °C und einem Druck von 9 bar ergab folgende Erfüllungsgrade: Regel 6: 0,75 mehr_auf ; Regel 7: 0,25 auf.

Damit ergibt sich die „scharfe“ Ausgangsgröße: $y = \frac{0,75 \cdot 70\% + 0,25 \cdot 100\%}{0,75 + 0,25} = 77,5\%$.

Zusammenfassend kann die logische Struktur eines Fuzzy-Reglers in die nachfolgend angegebenen Komponenten unterteilt werden.

Fuzzifizierung:	Überführung der Momentanwerte eines Eingangs in Wahrheitsgrade
Inferenz:	Bearbeitung des Regelwerks durch Verknüpfung der Eingangswahrheitsgrade mit Hilfe des Minimumoperators (WENN-Teil) und Ermittlung des Wahrheitswertes für den betroffenen Ausgang (DANN-Teil)
Defuzzifizierung:	Berechnung der numerischen Ausgangswerte durch Wichtung der resultierenden Zugehörigkeitsfunktionen durch Bildung des Singleton-Schwerpunktes.

Der Einsatz eines Fuzzy-Reglers ist dann sinnvoll, wenn konventionelle Verfahren häufig korrigierende Eingriffe eines Anlagenfahrers erfordern oder wenn der Prozess überhaupt nur manuell gefahren werden kann. Das ist besonders dann der Fall, wenn mehrere betrieblich stark schwankende Prozessparameter das Regelungsergebnis beeinflussen. Konventionell schwer zu beherrschende technische Prozesse sind allgemein durch Mehrgrößen-Abhängigkeit oder nichtlineare und zeitvariante Prozesseigenschaften gekennzeichnet. Sie sind mit mathematischen Modellen nur unzureichend zu beschreiben. Der Einsatz einer Fuzzy-Anwendung ist in diesen Fällen zusätzlich oder auch allein anstelle einer konventionellen Lösung möglich. Beispiele für erfolgversprechende Fuzzy-Anwendungen sind:

- Regelung von nichtlinearen Ein- und vor allem Mehrgrößensystemen
- Zeitvariante Reglerparametrierung oder Stellgrößenkorrektur
- Prozessführung mit Koordination unterlagerter Regelungen
- Qualitätsregelung mehrerer Eigenschaften eines Produkts
- Realisierung von Logik-Strukturen in Steuerungsprozessen

Die Verwendung der Fuzzy-Regelfunktion anstelle der PID-Regelfunktion bei einem Eingrößen-Regelsystem kann dann sinnvoll sein, wenn für die vorliegende Regelstrecke keine erfolgsversprechende Parameter K_{PR}, T_n und T_V gefunden werden können. Die Eingangsgröße der Regelfunktion ist die Regeldifferenz e. Wird nur diese Größe zur Bildung der Ausgangsgröße mit dem Fuzzy-Algorithmus herangezogen, weist die Fuzzy-Regelfunktion gleiches Verhalten wie ein P-Regler auf. Man spricht deshalb auch von einem Fuzzy-P-Regler. Durch Hinzunahme des Zeitintegrals $e\ dt$ zur Bildung der Ausgangsgrößen weist die Fuzzy-Regelfunktion PI-Verhalten auf. Wird die Regeldifferenzänderung de/dt ebenfalls noch fuzzifiziert und bei der Bildung der WENN-DANN-Regeln hinzugenommen, ergibt sich das PID-Regelverhalten für den Fuzzy-Regelalgorithmus. Je nach erzeugter Ausgangsgröße y oder dy ergeben sich somit folgende Zusammenhänge:

Fuzzy-PID-Stellungsalgorithmus: $y = F\left(e, \int e \cdot dt, \dot{e}\right)$

Fuzzy-PID-Geschwindigkeitsalgorithmus: $\dot{y} = F\left(e, \dot{e}, \ddot{e}\right)$

Das nachfolgende Bild zeigt die Struktur einer Fuzzy-PID-Regelfunktion

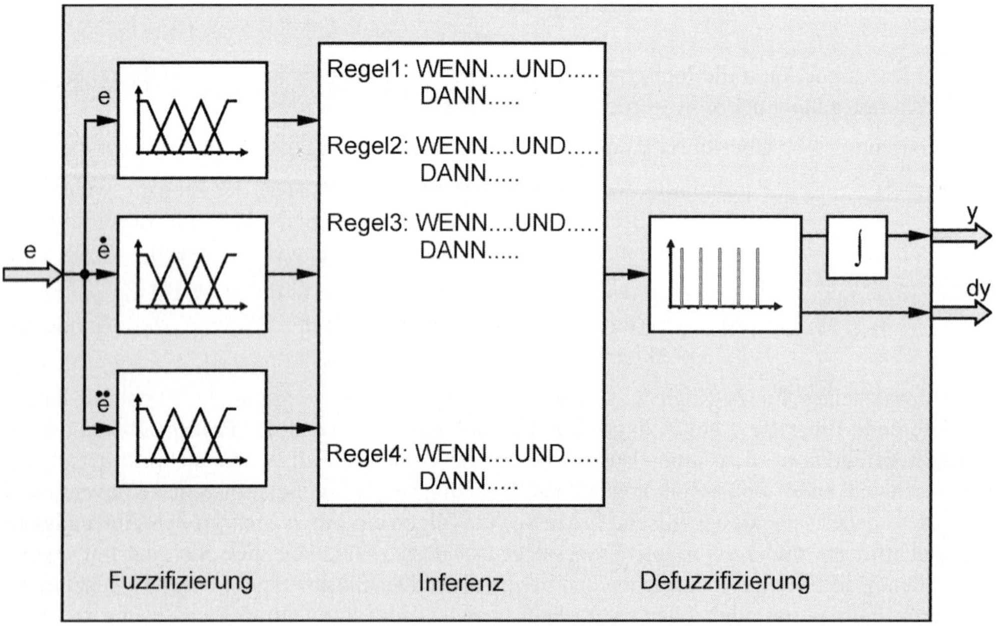

Bild 8.5: Struktur einer Fuzzy-Regelfunktion

Nachfolgend wird am Beispiel einer Fuzzy-PI-Regelfunktion gezeigt, wie für diese Funktion die Eingangsgrößen und die Ausgangsgröße fuzzifiziert und die WENN-DANN-Regeln aufgestellt werden können.

Beispiel 8.1: Fuzzy-PI-Regelfunktion

Es sind die erforderlichen Projektierungsschritte für den Entwurf einer Fuzzy-PI-Regelfunktion durchzuführen ($\dot{y} \quad F(e,\dot{e})$) .

Schritt 1: Fuzzifizierung

Für die Regeldifferenz e und die Änderung der Regeldifferenz de werden fünf linguistische Terme eingeführt:

NB	NS	ZO	PS	PB
stark negativ	schwach negativ	ungefähr Null	schwach positiv	stark positiv

Bei der Aufstellung der Zugehörigkeitsfunktionen wird davon ausgegangen, dass sich die Regeldifferenz e in einem Bereich von –10.0 bis +10.0 ändern kann, während der Zahlenbereich für die Regeldifferenzänderung de nur –1.0 bis +1.0 beträgt.

Regeldifferenz e

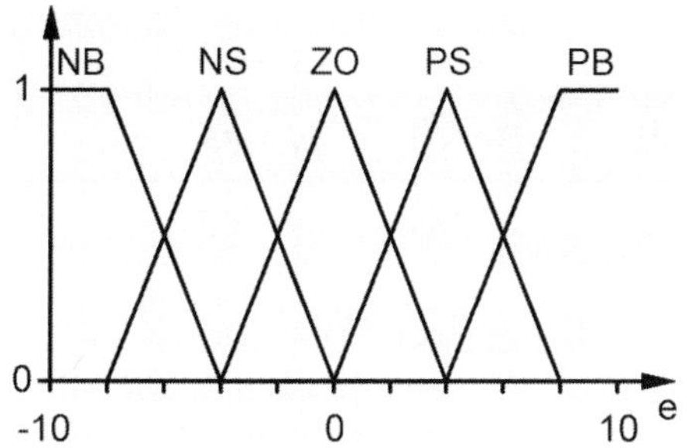

Regeldifferenzänderung de

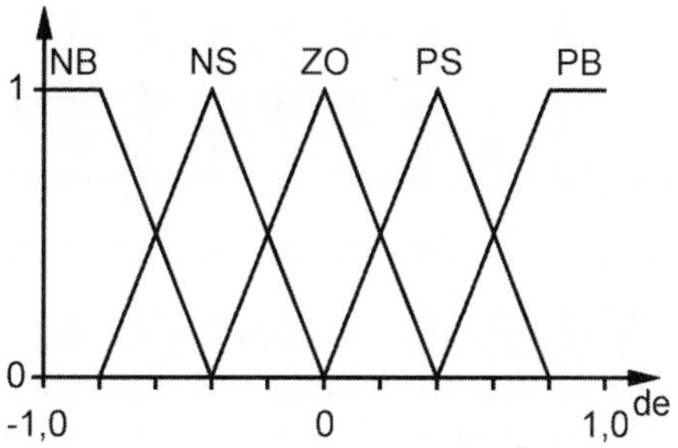

Schritt 2: Singletons für die Ausgabegröße dy

Die Ausgabegröße dy kann ebenfalls mit den fünf Fuzzy-Termen NB, NS, ZO, PS und PB beschrieben werden. Der Wertebereich für die Stellgrößenänderung wird von – 3.0 bis + 3.0 angenommen.

Ausgangsgröße dy

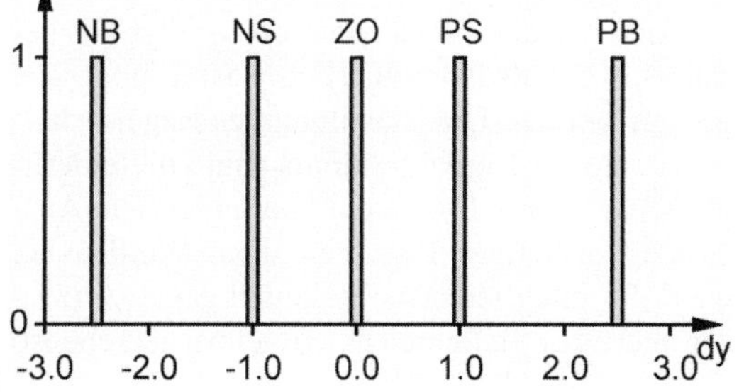

Der Singleton bei -2.5 (negativ groß) bedeutet bei voller Erfüllung beispielsweise, dass die Stellgrößenänderung de -2.5 beträgt, die Stellgröße y demnach um den Wert 2.5 verkleinert wird.

Schritt 3: Aufstellen der WENN-DANN-Regeln

Mit den Fuzzy-Termen der beiden Eingabevariablen e und de lassen sich bei jeweils fünf linguistischen Termen insgesamt 25 verschiedene Regeln aufstellen. Nicht alle davon sind jedoch auch sinnvoll. Je kleiner und übersichtlicher die Regelbasis angelegt wird, umso besser können Auswirkungen bei Änderungen der Fuzzifizierung beobachtet werden. Bei diesem Beispiel wurden insgesamt 9 Regeln gewählt, die zu einem guten Regelergebnis geführt haben.

Regel 1:	WENN	e = NB	UND	de = ZO	DANN	dy = NB
Regel 2:	WENN	e = NS	UND	de = ZO	DANN	dy = NS
Regel 3:	WENN	e = ZO	UND	de = ZO	DANN	dy = ZO
Regel 4:	WENN	e = PS	UND	de = ZO	DANN	dy = PS
Regel 5:	WENN	e = PB	UND	de = ZO	DANN	dy = PB
Regel 6:	WENN	e = ZO	UND	de = NB	DANN	dy = NB
Regel 7:	WENN	e = ZO	UND	de = NS	DANN	dy = NS
Regel 8:	WENN	e = ZO	UND	de = PS	DANN	dy = PS
Regel 9:	WENN	e = ZO	UND	de = PB	DANN	dy = PB

Die Projektierung der Fuzzy-PI-Regelfunktion ist damit abgeschlossen. Die Auswertung der Regeln und anschließende Defuzzifizierung erfolgt nach der beschriebenen MAX-MIN-Methode und dem Singleton-Schwerpunktverfahren. Soll die Regelfunktion mit einem Automatisierungsgerät realisiert werden, so muss die Auswertung der Regeln und die Defuzzifizierung in Steueranweisungen übertragen werden. Die Firma SIEMENS bietet mit der Software „Fuzzy-Control“ ein Projektierungswerkzeug an, mit dem die beschriebenen Schritte sehr leicht ausgeführt werden können. Das Ergebnis der Projektierung ist dann ein Funktionsbaustein FB mit zugehörigem Datenbaustein DB, der alle erforderlichen Berechnungsschritte zur Bildung der Ausgabegröße ausführt.

8.1.3.3 Arten von Stellsignalen

Mit der Regelfunktion ist noch nicht unbedingt die Art des Stellsignals der Stellgröße bestimmt. Das Ergebnis der PID-Regelfunktion kann sowohl als kontinuierliches Stellsignal, wie auch als Schritt- oder Impuls-Stellsignal ausgegeben werden. Die Einteilung des Regelverhaltens in „stetig“ oder „unstetig“ ist durch das verwendete Stellsignal bestimmt. Ein kontinuierliches Ausgangssignals führt zu einem stetigen Regelverhalten. Eine nicht kontinuierliche Ausgabe-Signalformen bedingt jedoch noch lange kein unstetiges Regelverhalten. Werden bei einem Schritt-Stellsignal die AUF-ZU-Impulse auf ein integrierendes Stellglied gegeben (motorisch angetriebene Klappe), so liegt, weil jeder Wert des Stellbereichs erreichbar ist, ebenso ein stetiges Regelverhalten vor wie bei einem EIN-AUS-Stellsignal einer impulsbreitenmodulierten Stellgröße, das auf eine Heizung wirkt. Lediglich das Zweipunkt/Dreipunkt-Stellsignal führt zu einem unstetigen Regelverhalten. Die Auswahl des Stellsignals richtet sich nach dem Stellglied. Das Stellsignal der Stellgröße y und das Stellglied müssen zusammenpassen.

1. Zweipunkt/Dreipunkt-Stellsignal

Das Zweipunkt- bzw. Dreipunkt-Stellsignal wird unmittelbar aus dem Ergebnis der Zweipunkt- bzw. Dreipunkt-Regelfunktion gebildet.

Bei einem Zweipunktregler besteht das Stellglied dabei aus einem Schalter, der die Schaltzustände „EIN“ bzw. „AUS“ annehmen kann. Das vom Regler ausgegebene binäre Stellsignal ist von den Schaltpunkten des Zweipunktregelfunktion abhängig. Beim Erreichen des oberen Abschaltpunktes xo wird die Stellgröße aus- und beim Erreichen des unteren Abschaltpunktes xu eingeschaltet.

Regelgröße und Stellsignal eines Zweipunktreglers:

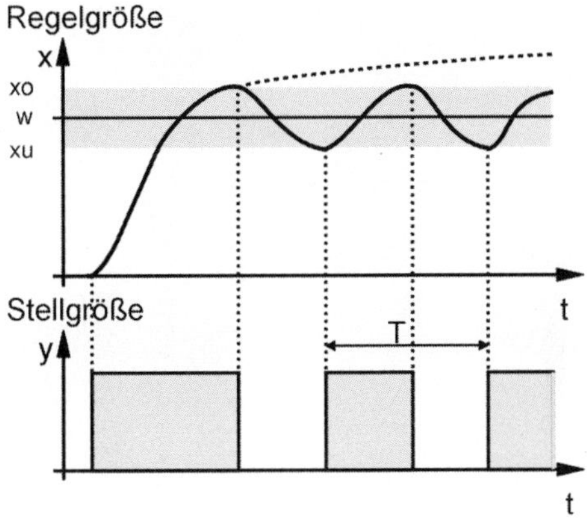

Der Regelvorgang funktioniert nur, wenn der Endwert der Regelgröße x im eingeschalteten Zustand größer als der obere Abschaltpunkt und der Endwert im ausgeschalteten Zustand kleiner als der untere Abschaltpunkt werden kann. Es muss also im eingeschalteten Zustand mit einem Leistungsüberschuss gearbeitet werden, der in der Regel etwa 100% beträgt.

Das Stellglied für das Dreipunkt-Stellsignal besitzt zwei Schaltkontakte, mit denen die drei Schaltzuständen EIN1 – AUS – EIN2 realisiert werden können. Die beiden binären Stellsignale werden durch die von der Regelfunktion vorgegebenen Schaltpunkte bestimmt.

Regelgröße und Stellsignal eines Dreipunktreglers:

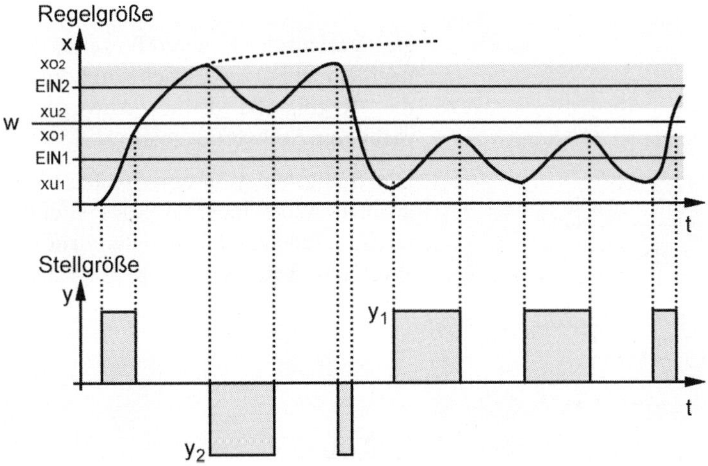

Zum Beispiel Temperaturregelung eines Lagerraums. Dann ist:

x = Temperatur,

y_1 = 100% heizen,

y_2 = 100% kühlen.

(w und x können im positiven oder negativen Temperaturbereich liegen)

Einsatzgebiete derartiger Stellsignale sind Wärme-, Kälte-, Klimakammern und Werkzeugbeheizungen für kunststoffverarbeitende Maschinen.

2. Kontinuierliches Signal

Ein kontinuierliches Stellsignal ist dadurch gekennzeichnet, dass die Stellgröße y jeden Wert innerhalb des Stellbereichs annehmen kann. Damit können Stellglieder mit analogem Eingang angesteuert werden, die dann proportional zur Stellgröße y Öffnungsgrade, Drehwinkel oder Positionen einstellen.

Beispiel einer kontinuierlicher Signalausgabe ist die nach einem PID-Algorithmus gebildete Stellgröße y, die an einen pneumatischen Stellantrieb gelegt wird. Bei x = w muss die Stellgröße y den richtigen Wert ununterbrochen aufweisen.

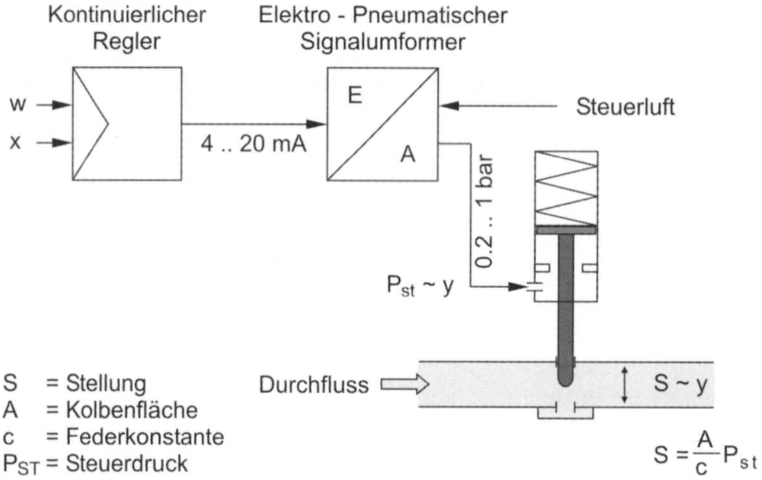

Bild 8.6: Kontinuierlicher Stellantrieb

Der mögliche zeitliche Verlauf der Regelgröße x und der Stellgröße y bei einer PID-Regelfunktion mit kontinuierlicher Signalausgabe der Stellgröße y ist in den beiden folgenden Zeitdiagramme für eine Sprungantwort dargestellt.

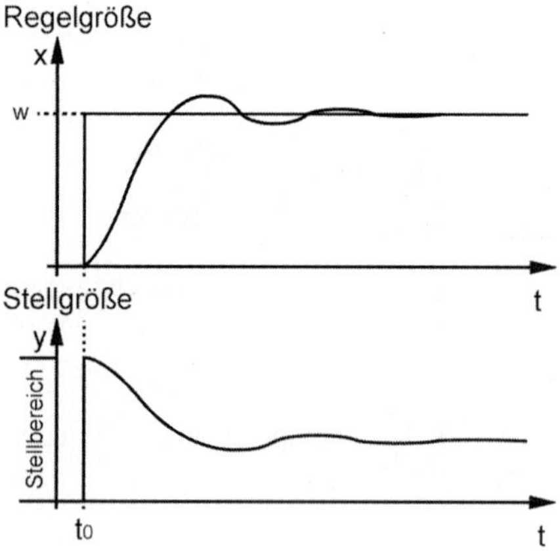

Der Verlauf der Regelgröße zeigt, dass nach einem kurzen Einschwingvorgang die Regelgröße keine Abweichung mehr zum Sollwert w zeigt.

Die Stellgröße y nimmt zunächst den größten Wert innerhalb des Stellbereichs an und pendelt sich dann auf den Wert ein, bei dem die Regelgröße x den Sollwert w erricht.

Die kontinuierliche Signalform wird überall dort eingesetzt, wo das Stellglied ein ununterbrochenes Stellsignal erfordert.

3. Schritt-Stellsignal

Das Schritt-Stellsignal basiert auf zwei binären Stellgrößenausgängen y_1 und y_2, die auf Stellglieder wirken, welche die drei Schaltzustände „AUF", „AUS" bzw. „ZU" annehmen können und eine integrierende Wirkung besitzen. Die integrierende Wirkung wird beispielsweise durch einen motorischen Stellantrieb realisiert. Der Antriebsmotor der Gewindespindel erhält sowohl in der einen Richtung (y_1 = AUF bei $e > 0$) wie auch in der anderen Richtung (y_2 = ZU bei $e < 0$) nur solange ein Stellsignal, bis der Sollwert w nicht mehr vom Istwert x abweicht. Bei $x = w$ ist $\Delta y = 0$ und der Motor steht still, da die Stellung S des Kolbens den erforderlichen Wert angenommen hat. Der Stellmotor hat die Stellinkremente Δy zur Stellgröße y integriert.

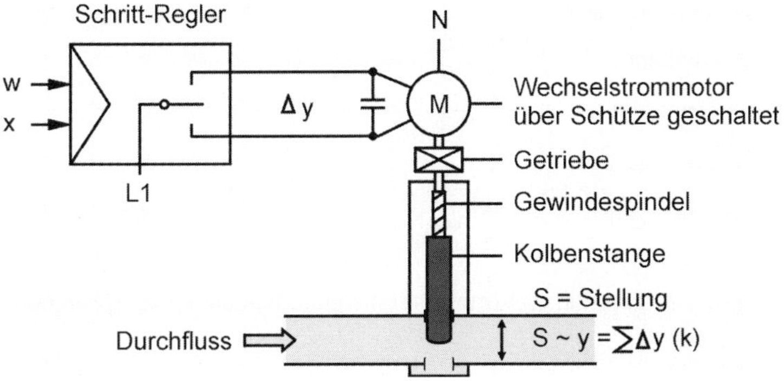

Bild 8.7: Integrierender Stellantrieb

Dreipunkt-Schrittregler mit PI-Regelfunktion weisen in Verbindung mit einem motorischen Stellantrieb ein quasistetiges Stellverhalten auf, da jeder Wert des Stellbereichs erreichbar ist. Die nachfolgenden Zeitfunktionen zeigen die Schritt-Stellsignale in Abhängigkeit von der Regeldifferenz e und dem zurückgelegten Stellweg.

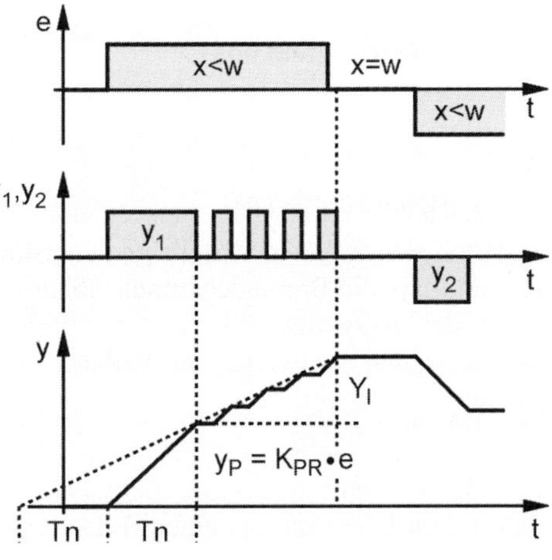

Impulsverhalten des Dreipunkt-Schrittreglers:

e = Regeldifferenz $e = w - x$,

y_1, y_2 = Stellsignal

y = Stellweg

Auf eine sprungförmige Änderung der Regeldifferenz e reagiert der PI-Schrittregler sofort durch einen langen „Schritt". Das Stellsignal y_1 gibt dazu einen langen Impuls aus. Dieser Impuls wird durch den P-Anteil der Regelfunktion verursacht. Die darauffolgenden kürzeren Impulse werden durch den I-Anteil der Regelfunktion gebildet.

Betrachtet man als Stellgröße y den vom motorisch angetriebenen Stellglied verursachten Stellweg, so nimmt dieser infolge des langen Schrittes rasch zu. Unter dem Einfluss der kurzen Impulse verändert sich der Stellweg anschließend weniger schnell. Die Sprungantwort weist ein PI-Verhalten auf, das durch die Nachstellzeit T_n und den Proportionalbeiwert K_{PR} der Regelfunktion gekennzeichnet ist.

4. Impuls-Stellsignal

Ein Impuls-Stellsignal entsteht durch Umwandlung einer kontinuierlichen Ausgangsgröße einer Regelfunktion in ein Signal mit einem bestimmten Impuls-Pause-Verhältnis. Der Wert der Ausgangsgröße der Regelfunktion bestimmt dabei das Verhältnis der Impulslängen zu den dazwischenliegenden Pausen. Die Impuls-Stellsignale können Zweipunktstruktur (z.B. nur Heizen) mit einem binären Ausgang oder Dreipunktstruktur (z.B Heizen und Kühlen) mit zwei binären Ausgängen besitzen.

Das zu dem Impuls-Stellsignal passende Stellglied ist z. B. ein Thyristorsteller, der einen Heizwiderstand mit dem zur Stellgröße proportionalen Impulslängensignal einschaltet.

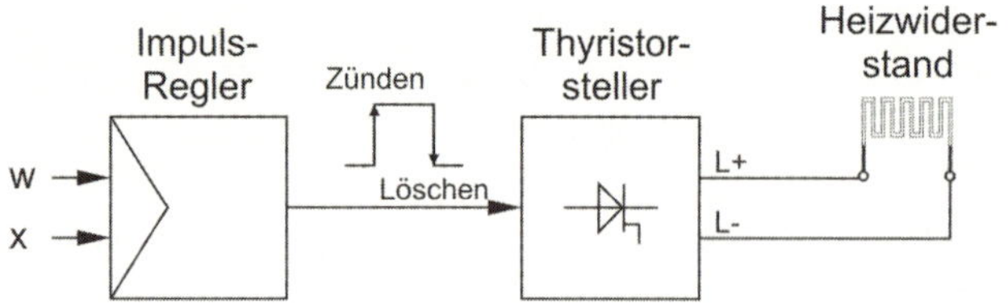

Bild 8.8: Impuls-Stellantrieb

Die nachfolgenden Zeitfunktionen zeigen u.a. das Impuls-Stellsignal, das bei einer Sprungantwort einer PID-Regelfunktion entsteht.

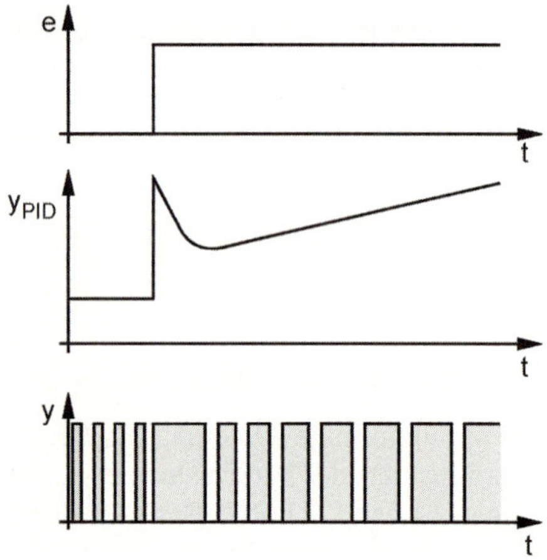

e = Regeldifferenz e

y_{PID} = Ausgangsgröße Sprungantwort der PID-Regelfunktion

y = Impuls-Stellsignal

Aus dem Zeitverhalten des Stellsignals y ist zu erkennen, dass die Breite der Impuls abhängig ist von der Ausgangsgröße y_{PID} der Regelfunktion. In den überwiegenden Fällen ist die Abhängigkeit proportional.

Durch den Energiespeicher des Heizwiderstandes ergibt sich eine quasi integrierende Wirkung. Das Verhalten der Regelgröße x entspricht damit dem Verhalten bei einem PID-Regler mit kontinuierlichem Stellsignal.

8.2 Grundlagen digitaler Regler

Bei der Realisierung eines Reglers mit einem Automatisierungssystem wird die Regelfunktion durch einen Algorithmus dargestellt, der zyklisch aufgerufen wird, um aus dem aktuellen Wert der Regeldifferenz e den neuen Wert der Stellgröße y zu bilden. Die Verarbeitung der gemessenen Signale und die Bestimmung der Stellgröße erfolgt zeitlich getaktet und nicht kontinuierlich. Man spricht von zeitdiskreten Regelungssystemen bzw. digitalen Reglern.

Im Unterschied zu einem kontinuierlichen Regler (Analogregler) wird bei einem digitalen Regler der Istwert x abgetastet und durch einen Analog-Digital-Wandler (A/D-Wandler) in ein digital codiertes Signal überführt. Wird der Sollwert w ebenfalls als analoge Spannung vorgegeben, dann wird auch dieser Wert abgetastet und digitalisiert. Der Abtastung sorgt dafür, dass die Regeldifferenz e(t) stets zu diskreten Zeitpunkten t vorliegt. Die diskreten Zeitpunkte müssen den gleichen Abstand haben, das bedeutet, die Abtastzeit muss konstant sein. Der von der Regelfunktion berechnete digitale Wert für die Stellgröße y wird, falls ein kontinuierliches Stellsignal erforderlich ist, durch einen Digital-Analog-Wandler in ein analoges Signal überführt. Ein Halteglied sorgt dafür, dass das ausgegebene Stellsignal auch zwischen den Abtastzeitpunkten erhalten bleibt.

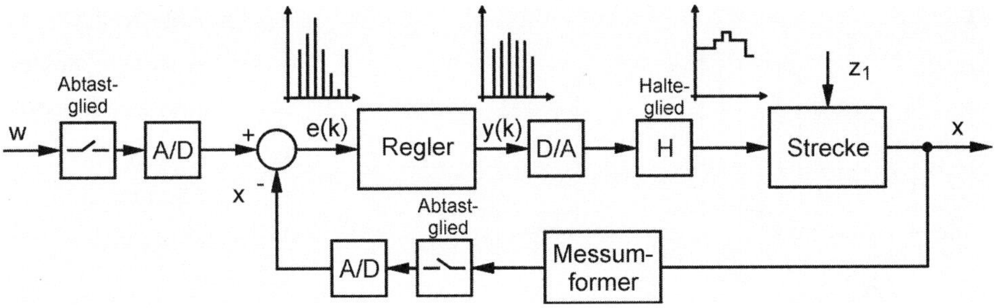

Bild 8.9: Digitaler Regelkreis

Wesentliche Merkmale eines digitalen Reglers sind die Abtastung und die Verwendung eines Haltegliedes. Beide Elemente führen dazu, dass der Regler nur zu bestimmten Zeitpunkten auf die Veränderungen der Regelgröße reagieren kann und das Stellsignal ebenfalls nur zu bestimmten Zeiten verändert wird. Der Abstand zwischen den Zeitpunkten wird mit Abtastzeit bezeichnet.

8.2.1 Abtastzeit

Die Abtastzeit T_A bestimmt die Stichprobenhäufigkeit und ist somit ein wichtiger Parameter eines digitalen Reglers. Sie stellt die Zeitspanne dar, die zwischen zwei Bearbeitungen des Regelungsprogramms liegt. Der Unterschied von kontinuierlichen und digitalen Regelsystemen besteht darin, dass aufgrund der Abtastzeit weniger Informationen von der Regelstrecke zum Regler und umgekehrt übertragen werden. Bei der Wahl der Abtastzeit sind mehrere Faktoren zu berücksichtigen.

- Aus regelungstechnischer Sicht soll die Abtastzeit so klein wie möglich sein, damit das zeitdiskrete System dieselben Eigenschaften hat, wie das kontinuierliche. Als kleinster Wert der Abtastzeit bei Automatisierungsgeräten ist die Zykluszeit denkbar. Diese kann aber nur dann verwendet werden, wenn eine konstante Zykluszeit gewährleistet ist.
- Abtastzeiten, die kleiner als die Wandlungszeiten der Analog-Digital-Umsetzer sind, machen keinen Sinn. Bei langsam aber störsicher arbeitenden Umsetzern wird erst nach der Verschlüsselungszeit z. B. von 60 ms ein Analogwert aktualisiert. Ist die Abtastzeit kleiner als die Verschlüsselungszeit, wird mit sich nicht unterscheidenden aufeinanderfolgenden Signalwerte gerechnet.
- Wesentlich für die Wahl der Abtastzeit ist die Ersatzzeitkonstante T_E der Regelstrecke, die sich aus der Sprungantwort durch Addition der Einzelzeitkonstanten T_t (Totzeit), T_u (Verzugszeit) und T_g (Ausgleichszeit) ergibt. Um ein zu Analogreglern vergleichbares Regelergebnis zu erzielen, hat die Erfahrung gezeigt, dass die Abtastzeit mindestens 1/10 der Ersatzzeitkonstanten T_E der Regelstrecke sein muss.

Das Prinzip der Abtastung eines Istwertes x sowie die Ausgabe der Stellgröße y verdeutlichen die nachfolgend abgebildeten Zeitfunktionen.

Istwertabtastung

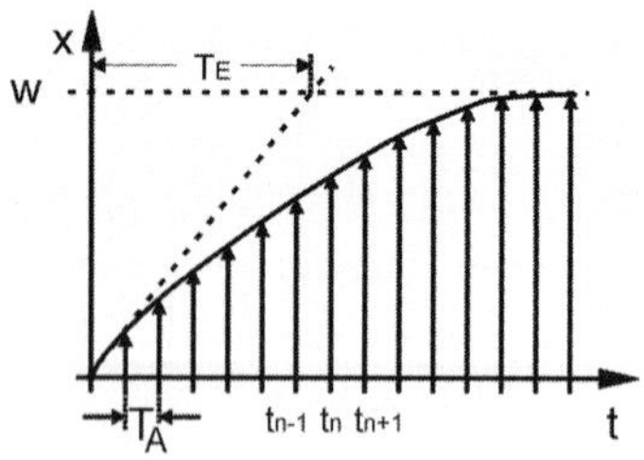

Stellgrößenausgabe

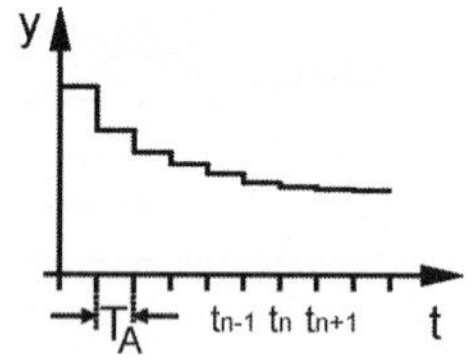

Legende:

T_A = Abtastzeit
t = Abtastzeitpunkte
T_E = Ersatzzeitkonstante
x = Regelgröße
w = Führungsgröße
y = Stellgröße

Zusammenfassend ist festzustellen, dass die Abtastzeit T_A bestimmte Mindestzeitwerte wie Programmlaufzeit und Verschlüsselungszeiten nicht unterschreiten und 1/10 der Ersatzzeitkonstanten T_E der Strecke nicht überschreiten sollte.

Faustformel:

Programmlaufzeit, Verschlüsselungszeit $< T_A < 1/10 \cdot$ Ersatzzeitkonstante T_E

8.2.2 Digitaler PID-Algorithmus

Auch bei digitalen Reglern haben die in Abschnitt 8.1.3.2 beschriebenen Regelfunktionen eine weite Verbreitung gefunden. Es hat sich gezeigt, dass die Regelfunktionen auch bei digitalen Reglern zu entsprechend guten Regelergebnissen führen. Wird die Abtastzeit T_A richtig gewählt, so unterscheidet sich die Wirkung des digitalen Reglers nicht wesentlich vom Analogregler.

Die Regelfunktionen ohne I- und D-Anteil können unverändert übernommen und mit entsprechenden Anweisungen in ein Regelungsprogramm übersetzt werden. Bei Regelfunktionen mit I- und D-Anteil muss das Integral durch eine Summe und der Differenzialquotient durch einen Differenzenquotienten ersetzt werden. Für die Zeitspanne dt wird die Abtastzeit T_A eingesetzt. Damit ergibt sich eine Formel, mit der die Stellgröße y in jedem Abtastzeitpunkt k berechnet werden kann.

Stellgröße y(k) zum Abtastzeitpunkt k:

$$y(k) = K_{PR} \cdot \left(e(k) + \frac{1}{T_n} \sum_{i=1}^{k} e(i) \cdot T_A + T_v \frac{e(k) - e(k-1)}{T_A} \right)$$

Da die Formel die Stellgröße y(k) zu einem bestimmten Zeitpunkt k berechnet, wird dieser Algorithmus als *Stellungsalgorithmus* bezeichnet. Mit einem rekursiven Algorithmus kann die Summenbildung so ausgeführt werden, dass eine Speicherung aller Regeldifferenzen e nicht erforderlich ist. Mit $\sum_{i=1}^{k} e(i) = e_{SUM(k)} = e_{SUM(k-1)} + e_k$ ergibt sich:

$$y(k) = K_{PR} \cdot e(k) + \frac{T_A}{T_n} e_{SUM(k)} + T_v \frac{e(k) - e(k-1)}{T_A}$$

Wird für die Bildung eines Schritt-Stellsignals die Berechnung der Stellungsgrößenänderung Δy erforderlich, kann die Änderung der Stellgröße Δy aus der Differenz von y(k) – y(k-1) berechnet werden.

Stellgröße y(k-1) zum Abtastzeitpunkt k-1:

$$y(k-1) = K_{PR} \cdot \left(e(k-1) + \frac{1}{T_n} \sum_{i=1}^{k-1} e(i) \cdot T_A + T_v \frac{e(k-1) - e(k-2)}{T_A} \right)$$

Stellgrößenänderung Δy:

$$\Delta y = K_{PR} \cdot \left(e(k) - e(k-1) + \frac{T_A}{T_n} \cdot e(k) + \frac{T_v}{T_A} (e(k) - 2e(k-1) + e(k-2)) \right)$$

Die gefundene Formel wird auch als *Geschwindigkeits-Algorithmus* bezeichnet, da die Stellgrößenänderung Δy pro Abtastzeit T_A berechnet wird. Die Stellgrößenänderung Δy kann bei der Bildung des Schritt-Stellsignals für einen Schrittregler direkt für die Bestimmung der jeweiligen Schrittweite herangezogen werden.

8.3 Regler-Programmbausteine

In diesem Abschnitt wird der Entwurf von Regelungs-Programmbausteinen für unterschiedliche Reglerarten dargestellt. STEP 7 bietet in der Standard-Bibliothek zwar umfangreiche Regler-Funktionsbausteine an, auf die aber aus didaktischen Gründen nicht zurückgegriffen wird. Mit dem Entwurf von selbstgeschriebenen Regelungs-Bausteinen soll das Verständnis für den Einsatz von Regelungsprogrammen gefördert werden.

In Beispielen werden die ermittelten Reglerfunktionen mit anderen erforderlichen Bausteinen, wie Analogwert-Einlesen etc., zu einem Regelungsprogramm verschaltet und das Verhalten im Regelkreis getestet. Als Strecke wird dabei, mit Ausnahme bei der Dreipunktregelung, jeweils ein Behälter verwendet, dessen Füllstand die Regelgröße x ist. Aufgabe der Regelung ist es, den Füllstand auf einem vorgegebenen Niveau konstant zu halten, wobei der Einfluss nicht vorhersehbarer Störgrößen ausgeglichen werden soll. Als nicht vorhersehbare Störeinflusse können Veränderungen der Entnahmemenge angesehen werden. Das Verhalten der verwendeten Füllstandsstrecke entspricht einer Proportionalstrecke mit Verzögerung erster Ordnung (PT1), da die Auslaufmenge von der Füllhöhe abhängig ist. Dies ist bei dieser Füllstandsstrecke der Fall, da ein entsprechendes Verhältnis von Füllhöhe zu Ablaufdurchmesser gegeben ist.

Der Regler soll die Aufgabe dadurch lösen, dass er eine Stellgröße y abgibt, die ein Magnetventil in passender Weise ansteuert. Je nach verwendeter Reglerart wird bei einem kontinuierlichen Stellsignal y_1 das Zulaufventil V1 mit einer analogen Spannung von 0..10 V (Proportionalventil) oder bei einem binären Stellsignal y_2 mit einer Spannung von 0 V bzw. 24 V (Sperrventil) angesteuert.

Technologieschema:

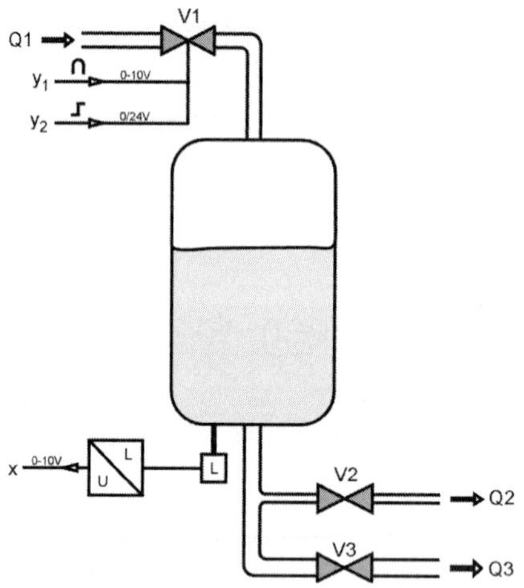

Legende:

Q1 = Zulaufmenge;

Q2 / Q3 = Ablaufmenge

V1 = Zulaufventil

V2/V3 = Ablaufventile

L = Füllstandsmessung

y_1 = Analoge Stellgröße

y_2 = Binäre Stellgröße

x = Füllstand als Spannungssignal von 0 ... 10 V

Bild 8.10: Füllstandsstrecke

Die Streckeneigenschaften der Füllstandsstrecke können durch Vorschalten eines Totzeit-Gliedes, eines oder mehrerer PT1-Glieder oder eines I-Gliedes zusätzlich verändert werden.

Da bezüglich der Art des zu regelnden Prozesses keine Einschränkungen bei den beschriebenen Regler-Bausteinen besteht, können zur Erprobung der Regelungsprogramme auch andere vorhandene Regelstrecken eingesetzt werden.

Zur Vorgabe der Führungsgröße w wird in den meisten Fällen ein vierstelliger BCD-Zifferneinsteller verwendet, der den Sollwert von 00,00 bis 99,99% vorgibt.

8.3.1 Zweipunkt-Reglerbausteine

Zweipunktregelungen gehören zu den unstetigen Regelungen, bei denen der Regler einen Schalter nachbildet, der abhängig vom Wert der Regeldifferenz e die Stellgröße „EIN“ oder „AUS“ schaltet. In den Abschnitten 8.1.3.2 (Bildung der Regelfunktion) und 8.1.3.3 (Arten von Stellsignalen) wurden die Grundlagen eines Zweipunktreglers dargestellt. Die Zweipunkt-Regelfunktion kann in eine Regelfunktion mit und ohne Schalthysterese unterteilt werden.

8.3.1.1 Zweipunktregler ohne Schalthysterese (FC72: ZWP)

Aus der nebenstehenden Kennlinie des Reglers kann die Aufgabe der Zweipunkt-Regelfunktion abgelesen werden. Überschreitet die Regelgröße x den Sollwert w (e < 0), dann schaltet der Regler die Stellgröße y auf „0“-Signal. Unterschreitet hingegen die Regelgröße x den Sollwert w (e > 0), so schaltet der Regler die Stellgröße y auf „1“-Signal.

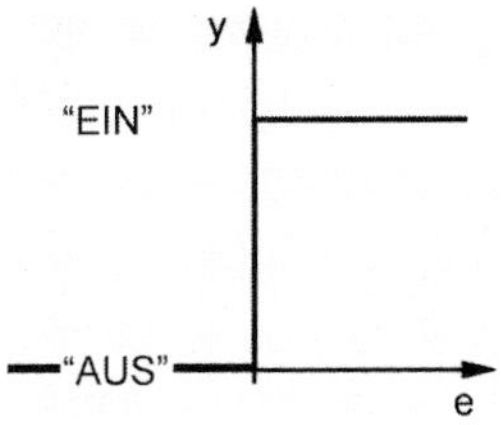

Das Funktionsschema der Zweipunktregelung ohne Schalthysterese zeigt die an der Bildung der Reglerfunktion beteiligten Größen.

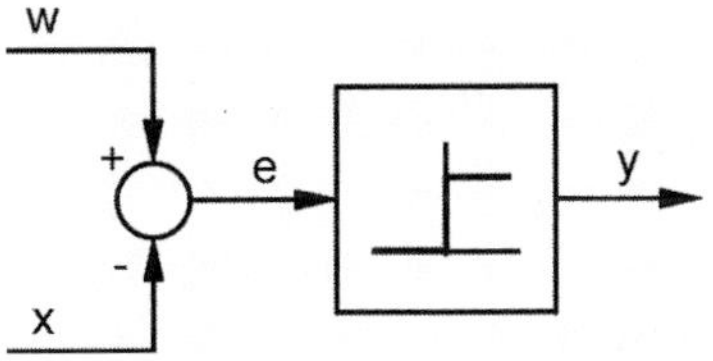

Legende:

w = Sollwert x = Istwert (Regelgröße)
e = Regeldifferenz y = Stellgröße

Da die Zweipunktregelfunktion keine Speichereigenschaften besitzt, kann der Reglerbaustein mit der Funktion FC 72 (ZWP) realisiert werden. Über den Funktions-Parameter EIN kann die Regelfunktion ein- oder ausgeschaltet werden. Weitere Eingangsparameter der Funktion FC 72 sind die Führungsgröße w (SW) und die Regelgröße x (IW). Es wird angenommen, dass beide Werte als Gleitpunktzahlen im Bereich von 0.0 bis 100.0 vorliegen. Die Ausgangsgröße STG der Funktion FC 72 (ZWP) ist die binäre Stellgröße y. Im ausgeschalteten Zustand soll der Ausgang STG „0“-Signal erhalten.

Reglerbaustein FC72 (ZWP):

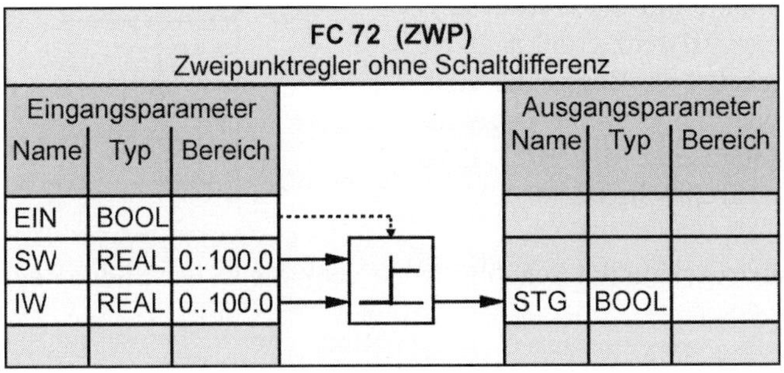

Legende:

EIN = Einschalten der Funktion

SW = Sollwert

IW = Istwert

STG = Stellgröße

Zur Erstellung der erforderlichen Anweisungsfolge für die Funktion FC 72 (ZWP) werden die auszuführenden Datenoperationen in einem Struktogramm dargestellt.

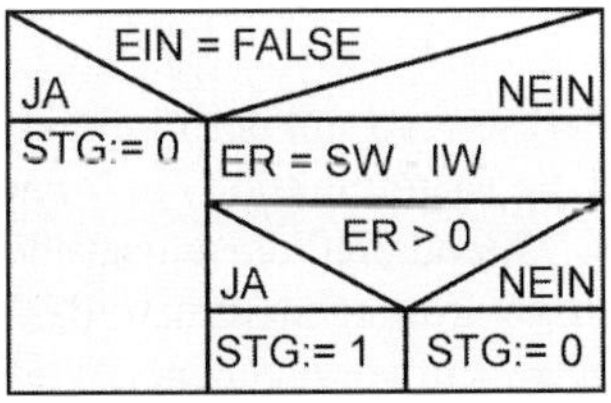

Die Differenz SW – IW (Regeldifferenz e) wird der lokalen Variablen ER (Error) zugewiesen. Ist die Variable ER positiv, wird der Funktionsausgang STG auf „1“-Signal gesetzt. Ist die Variable ER negativ, wird dem Funktionsausgangs STG „0“-Signal zugewiesen.

Das Programm der Funktion FC 72 kann sowohl in der Programmiersprache AWL wie auch in SCL sehr einfach in entsprechende Anweisungen umgesetzt werden. Im nachfolgenden STEP 7 Programm ist die Quelle der Funktion in beiden Programmiersprachen angegeben.

STEP 7 Programm (Quelle)

```
FUNCTION FC 72 : VOID
VAR_INPUT             VAR_OUTPUT           VAR_TEMP
  EIN: BOOL ;           STG : BOOL ;         ER : REAL ;
  SW : REAL ;         END_VAR              END_VAR
  IW : REAL ;
END_VAR
Programmiersprache AWL                      Programmiersprache SCL
BEGIN                                      BEGIN
  UN #EIN;                                  IF EIN = FALSE THEN
  R  #STG;                                    STG:=FALSE;
  BEB;                                        RETURN;
  L  #SW;                                   END_IF;
  L  #IW;                                   ER:= SW - IW;
  -R ;                                      IF ER > 0 THEN
  T  #ER;                                     STG:=TRUE;
  L  0.000000e+000;                          ELSE
  >R ;                                        STG:=FALSE;
  =  #STG;                                  END_IF;
END_FUNCTION                               END_FUNCTION
```

8.3.1.2 Zweipunktregler mit Schalthysterese (FC74: ZWPH)

Aus der Kennlinie des Zweipunktreglers mit Schalthysterese geht hervor, dass sich die Schaltpunkte um die Hysterese H verschieben. Unterschreitet die Regeldifferenz e die negative halbe Hysterese H (e < -H/2), so schaltet der Regler die Stellgröße y auf „0“-Signal. Überschreitet hingegen die Regeldifferenz e den Wert der halben Hysterese H (e > H/2), dann schaltet der Regler die Stellgröße y auf „1“-Signal.

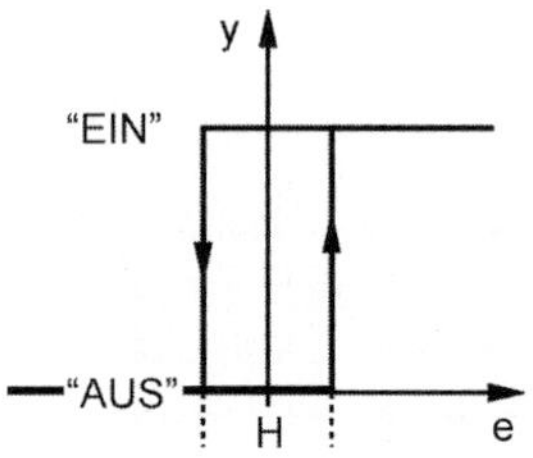

Das Funktionsschema der Zweipunktregelung mit Schalthysterese zeigt die an der Bildung der Reglerfunktion beteiligten Größen.

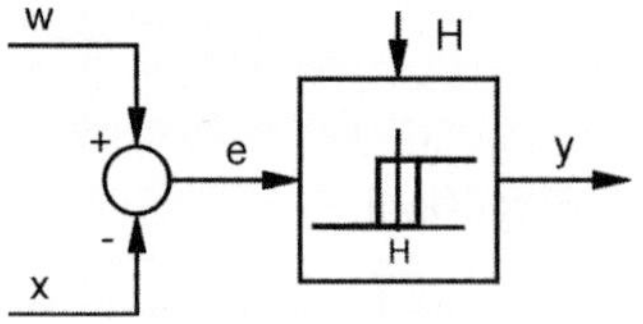

Legende:

w = Sollwert x = Istwert (Regelgröße)
e = Regeldifferenz y = Stellgröße
H = Schalthysterese

Der Reglerbaustein für die Zweipunktreglerfunktion mit Schalthysterese wird mit der Funktion FC 74 (ZWPH) realisiert. Über den Funktions-Parameter EIN kann die Regelfunktion ein- oder ausgeschaltet werden. Weitere Eingangsparameter der Funktion FC 74 sind die Führungsgröße w (IW), die Regelgröße x (SW) und die Schalthysterese H (SH). Es wird angenommen, dass die Werte als Gleitpunktzahlen im Bereich von 0.0 bis 100.0 vorliegen. Ein vorgegebener Wert von 20.0 für die Schalthysterese SH soll so verrechnet werden, dass sich dabei eine Schalthysterese von 20 % der Führungsgröße w ergibt. Die Ausgangsgröße STG der Funktion FC 74 (ZWPH) ist die binäre Stellgröße y. Im ausgeschalteten Zustand soll der Ausgang STG „0"-Signal erhalten.

Reglerbaustein FC74 (ZWPH):

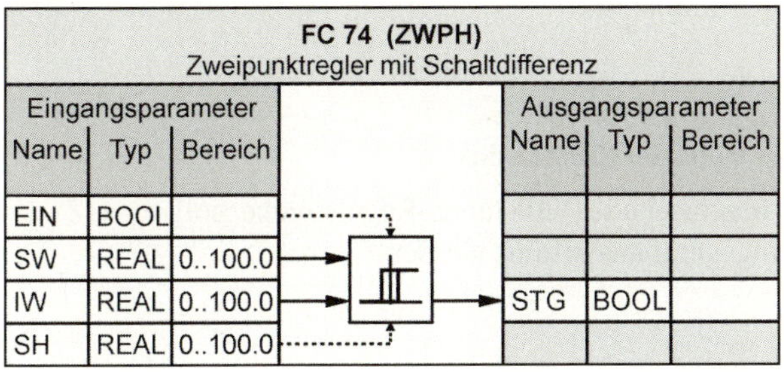

Legende:

EIN = Einschalten der Funktion

SW = Sollwert

IW = Istwert

SH = Schalthysterese

STG = Stellgröße

Zur Erstellung der erforderlichen Anweisungsfolge für die Funktion FC 74 (ZWPH) werden die auszuführenden Datenoperationen in einem Struktogramm dargestellt.

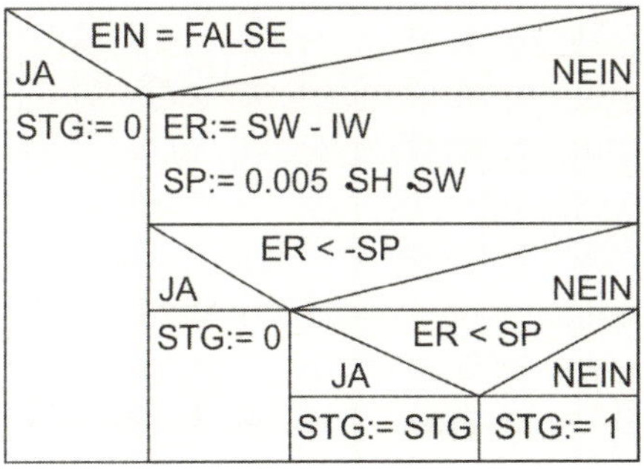

Die Regeldifferenz e wird berechnet und der temporären Variablen ER zugewiesen. Der berechnete Betrag der beiden Schaltpunkte wird der temporären Variable SP zugewiesen. Ist die Regeldifferenz e kleiner als der negative Schaltpunkt SP (ER < –SP), wird dem Funktionsausgang STG „0"-Signal zugewiesen. Ist die Regeldifferenz e größer als der positive Schaltpunkt (ER > +SP), wird der Funktionsausgang STG auf „1"-Signal gesetzt.

Das Programm der Funktion FC 72 kann sowohl in der Programmiersprache AWL wie auch in SCL sehr einfach in entsprechende Anweisungen umgesetzt werden. Damit der Ausgang STG seinen Wert behält, wenn sich die Regeldifferenz e im Bereich der Hysterese H befindet, wird die Variable STG als IN_OUT_Variable deklariert. Nachfolgend ist die Quelle der Funktion in beiden Programmiersprachen angegeben.

STEP 7 Programm (Quelle)

```
FUNCTION FC 74 : VOID
VAR_INPUT
  EIN: REAL ;
  SW : REAL ;
  IW : REAL ;
  SH : REAL ;
END_VAR
VAR_IN_OUT
  STG : BOOL ;
END_VAR
VAR_TEMP
  ER : REAL ;
  SP : REAL ;
END_VAR

Programmiersprache AWL:
BEGIN
UN  #EIN;
R   #STG;
BEB;
L  #SW;
L  #IW;
-R ;
T  #ER;
L  5.0000e-003;
L  #SH;
*R;
L  #SW;
*R ;
T  #SP;
L  #SP;
L  -1.0000e+000;
*R     ;
L      #ER;
TAK    ;
<R     ;
R      #STG;
BEB
L  #ER;
L  #SP;
>R ;
S  #STG;
END_FUNCTION
```

```
Programmiersprache SCL:
BEGIN
  IF EIN = TRUE THEN
   STG:=FALSE;
   RETURN;
  END_IF;
  ER:= SW - IW;
  SP:= 0.005*SH*SW;

  IF ER < (-1)*SP THEN
     STG:= FALSE;
   ELSIF ER > SP THEN
     STG:= TRUE;
  END_IF;

  END_FUNCTION
```

Beispiel 8.2: Zweipunktregelung eines Behälterfüllstandes

Für die zu Beginn dieses Abschnitts beschriebene Füllstands-Regelstrecke soll eine Zweipunktregelung mit einem Automatisierungsgerät ausgeführt werden.

Technologieschema:

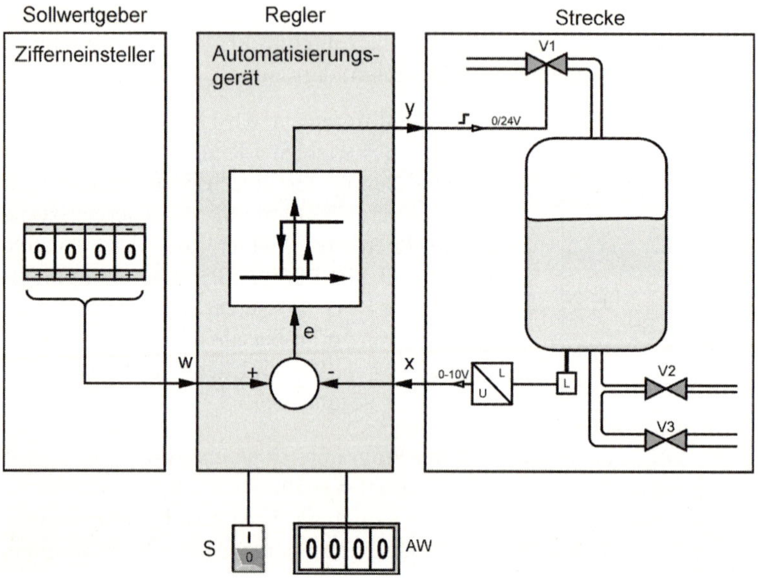

Bild 8.11: Zweipunktregelung

Die Regelung wird mit dem Schalter S ein- bzw. ausgeschaltet. An der Ziffernanzeige soll der jeweils aktuelle Istwert x angezeigt werden. Die Schalthysterese SH wird im Programm fest mit 25% des Sollwertes w vorgegeben.

Zuordnungstabelle der Eingänge und Ausgänge:

Eingangsvariable	Symbol	Datentyp	Logische Zuordnung	Adresse
Regelung Ein/AUS	S	BOOL	Betätigt S = 1	E 0.0
Sollwertgeber	w	WORD	BCD-Code	EW 8
Füllstandsgeber	x	WORD	Analogeingang 0..10V	PEW 320
Ausgangsvariable				
Stellgröße	y	BOOL	Leuchtet y = 1	A 4.1
Ziffernanzeige	AW	WORD	BCD-Code	AW 12

Zur Lösung der Regelungsaufgabe sind folgende Schritte auszuführen.

Schritt 1: Sollwert w einlesen und normieren.

Umwandlung von BCD nach REAL und Normierung auf den Bereich von 0.0 .. 100.0 mit der Funktion FC 50 (BCD_REALN).

Schritt 2: Istwert x einlesen und normieren.

Analogwert einlesen und auf den Bereich von 0.0 bis 100.0 normieren mit der Funktion FC 48 (AE_REALN).

Schritt 3: Berechnung der Stellgröße y.

Aufruf und Parametrierung der Zweipunktregler-Funktion FC 74 (ZWPH).

Schritt 4: Stellgröße y ausgeben.

Der binäre Ausgang für das Stellsignal y wird mit dem Funktionsausgang STG der Zweipunktregelfunktion FC 74 verschaltet.

Schritt 5: Istwert x anzeigen.

Umwandlung von REAL in BCD und Bereichsanpassung mit der Funktion FC 51 (REALN_BCD).

Die Verschaltung der erforderlichen Bausteine zeigt der folgende Funktionsplan:

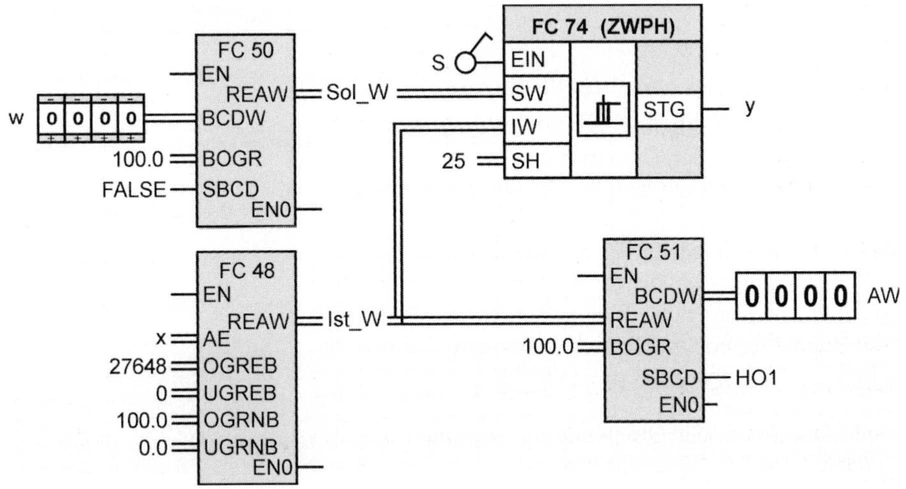

Da die Anweisungsfolgen der einzelnen Bausteine bereits alle dargestellt wurden, ist im nachfolgenden STEP 7 Programm nur die AWL-Quelle des Organisationsbausteins OB1 angegeben.

STEP 7 Programm (AWL-Quelle):

```
ORGANIZATION_BLOCK OB 1
VAR_TEMP
 ...            //Standardeinträge      Ist_W : REAL ;
 Sol_W : REAL ;                         HO1 : BOOL
                                        END_VAR
```

```
BEGIN
CALL FC 50 (
  BCDW := EW 8,
  SBCD := FALSE,
  BOGR := 1.000000e+002,
  REAW := #Sol_W);

CALL FC 48 (
  AE    := PEW  320,
  OGREB:= 27648,
  UGREB:= 0,
  OGRNB:= 1.000000e+002,
  UGRNB:= 0.000000e+000,
  REAW := #Ist_W);

CALL FC 74 (
  EIN   := E  0.0,
  SW    := #Sol_W,
  IW    := #Ist_W,
  SH    := 2.5000e+001,
  STG   := A 4.1);

CALL FC 51 (
  REAW := #Ist_W,
  BOGR := 1.0000e+002,
  BCDW := AW 12,
  SBCD := #HO1);

END_ORGANIZATION_BLOCK
```

8.3.2 Dreipunkt-Reglerbausteine

Besitzt das Stellglied einer Regelstrecke zwei binäre Eingänge z.B. für Heizen und Kühlen, wird eine Dreipunkt-Regelfunktion eingesetzt. In den Abschnitten 8.1.3.2 (Bildung der Regelfunktion) und 8.1.3.3 (Arten von Stellsignalen) wurden die Grundlagen des Dreipunktreglers bereits dargestellt. Die Dreipunkt-Regelfunktion kann wieder in eine Regelfunktion mit und ohne Schalthysterese unterteilt werden.

8.3.2.1 Dreipunktregler ohne Schalthysterese (FC73: DRP)

Die nebenstehende Kennlinie gibt das Verhalten einer Dreipunktregelfunktion wieder. Die Differenz der beiden Schaltpunkte S_{h1} und S_{h2} wird mit Totzone X_{TO} bezeichnet. Unterschreitet die Regeldifferenz e den Schaltpunkt Sh1, dann schaltet der Regler die Stellgröße y_2 auf „1"-Signal. Überschreitet dagegen die Regeldifferenz e den Schaltpunkt Sh2, dann schaltet der Regler die Stellgröße y_1 auf „1"-Signal. Liegt die Regeldifferenz im Bereich der Totzone, haben die beiden Stellgrößenausgänge y_1 und y_2 „0"-Signal.

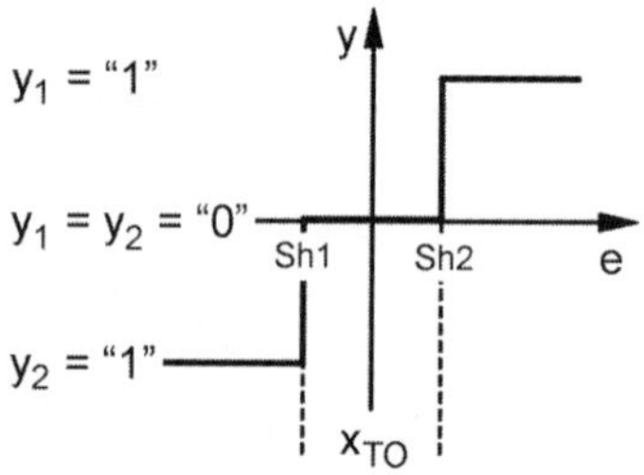

Das Funktionsschema der Dreipunktregelung ohne Schalthysterese zeigt die an der Bildung der Reglerfunktion beteiligten Größen.

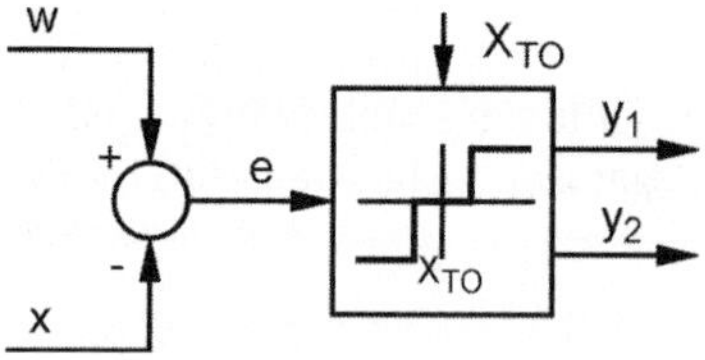

Legende:

w = Sollwert x = Istwert (Regelgröße)
e = Regeldifferenz X_{TO} = Totzone
y_1 = Stellgröße 1 (z. B. Heizen)
y_2 = Stellgröße 2 (z. B. Kühlen)

Da die Dreipunkt-Regelfunktion keine Speichereigenschaften besitzt, kann der Reglerbaustein mit der Funktion FC 73 (DRP) realisiert werden. Über den Funktions-Parameter EIN kann die Regelfunktion ein- oder ausgeschaltet werden. Weitere Eingangsparameter der Funktion FC 73 sind die Führungsgröße w (SW), die Regelgröße x (IW) und die Totzone X_{TO} (XTO). Es wird angenommen, dass die Werte als Gleitpunktzahlen im Bereich von 0.0 bis 100.0 vorliegen. Einer Vorgabe von beispielsweise 2.0 für die Totzone X_{TO} würde dabei einem Wert von 2% des Regelgrößenbereichs entsprechen. Der Regelgrößenbereich ergibt sich aus der Differenz der maximalen und minimalen Regelgröße x.

Zahlenbeispiel:

Die Regelgröße Temperatur in einem Lagerraum wird in einem Bereich von -10 bis 40 °C erfasst und in das Normsignal 0... 10 V umgesetzt. Der interne Zahlenbereich für die Regelgröße beträgt 0 ... 100. Ein Vorgabewert von XTO = 2.0 für die Totzone würde dann bedeuten, dass die Temperatur in einem „toten" Bereich von (40 °C – (-10 °C)) · (XTO/100) = 50 °C · 0,02 = 1 °C um den Sollwert schwanken darf, ohne dass ein Eingriff des Reglers erfolgt.

Die Ausgangsgrößen STG1 und STG2 der Dreipunkt-Reglerfunktion FC 73 (DRP) sind die binären Stellgrößen y1 und y2. Im ausgeschalteten Zustand sollen beide Ausgänge STG1 und STG2 „0"-Signal erhalten.

Reglerbaustein FC73 (DRP):

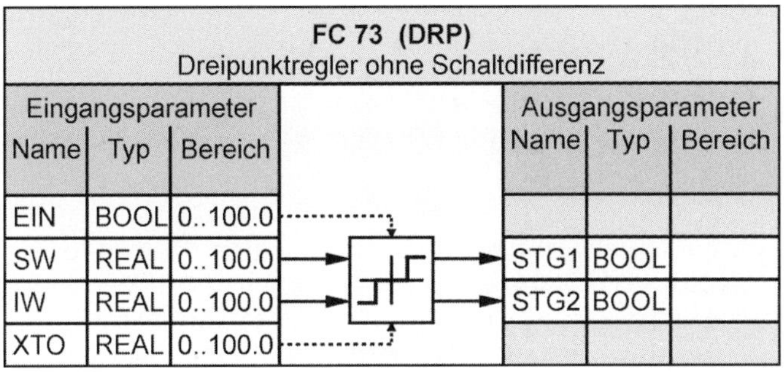

Legende:

EIN = Einschalten der Funktion

SW = Sollwert w

IW = Istwert x

XTO = Totzone

STG1 = Stellgröße y_1

STG2 = Stellgröße y_2

Zur Erstellung der erforderlichen Anweisungsfolge für die Funktion FC 73 (DRP) werden die auszuführenden Datenoperationen in einem Struktogramm dargestellt.

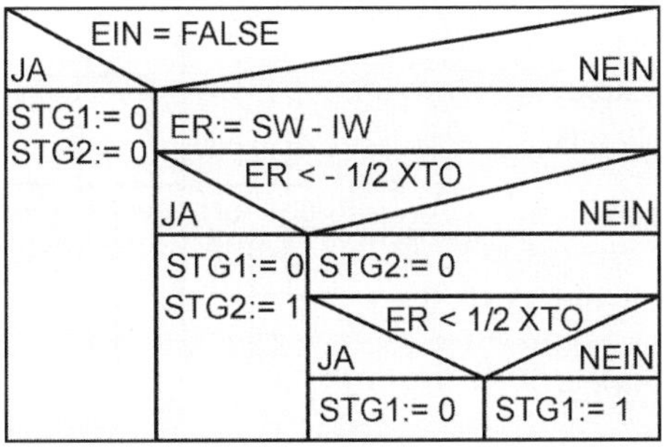

Die Regeldifferenz e wird berechnet und der temporärren Variable ER zugewiesen. Ist die Regeldifferenz e kleiner als der negative Wert der halben Totzeit XTO, wird dem Funktionsausgang STG2 „1"-Signalzustand und STG1 „0"-Signalzustand zugewiesen. Ist die Regeldifferenz e kleiner als der positive Wert der halben Totzone, wird den beiden Ausgängen STG1 und STG2 „0"-Signal zugewiesen. Im anderen Fall wird dem Ausgang STG2 „0"-Signal und dem Ausgang STG1 „1"-Signal zugewiesen.

Der angegebene Wert von XTO kann direkt zur Abfrage übernommen werden, da der Bereich von 0.0 ... 100.0 für den Sollwert gewählt wurde.

Das Programm der Funktion FC 73 kann sowohl in der Programmiersprache AWL, wie auch in SCL sehr einfach in entsprechende Anweisungen umgesetzt werden. Nachfolgend ist die Quelle der Funktion in beiden Programmiersprachen angegeben.

STEP 7 Programm (Quelle)

```
FUNCTION FC 73 : VOID
VAR_INPUT
  EIN: REAL ;
  SW : REAL ;
  IW : REAL ;
  XTO: REAL
END_VAR
VAR_OUTPUT
  STG1 : BOOL ;
  STG2 : BOOL ;
END_VAR
VAR_TEMP
  ER : REAL ;
END_VAR
```

```
Programmiersprache AWL:
BEGIN
UN #EIN;
R  #STG1;
R  #STG2;
BEB;
L  #SW;
L  #IW;
-R ;
T  #ER;
L-5.0000e-001;
L  #XTO;
*R ;
L  #ER;
TAK;
<R ;
S  #STG2;
R  #STG1;
BEB;
SET ;
R  #STG22;
L  5.0000e-001;
L  #XTO;
*R ;
L  #ER;
TAK;
<R ;
R  #STG1;
BEB;
SET ;
S  #STG1;

END_FUNCTION
```

```
Programmiersprache SCL:
BEGIN
 IF EIN = FALSE THEN
   STG1:=FALSE;
   STG2:=FALSE;
   RETURN;
 END_IF;
 ER:= SW - IW;
 IF ER < -0.5*XTO THEN
   STG1:=FALSE;
   STG2:=TRUE;
 ELSIF ER < 0.5*XTO THEN
   STG1:=FALSE;
   STG2:=FALSE;
 ELSE
   STG1:=TRUE;
   STG2:=FALSE;
 END_IF;

END_FUNCTION
```

8.3.2.2 Dreipunktregler mit Schalthysterese (FC75: DRPH)

Aus der Kennlinie des Dreipunktreglers mit Schalthysterese geht hervor, dass durch das Auftreten der Schalthysterese H vier Schaltpunkte SP1 bis SP4 entstehen, die sich aus der Beziehung $\pm\left(\frac{1}{2}\cdot X_{TO} \pm \frac{1}{2}\cdot H\right)$ errechnen. Überschreitet die Regeldifferenz e den Schaltpunkt SP4 erhält die Stellgröße y_1 „1"-Signal. Unterschreitet dagegen die Regeldifferenz e den Schaltpunkt SP3, wird die Stellgröße y_1 ausgeschaltet („0"-Signal). Für die Stellgröße y_2 gilt Entsprechendes.

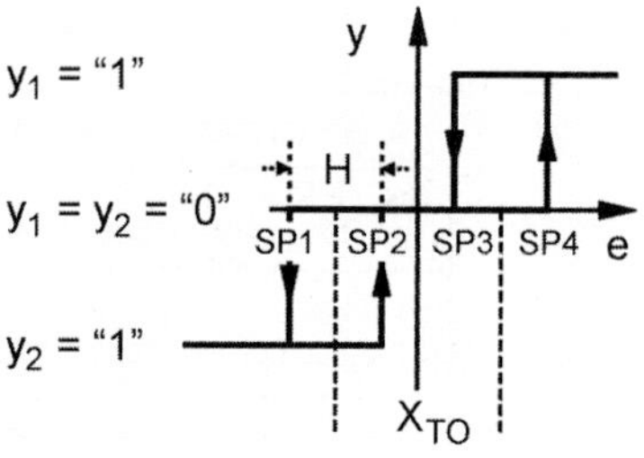

Im weiteren Verlauf wird davon ausgegangen, dass die Schalthysterese H an beiden Seiten der Totzone X_{TO} gleich groß ist.

Der Kennlinie des Dreipunktreglers mit Schalthysterese ist zu entnehmen, dass die Hysterese H kleiner als die Totzone X_{TO} sein muss, damit sich die Schaltpunkte SP2 und SP3 nicht überlappen. Gibt man die Schalthysterese H als Prozentwert der Totzone X_{TO} in einem Bereich von 0.0 bis 100.0 an, ist dies gewährleistet.

Das Funktionsschema der Dreipunktregelung mit Schalthysterese zeigt die an der Bildung der Reglerfunktion beteiligten Größen.

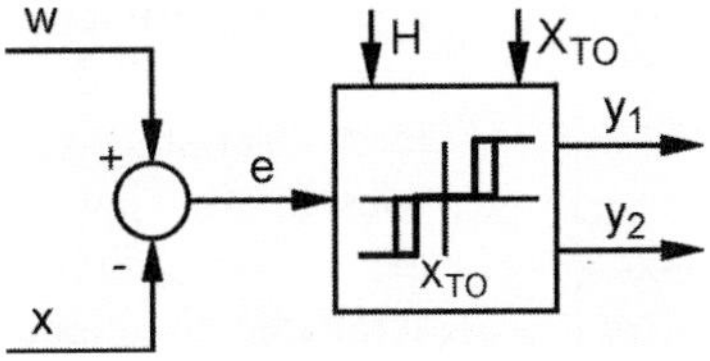

Legende:

w = Sollwert
x = Istwert (Regelgröße)
e = Regeldifferenz
X_{TO} = Totzone
H = Schalthysterese
y_1 = Stellgröße 1
y_2 = Stellgröße 2

Der Reglerbaustein für die Dreipunktreglerfunktion mit Schalthysterese wird mit der Funktion FC 75 (DRPH) realisiert. Über den Funktions-Parameter EIN kann die Regelfunktion ein- oder ausgeschaltet werden. Weitere Eingangsparameter der Funktion FC 75 sind die Führungsgröße w (SW), die Regelgröße x (IW), die Totzone X_{TO} (XTO) und die Schalthysterese H (SH). Es wird angenommen, dass die Werte als Gleitpunktzahlen im Bereich von 0.0 bis 100.0 vorliegen. Wie bei der Dreipunkt-Reglerfunktion ohne Schalthysterese würde der vorgegebene Wert von beispielsweise 2.0 für die Totzone X_{TO} 2% des gesamten Bereichs der Regelgröße x entsprechen. Die Schalthysterese wird als Prozentwert der Totzone X_{TO} angegeben. Der Wert von 50.0 bedeutet dabei eine Schalthysterese von 50 % der Totzone X_{TO}.

Zahlenbeispiel:

Die Regelgröße Temperatur in einem Lagerraum wird in einem Bereich von –10 °C bis 40 °C erfasst und in das Normsignal 0..10 V umgesetzt. Für die Totzone wird der Wert X_{TO} = 2% und für die Schalthysterese der Wert H = 50% bei einem vorgegebenen Sollwert von w = 10 °C eingestellt. Es sind die vier Schaltpunkte in °C zu bestimmen.

Lösung: Totzone X_{TO} = (40 °C – (-10 °C)) · (2/100) = 1 °C;

Schalthysterese H = (50/100) · XTO = 0,5 °C;

Damit berechnen sich die Schaltpunkte zu:

Schaltpunkt 1 SP1 = 9,25 °C (→ 3,7 V);
Schaltpunkt 2 SP2 = 9,75 °C (→ 3,9 V);
Schaltpunkt 3 SP3 = 10,25 °C (→ 4,1 V);
Schaltpunkt 4 SP4 = 10,75 °C (→ 4,3 V)

Die Ausgangsgrößen STG1 und STG2 der Dreipunkt-Reglerfunktion FC 75 (DRPH) sind die binären Stellgrößen y_1 und y_2. Im ausgeschalteten Zustand sollen beide Ausgänge STG1 und STG2 „0"-Signal erhalten.

Reglerbaustein FC 75 (DRPH):

FC 75 (DRPH)
Dreipunktregler mit Schaltdifferenz

Eingangsparameter				Ausgangsparameter		
Name	Typ	Bereich		Name	Typ	Bereich
EIN	BOOL					
SW	REAL	0..100.0		STG1	BOOL	
IW	REAL	0..100.0		STG2	BOOL	
XTO	REAL	0..100.0				
SH	REAL	0..100.0				

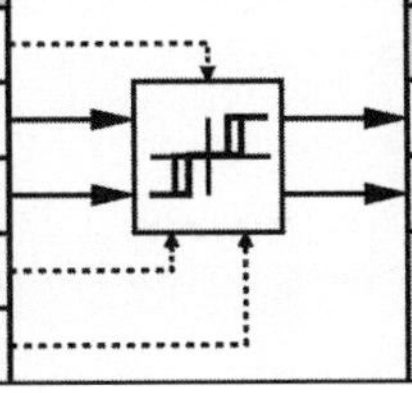

Legende:

EIN = Einschalten der Funktion
SW = Sollwert
IW = Istwert
XTO = Totzone
SH = Schalthysterese
STG1 = Stellgröße y_1
STG2 = Stellgröße y_2

Zur Erstellung der erforderlichen Anweisungsfolge für die Funktion FC 75 (DRPH) werden die auszuführenden Datenoperationen in einem Struktogramm dargestellt.

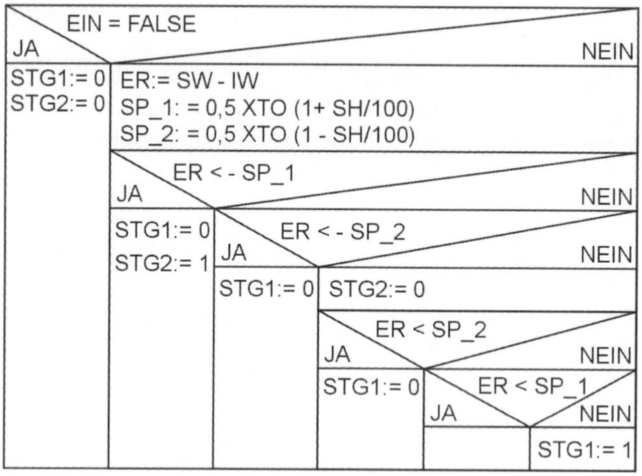

Die Regeldifferenz e wird berechnet und der temporären Variable ER zugewiesen. Da jeweils zwei der vier Schaltpunkte symmetrisch zum Nullpunkt liegen, wird nur der Betrag der beiden Schaltpunkte berechnet und den lokalen Variablen SP_1 und SP_2 zugewiesen. Mit den Abfragen der Regeldifferenz ER wird dann der Bereich von links nach rechts durchlaufen.

Das Programm der Funktion FC 75 kann sowohl in der Programmiersprache AWL wie auch in SCL sehr einfach in entsprechende Anweisungen umgesetzt werden. Damit STG1 bzw STG2 den jeweiligen Wert behält, wenn sich die Regeldifferenz e in einem Bereich der Hysterese H befindet, werden die Variable STG1 und STG2 als IN_OUT_Variable deklariert.

Nachfolgend ist die Quelle der Funktion in beiden Programmiersprachen angegeben.

STEP 7 Programm (Quelle)

```
FUNCTION FC 75 : VOID
VAR_INPUT
  EIN: REAL ;
  SW : REAL ;
  IW : REAL ;
  SH : REAL ;
END_VAR
VAR_IN_OUT
  STG1 : BOOL ;
  STG2 : BOOL ;
END_VAR
VAR_TEMP
  ER : REAL ;
  SP_1: REAL ;
  SP_2: REAL ;
END_VAR

Programmiersprache AWL:
UN #EIN;
R  #STG1;
R  #STG2;
BEB;
L  #SW;
L  #IW;
-R ;
T  #ER;

L  #SH;
L  1.0000e+002;
/R ;
L  1.0000e+000;
+R ;
L  #XTO;
*R ;
L  5.0000e-001;
*R ;
T  #SP_1;

L  #SH;
L  1.0000e+002;
/R ;
L  1.0000e+000;
TAK ;
-R ;
L  #XTO;
*R ;
L  5.0000e-001;
*R ;
T  #SP_2;
L  #ER;
L  #SP_1;
NEGR;
<R ;
R  #STG1;
S  #STG2;
BEB;
L  #ER;
L  #SP_2;
NEGR;
<R ;
R  #STG1;
BEB ;
SET;
R  #STG2;
L  #ER;
L  #SP_2;
<R ;
R  #STG1;
BEB;

L  #ER;
L  #SP_1;
<R ;
BEB;
SET;
S  #STG1;
END_FUNCTION
```

Programmiersprache SCL:

```
BEGIN
 IF EIN = FALSE THEN
   STG1:=FALSE;
   STG2:=FALSE;
   RETURN;
 END_IF;
 ER:= SW - IW;
 SP1:= 0.5*XTO*(1+SH/100);
 SP2:= 0.5*XTO*(1-SH/100);
 IF ER < -1.0*SP1 THEN
   STG1:=FALSE;
   STG2:=TRUE;
 ELSIF ER < -1.0*SP2 THEN
   STG1:=FALSE;
 ELSIF ER < SP2 THEN
   STG1:=FALSE;
   STG2:=FALSE;
 ELSIF ER < SP1 THEN
   STG2:=FALSE;
 ELSE
   STG1:=TRUE;
   STG2:=FALSE;
 END_IF;

END_FUNCTION
```

Beispiel 8.3: Temperaturregelung eines Lagerraums

Die Temperaturregelung eines Lagerraums umfasst sowohl die Möglichkeit der Lufterwärmung durch einen Lufterhitzer LE als auch der Luftkühlung durch einen Luftkühler LK. Dem Lufterhitzer kann durch Einschalten des Ventils Y1 Heißwasser und dem Luftkühler durch Einschalten des Ventils Y2 Kältemittel zugeführt werden. Der Umluftventilator führt die zu erwärmende oder abzukühlende Umluft heran. Die Führungsgröße für die Temperatur kann mit einem analogen Sollwertgeber im Bereich von 5 ... 15 °C stufenlos eingestellt werden. Diesem Einstellbereich ist das Normsignal 0 ... 10 V zugeordnet. Die Lagertemperatur wird durch einen Temperaturfühler erfasst, der den Temperaturbereich von –10 °C ... 40 °C in das Normsignal 0 ... 10 V umsetzt. Der Temperaturregelung soll die nachfolgende Regelsequenz von „Heizen – AUS – Kühlen" zugrunde gelegt werden:

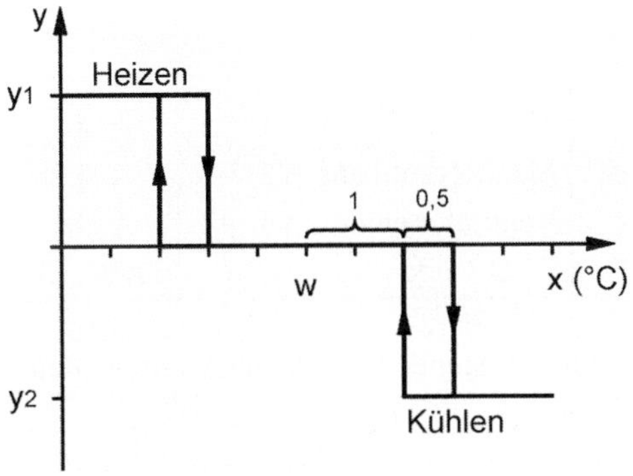

Legende:

x = Regelgröße (Temperatur)

w = Führungsgröße (vorgegebene Temperatur)

Der Kennlinie ist zu entnehmen, dass bei der Lagertemperatur von (w + 1,5 °C) das Kühlen eingeschaltet und einer Temperatur von (w + 1,0 °C) das Kühlen wieder ausgeschaltet wird.

Der Lagerraum sei zwangsbelüftet, d.h. die Ventilatoren VZL (Zuluft) und VAL (Abluft) sorgen für eine ausreichende Luftqualität. Die Zwangsbelüftung ist jedoch nicht Gegenstand dieser Aufgabe, sie hat jedoch je nach Außentemperatur einen Einfluss auf die Lagerraumtemperatur und ist somit als mögliche Störgröße zu betrachten, deren Auswirkung ausgeregelt werden soll. Andere klimatische Details, wie z.B. die Luftfeuchte sollen unberücksichtigt bleiben. Die aktuelle Temperatur des Lagerraums soll an einer Ziffernanzeige mit zwei Kommastellen angezeigt werden.

Technologieschema:

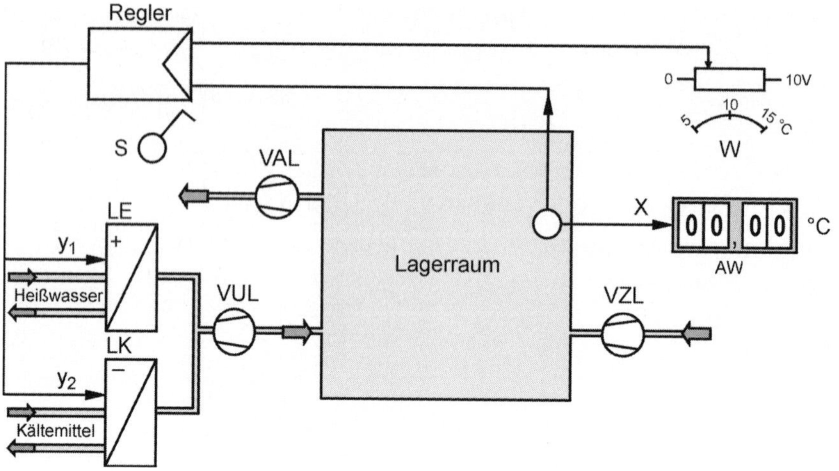

Bild 8.12: Temperaturregelung eines Lagerraums mit Dreipunktregler

Legende: LE = Lufterhitzer; LK = Luftkühler; VUL = Ventilator Umluft; VZL = Ventilator Zuluft; VAL = Ventilator Abluft

Zuordnungstabelle der Eingänge und Ausgänge:

Eingangsvariable	Symbol	Datentyp	Logische Zuordnung	Adresse
Regelung Ein/AUS	S	BOOL	Betätigt S = 0	E 0.0
Sollwertgeber	SW	WORD	Analogeingang 0..10V	PEW 320
Temperaturfühler	XW	WORD	Analogeingang 0..10V	PEW 322
Ausgangsvariable				
Magnetventil LE	Y1	BOOL	Magnetventil auf Y1 = 1	A 4.1
Magnetventil LK	Y2	BOOL	Magnetventil auf Y2 = 1	A 4.2
Ventilator Umluft	Y3	BOOL	Ventilator ein Y3 = 1	A..4.3
Ziffernanzeige	AW	WORD	BCD-Code	AW 12

Das Programm zur Lösung der Regelungsaufgabe kann in folgende Schritte eingeteilt werden.

Schritt 1: Sollwert einlesen und normieren

Der analoge Sollwert wird mit der Analogeingabe-Normierungsfunktion FC 48 (AE_REALN) in das Programm eingelesen. Da der Regelbereich von –10 °C bis +40 °C im Programm in den Bereich von 0.0 bis 100.0 umgewandelt wird, muss der Bereich des Sollwertgebers von 5 °C (0 V) und 15 °C (10 V) angepasst werden. Im Programm entspricht der Wert 0.0 einer Temperatur von –10 °C und der Wert 100.0 der Temperatur von 50 °C. Somit entspricht die Temperatur von 5 °C im Zahlenbereich des Programms dem Wert von 30.0 und 15 °C einem Wert von 50.0. Die Parametereingänge OGRNB und UGRNB der Funktion FC 48 sind somit mit den Werten 50.0 und 30.0 zu belegen. Der normierte Wert wird der temporären Variablen „Sol_W“ zugewiesen.

Schritt 2: Istwert einlesen und normieren

Der analoge Istwert wird mit der Analogeingabe-Normierungsfunktion FC 48 (AE_REALN) in das Programm eingelesen. Der Regelbereich von –10 °C bis +40 °C wird dabei im Programm in den Bereich von 0.0 bis 100.0 umgewandelt. An die Parametereingänge OGRNB und UGRNB der Funktion FC 48 sind deshalb die Werte 100.0 und 0.0 zu legen. Der normierte Wert wird der temporären Variablen „Ist_W" zugewiesen

Schritt 3: Aufruf Dreipunktreglerfunktion FC 75 (DRPH)

Aus der Aufgabenstellung geht hervor, dass das Kühlen/Heizen bei (w +/- 1,5 °C) eingeschaltet und bei (w +/- 1 °C) ausgeschaltet wird. Das ergibt eine Totzone von X_{TO} = 2,5 °C absolut und entspricht damit 5% des Regelbereichs (50 °C). Die Schalthysterese von 0,5 °C entspricht einem Wert von 20% der Totzone. An den Parametereingang XTO der Funktion FC 75 wird deshalb der Wert 5.0 und an den Parametereingang SH der Wert 20.0 gelegt.

Schritt 4: Anzeigen der Temperatur

Mit Hilfe der Funktion FC51 (REALN_BCD) wird der jeweils aktuelle Istwert angezeigt. Da der Temperaturbereich von –10 °C bis 40 °C intern dem Bereich von 0.0 bis 100.0 entspricht wird vor dem Aufruf der Funktion FC 51 der Wert 20 (10 °C) vom Istwert abgezogen. Der interne Zahlenbereich ist doppelt so groß wie der Temperaturbereich. Der interne Maximalwert von 100 entspräche einer Temperaturanzeige von 50.00. Als Obergrenze für den Eingangsparameter BOGR der Funktion FC 51 muss deshalb der Wert 200 angegeben werden.

Schritt 5: Ansteuerung Ventilator Umluft VUL

Der Umluftventilator wird immer dann angesteuert, wenn entweder y_1 oder y_2 „1"-Signal besitzt.

Die Verschaltung der erforderlichen Bausteine gibt der Funktionsplan an.

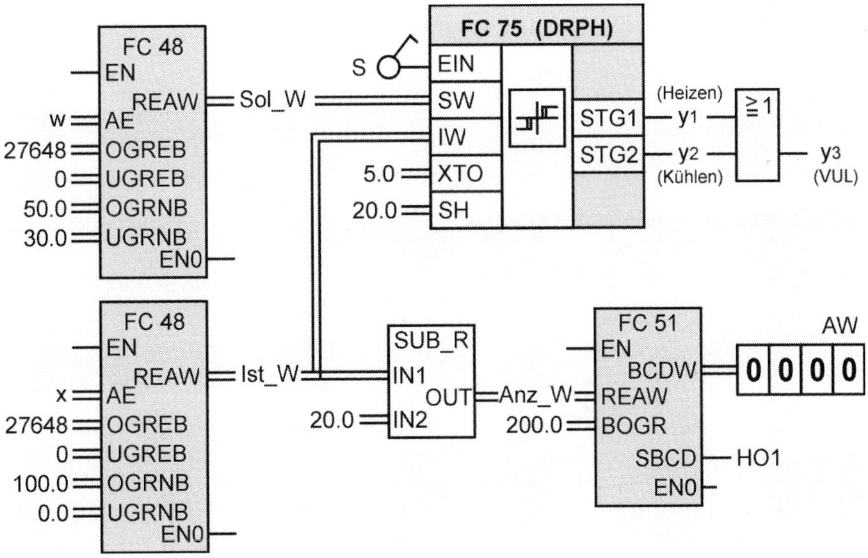

Da die Anweisungsfolgen der einzelnen Bausteine bereits alle dargestellt wurden, ist im nachfolgendem STEP 7 Programm nur die AWL-Quelle des Organisationsbausteins OB1 angegeben.

STEP 7 Programm (AWL-Quelle):

```
ORGANIZATION_BLOCK OB 1
VAR_TEMP
 ...            //Standardeinträge
 Sol_W : REAL ;
 Ist_W : REAL ;
 HO1  : BOOL ;
 ANZ_W : REAL ;
END_VAR

BEGIN
//Einlesen Sollwert

CALL FC 48 (
   AE    := PEW 320,
   OGREB:- 27648,
   UGREB:= 0,
   OGRNB:= 5.000000e+001,
   UGRNB:= 3.000000e+001,
   REAW  := #Sol_W);

//Einlesen Istwert

CALL FC 48 (
   AE    := PEW 322,
   OGREB:= 27648,
   UGREB:= 0,
   OGRNB:= 1.000000e+002,
   UGRNB:= 0.000000e+000,
   REAW  := #Ist_W);

//Aufruf Dreipunkt-Reglerbaustein

CALL FC 75 (
   EIN   := E 0.0,
   SW    := #Sol_W,
   IW    := #Ist_W,
   XTO   := 5.000000e+000,
   SH    := 2.000000e+001,
   STG1  := A 4.1,
   STG2  := A 4.2);

END_ORGANIZATION_BLOCK

// Ausgabe Istwert

L  #Ist_W;
L  2.000000e+001;
-R ;
T  #ANZ_W;
CALL FC 51 (
   REAW := #ANZ_W,
   BOGR := 2.000000e+002,
   BCDW := AW 12,
   SBCD := #HO1);

//Ansteuerung Umluftventilator
O  A  4.1;
O  A  4.2;
=  A  4.3;
```

8.3.3 PID Reglerbaustein (FB70: PID)

Mit Hilfe des PID-Reglerbausteins kann eine kontinuierliche Regelung mit den verschiedenen PID-Regelfunktionen wie P, PI, PD oder PID ausgeführt werden. Dazu sind der P-Anteil, I-Anteil bzw. D-Anteil über Parametereingänge an dem Baustein einzeln zu- und abschaltbar.

Grundlage des PID-Reglerbausteins ist die in Abschnitt 8.2.2 dargestellte Formel für die Stellgröße y(k) zu einem beliebigen Abtastzeitpunkt k:

$$y(k) = K_{PR} \cdot \left(e(k) + \frac{T_A}{T_n} e_{SUM} + T_V \frac{e(k) - e(k-1)}{T_A} \right)$$

Das nachfolgende Funktionsschema des PID-Reglerbausteins zeigt sowohl die an der Bildung der Reglerfunktion beteiligten Größen bzw. Parameter als auch das Zustandekommen der Stellgröße y.

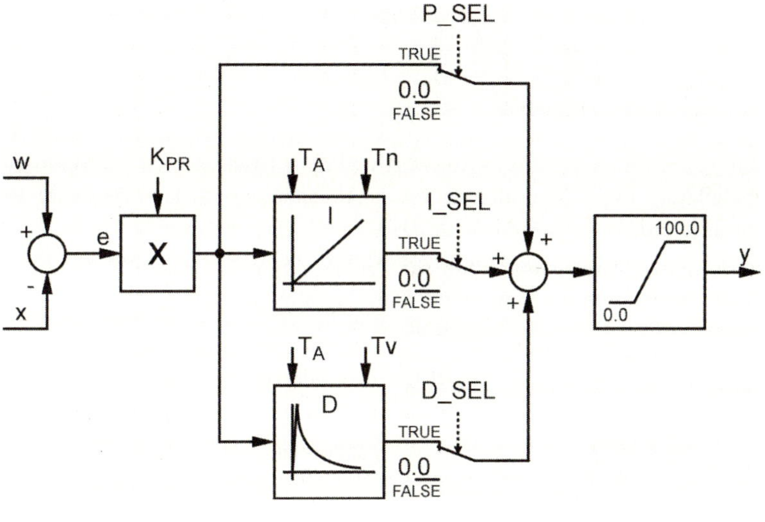

Legende:
w = Sollwert
x = Istwert
e = Regeldifferenz
K_{PR} = Proportionalverstärkung
T_A = Abtastzeit
Tn = Nachstellzeit
Tv = Vorhaltzeit
y = Stellgröße
P_SEL = P-Anteil
I_SEL = I-Anteil
D_SEL = D-Anteil

Da die PID-Reglerfunktion über Speichereigenschaften verfügt, wird das Programm mit einem Funktionsbaustein (FB 70) realisiert. Über den Eingangsparameter EIN kann die Regelfunktion ein- oder ausgeschaltet werden. Im ausgeschalteten Zustand werden alle gespeicherten Werte zurückgesetzt. Weitere Eingangsparameter des Funktionsbausteins FB 70 sind die Führungsgröße w (SW), die Regelgröße x (IW) sowie die Einstellwerte Proportionalbeiwert K_{PR} (KP), Nachstellzeit Tn (TN), Vorhaltzeit Tv (TV) und die Abtastzeit T_A (TA).

Es wird angenommen, dass die Führungsgröße w und die Regelgröße x als Gleitpunktzahlen im Bereich von 0.0 bis 100.0 vorliegen. Die Proportionalverstärkung KP und die Zeitwerte TN, TV und TA sind ebenfalls als Gleitpunktzahlen anzugeben. Bei den Zeitwerten TN, TV und TA entspricht dabei der Zahlenwert einem Zeitwert in Sekunden.

Mit den binären Eingangsparametern P_SEL, I_SEL und D_SEL können die einzelnen Anteile mit einem „1"-Signal zugeschaltet und mit einem „0"-Signal abgeschaltet werden.

Die Ausgangsgröße STG der PID-Reglerfunktion FB 70 (PID) ist die kontinuierliche Stellgröße y in einem Gleitpunktzahlenbereich von 0.0 ... 100.0.

Reglerbaustein FB 70 (PID):

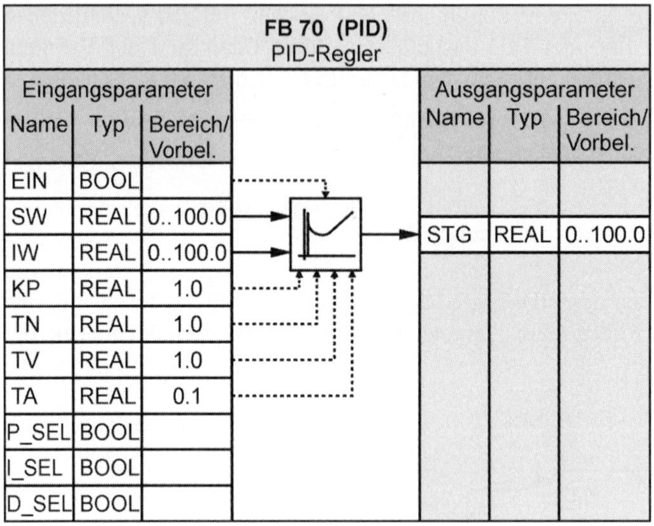

Legende: EIN = Einschalten der Funktion; SW = Sollwert w; IW = Istwert x; KP = Proportionalbeiwert; TN = Nachstellzeit; TV = Vorhaltzeit; TA = Abtastzeit; P_SEL = Auswahl P-Anteil; I_SEL = Auswahl I-Anteil; D_SEL = Auswahl D-Anteil; STG = Stellgröße y

Zur Erstellung der erforderlichen Anweisungsfolge für den Funktionsbaustein FB 70 (PID) werden die auszuführenden Datenoperationen in einem Struktogramm dargestellt.

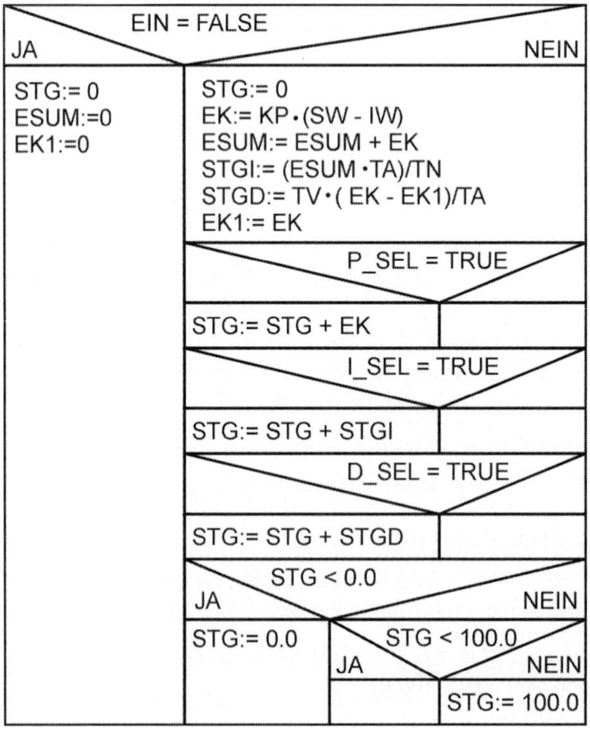

Lokale stationäre Variablen des Funktionsbausteins:

EK1 = Regeldifferenz des vorhergehenden Abtastzeitpunktes mit dem Proportionalbeiwert KP multipliziert.

ESUM = Summe aller Regeldifferenzen, die mit dem Proportionalbeiwert KP multipliziert sind.

Lokale temporäre Variablen des Funktionsbausteins:

EK = Regeldifferenz mit dem Proportionalbeiwert KP multipliziert. Der Wert entspricht dem P-Anteil.

STGI = Berechneter I-Anteil der Stellgröße STG.

STGD = Berechneter D-Anteil der Stellgröße STG.

Das Programm des Funktionsbausteins FB 70 kann sowohl in der Programmiersprache AWL, wie auch in SCL sehr einfach in entsprechende Anweisungen umgesetzt werden. Nachfolgend ist die Quelle der Funktion in beiden Programmiersprachen angegeben.

STEP 7 Programm (Quelle)

```
FUNCTION FB 70
VAR_INPUT
  EIN : BOOL ;
  SW : REAL ;
  IW : REAL ;
  KP : REAL  := 1.000000e+000;
  TN : REAL  := 1.000000e+000;
  TV : REAL  := 1.000000e+000;
  TA : REAL  := 1.000000e-001;
  P_SEL : BOOL ;
  I_SEL : BOOL ;
  D_SEL : BOOL ;
END_VAR

VAR_OUTPUT
  STG : REAL ;
END_VAR

VAR
  EK1 : REAL ;
  ESUM : REAL;
END_VAR

VAR_TEMP
  EK : REAL ;
  STGI : REAL ;
  STGD : REAL ;
END_VAR

Programmiersprache AWL:
BEGIN
     U  #EIN;
     SPB M001;
     L  0.000e+000;
     T  #STG;
     T  #ESUM;
     T  #EK1;
     BEA;

M001:NOP 0;
     L 0.0000e+000;
     T  #STG;
     L  #SW;
     L  #IW;
     -R    ;
     L  #KP;
     *R ;
     T  #EK;

     L  #ESUM;
     L  #EK;
     +R ;
     T  #ESUM;
     L  #ESUM;
     L  #TA;
     *R ;
     L  #TN;
     /R ;
     T  #STGI;

     L  #EK;
     L  #EK1;
     -R ;
     L  #TV;
     *R ;
     L  #TA;
     /R ;
     T  #STGD;

     L  #EK;
     T  #EK1;
     UN #P_SEL;
     SPB M002;
     L  #STG;
     L  #EK;
     +R ;
     T  #STG;
M002:NOP 0;
     UN #I_SEL;
     SPB M003;
     L  #STG;
     L  #STGI;
     +R ;
     T  #STG;
M003:NOP 0;
     UN #D_SEL;
     SPB M004;
     L #STG;
     L  #STGD;
     +R ;
     T  #STG;
M004:NOP 0;
     L  #STG;
     L  0.0000e+000;
     <R ;
     SPB M005;
     L  #STG;
     L  1.0000e+002;
     <R ;
     BEB;
     L  1.0000e+002;
     T  STG;
     BEA;
M005:NOP 0;
     L 0.0000e+00;
     T #STG;


END_FUNCTION_BLOCK
```

```
Programmiersprache SCL:
BEGIN
 IF EIN = FALSE THEN
   STG:=0.0;
   EK1:=0.0;
   ESUM:=0.0;
   RETURN;
 END_IF;
 STG:= 0.0;
 EK:= KP*(SW-IW);
 ESUM:= ESUM + EK;
 STGI:= (ESUM*TA)/TN;
 STGD:= TV*(EK-EK1)/TA;
 EK1:=EK;
 IF P_SEL = TRUE THEN
   STG:=STG+EK;
 END_IF;
 IF I_SEL = TRUE THEN
   STG:=STG+STGI;
 END_IF;
 IF D_SEL = TRUE THEN
   STG:=STG+STGD;
  END_IF;

 IF STG < 0.0 THEN
   STG:= 0.0;
  ELSIF STG > 100.0 THEN
   STG:= 100.0;
 END_IF;
END_FUNCTION_BLOCK
```

Der PID-Reglerfunktionsbaustein FB 70 muss der Abtastzeit entsprechend in gleichen zeitlichen Abständen aufgerufen werden. Das Betriebsystem der S7-Automatisierungssysteme bietet dazu sogenannte Weckalarm-Organisationsbausteine (z.B. OB 35) an. Der Weckalarmzeittakt ist bei diesen Bausteinen von 1 ms bis 1 min konfigurierbar.

Eine andere Möglichkeit den Aufruf des Reglerbausteins in gleichen Zeitabständen zu realisieren ist die Verwendung eines Impulsgenerators. Die zeitliche Dauer zwischen zwei Impulsen wird durch eine SE-Zeitfunktion gebildet. Nur beim Auftreten eines Impulses erfolgt der Aufruf des Funktionsbausteins. Da die Werte für die Abtastzeit nachfolgend mindestens 100 ms betragen, wird die Gleichheit der zeitlichen Abstände als hinreichend genau angenommen.

Beispiel 8.4: Behälterfüllstand mit kontinuierlichem Regler

Für die zu Beginn dieses Abschnitts beschriebene Füllstands-Regelstrecke soll eine kontinuierliche Regelung mit einem Automatisierungsgerät ausgeführt werden.

Die Zulaufmenge pro Zeit Qzu wird über das Proportionalventil V1 beeinflusst. Angesteuert wird das Proportionalventil durch das Stellsignal y des Reglers, das im Bereich von 0 ... 10 V liegt. Bei 0 V sei das Ventil gesperrt, bei 10 V voll geöffnet.

Die Ablaufmenge pro Zeit kann durch die beiden handbetätigten Ventile Y2 und Y3 beeinflusst werden. Bedingt durch den statischen Druck der Flüssigkeitssäule sei die Ablaufmenge pro Zeit Qab abhängig vom Flüssigkeitsstand, sodass der Behälter als eine PT1-Strecke angesehen werden kann. Der Übertagungsbeiwert der Regelstrecke ist konstant und wurde mit $K_{PS} = 1{,}5$ gemessen. Aus dem Zeitverhalten der Strecke wurde der Wert $T_S = 30$ s ermittelt.

Der PID-Regler wird mit dem Schalter S0 ein- bzw. ausgeschaltet. Durch Kombinationen der Schalter S1 (P-Anteil), S2 (I-Anteil) und S3 (D-Anteil) lassen sich verschiedene Regelfunktionen (P, PI, PD, PID) für den Reglerbaustein einstellen und somit ein unterschiedliches Regelverhalten erzielen. An einer vierstelligen Ziffernanzeige soll der jeweils aktuelle Wert der Regelgröße mit zwei Kommastellen angezeigt werden.

Technologieschema:

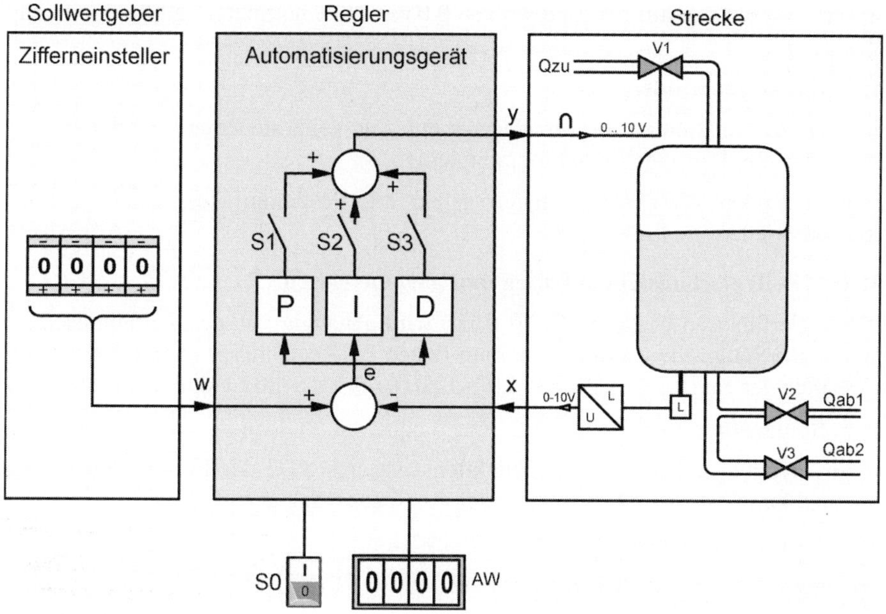

Bild 8.13: Kontinuierliche Regelung

Zuordnungstabelle der Eingänge und Ausgänge:

Eingangsvariable	Symbol	Datentyp	Logische Zuordnung	Adresse
Regelung Ein/AUS	S0	BOOL	Betätigt S0 = 1	E 0.0
Sollwertgeber	w	WORD	BCD-Code	EW 8
Füllstandsgeber	x	WORD	Analogeingang 0..10 V	PEW 320
Schalter P-Anteil	S1	BOOL	Betätigt S1 = 1	E 0.1
Schalter I-Anteil	S2	BOOL	Betätigt S2 = 1	E 0.2
Schalter D-Anteil	S3	BOOL	Betätigt S3 = 1	E 0.3
Ausgangsvariable				
Stellgröße	y	WORD	Analogausgang 0 ..10 V	PAW 336
Ziffernanzeige	AW	WORD	BCD-Code	AW 12

Das PID-Reglerprogramm setzt sich im Wesentlichen aus Aufrufen von Bibliotheksbausteinen zusammen. Die Aufrufe mit entsprechender Parameterangabe sind in den nachfolgenden Schritten beschrieben.

Schritt 1: Sollwert w einlesen und normieren.

Umwandlung von BCD nach REAL und Normierung auf den Bereich von 0.0 ... 100.0 mit der Funktion FC 50 (BCD_REALN).

Schritt 2: Istwert x einlesen und normieren.

Analogwert einlesen und auf den Bereich von 0.0 bis 100.0 normieren mit der Funktion FC 48 (AE_REALN).

Schritt 3: Impulsgenerator.

Mit einer SE-Zeitfunktion ist ein Impulsgenerator zum zeitgesteuerten Aufruf des PID-Reglerbausteins zu programmieren.

Die nebenstehenden AWL-Anweisungen geben das Programm des Impulsgebers wieder.

```
UN #IMP
L  S5T#100Ms
SE T1
U  T1
=  #IMP
```

Schritt 4: PID-Reglerbaustein aufrufen und parametrieren.

Der PID-Reglerfunktionsbaustein FB 70 (PID) wird abhängig von den Zeitimpulsen IMP zur Berechnung der Stellgröße y aufgerufen. Zum Testen des Regelungsprogramms werden folgende Regelparameter eingesetzt: KP = 5.0; TN = 10.0 (10 s), TV = 1.0 (1 s) und TA = 0.1 (0,1 s).

Schritt 5: Stellgröße y ausgeben.

Das kontinuierliche Stellsignal y des Funktionsausgangs STG der PID-Reglerfunktion wird mit der Funktion FC 49 (REALN_AA) an den Analogausgang gelegt.

Schritt 6: Istwert x anzeigen.

Umwandlung von REAL in BCD mit der Funktion FC 51 (REALN_BCD) und Bereichsanpassung. Damit die Anzeige nicht zu unruhig ist, wird vor der Umwandlung eine Totzone von 0.1 mit der Funktion FC70 (TOTZ) gebildet.

Die Verschaltung der erforderlichen Bausteine zeigt die Bausteinstruktur:

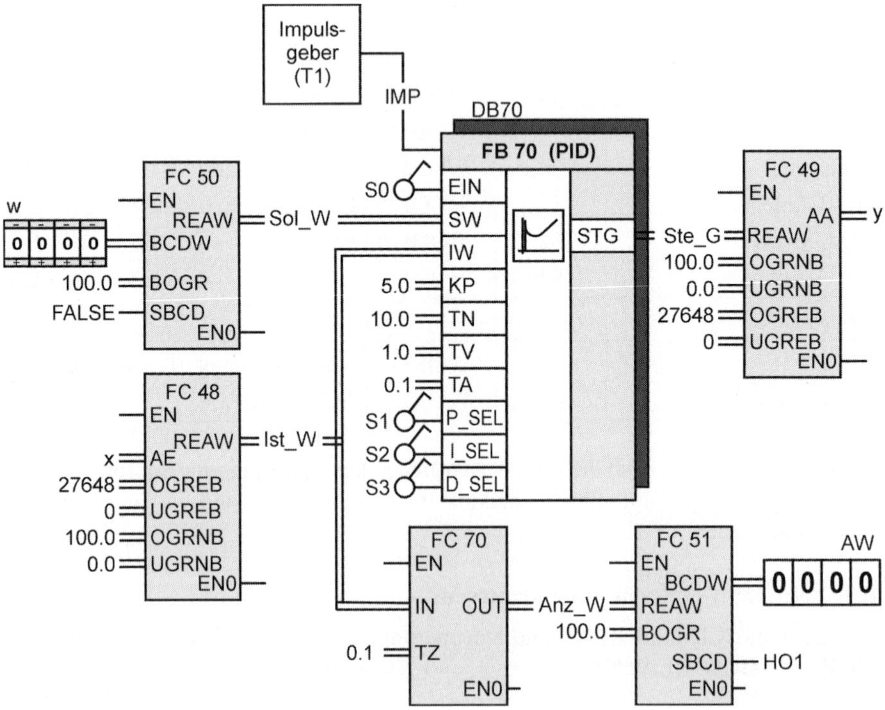

Die verwendeten temporären Variablen für die Übergabeparameter sind:

Sol_W (Sollwertübergabe), Ist_W (Istwertübergabe), Ste_G (Übergabewert Stellgröße), Anz_W (Übergabewert für die Anzeige), HO1 (Hilfsoperand) und IMP für den Impulsgeber.

Da die Anweisungsfolgen der einzelnen Bausteine bereits alle dargestellt wurden, ist im nachfolgenden STEP 7 Programm nur die AWL-Quelle des Organisationsbausteins OB1 angegeben.

STEP 7 Programm (AWL-Quelle):

```
ORGANIZATION_BLOCK OB 1
VAR_TEMP
 ...            //Standardeinträge
 Sol_W : REAL ;
 Ist_W : REAL ;
 Ste_G : REAL ;
 HO1 : BOOL ;
 ANZ_W : REAL ;
 IMP : BOOL ;
END_VAR
BEGIN
CALL FC 50 (
   BCDW := EW 8,
   SBCD := FALSE,
   BOGR := 1.000000e+002,
   REAW := #Sol_W);

CALL FC  48 (
   AE      := PEW 320,
   OGREB:= 27648,
   UGREB:= 0,
   OGRNB:= 1.000000e+002,
   UGRNB:= 0.000000e+000,
   REAW := #Ist_W);

UN #IMP;
L  S5T#100MS;
SE T1;
U  T1;
=  #IMP;
UN #IMP;
SPB M001;

CALL FB 70 , DB 70 (
   EIN  := E 0.0,
   SW   := #Sol_W,
   IW   := #Ist_W,
   KP   := 5.000000e+000,
   TN   := 1.000000e+001,
   TV   := 1.000000e+000,
   TA   := 1.000000e-001,
   P_SEL:= E 0.1,
   I_SEL:= E 0.2,
   D_SEL:= E 0.3,
   STG   := #Ste_G);

M001: NOP 0;

     CALL FC 49 (
        REAW := #Ste_G,
        OGRNB:= 1.000000e+002,
        UGRNB:= 0.000000e+000,
        OGRAB:= 27648,
        UGRAB:= 0,
        AA    := PAW  336);

     CALL FC 70 (
        IN    := #Ist_W,
        TZ    := 1.000000e-001,
        OUT   := #ANZ_W);

     CALL FC 51 (
        REAW := #Anz_W,
        BOGR := 1.000000e+002,
        BCDW := AW 12,
        SBCD := #HO1);

END_ORGANIZATION_BLOCK
```

8.3.4 PI-Schrittreglerbaustein (FB72: PISR)

Der PI-Schrittreglerbaustein (S-Regler) soll die Funktion eines Dreipunkt-Schrittreglers mit PI-Verhalten realisieren und zum Regeln von technischen Prozessen mit zwei binären Stellsignalen für integrierende Stellglieder verwendet werden. Der Schrittreglerbaustein arbeitet dabei ohne Stellungsrückmeldung. Das Stellsignal des Schrittreglers wurde bereits in Abschnitt 8.1.3.3 beschrieben.

Das nachfolgende Funktionsschema des PI-Schrittreglerbausteins zeigt sowohl die an der Bildung der Reglerfunktion beteiligten Größen bzw. Parameter als auch das Zustandekommen der Stellgrößen y_AUF (STGA) und y_ZU (STGZ).

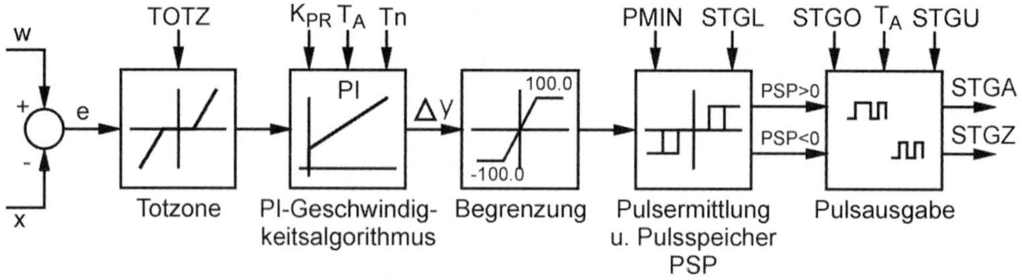

w	=	Sollwert	x	=	Istwert (Regelgröße)
e	=	Regeldifferenz	TOTZ	=	Wert des Totzonenbereichs
K_{PR}	=	Proportionalverstärkung	T_A	=	Abtastzeit
T_n	=	Nachstellzeit	Δy	=	Stellgrößenänderung
PMIN	=	Mindestpulsdauer	STGL	=	Stellglied-Laufzeit
PSP	=	Pulsspeicher mit der Anzahl der auszugebenden Pulsen	STGO	=	Stellgliedgrenze Oben
			STGU	=	Stellgliedgrenze Unten
STGA	=	Stellgliedeingang AUF	STGZ	=	Stellgliedeingang ZU

Die Funktionseinheit *Totzone* hat die Aufgabe, die Empfindlichkeit des S-Reglers zu begrenzen. Sehr kleine Regeldifferenzen e, die unterhalb der vorgegebenen Totzone TOTZ liegen, sollen zu keinen Regleraktivitäten führen. Es gilt:

$e < |TOTZ| \rightarrow$ S-Regler bleibt passiv; $e > |TOTZ| \rightarrow$ S-Regler wird aktiv.

Die Funktionseinheit *PI-Geschwindigkeitsalgorithmus* berechnet aus der Regeldifferenz e zum Zeitpunkt k und k – 1 die Stellgrößenänderung Δy nach der Formel (siehe Kap. 8.2.2):

$$\Delta y = K_{PR} \cdot \left(e(k) - e(k-1) + \frac{T_A}{T_n} \cdot e(k) \right)$$

In der Funktionseinheit *Begrenzung* werden außerhalb des Bereichs von –100.0 bis +100.0 liegende Werte durch die Grenzen des Bereichs ersetzt, damit das berechnete Stellinkrement Δy innerhalb des vorgegebenen Wertebereichs liegt.

Die Funktionseinheit *Pulsermittlung und Pulsspeicherung* berechnet aus dem Zahlenwert des Stellinkrements Δy die entsprechende Pulszahl PZ und speichert diese im Pulszahlenspeicher PSP. Zur Berechnung der Pulszahl werden die Parameter Mindestpulsdauer PMIN und Stellgliedlaufzeit STGL benötigt.

Berechnungsformel: $PZ = \frac{STGL}{PMIN \cdot 100{,}0} \cdot \Delta y$

Die Mindestimpulsdauer gibt die Zeit an, die das Stellglied mindesten eingeschaltet sein muss. Der Wert der Mindestimpulsdauer muss ein ganzes Vielfaches von der Abtastzeit T_A sein.

$$PMIN = n \cdot T_A$$

Die Stellgliedlaufzeit STGL (Motorstellzeit) ist die Laufzeit des Stellgliedes von Anschlag zu Anschlag.

Zahlenbeispiel:

Gegeben: STGL = 20,0 s; PMIN = 0,1 s; Δy = 10,0. Gesucht: PZ (Pulszahl).

Lösung: $PZ = \frac{STGL}{PMIN \cdot 100{,}0} \cdot \Delta y = \frac{20\,s}{0{,}1\,s \cdot 100{,}0} \cdot 10{,}0 = 20$

Im Beispiel muss zum Inhalt des Pulsspeichers PSP die Zahl PZ = 20 addiert werden, um das neue Stellinkrement Δy zu berücksichtigen. Das entspricht einer Ansteuerung des Ausgangs STGA von 2s. Der Zahleninhalt des Impulsspeichers wird bei jedem Abtastvorgang um das vom PI-Regelalgorithmus jeweils berechnete Stellinkrement Δy aktualisiert.

Die Funktionseinheit *Pulsausgabe* hat die Aufgabe, die im Pulsspeicher PSP gespeicherten Zahlenwerte an den Ausgängen STGA bzw. STGZ in Form von Pulsen auszugeben. Positive Zahlen erzeugen dabei Pulse am Ausgang STGA und negative Zahlen am Ausgang STGZ. Damit die Mindesteinschaltzeit PMIN eingehalten wird, wird die Pulsausgabe nur bei jedem n–ten (n = PMIN/TA) Abtastzyklus bearbeitet. Der Pulsspeicher PSP wird bei jeder Bearbeitung um den Betrag 1 vermindert. Zahlen, deren Betrag kleiner als 1 ist, werden nicht als Pulse ausgegeben, sondern bis zum nächsten Abtastzyklus gespeichert.

Da der PI-Schrittreglerfunktion über Speichereigenschaften verfügt, wird der Schrittreglerbaustein mit einem Funktionsbaustein (FB 72) realisiert. Über den Eingangsparameter EIN wird die Regelfunktion ein- oder ausgeschaltet. Im ausgeschalteten Zustand werden alle gespeicherten Werte zurückgesetzt. Weitere Eingangsparameter des Funktionsbausteins FB 72 sind die Führungsgröße w (SW), die Regelgröße x (IW) sowie die Einstellwerte Proportionalbeiwert K_{PR} (KP), Nachstellzeit Tn (TN), Abtastzeit T_A (TA) und die Totzone X_{TOT} (TOTZ).

Es wird angenommen, dass die Führungsgröße w und die Regelgröße x als Gleitpunktzahlen im Bereich von 0.0 bis 100.0 vorliegen. Die Proportionalverstärkung KP und die Zeitwerte TN, TA und TOTZ sind ebenfalls als Gleitpunktzahlen anzugeben. Bei den Zeitwerten TN, TA und TOTZ entspricht dabei der Zahlenwert einem Zeitwert in Sekunden.

Weitere Eingabeparameter des PI-Schrittreglerbausteins sind Stellgliedeigenschaften wie *Oberer Anschlag erreicht* STGO (BOOL), *unterer Anschlag erreicht* STGU (BOOL), Stellgliedlaufzeit STGL (REAL) und Mindestimpulsdauer (PMIN). Die bei STGL und PMIN angegebene Gleitpunktzahl entsprechen einem Zeitwert in Sekunden.

Die Ausgangsgrößen STGA und STGZ der PI-Schrittreglerfunktion FB 72 (PISR) sind die beiden Stellgrößen für *Stellglied auf* (z.B. Motor rechts) und *Stellglied zu* (z.B. Motor links). Der an die Ausgänge angeschlossene Stellmotor hat integrierendes Zeitverhalten. Je nach Länge der Pulse wird der Stellbereich schrittweise durchfahren. Die Aufgabe der Pulse besteht darein, das Stellglied soweit zu verstellen, wie es zur Ausregelung einer Störung oder einer Führungsgröße erforderlich ist.

Motorstellglied:

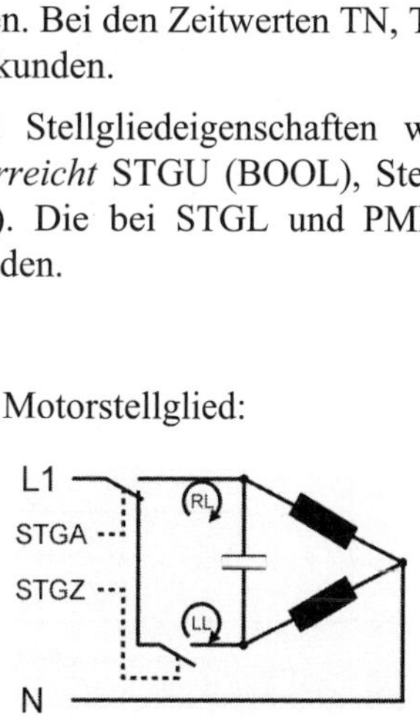

Reglerbaustein FB 72 (PISR):

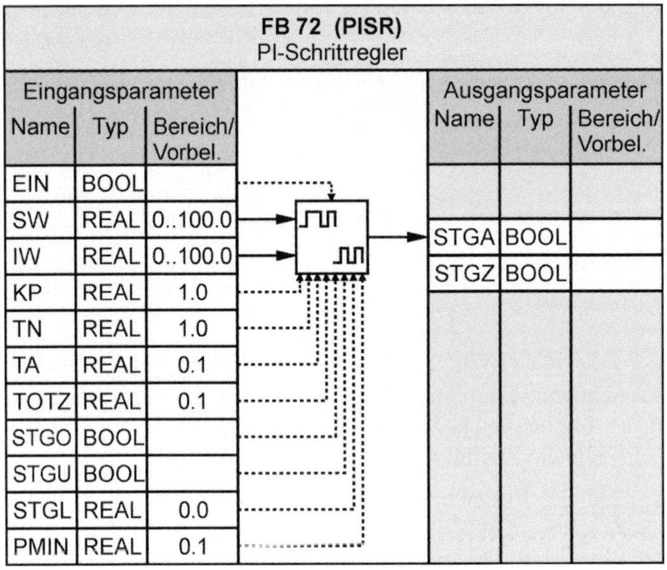

Legende:

EIN = Einschalten
SW = Sollwert w;
IW = Istwert x;
KP = Proportionalbeiwert;
TN = Nachstellzeit;
TA = Abtastzeit;
TOTZ = Totzeit;
STGO = Anschlag oben
STGU = Anschlag unten
STGL = Stellgliedlaufzeit
PMIN = Mindestpulsdauer
STGA = Stellgröße y_{AUF}
STGZ = Stellgröße y_{ZU}

Zur Erstellung der erforderlichen Anweisungsfolge für den Funktionsbaustein FB 72 (PISR) werden die auszuführenden Datenoperationen in einem Struktogramm dargestellt. Da das komplette Struktogramm für den Funktionsbaustein sehr komplex ist, werden zunächst Struktogramme dargestellt, welche die Aufgaben der einzelnen Programmabschnitte wiedergeben.

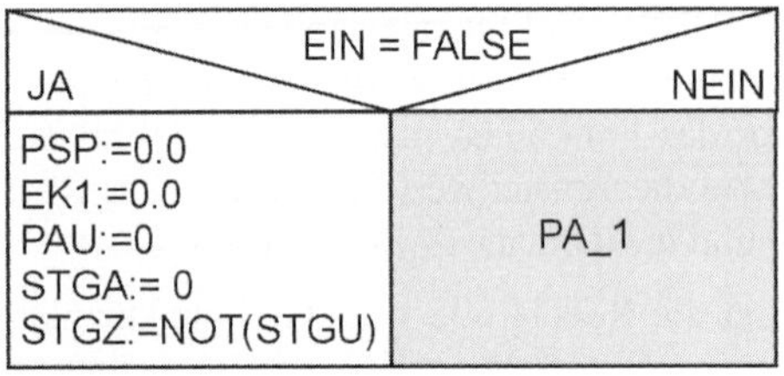

Ist der Reglerbaustein ausgeschaltet (EIN:= FALSE) werden alle stationäre Lokalvariablen gelöscht (Wert 0). Der Stellgliedausgang STGA erhält „0“-Signal und der Ausgang STGZ solange „1“-Signal, bis das Stellglied den unteren Anschlag STGU erreicht hat.

Programmabschnitt PA_1:

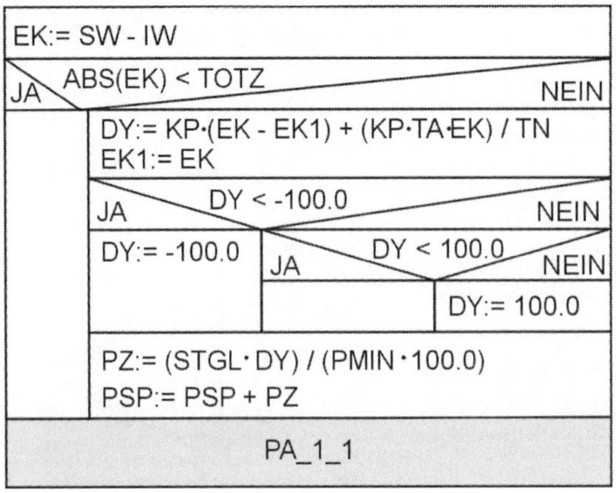

Mit dem nebenstehenden Struktogramm werden die Funktionseinheiten Totzone, PI-Geschwindigkeitsalgorithmus, Begrenzung sowie Pulsermittlung und Speicherung ausgeführt.

Zur Berechnung des Stellinkrements werden die temporären Variable DY und DYI (Bildung des Zwischenergebnisses) eingeführt. Nach der angegebenen Formel wird aus dem Stellinkrement die Pulszahl PZ (temporäre Variable) ermittelt und zum Pulsspeicher PSP (stationäre Variable) dazu addiert.

Programmabschnitt PA_1_1:

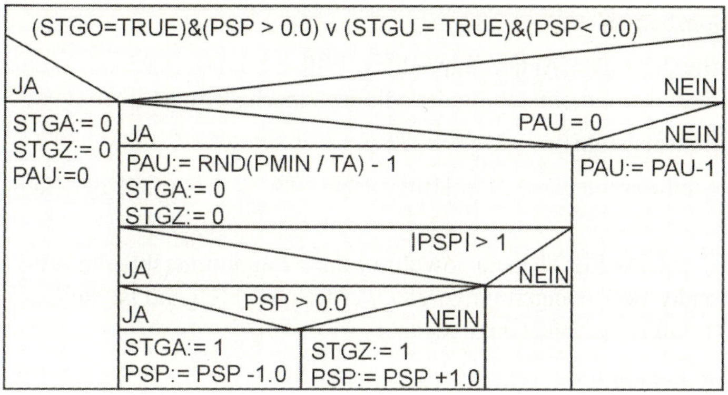

Mit dem nebenstehenden Struktogramm wird die Funktionseinheit Pulsausgabe ausgeführt. Nur wenn der Betrag des Pulsspeichers größer als 1 ist und die Endlagen des Stellgliedes nicht erreicht sind, werden Pulse ausgegeben.

Mit der ersten Abfrage wird geprüft, ob das Stellglied den oberen oder den unteren Anschlag erreicht hat und noch Pulse zur Ausgabe im Pulspeicher PSP stehen. Die Ausgabe der Pulse und damit die Ansteuerung der beiden Stellgliedausgängen STGA und STGZ wird nur bearbeitet, wenn die stationäre Variable PAU (INTEGER) den Wert 0 hat. Gebildet wird die Variable durch den Quotient PMIN/TA – 1. Damit ist gewährleistet, dass die Mindesteinschaltzeit eines Pulses PMIN eingehalten wird. Hat PAU den Wert 0 und ist der Betrag des Pulsspeichers PSP größer 1, erhält der Stellgliedausgang STGA „1"-Signal und der Pulsspeicher PSP wird um Eins vermindert. Bei negativem Inhalt des Pulsspeichers PSP gilt Entsprechendes.

Komplettes Struktogramm für die Reglerfunktion FB 72:

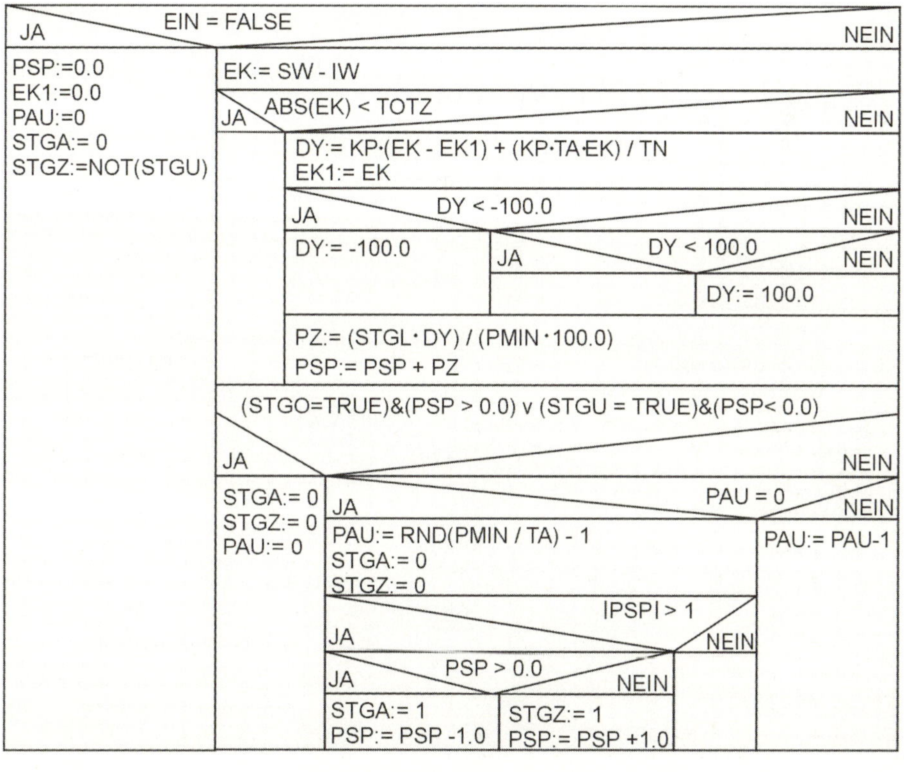

Legende aller verwendeten lokalen Variablen:

Stationäre Variable des Funktionsbausteins:

EK1 = Regeldifferenz des vorhergehenden Abtastzeitpunktes; PSP = Summe der berechneten Pulszahlen; PAU = Pulsausgabezähler zur Einhaltung der Mindesteinschaltzeit PMIN.

Temporäre Variable des Funktionsbausteins:

EK = Regeldifferenz, DY = Stellinkrement, DYI = Hilfsvariable für den I-Anteil des Stellinkrements und PZ = Pulszahl.

Das Programm des Funktionsbausteins FB 72 kann sowohl in der Programmiersprache AWL, wie auch in SCL in entsprechende Anweisungen umgesetzt werden. Nachfolgend ist die Quelle der Funktion in beiden Programmiersprachen angegeben.

STEP 7 Programm (AWL-/SCL-Quelle)

```
FUNCTION FB 72
VAR_INPUT
  EIN : BOOL ;
  SW  : REAL ;
  IW  : REAL ;
  KP  : REAL:= 1.000000e+000;
  TN  : REAL:= 1.000000e+000;
  TA  : REAL:= 1.000000e-001;
  TOTZ: REAL:= 1.000000e-001;
  STGO: BOOL ;
  STGU: BOOL ;
  STGL: REAL ;
  PMIN: REAL:= 1.000000e-001
END_VAR

VAR_OUTPUT
  STGA : BOOL ;
  STGZ : BOOL ;
END_VAR

VAR
  EK1 : REAL ;
  PSP : REAL ;
  PAU : INT ;
END_VAR

VAR_TEMP
  EK : REAL ;
  DYI : REAL ;
  DY : REAL ;
  PZ : REAL ;
END_VAR
```

Programmiersprache AWL:

```
BEGIN
      U  #EIN;
      SPB M001;
      SET ;
      R  #STGA;
      UN #STGU;
      =  #STGZ;
      L  0.00000e+000;
      T  #EK1;
      T  #PSP;
      BEA;

M001: L  #SW;
      L  #IW;
      -R ;
      T  #EK;
      L  #EK;
      ABS ;
      L  #TOTZ;
      <R ;
      SPB M002;

      L  #KP;
      L  #TA;
      *R ;
      L  #EK;
      *R ;
      L  #TN;
      /R ;
      T  #DYI;

      L  #EK;
      L  #EK1;
      -R ;
      L  #KP;
      *R ;
      L  #DYI;
      +R ;
      T  #DY;
      L  #EK;
      T  #EK1;

      L  #DY;
      L -1.00000e+002;
      >R ;
      SPB MY01;
      L -1.00000e+002;
      T  #DY;
MY01: L  #DY;
      L  1.00000e+002;
      <R ;
      SPB MY02;
      L  1.00000e+002;
      T  #DY;
MY02: NOP 0;

      L  #DY;
      L  #STGL;
```

Fortsetzung AWL FB 72

```
      *R ;
      L   1.00000e+002;
      /R ;
      L   #PMIN;
      /R ;
      T   #PZ;

      L   #PSP;
      L   #PZ;
      +R ;
      T   #PSP;

M002: NOP 0;
      U( ;
      L   #PSP;
      L   0.00000e+000;
      >R ;
      )  ;
      U   #STGO;
      O   ;
      U( ;
      L   #PSP;
      L   0.00000e+000;
      <R ;
      ) ;
      U   #STGU;
      NOT ;
      SPB M003;
      SET ;
      R   #STGA;
      R   #STGZ;
      L   0;
      T   #PAU;
      BEA ;

M003: NOP 0;
      L   #PAU;
      L   0;
      ==I ;
      SPB M004;
      L   #PAU;
      L   1;
      -I ;
      T   #PAU;
      BEA ;
M004: NOP 0;
      L   #PMIN;
      L   #TA;
      /R ;
      RND;
      L   1;
      -I ;
      T   #PAU;
      SET ;
      R   #STGA;
      R   #STGZ;

      L   #PSP;
      ABS;
      L   1.00000e+000;
      <R ;
      BEB ;
      L   #PSP;
      L   0.00000e+000;
      >R ;
      SPB M005;

      SET;
      S   #STGZ;
      L   #PSP;
      L   1.00000e+000;
      +R ;
      T   #PSP;
      BEA ;
M005: NOP 0;
      SET ;
      S   #STGA;
      L   #PSP;
      L   1.0000e+000;
      -R ;
      T   #PSP;

END_FUNCTION_BLOCK
```

```
Programmiersprache SCL:
BEGIN
IF EIN = FALSE THEN
  STGA:=FALSE;
  STGZ:= NOT STGU;
  EK1:=0.0;
  PSP:=0.0;
  RETURN;
 END_IF;

  EK:= SW - IW;

IF ABS(EK) > TOTZ THEN
  DY:= KP*(EK-EK1)+(KP*TA*EK)/TN;
  EK1:=EK;
    IF DY < -100.0 THEN
      DY:=-100.0;
     ELSIF DY > 100.0 THEN
      DY:= 100.0;
    END_IF;
    PZ:=(STGL*DY)/(PMIN*100.0);
    PSP:=PSP + PZ;
  END_IF;
```

Fortsetzung SCL FB72

```
 IF (STGO = TRUE)AND(PSP>0.0) OR (STGU = TRUE)AND(PSP<0.0)  THEN
  STGA:=FALSE;
  STGZ:=FALSE;
  PAU:=0;
 ELSE
  IF PAU = 0 THEN
   PAU:=REAL_TO_INT(PMIN/TA)-1;
   STGA:=FALSE;
   STGZ:=FALSE;
   IF ABS(PSP)>1 THEN
    IF PSP>0 THEN
     STGA:=TRUE;
     PSP:=PSP-1.0;
    ELSE
     STGZ:=TRUE;
     PSP:=PSP+1.0;
    END_IF;
   END_IF;
  ELSE
  PAU:=PAU-1;
  END_IF;
 END_IF;
END_FUNCTION_BLOCK
```

Der PI-Schrittreglerbaustein FB 72 muss unbedingt mit einer konstanten Abtastzeit T_A in gleichen zeitlichen Abständen aufgerufen werden. Die Abtastzeit spielt dabei nicht nur beim Regelungsparameter Tn eine Rolle, sondern auch bei der Ausgabe der Pulse.

Der zeitgesteuerte Aufruf kann von einem Weckalarm-Organisationsbausteine (z.B. OB 35) aus erfolgen oder mit Hilfe eines Impulsgenerators ausgeführt werden. Im nachfolgenden Beispiel wird der zeitgesteuerte Aufruf mit einem Impulsgenerator gebildet. Nur beim Auftreten eines Impulses erfolgt der Aufruf des Funktionsbausteins. Da die Werte für die Abtastzeit nachfolgend mindestens 100ms betragen sollten, wird die Gleichheit der zeitlichen Abstände als hinreichend genau angenommen.

Beispiel 8.5: Behälterfüllstand mit einem Dreipunkt-Schrittregler mit PI-Verhalten

Für die zu Beginn dieses Abschnitts beschriebene Füllstands-Regelstrecke soll eine PI-Schrittregelung mit einem Automatisierungsgerät ausgeführt werden

Die Zulaufmenge pro Zeit *Qzu* wird dazu mit einem motorisch angetriebenen Stellglied Y durch die Stellsignale eines S-Reglers mit PI-Verhalten beeinflusst.

Die Stellgliedlaufzeit beträgt T_{STGL} = 20 s. Als Mindestpulsdauer für das Einschalten des Stellmotors wird T_{PMIN} = 0,5 s vorgegeben. Die Abtastzeit ist mit T_A = 0,1 s so gewählt, dass genügend viele Stichproben während der Stellzeit T_{STGL} genommen werden.

Die Ablaufmenge pro Zeit kann durch die beiden handbetätigten Ventile Y2 und Y3 beeinflusst werden. Bedingt durch den statischen Druck der Flüssigkeitssäule sei die Ablaufmenge pro Zeit *Qab* abhängig vom Flüssigkeitsstand, sodass der Behälter als eine PT1-Strecke angesehen werden kann. Der Übertagungsbeiwert der Regelstrecke ist konstant und wurde mit K_{PS} = 1,5 gemessen. Aus dem Zeitverhalten der Strecke wurde der Wert T_S = 30 s ermittelt (vgl. Tabelle S. 341 f).

Der S-Regler wird mit dem Schalter S0 ein- bzw. ausgeschaltet. An einer vierstelligen Ziffernanzeige soll der jeweils aktuelle Wert der Regelgröße mit zwei Kommastellen angezeigt werden.

Technologieschema:

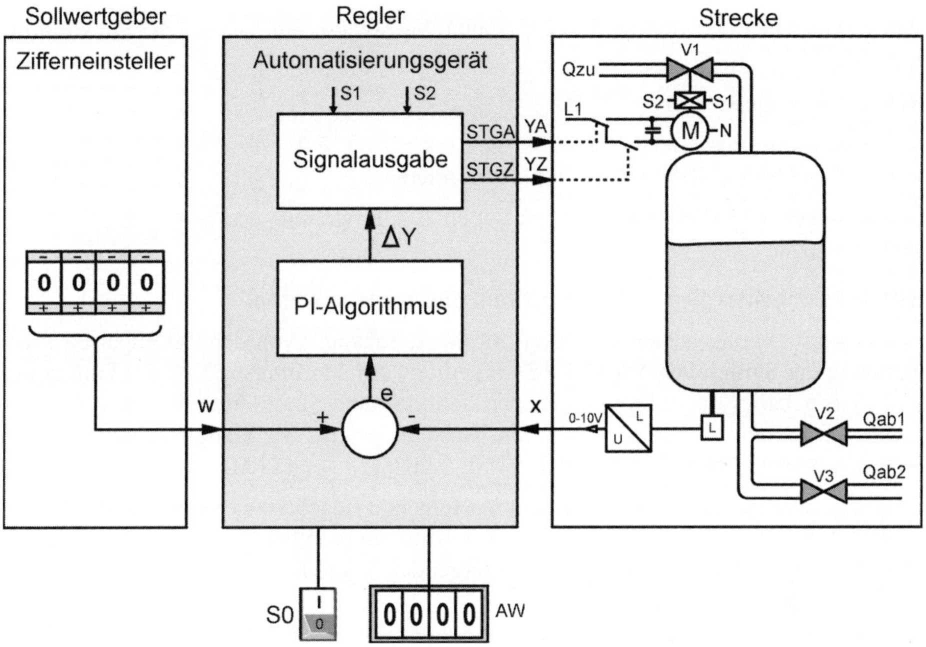

Bild 8.14: Dreipunkt-Schrittregelung mit PI-Verhalten

Zuordnungstabelle der Eingänge und Ausgänge:

Eingangsvariable	Symbol	Datentyp	Logische Zuordnung	Adresse
Regelung Ein/AUS	S0	BOOL	Betätigt S0 = 1	E 0.0
Stellgerät-Endschalter oben	S1	BOOL	Betätigt S1 = 1	E 0.1
Stellgerät-Endschalter unten	S2	BOOL	Betätigt S2 = 1	E 0.2
Sollwertgeber	w	WORD	BCD-Code	EW 8
Füllstandsgeber	x	WORD	Analogeingang 0..10 V	PEW 320
Ausgangsvariable				
Stellgröße Ventil AUF	YA	BOOL	Ventil geht auf YA = 1	A 4.1
Stellgröße Ventil ZU	YZ	BOOL	Ventil geht auf YZ = 1	A 4.2
Ziffernanzeige	AW	WORD	BCD-Code	AW 12

Das PI-Schrittreglerprogramm setzt sich im wesentlichen aus Aufrufen von Bibliotheksbausteinen zusammen. Die Aufrufe mit entsprechender Parameterangabe sind in den nachfolgenden Schritten beschrieben.

Schritt 1: Sollwert w einlesen und normieren.

Umwandlung von BCD nach REAL und Normierung auf den Bereich von 0.0 .. 100.0 mit der Funktion FC 50 (BCD_REALN).

Schritt 2: Istwert x einlesen und normieren.

Analogwert einlesen und auf den Bereich von 0.0 bis 100.0 normieren mit der Funktion FC 48 (AE_REALN).

Schritt 3: Impulsgenerator.

Mit einer SE-Zeitfunktion ist ein Impulsgenerator zum zeitgesteuerten Aufruf des PI-Schrittreglerbausteins zu programmieren.

Die nebenstehenden AWL-Anweisungen geben das Programm des Impulsgebers wieder.

```
UN #IMP
L  S5T#100Ms
SE T1
U  T1
=  #IMP
```

Schritt 4: PI-Schrittreglerbaustein aufrufen und parametrieren.

Der PI-Reglerfunktionsbaustein FB 72 (PISR) wird abhängig von den Zeitimpulsen IMP zur Bestimmung der Stellgrößen YA und YZ aufgerufen. An den Eingang EIN des Funktionsbausteins ist der Schalter S0 zu legen. Die Endschalter S1 und S2 des Stellgliedes werden an die Eingänge STGO bzw. STGU des Funktionsbausteins gelegt. Als Stellgliedparameter werden folgende Werte angegeben: TOTZ = 0.5; STGL = 20.0 (20 s) und PMIN = 0.5 (0,5 s).

Zum Testen des Regelungsprogramms werden folgende Regelparameter eingesetzt: KP = 1.0; TN = 10.0 (10 s) und TA = 0.1 (0,1 s). Bei günstig eingestellten Regelparametern sollte der zeitliche Verlauf der Pulse für das Stellglied folgenden Verlauf haben:

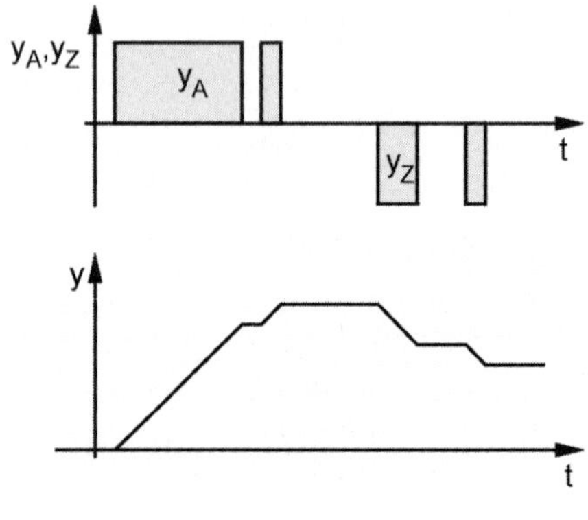

Schritt 5: Stellgrößen YA und YZ ausgeben.

Die Ausgänge YA und YZ für das Stellglied können unmittelbar an den Funktionsbausteinausgängen STGA und STGZ abgegriffen werden..

Schritt 6: Istwert x anzeigen.

Umwandlung von REAL in BCD mit der Funktion FC 51 (REALN_BCD) und Bereichsanpassung. Damit die Anzeige nicht zu unruhig ist, wird vor der Umwandlung eine Totzone von 0.1 mit der Funktion FC70 (TOTZ) gebildet.

Die Verschaltung der erforderlichen Bausteine zeigt die Bausteinstruktur:

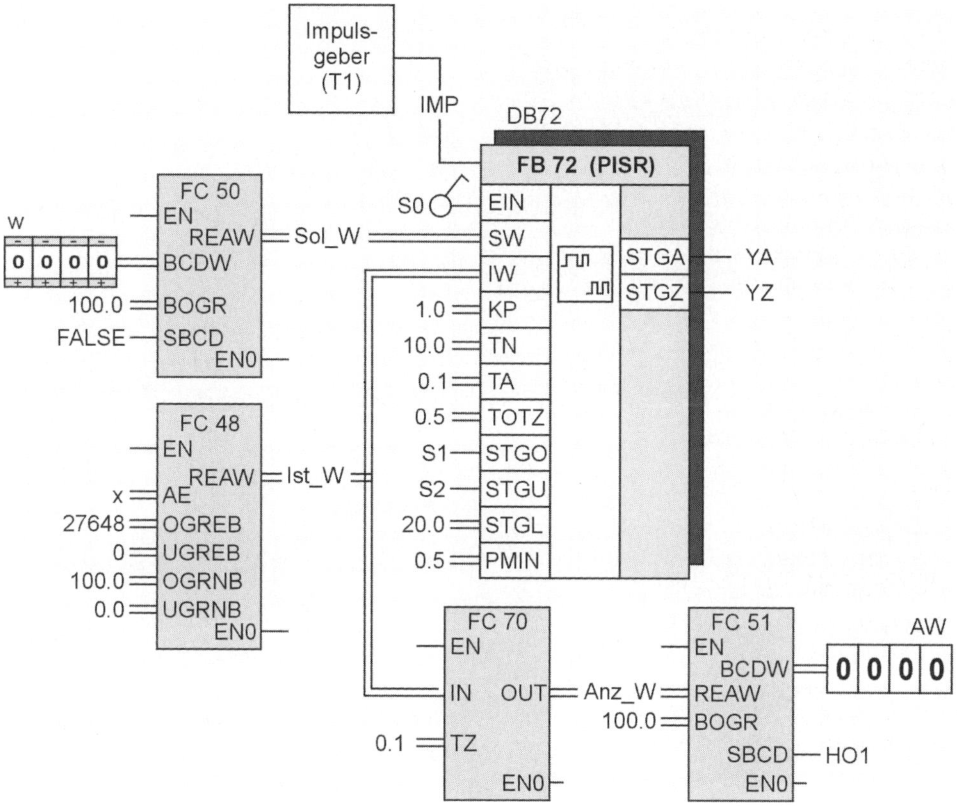

Die verwendeten lokalen Variablen für die Übergabeparameter sind:

Sol_W (Sollwertübergabe), Ist_W (Istwertübergabe), Anz_W (Übergabewert für die Anzeige), HO1 (Hilfsoperand) und IMP für den Impulsgeber.

Da die Anweisungsfolgen der einzelnen Bausteine bereits alle dargestellt wurden, ist im nachfolgenden STEP 7 Programm nur die AWL-Quelle des Organisationsbausteins OB1 angegeben.

STEP 7 Programm (AWL-Quelle):

```
ORGANIZATION_BLOCK OB 1
VAR_TEMP
 ... //Standardeinträge
 Sol_W : REAL ;
 Ist_W : REAL ;
 ANZ_W : REAL ;
 HO1 : BOOL ;
 IMP : BOOL ;
END_VAR
```

```
BEGIN
      CALL FC 50 (
         BCDW  := EW 8,
         SBCD  := FALSE,
         BOGR  := 1.000000e+002,
         REAW  := #Sol_W);

      CALL FC 48 (
         AE    := PEW  320,
         OGREB := 27648,
         UGREB := 0,
         OGRNB := 1.000000e+002,
         UGRNB := 0.000000e+000,
         REAW  := #Ist_W);

      UN  #IMP;
      L   S5T#100MS;
      SE  T 1;
      U   T 1;
      =   #IMP;
      UN  #IMP;
      SPB M001;

      CALL FB 72, DB 72 (
         EIN   := E 0.0,
         SW    := #Sol_W,
         IW    := #Ist_W,
         KP    := 1.000000e+000,
         TN    := 1.000000e+001,
         TA    := 1.000000e-001,
         TOTZ  := 5.000000e-001,
         STGO  := E 0.1,
         STGU  := E 0.2,
         STGL  := 2.000000e+001,
         PMIN  := 5.000000e-001,
         STGA  := A 4.1,
         STGZ  := A 4.2);

M001: CALL FC 70 (
         IN    := #Ist_W,
         TZ    := 1.000000e-001,
         OUT   := #ANZ_W);

      CALL FC 51 (
         REAW  := #ANZ_W,
         BOGR  := 1.000000e+002,
           BCDW   := AW    12,
           SBCD   := #HO1);
END_ORGANIZATION_BLOCK
```

IV Beschreibungsmittel für den Entwurf von Steuerungsprogrammen

In der Automatisierungstechnik werden die Tätigkeiten des Software-Engineerings mit Begriffen wie Projektieren, Konfigurieren, Parametrieren und Programmieren umschrieben. Erforderlich dazu sind kreativ-schöpferische sowie logisch-analytische und organisatorische Fähigkeiten der damit beschäftigten Fachleute. Die Anbieter von Automatisierungssystemen stellen umfangreiche Hilfsmittel zur Verfügung, um Software-Engineeringskosten einsparen zu helfen. Da ist zuerst das Programmiersystem mit seinem differenzierten Angebot an Programmiersprachen zu nennen. Hinzu kommen Bibliotheken mit standardisierten Programmelementen, die eine hohe Software-Zuverlässigkeit gewährleisten. Des Weiteren bietet das Programmiersystem die Programmorganisationseinheiten an, um die allgemeinen Programmierprinzipien wie Modularisierung (Zerlegung umfangreicher Probleme in kleinere, überschaubare Module) und Strukturierung (hierarische Gliederung der Module) realisieren zu können. Zum Standard gehört heute auch die Möglichkeit, eigene Programm-Bibliotheken anlegen zu können. Das bringt Vorteile, wenn selbstentwickelte Programm-Module bibliotheksfähig gestaltet werden, d.h. in anderen Zusammenhängen direkt wiederverwendbar sind. Hilfsmittel alleine bringen aber noch keine Programme hervor. Es kommt auf den Einzelfall an, was noch zusätzlich erforderlich ist. Ist z.B. eine Feldbus-Kommunikationsverbindung mit zugehöriger Schnittstelle zu projektieren, so sind in erster Linie Kenntnisse und Erfahrungen erforderlich. Man muss wissen, was getan werden muss und man muss es schon einmal gemacht haben. Ist dagegen ein Steuerungsproblem zu lösen, so sind auch noch Ideen für den Steuerungsentwurf erforderlich. Diese Ideen stellen sich leichter vor dem Hintergrund eigener Programmiererfahrungen ein. Das können sein:

- Programmiererfahrungen aufgrund der Kenntnis des Befehlssatzes der Steuerung unter Einbeziehung kleinerer Anwendungsbeispiele (s. Kapitel 4 bis 8).
- Programmiererfahrung aufgrund der Kenntnis systematischer Entwurfsmethoden für bestimmte Steuerungstypen. Diesem Zweck dienen die folgenden Kapitel 9 bis 13.

9 Tabellen

In diesem Kapitel soll gezeigt werden, was man alles mit Tabellen machen kann, um eine Steuerungsaufgabe auf systematischem Wege einer Lösung zuzuführen. Es gehören dazu Funktionstabellen, RS-Tabellen und Zuordner.

9.1 Funktionstabellen und ihre Auswertungsverfahren

Mit einer *Funktionstabelle* (Wahrheitstabelle) kann der Zusammenhang zwischen den Eingangsvariablen und Ausgangsvariablen bestimmter Steuerungsaufgaben übersichtlich dargestellt werden. Die Funktionstabelle besteht dabei aus einer Spalte für die Eingangsvariablen (linke Seite) und einer Spalte für die Ausgangsvariablen (rechte Seite). Die Funktionstabelle muss den verschiedenen denkbaren Steuerungstypen angepasst werden:

Steuerungstyp Schaltnetz

Eine Steuerung wird als Schaltnetz oder Verknüpfungssteuerung ohne Speicherverhalten bezeichnet, wenn den Signalzuständen der Eingänge ein bestimmter Signalzustand des Ausgangs im Sinne boolescher Verknüpfungen fest zugeordnet ist, d.h. das Ausgangssignal zu jedem beliebigen Zeitpunkt allein von den Zuständen der Eingangssignale abhängig ist. Ein solcher Steuerungstyp wird gemäß DIN EN 61131-3 und im S7-Programmiersystem in einem Codebaustein vom Typ Funktion FC realisiert.

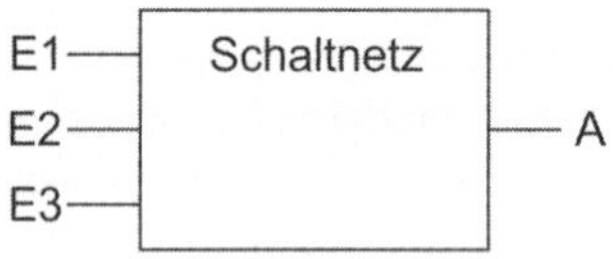

Tabellen-Eingänge E3 E2 E1	Tabellen-Ausgang A

Steuerungstyp Schaltwerk

Eine Steuerung wird als Schaltwerk oder Verknüpfungsteuerung mit Speicherfunktion bezeichnet, wenn sie über eine Gedächtnisfunktion verfügt, die durch eine rein interne Zustandsvariable Q eingeführt wird. Gemäß DIN EN 61131-3 und im S7-Programmiersystem erscheint die interne Zustandsvariable weder an den Ausgängen noch an den Eingängen des Funktionsbausteins FB, sie ist nur innerhalb des Bausteins verfügbar, muss aber in der Funktionstabelle auf beiden Seiten aufgeführt werden, damit ihre logische Mitwirkung berücksichtigt werden kann.

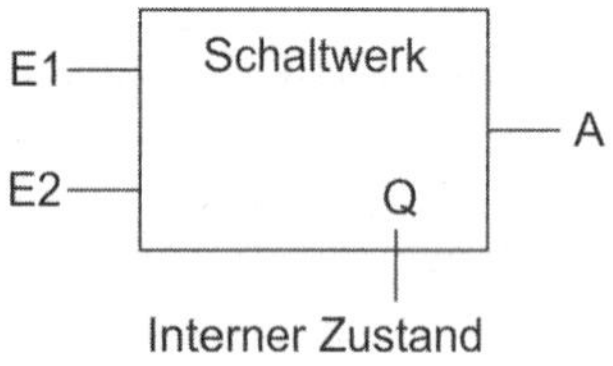

Tabellen-Eingänge Qv E2 E1	Tabellen-Ausgang A Qn

Index: v = vorher n = nachher

9.1.1 Aufstellen einer Funktionstabelle

Die Anwendung von Funktionstabellen soll nun in allgemeiner Form dargestellt werden. Dazu wird eine einfache Schaltung mit drei Eingangsvariablen E1, E2, E3 und einer Ausgangsvariablen A betrachtet. Auf dieses Beispiel wird im Weiteren eingegangen.

Schaltung

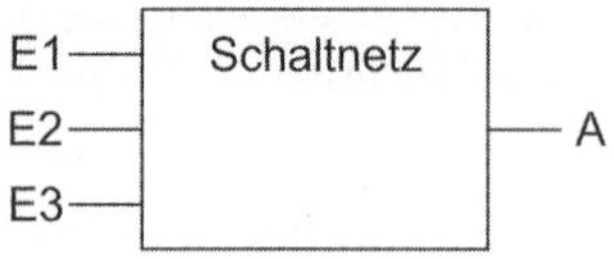

Funktionstabelle

Zeile	E3	E2	E1	A
00	0	0	0	0
01	0	0	1	0
02	0	1	0	0
03	0	1	1	1
04	1	0	0	0
05	1	0	1	1
06	1	1	0	1
	1	1	1	1

Welche Logik ist in der Funktionstabelle hinterlegt worden? Es handelt sich hier um eine sogenannte *2- aus 3-Auswahl.* Liefern zwei von drei Signalgebern E ein 1-Signal, nur dann ist das entsprechende Ausgangssignal A ebenfalls ein 1-Signal. Wäre eine andere Schaltlogik beabsichtigt, so müssten entsprechende Signalzustände für das Ausgangssignal A eingetragen werden.

Regeln zum Aufstellen von Funktionstabellen

Die Einhaltung der folgenden vier Regeln bringt einige Vorteile beim Umgang mit Funktionstabellen mit sich:

- Die Eingangsvariablen werden von rechts nach links mit steigender Nummierung eingetragen.
- Die erste Variable wechselt nach jeder Zeile den Zustand. Die zweite Variable wechselt nach jeder zweiten Zeile den Zustand. Die dritte Variable wechselt nach jeder vierten Zeile den Zustand. Die vierte Variable wechselt nach jeder achten Zeile den Zustand usw.
- Die Zeilen in der Funktionstabelle werden entsprechend der Eingangsbelegung oktal durchnummeriert. Die Oktalindizierung erhält man, indem von rechts beginnend stets drei Eingangswerte pro Zeile zusammengefasst und die entsprechende Dualzahl für diese Werte aufgeschrieben werden. Die Eingangskombination 1 0 1 1 1 0 für sechs Eingangsvariablen erhält demnach die Oktalnummer 56_8.
- Zur vollständigen Beschreibung des Schaltnetzes sind in der Funktionstabelle noch der Signalzustand der Ausgänge bei den verschiedenen Eingangskombinationen einzutragen.

Es lassen sich mit drei Eingängen $2^3 = 8$ verschiedene Eingangskombinationen beschreiben. Andere Kombinationen gibt es nicht. In dieser Funktionstabelle sind demnach 8 Zeilen vorzusehen, wobei für jede Eingangskombination der gewünschte Ausgangszustand anzugeben ist.

Allgemein gilt die Regel:

Mit n Eingangsvariablen ergeben sich 2^n verschiedene Eingangskombinationen, denen logische Ausgangszustände zugeordnet werden müssen.

Eine Funktionstabelle ist für Schaltungen mit bis zu sechs Eingangsvariablen noch handhabbar. Treten mehr als sechs Eingangsvariablen auf, so kommen meist nur ganz bestimmte Eingangskombinationen vor. Nur diese werden in eine verkürzte Funktionstabelle eingetragen.

9.1.2 Disjunktive Normalform DNF

Ist eine Steuerungsaufgabe, mit einer Funktionstabelle exakt beschrieben worden, so kann aus dieser Tabelle die logische Verknüpfung in Form eines schaltalgebraischen Ausdrucks ermittelt werden. Eine Verknüpfungsstruktur, die sich aus der Funktionstabelle direkt ergibt, ist die *Disjunktive Normalform DNF* oder auch UND-vor-ODER-Normalform.

Der Lösungsweg, der zur Disjunktiven Normalform DNF führt, geht von den Zeilen der Funktionstabelle aus, in denen die Ausgangsvariable den Signalzustand "1" besitzt. Für diese Zeilen werden die Eingangsvariablen entsprechend ihrem Signalzustand UND-verknüpft. Bei Signalzustand "0" wird die Eingangsvariable negiert und bei Signalzustand "1" nicht negiert im UND-Term notiert. Eine solche UND-Verknüpfung, bestehend aus allen Eingangsvariablen der Funktionstabelle, wird als MINTERM bezeichnet. Der Name MINTERM rührt daher, dass diese Verknüpfung eine minimale Anzahl von "1" Signalzuständen am Ausgang liefert, nämlich genau einen.

Der Minterm

$$\overline{E4} \,\&\, E3 \,\&\, \overline{E2} \,\&\, E1 = \overline{E4}\, E3\, \overline{E2}\, E1$$

liefert nur bei der Eingangskombination

E4 = 0, E3 = 1, E2 = 0 und E1 = 1

am Ausgang den Signalzustand "1".

Die Funktionstabelle in Kap. 9.1.1 enthält in den Zeilen 03, 05, 06 und 07 für den Ausgang A den Signalwert "1". Die entsprechenden Minterme für die DNF lauten dann:

Tabelle der Minterme

Zeile	E3 E2 E1	Minterme für A
03	0 1 1	$\overline{E3} \,\&\, E2 \,\&\, E1$
05	1 0 1	$E3 \,\&\, \overline{E2} \,\&\, E1$
06	1 1 0	$E3 \,\&\, E2 \,\&\, \overline{E1}$
07	1 1 1	$E3 \,\&\, E2 \,\&\, E1$

Die komplette Schaltfunktion für A erhält man, indem alle Minterme ODER-verknüpft werden. Daraus ergibt sich dann die Disjunktive Normalform DNF bzw. UND-vor-ODER Normalform.

Für die 2-aus 3-Auswahl der Funktionstabelle in Kap. 9.1.1 erhält man die folgende DNF:

Lösung: Schaltalgebraischer Ausdruck für A als DNF

$$A = \overline{E3}\, E2\, E1 \vee E3\, \overline{E2}\, E1 \vee E3\, E2\, \overline{E1} \vee E3\, E2\, E1$$

9.1.3 Konjunktive Normalform KNF

Alternativ zur Disjunktiven Normalform DNF kann auch die *Konjunktive Normalform KNF* angewendet werden. Der Lösungsweg der Konjunktiven Normalform geht von den Zeilen einer Funktionstabelle aus, in denen die Ausgangsvariable den Signalzustand "0" hat. Für diese Zeilen werden alle Eingangsvariablen unter Berücksichtigung ihres Signalzustandes im ODER-Term notiert. Anders als bei der Disjunktiven Normalform wird hierbei der Signalzustand "1" einer Eingangsvariablen negiert und der Signalzustand "0" nicht negiert eingetragen. Eine solche ODER-Verknüpfung, bestehend aus allen Eingangsvariablen der Funktionstabelle, wird mit MAXTERM bezeichnet. Der Name MAXTERM rührt daher, dass diese Verknüpfung eine maximale Anzahl von "1"-Signalzuständen und damit eine minimale Anzahl von "0"-Signalzuständen, nämlich genau einen, am Ausgang liefert.

Der Maxterm

$$\overline{E3} \vee E2 \vee E1$$

liefert nur bei der Eingangskombination

E3 = 1, E2 = 0 und E1 = 0

am Ausgang den Signalzustand "0", bei allen anderen Kombinationen dagegen "1".

Die Funktionstabelle in Kap. 9.1.1 enthält in den Zeilen 00, 01, 02 und 04 für den Ausgang A den Signalwert "0". Die entsprechenden Maxterme für die KNF lauten dann:

Tabelle der Maxterme

Zeile	E3 E2 E1	Maxterme für A
00	0 0 0	$E3 \vee E2 \vee E1$
01	0 0 1	$E3 \vee E2 \vee \overline{E1}$
02	0 1 0	$E3 \vee \overline{E2} \vee E1$
04	1 0 0	$\overline{E3} \vee E2 \vee E1$

Die komplette Schaltfunktion für A erhält man, indem alle Maxterme UND-verknüpft werden. Daraus ergibt sich dann die Konjunktive Normalform KNF bzw. ODER-vor-UND Normalform.

Für die 2-aus 3-Auswahl der Funktionstabelle in Kap. 9.1.1 erhält man die folgende KNF:

Lösung: Schaltalgebraischer Ausdruck für A als KNF

$$A = (E3 \vee E2 \vee E1) \,\&\, (E3 \vee E2 \vee \overline{E1}) \,\&\, (E3 \vee \overline{E2} \vee E1) \,\&\, (\overline{E3} \vee E2 \vee E1)$$

Hinweis:

Um Verwechslungen auszuschließen wird nachfolgend nur noch das DNF-Verfahren angewendet.

9.1.4 Vereinfachung von Schaltfunktionen mit algebraischen Verfahren

Die aus der Funktionstabelle ermittelte Schaltungsgleichung (DNF oder KNF) kann in vielen Fällen noch vereinfacht werden. Das Ziel dieser Vereinfachung ist eine Minimierung des Programmumfangs. Eine minimierte Lösung unterscheidet sich von der Normallösung durch die geringere Anzahl von Termen und/oder Variablen.

Das algebraische Vereinfachungsverfahren für Schaltfunktionen besteht darin, durch Anwenden der Regeln der Schaltalgebra zu versuchen, eine gegebene Schaltfunktion in einen anderen Ausdruck umzuformen. Die Schaltalgebra oder Boolesche Algebra ist ein mathematischer Formalismus zum Rechnen mit zweiwertigen Variablen. Viele Regeln der Schaltalgebra stimmen mit den Regeln der allgemeinen Algebra überein. Bei der nachfolgenden Zusammenstellung der wichtigsten Regeln der Schaltalgebra werden – soweit möglich – die entsprechenden Regeln der allgemeinen Algebra mit angegeben.

1. Regeln der Schaltalgebra

Priorität oder Rangfolge

Schaltalgebra:	Allgemeine Algebra:
Negation vor	Potenzieren vor
Konjunktion	Multiplizieren/Dividieren vor
Disjunktion	Addieren/Subtrahieren

Die Rangfolge der Konjunktion vor der Disjunktion ist in der Schaltalgebra nicht verbindlich festgelegt. Führt man diese jedoch ein, so spart man sich bei manchen Darstellungen das Setzen von Klammern.

Regeln für eine Variable E

Schaltalgebra:	Allgemeine Algebra:
$E \vee 0 = E$	$x + 0 = x$
$E \vee 1 = 1$	
$E \vee E = E$	
$E \vee \overline{E} = 1$	
$E \,\&\, 0 = 0$	$x \cdot 0 = 0$
$E \,\&\, 1 = E$	$x \cdot 1 = x$
$E \,\&\, E = E$	
$E \,\&\, \overline{E} = 0$	
$E \,\&\, \overline{E} = 0$	

Regeln für mehrere Variablen E1, E2, E3

Kommutativgesetze

$E1 \vee E2 = E2 \vee E1$ $\qquad a + b = b + a$

$E1 \,\&\, E2 = E2 \,\&\, E1$ $\qquad a \cdot b = b \cdot a$

Assoziativgesetze

$E1 \vee E2 \vee E3 = E1 \vee (E2 \vee E3)$ $\qquad a + b + c = a + (b + c)$

$E1 \,\&\, E2 \,\&\, E3 = E1 \,\&\, (E2 \,\&\, E3)$ $\qquad a \cdot b \cdot c = a \cdot (b \cdot c)$

Distributivgesetze

Zweck: Ausklammern oder Ausmultiplizieren

$(E1 \& E2) \vee (E1 \& E3) = E1 \& (E2 \vee E3)$ $\qquad x \cdot a + x \cdot b = x \cdot (a + b)$

$(E1 \vee E2) \& (E1 \vee E3) = E1 \vee (E2 \,\&\, E3)$

Reduktionsregeln

$E1 \vee E1 \,\&\, E2 = E1$

$E1 \,\&\, (E1 \vee E2) = E1$

$E1 \,\&(\overline{E1} \vee E2) = E1 \,\&\, E2$

$E1 \vee \overline{E1} \,\&\, E2 = E1 \vee E2$

De Morgansche Theoreme

Zweck: Umwandlung von Grundverknüpfungen ODER in UND bzw. UND in ODER

$\overline{E1 \vee E2} = \overline{E1} \,\&\, \overline{E2}$

$\overline{\overline{E1} \vee \overline{E2}} = E1 \,\&\, E2$

$\overline{E1 \,\&\, E2} = \overline{E1} \vee \overline{E2}$

$\overline{\overline{E1} \,\&\, \overline{E2}} = E1 \vee E2$

2. Vereinfachung einer DNF-Schaltfunktion

Bei den algebraischen Verfahren zur weiteren Vereinfachung von Schaltfunktionen ist hauptsächlich die Anwendung des ersten Distributivgesetzes erforderlich. Dazu sucht man sich in der Schaltfunktion jeweils zwei Terme heraus, die sich nur im logischen Zustand einer Variablen unterscheiden und sonst gleich sind und wendet darauf das Distributivgesetz zum Zwecke des Ausklammern an:

$$\begin{aligned}\overline{E3}\,\overline{E2}\,E1 \vee \overline{E3}\,E2\,E1 &= \overline{E3}\,E1\,(\overline{E2} \vee E2)\\ &= \overline{E3}\,E1\,(\quad 1 \quad)\\ &= \overline{E3}\,E1\end{aligned}$$

Der Klammerausdruck hat stets den Signalwert "1" und entfällt in der verbleibenden UND-Verknüpfung gemäß dem vierten und sechsten Fall bei den Regeln für eine Variable. Der Wegfall der einen Variablen (E2) ist auch leicht einzusehen, da eine ODER-Verknüpfung zweier UND-Terme vorliegt, in denen E2 einmal negiert und einmal nicht negiert vorkommt. Es ist also egal welchen Signalzustand die Variable E2 hat und deshalb kann sie entfallen.

Diese Zusammenfassung und Reduzierung um eine Variable ist Grundlage jeder Vereinfachung. Dabei ist es zulässig, dass ein Term mehrfach zur Vereinfachung herangezogen wird.

Die Schaltfunktion für die 2-aus 3-Auswahl lautet als DNF:

$$A = \overline{E3}\,E2\,E1 \vee E3\,\overline{E2}\,E1 \vee E3\,E2\,\overline{E1} \vee E3\,E2\,E1$$

Der Term E3 E2 E1 wird dreimal zur Vereinfachung herangezogen, jeweils in Kombination mit einem der anderen Terme. Dabei entfällt immer die Variable, die in der Kombination negiert und nicht negiert vorkommt. Damit ergibt sich als Lösung für die 2-aus 3-Auswahl eine vereinfachte Schaltfunktion in DNF:

$$A = E2\,E1 \vee E3\,E1 \vee E3\,E2$$

3. Rechnen mit den Distributivgesetzen

Für eine Äquivalenzfunktion werden zwei Schaltfunktionen angegeben:

$$Q = (A \,\&\, B) \vee (\overline{A} \,\&\, \overline{B})$$

$$Q = (A \vee \overline{B}) \,\&\, (\overline{A} \vee B)$$

Es soll algebraisch bewiesen werden, dass beide Schaltfunktionen gleichwertig sind und demnach auch zur Lösung einer entsprechenden Steuerungsaufgabe wahlweise verwendet werden könnten.

$$Q = (A \vee \overline{B}) \,\&\, (\overline{A} \vee B)$$

$$Q = \underbrace{(A \,\&\, \overline{A})}_{0} \vee (A \,\&\, B) \vee (\overline{A} \,\&\, \overline{B}) \vee \underbrace{(B \,\&\, \overline{B})}_{0}$$

$$Q = (A \,\&\, B) \vee (\overline{A} \,\&\, \overline{B}) \quad \text{(stimmt)}$$

$$Q = (A \,\&\, B) \vee (\overline{A} \,\&\, \overline{B})$$

Ausmultiplizieren ergibt:

$$Q = \underbrace{(A \vee \overline{A})}_{1} \,\&\, (B \vee \overline{A}) \,\&\, (A \vee \overline{B}) \,\&\, \underbrace{(B \vee \overline{B})}_{1}$$

$$Q = (A \vee \overline{B}) \,\&\, (\overline{A} \vee B) \quad \text{(stimmt)}$$

9.1.5 Vereinfachung von Schaltfunktionen mit grafischem Verfahren: KVS-Diagramm

Bei diesem Vereinfachungsverfahren werden die Signalzustände der Ausgangsvariablen einer Funktionstabelle in ein Diagramm übertragen.

1. Aufbau des KVS-Diagramms

Ausgangspunkt des KVS-Diagramms (Karnaugh-Veitch-Symmetrie-Diagramm) ist ein Rechteck, dessen linker Hälfte die Variable E1 negiert und dessen rechter Hälfte die Variable E1 bejaht zugewiesen wird.

Zeile	E1
00	0
01	1

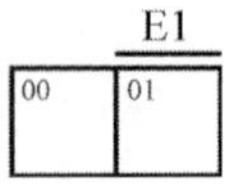

Ausgehend von der Darstellung einer Variablen wird nun für jede weitere Variable das ganze Diagramm durch Spiegelung verdoppelt. Der ursprüngliche Bereich des Diagramms wird dann negiert, der neue Bereich der bejahten neuen Variablen zugewiesen.

Zeile	E2	E1
00	0	0
01	0	1
02	1	0
03	1	1

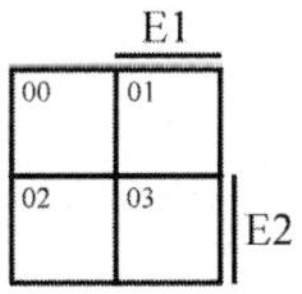

Durch Hinzufügen einer weiteren Variablen wird das bisherige Diagramm wieder gespiegelt. Die Spiegelachse verläuft nun allerdings senkrecht, wechselt also bei jeder weiteren Spiegelung zwischen waagerecht und senkrecht. Da es sich im nachfolgenden Bild um die zweite Spiegelung in senkrechter Richtung handelt, wird die Spiegelachse durch einen Doppelstrich dargestellt. Um die entsprechenden Felder der Funktionstabelle im Diagramm leicht finden zu können, erhalten die einzelnen Felder eine Zeilennummerierung.

Zeile	E3	E2	E1
00	0	0	0
01	0	0	1
02	0	1	0
03	0	1	1
04	1	0	0
05	1	0	1
06	1	1	0
07	1	1	1

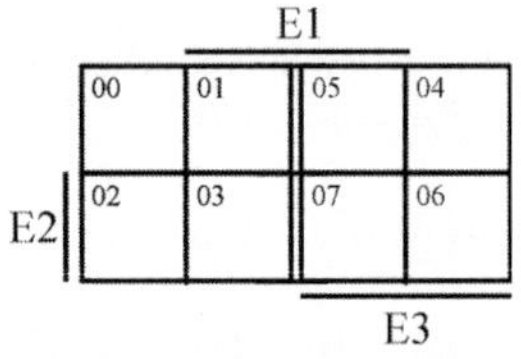

Bei Hinzunahme weiterer Variablen verdoppelt sich jeweils die Anzahl der Felder. Die folgende dritte senkrechte Spiegelung erfolgt am rechten Rand und danach die dritte waagerechte Spiegelung am unteren Rand, dargestellt durch Dreifachstriche.

Führt man die Zeilennummerierung in oktaler Darstellung bei Diagrammen mit mehr als drei Variablen weiter, so zeigt sich der Vorteil der Oktalindizierung, wie sie in Kap. 9.1.1 erwähnt wurde. Entsprechende Ziffern liegen nämlich ebenfalls symmetrisch. Dies gilt jedoch nur bei Einhaltung der Reihenfolge der Variablen beim Aufbau des Diagramms. Da es sich im nachfolgenden Diagramm um die zweite Spiegelung in waagerechter Richtung handelt, wird auch dies durch einen Doppelstrich gekennzeichnet.

Zeile	E4	E3	E2	E1
00	0	0	0	0
01	0	0	0	1
02	0	0	1	0
03	0	0	1	1
04	0	1	0	0
05	0	1	0	1
06	0	1	1	0
07	0	1	1	1
10	1	0	0	0
11	1	0	0	1
12	1	0	1	0
13	1	0	1	1
14	1	1	0	0
15	1	1	0	1
16	1	1	1	0
17	1	1	1	1

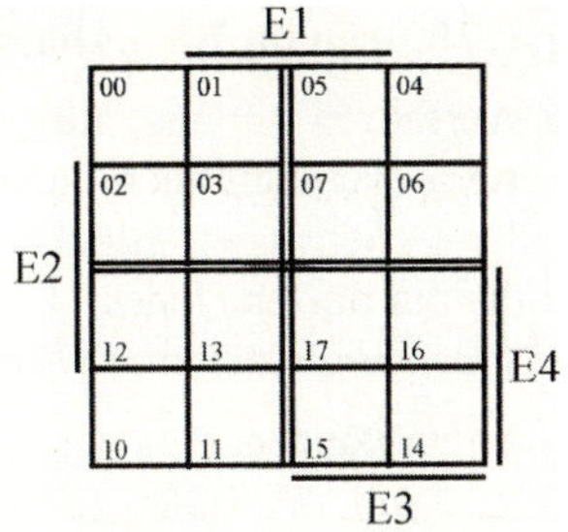

2. Eintrag der Ausgangsvariablen in das KVS-Diagramm

Jede Funktionstabelle enthält eine Spalte für die Ausgangsvariablen. Für jede Ausgangsvariable A1, A2... der Funktionstabelle muss ein KVS-Diagramm angelegt werden. Die nummerierten Felder sind dann mit den Signalwerten aus der Funktionstabelle zu versehen. Üblicherweise werden nur die "1"-Signalwerte in die entsprechenden Felder eingetragen. Felder, die eigentlich "0"-Signalwerte erhalten müssten, können auch leer bleiben. Ein Sonderfall liegt dann vor, wenn für eine Ausgangsvariable nicht alle Zeilen der Funktionstabelle relevant sind. In diesem Fall wird in die entsprechenden Felder des KVS-Diagramms der Eintrag "x" übernommen. Das bedeutet eine redundante Belegung der betreffenden Felder (x = 0 oder x = 1). Wichtig ist beim Eintrag in die Diagrammfelder, dass alle Felder beachtet werden und die richtige Zuordnung von Feldern im Diagramm und Zeilen in der Funktionstabelle eingehalten wird.

Zeile	E4	E3	E2	E1	A1	A2
00	0	0	0	0	1	0
01	0	0	0	1	0	1
02	0	0	1	0	1	1
03	0	0	1	1	0	0
04	0	1	0	0	1	1
05	0	1	0	1	1	0
06	0	1	1	0	0	1
07	0	1	1	1	1	0
10	1	0	0	0	1	1
11	1	0	0	1	0	0
12	1	0	1	0	0	x
13	1	0	1	1	1	x
14	1	1	0	0	1	x
15	1	1	0	1	1	x
16	1	1	1	0	0	x
17	1	1	1	1	1	x

Für A1

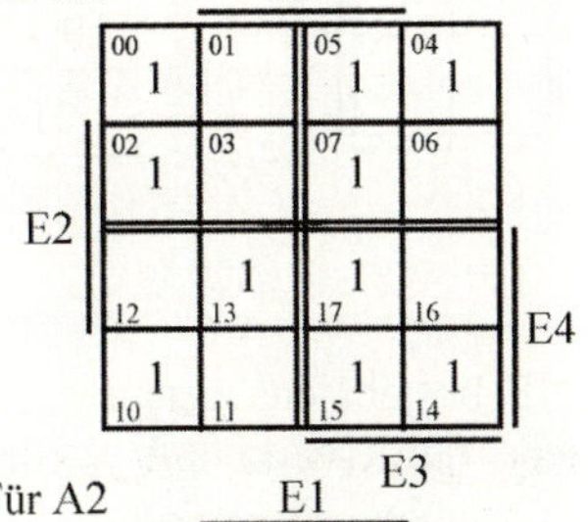

Für A2

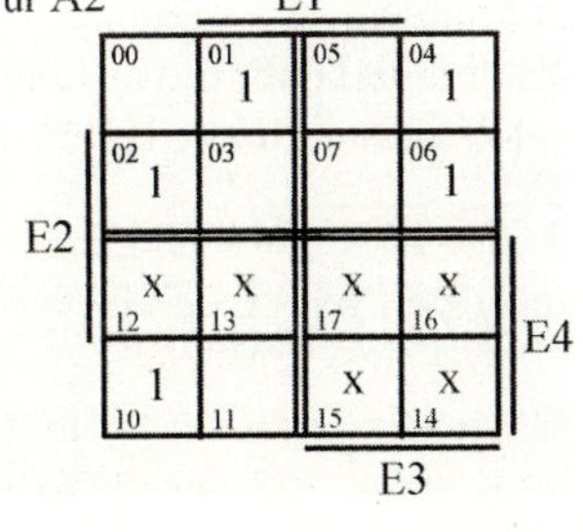

3. Vereinfachungsverfahren im KVS-Diagramm

Das Vereinfachungsverfahren verlangt nun, dass Einkreisungen symmetrisch liegender "1"-Felder gefunden werden eventuell auch unter Einschluss von "x"-Feldern. Die Einkreisungen können 2er-, 4er-, 8er-, 16er, usw. -Blöcke sein, die symmetrisch im Diagramm liegen und keine "0"-Felder enthalten dürfen. Jedes "1"-Feld muss erfasst, also mindestens einmal eingekreist werden. Ziel ist es, möglichst große Einkreisungen zu finden.

Zusammengefasst werden können:

2 Felder, dabei entfällt 1 Variable,

4 Felder, dabei entfallen 2 Variablen,

8 Felder, dabei entfallen 3 Variablen, usw.

Befinden sich einzeln bleibende "1"-Felder im Diagramm, so müssen diese auch eingekreist werden, es entfällt jedoch keine Variable.

Folgende Felder, die mit Signalzustand "1" oder "x" belegt sind, liegen symmetrisch und können zusammengefasst werden:

Für A1

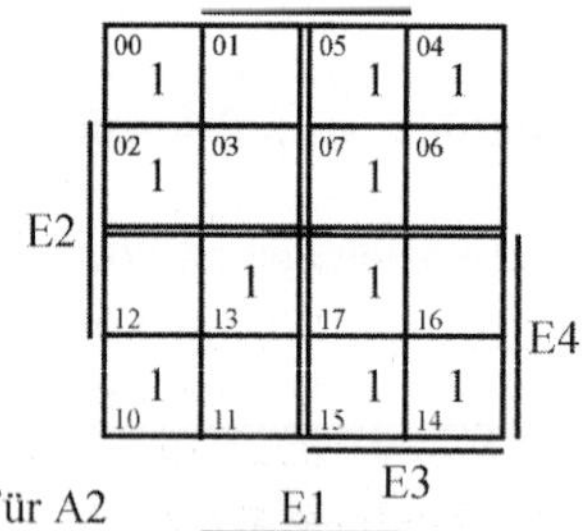

Für A2

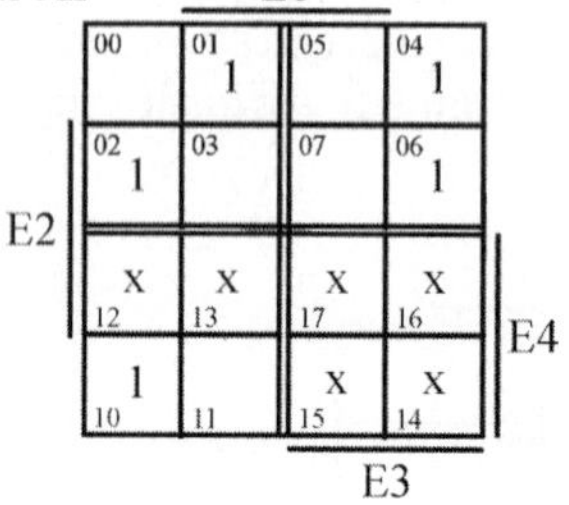

Zusammen-fassbare Felder	Variablen, die sich ändern	Vereinfachter Term
05, 07, 15, 17	E2, E4	E1 & E3
00, 04, 10, 14	E3, E4	$\overline{E1}$ & $\overline{E2}$
00, 02	E2	$\overline{E1}$ & $\overline{E3}$ & $\overline{E4}$
13, 17	E3	E1 & E2 & E4

04, 06, 14, 16	E2, E4	$\overline{E1}$ & E3
02, 0,6, 12, 16	E3, E4	$\overline{E1}$ & E2
10, 12, 14, 16	E2, E3	$\overline{E1}$ & E4
01 alleine	keine	E1 $\overline{E2}\,\overline{E3}\,\overline{E4}$

Minimierte DNF:

Die minimierte DNF besteht aus genau so vielen Termen wie es Einkreisungen gibt. Alle UND-Terme müssen ODER-verknüpft werden. Jeder Term ist eine UND-Verknüpfung von übrig gebliebenen Variablen. Die minimierte DNF einer Schaltfunktion hat einen geringeren Umfang als die vollständige DNF, die aus der Funktionstabelle zu entnehmen ist. Für die beiden voranstehenden KVS-Diagramme lauten die Ergebnisse in DNF:

$$A1 = E1\,E3 \vee \overline{E1}\,\overline{E2} \vee \overline{E1}\,\overline{E3}\,\overline{E4} \vee E1\,E2\,E4$$

$$A2 = \overline{E1}\,E3 \vee \overline{E1}\,E2 \vee \overline{E1}\,E4 \vee E1\,\overline{E2}\,\overline{E3}\,\overline{E4}$$

Die mit dem KVS-Diagramm-Verfahren gewonnene minimierte DNF stimmt auch genau überein mit der durch das algebraische Verfahren erhaltenen minimalen DNF der betreffenden Schaltfunktion. Das soll am Fall der in diesem Kapitel bereits mehrfach untersuchten 2-aus 3-Auswahl zusammenfassend gezeigt werden.

Schaltnetz und Funktionstabelle der 2-aus 3-Auswahl:

Schaltung

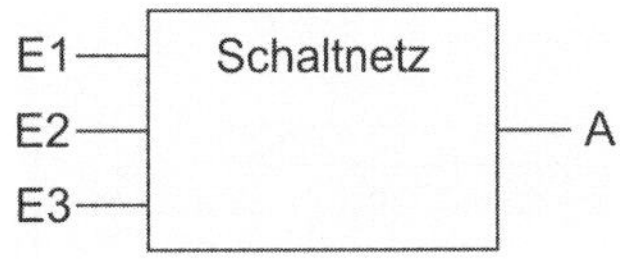

Funktionstabelle

Zeile	E3 E2 E1	A
00_8	0 0 0	0
01_8	0 0 1	0
02_8	0 1 0	0
03_8	0 1 1	1
04_8	1 0 0	0
05_8	1 0 1	1
06_8	1 1 0	1
	1 1 1	1

Vollständige DNF der 2-aus 3-Auswahl aus der Funktionstabelle:

$$A = \overline{E3}\,E2\,E1 \vee E3\,\overline{E2}\,E1 \vee E3E2\overline{E1} \vee E3\,E2\,E1$$

Minimierte DNF durch das algebraische Verfahren:

$$A = E2\,E1 \vee E3\,E1 \vee E3\,E2$$

Vereinfachung der Schaltfunktion im KVS-Diagramm:

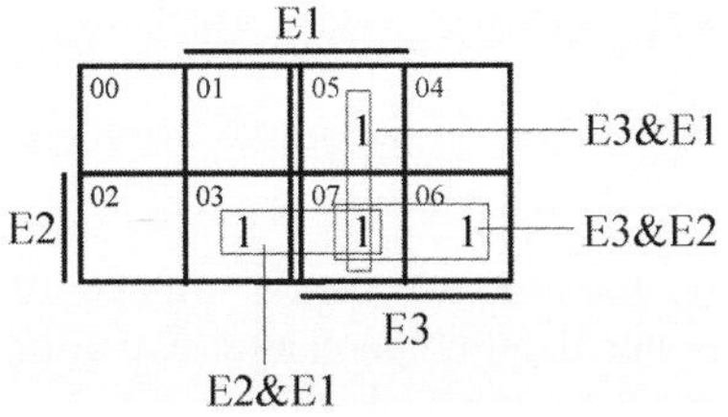

$$A = E2\,E1 \vee E3\,E1 \vee E3\,E2$$

9.1.6 Umsetzung in ein Steuerungsprogramm

Die mit der Funktionstabelle und dem algebraischen Verfahren bzw. dem KVS-Diagramm gewonnene minimale DNF ist die formale Lösung der Steuerungsaufgabe.

Die Umsetzung in ein Steuerungsprogramm erfordert die Realisierung der formalen Lösung mit den Mitteln des Projektierungssystems z.B. in den Programmiersprachen "Anweisungsliste AWL", "Funktionsbausteinsprache FBS" (Funktionsplan FUP) oder "Strukturierter Text ST" (S7-SCL).

Ferner muss entschieden werden, ob der zu entwerfende Codebaustein bibliotheksfähig programmiert werden soll, dann dürfen keine direkten Operanden (z.B. E 0.0) und auch keine Merker verwendet werden.

Beispiel 9.1: Gefahrenmelder

Eine mit Risiken behaftete Anlage (Kraftwerk) soll im Gefahrenfall sofort abgeschaltet werden. Hierzu dienen Gefahrenmelder. Da in den Gefahrenmeldern selbst Fehler auftreten können und ein unnötiges Abschalten erhebliche Kosten verursachen kann, setzt man an jeder kritischen Stelle drei gleichartige Gefahrenmelder ein. Jeder einzelne Gefahrenfall wird mit einem "0"-Signal gemeldet, um Drahtbruchsicherheit zu berücksichtigen. Die Abschaltung soll nur dann erfolgen, wenn mindestens zwei der Gefahrenmelder die Gefahr anzeigen.

Zuordnungstabelle der Eingänge und Ausgänge:

Eingangsvariable	Symbol	Datentyp	Logische Zuordnung		Adresse
Gefahrenmelder 1	S1	BOOL	Spricht an	S1 = 0	E 0.1
Gefahrenmelder 2	S2	BOOL	Spricht an	S2 = 0	E 0.2
Gefahrenmelder 3	S3	BOOL	Spricht an	S3 = 0	E 0.3
Ausgangsvariable					
Abschaltung	A	BOOL	Anlage abgeschaltet	A = 0	A 4.0

Die möglichen Anlagenzustände werden in einer Funktionstabelle dargestellt:

Zeile	S3	S2	S1	A	Kommentar
00	0	0	0	0	Gefahrenfall, Anlage aus
01	0	0	1	0	Gefahrenfall, Anlage aus
02	0	1	0	0	Gefahrenfall, Anlage aus
03	0	1	1	1	
04	1	0	0	0	Gefahrenfall, Anlage aus
05	1	0	1	1	
06	1	1	0	1	
07	1	1	1	1	

Die Schaltfunktion soll als DNF dargestellt werden. Es sind also die "1"-Signalzustände des Ausgangs auszuwerten. Da bedeutet die Anlage ist nur dann eingeschaltet, wenn mindestens zwei Gefahrenmelder störungsfreien Betrieb signalisieren.

$$A = \overline{E3}\,E2\,E1 \vee E3\,\overline{E2}\,E1 \vee E3E2\overline{E1} \vee E3\,E2\,E1$$

Die Vereinfachung der DNF über das algebraische Verfahren oder über das KVS-Diagramm liefert die minimale Schaltfunktion als DNF für die 2- aus 3-Auswahl:

$$A = E2\,E1 \vee E3\,E1 \vee E3\,E2$$

Funktionsplan:

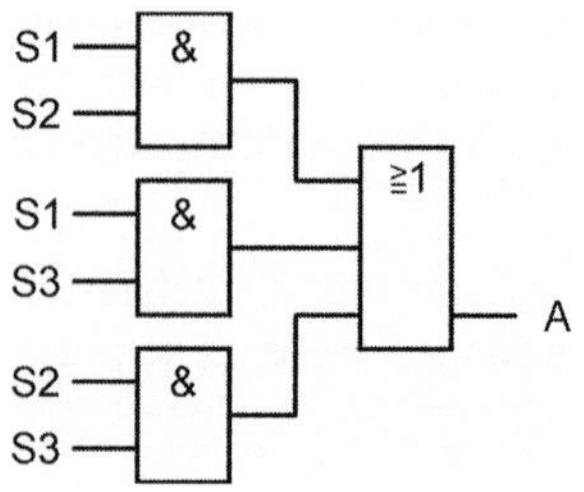

Programmstruktur

Unterstellt man, dass die Lösung für die 2- aus 3-Auswahl wiederverwendbar zur Verfügung stehen soll, dann muss das Programm in allgemeingültiger Form mit definierten Parametern (Variablen) geschrieben werden. Das soll hier im Codebaustein FC10 geschehen.

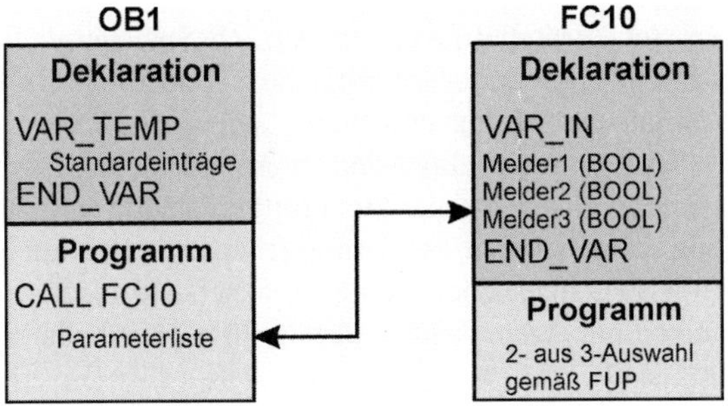

STEP 7 Programm (AWL-Quelle):

```
FUNCTION FC 10: BOOL
VAR_INPUT
    Melder1 : BOOL;
    Melder2 : BOOL;
    Melder3 : BOOL;
END_VAR
BEGIN
     U  #Melder1;
     U  #Melder2;
     O  ;
     U  #Melder1;
     U  #Melder3;
     O  ;
     U  #Melder2;
     U  #Melder3;
     =  RET_VAL;        //Ergebnis als Rückgabewert der Funktion
END_FUNCTION
```

Hinweis:

Bei Programmeingabe in der AWL muss das Funktionsergebnis „RET_VAL“ als VAR_OUT deklariert werden.

```
ORGANIZATION_BLOCK OB 1
VAR_TEMP
     ...                    //Standardeinträge
END_VAR
BEGIN
CALL FC10 (
     Melder1 := E   0.1,
     Melder2 := E   0.2,
     Melder3 := E   0.3,
     RET_VAL := A   4.0); //Rückgabewert der Funktion FC10
END_ORGANIZATION_BLOCK
```

9.2 RS-Tabelle

Bei Verknüpfungssteuerungen mit komplexen Speicherbedingungen kann eine tabellarische Übersicht der vorgegebenen Setz- und Rücksetz-Bedingungen zur Klärung der Aufgabenstellung hilfreich sein. Komplexe Speicherbedingungen liegen dann vor, wenn Verriegelungs- oder Folgebedingungen zu beachten sind.

Eine *RS-Tabelle* für das Setzen und Rücksetzen von RS-Speichergliedern ist eine 3-spaltige Anordnung für die RS-Speicherglieder sowie ihrer Setz- und Rücksetz-Variablen. Die Anzahl der Tabellenzeilen ist aufgabenabhängig und richtet sich nach der Anzahl der erforderlichen Speicherglieder für die Steuerungsausgänge und internen Steuerungszustände. Hilfsspeicherglieder zur Darstellung notwendiger interner Steuerungszustände sind in der Regel nicht direkt aus der Aufgabenstellung zu entnehmen, sondern ergeben sich erst durch eine Problemanalyse. Als Speicher- bzw. Hilfs-Speicherglieder werden rücksetzdominante RS-Speicher angenommen. Geberkontakte müssen mit ihrem Öffner- bzw. Schließerverhalten berücksichtigt werden.

9.2.1 RS-Tabelle zu Beginn der Entwurfsphase

Zu Beginn der Entwurfsphase einer Steuerung kann die RS-Tabelle nur ein Übersichtsschema sein, das aber bereits Implikationen der Aufgabenstellung aufdecken hilft (z.B. über die Anzahl der erforderlichen Speicher- und Hilfsspeicherglieder aufgrund unterscheidbarer Steuerungszustände) und eine Einordnung der Signalgeber ermöglicht.

Ermittlung der Speicher Y und Hilfsspeicher H	Ermittlung der Variablen für das Setzen	Ermittlung der Variablen für das Rücksetzen
z.B. Y1 für Anlagenteil 1	z.B. HS1	z.B. S2 v ...
z.B. HS1 für Anlagenteil 1	z.B. S1 & ...	z.B. Y1 v...
weitere		

Parallel zum ersten Entwurf der RS-Tabelle kann bereits der Steuerungsansatz für einen Anlagenteil in FUP-Darstellung aufgezeichnet werden. Dabei kann man vorläufig annehmen, dass Setzvariablen UND-verknüpft und Rücksetzvariablen ODER-verknüpft werden, z.B.:

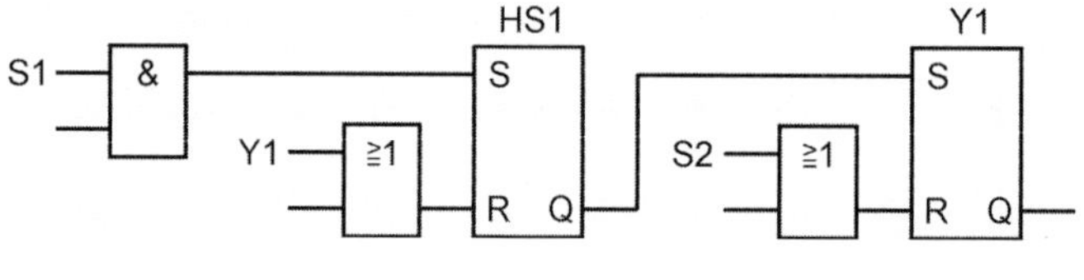

Nur bei sehr einfachen Problemstellungen führt die tabellarische Systematisierung bereits zur Lösung. Im allgemeinen Fall muss noch eine zusätzliche Idee geboren werden, die etwas über die anzuwendende Verriegelungsstrategie aussagt, wenn konkurrierende Anlagenteile bedient werden müssen.

Die Idee zur Verriegelungsstrategie lässt sich dann in richtige Verriegelungsbedingungen für das Setzen und Rücksetzen der Speicherglieder umsetzen.

9.2.2 RS-Tabelle am Ende der Entwurfsphase

Am Ende der Entwurfphase steht nach mehrmaliger Überarbeitung und Erweiterung eine aussagefähige RS-Tabelle mit richtigen Setz- und Rücksetzbedingungen für die Speicherglieder zur Verfügung.

Zu betätigende Speicherglieder	Bedingungen für das Setzen	Bedingungen für das Rücksetzen

Beispiel 9.2: Behälter Füllanlage II

Drei Vorratsbehälter mit den Signalgebern S1, S3 und S5 für die Vollmeldung und S2, S4 und S6 für die Leermeldung können von Hand in beliebiger Reihenfolge entleert werden. Eine Steuerung soll bewirken, dass stets nur ein Behälter nach erfolgter Leermeldung gefüllt werden kann. Das Füllen der Behälter soll in der Reihenfolge ihrer Leermeldungen erfolgen. Werden die Behälter beispielsweise in der Reihenfolge 2-1-3 entleert, sollen sie auch in derselben Reihenfolge 2-1-3 gefüllt werden, wobei auch zwei Leermeldungen während eines Füllvorganges eintreffen könnten. Die Geber liefern bei Betätigung 1-Signal.

Die Vorgängeraufgabe mit einfacheren Füllbedingungen finden Sie im Kapitel 4.3.3.1 im Beispiel 4.13.

Technologieschema:

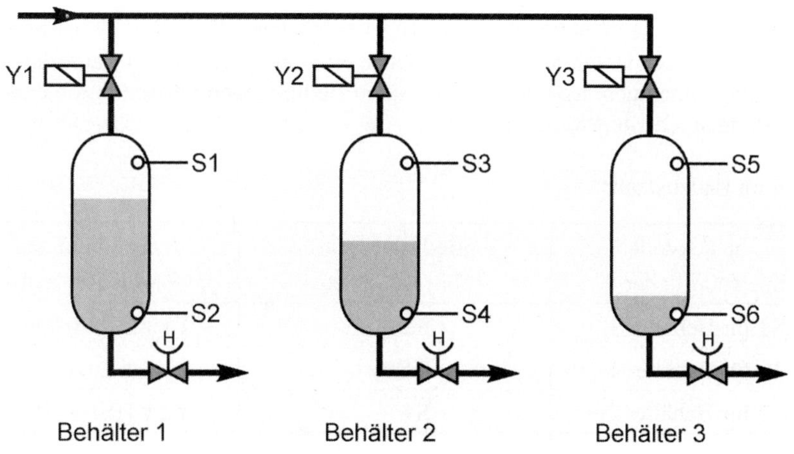

Bild 9.1: Behälter-Füllanlage

Zuordnungstabelle der Eingänge und Ausgänge:

Eingangsvariable	Symbol	Datentyp	Logische Zuordnung		Adresse
Vollmeldung Behälter 1	S1	BOOL	Behälter 1 voll	S1 = 1	E 0.1
Vollmeldung Behälter 2	S3	BOOL	Behälter 2 voll	S3 = 1	E 0.3
Vollmeldung Behälter 3	S5	BOOL	Behälter 3 voll	S5 = 1	E 0.5
Leermeldung Behälter 1	S2	BOOL	Behälter 1 leer	S2 = 1	E 0.2
Leermeldung Behälter 2	S4	BOOL	Behälter 2 leer	S4 = 1	E 0.4
Leermeldung Behälter 3	S6	BOOL	Behälter 3 leer	S6 = 1	E 0.6
Ausgangsvariable					
Magnetventil Behälter 1	Y1	BOOL	Ventil offen	Y1 = 1	A 4.1
Magnetventil Behälter 2	Y2	BOOL	Ventil offen	Y2 = 1	A 4.2
Magnetventil Behälter 3	Y3	BOOL	Ventil offen	Y3 = 1	A 4.3

- Ermittlung des Speicherbedarfs:

  Drei Speicherglieder Y1, Y2, Y3 für die Behälter

  Drei Hilfsspeicher HS1, HS2, HS3 für die Leermeldungen

- Verriegelungsstrategie am Beispiel 2-1-3:

  Die erste eintreffende Leermeldung wird in ihrem Hilfsspeicher HS2 zwischengespeichert. HS2 setzt sofort das ihm zugeordnete Speicherglied Y2 für das betreffende Magnetventil und wird anschließend von diesem wieder gelöscht und somit für eine spätere Leermeldung erneut freigegeben. Die zweite eintreffende Leermeldung wird im zugeordneten Hilfsspeicher HS1 gespeichert und an Speicherglied Y1 weitergegeben. Y1 darf jedoch erst gesetzt werden, wenn die Freigabe von Behälter 2 vorliegt. Die dritte eintreffende Leermeldung darf noch nicht in ihrem Hilfsspeicher HS3 zwischengespeichert werden, weil sonst die Reihenfolge 1 vor 3 verloren geht. Die dritte Leermeldung wirkt bei HS3 nur wie vorgemerkt. Kommt die Vollmeldung von Behälter 2, kann Speicher Y1 gesetzt und HS1 rückgesetzt werden. Damit wird Hilfsspeicher HS3 freigegeben und kann die anstehende Leermeldung annehmen, usw. Die aufgezählten Bedingungen müssen durch entsprechende Verriegelungen realisiert werden.

RS-Tabelle im Endzustand:

Zu betätigende Speicherglieder	Bedingungen für das Setzen	Bedingungen für das Rücksetzen
HS1 für Behälter 1	S2	Y1 v HS2 v HS3
Y1 für Behälter 1	HS1	S1 v Y2 v Y3
HS2 für Behälter 2	S4	Y2 v HS1 v HS3
Y2 für Behälter 2	HS2	S3 v Y1 v Y3
HS3 für Behälter 3	S6	Y3 v HS1 v HS2
Y3 für Behälter 3	HS3	S5 v Y1 v Y2

Funktionsplan

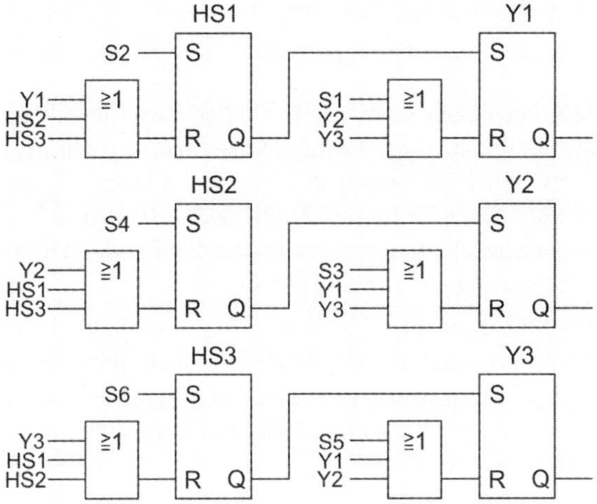

Die Lösung ist jedoch nicht ohne weiteres auf vier Behälter erweiterbar, da für die Reihenfolgebestimmung der Leermeldungen weitere Hilfsspeicher erforderlich werden. Für eine derartige Problemstellung sind hochwertigere Entwurfsmethoden effizienter.

STEP 7 Programm (AWL-Quelle):

```
ORGANIZATION_BLOCK OB 1
VAR_TEMP
   ...                      //Standardeinträge
END_VAR
BEGIN
//Nichtremanente Merker als Hilfsspeicher:HS1=M1.0; HS2=M2.0; HS3=M3.0

U  E   0.2;          U  E   0.4;          U  E   0.6;
S  M   1.0;          S  M   2.0;          S  M   3.0;
O  A   4.1;          O  A   4.2;          O  A   4.3;
O  M   2.0;          O  M   1.0;          O  M   1.0;
O  M   3.0;          O  M   3.0;          O  M   2.0;
R  M   1.0;          R  M   2.0;          R  M   3.0;

U  M   1.0;          U  M   2.0;          U  M   3.0;
S  A   4.1;          S  A   4.2;          S  A   4.3;
O  E   0.1;          O  E   0.3;          O  E   0.5;
O  A   4.2;          O  A   4.1;          O  A   4.1;
O  A   4.3;          O  A   4.3;          O  A   4.2;
R  A   4.1;          R  A   4.2;          R  A   4.3;

END_ORGANIZATION_BLOCK
```

9.3 Zuordner

9.3.1 Einführung

Für Steuerungsaufgaben, bei denen es möglich ist, den Zusammenhang zwischen Eingangs- und Ausgangsvariablen in tabellarischer Form darzustellen, können mit dem Entwurfsverfahren "Funktionstabelle" die Schaltfunktionen in disjunktiver Normalform DNF entwickelt werden. Ein Vorteil dieser Methode ist ihre Anschaulichkeit. Nachteilig ist, dass bereits eine einzige Änderung im gewünschten Ausgangsverhalten zu einer anderen Schaltfunktion und damit auch zu einem anderen Steuerungsprogramm führt.

Gesucht ist eine Lösung für den oben genannten Typ von Steuerungsaufgaben, der immer dasselbe Steuerungsprogramm benutzt und lediglich verlangt, dass die gewünschten aufgabenspezifischen Ausgabebedingungen in bestimmte Speicherbereiche einzutragen sind. Das nachfolgende Bild zeigt zunächst das Prinzip der Hardware-Lösung dieser Idee mittels ROM-Speicher (Ready Only Memory).

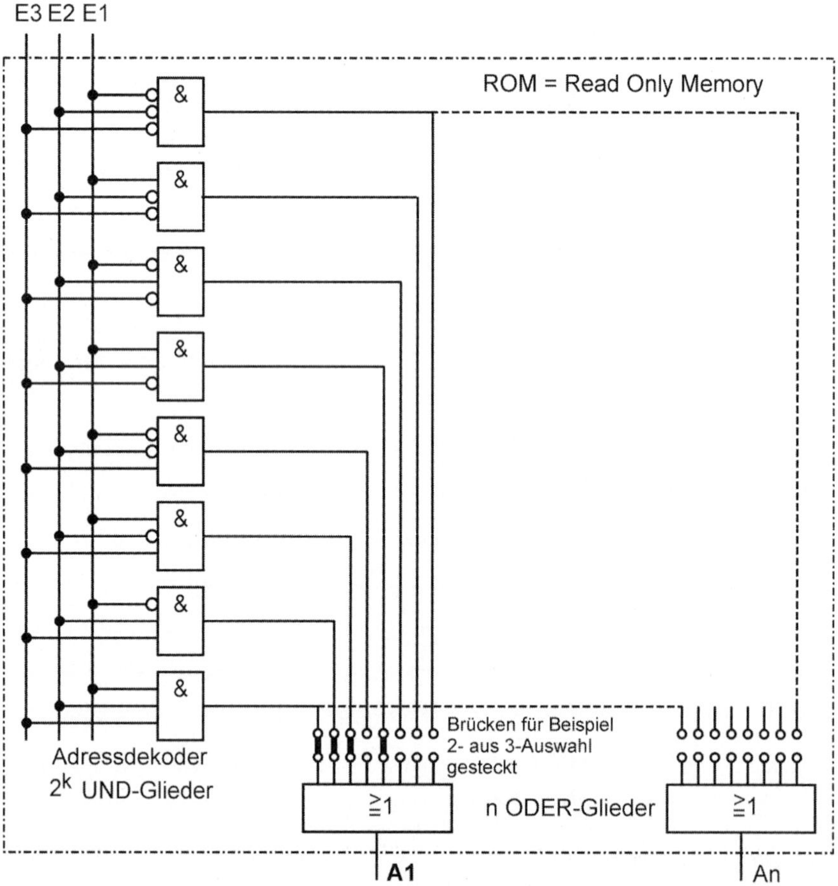

DNF für Beispiel 2-aus 3-Auswahl: $\mathbf{A1}=E3E2E1 \vee E3E2\overline{E1} \vee E3\overline{E2}E1 \vee \overline{E3}E2E1$

Die Schaltungsidee kann auch als Software-Lösung für Automatisierungsgeräte nachgebildet werden. Es müssen dazu die Eingangssignale einem Steuerungsprogramm als Adresse übergeben und die zur jeder Adresse gewünschten Ausgangssignale in einem Speicher fest zugeordnet werden. Das ganze ist dann ein standardisiertes Programm, das als *Zuordner* arbeitet und im Prinzip ein "Software-ROM" darstellt. Nachfolgend werden verschiedene Realisierungen von Zuordnern gezeigt.

9.3.2 Zuordner-Realisierung mit Datenbaustein als Speicher für 1_Bit-Ausgang

Bei Verknüpfungssteuerungen ohne Speicherverhalten kann der Zusammenhang zwischen Eingangs- und Ausgangsvariablen in einer Funktionstabelle hergestellt werden. Wie eine Funktionstabelle in ein Steuerungsprogramm nach der Zuordnermethode umgesetzt werden kann, sei vom Prinzip her zunächst bei der schon bekannten 2-aus 3-Auswahl erklärt.

Nr.	E2	E1	E0	A0
Zeile_0	0	0	0	0
Zeile_1	0	0	1	0
Zeile_2	0	1	0	0
Zeile_3	0	1	1	1
Zeile_4	1	0	0	0
Zeile_5	1	0	1	1
Zeile_6	1	1	0	1
Zeile_7	1	1	1	1

Im Datenbaustein DB10 werden die Zuordnungen der Ausgangswerte A0 in Abhängigkeit von der Eingangskombination E2 E1 E0 gemäß Funktionstabelle in die entsprechenden Datenbyte eingetragen, z.B.:
DB3, Zeile_3, 16#1 bedeutet Datenbyte 3 mit dem Namen Zeile_3 enthält den Wert "1" (Hex). Datenbyte 3 wird durch die Eingangskombination E2 = 0, E1 = 1, E0 = 1 adressiert und liefert den Wert "1" für das Ausgangsbit A0.

Darstellung des Zuordners:

Datenbaustein DB10

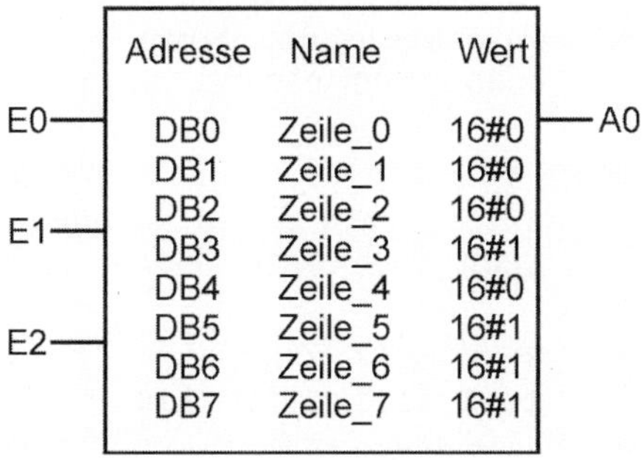

Anschließend muss das Steuerungsprogramm entwickelt werden. Dazu sei angenommen, dass die drei Signale E0, E1, E2 im Eingangsbyte EB1 auf den Steuerungseingängen E1.0, E1.1, E1.2 liegen, da das den Steuerungsentwurf vereinfacht. Es ist aber auch möglich, verteilt liegende Eingänge auszuwerten. Das Ausgangsbit A0 soll am Steuerungsausgang A5.0 anstehen.

Programmschritte im OB1:

- Das Eingangswort EW0 = EB0 +EB1 wird in den Akkumulator der CPU geladen und mit W#16#7 maskiert. Somit werden nur die maskierten Binärstellen E0, E1, E2 von EB1 im weiteren Programm ausgewertet, die übrigen Binäreingänge bleiben anderweitig verwendbar. Das Ergebnis der Maskierung wird der temporären Variablen EINGABE zugewiesen.
- Dann folgt der schwierige Programmschritt der indirekten Adressierung der Datenbyte in Datenbaustein DB10. Mit der indirekten Adressierung ist man in der Lage, einen Operanden anzusprechen, dessen Adresse erst zur Laufzeit des Programms bestimmt wird. Der Inhalt des adressierten Datenbytes wird der temporären Variablen *Ausgabe* zugewiesen. Bei der gewählten *speicherindirekten Adressierungsart* muss der Adressenoperand den Datentyp Doppelwort DWORD erhalten. Eine spezifische Operation ist das Linksschieben des Doppelwortes um drei Stellen. Dadurch werden die drei rechten Binärstellen im Doppelwort mit Nullen aufgefüllt. Mit drei rechtsbündigen Nullen weist sich der Adressenoperand als reine Byteadresse aus, anderenfalls wäre er eine kombinierte Byte.Bit-Adresse (siehe Kap. 6.8).
- Zum Schluss muss noch der Ausgabewert A0 in das Ausgangswort AW4 eingefügt werden, dabei müssen die übrigen Binärstellen von AW4 anderweitig verfügbar bleiben. Hierzu sind eine UND-Wortoperation und eine ODER-Wortoperation erforderlich.

STEP 7 Programm (AWL-Quelle):

```
ORGANIZATION_BLOCK OB 1
VAR_TEMP
   ...                          //Standardeinträge
   Zeiger : DWORD;
   Ausgabe: WORD;
END_VAR
BEGIN
   L    EW   0;                 //Einlesen    yyyy yyyy  yyyy  yE2E1E0
   L    W#16#7;                 //Maske       0000 0000  0000  0 1 1 1
   UW   ;                       //Maskieren
   T    #Zeiger;                //Inhalt:....0000  0000  0000  0E2E1E0
   L    #Zeiger;                //Doppelwort in Byteadressen-Format wandeln
   SLD  3;                      //Linksschieben 3 Stellen ergibt:
   T    #Zeiger;                //Inhalt:....0000  0000  00E2E1  E0(000)

   AUF  DB   10;                //Aufruf DB10
   L    DBW   [#Zeiger];        //Indirekte Adressierung eines Datenwortes
   T    #Ausgabe;               //Inhalt:.... 0000  0000  0000  000A0

   L    AW   4;                 //Einlesen:  xxxx xxxx xxxx xxxx
   L    W#16#FFFE;              //Maske       1111 1111 1111 1110
   UW   ;                       //Maskieren, Ausgabewert (Altwert) löschen
   L    #Ausgabe;               //Inhalt....0000  0000 0000 000A0
   OW   ;                       //Ausgabebit (Neuwert) zufügen
   T    AW   4;                 //Ausgeben   xxxx xxxx xxxx xxxA0
END_ORGANIZATION_BLOCK
```

```
DATA_BLOCK DB 10
 STRUCT
   Zeile_0  :  BYTE  :=  B#16#0;
   Zeile_1  :  BYTE  :=  B#16#0;
   Zeile_2  :  BYTE  :=  B#16#0;
   Zeile_3  :  BYTE  :=  B#16#1;
   Zeile_4  :  BYTE  :=  B#16#0;
   Zeile_5  :  BYTE  :=  B#16#1;
   Zeile_6  :  BYTE  :=  B#16#1;
   Zeile_7  :  BYTE  :=  B#16#1;
 END_STRUCT;
 BEGIN
   Zeile_0  :=  B#16#0;
   Zeile_1  :=  B#16#0;
   Zeile_2  :=  B#16#0;
   Zeile_3  :=  B#16#1;
   Zeile_4  :=  B#16#0;
   Zeile_5  :=  B#16#1;
   Zeile_6  :=  B#16#1;
   Zeile_7  :=  B#16#1;
 END_DATA_BLOCK
```

Dieses Steuerungsprogramm ist für fortgeschrittene SPS-Programmierer sicherlich kein Problem, für Anfänger aber wohl gewöhnungsbedürftig, weil nicht die Steuerungslogik, sondern die Programmstruktur des Zuordners dargestellt wird. Was inhaltlich geschieht, ist in den Kommentarzeilen des obigen Programms angegeben.

9.3.3 Zuordner-Realisierung mit Datenbaustein als Speicher für n_Bit-Ausgang

Bisher wurde das Zuordner-Entwurfsverfahren nur auf Schaltnetze mit einer binären Ausgangsvariablen angewendet. Die Funktionstabelle derartiger Schaltnetze hat nur eine Ausgangsspalte für die Ausgangsvariable A0. Es soll nun gezeigt werden, dass bei einem erweiterten Schaltnetz mit mehreren binären Ausgangsvariablen die Struktur und der Umfang des Steuerungsprogramms stets gleich bleibt. Anpassungsänderungen sind nur erforderlich in der Funktionstabelle durch Einführung einer Zusatzspalte zur Ermittlung des Zahlenwertes der Ausgangskombination und in der Maskierung der weiteren Ausgangsvariablen.

Ausgangspunkt der Betrachtung ist das nachfolgend angegebene erweiterte Schaltnetz mit den Ausgangsvariablen A0, A1, A2, A3.

Funktionsplan

Da mehrere Ausgabezuweisungen vorliegen, wird in der Funktionstabelle in einer weiteren Spalte noch der Zahlenwert der Ausgangskombination im Hexadezimal-Format eingetragen.

Nr.	E2	E1	E0	A3	A2	A1	A0	Hex-Zahlenwert der Ausgangskombination
Zeile_0	0	0	0	1	1	1	0	E
Zeile_1	0	0	1	1	0	1	0	A
Zeile_2	0	1	0	0	0	1	0	2
Zeile_3	0	1	1	1	0	0	0	8
Zeile_4	1	0	0	0	1	0	0	4
Zeile_5	1	0	1	1	1	1	1	F
Zeile_6	1	1	0	0	0	0	0	0
Zeile_7	1	1	1	0	1	1	0	6

Der Speicher des Zuordners soll wieder ein Datenbaustein sein. In den Datenbaustein werden nun die Zahlenwerte der Ausgangskombination eingegeben. Damit sind für jede Eingangskombination die Werte der Ausgangszuweisungen bestimmt.

Zuweisungen: E2 = E1.2, E1 = E1.1, E0 = E1.0

A3 = A5.3, A2 = A5.2, A1 = A5.1, A0 = A5.0

Darstellung des Zuordners:

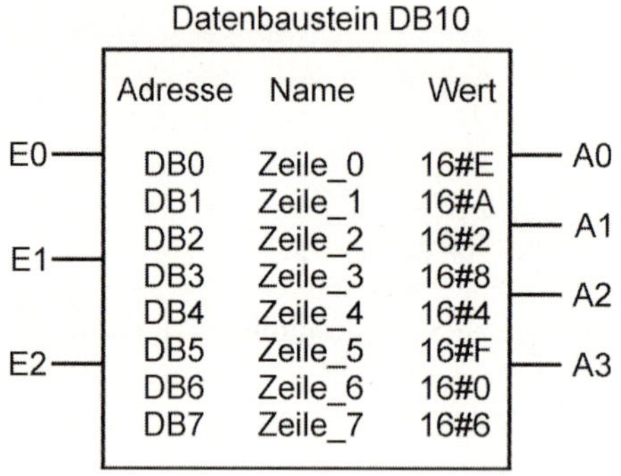

Das Steuerprogramm für die vier Schaltfunktionen unterscheidet sich nur in der Maskierung der weiteren Ausgangsvariablen von dem Steuerprogramm für eine Einzel-Ausgangsvariable (siehe Zeile mit Fettdruck im nachfolgenden Programm).

STEP 7 Programm (AWL-Quelle):

```
ORGANIZATION_BLOCK OB 1
VAR_TEMP
   ...                       //Standardeinträge
   Zeiger : DWORD;
   Ausgabe: WORD;
END_VAR
BEGIN
   L    EW    0;             //Einlesen     yyyy yyyy  yyyy  yE2E1E0
   L    W#16#7;              //Maske        0000 0000  0000  0 1 1 1
   UW   ;                    //Maskieren
   T    #Zeiger;             //Inhalt:....0000  0000  0000  0E2E1E0
   L    #Zeiger;             //Doppelwort in Byteadressen-Format wandeln
   SLD  3;                   //Linksschieben 3 Stellen ergibt:
   T    #Zeiger;             //Inhalt:....0000  0000  00E2E1  E0(000)

   AUF  DB    10;            //Aufruf DB10
   L    DBW   [#Zeiger];     //Indirekte Adressierung eines Datenwortes
   T    #Ausgabe;            //Inhalt:....0000  0000  0000  A3A2A1A0

   L    AW    4;             //Einlesen:   xxxx  xxxx  xxxx  xxxx
   L    W#16#FFF0;           //Maske       1111  1111  1111  0000
   UW   ;                    //Maskieren, Ausgabewert (Altwert) löschen
   L    #Ausgabe;            //Inhalt....0000  0000  0000  A3A2A1A0
   OW   ;                    //Ausgabebit (Neuwert) zufügen
   T    AW    4;             //Ausgeben    xxxx  xxxx  xxxx  A3A2A1A0
END_ORGANIZATION_BLOCK
```

```
DATA_BLOCK DB 10
 STRUCT                                      BEGIN
   Zeile_0  :  BYTE  :=  B#16#E;               Zeile_0  :=  B#16#E;
   Zeile_1  :  BYTE  :=  B#16#A;               Zeile_1  :=  B#16#A;
   Zeile_2  :  BYTE  :=  B#16#2;               Zeile_2  :=  B#16#2;
   Zeile_3  :  BYTE  :=  B#16#8;               Zeile_3  :=  B#16#8;
   Zeile_4  :  BYTE  :=  B#16#4;               Zeile_4  :=  B#16#4;
   Zeile_5  :  BYTE  :=  B#16#F;               Zeile_5  :=  B#16#F;
   Zeile_6  :  BYTE  :=  B#16#0;               Zeile_6  :=  B#16#0;
   Zeile_7  :  BYTE  :=  B#16#6;               Zeile_7  :=  B#16#6;
 END_STRUCT;                                 END_DATA_BLOCK
```

Bei Anwendung des Entwurfsverfahrens "Zuordner" wird deutlich, dass das Verhalten der Ausgangsvariablen in Abhängigkeit von den Eingangsvariablen nicht mehr mit der Befehlsstruktur des Steuerungsprogramms zusammenhängt. Allein die in den Datenworten hinterlegten Informationen bestimmen den Zusammenhang zwischen Eingangskombination und Ausgangszuweisung. Damit wirken sich einfache Änderungen in der Steuerungsaufgabe nicht auf das Programm sondern nur auf den Eintrag im Zuordner (Datenbaustein) aus.

Zusammenfassung des Zuordner-Entwurfsverfahrens mit Datenbaustein als Speicher:

- Ausgabezuweisungen in Datenbaustein abspeichern.
- Aufstellen des Steuerungsprogramms mit Einlesen der Eingangskombination und Verwendung ihres Zahlenwertes als Adresse, Auslesen des indirekt adressierten Datenwortes und Zuweisung des Inhalts an den Ausgang.
- Nicht benötigte binäre Eingänge und Ausgänge für anderweitige Verwendung frei halten.

Beispiel 9.3: Tankanlage

Eine Firma für Tankanlagenbau bekommt immer wieder ähnlich lautende Aufträge: Eine Behälterbatterie ist über ein Pumpensystem kontinuierlich nachzutanken. Die Behälter dienen als Vorrats-Zwischenspeicher bei ungleichmäßiger Entnahme und bieten so eine gewisse Betriebssicherheit für den Produktionsprozess. Die Aufträge unterscheiden sich meistens nur durch die Anzahl der Behälter und Pumpen. Im Prinzip müssen die Pumpen je nach Füllstandsmeldungen der Behälter zu- oder abgeschaltet werden. Bisher wurde für jeden Auftrag das erforderliche Steuerungsprogramm speziell entworfen, programmiert und getestet. Die Wiederverwendbarkeit der Programme war nicht gegeben und die Steuerungsprogramme waren zudem unflexibel bezüglich kurzfristiger Änderungswünsche der Kunden bei der Inbetriebnahme. Der Firmenchef verlangt nun von seinem Steuerungstechniker die Entwicklung eines standardisierten Steuerungsprogramms, das immer wieder verwendet werden kann und nur durch die Eingabe auftragsbezogener Daten angepasst werden muss. Es sollen Engineeringkosten eingespart und eine flexiblere Handhabung des Steuerungsprogramms bei der Inbetriebnahme erreicht werden.

Der aktuelle Auftrag sieht eine aus zwei Behältern bestehende Tankanlage mit drei Pumpen vor. Jeder Vorratsbehälter hat Signalgeber für die Voll- und Halbvoll-Meldung. Alle Signalgeber sind aus Sicherheitsgründen in Öffner-/Schließertechnik ausgeführt und liefern demgemäß zwei antivalente Einzelsignale Sö (Öffner) und Ss (Schließer).

Technologieschema:

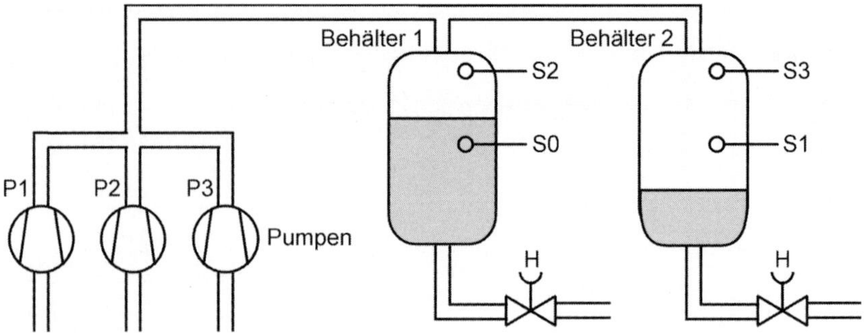

Bild 9.2: Tankanlage

Zuordnungstabelle der Eingänge und Ausgänge:

Eingangsvariable	Symbol	Datentyp	Logische Zuordnung	Adresse
Halbvollmeldg Behälter1	S0s, S0ö	BOOL	Halbvoll S0ö = 0, S0s = 1	E 1.0, E 0.0
Halbvollmeldg Behälter2	S1s, S1ö	BOOL	Halbvoll S1ö = 0, S1s = 1	E 1.1, E 0.1
Vollmeldung Behälter1	S2s, S2ö	BOOL	Voll S2ö = 0, S2s = 1	E 1.2, E 0.2
Vollmeldung Behälter2	S3s, S3ö	BOOL	Voll S3ö = 0, S3s = 1	E 1.3, E 0.3
Ausgangsvariable				
Pumpe1	P1	BOOL	Pumpe1 an P1 = 1	A 5.0
Pumpe2	P2	BOOL	Pumpe2 an P2 = 1	A 5.1
Pumpe3	P3	BOOL	Pumpe3 an P3 = 1	A 5.2
Meldeleuchte	H1	BOOL	Meldeleuchte an H1 = 1	A 5.3

Zeigt nur ein oder gar kein Signalgeber an, dass seine Füllstandshöhe erreicht ist, so sollen alle drei Pumpen laufen. Treffen von zwei Signalgebern entsprechende Füll-Meldungen ein, so sollen zwei Pumpen die Füllung übernehmen. Liegen Meldungen von drei Signalgebern vor, genügt das Einschalten von einer Pumpe. Haben alle vier Signalgeber angesprochen, so sind die Behälter gefüllt und alle Pumpen bleiben ausgeschaltet. Ferner ist darauf zu achten, eine möglichst gleiche Einschalthäufigkeit der Pumpen zu erreichen. Tritt ein Fehler auf, so soll dies eine Meldeleuchte H1 anzeigen und keine Pumpe laufen.

Fehler können z.B. herrühren von defekten Sensoren (Ss = Schließer, Sö = Öffner):

Ss	Sö	Füllstand erreicht
0(1)	0(1)	Fehler
0(1)	1(0)	Gut

Widersprüchliche Meldungen von den zwei Sensoren eines Behälters sollen ebenfalls als Fehler gewertet werden. So ist z.B. die Kombination Vollmeldung (ja) und Halbvollmeldung (nein) für einen Behälter nicht möglich.

Durch die Sicherheitstechnik bedingt, ergeben sich für die vier Signalgeber acht Eingangssignale, die an sich zu einer unhandlichen Funktionstabelle von $2^8 = 256$ Zeilen führen würde. Da die eigentliche Funktionstabelle für vier Eingangsvariablen nur sechszehn Zeilen umfassen kann ($2^4 = 16$), muss es 240 Eingangskombinationen geben, die auf einfache Fehlersituationen zurückzuführen sind. Diese kann man durch eine Sensorprüfung erkennen und dadurch die Funktionstabelle verkürzen, in der unter dieser Voraussetzung nur noch die Schließerkontakte ausgewertet werden müssen.

Funktionstabelle:

Nr.	S3s	S2s	S1s	S0s	H1	P3	P2	P1	Hex-Zahlenwert der Ausgangskombination
Zeile_0	0	0	0	0	0	1	1	1	7
Zeile_1	0	0	0	1	0	1	1	1	7
Zeile_2	0	0	1	0	0	1	1	1	7
Zeile_3	0	0	1	1	0	1	1	0	6
Zeile_4	0	1	0	0	1	0	0	0	8
Zeile_5	0	1	0	1	0	1	0	1	5
Zeile_6	0	1	1	0	1	0	0	0	8
Zeile_7	0	1	1	1	0	0	1	0	2
Zeile_8	1	0	0	0	1	0	0	0	8
Zeile_9	1	0	0	1	1	0	0	0	8
Zeile_10	1	0	1	0	0	1	0	1	5
Zeile_11	1	0	1	1	0	0	1	0	2
Zeile_12	1	1	0	0	1	0	0	0	8
Zeile_13	1	1	0	1	1	0	0	0	8
Zeile_14	1	1	1	0	1	0	0	0	8
Zeile_15	1	1	1	1	0	0	0	0	0

Darstellung des Zuordners:

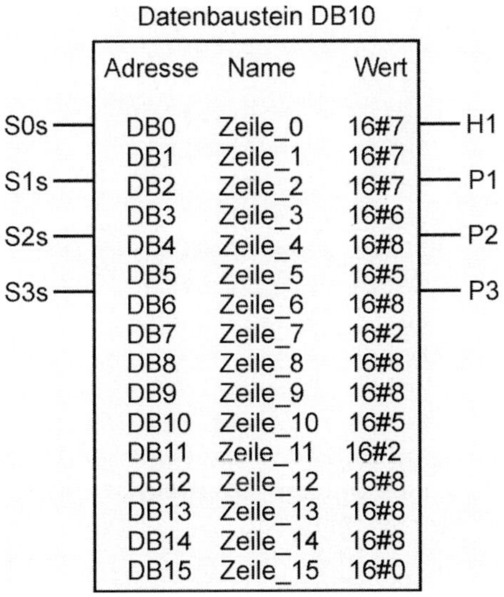

STEP 7 Programm (AWL-Quelle):

```
ORGANIZATION_BLOCK OB 1
VAR_TEMP
   ...                        //Standardeinträge
   Zeiger  : DWORD;
   Ausgabe : WORD;
END_VAR
BEGIN
//Sensorprüfung
U(  ;
X   E    1.0;
X   E    0.0;
)   ;
U(  ;
X   E    1.1;
X   E    0.1;
)   ;
U(  ;
X   E    1.2;
X   E    0.2;
)   ;
U(  ;
X   E    1.3;
X   E    0.3;
)   ;
SPB M001;
L   W#16#8;
T   #Ausgabe;
SPA M002;
//Zuordnerlogik
M001:L   EW    0;
     L   W#16#F;
     UW  ;
     T   #Zeiger;
     L   #Zeiger;
     SLD 3;
     T   #Zeiger;
     AUF DB    10;
     L   DBB [#Zeiger];
     T   #Ausgabe;
M002:L   AW     4;
     L   W#16#FFF0;
     UW  ;
     L   #Ausgabe;
     OW  ;
     T   AW     4;
END_ORGANIZATION_BLOCK
```

```
DATA_BLOCK DB 10
 STRUCT
  Zeile_0 : BYTE  := B#16#7;
  Zeile_1 : BYTE  := B#16#7;
  Zeile_2 : BYTE  := B#16#7;
  Zeile_3 : BYTE  := B#16#6;
  Zeile_4 : BYTE  := B#16#8;
  Zeile_5 : BYTE  := B#16#5;
  Zeile_6 : BYTE  := B#16#8;
  Zeile_7 : BYTE  := B#16#2;
  Zeile_8 : BYTE  := B#16#8;
  Zeile_9 : BYTE  := B#16#8;
  Zeile_10 : BYTE  := B#16#5;
  Zeile_11 : BYTE  := B#16#2;
  Zeile_12 : BYTE  := B#16#8;
  Zeile_13 : BYTE  := B#16#8;
  Zeile_14 : BYTE  := B#16#8;
  Zeile_15 : BYTE ;
 END_STRUCT ;
BEGIN
   Zeile_0 := B#16#7;
   Zeile_1 := B#16#7;
   Zeile_2 := B#16#7;
   Zeile_3 := B#16#6;
   Zeile_4 := B#16#8;
   Zeile_5 := B#16#5;
   Zeile_6 := B#16#8;
   Zeile_7 := B#16#2;
   Zeile_8 := B#16#8;
   Zeile_9 := B#16#8;
   Zeile_10 := B#16#5;
   Zeile_11 := B#16#2;
   Zeile_12 := B#16#8;
   Zeile_13 := B#16#8;
   Zeile_14 := B#16#8;
   Zeile_15 := B#16#0;
END_DATA_BLOCK
```

9.3.4 Zuordner-Realisierung mit MOVE-Box

Im S7-Programmiersystem steht in der Funktionsbausteinsprache FUP die MOVE-Box zur Verfügung, die eine Lade- und Transferoperation vereinigt und so die am Eingang IN anliegenden Operanden oder Variablen zum Ausgang OUT überträgt. Entscheidend ist, dass die Bearbeitung der MOVE-Box vom Signalzustand am EN-Eingang und dort von Bedingungen abhängig gemacht werden kann.

Mit den Eigenschaften der MOVE-Box lässt sich auch ein Zuordner realisieren. Als Speicher-Ersatz für den zuvor verwendeten Datenbaustein wird hier der Dateneingang IN der MOVE-Box verwendet. Dort wird der Ausgabe-Zahlenwert eingetragen, der zu einer bestimmten Eingangskombination gehört. Bei Auftreten der Eingangskombination wird der Ausgabe-Zahlenwert zum Box-Ausgang OUT übertragen.

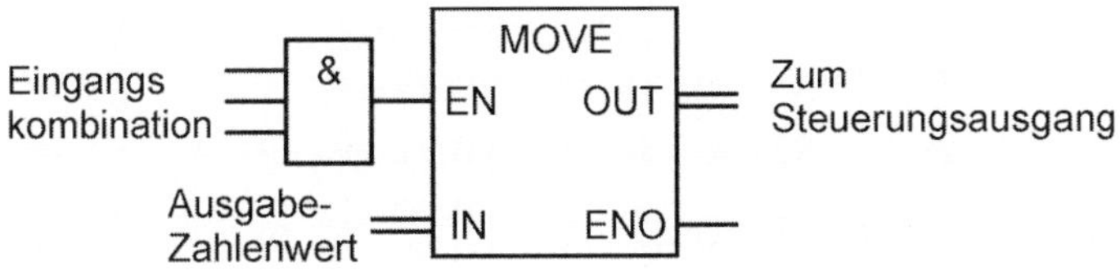

Die Anwendung der MOVE-Box zur Umsetzung der Zuordnermethode kommt ohne die etwas schwierigere indirekte Adressierung aus und käme auch für SPSen in Frage, die nicht über Datenbausteine verfügen.

Merkmale der Realisierung eines Zuordners durch Anwendung der MOVE-Box:

- Für jede Zeile der Funktionstabelle muss eine MOVE-Box vorgesehen werden.
- Jeder Freigabeeingang EN erhält einen Logikvorsatz zur Dekodierung einer Eingangskombination der Funktionstabelle.
- Jeder Dateneingang IN erhält den Zahlenwert der zugeordneten Ausgangskombination. Der Eingang IN der MOVE-Box dient so als Speicherplatz zur Aufnahme eines Ausgabewertes, der sonst z.B. im Datenwort eines Datenbausteins stehen müsste.
- Jeder Datenausgang OUT liefert den am Dateneingang IN anliegenden Zahlenwert, wenn die Eingangsbedingung am EN-Eingang erfüllt ist.
- Nicht benötigte Binärstellen in den verwendeten Eingangs- und Ausgangsworten müssen zur anderweitigen Verwendung freigehalten werden.

Beispiel 9.4: 7-Segment-Anzeige

Mit einer 7-Segment-Anzeige sind die Ziffern von 0...9 darzustellen. Für jede Ziffer müssen die entsprechenden Segmente a bis g angesteuert werden. Die Ziffern 0...9 werden im 8-4-2-1-Code (BCD-Code) mit den Schaltern S3...S0 angesteuert.

Zuordnung der Segmente zu den Dezimalziffern:

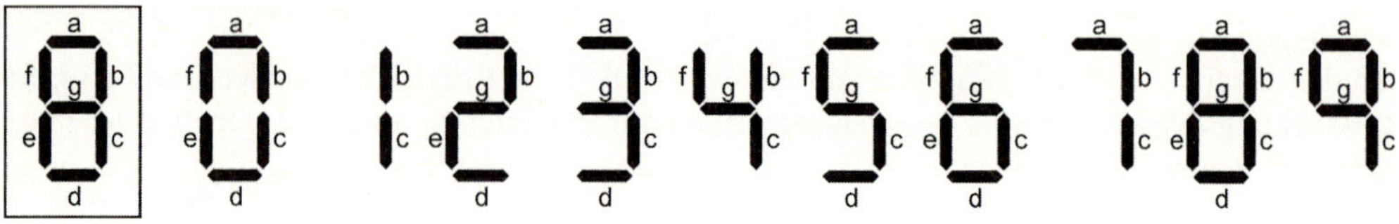

Bild 9.3: 7-Segmentschema

Zuordnungstabelle der Eingänge und Ausgänge:

Eingangsvariable	Symbol	Datentyp	Logische Zuordnung		Adresse
Schalter 0	S0	BOOL	Betätigt	S0 = 1	E 1.0
Schalter 1	S1	BOOL	Betätigt	S1 = 1	E 1.1
Schalter 2	S2	BOOL	Betätigt	S2 = 1	E 1.2
Schalter 3	S3	BOOL	Betätigt	S3 = 1	E 1.3
Ausgangsvariable					
Segment a	A0	BOOL	Segment leuchtet	A0 = 1	A 5.0
Segment b	A1	BOOL	Segment leuchtet	A1 = 1	A 5.1
Segment c	A2	BOOL	Segment leuchtet	A2 = 1	A 5.2
Segment d	A3	BOOL	Segment leuchtet	A3 = 1	A 5.3
Segment e	A4	BOOL	Segment leuchtet	A4 = 1	A 5.4
Segment f	A5	BOOL	Segment leuchtet	A5 = 1	A 5.5
Segment g	A6	BOOL	Segment leuchtet	A6 = 1	A 5.6

Funktionstabelle:

Nr.	S3	S2	S1	S0	A6	A5	A4	A3	A2	A1	A0	Hex-Zahl
Zeile_0	0	0	0	0	0	1	1	1	1	1	1	3F
Zeile_1	0	0	0	1	0	0	0	0	1	1	0	06
Zeile_2	0	0	1	0	1	0	1	1	0	1	1	5B
Zeile_3	0	0	1	1	1	0	0	1	1	1	1	4F
Zeile_4	0	1	0	0	1	1	0	0	1	1	0	66
Zeile_5	0	1	0	1	1	1	0	1	1	0	1	6D
Zeile_6	0	1	1	0	1	1	1	1	1	0	1	7D
Zeile_7	0	1	1	1	0	0	0	0	1	1	1	07
Zeile_8	1	0	0	0	1	1	1	1	1	1	1	7F
Zeile_9	1	0	0	1	1	1	0	0	1	1	1	67
sonst	1	x	1	x	0	0	0	0	0	0	0	00
	1	1	x	x	0	0	0	0	0	0	0	00

STEP 7 Programm (FUP):

OB1

Adresse	Deklaration	Name	Typ	Anfangswert	Kommentar
0.0	Standardeinträge				
12.0					
20.0	temp	HS1	WORD		Hilfsspeicher1
22.0	temp	HS2	WORD		Hilfsspeicher2

Baustein: OB1

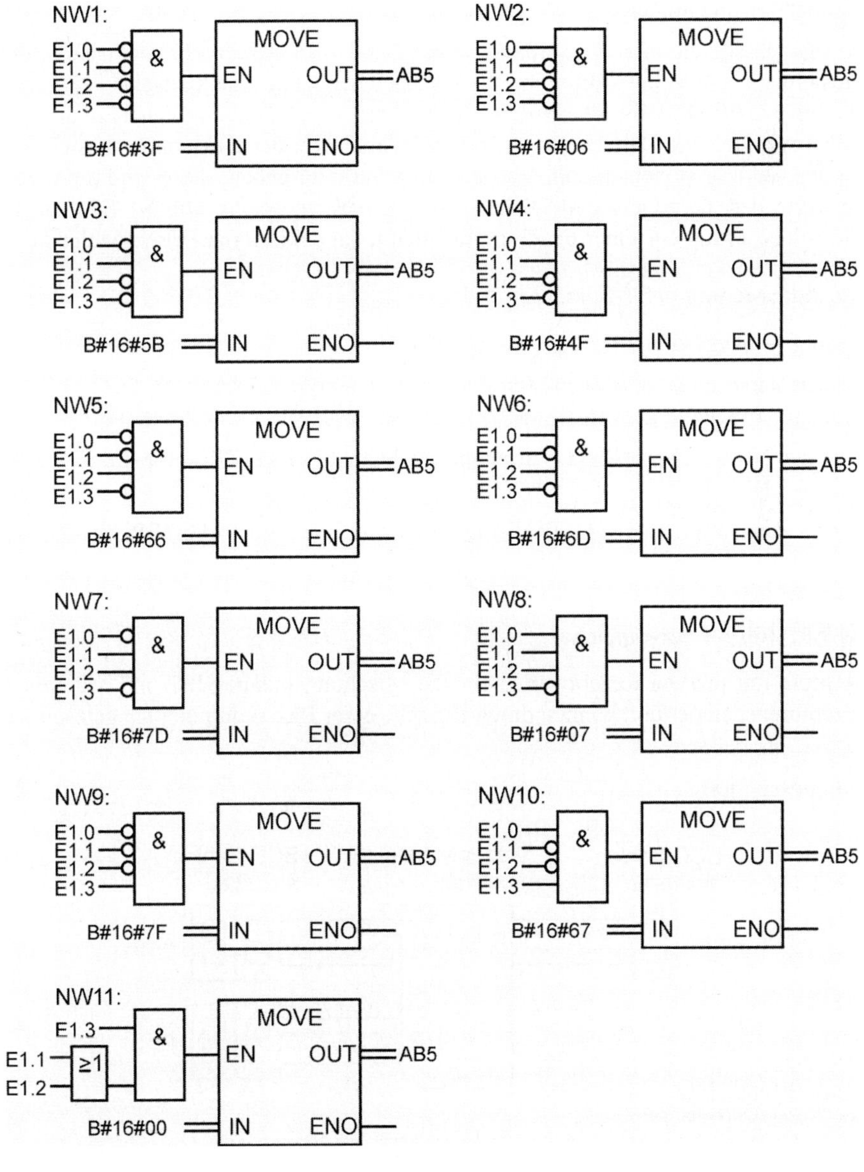

9.3.5 Zuordner mit Funktionsbaustein und ARRAY als strukturierte Speichervariable

Nicht jede SPS bietet in ihrem Programmiersystem frei zugängliche Speicherplätze in Form von Datenbausteinen an und lässt die indirekte Adressierung von Operanden zu oder verfügt über die Möglichkeiten der MOVE-Box zur Realisierung von Zuordnern. Dann ist zu fragen, wie die Umsetzung von Zuordnern gemäß Programmiernorm IEC 61131-3 erfolgen kann.

Bekannt ist, dass die SPS-Programmiernorm fünf Programmiersprachen vorsieht, wobei gilt: Nicht alles ist in jeder Programmiersprache machbar. Die Sprachen sollen entsprechend ihren speziellen Vorzügen eingesetzt werden. Eine Programmiersprache auf hohem Befehlsniveau ist die ST-Sprache (Strukturierter Text, bei Siemens S7-SCL genannt), die sich zur Umsetzung der Zuordner-Lösung anbietet.

Ein *Zuordner* lässt sich unter Verwendung eines *Funktionsbausteins FB* realisieren, der ja ein Codebaustein mit Gedächtnisfunktion ist. Als Speicher kann eine statische Feldvariable mit dem *Datentyp ARRAY* definiert werden. Es müssen soviel Feldkomponenten des ARRAYs vorgesehen werden, wie Datenwerte zu speichern sind. Bei der Deklaration besteht die Möglichkeit, den Feldkomponenten sog. Vorbelegungswerte zu geben, diese sind die eigentlichen Speicherwerte des Zuordners gemäß der Tabellen-Ausgabespalte. Die ST-Sprache lässt die indirekte Adressierung einzelner Feldkomponenten lokal deklarierter Feldvariablen zu.

Indirekte Adressierung in ST-Sprache:

Ausgang := Wert [Zeiger];

Wert ist der Name einer statischen Variablen mit Datentyp ARRAY OF INTEGER und entsprechendem Vorbelegungswert;

Zeiger ist der Name einer INPUT-Variablen mit Datentyp INTEGER für die Eingangsbedingungen;

Ausgang ist der Name einer OUTPUT-Variablen mit Datentyp INTEGER für den Ausgabewert.

Beispiel 9.5: Rezeptwertespeicher

Zehn Rezepte mit je zwei Rezeptwerten für die Mischungsmengen M1 und M2 stehen in einem Rezepturenspeicher und können durch Eingabe einer Rezeptnummer ausgelesen werden.

Technologieschema:

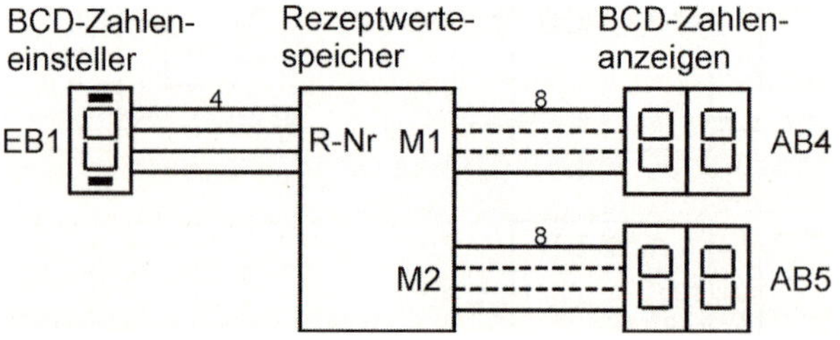

Bild 9.4: Rezeptwertspeicher

Zuordnungstabelle der Eingänge und Ausgänge:

Eingangsvariable	Symbol	Datentyp	Logische Zuordnung	Adresse
Zahleneinsteller	EB1	BCD	4-Bit für Rezeptwerte	EB1
Ausgangsvariable				
Zahlenanzeige	AB1	BYTE	8-Bit für Menge1	AB4
Zahlenanzeige	AB2	BYTE	8-Bit für Menge2	AB5

Funktionstabelle:

Nr.	Rezeptnummer (binär)				Mengenwerte (BCD)		BCD-Zahlenwert der Ausgangskombination
	E3	E2	E1	E0	M1	M2	
Zeile_0	0	0	0	0	20	80	16#2080
Zeile_1	0	0	0	1	40	60	16#4060
Zeile_2	0	0	1	0	55	45	16#5545
Zeile_3	0	0	1	1	72	28	16#7228
Zeile_4	0	1	0	0	05	95	16#0595
Zeile_5	0	1	0	1	75	25	16#7525
Zeile_6	0	1	1	0	50	50	16#5050
Zeile_7	0	1	1	1	84	16	16#8416
Zeile_8	1	0	0	0	30	70	16#3070
Zeile_9	1	0	0	1	65	35	16#6535

STEP 7 Programm (SCL-Quelle):

```
FUNCTION_BLOCK FB10
VAR_INPUT              VAR_OUTPUT              VAR
 Zeiger   :INT;         Ausgabe :WORD;         Wert:ARRAY[0..9] OF WORD:=16#2080,
END_VAR                END_VAR                 16#4060, 16#5545, 16#7228,
                                               16#0595, 16#7525, 16#5050,
                                               16#8416, 16#3070, 16#6535;
                                               END_VAR

BEGIN
  Ausgabe:=Wert [Zeiger];
END_FUNKTION_BLOCK

DATA_BLOCK DB10  FB10
BEGIN
END_DATA_BLOCK
```

Erklärungen zu der SCL-Quelle für den Zuordner:

- Die S7-SCL-Quelle besteht aus einem Funktionsbaustein FB10 mit zugehörigem Instanz-Datenbaustein DB10. Ein Funktionsbaustein ist erforderlich, da eine statische Variable (Wert) mit den entsprechenden Anfangswerten deklariert werden muss. Der Instanz-DB benötigt keine Eintragungen und wird bei der Übersetzung der SCL-Quelle automatisch generiert.

- Der FB10 beginnt mit dem Deklarationsteil. Hier wird die statische Variable *Wert* mit dem Datentyp ARRAY OF WORD und 10 Vorbelegungswerten (0..9) deklariert. Dadurch entstehen die aufrufbaren Speicherplätze für die Ausgabewerte in Form von BCD-Zahlen gemäß Tabelle. Des weitern wird eine INPUT-Variable *Zeiger* mit Datentyp INTEGER zur späteren Übernahme der Eingangskombination deklariert, um damit zwischen den Feldkomponenten des ARRAYs auszuwählen. Ferner ist eine OUPUT-Variable *Ausgabe* mit Datentyp WORD erforderlich, die den zugeordneten Ausgabewert als Ergebnis (Rückgabewert) aufnimmt.
- Im Anweisungsteil des FB10 steht der Befehl: Ausgabe := Wert [Zeiger]. Hat beispielsweise die INPUT-Variable *Zeiger* den Zahlenwert 5 erhalten, dann wirkt diese Anweisung wie: Ausgabe := Wert [5]. Damit wird die Feldkomponente mit dem Vorbelegungswert W#16#0595 geladen und der OUTPUT-Variable *Ausgabe* zugewiesen. Die Zählung beginnt mit null.

STEP 7 Programm (AWL-Quelle):

```
DATA_BLOCK DB 10
 FB20
BEGIN
Zeiger  := 0;            Wert(2) := W#16#5545;    Wert(6) := W#16#5050;
Ausgabe := W#16#0;       Wert(3) := W#16#7228;    Wert(7) := W#16#8416;
Wert(0) := W#16#2080;    Wert(4) := W#16#0595     Wert(8) := W#16#3070;
Wert(1) := W#16#4060;    Wert(5) := W#16#7525;    Wert(9) := W#16#6535;
END_DATA_BLOCK

ORGANIZATION_BLOCK OB 1
VAR_TEMP
 ...                        //Standardeinträge
   R_Nr : INT;              //Rezeptnummer
END_VAR

BEGIN
 L  EB 1;                   //Einlesen EB1 (Zahleneinsteller)
 L  W#16#F;                 //Maske
 UW ;                       //Maskierung
 T  #R_Nr;
 CALL FB 10, DB 10 (
    Zeiger  := R_Nr,        //Parameterübergabe
    Ausgabe := AW4 );       //Parameterübergabe
END_ORGANIZATION_BLOCK
```

Erklärung zu den Programmschritten der AWL-Quelle:

- Es wird die temporäre Variablen *R-Nr* (Rezeptnummer) deklariert.
- Im ersten Programmschritt erfolgt das Einlesen von EB1 mit anschließender Maskierung der Eingänge des Zahleneinstellers und Zuweisung an die Variable *R-Nr*. Der Inhalt dieser temporären Variablen ist die Rezeptnummer und muss an den INPUT-Parameter *Zeiger* von FB 20 übergeben werden. Der OUTPUT-Parameter *Ausgabe* des Funktionsbausteins FB10 wird dem Ausgangswort AW4 zugewiesen.

10 Ablauf-Funktionsplan

10.1 Konzeption und Normungsquellen

Der Ablauf-Funktionsplan ist eine eigenständige Planart zur prozessorientierten Darstellung von Steuerungsaufgaben. Eine verbale Aufgabenstellung soll aus Gründen der Klarheit und Vollständigkeit durch eine grafische Darstellung ersetzt werden, die bei der Planung, Inbetriebnahme und Störungssuche hilfreich sein soll. Ein richtig entworfener Ablauf-Funktionsplan muss bereits die Lösung einer entsprechenden Steuerungsaufgabe darstellen.

Geeignete Steuerungsaufgaben sind solche, bei denen unterscheidbare Aktionen in einer ereignis- oder zeitgesteuerten Reihen- oder auch Parallelfolge ablaufen und die auf Wiederholung gerichtet sind. Anschauliche Beispiele dafür sind Produktionsanlagen oder Verkehrssysteme.

Der Ablauf-Funktionsplan stellt nur die grafischen Elemente für eine Ablaufbeschreibung zur Verfügung. Die Entwurfsmethode besteht darin, dass Steuerungszustände eingeführt und mit Aktionen verknüpft sowie Übergangsstellen zur Berücksichtigung von Steuersignalen vorgesehen werden.

Das Auffinden zutreffender Ablaufstrukturen ist das Hauptproblem dieser Entwurfsmethode und bedarf der entsprechenden Übung an Beispielen. Wie man sich leicht vorstellen kann, liegt schon bei einem einfachen Getränkeautomaten mit mehreren Bedientasten, Geldeinwurf mit verschiedenen Münzen, Geldrückgabe, Getränkeausgabe in Bechern, Mischungen durch Zusatz von Milch und Zucker etc. eine recht unübersichtliche Aufgabenstellung vor. Die Wirksamkeit des Ablauf-Funktionsplans besteht darin, dass er eine das Denken unterstützende anschauliche Darstellungsmethode anbietet.

Die Darstellung von Ablauf-Funktionsplänen kann auf zwei verschiedenen Normen beruhen:

- DIN EN 60848 GRAFCET, Spezifikationssprache für Funktionspläne der Ablaufsteuerung. (Nachfolger der DIN 40719-6). Diese Norm definiert eine grafische Entwurfssprache für die funktionale Beschreibung des Verhaltens des Ablaufteils eines Steuerungssystems. Die Entwurfssprache wird „GRAFCET" genannt.
- DIN EN 61131, Speicherprogrammierbare Steuerungen, Teil 3: Programmiersprachen, hierin Elemente der Ablaufsprache (AS). Der Zweck der Ablaufsprache ist die Darstellung von Ablauffunktionen in SPS-Programm-Organisationseinheiten des Typs Funktionsbaustein oder Programm. Dazu gibt die Norm zwei Darstellungsvarianten für ihre Elemente an, eine ausführlich behandelte grafische Variante und eine textuelle Variante.

DIN EN 60848 und DIN EN 61131-3 haben jeweils ihren eigenen spezifischen Anwendungsbereich. Während die Entwurfssprache GRAFCET für die Beschreibung des Verhaltens unabhängig von einer speziellen Realisierung (elektronisch, elektromechanisch, pneumatisch oder gemischt) ist, legt IEC 61131-3 die Beschreibungsmittel der Ablaufsprache AS zwecks Programmrealisierung fest. Bei der Darstellung der Aktionsblöcke in Kap 10.2.4 wird auf die Unterschiede eingegangen. Nachfolgend wird für die grafische Darstellung der Ablauf-Funktionspläne die DIN EN 61131 zu Grunde gelegt. Diese Darstellung hat eine große Übereinstimmung mit den grafischen Programmiertools wie S7-Graph (SIEMENS), CoDeSys AS-Sprache (Smart Software Solution GmbH) oder ConCept SFC (AEG Schneider Automation).

10.2 Grafische Darstellung von Ablaufsteuerungsfunktionen

Zur Darstellung von Ablaufstrukturen werden Ablauf-Funktionspläne (Sequential Function Chart) verwendet. Wegen der geforderten allgemeinen Verständlichkeit ist eine einheitliche, normgerechte Darstellung der wichtigsten grafischen Elemente erforderlich, die der DIN EN 61131-3 entnommen sind, ergänzt mit einigen besseren Darstellungsformen aus S7-Graph.

10.2.1 Darstellung von Schritten

Jeder mögliche Zustand einer Steuerung wird im Ablauf-Funktionsplan durch einen *Schritt* dargestellt. Ein Schritt ist entweder aktiv oder inaktiv und stellt einen (Beharrungs)-Zustand der Steuerung dar. Ein Schritt muss grafisch durch einen Block dargestellt werden, der einen Schrittnamen in Form eines Bezeichners enthält.

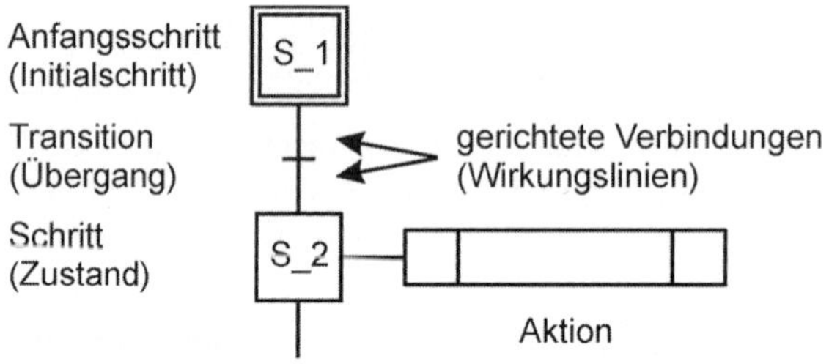

Eine Sonderstellung nimmt der Anfangsschritt ein, der durch eine doppelte Umrahmung gekennzeichnet ist. Der Anfangsschritt muss beim Start des Ablaufs als einziger Schritt aktiv sein. Die Schritte sind durch *gerichtete Verbindungen* in Form von vertikalen Linien miteinander verbunden. Die Eigenschaft eines Schrittes, aktiv oder inaktiv sein zu können, setzt ein Speicherverhalten im Steuerungsprogramm voraus. Jedem Schritt ist normalerweise eine Aktion zugeordnet, die in einem Aktionsblock angegeben und mit dem Schritt verknüpft werden kann. Die Aktion ist nicht Bestandteil des Schrittes.

10.2.2 Darstellung von Übergängen und Übergangsbedingungen

Zwischen den Schritten befindet sich immer ein Übergang. Jeder Übergang (Transition) muss eine Übergangsbedingung haben, die als Ergebnis eine logische "1" (TRUE) oder eine logische "0" (FALSE) liefert. Die Übergangsbedingung ist dafür verantwortlich, dass der aktive Zustand von einem Schritt zum Nachfolger wechselt. Die Transition muss durch einen horizontalen Strich in der Verbindungslinie zwischen den Schritten dargestellt werden.

Transitionsbedingung in FBS-(KOP)-Sprache

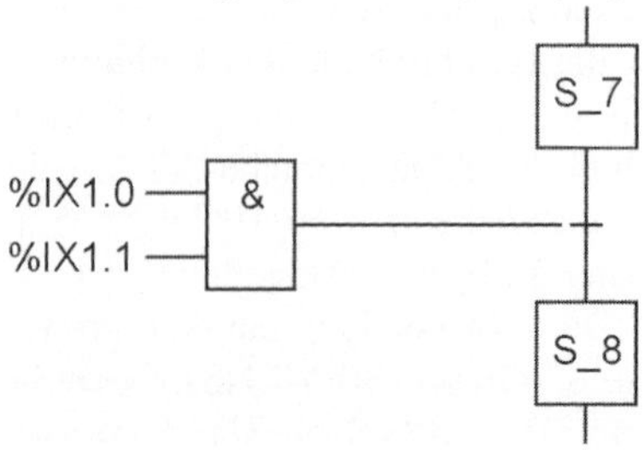

Transitionsbedingung in ST-Sprache

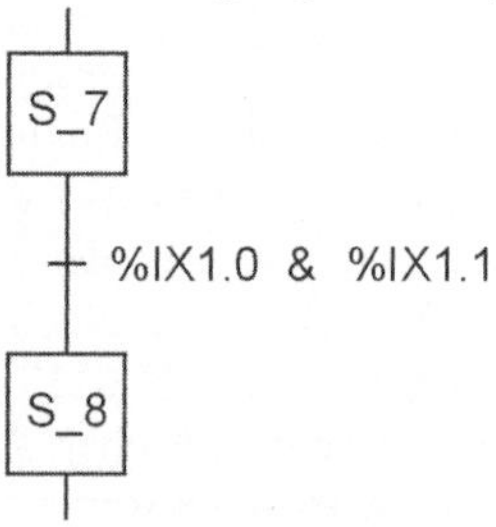

Transitionsbedingung über Konnektor

Transitionsbedingung über Transitionsnamen

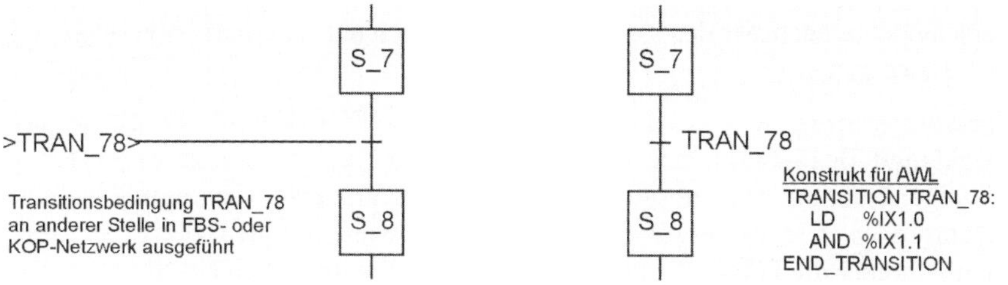

Die Übergangsbedingungen können mit den Darstellungsmitteln des Kontaktplans (KOP), des Funktionsplans (FBS bzw. FUP) und des Strukturierten Textes (ST) angegeben werden. Ein Folgeschritt wird gesetzt, wenn der Vorgängerschritt gesetzt und die Übergangsbedingung erfüllt ist (UND-Bedingung), dabei wird der Vorgängerschritt zurückgesetzt.

Die Norm DIN EN 61131-3 sieht auch die Möglichkeit vor, für einen Übergang einen Transitionsnamen zu vergeben, der auf ein Konstrukt zur Angabe der Transitionsbedingung verweisen muss. Von dieser Möglichkeit soll hier im weiteren aber kein Gebrauch gemacht werden, da mit dem Ablauf-Funktionsplan eine rein grafische Beschreibung einer Steuerungsaufgabe beabsichtigt ist.

10.2.3 Grundformen der Ablaufkette

Eine Ablaufkette besteht aus einer Folge von Schritten und Transitionen, die einfach oder verzweigt sein kann.

Einfache Ablaufkette:

Der Wechsel von Schritt und Transition wird als Folge wiederholt. Es wird eine Kettenschleife gebildet, um wieder zum Anfang zurückzukehren. Die zurückführende Wirkungslinie kann vermieden und durch eine Pfeildarstellungen mit Angabe von Schrittnummern ersetzt werden. Des Weiteren kann auch eine Übersichtsdarstellung der Ablaufkette ohne Transitionsbedingungen und Aktionen verwendet werden, wenn es nur um die Ansicht der Ablaufstruktur geht. Das nachfolgende Bild zeigt ein Beispiel, bei der in der Übersichtsdarstellung die Pfeilkennzeichnung des Ablaufs aus S7-Graph übernommen wurde.

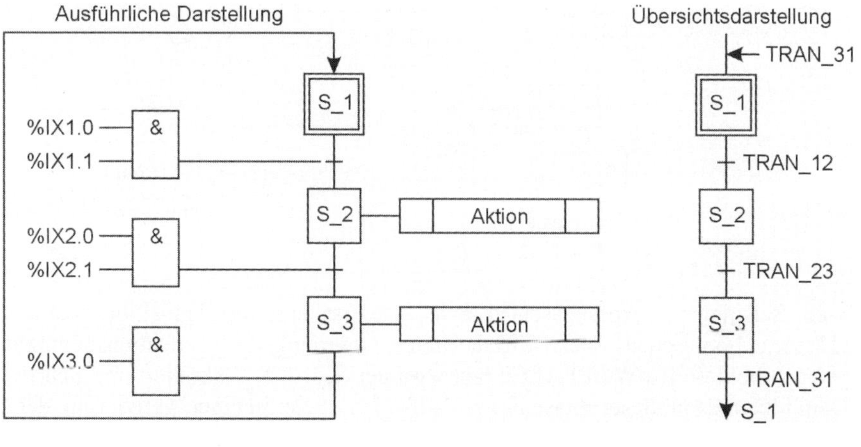

Verzweigte Ablaufkette:

Man unterscheidet je nach Art der Verzweigung zwischen der Alternativ-Verzweigung und der Simultan-Verzweigung.

- *Alternativ-Verzweigung* (1- aus n-Verzweigung, ODER-Verzweigung); es erfolgt die Auswahl und Bearbeitung nur eines Kettenstranges aus mehreren Kettensträngen. Am Verzweigungsanfang darf zur gleichen Zeit nur eine Transitionsbedingung wahr sein (Verriegelung) oder es muss eine Priorität vorgegeben werden, indem der Strang mit der niedersten Nummer die höchste Priorität hat. Zusätzlich wird mit einem Stern (∗) angegeben, dass die Transitionen von links nach rechts bearbeitet werden. Jedes Strangende muss eine eigene Transitionsbedingungen zum Verlassen des Kettenstranges aufweisen. Anfang und Ende von Alternativ-Verzweigungen werden durch waagerechte Einfachlinien dargestellt.
- *Simultan-Verzweigung* (Parallelbearbeitung mehrerer Kettenstränge, UND-Verzweigung); es erfolgt die gleichzeitige Aktivierung der Anfangsschritte mehrerer Kettenstränge, die dann aber unabhängig voneinander bearbeitet werden. Alle Kettenstränge unterliegen auf der Anfangsseite nur einer vorgelagerten gemeinsamen Transitionsbedingung. Bei der Zusammenführung der Kettenstränge (Endeseite) darf nur eine gemeinsame Transitionsbedingung vorhanden sein. Anfang und Ende von Simultan-Verzweigungen werden durch waagerechte Doppellinien dargestellt.

Das nachfolgende Bild zeigt Beispiele mit kurzen Erläuterungen zum Ablaufvorgang. Die Anwendung der gegebenen Regeln kann nicht verhindern, dass fehlerhafte Ablaufketten konstruiert werden, die irgendwo hängen bleiben oder unerreichbare Schritte aufweisen. Die Logik solcher Ablauf-Funktionspläne muss daher sehr sorgfältig durchdacht werden.

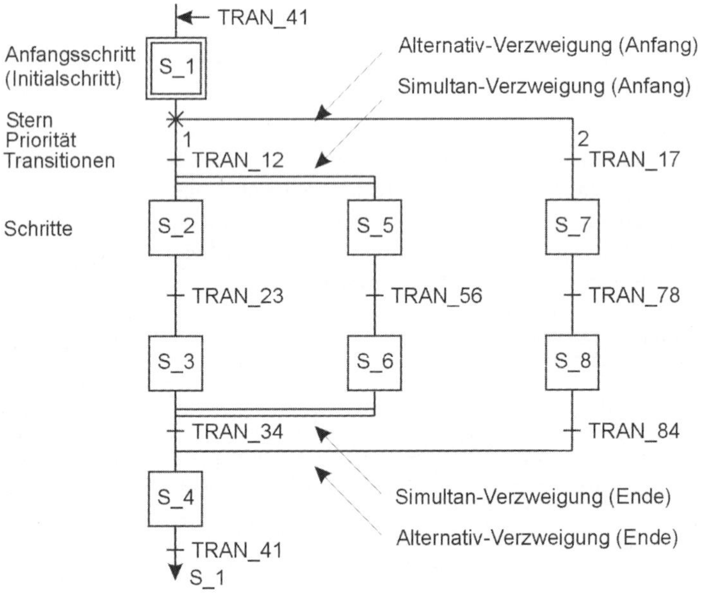

Wenn zum Beispiel der Anfangsschritt S_1 aktiv ist und die Transitionsbedingung von TRAN_17 den booleschen Wert TRUE liefert während die Transitionsbedingung von TRAN_12 den booleschen Wert FALSE hat, wird der Schritt S_7 aktiviert und Schritt 1 deaktiviert. Damit kann es in dieser Phase des Ablaufs nicht mehr zu einer Aktivierung der Schritte

S_2 und S_5 kommen. Der Übergang von Schritt S_8 zu Schritt S_4 erfolgt erst, wenn die Transitionsbedingung von TRAN_84 den booleschen Wert TRUE annimmt. Schritt S_8 wird dann von S_4 zurückgesetzt.

Für den Fall, dass der Anfangsschritt S_1 aktiv ist und die Transitionsbedingungen von TRAN_12 und TRAN_17 den booleschen Wert TRUE haben, wird wegen der festgelegten Priorität die Simultan-Verzweigung bearbeitet. Es werden die Schritte S_2 und S_5 aktiviert und der Vorgängerschritt S_1 deaktiviert. Der Schritt S_4 wird erst erreicht, wenn die Vorgängerschritte S_3 und S_6 aktiv sind und die Transitionsbedingung von TRAN_34 den booleschen Wert TRUE annimmt. Die Schritt S_3 und S_6 werden dann von S_4 zurückgesetzt.

Schleifen und Sprünge

Ein *Sprung* führt unter Steuerung durch eine Transitionsbedingung von einem Schritt zu einem entfernten anderen Schritt, wobei der durch den Sprung gebildete Zweig keine Schritte enthält.

Eine *Schleife* kann die Folge eines Sprunges sein, indem unter Steuerung durch eine Transitionsbedingung auf einen Vorgängerschritt zurückgesprungen wird. Das nachfolgende Bild zeigt zwei Schleifen, wobei die Schleife mit den Schritten 4 und 5 einen Sonderfall darstellt: Bei entsprechenden Transitionsbedingungen können diese beiden Schritte ständig durchlaufen werden. Dabei bereitet Schritt 4 das Setzen von Schritt 5 vor und setzt diesen als Folgezustand auch wieder zurück. Ebenso ist Schritt 5 Vorbereiter von Schritt 4 und auch dessen Rücksetzer. Dieser Sachverhalt spielt beim Entwurf eines Ablauf-Funktionsplanes noch keine Rolle. Erst bei der Umsetzung in ein Steuerungsprogramm unter Verwendung von RS-Speicherglieder darf es am Setz- und Rücksetzeingang nicht zu einer sich aufhebenden Wirkung kommen.

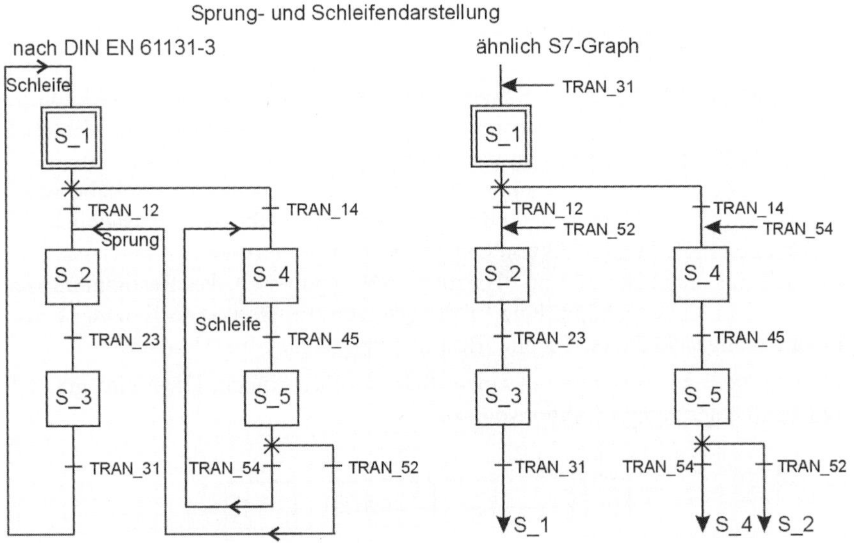

Nachfolgend wird die aufgelöste Darstellungsform von Ablaufketten bevorzugt, um sich kreuzende Wirkungslinien zu vermeiden, die in ungünstigen Fällen auftreten können.

Ablaufketten mit einer großen Anzahl von Schritten und mehreren Verzweigungen oder Sprüngen verlieren an Übersichtlichkeit. Es ist zu prüfen, ob es nicht besser ist, den gesamten Ablauf in einzelne technologische Funktionen zu zerlegen und diese mit mehreren einfachen korrespondierenden Ablaufketten umzusetzen (siehe 10.6.2).

10.2.4 Aktionen, Aktionsblock

Mit einem Schritt ist in der Regel eine Aktion verbunden. Ein Schritt ohne zugehörige Aktion übt eine Warte-Funktion aus bis die nachfolgende Transitionsbedingung erfüllt ist. Da der Ablauf-Funktionsplan beschreiben soll, was in der gesteuerten Anlage zu geschehen hat, wird in der Norm der Begriff *Aktion* anstelle von Befehl verwendet.

Der *Aktionsblock* ist ein grafisches Element zur Darstellung von Aktionen. Der Aktionsblock ist nicht Teil eines Schrittes und damit auch nicht Teil der Ablaufkette. Der Aktionsblock kann mit einem Schritt verknüpft oder als grafisches Element in einer Kontaktplan- bzw. Funktionsplandarstellung verwendet werden. Nachfolgend wird jedoch die Verknüpfung von Schritt und Aktionsblock bevorzugt, wie im Bild dargestellt.

In vollständiger Darstellung besteht der Aktionsblock aus vier Teilflächen, die nicht alle genutzt werden müssen:

- Feld "a": Bestimmungszeichen
- Feld "b": Aktionsname
- Feld "c": Anzeigevariable
- Feld "d": Beschreibung der Aktion in AWL; ST; KOP, FBS

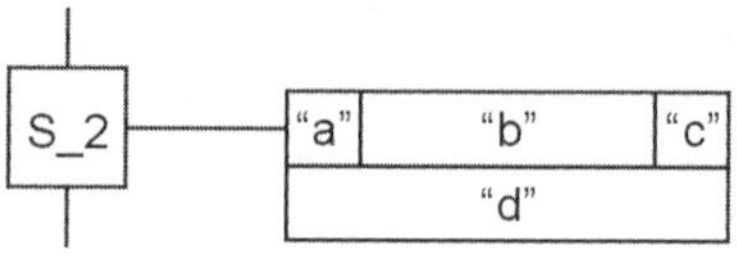

Im einfachsten Fall wird in Feld "b" der Name einer booleschen Variablen und in Feld "a" ein zutreffendes Bestimmungszeichen eingetragen.

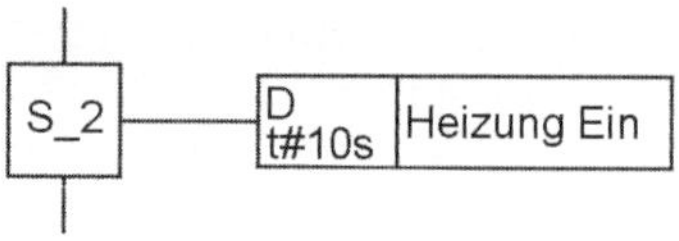

Die Aktion wird ausgeführt, wenn der zugehörige Schritt gesetzt ist und eine Aktionssteuerung die Freigabe erteilt. Die Aktionssteuerung sorgt für die richtige Umsetzung der im Feld "a" eingetragenen Bestimmungszeichen. In der Norm DIN EN 63111-3 ist sogar ein entsprechender Funktionsbaustein detailliert beschrieben, der diese umfangreiche Aufgabe wahrnehmen kann. Es wird jedoch nicht gefordert, dass dieser Funktionsbaustein tatsächlich verwendet werden muss; es genügt, dass die Aktion gleichwertig ausgeführt wird.
Im obigen Beispiel lautet die Aktion "Heizung EIN" und es ist das Bestimmungszeichen D zusammen mit einer Zeitangabe im Feld "a" eingetragen. Ergebnis: Die Heizung wird entsprechend verzögert eingeschaltet (s. Tabelle: Bestimmungszeichen für Aktionen).

Es ist zulässig, mehrere Aktionen mit einem Schritt zu verbinden. Dies wird grafisch dargestellt durch aneinander gereihte Aktionsblöcke.

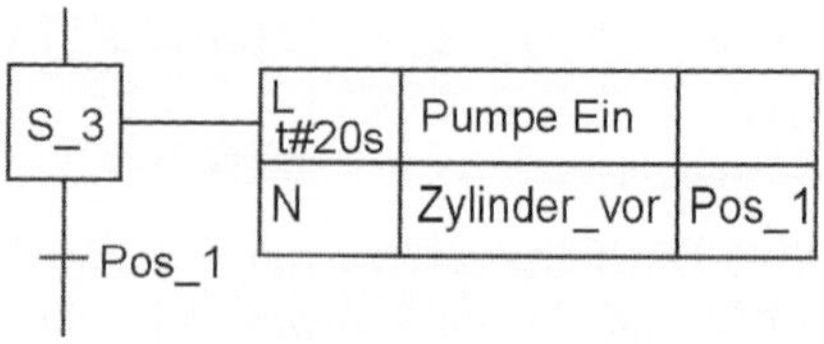

Im Aktionsfeld "c" kann eine boolesche Anzeige-Variable eingetragen werden, die durch die Aktion gesetzt werden kann, um die Erledigung oder einen Fehlerfall (z.B. Zeitüberschreitung) anzuzeigen. Die Anzeige-Variable kann ggf. auch als Weiterschaltbedingung verwendet werden.

Tabelle: Bestimmungszeichen für Aktionen (Auswahl)

N-Befehl (nichtgespeichert)

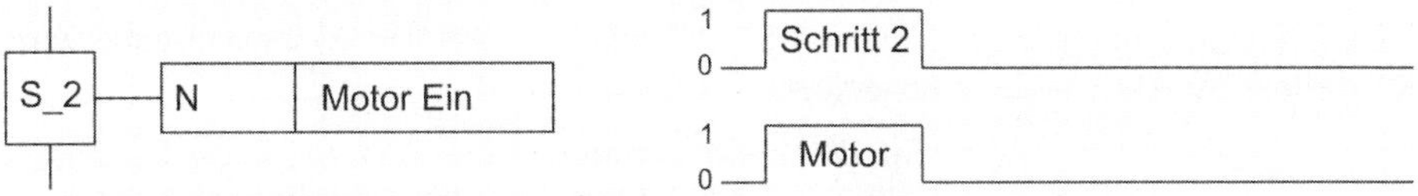

S-Befehl (Setzen, gespeichert)

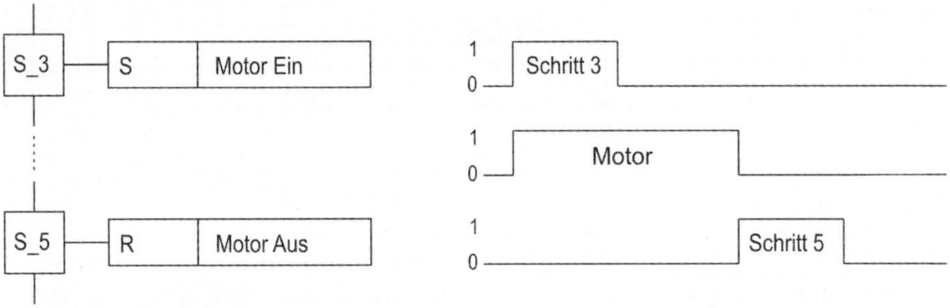

L-Befehl (zeitbegrenzt)

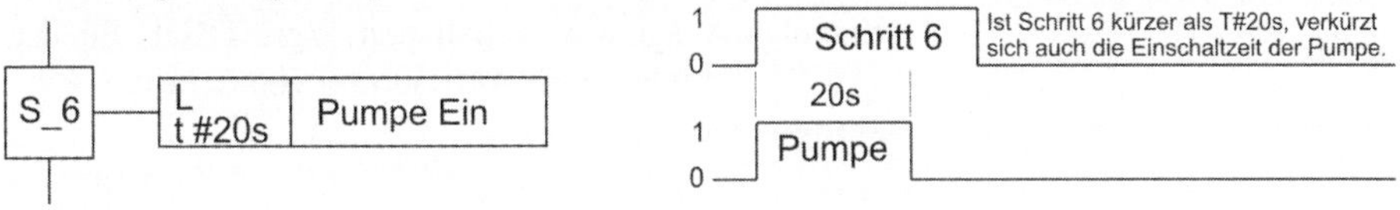

D-Befehl (zeitverzögert)

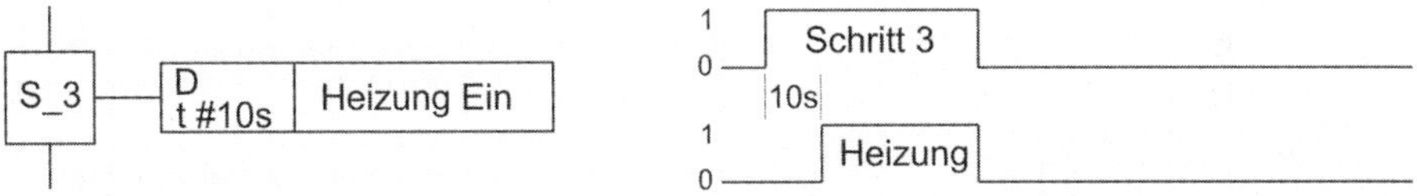

DS-Befehl (verzögert und gespeichert)

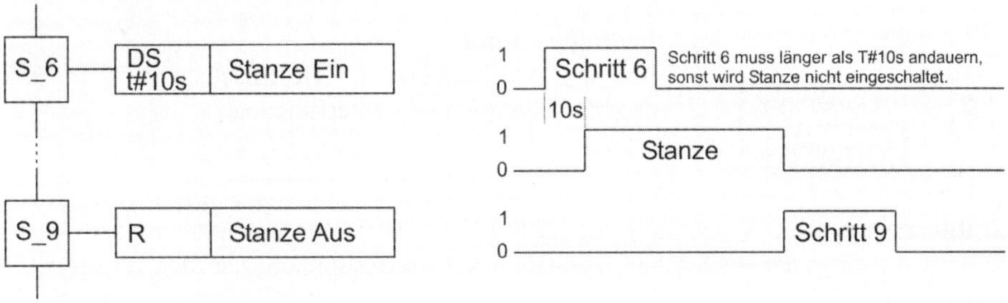

P-Befehl (Impuls Flanke)

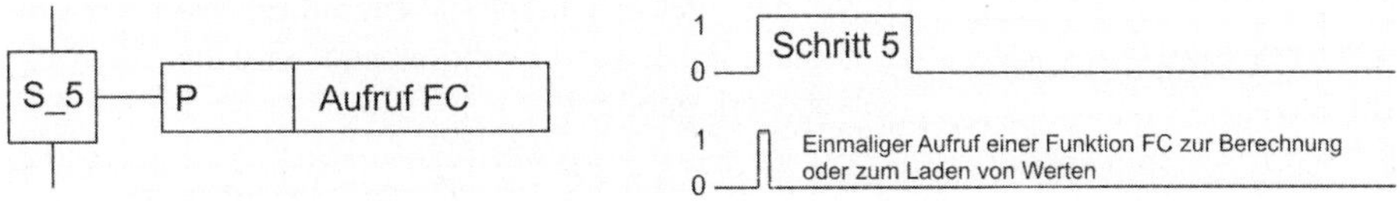

Es fehlen: SD = gespeichert u. zeitverzögert, SL = gespeichert u. zeitbegrenzt.

Die gravierendsten Unterschiede zwischen den Normen EN 60848 und EN 61131-3 sowie dem Standard S7-Graph besteht in der Darstellung des Aktionsblocks. Nachfolgend sind einige Beispiele dargestellt.

Die **DIN EN 60848** unterteilt den Aktionsblock nicht. Die Art der Aktionsausgabe wird dort durch Symbole am Aktionsblock festgelegt.

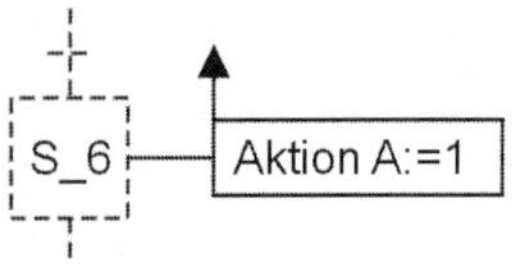

Speichernde Aktion
Aktion wird bei Aktivierung des Schrittes gespeichert.
Beispiel: Setze den Wert der booleschen Variablen A auf TRUE

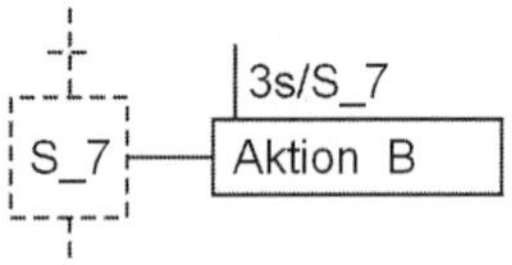

Zeitverzögerte Aktion
Die verzögerte Aktion ist eine kontinuierlich wirkende Aktion, bei der die Zuweisungsbedingung erst nach 3s erfüllt ist.
Beispiel: Ausgang B nimmt den Wert TRUE an, nachdem drei Sekunden seit der Aktivierung von Schritt S_7 vergangen sind.

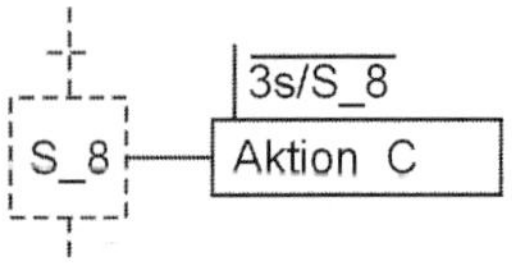

Zeitbegrenzte Aktion
Die begrenzte Aktion ist eine kontinuierlich wirkende Aktion, bei der die Zuweisungsbedingung währen der Dauer von 3s erfüllt ist.
Beispiel: Ausgang C erhält den Wert TRUE für drei Sekunden nach Aktivierung von Schritt S_8.

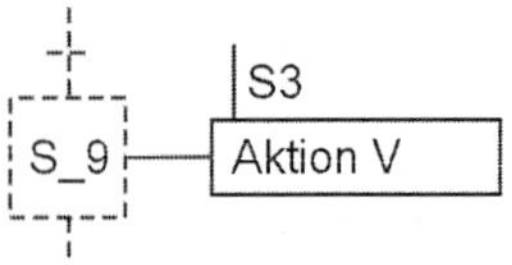

Bedingte Aktion
Die Zuweisungsbedingung S3 beeinflusst die kontinuierlich wirkende Aktion.
Beispiel: Ausgang V erhält den Wert TRUE, wenn in Schritt 9 Bedingung S3 erfüllt ist. Als boolesche Gleichung: V = S_9 & S3

Die **DIN EN 61131-3** verwendet, wie die Tabelle der vorherigen Seite zeigt, zur Unterscheidung der Aktionsbedingungen Bestimmungszeichen. Bedingte Aktionen werden dabei durch die Beschreibung der Aktion im Feld D dargestellt.

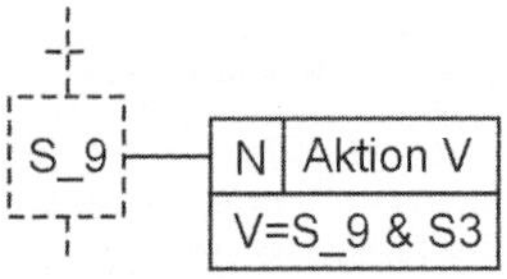

Bedingte Aktion
Aus der Beschreibung der Befehlsausgabe ist zu ersehen, dass die Bedingung S3 zu erfüllen ist.

S 7-Graph entspricht im Wesentlichen der DIN EN 61131-3. Zur Beschreibung einer bedingten Aktion wird allerdings der Buchstabe C zusätzlich zu dem Bestimmungszeichen verwendet.

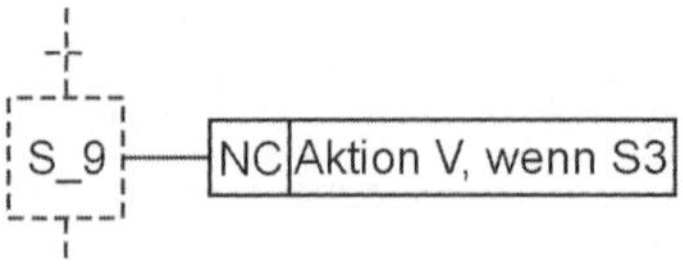

Bedingte Aktion
NC bedeutet hier nicht speichernd und verriegelt mit S3. C steht dabei für Condition und wird in einem eigenen Netzwerk gebildet.

Welche der Darstellungen verwendet wird, bestimmen in der Praxis die Vorteile für den jeweiligen Anwendungszweck.

10.3 Umsetzung des Ablauf-Funktionsplanes mit SR-Speichern

Ein unter Berücksichtigung der technologischen Bedingungen richtig entworfener Ablauf-Funktionsplan stellt die Lösung einer entsprechenden Steuerungsaufgabe dar. Wie wird dann aus dem Entwurf ein ablauffähiges Steuerungsprogramm?

In der Praxis wird man ein Programmiersystem wählen, zu dessen Sprachenumfang auch die Ablaufsprache (AS) zählt, z.B. S7-Graph bei STEP 7, AS bei CoDeSys oder SFC bei CONCEPT. Im Prinzip kann man dann den Entwurf direkt eingeben. Man braucht sich z.B. nicht um die Umsetzung der Ablaufkette und der Aktionsausgabe unter Berücksichtigung der Bestimmungszeichen zu kümmern, dies wird alles vom Programmier- und Betriebssystem der SPS übernommen.

Möglich ist jedoch auch eine Realisierung von Ablauf-Funktionsplänen mit grundlegenden Programmiermitteln wie SR-Speichergliedern und zugehörigen Grundverknüpfungen, wie anschließend dargestellt. Im Abschnitt 10.4 wird dann gezeigt, wie sich die Umsetzung des Ablauf-Funktionsplanens durch einen wiederverwendbaren Baustein standardisieren lässt.

10.3.1 Umsetzungsregeln

Eine mit jedem Programmiersystem mögliche Umsetzungsmethode ist die Zuweisung eines Schrittes der Ablaufkette an einen SR-Speicher und die Realisierung von Übergangsbedingungen durch logische Grundverknüpfungen. Damit die Ablaufkette zu jedem Zeitpunkt in die Grundstellung (Initialschritt aktiv und alle andern Schritte inaktiv) gebracht werden kann, wird eine Variable RESET eingeführt.

Folgende Regeln sind beachten:

- Es werden so viele SR-Speicher verwendet, wie es Schritte im Ablauf-Funktionsplan gibt, einschließlich eines Anfangsschrittes.
- Beim Einschalten der Steuerung muss für die Grundstellung der Ablaufkette gesorgt werden. Es bieten sich zwei Möglichkeiten an:
  1. Eine Anweisungsfolge erzeugt einen einmalig auftretenden Richtimpuls beim Einschalten der Steuerung und führt zum Setzen des Anfangsschrittes sowie zum Rücksetzen der anderen Schrittspeicher:
     ```
     UN #FO       // # = Vorsatzzeichen für lokale Variablen
     =  #IO       // Richtimpuls
     S  #FO       // IO = Impuls-Operand, FO = Flankenoperand
     ```
  2. Die statische Lokalvariable des 1. Schrittspeichers SRO_1 erhält in der Deklarationstabelle den Anfangswert TRUE, alle anderen Schrittspeicher erhalten den Anfangswert FALSE.
- Umsetzung des Initialschrittes S_1 in ein SR-Speicherglied. Es wird angenommen, dass die statische lokale Variable SRO_1 den Anfangswert „TRUE" erhält.

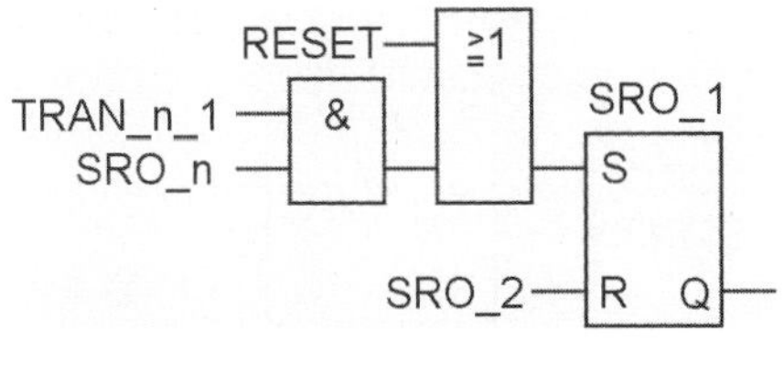

TRAN_n_1: Transitionsbedingung des letzten Schrittes n zu Schritt 1.

SRO_n: Schrittoperand des letzten Schrittes n

SRO_2: Schrittoperand des 2. Schrittes

- Stellvertretend für alle weiteren Schritte sei die Umsetzung des Schrittes 3 mit einem SR-Speicherglied dargestellt:

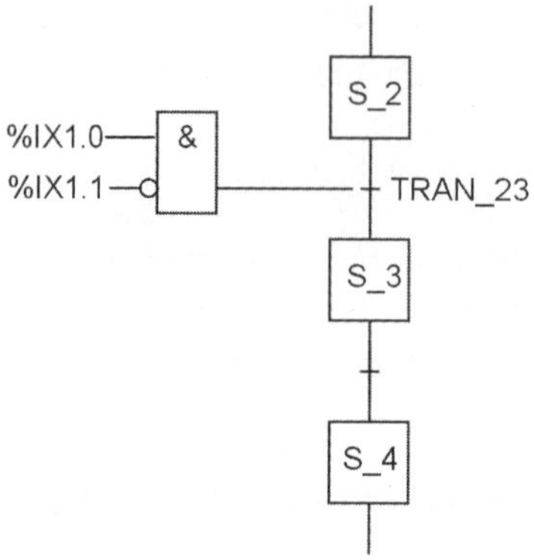

Setzbedingung: Am Setzeingang von Speicherglied 3 ist die Übergangsbedingung der Transition TRAN23 mit dem Ausgang von Speicherglied 2 UND-verknüpft.

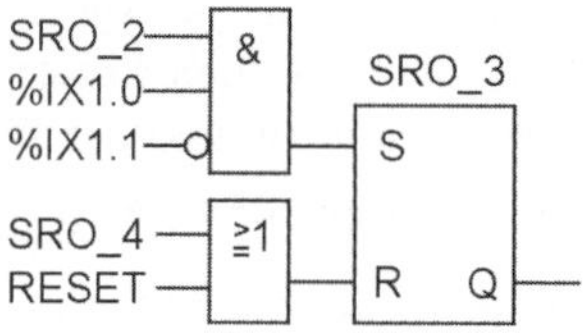

Rücksetzbedingung: Speicherglied 3 wird an seinem Rücksetzeingang vom Folgezustand angesteuert. Erst wenn Zustand 4 erreicht ist, wird Zustand 3 gelöscht.

- Verriegelung von Schritten, deren Übergangsbedingungen gleichzeitig auftreten können.

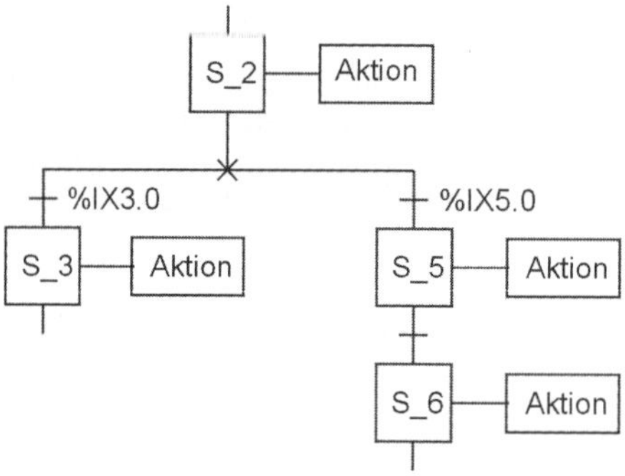

Verriegelung: Zustand 3 setzt sich gegen Zustand 5 durch, indem er diesen im Konfliktfall zurücksetzt.

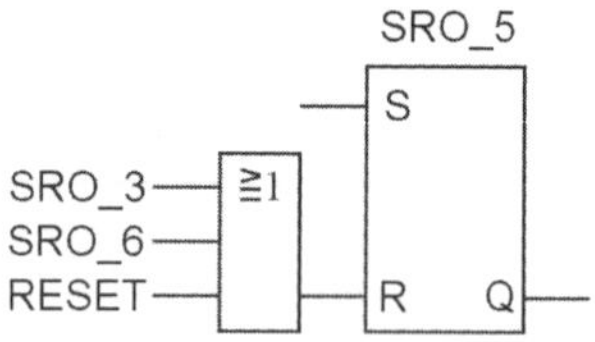

- Die Realisierung der Befehlsausgabe erfolgt gesondert durch Zuweisung des Schrittoperanden SRO_x zum Steuerungsausgang der Aktion.

- Wird ein Steuerungsausgang von mehreren Schritten aus angesteuert, werden die entsprechenden Schrittoperanden „ODER"-verknüpft.

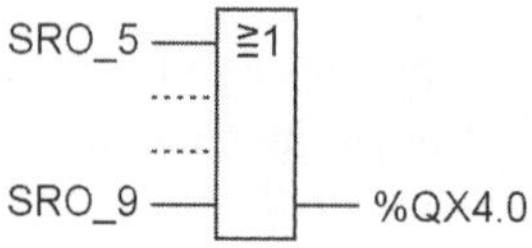

Mehrfache Einzelzuweisungen wären falsch, weil sich dabei immer nur die letzte Anweisung durchsetzt.

- Ist das Bestimmungszeichen der Aktion D (zeitverzögert) oder L (zeitbegrenzt), so erfolgt die Befehlsausgabe mit einem SE- oder mit einem SI- Zeitglied.

Bestimmungszeichen D:

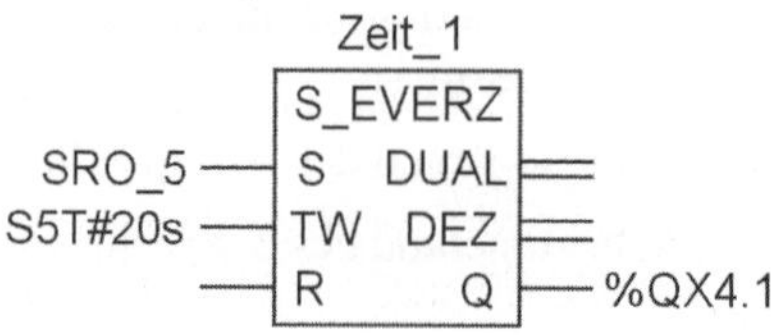

Bestimmungszeichen L:

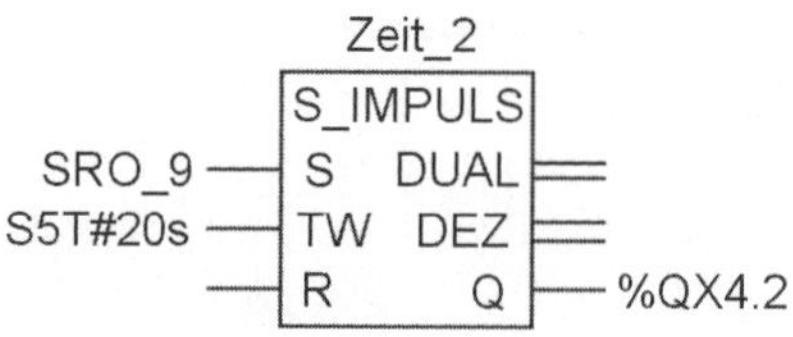

10.3.2 Realisierung

Die Ablaufkette mit allen Schritten, Transitionen und Aktionen wird in einem Funktionsbaustein umgesetzt. Da die Transitionen und Schritte anlagenabhängig sind, kann der Baustein dann nur für diese Anlage verwendet werden. Sind mehrere gleichartige Anlagen anzusteuern, kann der Baustein jedoch mehrmals im Steuerungsprogramm aufgerufen werden.

Regeln für die Programmierung des anlagenabhängigen Funktionsbausteins:

- Die IN-Variablen des Funktionsbausteins werden durch die Sensoren der Anlage, den RESET-Eingang und eventuell benötigte Zeit- und Zähler-Variablen gebildet.
- Die OUT-Variablen des Funktionsbausteins steuern die Aktoren der Anlage an.
- Der Schrittoperand des Initialschrittes SRO_1 wird mit „TRUE" vorbelegt.
- Die Grundstellung der Ablaufkette wird entweder durch den betriebsmäßigen Ablauf oder durch Ansteuerung mit einem RESET-Signal erreicht. RESET setzt den Speicher des Initialschrittes und rücksetzt alle anderen Schrittspeicher.
- Die Schrittspeicher steuern die Ausgänge (Aktoren) an. Ist ein Ausgang von mehreren Schrittspeichern anzusteuern, so sind diese durch ODER zu verknüpfen.

Beispiel 10.1: Reaktionsprozess

In einem Reaktionsbehälter werden zwei unterschiedliche chemische Ausgangsstoffe zusammengeführt, auf eine bestimmte Temperatur erwärmt und durch Umrühren vermischt.

Technologieschema:

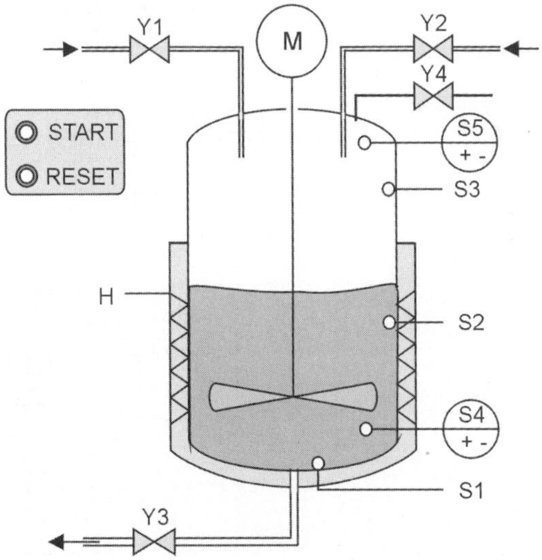

Bild 10.1: Reaktionsbehälter

Prozessablaufbeschreibung:

Nach Betätigung des Tasters START wird, sofern eine Leermeldung des Behälters durch S1 vorliegt und der Temperatursensor S4 sowie Drucksensor S5 keine Grenzwerte melden, das Vorlaufventil Y1 solange geöffnet, bis der Niveauschalters S2 („1") anspricht. Danach schaltet der Rührwerkmotor M ein und das Ventil Y2 wird geöffnet. Spricht der Niveauschalter S3

(„1") an, schließt das Ventil Y2 wieder. Nach einer Wartezeit von 5 Sekunden wird die Heizung H eingeschaltet, bis der Temperatursensor S4 („1") das Erreichen der vorgegebenen Temperatur meldet. Meldet während des Aufheizvorgangs der Drucksensor S5 einen Überdruck im Reaktionsbehälter, wird das Druckablassventil Y4 geöffnet bis keine Meldung mehr vorliegt. Nach Ablauf des Aufheizvorganges läuft das Rührwerk noch 10 Sekunden weiter, bevor das Ventil Y3 öffnet. Ist der Behälter leer (Niveauschalter S1 = „1"), wird das Ventil Y3 wieder geschlossen und der Prozessablauf kann wiederholt werden. Mit der RESET-Taste lässt sich die Ablaufkette in die Grundstellung bringen.

Zuordnungstabelle der Eingänge und Ausgänge:

Eingangsvariable	Symbol	Datentyp	Logische Zuordnung	Adresse
Start-Taster	START	BOOL	Betätigt START = 1	E 0.0
Leermeldung	S1	BOOL	Behälter leer S1 = 1	E 0.1
Niveauschalter 1	S2	BOOL	Niveau 1 erreicht S2 = 1	E 0.2
Niveauschalter 2	S3	BOOL	Niveau 2 erreicht S3 = 1	E 0.3
Temperatursensor	S4	BOOL	Temp. erreicht S4 = 1	E 0.4
Drucksensor	S5	BOOL	Überdruck erreicht S5 =1	E 0.5
Taster Ablaufk. Grundstellung	RESET	BOOL	Betätigt RESET = 1	E 0.7
Ausgangsvariable				
Zulaufventil 1	Y1	BOOL	Ventil auf Y1 = 1	A 4.1
Zulaufventil 2	Y2	BOOL	Ventil auf Y2 = 1	A 4.2
Ablassventil	Y3	BOOL	Ventil auf Y3 = 1	A 4.3
Druckablassventil	Y4	BOOL	Ventil auf Y4 = 1	A 4.4
Heizung	H	BOOL	Heizung an H = 1	A 4.5
Rührmotor	M	BOOL	Motor ein M = 1	A 4.6

Ablauf-Funktionsplan:

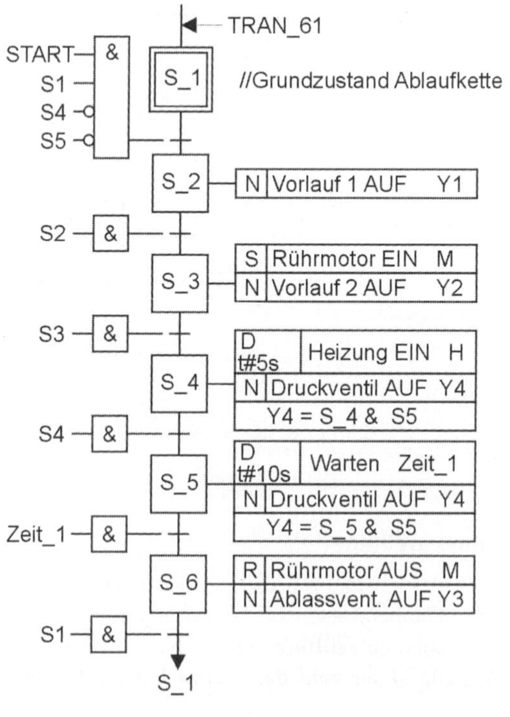

Die Umsetzung des Ablauf-Funktionsplanes erfolgt im Funktionsbaustein FB10 nach den angegebenen Regeln.

Deklarationstabelle des Funktionsbausteins FB 10:

Name	Datentyp	Anfangswert
IN		
START	Bool	FALSE
S1	Bool	FALSE
S2	Bool	FALSE
S3	Bool	FALSE
S4	Bool	FALSE
S5	Bool	FALSE
RESET	Bool	FALSE
Zeit_1	Timer	
Zeitw_1	S5Time	S5T#10S
Zeit_2	Timer	
Zeitw_2	S5Time	S5T#5S

Name	Datentyp	Anfangswert
OUT		
Y1	Bool	FALSE
Y2	Bool	FALSE
Y3	Bool	FALSE
Y4	Bool	FALSE
H	Bool	FALSE
M	Bool	FALSE
STAT		
SRO_1	Bool	TRUE
SRO_2	Bool	FALSE
SRO_3	Bool	FALSE
SRO_4	Bool	FALSE
SRO_5	Bool	FALSE
SRO_6	Bool	FALSE

Funktionsplan :

Schritt S_1

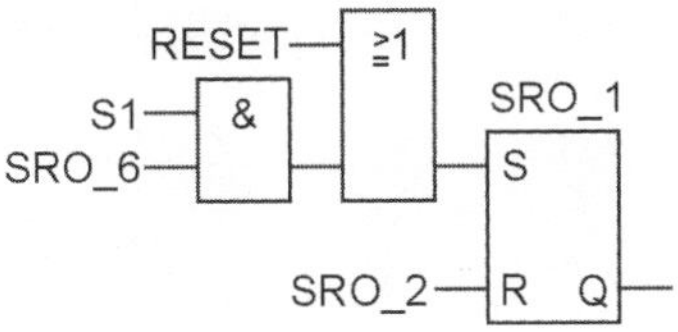

Schritt S_2

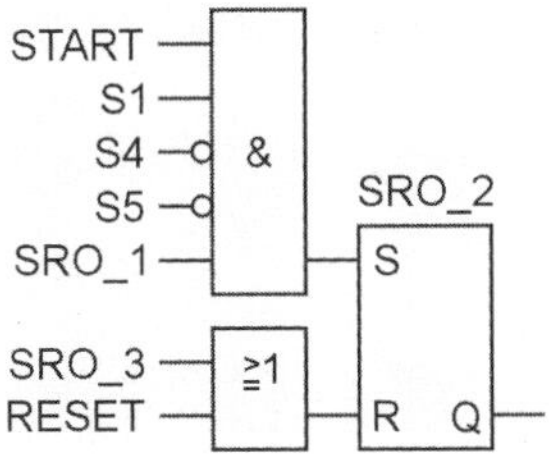

Schritt S_3

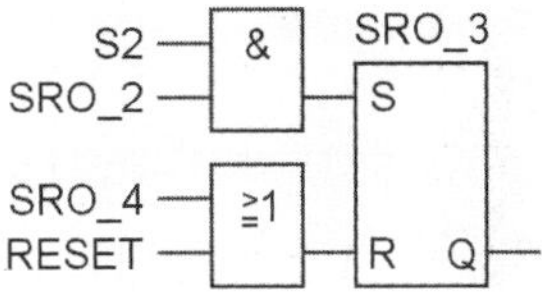

Schritt S_4

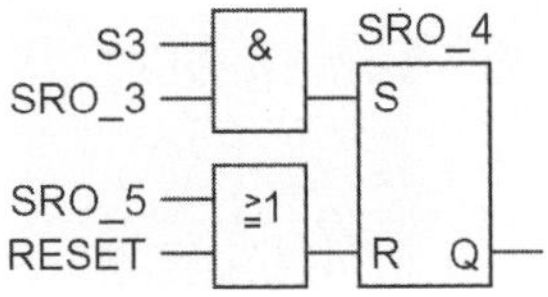

Schritt S_5

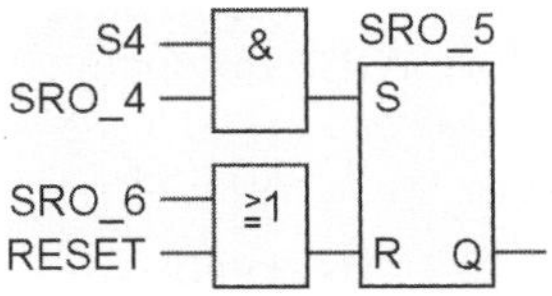

Schritt S_6

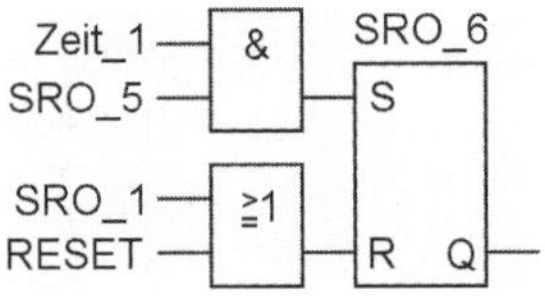

Zeitbildung Zeit_1

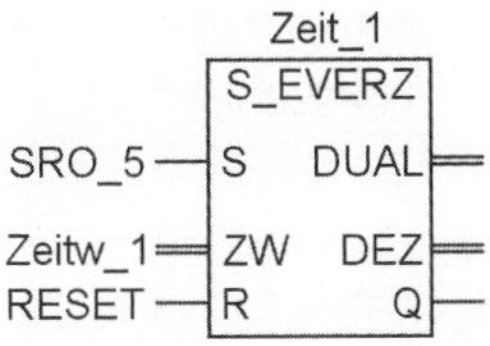

Ansteuerung Heizung H

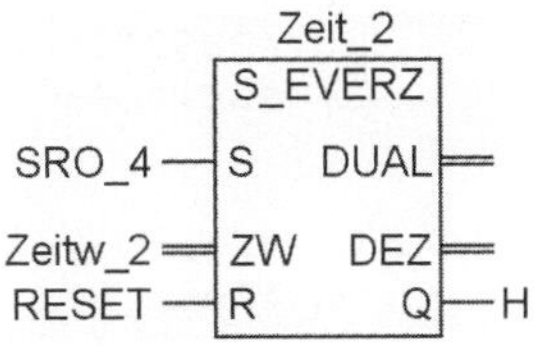

Ansteuerung Motor M

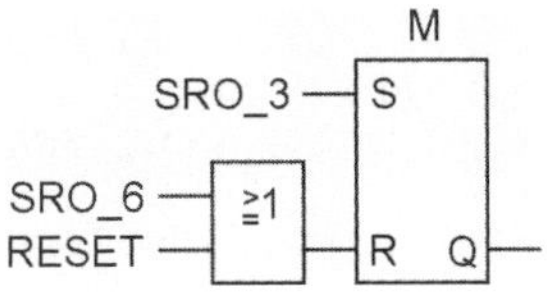

Ansteuerung Ventil Y1 u. Y2

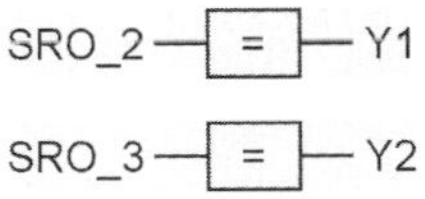

Ansteuerung Ventil Y3

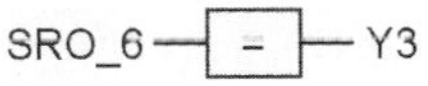

Ansteuerung Ventil Y4

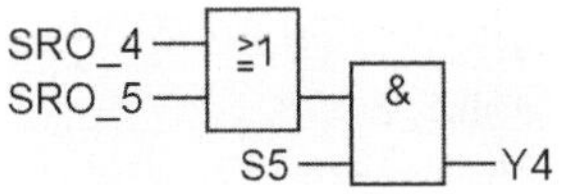

Aufruf des Funktionsbausteins FB10 im OB 1:

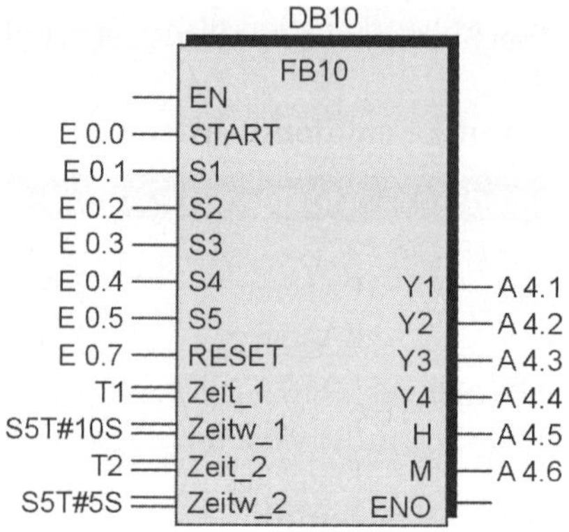

STEP 7 Programm (AWL-Quelle)

Hinweis: Auf die Darstellung des Instanzdatenbausteins DB 10 und OB 1 wird verzichtet.

```
FUNCTION_BLOCK FB 10
VAR_INPUT
START : BOOL ;
S1 : BOOL ;
S2 : BOOL ;
S3 : BOOL ;
S4 : BOOL ;
S5 : BOOL ;
RESET : BOOL ;
Zeit_1: TIMER ;
Zeitw_1:S5TIME:= S5T#10S;
Zeit_2: TIMER ;
Zeitw_2:S5TIME:= S5T#5S;
END_VAR

VAR_OUTPUT
  Y1 : BOOL ;
  Y2 : BOOL ;
  Y3 : BOOL ;
  Y4 : BOOL ;
  H : BOOL ;
  M : BOOL ;
END_VAR

VAR
  SRO_1 : BOOL   := TRUE;
  SRO_2 : BOOL ;
  SRO_3 : BOOL ;
  SRO_4 : BOOL ;
  SRO_5 : BOOL ;
  SRO_6 : BOOL ;
END_VAR

BEGIN
U(  ;
O   #RESET;
O   ;
U   #S1;
U   #SRO_6;
)   ;
S   #SRO_1;
U   #SRO_2;
R   #SRO_1;

U   #START;
U   #S1;
UN  #S4;
UN  #S5;
U   #SRO_1;
S   #SRO_2;
U(  ;
O   #SRO_3;
O   #RESET;
)   ;
R   #SRO_2;

U   #S2;
U   #SRO_2;
S   #SRO_3;

U(  ;
O   #SRO_4;
O   #RESET;
)   ;
R   #SRO_3;

U   #S3;
U   #SRO_3;
S   #SRO_4;
U(  ;
O   #SRO_5;
O   #RESET;
)   ;
R   #SRO_4;

U   #S4;
U   #SRO_4;
S   #SRO_5;
U(  ;
O   #SRO_6;
O   #RESET;
)   ;
R   #SRO_5;

U   #Zeit_1;
U   #SRO_5;
S   #SRO_6;
U(  ;
O   #SRO_1;

O   #RESET;
)   ;
R   #SRO_6;

U   #SRO_5;
L   #Zeitw_1;
SE  #Zeit_1;
U   #RESET;
R   #Zeit_1;

U   #SRO_4;
L   #Zeitw_2;
SE  #Zeit_2;
U   #RESET;
R   #Zeit_2;
U   #Zeit_2;
=   #H;

U   #SRO_3;
S   #M;
U(  ;
O   #SRO_6;
O   #RESET;
)   ;
R   #M;

U   #SRO_2;
=   #Y1;

U   #SRO_3;
=   #Y2;

U   #SRO_6;
=   #Y3;

U(  ;
O   #SRO_4;
O   #SRO_5;
)   ;
U   #S5;
=   #Y4;

END_FUNCTION_BLOCK
```

10.4 Umsetzung des Ablauf-Funktionsplanes mit standardisierter Bausteinstruktur

Für lineare Ablaufketten kann eine standardisierte Lösungsstruktur gefunden werden, bestehend aus einem allgemein gültigen Funktionsbaustein FB zur Umsetzung der Schritte mit den Transitionsbedingungen und einem anlagenspezifischen Ausgabebaustein. Der allgemein gültige Funktionsbaustein (Bibliotheks-Funktionsbaustein) enthält keine Befehlsausgabe, da diese anlagenabhängig ist. Ergebnis und Ausgabe dieses Bausteins ist nur die Schrittnummer, welche den jeweils aktuellen Schritt als Integer-Zahl ausgibt. Ein aufgabengemäß programmierter Befehlsausgabebaustein muss die aktuelle Schrittnummer auswerten und die Befehlsausgabe ausführen. Der vorgestellte Bibliotheks-Funktionsbaustein FB 15 ist für zehn Schritte konzipiert. Eine Erweiterung des Bausteins für mehr Schritte ist jedoch leicht ausführbar.

10.4.1 Regeln für die Programmierung des Bibliotheks-Schrittkettenbausteins (FB15: KoB)

- Die IN-Variablen des Schrittkettenbausteins werden durch zehn boolesche Variablen T1_2, T2_3 bis T10_1 und einen RESET-Eingang gebildet. An den Eingang T1_2 wird die Transitionsbedingung von Schritt 1 nach Schritt 2 geschrieben. Für die restlichen Eingänge T2_3 bis T10_1 gilt Entsprechendes. Die IN-Variablen T2_3 bis T10_1 erhalten in der Vorbelegung der Deklarationstabelle den Wert „TRUE“. Damit wird automatisch weitergeschaltet, wenn ein solcher Eingang nicht beschaltet ist.
- Einzige OUT-Variable des Schrittkettenbausteins ist SCHRITT (Schrittnummer) mit dem Datenformat INTEGER. Dieser Ausgang gibt den jeweils aktuellen Schritt an.
- Für jeden Ablaufschritt ist ein SR-Speicherglied mit der Logik der Transitionsbedingungen zum Setzen des Nachfolgespeichers vorzusehen. Über den Rücksetzeingang wird der Vorgängerspeicher von seinem Nachfolgerspeicher gelöscht. Für die SR-Speicherglieder sind Schrittoperanden als statische Variablen in der Deklarationstabelle einzuführen. Der Schrittoperand des Initialschrittes SRO_1 wird dabei mit „TRUE“ vorbelegt.
- Die Grundstellung der Ablaufkette wird entweder durch den betriebsmäßigen Ablauf oder durch Ansteuerung mit einem RESET-Signal erreicht. RESET setzt den Speicher des Initialschrittes und rücksetzt alle anderen Schrittspeicher.

Die Umsetzung des standardisierten Schrittkettenbausteins erfolgt im Funktionsbaustein FB 15.

Bausteinaufruf FB 15:

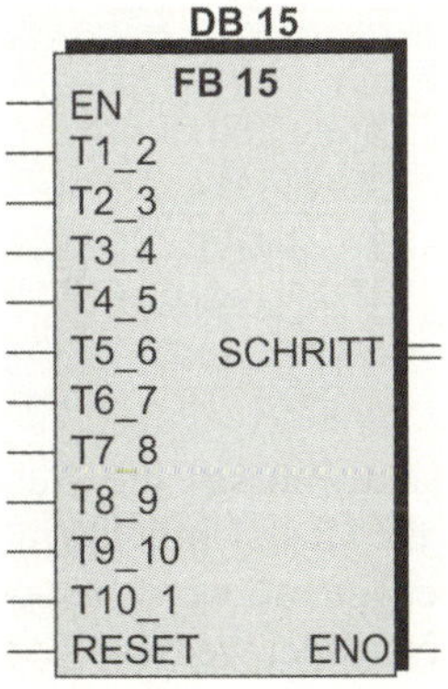

Beschreibung der Übergabeparameter:

T1_2	Variable für die Annahme der Transitionsbedingung von Schritt 1 nach 2.
T2_3 ... T10_1	Variable für die Annahme der entsprechenden Transitionsbedingungen aus der Schrittkette.
RESET	Variable für die Annahme eines Signals, um die Schrittkette in die Grundstellung zu setzen.
SCHRITT	INTEGER-Variable für die Ausgabe der aktuellen Schrittnummer.

Deklarationstabelle des Schrittketten-Funktionsbausteins FB 15:

Name	Datentyp	Anfangswert
IN		
T1_2	Bool	FALSE
T2_3	Bool	TRUE
T3_4	Bool	TRUE
T4_5	Bool	TRUE
T5_6	Bool	TRUE
T6_7	Bool	TRUE
T7_8	Bool	TRUE
T9_10	Bool	TRUE
T10_1	Bool	TRUE
RESET	Bool	FALSE
OUT		
SCHRITT	Integer	0

Name	Datentyp	Anfangswert
STAT		
SRO_1	Bool	TRUE
SRO_2	Bool	FALSE
SRO_3	Bool	FALSE
SRO_4	Bool	FALSE
SRO_5	Bool	FALSE
SRO_6	Bool	FALSE
SRO_7	Bool	FALSE
SRO_8	Bool	FALSE
SRO_9	Bool	FALSE
SRO_10	Bool	FALSE

Funktionsplan des Schrittketten-Funktionsbausteins FB 15:

Schritt 1:

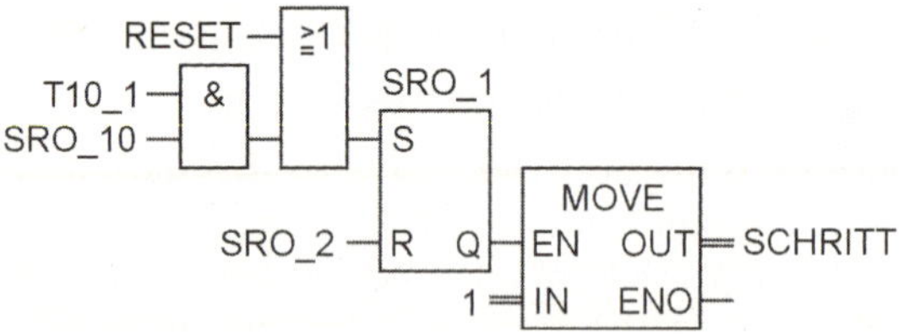

Schritt 2

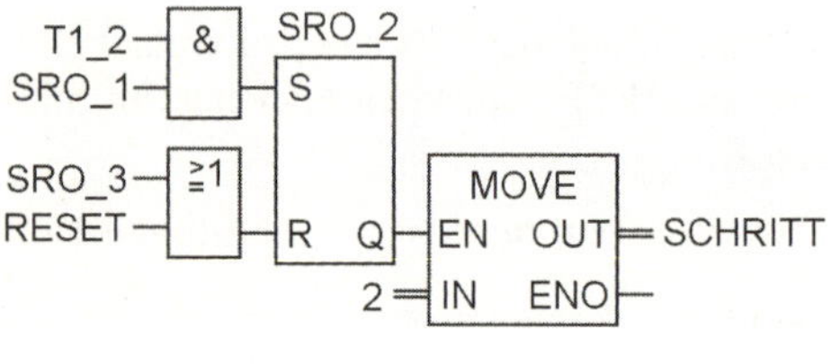

Schritt 3

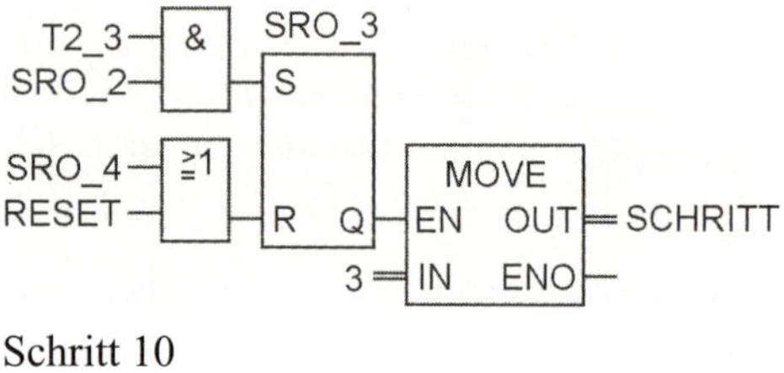

Schritt 10

Die Programmteile für die Schritte 4 bis 9 sind entsprechend aufgebaut. Auf eine Darstellung wird deshalb verzichtet.

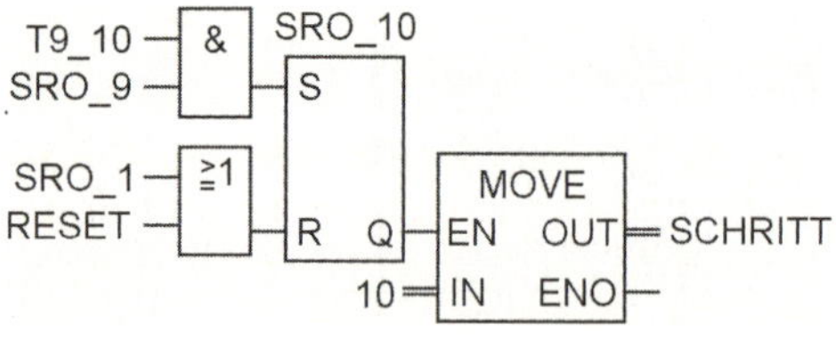

Wird die Ablaufkette mit dem Ablaufkettenbaustein FB 15 realisiert, müssen die Ausgabeaktionen außerhalb des FB 15 gebildet werden. Es fördert nicht nur die Übersichtlichkeit, wenn die Ausgabeaktionen in einem Befehlsausgabebaustein zusammengefasst werden, sondern beide Bausteine können zur Ansteuerung gleicher Anlagen wiederverwendet werden.

10.4.2 Regeln für die Programmierung des Befehlsausgabe-Bausteins

Als Bausteintyp kann in den meisten Fällen eine Funktion FC (z.B. FC 16) verwendet werden. Sind allerdings lokale statische Variable in dem Baustein erforderlich, muss ein Funktionsbaustein FB (z.B. FB 16) verwendet werden.

- Die Auswertung der aktuellen Schrittnummer erfolgt durch einen Vergleicher.
- Ist das Bestimmungszeichen der Aktion ein „N“, muss eine einfache Zuweisung programmiert werden. Wird der Aktor von mehreren Ablaufschritten nichtspeichernd angesteuert, müssen die Einzelzuweisungen ODER-verknüpft werden.

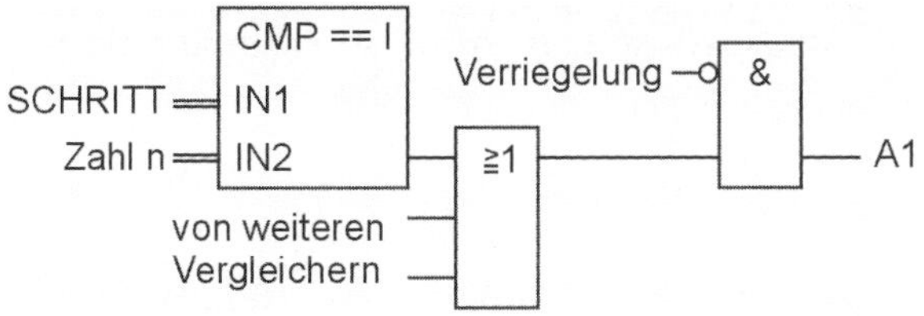

- Ist das Bestimmungszeichen der Aktion ein „S“, muss eine SR-Speicherfunktion verwendet werden, die durch eine nachfolgende Aktion „R“ beendet wird.

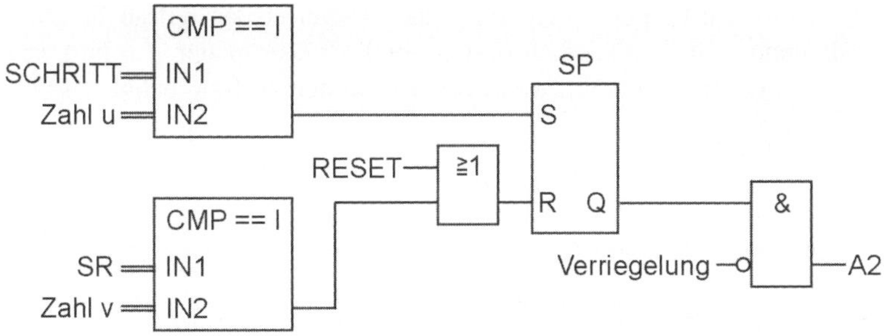

- Ist das Bestimmungszeichen ein „D“, wird die Zeit durch die Zeitfunktion SE gebildet.

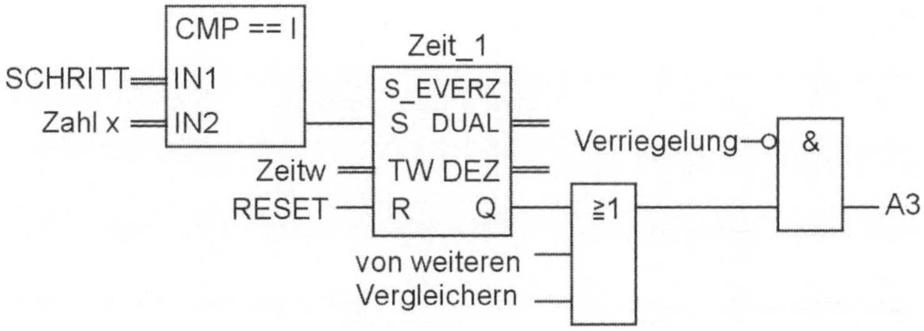

- Ist das Bestimmungszeichen ein „L“, wird die Zeit durch eine Zeitfunktion SI gebildet.

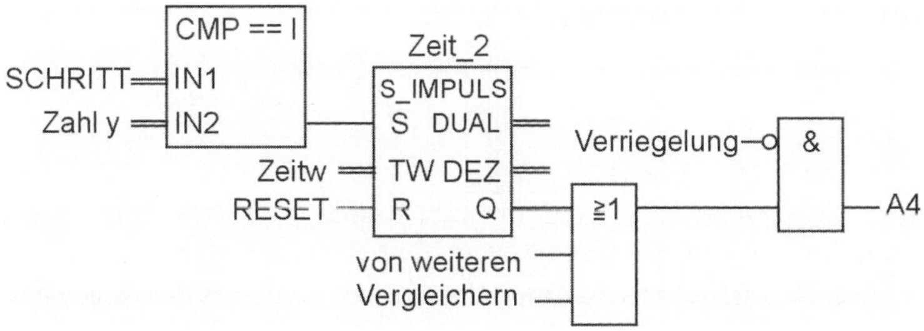

10.4.3 Realisierung

Zur Umsetzung der Ablaufkette in ein Steuerungsprogramm wird der universelle Ablaufketten-Funktionsbaustein FB 15 aufgerufen und an den Eingängen anlagenspezifisch parametriert. Dabei sind einfach die Transitionsbedingungen an die entsprechenden Eingänge T1_2 bis T10_1 zu legen. Nicht benötigte Transitionen können dabei unbeschaltet bleiben

Der eigentliche Programmieraufwand liegt in der Erstellung des Ausgabebausteins FC 16. Die Ausgänge dieses Bausteins steuern die Aktoren der Anlage an.

Diese Art der Realisierung liefert mit der Integer-Variablen „Schritt", welche die Verbindung der beiden Bausteine FB 15 und FC 16 herstellt, die Möglichkeit zur aktuellen Schrittanzeige. Transferiert man diese Variable an ein Ausgangsbyte (z.B. AB6), so kann dort die Schrittnummer dualcodiert angezeigt werden.

Beispiel 10.2: Prägemaschine

Mit einer Prägemaschine soll auf Werkstücken eine Kennzeichnung eingeprägt werden. Dazu schiebt ein Schieber ein Werkstück aus dem Magazin in die Prägeform. Wenn die Prägeform belegt ist, stößt der Prägestempel abwärts und bewegt sich nach einer Wartezeit von 3 Sekunden wieder nach oben. Nach dem Prägevorgang stößt der Auswerfer das fertige Teil aus der Form, sodass es anschließend von dem Luftstrom aus der Luftdüse in den Auffangbehälter geblasen wird. Eine Lichtschranke spricht an, wenn das Teil in den Auffangbehälter fällt. Danach kann der nächste Prägevorgang beginnen.

Technologieschema:

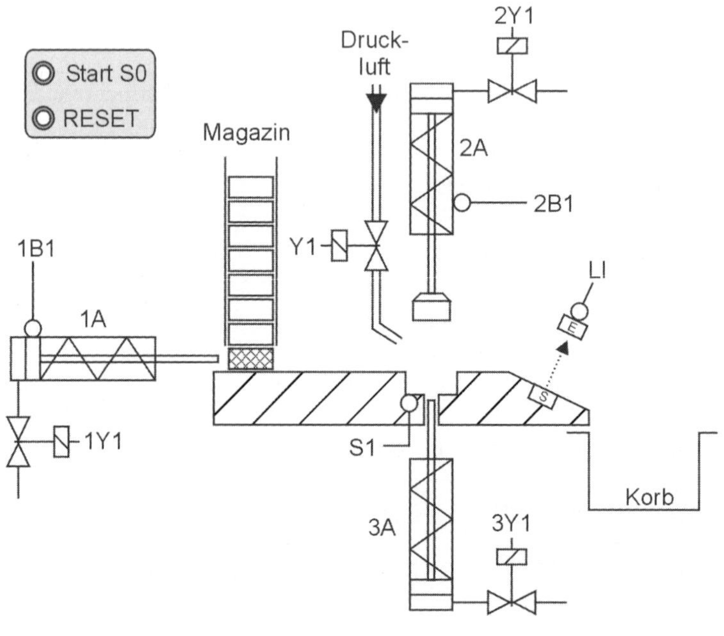

Bild 10.2: Prägemaschine (Die eingesetzten drei 3/2-Wege-Ventile sind nur schematisch dargestellt).

Zuordnungstabelle der Eingänge und Ausgänge:

Eingangsvariable	Symbol	Datentyp	Logische Zuordnung		Adresse
Start-Taster	S0	BOOL	Betätigt	S0 = 1	E 0.0
Hintere Endl. Zyl. 1A	1B1	BOOL	Endlage erreicht	1B1 = 1	E 1.1
Prägeform belegt	S1	BOOL	Form belegt	S1 = 1	E 1.2
Vordere Endl. Zyl. 2A	2B1	BOOL	Endlage erreicht	2B1 = 1	E 1.3
Lichtschranke	LI	BOOL	Unterbrochen	LI = 1	E 1.4
RESET-Taster	RESET	BOOL	Betätigt	RESET = 1	E 0.7
Ausgangsvariable					
Magnetspule Ventil 1	1Y1	BOOL	Zyl.1A fährt aus	1Y1 = 1	A 5.1
Magnetspule Ventil 2	2Y1	BOOL	Zyl.2A fährt aus	2Y1 = 1	A 5.2
Magnetspule Ventil 3	3Y1	BOOL	Zyl.3A fährt aus	3Y1 = 1	A 5.3
Luftdüse	Y1	BOOL	Ventil offen	Y1 = 1	A 5.4

Ablauf-Funktionsplan:

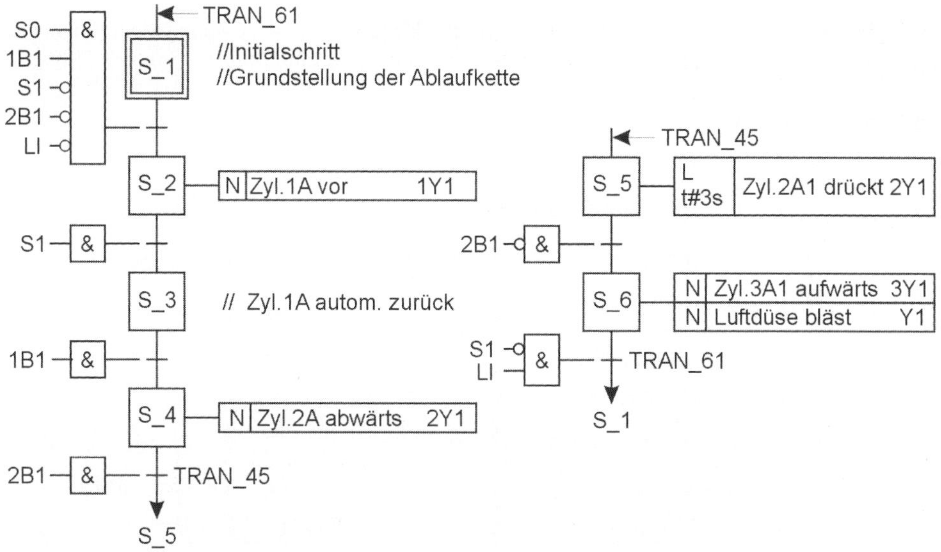

Da der Standard-Funktionsbaustein für die Ablaufkette verwendet wird, muss nur der Befehlsausgabebaustein FC 16 entworfen werden.

Deklarationstabelle des Ausgabebausteins FC 16:

Name	Datentyp
IN	
SCHRITT	Int
Zeit	Timer
Zeitw	S5Time
RESET	Bool

Name	Datentyp
OUT	
_1Y1	Bool
_2Y1	Bool
_3Y1	Bool
Y1	Bool

Funktionsplan des Ausgabebausteins FC 16

Zuweisung Ventil 1Y1

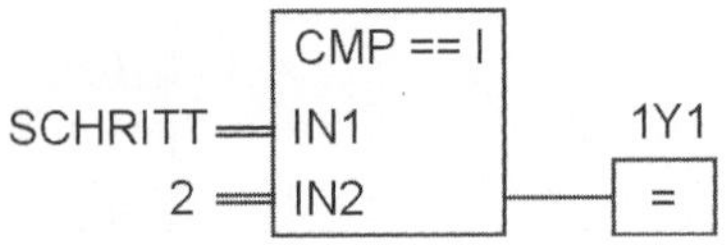

Zuweisung Ventil 2Y1

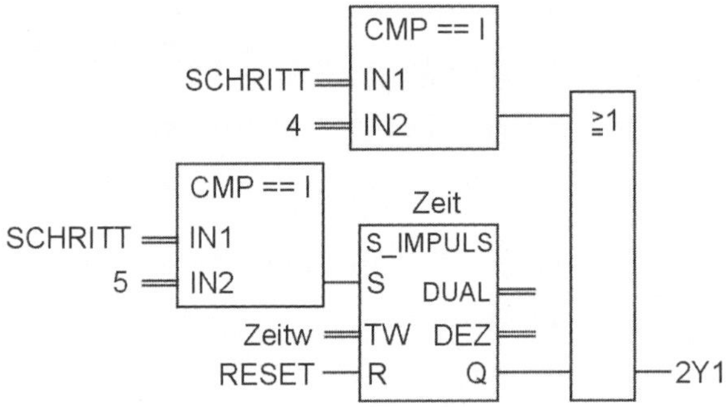

Zuweisung Ventil 3Y1 und Y1

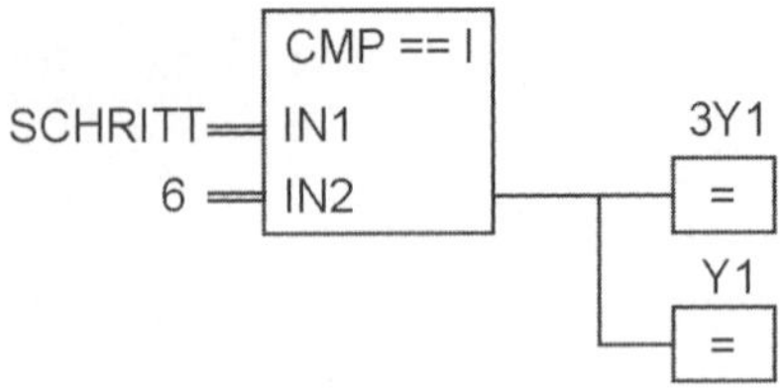

Den Aufruf der Bausteine und die gesamte Programmstruktur zeigt der nachfolgende freigrafische Funktionsplan. Die mit „#" versehene Variable muss im OB 1 als temporäre Variable mit dem Datentyp Integer deklariert werden. Für die Eingangs- und Ausgangsoperanden (siehe Zuordnungstabelle) werden Symbole in der Symboltabelle vereinbart (z.B. E 0.0 → „S0").

Programmstruktur im OB 1:

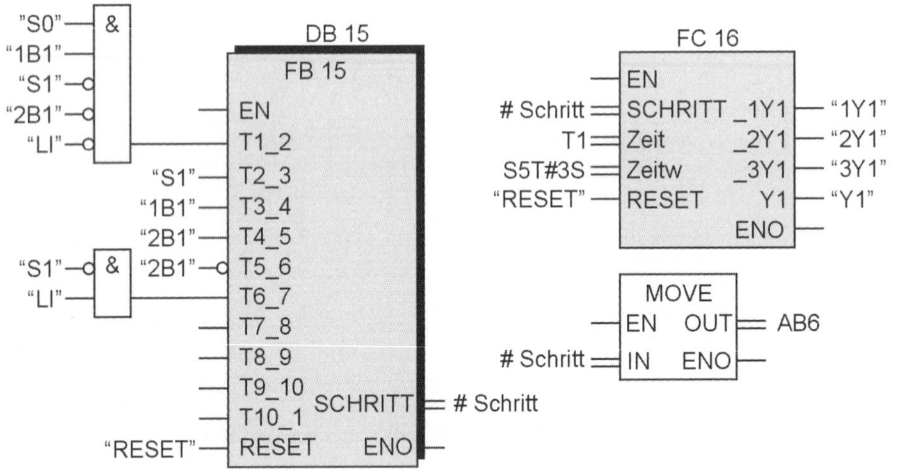

Das nachfolgende STEP 7-Programm zeigt den Funktionsbaustein FB 15, die Funktion FC 16 und den Organisationsbaustein **OB 1** in der Darstellung als AWL-Quelle. In der Darstellung der Bausteinaufrufe im **OB 1** ist zu erkennen, dass die an den Eingängen des Funktionsbausteins stehenden binären Operanden bzw. Verknüpfungen bestimmten Lokalenvariablen L zugewiesen werden. Dies erfolgt automatisch, wenn die Bausteinaufrufe in der Darstellungsart Funktionsplan programmiert und danach in die AWL-Programmiersprache umgewandelt werden.

STEP7 Programm (AWL-Quelle):

```
FUNCTION_BLOCK FB 15
VAR_INPUT
 T1_2  : BOOL ;
 T2_3  : BOOL := TRUE;
 T3_4  : BOOL := TRUE;
 T4_5  : BOOL := TRUE;
 T5_6  : BOOL := TRUE;
 T6_7  : BOOL := TRUE;
 T7_8  : BOOL := TRUE;
 T8_9  : BOOL := TRUE;
 T9_10 : BOOL := TRUE;
 T10_1 : BOOL := TRUE;
 RESET : BOOL;
END_VAR
VAR_OUTPUT
 SCHRITT : INT ;
END_VAR
VAR
 SRO_1 : BOOL := TRUE;
 SRO_2 : BOOL ;
 SRO_3 : BOOL ;
 SRO_4 : BOOL ;
 SRO_5 : BOOL ;
 SRO_6 : BOOL ;
 SRO_7 : BOOL ;
 SRO_8 : BOOL ;
 SRO_9 : BOOL ;
 SRO_10 : BOOL ;
END_VAR
BEGIN
  U(  ;
  O   #RESET;
  O  ;
  U  #SRO_10;
  U  #T10_1;
  )  ;
  S  #SRO_1;
  U  #SRO_2;
  R  #SRO_1;
  U  #SRO_1;
  SPBNB M001;
  L  1;
  T  #SCHRITT;
M001: NOP   0;

  U  #SRO_1;
  U  #T1_2;
  S  #SRO_2;
  O  #SRO_3;
  O  #RESET;
  R  #SRO_2;
  U  #SRO_2;
  SPBNB M002;
  L  2;
  T  #SCHRITT;
M002: NOP   0;

  U  #SRO_2;
  U  #T2_3;
  S  #SRO_3;
  O  #SRO_4;
  O  #RESET;
  R  #SRO_3;
  U  #SRO_3;
  SPBNB M003;
  L  3;
  T  #SCHRITT;
M003: NOP   0;

  U  #SRO_3;
  U  #T3_4;
  S  #SRO_4;
  O  #SRO_5;
  O  #RESET;
  R  #SRO_4;
  U  #SRO_4;
  SPBNB M004;
  L  4;
  T  #SCHRITT;
M004: NOP   0;

  U  #SRO_4;
  U  #T4_5;
  S  #SRO_5;
  O  #SRO_6;
  O  #RESET;
  R  #SRO_5;
  U  #SRO_5;
  SPBNB M005;
  L  5;
  T  #SCHRITT;
M005: NOP   0;

  U  #SRO_5;
  U  #T5_6;
  S  #SRO_6;
  O  #SRO_7;
  O  #RESET;
  R  #SRO_6;
  U  #SRO_6;
  SPBNB M006;
  L  6;
  T  #SCHRITT;
M006: NOP   0;

  U  #SRO_6;
  U  #T6_7;
  S  #SRO_7;
  O  #SRO_8;
  O  #RESET;
  R  #SRO_7;
  U  #SRO_7;
  SPBNB M007;
  L  7;
  T  #SCHRITT;
M007: NOP   0;

  U  #SRO_7;
  U  #T7_8;
  S  #SRO_8;
  O  #SRO_9;
  O  #RESET;
  R  #SRO_8;
  U  #SRO_8;
  SPBNB M008;
  L  8;
  T  #SCHRITT;
M008: NOP   0;

  U  #SRO_8;
  U  #T8_9;
  S  #SRO_9;
  O  #SRO_10;
  O  #RESET;
  R  #SRO_9;
  U  #SRO_9;
  SPBNB M009;
  L  9;
  T  #SCHRITT;
M009: NOP   0;

  U  #SRO_9;
  U  #T9_10;
  S  #SRO_10;
  O  #SRO_1;
  O  #RESET;
  R  #SRO_10;
  U  #SRO_10;
  SPBNB M00a;
  L  10;
  T  #SCHRITT;
M00a: NOP   0;

END_FUNCTION_BLOCK
```

```
FUNCTION FC 16 : VOID
VAR_INPUT
  SCHRITT: INT ;
  Zeit   : TIMER ;
  Zeitw  : S5TIME ;
  RESET  : BOOL ;
END_VAR
VAR_OUTPUT
  _1Y1 : BOOL ;
  _2Y1 : BOOL ;
  _3Y1 : BOOL ;
  Y1 : BOOL ;
END_VAR
BEGIN
  L  #SCHRITT;
  L  2;
  ==I   ;
  =  #_1Y1;

  O( ;
  L  #SCHRITT;
  L  4;
  ==I;
  )  ;
  O( ;
  U( ;
  L  #SCHRITT;
  L  5;
  ==I;
  )  ;
  L  #Zeitw;
  SI #Zeit;
  U  #Zeit;
  )  ;
  =  #_2Y1;

  L  #SCHRITT;
  L  6;
  ==I   ;
  =  #_3Y1;
  =  #Y1;
END_FUNCTION
```

```
ORGANIZATION_BLOCK OB 1
VAR_TEMP
  ... //Standardeinträge
  Schritt : INT ;
END_VAR
BEGIN
  U   E  0.0;
  U   E  1.1;
  UN  E  1.2;
  UN  E  1.3;
  UN  E  1.4;
  =   L  22.0;

  U   E  1.2;
  =   L  22.1;

  U   E  1.1;
  =   L  22.2;

  U   E  1.3;
  =   L  22.3;

  UN  E  1.3;
  =   L  22.4;

  UN  E  1.2;
  U   E  1.4;
  =   L  22.5;

  U   E  0.7;
  =   L  23.2;

CALL FB 15, DB 15 (
  T1_2   := L     22.0,
  T2_3   := L     22.1,
  T3_4   := L     22.2,
  T4_5   := L     22.3,
  T5_6   := L     22.4,
  T6_7   := L     22.5,
  RESET  := L     23.2,
  SCHRITT:= #Schritt);

CALL FC 16 (
  SCHRITT:= #Schritt,
  Zeit    := T1,
  Zeitw   := S5T#3S,
  RESET   := E  0.7,
  _1Y1    := A  5.1,
  _2Y1    := A  5.2,
  _3Y1    := A  5.3,
  Y1      := A  5.4);

  L  #Schritt;
  T  AB  6;

END_ORGANIZATION_BLOCK
```

10.5 Ablaufsteuerungen mit wählbaren Betriebsarten

10.5.1 Grundlagen

Fertigungstechnische oder verfahrenstechnische Ablaufsteuerungen sind Steuerungen mit einem zwangsweisen Ablauf der inneren Zustände der Steuerungsprogramme, die in eindeutig funktioneller und zeitlicher Zuordnung zu den technologischen Abläufen in der Anlage stehen und mit einer übergeordneten Funktionsebene zur Bedienerführung mit verschiedenen Betriebsarten ausgestattet sind.

Steuerungslösungen in der Form von Ablaufsteuerungen zeichnen sich durch einen übersichtlichen Programmaufbau mit typischen Steuerungsstrukturen aus. Beim praktischen Einsatz der Ablaufsteuerungen erweisen sich diese als wartungsfreundlich, da sie ein schnelles Erkennen von Fehlerursachen erlauben, die zumeist in fehlenden Weiterschaltbedingungen an den Schrittübergängen zu suchen sind. Allerdings bilden bereits kleinere Ablaufsteuerungen ein komplexes Steuerungsprogramm, da neben der Ablaufkette eine übergeordnete Funktionsebene für die Vorgabe unterschiedlicher Betriebsarten vorhanden ist.

Die Darstellung der Ablaufkette erfolgt mit den Elementen des Ablauf-Funktionsplanes und kann demgemäß übersichtlich gestaltet werden. Der Betriebsartenteil ist dagegen nur als Verknüpfungssteuerung realisierbar und gewöhnlich ohne Funktionsbeschreibung nicht leicht verstehbar. In der Praxis wird der Entwurf von Ablaufsteuerungen durch den Einsatz spezieller Software-Tools (z.B. S7-Graph) unterstützt, die es dem Anwendungsprogrammierer gestatten, sich ganz auf die technologische Lösung zu konzentrieren, da die Umsetzung auf die Steuerungsprogrammebene vom Programmiersystem geleistet wird und der Betriebsartenteil bereits integriert ist. Im diesem Lehrbuch wird auf den Einsatz solch mächtiger Software-Tools verzichtet und dafür die Ablaufsteuerung aus einzelnen Programmteilen zusammengesetzt.

10.5.2 Struktur

Eine Ablaufsteuerung kann in drei Programmteile gegliedert werden:

- Betriebsartenteil
- Ablaufkette
- Befehlsausgabe

Es liegt im Prinzip immer die nachfolgende, vereinfacht dargestellte Programmstruktur vor:

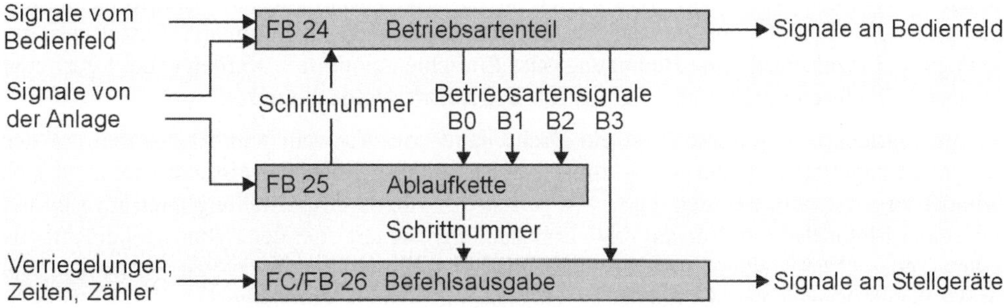

Bild 10.3: Struktur einer Ablaufsteuerung mit wählbaren Betriebsarten

Aufgaben des Betriebsartenteils:

Hier werden die Bedingungen für die Steuerungsabläufe vorgegeben. In der Regel lassen sich Automatikbetrieb, Einzelschrittbetrieb und Einrichtbetrieb zur Anlagensteuerungen wählen. Während im Einrichtbetrieb die Aktoren einer Anlage über Befehlsgeber direkt ohne Berücksichtigung der Ablaufkette angesteuert werden können, unterscheiden sich die beiden Betriebsarten Automatik und Einzelschritt durch Bedingungen der Schritt-Weiterschaltung der Ablaufkette. Beim Automatikbetrieb läuft die Schrittkette ohne Einwirkung eines Bedieners automatisch ab. Beim Einzelschrittbetrieb erfolgt die Weiterschaltung von einem zum nächsten Schritt nur unter der Leitung des Anlagenpersonals. Dabei kann bei der Weiterschaltung gewählt werden, ob die Übergangsbedingung erfüllt sein muss oder nicht. Zur Einstellung der Betriebsarten erzeugt ein *Betriebsartenteil* verschiedene Steuerbefehle für die Ablaufkette. Der Betriebsartenteil stellt somit das Bindeglied zwischen Bedienfeld und Ablaufkette dar.

Aufgaben der Ablaufkette:

Kernstück einer Ablaufsteuerung ist die Ablaufkette. In dieser wird das Programm für den schrittweisen Funktionsablauf der Steuerung bearbeitet. Die einzelnen Ablaufschritte werden abhängig von Übergangsbedingungen (Transitionen) in einer festgelegten Reihenfolge aktiviert. Für die Betriebsarten Automatik, Einzelschritt mit Bedingung und Einzelschritt ohne Bedingung steuern Signale aus dem Betriebsartenteil zusätzlich die Weiterschaltung.

Aufgaben der Befehlsausgabe:

In der Befehlsausgabe werden die den einzelnen Ablaufschritten zugeordneten Aktionen durch Ansteuerung der Stellgeräte ausgeführt. Dabei müssen Betriebsartenvorgaben genauso berücksichtigt werden wie Verriegelungssignale aus der Anlage, um die Steuerungssicherheit zu gewährleisten.

10.5.3 Bedien- und Anzeigefeld

Die Einstellung der Betriebsarten erfolgt von einem Bedienfeld aus. Neben den Bedienelementen besitzen Bedienfelder noch Leuchtmelder zur Anzeige der Betriebszustände und eine Schrittanzeige, an der der aktuelle Schritt abgelesen werden kann.

In der Praxis werden zur Bedienung und Beobachtung von Ablaufsteuerungen meist Panels eingesetzt, die maschinennah angebracht sind. Nachfolgend wird ein Bedien- und Anzeigefeld vorgestellt, das sich sowohl hardwaremäßig mit Tastern, Schaltern und Anzeigeleuchten als auch softwaremäßig mit einem Bedien- und Beobachtungssystem realisieren lässt

Neben einem EIN- und einem AUS-Taster für das Ein-/Ausschalten der Steuerung befindet sich auf dem Bedienfeld ein Wahlschalter, mit dem die Betriebsart Automatik, Einzelschritt mit Bedingung, Einzelschritt ohne Bedingung oder Einrichten eingestellt werden kann. Leuchtmelder geben jeweils eine Rückmeldung, welche Betriebsart gerade aktuell ist.

Für die Betriebsart „Einrichten“ ist ein Drehschalter zur Auswahl von 10 Aktoren auf dem Bedienfeld angebracht. Unter der Aktorauswahl ist hierbei beispielsweise ein Motor oder ein Zylinder zu verstehen. Mit den Tasten Arbeitsstellung bzw. Grundstellung kann im Einrichtbetrieb der Motor dann im Rechts- bzw. Linkslauf angesteuert oder der Zylinder in die Arbeitsstellung oder Grundstellung gefahren werden. Um „Crash-Situationen“ zu vermeiden, sind entsprechende Verriegelungen bei der Befehlsausgabe zu berücksichtigen.

Bedien und Anzeigefeld:

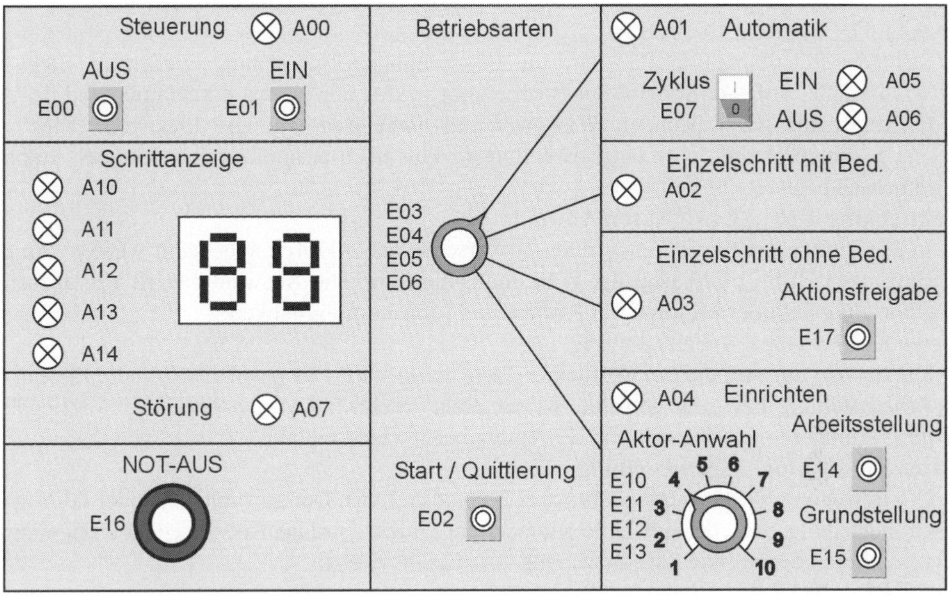

Bild 10.4: Bedien- und Anzeigefeld

Um Verwechslungen mit den Bezeichnungen von Signalgebern in Anlagen zu vermeiden, die in den Technologieschemata oftmals mit S0 ... Sn bezeichnet werden, sind die Eingänge des Bedienfeldes mit E00 bis E07 und E10 bis E17 benannt. Ebenso die Ausgänge von A00 bis A06 und A10 bis A14

Beabsichtigte Funktionen der Befehlsgeber und Anzeigen des Bedienfeldes:

Taster E00: Steuerung_AUS

Schaltet die Steuerung aus. (Anmerkung: In der Praxis besteht der Befehlsgeber für das EIN- und AUS-Schalten der Steuerung meist aus einem Schlüsselschalter).

Taster E01: Steuerung_EIN

Schaltet die Steuerung ein. Steuerung einschalten nach NOT-AUS oder Steuerung AUS.

Taster E02: Start / Quittierung

Automatikbetrieb: Ist die Betriebsart mit E03 vorgewählt, wird beim Betätigen des Tasters der Automatikbetrieb gestartet.

Einzelschrittbetrieb: Bei entsprechender Betriebsartenwahl erfolgt durch Taster-Betätigung eine Einzelschritt-Weiterschaltung der Schrittkette.

Bei ausgeschalteter Steuerung nach einer unregelmäßigen Betriebssituation wird durch Betätigen der Start/Quitt-Taste das RESET Betriebsartensignal B0 zum Rücksetzen der Schrittkette und der gespeicherten Aktionen ausgelöst.

Wahlschalter E03, E04, E05 und E06: Betriebsart

Wahl der Betriebsart: E03 = 1 für Automatik, E04 = 1 für Einzelschrittbetrieb mit Bedingungen, E05 = 1 für Einzelschrittbetrieb ohne Bedingungen und E06 = 1 für Einrichten. Ein Betriebsartenwechsel ist über den Wahlschalter jederzeit ohne Bearbeitungsabbruch möglich. Die Umschaltung in die Betriebsart Weiterschalten ohne Bedingungen und Einrichten stoppt die Ansteuerung der Aktoren. Durch den Wahlschalter ist gewährleistet, dass stets nur einer der Eingänge E03, E04, E05 und E06 ein „1"-Signal annehmen kann.

Taster E07: Zyklus EIN / AUS
Steht der Schalter auf „EIN" wird ein Bearbeitungszyklus ständig wiederholt. Steht der Wahlschalter auf „AUS" wird der Bearbeitungszyklus nur einmal durchlaufen und der Automatikbetrieb dann beendet. Wird während eines Bearbeitungszyklus von „EIN" auf „AUS" umgeschaltet, wird der Bearbeitungszyklus noch ausgeführt und dann der Automatikbetrieb beendet.

Wahlschalter E10 ... E13: Aktor-Anwahl
In der Betriebsart Einrichten können 10 verschiedene Aktoren angewählt werden. An den Eingängen E10 -... E13 liegt der Wert dualcodiert vor. Die Auswahl betrifft z.B. anzusteuernde Zylinder oder Motoren mit Rechts- und Linkslaufmöglichkeit.

Taster E14: Aktor - Arbeitsstellung
Die Bewegung wird nur bei gedrückter Taste ausgeführt. Der gewählte Zylinder fährt in die Arbeitsstellung bzw. der gewählte Motor dreht „rechts". Anlagenspezifische Verriegelungen verhindern oder beenden die Bewegung bei „Crash"-Gefahr.

Taster E15: Aktor - Grundstellung
Die Bewegung wird nur bei gedrückter Taste ausgeführt. Der gewählte Zylinder fährt in die Grundstellung bzw. der gewählte Motor dreht „links". Anlagenspezifische Verriegelungen verhindern oder beenden die Bewegung bei „Crash"-Gefahr.

Taster E16: NOT-AUS-Taster
Eine Betätigung dieses oder weiterer NOT-AUS-Taster schaltet die Steuerung aus. Alle Bewegungen werden angehalten und die Antriebe stillgesetzt.

Taster E17: Aktionsfreigabe
In der Betriebsart Einzelschrittbetrieb ohne Bedingung wird bei gedrückter Taste die Aktion des aktiven Schrittes ausgeführt.

Anzeige A00: Leuchtmelder „Steuerung EIN"
Zeigt den eingeschalteten Zustand der Steuerung an.

Anzeige A01: Leuchtmelder „Automatik"
Leuchtet bei Zyklusbearbeitung im Automatikbetrieb.

Anzeige A02: Leuchtmelder „Einzelschritt mit Bedingung"
Leuchtet in der Betriebsart Einzelschritt mit Bedingung.

Anzeige A03: Leuchtmelder „Einzelschritt ohne Bedingung"
Leuchtet in der Betriebsart Einzelschritt ohne Bedingung.

Anzeige A04: Leuchtmelder „Einrichten"
Leuchtet in der Betriebsart Einrichten.

Anzeige A05: Leuchtmelder „Zyklus EIN"
Leuchtet in der Betriebsart Automatik, wenn Schalter „Zyklus" auf EIN steht.

Anzeige A06: Leuchtmelder „Zyklus AUS"
Leuchtet in der Betriebsart Automatik, wenn der Schalter „Zyklus" auf AUS steht und ein Bearbeitungszyklus abläuft.

Anzeige A07: Leuchtmelder „Störung"
Leuchtet in allen Betriebsarten wenn eine Störung auftritt.

Schrittanz.: A10 ... A14
Sind für die dualcodierte Anzeige des jeweiligen Schrittes vorgesehen, 5 Bit für 32 Schritte (0...31).

10.5.4 Betriebsartenteil-Baustein (FB24: BETR)

Aufgabe des Bausteins für den Betriebsartenteil ist die programmgesteuerte Erzeugung von Betriebsartensignalen. Der Betriebsartenteil stellt das Bindeglied zwischen Anzeige- und Bedienfeld und der Schrittkette dar und erzeugt abhängig von den Befehlsgebern des Bedienfeldes die Betriebsartensignale.

Der Betriebsartenteil wird in einem Funktionsbaustein FB 24 bibliotheksfähig realisiert. Bei den nachfolgenden Beispielen wird dieser Baustein unverändert übernommen. Da das Programm für den Betriebsartenbaustein FB 24 empirisch entwickelt wurde, macht es wenig Sinn, sich ausführlich mit dessen Programm zu beschäftigen. Sowohl in der Ausbildung wie in der Praxisanwendung genügt es, die funktionale Beschreibung des Bausteins zu kennen.

Wie aus der Struktur der Ablaufsteuerung (Bild 10.3) zu sehen ist, sind folgende Betriebsartensignale in dem Funktionsbaustein FB 24 zu generieren:

- **Signal Rücksetzen RESET (B0)**
  Mit dem Signal RESET (B0) werden alle Schrittspeicher einer Ablaufkette mit Ausnahme von Schritt 1 (Initialschritt) und alle gespeicherten Ausgabezuweisungen zurückgesetzt. Der Initialschritt S_1 wird durch das B0-Signal gesetzt. Dieser Vorgang heißt *Initialisierung der Ablaufkette* und muss zu Beginn der Inbetriebnahme einer Ablaufsteuerung durchgeführt werden.

- **Signal Weiterschalten mit Bedingungen FR_K_mB (B1)**
  Das Signal B1 wirkt in einer UND-Verknüpfung mit den Weiterschaltbedingungen auf die Ablaufkette. Das Weiterschalten von Schritt n nach Schritt n+1 setzt die erfüllte Weiterschaltbedingung und das Weiterschaltsignal B1 voraus. Nur wenn B1 den Signalwert "1" hat, kann bei erfüllten Weiterschaltbedingungen in der Ablaufkette der nächste Schritt gesetzt werden. Umgekehrt kann durch Vorgabe des Signalwertes "0" von B1 die Schrittweiterschaltung gesperrt werden, obwohl alle Weiterschaltbedingungen für diesen Schritt erfüllt sind.

- **Signal Weiterschalten ohne Bedingungen FR_K_oB (B2)**
  Mit dem Signal B2 *Weiterschalten ohne Bedingungen* soll in der Ablaufkette der nächste Schrittspeicher und nur dieser gesetzt werden, ohne dass die entsprechende Weiterschaltbedingung erfüllt ist. Eine solche Funktionalität hat nur unter bestimmte Randbedingungen wie z.B. einer Inbetriebnahme ihren Sinn. Man möchte beispielsweise von der Grundstellung aus gezielt in den vierten Schritt gehen, und zwar schrittweise durch hintereinander gegebene B2-Signale. Dazu muss das B2-Signal unabhängig von seiner Erzeugungsart immer ein Impulssignal sein, das für einen Programmzyklusdurchlauf den Signalwert "1" hat. Ein B2-Signal als gespeichertes 1-Signal würde einen Kettenkreislauf ohne gezielte Anhaltemöglichkeit erzeugen.

- **Signal Freigabe der Aktion FR_AKTION (B3)**
  Mit dem Signal B3 *Aktionsfreigabe* wird im Ausgabebaustein die Ansteuerung der Aktoren eines Schrittes freigegeben. Im Einzelschrittbetrieb ohne Bedingungen hat dieses Signal erst den Wert „TRUE", wenn die Aktionsfreigabetaste gedrückt ist. Außerdem wird durch dieses Signal verhindert, dass bei ausgeschalteter Steuerung ein Aktor angesteuert wird, wenn die Schrittkette in einem beliebigen Schritt steht.

Diese Betriebsartensignale werden im Ablaufkettenbaustein FB 25 und Befehlsausgabebaustein FC/FB 26 verarbeitet. Neben diesen Signalen werden vom Betriebsartenbaustein FB 24 noch die Anzeigesignale für das Bedienfeld generiert. Die Ausnahme hierbei bildet das Signal für die Störungsanzeige. Dieses muss je nach Anforderung der Störungsdiagnose in einem eigenen Baustein erzeugt werden. Denkbar sind Methoden der Zeitüberwachung, d.h. wie lange ein Schritt gesetzt sein darf, oder der Auswertung widersprüchlicher Sensormeldungen usw.. Störungsdiagnose und Störmeldungen sind so komplex, dass die Betrachtung den Rahmen dieses Abschnittes sprengen würde.

Schnittstellen des Betriebsarten-Funktionsbausteins FB 24:

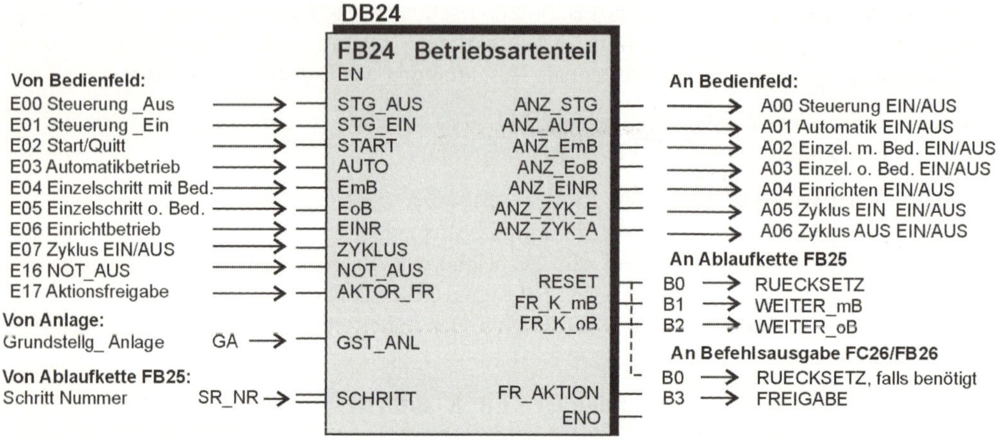

Deklarationstabelle des Betriebsarten-Funktionsbausteins FB 24:

Name	Datentyp
IN	
STG_AUS	Bool
STG_EIN	Bool
START	Bool
AUTO	Bool
EmB	Bool
EoB	Bool
EINR	Bool
ZYKLUS	Bool
NOT_AUS	Bool
AKTOR_FR	Bool
GST_ANL	Bool
SCHRITT	Int

Name	Datentyp
OUT	
ANZ_STG	Bool
ANZ_AUTO	Bool
ANZ_EmB	Bool
ANZ_EoB	Bool
ANZ_EINR	Bool
ANZ_ZYK_E	Bool
ANZ_ZYK_A	Bool
RESET	Bool
FR_K_mB	Bool
FR_K_oB	Bool
FR_Aktion	Bool

Name	Datentyp
STAT	
STEU_EIN	Bool
AUTO_EIN	Bool
AUTO_BE	Bool
START_SP	Bool
FO1	Bool
FO2	Bool
IO_WEITER	Bool

Funktionsplan des Betriebsartenbausteins FB 24:

Steuerung EIN-AUS

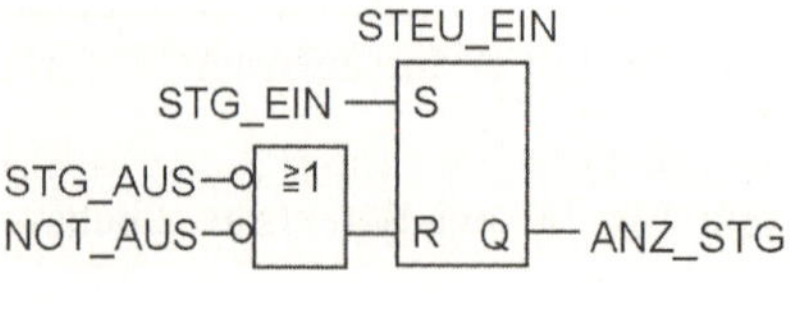

Vorwahl Automatikbetrieb beenden

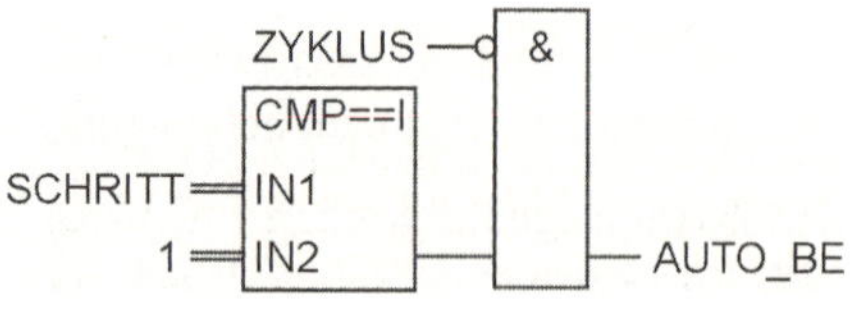

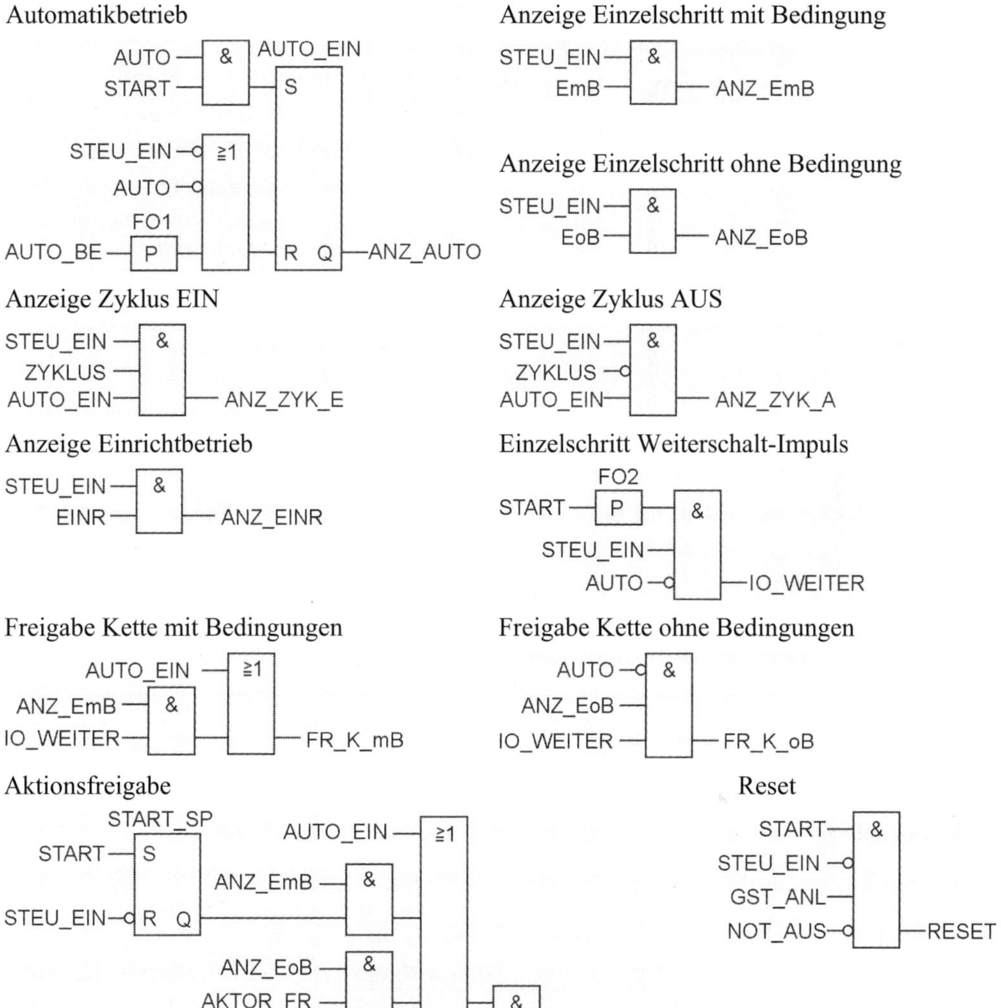

10.5.5 Ablaufketten-Baustein (FB 25: KET_10)

Für lineare Ablaufketten liefert der in Abschnitt 10.4.1 dargestellte Funktionsbaustein FB 15 eine *standardisierte Lösung* für die Realisierung der Schrittkette. Dieser Baustein muss für die Anwendung für Ablaufsteuerungen mit mehreren Betriebsarten noch durch die Betriebsartensignale B0 (RESET), B1 (Weiterschalten mit Bedingungen) und B2 (Weiterschalten ohne Bedingungen) ergänzt werden. Der so entstandene, nachfolgend dargestellte Funktionsbaustein FB 25 ist wieder für 10 Schritte konzipiert. Reicht die Anzahl der Schritte nicht aus, können entweder zwei Schrittkettenbausteine FB 25 hintereinander gekoppelt oder die Anzahl der Schritte im Funktionsbaustein FB 25 erweitert werden. Bei verzweigten Schrittketten kann ebenfalls der Schrittkettenbaustein FB 25 verwendet werden, wenn durch mehrmaligen Aufruf des Schrittkettenbausteins FB 25 die verzweigte Kette in einzelne voneinander abhängige lineare Ketten zerlegt wird.

Schnittstellen des Funktionsbausteins:

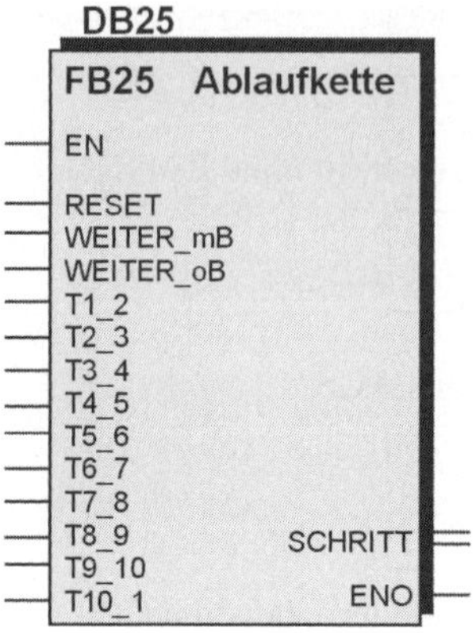

Beschreibung der Übergabeparameter:

RESET: Variable für das Signal B0.

WEITER_mB: Variable für das Signal B1.

WEITER_oB: Variable für das Signal B2.

T1_2: Variable für die Transition (Weiterschaltbedingung) von Schritt 1 nach Schritt 2.

T2_3 bis T10_1 Variablen für die Transitionen (Weiterschaltbedingungen) der restlichen Schritte.

SCHRITT: Gibt die Nummer des aktuellen Schrittes im Datenformat Integer an.

Die folgenden Tabellen geben die erforderlichen Datentypen und die Anfangswerte der Eingangs-, Ausgangs- und statischen Variablen an, welche in der Deklarationstabelle des Bausteins festzulegen sind.

Tabelle: Eingangsvariablen des Ablaufketten-Bausteines FB 25

Parameter	Typ	Anfangswert	Beschreibung
RESET	BOOL	FALSE	Grundstellung der Ablaufkette (B0)
WEITER_mB	BOOL	FALSE	Weiterschalten mit Bedingungen (B1)
WEITER_oB	BOOL	FALSE	Weiterschalten ohne Bedingungen (B2)
T1_2	BOOL	FALSE	Weiterschaltbedingung Schritt1 nach Schritt2
T2_3 bis T10_1	BOOL	**TRUE**	**Weiterschaltbedingungen: Nicht benötigte Schritte bleiben offen und werden durch den Anfangswert TRUE weitergeschaltet.**

Tabelle: Ausgangsvariablen des Ablaufketten-Bausteines FB 25

Parameter	Typ	Anfangswert	Beschreibung
SCHRITT	INT	0	Nummer des aktiven Schrittes

Tabelle: Statische Variablen des Ablaufketten-Bausteines FB 25 (nach außen nicht sichtbar)

Statische Variablen	Typ	Anfangswert	Beschreibung
SRO_1	BOOL	**TRUE**	**Schritt-Operand 1: Initialschritt**
SRO_2 bis SRO_10	BOOL	FALSE	Schritt-Operanden 2 bis 10

Steuerungsprogramm des Ablaufketten-Funktionsbausteins FB 25:

Schritt 1: Initialschritt

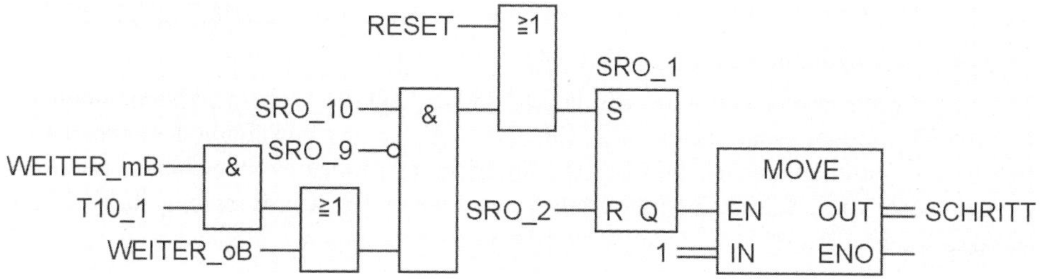

Schritt 2:

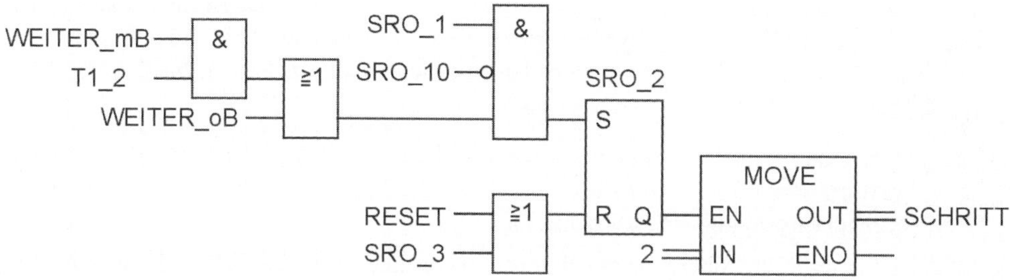

Die Funktionspläne der Schritte 3 bis Schritt 10 haben alle die gleiche Struktur wie Schritt 2. Im nachfolgend dargestellten Funktionsplan für Schritt 10 sind die Variablen grau hinterlegt, die bei dem jeweiligen Schritt angepasst werden müssen.

Schritt 10:

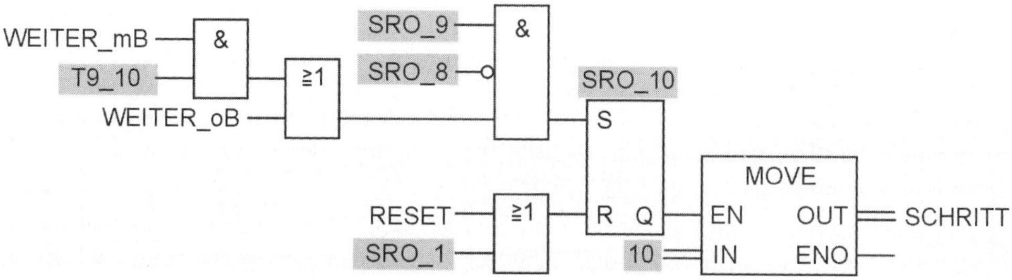

Funktionsbeschreibung:

Die Schrittkette wird bei erstmaliger Bearbeitung des Ablaufketten-Funktionsbausteines FB 25 statisch in den Grundzustand gesetzt: SRO_1 = 1 und alle anderen SRO_n = 0. Dies erfolgt durch die bei der Deklaration der statischen Variablen festgelegten Anfangswerte: SRO_1 = TRUE und SRO_n = FALSE. Ein Rücksetzsignal (B0) vom Betriebsartenteil kann die Schrittkette über den Eingangsparameter RESET ebenfalls in die Grundstellung bringen.

Für jeden Schritt ist ein Schritt-Speicher erforderlich, hier durch ein SR-Glied realisiert. Für jedes SR-Speicherglied ist ein Schritt-Operand als statische Lokalvariable deklariert (z. B. SRO_3 für Schritt 3), damit der Zustand des Schrittes für weitere Bearbeitungszyklen sowie bei mehrmaliger Verwendung des Funktionsbausteins gespeichert werden kann.

Der Speicher wird gesetzt, wenn die Übergangsbedingung erfüllt ist und der Vorgängerschritt SRO_2 gesetzt sowie der Vor-Vorgängerschritt SRO_1 rückgesetzt ist. Die Abfrage des Vor-Vorgängerschrittes ist nötig, um ein Durchschalten der Ablaufkette beim Weiterschalten ohne Bedingungen (B2) zu verhindern.

Die Übergangsbedingung kann auf zweifache Art erfüllt sein:

> Der Eingangsparameter WEITER_mB ist „1" und es liegt die Weiterschaltbedingung T2_3 = 1 vor. Der Eingangsparameter WEITER_mB wird von der gewählten Betriebsart beeinflusst. Bei Automatikbetrieb und bei Handbetrieb im Modus Weiterschalten mit Bedingungen wird vom Betriebsartenprogramm das Signal FR_K_mB erzeugt und mit dem Verknüpfungssignal B1 zum Ablaufketten-Baustein übertragen.
>
> Der Eingangsparameter WEITER_oB ist „1". Das Signal darf für die Weiterschaltung um einen Schritt jeweils nur für einen Zyklus anstehen (positive Flankenauswertung erforderlich!). In diesem Fall hat die Weiterschaltbedingung T2_3 keinen Einfluss. Das ist denkbar, wenn beispielsweise die Betriebsart Einzelschritt ohne Weiterschaltbedingungen gewählt wurde. Es liegt dann die Absicht vor, die Schrittkette auf einen bestimmten Schritt einzustellen.

Das Rücksetzen des Schritt-Speichers erfolgt durch den Nachfolgerschritt oder durch das Rücksetzsignal bei RESET = „1". Erfolgt das Setzen eines Schrittoperanden im Zyklus n, so wird der Vorgänger im Zyklus n+1 zurückgesetzt.

Die MOVE-Box dient der Übergabe der Schrittnummer des aktiven Schrittes, vom Eingang IN an den Ausgang OUT und dort an den Ausgangsparameter SCHRITT, der bei der Deklaration den Datentyp INTEGER erhalten hat. Die Steuerung der MOVE-Box erfolgt über ihren Freigabe-Eingang EN. Nur wenn ein Schritt-Speicher gesetzt, d.h. der Schritt aktiv ist, wird die Funktion der dortigen MOVE-Box ausgeführt. Es kommt nicht zu einer Überschreibung des Ausgangsparameters SCHRITT durch die Bearbeitung der MOVE-Box des nachfolgenden Schrittes, solange dieser nicht aktiv ist.

10.5.6 Befehlsausgabe

Im Befehlsausgabeteil der Ablaufsteuerung sollen die Befehle für die Stellgeräte (Aktoren) programmiert werden, und zwar entsprechend den Vorgaben der in den Aktionsblöcken der Ablaufkette angegebenen Bestimmungszeichen.

Für den Betriebsartenteil und die Ablaufkette wurden zwei Programme in bibliotheksfähigen Funktionsbausteinen vorgestellt. Für den Befehlsausgabeteil scheint dies nicht möglich zu sein, da zu unterschiedliche Anforderungen an einen solchen Baustein gestellt werden. Trotzdem ist es sinnvoll, die Befehlsausgaben in einem Baustein (z.B. FC 26/FB 26) zu kapseln, um dem Steuerungsprogramm eine übersichtliche Struktur zu geben. Zudem sind die nachfolgend angegebenen Regeln und bestimmte Teile des dargestellten Steuerungsprogramms anlagenunabhängig und können somit für jeden Befehlsausgabebaustein übernommen werden. Treten lokale statische Variablen in dem Ausgabebaustein auf, muss statt der Funktion FC 26 ein Funktionsbaustein FB 26 verwendet werden.

Der Befehlsausgabebaustein FC 26/FB 26 bildet die Ansteuerung der Stellglieder unter Berücksichtigung der eingestellten Betriebsart und der erforderlichen Verriegelungsbedingungen. Einige Schnittstellen des Bausteins müssen auf die jeweilige Anlage angepasst werden. In der nachfolgenden Darstellung des Bausteins sind die Anschlüsse der anlagenabhängigen Ein- und Ausgangs-Operanden sowie mögliche STEP 7-Zeiten und Zähler dunkelgrau hinterlegt.

Schnittstellen des Befehlsausgabebausteins FC 26/FB 26:

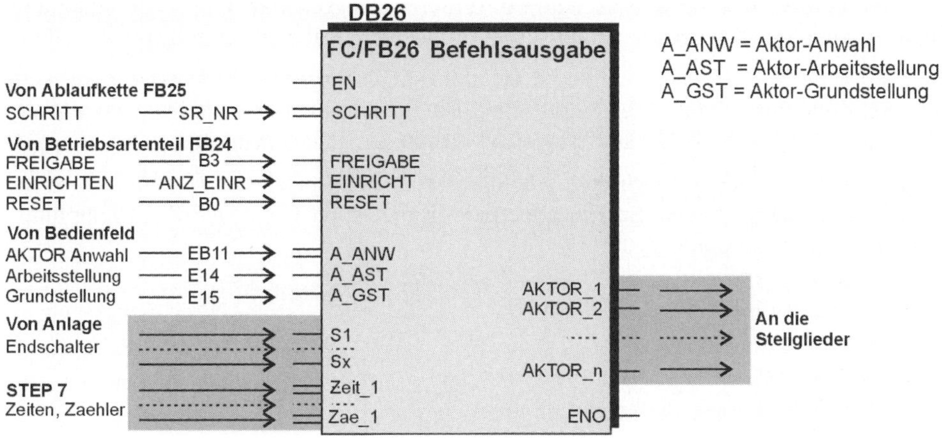

Für alle Ausgänge des Befehlsausgabe-Bausteins gilt die gleiche, im nachfolgenden Funktionsplan gezeigte Steuerungsstruktur. Die dort hellgrau hinterlegten Verknüpfungen ergeben sich aus der Ansteuerung des Stellgliedes in den Betriebsarten Automatik und Einzelschritt. Die in dunkelgrau hinterlegte Fläche zeigt die Verknüpfung für die Ansteuerung des Stellgliedes im Einrichtbetrieb.

Struktur der Ansteuerung eines Stellgliedes (Aktor_n) im Befehlsausgabebaustein:

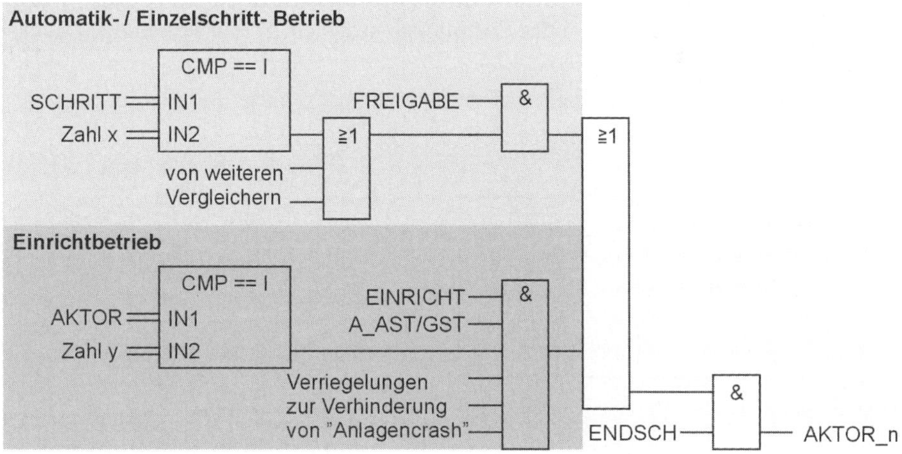

In den Betriebsarten Automatik, Einzelschritt und Einrichten ist bei der Ansteuerung von Stellgliedern, die eine Bewegung zur Folge haben und bestimmte Endschalter nicht überfahren dürfen, zusätzlich eine Endschalter-Verriegelung erforderlich. Endschalter liefern bei Betätigung ein 0-Signal durch einen zwangsöffnenden Kontakt. Deshalb ist der Endschalter an der UND-Verknüpfung bejaht abzufragen.

Nachfolgend werden die Regeln zur Ansteuerung eines Stellgliedes in den Betriebsarten Automatik, Einzelschritt (hellgraue Fläche) und Einrichten (dunkelgraue Fläche) getrennt beschrieben.

Ansteuerung eines Stellgliedes (Aktor_n) im Automatik bzw. Einzelschrittbetrieb:

Abhängig von den Bestimmungszeichen der Aktion in der Ablaufkette muss der hellgrau hinterlegte Teil der Stellglied-Ansteuerung ausgeführt werden. Dabei gelten folgende Regeln:

1. Jeder von der Ablaufkette beeinflusste Teil der Befehlsausgabe beginnt mit der Auswertung der Schrittnummer durch einen Vergleicher. Da die Schrittnummer als Integerzahl übermittelt wird, ist ein Vergleicher auf "ist gleich" für Integerzahlen einzusetzen.
2. Wird ein Stellglied von mehreren Ablaufschritten nichtspeichernd (Bestimmungszeichen "N") angesteuert, müssen die Einzelwertzuweisungen mit einer ODER-Verknüpfung zusammengefasst werden.

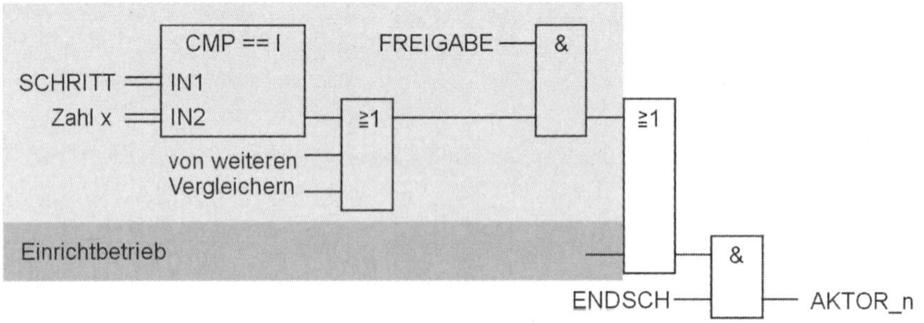

3. Ist die im Schritt auszuführende Aktion mit dem Bestimmungszeichen "S" für gespeicherte Aktion gekennzeichnet, dann muss eine SR-Speicherfunktion verwendet werden. Der boolesche Ausgang des Vergleiches führt auf den Setzeingang des Speichers. Wichtig ist, dass ein später folgender Schritt der Ablaufkette die auszuführende Aktion beendet. Dazu muss im Aktionsblock für diese Aktion das Bestimmungszeichen "R" für vorrangiges Rücksetzen angegeben sein.

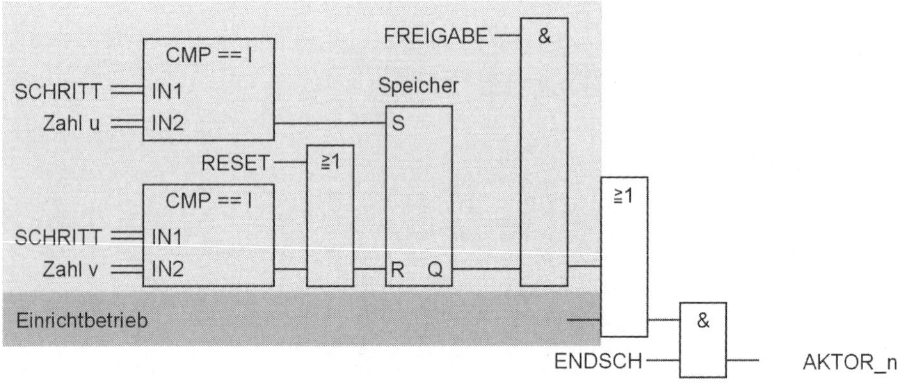

4. Zeigt der Aktionsblock eines Schrittes das Bestimmungszeichen "D" für zeitverzögertes Einschalten eines Stellgliedes, so muss der Vergleicherausgang auf ein Zeitglied mit Einschaltverzögerung geführt werden (IEC 61131-3: TON; **STEP 7**: S_EVERZ). Am Zeitgliedausgang liegt wieder das bereits erwähnte UND-Glied. Im **Einzelschrittbetrieb** kann der Fall vorkommen, dass der aktive Ablaufschritt den Zeitgliedeingang aktiviert hält und der Zeitablauf nicht abgewartet werden soll. Das erfordert eine Rücksetzmöglichkeit für das Zeitglied z.B. mit dem Signal FREIGABE (B3) oder auch durch das Signal RESET (B0).

Ansteuerung eines Aktors, wenn das Bestimmungszeichen "D" ist:

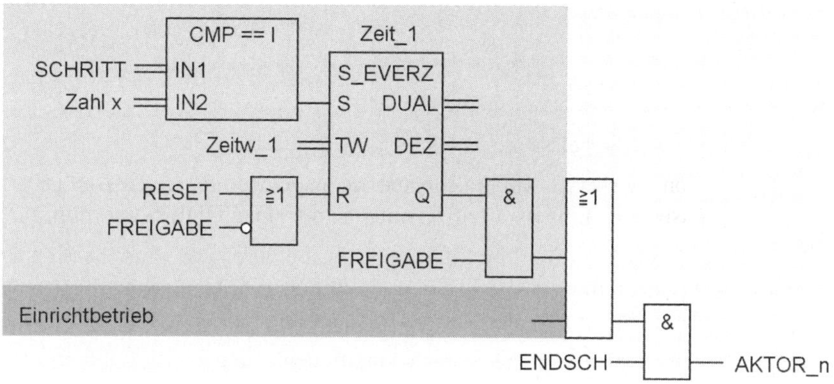

5. Zeigt der Aktionsblock eines Schrittes das Bestimmungszeichen "L" für zeitbegrenztes Einschalten eines Stellgliedes, so ist der Vergleicherausgang auf ein Impuls-Zeitglied zu führen.(IEC 61131-3: TP; **STEP 7**: S_IMPULS).

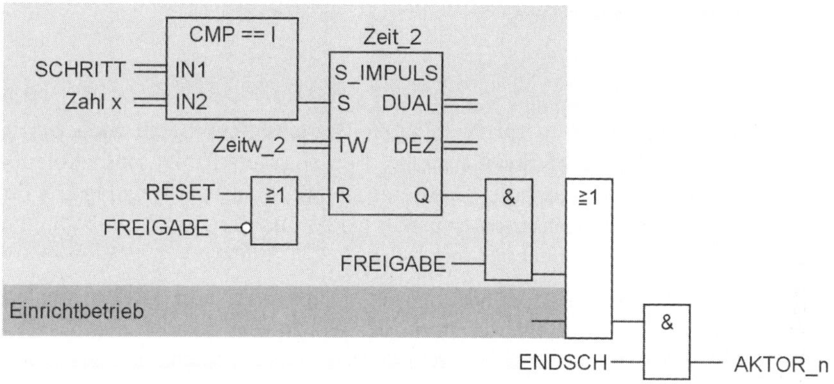

Für andere Bestimmungszeichen in den Aktionsblöcken, sind entsprechende Verknüpfungen zu bilden.

Steuerungsstruktur im Einrichtbetrieb:

Der in den vorangegangenen Bildern noch unbestimmt gebliebene, dunkelgrau hinterlegte Teil für den Einrichtbetrieb muss anlagenabhängig realisiert werden.

Folgende Regeln sind beim Entwurf zu berücksichtigen:

1. Am Eingang A_ANW (Datenformat BYTE) des Ausgabebausteins wird im Einrichtbetrieb der anzusteuernde Aktor angegeben. Damit die übrigen Binärstellen des Bytes noch verwendet werden können, sind in der nebenstehenden AWL die ersten 4 Bits der Eingangsvariablen A_ANW mit W#16#000F maskiert und der lokalen Variablen AKTOR zugewiesen..

```
AWL:
L  #A_ANW
L  W#16#F
UW
T  #AKTOR
```

2. Mit einem Vergleicher wird bestimmt, welcher Aktor ausgewählt wurde. Die Variable A_AST (Aktor Arbeitsstellung) bzw. A_GST (Aktor Grundstellung) am nachfolgenden UND-Glied veranlasst dann die Befehlsausgabe.

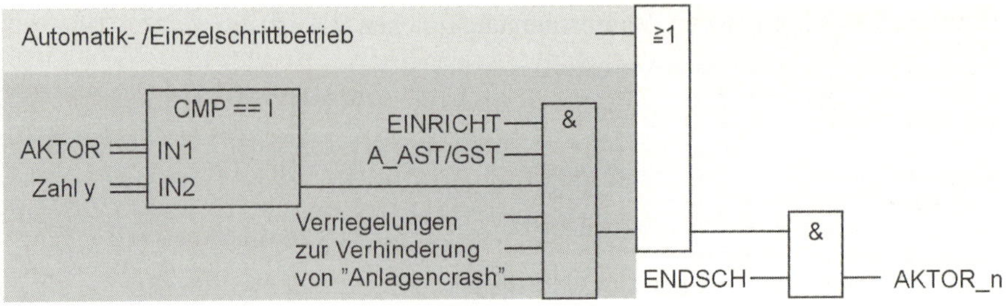

Hinweis: Der Teil der UND-Verknüpfung , der die Freigabe durch das Einricht-Signal, das Signal Aktor in die Grundstellung (A-GST) bzw. Aktor in die Arbeitsstellung (A_AST) und die Aktorauswahl enthält, ist bei allen Aktor-Ansteuerungsfunktionen gleich.

3. Zu berücksichtigen sind noch mögliche „Crash-Situationen“, die im Einrichtbetrieb vorkommen können. Diese sind durch Verriegelungen am UND-Glied zu verhindern.

Nach Fertigstellung des Steuerungsprogramms sind die Ansteuerungsbedingungen der Stellglieder im Einrichtbetrieb nochmals einer genauen Prüfung zu unterziehen, ob alle Sicherheitsanforderungen tatsächlich auch erfüllt sind.

10.5.7 Realisierung

Zur Umsetzung einer Ablaufsteuerung mit wählbaren Betriebsarten in ein Steuerungsprogramm werden die universellen Funktionsbausteine Betriebsarten FB 24 und Ablaufkette FB 25 aufgerufen. Bei der Parametrierung der Bausteine sind dabei nur der Eingang GA für die Grundstellung der Anlage beim Betriebsarten-Baustein FB 24 und die Transitionsbedingungen des Ablaufkettenbausteins FB 25 anlagenabhängig.

Der eigentliche Programmieraufwand liegt in der Anpassung des Ausgabebausteins FC 26/FB 26 an die speziellen Anlagenanforderungen. Als Ausgangsvariablen müssen alle Stellglieder der Anlage deklariert werden. Die erforderlichen Verriegelungen müssen als zusätzliche Eingänge des Bausteins vereinbart werden.

Zu prüfen ist für die zu steuernde Anlage noch, ob alle vier vorgestellten Betriebsarten auch sinnvoll sind. Ist dies nicht der Fall, können entsprechende Befehlsgeber und Anzeigen auf dem vorgestellten Bedienfeld außer Betracht bleiben. Der dargestellte standardisierte Betriebsarten-Funktionsbaustein FB 24 kann aber trotzdem weiter verwendet werden. Die zugehörigen Ein- bzw. Ausgänge des Bausteins bleiben dann unbeschaltet.

Beispiel 10.3: Biegemaschine

Auf einer Biegemaschine werden Bleche gebogen. Die Zuführung und der Abtransport der Bleche ist nicht Gegenstand dieser Steuerungsaufgabe. Meldet Sensor S1, dass ein Blech eingelegt ist, fährt das Schutzgitter nach einer Wartezeit von 5 Sekunden durch Ansteuerung des Schützes K1 zu. Ist das Schutzgitter geschlossen, fährt Zylinder 1A aus und hält das Blech fest. Zylinder 2A biegt das Blech zunächst um 90°, bevor Zylinder 3A das Blech in die endgültige Form bringt. Zylinder 3A verharrt dabei 3s in der vorderen Endlage. Ist Zylinder 3A wieder in der oberen Endlage, fährt auch Zylinder 1A zurück. Danach wird das Schutzgitter durch Ansteuerung von K2 geöffnet. Nach Entfernen des gebogenen Blechs, kann der Biegevorgang wiederholt werden.

Zylinder 1A wird durch ein 5/2-Wegeventile mit beidseitiger elektromagnetischer Betätigung angesteuert. Die Zylinder 2A und 3A werden durch 5/2-Wegeventile mit einseitiger elektromagnetischer Betätigung und Federrückstellung angesteuert. Aus dem Technologieschema ist ersichtlich, welcher Elektromagnet der 5/2-Wegeventile jeweils angesteuert werden muss.

Technologieschema:

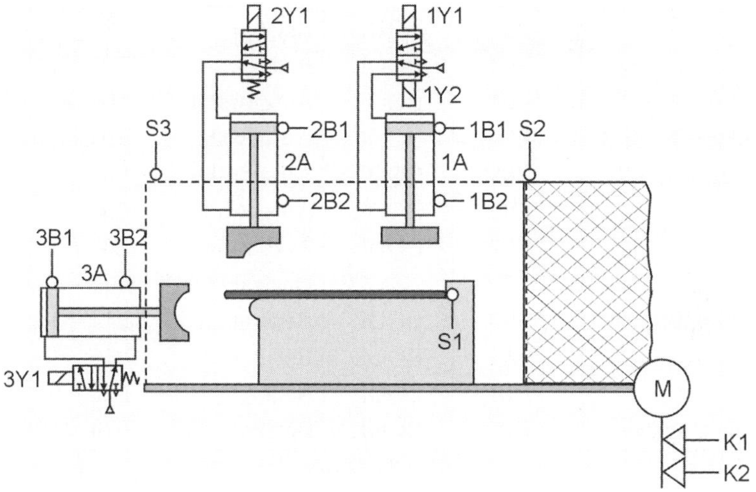

Bild 10.5: Biegemaschine

Zuordnungstabelle der Eingänge und Ausgänge der Anlage:

Eingangsvariable	Symbol	Datentyp	Logische Zuordnung		Adresse
Hintere Endl. Zylinder 1	1B1	BOOL	Endlage erreicht	1B1 = 1	E 0.0
Vordere Endl. Zylinder 1	1B2	BOOL	Endlage erreicht	1B2 = 1	E 0.1
Hintere Endl. Zylinder 2	2B1	BOOL	Endlage erreicht	2B1 = 1	E 0.2
Vordere Endl. Zylinder 2	2B2	BOOL	Endlage erreicht	2B2 = 1	E 0.3
Hintere Endl. Zylinder 3	3B1	BOOL	Endlage erreicht	3B1 = 1	E 0.4
Vordere Endl. Zylinder 3	3B2	BOOL	Endlage erreicht	3B2 = 1	E 0.5
Sensor Blech vorhanden	S1	BOOL	Blech vorhanden	S1 = 1	E 0.6
Sensor Schutzgitter auf	S2	BOOL	Schutzgitter ist auf	S2 = 0	E 0.7
Sensor Schutzgitter zu	S3	BOOL	Schutzgitter ist zu	S3 = 0	E 1.0
Ausgangsvariable					
Magnetspule 1 Zyl. lA	1Y1	BOOL	Zyl. 1A fährt aus	1Y1 = 1	A 4.1
Magnetspule 2 Zyl. 1A	1Y2	BOOL	Zyl. 1A fährt zurück	1Y2 = 1	A 4.2
Magnetspule 1 Zyl. 2A	2Y1	BOOL	Zyl. 2A fährt aus	2Y1 = 1	A 4.3
Magnetspule 1 Zyl. 3A	3Y1	BOOL	Zyl. 3A fährt aus	3Y1 = 1	A 4.4
Motor Schutzgitter zu	K1	BOOL	Schutzgitter fährt zu	K1 = 1	A 4.5
Motor Schutzgitter auf	K2	BOOL	Schutzgitter fährt auf	K2 = 1	A 4.6

Für die Biegemaschine sollen die Betriebsarten Automatik, Einzelschritt und Einrichten möglich sein. Dazu wird das in Abschnitt 10.5.3 vorgestellte Bedien und Anzeigefeld verwendet.

Zuordnungstabelle der Eingänge und Ausgänge des Bedien und Anzeigefeldes:

Eingangsvariable	Symbol	Datentyp	Logische Zuordnung		Adresse
Steuerung EIN	_E00	BOOL	Betätigt	_E00 = 0	E 10.0
Steuerung AUS	_E01	BOOL	Betätigt	_E01 = 1	E 10.1
Taster Start/Quittierung	_E02	BOOL	Betätigt	_E02 = 1	E 10.2
Auswahl Automatik	_E03	BOOL	Ausgewählt	_E03 = 1	E 10.3
Auswahl Einzelschr. m.B.	_E04	BOOL	Ausgewählt	_E04 = 1	E 10.4
Auswahl Einzelschr. o.B.	_E05	BOOL	Ausgewählt	_E05 = 1	E 10.5
Auswahl Einrichten	_E06	BOOL	Ausgewählt	_E06 = 1	E 10.6
Wahlschalter Zyklus	_E07	BOOL	Zyklus ein	_E07 = 1	E 10.7
Aktor-Anwahl	E10_E13	½ BYTE	Dualzahl von 1 bis 10		E11.0–11.3
Taster Arbeitsstellung	_E14	BOOL	Betätigt	_E14 = 1	E 11.4
Taster Grundstellung	_E15	BOOL	Betätigt	_E15 = 1	E 11.5
NOT-AUS	_E16	BOOL	Betätigt	_E16 = 0	E 11.6
Taster Aktionsfreigabe	_E17	BOOL	Betätigt	_E14 = 1	E 11.7
Ausgangsvariable					
Anzeige Steuerung EIN	_A00	BOOL	Leuchtet	_A00 = 1	A 10.0
Anzeige Automatik	_A01	BOOL	Leuchtet	_A01 = 1	A 10.1
Anzeige Einzelschr. m. B.	_A02	BOOL	Leuchtet	_A02 = 1	A 10.2
Anzeige Einzelschr. o. B.	_A03	BOOL	Leuchtet	_A03 = 1	A 10.3
Anzeige Einrichten	_A04	BOOL	Leuchtet	_A00 = 1	A 10.4
Anzeige Zyklus EIN	_A05	BOOL	Leuchtet	_A01 = 1	A 10.5
Anzeige Zyklus AUS	_A06	BOOL	Leuchtet	_A02 = 1	A 10.6
Schrittanzeige	A10_A14	5xBool	Dualzahl von 0 .. 32		A11.0–11.4

Hinweis: Damit die Ein- Ausgabeoperanden für das Bedienfeld als Symbole in die Symboltabelle übernommen werden können, wird jeweils ein Unterstrich vor das Symbol hinzugefügt.

Grundstellung der Anlage:

Das Signal GA für die Grundstellung der Anlage wird durch die Sensor-Abfrage der Anlage gebildet. Die drei Zylinder müssen sich in der hinteren Endlage befinden (Abfrage durch 1B1, 2B1 und 3B1). Die negierte Abfrage der Sensoren für die vordere Endlage überprüft, ob die entsprechenden Sensoren das richtige Signal geben.

Mit Sensor S1 wird abgefragt, ob sich ein Blech in der Biegemaschine befindet.

Mit den Sensoren S2 uns S3 wird die offene Stellung des Schutzgitters abgefragt.

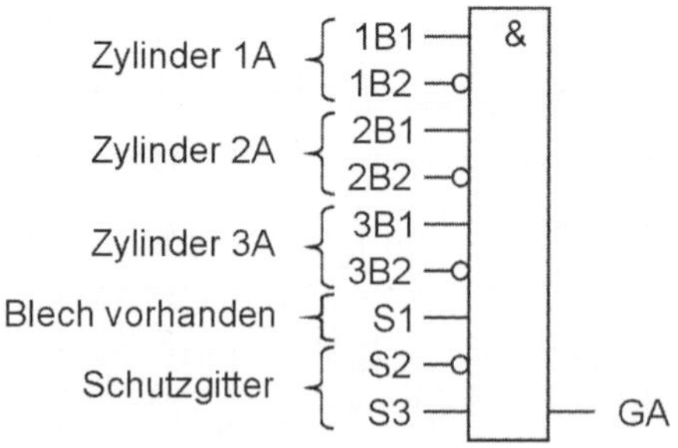

Ablauf-Funktionsplan:

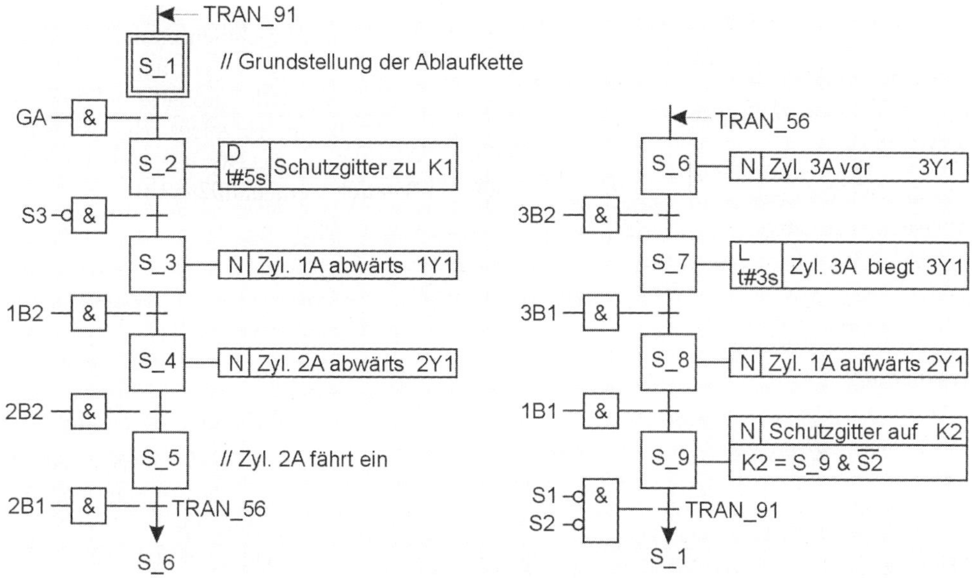

Die Umsetzung des Ablauf-Funktionsplanes erfolgt durch die Verwendung der vorgestellten Bausteine FB 24 Betriebsarten, FB 25 Ablaufkette und FC 26 Befehlsausgabe. Während die Bausteine FB 24 und FB 25 lediglich parametriert werden müssen, sind bei dem Befehlsausgabebaustein die notwendigen Verriegelungen bei der Ansteuerung der Stellglieder zu bedenken.

Funktionsplan Befehlsausgabebaustein FC 26:

Ansteuerung 1Y1 Zylinder 1A vor

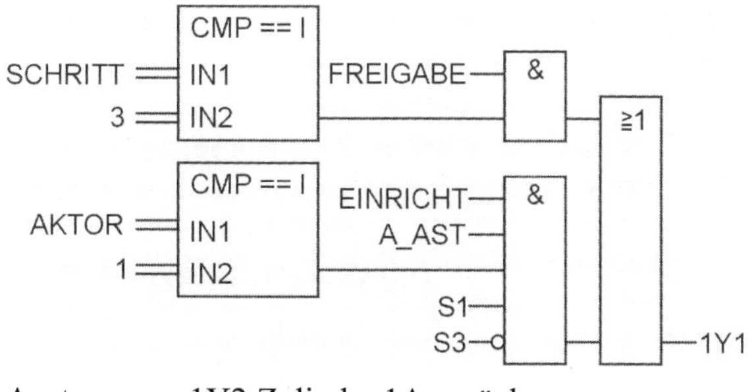

Zylinder 1A ist Aktor Nr. 1

Im Einrichtbetrieb darf der Zylinder 1A nur ausfahren, wenn die Schutztür geschlossen und ein Blech eingelegt ist.

Ansteuerung 1Y2 Zylinder 1A zurück

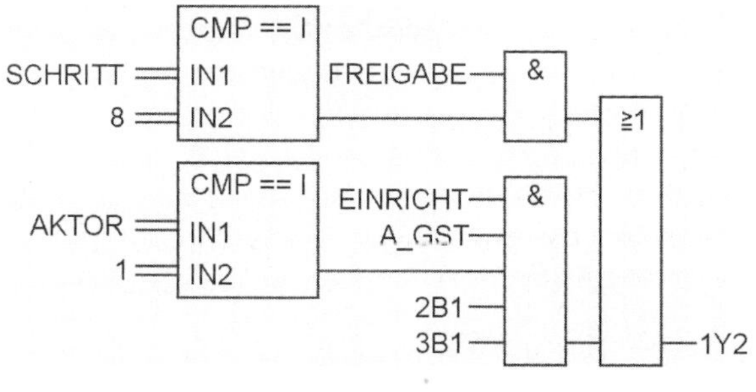

Im Einrichtbetrieb darf der Zylinder 1A nur einfahren, wenn sich die beiden anderen Zylinder im eingefahrenen Zustand befinden.

Ansteuerung 2Y1 Zylinder 2A vor

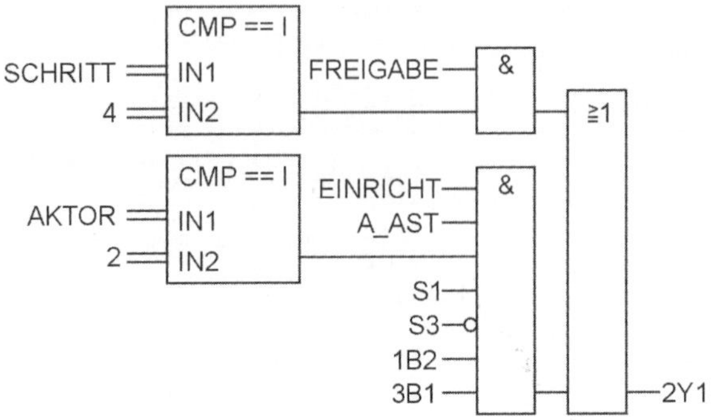

Zylinder 2A ist Aktor Nr. 2

Im Einrichtbetrieb darf der Zylinder 2A nur ausfahren, wenn die Schutztür geschlossen und ein Blech eingelegt ist. Außerdem muss das Blech gespannt und Zyl. 3A eingefahren sein.

Ansteuerung 3Y1 Zylinder 3A vor

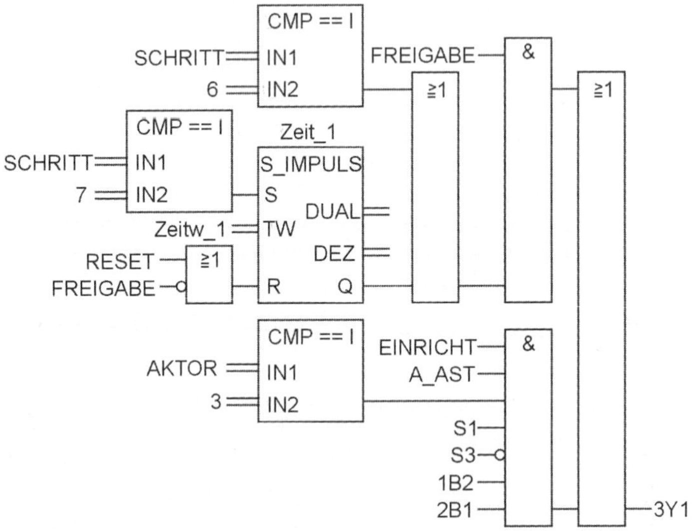

Zylinder 3A ist Aktor Nr. 3

Im Einrichtbetrieb darf der Zylinder 3A nur ausfahren, wenn die Schutztür geschlossen und ein Blech eingelegt ist. Außerdem muss das Blech gespannt und Zyl. 2A eingefahren sein.

Ansteuerung K1 Motorschütz Schutzgitter zu

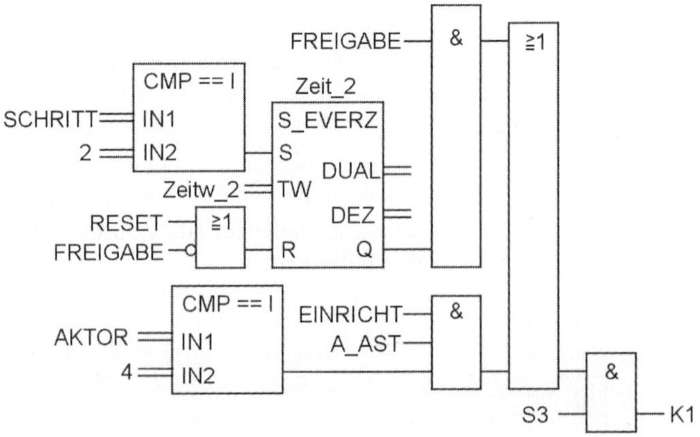

Der Motor M ist Aktor Nr. 4

Im Einrichtbetrieb darf das Schutzgitter ohne besondere Bedingung zufahren. Der Endschalter S3 verriegelt in allen Betriebsarten die Ansteuerung von K1.

Ansteuerung K2 Motorschütz Schutzgitter auf

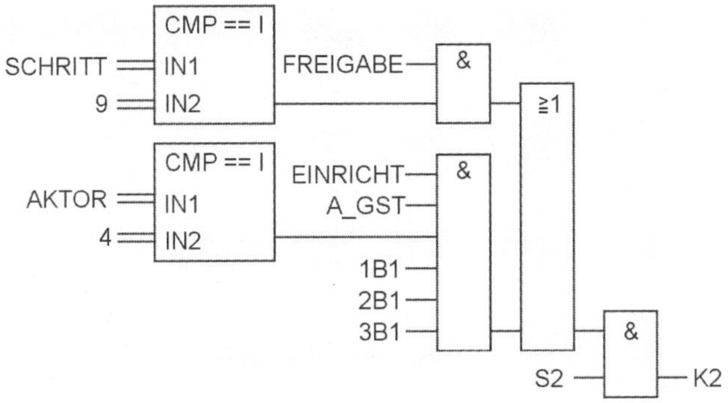

Der Motor M ist Aktor Nr. 4

Im Einrichtbetrieb darf die Schutzgitter nur aufgesteuert werden, wenn sich alle drei Zylinder in der oberen Endlage befinden. Der Endschalter S2 verriegelt in allen Betriebsarten die Ansteuerung von K2.

Im ersten Netzwerk des Befehlsausgabebausteins FC 26 ist noch die Eingangsvariable A_ANW mit W#16#000F zu maskieren und der temporären Variablen AKTOR zuzuweisen.

Deklarationstabelle des Befehlsausgabebausteins FC 26:

Name	Datentyp
IN	
SCHRITT	Int
FREIGABE	Bool
EINRICHT	Bool
RESET	Bool
AKT_ANW	Byte
A_AST	Bool
A_GST	Bool

Name	Datentyp
IN	
_1B2	Bool
_2B1	Bool
_3B1	Bool
S1	Bool
S2	Bool
S3	Bool
Zeit_1	Timer
Zeitw_1	S5Time
Zeit_2	Timer
Zeitw_2	S5Time

Name	Datentyp
OUT	
_1Y1	Bool
_2Y1	Bool
_3Y1	Bool
K1	Bool
K2	Bool

Name	Datentyp
TEMP	
AKTOR	Int

Hinweis: Da die Syntax von STEP 7 in der Deklarationstabelle keine Zahlen als erstes Zeichen beim Namen der lokalen Variablen zulässt, beginnen die entsprechenden Variablen mit einem Unterstrich. (Bsp.: statt 1B1 wird _1B1 geschrieben)

Nachfolgend ist das Programm des Organisationsbausteins OB 1 im Funktionsplan angegeben. Neben den Bausteinaufrufen von FB 24 Betriebsartenteil, FB 25 Schrittkette und FC 26 Befehlsausgabe sind noch die Netzwerke für die Grundstellung und die Schrittanzeige dargestellt.

Für die SPS-Operanden sind die in der Zuordnungstabelle der Aufgabe gegebenen Symbole verwendet worden. Die mit „#" gekennzeichneten Variablen müssen im OB 1 als temporäre Variablen mit dem Datentyp BOOL bzw. INT deklariert werden.

Aufruf der Bausteine und Zuweisungen im OB 1:

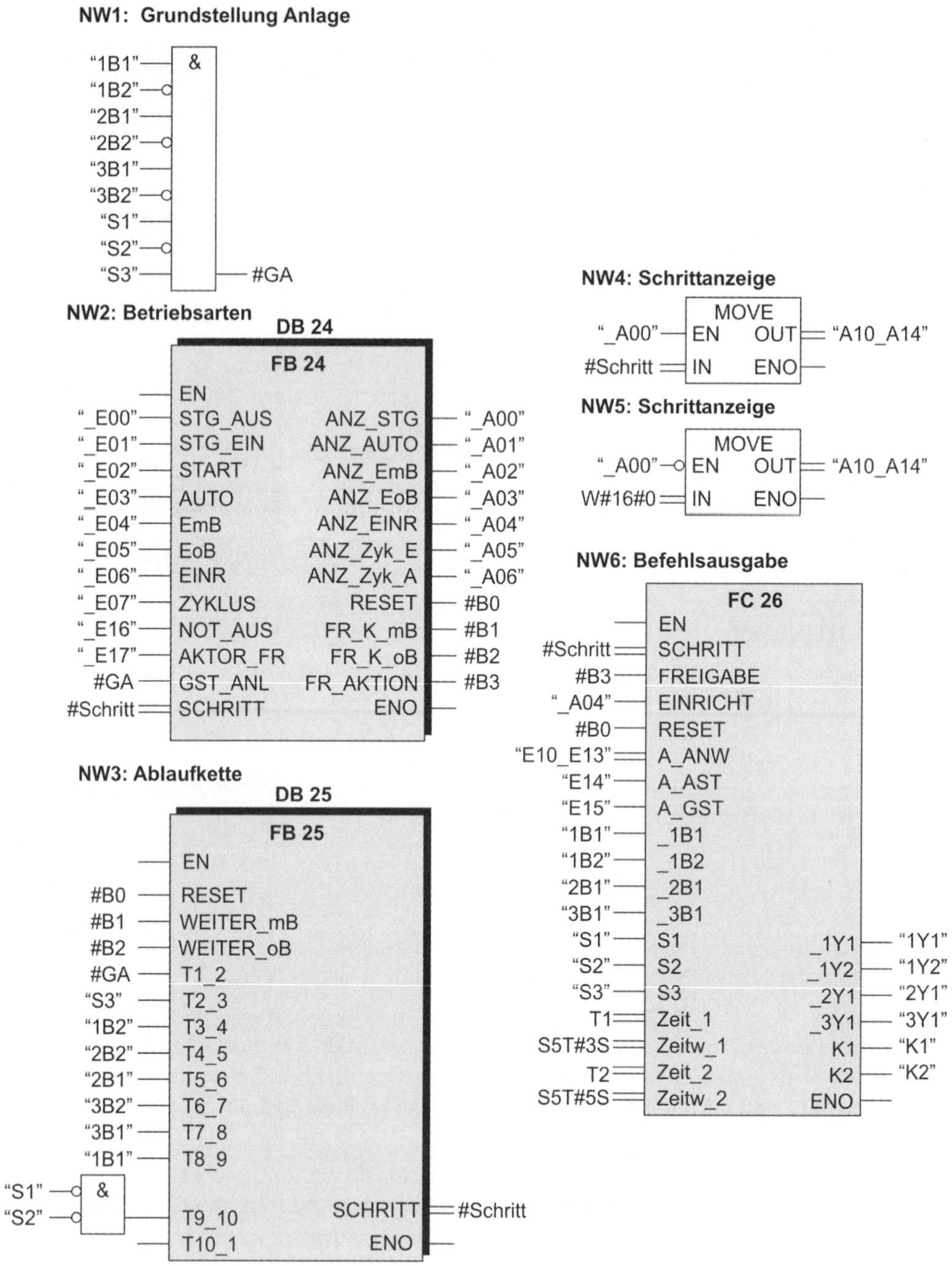

STEP 7 Programm (AWL-Quelle):

Da das Steuerungsprogramm des Organisationsbausteins OB 1 auf der vorherigen Seite im Funktionsplan bereits vollständig angegeben ist, wird auf die Darstellung der AWL-Quelle des Organisationsbausteins OB 1 verzichtet. Die Instanzdatenbausteine DB 24 und DB 25, die sich beim Aufruf der Funktionsbausteine selbst generieren, sind ebenfalls in der AWL-Quelle nicht angegeben.

```
FUNCTION_BLOCK FB 24
VAR_INPUT
 STG_AUS : BOOL ;
 STG_EIN : BOOL ;
 START   : BOOL ;
 AUTO    : BOOL ;
 EmB     : BOOL ;
 EoB     : BOOL ;
 EINR    : BOOL ;
 ZYKLUS  : BOOL ;
 NOT_AUS : BOOL ;
 AKTOR_FR: BOOL ;
 GST_ANL : BOOL ;
 SCHRITT : INT ;
END_VAR

VAR_OUTPUT
 ANZ_STG   : BOOL ;
 ANZ_AUTO  : BOOL ;
 ANZ_EmB   : BOOL ;
 ANZ_EoB   : BOOL ;
 ANZ_EINR  : BOOL ;
 ANZ_ZYK_E: BOOL ;
 ANZ_ZYK_A: BOOL ;
 RESET     : BOOL ;
 FR_K_mB   : BOOL ;
 FR_K_oB   : BOOL ;
 FR_AKTION: BOOL ;
END_VAR

VAR
 STEU_EIN : BOOL ;
 AUTO_EIN : BOOL ;
 AUTO_BE  : BOOL ;
 START_SP : BOOL ;
 FO1      : BOOL ;
 FO2      : BOOL ;
 IO_WEITER: BOOL
END_VAR

BEGIN
 U  #STG_EIN;
 S  #STEU_EIN;
 ON #STG_AUS;
 ON #NOT_AUS;
 R  #STEU_EIN;
 U  #STEU_EIN;
 =  #ANZ_STG;

 UN #ZYKLUS;
 U( ;
 L  #SCHRITT;
 L  1;
 ==I   ;
 )  ;
 =  #AUTO_BE;

 U  #AUTO;
 U  #START;
 S  #AUTO_EIN;
 ON #STEU_EIN;
 ON #AUTO;
 O( ;
 U  #AUTO_BE;
 FP #FO1;
 )  ;
 R  #AUTO_EIN;
 U  #AUTO_EIN;
 =  #ANZ_AUTO;

 U  #STEU_EIN;
 U  #EmB;
 =  #ANZ_EmB;

 U  #STEU_EIN;
 U  #EoB;
 =  #ANZ_EoB;

 U  #STEU_EIN;
 U  #ZYKLUS;
 U  #AUTO_EIN;
 =  #ANZ_ZYK_E;

 U  #STEU_EIN;
 UN #ZYKLUS;
 U  #AUTO_EIN;
 =  #ANZ_ZYK_A;
 U  #STEU_EIN;
 U  #EINR;
 =  #ANZ_EINR;

 U  #START;
 FP #FO2;
 U  #STEU_EIN;
 UN #AUTO;
 =  #IO_WEITER;

 O  #AUTO_EIN;
 O  ;
 U  #ANZ_EmB;
 U  #IO_WEITER;
 =  #FR_K_mB;

 UN #AUTO;
 U  #ANZ_EoB;
 U  #IO_WEITER;
 =  #FR_K_oB;

 U( ;
 O  #AUTO_EIN;
 O  ;
 U  #ANZ_EmB;
 U( ;
 U  #START;
 S  #START_SP;
 UN #STEU_EIN;
 R  #START_SP;
 U  #START_SP;
 )  ;
 O  ;
 U  #ANZ_EoB;
 U  #AKTOR_FR;
 )  ;
 U  #STEU_EIN;
 =  #FR_AKTION;

 U  #START;
 UN #STEU_EIN;
 U  #GST_ANL;
 UN #NOT_AUS;
 =  #RESET;

END_FUNCTION_BLOCK
```

```
FUNCTION_BLOCK FB 25
VAR_INPUT
 RESET : BOOL ;
 WEITER_mB : BOOL ;
 WEITER_oB : BOOL ;
 T1_2 : BOOL ;
 T2_3 : BOOL  := TRUE;
 T3_4 : BOOL  := TRUE;
 T4_5 : BOOL  := TRUE;
 T5_6 : BOOL  := TRUE;
 T6_7 : BOOL  := TRUE;
 T7_8 : BOOL  := TRUE;
 T8_9 : BOOL  := TRUE;
 T9_10: BOOL  := TRUE;
 T10_1: BOOL  := TRUE;
END_VAR

VAR_OUTPUT
 SCHRITT : INT ;
END_VAR

VAR
 SRO_1 : BOOL := TRUE;
 SRO_2 : BOOL;
 SRO_3 : BOOL;
 SRO_4 : BOOL ;
 SRO_5 : BOOL ;
 SRO_6 : BOOL ;
 SRO_7 : BOOL ;
 SRO_8 : BOOL ;
 SRO_9 : BOOL ;
 SRO_10 : BOOL ;
END_VAR


BEGIN
 O  #RESET;
 O  ;
 UN #SRO_9;
 U  #SRO_10;
 U( ;
 U  #WEITER_mB;
 U  #T10_1;
 O  #WEITER_oB;
 )  ;
 S  #SRO_1;
 U  #SRO_2;
 R  #SRO_1;
 U  #SRO_1;
 SPBNB _001;
 L  1;
 T  #SCHRITT;
_001: NOP 0;

 U  #SRO_1;
 UN #SRO_10;
 U( ;
 U  #WEITER_mB;
 U  #T1_2;
 O  #WEITER_oB;
 )  ;
 S  #SRO_2;
 O  #RESET;
 O  #SRO_3;
 R  #SRO_2;
 U  #SRO_2;
 SPBNB _002;
 L  2;
 T  #SCHRITT;
_002: NOP 0;

 U  #SRO_2;
 UN #SRO_1;
 U( ;
 U  #WEITER_mB;
 U  #T2_3;
 O  #WEITER_oB;
 )  ;
 S  #SRO_3;
 O  #RESET;
 O  #SRO_4;
 R  #SRO_3;
 U  #SRO_3;
 SPBNB _003;
 L  3;
 T  #SCHRITT;
_003: NOP 0;

 U  #SRO_3;
 UN #SRO_2;
 U( ;
 U  #WEITER_mB;
 U  #T3_4;
 O  #WEITER_oB;
 )  ;
 S  #SRO_4;
 O  #RESET;
 O  #SRO_5;
 R  #SRO_4;
 U  #SRO_4;
 SPBNB _004;
 L  4;
 T  #SCHRITT;
_004: NOP 0;

 U  #SRO_4;
 UN #SRO_3;
 U( ;
 U  #WEITER_mB;
 U  #T4_5;
 O  #WEITER_oB;
 )  ;
 S  #SRO_5;
 O  #RESET;
 O  #SRO_6;
 R  #SRO_5;
 U  #SRO_5;
 SPBNB _005;
 L  5;
 T  #SCHRITT;
_005: NOP 0;

 U  #SRO_5;
 UN #SRO_4;
 U( ;
 U  #WEITER_mB;
 U  #T5_6;
 O  #WEITER_oB;
 )  ;
 S  #SRO_6;
O  #RESET;
 O  #SRO_7;
 R  #SRO_6;
 U        #SRO_6;
SPBNB _006;
 L  6;
 T  #SCHRITT;
_006: NOP 0;

 U  #SRO_6;
 UN #SRO_5;
 U( ;
 U  #WEITER_mB;
 U  #T6_7;
 O  #WEITER_oB;
 )  ;
 S  #SRO_7;
 O  #RESET;
 O  #SRO_8;
 R  #SRO_7;
 U  #SRO_7;
 SPBNB _007;
 L  7;
 T  #SCHRITT;
_007: NOP 0;

 U  #SRO_7;
 UN #SRO_6;
 U( ;
 U  #WEITER_mB;
 U  #T7_8;
 O  #WEITER_oB;
 )  ;
 S  #SRO_8;
 O  #RESET;
 O  #SRO_9;
 R  #SRO_8;
 U  #SRO_8;
 SPBNB _008;
 L  8;
 T  #SCHRITT;
_008: NOP 0;
 U  #SRO_8;
 UN #SRO_7;
 U( ;
 U  #WEITER_mB;
 U  #T8_9;
 O  #WEITER_oB;
 )  ;
 S  #SRO_9;
 O  #RESET;
 O  #SRO_10;
 R  #SRO_9;
 U  #SRO_9;
 SPBNB _009;
 L  9;
 T  #SCHRITT;
_009: NOP 0;

 U  #SRO_9;
 UN #SRO_8;
 U( ;
 U  #WEITER_mB;
 U  #T9_10;
 O  #WEITER_oB;
 )  ;
 S  #SRO_10;
 O  #RESET;
 O  #SRO_1;
 R  #SRO_10;
 U  #SRO_10;
 SPBNB _00a;
 L  10;
 T  #SCHRITT;
_00a: NOP 0;

END_FUNCTION_BLOCK
```

```
FUNCTION_BLOCK FC 26
VAR_INPUT
 SCHRITT: INT ;
 FREIGABE: BOOL ;
 EINRI : BOOL ;
 RESET : BOOL ;
 A_ANW : BYTE ;
 A_AST : BOOL ;
 A_GST : BOOL ;
 _1B1  : BOOL ;
 _1B2  : BOOL ;
 _2B1  : BOOL ;
 _3B1  : BOOL ;
 S1    : BOOL ;
 S2     : BOOL ;
 S3     : BOOL ;
 Zeit_1 : TIMER ;
 Zeitw_1: S5TIME ;
 Zeit_2 : TIMER ;
 Zeitw_2: S5TIME ;
END_VAR

VAR_OUTPUT
 _1Y1 : BOOL ;
 _1Y2 : BOOL ;
 _2Y1 : BOOL ;
 _3Y1 : BOOL ;
 K1   : BOOL ;
 K2   : BOOL ;
END_VAR

VAR_TEMP
 Aktor : INT ;
END_VAR
```

```
BEGINN
 L  #A_ANW;
 L  B#16#F;
 UW ;
 T  #Aktor;

 U  #FREIGABE;
 U( ;
 L  #SCHRITT;
 L  3;
 ==I;
 ) ;
 O ;
 U  #EINRI;
 U  #A_AST;
 U( ;
 L  #Aktor;
 L  1;
 ==I;
 ) ;
 U  #S1;
 UN #S3;
 = #_1Y1;

 U  #FREIGABE;
 U( ;
 L  #SCHRITT;
 L  8;
 ==I ;
 ) ;
 O  ;
 U  #EINRI;
 U  #A_GST;
 U( ;
 L  #Aktor;
 L  1;
 ==I ;
 ) ;
 U  #_2B1;
 U  #_3B1;
 =  #_1Y2;

 U #FREIGABE;
 U(    ;
 L #SCHRITT;
 L 4;
 ==I   ;
 ) ;
 O ;
 U #EINRI;
 U #A_AST;
 U(    ;
 L #Aktor;
 L 2;
 ==I   ;
 ) ;
 U #S1;
 UN    #S3;
 U #_1B2;
 U #_3B1;
 = #_2Y1;

 U #FREIGABE;
 U( ;
 O( ;
 L  #SCHRITT;
 L  6;
 ==I;
 )  ;
 O( ;
 U( ;
 L  #SCHRITT;
 L  7;
 ==I;
 )  ;
 L  #Zeitw_1;
 SI #Zeit_1;
 U( ;
 O  #RESET;
 ON #FREIGABE;
 )  ;
 R  #Zeit_1;
U  #Zeit_1;

 )  ;
 )  ;
 O  ;
 U  #EINRI;
 U  #A_AST;
 U( ;
 L  #Aktor;
 L  3;
 ==I;
 )  ;
 U  #S1;
 UN #S3;
 U  #_1B2;
 U  #_2B1;
 =  #_3Y1;

 U(     ;
 U #FREIGABE;
 U(     ;
 U(     ;
 L #SCHRITT;
 L 2;
 ==I    ;
 ) ;
 L #Zeitw_2;
 SE     #Zeit_2;
 U #RESET;
 R #Zeit_2;
 U #Zeit_2;
 ) ;
 O ;
U #EINRI;
 U #A_AST;
 U(     ;
 L #Aktor;
 L 4;
 ==I    ;
 ) ;
 ) ;
 U #S3;
 = #K1;

 U( ;
 U  #FREIGABE;
 U( ;
 L  #SCHRITT;
 L  9;
 ==I ;
 ) ;
 O  ;
 U  #EINRI;
 U  #A_GST;
 U( ;
 L  #Aktor;
 L  4;
 ==I ;
 )  ;
 U  #_1B1;
 U  #_2B1;
 U  #_3B1;
 ) ;
 U  #S2;
 =  #K2;

END_FUNCTION
```

10.6 Komplexe Ablaufsteuerungen

10.6.1 Ablaufsteuerung mit Betriebsartenteil und Signalvorverarbeitung

Nicht immer sind die Weiterschaltbedingungen (Transitionen) der Ablaufkette nur abhängig von einzelnen Signalzuständen bestimmter Sensoren oder gestarteter Zeitglieder, wie bisher angenommen. Der allgemeinere Fall ist gekennzeichnet durch die Vorverarbeitung beliebiger Signale und deren Überprüfung auf bestimmte Kriterien oder Überwachung ihrer Ausführung. Dazu gehören beispielsweise die Verarbeitung von Zählimpulsen bei Mengenerfassungen, die Auswertung von Analogsignalen bei Temperaturmessungen, die Bildung von Weiterschaltsignalen aus komplexen Bedingungen verschachtelter Ablaufketten sowie die Bereitstellung von Daten oder Rezeptwerten. Damit kann sich schnell ein unübersichtliches Programm ergeben. In solchen Fällen ist es zweckmäßig, die Ablaufsteuerung um einen Funktionsbaustein für die Aufgaben einer Signalvorverarbeitung zu erweitern. Zur Normierung der Analogwerte können die Normierungsbausteine aus der Bausteinbibliothek verwendet werden. Die Gesamtstruktur einer Ablaufsteuerung erhält somit folgendes Aussehen:

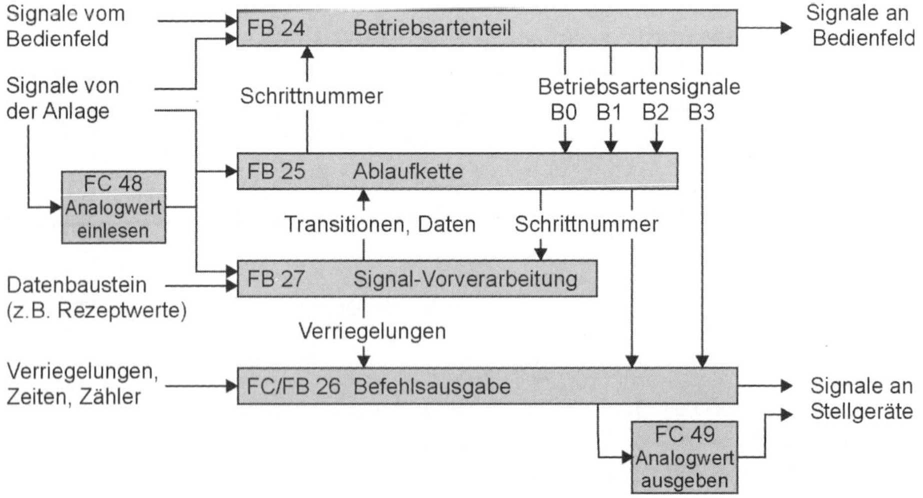

Bild 10.6: Programmstruktur einer Ablaufsteuerung mit standardisierten Funktionsbausteinen für den Betriebsartenteil (FB 24) und die Ablaufkette (FB 25) sowie den anlagenspezifischen Bausteinen für die Befehlsausgabe (FC 26/FB 26) und Signalvorverarbeitung (FB 27).

Der Signalvorverarbeitungsbaustein FB 27 ist wie der Befehlsausgabebaustein FC 26/FB 26 anlagen- bzw. prozessabhängig. Sensorsignale, die vorverarbeitet werden müssen, sind als Eingangsvariablen des Bausteins FB 27 zu deklarieren. Ergänzend zu den bereits genannten Beispielen soll auf zwei komplizierte Fälle hingewiesen werden:

1. Ist die Aufbereitung von Transitionsbedingungen und Daten von den Schritten der Ablaufkette abhängig, dann ist auch die Schrittnummer als weiterer Bausteineingang im Datenformat Integer zu deklarieren.

2. Sind bei der Anlage beispielsweise Rezeptwerte aus einem Datenbaustein zu laden und als Daten der Ablaufkette zur Verfügung zu stellen, so sind auch die Datenbausteinnummer und die Rezeptnummer als zusätzliche Eingänge zu deklarieren.

Einfache Weiterschaltsignale wie z.B. das Erreichen eines bestimmten Füllstandes, das Ablaufen einer Wartezeit usw. werden jedoch nicht in die Signalvorverarbeitung einbezogen und direkt als Weiterschaltsignale der Ablaufkette zugeführt.

Das nachfolgende Beispiel zeigt eine Ablaufsteuerung mit einer Signalvorverarbeitung in einem dafür vorgesehenen Funktionsbaustein FB 27.

Beispiel 10.4: Mischbehälter mit wählbaren Rezeptwerten

Ein Behälter wird mit den beiden Flüssigkeiten 1 und 2 gleichzeitig gefüllt, umgerührt und auf eine bestimmte Temperatur erhitzt. Eine Rezeptur besteht aus den Sollwerten für die Menge Q1 (in %), Menge Q2 (in %), Temperatur TEMP (in °C) und Reaktionszeit T (in Sekunden). Zehn solcher Rezepturen sind in einem Datenbaustein DB hinterlegt und können mit einem einstelligen Ziffereinsteller (0 .. 9) ausgewählt werden. Zur Bedienung der Anlage soll das in Abschnitt 10.5 vorgestellte Bedien- und Anzeigefeld mit den vier wählbaren Betriebsarten verwendet werden.

Technologieschema:

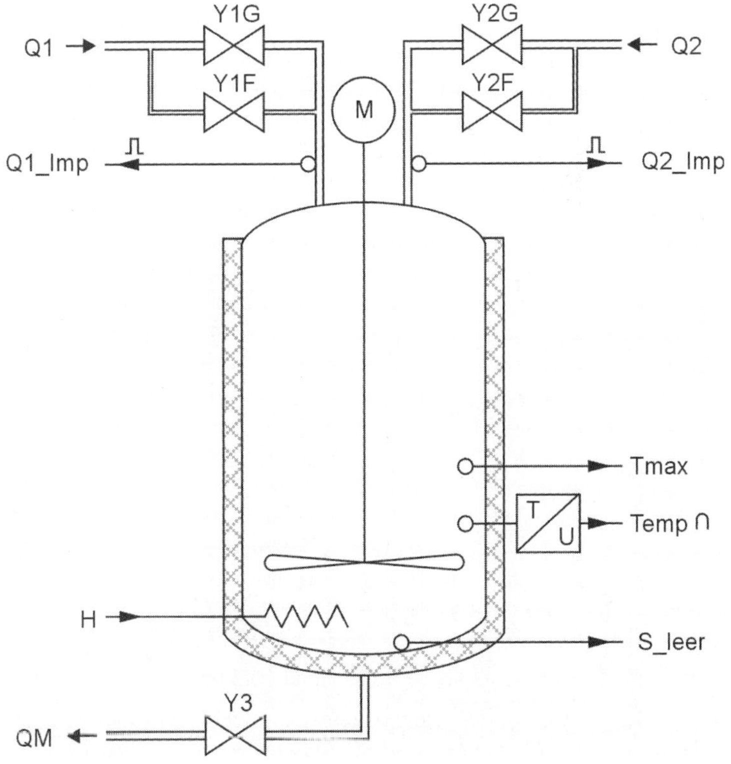

Bild 10.6: Mischbehälter

Mischprozess:

1. Nach dem Einschalten der Steuerung und der Betriebsartenwahl, z.B. Automatikbetrieb, sowie der Übernahme der Betriebsart mit E03, beginnt der Mischvorgang durch Betätigen der Starttaste E02.
2. Die durch den Rezeptureinsteller bestimmten Rezeptwerte werden aus dem Datenbaustein geladen und die beiden Grobventile Y1G sowie Y2G geöffnet.
3. Nach einer Wartezeit von 8 s wird das Rührwerk M eingeschaltet.
4. Zwei Durchflussmengengeber Q1_Imp und Q2_Imp liefern der Steuerung Impulse bis maximal 10 Hz, die abhängig von der Füllgeschwindigkeit sind. Durch Zählen der Impulse kann die jeweilige Zuflussmenge ermittelt werden. Zehn Impulse entsprechen der Füllmenge von 1%.
5. Ist 90% der Sollwertmenge Q1 (Q2) erreicht, wird das Grobventil Y1G (Y2G) geschlossen.
6. Sind beide Grobventile geschlossen, werden die Feinventile Y1F und Y2F geöffnet, bis jeweils die restlichen 10% der Sollwertmengen aufgefüllt sind.
7. Nach Schließen der Feinventile wird die Heizung H eingeschaltet und bei Erreichen des Temperatur-Sollwertes abgeschaltet.
8. Nach Ablauf der zur Rezeptur zugehörigen Reaktionszeit wird das Rührwerk M ausgeschaltet und die Mischung über das Ventil Y3 abgelassen, bis die Leermeldung erfolgt.

Zuordnungstabelle der Eingänge und Ausgänge des Mischbehälters

Eingangsvariable	Symbol	Datentyp	Logische Zuordnung		Adresse
Durchflussmengengeber 1	Q1_Imp	BOOL	Impulse		E 0.1
Durchflussmengengeber 2	Q2_Imp	BOOL	Impulse		E 0.2
Temperaturgrenzwert	Tmax	BOOL	Erreicht	Tmax = 1	E 0.3
Leermeldung/Behälter	S_leer	BOOL	Behälter leer	S_leer = 1	E 0.4
Mischtemperatur	Temp	WORD	Analogspannung	0 .. 10V	PEW 320
Rezeptureinsteller	ZE	½ Byte	Eine Stelle BCD	0 ... 9	EB 8
Ausgangsvariable					
Grobventil 1	Y1G	BOOL	Offen	Y1G = 1	A 4.1
Grobventil 2	Y2G	BOOL	Offen	Y2G = 1	A 4.2
Feinventil 1	Y1F	BOOL	Offen	Y1F = 1	A 4.3
Feinventil 2	Y2F	BOOL	Offen	Y2F = 1	A 4.4
Ablassventil	Y3	BOOL	Offen	Y3 = 1	A 4.5
Rührwerk	M	BOOL	Motor läuft	M = 1	A 4.6
Heizung	H	BOOL	Heizung ein	H = 1	A 4.7

Die Zuordnungstabelle des Bedienfeldes ist im Beispiel 10.3 (Biegemaschine) angegeben.

Die Eingabe der 10 Rezepturen in den Datenbaustein ist nicht Gegenstand dieser Aufgabe. Die Rezeptwerte Menge Q1 und Menge Q2 sind als Integer-Werte im Bereich von 0 ... 100 (%) angegeben. Beide Werte zusammen dürfen 100 nicht überschreiten. Darauf ist bei der Eingabe der Werte in den Datenbaustein zu achten.

Ablaufkette:

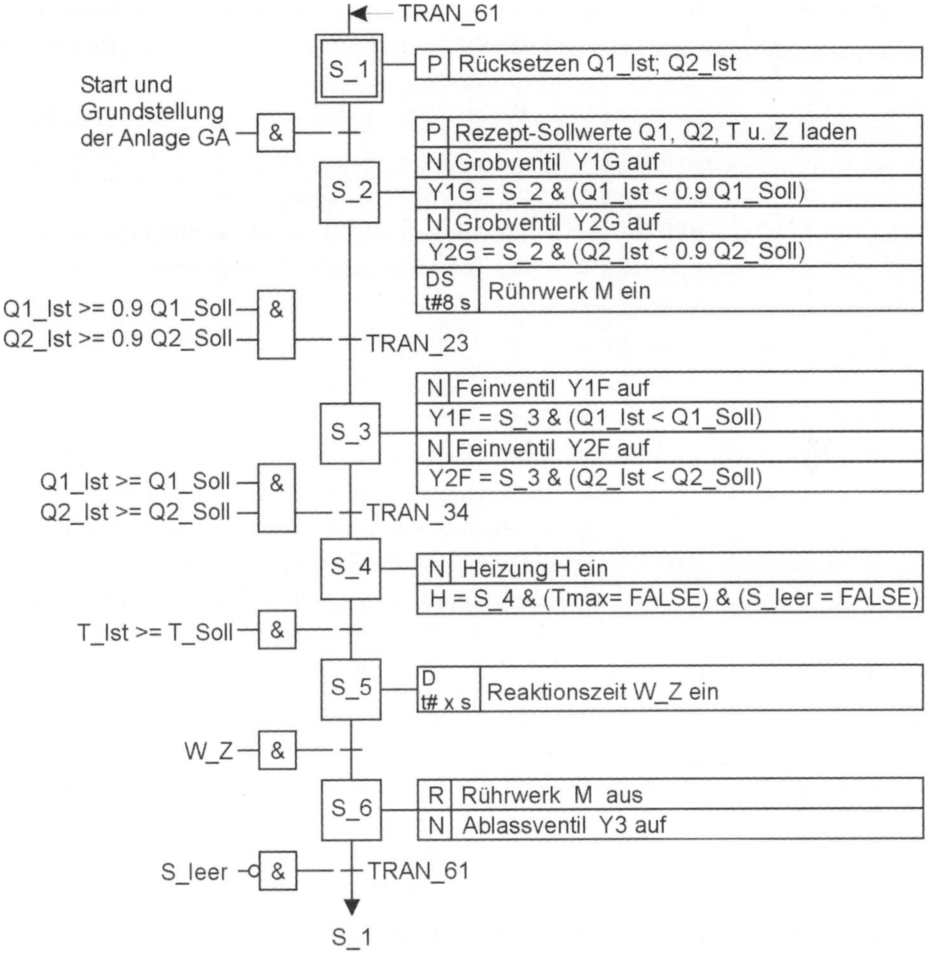

Die Transitionsbedingungen TRAN_23 und TRAN_34 sind keine einfachen Weiterschaltsignale. Die dort stehenden Bedingungen „Q1_Ist >= 0,9Q1_ Soll" bis „Q2_Ist >= Q2_Soll" sind in einem Signalvorverarbeitungsbaustein FB 27 zu bilden. Weitere Aufgaben des Bausteins FB 27 sind die Zählung der Impulse zur Ermittlung der Istmengen Q1 und Q2 und das Rücksetzen der Istwerte im Initialschritt Schritt 1. Das Laden der Sollwerte aus dem Datenbaustein entsprechend der gewählten Rezeptur wird ebenfalls in diesem Baustein ausgeführt.

Die Auswertung des Analogsignals des Temperatursensors der Mischanlage erfolgt durch den Bibliotheksbaustein FC 48 Analogwert einlesen. Mit diesem wird die Normierung der Werte 10 °C bis 110 °C (0V ... 10 V) des Sensors in steuerungsinterne Real-Werte von 10.0 bis 110.0 ausgeführt.

Für die Steuerungsaufgabe des Mischbehälters muss der Signalvorverarbeitungsbaustein FB 27 neu entworfen werden. Der Ausgabebaustein FC 26 ist an die Gegebenheiten der Anlage anzupassen. Die weiteren erforderlichen Bausteine FB 24 Betriebsarten, FB 25 Schrittkette und FC 48 Analogwert einlesen können aus der Bibliothek unverändert übernommen werden.

Signalvorverarbeitungs-Baustein FB 27

Ein- und Ausgangsvariablen:

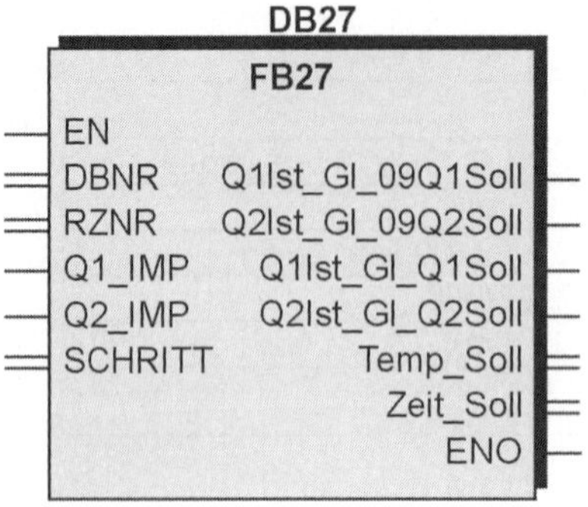

DBNR (Integer): Angabe der Datenbausteinnummer, der die Rezeptwerte enthält.
RZNR (Byte): Anschluss für den einstelligen Zifferneinsteller.
SCHRITT (Integer): Angabe der aktuellen Schrittnummer der Ablaufkette.
TEMP_Soll (Real) u. Zeit_Soll (S5Time): Ausgabe des Temperatur- bzw. Zeitsollwertes.

Alle anderen Ein- und Ausgangsvariablen sind vom Datentyp BOOL.

Steuerungsprogramm:

Rücksetzen der Istwerte Q1 und Q2 im Schritt 1 (AWL):

```
       L   #SCHRITT
       L   1
       ==I
       FP #FO1
       SPBN M001
       L   0
       T   #Q1_Ist
       T   #Q2_Ist
M001:  NOP 0
```

Das Bestimmungszeichen P in der Aktion des 1. Schrittes gibt die flankengesteuerte Löschung der Ist-Mengenzähler Q1_Ist und Q2_Ist vor.

Nur beim Eintritt in den Schritt 1 werden die Zählspeicher gelöscht. Wird beispielsweise im Einrichtbetrieb ein Zulaufventil geöffnet, ist somit gewährleistet, dass die zugelaufene Menge in den entsprechenden Zählspeichen Q1_Ist bzw. Q2_Ist auch in Schritt 1 erfasst werden.

Laden der Sollwerte aus dem Datenbaustein (AWL):

```
L     #SCHRITT
L     2
==I
FP    #FO2
SPBN  M002
L     #DBNR
T     #DBNRW
AUF   DB[#DBNRW]

L     #RZNR
L     B#16#F
UW
L     10
*I
SLW   3
T     #ZEIG
L    DBW [#ZEIG]
L     10
*I
T    #Q1_Soll
```

```
L     #ZEIG
SRW   3
L     2
+I
SLW   3
T     #ZEIG
L     DBW [#ZEIG]
L     10
*I
T     #Q2_Soll

L     #ZEIG
SRW   3
L     2
+I
SLW   3
T     #ZEIG
L     DBD [#ZEIG]
T       #Temp_Soll
```

```
       L     #ZEIG
       SRW   3
       L     4
       +I
       SLW   3
       T     #ZEIG
       L     DBW [#ZEIG]
       T     #Zeit_Soll
M002:  NOP   0
```

Die jeweils erste Adresse einer Rezeptur (Menge Q1) ergibt sich aus der Multiplikation der Rezeptnummer RZNR mit dem Faktor 10 (siehe nachfolgenden Datenbaustein DB 10). Mit der lokalen Variable ZEIG werden die einzelnen Rezeptwerte indirekt adressiert. Da 10 Impulse der Menge von 1% entsprechen, werden die Rezeptwerte Q1 und Q2 je mit 10 multipliziert.

Istwertmengenzähler Q1_Ist und Q2_Ist:

Berechnung der 90% von Q1_Soll bzw. Q2_Soll (AWL):

```
L  #Q1_Soll        L  #Q2_Soll
L  9               L  9
*I                 *I
L  10              L  10
/I                 /I
T  #_9Q1Soll       T  #_9Q2Soll
```

Zur Berechnung des 90%-Wertes von Q1_Soll wird der Wert mit 9 multipliziert, dann durch 10 dividiert und der lokalen Variablen _9Q1Soll zugewiesen.

Für _9Q2Soll gilt Entsprechendes.

Bildung der Bedingungen Q1_Ist >= 0.9 Q1_Soll und Q2_Ist >= 0.9 Q2_Soll:

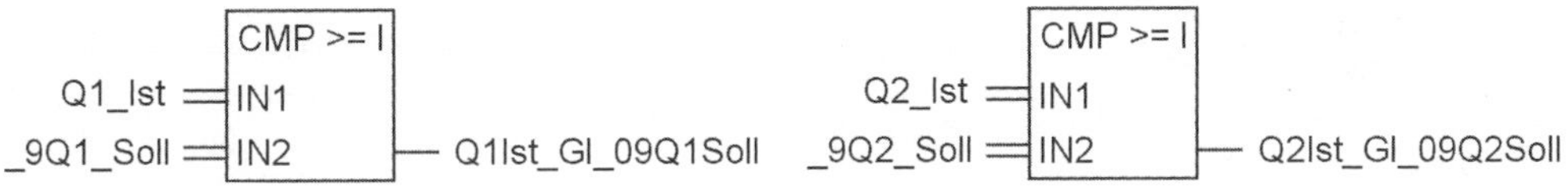

Bildung der Bedingungen Q1_Ist >= Q1_Soll und Q2_Ist >= Q2_Soll:

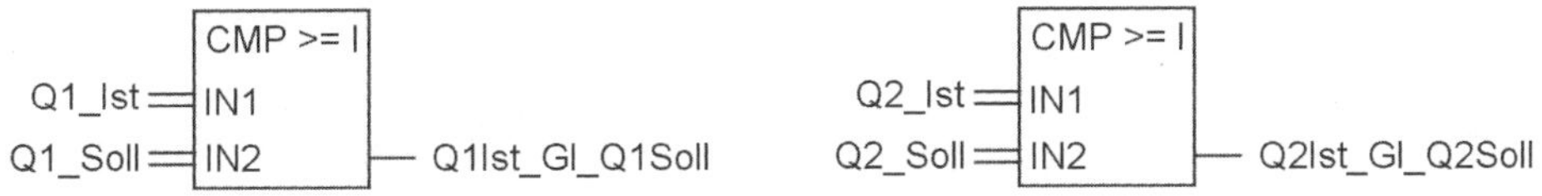

Die im dargestellten Steuerungsprogramm neu eingeführten lokalen Variablen müssen in der Deklarationstabelle des Funktionsbausteins als statische oder temporäre Variablen angegeben werden.

Deklarationstabelle FB 27:

Name	Datentyp	A -Wert
IN		
DBNR	Int	0
RZNR	Byte	B#16#0
Q1_IMP	Bool	FALSE
Q2_IMP	Bool	FALSE
SCHRITT	INT	0
OUT		
Q1Ist_GL_09Q1Soll	Bool	FALSE
Q2Ist_GL_09Q2Soll	Bool	FALSE
Q1Ist_GL_Q1Soll	Bool	FALSE
Q2Ist_GL_Q2Soll	Bool	FALSE
Temp_Soll	REAL	0.0
Zeit_Soll	S5Time	S5T#0S

Name	Datentyp	A.-Wert
STAT		
Q1_Ist	Int	0
Q2_Ist	Int	0
Q1_Soll	Int	0
Q2_Soll	Int	0
FO1	Bool	FALSE
FO2	Bool	FALSE
FO3	Bool	FALSE
FO4	Bool	FALSE
TEMP		
DBNRW	WORD	
ZEIG	DWORD	
_9Q1Soll	Int	
_9Q2Soll	Int	

Ausgabe-Baustein FC 26

Ein- und Ausgangsvariablen:

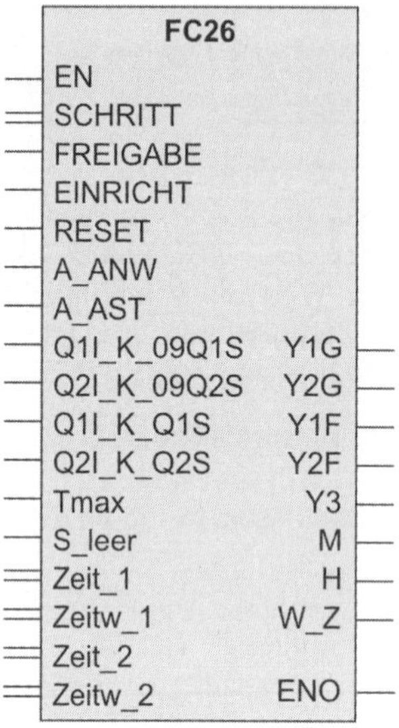

Die Standard-Eingangsvariablen des Bausteins werden erweitert durch Eingänge für die Verriegelungsbedingungen:
Q1I_K_09Q1S für Q1_Ist < 0,9 Q1_Soll,
Q2I_K_09Q2S für Q2_Ist < 0,9 Q2_Soll,
Q1I_K_Q1S für Q1_Ist < Q1_Soll und
Q2I_K_Q2S für Q2_Ist < Q2_Soll.
An diese Eingänge sind die entsprechenden Bedingungen Q1Ist <= 0,9 Q1Soll (Q1Ist_GL_09Q1Soll) etc. des Signalvorverarbeitungs-Bausteins FB27 **negiert** anzulegen. Damit werden die Einlassventile beim Erreichen des jeweiligen Sollwertes geschlossen.

Weitere Eingangsvariablen für Verriegelungen sind der Temperaturgrenzwertgeber Tmax und das Sensorsignal S_leer.

Die Ausgangsvariablen des Bausteins werden durch die Aktoren der Mischanlage und der Reaktionszeit W_Z als Transitionsbedingung gebildet.

Steuerungsprogramm:

Maskierung des ½-Bytes zur Aktorauswahl:

```
L  #A_ANW
L  W#16#F
UW
T  #AKTOR
```

Damit die übrigen Binärstellen des Bytes noch verwendet werden können, sind die ersten 4 Bits der Eingangsvariablen A_ANW mit W#16#000F maskiert und der lokalen Variablen AKTOR zugewiesen..

Ansteuerung Grobventil Y1G:

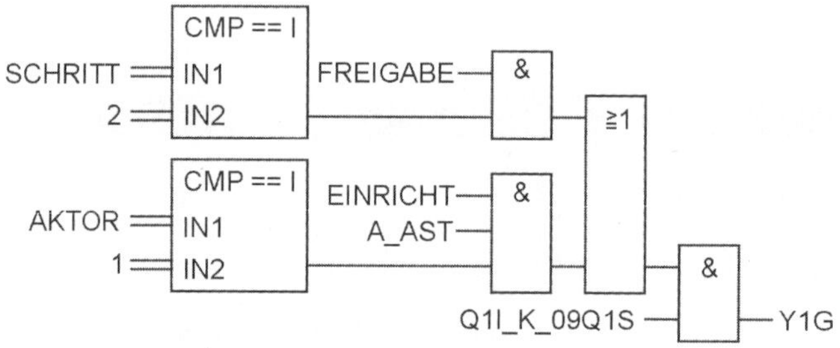

Grobventil Y1G ist Aktor Nr. 1

Im Einrichtbetrieb kann das Ventil Y1G ohne Bedingungen geöffnet werden.
In allen Betriebsarten wird beim Erreichen von 90% des Sollwertes Q1 das Ventil geschlossen.

Ansteuerung Grobventil Y2G:

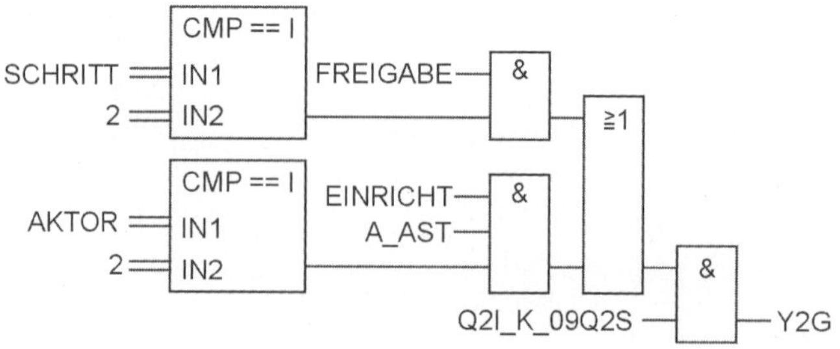

Grobventil Y2G ist Aktor Nr. 2

Im Einrichtbetrieb kann das Ventil Y2G ohne Bedingungen geöffnet werden.
In allen Betriebsarten wird beim Erreichen von 90% des Sollwertes Q2 das Ventil geschlossen.

Ansteuerung Feinventil Y1F:

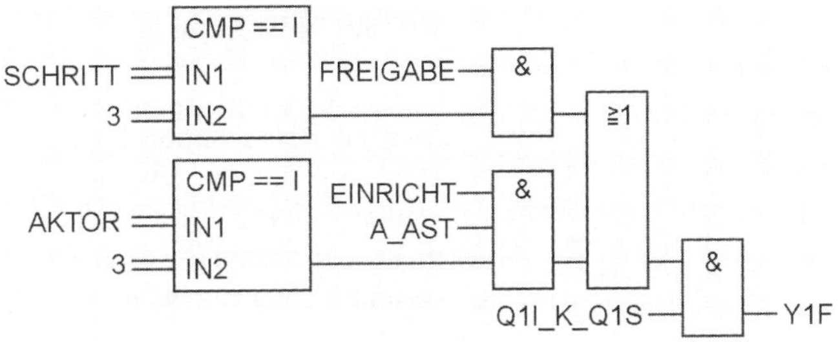

Feinventil Y1F ist Aktor Nr. 3

Im Einrichtbetrieb kann das Ventil Y1F ohne Bedingungen geöffnet werden.
In allen Betriebsarten wird beim Erreichen des Sollwertes Q1 das Ventil geschlossen.

Ansteuerung Feinventil Y1G:

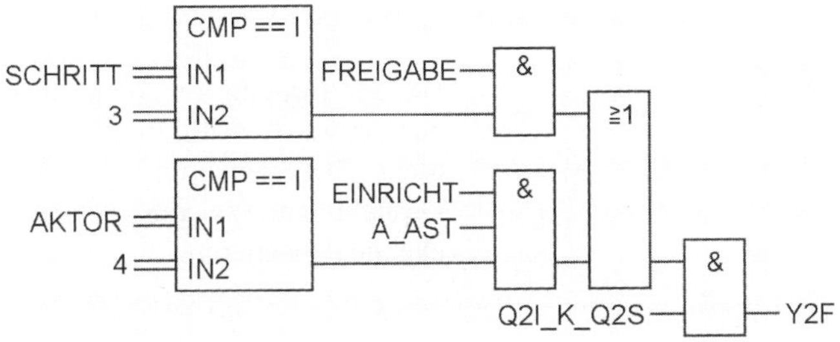

Feinventil Y2F ist Aktor Nr. 4

Im Einrichtbetrieb kann das Ventil Y2F ohne Bedingungen geöffnet werden.
In allen Betriebsarten wird beim Erreichen des Sollwertes Q2 das Ventil geschlossen.

Ansteuerung Ablassventil Y3:

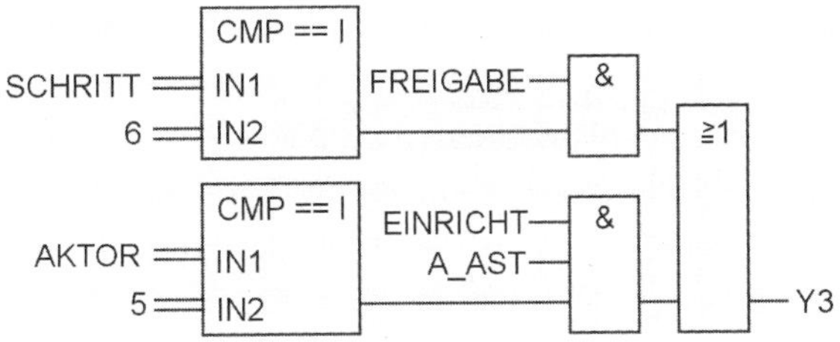

Ablassventil Y3 ist
Aktor Nr. 5

Im Einrichtbetrieb kann das Ventil Y3 ohne Bedingungen geöffnet werden.

Ansteuerung Rührwerk M:

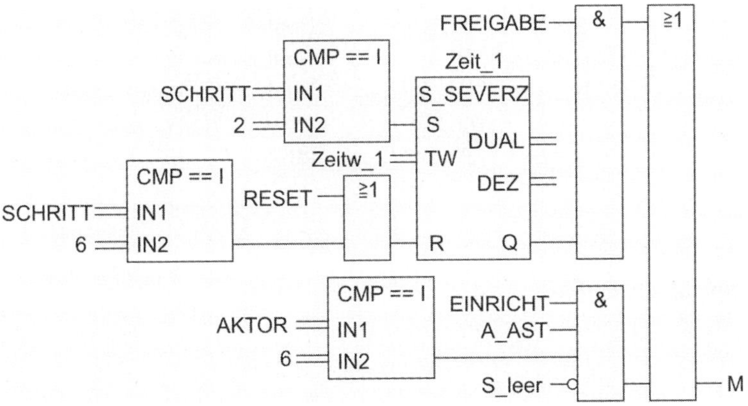

Rührwerk M ist
Aktor Nr. 6

Im Einricht-
betrieb darf das
Rührwerk nur
laufen, wenn der
Behälter nicht
leer ist

Ansteuerung Heizung H:

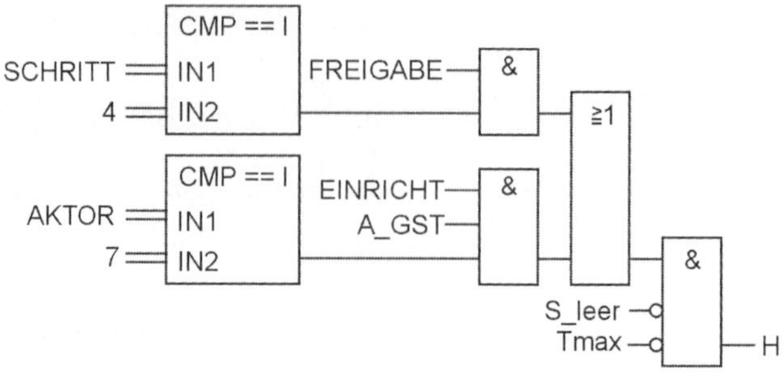

Heizung H ist Aktor Nr. 7

In allen Betriebsarten kann die Heizung H nur eingeschaltet werden, wenn der Behälter nicht leer ist und die Grenztemperatur nicht erreicht ist.

Bildung der Reaktionszeit:

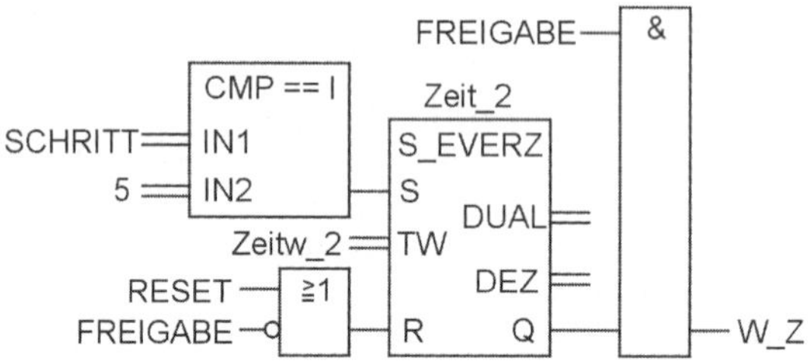

Bei der Bildung der Reaktionszeit muss der Einrichtbetrieb nicht berücksichtigt werden. Deshalb entfällt die entsprechende Ansteuerung.

Deklarationstabelle:

Name	Datentyp
IN	
SCHRITT	Int
FREIGABE	Bool
EINRICHT	Bool
RESET	Bool
A_ANW	Byte
A_AST	Bool
Q1I_K_09Q1S	Bool
Q2I_K_09Q2S	Bool
Q1I_K_Q1S	Bool
Q2I_K_Q2S	Bool
Tmax	Bool
S_leer	Bool
Zeit_1	Timer
Zeitw_1	S5Time
Zeit_2	Timer
Zeitw_2	S5Time

Name	Datentyp
OUT	
Y1G	Bool
Y2G	Bool
Y1F	Bocl
Y2F	Bool
Y3	Bool
M	Bool
H	Bool
W_Z	Bool
TEMP	
Aktor	Int

DB 10: Rezeptwertspeicher

Die zehn Rezepturen mit den jeweils vier Rezeptwerten für eine Mischung stehen in einem Datenbaustein bereit und können dort von Hand geändert werden. Denkbar ist aber auch, dass die Daten des DB10 über eine bestehende Kommunikationsverbindung von einem Bedien und Beobachtungssystem auftragsbezogen übermittelt werden.

Adresse	Name	Typ	Anfangswert	Kommentar
0.0		STRUCT		
+0.0	Menge_Q1_0	INT	30	30%
+2.0	Menge_Q2_0	INT	40	40%
+4.0	Temperatur_0	REAL	5.000e+001	50.0°C
+8.0	Reaktionszeit_0	S5TIME	S5T#10S	10 s
+10.0	Menge_Q1_1	INT	31	31%
+12.0	Menge_Q2_1	INT	41	41%
+14.0	Temperatur_1	REAL	5.100e+001	51.0°C
+18.0	Reaktionszeit_1	S5TIME	S5T#11S	11 s
+20.0	Menge_Q1_2	INT	32	32%
+22.0	Menge_Q2_2	INT	42	42%
+24.0	Temperatur_2	REAL	5.200e+001	52.0°C
+28.0	Reaktionszeit_2	S5TIME	S5T#12S	12 s
...	...	...	...	...
...	...	...	...	...
...	...	...	...	...
...	...	...	...	...
+90.0	Menge_Q1_9	INT	39	39%
+92.0	Menge_Q2_9	INT	49	49%
+94.0	Temperatur_9	REAL	39.000e+001	59.0°C
+98.0	Reaktionszeit_9	S5TIME	S5T#19S	19 s
=100.0		END_STRUCT		

Nachfolgend ist das Programm des Organisationsbausteins OB 1 im Funktionsplan angegeben. Neben den Bausteinaufrufen sind noch die Netzwerke für die Grundstellung und die Schrittanzeige dargestellt.

Für die SPS-Operanden sind die in der Zuordnungstabelle der Aufgabe gegebenen Symbole verwendet worden. Die mit „#“ gekennzeichneten Variablen müssen im OB 1 als temporäre Variable mit entsprechendem Datentyp deklariert werden.

Hinweis. Da alle aufgerufenen Bausteine bereits ausführlich beschrieben sind, wird auf die Darstellung der AWL-Quelle des Steuerungsprogramms verzichtet.

Funktionsplan Organisationsbausteins OB 1:

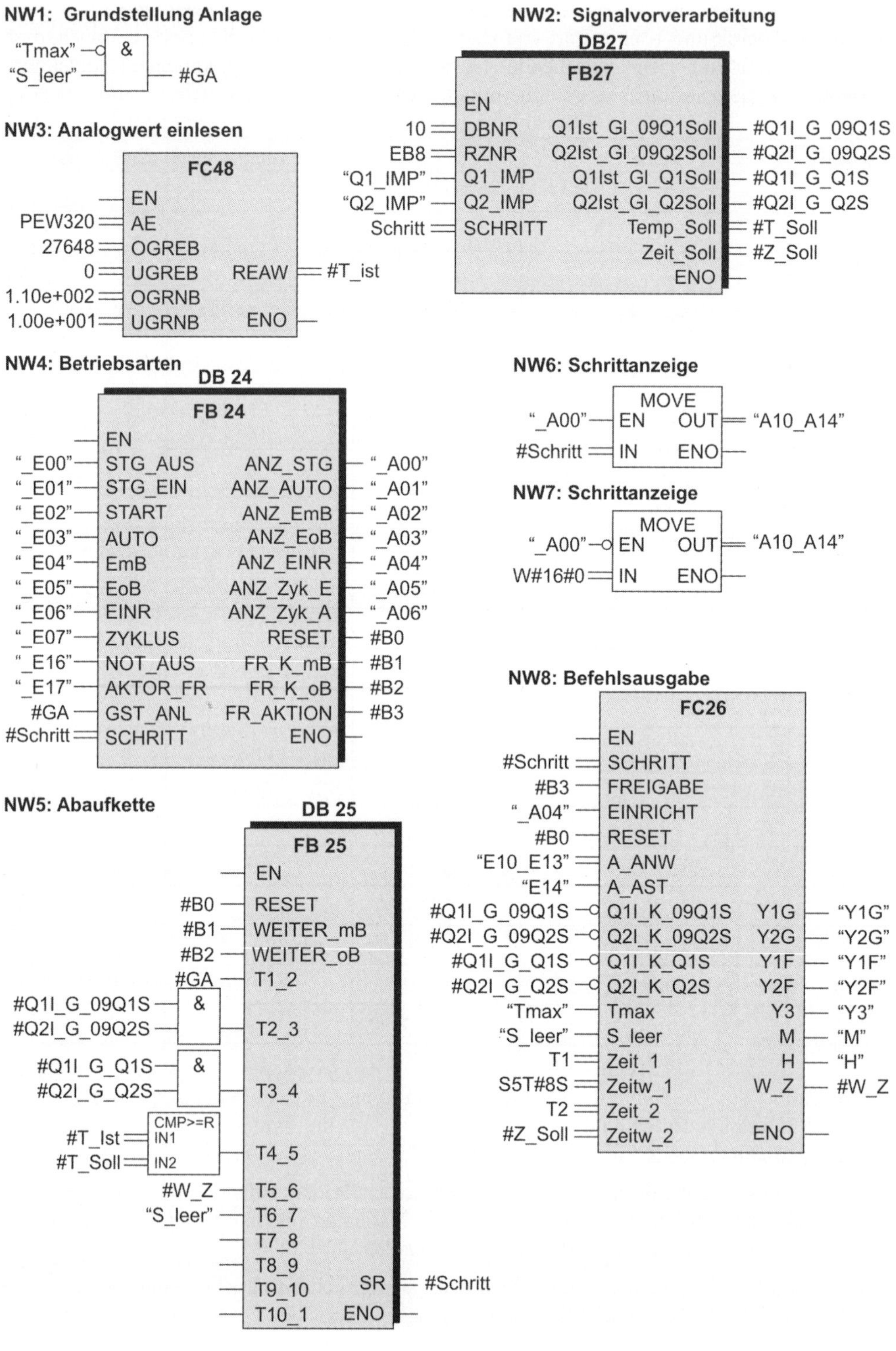

10.6.2 Ablaufsteuerungen mit korrespondierenden Ablaufketten

Das in diesem Abschnitt dargestellte Beschreibungsmittel *Ablauf-Funktionsplan* eignet sich besonders gut zur Lösung von Steuerungsaufgaben für Maschinen und Anlagen, bei denen mechanische Bewegungen und zeitliche Abläufe vorrangig sind. Die funktionale Beschreibung des Steuerungsablaufs kann dabei von dem Maschinenkonstrukteur, dem Inbetriebsetzer und dem Wartungsexperten gleichermaßen verwendet werden. Damit kann von der Aufgabenstellung über die Programmierung und Inbetriebsetzung bis hin zum Service durchgängig gearbeitet werden. Dies begründet unter anderem den häufigen Einsatz dieses Beschreibungsmittels in der Praxis.

Für komplexere Maschinen oder Anlagen kann jedoch der Ablauf-Funktionsplan durch eine Vielzahl von Schritten und Verzweigungen leicht unübersichtlich werden. Ablaufpläne, die über eine große Anzahl von Schritten verfügen oder viele parallele Zweige und Sprünge besitzen, sind nur sehr schwer lesbar. Es empfiehlt sich deshalb bei solchen Steuerungsaufgaben für die Maschine oder Anlage einzelne Funktionseinheiten zu bilden und für jede dieser Funktionseinheiten einen eigenständigen Ablauf-Funktionsplan zu erstellen. Die Verbindung und Synchronisation der einzelnen Ablaufpläne übernimmt wiederum ein quasi übergeordneter Ablauf-Funktionsplan (Haupt-Ablaufkette), der den Gesamtablauf der Maschine oder Anlage beschreibt. Die Aktionen der Hauptkette bestehen dabei aus Start- oder Weiterschaltbedingungen für die Ablaufketten der einzelnen Funktionseinheiten. Die Weiterschaltbedingungen der Haupt-Ablaufkette ergeben sich aus Schritten oder Kombinationen von Schritten der einzelnen Ablaufketten.

Die Vorgehensweise beim Entwurf einer Ablaufsteuerung mit korrespondierenden Ablaufketten kann nach folgenden Schritten erfolgen:

- Darstellung der mechanischen und elektrischen Elemente der Anlage in Technologieschemata.
- Zerlegen der Anlage in Funktionseinheiten und Festlegen der zugehörigen Sensoren und Aktoren.
- Für jede einzelne Funktionseinheit einen Ablauf-Funktionsplan (Ablaufkette) entwerfen.
- Den übergeordneten Ablauf-Funktionsplan (Haupt-Ablaufkette) für die Koordination der einzelnen Funktionseinheiten entwerfen.

Je nach Bedarf können die beiden letzten Schritte auch vertauscht oder zeitgleich ausgeführt werden. Der Vorteil dieser Methode ist nicht nur eine übersichtlichere Darstellung des gesamten Steuerungsablaufs, sondern auch der, dass die einzelnen Ablaufketten leichter handhabbar, änderbar und bei gleichen Funktionseinheiten auch kopierbar sind.

Das folgende Beispiel zeigt die Anwendung der beschriebenen Methode.

Beispiel 10.5: Chargenprozess

Zur Herstellung eines bestimmten Kunststoffes arbeiten zwei Vorlagebehälter für Einsatzstoffe mit einem Mischkessel zusammen. In den Vorlagebehältern erfolgt das Dosieren und Aufheizen der Rohprodukte. Je zwei Füllungen von Vorlagebehälter 1 und Vorlagebehälter 2 werden im Mischkessel gesammelt, auf die Reaktionstemperatur gebracht. Nach einer vorgegebenen Mischzeit ist das gewünschte Produkt fertig und kann in den Wertproduktbehälter abgelassen werden.

Technologieschema:

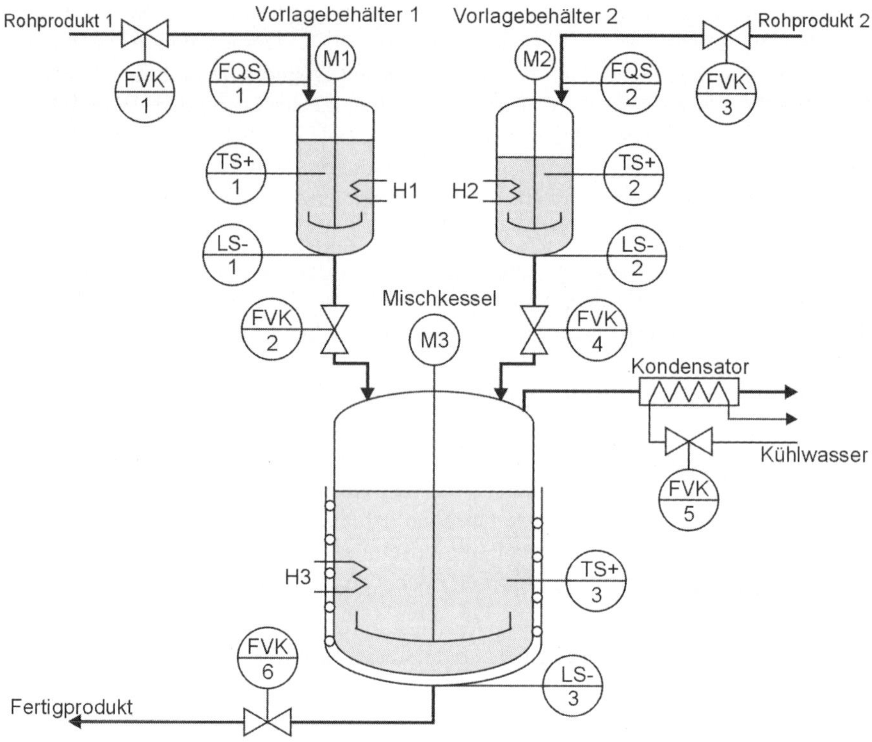

Bild 10.7: Chargenprozess (Legende: FVK = binäres Stellventil (F = Durchfluss, V = Stellgerätfunktion, K = binär); FQS = Durchflussmengenzähler (FQ = Durchflussmenge, S = Frequenz); TS = Temperatursensor (T = Temperatur, S = Schaltung); LS = Standmessung (L = Stand, S = Schaltung).

Funktionsablauf:

Vorlagebehälter

Die zwei Vorlagebehälter beginnen ihren Betrieb mit dem Prozessstart. Da in den Behältern der gleiche Prozessablauf stattfindet, gilt die Beschreibung für beide.

Zunächst wird das Einlassventil FVK1 für die Zufuhr des Einsatzstoffes geöffnet. Meldet der Dosierzähler FQS1 das Erreichen der eingestellten Dosiermenge, wird das Einlassventil wieder geschlossen, die Heizung H1 und das Rührwerk M1 eingeschaltet. Erreicht die Temperatur im Vorlagebehälter den eingestellten Wert (Temperatursensor TS+1 = TRUE), dann ist der Stoff für den Mischkessel aufbereitet.

Erst wenn in beiden Vorlagebehältern die Füllungen fertig sind, werden die Auslassventile FVK3 bzw. FVK4 geöffnet. Bis dahin soll bei dem zuerst fertigen Vorlagebehälter die Heizung abgeschaltet, das Rührwerk jedoch weiterlaufen. Während des Entleervorgangs wird das Rührwerk ausgeschaltet. Bei leerem Behälter (LS1 = 1 bzw. LS2 = 1) ist das Auslassventil wieder zu schließen. Sind beide Vorlagebehälter vollständig entleert, kann mit der zweiten Füllung begonnen werden.

Mischkesselbetrieb

Während der ersten Befüllung des Mischkessels wird das Rührwerk (M3) eingeschaltet. Ist die Befüllung beendet, wird die Heizung H3 eingeschaltet. Nach Erreichen der erforderlichen Temperatur im Mischkessel (TS3 = 1) wird das Kühlwasserventil FVK5 des Kondensators geöffnet und die zweite Befüllung mit den fertigen Stoffen der Vorlagebehälter kann beginnen. Ist die zweite Befüllung vollständig durchgeführt, muss die gesamte Mischung bei eingeschalteter Heizung H noch 25 Sekunden gerührt werden. Danach ist das Produkt fertig. Das Rührwerk M3, die Heizung H, der Kühlkreislauf FVK5 sind abzuschalten und das Auslassventil FVK6 zu öffnen. Ist der Mischkessel vollständig entleert, kann der Chargenprozess wiederholt werden.

Die Vorlagebehälter und der Mischkessel sollen mit dem in Abschnitt 10.5 vorgestellten Bedienfeld und dem dazugehörigen Betriebsartenteil betrieben werden.

Zuordnungstabelle der Eingänge und Ausgänge:

Eingangsvariable	Symbol	Datentyp	Logische Zuordnung		Adresse
Vorlagebehälter 1					
Behälter leer	LS1	BOOL	Behälter leer	LS1 = 1	E 0.0
Dosierzähler	FQS1	BOOL	Menge erreicht	FQS1 = 1	E 0.1
Temperatursensor	TS1	BOOL	Temperatur erreicht	TS1 = 1	E 0.2
Vorlagebehälter 2		BOOL			
Behälter leer	LS2	BOOL	Behälter leer	LS2 = 1	E 0.3
Dosierzähler	FQS2	BOOL	Menge erreicht	FQS2 = 1	E 0.4
Temperatursensor	TS2	BOOL	Temperatur erreicht	TS2 = 1	E 0.5
Mischkessel					
Behälter leer	LS3	BOOL	Behälter leer	LS3 = 1	E 0.6
Temperatursensor	TS3	BOOL	Temperatur erreicht	TS3 = 1	E 0.7
Ausgangsvariable					
Vorlagebehälter 1					
Einlassventil	FVK1	BOOL	Ventil geöffnet	FVK1 = 1	A 4.0
Heizung	H1	BOOL	Heizung an	H1 = 1	A 4.1
Rührwerkmotor	M1	BOOL	Rührwerk an	M1 = 1	A 4.2
Auslassventil	FVK2	BOOL	Ventil geöffnet	FVK2 = 1	A 4.3
Vorlagebehälter 2					
Einlassventil	FVK3	BOOL	Ventil geöffnet	FVK3 = 1	A 4.4
Heizung	H2	BOOL	Heizung an	H2 = 1	A 4.5
Rührwerkmotor	M2	BOOL	Rührwerk an	M2 = 1	A 4.6
Auslassventil	FVK4	BOOL	Ventil geöffnet	FVK4 = 1	A 4.7
Mischkessel					
Heizung	H3	BOOL	Heizung an	H3 = 1	A 5.0
Rührwerkmotor	M3	BOOL	Rührwerk an	M3 = 1	A 5.1
Kühlwasserventil	FVK5	BOOL	Kreislauf offen	FVK5 = 1	A 5.2
Auslassventil	FVK6	BOOL	Ventil geöffnet	FVK6 – 1	A 5.3

Die Zuordnungstabelle des Bedien- und Anzeigefeldes siehe Abschnitt 10.5.

Lösung:

Der Chargenprozess kann in drei Funktionseinheiten Mischkessel, Vorlagebehälter 1 und Vorlagebehälter 2 gegliedert werden. Jede dieser Funktionseinheiten wird mit einer eigenen Ablaufkette gesteuert. Die Ablaufkette für den Vorlagebehälter 1 (SK3) und die Ablaufkette für den Vorlagebehälter 2 (SK4) unterscheiden sich dabei nur durch die zum jeweiligen Behälter gehörenden Sensoren und Aktoren. Die Koordination der drei Ablaufketten und somit die Steuerung des Gesamtablaufs übernimmt die Haupt-Ablaufkette (SK1).

Der Entwurf der vier Ablaufketten erfolgt aus der Funktionsbeschreibung am günstigsten zeitgleich, da Transitionen und Aktionen der einzelnen Ketten miteinander korrespondieren. Nachfolgend sind die einzelnen Ablaufketten nacheinander in der Reihenfolge: Haupt-Ablaufkette (SK1), Ablaufkette für den Mischkesselbetrieb (SK2) und Ablaufkette für den Vorlagebehälter 1 (SK3) dargestellt. Auf die Darstellung der Ablaufkette für den Vorlagebehälter 2 (SK4) wird verzichtet, da diese bis auf die entsprechenden Bezeichnungen für die Sensoren und Aktoren der Ablaufkette (SK3) für den Vorlagebehälter 1 entspricht.

Haupt-Ablaufkette SK1:

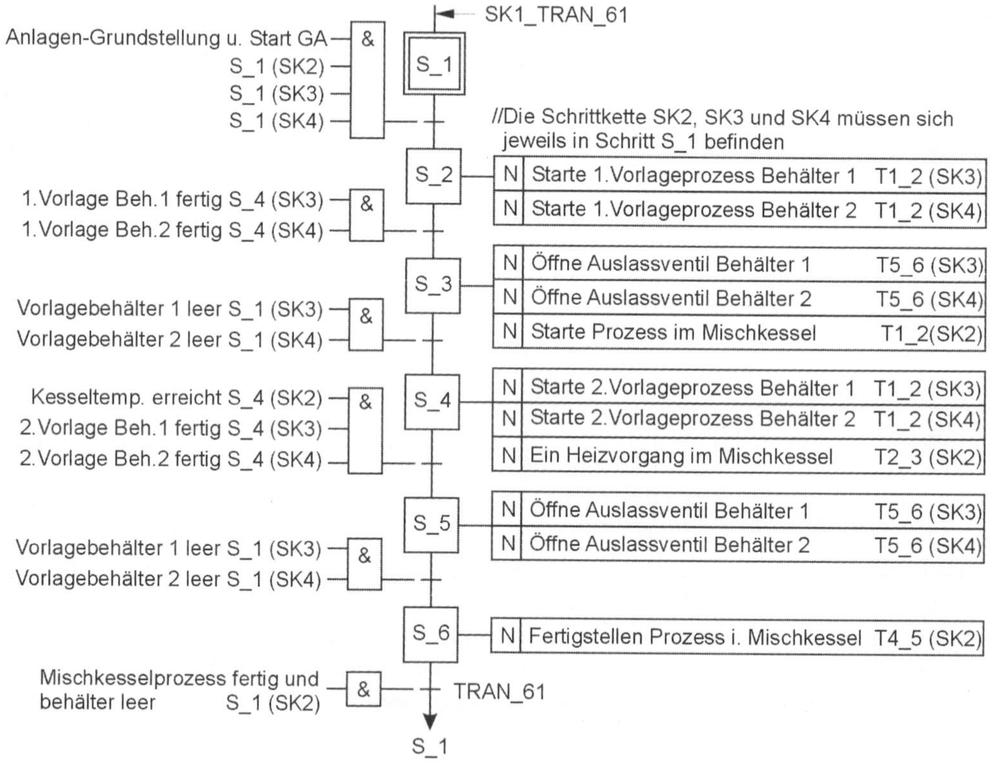

Bis auf die erste Weiterschaltbedingung bestehen alle Transitionen der Haupt-Ablaufkette aus der Abfrage von aktiven Schritten der Schrittketten SK2, SK3 und SK4. Dabei bedeutet beispielsweise S_5 (SK3), dass Schritt 5 der Schrittkette 3 aktiv sein muss, damit die Bedingung erfüllt ist.

Die Aktionen der Koordinations-Schrittkette steuern keine Stellglieder an, sondern bilden Bedingungen für die Transitionen der Schrittketten SK2, SK3 und SK4. T1_2 (SK3) ist die Angabe der Weiterschaltbedingung von Schritt 1 nach Schritt 2 der Schrittkette 3.

Ablaufketten für die Funktionseinheiten Mischkessel und Vorlagebehälter:

Mischkessel SK2:

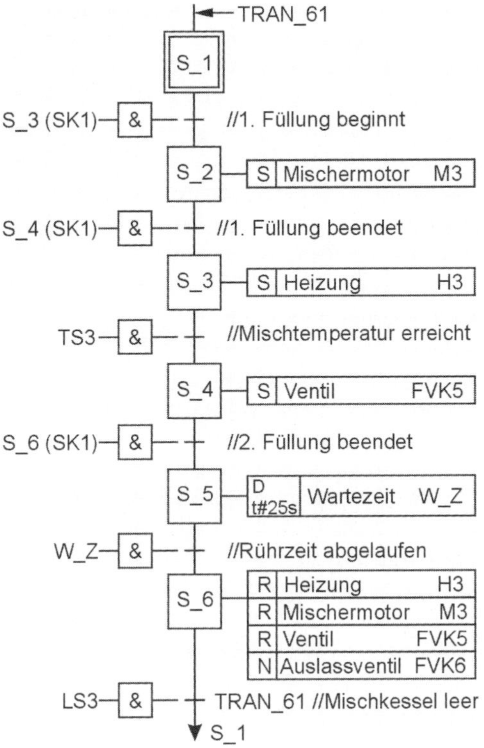

Ablaufkette Vorlagebehälter SK3 (SK4)

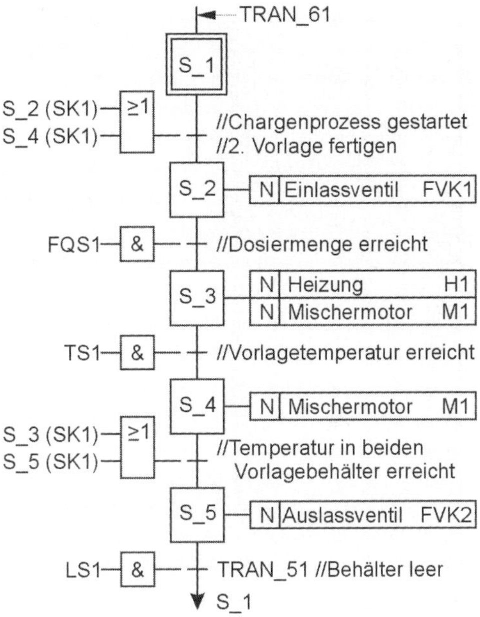

Für die Umsetzung der vier Ablaufketten in ein Steuerungsprogramm wird der Bibliotheks-Funktionsbaustein FB 25 mit unterschiedlichen Instanzdatenbausteinen für jede Ablaufkette aufgerufen und parametriert.

Die Bedingungen aus dem Betriebsartenteil werden durch den Aufruf des Betriebsarten-Funktionsbausteins FB 24 gebildet. Im Einzelschrittbetrieb ohne Bedingungen erfolgt die Schrittweiterschaltung bei allen vier Ablaufketten gleichzeitig. Eine getrennte Weiterschaltung würde eine entsprechende gegenseitige Verriegelung über Auswahlschalter bedingen. Um die Anzahl der Eingabevariablen zu begrenzen, wurde bei der dargestellten Realisierung auf eine getrennte Weiterschaltung der einzelnen Ablaufketten im Einzelschrittbetrieb ohne Bedingungen verzichtet.

Der Ausgabebaustein FC 26/FB 26 muss an die Bedingungen des Chargenprozesses angepasst werden. Die aktiven Schritte der Ablaufketten SK2, SK3 und SK4 bestimmen die Bedingungen für die Ansteuerung der Aktoren der Anlage. Deshalb sind die drei Schrittvariablen SCHRITT_SK2, SCHRITT_SK3 und SCHRITT_SK4 als Eingangsvariablen des Bausteins zu deklarieren. Die Bestimmungszeichen „S“ und „R“ bei den Aktionen der Schrittkette 2 des Mischkessels erfordern die Deklaration von statischen Lokalvariablen als Hilfsspeicher. Somit muss ein Funktionsbaustein FB 26 für die Befehlsausgabe verwendet werden.

Ausgabe-Baustein FB 26

Ein- und Ausgangsvariablen:

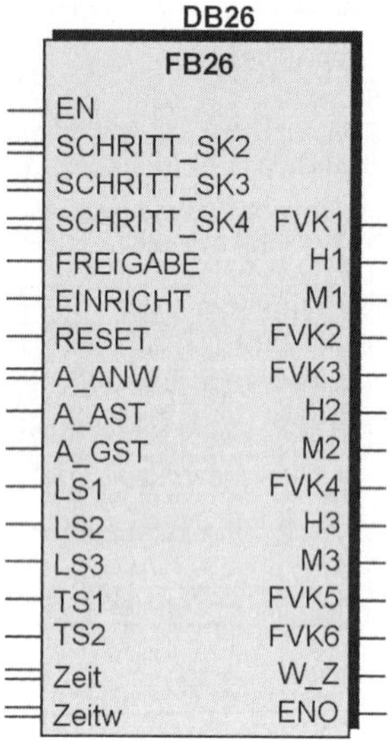

Steuerungsprogramm:

Maskierung des ½-Bytes zur Aktorauswahl:

```
L   #A_ANW
L   W#16#F
UW
T   #AKTOR
```

Das Steuerungsprogramm für die Aktoren der beiden Vorlagebehälter ist nur in einem Funktionsplan dargestellt. Die grau hinterlegten Variablen sind dabei für den Vorlagebehälter 2 bestimmt.

Funktionsplan für die Ansteuerung der Aktoren des Chargenprozesses:

Einlassventil FVK1 bzw. FVK3.

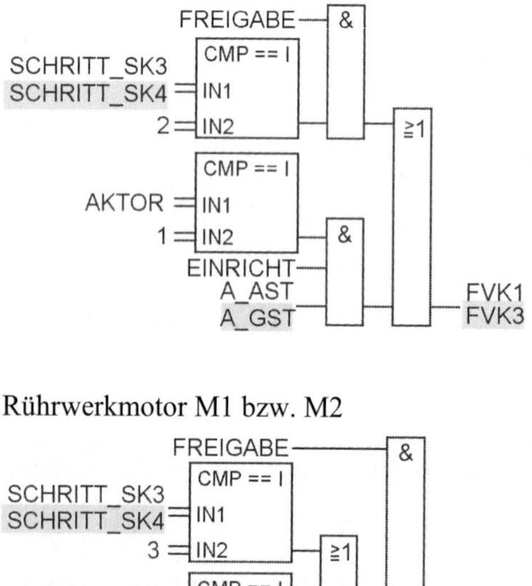

Heizung H1 bzw. H2

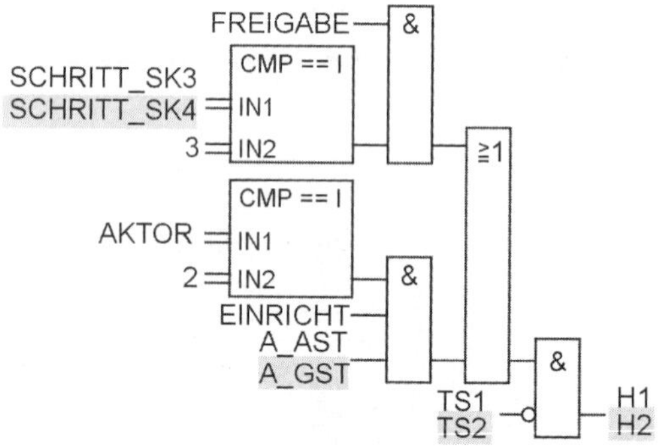

Rührwerkmotor M1 bzw. M2

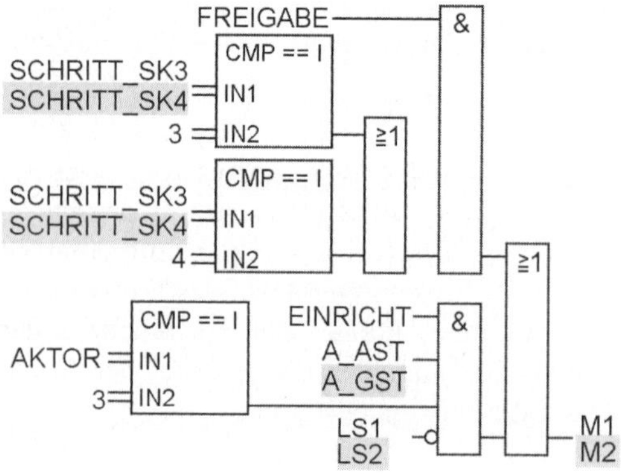

Auslassventil FVK2 bzw. FVK4

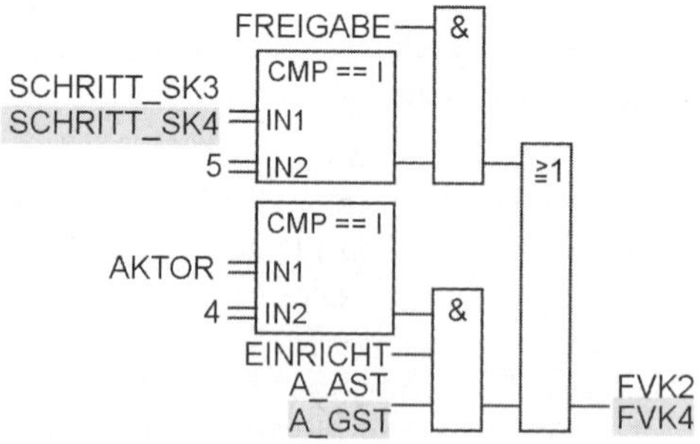

Mischkessel-Heizung H3

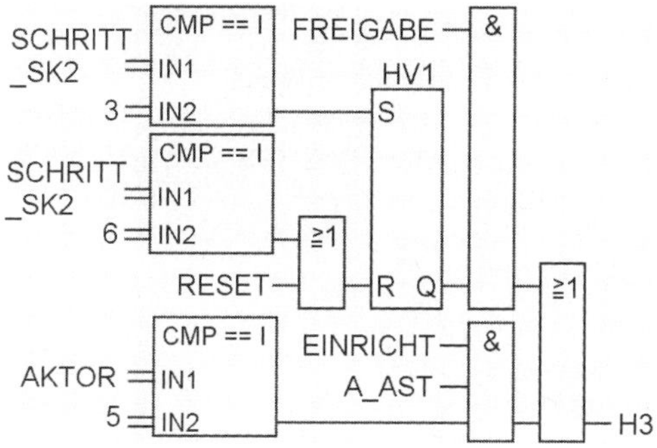

Mischkessel-Rührwerkmotor M3

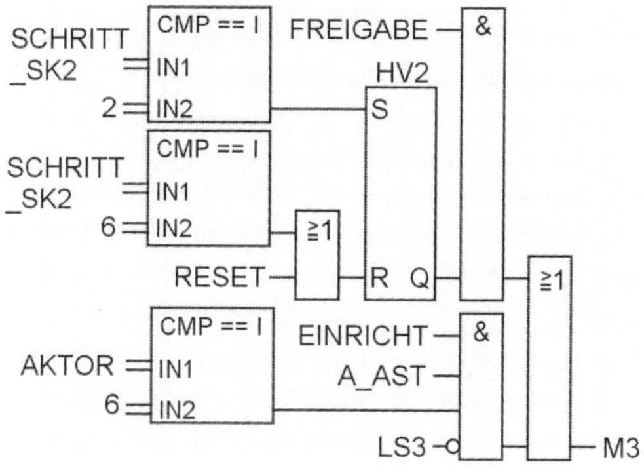

Mischkessel-Kühlwasserventil FVK5

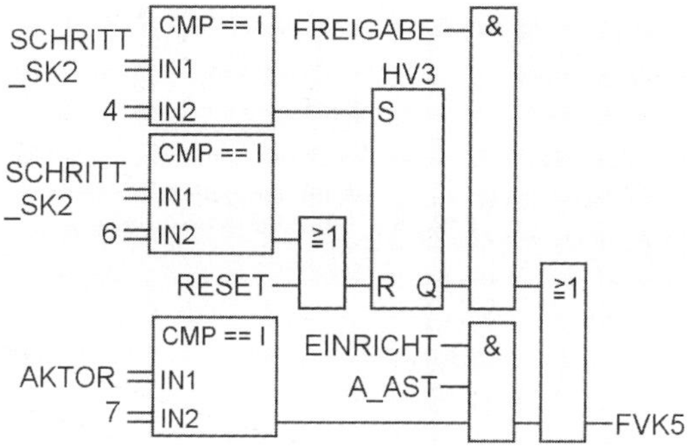

Mischkessel-Auslassventil FVK6

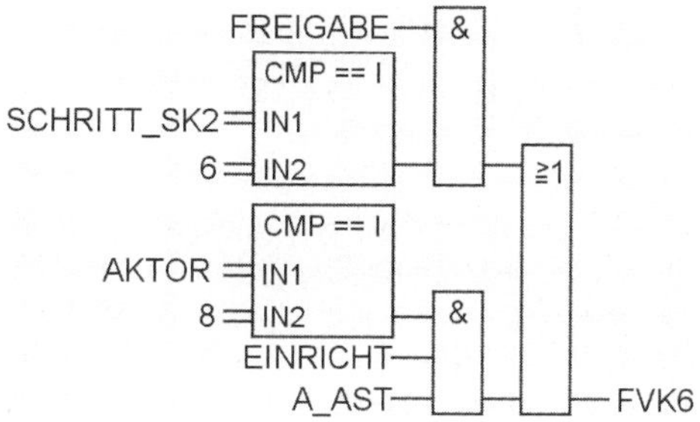

Mischkessel-Wartezeit W_Z

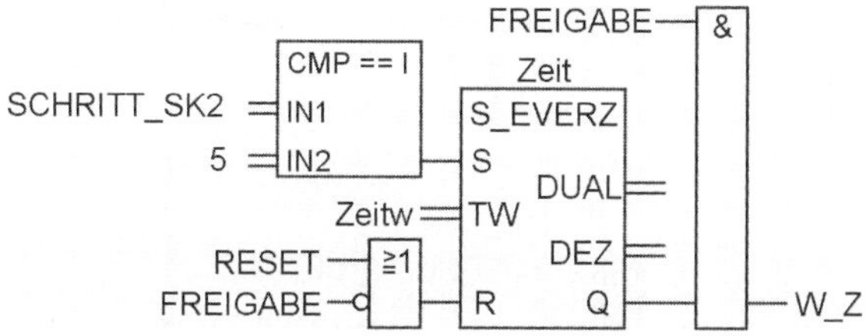

Nachfolgend ist das Programm des Organisationsbausteins **OB 1** im Funktionsplan angegeben. Für die SPS-Operanden sind die in der Zuordnungstabelle der Aufgabe gegebenen Symbole verwendet worden. Die in mit „#“ gekennzeichneten Variablen müssen im **OB 1** als temporäre Variable mit entsprechendem Datentyp deklariert werden.

NW 1: Anlagengrundst.

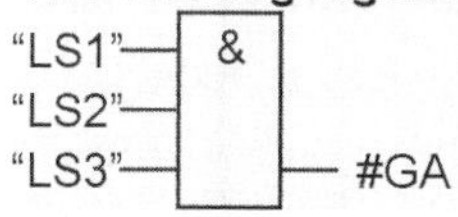

NW 2: Schrittanzeige 1

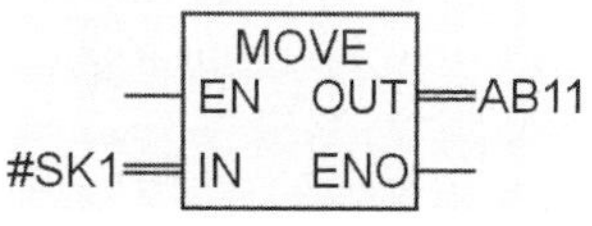

NW 3: Schrittanzeige 2

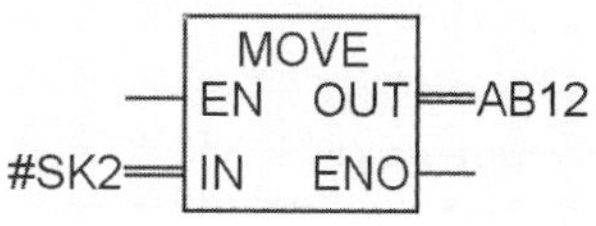

NW 4: Schrittanzeige 3

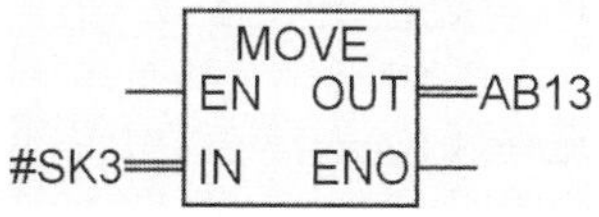

NW 5: Schrittanzeige 4

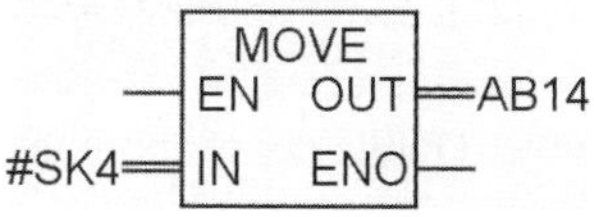

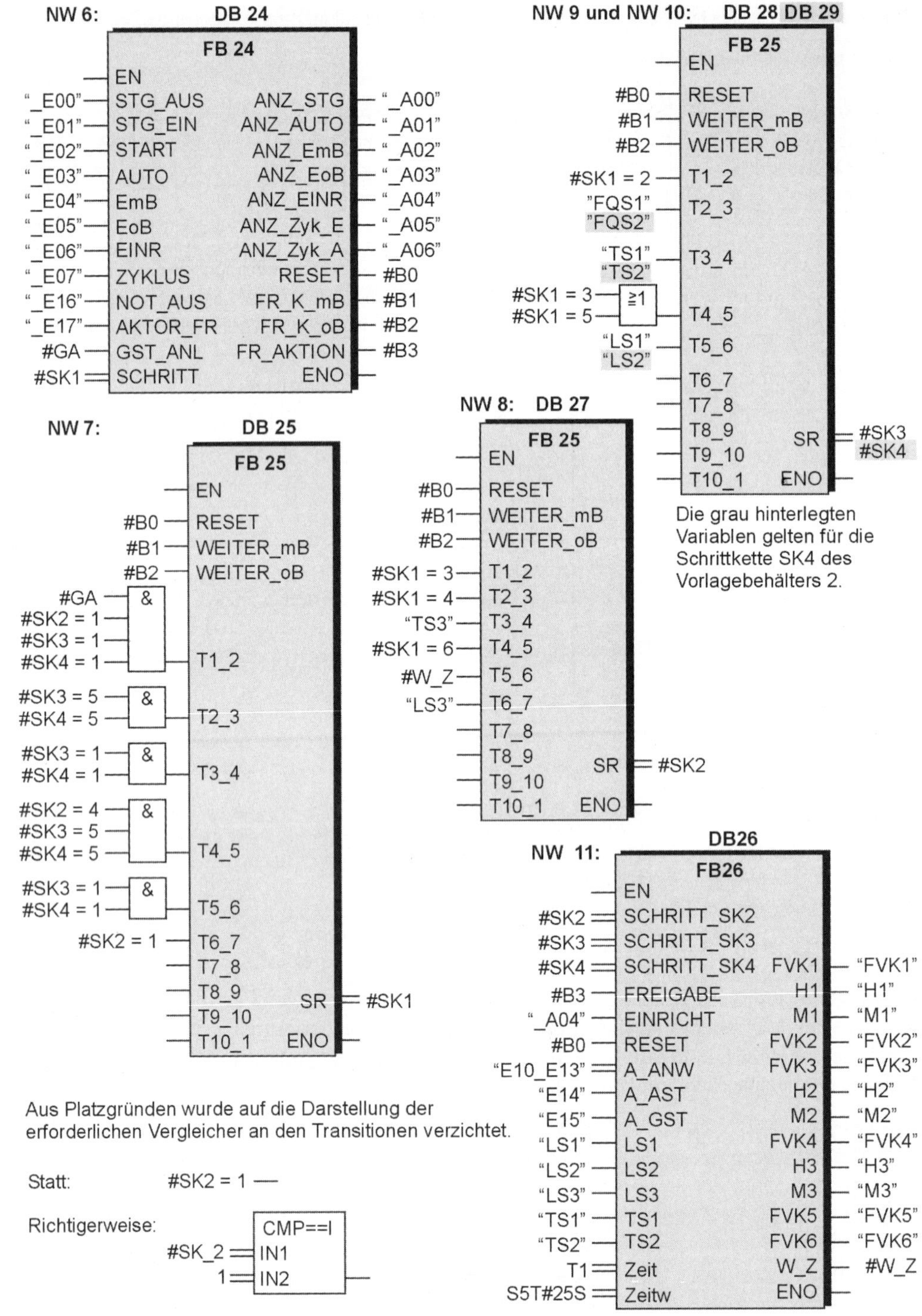

Hinweis: Auf die Darstellung der AWL-Quelle des Steuerungsprogramms verzichtet.

10.6.3 Ablaufbeschreibung für Verknüpfungssteuerungen

Steuerungen mit kombinatorischen Charakter sowie Speicher- oder Zeitverhalten, jedoch ohne zwangsläufig schrittweisen Ablauf bezeichnet man allgemein als Verknüpfungssteuerung. Da bei solchen Steuerungen der Prozess selbst keine Steuerungsstruktur vorgibt, ist es schwierig, aus der Aufgabenstellung heraus das Steuerungsprogramm zu finden.

Ziel dieses Abschnitts ist es, Steuerungsaufgaben vom Typ Verknüpfungssteuerungen in Form einer Ablaufstruktur darzustellen und diese dann in bekannter Weise in ein Steuerungsprogramm umzusetzen. Dazu werden Schritte oder besser Steuerungszustände eingeführt. Die Steuerungszustände können entweder in einer Ablaufkette oder einem Zustandsgraphen (siehe Kap. 13) angeordnet werden. Welche der beiden Darstellungsarten jeweils ausgewählt wird, ist abhängig von der Steuerungsaufgabe und der gewählten Programmiersoftware (S7-Graph oder S7-HiGraph).

Der Übergang von einer mit Steuerungszuständen realisierten Verknüpfungssteuerung zu einer Ablaufsteuerung ist fließend. Hier soll gezeigt werden, wie Steuerungsaufgaben ohne zwangsläufig schrittweisen Ablauf durch die Einführung Steuerungszuständen systematisch gelöst werden können.

Folgende Regeln sind dabei zu beachten:

- Die Steuerung nimmt zu einem bestimmten Zeitpunkt einen ganz bestimmten Zustand ein.
- Mit einer Ablaufbeschreibung (Ablaufkette) werden die unterschiedlichen Zustände und Bedingungen für die Beibehaltung oder Änderung eines Zustandes angegeben.
- Von jedem Zustand kann in jeden beliebigen Zustand übergegangen werden. Je nach Übersichtlichkeit der Ablaufkette können die Übergänge auch als Sprünge dargestellt werden.
- Sind mehrere Folgezustände möglich, so ist sind Prioritäten einzuführen. In der Ablaufkette hat der links stehende Folgezustand Vorrang. Folgezustände sind gegenseitig zu verriegeln.
- Der Grundzustand S_1 (Initialzustand) wird beim Einschalten der Programmbearbeitung ohne Bedingung gesetzt.
- Die Umsetzung der Ablaufkette in ein Steuerungsprogramm erfolgt nach den in Kap. 10.3 angegebenen Regeln.
- Die Anwendung eines Betriebsartenprogramms entfällt.

Nachfolgend ist an dem Beispiel einer Baustellenampel das Verfahren gezeigt. Weitere Beispiele finden Sie in dem Buch „Automatisieren mit SPS, Übersichten und Übungsaufgaben".

Beispiel 10.6: Baustellenampel

Wegen Bauarbeiten muss der Verkehr auf einer Zufahrtsstraße zu einer Fabrik über eine Fahrspur geleitet werden. Da am Tage das Verkehrsaufkommen sehr hoch ist, wird eine Bedarfsampelanlage installiert. Beim Einschalten der Anlage sollen beide Ampeln Rot signalisieren. Wird ein Initiator betätigt, soll die entsprechende Ampel nach 10 s auf Grün schalten.

Die Grün-Phase soll mindestens 20 s andauern, bevor durch eventuelle Betätigung des anderen Initiators beide Signallampen wieder Rot zeigen. Nach 10 s wird dann die andere Fahrspur mit Grün bedient. Liegt keine Meldung eines Initiators vor, so bleibt die Ampelanlage in ihrem jeweiligen Zustand. Das Ausschalten der Anlage soll nur nach der Grün-Phase einer Fahrspur möglich sein.

Technologieschema:

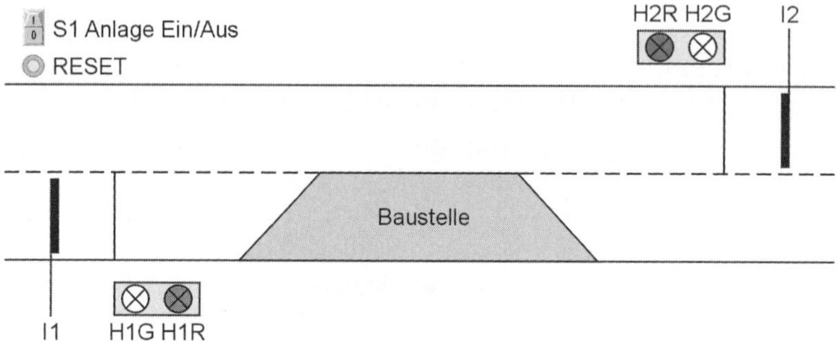

Bild 10.8: Baustellenampel

Zuordnungstabelle der Eingänge und Ausgänge:

Eingangsvariable	Symbol	Datentyp	Logische Zuordnung		Adresse
Anlage Ein/Aus	S1	BOOL	Eingeschaltet	S1 = 1	E 0.0
Initiator 1	I1	BOOL	Betätigt	I1 = 1	E 0.1
Initiator 2	I2	BOOL	Betätigt	I2 = 1	E 0.2
Rücksetzen Ablaufkette	RESET	BOOL	Betätigt	RESET = 1	E 0.7
Ausgangsvariable					
Lampe Rot 1	H1R	BOOL	Leuchtet	H1R = 1	A 4.1
Lampe Rot 2	H2R	BOOL	Leuchtet	H2R = 1	A 4.6
Lampe Grün 1	H1G	BOOL	Leuchtet	H1G = 1	A 4.2
Lampe Grün 2	H2G	BOOL	Leuchtet	H2G = 1	A 4.7

Die Steuerungszustände für die Baustellenampel werden hier nicht als Schritte bezeichnet, sondern ganz neutral Zustände genannt. Mit dem Begriff Schritt wird bewusst eine Verbindung zu Fertigungs- bzw. Verfahrensschritten entsprechender Anlagen hergestellt. Bei der Baustellenampel kann man schlecht von Verkehrsschritten sondern nur von Grün- und Rot-Phasen sprechen. Gleichwohl kann die Aufgabe Baustellenampel durch Einführen von Zuständen in eine übersichtliche Ablaufstruktur gebracht und mit den Beschreibungsmitteln des Ablauf-Funktionsplanes dargestellt werden.

Folgende Steuerungszustände lassen sich für die Bausstellenampel einführen:

Zustand 1 (Z_1): Initialzustand. Die Baustellenampel ist ausgeschaltet.

Zustand 2 (Z_2): Die Baustellenampel wurde eingeschaltet. Beide Ampeln zeigen Rot.

Zustand 3 (Z_3): Es liegt ein Bedarf von Initiator I1 vor. Da die Fahrspur erst nach einer Wartezeit von 10 Sekunden freigegeben werden kann, zeigen beide Ampeln Rot.

Zustand 4 (Z_4): Die gesicherte Grünphase von 20 Sekunden beginnt. Ampel 1 zeigt Grün und Ampel 2 zeigt Rot.

Zustand 5 (Z_5): Die gesicherte Grünphase von 20 Sekunden ist abgelaufen. Ausschalten der Ampelanlage oder Umschalten bei Bedarf auf der andern Seite (I2) ist möglich. Ampel 1 zeigt Grün und Ampel 2 zeigt Rot.

Zustand 6 (Z_6): Entspricht Zustand 3, jedoch Bedarf von Initiator I2.

Zustand 7 (Z_7): Entspricht Zustand 4, jedoch Ampel 1 Rot und Ampel 2 Grün.

Zustand 8 (Z_8): Entspricht Zustand 5, jedoch Ampel 1 Rot und Ampel 2 Grün.

Ablauf-Funktionsplan:

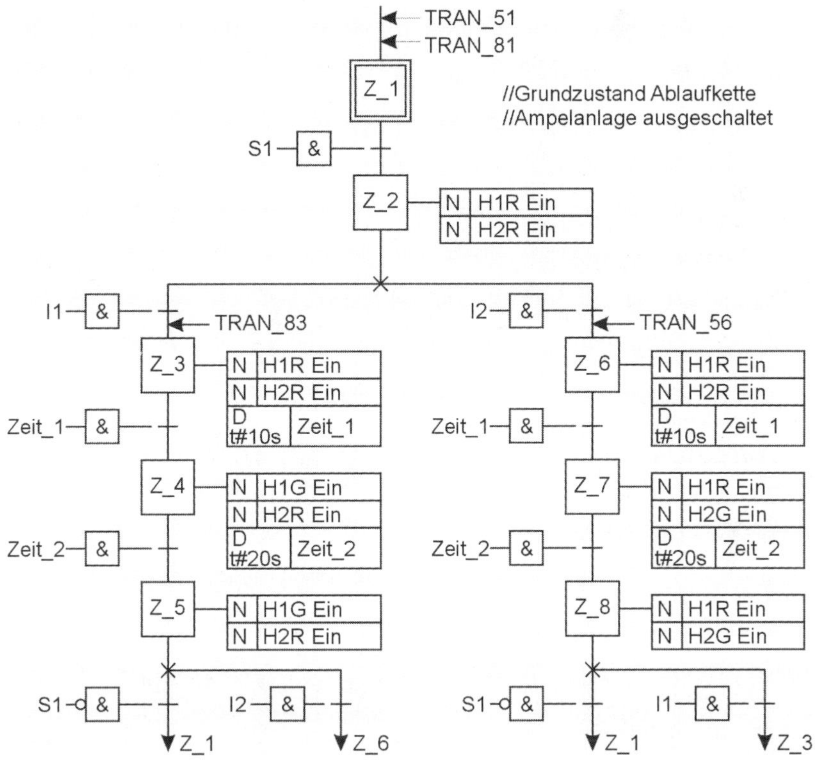

Verriegelungen:

Bei diesem Funktionsablaufplan ist die Verriegelung der jeweils zwei möglichen Folgezustände unbedingt erforderlich. Befindet sich der Steuerungsprozess beispielsweise in Zustand 2, so könnten die Übergangsbedingungen I1 und I2 gleichzeitig erfüllt sein. Im nachfolgenden Programm wurde dem Zustand 3 der Vorrang gegenüber Zustand 6 gegeben, indem Zustand 6 durch Zustand 3 zurückgesetzt wird.

Auch die Nachfolgezustände von Zustand 5 und Zustand 8 müssen gegenseitig verriegelt werden. Zustand 1 hat Vorrang gegenüber Zustand 3 bzw. Zustand 6. Befindet sich die Steuerung in Zustand 5 und treten beide Übergangsbedingungen S1 und I2 gleichzeitig auf, so setzt sich nur Zustand 1 durch. Zustand 6 wird in diesem Konfliktfall von Zustand 1 zurückgesetzt. Entsprechend ist dies bei den Nachfolgern von Zustand 8.

Die Umsetzung des Ablauf-Funktionsplans erfolgt im Funktionsbaustein FB 10.

STEP 7 Programm FB 10:

Deklarationstabelle FB 10:

Name	Datentyp	Anfangswert
IN		
S1	Bool	FALSE
I1	Bool	FALSE
I2	Bool	FALSE
RESET	BOOL	FALSE
Zeit_1	Timer	
Zeitw_1	S5Time	S5T#0MS
Zeit_2	Timer	
Zeitw_2	S5Time	S5T#0MS
OUT		
H1G	Bool	FALSE
H2G	Bool	FALSE
H1R	Bool	FALSE
H2R	Bool	FALSE

Name	Datentyp	Anfangswert
STAT		
ZSP_1	Bool	TRUE
ZSP_2	Bool	FALSE
ZSP_3	Bool	FALSE
ZSP_4	Bool	FALSE
ZSP_5	Bool	FALSE
ZSP_6	Bool	FALSE
ZSP_7	Bool	FALSE
ZSP_8	Bool	FALSE

Funktionsplan:

Zustand 1 (Initialzustand)

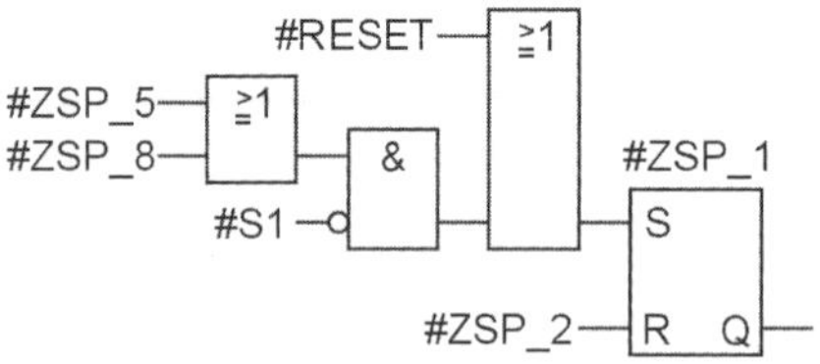

Zustand 2

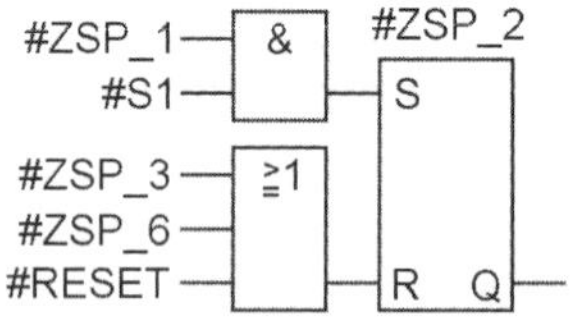

Zustand 3

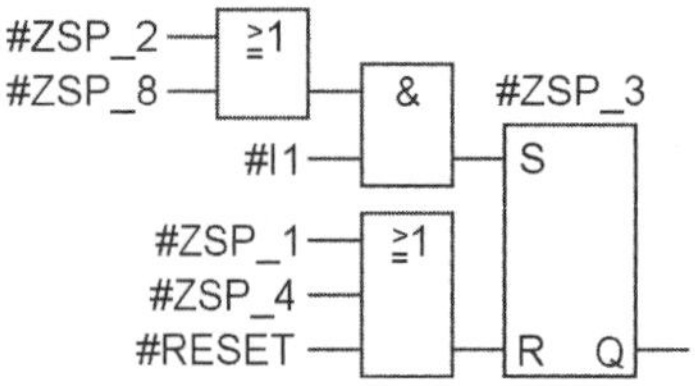

Zustand 4

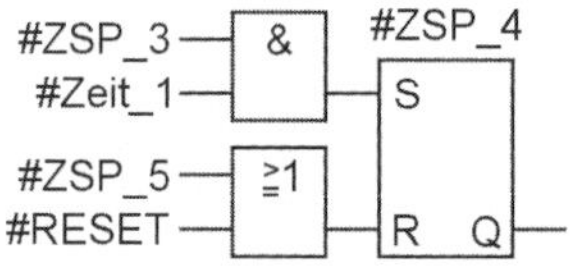

Zustand 5

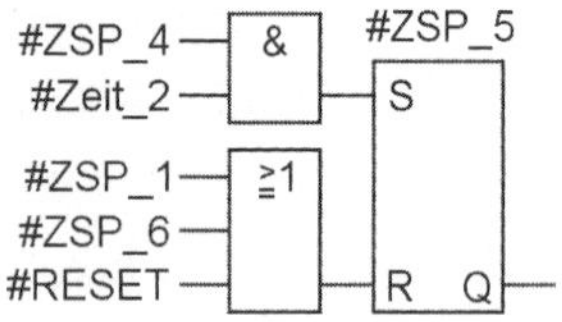

Zustand 6

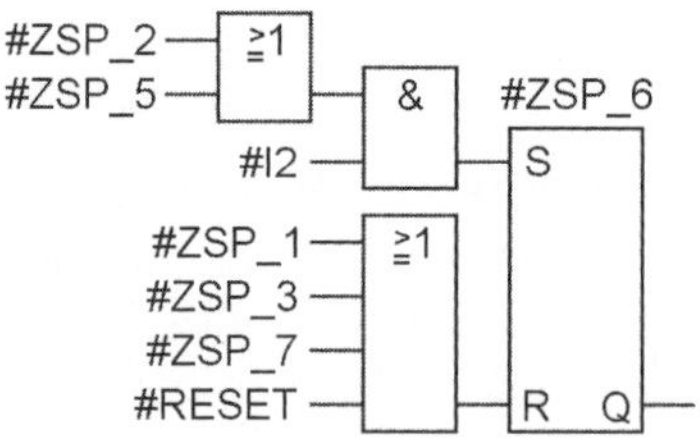

Zustand 7

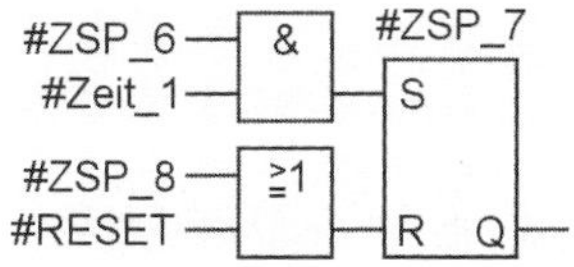

Zustand 8

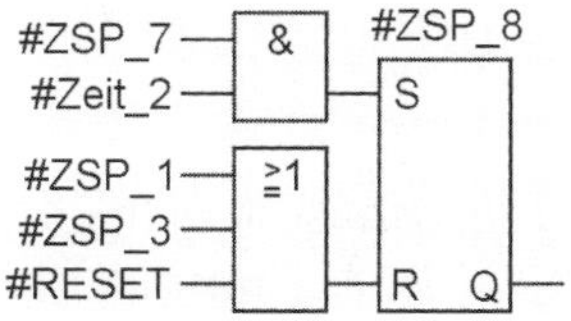

Zeitfunktion 1

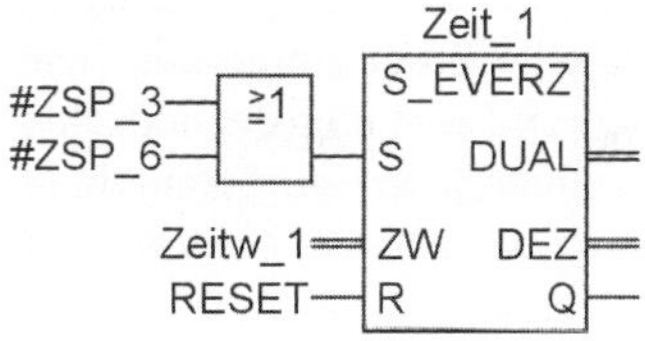

Zeitfunktion 2

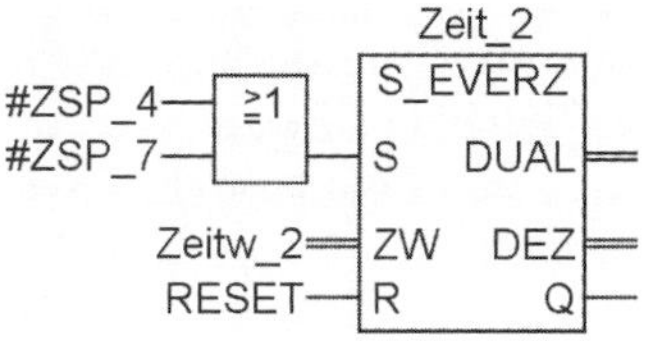

Ausgangszuweisung Grün 1

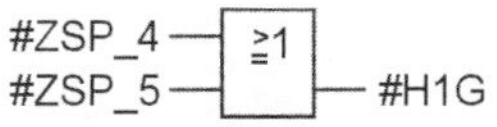

Ausgangszuweisung Grün 2

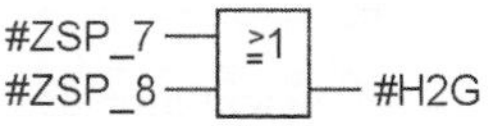

Ausgangszuweisung Rot 1

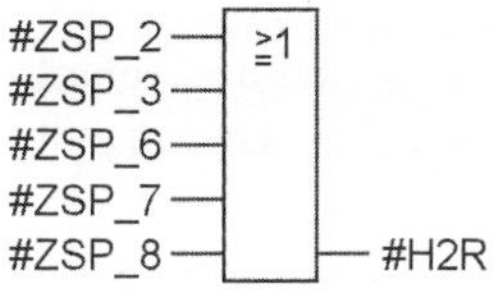

Ausgangszuweisung Rot 2

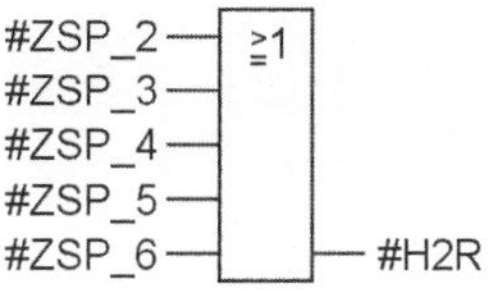

Der Aufruf des Funktionsbausteins FB10 im Organisationsbaustein **OB 1** ist nachfolgend dargestellt.

STEP7 Programm OB 1 im FUP:

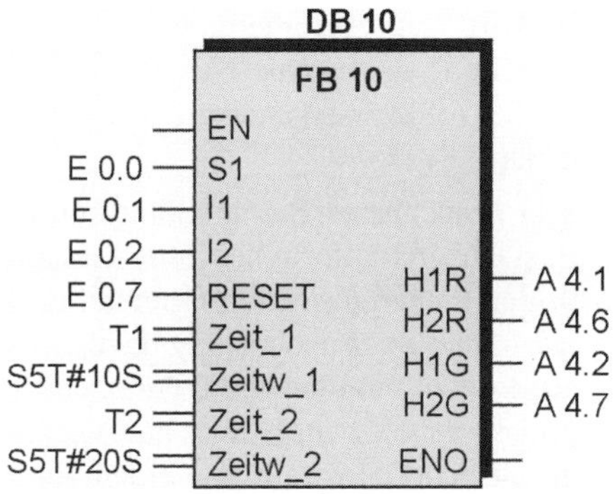

Die Grenzen dieser Beschreibungsmethode liegen in der Anzahl der Zustände und vor allem in der Anzahl der Verzweigungen. Haben die einzelne Zustände jeweils sehr viele Folgezustände, so wird die Darstellung in der Ablaufkette schnell sehr unübersichtlich. Besser geeignet ist dann das Beschreibungsmittel Zustandsgraph, das in Kapitel 13 dargestellt wird. Solche Zustandsgraphen sind in der Darstellung Petri-Netzen sehr ähnlich und können mit der Programmiersoftware HiGraph realisiert werden.

11 Freigrafischer Funktionsplan

Die freigrafische Funktionsplandarstellung ist auch unter der Bezeichnung *Continuous Function Chart (CFC)* in der Automatisierungstechnik und vor allem im Bereich der PC-Mess-Software bekannt. Symbole (Icons) werden auf einem Plan (Bildschirm) platziert, mit Linien (per Maus) verbunden und parametriert zwecks Festlegung ihrer Eigenschaften. Es entstehen steuerungstechnische bzw. messtechnische Programme durch grafische Programmierung. Die dabei verwendeten Symbole sind gleich oder ähnlich den digitalen und regelungstechnischen Funktionssymbolen ergänzt mit abstrakten CFC-Objekten und Anzeigefeldern zur Darstellung von Messwertverläufen.

11.1 Nutzen der freigrafischen Funktionsplandarstellung (CFC)

In der DIN EN 61131-3 wird ausgeführt, dass grafische Sprachen benutzt werden, um einen Steuerungsplan als Lösung einer Aufgabe anschaulich darzustellen. Die Anschaulichkeit liegt darin, dass dem Betrachter eine Art Fluss-Vorstellung gedachter Größen, die in Wirklichkeit Daten sind, vermittelt wird. Das ist beim Kontaktplan (KOP) ein "Stromfluss", bei der Ablaufsprache (AS) ein "Aktivitätsfluss" und bei der Funktionsbausteinsprache (FBS) ein "Signalfluss".

Funktionsdarstellungen sind besonders dann vorteilhaft, wenn eine Zusammenschaltung komplexer Funktionselemente erforderlich ist. Darunter sind Elemente für Zählen, Codewandeln, Vergleichen, Bitmuster-Verarbeitung, Arithmetik oder komplette Codebausteine mit speziellen Funktionen (z.B. Regler) zu verstehen. Eine Zusammenstellung solcher Elemente und Bausteine zu einer Funktionsdarstellung gibt einen Einblick in die Steuerungsstruktur und damit in die Lösungsidee einer Steuerungsaufgabe in der gewohnten Denkweise der Digitaltechnik.

Die Funktionsbausteinsprache (FBS bzw. STEP 7-FUP) wird den Anforderungen an eine Funktionsplandarstellung wegen der vorgeschriebenen Aufteilung in einzelne Netzwerke und nicht darstellbarer Rückführungen leider nicht ganz gerecht. Andererseits sichert das Netzwerk-Ordnungsprinzip den nachvollziehbaren Programmablauf.

Die freigrafische Funktionsdarstellung ist dagegen ein sehr brauchbares Beschreibungsmittel zur Darstellung einer Steuerungslösung in Block- oder Fluss-Diagrammform bei freier Gestaltung auf einer Oberfläche. Diese Möglichkeit soll hier für den Steuerungsentwurf genutzt und am Beispiel 11.1 „Positioniersteuerung“ auch gezeigt werden, und zwar unabhängig davon, ob ein Programmiersystem mit dem entsprechenden grafischen Editor zum Platzieren, Parametrieren und Verschalten der vorgefertigten Bausteine (Funktionssymbole) tatsächlich zur Verfügung steht. Eine so gefundene Lösungsstruktur ist dann Ausgangspunkt für das eigentliche Steuerungsprogramm z.B. in AWL-Darstellung. Bei professionellen Systemen wird dieser letzte Schritt natürlich vom System selbst erbracht.

11.2 Symbole

Eine realisierungsunabhängige Funktionsdarstellung als Beschreibungs- und Entwurfsverfahren für digitale Steuerungsaufgaben benötigt neben dem Funktionsvorrat zusätzliche Darstellungselemente, die nachfolgend erklärt und vorgestellt werden.

11.2.1 Signalleitungen

Digitale Steuerungsaufgaben sind gekennzeichnet durch die Verarbeitung binärcodierter Informationen z.B. Zahlenwerte. Dazu sind digitale Funktionen wie Code-Umsetzung, Zählen, Vergleichen, Arithmetik u.a.m. erforderlich. Zur Verbindung solcher digitalen Funktionseinheiten sind "Wortleitungen" geeignet. Wortleitungen sind Signalleitung zur Übertragung von Daten mit 8-Bit, 16-Bit oder 32-Bit Umfang. Die für die binären Verknüpfungen üblichen Signalleitungen sind "Bitleitungen". Zur Unterscheidung der Leitungsarten werden Bitleitungen wie üblich durch einen Einfachstrich und Wortleitungen durch einen Doppelstrich gekennzeichnet.

Darstellung von Verbindungsleitungen:

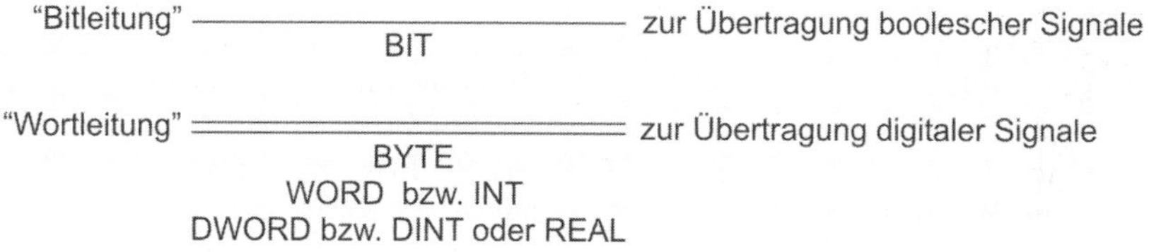

11.2.2 Sprungdarstellung

Nach Norm muss ein Sprung durch eine boolesche Signallinie, die in einer Doppelspitze endet, gezeigt werden. Die boolesche Signallinie für eine Sprungbedingung muss bei einer booleschen Variablen oder bei einem booleschen Ausgang einer Funktion (FC) bzw. eines Funktionsbausteines (FB) beginnen. Das Ziel des Sprunges muss eine Netzwerk-Marke innerhalb der Programm-Organisationseinheit (POE) sein, in der dieser Sprung auftritt. Der Sprung wird ausgeführt, wenn der boolesche Wert der Signallinie den Wert 1 (TRUE) erhält. Zur Darstellung eines unbedingten Sprunges muss die Signallinie bei der booleschen Konstanten TRUE beginnen. Bedingte Rücksprünge werden durch eine boolesche Signallinie dargestellt, die mit der zwischen Pfeilspitzen eingeschlossenen Benennung RETURN endet. Unbedingte Rücksprünge müssen durch Beenden des Bausteines erfolgen.

Darstellung von Sprüngen nach SPS-Norm:

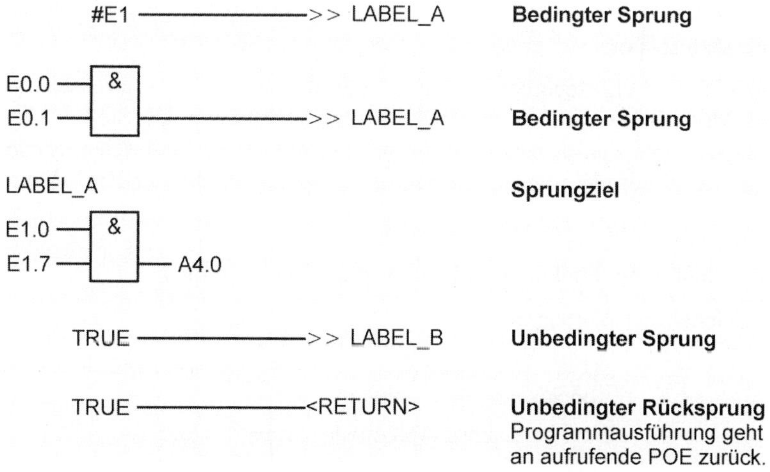

11.2.3 Sprünge in Verbindung mit Statusbit-Auswertung

STEP 7-FUP bietet in Anschluss an STEP 7-AWL eine Darstellungsmöglichkeit von Sprungfunktionen durch Auswertung von Statusbits der CPU nach vorausgegangener Rechenoperation, Vergleichsoperation, Digitalverknüpfung oder Schiebeoperation, siehe ausführliche Darstellung in Kap. 5.1. Die ausführende CPU bildet bei diesen digitalen Operationen besondere Ergebnis-Kennzeichen, z.B. über Vorzeichen, Überlauf, Übertrag, Ergebnis null etc. und bedient damit auswertbare Status-Flags, die wie besondere Binäroperanden abgefragt werden können. Diese Denkweise ist Digitaltechnikern von den Assemblersprachen der Mikroprozessoren her geläufig, sie widerspricht aber der Idee der maschinenunabhängigen Programmierung, wie sie in den Hochsprachen üblich ist. Die SPS-Norm DIN EN 61131-3 kennt keine Statusbit-Auswertebefehle, weder in AWL- noch in FBS-Sprache. Durch die Verwendung von Vergleichsoperationen können aber entsprechende Ergebnisse hinsichtlich Vorzeichen oder Betrag (z.B. "größer als", "kleiner als", "gleich null", u.a.) maschinenunabhängig gewonnen werden. In Anlehnung an die DIN EN 61131-3 soll deshalb bei der Funktionsdarstellung digitaler Steuerungen keine Auswertung von Statusbits der CPU angewandt werden. Bei der Umsetzung der Funktionsdarstellung in ein STEP 7-AWL-Programm muss aber nicht auf die Vorteile der Statusbit-Auswertung verzichtet werden.

- Beispiel: Darstellung von Sprüngen abhängig von Rechenergebnissen in Gegenüberstellung
  Es soll die Regeldifferenz e = w – x aus Sollwert w und Istwert x ermittelt und im Programm zur Marke M001 gesprungen werden, wenn e > 0 ist; sonst ist das Programm linear fortzusetzen.

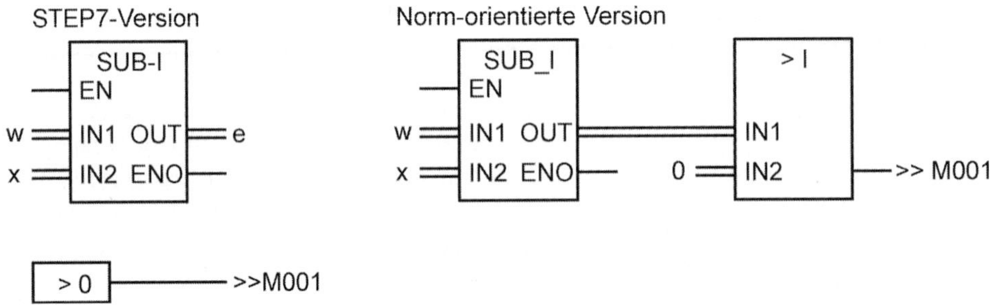

11.2.4 Wortsignal-Tor

Ein Wortsignal-Tor ist ein steuerbarer Schalter, der eine Wortleitung durchschalten kann (im Prinzip eine MOVE-Box, jedoch mit Signal-Eingang/Ausgang an Stelle von Variablen-Eingang/Ausgang). Die Funktion besteht darin, dass mit einem booleschen Steuersignal das Worteingangs-Signal zum Wortausgang durchgeschaltet wird. Bei der Realisierung in einem Steuerungsprogramm muss ein Sprungbefehl in Verbindung mit einer Lade-/Transfer-Operation verwendet werden. Die verwendete Sprungmarke ist eine programmtechnische Einzelheit, die nicht in der Funktionsdarstellung angegeben sein muss.

- Beispiel: Darstellung Wortsignal Tor

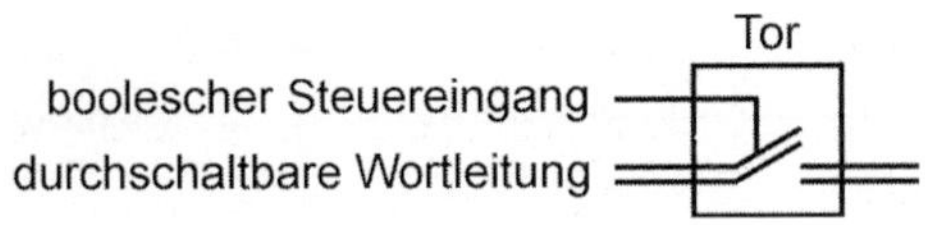

11.2.5 Wortsignalverbindungen

Ausgänge von Funktionselementen, die Wortsignale liefern, dürfen nicht direkt verbunden werden, wie das auch bei booleschen Signalen der Fall ist, die durch eine ODER-Funktion zu verknüpfen sind. Das Durchschalten von Wortsignalen kann durch einen Multiplexer als selektive Wortsignalverbindung dargestellt werden. Mit einem binären Auswahlsignal kann eine von zwei Wortverbindungen vom Eingang zum Ausgang durchgeschaltet werden. Beispielsweise bewirkt Auswahl = TRUE, dass der Worteingang_2 zum Wortausgang durchgeschaltet wird. Bei der Realisierung in einem Steuerungsprogramm werden einfach die erforderlichen Lade- und Transferoperationen in Abhängigkeit von einem Auswahlsignal programmiert.

- Beispiel: Darstellung 1-aus-2-Auswahl zur Durchschaltung von Wortsignalverbindungen

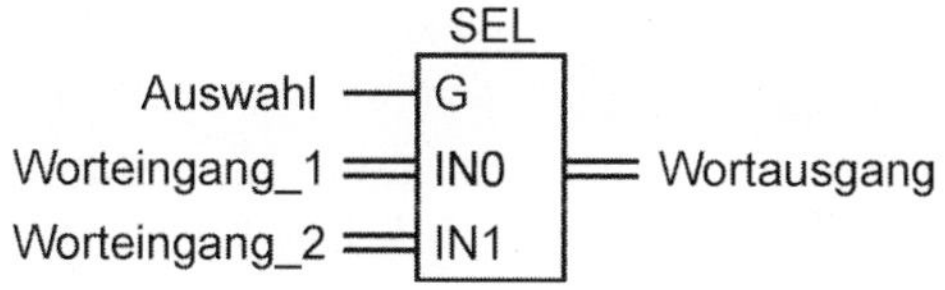

11.2.6 Bausteinfunktionen

Beim Entwurf digitaler Steuerungen spielen fertige Bausteinfunktionen eine wichtige Rolle. Fertige Bausteinfunktionen sind Funktionsbausteine (FB) oder Funktionen (FC), die in Voraussicht ihrer häufigen Anwendung in die Anwenderbibliothek aufgenommen wurden.

In der Funktionsdarstellung digitaler Steuerungen werden fertige Bausteinfunktionen einfach miteinander verkettet. Ihre Funktionalität kann aus der Benennung ersehen werden. Das Innenprogramm solcher Bausteine muss nicht bekannt sein, es genügt zu wissen, was die Bausteine leisten. Bei der Realisierung im Steuerungsprogramm sind nur noch Bausteinaufrufe und verbindende Übergabevariablen zu programmieren. Wenn genügend geeignete und geprüfte Bausteine zur Lösung einer digitalen Steuerungsaufgabe zur Verfügung stehen, geht das Programmieren in ein reines Projektieren über mit dem Vorteil von weniger Fehlerquellen.

- Beispiel: Darstellung von Baustein-Verbindungen

Ein Analogwert soll an einer Ziffernanzeige als Zahlenwert angezeigt werden. Dazu sind nach der Analog-Digital-Umsetzung ADU zwei Funktionen auszuführen, die im nachstehenden Bild als Normierung und Formatwandlung (REAL nach BCD) bezeichnet werden. Da es sich bei FC x und FC y um zwei verschiedene Bausteine handelt, müssen beide in einem übergeordneten Baustein (OB 1) aufgerufen werden. In diesem Baustein wird ein Hilfsoperand HOP (temporäre Variable mit Datentyp REAL) deklariert, um die Datenübergabe durchzuführen. In der freigrafischen Funktionsplan-Darstellung kann dies vereinfacht durch eine Doppellinie mit eingetragenem Bezeichner für den Hilfsoperanden ausgedrückt werden.

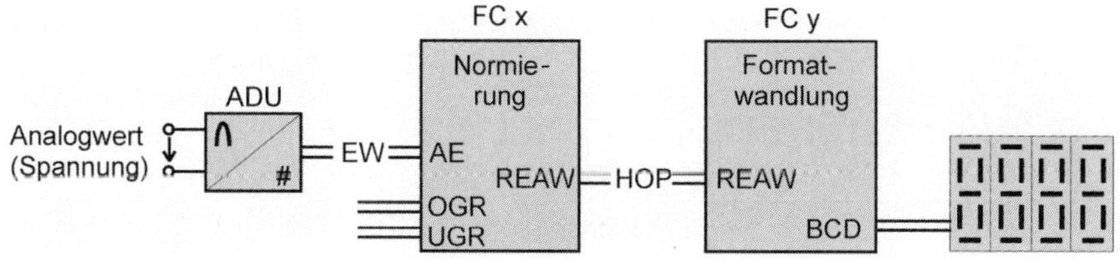

Beispiel 11.1: Positioniersteuerung

Auf einem Sägetisch werden Holzplatten maßgerecht zugeschnitten, indem diese, einseitig an einem Anschlag liegend durch die Säge hindurch geschoben werden. Von einem Bedienpult aus kann der Anschlag über einen Positionsgeber (Zifferneinsteller) positioniert werden. Hierzu wird ein Antriebsmotor angesteuert, der über eine Verstellspindel den Anschlag verschiebt.

Die Bewegung des Anschlages wird mit einem Winkelschrittgeber, der am Antriebsmotor für die Spindel angebracht ist, gemessen. Der Winkelschrittgeber liefert wegproportionale Zählimpulse (S1). Jeder Impuls entspricht einer bestimmten vom Schlitten zurückgelegten Wegeinheit. Eine zweite Spur des Winkelschrittgebers liefert je Umdrehung einen Feinsynchronimpuls (S2), der zusammen mit dem Grobsignal (S3) vom berührungslosen Markengeber zur Synchronisation der Weg-Ist-Erfassung verwendet wird.

An den Enden des Verfahrbereiches des Anschlages befinden sich die Endschalter (S4, S5), die ein Überfahren des Anschlages über den erlaubten Bereich verhindern.

Der Spindelmotor kann über die Schütze K1 für Linkslauf und K2 für Rechtslauf (K2) angesteuert werden. Bei zusätzlicher Ansteuerung von Schütz K3 erfolgt Schleichgang.

Technologieschema mit Bedienfeld:

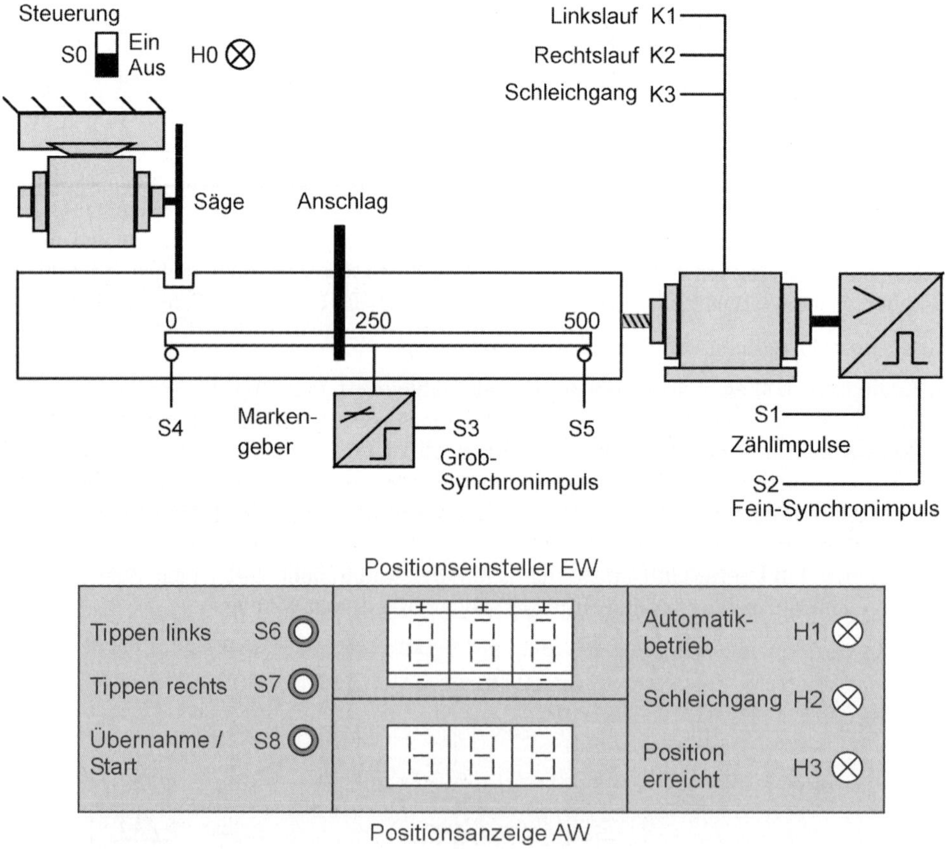

Bild 11.1: Positioniersteuerung

Zuordnungstabelle der Eingänge und Ausgänge:

Eingangsvariable	Symbol	Datentyp	Logische Zuordnung		Adresse
Sollwerteingabe	EW	BCD	3 Dekaden		EW8
Steuerung Ein/Aus	S0	BOOL	Betätigt = Ein	S0 = 1	E 0.0
Zählimpulse	S1	BOOL	Pulse	S1 = 1	E 0.1
Fein-Synchronimpuls	S2	BOOL	Pulse	S2 = 1	E 0.2
Grob-Synchronimpuls	S3	BOOL	Pulse	S3 = 1	E 0.3
Endschalter links	S4	BOOL	Betätigt	S4 = 1	E 0.4
Endschalter rechts	S5	BOOL	Betätigt	S5 = 1	E 0.5
Tippen links	S6	BOOL	Betätigt	S6 = 1	E 0.6
Tippen rechts	S7	BOOL	Betätigt	S7 = 1	E 0.7
Übernahme/Start	S8	BOOL	Betätigt	S8 = 1	E 1.0
Ausgangsvariable					
Istwertanzeige	AW	BCD	3 Dekaden		AW12
Anzeige Ein/Aus	H0	BOOL	Leuchtet	H0 = 1	A 4.0
Anzeige Automatik	H1	BOOL	Leuchtet	H1 = 1	A 4.1
Anzeige Schleichgang	H2	BOOL	Leuchtet	H2 = 1	A 4.2
Anzeige Position erreicht	H3	BOOL	Leuchtet	H3 = 1	A 4.3
Motor Linkslauf	K1	BOOL	Schütz angezogen	K1 = 1	A 4.4
Motor Rechtslauf	K2	BOOL	Schütz angezogen	K2 = 1	A 4.5
Motor Schleichgang	K3	BOOL	Schütz angezogen	K3 = 1	A 4.6

Funktionsbeschreibung Synchronisation:

Liefert der Winkelschrittgeber nur Zählimpulse, dann handelt es sich um eine inkrementale Wegerfassung. Bei diesem Verfahren ist eine Synchronisation zwischen Ortsposition des Anschlages und Zählerstand erforderlich. Wenn der Anschlag bei der Wegmarke 250 ist, muss der Zählerstand auf 250 gesetzt werden.
Vorgang: Nach dem Einschalten der Steuerung mit S0 muss der Anschlag zwecks Synchronisation der Steuerung durch Betätigen der Tipptasten (S6 oder S7) einmal am Markengeber (S3) vorbeigefahren werden. Beim Überfahren des Markengebers wird der für die Position zutreffende Zahlenwert (250) in den Zähler geladen, wenn vom Winkelschrittgeber der Feinsynchronisierimpuls (S2) ankommt. Die Positionsanzeige AW des Bedienfeldes zeigt nach der Synchronisation die Position des Anschlages an. Die Steuerung befindet sich nun im Automatikbetrieb.

Funktionsbeschreibung Positionieren:

Mit dem Positionseinsteller EW wird eine Zielposition für den Anschlag (Bereich 0...500) eingestellt. Nach Betätigen des Tasters Übernahme/Start bewegt sich der Anschlag auf die gewählte Position zu. Um ein Überfahren der Position zu verhindern, wird bei $|Z_{Ist} - Z_{Soll}| < 10$ auf Schleichgang umgeschaltet. Während des Anfahrens einer Position kann kein neuer Sollwert übernommen werden. Einschaltzustand der Steuerung, Automatikbetrieb, Schleichgang und das Erreichen der vorgegebenen Position werden von Meldeleuchten (H0...H3) angezeigt.

Steuerungsstruktur und Schnittstellenvariablen

Der Lösungsansatz für die Aufgabe beginnt mit der Aufgliederung der Funktionen in einen binären und digitalen Steuerungsteil, für die ein jeweils eigener Funktionsbaustein vorgesehen wird. Beide Funktionsbausteine werden im Organisationsbaustein OB1 aufgerufen und tauschen dort Daten aus bzw. werden mit dem E/A-Bereich verbunden. Damit sind Lösungsstruktur und Vorgehen ähnlich wie bei einer Ablaufsteuerung mit Betriebsartenteil.

Man beginnt zweckmäßigerweise mit der Schnittstellenbeschreibung für beide Bausteine, d.h. mit der Festlegung der Eingangs- und Ausgangsvariablen. Um die eventuell erforderlichen statischen Lokalvariablen, die ja in der Schnittstellenbeschreibung nicht auftauchen, braucht man sich zunächst noch keine Gedanken zu machen. Das Einführen von Schnittstellenvariablen ist erforderlich, da in beiden Funktionsbausteinen keine E/A-Operanden verwendet werden sollen und ohne festgelegte Schnittstellenvariablen mit dem Programmieren nicht begonnen werden kann.

Die Ausgangsvariablen des binären Steuerungsteils lassen sich am einfachsten festlegen, da es sich hier überwiegend um Anzeige- und Motor-Ansteuersignale handelt. Die Eingangssignale aus dem Bedienfeld und der Anlage müssen sortiert und auf den binären und digitalen Steuerungsteil aufgeteilt werden. Dabei werden Signale, die etwas mit der rechnerischen Lösung der Positionierung zu tun haben, dem digitalen Steuerungsteil zugewiesen. Die Festlegung von Ausgangssignalen des digitalen Steuerungsteils ist auch noch relativ klar, weil es sich um Meldesignale handelt, die etwas mit dem aktuellen Stand der Ist-Position des Anschlags im Vergleich zum Sollwert zu tun haben

Das Auffinden einer geeigneten Grobstruktur erfolgt schrittweise mit den Versuchen der Umsetzung in ein Steuerungsprogramm. HO1...HO6 sind Hilfsoperanden zur Datenübergabe zwischen den FBs im OB1.

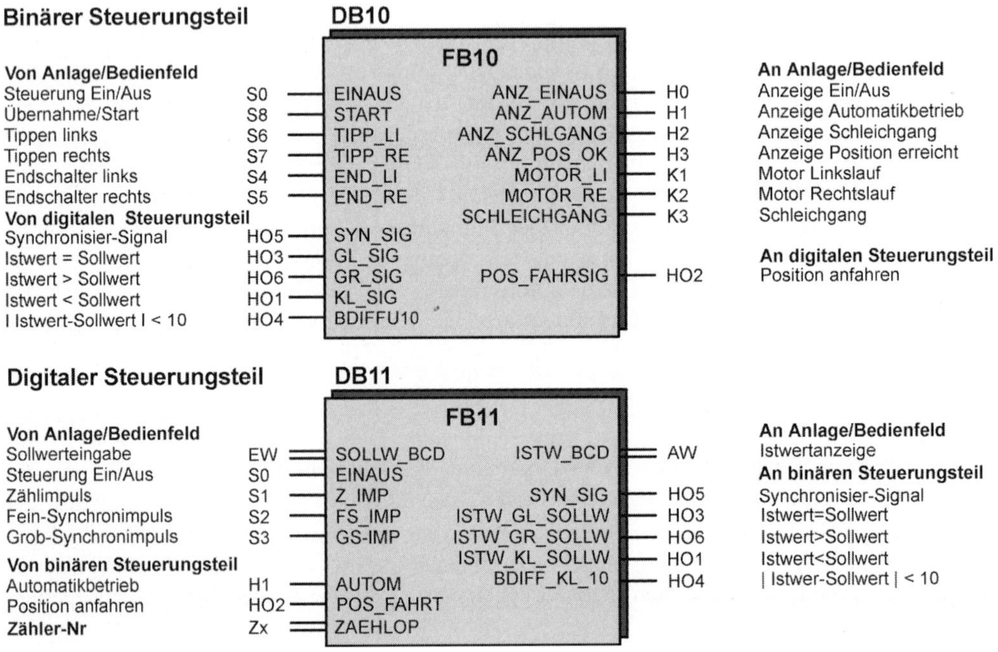

Programm FB 11: Digitaler Steuerungsteil (Darstellung als freigrafischer Funktionsplan)

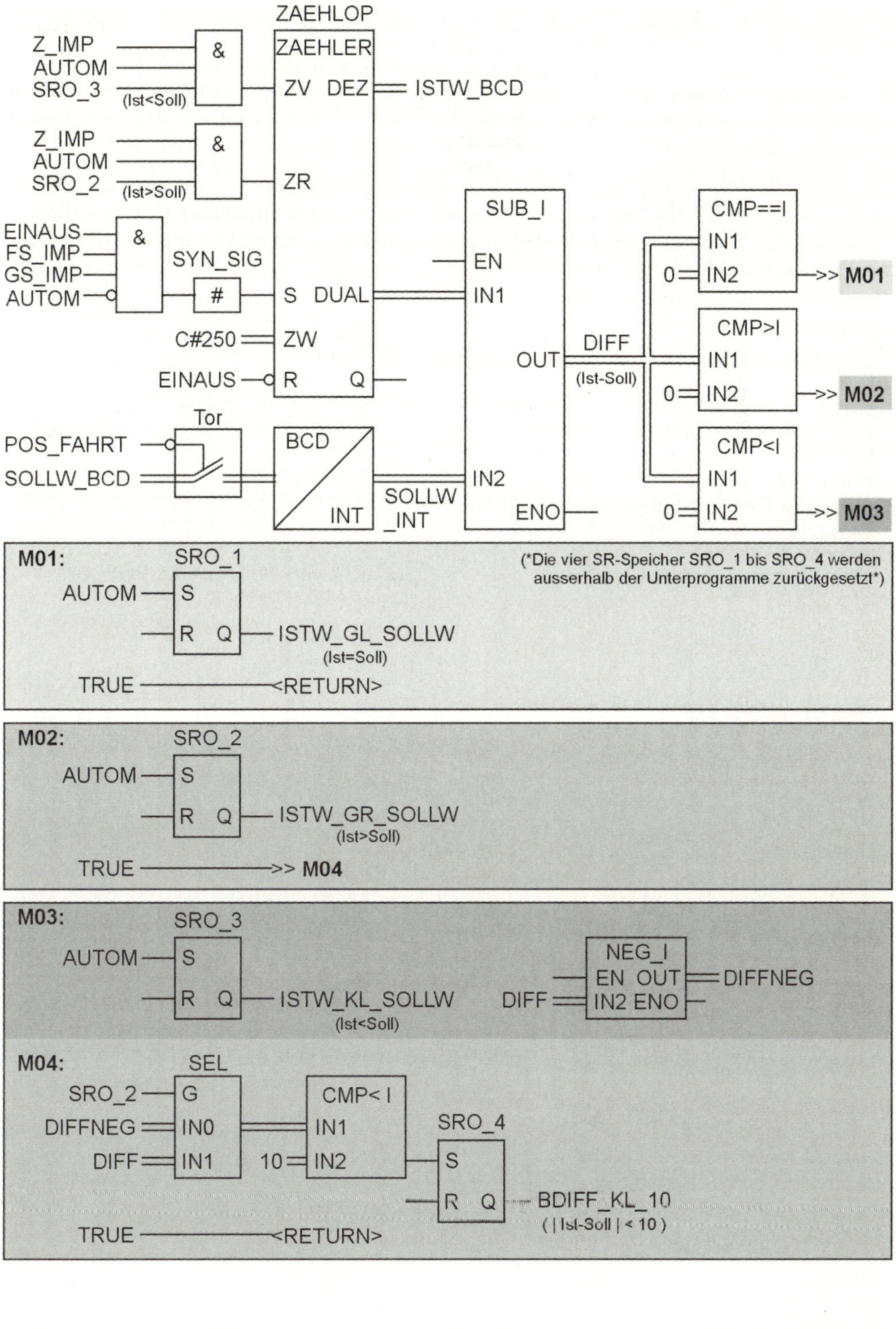

Anmerkungen zum digitalen Steuerungsteil:

1) Im Vorwärts-Rückwärts-Zähler wird aus den einkommenden Wegimpulsen der Istwert gebildet. Die Zählimpulse werden abhängig vom Stand der Istwert-Sollwert-Auswertung (in Subtrahierer und Vergleicher) als Vorwärts- oder Rückwärts-Zählimpulse gewertet.
2) Der Sollwert wird vom BCD-Format in das INTEGER-Format gewandelt. In der Programmausführung wird hierzu der entsprechende AWL-Befehl BTI (16 Bit BCD_TO_INT) verwendet.
3) Für die Schleichgang-Ansteuerung ist die Betragsbildung | Istwert-Sollwert | erforderlich. Es können zwei Fälle auftreten: Istwert > Sollwert (positive Differenz), Istwert < Sollwert (negative Differenz). Bei negativer Differenz wird diese über den Befehl NEG-I (Negiere INTEGER-Zahl = Zweierkomplement) zur Auswertung (Feststellung, ob Differenz kleiner als 10 ist) in eine positive Zahl gewandelt.
4) Bei der Umsetzung in ein Programm werden nicht die drei Vergleiche CMP==I, CMP>I, CMP>I, sondern die Statusbit-Auswertung SPZ, SPP, SPM von STEP 7 genutzt.
5) Vor Ausführung der Differenzbildung müssen alle Speicher-Operanden SRO_1 bis SRO_4 zurückgesetzt werden, da nachfolgend nur bestimmte Programmteile angesprochen werden.

Programm FB 10: Binärer Steuerungsteil

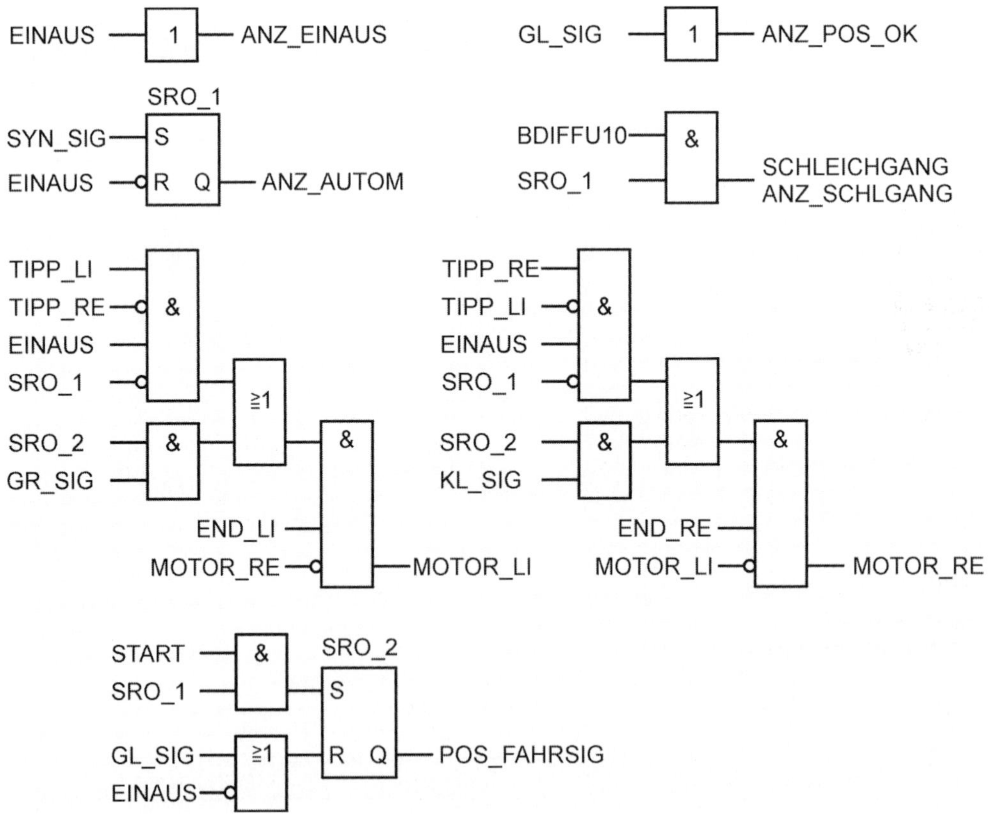

STEP 7 Programm (AWL-Quelle):

```
FUNCTION_BLOCK FB 10        //Binärer Steuerungsteil
VAR_INPUT
  EINAUS     : BOOL;
  START      : BOOL;
  TIPP_LI    : BOOL;
  TIPP_RE    : BOOL;
  END_L      : BOOL;
  END_RE     : BOOL;
  SYN_SIG    : BOOL;
  GL_SIG     : BOOL;
  GR_SIG     : BOOL;
  KL_SIG     : BOOL;
  BDIFFU10   : BOOL;
END_VAR
VAR_OUTPUT
  ANZ_EINAUS   :BOOL;
  ANZ_AUTOM    :BOOL;
  ANZ_SCHLGANG :BOOL;
  ANZ_POS_OK   :BOOL;
  MOTOR_LI     :BOOL;
  MOTOR_RE     :BOOL;
  SCHLEICHGANG :BOOL;
  POS_FAHRSIG  :BOOL;
END_VAR
VAR
  SRO_1 : BOOL;
  SRO_2 : BOOL;
END_VAR
BEGIN
  U  #EINAUS;
  =  #ANZ_EINAUS;

  U  #GL_SIG;
  =  #ANZ_POS_OK;

  U  #SYN_SIG;
  S  #SRO_1;
  UN #EINAUS;
  R  #SRO_1;
  U  #SRO_1;
  =  #ANZ_AUTOM;

  U  #BDIFFU10;
  U  #SRO_1;
  =  #SCHLEICHGANG;
  =  #ANZ_SCHLGANG;

  U( ;
  U  #TIPP_LI;
  UN #TIPP_RE;
  U  #EINAUS;
  UN #SRO_1;
  O  ;
  U  #SRO_2;
  U  #GR_SIG;
  )  ;
  U  #END_LI;
  UN #MOTOR_RE;
  =  #MOTOR_LI;

  U( ;
  U  #TIPP_RE;
  UN #TIPP_LI;
  U  #EINAUS;
  UN #SRO_1;
  O  ;
  U  #SRO_2;
  U  #KL_SIG;
  )  ;
  U  #END_RE;
  UN #MOTOR_LI;
  =  #MOTOR_RE;

  U  #START;
  U  #SRO_1;
  S  #SRO_2;
  O  #GL_SIG;
  ON #EINAUS;
  R  #SRO_2;
  U  #SRO_2;
  =  #POS_FAHRSIG;

END_FUNCTION_BLOCK


DATA_BLOCK DB 10
 FB 10
BEGIN
  EINAUS   := FALSE;
  START    := FALSE;
  TIPP_LI  := FALSE;
  TIPP_RE  := FALSE;
  END_LI   := FALSE;
  END_RE   := FALSE;
  SYN_SIG  := FALSE;
  GL_SIG       :=FALSE;
  GR_SIG       :=FALSE;
  KL_SIG       :=FALSE;
  BDIFFU10     :=FALSE;
  ANZ_EINAUS   :=FALSE;
  ANZ_AUTOM    :=FALSE;
  ANZ_SCHLGANG:=FALSE;
  ANZ_POS_OK   :=FALSE;
  MOTOR_LI     :=FALSE;
  MOTOR_RE     :=FALSE;
  SCHLEICHGANG:=FALSE;
  POS_FAHRSIG  :=FALSE;
  SRO_1        :=FALSE;
  SRO_2        :=FALSE;
END_DATA_BLOCK
```

```
FUNCTION_BLOCK FB 11      //Digitaler Steuerungsteil
VAR_INPUT
  SOLLW_BCD : WORD;
  EINAUS    : BOOL;
  Z_IMP     : BOOL;
  FS_IMP    : BOOL;
  GS_IMP    : BOOL;
  AUTOM     : BOOL;
  POS_FAHRT : BOOL;
  ZAEHLOP   : COUNTER;
END_VAR
VAR_OUTPUT
  ISTW_BCD       :WORD;
  ISTW_GL_SOLLW:BOOL;
  BDIFF_KL_10    :BOOL;
  SYN_SIG        :BOOL;
  ISTW_GR_SOLLW:BOOL;
  ISTW_KL_SOLLW:BOOL;
END_VAR
VAR
  SRO_1 : BOOL;
  SRO_2 : BOOL;
  SRO_3 : BOOL;
  SRO_4 : BOOL;
END_VAR
VAR_TEMP
  SOLLW_INT : INT;
  DIFF      : INT;
  DIFFNEG   : INT;
END_VAR

BEGIN
  U  #Z_IMP;
  U  #AUTOM;
  U  #SRO_3;
  ZV #ZAEHLOP;

  U  #Z_IMP;
  U  #AUTOM;
  U  #SRO_2;
  ZR #ZAEHLOP;

  U  #EINAUS;
  U  #FS_IMP;
  U  #GS_IMP;
  UN #AUTOM;
  L  C#250;
  S  #ZAEHLOP;

  UN #EINAUS;
  R  #ZAEHLOP;

  LC #ZAEHLOP;
  T  #ISTW_BCD;

      U  #POS_FAHRT;
      SPB MA1;
      L  #SOLLW_BCD
      BTI
      T  #SOLLW_INT
  MA1:SET
      R  #SRO_1;
      R  #SRO_2;
      R  #SRO_3;
      R  #SRO_4;

      L  #ZAEHLOP;
      L  #SOLLW_INT;
      -I ;
      T  #DIFF;
      SPZ M01;
      SPP M02;
      SPM M03;
  M01:U  #AUTOM;
      S  #SRO_1;
      U  #SRO_1;
      =  #ISTW_GL_SOLLW;
      BEA;

  M02:U  #AUTOM;
      S  #SRO_2;
      U  #SRO_2;
      =  #ISTW_GR_SOLLW;
      SPA M04;
  M03:U  #AUTOM;
      S  #SRO_3;
      U  #SRO_3;
      =  #ISTW_KL_SOLLW;
      L  #DIFF;
      NEGI;
      T  #DIFFNEG;
  M04:U  #SRO_2;
      SPB MA2;
      L   DIFFNEG;
      SPA MA3;
  MA2:L  #DIFF;
  MA3:L  10
      <I
      S  #SRO_4
      U  #SRO_4
      =  #BDIFF_KL_10

END_FUNKTION_BLOCK
```

```
DATA_BLOCK DB 11
 FB 11
BEGIN
  SOLLW_BCD:=W#16#0;
  EINAUS    :=FALSE;
  Z_IMP     :=FALSE;
  FS_IMP    :=FALSE;
  GS_IMP    :=FALSE;
  AUTOM     :=FALSE;
  POS_FAHRT      :=FALSE;
  ZAEHLOP        :=Z 0;
  ISTW_BCD       :=W#16#0;
  ISTW_GL_SOLLW:=FALSE;
  BDIFF_KL_10    :=FALSE;
  SYN_SIG        :=FALSE;
  ISTW_GR_SOLLW:=FALSE;
  ISTW_KL_SOLLW:=FALSE;
  SRO_1          :=FALSE;
  SRO_2          :=FALSE;
  SRO_3          :=FALSE;
  SRO_4          :=FALSE;
END_DATA_BLOCK
```

```
ORGANIZATION_BLOCK OB 1
VAR_TEMP
  ...                  //Standardeinträge
  HO1 : BOOL ;         //Hilfsoperand1
  HO2 : BOOL ;         //Hilfsoperand2
  HO3 : BOOL ;         //Hilfsoperand3
  HO4 : BOOL ;         //Hilfsoperand4
  HO5 : BOOL ;         //Hilfsoperand5
  HO6 : BOOL ;         //Hilfsoperand6
END_VAR

BEGIN
CALL FB 10 , DB 10 (
  EINAUS                    := E  0.0,
  START                     := E  1.0,
  TIPP_LI                   := E  0.6,
  TIPP_RE                   := E  0.7,
  END_LI                    := E  0.4,
  END_RE                    := E  0.5,
  SYN_SIG                   := #HO5,
  GL_SIG                    := #HO3,
  GR_SIG                    := #HO6,
  KL_SIG                    := #HO1,
  BDIFFU10                  := #HO4,
  ANZ_EINAUS                := A  4.0,
  ANZ_AUTOM                 := A  4.1,
  ANZ_SCHLGANG              := A  4.2,
  ANZ_POS_OK                := A  4.3,
  MOTOR_LI                  := A  4.4,
  MOTOR_RE                  := A  4.5,
  SCHLEICHGANG              := A  4.6,
  POS_FAHRSIG               := #HO2);

CALL FB 11 , DB 11 (
  SOLLW_BCD                 := EW 8,
  EINAUS                    := E  0.0,
  Z_IMP                     := E  0.1,
  FS_IMP                    := E  0.2,
  GS_IMP                    := E  0.3,
  AUTOM                     := A  4.1,
  POS_FAHRT                 := #HO2,
  ZAEHLOP                   := Z 1,
  ISTW_BCD                  := AW 12,
  ISTW_GL_SOLLW             := #HO3,
  BDIFF_KL_10               := #HO4,
  SYN_SIG                   := #HO5,
  ISTW_GR_SOLLW             := #HO6,
  ISTW_KL_SOLLW             := #HO1);
END_ORGANIZATION_BLOCK
```

12 Ablaufstrukturmethode

Digitale Steuerungsaufgaben, deren Lösung auf der Anwendung eines Algorithmus basieren, können vorteilhaft mit grafischen Ablaufstrukturen beschrieben werden. Ein Algorithmus ist dabei eine Berechnungsregel, welche aus mehreren elementaren Schritten besteht, die in einer bestimmten Reihenfolge ausgeführt werden müssen. Die Beschreibung eines Algorithmus erfolgt durch die Aufzählung der auszuführenden Schritte, sowie der Vorschrift, in welcher Reihenfolge die einzelnen Schritte durchgeführt werden müssen. Der sich dabei ergebende Programmablauf kann mit grafischen Darstellungsmethoden als Programmablaufplan PAP (Flow-Chart) oder Struktogramm STG (PSD Program Structure Diagram) beschrieben werden.

Die Standards der beiden Darstellungsmethoden sind:

- DIN 66261: Sinnbilder für Struktogramme nach Nassi-Shneidermann.
- DIN 66001: Richtlinien zur Gestaltung von Programmablaufplänen.
- ISO/IEC 8631:1989 Information technology- Program constructs and conventions for their representation.
- ISO 5807:1985 Information processing- Documentation symbols and conventions for date, program and system flowcharts, program network charts and system resources charts.

Die Analyse von digitalen Steuerungsprogrammen, denen ein Algorithmus zu Grunde liegt, hat gezeigt, dass sich immer wieder die drei folgenden Ablaufstrukturen (Strukturblöcke) ergeben:

- Folge (Sequenz): die Verarbeitung von Schritten nacheinander;
- Auswahl (Selektion): die Auswahl von bestimmten Schritten;
- Wiederholung (Iteration): die Wiederholung von Schritten.

Mit diesen drei elementaren Ablaufstrukturen können die Beschreibungsmittel Programmablaufplan PAP oder Struktogramm STG nach Festlegung des Algorithmus zur Lösung von Steuerungsaufgaben bzw. Analyse von bestehenden Steuerungsprogrammen eingesetzt werden.

Die Darstellung von Programmabläufen erfolgt durch *Sinnbilder*. Bei der Methode Programmablaufplan sind dies: Operation (Kasten), Verzweigung (Route), Ablauflinie und Zusammenführung (von Ablauflinien), die zu sog. Programmkonstrukten zusammengesetzt werden. Bei der Methode Struktogramm sind es zweipolige Strukturblöcke (1 Eingang, 1 Ausgang), deren Bedeutung man leichter versteht, wenn man sie als Ersatz für PAP-Programmkonstrukte einführt. Der Programmablauf wird durch die Auswahl der Sinnbilder und deren Schachtelung dargestellt.

Das schon etwas ältere Darstellungsmittel Programmablaufplan ist in Verruf geraten, da sehr unübersichtliche Reihenfolgen des Programmablaufs insbesondere durch eine Vielzahl von Sprüngen entstehen können. Geeignet ist der Programmablaufplan jedoch noch immer zur Darstellung maschinennaher Sprachen. Deshalb lässt sich die Anweisungsfolge eines Steuerungsprogramms, das in der Programmiersprache Anweisungsliste AWL geschrieben ist, durch einen Programmablaufplan gut beschreiben. Für eine allgemeine Darstellung des verwendeten Algorithmus einer Steuerungsaufgabe und für die Darstellung von Programmen, die in der Programmiersprache SCL geschrieben ist aber in jedem Fall das Struktogramm als Beschreibungsmittel das Geeignetere.

12.1 Programmablaufplan

In Programmablaufplänen werden die Schritte symbolisch durch Sinnbilder dargestellt und der Steuerungsablauf durch Ablauflinien hergestellt. Die wichtigen Darstellungselemente des Programmablaufplans lassen sich in die Ablaufstrukturen Verarbeitung, Folge, Auswahl und Wiederholung unterteilen.

12.1.1 Programmkonstrukt Verarbeitung

Die Darstellung des Programmkonstrukts besteht nur aus einem Block, der genau einmal ausgeführt wird.

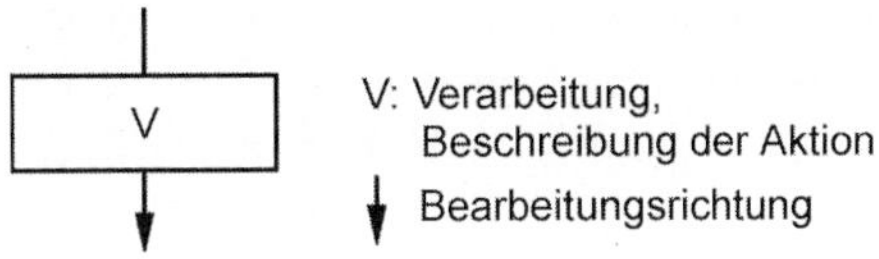

12.1.2 Programmkonstrukt Folge

Die Darstellung der Programmkonstrukts Folge oder Sequenz enthält zwei oder mehrere Verarbeitungsteile, die genau je einmal ausgeführt werden, wenn das Element abgearbeitet wird.

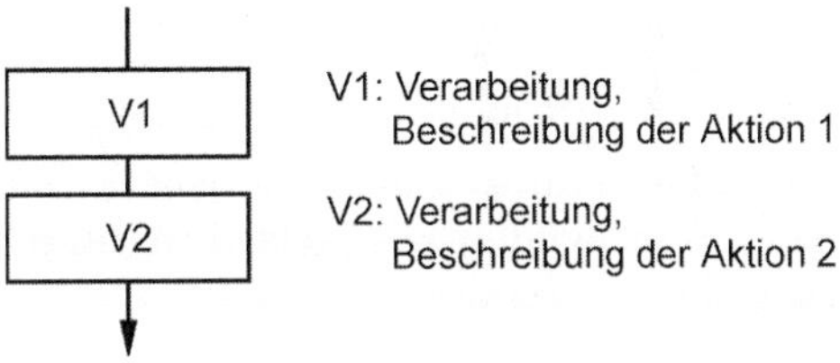

12.1.3 Programmkonstrukt Auswahl

Mit dem Programmkonstrukt Auswahl werden alternative Verarbeitungen beim logischen Ablauf des Programms möglich. Hierbei ergeben sich drei unterschiedliche Formen.

a) Bedingte Verarbeitung

Das Programmkonstrukt besteht aus einem Verarbeitungsteil und einem Steuerungsteil mit einer Bedingung. Die Bedingung bestimmt, ob der Vereinbarungsteil ausgeführt wird, wenn das Element abgearbeitet wird.

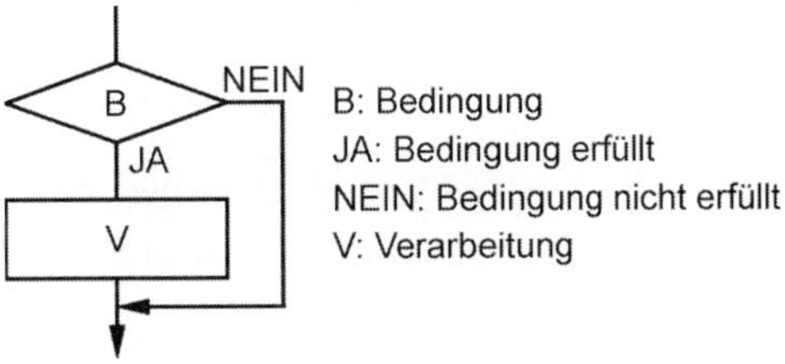

b) Einfache Alternative

Das Programmkonstrukt besteht aus zwei Verarbeitungsteilen und einem Steuerungsteil mit einer Bedingung. Der Steuerungsteil gibt mit der Bedingung an, welcher der beiden Verarbeitungsteile ausgeführt wird, wenn das Element abgearbeitet wird.

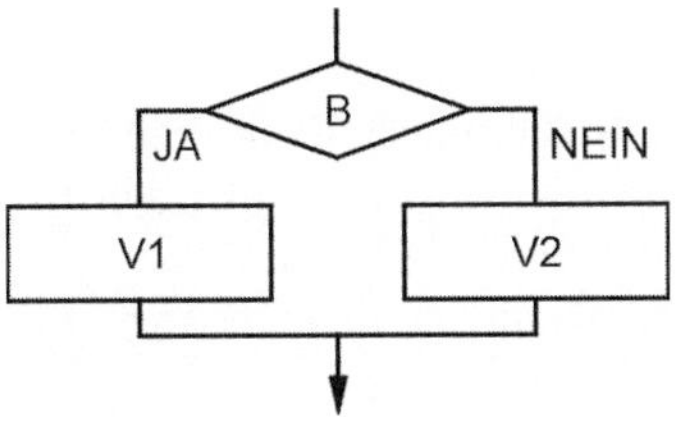

c) Mehrfache Alternative

Das Programmkonstrukt besteht aus mindestens drei Verarbeitungsteilen und einem Steuerungsteil mit der gleichen Anzahl einander ausschließender Bedingungen. Der Steuerungsteil gibt mit diesen Bedingungen an, welcher der Verarbeitungsteile ausgeführt wird, wenn das Element abgearbeitet wird.

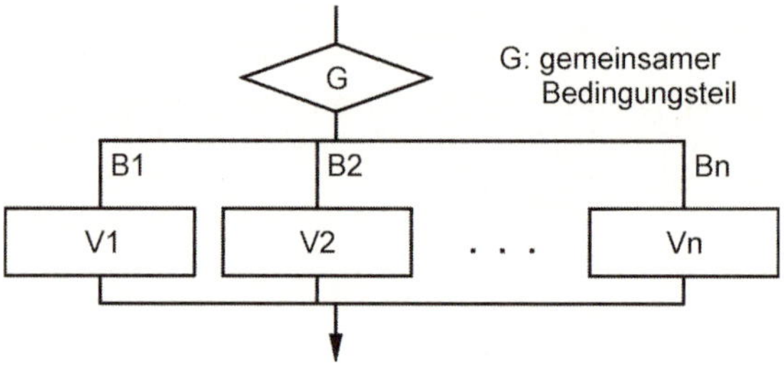

12.1.4 Programmkonstrukt Wiederholung

Mit dem Programmkonstrukt Wiederholung, auch Schleife oder Iteration genannt, wird ein Verarbeitungsteil solange wiederholt, wie es der Steuerungsteil vorgibt. Wird eine Wiederholung in Abhängigkeit von einer Bedingungsprüfung ausgeführt, so kann diese vor oder nach dem Verarbeitungsteil stehen.

a) Wiederholung ohne Bedingungsprüfung

Das Programmkonstrukt enthält nur einen Verarbeitungsteil. Dieser wird endlos wiederholt ausgeführt, wenn das Element abgearbeitet wird.

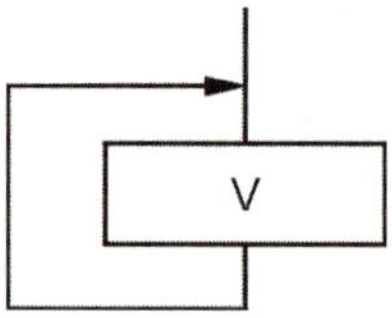

b) Wiederholung mit vorausgehender Bedingungsprüfung

Das Programmkonstrukt besteht aus einem Verarbeitungsteil und einem Steuerungsteil mit einer Bedingung. Die Bedingung bestimmt, ob bzw. wie häufig der Verarbeitungsteil ausgeführt wird, wenn das Element abgearbeitet wird. Möglich ist auch, dass der Verarbeitungsteil überhaupt nicht ausgeführt wird.

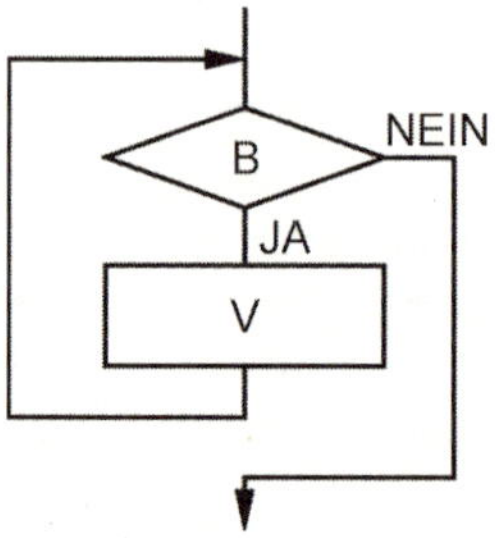

c) Wiederholung mit nachfolgender Bedingungsprüfung

Das Programmkonstrukt besteht aus einem Verarbeitungsteil und einem Steuerungsteil mit einer Bedingung. Mit der Bedingung wird bestimmt, ob bzw. wie häufig der Verarbeitungsteil nach der ersten Ausführung wiederholt wird, wenn das Element abgearbeitet wird.

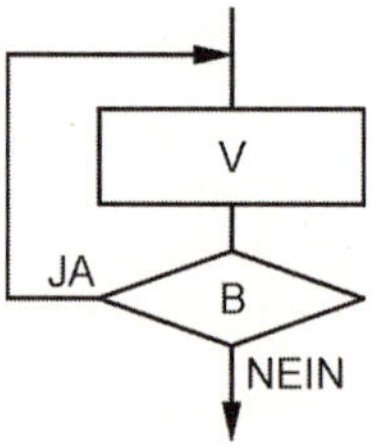

12.1.5 Kombination der Programmkonstrukte

Die dargestellten Programmkonstrukte können beliebig miteinander kombiniert werden. Der damit mögliche Spaghetticode (die Wege des Flussdiagramms gehen wie ungeordnete Spaghetti durcheinander), der zu unübersichtlichen Darstellungen führt, widerspricht den Regeln einer strukturierten Programmierung. Die Einführung von sogenannten Strukturblöcken zur Bildung von Programmen mit abgeschlossenen Zweigen führt zu einer besseren Übersichtlichkeit und leichteren Verständlichkeit von Programmablaufplänen. Ein Strukturblock ist dabei eine abgeschlossene funktionale Einheit, welche keine Überlappung mit anderen Strukturblöcken zulässt. Jeder Strukturblock hat einen Eingang und einen Ausgang und besteht aus einem Steuerungsteil und einem oder mehreren Verarbeitungsteilen. In einem Strukturblock kann zur Detaillierung jeder Verarbeitungsteil wieder durch einen Strukturblock ersetzt werden. Der Programmablauf wird durch Schachtelung von Strukturblöcken gebildet.

12.2 Struktogramm

Wie Programmablaufpläne haben auch Struktogramme das Ziel, den Algorithmus der Steuerungsaufgabe und den Ablauf der Operationen grafisch anschaulich darzustellen. Die Aussagen eines Struktogramms erfolgen mit Sinnbildern nach Nassi-Shneiderman und erläuternden Texten in den Sinnbildern. Der Steuerungsablauf wird durch die Auswahl der Sinnbilder sowie deren Schachtelung dargestellt. Die Texte beschreiben inhaltlich die Bedingungen und Verarbeitungen. Die Sinnbilder des Struktogramms stellen einen Ersatz für die Programmkonstrukte dar und werden als Strukturblöcke bezeichnet.

Die äußere Form des Sinnbildes ist immer ein Rechteck. Die Unterteilung innerhalb des Rechtecks erfolgt nur durch gerade Linien. Die obere Linie eines jeden Sinnbildes bedeutet den Beginn des Strukturblockes, die untere Linie das Ende. Die Strukturblöcke lassen sich wieder in die Grundstrukturen Verarbeitung, Folge, Auswahl und Wiederholung unterteilen.

12.2.1 Strukturblock Verarbeitung

Die Darstellung des Elementarblocks besteht nur aus einem Rechteck innerhalb dessen die Verarbeitung des Blocks beschrieben ist.

12.2.2 Strukturblock Folge

Die Darstellung der Strukturblocks Folge oder Sequenz enthält zwei oder mehrere aneinander gereihte Elementarblöcke

12.2.3 Strukturblock Auswahl

Mit dem Strukturblock Auswahl werden alternative Verarbeitungen beim logischen Ablauf des Programms möglich. Die Bedingung, nach der die Programmauswahl vorgenommen wird, kann entweder ein logischer Ausdruck oder ein Vergleichsausdruck sein. Der gemeinsame Bedingungsteil besteht bei der Mehrfachauswahl aus einer Fallabfrage, bei der einer der möglichen Fälle erfüllt sein muss. Für den Strukturblock Auswahl gibt es drei unterschiedliche Formen.

a) Einfachauswahl

Der Strukturblock besteht aus einem Verarbeitungsteil und einem Steuerungsteil mit einer Bedingung. Die Bedingung bestimmt, ob der Vereinbarungsteil ausgeführt wird, wenn der Block abgearbeitet wird.

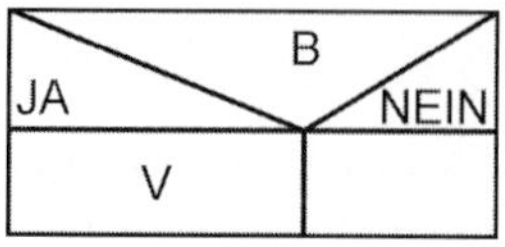

b) Zweifachauswahl

Der Strukturblock besteht aus zwei Verarbeitungsteilen und einem Steuerungsteil. Der Steuerungsteil gibt mit der Bedingung an, welcher der beiden Verarbeitungsteile ausgeführt wird, wenn der Block abgearbeitet wird.

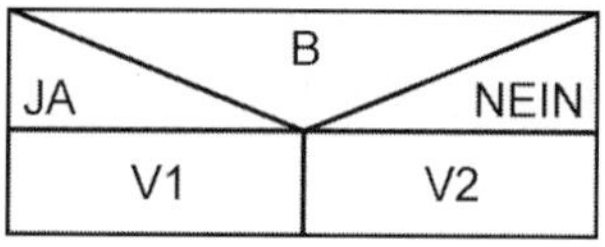

c) Mehrfachauswahl oder Fallunterscheidung

Der Strukturblock besteht aus mindestens drei Verarbeitungsteilen und einem Steuerungsteil mit der gleichen Anzahl einander ausschließender Bedingungen. Der Steuerungsteil gibt mit diesen Bedingungen an, welcher der Verarbeitungsteile ausgeführt wird, wenn der Block abgearbeitet wird.

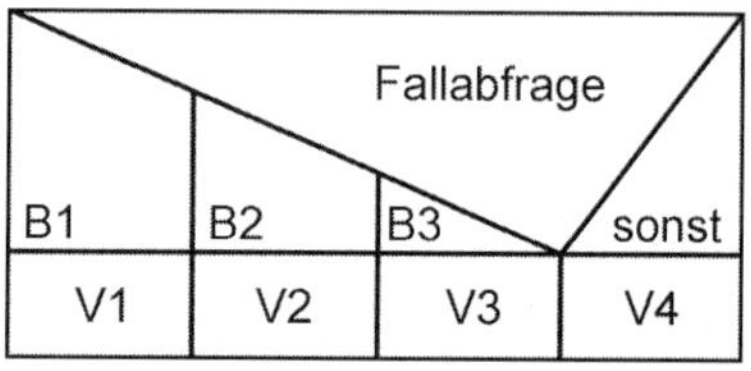

Ist bei der Fallabfrage gewährleistet, dass einer der aufgezählten Fälle vorkommt, kann die Spalte „sonst" entfallen.

12.2.4 Strukturblock Wiederholung

Mit dem Strukturblock Wiederholung, auch Schleife oder Iteration genannt, wird ein Verarbeitungsteil solange wiederholt, wie es der Steuerungsteil vorgibt. Wird eine Wiederholung in Abhängigkeit von einer Bedingungsprüfung ausgeführt, so kann diese vor oder nach dem Verarbeitungsteil stehen.

a) Wiederholung ohne Bedingungsprüfung (Endlosschleife)

Der Strukturblock enthält nur einen Verarbeitungsteil. Dieser wird endlos wiederholt ausgeführt, wenn der Block abgearbeitet wird.

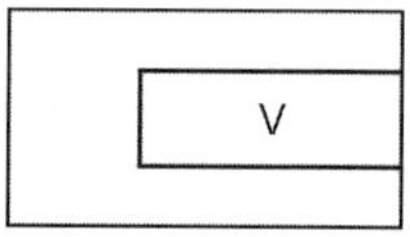

b) Wiederholung mit vorausgehender Bedingungsprüfung

Der Strukturblock besteht aus einem Verarbeitungsteil und einem Steuerungsteil. Mit der Ausführungsbedingung wird bestimmt, ob bzw. wie häufig der Verarbeitungsteil ausgeführt wird, wenn der Block abgearbeitet wird.

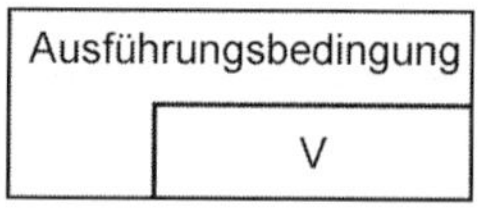

Möglich ist auch, dass der Verarbeitungsteil überhaupt nicht ausgeführt wird. Eine Sonderform der Ausführungsbedingung ist die Zählschleife. Bei dieser Schleife wird eine Variable bei jedem Durchlauf des Verarbeitungsteils um einen bestimmten Wert aufwärts oder abwärts gezählt, bis eine bestimmte vorgegebene Grenze erreicht ist.

c) Wiederholung mit nachfolgender Bedingungsprüfung

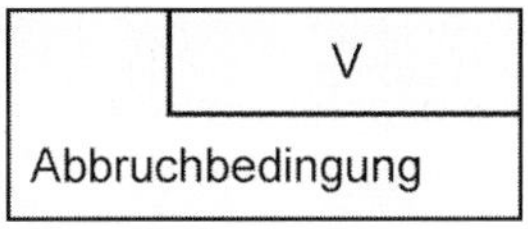

Der Strukturblock besteht aus einem Verarbeitungsteil und einem Steuerungsteil. Mit der Abbruchbedingung wird bestimmt, ob bzw. wie häufig der Verarbeitungsteil nach der ersten Ausführung wiederholt wird, wenn der Block abgearbeitet wird.

Zusammenfassend sind für den Aufbau eines Strukturblocks folgende Regeln zu beachten:

- Ein Block ist eine abgeschlossene funktionale Einheit mit einer klar definierten Aufgabe, einem Anfangszustand und einem Endzustand.
- Ein Block besitzt immer einen Eingang und einen Ausgang.
- Der Steuerfluss läuft in einem Block immer von oben nach unten.

12.2.5 Kombination der Strukturblöcke

Die einzelnen Strukturblöcke können beliebig miteinander verknüpft werden. Die Verknüpfung erfolgt durch senkrechtes Aneinanderreihen der Blöcke. Beim Aneinanderreihen der Blöcke muss kantendeckend gearbeitet werden, d.h., die Ausgangskante des einen Blocks ist zugleich die Eingangskante des folgenden Blocks.

Da Struktogramme stets von oben nach unten gelesen werden, sind Ablauflinien überflüssig. Das gesamte Struktogramm kann als einziger Strukturblock zur Beschreibung der Aufgabe betrachtet werden, der in weitere Strukturblöcke unterteilbar ist. Somit kann zunächst die logische Grobstruktur dargestellt werden, welche dann bis zur Codierfähigkeit in Steuerungsanweisungen schrittweise verfeinert wird. Es entsteht so ein hierarchischer Aufbau, der zur Überschaubarkeit der Programmlogik beiträgt. Die schrittweise Verfeinerung im Sinne einer hierarchischen Gliederung (Top-down) ist deshalb möglich, weil jeder Strukturblock eindeutig mit seinem Anfang und Ende bestimmt ist.

Der hauptsächliche Unterschied zwischen der Darstellung in Struktogrammen und Programmablaufplänen besteht in dem Ziel, Sprünge möglichst zu vermeiden. Unterstützt wird dieses Ziel mit der eindeutigen Festlegung von nur einem Eingang (obere Linie) und einem Ausgang (untere Begrenzungslinie) für den Strukturblock. Durch diese Zweipoligkeit sind Sprünge aus oder in Strukturblöcke nicht mehr darstellbar.

12.3 Zusammenstellung der Sinnbilder für Struktogramm und Programmablaufplan

Die nachfolgende Tabelle zeigt eine Zusammenstellung der Sinnbilder für Struktogramme nach Nassi-Shneidermann mit Gegenüberstellung der Programmkonstrukte des Programmablaufplans.

Tabelle der Sinnbilder für Programmablaufplan und Struktogramm:

Ablaufstruktur	Struktogramm	Programmablaufplan
Verarbeitung	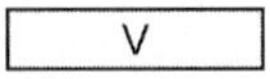	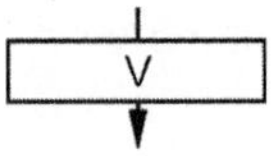
Folge	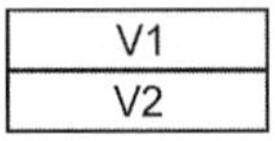	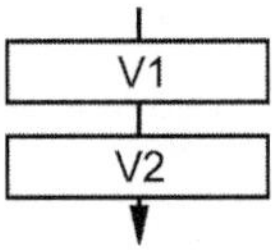
Bedingte Verarbeitung	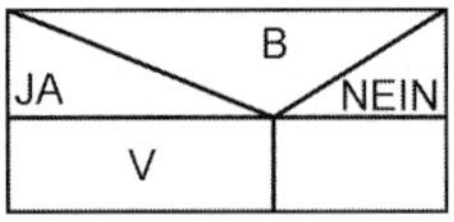	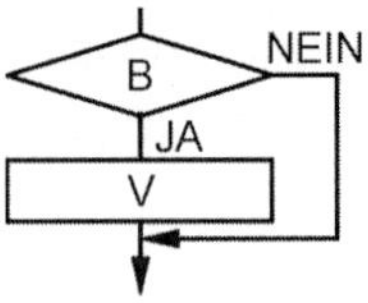
Einfache Alternative	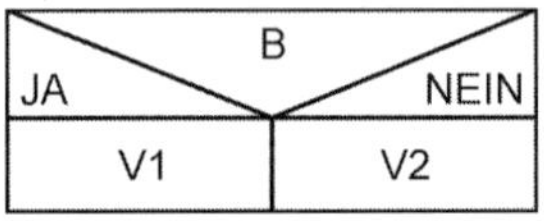	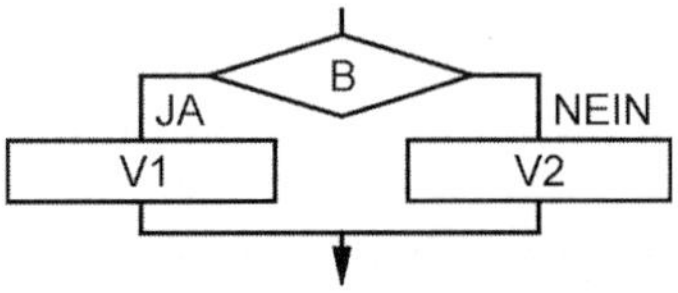
Mehrfache Alternative	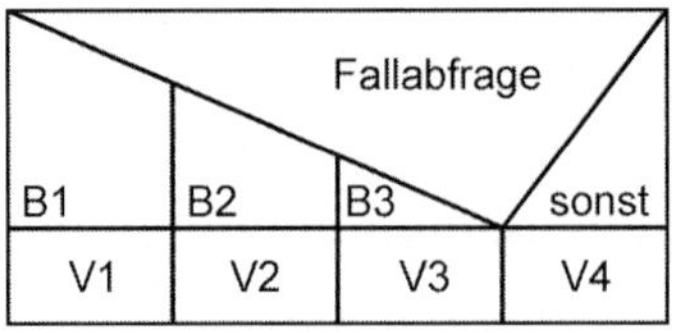	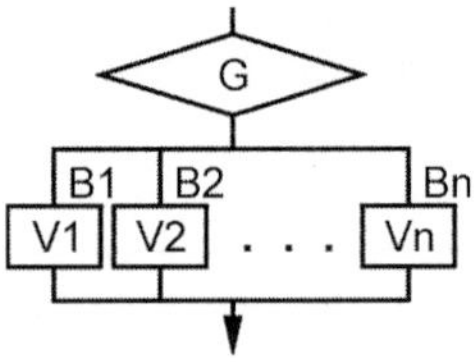
Wiederholung ohne Bedingungsprüfung	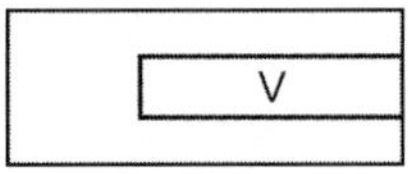	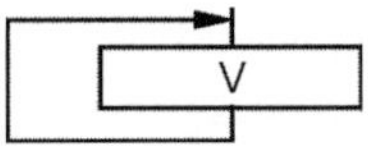
Wiederholung mit vorausgehender Bedingungsprüfung	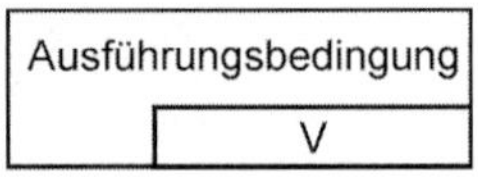	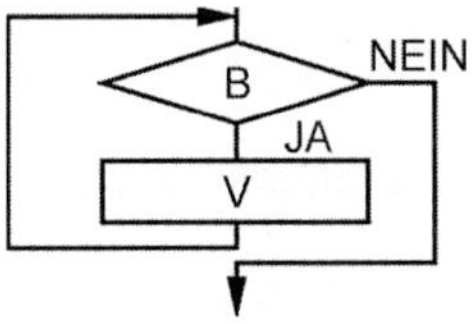
Wiederholung mit nachfolgender Bedingungsprüfung	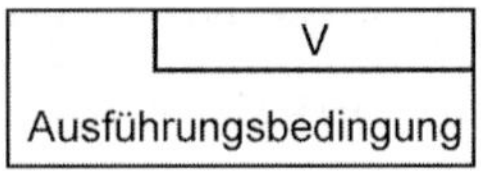	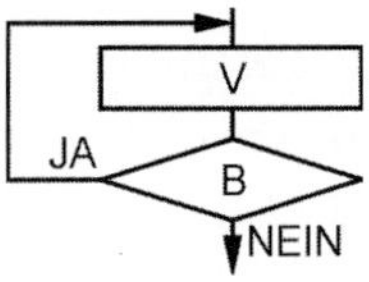

12.4 AWL-Programmierung nach Vorlage von Programmablaufplan oder Struktogramm

Das Ziel der Beschreibungsmittel Programmablaufplan oder Struktogramm ist die von der Programmiersprache unabhängige, strukturierte, übersichtliche Darstellung der Steuerungsaufgabe und des Programmablaufs. Bei der Umsetzung der beiden Beschreibungsmittel in ein Steuerungsprogramm muss der Operationsvorrat des Automatisierungsgerätes und der Programmiersprache berücksichtigt werden. Da die Programmiersprache Anweisungsliste AWL eine maschinennahe Sprache ist, müssen Verzweigungen und Wiederholungen mit Sprungbefehlen zu Marken innerhalb des Steuerungsprogramms umgesetzt werden. Trotz dieses Nachteils bei der Umsetzung eines Struktogramms oder Programmablaufplans in die Programmiersprache AWL bleibt jedoch das Ziel der beiden Beschreibungsmittel erhalten, den Lösungsalgorithmus der Steuerungsaufgabe übersichtlich darzustellen. Die einzelnen Strukturblöcke des Struktogramms sind mit den Programmkonstrukten des Programmablaufplans gleichzusetzen. Die Umsetzung eines Strukturblocks bzw. eines Programmkonstruktes in die Programmiersprache AWL ist deshalb identisch. Im Folgenden ist an Beispielen gezeigt, wie die einzelnen Strukturblöcke bzw. Programmkonstrukte in die Anweisungsliste umgesetzt werden können.

12.4.1 Verarbeitung

Beispiel: Die Variable „Zae“ (Integer) soll um den Wert 1 vergrößert werden.

Programmablaufplan

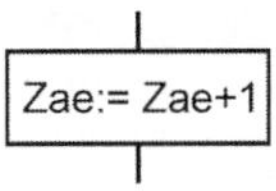

Struktogramm

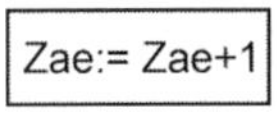

Anweisungsliste AWL

```
L  Zae
+ 1
T  Zae
```

12.4.2 Folge

Beispiel: Der BCD-codierte Wert des Eingangswortes EW 8 soll in eine Integer-Zahl gewandelt und das Ergebnis der Variablen „SW“ zugewiesen werden. Die Variable „SW“ wird dann durch zwei dividiert. Von diesem Wert wird die Variable „XW“ abgezogen und das Ergebnis der Variablen „XE“ zugewiesen. Der Wert von „XE“ soll dann in eine BCD-Zahl gewandelt und an das Ausgangswort AW 12 gelegt werden. Hinweis: Die Umwandlung von BCD nach INTEGER ist wegen der durchzuführenden Rechenoperation erforderlich.

Programmablaufplan

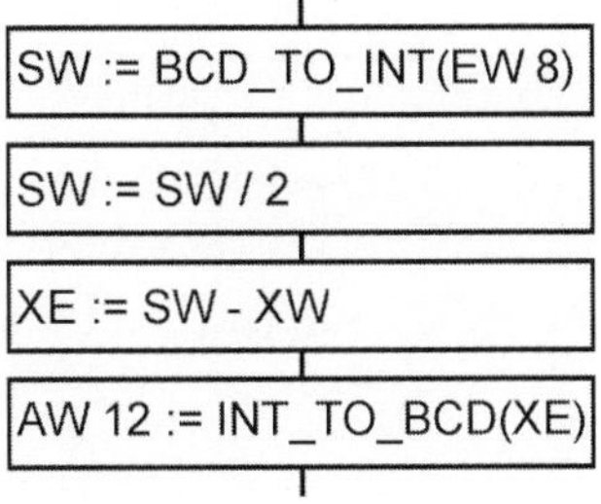

Struktogramm

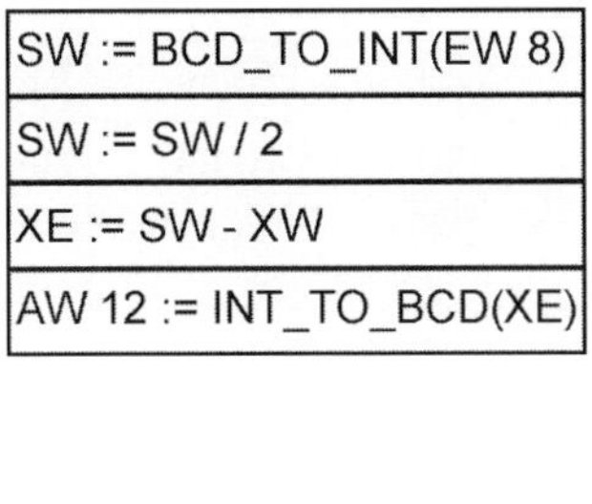

Anweisungsliste AWL

```
CALL  FC 40
 BCDW:=EW8
 SBCD:=#HO1
 INTW:=#SW
L  #SW
L  2
/I
T  #SW
L  #XW
-I
T  #XE
CALL  FC 41
 INTW:=#XE
 BCDW:=AW12
 SBCD:=#HO2
```

12.4.3 Auswahl

a) Einfachauswahl

Beispiel: Bei „1“-Signal am Eingang E 0.1 wird der Wert der Variablen „XA“ mit 10 multipliziert und der Variablen „XA“ wieder zugewiesen.

Programmablaufplan

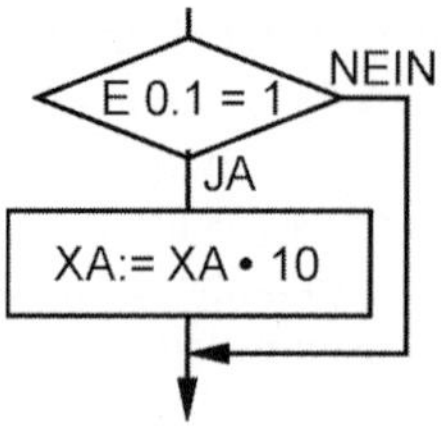

Struktogramm

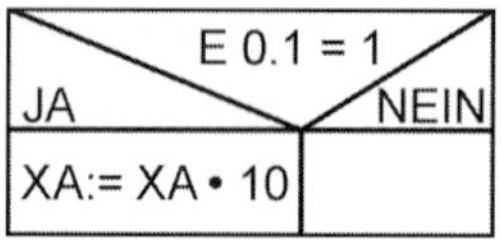

Anweisungsliste AWL

```
      UN E 0.1
      SPB M001
      L  #XA
      L  10
      *I
      T  #XA
M001: NOP 0
```

Hinweis: Bei der Umsetzung einer Einfachauswahl in die Anweisungsliste AWL wird ein Sprungbefehl gespart, wenn die Bedingung oder Abfrage negiert wird, wie es oben dargestellt ist. Bei erfüllter Bedingung wird dann der Verarbeitungsteil der Einfachauswahl einfach übersprungen und das Programm kann nach der Sprungmarke fortgesetzt werden.

Beispiel 12.1: Funktionsbaustein zur Ermittlung von Wertänderungen (FB31: AEND)

Für die eigene Programmbibliothek ist ein Funktionsbaustein FB 31 zu entwerfen, der Wertänderungen an dem Funktionsbaustein-Eingang XE (Datenformat WORD) ermittelt. Das Auftreten einer Wertänderung soll die binäre Ausgangsvariable „AEN“ des Funktionsbausteins mit dem Signalzustand „1“ melden. Dieser Funktionsbaustein kann dann in allen Steuerungsprogrammen verwendet werden, bei denen die Ausführung bestimmter Bausteine nur dann erforderlich ist, wenn sich beispielsweise ein Eingangswert ändert.

Übergabeparameter

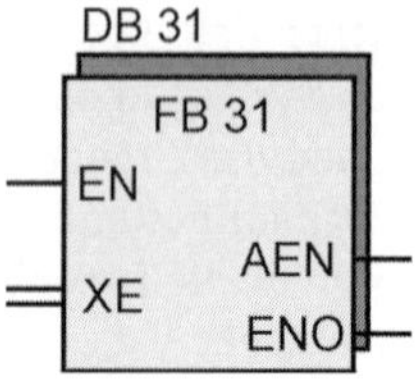

Datentyp und Beschreibung

XE: Datenformat WORD;

Eingangsparameter für die auf eine Änderung zu überprüfende Variable.

AEN: Datenformat BOOL;

Ausgangsparameter für das Ergebnis der Überprüfung. Bei einer Wertänderung ist AEN = „1“.

Zuordnungstabelle der Eingänge und Ausgänge:

Eingangsvariable	Symbol	Datentyp	Logische Zuordnung	Adresse
Quittiertaste	S0	BOOL	Betätigt S0 = 1	E 0.0
Zifferneinsteller	EW	WORD	BCD-Code	EW 8
Ausgangsvariable				
Ziffernanzeige	AW	WORD	BCD-Code	AW 12

Zum Test des Funktionsbausteins wird an den Eingang XE ein Eingangswort EW gelegt, an das ein Zifferneinsteller angeschlossen ist. Der Ausgang AEN führt bei einer Änderung des BCD-Wertes am Zifferneinsteller für einen Programmzyklus lange ein „1“-Signal. Damit das Auftreten des Signals beobachtet werden kann, wird der Ausgang AEN über den Hilfsoperanden HO1 auf den Eingang eines Vorwärtszählers Z1 gelegt. Mit dem RESET-Taster S0 kann der Zähler Z1 zurückgesetzt werden. Der jeweils aktuelle Zählwert soll an einer Ziffernanzeige abgelesen werden können.

Damit ergibt sich folgende Programmstruktur:

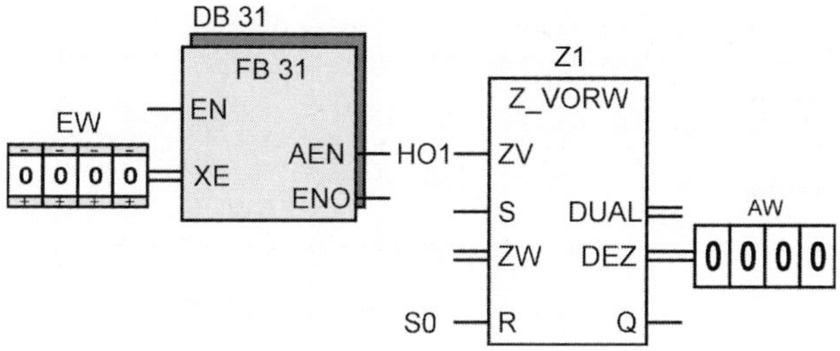

Lokale Variable:

HO1 (BOOL):

Übergabevariable für den Zählereingang.

Das Steuerungsprogramm für den Funktionsbaustein FB 31 lässt sich sehr übersichtlich mit einem Struktogramm beschreiben.

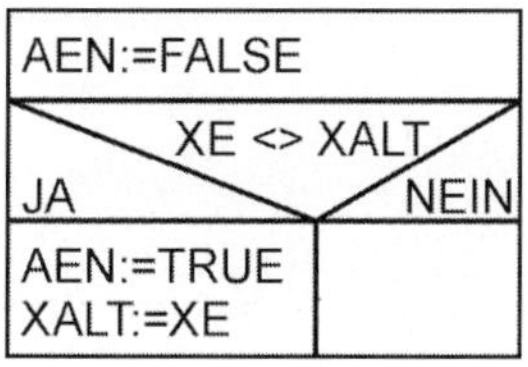

Hinweis: Die Variable XALT enthält jeweils den Wert des Eingangs XE bei der letzten Änderung. Dieser „alte" Eingangswert wird bei jedem Bausteinaufruf zum Vergleich herangezogen und muss deshalb in einer statischen Lokalvariablen mit dem Datenformat WORD gespeichert werden.

STEP 7 Programm (AWL-Quelle):

```
FUNCTION_BLOCK FB 31
VAR_INPUT
XE : WORD ;
END_VAR
VAR_IN_OUT
AEN : BOOL ;
END_VAR
VAR
XALT : WORD ;
END_VAR
BEGIN
CLR;
 =  #AEN;
 L  #XE;
L  #XALT;
==I;
BEB   ;
SET ;
=  #AEN;
L  #XE;
T  #XALT;
END_FUNCTION_BLOCK
```

```
DATA_BLOCK DB 31
FB 31
BEGIN
   XE   := W#16#0;
   AEN  := FALSE;
   XALT := W#16#0;
END_DATA_BLOCK
```

```
ORGANIZATION_BLOCK OB 1
VAR_TEMP
...                  //Standardeinträge
HO1 : BOOL ;         //Übergabeoperand für den Zähler
END_VAR

BEGIN
CALL FB 31 ,DB 31(
   XE  := EW 8,
   AEN := #HO1);
   U  #HO1;
   ZV Z 1;
U  E 0.0;
R  Z 1;
LC Z 1;
T  AW 12;
END_ORGANIZATION_BLOCK
```

b) Zweifachauswahl

Beispiel: Hat die Variable „S1“ den binären Wert „TRUE“, wird der Variablen „ZAE“ 50 zugewiesen. Ist der binäre Wert „FALSE“ ist die Zuweisung –50.

Programmablaufplan

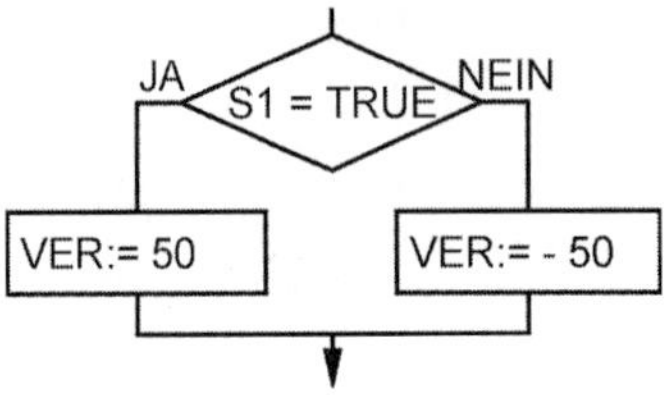

Struktogramm

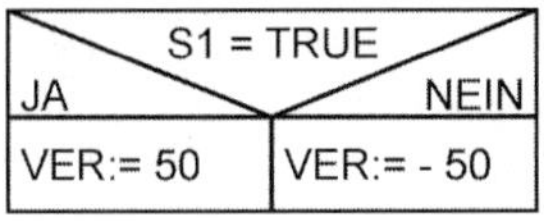

Anweisungsliste AWL

```
       U   #S1
       SPB M001
       L   -50
       T   #VER
       SPA M002
M001:  L   50
       T   #VER
M002:  NOP 0
```

Hinweis: Bei der Umsetzung einer Zweifachauswahl in die Anweisungsliste AWL muss mit einem absoluten Sprung über den Verarbeitungsteil des „JA-Zweiges“ gesprungen werden. Steht die Abfrage am Ende eines Programms kann der absolute Sprung durch die Baustein-Ende-Anweisung BEA ersetzt werden.

Beispiel 12.2: Bedingte Operandenauswahl (FC 31: SEL)

Es ist eine Funktion FC 31 für die eigene Programmbibliothek zu entwerfen, die abhängig von einem binären Funktionseingang G einen der beiden Eingangs-Variablenwerte an den Ausgang weitergibt. Als Eingangswerte an den Parametern IN0 und IN1 sind Variable mit dem Datentyp WORD anzugeben. Der Ausgabewert hat ebenfalls das Datenformat WORD.

Übergabeparameter

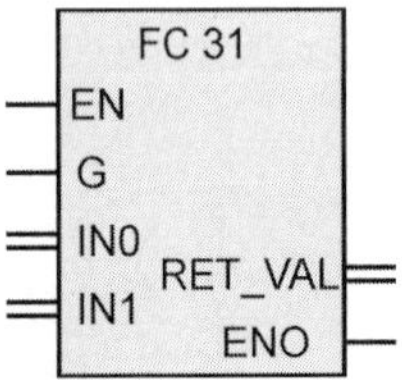

Datentyp und Beschreibung

G: Datenformat BOOL;

G = FALSE: RET_VAL:= IN0

G = TRUE: RET_VAL:= IN1

IN0, IN1 und RET_VAL: Datenformat WORD;

Zum Test der Funktion wird an den Eingang IN0 das Eingangswort EW eines Zifferneinstellers und an den Eingang IN1 der Wert 16#1111 gelegt. Mit dem Schalter S1 wird dann bestimmt, welcher der beiden Werte an der Ziffernanzeige erscheint. Dazu ist der Funktionsausgang RET_VAL mit einem Wortausgang AW zu belegen.

Zuordnungstabelle der Eingänge und Ausgänge:

Eingangsvariable	Symbol	Datentyp	Logische Zuordnung	Adresse
Wahlschalter	S1	BOOL	Betätigt S1 = 1	E 0.1
Zifferneinsteller	EW	WORD	BCD-Code	EW 8
Ausgangsvariable				
Ziffernanzeige	AW	WORD	BCD-Code	AW 12

Nachfolgend sind das Struktogramm und der Programmablaufplan der Funktion FC 31 angegeben. Der Programmablaufplan ist dabei so gezeichnet, dass die Reihenfolge der Anweisungen und die Sprungmarke des AWL-Programms erkennbar sind.

Struktogramm:

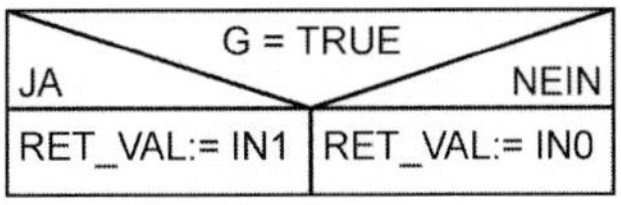

Programmablaufplan:

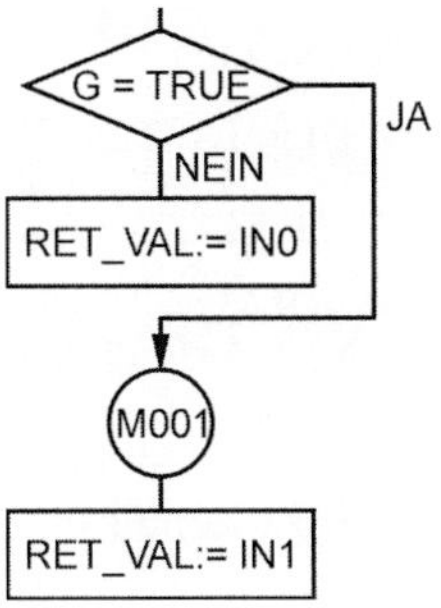

STEP 7 Programm (AWL-Quelle):

```
FUNCTION FC 31 : WORD
VAR_INPUT
 G   : BOOL ;
 IN0 : WORD ;
 IN1 : WORD ;
END_VAR
BEGIN
 U    #G;                L   #IN0;                M001: L #IN1;
 SPB M001;               T   #RET_VAL;                  T #RET_VAL;
                         BEA;
END_FUNCTION
```

```
ORGANIZATION_BLOCK OB 1
VAR_TEMP
...                   //Standardeinträge
END_VAR
BEGIN
CALL FC 31 (
   G       := E  0.1,
   IN0     := EW 8,
   IN1     := W#16#1111,
   RET_VAL := AW 12);
END_ORGANIZATION_BLOCK
```

Das nächste Beispiel zeigt eine mehrfach wiederholte Zweifachauswahl ohne die Verwendung von Sprüngen. Bei geschickter Abfrage lassen sich mit Hilfe der Baustein-Ende-Operation BE Sprünge vermeiden.

Beispiel 12.3: Universelle BCD-Umwandlungsbausteine (FC50: BCD_REALN und FC 51: REALN_BCD)

Für die eigene Programmbibliothek sollen zwei Funktionen FC50 (BCD_REALN) und FC51 (REALN_BCD) entwickelt werden, mit deren Hilfe sich zum einen die BCD-Zahl eines vierstelligen Zifferneinstellers in einen beliebigen Gleitpunktzahlenbereich umwandeln lässt (FC50) und zum anderen ein beliebiger Gleitpunktzahlenbereich an einer vierstelligen BCD-

Ziffernanzeige angezeigt werden kann (FC51). Durch die Angabe der Bereichsobergrenze z. B. BOGR = 100.0 wird mit Funktion FC 50 der am Zifferneinsteller eingestellte Wert von 0 ... 9999 in den Gleitpunktzahlenbereich 0.0 ... 99.99 umgewandelt. Für die Funktion FC 51 gilt Entsprechendes.

Übergabeparameter der Funktionen mit den entsprechenden Datenformaten:

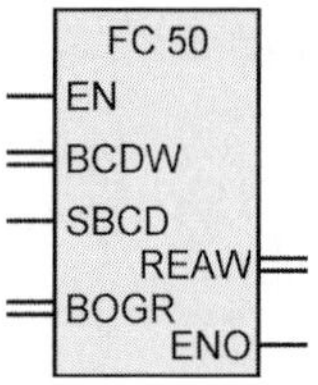

BCDW: WORD
SBCD: BOOL
BOGR: REAL
REAW: REAL

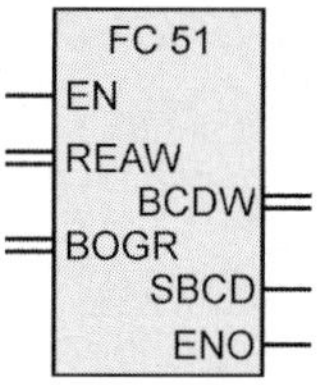

RAEW: REAL
BOGR: REAL
BCDW: WORD
SBCD: BOOL

Zum Test der beiden Funktionen wird für jede Funktion ein bestimmter Gleitpunktzahlenbereich angegeben und der am Zifferneinsteller eingestellte Wert an der Ziffernanzeige angezeigt. Mit dem Schalter S1 wird das Vorzeichen der BCD-Zahl bestimmt. Die Meldeleuchte H1 zeigt an, ob die angezeigte Zahl positiv oder negativ ist.

Zuordnungstabelle der Eingänge und Ausgänge:

Eingangsvariable	Symbol	Datentyp	Logische Zuordnung		Adresse
Vorzeichen-Schalter	S1	BOOL	Betätigt	S1 = 1	E 0.0
Zifferneinsteller	EW	WORD	BCD-Code		EW 8
Ausgangsvariable					
Vorzeichen-Anzeige	H1	BOOL	Leuchtet	H1 = 1	A 4.0
Ziffernanzeige	AW	WORD	BCD-Code		AW 12

Das Steuerungsprogramm für die Funktion FC 50 führt zunächst einen BCD-Check aus. Das heißt, die vier Stellen BCD1 bis BCD4 der am Zifferneinsteller eingestellten Zahl werden überprüft, ob jede kleiner als 10 ist. Dies ist erforderlich, da bei der Umschaltung von 7 nach 8 beispielsweise vorübergehend eine Bitkombination auftreten könnte, die zu einer Zahl führt, welche größer als 9 ist. In diesem Fall wird keine Umsetzung vorgenommen und der letzte umgewandelte Ausgabewert bleibt erhalten.

Struktogramm der Funktion FC 50 (BCD_REALN):

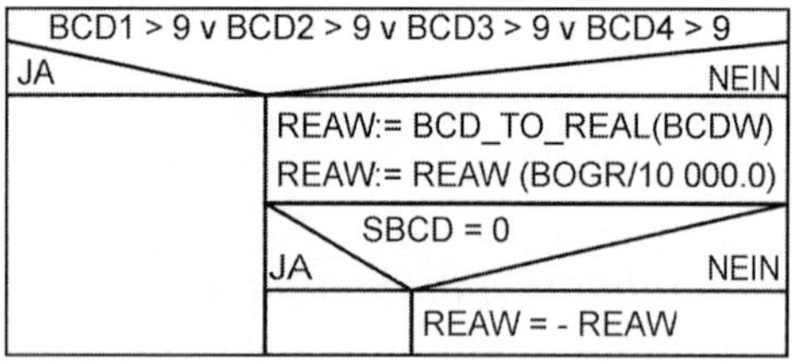

Zur Berechnung des gewünschten Gleitpunktzahlenbereichs wird zunächst der in eine Gleitpunktzahl gewandelte Wert durch 10 000 dividiert und dann mit der Bereichsobergrenze BOGR multipliziert.

Das Steuerungsprogramm für die Funktion FC 51 führt zunächst die Abfrage aus, ob sich die anzuzeigende Zahl im vorgegebenen Gleitpunktzahlenbereich befindet. Falls nicht, wird der Wert FFFF ausgegeben. Zur Umsetzung des durch die Bereichsobergrenze BOGR gewählten Gleitpunktzahlenbereiches in den Anzeigebereich von 0 bis 9999 wird die anzuzeigende Gleitpunktzahl zunächst mit 10 000.0 multipliziert und dann durch die Bereichsobergrenze BOGR dividiert.

Struktogramm der Funktion FC 51 (REALN_BCD)

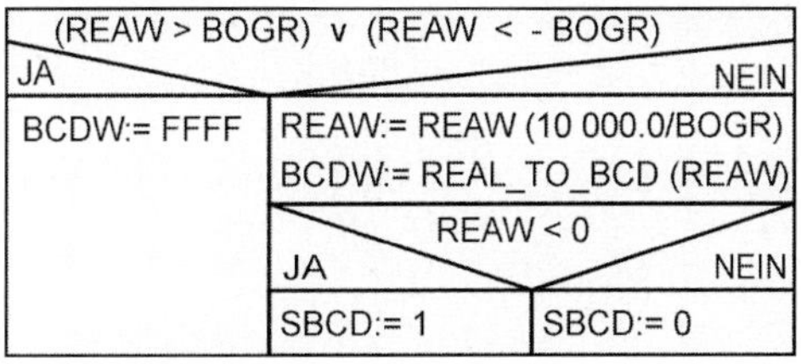

Die REAL_TO_BCD Umwandlung wird im Steuerungsprogramm über das Doppelintegerformat als Zwischenstufe ausgeführt.

Das nachfolgende Steuerungsprogramm gibt die Umsetzung der beiden Struktogramme mit der Programmiersprache AWL wieder.

STEP 7 Programm (AWL-Quelle):

```
FUNCTION FC 50 : VOID
VAR_INPUT
  BCDW : WORD ;
  SBCD : BOOL ;
  BOGR : REAL ;
END_VAR
VAR_OUTPUT
  REAW : REAL ;
END_VAR
BEGIN
U( ;
L  #BCDW;
L  W#16#F;
UW ;
L  10;
<I ;
) ;
U( ;
L  #BCDW;
SRW 4;
L  W#16#F;
UW ;
L  10;
<I ;
) ;
U( ;
L  #BCDW;
SRW 8;
L  W#16#F;
UW ;
L  10;
<I ;
);
U( ;
L  #BCDW;
SRW 12;
L  W#16#F;
UW ;
L  10;
<I ;
) ;
NOT;
BEB;
L  #BCDW;
BTD;
DTR;
L  1.0000e+004;
/R ;
L  #BOGR;
*R ;
T  #REAW;
UN #SBCD;
BEB;
L  #REAW;
NEGR;
T  #REAW;
END_FUNCTION
```

```
FUNCTION FC 51 : VOID
VAR_INPUT
  REAW : REAL ;
  BOGR : REAL ;
END_VAR
VAR_OUTPUT
  BCDW : WORD ;
  SBCD : BOOL ;
END_VAR
BEGIN
O( ;
L  #REAW;
L  #BOGR;
>R ;
) ;
O( ;
L  #REAW;
L  #BOGR;
NEGR ;
<R ;
) ;
L  W#16#FFFF;
T  #BCDW;
BEB;
L  #REAW;
L  1.0000e+004;
*R ;
L  #BOGR;
/R ;
RND ;
DTB ;
T  #BCDW;
L  #REAW;
L  0.0000e+000;
<R ;
=  #SBCD;
END_FUNCTION
```

```
ORGANIZATION_BLOCK OB 1
VAR_TEMP
...                    //Standardeinträge
REAL_Zahl : REAL ;
END_VAR

BEGIN
CALL FC 50 (
   BCDW := EW 8,
   SBCD := E 0.0,
   BOGR := 1.000000e+002,
   REAW := #REAL_Zahl);

CALL FC 51 (
   REAW := #REAL_Zahl,
   BOGR := 1.000000e+002,
   BCDW := AW 12,
   SBCD := A 4.0);

END_ORGANIZATION_BLOCK
```

c) Mehrfachauswahl

Die Umsetzung der Mehrfachauswahl kann mit mehreren hintereinander ausgeführten Zweifachauswahl-Abfragen ausgeführt werden. STEP 7 bietet jedoch mit der Operation Sprungleiste SPL ein Befehl zur Programmierung von Fallunterscheidungen an.

Die Zielsprungleiste, die maximal 255 Einträge enthalten kann, beginnt unmittelbar nach der Operation SPL und endet vor der Sprungmarke, die der Operand SPL angibt. Jedes Sprungziel besteht aus einer Operation SPA. Solange der AKKU-Inhalt kleiner ist als die Anzahl der Sprungziele zwischen SPL-Anweisung und Sprungmarke, springt die Operation SPL auf eine der Operationen SPA.

Die Zielsprungleiste muss aus den Operationen „Springe-Absolut“ SPA bestehen, die sich vor der Sprungmarke befinden, die vom Operanden der Anweisung SPL angegeben wird. Andere Operationen innerhalb der Sprungleiste sind unzulässig.

Beispiel: Die Zuweisung eines Wertes zu der Variablen „SOW“ ist abhängig vom Wert der Variablen „ZAE“. Folgende Zuordnung soll gelten:

ZAE:	Zuweisung:
0	SOW:= 10
1	SOW:= 20
2	SOW:= 40
sonst	SOW:= 80

Zur Ausführung der Mehrfachauswahl mit der Sprungleiste SPL wird der Zählerstand zunächst in den AKKU 1 geladen.

Umsetzung der Mehrfachauswahl mit der Operation Sprungleiste SPL.

Programmablaufplan:

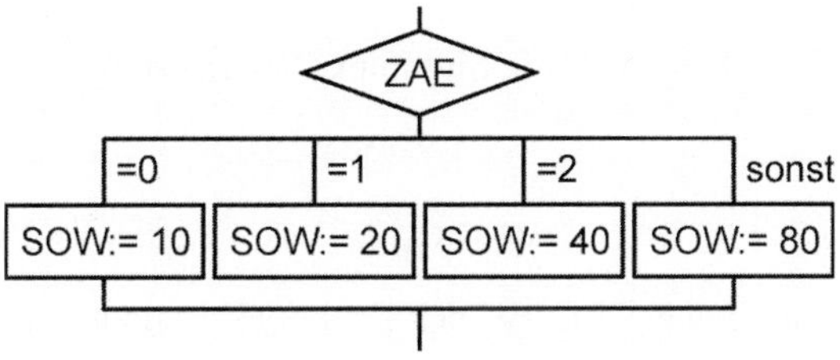

Struktogramm:

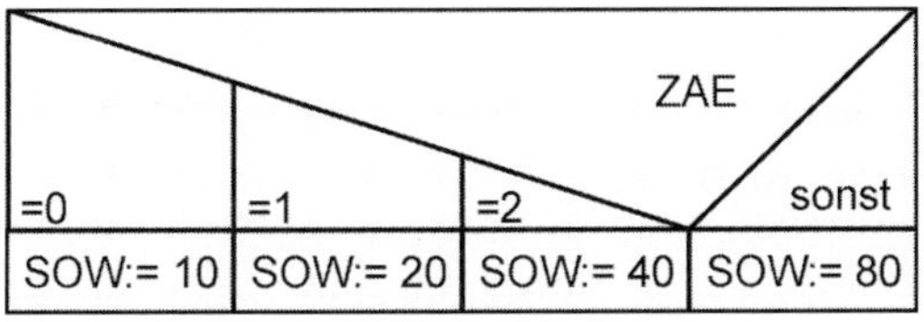

Anweisungsliste

```
       L   #ZAE
       SPL M003
       SPA M000
       SPA M001
       SPA M002
M003:  L   80
       T   #SOW
       SPA M004
M000:  L   10
       T   #SOW
       SPA M004
M001:  L   20
       T   #SOW
       SPA M004
M002:  L   40
       T   #SOW
M004:  NOP 0
```

Hinweis: Die Verwendung der Sprungleistenanweisung setzt voraus, dass die Auswahlwerte Integer-Zahlen von 0 bis n sind. Liegen andere Kriterien für die Auswahl vor, so muss die Mehrfachauswahl in der Anweisungsliste AWL mit mehreren Vergleichsoperationen umgesetzt werden.

Beispiel 12.4: Multiplex-Ziffernanzeige (FB41: BCD_MPA)

Ein vierstelliger BCD-Wert soll an einer Multiplex-Ziffernanzeige ausgegeben werden.

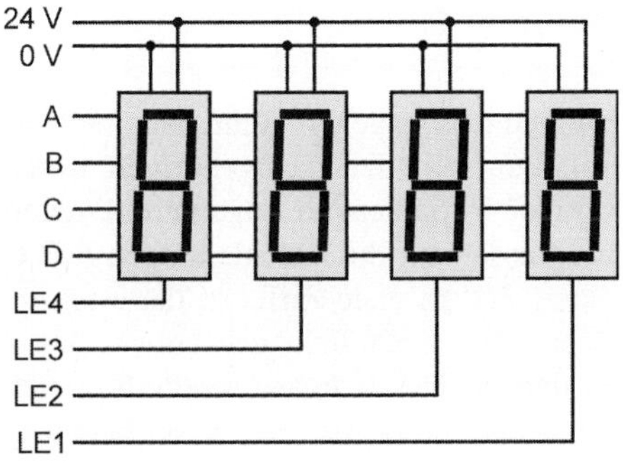

Bild 12.1: Multiplexanzeige

Eine Multiplex-Ziffernanzeige ist eine Anzeige mit speicherndem Verhalten. Die Dateneingänge A, B, C und D aller Dekaden werden parallel geschaltet. Über jeweils einen eigenen Eingang LE (Latch Enable) wird eine Stelle der Ziffernanzeige dazu veranlasst, den auf den Datenleitungen augenblicklich anstehenden Wert in den Speicher und damit in die Anzeige zu übernehmen. Damit ist es möglich, die Anzahl der Leitungen zur Anzeigeeinheit und somit auch die belegten Ausgänge der SPS merklich zu reduzieren.

Anzahl der erforderlichen Leitungen L:

Muliplex-Ziffernanzeige:

$L = 4 + n$; (n = Anzahl der Dekaden)

Für $n = 4$: Anzahl der Leitungen $L = 8$

BCD-Ziffernanzeige ohne Speicher:

$L = 4 \cdot n$; (n = Anzahl der Dekaden)

Für $n = 4$: Anzahl der Leitungen $L = 16$

Für die Ansteuerung des Ausgangsbytes der vierstelligen Multiplexanzeige ist ein Funktionsbaustein FB 41 für die eigene Programmbibliothek zu entwerfen.

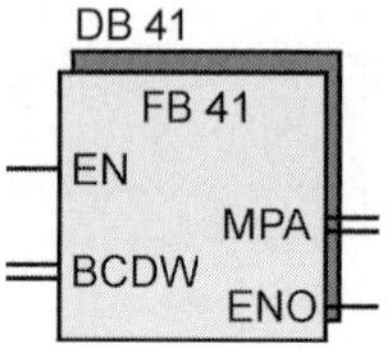

BCDW (WORD): BCD-Wert, der angezeigt werden soll.

MPA (BYTE): Ausgabebyte für die Multiplex-Ziffernanzeige.

Zum Test des Funktionsbausteins wird an den Eingang BCDW des Funktionsbausteins der Wert eines vierstelligen Zifferneinstellers gelegt. An den Byte-Ausgang MPA (A...D, LE1...LE2) wird das Ausgangsbyte gelegt, an das eine Multiplex-Ziffernanzeige angeschlossen ist.

Zuordnungstabelle der Eingänge und Ausgänge:

Eingangsvariable	Symbol	Datentyp	Logische Zuordnung	Adresse
Zifferneinsteller	EW	WORD	BCD-Code	EW 8
Ausgangsvariable				
Wert 1 der Ziffer	A	BOOL	Wert 2^0	A 4.0
Wert 2 der Ziffer	B	BOOL	Wert 2^1	A 4.1
Wert 4 der Ziffer	C	BOOL	Wert 2^2	A 4.2
Wert 8 der Ziffer	D	BOOL	Wert 2^3	A 4.3
Freigabe der 4. Ziffer	LE1	BOOL	Daten einlesen LE4 = 0	A 4.4
Freigabe der 3. Ziffer	LE2	BOOL	Daten einlesen LE3 = 0	A 4.5
Freigabe der 2. Ziffer	LE3	BOOL	Daten einlesen LE2 = 0	A 4.6
Freigabe der 1. Ziffer	LE4	BOOL	Daten einlesen LE1 = 0	A 4.7
Zusammenfassung der Ausgänge	AB	BYTE		AB 4

Damit jede Dekade zur richtigen Zeit die Daten übernehmen und speichern kann, ist eine zeitlich versetzte Ansteuerung der LE-Eingänge in Verbindung mit den dazugehörigen Daten erforderlich. Dazu wird der auszugebende BCD-Wert einer Variablen SR zugewiesen, deren vier rechte Bits die erste Ziffer angeben. Diese vier Bits werden auf die Datenleitungen A,B,C und D gelegt und der entsprechende LE-Eingang aktiviert. Ist die erste Ziffer in der Anzeige gespeichert, wird das Bitmuster der Variablen SR um vier Stellen nach links geschoben. Damit liegt die nächste Ziffer an den Datenleitungen A,B,C und D. Der Vorgang wiederholt sich dann, bis alle 4 Ziffern ausgegeben sind.

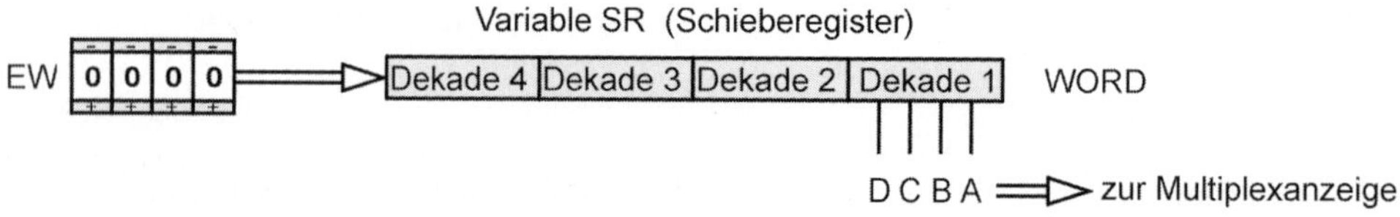

Ein Zeitablauf für die Ansteuerung der einzelnen Dekaden ist im nachfolgenden Zeitdiagramm dargestellt. Dekade 1 = 1 bedeutet dabei, dass auf die Datenleitungen A, B, C und D die Werte der Ziffer für die erste Dekade gelegt werden. Entsprechendes gilt für Dekade 2 = 1 usw..

Zeitablaufdiagramm für die Ansteuerung des Funktionsbaustein-Ausgangs MPA:

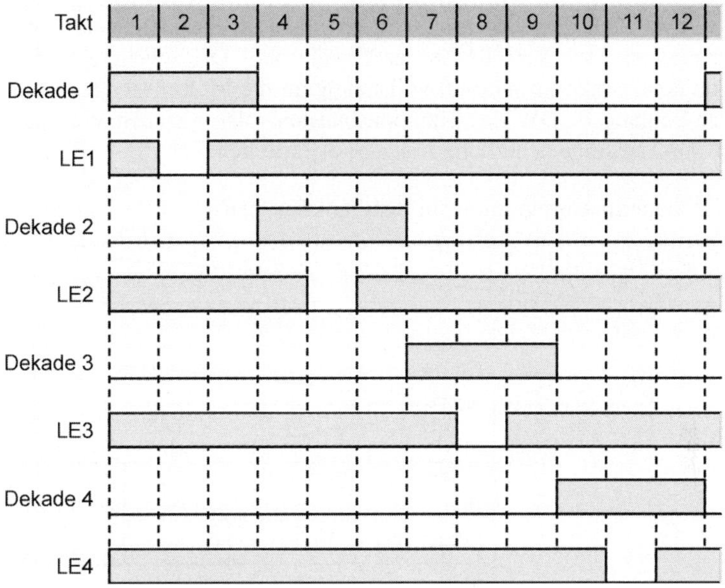

Bild 12.2: Zeitablaufdiagramm

Aus dem Zeitdiagramm ist zu entnehmen, dass nach zwölf Takten alle vier Ziffern in die Anzeige geschrieben sind. Ein Takt entspricht im folgenden Struktogramm einem Durchlauf. Verbal können die erforderlichen Operationen innerhalb der zwölf Takte wie folgt beschrieben werden:

Takt	Operation
1:	Die auszugebende vierstellige BCD-Zahl wird in ein Schieberegister (SR) und in einen Speicher (BCDS) geladen. Die letzten vier Bits des Schieberegisters (SR) werden mit den Datenleitungen A, B, C und D verbunden.
2:	Der Freigebe-Ausgang LE1 wird auf „0“-Signal gelegt. Damit wird die auf den Datenleitungen liegende erste Ziffer in die erste Dekade der Anzeige übernommen.
3:	Der Freigabe-Ausgang LE1 wird wieder auf „1“-Signal gelegt. Auf der Datenleitung liegt weiterhin der Wert der ersten Ziffer. Mit der „0 – 1“-Flanke auf LE1 wird die Ziffer in der ersten Dekade innerhalb der Anzeige gespeichert.
4, 7 u. 10:	Der Inhalt des Schieberegisters (SR) wird um vier Bits nach rechts geschoben. Auf den Datenleitungen A, B, C und D liegt dann die Ziffer für die jeweils nächste Dekade.
5, 8 u. 11:	Der Freigabe-Ausgang für die jeweils nächste Dekade wird auf „0“-Signal gelegt. Damit erfolgt die Übernahme der jeweiligen Ziffer in die Anzeige.
6, 9 u. 12:	Alle Freigabe-Ausgänge werden wieder auf „1“-Signal gelegt. Damit wird der auf der Datenleitung liegende Wert an der entsprechenden Stelle in der Anzeige gespeichert.

13: Der 13. Takt, der nach dem Zeitdiagramm nicht aufgeführt ist, dauert ein Programmzyklus und wird genutzt, um den Taktzähler ZAE zurückzusetzen und um den im Takt 1 gespeicherten Wert der Variablen BCDS an die Variable BCDA zu übergeben. Der Wert, der in der Variablen BCDA jeweils gespeichert ist, wurde von dem Funktionsbaustein vollständig an die Multiplexanzeige ausgegeben. Hat der Eingang BCDW des Funktionsbausteins den gleichen Wert wie die Variable BCDA, ist keine neuerliche Ausgabe erforderlich.

Darstellung des Steuerungsprogramms für den Funktionsbaustein FB 41 im Struktogramm:

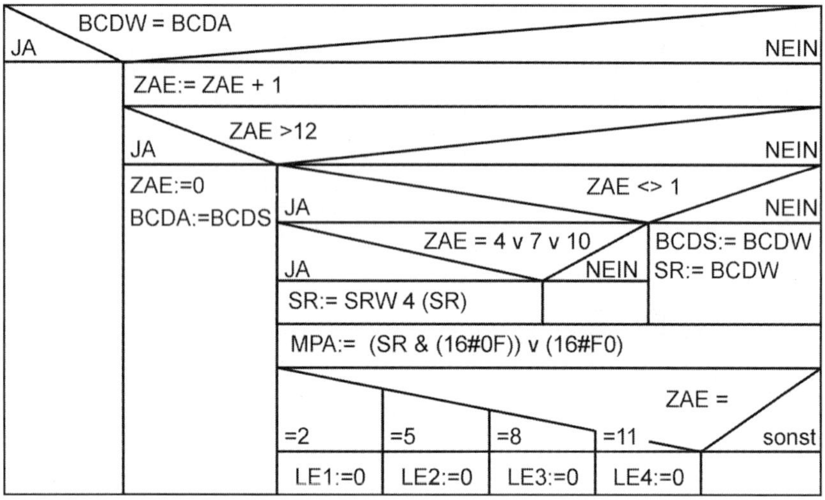

Hinweise: Die im Struktogramm zusätzlich aufgeführten Variablen BCDA, BCDS und SR sind im Funktionsbaustein als statische Lokaldaten zu deklarieren. Mit der Anweisung MPA:= (SR & (W#16#0F) v (16#F0) werden die letzten vier Bits des Schiebespeichers dem Ausgangsbyte MPA zugewiesen und alle Bits der Freigabe-Ausgänge LE auf „1"-Signal gesetzt.

Der Aufruf des Funktionsbausteins FB 41 muss zeitgesteuert erfolgen, damit der begrenzten Reaktionszeit einer Ausgabebaugruppe mit einer Schaltfrequenz von 100 Hz Rechnung getragen wird. Dazu wird an den Eingang EN des Funktionsbausteins FB 41 die Flankenauswertung eines Taktgenerators mit der Periodendauer von 20 ms gelegt. Die Übernahme eines vollständigen BCD-Wertes in die gemultiplexte Anzeige dauert dann 12 x 20 ms = 240 ms. Im nachfolgenden STEP 7 Steuerungsprogramm wird für die Taktbildung die Taktgeber-Funktion FC 100 (Takt) aus der Bibliothek verwendet. Die AWL-Quelle für diesen Baustein ist bereits bekannt.

STEP 7 Programm (AWL-Quelle):

```
FUNCTION_BLOCK FB 41
VAR_INPUT              VAR_OUTPUT             VAR
  BCDW : WORD ;          MPA : BYTE ;           BCDA : WORD ;
END_VAR                END_VAR                  BCDS : WORD ;
                                                SR : WORD ;
                                                ZAE : INT ;
                                              END_VAR
```

```
BEGIN
      L #BCDW;
      L #BCDA;
      ==I;
      BEB   ;
      L #ZAE;
      + 1;
      T #ZAE;
      L 12;
      <=I;
      SPB M001;
      L 0;
      T #ZAE;
      L #BCDS;
      T #BCDA;
      BEA;
M001: L #ZAE;
      L 1;
      <>I;
      SPB M002;
      L #BCDW;
      T #BCDS;
      T #SR;
      SPA M003;
M002: NOP 0;
      O(;
      L #ZAE;
      L 4;
      ==I;
      );
      O(;
      L #ZAE;
      L 7;
      ==I;
      );
      O(;
      L #ZAE;
      L 10;
      ==I;
      );
      SPB M004;
      SPA M003;
M004: NOP 0;
      L #SR;
      SRW 4;
      T #SR;
M003: NOP 0;
      L #SR;
      L W#16#F;
      UW;
      L W#16#F0;
      OW;
      T #MPA;
      L #ZAE;
      L 2;
      <>I;
      SPB M005;
      L #MPA;
      L B#16#7F;
      UW;
      T #MPA;
      BEA;
M005: NOP 0;
      L #ZAE;
      L 5;
      <>I;
      SPB M006;
      L #MPA;
      L B#16#BF;
      UW;
      T #MPA;
      BEA;
M006: NOP 0;
      L #ZAE;
      L 8;
      <>I;
      SPB M007;
      L #MPA;
      L B#16#DF;
      UW;
      T #MPA;
      BEA;
M007: NOP 0;
      L #ZAE;
      L 11;
      <>I;
      BEB;
      L #MPA;
      L B#16#EF;
      UW;
      T #MPA;
END_FUNCTION_BLOCK
DATA_BLOCK DB 41
FB 41
BEGIN
   BCDW := W#16#0;
   MPA  := B#16#0;
   BCDA := W#16#0;
   BCDS := W#16#0;
   SR   := W#16#0;
   ZAE  := 0;
END_DATA_BLOCK
```

```
ORGANIZATION_BLOCK OB 1
VAR_TEMP
...              //Standardeinträge
HO1 : BOOL ;     //Übergabeoperand für den Zähler
FO1 : BOOL ;     //Hilfsoperand für die Flankenauswertung
END_VAR
BEGIN
CALL FC 100 (
    Zeitwert  := S5T#10MS,
    Zeitglied := T 1,
    TAKT      := #HO1);
U  #HO1;
FP #FO1;
      SPBNB M001;
      CALL FB 41, DB 41 (
         BCDW := EW 8,
         MPA  := AB 4);
M001: NOP  0;
END_ORGANIZATION_BLOCK
```

12.4.4 Wiederholung

a) Wiederholung ohne Bedingungsprüfung

Mit diesem Strukturblock- bzw. Programmkonstrukt-Typ könnte man das zyklisch abzuarbeitende gesamte Steuerungsprogramm einer SPS beschreiben.

b) Wiederholung mit vorausgehender Bedingungsprüfung

Beispiel: Die Variablen „VAR1“ (REAL) wird sooft durch 2.0 dividiert, wie der Wert in der Variablen „ZAE“ (INT) angibt.

Programmablaufplan

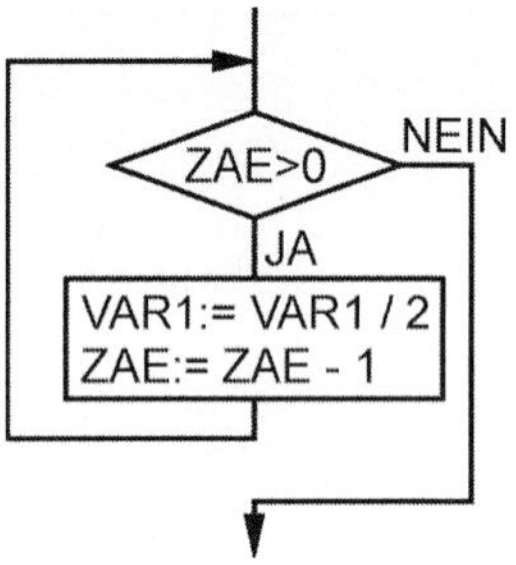

Struktogramm

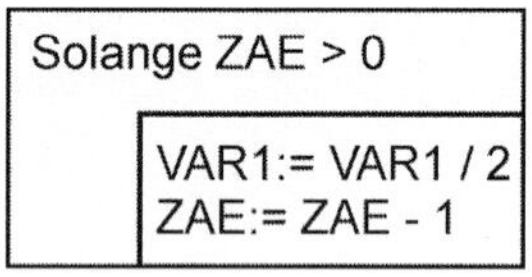

Anweisungsliste AWL

```
M001: L #ZAE
      L 0
      <I
      SPB M002
      L #VAR1
      L 2.000000e+000
      /R
      T #VAR1
      L #ZAE
      + -1
      T #ZAE
      SPA M001
M002:
```

Beispiel 12.5: Byte-Bereich in einem Datenbaustein auf einen Wert setzen (FC64: SET_DB)

Für die eigene Programmbibliothek ist eine Funktion FC 64 zu entwerfen, mit der ein vorgebbarer Byte-Bereich in einem Datenbaustein auf einen Wert 16#XX gesetzt werden kann. Der Byte-Bereich wird durch die Angabe des Anfangsbytes ANB und der Länge LAE vorgegeben. An den Eingang B_W der Funktion wird der Wert gelegt, den die einzelnen Bytes des Bereichs annehmen sollen. Wird beispielsweise der Wert 16#00 vorgegeben, so kann die Funktion FC 50 auch dazu genutzt werden, einen Bereich in einem Datenbaustein zu löschen.

Übergabeparameter

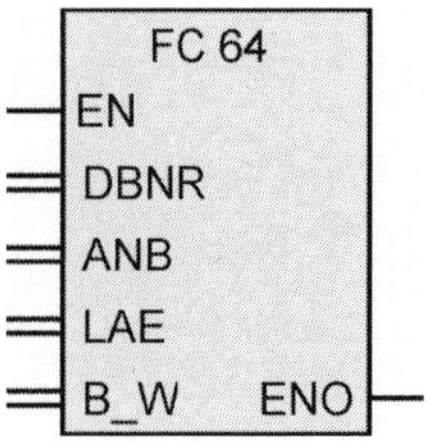

Datentyp und Beschreibung

DBNR (INT):	Nummer des Datenbausteins;
ANB (INT):	Anfangsbyte
LAE (INT):	Anzahl der Byte
B_W (BYTE):	Wert, den die Bytes in dem vorgegebenen Bereich erhalten sollen.

Zum Test der Funktion FC 64 wird ein Datenbaustein DB 50 mit einer beliebigen Datenstruktur und beliebigen Anfangswerten angelegt und die Zahl 50 an den Funktionseingang DBNR geschrieben. An den Eingängen ANB und LAE können beliebige Zahlen notiert werden. Es ist jedoch unbedingt darauf zu achten, dass der durch die angegebenen Zahlen bestimmte Bereich auch im Datenbaustein vorhanden ist. An den Eingang B_W wird das Eingangsbyte EB eines zweistelligen Ziffereinstellers gelegt. Mit einer Flankenauswertung der Übernahme-Taste S0 wird die Bearbeitung der Funktion über den EN-Eingang einmalig veranlasst. Die Auswirkung des Funktionsaufrufs kann mit der STEP 7 Operation „Variable beobachten/steuern“ verfolgt werden.

Zuordnungstabelle der Eingänge:

Eingangsvariable	Symbol	Datentyp	Logische Zuordnung		Adresse
Übernahmetaste	S0	BOOL	Betätigt	S0 = 1	E 0.0
Zifferneinsteller	EB	BYTE	BCD-Code		EB 9

Darstellung des Algorithmus im Struktogramm:

```
DBNRW:= INT_TO_WORD (DBNR)
AUF [DBNRW]
Solange LAE > 0
    LAE:= LAE - 1
    ZEIG:= SLW 3 (LAE + ANB)
    DBB [ZEIG]:= B_W
```

Hinweis:

Neben den Eingangsvariablen der Funktion FC 64 müssen für den Algorithmus noch die beiden temporären Variablen DBNRW (WORD) und ZEIG (DWORD) deklariert werden.

Mit der Variablen DBNRW wird der entsprechende Datenbaustein aufgeschlagen. Die Eingangsvariable DBNR kann dafür nicht verwendet werden, da diese im Format INT vorliegt. Zu Beginn der Anweisungsfolge wird der Wert der Variablen DBNR der Variablen DBNRW zugewiesen.

Die Variable ZEIG muss zur indirekten Adressierung der Datenbytes als Adressenoperand eingeführt werden. Durch die Addition des Anfangswertes ANB und der jeweils aktuellen Länge LAE ergibt sich die Zeigeradresse. Da sich bei jedem Schleifendurchlauf die Variable LAE um 1 vermindert, wird der gesamte vorgegebene Bereich durchlaufen.

STEP 7 Programm (AWL-Quelle):

```
FUNCTION FC 64 : VOID
VAR_INPUT
  DBNR : INT ;
  ANB : INT ;
  LAE : INT ;
  B_W : BYTE ;
END_VAR
VAR_TEMP
  DBNRW : WORD ;
  ZEIG : DWORD ;
END_VAR

BEGIN
      L   #DBNR;
      T   #DBNRW;
      AUF DB [#DBNRW];
M001: L   #LAE;
      L   0;
      <=I;
      BEB;
      L   #LAE;
      +   -1;
      T   #LAE;
      L   #ANB;
      +I ;
      SLW 3;
      T   #ZEIG;
      L   #B_W;
      T   DBB [#ZEIG];
      SPB M001;
END_FUNCTION

DATA_BLOCK DB 50
STRUCT
VAR01:BYTE :=B#16#1;
VAR02:WORD := W#16#2;
VAR03:BOOL ;
VAR04:DWORD:= DW#16#1;
VAR11:BYTE := B#16#1;
VAR12:WORD := W#16#2;
...
...
VAR34:DWORD:= DW#16#1;
VAR41:BYTE := B#16#1;
VAR42:WORD := W#16#2;
VAR43: BOOL ;
VAR44:DWORD:= DW#16#1;
END_STRUCT ;
```

```
BEGIN
VAR01:= B#16#1;    VAR11:= W#16#2;                       VAR14:= B#16#1;
VAR02:= W#16#2;    VAR12:= FALSE;                        VAR24:= W#16#2;
VAR03:= FALSE;     ...                                   VAR34:= FALSE;
VAR04:= DW#16#1;                      VAR34:= DW#16#1;   VAR44:= DW#16#1;
END_DATA_BLOCK

ORGANIZATION_BLOCK OB 1
VAR_TEMP
...               //Standardeinträge
FO1 : BOOL ;      //Flankenoperand
END_VAR
BEGIN
 U  E 0.0;                  CALL FC 64 (
 FP #FO1;                      DBNR := 50,
 SPBNB M001;                   ANB  := 0,
                               LAE  := 20,
                               B_W  := EB 9);
                        M001: NOP 0;
END_ORGANIZATION_BLOCK
```

c) Wiederholung mit nachfolgender Bedingungsprüfung

Beispiel: Die Multiplikation der Variablen „VAR1“ (REAL) mit 2.0 wird wiederholt, bis die Variable „VAR1“ größer als 100.0 ist.

Programmablaufplan

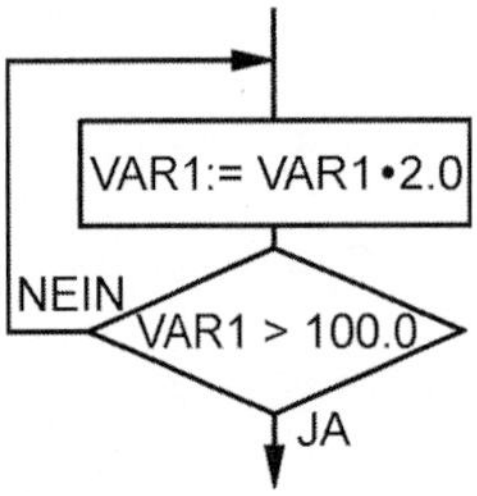

Struktogramm

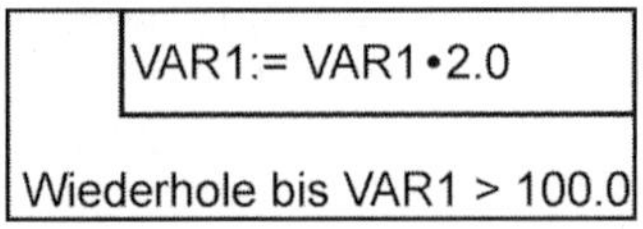

Anweisungsliste AWL

```
M001: L #VAR1
      L 2.000000e+000
      *R
      T #VAR1
      L 1.000000e+002
      >R
      SPBN M001
```

Liegt als Abbruchbedingung der Zählwert 0 einer Zählvariablen ZAE vor, die bei jedem Schleifendurchlauf um 1 bis zum Wert 0 vermindert wird, kann zur Umsetzung des Programmkonstrukts in die AWL die LOOP-Anweisung verwendet werden. Dabei entfällt die Subtraktion der Variablen ZAE und die Vergleichsabfrage, ob die Variable ZAE den Wert 0 hat.

Beispiel 12.6: Zahleneingabe mit Zifferntastatur (FB42: ZIFF_EINGABE)

Mit 10 Zifferntasten von 0 bis 9 soll in die Variable BCD_W (WORD) eine vierstellige BCD-codierte Zahl eingeschrieben werden. Bei Betätigung einer der Zifferntasten wird die bisherige Zahl in der Variablen BCD_W um eine Ziffernstelle (= 4 Bit) nach links geschoben und die neue Ziffer rechtsbündig in die Variable geschrieben. Werden mehrere Tasten gleichzeitig gedrückt, wird keine Ziffer eingeschrieben. Durch Betätigen der Löschtaste CL ist es möglich, alle vier Ziffern in der Variablen BCD_W auf die Zahl 0 zu setzen.

Das Steuerungsprogramm soll in einem Funktionsbaustein FB 42 realisiert und in die eigene Programmbibliothek aufgenommen werden.

Übergabeparameter

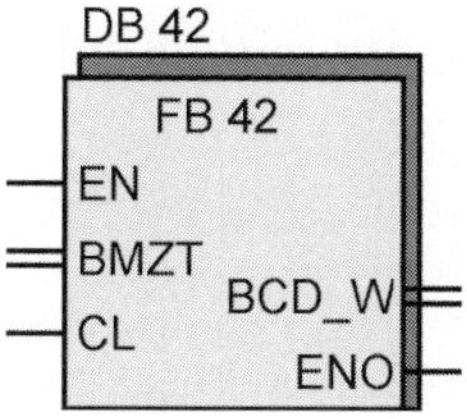

Datentyp und Beschreibung

BMZT (WORD):	Bitmuster der Zifferntasten von Ziffer 0 bis Ziffer 9 in einem Datenwort zusammengefasst.
CL (BOOL):	Löschtaste;
BCD_W (WORD):	Ausgabe der vierstelligen BCD-Zahl.

Zum Test des Funktionsbausteins wird der Ausgabewert BCD_W an das Ausgangswort AW einer vierstellige Ziffernanzeige gelegt.

An den Bausteinausgang BMZT wird das SPS-Eingangswort gelegt, das mit der Zifferntastatur verbunden ist.

Technologieschema:

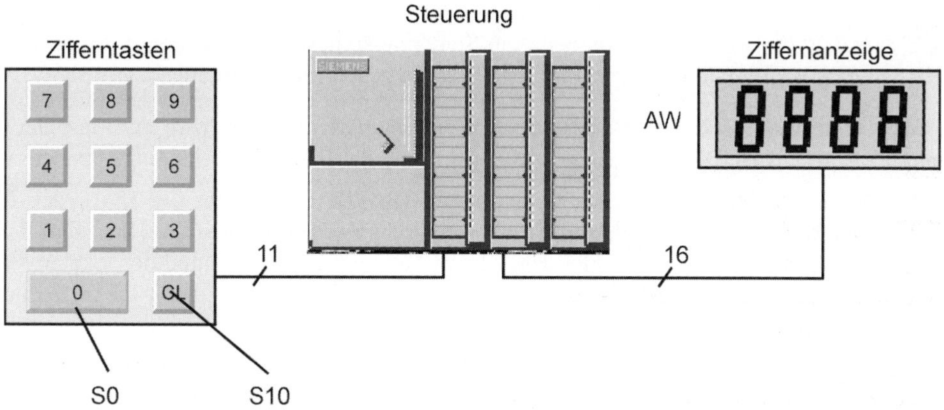

Bild 12.3: Tastatureingabe

Die Tasten S0 bis S9 werden an eine digitale Eingabebaugruppe mit 16 Eingängen so angeschlossen, dass der Taster S0 dabei an den Eingang mit der niedrigsten Adresse des Eingangswortes verbunden ist. Damit ergibt sich folgende Anschaltung der Taster an das Eingangswort.

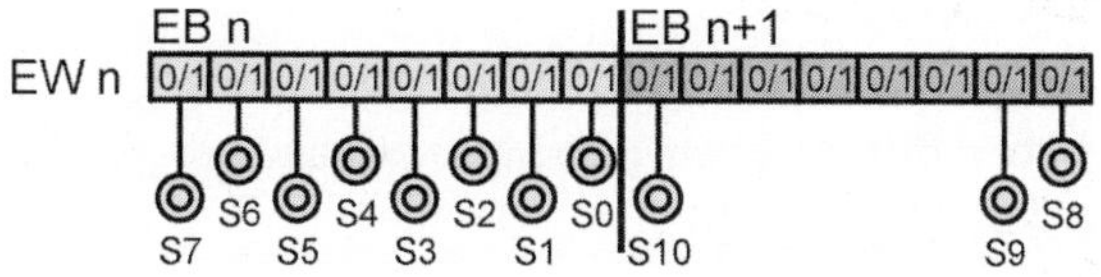

Die Löschtaste S10 wird an den Eingang E(n+1).7 gelegt. Die nicht benötigten Bits des Eingangswortes EW werden innerhalb des Funktionsbausteins FB42 mit einer Wort-Verknüpfung ausgeblendet. Damit stehen die nicht für die Zifferntastatur benötigten Eingänge für andere Signalgeber frei zur Verfügung.

Zuordnungstabelle der Eingänge und Ausgänge:

Eingangsvariable	Symbol	Datentyp	Logische Zuordnung		Adresse
Zifferntaste 0	S0	BOOL	Betätigt	S0 = 1	E 0.0
Zifferntaste 1	S1	BOOL	Betätigt	S1 = 1	E 0.1
Zifferntaste 2	S2	BOOL	Betätigt	S2 = 1	E 0.2
Zifferntaste 3	S3	BOOL	Betätigt	S3 = 1	E 0.3
Zifferntaste 4	S4	BOOL	Betätigt	S4 = 1	E 0.4
Zifferntaste 5	S5	BOOL	Betätigt	S5 = 1	E 0.5
Zifferntaste 6	S6	BOOL	Betätigt	S6 = 1	E 0.6
Zifferntaste 7	S7	BOOL	Betätigt	S7 = 1	E 0.7
Zifferntaste 8	S8	BOOL	Betätigt	S8 = 1	E 1.0
Zifferntaste 9	S9	BOOL	Betätigt	S9 = 1	E 1.1
Löschtaste	S10	BOOL	Betätigt	S10 = 1	E 1.7
Ausgangsvariable					
Ziffernanzeige	AW	WORD	BCD-Code		AW 12

Die Umsetzung der Steuerungsaufgabe in ein Steuerungsprogramm (Funktionsbaustein FB 42 Zifferneingabe) erfolgt durch die nachfolgend beschriebenen Programmteile.

1. Auswerten der Löschtaste CL: Ist die Lösch-Taste (CL) betätigt, wird der Ausgang des Funktionsbausteins BCD_W auf den Wert 0 gesetzt und die Bausteinbearbeitung beendet.

2. Maskieren des Bitmusters der Zifferntasten (BMZT): Nachdem die Bytes des Eingangswortes BMZT mit der Anweisung TAW getauscht wurden, werden die 10 Ziffern durch eine UND-Verknüpfung der Variablen BMTZ mit 16#3FF ausmaskiert und der lokalen Variablen BML zugewiesen. Die Vertauschung der Bytes ist erforderlich, damit die Zifferntaste ZT0 (Wert 0) dem ersten Bit des Bitmusters zugewiesen ist.

3. Änderung des Bitmusters der Tasteneingänge: Der Wert der Variablen BML wird mit dem in der lokalen Variablen BMA (Bitmuster alt) verglichen. Sind beide Werte gleich, liegt keine Änderung der Tastenbetätigung vor und die Bausteinbearbeitung kann beendet werden.

4. 0 → 1 – Flankeauswertung der Zifferntasten: Nur wenn eine positive Flanke im Bitmuster BML auftritt wurde eine Zifferntaste gerade betätigt und die entsprechende Ziffer wird in die Ausgabe übernommen. Mit der Ermittlung einer 0→1 Flanke aus der Variablen BML und BMA erfolgt gleichzeitig die Zuweisung des neuen Bitmusters der Zifferntasten BML zu der Variablen BMA, die das jeweils „alte“ Bitmuster speichert. Liegt keine 0→1 Flanke vor, wird die Bausteinbearbeitung beendet.

5. Überprüfen ob mehrerer Tasten betätigt sind: Die letzte Stelle der Variablen BML wird auf „1“-Signalzustand überprüft. Liegt ein „1“-Signalzustand vor, wird die Zählvariable ZAE2 um eins nach oben gezählt. Das Bitmuster der Variablen BML wird dann um eine Stelle nach rechts geschoben. Dieser Vorgang wird für alle Tasten insgesamt 10 mal ausgeführt. Eine Zählvariable ZAE1 wird dabei als Schleifenvariable verwendet, im Unterschied zur Variable ZAE2, die zur Bildung eines logischen Ausdrucks benutzt wird. Hat die Variable ZAE2 nach Überprüfung aller Bitstellen einen von 1 verschiedenen Wert, sind mehrerer Tasten betätigt und die Bausteinbearbeitung wird beendet.

6. Wandlung 1 aus 10-Code in den BCD-Code: Das in der Variablen BMA gespeicherte Bitmuster wird der Variablen BML wieder zugewiesen. Der Zähler ZAE1 zählt im Bitmuster BML die Anzahl der Bits mit „0"-Signalzustand von rechts, bis der „1"-Signalzustand in dem Bitmuster auftaucht. Die Anzahl der Bits mit „0"-Signalzustand geben die Ziffer wieder, die zu der betätigten Zifferntaste gehört. Beispiel: Bitmuster BML = 00 0100 0000 → Anzahl der Bits mit „0"-Signal = 6 → Zifferntaste ZT6 betätigt.

7. Einschreiben der Ziffer in die Variable BCD_W: Der bisherige Ausgabewert des Funktionsbausteins BCD_W wird um vier Stellen nach links verschoben und die Ziffer in der Variablen ZAE1 mit einer ODER-Wort-Verknüpfung in die Ausgabevariable BCD_W eingefügt.

Im nachfolgenden Struktogramm sind die Nummern der Programmteile bei den zugehörigen Programmkonstrukten links oben eingetragen.

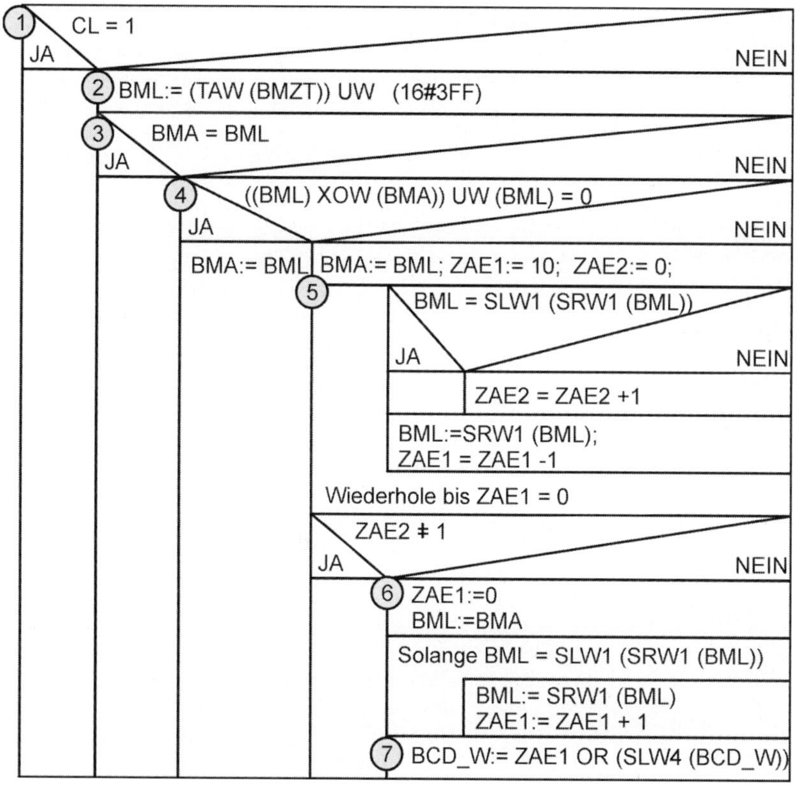

Hinweise:

Lokale Variable:

BML: Variable für das Bitmuster der maskierten Zifferntasten in der richtigen Reihenfolge.

BMA: Variable für die Speicherung des Bitmusters der Zifferntasten.

ZAE1: Zähler, der zweimal verwendet wird.

ZAE2: Zähler für die Anzahl der betätigten Tasten.

STEP 7 Programm (AWL-Quelle):

```
FUNCTION_BLOCK FB 42
BEGIN
VAR_INPUT              VAR_OUTPUT            VAR                   VAR_TEMP
  BMZT : WORD ;          BCD_W : WORD ;        BMA : WORD ;          BML : WORD ;
  CL : BOOL ;          END_VAR               END_VAR                 ZAE1 : INT ;
END_VAR                                                              ZAE2 : INT ;
                                                                   END_VAR
```

```
BEGIN
      UN #CL;
      SPB M001;
      L  0;
      T  #BCD_W;
      BEA;
M001: NOP 0;
      L  #BMZT;
      TAW;
      L  W#16#3FF;
      UW ;
      T  #BML;
      L  #BML;
      L  #BMA;
      ==I;
      BEB;
      L  #BMA;
      L  #BML;
      T  #BMA;
      XOW;
      L  #BML;
      UW ;
      L  0;
      ==I;
      BEB;
      L  0;
      T  #ZAE2;
      L  10;
M002: T  #ZAE1;
      L  #BML;
      SRW 1;
      SLW 1;
      L  #BML;
      ==I;
      SPB M003;
      L  #ZAE2;
      +  1;
      T  #ZAE2;
M003: NOP 0;
      L  #BML;
      SRW 1;
      T  #BML;
      L  #ZAE1;
      LOOP M002;
      L  #ZAE2;
      L  1;
      <>I;
      BEB;
      L  0;
      T  #ZAE1;
      L  #BMA;
      T  #BML;
M004: NOP 0;
      L  #BML;
      SRW 1;
      SLW 1;
      L  #BML;
      <>I ;
      SPB M005;
      L  #BML;
      SRW 1;
      T  #BML;
      L  #ZAE1;
      +  1;
      T  #ZAE1;
      SPA M004;
M005: NOP 0;
      L  #BCD_W;
      SLW 4;
      L  #ZAE1;
      OW ;
      T  #BCD_W;

END_FUNCTION_BLOCK

DATA_BLOCK DB 42
FB 42
BEGIN
   BMZT  := W#16#0;
   CL    := FALSE;
   BCD_W := W#16#0;
   BMA   := W#16#0;
END_DATA_BLOCK

ORGANIZATION_BLOCK OB 1
VAR_TEMP
...              //Standardeinträge
END_VAR
BEGIN
CALL FB 42, DB 42 (
   BMZT := EW 0,
   CL   := E  1.7,
   BCD_W:= AW 12);
END_ORGANIZATION_BLOCK
```

12.5 SCL-(ST-) Programmierung nach Struktogramm-Vorlage

Die Programmiersprache SCL (Structured Control Language) ist die Umsetzung der von der SPS-Norm DIN EN 61131-3 vorgegebenen Sprache ST (Strukturierter Text) in das STEP 7-System. SCL orientiert sich an der höheren Programmiersprache PASCAL und ist besonders für die Programmerstellung von Steuerungsaufgaben geeignet, deren Lösungen in Struktogrammen dargestellt sind. Umgekehrt lassen sich auch Steuerungsprogramme, die in SCL geschrieben sind, mit dem Darstellungsmittel Struktogramm leicht analysieren. Mit SCL werden alle Vorteile einer höheren Programmiersprache angeboten. Neben den Hochsprachenelementen enthält SCL auch typische Elemente der SPS wie Eingänge, Ausgänge, Merker, Zeiten, Zähler, Bausteinaufrufe usw. als Sprachelemente.

Da die Verwendung von Programmablaufplänen PAP in Verbindung mit einer Hochsprache nicht mehr zeitgemäß ist, wird in diesem Abschnitt nur die Programmierung nach Vorlage von Struktogrammen dargestellt. An Beispielen ist dabei wieder gezeigt, wie die einzelnen Strukturblöcke in die Programmiersprache SCL umgesetzt werden können.

12.5.1 Verarbeitung

Beispiel: Die Variable „SOW“ (REAL) ergibt sich aus der Variablen „SOW_A“ multipliziert mit 0.9.

Struktogramm

SOW:= 0.9•SOW_A

Strukturierter Text SCL

```
SOW:=0.9*SOW_A;
```

12.5.2 Folge

Beispiel: Der BCD-codierte Wert des Eingangswortes EW 8 soll in eine Integer-Zahl gewandelt und das Ergebnis der Variablen „SW“ zugewiesen werden. Die Variable „SW“ wird dann durch zwei dividiert. Von diesem Wert wird die Variable „XW“ abgezogen und das Ergebnis der Variablen „XE“ zugewiesen. Der Wert von „XE“ soll dann in eine BCD-Zahl gewandelt und an das Ausgangswort AW 12 gelegt werden. Zur Lösung werden die beiden Bibliotheksbausteine FC 40 und FC 41 herangezogen.

Struktogramm

SW := BCD_TO_INT(EW 8)
SW := SW / 2
XE := SW - XW
AW 12 := INT_TO_BCD(XE)

Strukturierter Text SCL

```
FC40(BCDW  := EW8,
     SBCD  := FALSE,
     INTW  := SW);
SW:=SW/2;
XE:=SW-XW;
FC41(INTW :=XE,
     BCDW :=AW12,
     SBCD :=HO2);
```

12.5.3 Auswahl

a) Einfachauswahl

Beispiel: Bei „1“-Signal am Eingang E 0.1 wird der Wert der Variablen „XA“ mit 10 multipliziert und der Variablen „XA“ wieder zugewiesen.

Struktogramm

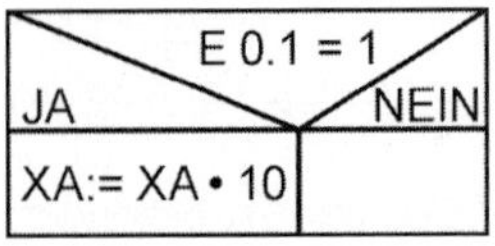

Strukturierter Text SCL

```
IF E0.1 = TRUE THEN
 XA:=XA*10;
END_IF;
```

b) Zweifachauswahl

Beispiel: Hat die Variable „S1“ den binären Wert „TRUE“, wird der Variablen „ZAE“ 50 zugewiesen. Ist der binäre Wert „FALSE“ ist die Zuweisung –50.

Struktogramm

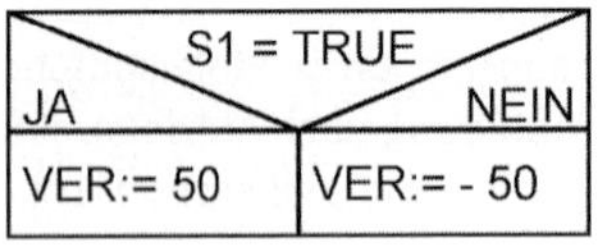

Strukturierter Text SCL

```
IF S1 = TRUE THEN
  VER:= 50;
 ELSE
  VER:= -50;
END_IF;
```

Beispiel 12.7: Stufenschalter (FB32: STUFE)

Es ist ein Funktionsbaustein FB 32 zu entwerfen, der das stufenweise Zu- und Abschalten von bis zu acht Kompensations- bez. Leistungsstufen ermöglicht. Der Funktionsbaustein kann beispielsweise bei einer Blindstromkompensationsanlage verwendet werden, um bei entsprechenden Bedingungen jeweils Kompensationsgruppen hinzu- oder abzuschalten. Ein 0→1 Signalwechsel am Eingang S_ZU führt zu der Zuschaltung einer Kompensations- bzw. Leistungsstufe am Ausgang XA_B des Funktionsbausteins. Ein 0→1 Signalwechsel am Eingang S_AB führt dagegen zum Abschalten einer Stufe. Mit einem „1“-Signal am Eingang RESET werden alle Leistungsstufen zurückgesetzt.

Übergabeparameter

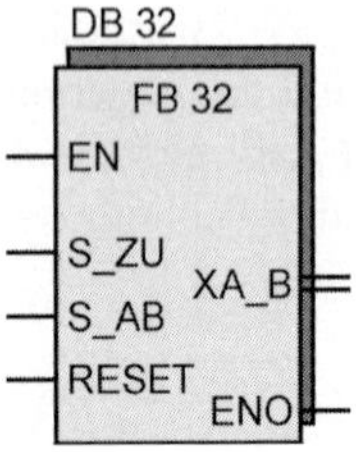

Datentyp und Beschreibung

S_ZU (BOOL): Zuschalten einer Leistungsstufe;

S_AB (BOOL): Abschalten einer Leistungsstufe;

RESET (BOOL): Löschen aller Leistungsstufen;

XA_B (BYTE): Ausgangsbyte des Funktionsbausteins, dessen Bits mit „1“-Signal die Anzahl der eingeschalteten Leistungsstufen angeben.

Zum Test des Funktionsbausteins FB 32 wird an die Eingänge S_AUF, S_AB bzw. RESET jeweils ein Taster S1, S2 bzw. S3 gelegt. Das Ausgangsbyte XA_B des Funktionsbausteins wird einem Ausgangsbyte AB der SPS zugewiesen.

Zuordnungstabelle der Eingänge und Ausgänge:

Eingangsvariable	Symbol	Datentyp	Logische Zuordnung	Adresse
Taster Leistungsstufe zuschalten	S1	BOOL	Betätigt S1 = 1	E 0.1
Taster Leistungsstufe abschalten	S2	BOOL	Betätigt S2 = 1	E 0.2
Taster RESET	S3	BOOL	Betätigt S3 = 1	E 0.3
Ausgangsvariable				
Leistungsstufen	AB	BYTE	Bitkombination	AB 4

Das nachfolgende Struktogramm zeigt den Programmaufbau des Funktionsbausteins FB 32. Liegt eine 0→1 Flanke am Eingang S_ZU vor, wird ein „1"-Signalwert von rechts in das Ausgangsbyte XA_B geschoben. Bei einer 0→1 Flanke am Eingang S_AB wird das Ausgangsbyte um eine Stelle nach rechts geschoben. Ist die RESET-Taste betätigt, werden alle Bits des Ausgangsbytes zurückgesetzt.

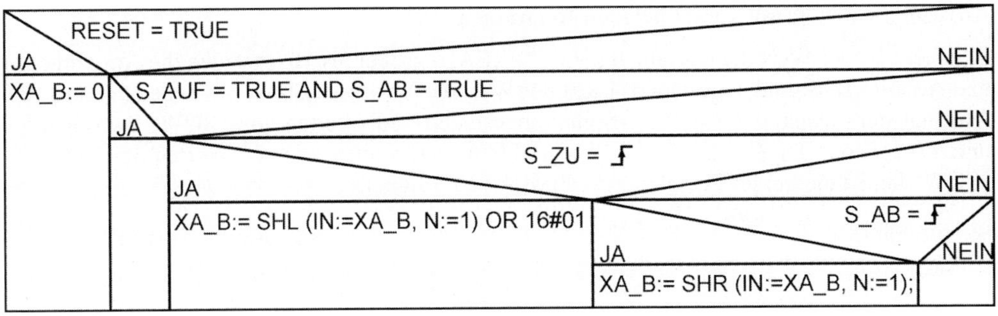

Für die Flankenauswertung der beiden Eingänge S_AUF und S_AB müssen die beiden Flankenoperanden FO1 bzw. FO2 als statische Lokalvariablen eingeführt werden.

STEP 7 Programm (SCL_Quelle)

```
FUNCTION_BLOCK FB32
VAR_INPUT
 S_ZU:BOOL;
 S_AB:BOOL;
 RESET:BOOL;
END_VAR
VAR_IN_OUT
 XA_B:BYTE;
END_VAR
VAR
 FO1:BOOL;
 FO2:BOOL;
END_VAR
BEGIN
IF RESET = TRUE THEN
   XA_B:=XA_B AND 16#00;
   RETURN;
END_IF;

IF S_ZU = TRUE AND
   S_AB = TRUE THEN
   RETURN;
END_IF;
IF S_ZU = TRUE AND FO1=FALSE THEN
   XA_B:=SHL (IN:=XA_B, N:=1) OR 16#01;
ELSIF S_AB = TRUE AND FO2 = FALSE THEN
   XA_B:=SHR (IN:=XA_B, N:=1);
END_IF;
FO1:=S_ZU;
FO2:=S_AB;

END_FUNCTION_BLOCK
```

```
DATA_BLOCK DB 32

 FB 32
BEGIN
   S_ZU := FALSE;
   S_AB := FALSE;
   RESET := FALSE;
   XA_B := B#16#0;
   FO1 := FALSE;
   FO2 := FALSE;
END_DATA_BLOCK
```

```
ORGANIZATION_BLOCK OB1
VAR_TEMP
   info : ARRAY[0..19] OF BYTE;
END_VAR

BEGIN
FB32.DB32(S_ZU := E0.1,
          S_AB := E0.2,
          RESET:= E0.3,
          XA_B := AB4);
END_ORGANIZATION_BLOCK
```

c) Mehrfachauswahl

Bei der Mehrfachauswahl ist zu unterscheiden, ob der Auswahlausdruck für eine Variable mit beliebigem Datentyp verschiedene Relationen erfüllen kann (z.B. <, >, oder =) oder ob der Auswahlausdruck vom Datentyp Integer ist und auf Gleichheit mit verschieden Integerwerten von 0 bis n abgefragt wird.

Auswahlausdruck mit verschiedenen Relationen

Beispiel : Ist der Wert der Variablen „SOW“ (REAL) größer als 10.0 werden die Ausgänge A1 und A2 mit „1“-Signal angesteuert. Liegt der Wert der Variable „SOW“ zwischen 5.0 und 10.0 wird nur der Ausgang A2 mit „1“-Signal angesteuert. Bei Werten von „SOW“ zwischen 5.0 und 1.0 soll nur der Ausgang A1 „1“-Signal haben. Bei allen anderen Werten der Variablen „SOW“ haben die beiden Ausgänge A1 bzw. A2 „0“-Signal.

Struktogramm

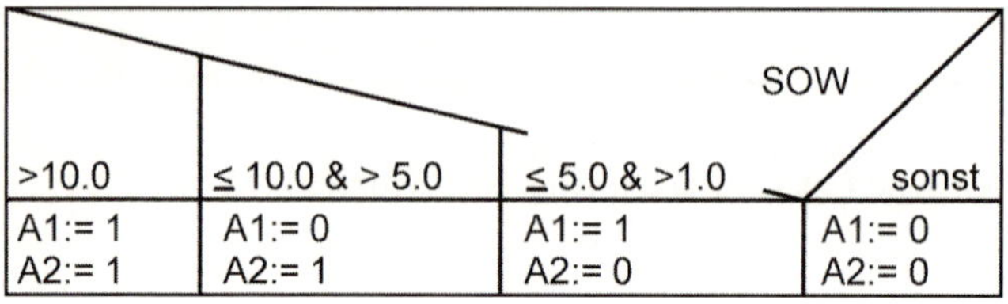

Strukturierter Text SCL

```
IF SOW > 10.0 THEN
   A1:=TRUE; A2:=TRUE;
  ELSIF SOW > 5.0 THEN
   A1:=FALSE; A2:=TRUE;
  ELSIF SOW > 1.0 THEN
   A1:=TRUE; A2:=FALSE;
  ELSE
   A1:= FALSE;
   A2:= FALSE;
END_IF;
```

Beispiel 12.8: Vergleicher mit Dreipunktverhalten (FC71: COMP_3)

Mit drei Meldeleuchten soll angezeigt werden, ob ein Wert am Eingang XE (REAL) in einem unteren, mittleren oder oberen Bereich liegt. Die drei Bereiche werden durch eine untere Grenze UGR und eine obere Grenze OGR bestimmt. Eine Anzeigeleuchte FEH zeigt an, wenn versehentlich die untere Grenze größer als die obere Grenze vorgegeben wurde. Alle anderen Anzeigen sind in diesem Fall ausgeschaltet.

Der Vergleicher soll mit der Funktion FC 71 realisiert werden.

Übergabeparameter

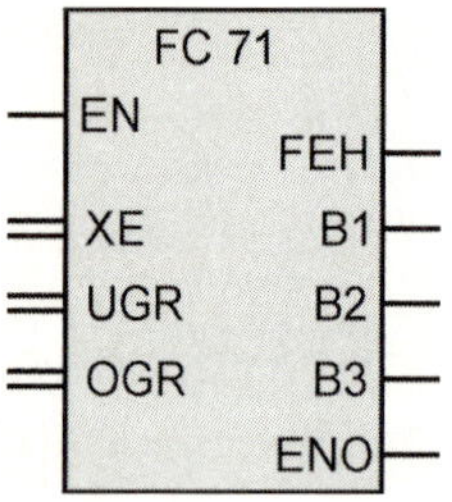

Datentyp und Beschreibung

XE (REAL): zu prüfender Wert;

UGR (REAL): untere Grenze; OGR (REAL): obere Grenze;

FEH (BOOL): Anzeige UGR > OGR;

B1 (BOOL): Anzeige XE < UGR;

B2 (BOOL): Anzeige UGR < XE < OGR;

B3 (BOOL): Anzeige XE > OGR.

Zum Test der Funktion FC 71 wird der Wert eines vierstelligen Zifferneinstellers mit der Bibliotheksfunktion FC 42 (BCD4_TO_Real) in eine Zahl von 0 bis 10.0 gewandelt und an den Eingangsparameter XE der Funktion übergeben. Den beiden anderen Eingangsparametern werden Gleitpunktzahlen im Bereich von 0 bis 10.0 zugewiesen. An die Ausgänge der Funktion FC 71 (FEH, B1, B2 und B3 FEH) werden Anzeigeleuchten gelegt.

Zuordnungstabelle der Eingänge und Ausgänge:

Eingangsvariable	Symbol	Datentyp	Logische Zuordnung	Adresse
Ziffereinsteller	EW	WORD	BCD-Code	EW 8
Ausgangsvariable				
Anzeige Fehler	H0	BOOL	Anzeige leuchtet H 0 = 1	A 4.0
Anzeige Bereich 1	H1	BOOL	Anzeige leuchtet H 1 = 1	A 4.1
Anzeige Bereich 2	H2	BOOL	Anzeige leuchtet H 2 = 1	A 4.2
Anzeige Bereich 3	H3	BOOL	Anzeige leuchtet H 3 = 1	A 4.3

Struktogramm der Funktion FC 71:

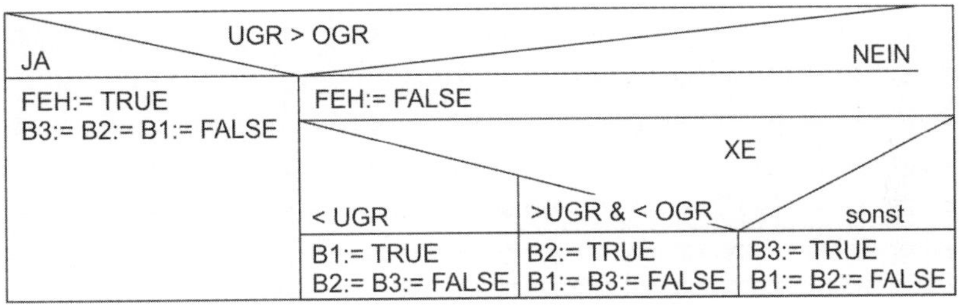

STEP 7 Programm (SCL_Quelle)

```
FUNCTION FC71 : VOID
VAR_INPUT
XE:REAL;
UGR:REAL;
OGR:REAL;
END_VAR
VAR_OUTPUT
FEH:BOOL;
B1:BOOL;
B2:BOOL;
B3:BOOL;
END_VAR

BEGIN
IF UGR > OGR THEN
 FEH:=TRUE;
 B3:=FALSE; B2:=FALSE; B1:=FALSE;
ELSE;
 FEH: = FALSE
 IF XE < UGR THEN
  B3:=FALSE; B2:=FALSE; B1:=TRUE;
 ELSIF XE < OGR THEN
  B3:=FALSE; B2:=TRUE; B1:=FALSE;
 ELSE
  B3:=TRUE; B2:=FALSE; B1:=FALSE;
 END_IF;
END_IF;

END_FUNCTION

ORGANIZATION_BLOCK OB1
VAR_TEMP
  info : ARRAY[0..19] OF BYTE; //( Standardwerte )
  X_W  : REAL;
END_VAR
BEGIN
FC42(BCDW := EW8,
     SBCD := FALSE,
     REAW := X_W);
FC71(XE  := X_W,
     UGR := 2.0,
     OGR := 6.0,
     FEH := A4.0,
     B1  := A4.1,
     B2  := A4.2,
     B3  := A4.3);

END_ORGANIZATION_BLOCK
```

Auswahlausdruck mit verschiedenen Integerwerten

Beispiel: Die Zuweisung eines Wertes zu der Variablen „SOW“ ist abhängig vom Wert der Variablen „ZAE“. Folgende Zuordnung soll gelten:

ZAE:	Zuweisung:
0	SOW:= 10
1	SOW:= 20
2	SOW:= 40
sonst	SOW:= 80

Struktogramm

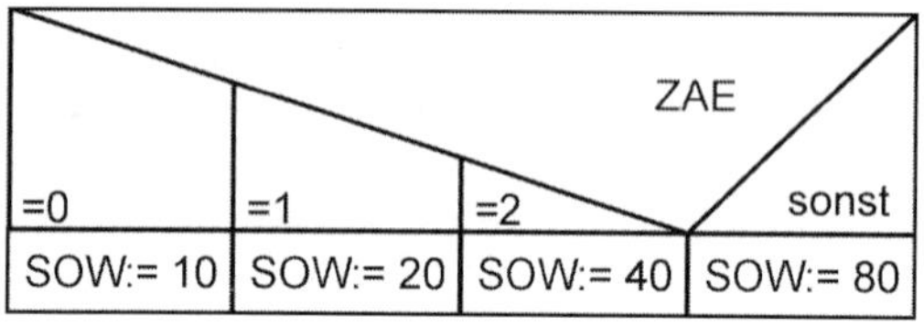

Strukturierter Text SCL

```
CASE ZAE OF
    0: SOW:= 10;
    1: SOW:= 20;
    2: SOW:= 40;
 ELSE:
    SOW:= 80;
END_CASE;
```

Hinweis: Die Verwendung der CASE-Anweisung setzt voraus, dass die Auswahlwerte Integer-Zahlen von 0 bis n sind. Bei der Formulierung der Auswahlwerte ist zu beachten, dass jeder Wert nur einmal vorkommen darf und dass die Werte in aufsteigender Reihenfolge geordnet sein müssen. Die Angabe einer Konstantenliste oder eines Konstantenbereichs ist zulässig.

Beispiel 12.9: Multiplexer-Funktion (FC 32: MUX)

Es ist eine Funktion FC32 (MUX) zu entwerfen, die abhängig von der Nummer am Funktionseingang K einen der acht möglichen Eingangsoperanden IN0 bis IN7 auswählt und an den Ausgang RET_VAL der Funktion weitergibt.

Übergabeparameter

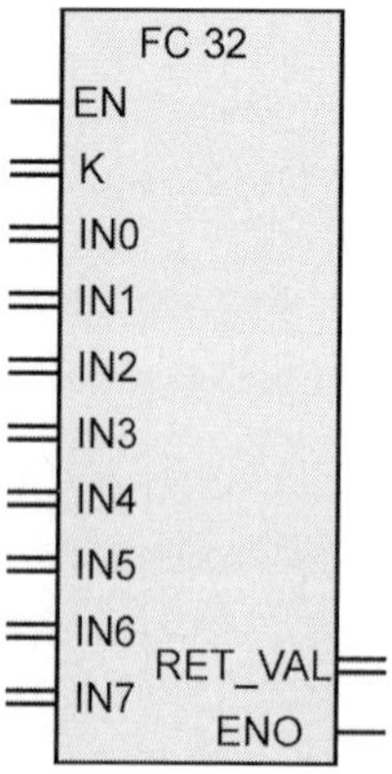

Datentyp und Beschreibung

K (INT): Auswahloperand, dessen nummerischer Wert bestimmt, welcher der acht Eingangsoperanden IN0 ... IN7 an den Funktionsausgang RET_VAL weitergegeben wird. Der gültige Wertebereich von K ist 0 bis 7. Liegt der Wert außerhalb des gültigen Bereichs, wird der größte gültige Wert angenommen.

IN0 .. IN7: Eingangsoperanden, zwischen denen ausgewählt wird. Alle Operanden müssen vom gleichen Datentyp sein. Für dieses Beispiel wird der Datentyp WORD gewählt.

RET_VAL: Funktionsausgang mit dem Datentyp WORD

Zum Test der Funktion wird die rechte Zahl (0..9) eines vierstelligen Ziffereinstellers ausmaskiert und an den Funktionseingang K gelegt. An den Eingang IN0 wird der BCD-Wert des gleichen Zifferneinstellers, an den Eingang IN1 die Konstante 16#1111, an den Eingang IN2 16#2222 usw. gelegt. Der Funktionsausgang wird einer vierstellige Ziffernanzeige zugewiesen.

Zuordnungstabelle der Eingänge und Ausgänge:

Eingangsvariable	Symbol	Datentyp	Logische Zuordnung	Adresse
Zifferneinsteller	EW	WORD	BCD-Code	EW 8
Ausgangsvariable				
Ziffernanzeige	AW	WORD	BCD-CODE	AW 12

Struktogramm für das Steuerungsprogramm der Funktion FC 32

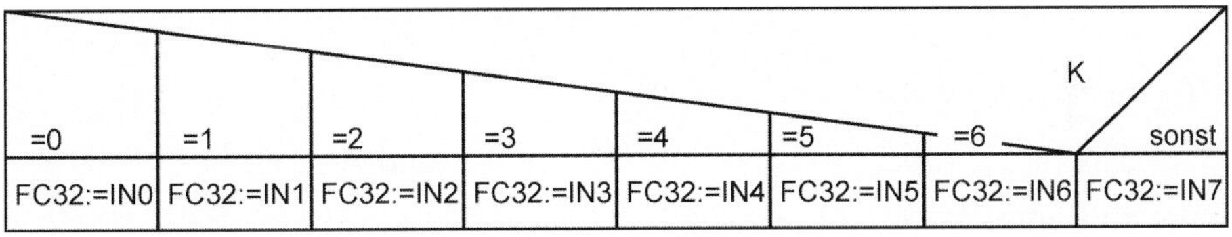

STEP 7 Programm (SWL-Quelle):

```
FUNCTION FC32 : WORD
VAR_INPUT
K:INT;
IN0:WORD;
IN1:WORD;
IN2:WORD;
IN3:WORD;
IN4:WORD;
IN5:WORD;
IN6:WORD;
IN7:WORD;
END_VAR

BEGIN
CASE K OF
    0:FC32:=IN0;
    1:FC32:=IN1;
    2:FC32:=IN2;
    3:FC32:=IN3;
    4:FC32:=IN4;
    5:FC32:=IN5;
    6:FC32:=IN6;
    ELSE:
      FC32:=IN7;
    END_CASE;

END_FUNCTION

ORGANIZATION_BLOCK OB1
VAR_TEMP
    info : ARRAY[0..19] OF BYTE;
    NUM: INT;
END_VAR
BEGIN
NUM:= WORD_TO_INT(16#000F AND EW8);
AW12:=FC32(K:= NUM,
         IN0:= EW8,
         IN1:= 16#1111,
         IN2:= 16#2222,
         IN3:= 16#3333,
         IN4:= 16#4444,
         IN5:= 16#5555,
         IN6:= 16#6666,
         IN7:= 16#7777);

END_ORGANIZATION_BLOCK
```

12.5.4 Wiederholung

a) Wiederholung ohne Bedingungsprüfung

Mit diesem Strukturblock kann das zyklisch abgearbeitete gesamte Steuerungsprogramm einer SPS beschrieben werden.

b) Wiederholung mit vorausgehender Bedingungsprüfung

Für die sogenannten kopfgesteuerten Schleifen gibt es für die Umsetzung in der Programmiersprache SCL die FOR-Anweisung und die WHILE-Anweisung.

FOR-Anweisung

Bei der FOR-Anweisung (Zählschleife) wird die Durchführungsbedingung durch eine Variable (INT oder DINT) gebildet, die in jedem Schleifendurchlauf um einen bestimmten Wert vergrößert oder verkleinert wird. Vor jedem Durchlauf wird überprüft, ob die Bedingung

||Startwert| <= |Endwert| erfüllt ist.

Beispiel: Den 20 Werten des Datenfeldes „MESSW" (ARRAY[1..20] OF REAL) soll der Wert 0.0 zugewiesen werden.

Struktogramm

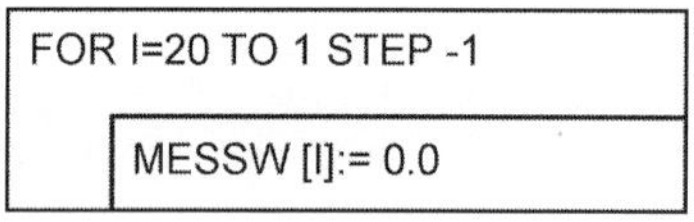

Strukturierter Text SCL

```
FOR I:= 20 TO 1 BY -1 DO
  MESSW[I]:=0.0;
END_FOR;
```

Für die FOR-Anweisung gelten folgende Regeln:

- Ist keine Angabe für die Schrittweite (BY) vorhanden wird diese mit +1 angenommen.
- Anfangswert, Endwert und Schrittweite können aus mathematischen Ausdrücken oder Konstanten bestehen.
- Eine Veränderung des Endwertes und der Schrittweite während der Ausführung der Schleife ist nicht erlaubt.

Beispiel 12.10: Rezeptwerte aus einem Datenbaustein in ein Datenfeld auslesen. (FC61:REZN_REZW)

In einem Mischbehälter können aus zwei Einsatzstoffen 10 unterschiedliche chemische Rohprodukte nach verschiedenen Rezepturen hergestellt werden. Die Rezeptur für ein Rohprodukt besteht dabei aus den folgenden vier Rezeptwerten:

Q1: Menge Einsatzstoff 1 (Angabe als INT-Wert im Bereich von 0 bis 999),

Q2: Menge Einsatzstoff 2 (Angabe als INT-Wert im Bereich von 0 bis 999),

T_V: Temperatur-Vorgabe (Angabe als REAL-Wert im Bereich von 0.0 bis 10.0) und

M_Z: Mischzeit (Angabe als Zeitwert S5T im Bereich von 1s bis 166,5 min).

Für die 10 verschiedenen Rezepturen sind die jeweils vier Rezeptwerte in einem Datenbaustein gespeichert. Vor dem Beginn einer Charge wird mit einem Zifferneinsteller eine Rezeptur vom 0 bis 9 gewählt. Die zu der gewählten Rezeptur gehörenden Rezeptwerte sollen dann in eine Variable R_W (ARRAY[1..5] of WORD) übernommen werden. Die Feldelemente der Variablen R_W beinhalten somit die aktuellen Rezeptwerte, welche zum Dosieren der beiden Einsatzstoffe, zur Abschaltung der Heizung bei erreichter Temperatur und zur Bestimmung der Rührzeit während des Prozessablaufs herangezogen werden können.

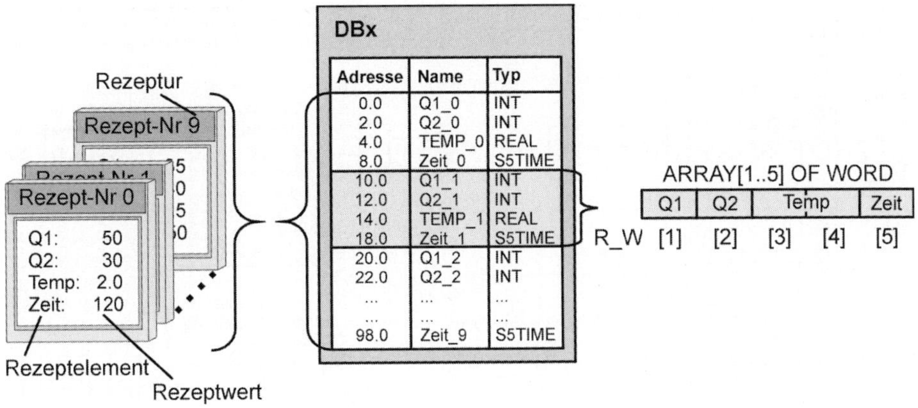

Bild 12.4: Auslesen Rezeptwerte

Für das Auslesen der vier Rezeptwerte in eine Variable (ARRAY) ist eine Funktion FC 61 zu entwerfen, die aus einem wählbaren Datenbaustein, abhängig von der am Funktionseingang RZNR eingestellten Rezeptnummer 0 bis 9, die Rezeptwerte am Funktionsausgang R_W zur Verfügung stellt.

Übergabeparameter

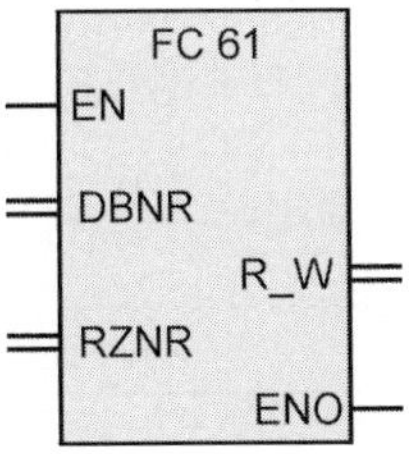

Datentyp und Beschreibung

DBNR (INT): Datenbaustein-Nummer. Angabe des Datenbausteins, in dem die Rezeptwerte stehen.

RZNR (INT): Rezepturnummer. Vorgabe der Rezeptur mit Werten von 0 bis 9.

R_W (ARRAY): Rezeptwerte. Feldvariable, welche die vier Rezeptwerte enthält.

Zum Test der Funktion FC 61 müssen in einen Datenbaustein DB 61 für die 10 Rezepturen insgesamt 40 Rezeptwerte innerhalb der vorgegebenen Grenzen und dem zugehörigen Datentyp eingegeben werden.

Zur Auswahl der Rezeptur wird die rechte Ziffer eines vierstelligen Zifferneinstellers ausmaskiert und mit der Übergabevariablen RezNr dem Funktionseingang RZNR zugewiesen. Mit dem Aufruf der Bibliotheksfunktion FC 40 (BCD4_INT) wird verhindert, dass beim Umschalten von 7 nach 8 Pseudotetraden in der Variablen RezNr auftreten.

Auslesen der Rezeptwerte:

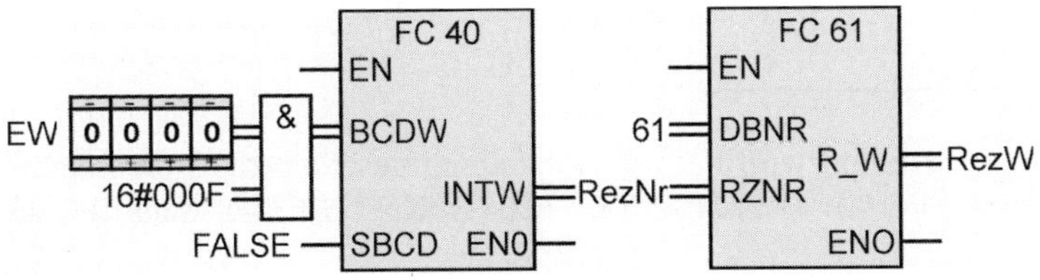

RezNr:
Variable zur Übergabe der Rezeptnummer

RezW:
Variable zur Übergabe der Rezeptwerte.

Die ausgelesenen Rezeptwerte sollen wahlweise an einer vierstelligen Ziffernanzeige angezeigt werden. Mit der Kombination der Schalter S1 und S2 wird bestimmt, welche der vier Rezeptwerte des Datenfeldes RezW über die entsprechende Funktion an die Ziffernanzeige gelegt werden.

Anzeigen der Rezeptwerte:

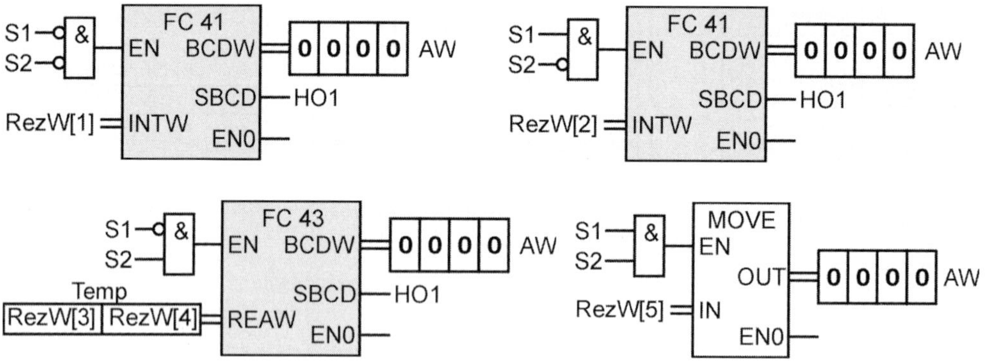

Hinweis: Durch Aneinanderfügen der beiden wortbreiten Bitmuster der Feldvariablen RezW[3] und RezW[4] wird die REAL_Variable TEMP für den Rezeptwert Temperatur gebildet.

Zuordnungstabelle der Eingänge und Ausgänge:

Eingangsvariable	Symbol	Datentyp	Logische Zuordnung		Adresse
Wahlschalter 1	S1	BOOL	Betätigt	S1 = 1	E 0.1
Wahlschalter 2	S2	BOOL	Betätigt	S2 = 1	E 0.2
Zifferneinsteller	EW	WORD	BCD-Code		EW 8
Ausgangsvariable					
Ziffernanzeige	AW	WORD	BCD-CODE		AW 12

Das Steuerungsprogramm der Funktion FC61 hat die Aufgabe, fünf aufeinanderfolgende Datenworte in einem Datenbaustein der Feldvariablen R_W zuzuweisen. Die Anfangsadresse ist durch die Rezepturnummer bestimmt.

Struktogramm für das Steuerungsprogramm der Funktion FC 61

```
DBNRW:= INT_TO_WORD (DBNR)
ADR:= 10•REZNR

FOR k=1 TO 5
    R_W[k]:= DB [DBNRW] . DW[ADR]
    ADR:= ADR +2
```

Lokale Variable:

DBNRW (WORD): Datenbausteinnummer

ADR (INT): Adresszähler

k (INT): Laufvariable

Im nachfolgenden Steuerungsprogramm wird auf die Darstellung des Steuerungsprogramms für die Bibliotheksbausteine FC 40 (BCD4_INT), FC 41 (INT_BCD4) und FC 43 (REA_BCD4) verzichtet.

STEP 7 Programm (SCL-Quelle):

```
FUNCTION FC61 : VOID
VAR_INPUT              VAR_OUTPUT                        VAR_TEMP
 DBNR:INT;              R_W:ARRAY[1..5] OF WORD;          DBNRW:WORD;
 REZNR:INT;            END_VAR                            ADR:INT;
END_VAR                                                   K:INT;
                                                         END_VAR

BEGIN
DBNRW:=INT_TO_WORD(DBNR);
ADR:= 10*REZNR;
 FOR K:= 1 TO 5 DO
   R_W[K]:=WORD_TO_BLOCK_DB(DBNRW).DW[ADR];
   ADR:=ADR+2;
 END_FOR;
END_FUNCTION

DATA_BLOCK DB 61
STRUCT
Q11   : INT := 11;              ...          ...
Q21   : INT := 21;              ...          Q110 : INT   := 20;
TEMP1: REAL:=2.000000e+000;     ...          Q210 : INT   := 30;
Zeit1: S5TIME:= S5T#11S;        ...          TEMP10:REAL:=3.000000e+000;
...                                          Zeit10:S5TIME := S5T#20S;
END_STRUCT ;
BEGIN
Q11 := 11;                      ...          ...
Q21 := 21;                      ...          Q110 := 20;
TEMP1:=2.000000e+000;           ...          Q210 := 30;
Zeit1:= S5T#11S;                ...          TEMP10 := 3.000000e+000;
...                                          Zeit10 := S5T#20S;
END_DATA_BLOCK

ORGANIZATION_BLOCK OB1
VAR_TEMP
  info : ARRAY[0..19] OF BYTE;       HO1:BOOL;
  RezNr:INT;                         Temp:REAL;
  RezW :ARRAY[1..5] OF WORD;       END_VAR

BEGIN
//Rezeptwerte auslesen
FC40(BCDW := EW8 AND 16#000F,      FC61(DBNR :=  61,
     SBCD :=  FALSE,                    REZNR:=  RezNr,
     INTW :=  RezNr);                   R_W :=  RezW);
//Rezeptwerte ausgeben
FC41(EN:= NOT E0.1 AND NOT E0.2,   FC41(EN:= E0.1 AND NOT E0.2,
   INTW:= WORD_TO_INT(RezW[1]),       INTW:= WORD_TO_INT(RezW[2]),
   BCDW:= AW12,                       BCDW:= AW12,
   SBCD:= HO1);                       SBCD:= HO1);
```

```
TEMP:=DWORD_TO_REAL(SHL(IN:=WORD_TO_DWORD(RezW[3]),N:=16)OR RezW[4]);
FC43( EN   := NOT E0.1 AND E0.2,
      REAW := TEMP,
      BCDW := AW12,
      SBCD := HO1);
IF E0.1 AND E0.2 THEN
   AW12:= RezW[5];
END_IF;
END_ORGANIZATION_BLOCK
```

WHILE-Anweisung

Die zweite Möglichkeit, eine kopfgesteuerten Schleife mit der Programmiersprache SCL umzusetzen, ist die WHILE-Anweisung. Diese erlaubt die wiederholte Ausführung einer Anweisungsfolge, unter der Kontrolle einer Durchführungsbedingung, die nach den Regeln eines logischen Ausdrucks gebildet wird.

Beispiel: Die Variablen VAR_Z (REAL) wird sooft durch 2.0 dividiert, bis die Variable VAR_Z kleiner als 1.0 ist.

Struktogramm

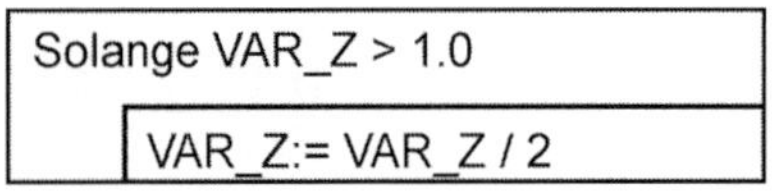

Strukturierter Text SCL

```
WHILE VAR_Z > 1.0 DO
    VAR_Z:=VAR_Z / 2.0;
END_WHILE;
```

Zusammenfassung der für die WHILE-Anweisung geltenden Regeln:

Vor jeder Ausführung des Anweisungsteils wird die Durchführungsbedingung ausgewertet. Hat die Durchführungsbedingung den Wert TRUE, wird der Anweisungsteil ausgeführt. Im anderen Fall ist die Ausführung der WHILE-Anweisung beendet. Dies kann schon bei der ersten Auswertung der Fall sein.

Beispiel 12.11: Sortieren von Messwerten in einem Datenbaustein (FC62: SORT)

Für die eigene Programmbibliothek ist eine Funktion FC 62 zu entwerfen, die aufgenommene Messwerte in einem Datenbaustein der Größe nach sortiert. Die Messwerte liegen im Datenformat REAL vor. Der Bereich der Messdaten, in dem sortiert werden soll, wird durch die Angabe des Anfangwertes MNR und die Anzahl der Messwerte ANZ vorgegeben.

Übergabeparameter

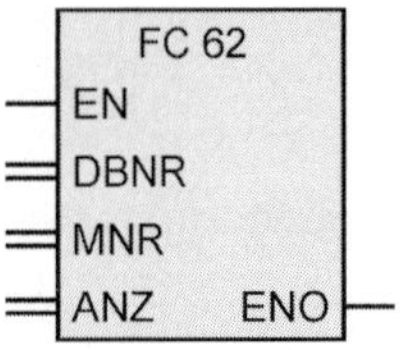

Datentyp und Beschreibung

DBNR (INT):	Nummer des Datenbausteins;
MNR (INT):	Nummer des Messwertes, ab dem sortiert werden soll;
ANZ (INT):	Anzahl der Messwerte, die sortiert werden sollen.

Zum Test der Funktion FC 62 wird ein Datenbaustein DB 62 mit 30 unterschiedlichen Gleitpunktzahlen angelegt und die Zahl 62 an den Funktionseingang DBNR geschrieben. Die Anfangswerte der Gleitpunktzahlen im Datenbaustein können beliebig sein. An den Eingang MNR wird die Nummer angegeben, ab der die Messwerte sortiert werden sollen.

Die Anzahl der zu sortierenden Messwerte wird durch einen zweistelligen Ziffereinsteller über den Eingang ANZ vorgegeben. Es ist jedoch unbedingt darauf zu achten, dass mit der Angabe von Messwertanfang MNR und der Anzahl ANZ der gewählte Bereich auch im Datenbaustein tatsächlich vorhanden ist.

Mit einer Flankenauswertung der Übernahme-Taste S0 wird die Bearbeitung der Funktion über den EN-Eingang einmalig veranlasst. Die Auswirkung des Funktionsaufrufs kann mit der Datenansicht des Datenbausteins und der S7 Programmoperation „Test > Beobachten“ verfolgt werden. Mit der S7 Programmoperation „Bearbeiten > Datenbaustein initialisieren“ kann der sortierte Datenbaustein wieder auf die Anfangswerte zurückgesetzt werden.

Zuordnungstabelle der Eingänge:

Eingangsvariable	Symbol	Datentyp	Logische Zuordnung	Adresse
Übernahmetaste	S0	BOOL	Betätigt S0 = 1	E 0.0
Ziffereinsteller	EB	BYTE	BCD-Code	EB 9

Der Algorithmus für das Sortieren basiert darauf, dass in dem Datenfeld jeder Messwert mit dem vorhergehenden auf „größer“ abgefragt wird. Ist der vorhergehende Wert dabei größer, werden die beiden Messwerte über eine Hilfsvariable vertauscht. Dieser Vorgang wird für das Datenfeld solange wiederholt, bis keine Vertauschung mehr erforderlich ist.

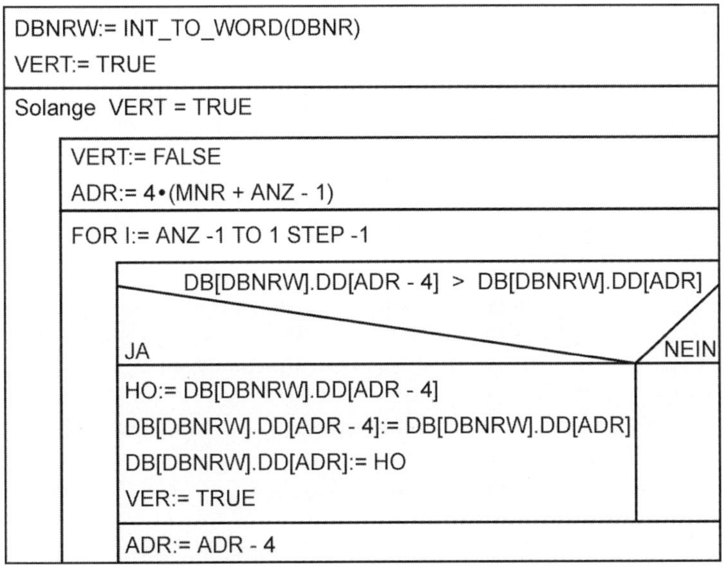

Lokale Variable:

DBNRW (WORD): Datenbaustein-Nummer im Wort-Format.

VERT (BOOL): Vertauschung erfolgt: VERT:= TRUE

ADR (INT): Adresse der Messwerte.

I (INT): Laufvariable.

HO (DWORD): Hilfsoperand zur Zwischenspeicherung.

Mit der Variablen DBNRW wird jeweils der entsprechende Datenbaustein aufgeschlagen. Die Eingangsvariable DBNR kann dafür nicht verwendet werden, da diese im Format INT vorliegt. Zu Beginn der SCL-Anweisungsfolge wird deshalb der Wert der Variablen DBNR über die Umwandlungsfunktion INT_TO_WORD der Variablen DBNRW zugewiesen.

Für die indirekte Adressierung des Datenbausteins muss in der Programmiersprache SCL die Anweisung WORD_TO_BLOCK_DB(DBNRW) verwendet werden.

Die boolesche Variable VERT wird bei jeder erfolgten Vertauschung auf den Wert „1" gesetzt. Erst wenn keine Vertauschung mehr erforderlich ist, sind alle Messwerte richtig sortiert, und die Bearbeitung der WHILE-Schleife wird beendet.

Die Variable ADR wird zur indirekten Adressierung der Messwerte verwendet. Da für jeden Messwert vier Bytes benötigt werden, ist die Multiplikation mit 4 bzw. die Subtraktion von 4 bei den Adressberechnungen erforderlich.

STEP 7 Programm (SCL-Quelle):

```
FUNCTION FC62: VOID
VAR_INPUT                VAR_TEMP                 I:INT;
  DBNR:INT;                DBNRW:WORD;              HO:DWORD;
  MNR:INT;                 VERT:BOOL;             END_VAR
  ANZ:INT;                 ADR:INT;
END_VAR
BEGIN
DBNRW:=INT_TO_WORD(DBNR);
VERT:=TRUE;
WHILE VERT=TRUE DO
 VERT:=FALSE;
 ADR:=4*(MNR+ANZ-1);
 FOR I:= ANZ-1 TO 1 BY -1 DO
  IF DWORD_TO_REAL(WORD_TO_BLOCK_DB(DBNRW).DD[ADR-4]) >
     DWORD_TO_REAL(WORD_TO_BLOCK_DB(DBNRW).DD[ADR]) THEN
     VERT:=TRUE;
     HO:=WORD_TO_BLOCK_DB(DBNRW).DD[ADR-4];
     WORD_TO_BLOCK_DB(DBNRW .DD[ADR-4]:=WORD_TO_BLOCK_DB(DBNRW).DD[ADR];
     WORD_TO_BLOCK_DB(DBNRW).DD[ADR]:=HO;
  END_IF;
 ADR:=ADR-4;
 END_FOR;
END_WHILE;
END_FUNCTION

DATA_BLOCK DB 62
STRUCT                                ...
Messwert0 : REAL:= 1.500000e+002;     Messwert29: REAL:= 5.000000e-001;
...                                   END_STRUCT ;
BEGIN
Messwert0 := 1.500000e+002;           ...
...                                   Messwert29:= 5.000000e-001;
END_DATA_BLOCK

ORGANIZATION_BLOCK OB 1
VAR_TEMP
info: ARRAY[0..19] OF BYTE; //Standardeinträge
FO  : BOOL ;      //Flankenoperand
Anz : INT;
END_VAR
```

```
BEGIN
FC40(BCDW := EW8 AND 16#FF,
     SBCD := FALSE,
     INTW := Anz);
IF E0.1=TRUE AND FO=FALSE THEN
  FC62(DBNR:= 62,
       MNR := 0,
       ANZ := Anz);
END_IF;
FO:= E0.1;
END_ORGANIZATION_BLOCK
```

c) Wiederholung mit nachfolgender Bedingungsprüfung

Beispiel: Die Multiplikation der Variablen „VAR1" (REAL) mit 2.0 wird wiederholt, bis die Variable „VAR1" größer als 100.0 ist.

Struktogramm

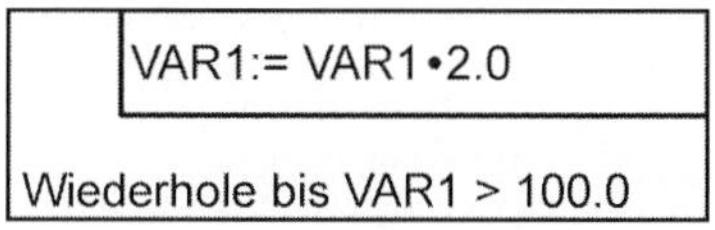

Strukturierter Text SCL

```
REPEAT
  VAR1:= VAR1 * 2.0;
 UNTIL VAR1 > 100.0
END_REPEAT;
```

Die REPAET-Anweisung bewirkt die wiederholte Ausführung einer zwischen REPEAT und UNTIL stehenden Anweisungsfolge bis zum Eintreten der Abbruchbedingung. Die Abbruchbedingung wird nach den Regeln eines logischen Ausdrucks gebildet.

Beispiel 12.12: Bestimmung von Minimum, Maximum und arithmetischer Mittelwert in einem Datenfeld

Für die eigene Programmbibliothek ist eine Funktion FC 63 zu entwerfen, die aus einer bestimmten Anzahl von Messwerten, die sich in einem Datenbaustein befinden, den kleinsten und den größten Wert bestimmt sowie den arithmetischen Mittelwert der Messwerte berechnet. Die Messwerte liegen im Datenformat REAL vor. Der Bereich der Messdaten für die Bestimmung der Werte wird durch die Angabe der ersten Messwert-Nummer MNR und die Anzahl der Messwerte ANZ vorgegeben.

Übergabeparameter

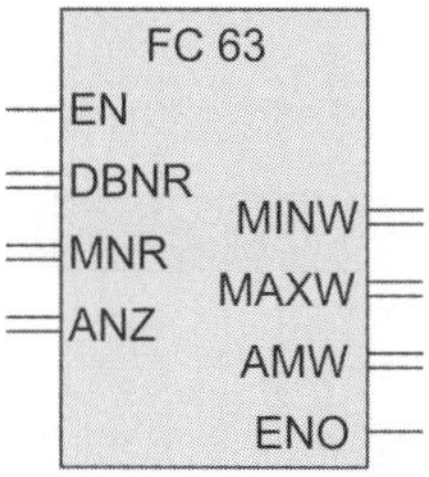

Datentyp und Beschreibung

DBNR (INT):	Nummer des Datenbausteins.
MNR (INT):	Nummer des ersten Messwertes.
ANZ (INT):	Anzahl der Messwerte.
MINW (REAL):	Kleinster Wert im Datenfeld.
MAXW (REAL):	Größter Wert im Datenfeld.
AMW (REAL):	Arithmetischer Mittelwert des Datenfeldes.

Zum Test der Funktion FC 63 wird ein Datenbaustein DB 63 mit 30 unterschiedlichen Gleitpunktzahlen zwischen –9.9 und +9.9 angelegt. Über die Bibliotheksfunktion FC 43 (REAL_BCD4) sollen die Werte MINW, MAXW und AMW an einer Ziffernanzeige angezeigt werden. Die Zahl 63 am Funktionseingang DBNR bestimmt den Datenbaustein, der das entsprechende Datenfeld mit den Messwerten enthält. Die Anfangsnummer des Messwertes im Datenbaustein kann beliebig sein. Liegen die Messwerte ab Adresse x, kann diese Zahl an den Funktionseingang MNR angegeben werden. Die Anzahl der Messwerte, aus denen das Minimum, das Maximum und der arithmetische Mittelwert zu bestimmen ist, wird durch einen zweistelligen Ziffereinsteller über Eingang ANZ vorgegeben. Es ist jedoch unbedingt darauf zu achten, dass mit der Angabe von Messwertanfang MNR und der Anzahl ANZ der ausgewählte Datenbereich auch im Datenbaustein tatsächlich vorhanden ist.

Mit einer Flankenauswertung der Übernahme-Taste S0 wird die Bearbeitung der Funktion FC 63 über den EN-Eingang einmalig veranlasst. Die Ergebnisse der Bearbeitung werden dann abhängig von den Wahltastern S1 (MIN), S2 (MAX) bzw. S3 (AMW) über die Funktion FC 43 (REAL_BCD4) an einer Ziffernanzeige angezeigt. Ist keiner oder sind mehrere der Wahlschalter betätigt, wird an der Ziffernanzeige der Wert 16#FFFF angezeigt. Damit ergeben sich folgende Bausteinaufrufe für das Testprogramm:

Aufruf der Funktion FC 63:

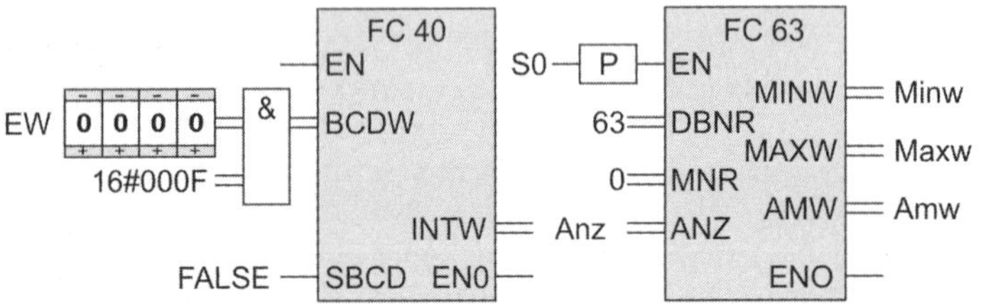

Verwendete Variablen zur Übergabe der Werte:

Anz (INT);
Minw (REAL);
Maxw (REAL)
Amw (REAL).

Anzeigen der ermittelten Größen:

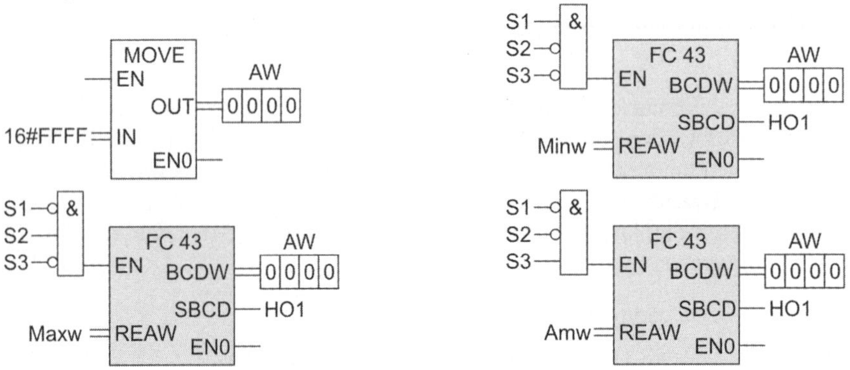

Zuordnungstabelle der Eingänge und Ausgänge:

Eingangsvariable	Symbol	Datentyp	Logische Zuordnung		Adresse
Übernahmetaste	S0	BOOL	Betätigt	S0 = 1	E 0.0
Wahlschalter 1	S1	BOOL	Betätigt	S1 = 1	E 0.1
Wahlschalter 2	S2	BOOL	Betätigt	S2 = 1	E 0.2
Wahlschalter 2	S3	BOOL	Betätigt	S3 = 1	E 0.3
Ziffereinsteller	EW	WORD	BCD-Code		EW 8
Ausgangsvariable					
Ziffernanzeige	AW	WORD	BCD-CODE		AW 12

Der Algorithmus für die Ermittlung des kleinsten und des größten Messwertes basiert auf dem Vergleich jedes Messwertes mit einem Minimalwert MINW bzw. Maximalwert MAXW. Zu Beginn der Vergleiche wird der Minimalwert und der Maximalwert auf den letzten Wert des zu untersuchenden Datenfeldes gesetzt. Für die Berechnung des arithmetischen Mittelwertes wird jeder Messwert zu der Variablen AMW addiert. Nachdem alle Messwerte addiert sind, wird die Summe durch die Anzahl der Messwerte dividiert.

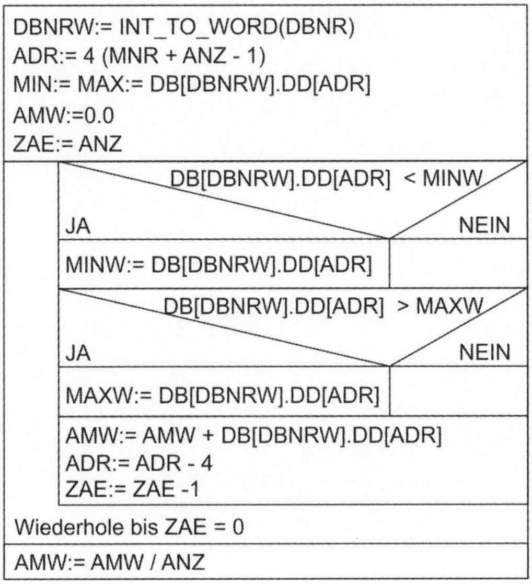

Lokale Variable:

DBNRW (WORD): Datenbaustein-Nummer im Wort-Format.

ADR (INT): Variable für die Adresse der Messwerte im Datenbaustein.

ZAE (INT): Variable für die Anzahl der Messwerte.

Mit der Variablen DBNRW wird jeweils der entsprechende Datenbaustein aufgeschlagen. Die Eingangsvariable DBNR kann dafür nicht verwendet werden, da diese im Format INT vorliegt. Zu Beginn der SCL-Anweisungsfolge wird deshalb der Wert der Variablen DBNR über die Umwandlungsfunktion INT_TO_WORD der Variablen DBNRW zugewiesen.

Für die indirekte Adressierung des Datenbausteins muss dann die Anweisung WORD_TO_BLOCK_DB(DBNRW) verwendet werden.

Die Variable ADR wird zur indirekten Adressierung der Messwerte verwendet. Da für jeden Messwert vier Bytes benötigt werden, wird bei jedem Schleifendurchlauf 4 subtrahiert.

STEP 7 Programm (SCL-Quelle):

```
FUNCTION FC63: VOID
VAR_INPUT               VAR_OUTPUT              VAR_TEMP
  DBNR:INT;               MINW:REAL;              DBNRW:WORD;
  MNR:INT;                MAXW:REAL;              ADR:INT;
  ANZ:INT;                AMW:REAL;               ZAE:INT;
END_VAR                 END_VAR                 END_VAR

BEGIN
DBNRW:=INT_TO_WORD(DBNR);
ADR:=4*(MNR+ANZ-1);
MINW:= DWORD_TO_REAL(WORD_TO_BLOCK_DB(DBNRW).DD[ADR]);
MAXW:= MINW;    AMW:= 0.0;    ZAE:=ANZ;
```

```
  REPEAT
   IF DWORD_TO_REAL(WORD_TO_BLOCK_DB(DBNRW).DD[ADR]) < MINW THEN
     MINW:=DWORD_TO_REAL(WORD_TO_BLOCK_DB(DBNRW).DD[ADR]);
   END_IF;
   IF DWORD_TO_REAL(WORD_TO_BLOCK_DB(DBNRW).DD[ADR]) > MAXW THEN
     MAXW:=DWORD_TO_REAL(WORD_TO_BLOCK_DB(DBNRW).DD[ADR]);
   END_IF;
   AMW:=AMW + DWORD_TO_REAL(WORD_TO_BLOCK_DB(DBNRW).DD[ADR]);
   ADR:=ADR-4;    ZAE:=ZAE-1;
  UNTIL ZAE=0
 END_REPEAT;
AMW:=AMW/ANZ;
END_FUNCTION
```

```
DATA_BLOCK DB 63
STRUCT
Messwert0: REAL := 1.000000e+000;
Messwert1: REAL := 1.500000e+000;
...
Messwert28: REAL := 9.500000e-001;
Messwert29: REAL := 2.000000e-001;
END_STRUCT ;
BEGIN
Messwert0 := 1.000000e+000;
Messwert1 := 1.500000e+000;
...
Messwert28: = 9.500000e-001
Messwert29: = 2.000000e-001;
END_DATA_BLOCK
```

```
ORGANIZATION_BLOCK OB1
VAR_TEMP
    info : ARRAY[0..19] OF BYTE;
    Anz:INT;
    FO:BOOL;
    Minw:REAL;
    Maxw:REAL;
    Amw:REAL;
    HO1:BOOL;
END_VAR

BEGIN
FC40(BCDW:= EW8 AND 16#FF,
    SBCD := FALSE,
    INTW := Anz);
IF E0.0=TRUE AND FO=FALSE THEN
 FC63(DBNR :=  63,
       MNR := 0,
       ANZ := Anz,
       MINW:= Minw,
       MAXW:= Maxw,
       AMW := Amw);
END_IF;
FO:= E0.0;
AW12:=16#FFFF;
FC43(EN := E0.1 AND NOT E0.2 AND NOT E0.3,
      REAW := Minw,  BCDW := AW12,
      SBCD := HO1);
FC43(EN := NOT E0.1 AND E0.2 AND NOT E0.3,
      REAW := Maxw,  BCDW := AW12,
      SBCD := HO1);
FC43(EN := NOT E0.1 AND NOT E0.2 AND E0.3,
      REAW := Amw,  BCDW := AW12,
      SBCD := HO1);

END_ORGANIZATION_BLOCK
```

13 Zustandsgraph, S7-HiGraph

Steuerungsaufgaben, die keinen zwangsläufig schrittweisen Ablauf besitzen und deren Eingangs- und Ausgangsvariablen überwiegend logisch vernetzt sind, können durch die Einführung von *Zuständen* mit grafischen Symbolen beschrieben werden. Der Grundgedanke besteht darin, dass es bei einem Prozessablauf bestimmte Zustände gibt, die zeitlich aufeinander folgen können. Bei mehreren möglichen Folgezuständen muss durch äußere Größen bestimmbar sein, welcher Zustand als nächster folgt. Die grafische Darstellung der Zustände mit deren Übergangsbedingungen (Transitionen) und Aktionen wird als **Zustandsgraph** bezeichnet. Verwandte Begriffe sind: Zustandsdiagramm, State Diagramm, State Machine, Zustandsübergangsdiagramm, endlicher Automat und Petri-Netze.

Zustandsgraph und Ablauf-Funktionsplan (siehe Kap. 10) sind sehr ähnliche Beschreibungsmittel. Für eine Steuerungsaufgabe ist es oft sehr schwierig zu entscheiden, welches Beschreibungsmittel das geeignetere ist. Kriterien zur Auswahl sind unter anderem:

- Der Grad der Vernetzung der einzelnen Schritte bzw. Zustände. Ist die Anzahl der Transitionen zwischen den einzelnen Schritten bzw. Zuständen sehr hoch, bietet das Beschreibungsmittel Zustandsgraph Vorteile gegenüber dem Ablauf-Funktionsplan.
- Wenn Aktionen nicht nur bei Zuständen sondern auch bei Transitionen durchzuführen sind.

Die Firma SIEMENS bietet zur Erstellung von Zustandsgraphen das Engineering Tool S7-HiGraph an. Mit dieser Programmiersprache können Zustandsgraphen mit grafischen Elementen editiert und in ein Steuerungsprogramm übertragen werden. Die frei positionierbaren grafischen Elemente für Zustände, Transitionen und Aktionen sorgen für eine große Flexibilität.

Ein Zustandsgraph beschreibt einen Steuerungsablauf, der sich zu jedem Zeitpunkt in einem Zustand befindet. Der Steuerungsablauf kann einen Prozess, eine Maschine oder eine Funktionseinheit repräsentieren. Die Elemente eines Zustandsgraphen sind:

- ein Anfangszustand,
- eine endliche Menge von Zuständen,
- eine endliche Anzahl von Transitionen und
- eine endliche Anzahl von Aktionen.

Damit Zustandsgraphen ein überschaubares Beschreibungsmittel bleiben, muss erreicht werden, dass die Anzahl der Zustände nicht zu groß wird. Maschinen, Anlagen oder Prozesse die zu steuern sind, können dazu in kleine eigenständige Elemente sogenannte *Funktionseinheiten* zerlegt werden. Jede Funktionseinheit wird dann einem Zustandsgraphen zugeordnet, der die funktionalen Eigenschaften der Funktionseinheit abbildet. Ein übergeordneter Zustandsgraph koordiniert dann wiederum die einzelnen Zustandsgraphen der Funktionseinheiten.

Die grafische Darstellung eines Steuerungsablaufs mit Hilfe von Zustandsgraphen ist nicht nur für den SPS-Programmierer geeignet, sondern auch für den Technologen, den Inbetriebsetzer und den Instandhalter verständlich. Durch die einfach integrierbaren Überwachungs- und Meldefunktionen lassen sich Störungen leicht analysieren und damit Stillstandszeiten reduzieren.

13.1 Zustandsgraph-Darstellung

Ein Zustandsgraph ist ein zusammenhängender gerichteter Graph, in dem das dynamische Verhalten einer Funktionseinheit festgelegt ist. Innerhalb eines Zustandsgraphen repräsentieren die *Kreissymbole* die möglichen Zustände und die *Pfeile* zwischen den Zuständen die möglichen Übergänge (Transitionen) von einem Zustand in einen anderen. *Aktionen*, die Zuständen oder Transitionen zugeordnet sind, geben an, welche Aktoren oder Meldungen jeweils zu veranlassen sind. Die grafische Darstellung eines Zustandsgraphen besteht somit aus den Elementen: Zustände, Transitionen und Aktionen.

13.1.1 Zustände

Jeder Zustand beschreibt eine dynamische oder statische Situation des zu steuernden Prozesses bzw. der Funktionseinheit und wird als Kreis mit einer entsprechenden Nummer dargestellt.

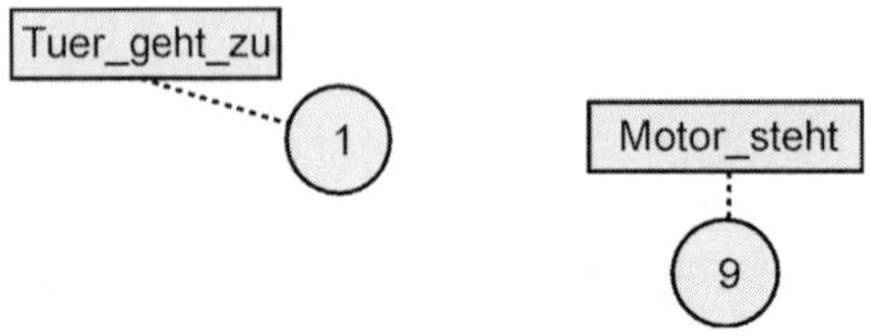

Beispiele für dynamische Situationen sind: Tür_geht_auf oder Motor_dreht_rechts.

Beispiele für statische Situationen sind: Tür_ist_auf oder Motor_steht.

Jedem Zustand kann ein Zustandsname zugeordnet werden. Der Zustandsname wird in einem Rahmen in der unmittelbaren Nähe des Zustandssymbols angeordnet. Unterhalb des Zustandsnamens werden die Aktionen angegeben, die durch diesen Zustand veranlasst werden sollen.

Der Steuerungsprozess befindet sich zu jedem Zeitpunkt stets nur in einem Zustand. Beim Systemstart befindet sich der Zustandsgraph in einem definierten Initialzustand. In dem *Initialzustand* kann geprüft werden, ob sich die Funktionseinheit in einer definierten Ausgangsposition befindet und falls nötig, kann sie in die Ausgangsposition gebracht werden.

Die Nummerierung der einzelnen Zustände ist beliebig. Eine sinnvolle Reihenfolge, wenn möglich ohne Lücken, ist anzustreben. Für den Initialzustand ist die Nummer 0 vorzusehen.

13.1.2 Transitionen

Die Transitionen kennzeichnen die Zustandsübergänge im Zustandsgraphen und sind mit Bedingungen verknüpft. Das durch den Zustandsgraphen beschriebene System wechselt seinen Zustand, wenn die Bedingung einer aus dem aktiven Zustand herausführenden Transition erfüllt ist.

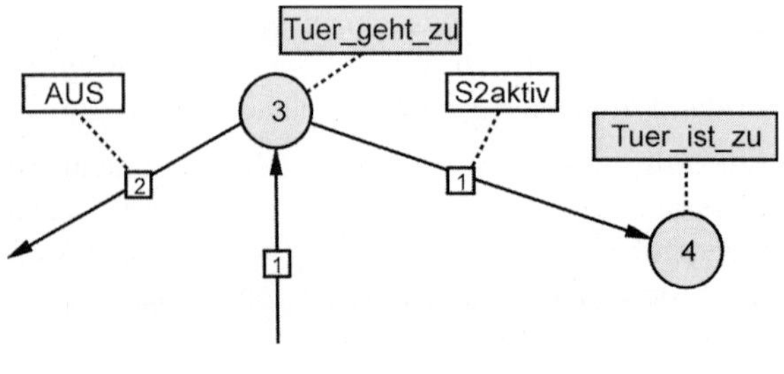

Von einem Zustand können mehrere Transitionen ausgehen. Sind die Bedingungen von mehr als einer Transition erfüllt, schaltet die Transition mit der höchsten Priorität, wobei die höchstmögliche Priorität 1 ist.

Die Priorität einer Transition wird mit einer Zahl in einem kleinen Quadrat in der Mitte des Transitionspfeils angegeben.

Es wird zwischen drei Transitionsarten unterschieden:

Transitionsart	Funktion	Darstellung
Normale Transition	Eine normale Transition führt von einem Ausgangszustand zu einem Folgezustand.	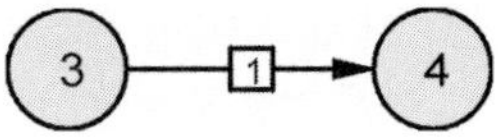
Any-Transition	Eine Any-Transition führt von jedem Zustand zu einem Zielzustand. Any-Transitionen werden somit unabhängig vom aktuellen Zustand eines Zustandsgraphen ausgeführt. Sie dienen z.B. zur permanenten Überwachung übergeordneter Bedingungen. Tritt der in der Any-Transition programmierte Überwachungsfall ein, wird in den Zielzustand verzweigt und der aktuell Zustand zurückgesetzt. Hat ein Zustandsgraph mehrere Any-Transitionen, wird jeder Any-Transition eine eigene Priorität zugewiesen. Die Prioritäten der Any-Transitionen werden getrennt von den Prioritäten anderer Transitionen ausgewertet: Alle Any-Transitionen haben grundsätzlich höhere Priorität als normale Transitionen.	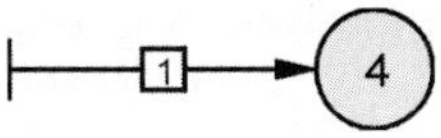
Return-Transition	Eine Return-Transition führt aus dem aktuellen Zustand zurück in den vorher aktiven Zustand. Return-Transitionen haben keine höhere Priorität als normale Transitionen.	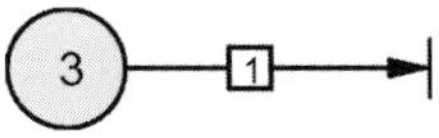

Die einzelnen Transitionen können mit Transitionsnamen versehen werden. Die Transitionsnamen werden in einem Rahmen angegeben und mit einer gestrichelten Linie mit der Prioritätsangabe der Transition verbunden. Unterhalb des Transitionsnames wird die Transitionsbedingung in Form einer AWL angegeben.

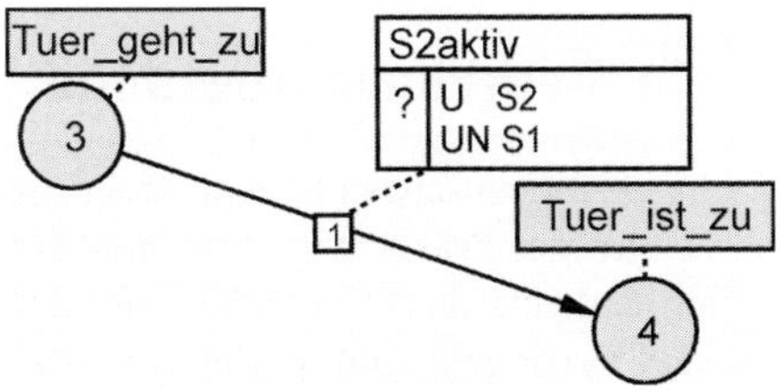

Die Transitionsbedingung wird durch eine binäre Variable oder einen logischen Ausdruck in der AWL-Programmdarstellung angegeben. Das Zeichen „?" kennzeichnet die zur Transition gehörende Übergangsbedingung.

Ist keine Bedingung angegeben, wird der Folgezustand sofort aktiviert.

13.1.3 Aktionen

Aktionen stellen Befehle zur Prozesssteuerung dar. Sie steuern beispielsweise Ausgänge, Zeiten, Zähler und Merker an, führen mathematische Funktionen aus oder rufen Unterprogramme in Form von Bausteinen auf. Aktionen können in Zuständen oder Transitionen veranlasst werden. Im Zustandsgraphen werden Aktionen in Tabellenform in der Programmiersprache AWL dargestellt. Folgende Aktionen, die in einer Tabelle angegeben werden, können unterschieden werden:

Aktionstyp	Kennzeichen	Beschreibung
Eintrittsaktion Transitionsaktionen	E	Aktionen, die beim Eintreten in einen Zustand einmal ausgeführt werden.
Zyklische Aktionen	C	Aktionen, die während des Verweilens in einem Zustand nach der Prüfung der Transitionen ausgeführt werden.
Austrittsaktionen	A	Aktionen, die beim Verlassen eines Zustands einmal ausgeführt werden.
Wartezeiten	WZ	Legt fest, dass der Zustand mindestens für die angegebene Zeit aktiv ist.
Überwachungszeiten	ÜZ	Legt die maximale Verweildauer des Zustandes fest.

Die Tabelle mit den Aktionen eines Zustandes wird in der Nähe des Zustandssymbols platziert und mit einer gestrichelten Linie mit dem Symbol verbunden.

Aktionen, die bei einer Transition ausgeführt werden, heißen Transitionsaktionen, sie sind nur einen Programmzyklus lang aktiv und werden mit einem vorgestellten „!"-Zeichen in der Transitionstabelle angegeben.

Das nebenstehende Beispiel zeigt für den Zustandsübergang von Z_3 nach Z_4 die Transitionsbedingung und die Transitionsaktion sowie die in Zustand 4 veranlassten Aktionen.

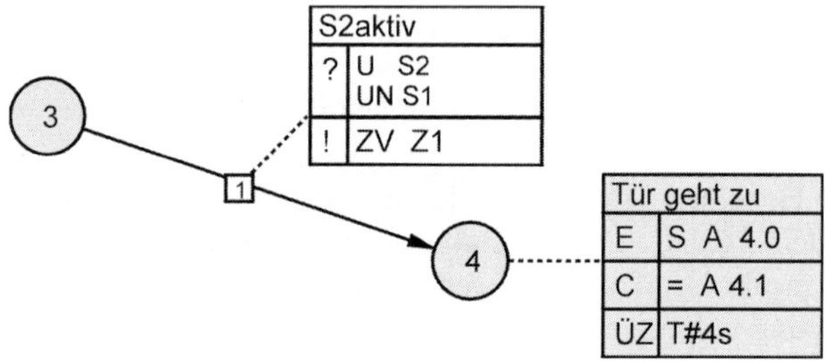

13.2 Umsetzung von Zustandsgraphen in ein Steuerungsprogramm

Ein unter Berücksichtigung der angegebenen Regeln richtig erstellter Zustandsgraph stellt die Lösung oder Teile der Lösung einer Steuerungsaufgabe dar. In der Praxis wird man nun das geeignete Programmiersystem S7-HiGraph wählen, um den Entwurf direkt eingeben zu können. Dabei braucht man sich z. B. nicht um Zustandsmerker, Verriegelungen und um die programmtechnische Realisierung der Aktionstabelle zu kümmern. Dies wird alles vom Engineering-Tool S7-HiGraph übernommen.

Möglich ist jedoch auch die Realisierung von Zustandsgraphen mit den grundlegenden Programmiermitteln. Die Umsetzungsmethode ist dabei die gleiche wie bei den Ablauffunktionsplänen (siehe Kap. 10.3). Diese Lösung wird hier gewählt und vermeidet spezielle Erklärungen zum Handling des Programmiersystems.

Grundlage der Umsetzungsmethode, die mit jedem Programmiersystem möglich ist, ist die Zuweisung eines Zustandes zu einem SR-Speicher, sowie die Realisierung der Transitionen und Aktionstabellen durch logische Grundverknüpfungen.

Folgende wichtige Einzelheiten bei der Umsetzung sind zu beachten:

- Jedem Zustand (inklusive Initialzustand Z_0) wird ein SR-Speicher zugewiesen.
- Bei der Umsetzung eines Zustandes z.B. Zustand 3 (Z_3) erscheinen alle Transitionen, die in den Zustand führen am Setzeingang und alle Transitionen, die aus dem Zustand herausführen am Rücksetzausgang.

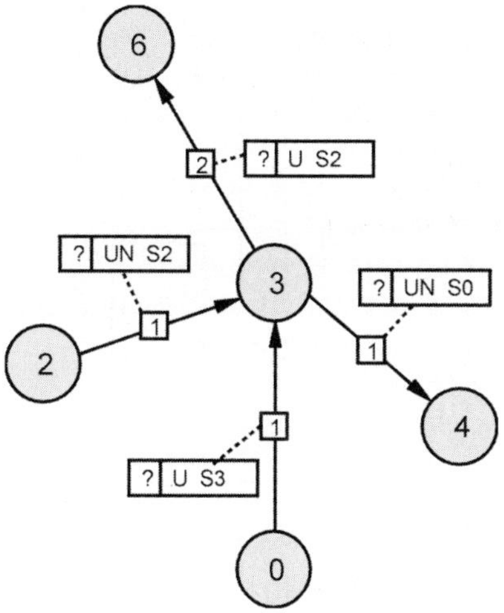

Setzbedingung: Zustände Z_2 und Z_0 mit den jeweiligen Transitionsbedingungen.

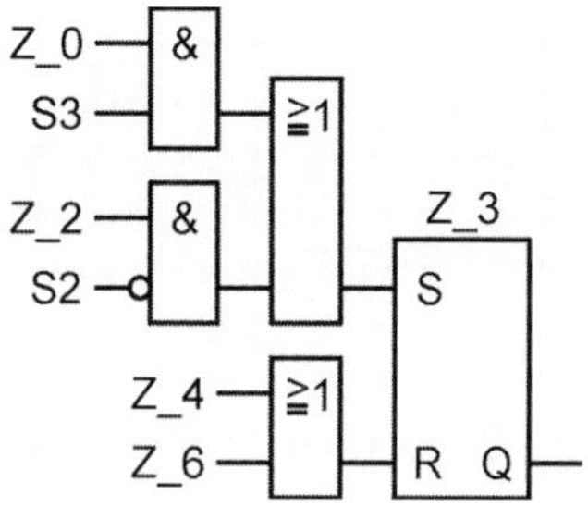

Rücksetzbedingung: Die Folgezustände Z_4 oder Z_6 setzen den Zustand Z_3 zurück.

- Der Initialzustand Z_0 muss beim Einschalten der Steuerung oder beim Programmstart des Zustandsgraphen aktiviert werden. Dies kann mit einem Richtimpuls erfolgen.

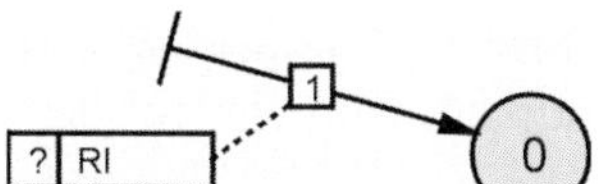

Anweisungsfolge zur Erzeugung eines Richtimpulses:

```
UN   #FO  //Flankenoperand
=    #IO  //Richtimpuls RI
S    #FO  //
```

Wird der Zustandsgraph in einem Funktionsbaustein FB realisiert, erhält die statische lokale Variable des Zustandes Z_0 den Anfangswert „TRUE" und wird deshalb zu Beginn der Programmbearbeitung automatisch aktiv. Die Erzeugung eines Richtimpulses ist in diesem Fall überflüssig.

- Berücksichtigung der Priorität der Transitionen. Im oben gezeichneten Zustandsgraphen hat die Transition von Zustand Z_3 nach Zustand Z_4 eine höhere Priorität als der Übergang von Zustand Z_3 nach Z_6. Es muss gewährleistet sein, dass nur einer der Folgezustände aktiv wird. Schließen sich die Transistionsbedingungen durch beispielsweise komplementäre Abfragen gegenseitig aus, ist die Verriegelung der beiden Folgezustände bereits in den Transitionsbedingungen gegeben. Können die Transitionsbedingungen jedoch gleichzeitig auftreten, muss eine Verriegelung an den entsprechenden Zustandsspeichern erfolgen.

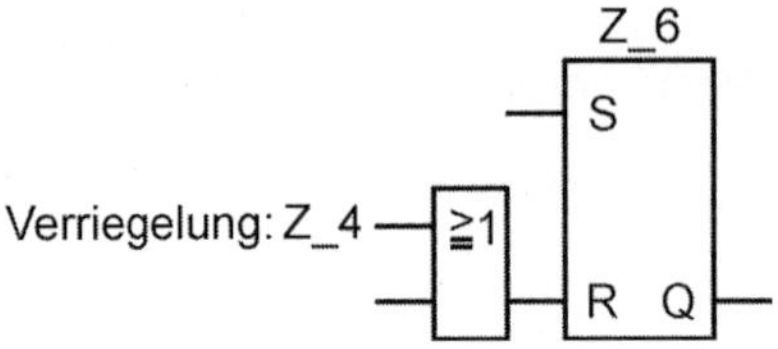

Verriegelung: Zustand Z_4 setzt im Konfliktfall Zustand Z_6 zurück. Die Verriegelung ist nur erforderlich, wenn die beiden Transitionsbedingungen auch gleichzeitig auftreten können.

- Realisierung einer Any-Transition. Die Any-Transition führt von allen Zuständen zu einem Zielzustand. Die Transitionsbedingung taucht deshalb ohne Vorzustand an der Setzbedingung des Zielzustandes auf. Alle anderen Zustände müssen mit der Transitionsbedingung zurückgesetzt werden.

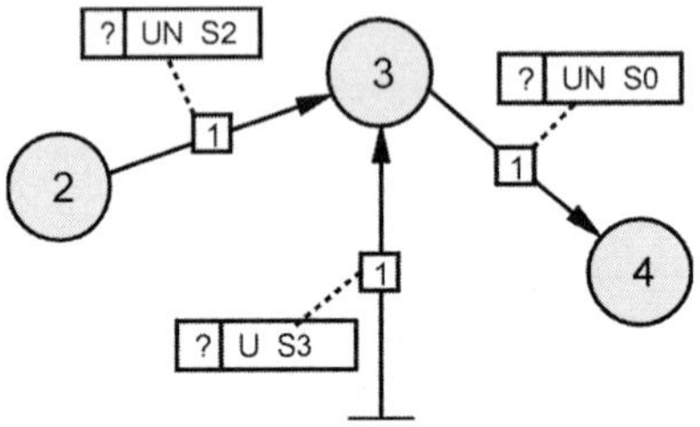

Zielzustand der Any-Transition:

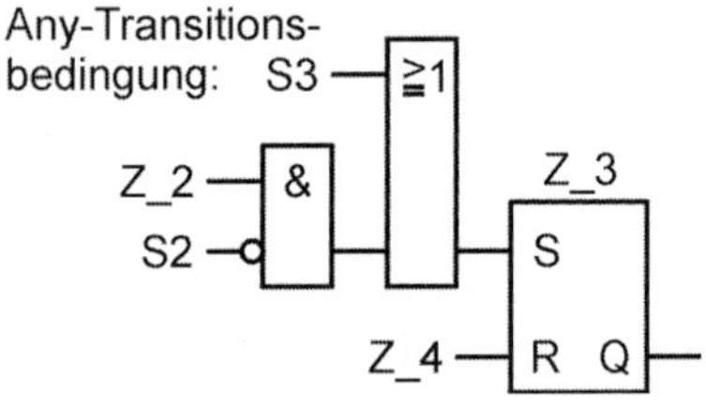

Rücksetzen Zustand Z_4:

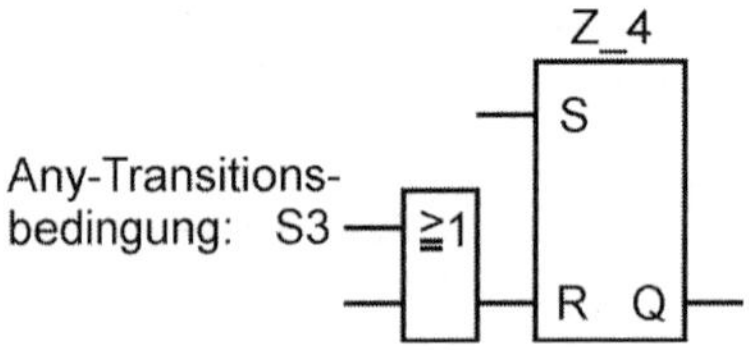

Rücksetzen Zustand Z_2:

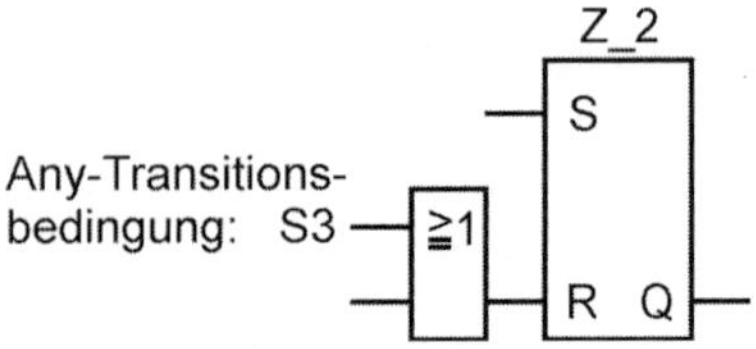

- Realisieren eine Return-Transition. Für die Umsetzung einer Return-Transistion mit der einfachen SR-Speicherfunktion müsste jeweils noch der Vorzustand gespeichert werden. Da dies zu einem sehr umfangreichen Steuerungsprogramm führt, wird hier auf die Verwendung und Darstellung der Return-Transition verzichtet.

- Zurück-Transitionen sind wie Return-Transitionen Übergänge, die aus dem aktuellen Zustand in den vorher aktiven Zustand zurückführen. Die Zustände sind mit zwei gegensinnigen Transitionslinen verbunden.

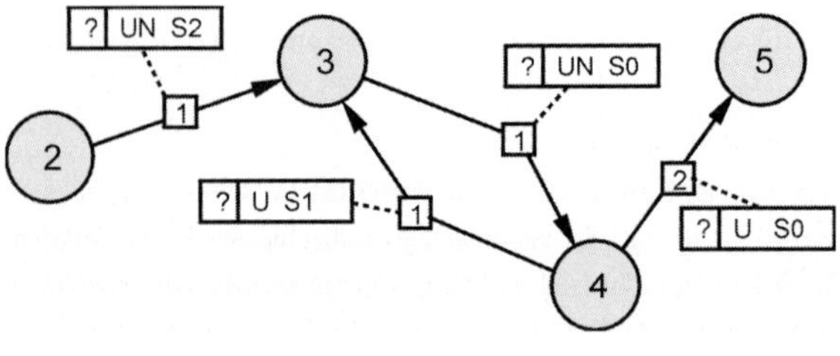

Bei solchen Zurück-Transitionen ist bei der Rücksetzbedingung der gleiche Zustand Z_x angegeben wie bei der Setzbedingung.

Ein Übergang zwischen Zustand Z_3 und Z_4 wird bei der Realisierung mit einfachen SR-Speicherfunktionen nur erreicht, wenn an den Rücksetzeingängen der SR Speicherglieder Z_3 und Z_4 der jeweilige Folgezustand mit der zugehörenden Transitionsbedingung verriegelt wird.

Zustand 3:

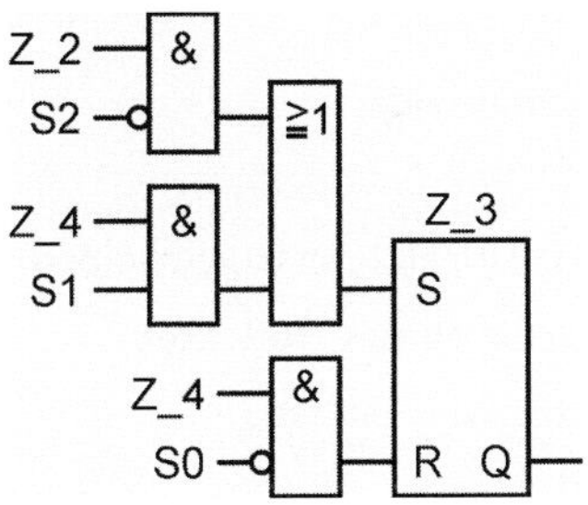

Zustand 4:

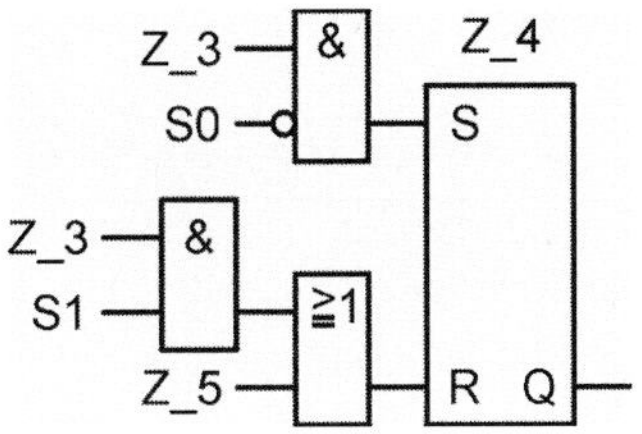

□ Bei der Umsetzung der zyklischen Aktionen (C) muss beachtet werden, ob mehrere Schritte auf einen Steuerungsausgang wirken.

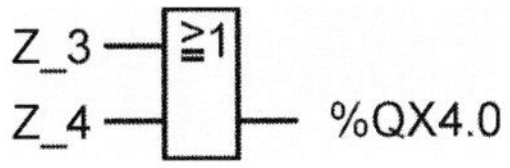

Wird ein Steuerungsausgang von mehreren Schritten angesteuert, sind die Zustandsspeicher mit ODER zu verknüpfen.

□ Bei der Umsetzung einer Wartezeit (WZ) wird durch den Zustands-Speicher eine Zeitfunktion einschaltverzögert gestartet. Erst wenn die Zeit abgelaufen ist, werden die Transitionsbedingungen, die aus dem Zustand herausführen, wirksam.

□ Die Umsetzung einer Transitions-Aktion entspricht der Umsetzung einer Eintrittsaktion (E) in der Aktionstabelle. Mit einer Flankenauswertung des neuen aktuellen Zustandes wird eine solche Aktion angesteuert.

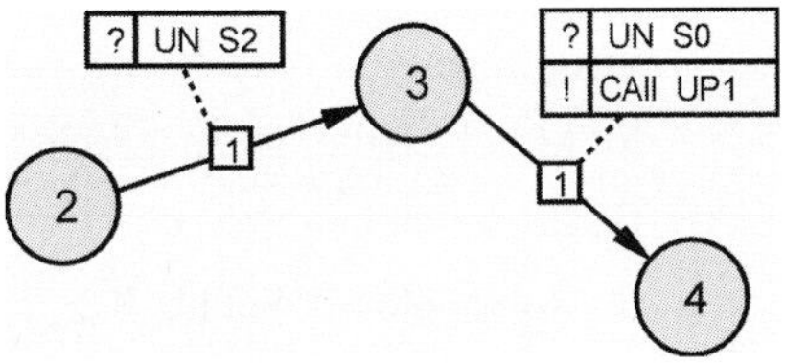

Einmalige Ausführung des Unterprogramms UP1 durch einen Sprung zur Marke M001.

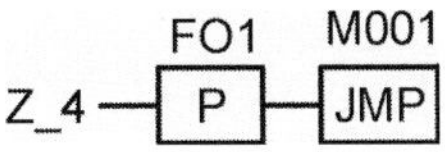

Beispiel 13.1: Torsteuerung

Die Ausgabehalle eines Möbel-Zentrallagers besitzt mehrere Rollentore. Für die Ansteuerung jedes Rollentors ist ein Funktionsbaustein FB10 zu schreiben, der für alle Tore verwendet werden kann.

Das Rollentor kann durch Betätigung von S1 auf- und durch Betätigung von S2 zugesteuert werden. Wird der STOPP-Taster nicht betätigt, fährt das Tor bis zu den jeweiligen Endschaltern S3 bzw. S4. Wird während der Bewegung des Tores der STOPP-Taster betätigt oder gibt der Drucksensor des Tores bei der Abwärtsfahrt Signal, bleibt das Tor sofort stehen. Immer wenn sich das Rollentor bewegt, leuchtet die Meldelampe HM. Die Anzeigeleuchten der Taster H0, H1 u. H2 zeigen jeweils an, wann eine Bedienung der Taster eine Auswirkung hat. Ist der Motorschutzschalter nicht eingeschaltet oder löst er aus, wird dies durch die Störungslampe HS angezeigt. Die Störungslampe leuchtet auch, wenn 1 Sekunde nach Ansteuerung der Schütze keine Rückmeldung von den Schützkontakten I1 bzw. I2 erfolgt. Befindet sich die Anlage im Störungszustand, kann dieser nach Behebung der Störung durch den Schlüsseltaster QUITT verlassen werden.

Technologieschema:

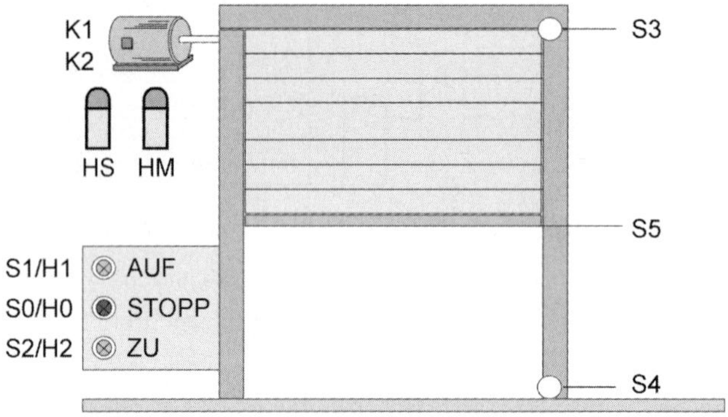

Bedienfeld:

S1, S0, S2: Drucktaster

H1, H0, H2: Anzeigeleuchten

Sensoren des Rollentors:

S3: Obere Endlage

S4: Untere Endlage

S5: Drucksensor

Meldeleuchten:

HM: Tor wird bewegt

HS: Störungsleuchte

Bild 13.1: Rollentor

Der Antrieb des Rollentors erfolgt über einen Reversier-Motorstarter. Motorstarter enthalten generell zwei Digital-Anschlüsse zur Ansteuerung der Leistungsschütze und bis zu vier Digital- Anschlüsse zur Rückmeldung von Betriebszuständen. Angesteuert werden die Ein- bzw. Ausgänge des Motorstarters über AS-i-Bus oder Profibus DP.

Schaltbild des Motorstarters:

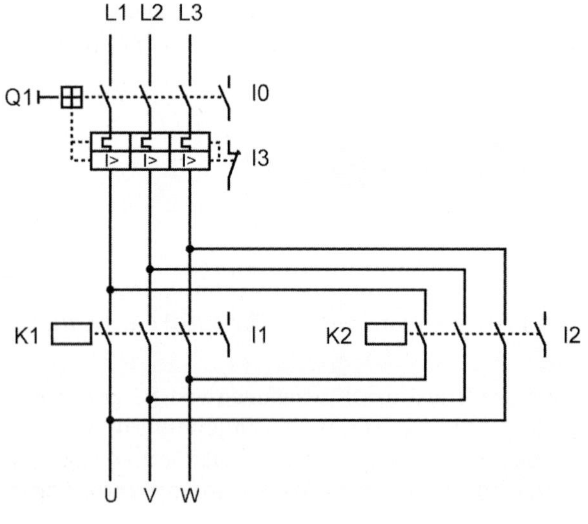

Ein-/ Ausgänge des Motorstarters:

Eingänge:

I0: Motorschalter ist ausgeschaltet

I1: Rückmeldung Schütz K1

I2: Rückmeldung Schütz K2

I3: Motorschutzschalter hat ausgelöst.

Ausgänge:

K1: Schütz Rechtslauf

K2: Schütz Linkslauf

Die Schütze sind mechanisch verriegelt.

Zuordnungstabelle der Eingänge und Ausgänge:

Eingangsvariable	Symbol	Datentyp	Logische Zuordnung	Adresse
Stopp-Taste	S0	BOOL	Betätigt S0 = 0	E 0.0
Taster AUF	S1	BOOL	Betätigt S1 = 1	E 0.1
Taster ZU	S2	BOOL	Betätigt S2 = 1	E 0.2
Endschalter oben	S3	BOOL	Betätigt S3 = 0	E 0.3
Endschalter unten	S4	BOOL	Betätigt S4 = 0	E 0.4
Drucksensor	S5	BOOL	Druck zu groß S5 = 0	E 0.5
Motorschutzschalter	I0	BOOL	Ausgeschaltet I0 = 0	E 0.6
Rückmeldung Schütz K1	I1	BOOL	Angezogen I1 = 1	E 0.7
Rückmeldung Schütz K2	I2	BOOL	Angezogen I2 = 1	E 1.0
Thermische/Überstromauslösg.	I3	BOOL	Ausgelöst I3 = 0	E 1.1
Quittier-Taste	QUITT	BOOL	Betätigt QUITT = 1	E 1.2
Ausgangsvariable				
STOPP-Tasterleuchte	H0	BOOL	Leuchtet H0 = 1	A 4.0
AUF-Tasterleuchte	H1	BOOL	Leuchtet H1 = 1	A 4.1
ZU-Tasterleuchte	H2	BOOL	Leuchtet H2 = 1	A 4.2
Meldeleuchte	HM	BOOL	Leuchtet HM = 1	A 4.3
Störungsleuchte	HS	BOOL	Leuchtet HS = 1	A 4.4
Schütz Tor AUF	K1	BOOL	Angezogen K1 = 1	A 4.5
Schütz Tor ZU	K2	BOOL	Angezogen K2 = 1	A 4.6

Aus dem Funktionsablauf einer Torsteuerung lassen sich folgende Zustände bestimmen:

Zustand Z_0: Das Tor steht und ist nicht oben und nicht unten.

Dieser Zustand wird als Initialisierungs-Zustand verwendet, da beim Einschalten der Steuerung die Stellung des Tores unbekannt ist. Gibt einer der Endschalter S3 (Tor oben) oder S4 (Tor unten) Signal, wird sofort der jeweils zugehörigen Zustand aktiviert.

Zustand Z_1: Das Tor ist auf.

Bedingung für diesen Zustand ist, dass der Endschalter S3 meldet, dass das Tor geöffnet ist. Dieser Zustand kann von Zustand Z_4 oder im Einschaltmoment vom Zustand Z_0 erreicht werden.

Zustand Z_2: Das Tor geht zu.

Der Zustand kann erreicht werden von Zustand Z_1 oder Zustand Z_0.

Zustand Z_3: Das Tor ist zu.

Bedingung für diesen Zustand ist, dass der Endschalter S4 meldet, dass das Tor geschlossen ist. Dieser Zustand kann von Zustand Z_2 oder im Einschaltmoment vom Zustand Z_0 erreicht werden.

Zustand Z_4: Das Tor geht auf.

Der Zustand kann erreicht werden von Zustand Z_3 oder Zustand Z_0.

Zustand Z_5: Störung.

Dieser Zustand ist mit einer ANY-Transistion erreichbar. Löst der Motorschutzschalter aus oder melden die Endschalter S3 und S4 gleichzeitig ihre Betätigung, liegt eine Störung vor. Der Störungszustand muss in diesem Fall von jedem Zustand aus aktiviert werden können.

Zustandsgraph:

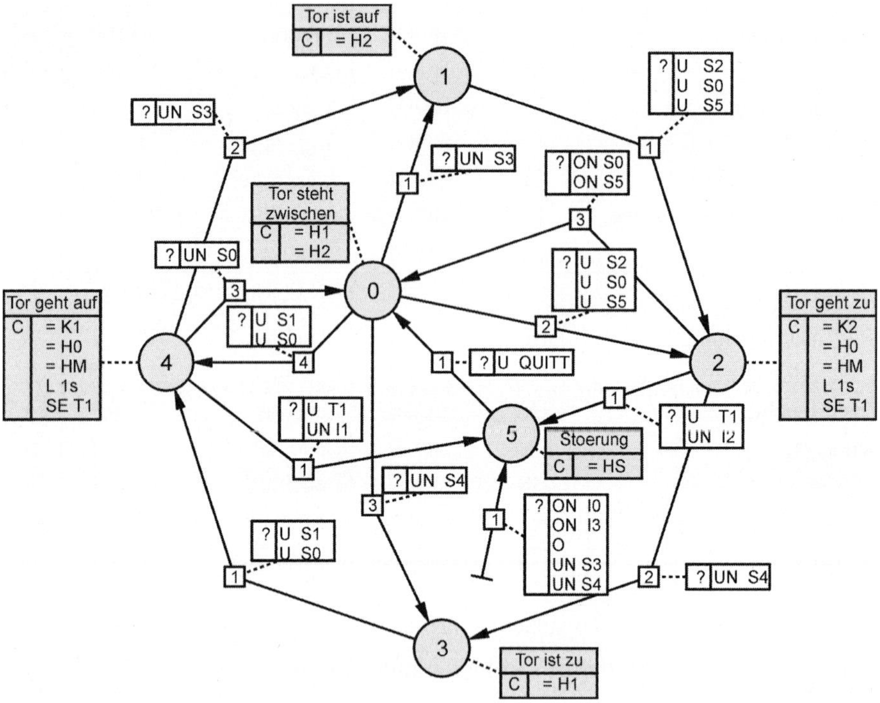

Der Zustandsgraph wirkt zunächst etwas unübersichtlich. Betrachtet man aber jeden Zustand für sich, so ist der Steuerungsablauf deutlich ablesbar.

Beispiel: Zustand Z_2 Tor geht zu:

Der Zustand Z_2 kann entweder von Zustand Z_0 (Tor steht zwischen) oder von Zustand Z_1 (Tor ist auf) mit der Transitionsbedingung S2 (Taster Tor ZU) und Taster S0 bzw. Drucksensor S5 sind nicht betätigt erreicht werden. In Zustand Z_2 werden über die Aktionstabelle das Schütz K2, die Tasterbeleuchtung des STOPP-Tasters H0 und die Meldeleuchte HM angesteuert. Beim Eintritt in diesen Zustand wird eine einschaltverzögerte Zeitfunktion T1 mit einer Sekunde gestartet. Ist die Zeit abgelaufen und noch keine Rückmeldung I2 vom Motorstarter (Schütz K2 hat angezogen) vorhanden, wird in den Zustand Z_5 Störung weitergeschaltet. Weitere Folgezustände sind der Zustand Z_0 und Zustand Z_3. Der Zustand Z_0 wird erreicht, wenn der STOPP-Taster S0 betätigt wird oder der Drucksensor S5 Signal gibt. Der Zustand Z_3 wird erreicht, wenn der Endschalter S4 meldet, dass das Tor geschlossen ist.

Werden die anderen Zuständen ebenfalls in dieser Form betrachtet, gewinnt der Zustandsgraph an Übersichtlichkeit. Für die Umsetzung des Zustandsgraphen in ein Steuerungsprogramm ist beispielhaft der Funktionsplan für die Zustände Z_0 und Z_2 angegeben.

Zustand 0:

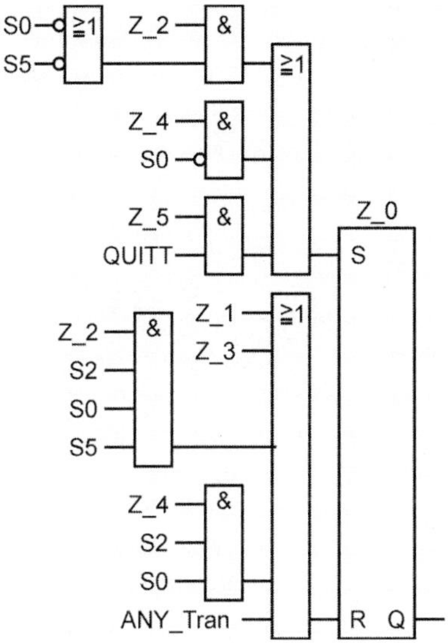

Zustand 2:

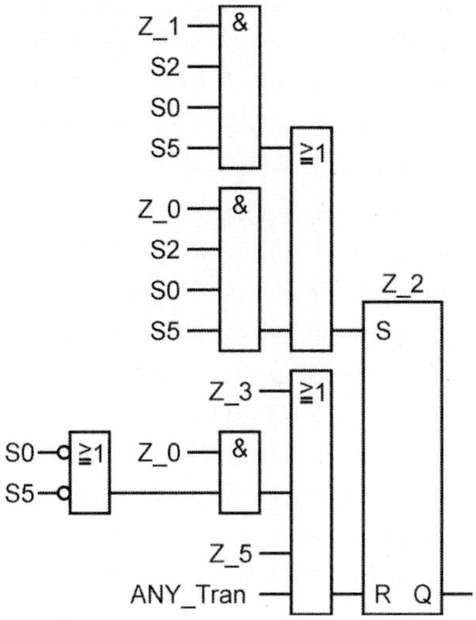

Für die restlichen Zustände und die Befehlsausgabe erfolgt die Umsetzung des Zustandsgraphen in ein Steuerungsprogramm entsprechend der dargestellten Beispiele und den angegebenen Regeln.

Die Übergangsbedingung für die ANY-Transition wird bei jeder Speicherfunktion benötigt und wird deshalb nach nebenstehender Funktion einmalig gebildet:

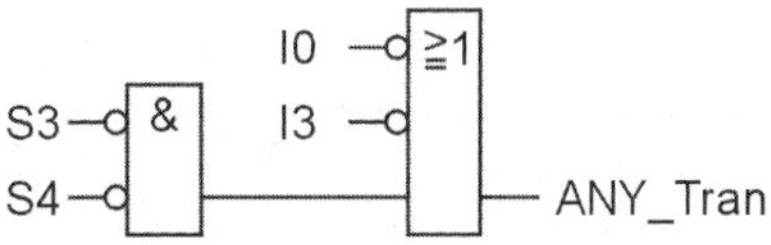

Im nachfolgenden Steuerungsprogramm ist der Zustandsgraph inklusive Ausgabezuweisungen in einem Funktionsbaustein FB 11 programmiert. Dieser kann dann auch für die weiteren Tore der Lagerhalle benutzt werden.

STEP 7 Programm (AWL-Quelle):

```
FUNCTION_BLOCK FB 11
VAR_INPUT          VAR_OUTPUT          VAR                 VAR_TEMP
S0 : BOOL ;         H0 : BOOL ;        Z_0:BOOL:= TRUE;    ANY_Tran: BOOL ;
S1 : BOOL ;         H1 : BOOL ;        Z_1 : BOOL ;        END_VAR
S2 : BOOL ;         H2 : BOOL ;        Z_2 : BOOL ;
S3 : BOOL ;         HM : BOOL ;        Z_3 : BOOL ;
S4 : BOOL ;         HS : BOOL ;        Z_4 : BOOL ;
S5 : BOOL ;         K1 : BOOL ;        Z_5 : BOOL ;
I0 : BOOL ;         K2 : BOOL ;        END_VAR
I1 : BOOL ;        END_VAR
I2 : BOOL ;
I3 : BOOL ;
QUITT : BOOL ;
Zeitg : TIMER ;
END_VAR
```

```
BEGIN
//Zustand Z_0
U #Z_2;
U( ;
ON #S0;
ON #S5;
) ;
O ;
U  #Z_4;
UN #S0;
O  ;
U  #Z_5;
U  #QUITT;
S  #Z_0;
O  #Z_1;
O  #Z_3;
O  ;
U  #Z_2;
U  #S2;
U  #S0;
U  #S5;
O  ;
U  #Z_4;
U  #S1;
U  #S0;
O  #ANY_Tran;
R  #Z_0;

//Zustand Z_1
U  #Z_0;
UN #S3;
O  ;
U  #Z_4;
UN #S3;
S  #Z_1;
O  #Z_2;
O  #ANY_Tran;
R  #Z_1;

// Zustand Z_2
U  #Z_1;
U  #S2;
U  #S0;
U  #S5;
O  ;
U  #Z_0;
U  #S2;
U  #S0;
U  #S5;
S  #Z_2;
O  #Z_3;
O  ;
U  #Z_0;
U( ;
ON #S0;
ON #S5;
) ;
O  #Z_5;
O  #ANY_Tran;
R  #Z_2;

//Zustand Z_3
U  #Z_2;
UN #S4;
O  ;
U  #Z_0;
UN #S4;
S  #Z_3;
O  #Z_4;
O  #ANY_Tran;
R  #Z_3;

//Zustand Z_4
U  #Z_3;
U  #S1;
U  #S0;
O  ;
U  #Z_0;
U  #S1;
U  #S0;
S  #Z_4;
O  #Z_1;
O  ;
U  #Z_0;
UN #S0;
O  #Z_5;
O  #ANY_Tran;
R  #Z_4;

//Zustand Z_5
O  #ANY_Tran;
O  ;
UN #S3;
UN #S4;
O  ;
U  #Z_2;
U  T1;
UN #I2;
O  ;
U  #Z_4;
U  T1;
UN #I1;
S  #Z_5;
U  #Z_0;
U  #QUITT;
R  #Z_5;

//ANY-Tran
ON #I0;
ON #I3;
O  ;
UN #S3;
UN #S4;
=  #ANY_Tran;
// Zeit
U( ;
O  #Z_2;
O  #Z_4;
)  ;
L  S5T#3S;
SE #Zeitg;
//Ausgabe
O  #Z_2;
O  #Z_4;
=  #H0;
O  #Z_0;
O  #Z_3;
=  #H1;
O  #Z_0;
O  #Z_1;
=  #H2;
O  #Z_2;
O  #Z_4;
=  #HM;
U  #Z_4;
=  #K1;
U  #Z_2;
=  #K2;
U  #Z_5;
=  #HS;
END_FUNCTION_BLOCK
DATA_BLOCK DB 11
 FB 11
BEGIN
S0 := FALSE;
S1 := FALSE;
S2 := FALSE;
S3 := FALSE;
S4 := FALSE;
S5 := FALSE;
I0 := FALSE;
I1 := FALSE;
I2 := FALSE;
I3    := FALSE;
QUITT := FALSE;
Zeitg := T 0;
H0    := FALSE;
H1    := FALSE;
H2    := FALSE;
HM    := FALSE;
HS    := FALSE;
K1    := FALSE;
K2  := FALSE;
Z_0 := TRUE;
Z_1 := FALSE;
Z_2 := FALSE;
Z_3 := FALSE;
Z_4 := FALSE;
Z_5 := FALSE;
END_DATA_BLOCK
```

```
ORGANIZATION_BLOCK OB 1
VAR_TEMP
...                 //Standardeinträge
END_VAR
BEGIN
CALL FB 11 , DB 11 (                         I3    := E 1.1,
     S0    := E 0.0,                         QUITT := E 1.2,
     S1    := E 0.1,                         Zeitg := T 1,
     S2    := E 0.2,                         H0    := A 4.0,
     S3    := E 0.3,                         H1    := A 4.1,
     S4    := E 0.4,                         H2    := A 4.2,
     S5    := E 0.5,                         HM    := A 4.3,
     I0    := E 0.6,                         HS    := A 4.4,
     I1    := E 0.7,                         K1    := A 4.5,
     I2    := E 1.0,                         K2    := A 4.6);
END_ORGANIZATION_BLOCK
```

13.3 Zeigerprinzip bei Zustandsgraphen

Treffen bei bestimmten Steuerungsaufgaben Daten zu beliebigen Zeitpunkten ein, die abgespeichert und zu einem anderen Zeitpunkt wieder ausgegeben werden müssen, so kann die Verwaltung der Speicherzellen nach dem *Zeigerprinzip* erfolgen. Ebenso ist das Zeigeprinzip anwendbar, wenn das Eintreffen von binären Signalen zu beliebigen Zeitpunkten das Setzen bzw. Rücksetzen von Speichergliedern zur Folge haben soll. Das Grundprinzip der Zeigerstruktur besteht in der Einführung von Zeigern, die auf Speicherplätze (z. B. Datenbyte DBB, Datenwort DBW bzw. Datendoppelwort DBD in Datenbausteinen, s. 13.3.1) oder Speicherfunktionen (z. B. SR-Speicher, s. 13.3.2) hinweisen.

13.3.1 Zeigerprinzip bei der Datenspeicherung

Handelt es bei der Speicherung von Daten um das FIFO-Prinzip (First_In – First_Out), ist die Einführung von zwei Zeigern erforderlich. Ein Zeiger weist auf die Speicherstelle, welche als nächste Daten aufnehmen soll. Der zweite Zeiger weist auf die Speicherstelle, aus der als nächste die Daten ausgelesen werden. Nach jedem Einlesen und Auslesen wird der entsprechende Zeiger auf die nächste Speicherstelle gestellt. Ist das Ende des Datenbereichs erreicht und der Datenspeicher nicht voll, beginnen die beiden Zeiger wieder bei der ersten Speicherstelle. Die beiden Zeiger dürfen sich nicht „überholen“.

Zeiger für das „Einlesen“

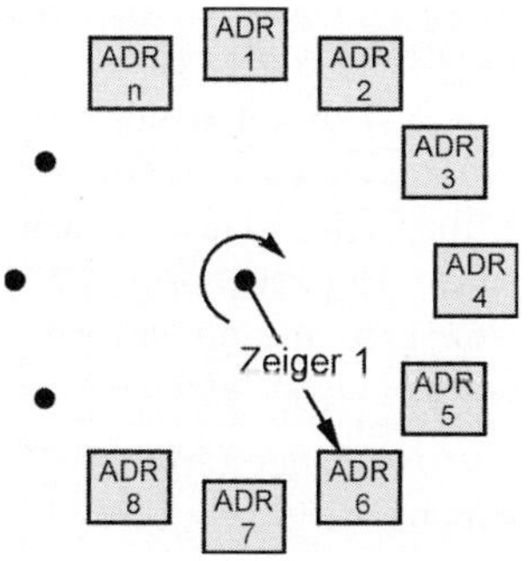

Zeiger für das „Auslesen“

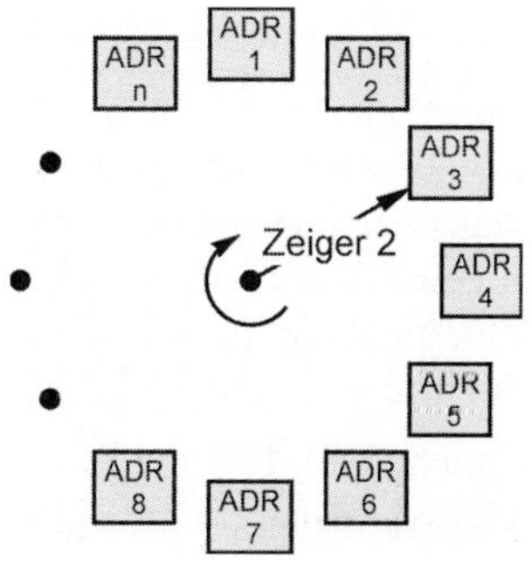

Bei der Datenspeicherung nach dem LIFO-Prinzip (Last_In – First_Out) genügt die Einführung eines Zeigers. Vor dem Einlesen wird er um eine Stelle weitergedreht und zeigt dann auf die Speicherstelle, in die Daten eingelesen werden sollen. Für das Auslesen weist der Zeiger direkt auf die Speicherstelle hin. Nach jedem Auslesen wird der Zeiger um eine Stelle zurückgedreht.

Beispiel 13.2: Pufferspeicher FIFO (FB60: FIFO)

Für die Programmbibliothek ist ein Funktionsbaustein FB 60 (FIFO) zu entwerfen, der zusammen mit einem wählbaren Datenbaustein DBx die Funktion eines FIFO-Pufferspeichers erfüllt. In dem Datenbaustein DBx sollen Werte mit der Breite von einem Wort gespeichert werden. Die mögliche Anzahl der zu speichernden Werte wird an dem Funktionsbaustein-Eingang LAE (Länge) vorgegeben. Bei einem 0 → 1 Zustandswechsel am Eingang WR (Schreiben) wird der am Eingang XW_E liegende Wert (WORD) in den Pufferspeicher übernommen. Sind soviel Werte in den Pufferspeicher geschrieben, wie die Anzahl LAE vorgibt, zeigt der Funktionsbaustein-Ausgang FU (Voll) „1"-Signal. Ein weiteres Einschreiben ist dann nicht mehr möglich.

Bei einem 0 → 1 Zustandswechsel am Eingang RD (Lesen) wird derjenige Wert an den Ausgang XW_A ausgegeben, der als erster in den Pufferspeicher geschrieben wurde. Sind alle Werte aus dem Pufferspeicher ausgelesen, wird das durch ein „1"-Signal am Ausgang EM (Leer) des Funktionsbausteins angezeigt. Ein weiteres Auslesen ist dann nicht mehr möglich. Das Ein- bzw. Auslesen des Pufferspeichers ist jeweils nur möglich, wenn der entsprechende andere Eingang WR bzw. RE des Funktionsbausteins „0"-Signal hat. Über den Eingang RES (Zurücksetzen) des Funktionsbausteins kann der Pufferspeicher gelöscht werden.

Ein- und Ausgabevariable

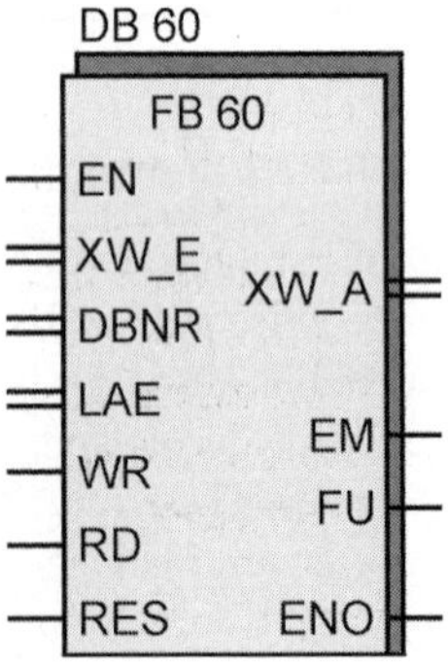

Datentyp und Beschreibung

XW_E (WORD):	Wert, der eingelesen wird.
DBNR (INT):	Nummer des Datenbausteins.
LAE (INT):	Anzahl der maximal gespeicherten Werte.
WR (BOOL):	Bei einem 0 → 1 Signalwechsel wird in den Puffspeicher geschrieben.
RD (BOOL):	Bei einem 0 → 1 Signalwechsel wird aus dem Puffspeicher gelesen.
RES (BOOL):	Bei „1"-Signal löschen des Pufferspeichers
XW_A (WORD):	Wert, der ausgelesen wird.
EM (BOOL):	Pufferspeicher leer bei Signalzustand „1".
FU (BOOL):	Pufferspeicher voll bei Signalzustand „1".

Zum Test des Funktionsbausteins FB 60 wird an den Eingang XW_E mit einem Zifferneinsteller ein Eingangswort EW angelegt. Zur Beobachtung der ausgelesenen Werte wird an den Funktionsbaustein-Ausgang XW_A eine Ziffernanzeige angeschlossen. An den Eingang DBNR wird eine Datenbaustein-Nummer (z.B. 10) geschrieben. Der zugehörige Datenbaustein ist mit mindestens der Anzahl von Datenwörtern DW anzulegen, wie die am Eingang LAE (Länge des Pufferspeichers) angegebenen Zahl (z.B.10) vorgibt.

An die Eingänge WR, RD und RES werden Taster und an die Ausgänge EM und FU Anzeigeleuchten angeschlossen. Damit ergibt sich folgender Bausteinaufruf:

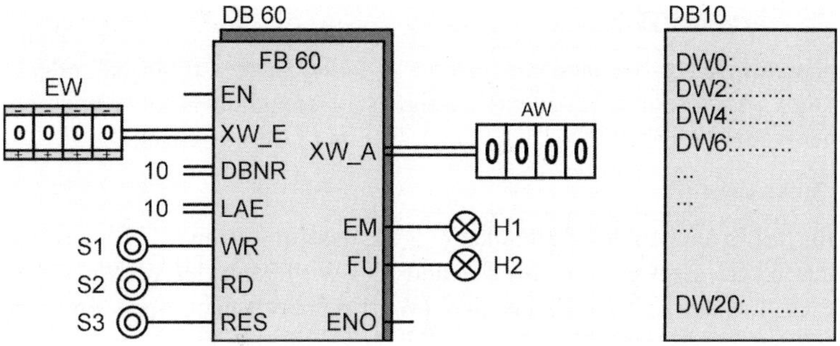

Zuordnungstabelle der Eingänge und Ausgänge:

Eingangsvariable	Symbol	Datentyp	Logische Zuordnung		Adresse
Taste „Einlesen"	S1	BOOL	Betätigt	S1 = 1	E 0.1
Taste „Auslesen"	S2	BOOL	Betätigt	S2 = 1	E 0.2
Taste „Zurücksetzen"	S3	BOOL	Betätigt	S3 = 1	E 0.3
Zifferneinsteller	EW	WORD	BCD-Code		EW 8
Ausgangsvariable					
Anzeigeleuchte „leer"	H1	BOOL	leuchtet	H1 = 1	A 4.1
Anzeigeleuchte „voll"	H2	BOOL	leuchtet	H2 = 1	A 4.2
Ziffernanzeige	AW	WORD	BCD-Code		AW 12

Das Steuerungsprogramm für den Funktionsbaustein FB 60 (FIFO) wird mit einem Zustandsgraphen beschrieben. Zur Bestimmung der Speicherstelle, in die als nächste eingeschrieben bzw. aus der als nächste ausgelesen werden soll, werden zwei Zeiger eingeführt. Die beiden Zeiger werden durch die Zähler ZAE1 und ZAE2 repräsentiert. Aus der Stellung der beiden Zeiger könnte die Anzahl der eingelesenen Werte ermittelt werden. Es ist jedoch leichter, einen dritten Zähler ZAE3 einzuführen, der jeweils die Anzahl der eingelesenen und noch nicht ausgelesenen Werte angibt. Aus der Aufgabenstellung lassen sich für den Funktionsbaustein FB 60 (FIFO) folgende Zustände bestimmen:

Zustand Z_0: FIFO Leer.

Dieser Zustand wird als Initialisierungs-Zustand verwendet, da beim Einschalten der Steuerung noch kein Wert in den Pufferspeicher eingeschrieben ist. Der Zustand kann mit einer ANY-Transition bei einem „1"-Signalzustand am Eingang RES oder vom Zustand Z_3 (Auslesen) erreicht werden, wenn alle Werte ausgelesen sind (ZAE3 = 0). Verlassen wird der Zustand, wenn ein 0 → 1 Flankenwechsel am Eingang WR auftritt. In Zustand Z_0 wird der Ausgang EM angesteuert.

Zustand Z_1: Einlesen.

Bedingung für das Erreichen des Zustandes Z_1 ist, dass in Zustand Z_0 oder Z_2 der Taster „Einlesen" S1 betätigt wird. Im Zustand Z_1 wird dann der Wert in den Pufferspeicher eingelesen und der Zähler Z1 um zwei (Wort-Adresse) sowie der Zähler Z3 um einen Wert nach oben gezählt. Ist der Zähler ZAE1 größer als das doppelte von LAE minus 1, wird der Zählwert auf 0 zurückgesetzt und zeigt damit wieder auf die Adresse von Datenwort DW0.

Zustand Z_2: Werte in FIFO.

Der Zustand wird erreicht, wenn vom Zustand Z_1 der Taster „Einlesen“ oder vom Zustand Z_3 der Tasters „Auslesen“ nicht mehr betätigt ist. Bedingung ist allerdings noch, dass der Pufferspeicher weder voll (ZAE3 = LEA) noch leer ist (ZAE3 ungleich 0).

Zustand Z_3: Auslesen.

Bedingung für das Erreichen des Zustandes Z_3 ist, dass in Zustand Z_2 oder Zustand Z_4 der Taster „Auslesen“ S2 betätigt wird. Im Zustand Z_3 wird dann der Wert aus dem Pufferspeicher ausgelesen und der Zähler Z2 um zwei (Wort-Adresse) nach oben sowie der Zähler Z3 um einen Wert nach unten gezählt. Wird der Zähler ZAE2 wieder größer als das doppelte von LAE minus 1, wird der Zählwert auf 0 zurückgesetzt

Zustand Z_4: FIFO voll.

Der Zustand wird vom Zustand Z_1 erreicht, wenn der Taster „Einlesen“ wieder losgelassen wird, und der Zähler ZA3 den Wert der angegebenen Länge LAE hat.

Alle Zustandsübergänge und Aktionen sind in dem dargestellten Zustandsgraphen für den Funktionsbaustein FB 60 (FIFO) eingetragen.

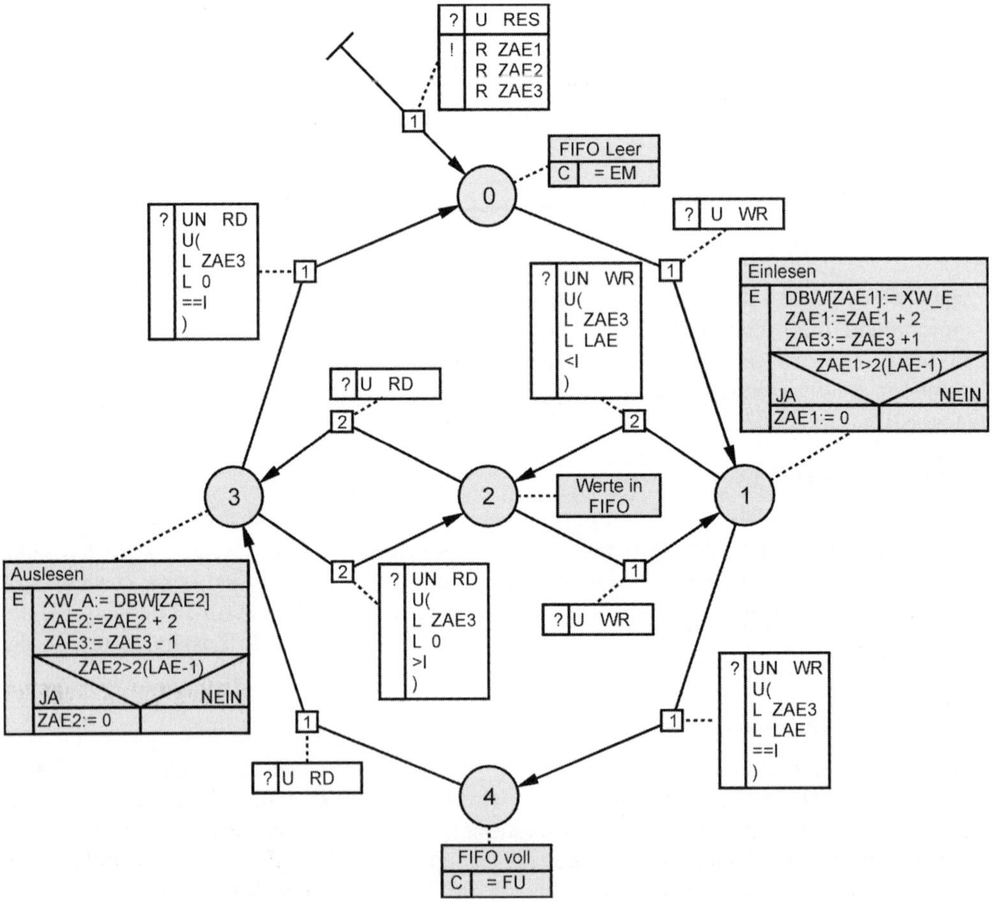

Bei der Umsetzung des Zustandsgraphen in ein Steuerungsprogramm mit SR-Speicher ist darauf zu achten, dass der Zustand Z_1 und der Zustand Z_3 gegenseitig verriegelt werden. Die Aktionen in Zustand Z_1 und Zustand Z_2 sind *Eintrittsaktionen*. Die zugehörigen Anweisungen werden deshalb mit einer Flankenauswertung des jeweiligen Zustandes ausgeführt.

Nachfolgend ist die Umsetzung des Zustandsgraphen mit SR-Speichern dargestellt.

Zustand Z_0

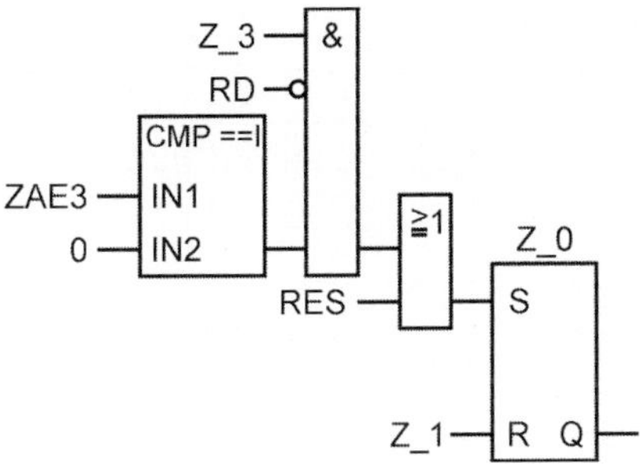

Zustand Z_1

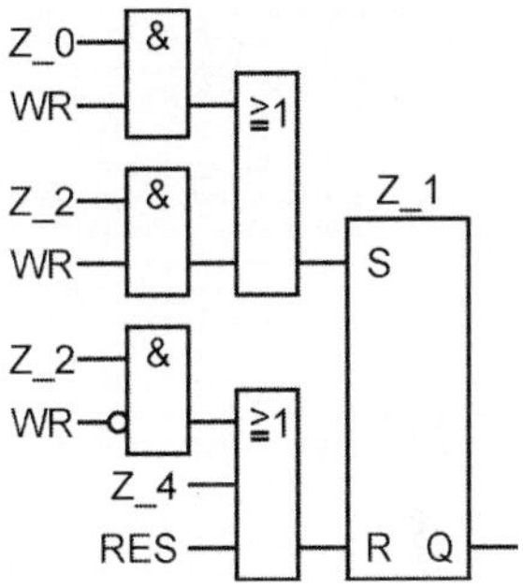

Zustand Z_2

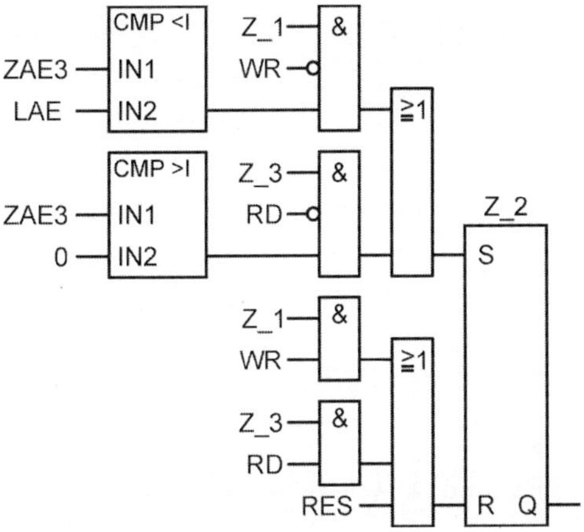

Zustand Z_3

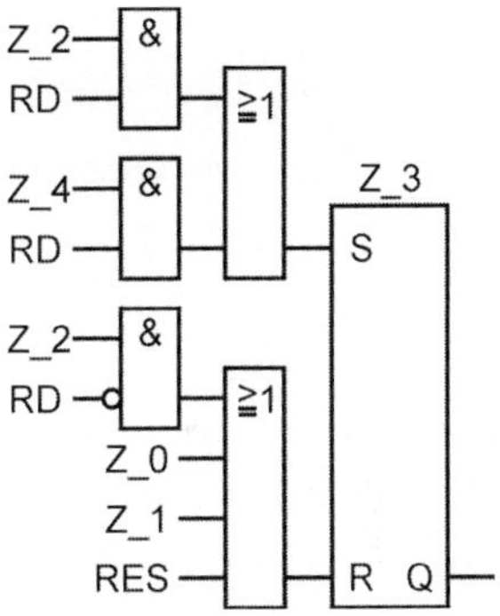

Zustand Z_4

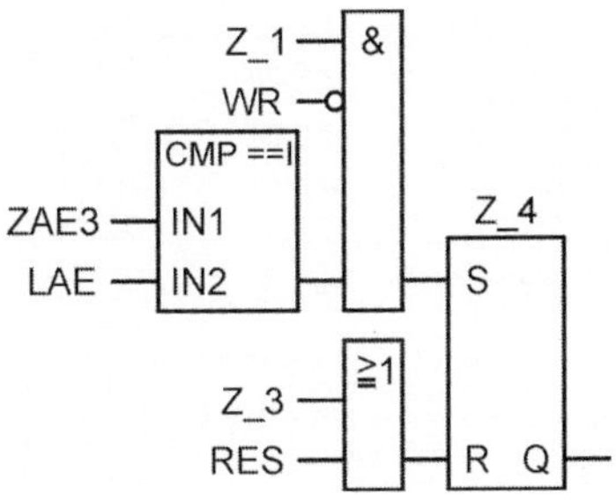

Die Aktionen, die in den Zuständen Z_0 bzw. Z_4 permanent und in den Zuständen Z_1 bzw. Z_2 als Eintrittsaktionen auszuführen sind, werden am einfachsten in der Programmiersprache AWL geschrieben. Zur indirekten Adressierung der Datenwörter wird noch die temporäre lokale Variable ADRZ (Adresszeiger) im Format DWORD eingeführt. Das jeweilige Bitmuster der Zähler ZAE1 bzw. ZAE2, welches das aufzurufende Datenwort angibt, wird um drei Stellen nach links geschoben und dem Adresszeiger ADR zugewiesen. Die Doppelwortbreite des Adressoperanden und die 3-Bit-Stellenverschiebung sind Erfordernisse der angewandten speicherindirekten Adressierung (s. Kap. 6.8.1.2). Die zugehörigen Anweisungsfolgen und die Anweisungsfolge für die Any-Transition sind aus dem nachfolgenden STEP 7 Steuerungsprogramm zu entnehmen.

STEP 7 Programm (AWL-Quelle):

```
FUNCTION_BLOCK FB 60
VAR_INPUT
XW_E: WORD;
DBNR: INT;
LAE  : INT;
WR  : BOOL;
RD  : BOOL;
RES : BOOL;
END_VAR
VAR_OUTPUT
XW_A : WORD;
EM : BOOL;
FU : BOOL;
END_VAR
VAR
Z_0: BOOL:=TRUE;
Z_1: BOOL;
Z_2: BOOL;
Z_3: BOOL;
Z_4: BOOL;
ZAE1: INT;
ZAE2: INT;
ZAE3: INT;
FO1: BOOL;
FO2: BOOL;
END_VAR
VAR_TEMP
 DBNRW: WORD;
 ADRZ : DWORD;
END_VAR

BEGIN
L  #DBNR;
T  #DBNRW;
AUFDB [#DBNRW];
//Zustand Z_0
U  #Z_3;
UN #RD;
U( ;
L  #ZAE3;
L  0;
==I;
)  ;
O  #RES;
S  #Z_0;
U  #Z_1;
R  #Z_0;
//Zustand Z_1
U  #Z_0;
U  #WR;
O  ;
U  #Z_2;
U  #WR;
S  #Z_1;
U  #Z_2;
UN #WR;
O  #Z_4;
O  #RES;
R  #Z_1;
//Zustand Z_2
U  #Z_1;
UN #WR;
U( ;
L  #ZAE3;
L  #LAE;
<I ;
)  ;
O  ;
U  #Z_3;
UN #RD;
U( ;
L  #ZAE3;
L  0;
>I ;
)  ;
S  #Z_2;
U  #Z_1;
U  #WR;
O  ;
U  #Z_3;
U  #RD;
O  #RES;
R  #Z_2;
//Zustand Z_3
U  #Z_2;
U  #RD;
O  ;
U  #Z_4;
U  #RD;
S  #Z_3;
U  #Z_2;
UN #RD;
O  #Z_0;
O  #Z_1;
O  #RES;
R  #Z_3;
//Zustand Z_4
U  #Z_1;
UN #WR;
U( ;
L  #ZAE3;
L  #LAE;
==I ;
) ;
S  #Z_4;
O  #Z_3;
O  #RES;
R  #Z_4;
//Akt. Z_0; Z_4
U  #Z_0;
=  #EM;
U  #Z_4;
=  #FU;
//Aktion Z_1
L  #ZAE1;
SLW 3;
T  #ADRZ;
U  #Z_1;
FP #FO1;
SPBNB M001;
L  #XW_E;
T  DBW [#ADRZ];
L  #ZAE1;
+  2;
T  #ZAE1;
L  #ZAE3;
+  1;
T  #ZAE3;
L  #LAE;
L  -1;
+I ;
L  2;
*I ;
L  #ZAE1;
TAK;
>I ;
SPBN  M001;
L  0;
T  #ZAE1;
Fortsetzung
```

Fortsetzung FB 60

```
M001: NOP 0;
//Aktion Z_3
      L #ZAE2;
      SLW 3;
      T #ADRZ;
      U #Z_3;
      FP #FO2;
      SPBNB M002;
      L DBW [#ADRZ];
      T #XW_A;
      L #ZAE2;
      + 2;
      T #ZAE2;
      L #ZAE3;
      L -1;
      +I ;
      T #ZAE3;
      L #LAE;
      L -1;
      +I ;
      L 2;
      *I ;
      L #ZAE2;
      TAK;
      >I ;
      SPBN M002;
      L 0;
      T #ZAE2;
M002: NOP 0;
//ANY-Transitions-Aktion
      U #RES;
      SPBNB M003;
      L 0;
      T #ZAE3;
      T #ZAE1;
      T #ZAE2;
M003: NOP 0;

END_FUNCTION_BLOCK
DATA_BLOCK DB 60
FB 60
BEGIN
XW_E := W#16#0;   RES := FALSE;     Z_1 := FALSE;     ZAE1 := 0;
DBNR := 0;        XW_A:= W#16#0;    Z_2 := FALSE;     ZAE2 := 0;
 LAE := 0;         EM := FALSE;     Z_3 := FALSE;     ZAE3 := 0;
 WR := FALSE;      FU := FALSE;     Z_4 := FALSE;     FO1  := FALSE;
 RD := FALSE;     Z_0 := TRUE;                        FO2  := FALSE;

END_DATA_BLOCK

DATA_BLOCK DB 10
STRUCT
WERT0 : WORD ;    WERT5 : WORD ;    WERT10 : WORD ;   WERT15 : WORD ;
WERT1 : WORD ;    WERT6 : WORD ;    WERT11 : WORD ;   WERT16 : WORD ;
WERT2 : WORD ;    WERT7 : WORD ;    WERT12 : WORD ;   WERT17 : WORD ;
WERT3 : WORD ;    WERT8 : WORD ;    WERT13 : WORD ;   WERT18 : WORD ;
WERT4 : WORD ;    WERT9 : WORD ;    WERT14 : WORD ;   WERT19 : WORD ;
END_STRUCT ;
BEGIN
WERT0 :=W#16#0;   WERT5 := W#16#0;  WERT10:= W#16#0;  WERT15:= W#16#0;
WERT1 := W#16#0;  WERT6 := W#16#0;  WERT11:= W#16#0;  WERT16:= W#16#0;
WERT2 := W#16#0;  WERT7 := W#16#0;  WERT12:= W#16#0;  WERT17:= W#16#0;
WERT3 := W#16#0;  WERT8 := W#16#0;  WERT13:= W#16#0;  WERT18:= W#16#0;
WERT4 := W#16#0;  WERT9 := W#16#0;  WERT14:= W#16#0;  WERT19:= W#16#0;
END_DATA_BLOCK

ORGANIZATION_BLOCK OB 1
VAR_TEMP
...               //Standardeinträge
END_VAR
```

```
BEGIN
CALL FB 60, DB 60 (                     RD   := E 0.2,
     XW_E := EW 8,                      RES  := E 0.3,
     DBNR := 10,                        XW_A := AW 12,
     LAE  := 10,                        EM   := A 4.0,
     WR   := E 0.1,                     FU   := A 4.1);

END_ORGANIZATION_BLOCK
```

13.3.2 Zeigerprinzip bei Speicherfunktionen

Ein häufig auftretendes Grundproblem der Steuerungstechnik besteht in der stufenweise Zu- und Abschaltung von Pumpen, Lüftern, Brennern etc. unter Beachtung einer einigermaßen gleichen Laufzeit der Geräte. Um die gleichmäßige Auslastung der Geräte (Leistungsstufen) zu gewährleisten, wird bei Bedarf stets das Gerät als nächstes dazugeschaltet, welches zuerst ausgeschaltet wurde. Umgekehrt wird bei der Abschaltung von Geräten das Gerät angeschaltet, das als erstes eingeschaltet wurde. Solche Steuerungsaufgaben lassen sich ebenfalls nach dem Zeigerprinzip realisieren. Ein Zeiger weist dabei immer auf das Gerät hin, das als nächstes eingeschaltet werden soll und ein zweiter Zeiger auf das Gerät, das als nächstes ausgeschaltet werden soll. Am Beispiel von 4 Pumpen als zu- und abschaltbare Leistungsstufen wird nachfolgend die Realisierung einer solchen Steuerungsaufgabe gezeigt.

Beispiel 13.3: Pumpensteuerung

Vier Pumpen fördern aus einem Vorratsbehälter in ein Netz. Durch die stufenweise Zu- bzw. Abschaltung der vier Pumpen soll der Druck innerhalb eines bestimmten Bereichs konstant gehalten werden.

Um eine möglichst gleiche Laufzeit der Pumpen zu erreichen, ist bei der stufenweise Zu- bzw. Abschaltung zu berücksichtigen, welche Pumpe als erste ein- bzw. abgeschaltet wurde. Ist der Druck im Netz zu klein, wird von den stillstehenden Pumpen stets die zugeschaltet, die zuerst abgeschaltet wurde. Ist der Druck zu groß, wird von den laufenden Pumpen stets diese Pumpe abgeschaltet, die zuerst zugeschaltet wurde. Jede Pumpe entspricht einer Leistungsstufe.

Sowohl beim Zuschalten wie auch beim Abschalten soll eine Reaktionszeit abgewartet werden, bevor die nächste Stufe zu- bzw. abgeschaltet wird.

Technologieschema:

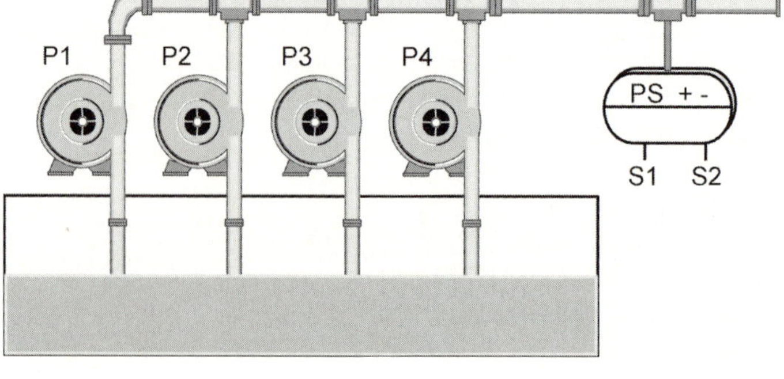

Bild 13.2: Pumpensteuerung

Zuordnungstabelle der Eingänge und Ausgänge:

Eingangsvariable	Symbol	Datentyp	Logische Zuordnung	Adresse
Drucksensor mit zwei Signalgebern	S1 S2	BOOL BOOL	Druck zu klein S1 = 1 Druck zu groß S2 = 1	E 0.1 E 0.2
Ausgangsvariable				
Pumpe 1	P1	BOOL	Pumpe 1 läuft P1 = 1	A 4.1
Pumpe 2	P2	BOOL	Pumpe 2 läuft P2 = 1	A 4.2
Pumpe 3	P3	BOOL	Pumpe 3 läuft P3 = 1	A 4.3
Pumpe 4	P4	BOOL	Pumpe 4 läuft P4 = 1	A 4.4

Die Lösung der Steuerungsaufgabe wird so weit wie möglich allgemein ausgeführt. Die Pumpen werden dabei als Leistungsstufen bezeichnet und bei der Programmerstellung wird darauf geachtet, dass eine Erweiterbarkeit auf mehr als vier Leistungsstufen möglich ist.

Für die Erstellung des Steuerungsprogramms wird die Aufgabe in die Funktionseinheiten Wartezeit, Ein-/Aus-Impulse für die Leistungsstufen und Ansteuerung der Leistungsstufen mit folgenden Übergabevariablen unterteilt:

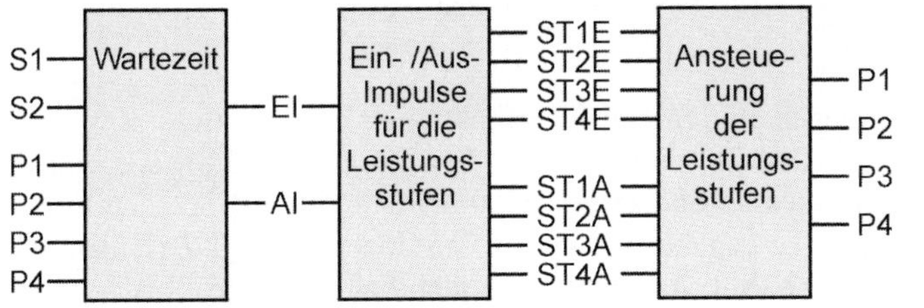

Übergabevariablen:

EI: Einschalt-Impuls
AI: Ausschalt-Impuls

ST1E - ST4E: Einschalt-impulse Stufe 1 - 4

ST1A - ST4A: Ausschalt-impulse Stufe 1 - 4

Funktionseinheit 1: Wartezeit

In dieser Funktionseinheit werden abhängig von den Signalen S1 (EIN) bzw. S2 (AUS) des Drucksensors die Impulse EI bzw. AI für das Ein- bzw. Ausschalten der Leistungsstufen erzeugt. Es werden am Ausgang der Funktionseinheit nur Einschaltimpulse I_E erzeugt, wenn noch nicht alle Leistungsstufen (Pumpen) eingeschaltet sind und keine Ausschaltimpulse I_A mehr erzeugt, wenn alle Leistungsstufen (Pumpen) ausgeschaltet sind.

Zustandsgraph für die Funktionseinheit Wartezeit:

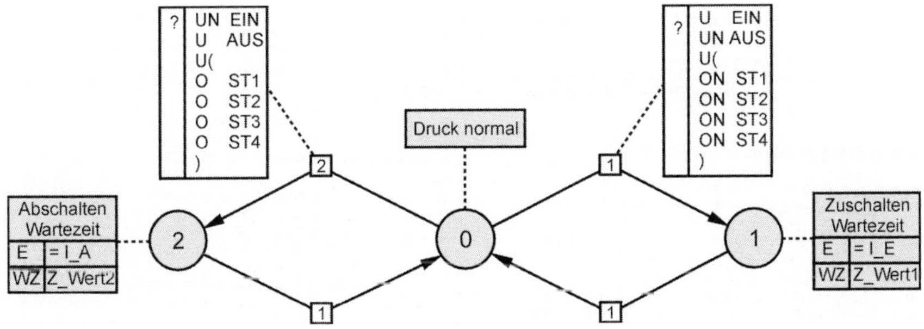

Zur Bildung verschiedener Wartezeiten für das Ein- bzw. Ausschalten werden zwei Zeitglieder Zeit_1 bzw. Zeit_2 mit unterschiedlichen Zeitwerten Z_Wert1 bzw. Z_Wert2 verwendet.

Das Steuerungsprogramm der Funktionseinheit Wartezeit wird im Funktionsbaustein FB 35 realisiert. Die Eingangs- und Ausgangsvariablen des Funktionsbausteins sind durch den Zustandsgraphen bestimmt.

Ein- und Ausgangsvariable

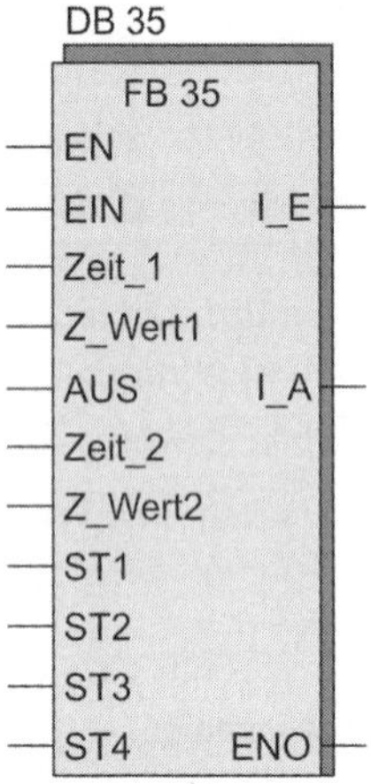

Beschreibung

EIN:	Leistungsstufe zuschalten. (Eingang für S1)
Zeit_1:	Zeitfunktion für die Zuschalt-Wartezeit t1.
Z_Wert1:	Wartezeit t1 für das nächste Zuschalten.
AUS:	Leistungsstufe abschalten. (Eingang für S2)
Zeit_2:	Zeitfunktion für die Zuschalt-Wartezeit t2.
Z_Wert2:	Wartezeit t2 für das nächste Zuschalten.
ST1 – ST4:	Schaltzustand der Leistungsstufen.
I_E:	Impuls für das Einschalten einer Leistungsstufe.
I_A:	Impuls für das Ausschalten einer Leistungsstufe.

Die Umsetzung des Zustandsgraphen mit SR-Speicherfunktionen erfolgt etwas abweichend von den angegebenen Regeln. Für den Zustand Z_1 und Zustand Z_2 wird jeweils eine SR-Speicherfunktion verwendet. Für den Grundzustand Z_0 wird keine SR-Speicherfunktion verwendet. Der Grundzustand Z_0 ist gegeben, wenn die Zustände Z_1 und Z_2 nicht aktiv sind. Die Eintrittsaktion E (= I_E bzw. = I_A, s. Zustandsgraph Seite 577) des Zustandes Z_1 bzw. Z_2 wird beim Setzen des jeweiligen Zustandes ein Zyklus lang ausgeführt.

Funktionsplan:

Zustand Z_1 mit Bildung des Ausgangs I_E

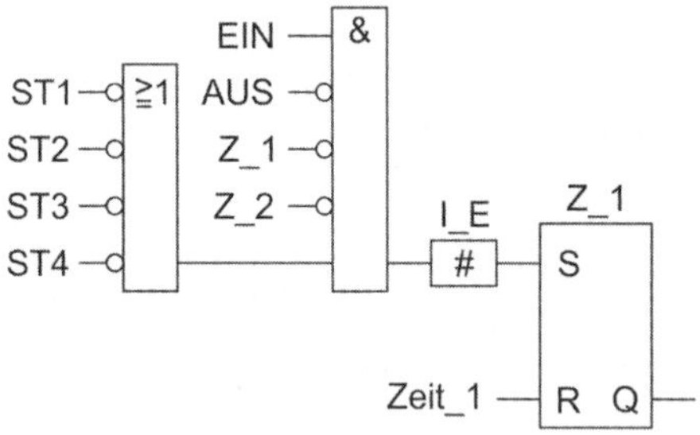

Zustand Z_2 mit Bildung des Ausgangs I_A

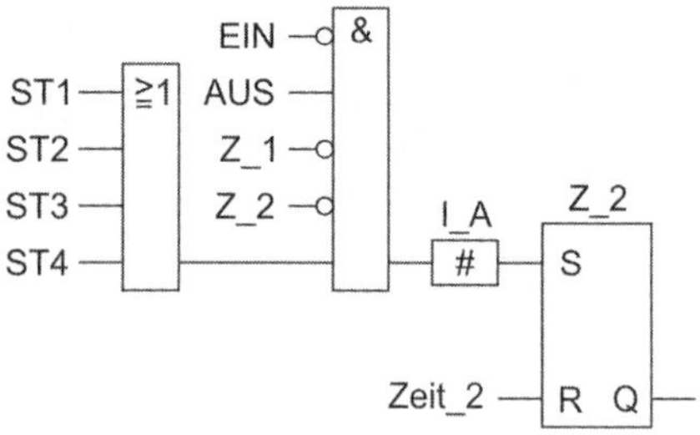

Wartezeit Zeitfunktion 1

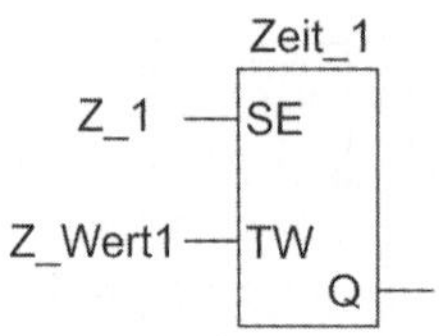

Wartezeit Zeitfunktion 2

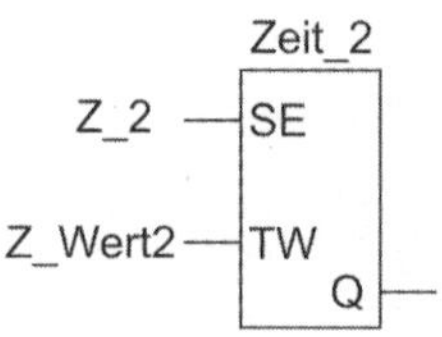

Funktionseinheit 2: Ein- /Aus-Impulse für die Leistungsstufen

In dieser Funktionseinheit wird bestimmt, welche der Leistungsstufen (Pumpen) ein- bzw. ausgeschaltet wird. Dazu werden abhängig von den Einschaltimpulsen EI bzw. Ausschaltimpulsen AI am Eingang der Funktionseinheit Impulse für das Setzen bzw. Rücksetzen der einzelnen Leistungsstufen am Ausgang gebildet. Die Bestimmung, welche der Leistungsstufe als nächste zu- bzw. abzuschalten ist, wird sowohl für das Einschalten wie auch für das Ausschalten mit je einem Zustandsgraphen ausgeführt, der nach dem Zeigerprinzip auf die jeweils zuletzt geschaltete Stufe zeigt.

Einschalt-Impulse für die Leistungsstufen

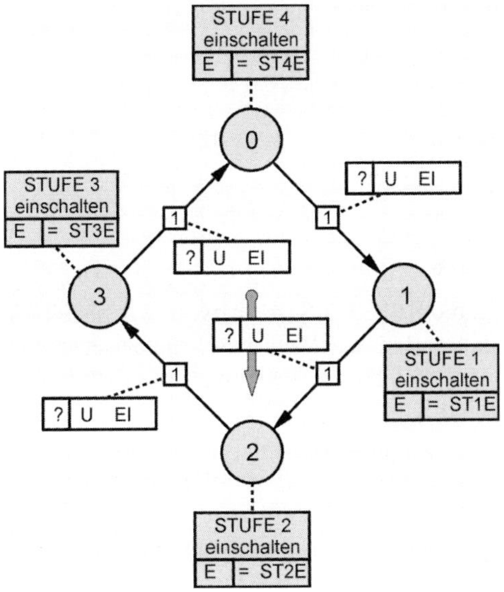

Ausschalt-Impulse für die Leistungsstufen

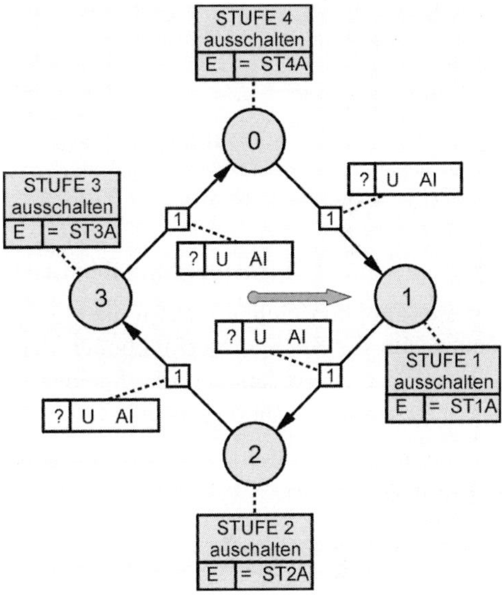

Da die Umsetzung der beiden Zustandsgraphen ein identisches Steuerungsprogramm liefern würde, wird ein Zustandsgraph in einem Funktionsbaustein FB 36 realisiert, der in der Funktionseinheit „Ein- /Aus-Impulse für die Leistungsstufen" zweimal aufgerufen und mit den entsprechenden Übergabevariablen parametriert wird.

Ein- und Ausgangsvariable

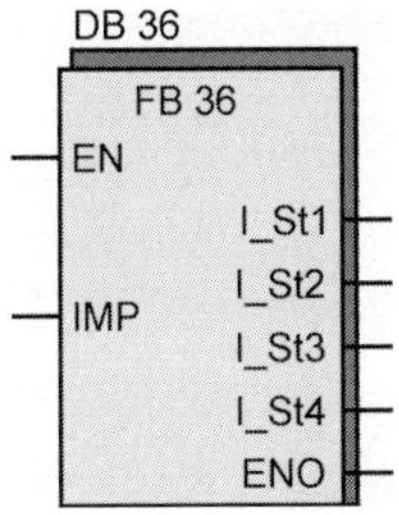

Beschreibung

IMP:	Eingang für die Impulse EI bzw. AI.
I_St1:	Impuls für Stufe 1 einschalten bzw. ausschalten.
I_St2:	Impuls für Stufe 2 einschalten bzw. ausschalten.
I_St3:	Impuls für Stufe 3 einschalten bzw. ausschalten.
I_St4:	Impuls für Stufe 4 einschalten bzw. ausschalten.

Bei der Umsetzung des Zustandsgraphen in ein Steuerungsprogramm mir SR-Speicherfunktionen ist darauf zu achten, dass bei einem Impuls nur ein Zustand weitergeschaltet wird. Eine mehrfache Weiterschaltung wird verhindert, indem auf den Setzeingang eines Zustandes der vorhergehende Zustand bejaht und der vor-vorhergehende Zustand negiert abgefragt wird. Da die Aktionen der Zustände Eintrittsaktionen sind, erfolgt die Zuweisung der Ausgänge I_St1 bis I_St4 mit einer Flankenauswertung der jeweiligen Zustandsvariablen. Die lokalen Variablen Z_0 bis Z_3 und FO1 bis FO2 werden als statische Variable im Funktionsbaustein FB 36 deklariert. Damit der Initialisierungszustand Z_0 bei der Erstinbetriebnahme aktiviert wird, wird für diese Variable der Anfangswert TRUE eingetragen.

Funktionsplan:

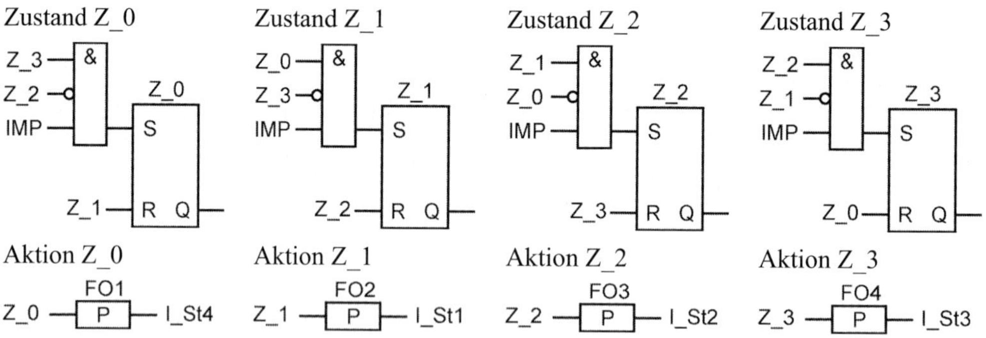

Funktionseinheit 3: Ansteuerung der Leistungsstufen

In dieser Funktionseinheit werden die Übergabevariable ST1E bis ST4E bzw. ST1A bis ST4A benutzt, um die SR-Speicherfunktionen der Leistungsstufen zu setzen bzw. rückzusetzen. In diesem Beispiel werden die vier Speicherfunktionen, welche die Leistungsstufen (Pumpen) ansteuern, im Organisationsbaustein OB1 programmiert.

Mit den drei Funktionseinheiten ergibt sich folgende Bausteinstruktur für das komplette Steuerungsprogramm:

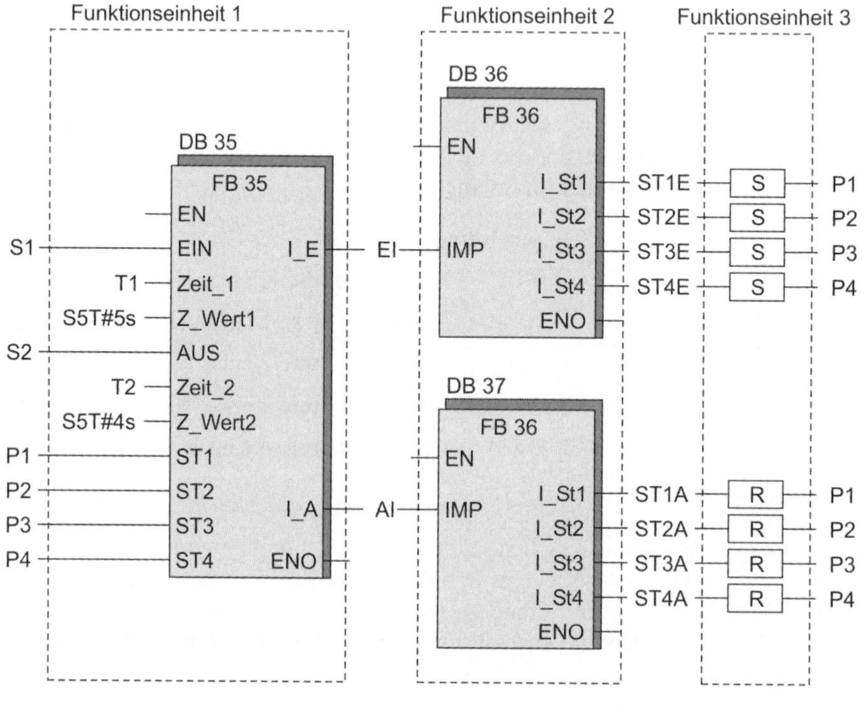

STEP 7 Programm (AWL-Quelle):

```
FUNCTION_BLOCK FB 35
VAR_INPUT
 EIN     : BOOL ;
 Zeit_1  : TIMER ;
 Z_Wert1: S5TIME:= S5T#0S;
 AUS     : BOOL ;
 Zeit_2  : TIMER ;
 Z_Wert2: S5TIME:= S5T#0S;
 ST1     : BOOL ;
 ST2     : BOOL ;
 ST3     : BOOL ;
 ST4     : BOOL ;
END_VAR
VAR_OUTPUT
 I_E : BOOL ;
 I_A : BOOL ;
END_VAR
VAR
 Z_1 : BOOL ;
 Z_2 : BOOL ;
END_VAR

BEGIN
U  #EIN;
UN #AUS;
UN #Z_1;
UN #Z_2;
U( ;
ON #ST1;
ON #ST2;
ON #ST3;
ON #ST4;
)  ;
=  #I_E;
U  #I_E;
S  #Z_1;
U  #Zeit_1;
R  #Z_1;

UN #EIN;
U  #AUS;
UN #Z_1;
UN #Z_2;
U( ;
O  #ST1;
O  #ST2;
O  #ST3;
O  #ST4;
)  ;
=  #I_A;
U  #I_A;
S  #Z_2;
U  #Zeit_2;
R  #Z_2;

U  #Z_1;
L  #Z_Wert1;
SE #Zeit_1;

U  #Z_2;
L  #Z_Wert2;
SE #Zeit_2;
END_FUNCTION_BLOCK

DATA_BLOCK DB 35
FB 35
 EIN := FALSE;
 Zeit_1 := T 0;
 Z_Wert1 := S5T#3S;
 AUS := FALSE;
 Zeit_2 := T 0;
 Z_Wert2 := S5T#3S;
 ST1 := FALSE;
 ST2 := FALSE;
 ST3 := FALSE;
 ST4 := FALSE;
 I_E := FALSE;
 I_A := FALSE;
 Z_1 := FALSE;
 Z_2 := FALSE;
END_DATA_BLOCK

FUNCTION_BLOCK FB 36
VAR_INPUT
  IMP : BOOL ;
END_VAR
VAR_OUTPUT
  I_St1 : BOOL ;
  I_St2 : BOOL ;
  I_St3 : BOOL ;
  I_St4 : BOOL ;
END_VAR
VAR
 Z_0 : BOOL:= TRUE;
 Z_1 : BOOL ;
 Z_2 : BOOL ;
 Z_3 : BOOL ;
 FO1 : BOOL ;
 FO2 : BOOL ;
 FO3 : BOOL ;
 FO4 : BOOL ;
END_VAR
```

```
BEGIN
U  #Z_3;
UN #Z_2;
U  #IMP;
S  #Z_0;
U  #Z_1;
R  #Z_0;

U  #Z_0;
UN #Z_3;
U  #IMP;
S  #Z_1;
U  #Z_2;
R  #Z_1;

U  #Z_1;
UN #Z_0;
U  #IMP;
S  #Z_2;
U  #Z_3;
R  #Z_2;
U  #Z_2;
UN #Z_1;
U  #IMP;
S  #Z_3;
U  #Z_0;
R  #Z_3;

U  #Z_0;
FP #FO1;
=  #I_St4;
U  #Z_1;
FP #FO2;
=  #I_St1;

U  #Z_2;
FP #FO3;
=  #I_St2;

U  #Z_3;
FP #FO4;
=  #I_St3;

END_FUNCTION_BLOCK

DATA_BLOCK DB 36 / DB37
FB 36
BEGIN
IMP   := FALSE;
I_St1 := FALSE;
I_St2 := FALSE;
I_St3 := FALSE;
I_St4 := FALSE;
Z_0   := TRUE;
Z_1   := FALSE;
Z_2   := FALSE;
Z_3   := FALSE;
FO1   := FALSE;
FO2   := FALSE;
FO3   := FALSE;
FO4   := FALSE;
END_DATA_BLOCK

ORGANIZATION_BLOCK OB 1
VAR_TEMP
... //Standardeinträge
EI   : BOOL ;
AI   : BOOL ;
ST1E: BOOL ;
ST2E : BOOL ;
ST3E : BOOL ;
ST4E : BOOL ;
ST1A : BOOL ;
ST2A : BOOL ;
ST3A : BOOL ;
ST4A : BOOL ;
END_VAR

BEGIN
CALL FB 35, DB 35 (
   EIN     := E 0.1,
   Zeit_1  := T 1,
   Z_Wert1:= S5T#3S,
   AUS     := E  0.2,
   Zeit_2  := T 2,
   Z_Wert2:= S5T#2S,
   ST1     := A 4.1,
   ST2     := A 4.2,
   ST3     := A 4.3,
   ST4     := A 4.4,
   I_E     := #EI,
   I_A     := #AI);
CALL FB 36 , DB 36 (
   IMP    := #EI,
   I_St1  := #ST1E,
   I_St2  := #ST2E,
   I_St3  := #ST3E,
   I_St4  := #ST4E);

CALL FB 36 , DB 37 (
   IMP    := #AI,
   I_St1  := #ST1A,
   I_St2  := #ST2A,
   I_St3  := #ST3A,
   I_St4  := #ST4A);
U  #ST1E;
S  A 4.1;
U  #ST1A;
R  A 4.1;
U  #ST2E;
S  A 4.2;
U  #ST2A;
R  A 4.2;
U  #ST3E;
S  A 4.3;
U  #ST3A;
R  A 4.3;
U  #ST4E;
S  A 4.4;
U  #ST4A;
R  A 4.4;

END_ORGANIZATION_BLOCK
```

13.4 Graphengruppe

Zur Lösung von Steuerungsaufgaben komplexerer Anlagen empfiehlt es sich, diese in einzelne Funktionseinheiten zu unterteilen. Die einzelnen Funktionseinheiten der Maschine oder Anlage können mit Zustandsgraphen beschrieben werden. Um die komplette Anlage oder gesamte Steuerungsaufgabe darzustellen, ist es erforderlich, mehrere Zustandsgraphen in einer Graphengruppe zusammenzufassen. Eine Graphengruppe definiert dabei eine geordnete Folge von Aufrufen von Zustandsgraphen, die bei der Programmausführung zyklisch durchlaufen wird. Der Aufruf eines Zustandsgraphen wird als Instanz bezeichnet. Die Instanzen werden im Zielsystem nach einer vorgegebenen Ablaufreihenfolge bearbeitet.

Die Zustandsgraphen einer Graphengruppe werden mit dem Instanznamen in rechteckigen Symbolen dargestellt. Zahlen in den Symbolen geben die Reihenfolge der Programmierung im Steuerungsprogramm an. Die einzelnen Zustandsgraphen sind über Nachrichtensignale miteinander verbunden. Eine Ausgabe-Nachricht (OUT-Message OM) des einen Zustandsgraphen zu einem zweiten Zustandsgraphen ergibt dort eine Eingabe-Nachricht (IN-Message IM). Der Signalaustausch wird in der Graphengruppe durch Pfeile dargestellt.

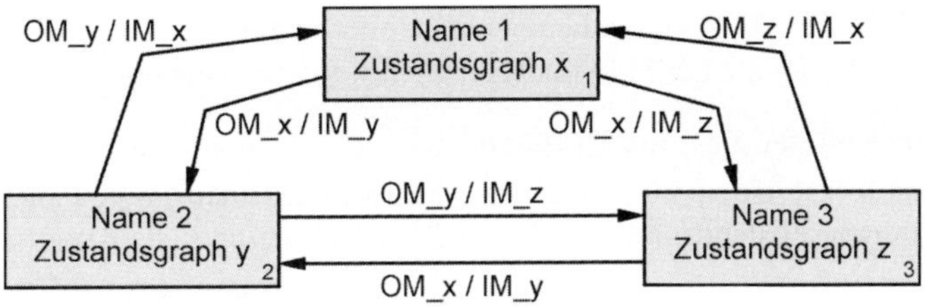

OM_y / IM_x bedeutet dabei eine Ausgabe-Nachricht von Zustandsgraph y und eine Eingabe-Nachricht an Zustandsgraph x. Realisiert wird die Nachricht über eine boolesche Variable, die vom sendenden Zustandsgraphen beschrieben und vom empfangenden Zustandsgraphen ausgewertet wird.

Neben diesen *internen* Nachrichten, welche die Kommunikation zwischen den Zustandsgraphen einer Graphengruppe festlegen, gibt es noch *externe* Nachrichten, die für die Kommunikation zu anderen Graphengruppen oder Programmteilen verwendet werden.

Bei der Festlegung der Zustandsgraphen für die einzelnen Funktionseinheiten oder Steuerungsaufgaben einer Anlage ist es empfehlenswert, je Funktionseinheit oder Aufgabe einen Zustandsgraphen einzuführen. Üblicherweise wird für jede mechanische Komponente eines Prozesses ein Zustandsgraph eingesetzt. Darüber hinaus gibt es weitere Funktionen, wie z.B. die Steuerung von Betriebsarten oder die Steuerung von Betriebsfreigaben. Diese werden ebenfalls in einem Zustandsgraphen abgebildet. Möglich ist auch, in einer Graphengruppe einen oder mehrere Zustandsgraphen einzusetzen, welche die anderen Zustandsgraphen koordinieren.

Die Anordnung der Zustandsgraphen kann hierarchisch sein. Folgende Ebenen können dabei festgelegt werden:

- **Zentralebene:** In der zentralen Ebene werden Funktionen zusammengefasst, die von übergeordneter Bedeutung sind. Dazu zählen Zustandsgraphen, die Betriebsarten oder Betriebsfreigaben beschreiben sowie Zustandsgraphen, die das Verhalten der Steuerung bei auftretenden Störungen festlegen.

- **Koordinierungsebene:** Der Koordinierungsebene werden Zustandsgraphen zugeordnet, deren hauptsächliche Aufgabe darin besteht, die Koordination zwischen verschiedenen Zustandsgraphen einer Graphengruppe zu übernehmen.
- **Subkoordinierungsebene:** Mitunter ist es sinnvoll, mehrere Funktionen in einer Subkoordinierungsebene zusammenzufassen. Beispiele dafür sind Schutzgitterfunktionen, Transportfunktionen, Schmierfunktionen, Spannfunktionen etc..
- **Funktionsebene:** Die Funktionsebene enthält die Zustandsgraphen zur Ansteuerung der Aktoren, wie Motoren, Ventile etc..

Die Zusammenfassung der einzelnen Zustandsgraphen zu einer Graphengruppe kann über die beschriebenen Ebenen hinweg erfolgen. Innerhalb einer Graphengruppe kann ein Zustandsgraph mehrmals mit unterschiedlichen Instanzen verwendet werden.

Die Projektierungsschritte bei der Lösung von komplexen Automatisierungsaufgaben mit Zustandsgraphen werden im Regelfall immer in der gleichen Reihenfolge ausgeführt.

Schritt 1: Ermitteln der zu steuernden Funktionen

Die Automatisierungsaufgabe wird in einzelne Funktionseinheiten zerlegt und die technologischen Komponenten der Funktionseinheiten einem oder mehreren Steuerungsgeräten zugeordnet. Die Ein-/Ausgabesignale der Funktionseinheiten werden festgelegt.

Schritt 2: Bestimmen der Zustandsgraphen

Für jede in Schritt 1 festgelegte Funktionseinheit wird ein Zustandsgraph eingeführt. Weiterhin werden übergeordnete Zustandsgraphen für die Betriebsarten oder die Koordinierung hinzugefügt.

Schritt 3: Bildung von Graphengruppen

Die einzelnen Zustandsgraphen werden in einer oder mehreren Graphengruppen zusammengefasst. Je nach Komplexität der Aufgabe ist die Strukturierung der Zustandsgraphen in mehrere Graphengruppen sinnvoll. Ein Zustandsgraph kann in einer oder mehreren Graphengruppen mehrmals verwendet werden. Der Aufruf erfolgt dann jeweils über einen anderen Instanznamen.

Schritt 4: Festlegung der Programmstruktur

Im zyklischen Anwenderprogramm wird die Reihenfolge der Aufrufe der Graphengruppen festgelegt. Programmteile für den Signalaustausch, Signalvorverarbeitung etc. werden meist vor den Aufrufen der Graphengruppen programmiert. Die Reihenfolge der Aufrufe der Graphengruppen richtet sich nach der Platzierung der Zustandsgraphen in den dargestellten Ebenen. Graphengruppen der Zentralebene sollten dabei als erste aufgerufen werden. Nach den Aufrufen der Graphengruppen werden Programmteile für das Senden von Signalen anderer Stationen, die Aufbereitung von Signalen zur Bedienung, Beobachtung oder Diagnose etc. angeordnet.

Schritt 5: Anwenderprogramm

In diesem Schritt erfolgt die Umsetzung der Zustandsgraphen, der Signalvorverarbeitung und der Aufbereitung der Ausgabesignale in ein Anwenderprogramm. Steht das Engineering Tool S7-HiGraph zur Verfügung, können die Zustandsgraphen und Graphengruppen direkt aus der Entwurfsvorlage übernommen werden. Ansonsten muss eine Umsetzung der Zustandsgraphen mit SR-Speicherfunktionen erfolgen.

Beispiel 13.4: Speiseaufzug

Ein Speiseaufzug stellt die Verbindung von der im Keller gelegenen Küche zu dem im Erdgeschoss befindlichen Restaurant dar. In der Küche und im Restaurant sind automatische Türen und entsprechende Bedienelemente mit Anzeigen angebracht.

Technologieschema:

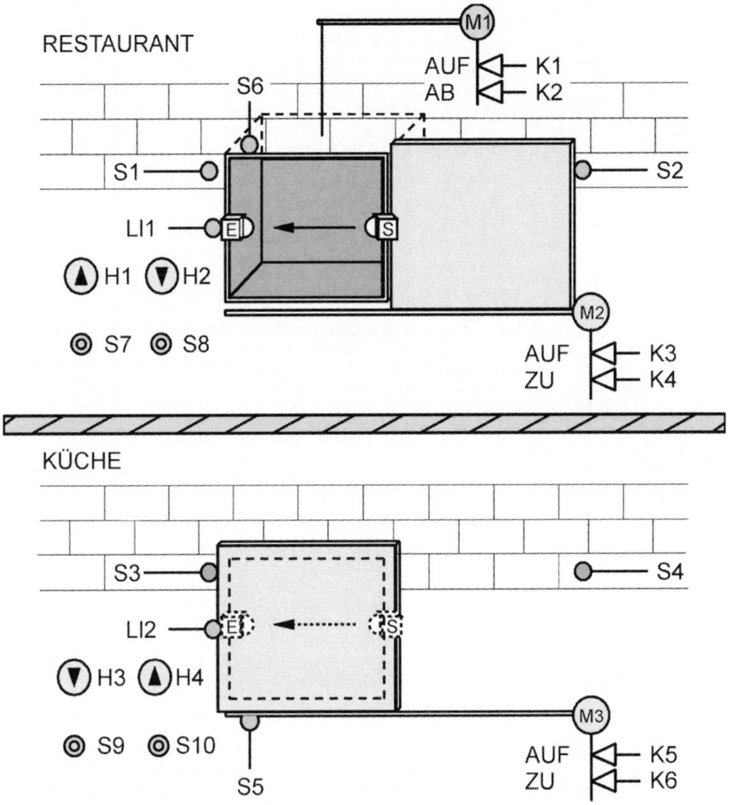

Bild 13.3:
Speiseaufzug

Das System Aufzugkorb mit Gegengewicht wird von dem Motor M1 mit zwei Drehrichtungen angetrieben. Hierfür sind die beiden Leistungsschütze K1 bzw. K2 anzusteuern. Sowohl in der Küche, wie auch im Restaurant, sind je zwei Ruftaster angebracht. Mit S7 oder S9 kann der Fahrkorb jeweils geholt und mit S8 oder S10 in das jeweils andere Stockwerk geschickt werden. Die zu den Ruftastern gehörenden Anzeigeleuchten melden, dass die Steuerung den Tastendruck bearbeitet und zeigen die gewünschte Fahrtrichtung an.

Die Türen zum Aufzugsschacht werden automatisch geöffnet, wenn der Fahrkorb in dem entsprechenden Stockwerk steht. Hierzu werden die beiden Türmotoren M2 und M3 über die Leistungsschütze K3, K4 und K5, K6 in zwei Drehrichtungen betrieben. Die Mindestöffnungszeit einer Tür beträgt 3 Sekunden. Liegt keine Bedarfsanforderung vor, bleibt die Tür in dem Stockwerk, in dem sich der Fahrkorb befindet, stets geöffnet. Die Türöffnungen werden mit den Lichtschranken LI1 und LI2 überwacht. Wird während des Schließens der Tür die Lichtschranke unterbrochen oder einer der entsprechenden Taster S7 bzw. S9 betätigt, öffnet sich die Tür sofort wieder.

Da beim Einschalten der Steuerung der Anlagenzustand nicht bekannt ist, werden die beide Türen zunächst geschlossen, der Förderkorb in die Küche gefahren und die dortige Tür geöffnet (Referenzfahrt). Damit steht die Anlage in einer definierten Grundstellung.

Zuordnungstabelle der Eingänge und Ausgänge:

Eingangsvariable	Symbol	Datentyp	Logische Zuordnung	Adresse
Endschalter Tür Restaurant zu	S1	BOOL	Betätigt Tür zu S1 = 1	E 0.1
Endschalter Tür Restaurant auf	S2	BOOL	Betätigt Tür auf S2 = 1	E 0.2
Endschalter Tür Küche zu	S3	BOOL	Betätigt Tür zu S3 = 1	E 0.3
Endschalter Tür Küche auf	S4	BOOL	Betätigt Tür auf S4 = 1	E 0.4
Positionsschalter Korb unten	S5	BOOL	Korb unten S5 = 1	E 0.5
Positionsschalter Korb oben	S6	BOOL	Korb oben S6 = 1	E 0.6
Ruftaster Restaurant holen	S7	BOOL	Betätigt S7 = 1	E 0.7
Ruftaster Restaurant schicken	S8	BOOL	Betätigt S8 = 1	E 1.0
Ruftaster Küche holen	S9	BOOL	Betätigt S9 = 1	E 1.1
Ruftaster Küche schicken	S10	BOOL	Betätigt S10 = 1	E 1.2
Lichtschranke Tür oben	LI1	BOOL	Frei LI1 = 1	E 1.3
Lichtschranke Tür unten	LI2	BOOL	Frei LI2 = 1	E 1.4
Ausgangsvariable				
Korbmotor AUF	K1	BOOL	Motor an K1 = 1	A 4.1
Korbmotor AB	K2	BOOL	Motor an K2 = 1	A 4.2
Türmotor Restaurant AUF	K3	BOOL	Motor an K3 = 1	A 4.3
Türmotor Restaurant ZU	K4	BOOL	Motor an K4 = 1	A 4.4
Türmotor Küche AUF	K5	BOOL	Motor an K5 = 1	A 4.5
Türmotor Küche ZU	K6	BOOL	Motor an K6 = 1	A 4.6
Rufanzeige Restaurant AUF	H1	BOOL	Leuchtet H1 = 1	A 5.1
Rufanzeige Restaurant AB	H2	BOOL	Leuchtet H2 = 1	A 5.2
Rufanzeige Küche AB	H3	BOOL	Leuchtet H3 = 1	A 5.3
Rufanzeige Küche AUF	H4	BOOL	Leuchtet H4 = 1	A 5.4

Zur Lösung der Steuerungsaufgabe werden die beschrieben Projektierungsschritte ausgeführt.

Schritt 1: Ermitteln der zu steuernden Funktionen

Bei der Aufzugsanlage bietet es sich an, die technologischen Komponenten in die Funktionseinheiten „Aufzugskorbsteuerung", „Türsteuerung oben" und „Türsteuerung unten" zu zerlegen.

Schritt 2: Bestimmen der Zustandsgraphen

Für jede angegebene Funktionseinheit wird ein Zustandsgraph eingeführt. Da die Funktionseinheiten „Türsteuerung oben" und „Türsteuerung unten" den gleichen Steuerungsablauf beinhalten, ist für diese beiden Funktionseinheiten nur ein Zustandsgraph zu entwerfen, der zweimal mit unterschiedlichen Instanzen aufgerufen wird. Zur Koordinierung der Zustandsgraphen der Funktionseinheiten ist ein Koordinierungs-Zustandsgraph aufzustellen. In diesem Zustandsgraph wird festgelegt, unter welchen Bedingungen die Tür oben bzw. unten auf- oder zugesteuert wird und wann der Korb nach oben oder nach unten fahren soll.

Damit sind folgende drei Zustandsgraphen zu entwickeln:

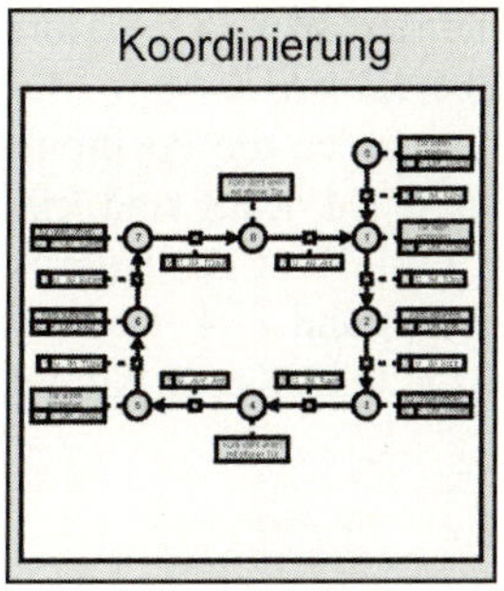

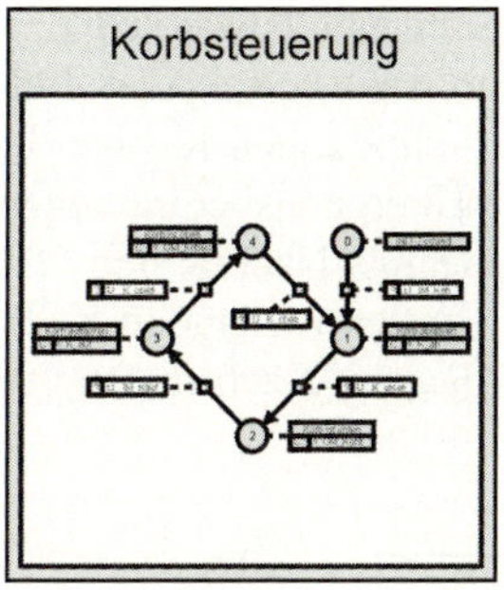

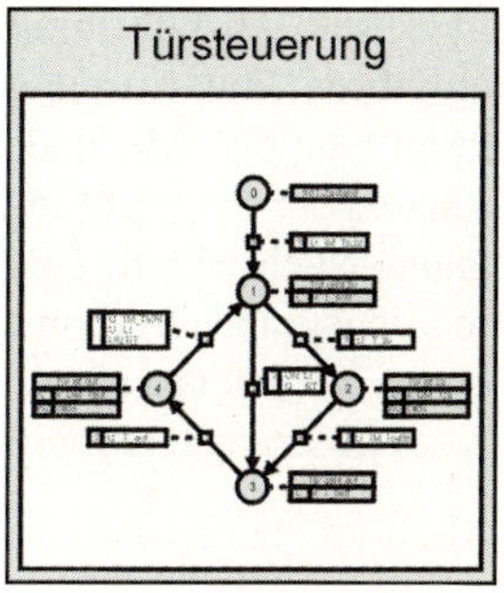

1. Zustandsgraph *Koordinierung* (Aufzug)

In diesem Zustandsgraphen werden nur Ausgabe-Nachrichten OM zu den anderen Zustandsgraphen als zyklische Aktionen (C) eingetragen. Im Zustand Z_5 „Tür unten schließen", wird beispielsweise dem Zustandsgraphen für die Türsteuerung die Ausgabe-Nachricht OM_TUsch gegeben, mit der dann das Schließen der Tür unten in dem entsprechenden Zustandsgraphen ausgeführt wird. Die Transitionsbedingungen bestehen hauptsächlich aus Eingabe-Nachrichten IM_.., die mit den Ausgabe-Nachrichten OM_.. der zu koordinierenden Zustandsgraphen verbunden werden. Lediglich die Übergangsbedingungen AB_Anf (Anforderung Korb nach unten fahren) und AUF_Anf (Anforderung Korb nach oben fahren) werden in einer Signalvorverarbeitung gebildet.

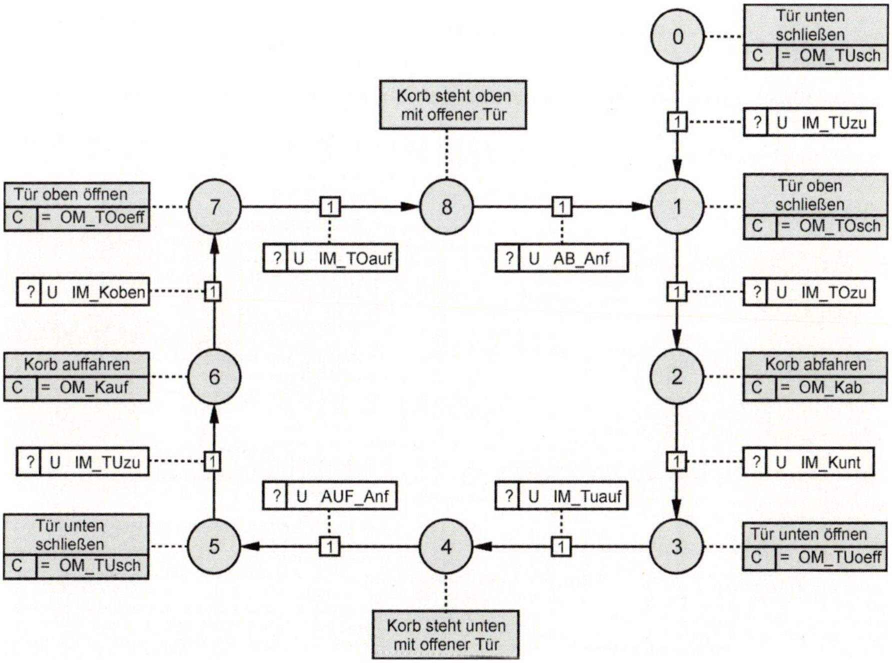

Bei der ersten Inbetriebnahme wird der Aufzugkorb über die Zustände Z_0 → Z_1 → Z_2 bis Z_3 in die Referenzstellung gefahren.

2. Zustandsgraph *Korbsteuerung*

In diesem Zustandsgraphen werden in den Zuständen Z_1 (Korb abfahren) bzw. Z_3 (Korb auffahren) die Ausgangssignale zur Ansteuerung der Leistungsschütze K1 (AUF) bzw. K2 (AB) gebildet. Mit den Transitionsbedingungen K_oben bzw. K_unten werden die Positionsschalter S5 bzw. S6 abgefragt. Die Übergangsbedingungen IM_Kab bzw. IM_Kauf sind Eingangs-Nachrichten, die mit den Ausgangs-Nachrichten OM_Kab bzw. OM_Kauf des Koordinierungsgraphs verbunden werden. In den Zuständen Z_2 (Korb ist unten) und Z_4 (Korb ist oben) werden die entsprechenden Ausgabe-Nachrichten OM_Kunten bzw. OM_Koben für den Koordinierungsgraphen veranlasst.

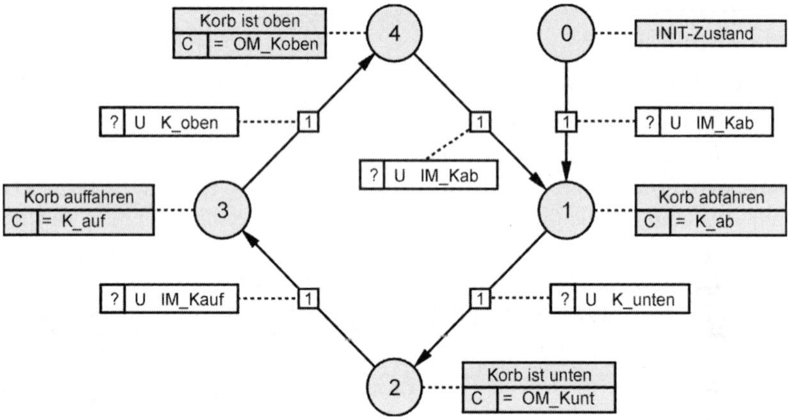

3. Zustandsgraph *Türsteuerung*

Dieser Zustandsgraph dient zur Ansteuerung der Aufzugstüren oben bzw. unten und wird zu diesem Zweck zweimal aufgerufen.

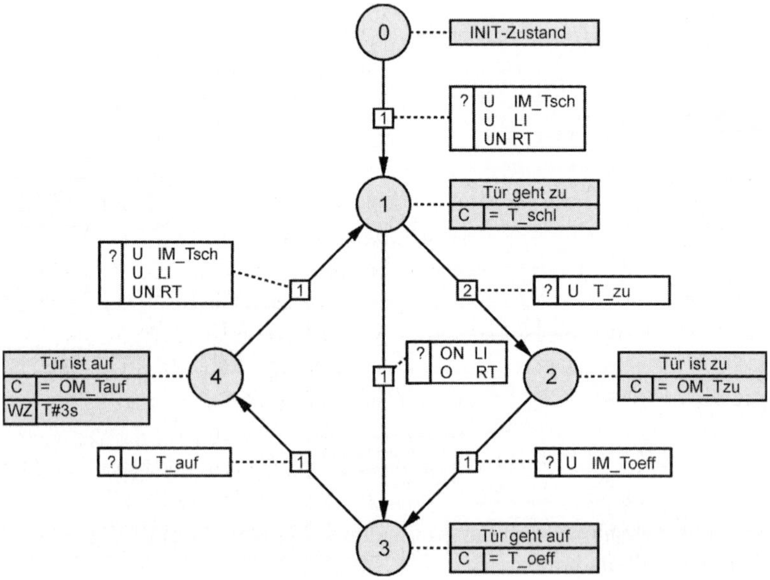

In den Zuständen Z_1 (Tür geht zu) bzw. Z_3 (Tür geht auf) werden die Ausgangssignale zur Ansteuerung der Leistungsschütze K4 / K6 (ZU) bzw. K3 / K5 (AUF) gebildet. Mit den Transitionsbedingungen T_zu bzw. T_auf werden die Endschalter S2 / S4 bzw. S1 / S3 der Türen abgefragt. Die Übergangsbedingungen IM_Toeff bzw. IM_Tsch sind Eingangs-Nachrichten, die mit den Ausgangs-Nachrichten OM_Toeff bzw. OM_Tsch des Koordinierungsgraphen verbunden werden. In den Zuständen Z_2 (Tür ist zu) und Z_4 (Tür ist auf) werden die entsprechenden Ausgabe-Nachrichten OM_Tzu bzw. OM_Tauf für den Koordinierungsgraphen veranlasst. Da die Aufzugstür eine Mindestzeit (3s) geöffnet bleiben soll, wird im Zustand Z_4 (Tür ist auf) eine Wartezeit gestartet. Das Schließen der Tür wird durch Unterbrechung der Lichtschranke oder durch Betätigung eines entsprechenden Ruftasters sofort unterbrochen. In diesem Fall wird der Zustand Z_1 (Tür geht zu) verlassen und der Zustand Z_3 (Tür geht auf) aktiviert.

Schritt 3: Bildung von Graphengruppen

Die drei beschriebenen Zustandsgraphen werden in einer Graphengruppe zusammengefasst. Die nachfolgende Übersicht zeigt die Verknüpfung der Ein- und Ausgaben-Nachrichten zwischen den einzelnen Zustandsgraphen.

Graphengruppe mit Ausgangs- / Eingangs-Nachrichten:

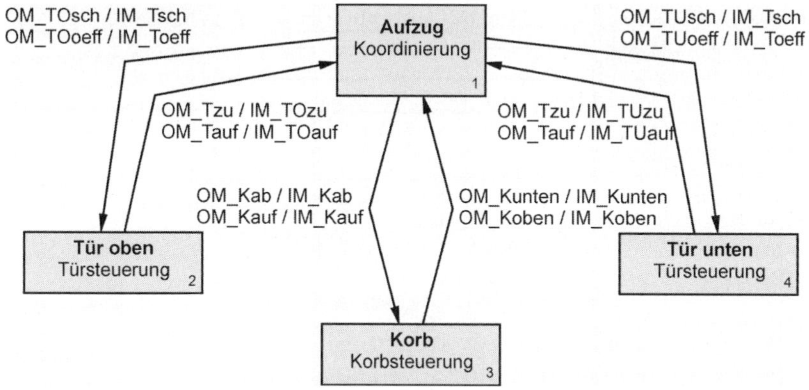

Schritt 4: Festlegung der Programmstruktur

Die Reihenfolge der Aufrufe der einzelnen Zustandsgraphen ist mit der Graphengruppen festgelegt. In der Signalvorverarbeitung müssen noch die Anforderungssignale für die Auf- und Abwärtsfahrt AUF_Anf bzw. AB_Anf aus den Bedienelemente an den Türen (S7, S8, S9 und S10) gebildet werden. S7 oder S10 setzt dabei eine Speicherfunktion für die Aufwärtsfahrtanforderung AUF_Anf, S8 und S9 setzen eine Speicherfunktion für die Abwärtsanforderung AB_Anf. Rückgesetzt werden die Speicherfunktionen jeweils mit den Endschaltern S6 (Korb ist oben) bzw. S5 (Korb ist unten).

Immer, wenn eine Aufwärtsfahrtanforderung AUF_Anf vorliegt, werden die beiden Anzeigeleuchten H1 und H4 angesteuert. Zur Ansteuerung der beiden Anzeigeleuchten kann deshalb die Speicherfunktion für die Aufwärtsfahrtanforderung benutzt werden. Entsprechendes gilt für die Anzeigeleuchten H2 und H3. Die Programmierung der beiden Speicherfunktionen kann in einem eigenen Funktionsbaustein, als permanente Anweisung im Zustandsgraph Koordinierung oder im Organisationsbaustein OB 1 erfolgen. Letzteres ist in diesem Beispiel ausgeführt.

Die Zustandsgraphen werden mit SR-Speicherfunktionen in Funktionsbausteinen umgesetzt. Damit ergibt sich folgende Programmstruktur:

Signalvorverarbeitung

Graphengruppe

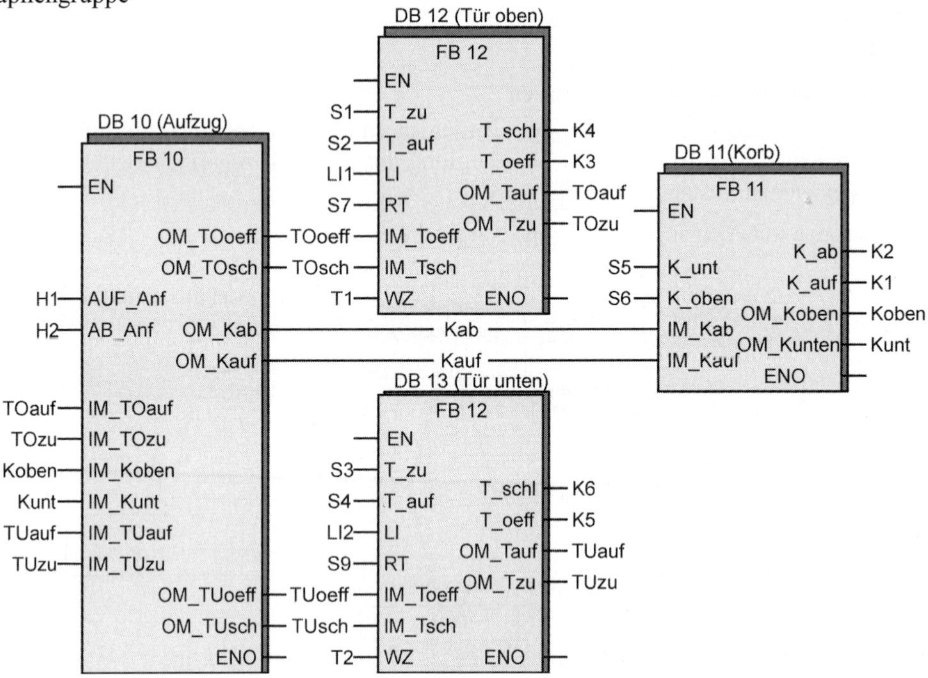

Lokale Variable wie TOauf, TOzu, Koben, usw. verbinden die Ausgangs-Nachrichten OM_... eines Zustandsgraphen mit den Eingangs-Nachrichten IM_... eines anderen Zustandsgraphen.

Schritt 5: Anwenderprogramm

Die Umsetzung der Zustandsgraphen mit SR-Speicherfunktionen erfolgt in Funktionsbausteinen nach den angegebenen Regeln. Da bei allen Zustandsgraphen der Initialisierungszustand Z_0 nicht mehr erreicht wird, genügt es bei der Umsetzung, die Speicherfunktion für den Zustand Z_0 nur mit dem Folgezustand zurückzusetzen.

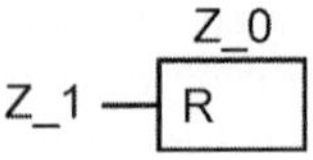

Das Setzen des Initialisierungszustandes wird in der Variablendeklaration von Z_0 mit dem Anfangswert „TRUE" vorgenommen.

Im Zustandsgraphen Türsteuerung besitzt der Zustand Z_1 zwei Folgezustände. Eine Verriegelung ist nicht erforderlich, da der Zustand Z_3 bereits auf dem Rücksetzeingang von Zustand Z_2 liegt.

STEP 7 Programm (AWL-Quelle):

```
FUNCTION_BLOCK FB 10
VAR_INPUT
AUF_Anf : BOOL;
AB_Anf  : BOOL;
IM_TOauf: BOOL;
IM_TOzu : BOOL;
IM_Koben: BOOL;
IM_Kunt : BOOL;
IM_TUauf: BOOL;
IM_TUzu : BOOL;
END_VAR
VAR_OUTPUT
OM_TOoeff: BOOL;
OM_Tosch : BOOL;
OM_Kab   : BOOL;
OM_Kauf  : BOOL;
OM_TUoeff: BOOL;
OM_TUsch : BOOL;
END_VAR
VAR
Z_0:BOOL:= TRUE;
Z_1: BOOL;
Z_2: BOOL;
Z_3: BOOL;
Z_4: BOOL;
Z_5: BOOL;
Z_6 : BOOL;
Z_7 : BOOL;
Z_8 : BOOL;
END_VAR
BEGIN
U  #Z_1;
R  #Z_0;
U  #Z_0;
U  #IM_TUzu;
O  ;
U  #Z_8;
U  #AB_Anf;
S  #Z_1;
U  #Z_2;
R  #Z_1;
U  #Z_1;
U  #IM_TOzu;
S  #Z_2;
U  #Z_3;
R  #Z_2;
U  #Z_2;
U  #IM_Kunt;
S  #Z_3;
U  #Z_4;
R  #Z_3;
U  #Z_3;
U  #IM_TUauf;
S  #Z_4;
U  #Z_5;
R  #Z_4;
U  #Z_4;
U  #AUF_Anf;
S  #Z_5;
U  #Z_6;
R  #Z_5;
U  #Z_5;
U  #IM_TUzu;
S  #Z_6;
U  #Z_7;
R  #Z_6;
U  #Z_6;
U  #IM_Koben;
S  #Z_7;
U  #Z_8;
R  #Z_7;
U  #Z_7;
U  #IM_TOauf;
S  #Z_8;
U  #Z_1;
R  #Z_8;
O  #Z_0;
O  #Z_5;
=  #OM_TUsch;
U  #Z_1;
=  #OM_TOsch;
U  #Z_2;
=  #OM_Kab;
U  #Z_3;
=  #OM_TUoeff;
U  #Z_6;
=  #OM_Kauf;
U  #Z_7;
=  #OM_TOoeff;
END_FUNCTION_BLOCK
FUNCTION_BLOCK FB 11
VAR_INPUT
K_unt    : BOOL;
K_oben   : BOOL;
IM_Kab   : BOOL;
IM_Kauf  : BOOL;
END_VAR
VAR_OUTPUT
K_ab       : BOOL;
K_auf      : BOOL;
OM_Koben   : BOOL;
OM_Kunten: BOOL;
END_VAR
VAR
Z_0  : BOOL := TRUE;
Z_1  : BOOL ;
Z_2  : BOOL ;
Z_3  : BOOL ;
Z_4  : BOOL ;
END_VAR
BEGIN
U     #Z_1;
R     #Z_0;
U     #Z_0;
U     #IM_Kab;
O     ;
U     #Z_4;
U     #IM_Kab;
S     #Z_1;
U     #Z_2;
R     #Z_1;
U     #Z_1;
U     #K_unt;
S     #Z_2;
U     #Z_3;
R     #Z_2;
U     #Z_2;
U     #IM_Kauf;
S     #Z_3;
U     #Z_4;
R     #Z_3;

U     #Z_3;
U     #K_oben;
S     #Z_4;
U     #Z_1;
R     #Z_4;
U  #Z_1;
=  #K_ab;
U  #Z_2;
=  #OM_Kunten;
U  #Z_3;
=  #K_auf;
U  #Z_4;
=  #OM_Koben;
END_FUNCTION_BLOCK
```

```
FUNCTION_BLOCK FB 12
VAR_INPUT
T_zu      : BOOL;
T_auf     : BOOL;
LI        : BOOL;
RT        : BOOL;
IM_Toeff: BOOL;
IM_Tsch : BOOL;
WZ        : TIMER;
END_VAR

VAR_OUTPUT
T_schl   : BOOL ;
T_oeff   : BOOL ;
OM_Tzu   : BOOL ;
OM_Tauf : BOOL ;
END_VAR

VAR
Z_0 : BOOL := TRUE;
Z_1 : BOOL;
Z_2 : BOOL;
Z_3 : BOOL;
Z_4 : BOOL;
END_VAR

BEGIN
U   #Z_1;
R   #Z_0;
U   #Z_0;
U   #IM_Tsch;
U   #LI;
UN #RT;
O   ;
U   #Z_4;
U   #IM_Tsch;
U   #LI;
UN #RT;
U   #WZ;
S   #Z_1;

O   #Z_2;
O   #Z_3;
R   #Z_1;
U   #Z_1;
U   #T_zu;
S   #Z_2;
U   #Z_3;
R   #Z_2;
U   #Z_2;
U   #IM_Toeff;
O   ;

U   #Z_1;
U( ;
ON #LI;
O   #RT;
)   ;
S   #Z_3;
U   #Z_4;
R   #Z_3;
U   #Z_3;
U   #T_auf;
S   #Z_4;
U   #Z_1;
R   #Z_4;

U   #Z_4;
L   S5T#3S;
SE #WZ;
U   #Z_1;
=   #T_schl;
U   #Z_2;
=   #OM_Tzu;
U   #Z_3;
=   #T_oeff;
U   #Z_4;
=   #OM_Tauf;
END_FUNCTION_BLOCK
DATA_BLOCK DB 10
FB 10
BEGIN
AUF_Anf := FALSE;
AB_Anf   := FALSE;
IM_TOauf:= FALSE;
IM_TOzu := FALSE;
IM_Koben:= FALSE;
IM_Kunt := FALSE;
IM_TUauf:= FALSE;

IM_TUzu    := FALSE;
OM_TOoeff:= FALSE;
OM_TOsch  := FALSE;
OM_Kab     := FALSE;
OM_Kauf    := FALSE;
OM_TUoeff:= FALSE;
OM_TUsch  := FALSE;

Z_0  := TRUE;
Z_1  := FALSE;
Z_2  := FALSE;
Z_3  := FALSE;
Z_4  := FALSE;
Z_5  := FALSE;
Z_6  := FALSE;
Z_7  := FALSE;
Z_8  := FALSE;
END_DATA_BLOCK
DATA_BLOCK DB 11
FB 11
BEGIN
K_unt   := FALSE;
K_oben := FALSE;
IM_Kab := FALSE;
IM_Kauf:= FALSE;

K_ab        := FALSE;
K_auf       := FALSE;
OM_Koben := FALSE;
OM_Kunten:= FALSE;

Z_0  := TRUE;
Z_1  := FALSE;
Z_2  := FALSE;
Z_3  := FALSE;
Z_4  := FALSE;

END_DATA_BLOCK
```

```
DATA_BLOCK DB 12 / DB13
FB 12
BEGIN
T_zu     := FALSE;        IM_Tsch:= FALSE;         Z_0 := TRUE;
T_auf    := FALSE;        WZ     := T 0;           Z_1 := FALSE;
LI       := FALSE;        T_schl := FALSE;         Z_2 := FALSE;
RT       := FALSE;        T_oeff := FALSE;         Z_3 := FALSE;
IM_Toeff:= FALSE;         OM_Tzu := FALSE;         Z_4 := FALSE;
                          OM_Tauf:= FALSE;
END_DATA_BLOCK
ORGANIZATION_BLOCK OB 1
VAR_TEMP
...  //Standardeinträge
TOauf : BOOL ;            TUzu   : BOOL ;          Kab    : BOOL ;
TOzu  : BOOL ;            TOoeff: BOOL ;           Kauf   : BOOL ;
Koben : BOOL ;            TOsch : BOOL ;           TUoeff: BOOL ;
Kunt  : BOOL ;            TUauf : BOOL ;           TUsch : BOOL;
END_VAR
BEGIN
O  E  0.7;        U  E  0.6;        O  E  1.0;        U  E  0.5;
O  E  1.2;        R  A  5.1;        O  E  1.1;        R  A  5.2;
S  A  5.1;        U  A  5.1;        S  A  5.2;        U  A  5.2;
                  =  A  5.4;                          =  A  5.3;

CALL FB 10 , DB 10 (
     AUF_Anf   := A  5.1,
     AB_Anf    := A  5.2,
     IM_Toauf  := #TOauf,
     IM_Tozu   := #TOzu,
     IM_Koben  := #Koben,
     IM_Kunt   := #Kunt,
     IM_Tuauf  := #TUauf,
     IM_Tuzu   := #TUzu,
     OM_TOoeff:= #TOoeff,
     OM_TOsch  := #TOsch,
     OM_Kab    := #Kab,
     OM_Kauf   := #Kauf,
     OM_TUoeff:= #TUoeff,
     OM_TUsch  := #TUsch);
CALL FB 11 , DB 11 (
     K_unt     := E  0.5,
     K_oben    := E  0.6,
     IM_Kab    := #Kab,
     IM_Kauf   := #Kauf,
     K_ab      := A  4.2,
     K_auf     := A  4.1,
     OM_Koben  := #Koben,
     OM_Kunten:= #Kunt);

CALL FB 12 , DB 12 (
     T_zu      := E  0.1,
     T_auf     := E  0.2,
     LI        := E  1.3,
     RT        := E  0.7,
     IM_Toeff:= #TOoeff,
     IM_Tsch   := #TOsch,
     WZ        := T1,
     T_schl    := A  4.4,
     T_oeff    := A  4.3,
     OM_Tzu    := #TOzu,
     OM_Tauf   := #TOauf);
CALL FB 12 , DB 13 (
     T_zu      := E  0.3,
     T_auf     := E  0.4,
     LI        := E  1.4,
     RT        := E  1.1,
     IM_Toeff:= #TUoeff,
     IM_Tsch   := #TUsch,
     WZ        := T2,
     T_schl    := A  4.6,
     T_oeff    := A  4.5,
     OM_Tzu    := #TUzu,
     OM_Tauf   := #TUauf);
END_ORGANIZATION_BLOCK
```

V Bussysteme in der Automatisierungstechnik

14 SPS- und PC-Stationen an Bussysteme anschließen

14.1 Ursachen des Kommunikationsbedarfs

In der Automatisierungstechnik vollzieht sich seit Jahren eine Entwicklung, die durch den verstärkten Einsatz von Kommunikationssystemen gekennzeichnet ist. In einem ersten Schritt wurde das Konzept der zentralen Steuerung durch eine Dezentralisierung der Steuerungsperipherie abgelöst. Dabei wurden und werden noch heute die Feldgeräte über eine serielle Busverbindung mit der Steuerung verbunden. Mit dieser Konzeption lassen sich Kosteneinsparungen bei der Verdrahtung und im Schaltschrankbereich erzielen. Im zweiten Schritt kam es zu einer Dezentralisierung der Steuerungsintelligenz. Mehrere intelligente Steuerungseinheiten bewältigen zusammen die gemeinsame Steuerungsaufgabe. Hierbei sind Kosteneinsparungen bei der Softwareentwicklung, Inbetriebnahme und Wartung entscheidend. Der dritte Schritt ist durch die Datendurchlässigkeit zwischen der Produktions- und Büro-Welt gekennzeichnet, um organisatorische und qualifikatorische Ressourcen besser nutzen zu können. Dabei zielen moderne Rationalisierungsstrategien auf verbesserte Materialflüsse, transparentere betriebliche Abläufe, schnellere Anpassung an veränderte Auftragssituationen, hohe Verfügbarkeit und Fernwartung der Anlage ab. Ganz neue Möglichkeiten ergeben sich für die Automatisierung durch die Nutzung von E-Mail- und Web-Server-Diensten.

14.2 Kommunikationsebenen und Bussysteme

Nach derzeitigem Stand der Entwicklung ist ein hierarchisch gegliedertes Kommunikationssystem mit Datendurchlässigkeit im Fertigungsbereich üblich. Das hat technische und wirtschaftliche Gründe. Zu den technischen Gründen zählen die stark unterschiedlichen Anforderungen hinsichtlich der zu übertragenden Datenmenge und der Echtzeitfähigkeit des Datenaustausches. Bei den wirtschaftlichen Gründen sind es die extrem abweichenden Anlagengrößen und der Grad der gewünschten Vernetzung. Gleichwohl gibt es Bestrebungen, das in der Bürowelt etablierte Ethernet-TCP/IP-Bussystem auf den Produktionsbereich auszudehnen. Ein Beispiel dafür ist PROFINET, das allerdings das Feldbussystem PROFIBUS nicht verdrängen sondern integrieren will (s. Kap 18).

Der Begriff des Kommunikationssystems umfasst eine Steuerung (SPS- oder PC-Plattform), einen Kommunikationsprozessor (Netzwerkkarte) und die Kommunikations-Software zum Betrieb der Baugruppe.

Das Rückgrat der Kommunikation bilden gekoppelte Bussysteme (AS-i, PROFIBUS, PROFINET, Industrial Ethernet). Verwendet werden nur noch *standardisierte, offene Bussysteme*. Standardisiert bedeutet international genormt in der IEC 61158 und *Offenheit* gewährt den Zugang zu Spezifikationen und Technologien, damit sich neue Anbieter mit eigenen Produkten am System beteiligen können. Für die Nutzer ergibt sich so der Vorteil einer größeren Unabhängigkeit von Herstellern bei der Auswahl der zu vernetzenden Anlagenkomponenten.

Innerhalb eines hierarchisch gegliederten Kommunikationssystems kann man die Kommunikationsleistung spezifizieren. Man unterscheidet die Kommunikationsarten in Zuordnung zur Automatisierungshierarchie:

- Prozess- oder Feldkommunikation

  Dient zum Anbinden von Aktoren und Sensoren an Automatisierungssysteme. Der Austausch der Prozess-Signale zwischen den Aktoren/Sensoren und dem Prozessabbild in der Steuerung erfolgt meistens zyklisch durch Anwendung des Master-Slave-Verfahrens. Als Beispiele für Prozess- oder Feldkommunikation werden nachfolgend der AS-i-Bus und der PROFIBUS DP behandelt.

- Datenkommunikation

  Dient dem Datenaustausch zwischen SPSen untereinander oder in Verbindung mit intelligenten Stationen wie PCs. Der Datenaustausch erfolgt meistens azyklisch durch Steuerbefehle aus dem Anwenderprogramm unter Anwendung des Client-Server-Verfahrens. Als Beispiel für Datenkommunikation wird PROFINET auf Industrial Ethernet vorgestellt.

- IT-Kommunikation

  Unter *Informationstechnologien (IT)* wird die Erfassung und Aufbereitung, Übertragung und Verteilung, Nutzung und Verarbeitung von Informationen verstanden. Der Einsatz von Informationstechnologien ist im Bürobereich bereits als Standard anzusehen. Für den Bereich der Automatisierungstechnik sind zumindest die Technologien verfügbar gemacht worden. Der tatsächliche Einsatz befindet sich noch im Anfangsstadium und ist wegen der Sicherheitsprobleme im Internet nicht ungefährlich. In größeren Unternehmungen werden aber IT-Lösungen in deren firmeninternen Internets, den sog. *Intranets*, bereits eingesetzt, um den verschiedenen am Geschäftsprozess beteiligten Bereichen wie Vertrieb, Auftragsbearbeitung, Kalkulation, Produktionsplanung, Produktion und Qualitätssicherung einen geregelten Zugang zu den Informationen zu erlauben. Im Bereich des Möglichen ist auch die Einbeziehung einer allgemeinen Unternehmens-Software für die übergeordneten Bereiche der Finanz-, Auftrags-, Produktions- und Materialverwaltung. Als Beispiel für IT-Kommunikation werden die Grundlagen des Ethernet-TCP/IP-Konzepts und die Anwendung der Client-Server-Kommunikation bei Web-Technologien und OPC vorgestellt.

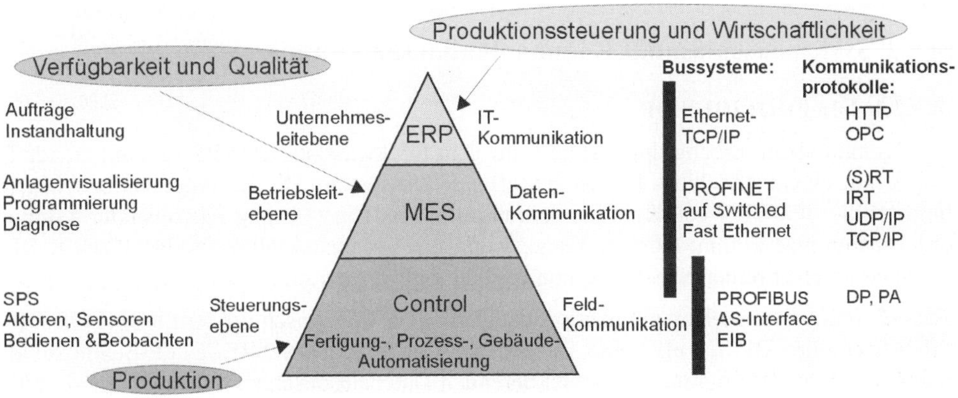

Bild 14.1: Industrielle Kommunikation
Einordnung gängiger Begriffe der Automatisierungshierarchie
ERP = Enterprise Ressource Planning, MES = Manufacturing Execution Systems

14.3 Bussystemanschluss für SPS-Stationen

Die nachfolgenden Ausführungen beziehen sich auf den Anschluss der S7-300 an die Bussysteme PROFIBUS DP, PROFINET und Industrial Ethernet-TCP/IP.

14.3.1 Systemanschluss durch CPU mit integrierter Schnittstelle

14.3.1.1 Für PROFIBUS DP

Die **CPU 314C-2 DP** ist eine Zentralbaugruppe für den Anschluss an PROFIBUS DP (konfigurierbar als DP-Master oder DP-Slave) mit 48 kByte Arbeitsspeicher und Datenquerverkehr (DX), Routing sowie zusätzlicher S7-Kommunikation über PROFIBUS. Als Besonderheit bietet dieser Systemanschluss noch 5 Analogeingänge, 2 Analogausgänge, 4 Kanäle für Zählen und Frequenzmessen bis 60 kHz und 1 Kanal für Positionieren mit Analog- oder Digitalausgang.

14.3.1.2 Für PROFINET

Die **CPU 315-2DP/PN** ist eine neue Zentralbaugruppe für den Anschluss an PROFIBUS DP und PROFINET auf Industrial Ethernet.

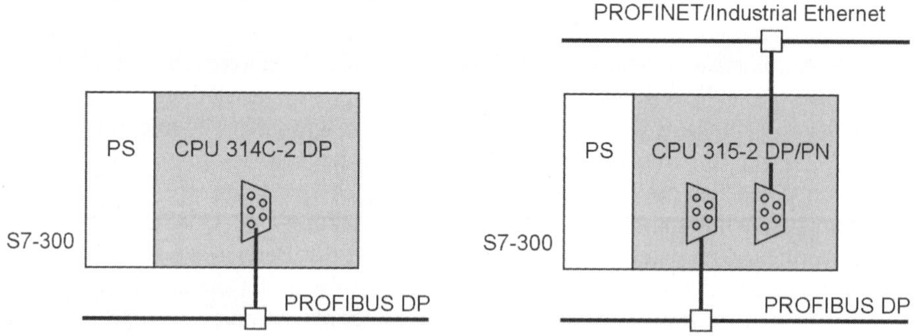

Bild 14.2: SPS-CPU mit integrierten Schnittstellen

14.3.2 Systemanschluss mit Kommunikationsbaugruppe

14.3.2.1 Für PROFIBUS DP

Eine Kommunikationsbaugruppe ist eine auf dem Rückwandbus der SPS zu montierende Baugruppe mit einem Anschluss für das betreffende Bussystem. Die Kommunikationsbaugruppe entlastet die SPS-CPU von Kommunikationsaufgaben. Eine Lösung mit separater Kommunikationsbaugruppe kommt dann in Frage, wenn ein Systemanschluss für PROFIBUS DP als Erweiterung einer reinen SPS-Steuerung hinzugefügt werden soll.

Der **CP 342-5** ist eine Kommunikationsbaugruppe für den Anschluss an PROFIBUS DP (als DP-Master oder DP-Slave). Seine Besonderheit ist eine SEND/RECEIVE-Schnittstelle für einen im Anwenderprogramm zu projektierenden Datenaustausch zwischen der CPU und dem CP über zur Verfügung stehende Funktionen FC 1 (DP-SEND) und FC 2 (DP-RECEIVE).

Die **CPU 314** ist eine zur Kommunikationsbaugruppe CP 342-5 passende Zentralbaugruppe, die über den Rückwandbus verbunden werden.

Anmerkung: Die Konfiguration CPU 314 + CP 342-5 ließe sich funktionsgleich und preiswerter ersetzen durch eine CPU 315-2DP. Die Konfiguration mit zwei getrennten Baugruppen hat unter didaktischen Gesichtspunkten aber einige Vorteile, weil hier die Unterscheidung zwischen der CPU für die Programmausführung und dem CP als DP-Master von PROFIBUS deutlicher ist. Erforderlich ist eine Zusatzprojektierung mit den Funktionen DP-SEND und DP-RECEIVE sowie eine Adressenermittlung aus einer Zeigeradresse und einem Adressoffset für die DP-Slave Konfiguration.

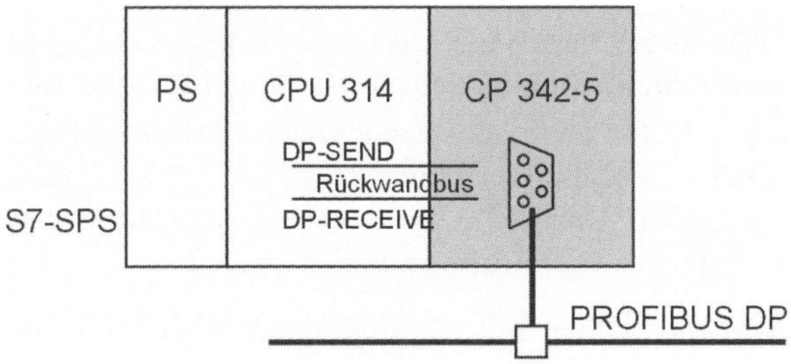

Bild 14.3: Systemanschluss für PROFIBUS-DP über Kommunikationsbaugruppe
Spannungsversorgung (PS), Zentralbaugruppe (CPU), Kommunikationsbaugruppe (CP)

14.3.2.2 Für PROFINET, Industrial Ethernet-TCP/IP

Dieser Systemanschluss ist für die Ankopplung einer S7-SPS über Industrial Ethernet an eine PC-Station gedacht, auf der ein OPC-Server von SimaticNET läuft, der beliebigen Windows-Applikationen wie z.B. MS Excel eine Standard-Schnittstelle bietet. Ebenso möglich ist der Zugriff eines auf dem PC laufenden Web-Browsers über Industrial Ethernet auf den Web-Server der Kommunikationsbaugruppe.

Der **CP 343-1 IT Advanced** ist eine Kommunikationsbaugruppe für den Anschluss an Industrial Ethernet. Die Baugruppe stellt folgende Kommunikationsdienste zur Verfügung:

- PROFINET IO-Controller
- Transportprotokolle TCP/IP, UDP, ISO unter direkter Durchleitung zur CPU
- Web-Server und E-Mail
- S7-Kommunikation zur S7-CPU (spezielles Siemens-Protokoll)
- SEND-RECEIVE-Schnittstelle zur Kopplung mit anderer S7-SPS
- S7-Routing

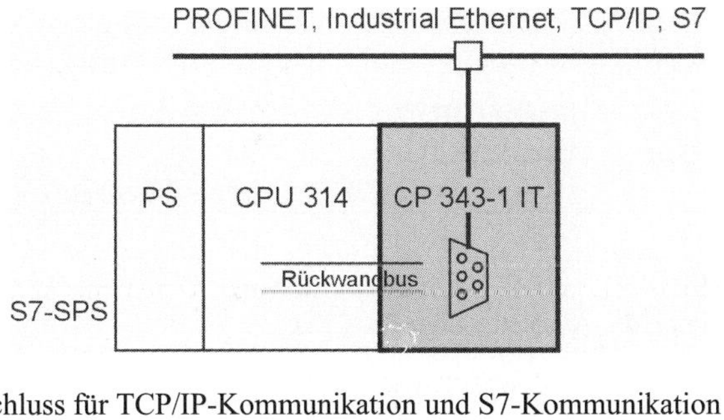

Bild 14.4: Systemanschluss für TCP/IP-Kommunikation und S7-Kommunikation auf Industrial Ethernet

14.4 Bussystemanschluss für PC-Stationen

14.4.1 Standard-Netzwerkkarte

PCs verfügen standardmäßig über eine Ethernet-TCP/IP-Netzwerkkarte für allgemeine IT-Anwendungen. Hierauf soll nicht näher eingegangen werden.

14.4.2 Für PROFIBUS DP

Beispiele für PROFIBUS-Einsatz unter Steuerungs-Software STEP 7:

1. **DP-Master, Klasse 2 zur Projektierung, Inbetriebnahme und Diagnose:**

   Der **CP 5611** ist eine Kommunikationsbaugruppe mit MPI/PROFIBUS DP-Schnittstelle für den Einsatz des PC als Projektierungstool für STEP 7-Programme sowie für deren Inbetriebnahme und Diagnose. Der CP 5611 hat keinen eigenen Mikroprozessor und kann daher die CPU des Gastgeber-PC (Host) nicht entlasten.

2. **DP-Master, Klasse 1 in einer als PC-Station mit WinLC RTX[1)] projektierten Soft-SPS**

   Der **CP 5613** ist eine Kommunikationsbaugruppe mit MPI/PROFIBUS DP-Schnittstelle für den Einsatz des PC als SOFT-SPS (PLC) zum Steuern von Anlagen. Der CP 5613 hat einen eigenen Prozessor und führt die Prozessdaten-Kommunikation mit den PROFIBUS-Feldgeräte selbstständig aus und entlastet so die Host-CPU von Kommunikationsaufgaben.

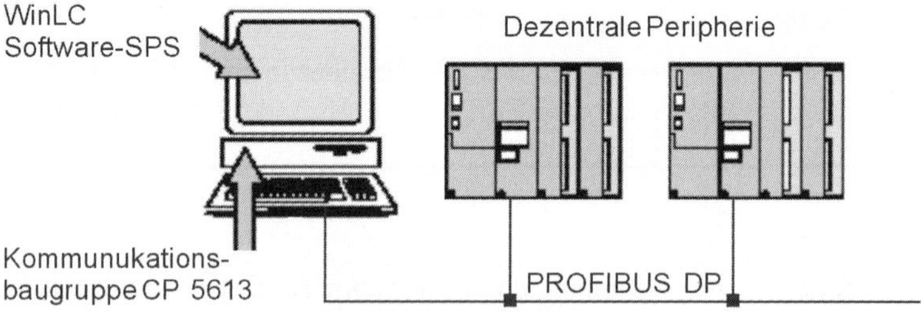

Bild 14.5: Systemanschluss für PROFIBUS DP über Kommunikationsbaugruppe

Das nachfolgende Bild zeigt den charakteristischen zeitlichen Verlauf der Kommunikationsleistung für Kommunikationsbaugruppen mit einem eigenem Prozessor und ohne Prozessor.

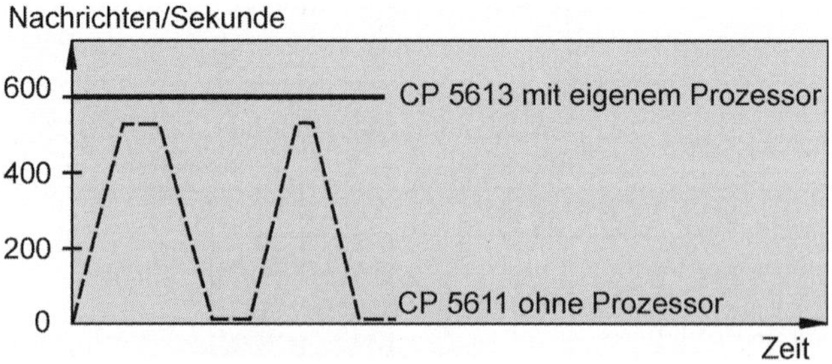

Bild 14.6: Kommunikationsbaugruppen mit eigenem Prozessor bieten eine konstant hohe Kommunikationsleistung unabhängig von der Auslastung der PC-CPU.

1) RTX bedeutet Real Time eXchange (Echtzeit-Kommunikation)

15 AS-i-Bus

15.1 Grundlagen

15.1.1 AS-i-System

AS-i ist die Abkürzung für **A**ktor-**S**ensor-**I**nterface. Aktoren und Sensoren sind überwiegend einfache Buskomponenten, die Bit-Signale erfordern oder liefern und die für den Betrieb eines Anlagenprozesses nötig sind. Interface bedeutet soviel wie Kopplungselektronik, die bei AS-i in Form eines einfachen Bussystems mit einem aktiven Busmaster und reaktiven Bus-Slaves angeboten wird. Die Bus-Slaves gibt es als Buskomponenten für den externen Anschluss von konventionellen Aktoren oder Sensoren und als Buskomponenten mit integrierten Aktoren oder Sensoren. AS-Interface erlaubt auch die Eigenentwicklung von Slaves für besondere Funktionen durch Bezugsmöglichkeit beschaltbarer AS-i-Chips (ASICs). Der Busmaster sorgt nur für die Funktion des Kommunikationssystems und verfügt über eine Ankopplung zu einem Steuerungsgerät, das für die Steuerungslogik (Programm) zuständig ist. Die Verbindung zwischen den Buskomponenten wird über eine besondere Zweidrahtleitung hergestellt. Zusätzlich ist noch ein AS-i-Netzteil erforderlich, das eine genau spezifizierte Gleichspannung über eine Daten-Entkopplungsinduktivität in das Bussystem einspeist.

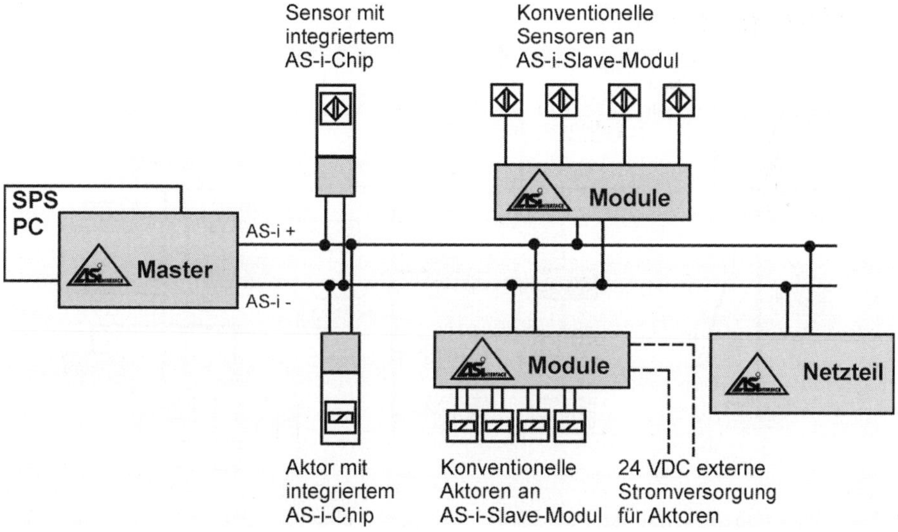

Bild 15.1: Typische AS-i-Konfiguration

Für die Verbindung des AS-i-Masters mit dem nicht zum Bussystem zählenden Steuerungsgerät, auch *Host* (Wirt) genannt, gibt es mehrere Möglichkeiten:

- Stand-alone-Lösung: Im Gehäuse des AS-i-Masters ist eine Steuerung mit untergebracht. Ein solches Kombigerät hat zwei Schnittstellen: Die AS-i-Bus-Schnittstelle und die Programmier-Schnittstelle zum Anschluss eines Programmiergerätes (PC).

- Eine AS-i-Masteranschaltung wird in Form eines Kommunikationsprozessors über den Rückwandbus in ein SPS-System integriert.
- Eine AS-i-Masteranschaltung wird in ein Gateway integriert. Die AS-i-Daten werden dabei einem übergeordneten Feldbussystem bzw. Netzwerk zur Verfügung gestellt. Möglichkeiten hierbei sind: PROFIBUS DP, InterBus, Modbus, DeviceNet, CANopen oder Ethernet.
- Eine AS-i-Masteranschaltung wird in Form eines Kommunikationsprozessors als Netzwerkkarte in ein PC-System integriert. Als Software ist der AS-i-Treiber zur Ansteuerung der Netzwerkkarte erforderlich sowie eine AS-i-Library für die Masteraufrufe. Das Anwenderprogramm wird in einer Hochsprache geschrieben und kann durch die Funktionen der Library mit dem AS-i-Treiber kommunizieren.

15.1.2 Netzwerk-Topologie

Ein Netzwerk ist die Verbindung mehrerer Geräte über ein Übertragungsmedium zum Zwecke der Datenübertragung. Als Topologie bezeichnet man die Struktur des Kommunikationssystems, also die Anordnung der Geräte im Netzwerk.

Die Topologie eines AS-i-Netzwerkes ist als Linien-, Stern- oder Baumstruktur frei wählbar und kann den örtlichen Anforderungen angepasst werden. Leitungs-Abschlusswiderstände sind nicht erforderlich (offen bleibende Leitungen sind erlaubt). Im konventionellen AS-i-System darf die Summe aller Leitungslängen 100 m nicht überschreiten und die Anzahl der Slaves kann maximal 31, bei Verwendung von Slaves mit erweitertem Adressierbereich maximal 62 sein.

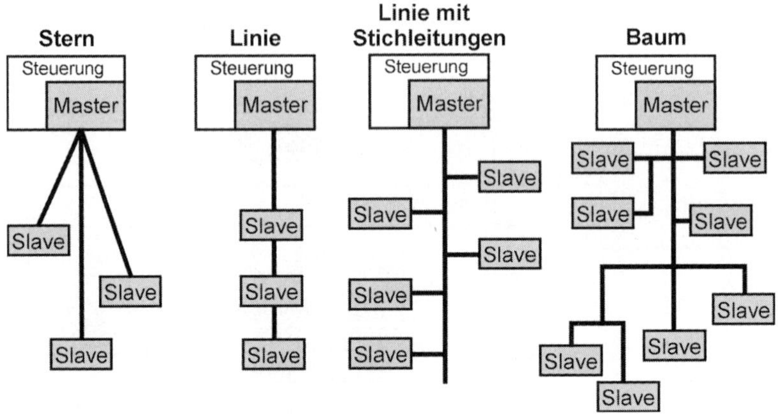

Bild 15.2: Frei wählbare Netzstruktur bei AS-i, außer Ringtopologie

15.1.3 Übertragungsverfahren

Die AS-i-Leitung steht zur Übertragung von Datentelegrammen in bitserieller Form und gleichzeitiger Übertragung eines Gleichspannungspegels für die Elektronik der angeschlossenen Slaves zur Verfügung. Um den Gleichspannungspegel nicht durch die überlagerten Datentelegramme zu verändern, müssen diese gleichstromfrei sein. Da der arithmetische Mittelwert einer Bitfolge von 1-0-Signalen unterschiedliche Werte haben kann, wird ein besonderes Codierungs- und Modulationsverfahren angewendet, um aus der 1-0-Bitfolge des Senders geeignete gleichstromfreie und wenig Frequenzband beanspruchende *Leitungssignale* zu erzeugen. Das AS-i-System verwendet zur *Basisband-Übertragung* die *Manchester-II-Codierung* und die sog. *Alternierende Puls Modulation (APM)*. Dabei wird ein Sendestrom erzeugt, der in Verbindung mit einer im System nur einmal vorhandenen Induktivität L die gewünschten Signalspannungspegel über die Induktionswirkung in der Spule bildet (Stromänderungen in der Spule erzeugen Induktionsspannungen an den Spulenklemmen).

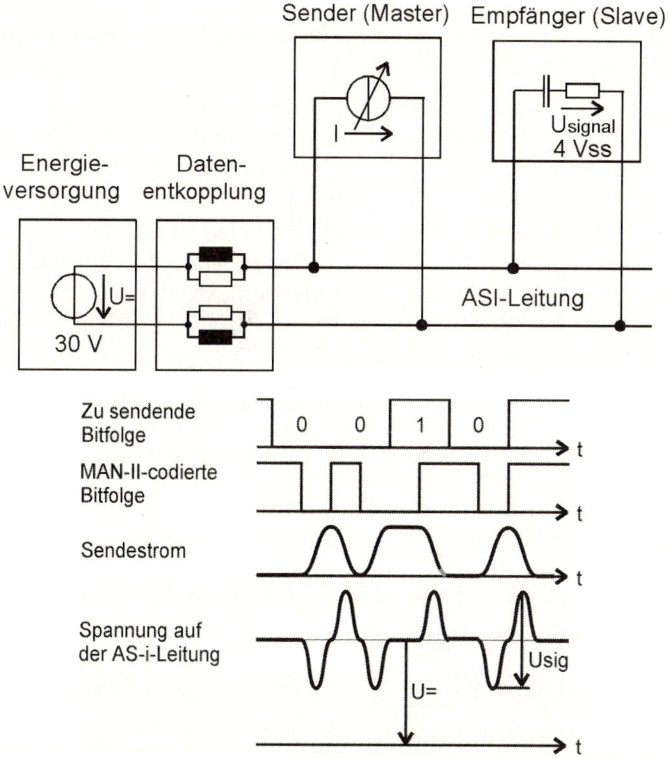

Bild 15.3: AS-i-Signale

15.1.4 AS-i-Leitung

Das hauptsächlich verwendete Übertragungsmedium des AS-i-Systems ist eine elektrische Zweidraht-Flachbandleitung, ungeschirmt und nicht verdrillt, mit besonderer Geometrie für eine verpolsichere Installation mit Durchdringungstechnik für einfachste Montage. Daneben ist auch noch ein Standard-Rundkabel zulässig.

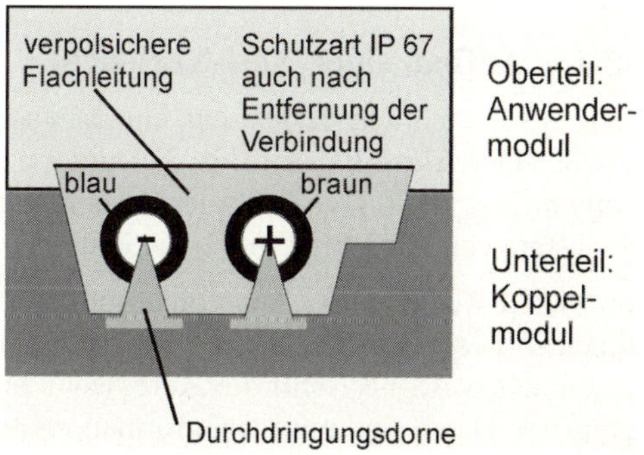

15.1.5 Zugriffssteuerung

Auf der Busleitung kann im Basisband-Übertragungsverfahren zu einem Zeitpunkt immer nur ein Telegramm übertragen werden. Da alle Busteilnehmer notwendigerweise Telegramme senden und empfangen dürfen, müssen sie sich die vorhandene Übertragungskapazität zeitlich teilen. Die dazu prinzipiell geeigneten Verfahren sind Methoden der Buszugriffssteuerung.

Im AS-i-System, wird das *Master-Slave-Zugriffsverfahren mit zyklischem Polling* angewendet:

- Selbstständiges Zugriffsrecht (Rederecht) für die Benutzung des AS-i-Busses hat nur der Master.
- Slaves bekommen das Rederecht nur nach Aufforderung zum Antworten kurzzeitig erteilt. Von sich aus können Slaves nicht auf den Bus zugreifen, um ein Telegramm abzusetzen.
- Polling ist ein zyklisch arbeitendes Abfrageverfahren, bei dem der Master seine Slaves der Reihe nach anspricht, um ihnen Daten zu liefern und von ihnen Daten einzusammeln. Wenn alle Slaves einmal angesprochen worden sind, beginnt der Vorgang wieder neu. Das bedeutet für das AS-i-System, dass eine kalkulierbare Zeitspanne vergeht bis der Master über den Signalzustand seiner Slaves aktuell informiert ist. Ist diese Zeitspanne klein gegenüber der kritischsten Reaktionszeit des Anlagenverfahrens, so ist dies hinnehmbar. Im AS-i-System beträgt diese Zykluszeit bei 31 Slaves maximal 5 ms, d.h. ein AS-i-Slave wird mindestens 200 mal in der Sekunde angepollt.

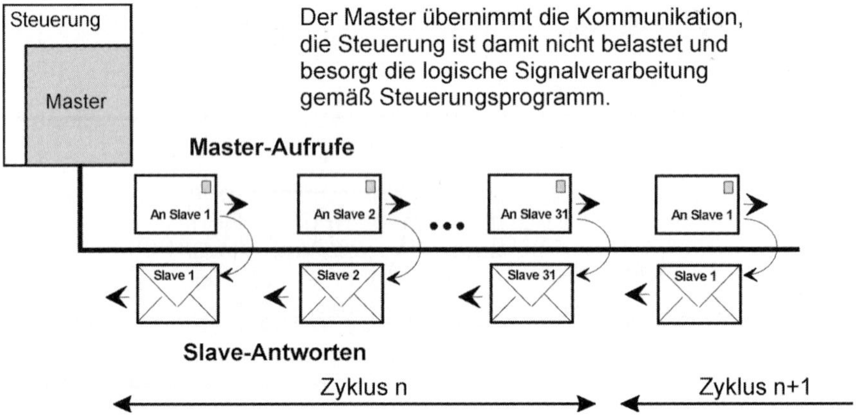

Bild 15.4: Master-Slave-Verfahren

15.1.6 Aufbau einer AS-i-Nachricht

Eine AS-i-Nachricht besteht aus einem Masteraufruf, einer Masterpause, einer Slave-Antwort sowie einer Slave-Pause. Das Telegramm des Masteraufrufes umfasst 14 Bit, die Slave-Antwort nur 7 Bit. Die Zeitdauer eines Bits beträgt ca. 6 µs, das ergibt sich aus einer Übertragungsrate von 167 kBit/s. Auch die Pausenzeiten sind wichtig und werden überwacht.

Im Master-Telegramm erkennt man fünf Adressbits, womit sich $2^5 = 32$ Slave-Adressen unterscheiden lassen. Da alle Slaves im Auslieferungszustand die Adresse 0 haben, stehen im konventionellen AS-i-System die Adressen 1 bis 31 für die Slaves zur Verfügung. Zur Übertragung von Daten sind nur vier Informations-Bits I0...I3 im Masteraufruf und der Slave-Antwort vorgesehen. Das fünfte Informations-Bit I4 wird nur bei der Übertragung von Parameter-Daten verwendet, beispielsweise zur Änderung einer Slave-Adresse. Der Telegramm-Anfang ist durch das Start-Bit ST (immer „0“) gekennzeichnet. Das Telegrammende wird mit einem Ende-Bit EB (immer „1“) abgeschlossen. Das AS-i-Master-Telegramm hat im Vergleich zu anderen Bussystemen ein günstiges Verhältnis von Nutzdaten (4 Bit) zu Rahmendaten (10 Bit).

AS-i-Telegrammaufbau

Masteraufruf														Masterpause	Slaveantwort							Slavepause
0	SB	A4	A3	A2	A1	A0	I4	I3	I2	I1	I0	PB	1	(Pause)	0	I3	I2	I1	I0	PB	1	(Pause)
ST													EB		ST						EB	

ST = Startbit SB = Steuerbit PB = Paritätsbit EB = Endebit
A4...A0 = Adresse der Slaves (5 Bit)
I4....I0 = Informationsbits von Master an Slave (5 Bit) und von Slave an Master (4 Bit)

Es stehen verschiedene AS-i-Masteraufrufe zur Verfügung, um alle erforderlichen Funktionalitäten ausführen zu können.

Masteraufrufe (Auswahl)

Masteraufruf (allg.)	ST	SB	A4	A3	A2	A1	A0	I4	I3	I2	I1	I0	PB	EB	
Datenaufruf	0	0	A4	A3	A2	A1	A0	1	D3	D2	D1	D0	PB	1	D = Datenbit
Parameteraufruf	0	0	A4	A3	A2	A1	A0	0	P3	P2	P1	P0	PB	1	P = Parameterbit

15.1.7 Datenfelder und Listen beim Master

Der AS-i-Master verfügt über eine Ablaufkontrollebene, um die Kommunikation mit den Slaves zu steuern und zu überwachen. Darin sind enthalten:

- Datenfeld zur Aufnahme des Eingangs- und Ausgangsdaten-Abbildes der Slaves.
- Datenfeld zur Aufnahme eines Konfigrationsdaten-Abbildes der Slaves. Die Konfigurationsdaten beinhalten den ID-Code und die E/A-Konfiguration der Slaves. Mit diesen beiden Codezahlen, die durch Normung der AS-i-Profile entstanden sind, kennt der Master seine Slaves wie über ein Datenblatt.
- Datenfeld für die Parameter der Slaves. Jeder AS-i-Slave hat zusätzlich zu den Datenbits für die maximal vier binären Eingänge und Ausgänge noch vier Parameterbits zur Fernbeeinflussung von Slave-Eigenschaften. Die Bedeutung der Parameterbits muss im Slave-Datenblatt beschrieben sein, z.B. Öffner-Schließer-Verhalten eines Kontaktes. Nicht alle Slaves können in ihren Eigenschaften durch Parameterbits beeinflusst werden.
- Liste der projektierten Slaves (LPS), Liste der am AS-i-Bus erkannten Slaves (LES) und Liste der aktivierten Slaves (LAS). Ein Slave wird vom Master nur aktiviert, wenn er in den beiden anderen Listen erscheint, d.h. wenn er projektiert und erkannt ist. Ein Slave der nicht projektiert (nicht vorgesehen) ist aber erkannt (am Bus vorhanden) ist, kann im Betriebsmodus nicht aktiviert werden.

Das nachfolgende Bild zeigt die Anordnung der Datenfelder und Listen beim AS-i-Master.

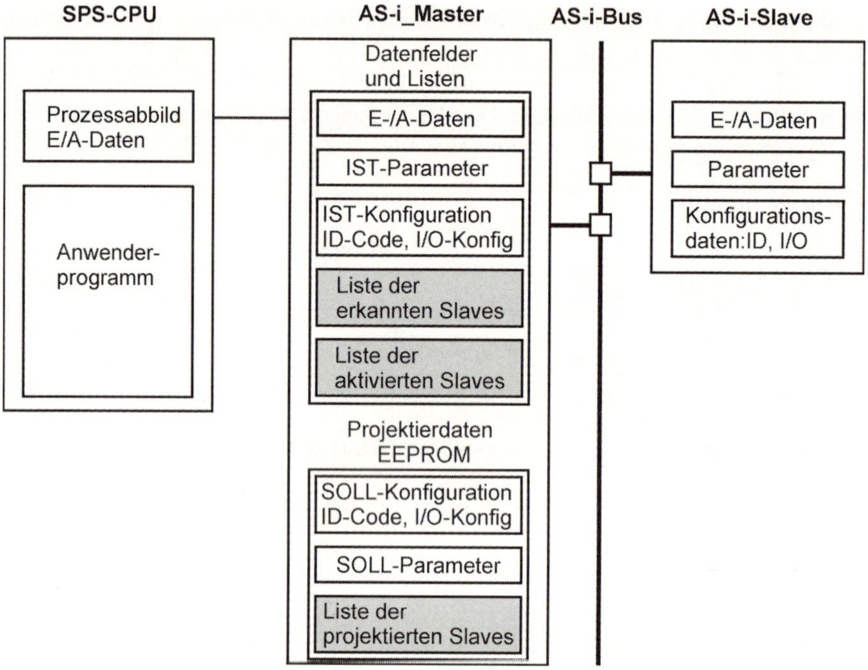

Bild 15.5: Datenfelder und Listen beim AS-i Master

15.1.8 Betriebsmodi des Masters

Die Ablaufkontrollebene des Masters kennt zwei Betriebsmodi, die das Verhalten von Slaves beeinflussen.

- *Projektierungsmodus*: In diesem werden die Slaves adressiert (mit Adressen versehen) und parametriert (Eigenschaften eingestellt). Alle angeschlossenen Slaves werden unabhängig von der Projektierungskonfiguration in den Datenaustausch einbezogen (aktiviert). Mit einem Befehl werden die neu projektierten Daten in die Liste der projektierten Slaves übernommen. Diese Betriebsart dient der Inbetriebnahme eines AS-i-Systems.
- *Geschützter Betriebmodus*: In dieser Betriebsart kommuniziert der Master mit den Slaves unter Prüfung der Listen LPS und LES auf Übereinstimmung und unter Ausgabe evtl. Fehlermeldungen. Der geschützte Betriebsmodus ist der normale Betriebsfall.

15.1.9 Datensicherung

Gestörte Datentelegramme könnten zu unübersehbaren Schäden in Anlageprozessen führen. Deshalb muss der AS-i-Bus fehlererkennend sein. Die Fehlererkennung liegt hauptsächlich in der verwendeten Codierungs- und Modulationsmethode, die es gestattet, Störungsbits zu entdecken. Zusätzlich ist noch im Telegrammformat ein sog. Prüfbit vorgesehen.

15.1.10 Räumliche Netzerweiterung

Bei einer räumlichen Netzerweiterung handelt es sich um eine gewünschte Leitungsverlängerung über die 100 m-Grenze hinaus. Diese ist möglich durch den Einsatz sog. *Repeater*. Repeater sind Buskomponenten, die Bus-Signale verstärken, und zwar bidirektional vom Master zu den Slaves und umgekehrt. Vom Repeater aus ist es möglich, weitere 100 m AS-i-Leitung zu verlegen. Ein bestehendes 100 m Segment kann so um maximal zwei weitere 100 m Segmente erweitert werden. Daraus ergibt sich die maximale Ausdehnung von 300 m für das AS-i-Netz.

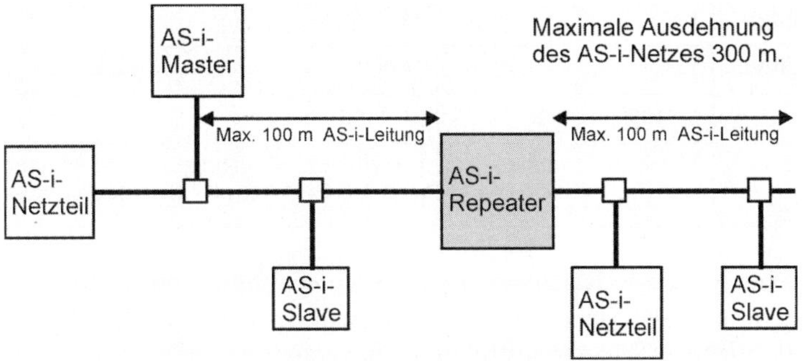

Bild 15.6: Netzerweiterung durch Repeater

15.1.11 Netzübergänge

Der AS-i-Bus ist konzipiert für die Sensor-Aktor-Ebene des Anlagenprozesses. Will man Daten der Aktoren und Sensoren auch in höheren Ebenen der Automatisierungshierarchie verfügbar machen, so sind Netzübergänge zu anderen Bussystemen erforderlich. Die dafür eingesetzten Buskoppler nennt man *Gateways*.

Einige Gateways haben sogar noch zusätzlich eine eingebaute Steuerung, die es im Sinne der Dezentralisierung ermöglicht, AS-i-Prozessdaten selbstständig zu verarbeiten. Aus dem übergeordneten Feldbus-System sind nur noch Arbeitsaufträge zu erteilen. Dies führt zu einer Reduzierung der über das Bussystem zu übertragenden Datenmenge. Dadurch steigt die Performance dieses Bussystems. Die in der Steuerung zu verarbeitende Datenmenge wird ebenfalls reduziert, was zu einer Verkürzung der Zykluszeit und Verkleinerung des Speicherplatzbedarfs führt.

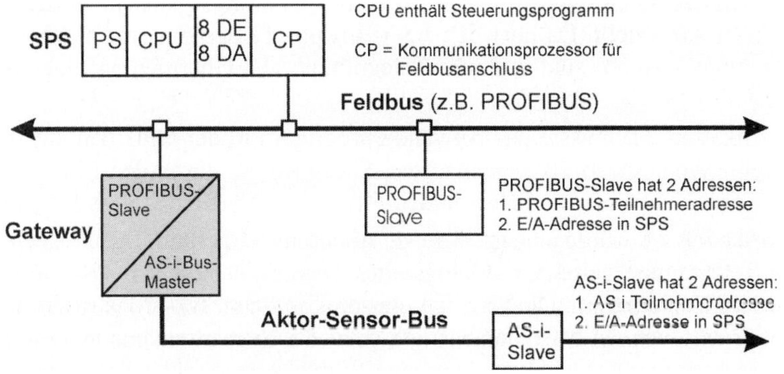

Bild 15.7: Netzübergang von PROFIBUS zu AS-i-Bus

15.1.12 AS-i-Spezifikationen

Innovationen bei AS-Interface sind durch Spezifikationen gekennzeichnet. Nachfolgend sind in einer Tabelle die weiterentwickelten Kennwerte und Eigenschaften der Spezifikationen dargestellt.
Hinweis: (4E/4A) gibt den Maximalausbau eines Slaves mit 4 Eingängen und 4 Ausgängen an.

Kennwerte	Spezifikation 2.0	Spezifikation 2.1	Spezifikation 3.0
Teilnehmerzahl	max 31 (4E/4A)	max 62 (4E/3A)	max 62 (4E/4A)
Anzahl Eingänge	124	248	248
Anzahl Ausgänge	124	186	248
Zykluszeit	$\leq$ 5ms	$\leq$ 10ms	$\leq$ 20ms
Analogwertverar-beitung	Mit Funktionsbau-stein in SPS	Im Master integriert, bis zu 124 Analogwerte	Im Master integriert, bis zu 248 Analogwerte

Grundvoraussetzung für alle Neuerungen ist die Kompatibilität. So können z.B. neue Slaves mit alten Mastern oder alte Slaves mit neuen Mastern betrieben werden. Voraussetzung dafür ist, dass die beschriebene Telegrammstruktur nicht verändert wird.

- Anzahl der Ein-/Ausgänge:

Der Unterschied zwischen Spezifikation 2.0 und 2.1 besteht darin, dass im Mastertelegramm das Datenbit I3 als sog. Select-Bit SEL verwendet wird. Damit werden die Adressbits um eine Stelle erweitert und der Adressraum verdoppelt. Man spricht von A- bzw. B-Slaves. Wird z.B. über die Adressbits die Adresse 21 angesprochen, wählt SEL (I3) = „0“ A-Slave 21 und SEL (I3) = „1“ B-Slave 21 aus. Damit können jedoch nur max. 3 Ausgangsbits pro Slave übertragen werden und der Maximalausbau eines Slaves ist 4E/3A.

Bei der Spezifikation 3.0 wurde das Verfahren der Adressierung mit gleichem Telegrammaufbau dahingehend geändert, dass der Master zum Slave insgesamt 4 Telegramme im „Handshake-Betrieb“ sendet. Zwei Telegramme für den A-Slave und zwei Telegramme für den B-Slave. Mit jedem Telegramm wird jeweils nur die Hälfte der Daten übertragen. Damit kann sich die maximale Zykluszeit auf 20 ms erhöhen.

- Analogwertverarbeitung:

Analoge Ein- und Ausgangswerte werden in Automatisierungssystemen in der Regel mit einem 16-Bit-Wert dargestellt. Da über den AS-i-Bus pro Telegramm nur maximal 4 Bit Daten übertragen werden können, sind mehrere Telegramme zur Übertragung eines Analogwertes erforderlich.

Bei der Spezifikation 2.0 musste das Anwenderprogramm in der CPU den auf mehrere Telegramme verteilte Analogwert zusammensetzen. Dies erfolgte durch den Einsatz von Funktionen oder Funktionsbausteinen, welche von den Firmen zur Verfügung gestellt wurden.

Bei der Spezifikation 2.1 wurde eine gravierende Änderung eingeführt. Das Zusammensetzen des auf mehrere Telegramme verteilten Analogwertes übernimmt nun der AS-i-Master und nicht mehr das Steuerungsprogramm. Die CPU tauscht somit mit dem AS-i-Master nur noch einen 16-Bit-Wert aus. Hierzu werden herstellerabhängig entweder Systemfunktionen verwendet oder die Analogwerte können von der CPU aus über eine Wortadresse direkt angesprochen werden. Die Übertragungszeit beträgt im Idealfall sieben AS-i-Zyklen pro Analogwert.

Die Spezifikation 3.0 behält das Analogwertübertragungsprinzip der Spezifikation 2.1 bei. Allerdings ist es nun auch möglich, eine Analogwertübertragung mit A/B-Slaves durchzuführen.

Weitere Neuerungen der Spezifikation 3.0:

- Slaves mit digitalen und analogen Eingängen bzw. Ausgängen
- Übertragung serieller Daten bidirektional bei einem Slave. Diese Funktion ist zur Übertragung von Parametrierungs- bzw. Diagnosedaten für intelligente Slaves oder zur Einbindung von Displays zur Anzeige von Prozesszuständen etc. erforderlich.
- Synchronmodus der Ein-/Ausgabe. Das bedeutet, dass Slaves am gleichen AS-i-Stang, welche den Synchronmodus unterstützen, bei Bedarf alle gleichzeitig ihre Ein- und Ausgänge aktivieren bzw. deaktivieren.

15.2 Projektierung eines AS-i-Bussystems

15.2.1 Übersicht

Die gezeigte Projektierung eines eigenständigen AS-i-Systems mit CoDeSys erfordert folgende Arbeitsschritte:

1. Konfigurierung des AS-i-Slave-Systems
   1.1 Anlegen eines Projekts
   1.2 Slave-Adressierung, -Parametrierung, -Projektierung und Funktionstest
2. Erstellen und Testen des Anwenderprogramms
3. Kleinprojekt AS-i-Bus

15.2.2 Aufgabenstellung:

Die Projektierung von AS-Interface wird am Beispiel eines „stand-alone“-Systems dargestellt, bestehend aus einem AS-i-Master mit integriertem Steuerungsprozessor (AS-i-Master mit Control), vier AS-i-Slaves und einem AS-i-Netzteil. Als AS-i-Slaves werden folgende Module eingesetzt:

- Standard-Slave E/A-Modul 4E/4A
- Standard-Slave induktiver Näherungsschalter; Schließer/Öffner parametrierbar
- A/B-Slave Kompaktmodul 4E/3A
- AS-i-Modul 2 AI (Analog Input) für 0 bis 10V

Die Projektierung erfolgt auf einem PC mit der Projektierungssoftware CoDeSys und dem für das verwendete Zielsystem (IFM AS-i-Controller E) installierten Target „ifm elektronic ControllerE_9“. Zum Test der Projektierung werden die digitalen Ausgänge des Slaves 5 von den digitalen Eingängen der Slaves 3, 4 und über einen Vergleicher vom Analogeingang Slave 6 angesteuert.

Zum Abschluss der Projektierung wird als Kleinprojekt das Beispiel 10.3 „Biegemaschine“ aus dem Ablauf-Funktionsplan-Kapitel 10.5.7 mit AS-i-Slaves und dem Programmiersystem CoDeSys durchgeführt. Damit soll unter anderem auch die Übertragbarkeit der im Kapitel 10 „Ablauf-Funktionsplan“ gezeigten Steuerungsstruktur auf CoDeSys gezeigt werden.

Technologieschema:

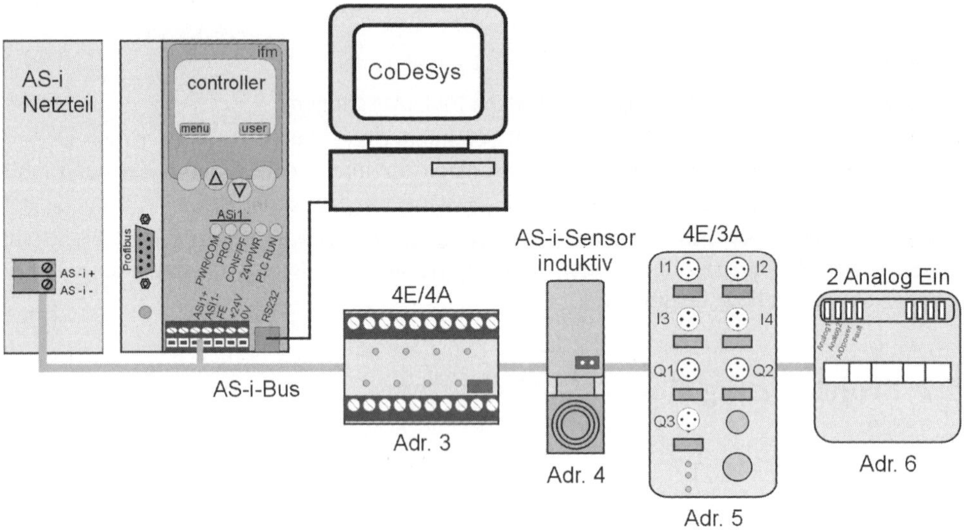

Bild 15.8: AS-i-Single-Master-System

15.2.3 Arbeitschritt (1): Konfigurierung des AS-i-Slave-Systems

15.2.3.1 Anlegen eines Projekts

Mit **Datei > NEU** öffnet sich ein Fenster, in dem das Zielsystem ausgewählt werden kann. Für das AS-i-System ist der Controller „ifm electronic ControllerE_9" auszuwählen.

Nach Übernahme mit OK können im nächsten Fenster die Einstellungen für das gewählte Zielsystem vorgenommen werden. Es wird empfohlen, die Voreinstellungen zu übernehmen.

Nach erneuter Übernahme mit OK öffnet sich das Auswahlfenster für einen neuen Baustein.

Als Baustein wird der vorgeschlagene Programm-Baustein „PLC_PRG" ausgewählt und in das Projekt eingefügt. Dieser Baustein wird im laufenden Betrieb zyklisch aufgerufen und entspricht dem Organisationsbaustein OB1 bei STEP 7.

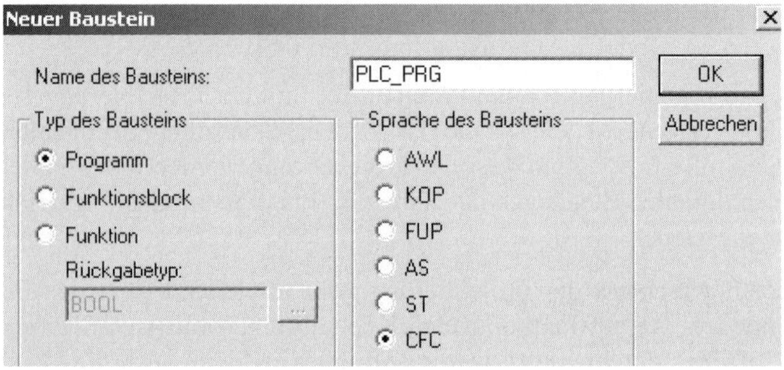

Als Programmiersprache wird CFC gewählt.

15.2.3.2 Slave-Adressierung, -Parametrierung, -Projektierung und Funktionstest

Fabrikneue AS-i-Slaves haben standardmäßig die Adresse "0". Zur Einstellung der Slave-Adresse und der Parameterwerte für die Projektierung gibt es zwei Möglichkeiten:

- **AS-i-Adressiergerät.** Im Adressiermodus können die Adressen der angeschlossenen Slaves gelesen und verändert werden. Im Betriebsmodus „Parameter anzeigen und schreiben" können die aktuellen Parameterwerte gelesen und verändert werden. Der AS-i-Master muss in diesem Fall offline- oder ausgeschaltet werden.
- **Online-CoDeSys-Steuerungskonfiguration.** Im Online-Projektierungsmodus der CoDeSys-Steuerungskonfiguration können die Adressen und Parameterwerte der erkannten Slaves verändert werden.

Voraussetzung bei beiden Adressierungsarten ist, dass am AS-i Strang keine Slaves mit gleicher Adresse vorhanden sind. Das bedeutet, dass fabrikneue Slaves jeweils nacheinander einzeln an den AS-i –Strang angebunden und umadressiert werden müssen.

Die Projektierung der Slaves lässt sich mit dem CoDeSys-Programmiersystem online im Fenster „Steuerungskonfiguration" ausführen.

Dazu ist im Browser-Fenster des Projekts das Register „Resourcen" zu öffnen. Mit einem Doppelklick auf „Steuerungskonfiguration" erscheint das zugehörige Fenster offline.

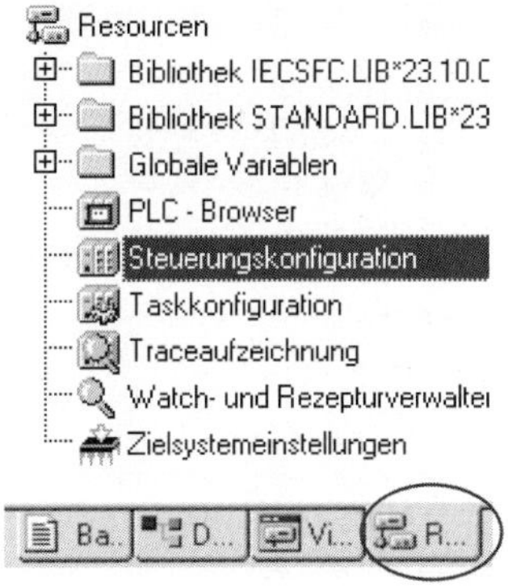

Um Online zu gehen, muss der PC mit dem Controller verbunden sein und der Button

 („Online ohne Projekt")

betätigt werden.

Bevor der aktuelle Zustand der AS-i-Konfiguration im Fenster Steuerungskonfiguration angezeigt wird, ist bei der Abfrage des Projektierungsabgleichs die Auswahl „Aus Steuerung Laden" zu übernehmen.

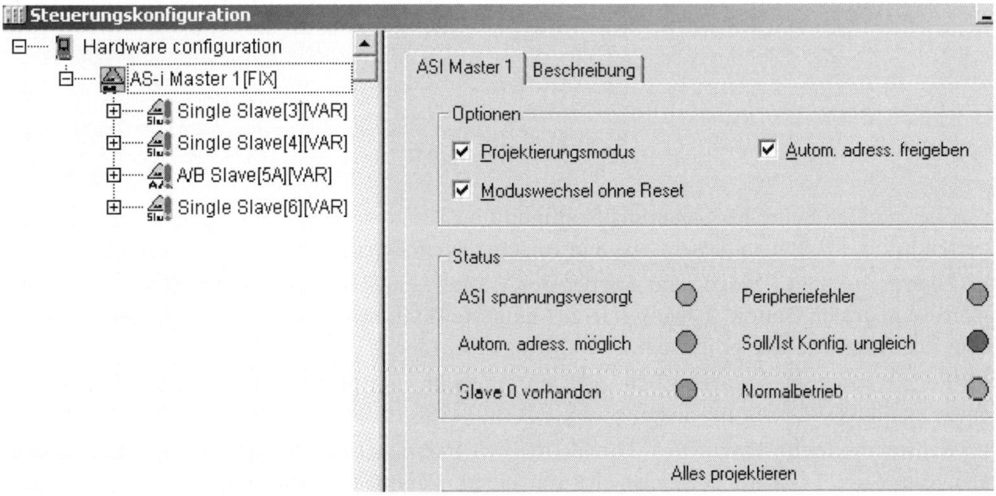

Die rechte Seite des Projektierungsfensters gibt wichtige Informationen über Einstellungen und Zustand des AS-i-Systems. Mit einem „Haken" kann der Projektierungsmodus des Controllers gewählt werden. Ferner kann noch der „Moduswechsel ohne Reset" und das „Automatische adressieren" freigegeben werden. Die Anzeige-LEDs weisen auf Fehler oder den Betriebsmodus des AS-i-Systems hin.

Die linke Seite des Projektierungsfensters zeigt den Hardware-Konfigurationsbaum des Controllers mit dem AS-i Master und den angeschlossenen „erkannten" Slaves. Das Ausrufezeichen an den Slaves gibt an, dass diese zwar erkannt aber noch nicht projektiert sind. Durch Betätigung des Buttons „Alles Projektieren" auf der rechten Seite des Projektierungsfensters werden alle erkannten Slaves beim Master angemeldet und die Ausrufezeichen verschwinden. Alle Slaves sind nun in der Liste der erkannten und der Liste der projektierten Slaves eingetragen.

Nach Auswahl eines Slaves im Konfigurationsbaum werden die spezifischen Elemente sowie die Adressen der Ein- bzw. Ausgänge angezeigt. Beispielsweise wird Eingang D0 des Slaves [3] im Steuerungsprogramm mit der Adresse %IX1.3.0 abgefragt. Dabei bedeuten: %: globale Variable; I: Input; X: binär; 1: erster Master; 3: Slave-Adresse; 0:Bit-Adesse.

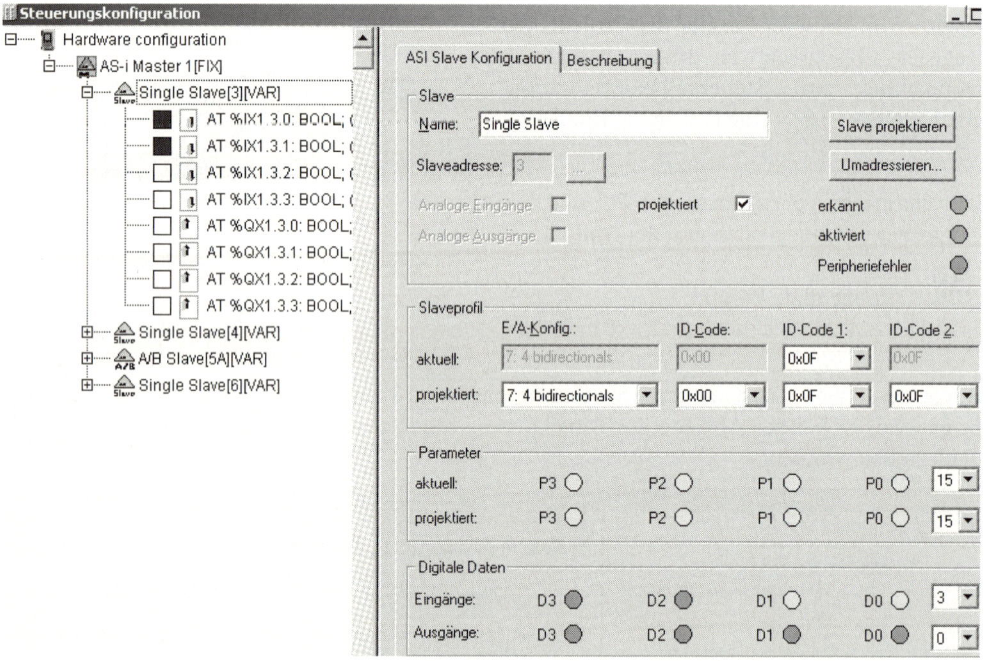

Auf der rechten Seite des Steuerungskonfigurationsfensters werden alle aktuellen und projektierten Informationen zu diesem Slave in verschiedenen Fensterabschnitten angezeigt.

Im Fensterabschnitt --Slave-- kann neben der Vergabe eines Namens für den Slave eine andere Adresse über den Button „Umadressieren" eingestellt und in die Liste der projektierten Slaves über den Button „Slave projektieren" eingetragen werden.

Im Fensterabschnitt --Slaveprofil-- sind die aktuellen und projektierten E/A-Konfigurationsdaten und die ID-Codes angezeigt.

Im Fensterabschnitt –Parameter-- können die vier Parameterbits abgelesen und verändert werden. Bei Slave [4] wird beispielsweise mit einem Parameter festgelegt, ob es sich bei dem induktiven Sensor um einen Öffner oder Schließer handelt. Nach Datenblattangabe ist für die Parametrierung das Parameterbit P1 entscheidend. Man kann das aktuelle P1-Bit durch Anklicken verändern. Als Auswirkung dieser Parametrierung erkennt man die unterschiedliche Signalgabe des Sensors bei Annäherung von Metall an seine Sensorfläche. Mit dem Button „Slave Projektieren" können die aktuellen Projektierungsdaten übernommen werden.

Im Fensterabschnitt --Digitale Daten-- kann der Signalzustand der Eingänge abgelesen und der Signalzustand der Ausgänge gesteuert werden. Beim vorhergehenden Bild führen beispielsweise die beiden Eingänge D0 und D1 „1"-Signal. Durch Anklicken der Ausgangsbits D2 oder D3 wird der Signalzustand der beiden Ausgänge verändert. Damit ist ein Funktionstest der angeschlossenen Slaves möglich.

Bei analogen Slaves (ab Profil 7.3) erscheint im Projektierungsfenster noch der Fensterabschnitt -Analoge Daten-. Hier können beispielsweise die angeschlossenen Eingangsspannungen an den Analogeingängen des Slaves abgelesen werden. Im nachfolgenden Bild ist zu erkennen, dass an dem Analogeingang AI0 eine Spannung von 8,7 V anliegt.

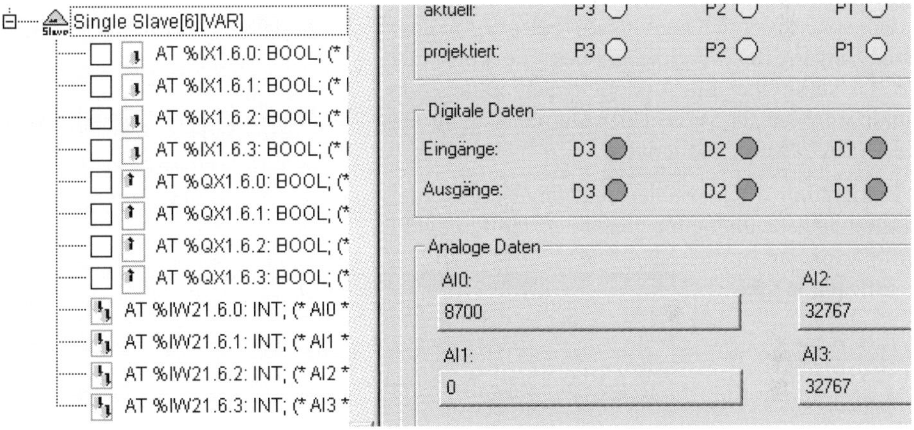

Im Konfigurationsbaum kann wieder die Adresse und das Datenformat der Analogeingänge abgelesen werden. Der Wert der Spannung am Analogeingang AI0 kann beispielsweise mit Adresse %IW21.6.0 im Steuerungsprogramm abgefragt werden.

Vor dem Verlassen des Online-Steuerungskonfigurationsfensters sollte der Projektierungsmodus ausgeschaltet und der Controller so in den normalen Betriebsmodus geschaltet werden.

Das Ausschalten des Projektierungsmodus erfolgt durch Entfernen des „Hakens" beim Auswahlfeld Projektierungsmodus.

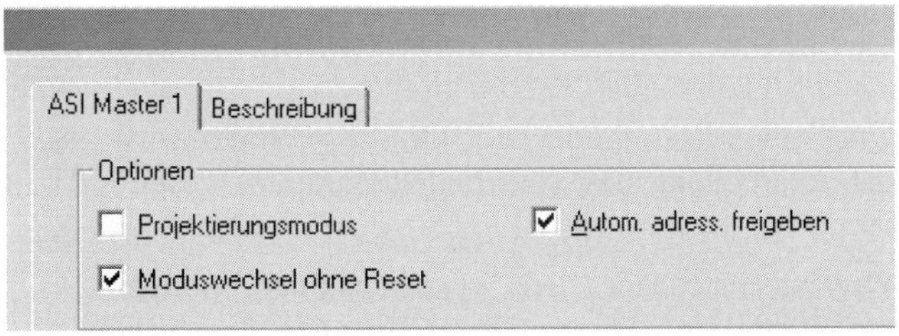

Mit dem beschriebenen Online-Steuerungskonfigurator von CoDeSys lassen sich somit alle bei der Projektierung erforderlichen Einstellungen und Veränderungen ausführen. Man erhält einen Überblick über die erkannten, projektierten und aktiven Slaves, sowie den Betriebszustand des Masters. Darüber hinaus kann ein Funktionstest der AS-i-Slaves durchgeführt werden.

15.2.4 Arbeitschritt (2): Erstellen und Testen des Anwenderprogramms

Zum Testen der AS-i-Projektierung wird ein einfaches Steuerungsprogramm in der Programmsprache CFC geschrieben, mit dem die Adressierung der projektierten AS-i-Slaves geprüft werden kann.

Das nebenstehende Bild zeigt das Steuerungsprogramm im Baustein PLC-PRG. Dabei wird

Eingang D0 Slave 3 dem Ausgang D0 Slave 5;

DI0_S03 → DA0_S05

und

Eingang D0 Slave 4 dem Ausgang D1 Slave 5;

DI0_S04 → DA1_S05

zugewiesen.

Der analoge Eingang AI1 Slave 6 (AI1_S06) wird auf den ersten Vergleichereingang gelegt. An dem zweiten Eingang des Vergleichers liegt die Konstante 5000. Ist somit die am Analogeingang anliegende Spannung größer als 5V, hat der Digitalausgang D2 Slave 5 (DA2_S05) „1"-Signal.

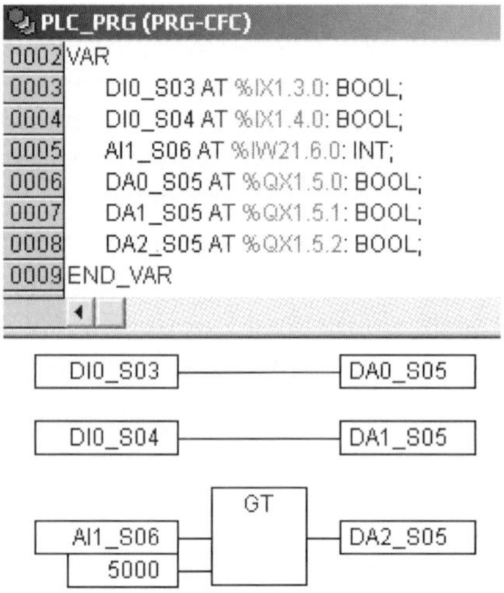

Die Deklaration der Variablen und die Vergabe der symbolischen Namen kann währen der Programmeingabe über ein eigenes Fenster durchgeführt werden.

Z.B. Eingang in CFC:

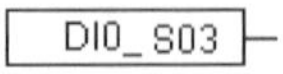

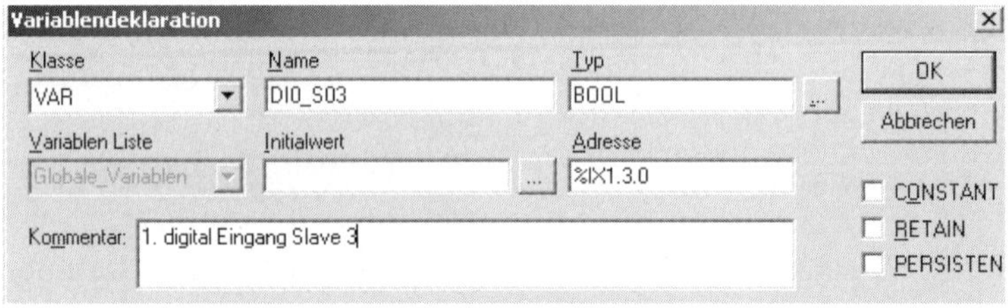

Mit **Online** > **Einloggen** wird das Programmiersystem mit der Steuerung verbunden und nach Bestätigung das Steuerungsprogramm in den Controller übertragen.

Das Programmiersystem ist dann im Online Modus.

Über einen Button oder mit **Online** > **Start** wird die Abarbeitung des Steuerungsprogramms gestartet.

Wie nebenstehendes Bild veranschaulicht, werden die Signalzustände der Slave- Ein-/Ausgänge mit dem Programmiersystem angezeigt. Am Analogeingang (Slave 6) liegt eine Spannung von 6,507 V an. Da diese größer als 5 V ist, hat der Ausgang Q2 Slave 5 „1"-Signal.

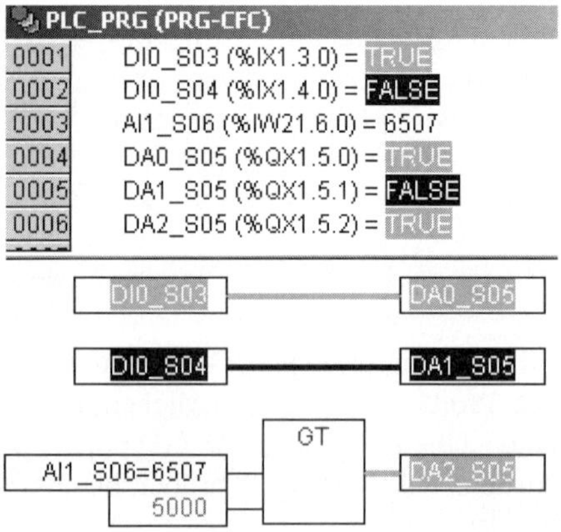

15.2.5 Arbeitschritt (3): Kleinprojekt

Das Beispiel 10.3 Biegemaschine mit wählbaren Betriebsarten im Kapitel Ablauf-Funktionsplan soll mit AS-i-Slaves und dem Programmiersystem CoDeSys realisiert werden. Die Aufgabenbeschreibung und Lösung mit den Bausteinen FB24 „Betriebsarten“, FB25 „Ablaufkette“ wird unverändert aus dem Beispiel 10.3 übernommen. Das Programm des Ausgabebausteins FC26 wird ebenfalls unverändert, allerdings in einen Funktionsbaustein FB26 übernommen.

Technologieschema:

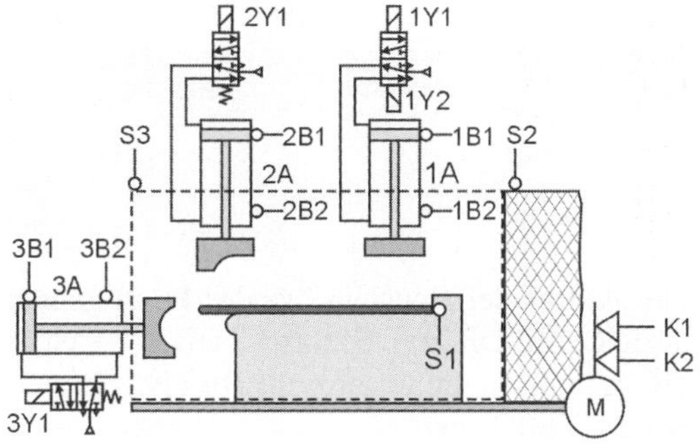

Die Ein- und Ausgänge des Bedien- und Anzeigefeldes werden auf vier AS-i-Slaves mit 4E/4A verdrahtet. Zur Ansteuerung der Endlagengeber der Zylinder und der Elektromagnetventile werden nochmals zwei AS-i-Slaves mit jeweils 4E/4A benötigt.

Die Sensoren S1, S2 und S3 sind mit drei induktiven AS-i-Slaves realisiert. Damit ergibt sich die nebenstehende Steuerungskonfiguration.

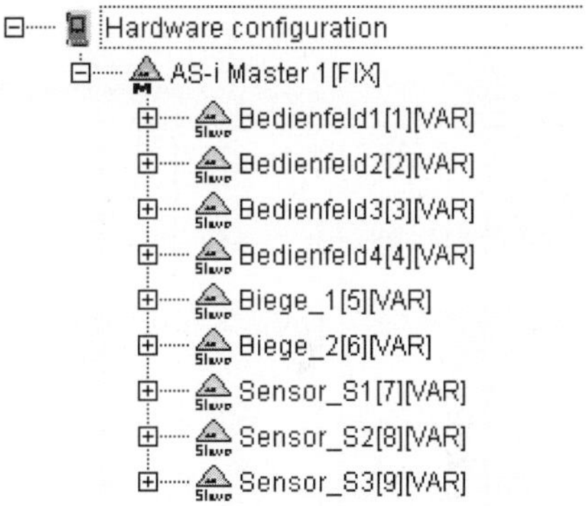

Durch die Zuordnung des Bedienfeldes und der Anlage zu den AS-i-Slaves sind die Adressen der Ein- und Ausgangsvariablen festgelegt. Diese werden als globale Variablen deklariert.

Nachfolgend sind alle zu deklarierenden globalen Variablen mit zugehöriger Adresse angegeben.

```
VAR_GLOBAL
E00 AT %IX1.1.0:BOOL;    A00 AT %QX1.1.0:BOOL;     _1Y1 AT %QX1.5.0:BOOL;
E01 AT %IX1.1.1:BOOL;    A01 AT %QX1.1.1:BOOL;     _1Y2 AT %QX1.5.1:BOOL;
E02 AT %IX1.1.2:BOOL;    A02 AT %QX1.1.2:BOOL;     _2Y1 AT %QX1.5.2:BOOL;
E03 AT %IX1.1.3:BOOL;    A03 AT %QX1.1.3:BOOL;     _3Y1 AT %QX1.5.3:BOOL;
E04 AT %IX1.2.0:BOOL;    A04 AT %QX1.2.0:BOOL;     K1 AT %QX1.6.0: BOOL;
E05 AT %IX1.2.1:BOOL;    A06 AT %QX1.2.1:BOOL;     K2 AT %QX1.6.1: BOOL;
E06 AT %IX1.2.2:BOOL;    A05 AT %QX1.2.2:BOOL;     S1 AT %IX1.7.0: BOOL;
E07 AT %IX1.2.3:BOOL;    AB11 AT %QB1.3:BYTE;      S2 AT %IX1.8.0: BOOL;
EB11 AT %IB1.3:BYTE;     _1B1 AT %IX1.5.0:BOOL;    S3 AT %IX1.9.0: BOOL;
E14 AT %IX1.4.0:BOOL;    _1B2 AT %IX1.5.1:BOOL;    END_VAR
E15 AT %IX1.4.1:BOOL;    _2B1 AT %IX1.5.2:BOOL;
E16 AT %IX1.4.2:BOOL;    _2B2 AT %IX1.5.3:BOOL;
E17 AT %IX1.4.3:BOOL;    _3B1 AT %IX1.6.0:BOOL;
                          3B2 AT %IX1.6.1:BOOL;
```

Die Steuerungsprogramme für die Bausteine FB24, FB25 und FC26 der STEP7 Lösung werden unverändert in Funktionsbausteine von CoDeSys übernommen. Lediglich im Ablaufkettenbaustein FB25 wird die Move-Operation durch eine SEL-Operation ersetzt. Das nachfolgende Bild zeigt stellvertretend für alle anderen Schritte die Programmierung des Schrittes 3.

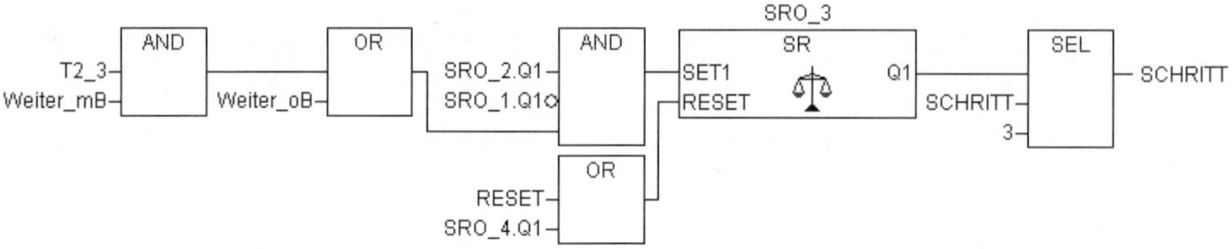

Beim Aufruf der Bausteine in der Programmiersprache CFC wird die jeweilige Instanz der Bausteine mit DB24, DB25 bzw. DB26 bezeichnet. Obwohl es bei CoDeSys keine Datenbausteine gibt, kann die Instanz mit DBx bezeichnet werden. Damit sieht der Aufruf der Bausteine wie bei STEP 7 aus.

Das nachfolgende Bild zeigt das Steuerungsprogramm im Baustein PLC_PRG mit der Verschaltung der Funktionsbausteine in der Programmiersprache CFC.

Steuerungsprogramm im Baustein PLC_PRG

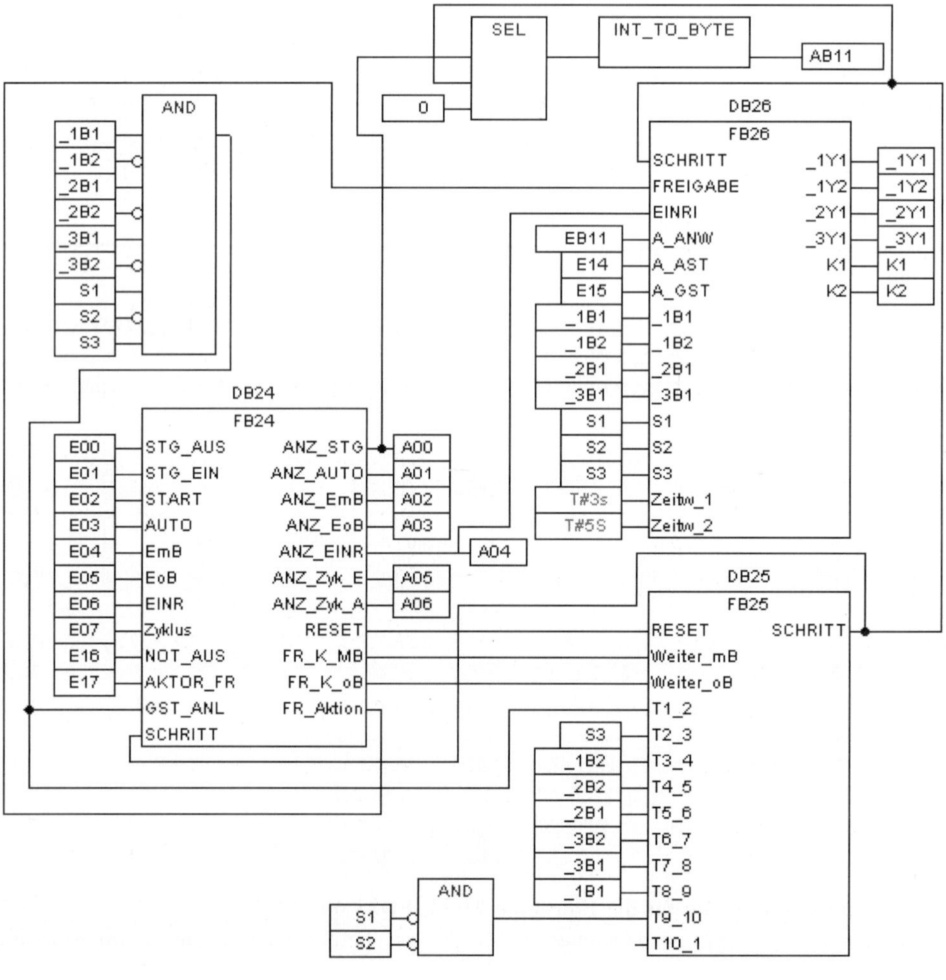

16 PROFIBUS

16.1 Grundlagen

16.1.1 Systemübersicht

Der Name *PROFIBUS* ist die Abkürzung von *PROcess FIeld BUS*. Dabei handelt es sich um ein offenes, digitales Kommunikationssystem mit breitem Anwendungsbereich vor allem in der Fertigungs- und Prozesstechnik (Verfahrenstechnik) für schnelle, zeitkritische und komplexe Prozessdatenübertragungen für SPS- oder PC-gesteuerte Anlagen. Dabei ist PROFIBUS ein Feldbussystem unter vielen.

In Abgrenzung zum AS-i-System mit seiner kostengünstigen Installationstechnik gibt es bei PROFIBUS verschiedene Übertragungsmedien wie Kupferleitungen, Lichtwellenleiter und drahtlose Infrarot-Übertragung sowie die Möglichkeit zur Dezentralisierung von Steuerungsintelligenz durch Einsatz von "intelligenten" Slaves mit eigener CPU. Ferner bietet PROFIBUS größere Reichweiten, höhere Datenübertragungsraten und einen viel größeren Nutzdatenbereich je Telegramm.

PROFIBUS ist ein Feldbussystem, das mit zwei Varianten[1)] in den internationalen Feldbusnormen IEC 61158 und IEC 61784 vertreten ist:

- PROFIBUS DP (dezentrale Peripherie) mit einem asynchronen Übertragungsverfahren und bevorzugtem Einsatz in der Fertigungstechnik,
- PROFIBUS PA (Prozess Automation) mit einem synchronen Übertragungsverfahren und spezialisiert für den Einsatz in explosionsgeschützten Anlagen der Prozess-(Verfahrens-)technik.

Dabei stützt sich PROFIBUS auf mehrere zur Verfügung stehende Übertragungstechniken und Leistungsstufen des Kommunikationsprotokolls sowie Applikationsprofile, um den vielfältigen Anforderungen der Fertigungs- und Prozesstechniken sowie der Feldbussicherheit gerecht zu werden.

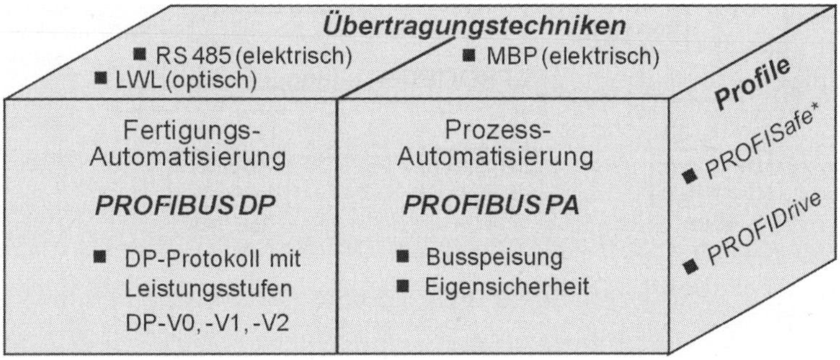

Bild 16.1: PROFIBUS-System in vereinfachter Übersicht. * PROFISafe bei "Sichere Bussysteme" (siehe Kap. 25.6.3)

1) PROFIBUS FMS ist in den internationalen Normen nicht erwähnt und für Neuentwicklungen durch PROFINET CBA verdrängt

16.1.2 PROFIBUS DP

PROFIBUS DP ist optimiert für den schnellen Datenaustausch hauptsächlich in der Fertigungstechnik. Ein Datenaustausch ist als ausreichend schnell zu bezeichnet werden, wenn während einer Zykluszeit der Programmabarbeitung mindestens einmal aktualisierte Daten über den Bus gekommen sind.

Das Erweiterungs-Kürzel *DP* bedeutet *Dezentrale Peripherie*, wobei man unter „Peripherie" die Geräte der Feldebene der Automatisierungspyramide versteht, und „dezentral" die räumliche Verteilung der Eingabe-/Ausgabe-Steuerungsanschlüsse im Feld meint, während früher diese E-/A-Anschlusspunkte zentral in der SPS-Steuerung zu finden waren. PROFIBUS DP ist somit ein Feldbus, der die Anschlussmodule (DP-Slaves) nahe an den Anlagenprozess heranbringt und untereinander und mit dem Zentralgerät (Steuerung) über ein serielles Bussystem verbindet. Aus Sicht des eigentlichen Steuerungsprogramms ist nicht zu erkennen, ob die Geräte des Anlagenprozesses dezentral über ein Bussystem oder zentral mit der Steuerung verbunden sind.

Das typische PROFIBUS DP-System ist ein Mono-Master-System mit einem DP-Master und einer Anzahl von DP-Slaves mit digitalen Eingängen (DE) sowie digitalen Ausgängen (DA) bzw. analogen Eingänge (AE) und analogen Ausgänge (AA). Der DP-Master kann in der CPU integriert sein oder als eine eigene Baugruppe in Form eines Kommunikationsprozessors CP zur Verfügung stehen. Die Hauptaufgabe des DP-Masters ist die Durchführung einer zyklischen Prozessdatenübertragung nach dem Master-Slave-Verfahren (s. Kap. 16.1.6) auf der Grundlage der Übertragungstechnik nach dem RS 485-Standard (s. Kap. 16.1.5.1).

Zum System gehört auch ein Programmiergerät, um das Anwenderprogramm zu erstellen bzw. Diagnosen durchzuführen. Bei einer S7-SPS mit Kommunikationsprozessor CP ist es systembedingt nicht möglich, die Projektierung über den PROFIBUS in die urgelöschte SPS zu laden. Hierzu muss die MPI-Schnittstelle der CPU verwendet werden. Erst nach erfolgter Knotentaufe des Kommunikationsprozessors besteht die dargestellte Verbindungsmöglichkeit.

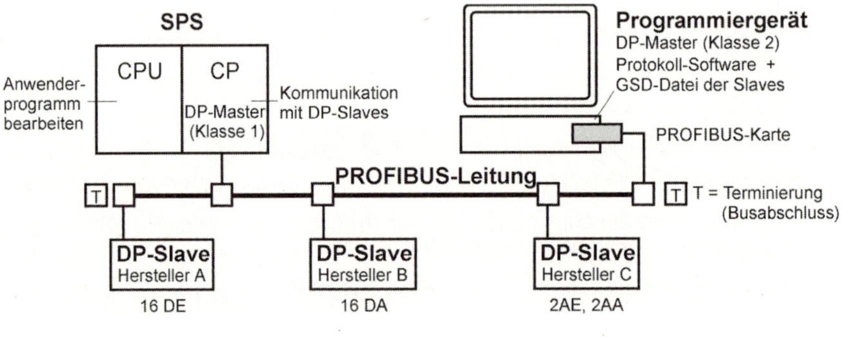

Bild 16.2: Typisches PROFIBUS DP-System

In vielen Anwendungen von PROFIBUS DP lässt sich auch auf der Grundlage von Master-Slave eine Dezentralisierung der Steuerungsintelligenz durch Einsatz sogenannter "intelligenter" DP-Slaves erreichen. Diese modular aufgebauten i-Slaves haben eine eigene CPU und Signalbaugruppen, um Teilaufgaben selbstständig und anlagennah ausführen zu können, zur Entlastung des Hauptprogramms in der SPS-CPU und zur Vermeidung einer unnötigen Kommunikationsbelastung des Feldbusses.

16.1.3 PROFIBUS PA

PROFIBUS PA ist eine kommunikationstechnisch kompatible Erweiterung von PROFIBUS DP mit einer Übertragungstechnik, die Anwendungen im Ex-Bereich der Prozess-Automatisierung (PA) erlaubt. Explosionsgefährdet können Anlagen sein, in denen Gasgemische (Chemische Industrie), Farbspritznebel (Lackierereien) oder Staub (Schachtanlagen) durch elektrische Funkenbildung z.B. beim Auswechseln von Baugruppen im Betriebszustand oder durch thermische Effekte infolge von Kurzschlüssen unbeabsichtigt gezündet werden können. Die hier einzuhaltende Zündschutzart heißt *Eigensicherheit* und wird mit dem Symbol EEx i gekennzeichnet (EEx = Explosionsschutz, i = Strom). Man nennt einen Stromkreis eigensicher, wenn durch Begrenzung der Stromstärke die beschriebene Gefahr ausgeschlossen ist.

Für PROFIBUS PA ist mit MBP (Manchester Coded , Bus Powered) eine Übertragungstechnik gewählt worden, die den Anforderungen der chemischen und petrochemischen Prozesstechnik nach Eigensicherheit und Busspeisung in Zweileitertechnik gerecht wird.

PROFIBUS PA muss eine Kommunikation ermöglichen, die auf die erhöhten Anforderungen der Prozessautomatisierung abgestimmt ist. Die dort eingesetzten Feldgeräte besitzen neben den Mess- und Stellwerten auch zahlreiche Parameterwerte, die während der Inbetriebnahme und auch im laufenden Betrieb geändert werden müssen, z.B. bei der Parametrierung von Messumformern. Daher war es erforderlich, dass neben den bisherigen zyklischen Diensten bei PROFIBUS DP zusätzlich auch azyklische Dienste eingeführt werden, die ein Umparametrieren der Geräte im laufenden Betrieb ermöglichen (s. Kap. 16.1.8.2 PROFIBUS DP-V1).

Im zyklischen Datenverkehr werden alle Ausgangswerte (Stellbefehle) in die Feldgeräte geschrieben und alle Eingangswerte (Messwerte) aus den Feldgeräten gelesen. Das entspricht dem üblichen Verfahren bei PROFIBUS DP. Anschließend kann ein zusätzliches Telegramm gesendet werden, um Einstellungen der Feldgeräte zu lesen oder Parameter zu ändern.

Für den Übergang von PROFIBUS DP auf -PA stehen DP/PA-Koppler oder DP/PA-Links zur Verfügung, die außerhalb des Ex-Bereiches bleiben müssen. Beim Einsatz eines DP/PA-Kopplern wird die Datenrate von PROFIBUS DP auf 45,45 kBit/s begrenzt. Das ist beim Einsatz eines DP/PA-Links nicht der Fall, die Datenraten bleiben durch den Einsatz eines Dual-Port-RAMs entkoppelt. Ein DP/PA-Link erscheint am PROFIBUS DP als modularer Slave, dessen einzelne Module die PA-Feldgeräte sind und fungiert auf der anderen Seite als Master am PROFIBUS PA.

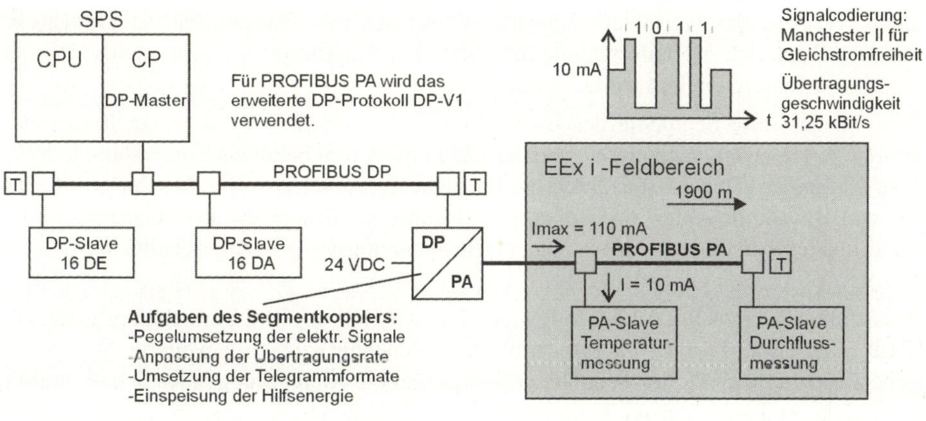

Bild 16.3: Typisches PROFIBUS PA-System

16.1.4 Netztopologien

16.1.4.1 Linientopologie (Bustopologie) bei elektrischer Übertragungstechnik

Bei Verwendung der elektrischen Übertragungstechnik ist für PROFIBUS nur die Linienstruktur vorgesehen, kurze Stichleitungen sind jedoch zulässig bei Übertragungsraten < 1,5 MBit/s. Durch den Einsatz von maximal 9 Repeatern (R) als Leitungsverstärker lassen sich weitere Linien bilden, sodass auch Baumstrukturen entstehen können. Einzelne Linienabschnitte werden *Segmente* genannt. Die zulässige Reichweite pro Segment ist abhängig von der Übertragungsrate. Je höher die Datenrate, je geringer die Reichweite. Für 3...12 MBit/s sind 100 m zulässig. Im nachfolgenden Bild sind die Busteilnehmer allgemein als DTE (Data Terminal Equipment = Daten-Endgeräte) bezeichnet.

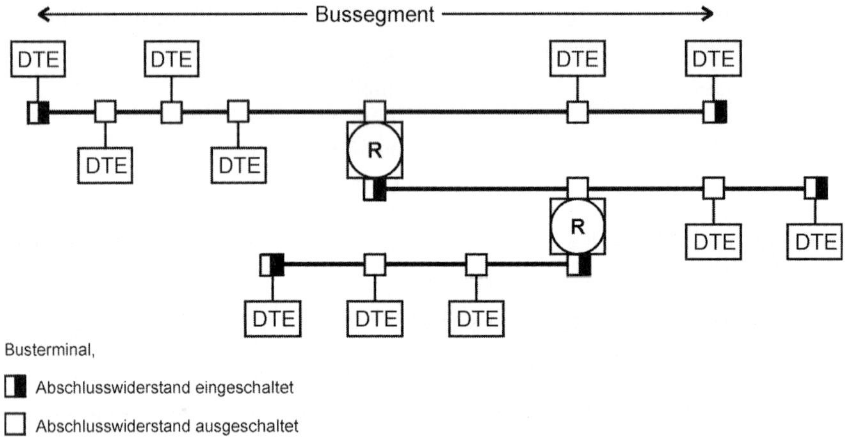

Bild 16.4: Linientopologie bei PROFIBUS kann durch Repeatereinsatz variiert werden

In einem PROFIBUS-Netz können auch mehrere DP-Master mit den ihnen zugeordneten DP-Slaves vorhanden sein. Aus Sicherheitsgründen lässt sich ein DP-Slave nur von dem DP-Master beschreiben, der ihn vorher parametriert und konfiguriert hat.

Netzwerke mit Linientopologie bezeichnet man auch als *Bussysteme*, deren Kennzeichen die quasiparallele Anschlussweise der Teilnehmer über installierte Busterminals ist. Der Bus wirkt wie eine durchgehende Verteilerschiene für Daten. Die Funktion eines Bussystems muss durch ein Zugriffsverfahren geregelt werden (s. Kap. 16.1.6).

Wichtig ist, dass alle Segmente des Bussystems an beiden Enden mit einem *Busabschlusswiderstand* in Höhe des Wellenwiderstandes der Leitung beschaltet sind, um störende Reflexionen zu vermeiden. Der Fachausdruck hierfür heißt Terminierung. Die Abschlusswiderstände sind in den Buskomponenten wie Repeatern, Busanschluss-Steckern und Busterminals integriert und können bei Bedarf – aktiv über einen Spannungsteiler – zugeschaltet werden (siehe Bild 16.9).

Die Busstruktur hat den Vorteil der möglichen Zu-/Abschaltung von Teilnehmern während des laufenden Betriebes, da dies unterbrechungslos geschehen kann. Ein weiterer Vorteil ist die einfache Anschlusstechnik der Teilnehmer (quasiparallele Ankopplung eines Sende- und Empfangsverstärkers). Problematisch kann jedoch die Fehlersuche bei Auftreten eines Kurzschlusses im System werden, da keinerlei Kommunikation mehr möglich ist.

16.1.4.2 Punkt-zu-Punkt-Verbindung bei Lichtwellenleitern

In stark EMV-belasteten Umgebungen und zur Überbrückung größerer räumlicher Distanzen wird grundsätzlich der Einsatz von Lichtwellenleitern (LWL-Fasern aus Glas- oder Plastik) als Übertragsmedium für PROFIBUS empfohlen.

Technologisch bedingt lassen sich mit LWL nur Punkt-zu-Punkt-Verbindungen betreiben, d.h. ein Sender ist mit nur einem Empfänger direkt verbunden.

Bild 16.5: An- und Auskopplung eines Lichtwellenleiters

Mit Lichtwellenleitern kann kein echtes Busprinzip, wie oben beschrieben, realisiert werden. Trotzdem ist eine optimale Netzgestaltung in Lichtwellenleitertechnik möglich, und zwar mit Linien-, Ring- und Stern-Topologie auf Grund der Eigenschaften der benötigten elektrooptischen Koppler (Siemens-Bezeichnung: OLM = Optical Link Modul), die bei Lichtwellen-Netzen eine Verteilerfunktion übernehmen können ähnlich den sog. *Hubs* bei Ethernet.

Optical Link Module gibt es in verschiedenen Ausführungen, die im Prinzip aus zwei elektrischen und einem bzw. zwei optischen Kanälen bestehen. Jeder optische Kanal hat einen Sendeausgang und einem Sendeeingang. Jeder elektrische Kanal hat einen Anschluss für die geschirmte und verdrillte PROFIBUS-Zweidrahtleitung.

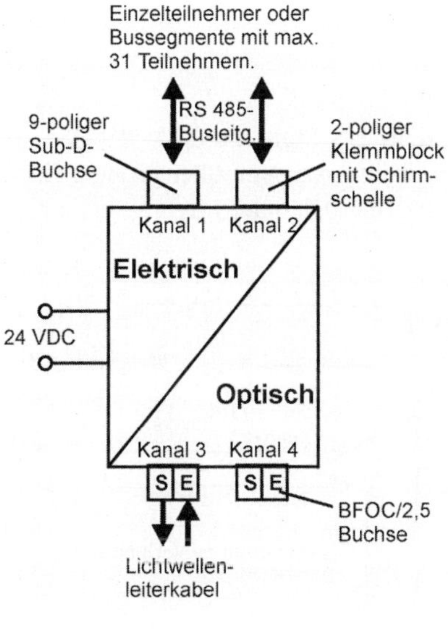

Ausführungsformen:
- mit einen optischen Kanal (3),
- mit zwei optischen Kanälen (3 und 4) zur Bildung von Linien- oder Stern-Topologien bzw. für redundante Leitungsführung zwecks höherer Verfügbarkeit.

Betriebsartenunabhängige Funktionen:
- Erkennen der Übertragungsgeschwindigkeit,
- Signalregenerierung,
- Sendezeit-Überwachung (Schutz vor Dauersignal).

Betriebsartenabhängige Funktionen:
- Datenfluss-Steuerung durch Echo senden (empfängt ein beliebiger Kanal ein Telegramm, so wird dieses auf allen anderen Kanälen gesendet),
- Leitungsüberwachung auf Unterbrechnung,
- Segmentierung (Abtrennung gestörter Kanäle).

Montage-Hinweis:
Ein nicht benötigter optischer Kanal darf nicht offen bleiben. Kurzschluss-Verbindung mit LWL-Leitung zwischen S (Senden) und E(Empfangen) herstellen oder Abdeckkappen auf BFOC/2,5-Buchsen anbringen.

Bild 16.6: SIMATIC-Optical Link Modul (OLM)

Mit den Optical Link Modulen lassen sich Linien-, Ring- und Stern-Topologien der Netzteilnehmer bilden. Alle drei optischen Varianten beruhen nicht auf dem Prinzip der Buskopplung sondern auf dem Prinzip der Punkt-zu-Punkt-Kopplung. Das Zugriffsverfahren auf den elektrischen Bus bzw. auf die optischen Netzwerke ist bei allen das gleiche. Die physikalischen Strukturen der Netzwerke haben nur Auswirkungen auf die Betriebssicherheit und Fehlerdiagnostik. Erst das Zugriffsverfahren sichert die ordnungsgemäße Funktion des Netzes (s. Kap. 16.1.6).

Fällt bei einem optischen Netzwerk mit Linien-Topologie ein Opitcal Link Modul aus oder bricht ein LWL-Kabel, zerfällt das Gesamtnetz in zwei Teilnetze. Innerhalb der Teilnetze ist noch ein störungsfreier Betrieb möglich. Die außerhalb eines Teilnetzes liegenden Teilnehmer sind jedoch nicht mehr erreichbar.

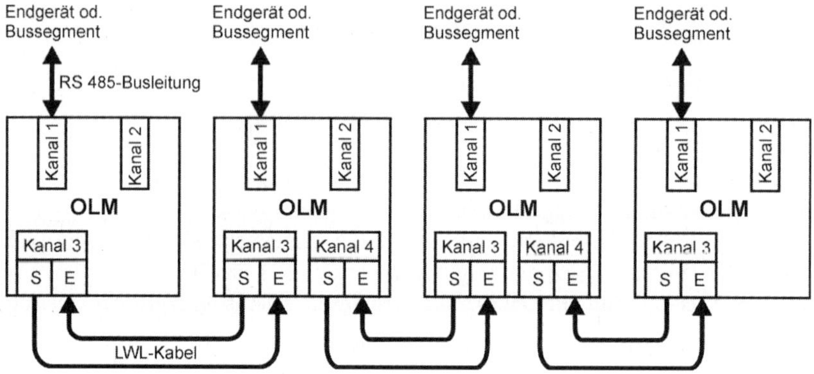

Bild 16.7: Linien-Topologie bei Lichtwellenleiterkopplung über Optical Link Module

16.1.5 Übertragungstechnik

16.1.5.1 RS 485-Standard für PROFIBUS DP

Das elektrische Übertragungsverfahren beruht auf dem US-Standard EIA RS 485, der die elektrischen Eigenschaften für *symmetrische Mehrpunktverbindungen* über größere Entfernungen und höhere Geschwindigkeiten bei störsicherer serieller Datenübertragung festlegt.

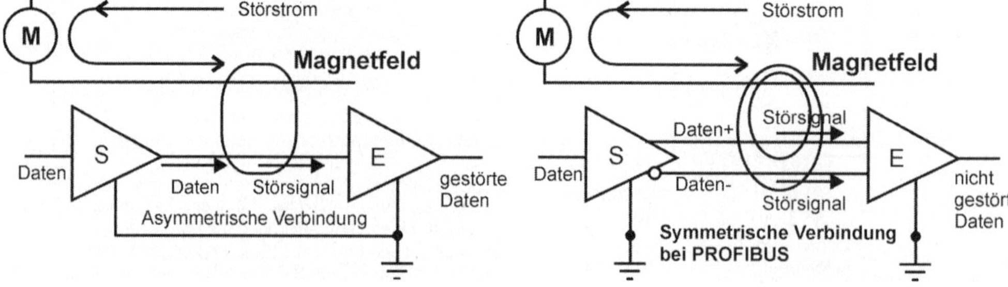

Bild 16.8: Symmetrische PROFIBUS-Verbindung ist störsicherer als die asymmetrische Verbindung

Eine symmetrische Zweidraht-Verbindung bedeutet eine Signalübertragung ohne Inanspruchnahme einer Masse- oder geerdeten Abschirmleitung nach dem Differenz-Spannungsverfahren und bedarf der Verwendung von Schaltverstärkern mit Differenz-Spannungseingang. Diese aufwendige Übertragungstechnik hat den Vorteil einer größeren Störunempfindlichkeit gegen elektromagnetische Einflüsse. Zwar kann das Entstehen von Störspannungen durch elektromagnetische Induktion in der symmetrischen Busleitung nicht verhindert werden, aber es wird in beiden Leitungen eine nahezu gleich große Störspannung erzeugt und beiden Verstärkereingängen zugeführt. Da Differenzverstärker die Differenzspannungen (Signale) verstärken und die Gleichtaktspannungen (Störspannungen) unterdrücken, kommt es zu einer „Aufhebung" der Störspannungen am Verstärkerausgang. Eine weitere Verbesserung der Störspannungsunterdrückung wird erreicht, indem PROFIBUS verdrillte Leitungen verwendet.

Bei Mehrpunktverbindungen können verschiedene Busteilnehmer Daten austauschen. Elektrische Voraussetzung hierfür ist, dass zwar alle Teilnehmer physikalisch am Bus angeschlossen sind, aber alle senderseitigen Ausgänge mit zunächst hochohmig geschaltetem Anschluss. Erst wenn vom Sender ein Telegramm abgesetzt werden soll, erfolgt die richtige Zuschaltung auf den Bus. Diese Schaltungstechnik ist als *Tri-State-Technologie* mit den Signalzuständen LOW, HIGH und HOCHOHMIG auf der Busleitung bekannt. Empfangsseitig sind alle Teilnehmer am Bus angeschlossen, um „mithören" zu können. Bei diesem Konzept benötigen alle Bus-Schnittstellen eine Versorgungsspannung von +5 V, die von den Busanschlüssen der Teilnehmer eingespeist wird. Aus dieser Gleichspannung wird über einen internen Spannungsteiler mit Bus-Abschlusswiderstand ein definierter Ruhezustand (1-Signal) auf der Leitung eingestellt, wenn alle Sender hochohmig geschaltet sind. Fehlt der aktive Busabschluss, dann „floated" die Leitung mit der Folge von undurchsichtigen Fehlererscheinungen. Diese Art der Terminierung wird auch als *aktiver Busabschluss* bezeichnet, es dürfen jedoch nur die Leitungsenden terminiert werden. Aus der „Parallelschaltung" zweier Busabschlusswiderstände und der Eingangswiderstände aller Teilnehmer ergibt sich eine elektrische Belastung für einen Sender. Auf Grund dessen dürfen an einen RS 485-Bus nur 32 Teilnehmer angeschlossen werden, bei PROFIBUS max. 32 Teilnehmer je Segment von insgesamt zulässigen 126 Teilnehmern im Netz mit Repeatern.

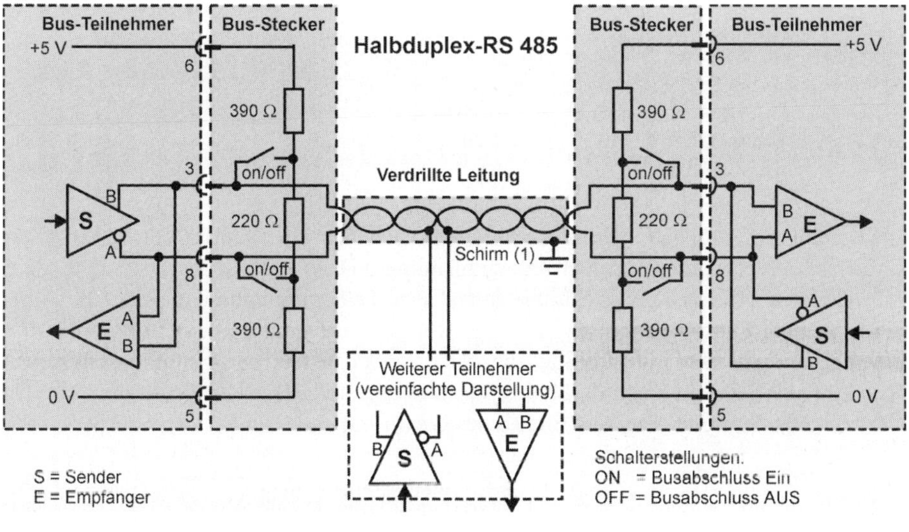

Bild 16.9: Bustechnik bei PROFIBUS

- Die PROFIBUS-Übertragungstechnik stellt nur einen sog. Halbduplex-Kanal zur Datenübertragung zur Verfügung, d.h. die Datenflussrichtung kann zwar von Tln.1 zu Tln.2 und umgekehrt verlaufen, aber nicht gleichzeitig. Die Datenrate ist im Bereich bis 12 MBit/s wählbar, Standard ist 1,5 MBit/s.

- Zusammenhang zwischen Datenrate und zulässiger Leitungslänge: Die Datenrate wird in Bit pro Sekunde angegeben. Eine hohe Datenrate weist auf hohe Frequenzen hin. Höherfrequente Signale erfahren auf der Übertragungsleitung eine stärkere Dämpfung als niederfrequente Signale. Unter dem Begriff der Dämpfung versteht man die Abnahme des Signalpegels längs einer Leitung. Die Dämpfung ist von den Leitungsparametern und der Frequenz abhängig. Für die PROFIBUS-RS 485-Leitung wird der Zusammenhang zwischen zulässiger Leitungslänge eines Bussegments und der Datenrate durch Richtwerte angegeben:

  Bei 500 kBit/s bis zu 400 m,
  bei 1,5 MBit/s (Standard) bis zu 200 m,
  bei 12 MBit/s bis zu 100 m.

  Vergrößerung der gesamten Leitungslänge durch den Einsatz von Repeatern ist möglich.

- PROFIBUS 9-poliger D-Sub-Steckverbinder:

Buchse:

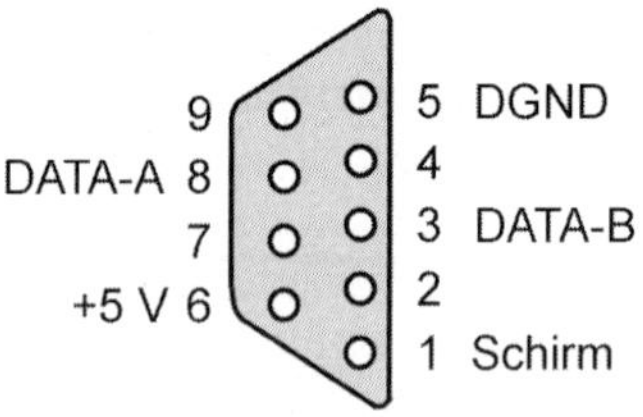

Pin-Belegung für PROFIBUS:
6 : Versorgungsspannung-Plus (von Station) für den Busabschluss-Spannungsteiler
5 : Datenbezugspotenzial (von Station)
3 : Datenleitung-B (Signal: RxD/TxD-P)
8 : Datenleitung-A (Signal: RxD/TxD-N)

Pin-Belegung für spez. Stationsfunktionen:
4 und 9 : Steuersignale z.B. RTS, CTS
2 und 7 : Versorgungsspannung z.B. +24 V

Messungen am PROFIBUS-Anschluss (Buchse), Busabschluss eingeschaltet, Ruhepotenziale auf A-, B-Leitung (keine Datenübertragung):
U_{35} ca. +3 V (Pin 3 (B) gegen DGND)
U_{85} ca. +2 V (Pin 8 (A) gegen DGND)

Zuordnung Datensignal und Signalspannung:

	senderseitig	empfängerseitig
"0" :	$U_{38} < -1,5$ V	$U_{38} < -0,2$ V
"1" :	$U_{38} > +1,5$ V	$U_{38} > +0,2$ V

(Bei Angabe der Signalspannung mit U_{AB}: Vorzeichenumkehr)

NRZ-Bitcodierung (Non Return to Zero):

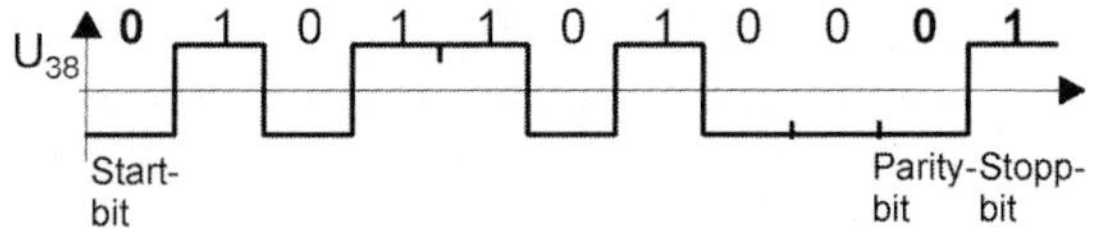

- Telegramme auf der PROFIBUS-Leitung bestehen aus einer Folge von UART-Zeichen (Universal Asynchronus Receiver and Transmitter). Dazu muss jedes Datenbyte, seien es die Nutzdaten oder die „Verwaltungsdaten" des Telegrammrahmens wie z.B. Adressen u.a., mit einem Startbit (0) einem Paritätsbit für gerade Parität und einem Stoppbit (1) eingekleidet werden. Die Synchronität zwischen Sendebaustein und Empfangsbaustein wird für jedes UART-Zeichen neu durch das Startbit hergestellt. Das Paritätsbit dient der Datensicherung, das Stoppbit zeigt das Ende eines UART-Zeichens an.

1 Byte Daten im Asynchronformat:

0										1
Start	D0	D1	D2	D3	D4	D5	D6	D7	Parität	Stopp
	LSB							MSB		

16.1.5.2 MBP-Standard für PROFIBUS PA

MBP (Manchester Coded, Bus Powered) ist eine bitsynchrone Übertragung mit einer festen Übertragungsrate von 31,25 kBit/s. Durch die Manchester Codierung der Daten werden beliebige Folgen von 0-1-Signalen so umcodiert, dass ihr arithmetischer Mittelwert im zeitlichen Verlauf gleich null, also Gleichstrom-frei ist. Da die Manchester-codierten Daten einen Gleichstrom überlagert werden, der für die Busspeisung der Feldgeräte benötigt wird, bleibt im zeitlichen Mittel die Busspeisung konstant, obwohl eventuell lange 1- oder 0-Signalfolgen der Daten übertragen werden müssen.

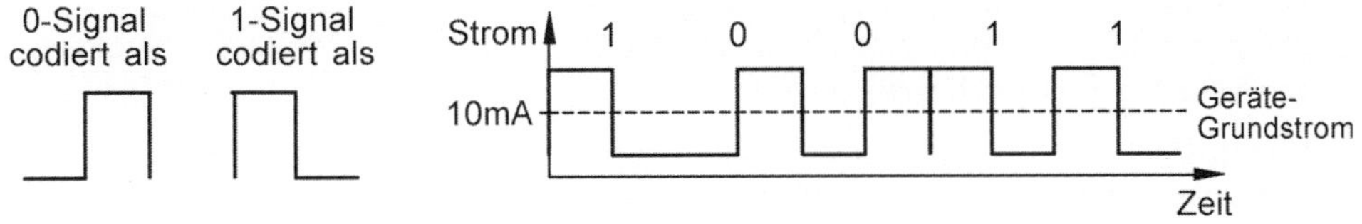

PROFIBUS PA verwendet die Zweileitertechnik in verdrillter und geschirmter Ausführung mit einer Busspeisung von 110 mA im Ex-Bereich und von 400 mA in einen sonstigen Sicherheitsbereich sowie mit vorgeschriebener Terminierung (Busabschlusswiderstand) an den Enden. Bei eigensicheren Netzen ist sowohl die Speisespannung als auch der maximale Speisestrom in engen Grenzen festgelegt. Aber auch in nicht eigensicheren Netzen ist die Leistung des Speisegerätes begrenzt.

Die Anzahl, der an ein Segment anschließbaren Teilnehmer, ist auf die Obergrenze von 32 Teilnehmer begrenzt. Sie wird jedoch auch durch gewählte Zündschutzart und die Busspeisung bestimmt Die maximale Anzahl der Teilnehmer je Segment berechnet sich aus dem Speisestrom geteilt durch die Stromaufnahme eines Einzelgerätes (10 mA). Die größte Leitungslänge eines Bussegment beträgt 1900 m und verringert sich bis auf 560 m bei maximaler Teilnehmerzahl.

Durch den Einsatz von Repeatern als Leitungsverstärker kann eine Streckenverlängerung erreicht werden. Es sind höchstens 4 Repeater im PA-Netz zulässig. Durch die Zuschaltung von Repeatern kann auch die Linientopologie zu einer Baumtopologie gewandelt werden.

Eine erhebliche Erleichterung bei der Planung, Installation und Erweiterungen von PA-Netzen in Ex-Bereichen bietet das sog. *FISCO-Modell* (Fieldbus Intrinsically Safe Concept). Dieses Modell beruht auf der Festlegung, dass ein Netzwerk dann eigensicher ist, wenn die relevanten vier Buskomponenten Feldgeräte, Kabel, Segmentkoppler und Busabschluss hinsichtlich ihrer Kennwerte innerhalb festgeschriebener Grenzen liegen und die FISCO-Kennzeichnung aufweisen, die durch Zertifizierung vergeben wird. Werden nur FISCO-Komponenten in die Anlage eingebaut, ist keine neue Systembescheinigung nötig.

16.1.5.3 Lichtwellenleiter

Es gibt Einsatzbedingungen für Feldbusse, bei denen eine elektrische Übertragungstechnik an ihre Grenzen stößt, beispielsweise bei starken elektromagnetischen Störungen oder bei der Überbrückung besonders großer Entfernungen. Für diese Fälle steht die optische Übertragungstechnik mittels Lichtwellenleiter (LWL) zur Verfügung.

Fasertyp	**Kerndurchmesser**	**Reichweite**
Multimode-Glasfaser	62,5/125 μm	2-3 km
Singlemode-Glasfaser	9/125 μm	> 15 km
Kunststofffaser	980/1000 μm	< 80 m

16.1.6 Buszugriffsverfahren

Die erwähnten Netztopologien stellen die physikalischen Strukturen dar, diesen ist aber durch das verwendete Busprotokoll eine sog. logische Struktur übergeordnet.

Bei PROFIBUS unterscheidet man die Netzteilnehmer in aktive Stationen (SPSen und PCs) und passive Geräte (Slaves). Die Bezeichnung aktiv und passiv kennzeichnet das Zugriffsrecht auf das Netzwerk, das vereinfacht als Bus oder Bussystem bezeichnet wird. So unterschiedlich die physikalischen Busstrukturen in Topologie, Übertragungsmedium und Teilnehmerzahl auch sind, gemeinsam ist ihnen das Prinzip, dass zu einem Zeitpunkt nur ein Telegramm auf dem Bus sein darf. D.h. es darf immer nur ein Teilnehmer senden, empfangen (zuhören) können alle angeschlossenen Teilnehmer. Daraus folgt, dass der Buszugriff (Rederecht) durch ein *Buszugriffsverfahren* geregelt werden muss.

Bei PROFIBUS handelt es sich um ein gemischtes (hybrides) Verfahren mit der Bezeichnung *Token Passing mit Master-Slave*, es gilt für alle PROFIBUS-Varianten und -Topologien. Die Vorschriften des Buszugriffs sind in einem Buszugriffsprotokoll festgelegt.

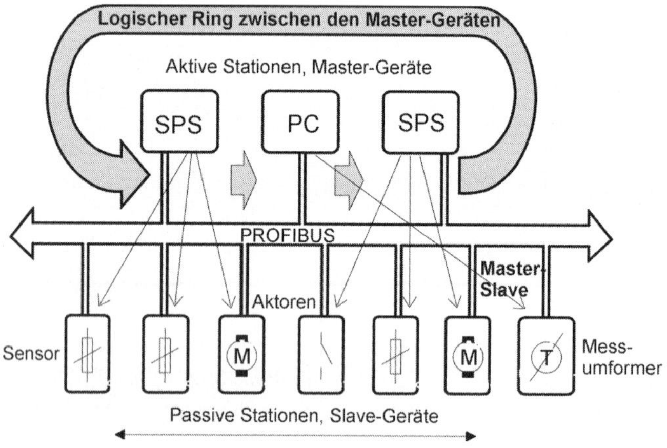

Bild 16.10: Buszugriffsverfahren bei PROFIBUS heißt Token-Passing mit Master-Slave

Durch das Buszugriffsprotokoll wird ein sog. *logischer Tokenring* für die PROFIBUS-Master gebildet. Das Zugriffsrecht auf den Bus wird den Mastern in Form eines Token weitergegeben (*Token-Passing)*, Slaves sind vom Token-Passing ausgeschlossen. Der Begriff „logischer Tokenring" besagt, dass die Reihenfolge der Master im Ring durch die Busadresse der Master festgelegt ist, und zwar unabhängig vom Anschluss in der physikalischen Busstruktur. Es besteht also ein logischer Tokenring auch dann, wenn der physikalische Bus kein Ring ist.

Das Token ist ein spezielles Telegramm, das über den Bus übertragen wird. Wenn ein Master das Token besitzt, hat er das Zugriffsrecht auf den Bus und kann mit anderen Busteilnehmern kommunizieren. Die Token-Haltezeit wird bei der Systemkonfiguration festgelegt. Spätestens bei Ablauf der Token-Haltezeit, wird das Token zum nächsten Master weitergegeben.

Die einfachen Geräte wie Sensoren und Aktoren als Bus-Slaves werden über das *Master-Slave-Verfahren*, das dem Token-Passing-Verfahren unterlagert ist, angesprochen. Die DP-Slaves werden mit zyklischem Polling von ihrem DP-Master angesprochen. Dieser Ablauf des

Master-Slave-Verfahrens ist schon beim AS-i-Bus näher beschrieben worden. Hier besteht nur der Unterschied, dass ein Master auf das Token warten muss, bis er mit der Master-Slave-Routine beginnen kann. Befindet sich im logischen Ring nur ein Master, so erteilt er sich selbst das weitere Rederecht. Die Organisation des Token-Passing mit Master-Slave-Verfahren ist in den Kommunikationsprozessoren der S7-SPSen hardwaremäßig realisiert.

Der Hauptvorteil des Token-Passing mit Master-Slave-Verfahrens ist die Echtzeitfähigkeit des Systems, die durch die Tokenumlaufzeit kalkulierbar ist. Der Ausfall eines Masters führt dazu, dass er sich nicht mehr im Ring befindet, das Bussystem läuft ohne ihn weiter. Mit der Diagnose-Software des Systems kann anhand der vergebenen PROFIBUS-Adressen überprüft werden, welche Busteilnehmer erkannt wurden und bei den Mastern speziell, ob sie sich im logischen Ring befinden oder nicht.

Bei PROFIBUS DP unterscheidet man die aktiven Teilnehmer in DP-Master Klasse 1 (DPM1) und DP-Master Klasse 2 (DPM2). Jeder DPM1 führt den Nutzdatenverkehr mit den ihm zugeteilten DP-Slaves durch. Ein DPM2 ist in der Regel ein PC mit PROFIBUS-Anschaltung für Inbetriebnahme und Diagnose.

Jeder DPM1 bildet mit seinen DP-Slaves ein Mastersystem. Es können mehrere DP-Mastersysteme an einem physikalischen PROFIBUS DP Subnetz betrieben werden. Jedoch können bei diesen Multimastersystemen keine Daten zwischen zwei aktiven Stationen ausgetauscht werden, da PROFIBUS DP nicht über die erforderliche Master-Master-Kommunikation zwischen DP-Master Klasse 1-Geräten verfügt.

16.1.7 Aufbau einer PROFIBUS-Nachricht

Eine PROFIBUS-Nachricht besteht aus einer Folge von UART-Zeichen, die man als *Datenframe* (engl. frame = Rahmen) oder auch als Telegramm bezeichnet. Die Bedeutung der einzelnen UART-Zeichen innerhalb eines Telegramms ist durch das PROFIBUS-Datenübertragungs-Protokoll festgelegt, an das sich Sender und Empfänger zu halten haben.

Da es verschiedene Telegrammtypen bei PROFIBUS gibt, soll hier nur das Prinzip am Beispiel des Telegrammtyps „Datentelegramm mit variabler Datenlänge“ erläutert werden.

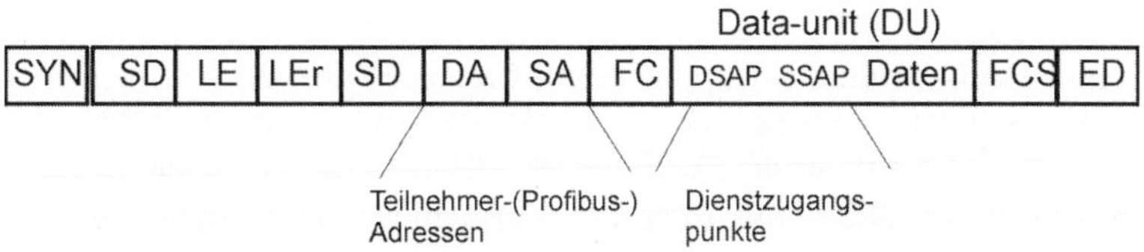

Bild 16.11: Aufbau des PROFIBUS-Telegramms SRD-Dienst (Send and Receive Data Service)

Legende:		
	SYN :	Busruhe 33 Bit-Zeiten lang vor jedem Aufruftelegramm (zur Synchronisierung)
	SD :	Start-Delimiter SD (Bitmuster zur Unterscheidung von Telegrammtypen), zweimal
	LE :	Längenbyte LE (nennt die Anzahl der im Telegramm enthaltenen „Nettodatenbyte“)
	LEr :	Längenbyte-Wiederholung zur Sicherheit
	DA :	Zieladresse DA (engl. destination = Ziel)
	SA :	Quellenadresse SA (engl. source = Quelle)
	FC :	Funktionscode FC (weiteres Kennzeichen für den Telegrammtyp)
	DSAS:	Ziel-Dienstzugangspunkt LSAP
	SSAP:	Quellen-Dienstzugangspunkt SSAP (engl.: SAP = servive access point)
	DU :	Data-unit (Datenblock)
	FCS:	Quersummenangabe FCS für Fehlererkennung
	ED :	Ende-Delimiter

Die Teilnehmer-(PROFIBUS-) Adressen müssen bei der Hardware-Projektierung der DP-Mastersysteme vergeben werden und mit den tatsächlichen Adressschalter-Einstellungen an den DP-Slaves übereinstimmen. Der Adressbereich bei PROFIBUS liegt zwischen 0 und 126, wobei Adresse 126 nur für Inbetriebnahmezwecke benutzt werden darf.

Die Dienstzugangspunkte haben bei PROFIBUS DP mit der Ausführung bestimmter Dienste zu tun. Die Zielstation erkennt an der SAP-Nummer welcher Dienst auszuführen ist. Da es bei PROFIBUS DP keine Projektierung von Kommunikationsverbindungen gibt, ist ersatzweise eine „Hochlaufphase“ vor dem Datenaustausch erfolgreich zu durchlaufen:

- Diagnoseanforderung des Masters an die Slaves: DSAP = 60, SSAP = 62
- Parametrieren der Slaves durch den Master: DSAP = 61, SSAP = 62
- Konfigurieren der Slaves durch den Master: DSAP = 62, SSAP = 62
- In der Datenaustauschphase verwendet PROFIBUS DP den sog. Default-SAP, der nicht extra übertragen werden muss, so dass sich für diese Hauptbetriebsphase bei den Telegrammen eine Einsparung von 2 Byte Daten ergibt.

In der „Data-unit“ des oben erwähnten PROFIBUS-Telegramms, können max. 244 Byte Nutzdaten übertragen werden. Ein solcher E/A-Datenumfang kommt bei modular aufgebauten DP-Slaves durchaus vor. Die Länge der auszutauschenden Daten wird bei PROFIBUS DP durch die Geräte-Stammdaten-Datei GSD für die Slaves vom Gerätehersteller festgelegt.

16.1.8 Kommunikationsmodell PROFIBUS-DP

Im S7-System gibt es mehrere Konfigurationen für PROFIBUS DP mit entsprechend unterschiedlichen Datenübertragungsabläufen:

16.1.8.1 Zyklischer Datentransfer Master-Slave in Leistungsstufe DP-V0

Das DP-V0 Protokoll bietet die Grundfunktionalität des PROFIBUS DP. Dazu gehören der zyklische Datentransfer, verschiedene Diagnoseleistungen und eine Konfigurationskontrolle beim System-Hochlauf.

Die zentrale Steuerung (Master) liest die Eingangsinformationen der Slaves und schreibt die Ausgangsinformation zyklisch an die Slaves. Bei den Slaves kann es sich um “einfache“ DP-Slaves mit fester Funktionalität sowie um “intelligente“ DP-Slaves mit einer programmierbaren Funktionalität handeln. Die sogenannten I-Slaves haben eine eigene CPU. Der DP-Master greift bei diesen Slaves nicht auf die Daten von E/A-Bausgruppen zu, sondern auf einen freien Übergabebereich im E/A-Adressraum der CPU, in dem vorverarbeitete Prozessdaten vorliegen.

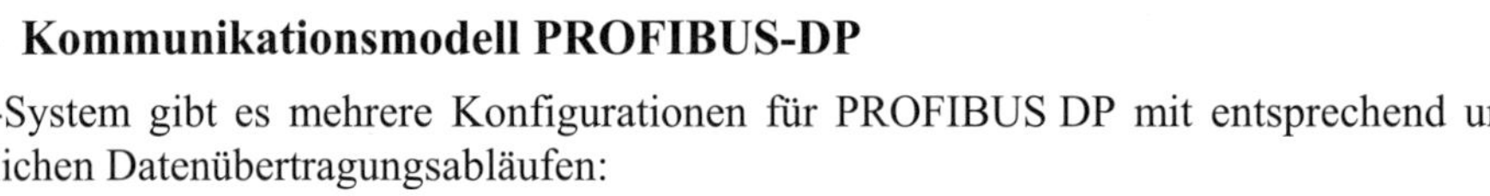

Bild 16.12: Ein DP-Mastersystem mit zwei einfachen und einem intelligenten DP-Slave

Der DP-Master arbeitet eine Polling-Liste ab, in der die von ihm konfigurierten DP-Slaves mit ihrer PROFIBUS-Adresse aufgeführt sind. Ein Nachrichtenzyklus besteht aus einem Request-Telegramm vom Master zum Slave und einem Response-Telegramm vom Slave zum Master.

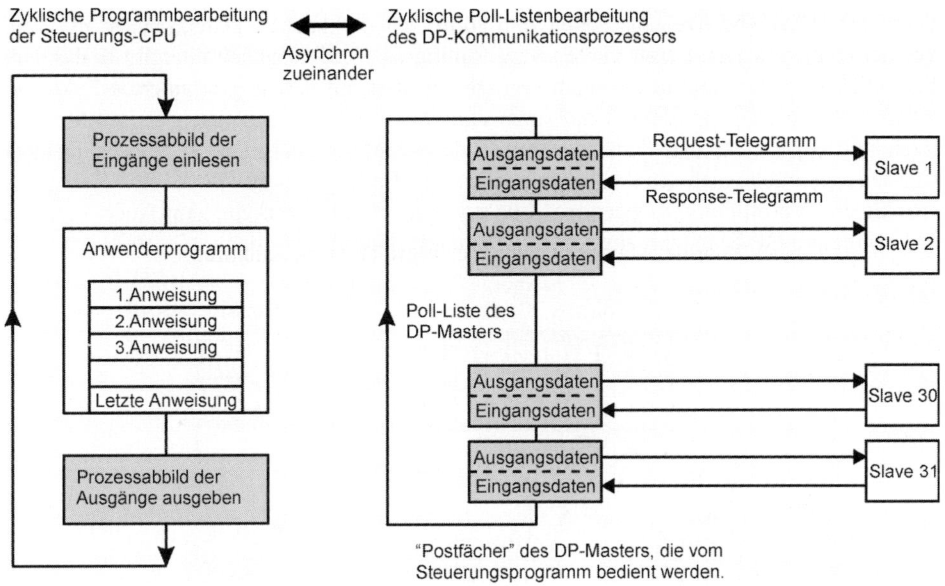

Bild 16.13: Die Asynchronität zwischen zwei zyklischen Vorgängen muss beachtet werden

Im Request-Telegramm (engl. request = Anforderung) sendet der Master Ausgangsdaten an den Slave und erhält mit den Response-Telegrammm (engl. response = Antwort) Eingangsdaten vom Slave zurück, also innerhalb eines Nachrichtenzykluses. Anstelle von Daten kann auch eine Kurzquittung gemeldet werden, z.B. wenn der Slave ein reines Ausgabegerät ist. Wenn der DP-Master am Ende der Poll-Liste angekommen ist, beginnt er wieder von vorne. Dieser zyklische Telegrammverkehr des DP-Masters wird mit *Polling* (engl. polling = wiederkehrende Abfrage) bezeichnet.

Die erwähnten DP-Master sind Klasse 1-Master, also zentrale Steuerungen auf SPS- oder PC-Basis. In einem physikalischen PROFIBUS DP Subnetz können mehrere Mastersysteme (DP-Master + DP-Slaves) projektiert sein. Sie bilden von einander unabhängige Systeme.

Der Datenverkehr zwischen einem DP-Master Klasse 1 (DPM1) und seinen DP-Slaves gliedert sich in drei Phasen: Parametrierungs-, Konfigurierungs- und Datentransfer-Phase. Parametrierungsdaten sind gerätebezogen und Konfigurierungsdaten sind systembezogen. In der Hochlaufphase wird geprüft, ob die projektierten Solldaten mit der tatsächlichen Gerätekonfiguration übereinstimmen.

16.1.8.2 Zusätzlicher azyklischer Datenverkehr Master-Slave in Leistungsstufe DP-V1

Der Schwerpunkt der Leistungsstufe DP-V1 liegt auf dem zusätzlich verfügbaren azyklischen Datenverkehr. Dieser bildet die Voraussetzung für die Parametrierung und Kalibrierung von Feldgeräten über den Bus während des laufenden Betriebes! Diese Leistungsstufe wird auch als erweitertes DP-Protokoll bezeichnet und setzt DP-V1-Master sowie DP-V1-Slaves voraus. Das Hauptanwendungsgebiet liegt bei PROFIBUS PA.

In Bild 16.14 wird der zyklische Datentransfer zwischen dem DPM1 (SPS) und den zugehörigen DP-Slaves 1, 2, 3 bis n dargestellt zusammen mit dem azyklischen Datenverkehr zwischen dem DPM2 (PC) und dem DP-Slave 3.

Ablauf: Der DPM1 besitze das Token und führe den zyklischen Datentransfer mit seinen Slaves der Reihe bis zum letzen Slave seiner Polling-Liste aus. Danach übergibt er das Token an den DPM2. Dieser kann in der noch verfügbaren Restzeit des programmierten Zyklus eine azyklische Verbindung zu Slave 3 aufbauen und Daten mit ihm austauschen. Bei Ablauf der Restzeit gibt der DPM2 das Token wieder an den DPM1 zurück. Der azyklische Datenaustausch kann sich über mehrere Zyklen hinziehen, am Ende nutzt der DPM2 eine Restzeit, um die azyklische Verbindung zu beenden. Ein azyklischer Datenverkehr kann auch von einem DPM1 mit einem DP-Slave mit ähnlichem Ablauf durchgeführt werden.

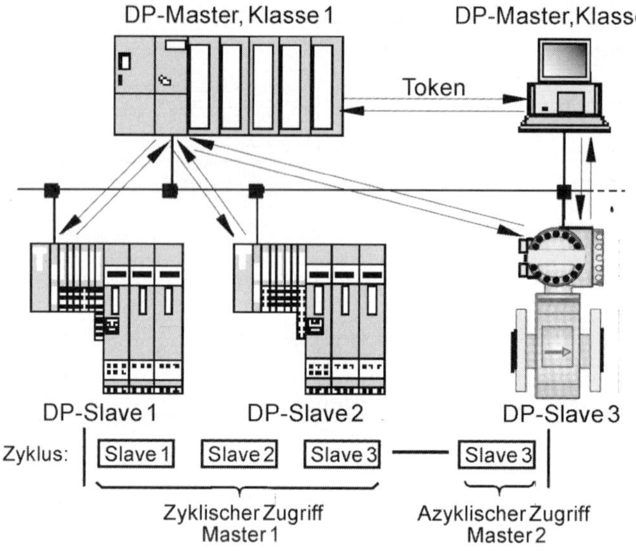

Bild 16.14: Zyklischer und azyklischer Datenverkehr bei PROFIBUS der Leistungsstufe DP-V1

16.1.8.3 Zusätzlicher Datenquerverkehr (DX) mit I-Slaves bei Leistungsstufe DP-V2

Einige I-Slaves verfügen über die zusätzliche Eigenschaft der „Sende- und Empfangsfähigkeit für DX-Querverkehr“ (Direct Data Exchange), der bei ihnen zusätzlich projektiert werden kann. Einige Standard DP-Slaves verfügen über die Sendefähigkeit für den direkten Datenaustausch. Das folgende Bild zeigt Möglichkeiten des projektierbaren Datenquerverkehrs (DX).

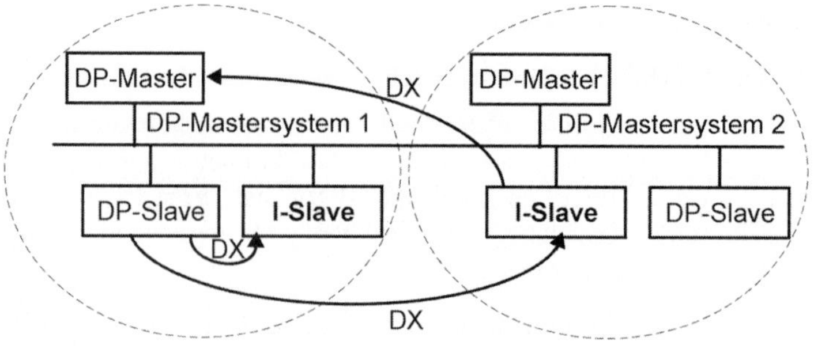

Bild 16.15: Datenquerverkehr bei PROFIBUS

16.2 Projektierung PROFIBUS DP

16.2.1 Übersicht

Die Projektierung eines PROFIBUS DP-Systems mit STEP 7 erfordert folgende Arbeitsschritte:

1. Urlöschen und Anlegen eines neuen Projekts
2. Hardware konfigurieren
   2.1 Konfigurieren der S7-SPS-Station;
   2.2 DP-Mastersystems mit PROFIBUS-Netz einrichten;
   2.3 Konfigurieren des DP-Slavesystems.
3. Software erstellen
   3.1 Parametrieren der Kommunikationsbausteine DP_SEND und DP_RECV; dieser Punkt entfällt bei einer S7-CPU mit integriertem Kommunikationsprozessor CP;
   3.2 Ermittlung der E/A-Adressen;
   3.3 Anwender-Testprogramm
4. Inbetriebnahme und Test, Fehlerquellen

16.2.2 Aufgabenstellung

Das unten abgebildete PROFIBUS DP-System, bestehend aus einer S7-SPS mit separatem Kommunikationsprozessor CP-DP und drei PROFIBUS DP-Slaves, ist zu projektieren.

Die S7-Station besteht aus einer Stromversorgung (PS), einem Steuerungsprozessor (CPU), einem Signalmodul (SM) und dem Kommunikationsprozessor CP für PROFIBUS DP. Das Signalmodul hat mit der Kommunikation nichts zu tun, es stellt lediglich 8 Schaltereingänge und 8 Leuchtdiodenausgänge zentral für allgemeine Anwendungen zur Verfügung.

Zwei DP-Slaves sind Kompaktslaves mit 16 Digitaleingängen (16 DI) bzw. 16 Digitalausgängen (16 DO).

Ein DP-Slave ist ein modularer Slave, der aufgabengemäß aus Modulen in Reihenklemmen-Bauform zusammengestellt wird: 1 Bus-Koppler, 1 Analog-Eingangsmodul mit 2 Analogeingängen DI für +/-10 VDC, 1 Analog-Ausgangsmodul mit 2 Analogausgängen DO für +/-10 VDC und 1 Digital-Eingangsmodul mit 8 DI für 24 VDC sowie 1 Digital-Ausgangsmodul mit 8 DO für 24 VDC und eine Bus-Endklemme.

Technolgieschema:

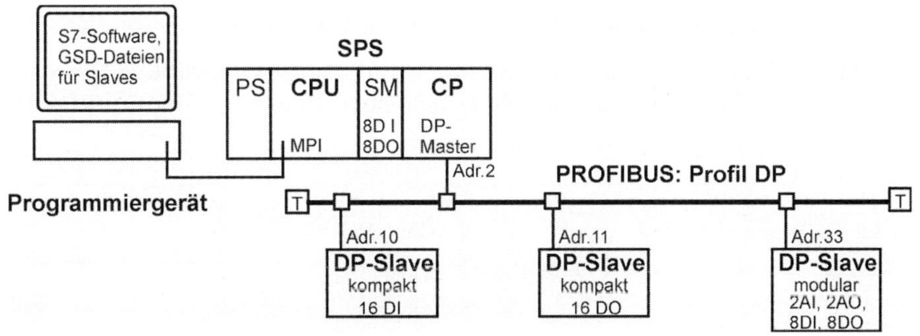

Bild 16.16: Feldbussystem mit PROFIBUS DP

16.2.3 Arbeitsschritt (1): Urlöschen und Anlegen eines neuen Projektes

- **MPI-Schnittstelle**:

Verbindung zur S7-CPU herstellen;

- **Erreichbare Teilnehmer:**

Anwählen und angezeigte MPI-Schnittstelle „MPI 2 (direkt)“ markieren, in Menüleiste unter „Zielsystem“ den Menüpunkt „Urlöschen“ wählen, zurück zum SIMATIC-Manager durch Schließen des Fensters „Erreichbare Teilnehmer“.

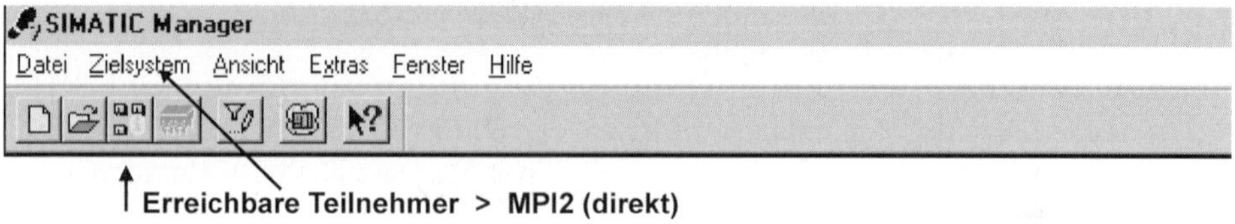

- **Datei > Neu:**

Im sich öffnenden Fenster „NEU“den Auswahlpunkt „Neues Projekt“ wählen, Pfad zum Ablageort über „Durchsuchen“ festlegen;

Dateinamen für Projekt festlegen: In der Eingabezeile „Namen“ z.B. S7_DP eingeben, es erscheint ein leeres Projekt mit dem Projektnamen S7-DP.

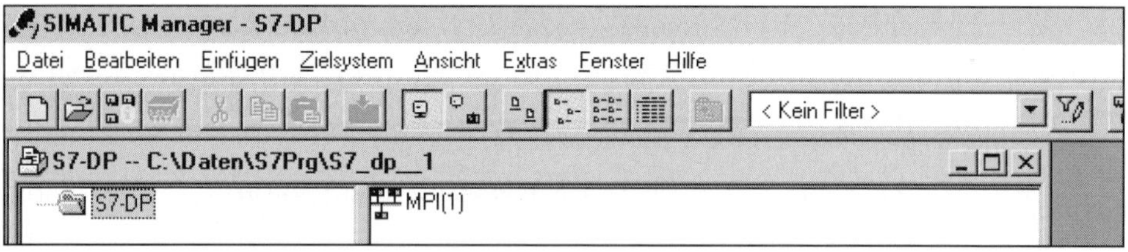

16.2.4 Arbeitsschritt (2): Hardware konfigurieren

1. Konfigurieren der S7-SPS-Station

- **Station in Projekt einfügen:**

In der Menüleiste „Einfügen“ den Menüpunkt „Station“ markieren und eine SIMATIC-Station auswählen, z.B. SIMATIC 300(1).

- **Subnetz in Projekt einfügen**

In der Menüleiste „Einfügen“ den Menüpunkt „Subnetz“ markieren und PROFIBUS auswählen. Das Objekt „S7-DP“ besteht aus den Objekten Station „SIMATIC 300(1), PROFIBUS(1) und MPI-Schnittstelle.

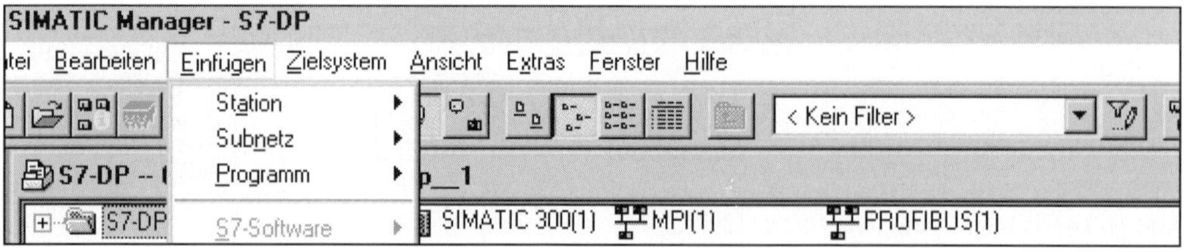

- **Hardware-Konfigurator öffnen:**

In der Objekthierarchie bis zur Station „SIMATIC 300(1) vorangehen und diese markieren. Es wird das Objekt „Hardware" angezeigt, das mit Doppelklick geöffnet werden kann.

- **Komponenten in Stationsliste platzieren:**

Es wird ein dreigeteiltes Projektierungsfenster HWKonfig, bestehend aus einem leeren Stationsfenster, einem Hardware-Katalog-Fenster und einem Konfigurationstabellen-Fenster gezeigt. Der Hardware-Katalog enthält die wählbaren Komponenten, dort SIMATIC 300 und darin RACK 300 öffnen und „Profilschiene" doppelklicken. Es erscheint eine Liste zum Plazieren der auszuwählender S7-Komponenten. Die Komponenten müssen in die Liste steckplatzorientiert mit Doppelklick in der Reihenfolge PS (Power Supply, Spannungsversorgung), CPU (CPU 314), SM (Signal Modul), CP (CP342-5) unter Beachtung der genauen Geräte-Bestellnummern eingefügt werden. Das Einfügen falscher Komponenten wird spätestens beim Laden der Hardware-Konfiguration in das Zielsystem der SPS-CPU bemerkt und erfordert dann nachträgliche Änderungen.

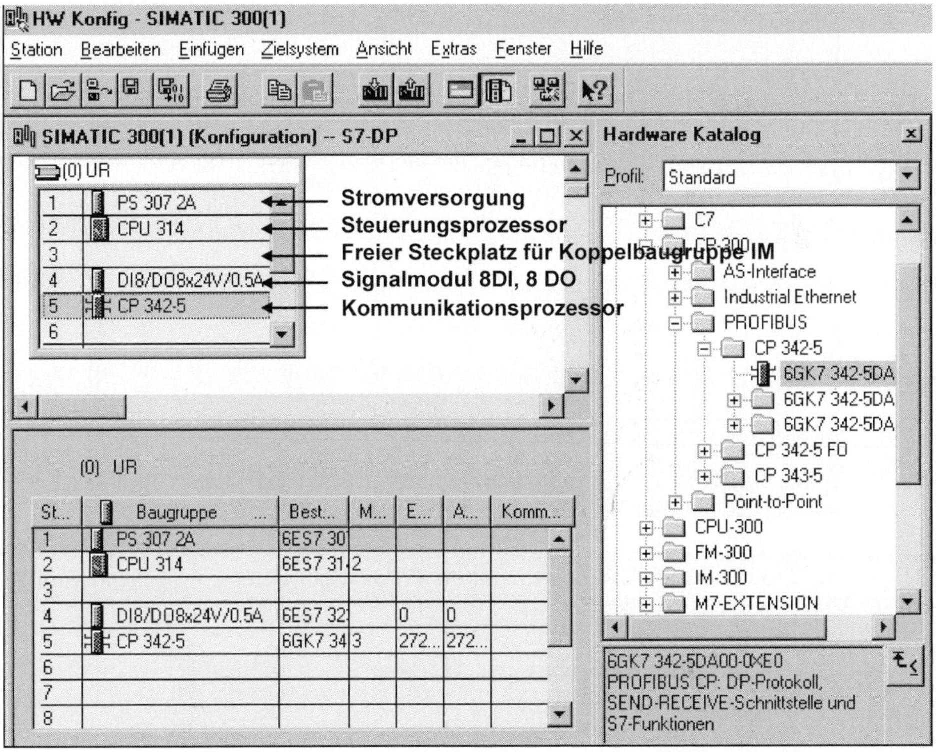

Aus der Konfigurationstabelle der obigen Abbildung kann für den auf Steckplatz 5 platzierten Kommunikationsprozessor CP eine wichtige Adresse im Dezimalzahlenformat entnommen werden. Es handelt sich um die steckplatzabhängige Baugruppen-Anfangsadresse des CP, die mit 272 dez gemeldet wird. Sie wird bei der Parametrierung der Kommunikationsbausteine

FC 1 (DP-SEND) und FC 2 (DP-RECV) benötigt. Beim Aufruf dieser FC-Bausteine wird der programmausführenden S7-CPU mit dieser Adresse mitgeteilt, wo sich der Kommunikationsprozessor befindet. Das ist erforderlich, denn eine S7-CPU kann auch mit mehreren CPs zusammenarbeiten, die sich adressenmäßig unterscheiden müssen. Die Baugruppen-Anfangsadresse muss bei den FC-Bausteinen allerdings im hexadezimalen Zahlenformat eingegeben werden, dabei ist 272 dez = 110 hex.

2. DP-Mastersystem mit PROFIBUS-Netz einrichten

- **Betriebsart des CP bestimmen:**

Beim Einfügen des CP sind wichtige Einträge vorzunehmen, dazu gehören: PROFIBUS-Adresse des CP festlegen (2), Anschließen des CP an das Subnetz (PROFIBUS) und Einstellen des CP auf die Betriebsart „DP-Master“ (CP in der Liste markieren, im Menü „Bearbeiten“ den Menüpunkt „Objekteigenschaften“ markieren und dort unter „Betriebsart“ die Einstellung „DP-Master“ auswählen.

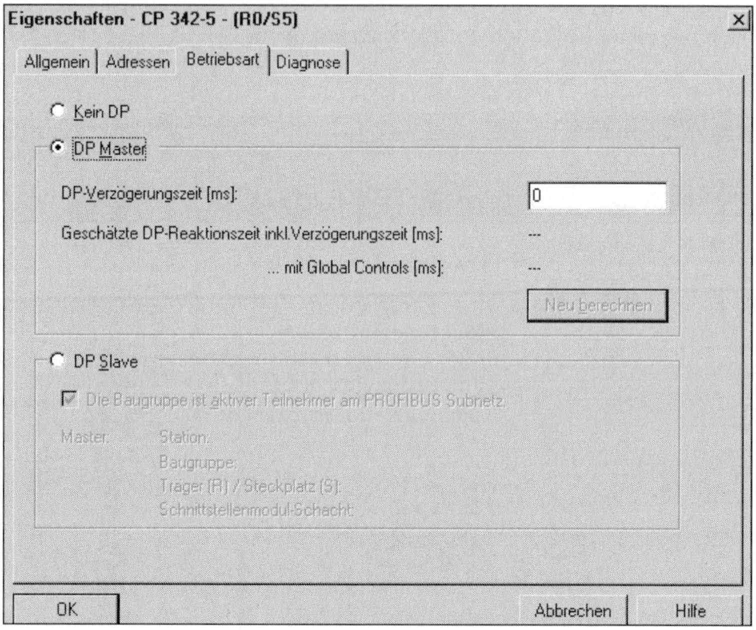

Im HWKonfig Projektierungsfenster erscheint die PROFIBUS-Leitung ausgehend vom Kommunikationsprozessor CP 342-5.

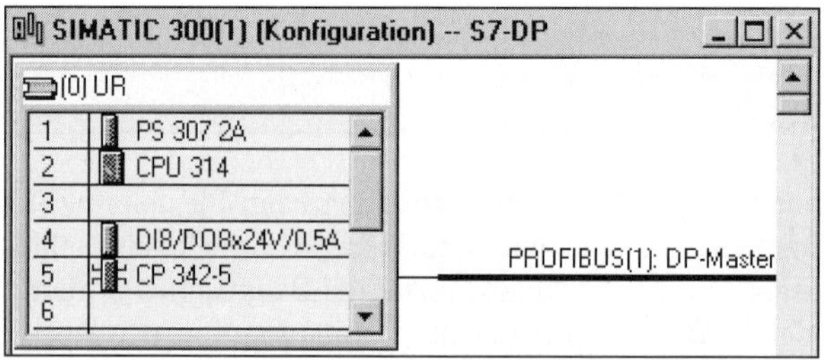

3. Konfigurieren des DP-Slavesystems

- **DP-Slaves einfügen: Anbinden der DP-Slaves an das DP-Mastersystem.**

Die DP-Slaves befinden sich im Katalog unter PROFIBUS DP und werden mit „drag&drop" einfügt. Dabei muss bei jedem DP-Slave die für ihn vorgesehene PROFIBUS-Adresse eingestellt werden. Für Kompakt-Slaves ist der Vorgang sehr einfach, bei modularen DP-Slaves sind zusätzlich die einzelnen Module in der Reihenfolge ihres gerätemäßigen Aufbaus einzugeben. Die Module des modularen Slaves sind als dessen Untermenge im Hardware-Katalog aufgeführt Bei Markieren einzelner DP-Slaves wird deren Konfigurationsliste mit wichtigen Adressangaben gezeigt. Wenn bei modularen Slaves nur ein sog. Universalmodul angeboten wird, so lässt sich dieser über seine Objekteigenschaften (rechte Maustaste) auf ein spezielles Profil einstellen.

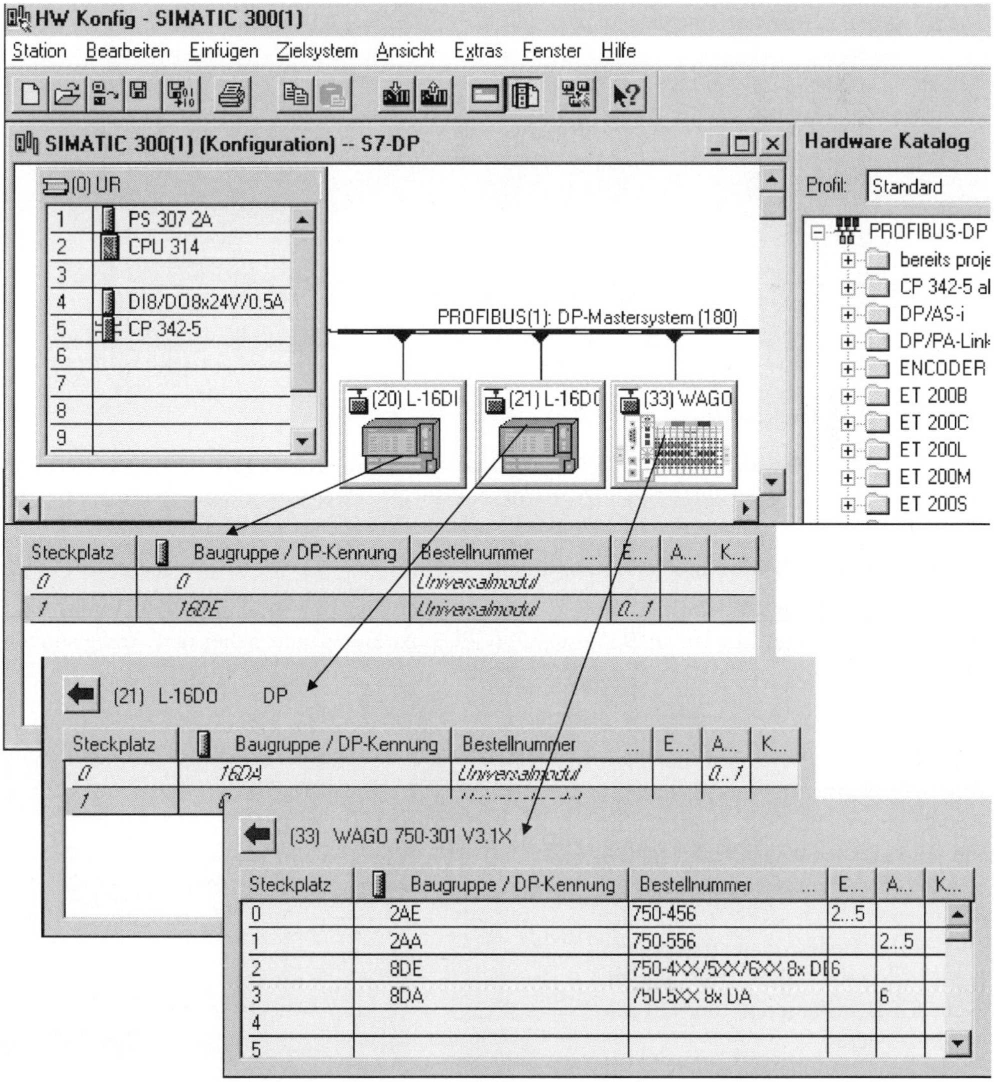

- **Übertragungsrate und Profil einstellen:**

In der GSD-Datei der DP-Slaves ist angegeben, welche Übertragungsraten von PROFIBUS von ihm unterstützt werden. Eine neue Einstellung für einen DP-Slave wird automatisch für alle anderen bereits konfigurierten DP-Slaves überprüft. Der letzte Eintrag gilt und wird als Übertragungsrate von PROFIBUS DP verwendet.

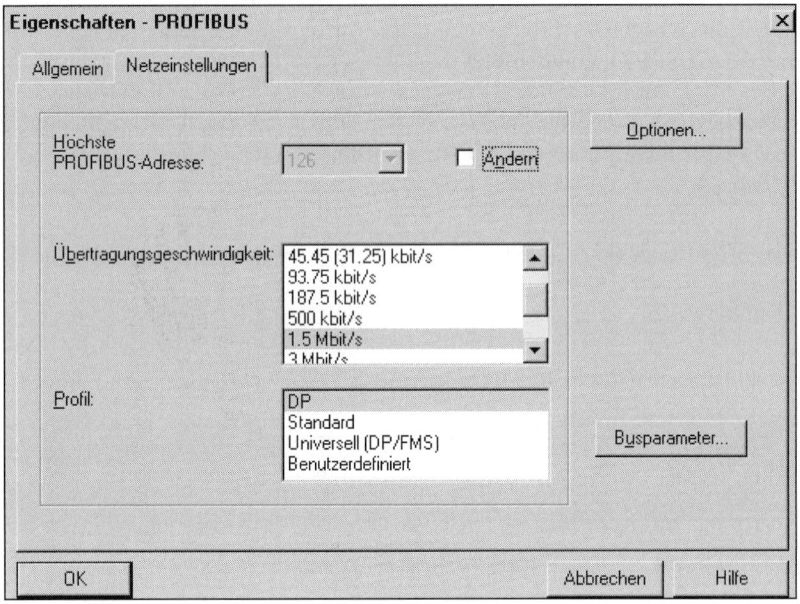

Speichern und Übersetzen:

Durch Markieren des Ikons „Speichern und Übersetzen" die Konfiguration überprüfen und abspeichern lassen. Bei Fehlermeldung „Keine Konsistenz" muss die Stimmigkeit der Konfiguration überprüft werden.

Hardware-Konfiguration in Zielsystem laden:

Die fehlerfreie Hardware-Konfiguration in das Zielsystem laden: Menüleiste „Zielsystem" und darin den Menüpunkt „Laden in Baugruppe" (CPU) markieren und dabei den Anweisungen folgen.

Neue GSD-Datei:

Falls ein neuer DP-Slave in der Projektierungs-Software nachinstalliert werden muss, benötigt man dafür eine vom Hersteller gelieferte Diskette mit der betreffenden Geräte-Stammdaten-Datei (GSD). In der HWKonfig findet man unter dem Menü „Extras" die Menüpunkte „Neue GSD installieren" und „Katalog aktualisieren".

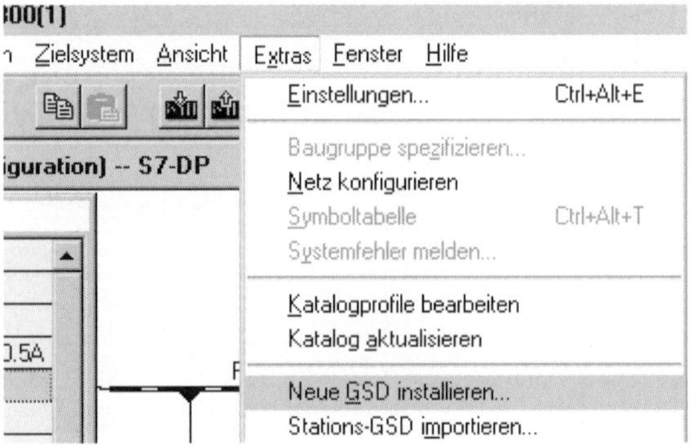

16.2.5 Arbeitsschritt (3): Software erstellen

1. Anwender-Schnittstellen DP-SEND und DP-RECV einfügen

- **Bausteine FC 1 und FC 2 aus Bibliothek holen und parametrieren:**

Organisationsbaustein OB1 in FUP-Darstellung öffnen, unter Programmelemente die Bibliothek aufsuchen und in Abteilung „SIMATIC-NET“ unter CP 300 die Bausteine FC 1 (DP_SEND) und FC 2 (DP_RECV) mit „drag&drop“ in die Netzwerke 1 und 2 ziehen und die Formalparamter mit SPS-Operanden versehen.

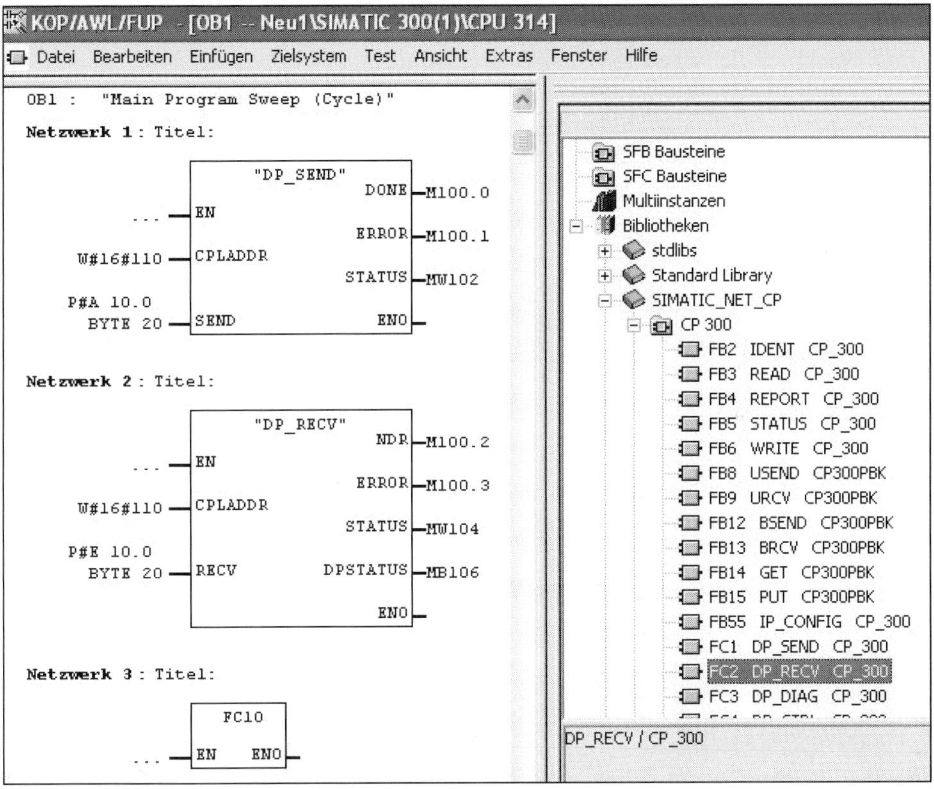

Legende Formalparameter DP_SEND (FC 1), DP_RECV (FC 2)

Formalparameter	**Datentyp**	**Bedeutung**
CPLADDR	WORD	Baugruppen-Anfangsadresse
SEND	ANY	Sendedaten: Adresse und Länge der Sendedaten
RECV	ANY	Empfangsdaten: Adresse und Länge der Empfangsdaten 2 Byte für Slave 20 + 5 Byte für Slave 33 = 7 Byte Mindestlänge. Projektiert: 20 Byte
NDR	BOOL	Zustandsparameter: 0 = -; 1 = neue Daten
ERROR	BOOL	Fehleranzeige: 0 = -; 1 = Fehlerfall
STATUS	WORD	Statusanzeige: Informationen zur Auftragsausführung
DPSTATUS	BYTE	DP-Statusinformationen: z.B. Bit 2 = 1 Diagnosedaten vorhanden

2. Ermitteln der E/A-Adressen:

- Simulationsbaugruppe mit 8 DE und 8 DA belegt laut Konfigurationstabelle jeweils das Byte 0 des Eingangs- und Ausgangs-Adressbereiches:

8 DE	Signalmodul	= EB 0	= E 0.0 … E 0.7
8 DA	Signalmodul	= AB 0	= A 0.0 … A 0.7

- Der Adressbereich der dezentralen Peripherie errechnet sich aus der **Zeigeradresse** der DP_SEND- bzw. DP_RECV-Bausteine und dem Adress**offset** aus der Konfigurationstabelle der DP-Slaves:

16 DE	DP-Slave (20)	= E 10.0 + Byte 0…1	= **EW 10**
16 DA	DP-Slave (21)	= A 10.0 + Byte 0...1	= **AW 10**
1.AE-Kanal	DP-Slave (33)	= E 10.0 + Byte 2...3	= **EW 12**
2.AE-Kanal	DP-Slave (33)	= E 10.0 + Byte 4...5	= **EW 14**
1.AA-Kanal	DP-Slave (33)	= A 10.0 + Byte 2...3	= **AW 12**
2.AA-Kanal	DP-Slave (33)	= A 10.0 + Byte 4...5	= **AW 14**
8 DE	DP-Slave (33)	= E 10.0 + Byte 6	= **EB 16**
8 DA	DP-Slave (33)	= A 10.0 + Byte 6	= **AB 16**

3. Anwender-Testprogramm

Die am Analogeingang Kanal 1 angelegte Spannung soll am Analogausgang Kanal 2 wieder ausgegeben werden.

Der dem DP-Slave (Adr. 20) zugeführte Zahlenwert soll am DP-Slave (Adr. 21) wieder ausgegeben werden.

Eine UND-Verknüpfung von zwei Binäreingängen des Signalmoduls der SPS soll einen Binärausgang des modularen Slave (Adr. 33) ansteuern.

Eine ODER-Verknüpfung von zwei Binäreingängen des modularen Slaves (Adr. 33) soll einen Binärausgang des Signalmoduls der SPS ansteuern.

```
FC10: Anwender-Testprogramm

    L  EW  12              //1.Analogeingang DP-Slave (Adr. 33)
    T  AW  14              //2.Analogausgang DP-Slave (Adr. 33)

    L  EW  10              //Digitaleingang DP-Slave (Adr. 20)
    T  AW  10              //Digitalausgang DP-Slave (Adr. 21)

    U  E  0.0              //Binäreingang Signalmodul der SPS
    U  E  0.1              //Binäreingang Signalmodul der SPS
    =  A 16.0              //Binärausgang modularer DP-Slave

    O  E 16.0              //Binäreingang modularer DP-Slave
    O  E 16.1              //Binäreingang modularer DP-Slave
    =  A  0.7              //Binärausgang Signalmodul der SPS
```

16.2.6 Arbeitsschritt (4): Inbetriebnahme und Test, Fehlerquellen

Es wird hier davon ausgegangen, dass der Anlagenaufbau bestehend aus den Geräten, der PROFIBUS-Verbindung mit Busabschluss und der eingeschalteten Stromversorgung fehlerfrei ist. Ferner bestehe eine Verbindung vom Programmiergerät zur S7-CPU über die MPI-Schnittstelle. Im Programmiergerät stehe eine fertige Projektierung zur Verfügung.

1. Download

Die Projektierung muss in die S7-CPU geladen werden. Dies kann komplett in einem Schritt oder in Teilschritten erfolgen. Unter Lernbedingungen wird man einen Download in Teilschritten vorziehen, indem man zuerst die Hardware-Konfiguration aus der HWKonfig in das Zielsystem überträgt. Erst bei dieser Aktion zeigt sich, ob die Hardware-Konfiguration mit dem realen Anlagenaufbau übereinstimmt. Die hauptsächliche Fehlerquelle liegt in abweichenden Ausgabeständen der Hard- und Software bei den aktiven Komponenten CPU und CP. Eine weitere Fehlerquelle kann durch fehlerhafte Konfiguration modularer Slaves entstehen, wenn beispielsweise der modulare Slave als Gerät mit PROFIBUS-Adresse zwar vorhanden, jedoch leer ist, d.h. ohne Module projektiert wurde. Der Download der Hardware-Konfiguration muss ohne Anzeige einer roten Systemfehler-Leuchtdiode an der CPU vonstatten gehen. Daran anschließend kann mit dem Download der Software (S7-Bausteine) in das Zielsystem begonnen werden. Hierbei muss auf die richtige Reihenfolge geachtet werden. Zuerst müssen beispielsweise die Kommunikationsbausteine FC 1, FC 2 und der FC 10 übertragen werden und dann erst der OB1, der diese Bausteine aufruft. Eine weiter Möglichkeit ist die, dass man den Behälter „Bausteine" markiert und „Laden in Baugruppe" aktiviert. In der Regel wird sich das Programmiergerät melden und die richtige Eingabe-Reihenfolge anmahnen. Dies kann dann mit dem angebotenen „Alle laden" quittiert werden, sodass die richtige Reihenfolge vom Programmiergerät sicher gestellt wird. Die häufigsten Fehler beim Download der Bausteine, die zu einem Aufleuchten der roten SF-LED bei der CPU führen, sind fehlende Bausteine oder unstimmige Instanz-Datenbausteine, die einen von ihrem zugehörigen Funktionsbaustein abweichenden Parametersatz haben, was sich durch Änderungen im Programm leicht ergeben kann. Zum Schluss sei noch erwähnt, dass auch ein Komplett-Download des Gesamtprojekts möglich ist, indem man im SIMATIC-Manager die Station (z.B. SIMATIC 300) markiert und „Laden in Baugruppe" aktiviert.

2. Test der Kommunikation

Nach dem Download der Projektierung darf sich kein Busfehler durch Aufleuchten einer roten BF-Leuchtdiode beim CP und den Slaves zeigen. Solange dieses nicht der Fall ist, kann mit dem Programmtest nicht begonnen werden, da keine Kommunikation stattfindet. Ein häufig vorkommender Fehler ist eine zu kleine Sende- bzw. Empfangs-Datenlänge durch die Angaben „P#A 10.0 Byte x bzw. P#E 10.0 Byte y" bei den Bausteinen DP_SEND bzw. DP_RECV. Dies kann besonders dann leicht vorkommen, wenn die Datenbereiche der Slaves nicht bündig liegen sondern Lücken aufweisen. Man kann diesen Fehler bei der Inbetriebnahme vermeiden, wenn man zunächst sicherheitshalber eine größere Datenlänge projektiert. Eine weitere Fehlerquelle sind falsche PROFIBUS-Adressen der DP-Slaves, d.h. Nichtübereinstimmung zwischen hardwaremäßig eingestellter und projektierter Adresse. Das Diagnosesystem zeigt, welche Teilnehmeradressen erkannt werden. Ist die Kommunikation sicher gestellt und die geplante Funktion fehlerhaft, dann liegen die Fehler „nur noch" in der Programmlogik.

17 Ethernet-TCP/IP

17.1 Grundlagen

17.1.1 Übersicht

Ethernet-TCP/IP ist ein weltweit erprobter und akzeptierter Standard für lokale Netze im Büro-Umfeld mit Zugang zu ISDN und Internet geworden. Der Datenverkehr in den lokalen Netzen unterscheidet sich wesentlich von dem in Feldbussystemen. Die räumlich eng begrenzten Feldbusse dienen hauptsächlich der zyklischen (wiederholenden) Übertragung von Prozesswerten, um immer deren aktuellen Stand auswerten zu können. Dabei kann die Länge der Datentelegramme als sehr kurz bei AS-i-Bus bis kurz bei PROFIBUS bezeichnet werden. Die in den räumlich ausgedehnteren lokalen Netzen zu übertragenden Datensätze sind dagegen in der Regel umfangreich und nur einmalig zu übertragen. Ein weiterer wesentlicher Unterschied zwischen den Feldbussystemen und den lokalen Netzen liegt in der zulässigen Übertragungszeit zwischen den Endgeräten. Feldbusse müssen hier die wesentlich schärfere Echtzeitbedingung erfüllen, wenn es z.B. um Steuerungsprozesse schnell laufender Maschinen geht.

Obwohl große Unterschiede zwischen den Feldbussen und lokalen Netzen bestehen, vollzieht sich in der Automatisierungstechnik ein deutlicher Wandel hin zu einer vertikalen Datendurchlässigkeit zwischen Fabrik- und Bürowelt im Sinne einer integrierten Betriebsführung. Damit verbunden ist eine Annäherung beider Systeme bis hin zu einer Systemintegration, wie im nachfolgenden Kap. 18 bei PROFINET gezeigt wird. Vielfach wird sogar gefordert, die lokalen Netze der Bürowelt so zu erweitern, dass die Feldbusse überflüssig werden.

Aus allem folgt, dass sich eine Ausbildung in Automatisierungstechnik dem Thema Ethernet-TCP/IP stellen muss. Hier zunächst einige wichtige Begriffe in Kurzbeschreibung:

- Lokale Netze (Local Area Network = LAN, Verbund räumlich verteilter Rechner, die untereinander Daten austauschen; Richtwert der räumlichen Ausdehnung: maximal 5 km);
- Ethernet ist die zur Zeit bei lokalen Netzwerken am häufigsten angewandte Übertragungstechnik. Ethernet als Übertragungsmedien verwendet Kupferkabel und Lichtwellenleiter. Ethernet als Übertragungsverfahren beruht auf einem festgelegten Protokoll für den Aufbau der Datentelegramme und der Anwendung eines bestimmten Buszugriffsverfahren, bei dem alle angeschlossenen Teilnehmerstationen gleichberechtigt sind. Zur Unterscheidung erhält jede Netzwerkstation eine weltweit eindeutige Geräteadresse. Zu Ethernet gehören auch Netzwerkkomponenten wie Hubs und Switches für den Zusammenschluss der Geräte zu Subnetzen. Die Ethernetkomponenten wie Kabel, Stecksysteme und Switches müssen den raueren Betriebsbedingungen in der Fabrik angepasst werden, bei SIMATIC z.B. in der Ausführung *Industrial Ethernet.*
- TCP/IP ist die Bezeichnung eines Netzwerkprotokolls für den Datenaustausch zwischen Rechnern über Netzwerkgrenzen hinaus. Für den Datentransfer werden die Gesamtdaten in Teilmengen zerlegt und in Datenpaketen bestimmter Größe übertragen. Um einen Rechner in den weltweiten Netzwerken gezielt finden zu können, wird ein logisches Adressensystem verwendet. Da die Datenübertragung auch gesichert erfolgen soll, muss ein übergeordnetes Kontrollverfahren gewährleisten, dass beispielsweise auch alle Datenpakte angekommen sind.

- Internet (Gesamtheit aller Netzwerke und Computer, die über TCP/IP-Verbindungen erreichbar sind. Dazu zählen u.a. die firmeninternen Netzwerke, die auch Internettechnologien anwenden und Intranets genannt werden);
- ISDN (Integrated Service Digital Network = Dienste-integrierendes digitales Telekommunikationsnetz für Sprach-, Bild- und Datenübertragung auf einer Leitung, weltweit);

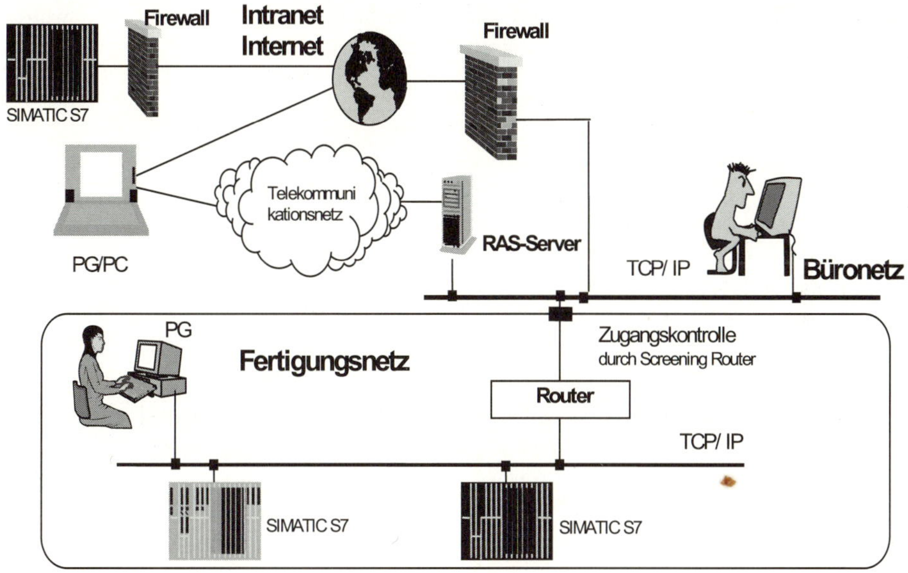

Bild 17.1: Typisches Ethernet-TCP/IP-Netz in der Automatisierungstechnik (RAS = Remote-Access-Server)

17.1.2 Ethernet-Netzwerke

17.1.2.1 Standard 10 BASE-T

Die Ethernet-Standards unterliegen seit Abfassung des Ursprungsstandards im Jahre 1985 der fortlaufenden technischen Entwicklung. Die Bezeichnungsweise folgt einem Schema:

Die erste Zahl gibt die Übertragungsrate in MBit/s (Megabit pro Sekunde) an.

BASE bzw. BROAD steht für Basis- bzw. Breitband.

Die letzte Zahl bzw. Buchstabe steht für die maximale räumliche Ausdehnung pro Segment in Hundert Meter bzw. für eine Kennzeichnung des verwendeten Mediums, z.B.
"T" für Twisted Pair und "F" für Fiber-Optic (Lichtwellenleiter).

Unter 10Base-T versteht man das Standard-Ethernet-Verfahren mit dem CSMA/CD-Buszugriffsverfahren und einer Übertragungsgeschwindigkeit von 10 MBit/s auf Twisted Pair-Kabeln, bei der die Arbeitsstationen (PCs) so an Verteiler angeschlossen werden, dass eine sternförmige Netzstruktur entsteht (s. Bild 17.4). Jeder Verteiler kann wiederum Teil einer sternförmigen Oberverteilung sein. Für den Verteiler gibt es zwei verschiedene Konstruktionen, die den internen Datenverkehr regeln:

Hub, auch Sternkoppler genannt, bietet die Möglichkeit, mehrere Teilnehmerstationen sternförmig miteinander zu verbinden. Datenpakete, die auf einem Port empfangen werden, werden ungefiltert an allen anderen Ports verstärkt (regeneriert) ausgegeben.

Switch, vorstellbar als ein äußerst schnell und parallel arbeitendes Datenpaket-Vermittlungssystem, bietet wie schon der Hub die Möglichkeit zur sternförmigen Vernetzung der Teilnehmer. Der Switch "lernt" die Ethernet-Adressen der angeschlossenen Teilnehmer und leitet ankommende Datenpakete adressorientiert nur an den betreffenden Netzteilnehmer weiter, so dass die anderen Netzwerksegmente mit diesem Datenverkehr nicht belastet werden.

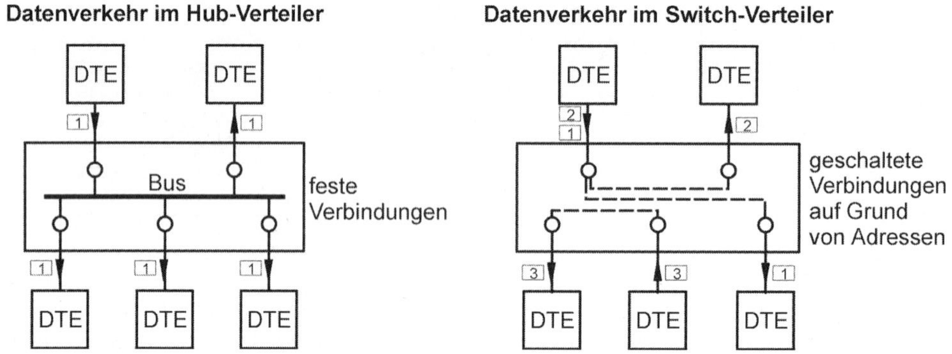

Bild 17.2: Verteilertypen: Hub und Switch

17.1.2.2 Fast Ethernet (100 MBit/s)

Fast Ethernet ist <u>kein</u> neuer Standard sondern nur die <u>kompatible</u> Erweiterung von 10 BASE-T und wird derzeitig in der Automatisierungstechnik überwiegend eingesetzt.

Die Bezeichnungen für Fast Ethernet können lauten:

100 BASE-TX, d.h. 100 MBit/s über zweipaariges Kategorie-5-Kabel,

100 BASE-FX, d.h. 100 MBit/s über Kabel mit zwei optischen Fasern.

Der Standard 100 BASE-TX definiert bestimmte Eigenschaften des Netzwerkes, bestehend aus den aktiven Netzwerkkomponenten und den Kabeln:

100 MBit/s Übertragungsrate,

Full Duplex Betrieb (FDX), gleichzeitiges Senden und Empfangen

Stern-Topologie mit Switch-Verteilern,

Kabellänge 100 m,

Buszugriffsverfahren CSMA/CD (s. Kap. 17.1.4.1)

RJ 45-Stecker

17.1.3 Industrielle Installation

Im Unterschied zum Büro-EDV-Umfeld müssen in der Industrie-Automatisierungs-Umgebung zusätzliche Bedingungen zur Sicherung eines störungsfreien Ethernet-Netzbetriebes vorgesehen werden. Am Beispiel von „Industrial Ethernet" (Siemens) soll nachfolgend der physikalische Aufbau eines „Industrial Twisted Pair-Netzes" dargestellt werden.

17.1.3.1 Industrial Twisted Pair-Leitung ITP

Beim Twisted Pair-Kabel ist jedes Kupfer-Adernpaar verdrillt und einzeln abgeschirmt sowie kunststoffummantelt. Das äußere Schirmgeflecht um 4 Paare besteht aus verzinnten Kupferdrähten. Das Industrial Twisted Pair-Kabel (ITP) für einen sternförmigen Netzaufbau erfüllt die Anforderungen 10BASE-T nach IEEE 802.3-Standard für Frequenzen bis 100 MHz und darf bis zu einer Leitungslänge bis 100 m verlegt werden. Der Wellenwiderstand des ITP-Kabels beträgt 100 Ω.

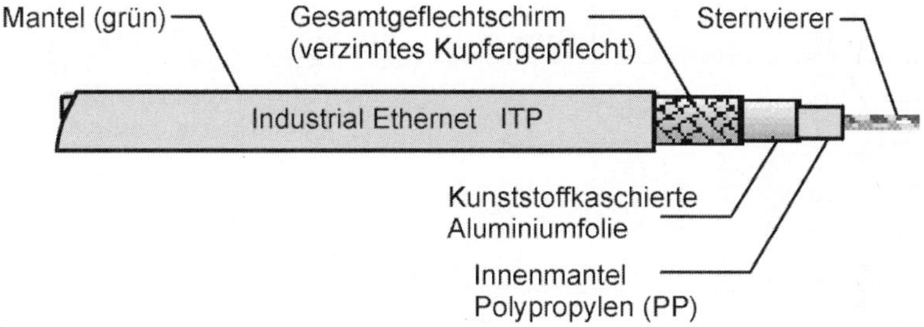

In konfektionierter Ausführung als Anschlusskabel wird es mit zwei Sub-D-Steckern geliefert. Der 15-polige Stecker kommt an den Industrial Ethernet-Kommunikationsprozessor der SPS und der 9-polige Stecker zum Electrical Link Modul (ELM), das die Verteilerfunktion ausübt.

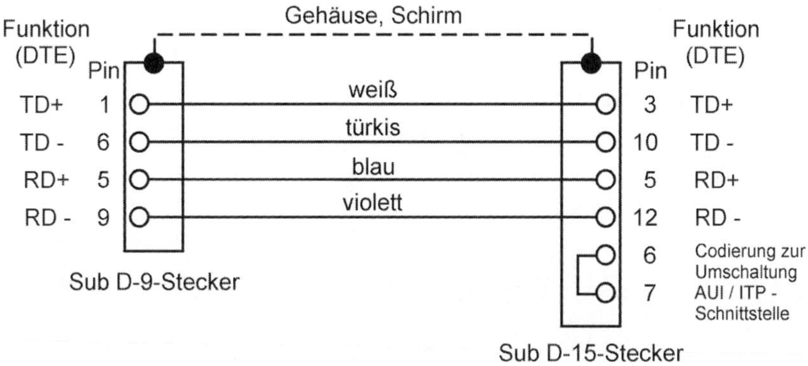

17.1.3.2 Strukturierte Verkabelung nach EN 50173

Industrial Ethernet wendet die Vorschriften der *strukturierten Verkabelung* nach EN 50173 an:

- Die Realisierung der hierarchischen Sternstruktur besteht bei einem vollen Ausbau aus drei Verkabelungsbereichen, die in Primärbereich, Sekundärbereich und Tertiärbereich unterschieden werden.
- Die Primärverkabelung, das ist die Verbindung von verschiedenen Gebäuden, beginnt im Standortverteiler (SV) und reicht bis zum Gebäudeverteiler (GV) mit einer maximalen Leitungslänge von 1500 m (vorzugsweise Lichtwellenleiter LWL mit Potenzialtrennung).
- Die Gebäudeverteiler sind das Bindeglied zwischen Primär- und Sekundärbereich, in denen sich die Etagenverteiler (EV) befinden mit einem Abstand von maximal 500 m (vorzugsweise Lichtwellenleiter LWL).

Der Tertiärbereich liegt zwischen den Etagenverteilern und den Endgeräte-Anschlussdosen (TA). Die Gesamtlänge einer Leitung im Tertiärbereich beträgt maximal 100 m (Twisted Pair-Kabel oder Lichtwellenleiter LWL). Optional kann den TAs ein Kabelverzweiger (KV) vorgeschaltet werden, der mehrpaarige Leitungen bzw. mehrfaserige LWL verzweigt und auf Anschlussdosen führt.

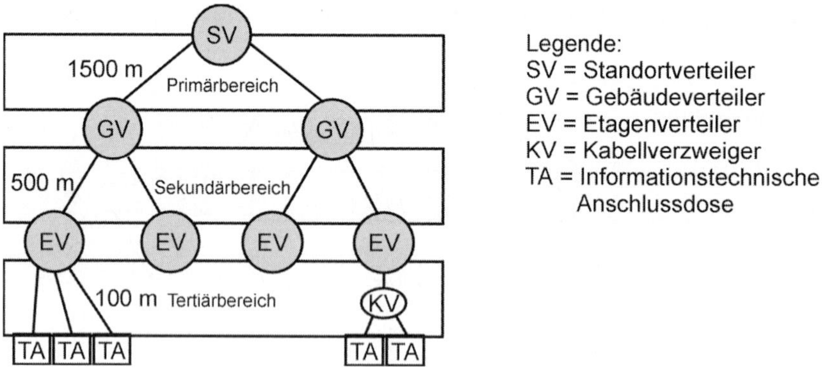

Bild 17.3: Hierarchische Sternstruktur nach EN 50173

17.1.3.3 Sterntopologie

Bei Industrial Ethernet werden einfache Netze mit den Verteilerkomponenten ELM (Electrical Link Modul) aufgebaut, die auch als Sternverteiler bezeichnet werden und bessere Hubs sind.

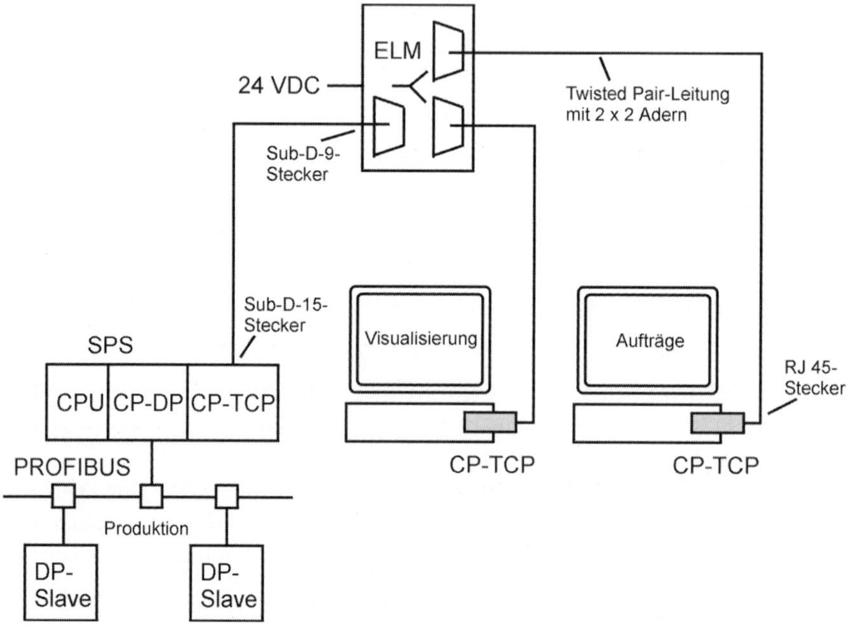

Bild 17.4: Einfaches sternförmiges Ethernet-Netz in der Automatisierungstechnik

17.1.3.4 Linientopologie

In der Automatisierungstechnik kann mit den Link Modulen (ELM, OLM) auch eine linienförmige Netztopologie größerer Ausdehnung realisiert werden, z.B. in Tunnelanlagen. Man koppelt die Link Module zu einer Linienstruktur zusammen. Der maximale Abstand zweier ELMs darf nur 100 m, der Abstand bei den OLMs (Optical Link Molud) kann 2600 m betragen (abhängig von LWL-Typ).

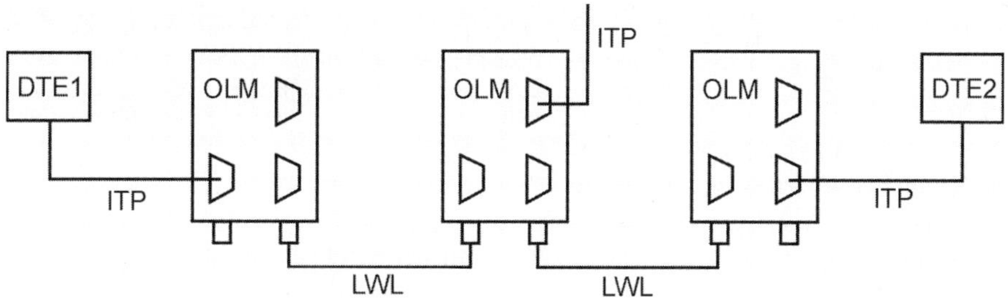

Bild 17.5: Linienförmiges Netz in der Automatisierungstechnik

17.1.4 Datenübertragung über Ethernet

17.1.4.1 Buszugriffsverfahren

Im (Industrial) Ethernet Netz gibt es keine Master- bzw. Slave-Stationen sondern alle Teilnehmer haben das Buszugriffsrecht. Der Buszugriff muss aber geregelt sein; es wird das *CSMA/CD-Verfahren* angewendet (Carrier Sense with Multiple Access and Collision Detection = Mehrfachzugriff mit Signalabtastung und Kollisionserkennung). Das Verfahren sieht für jede sendewillige Station folgende Prinzipien vor:

- Listen bevor Talking: Vor dem Senden überprüft jede Station, ob die Leitung frei ist, oder ob gerade eine andere Station sendet. Ist die Leitung frei, kann die Station sofort senden. Bei belegter Leitung muss später ein neuer Sendeversuch gestartet werden.
- Listen while Talking: Die Sendestation hört die Leitung ab. Dies ist aus technischen Gründen nur bei einer kabelgebundenen Übertragungstechniken möglich.
- Abbruch der Sendung bei Datenkollision: Tritt der Fall ein, dass zwei Stationen gleichzeitig senden wollen, die Leitung als frei erkennen und unabhängig von einander mit dem Senden beginnen, kommt es zu einer Überlagerung der Signalverläufe und dabei zu einer Zerstörung der Daten. Man bezeichnet dieses Geschehen als eine Kollision. Die nach dem CSMA/CD-Verfahren arbeitenden Sender erkennen den Fehler, da sie etwas anderes hören als sie selber senden und brechen ihre Sendungen ab. Nach einer stochastisch (zufällig) bestimmten Wartezeit versucht jeder Sender einen erneuten Buszugriff zur Wiederholung.

Um die ordnungsgemäße Funktion des Buszugriffsverfahrens bei CSMS/CD sicherzustellen, ist die Ausdehnung eines Ethernet-Netzes durch zwei Einflüsse begrenzt:

- Durch die Leitungsdämpfung (das Kollisionssignal muss noch erkennbar sein).
- Durch das Signallaufzeitenproblem, das in Bild 17.6 vereinfacht dargestellt wird.

Die maximale Netzausdehnung wird eine *Kollisionsdomäne* genannt, sie beträgt 512 Bitzeiten, das sind 51,2 µs (≙ ca. 4000 m) bei 10 MBit/s oder 5,12 µs (≙ca. 400 m) bei 100 MBit/s.

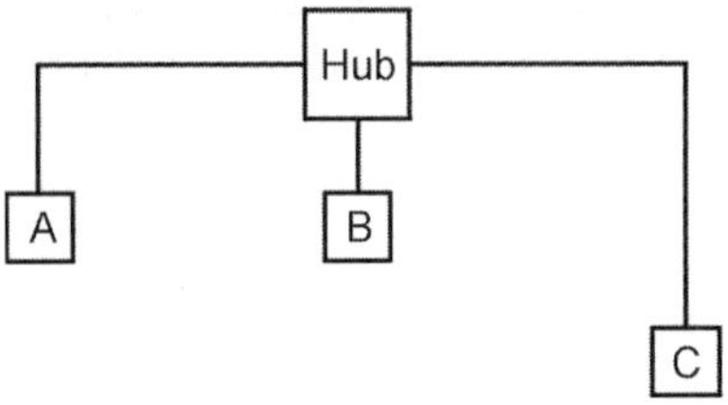

1. Station A sendet Daten zur Station B.
2. Station C hat auf Grund der Signallaufzeit noch nicht erkannt, dass die Leitung belegt ist und beginnt ebenfalls zu senden.
3. Im ungünstigsten Fall empfängt Station B gestörte, unbrauchbare Daten und Station A hat die Sendung bereits beendet, bevor sie bemerken kann, dass eine Datenkollision stattgefunden hat und eine Wiederholungssendung aus ihrer Sicht nicht notwendig ist..

Bild 17.6: Zum Begriff der Kollisionsdomäne

Zur sternförmigen Verbindung von Netzteilnehmern wurden bisher meistens Hubs (Industrial Ethernet ELMs bzw. OLMs) mit Signalregenerierung verwendet, die als Verteilstationen arbeiten (s. Bild 17.2). Bei dieser Technologie müssen sich die Teilnehmerstationen das Netzwerk zur Benutzung teilen, woraus sich die Bezeichnung *Shared LAN* (to share = teilen) herleitet.

Kennzeichen von Shared LANs sind:

- Die von einer Verteilstation empfangenen Datenpakete werden allen Teilnehmern einer Kollisionsdomäne zugestellt. Alle Datenpakete gehen durch alle Segmente (Punkt-zu-Punkt-Verbindung zwischen Teilnehmerstation und Verteiler), es besteht Kollisionsgefahr.
- Zu einem Zeitpunkt darf nur ein Datenpaket im Netz bleiben.
- Alle Netzteilnehmer teilen sich die Netzressourcen, d.h. die nominale Datenrate.
- Die räumliche Ausdehnung eines shared LANs ist begrenzt durch die Signallaufzeit in den Kabeln und den zusätzlichen Signalverzögerungen in den Hubs oder Repeatern (Verstärker und Koppler von Ethernet Segmenten, die auch aus verschiedenen Kabeltypen bestehen können). Die Signalverzögerungen in den Netzwerkkomponenten werden nicht in Zeitwerten sondern in Längen angegeben (sog. Laufzeitäquivalente). Die Summe aller Laufzeitäquivalente einer Punkt-zu-Punkt-Verbindung zwischen den am weitesten von einander entfernten Teilnehmern muss von dem zur Verfügung stehenden Gesamtbudget abgezogen werden. Der Rest steht für die Verkabelung der Komponenten zur Verfügung.

Eine entscheidende Vereinfachung und Verbesserung beim Aufbau der Netzwerke bringt die Einführung der *Switching-Technologie*. Ein Switch ist eine Verteilstation, mit der sich Datenpakete anhand von Adressen gezielt durchschalten lassen. Dabei kann ein Switch mehrere Paare von Teilnehmern gleichzeitig verbinden (s. Bild 17.2) und für den Fall, dass eine Zieladresse gerade besetzt ist, auch kurze Zwischenspeicherungen der Datenpakete vornehmen.

Kennzeichen von *Switched LANs* sind:

- Jedem einzelnen Segment steht die nominale Datenrate zur Verfügung.
- Es ist gleichzeitiger Datenverkehr in mehreren Segmenten möglich ohne Kollisionsgefahr.
- Nur die Daten für Endgeräte in anderen Subnetzen werden dorthin durchgeleitet, dadurch bleibt lokaler Datenverkehr lokal begrenzt und damit auch die Fehlerausbreitung.
- Bei Industrial Ethernet kommen ESM (Electrical Switching Modul) und OSM (Optical Switching Modul) zu Einsatz.

17.1.4.2 Aufbau einer Ethernet-Nachricht

Jede Ethernet-Netzwerkkarte in einem PC bzw. Ethernet-CP in einer SPS hat eine weltweit eindeutige „physikalische Adresse“, die im ROM-Speicher fest abgelegt ist und die MAC-Adresse (Media Access Control) genannt wird. Netzwerkkarten können nur über ihre MAC-Adresse angesprochen werden, diese ist 6 Bytes lang und nach einem festgelegten Schema aufgebaut, wie nachfolgendes Beispiel zeigt:

MAC-Adressenformat nach IEEE 802.1:

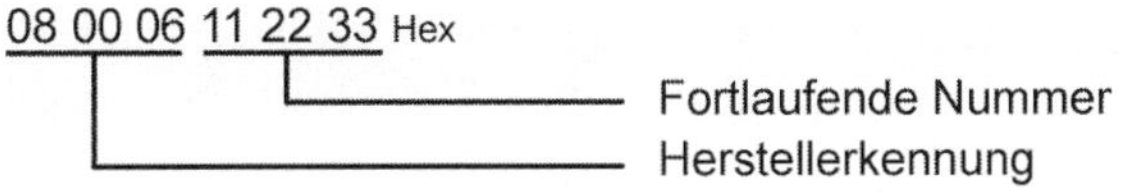

Unter der Adresse FF FF FF FF FF FF Hex fühlen sich alle Netzwerkkarten im lokalen Netz angesprochen, sog. MAC-Broadcast-Adresse.

Das nachfolgende Bild zeigt den Aufbau einer Ethernet-Nachricht oder eines Ethernet-Frames (MAC-Datenpaket) mit einer vereinfacht dargestellten Übersicht für den mehrfach untergliederten Daten-Bereich, dessen Einzelheiten erst im folgenden Kapitel erklärt werden.

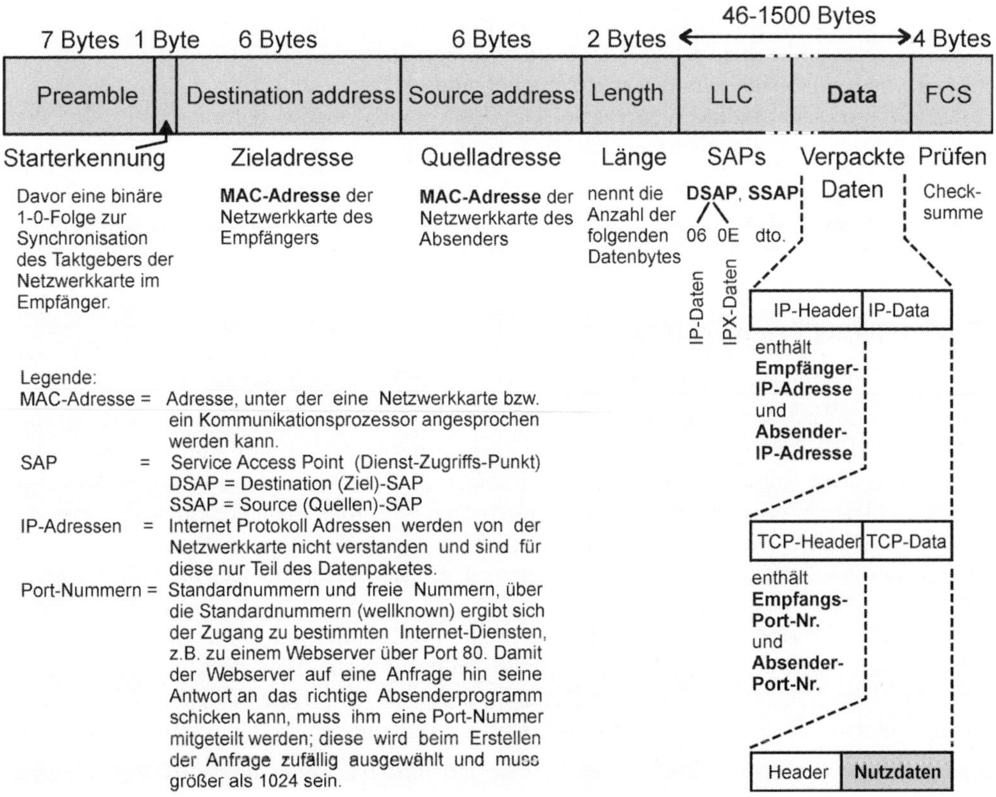

Bild 17.7: Aufbau eines Ethernet-Frames

Damit die Datenpakete ihr Ziel finden, muss die Zieladresse (Destination) angegeben sein. Auch die Absenderadresse (Quelladresse oder Source) wird mitgeliefert, damit der Empfänger weiß, wo er die Antwort hinzuschicken hat.

Im Telegramm sind auch 2 Bytes zur Längenangabe des folgenden Datenbereiches vorgesehen, d.h. es wird die Anzahl der folgenden Datenbytes angekündigt. Das Datenfeld beginnt mit einer LLC-Typinformation (Logical Link Control). Aus dieser sog. Frametyp-Information kann die Netzwerkkarten-Treibersoftware entnehmen, wie sie die MAC-Datenpakete richtig weiterzuleiten hat. Bei den Datenpaketen kann es sich nämlich um TCP/IP-Datenpakete (z.B. von einem Kommunikationsserver mit Daten aus dem Internet) oder um SPX/IPX-Datenpakete (z.B. von einem Novell-Fileserver mit Daten aus einer Textdatei) handeln, die von dem auf der Arbeitsstation laufendem Browserprogramm und Textverarbeitungsprogramm quasi-parallel angefordert werden.

Das Datenfeld kann Daten im Umfang von 46 Bytes bis maximal 1500 Bytes enthalten (wenn ein sehr viel größeres Datenpaket zu übertragen ist, z.B. eine große Datei, dann wird vom System eine Segmentierung vorgenommen mit Nummerierung der Einzeldatenpakete und Setzen eines bestimmten Bits, aus dem die Zielstation erkennen kann, ob alle Segmente angekommen sind). Die vorgeschriebene Mindestdatenmenge hängt mit der Kollisionserkennung zusammen. Bei kürzeren Telegrammen müssten die Kollisionsdomänen entsprechend verringert werden. Liegen keine echten Daten von 46 Bytes vor, werden Füllbytes übertragen.

Zum Abschluss des Datenpaketes werden 4 Bytes CRC-Checksumme angehängt (Cyclic Redundancy Check), die es dem auf der Netzwerkkarte befindlichen Spezialprozessor nach einem festgelegten Rechenverfahren ermöglicht, in begrenztem Umfang Übertragungsfehler zu erkennen und zu korrigieren oder aber die empfangenen Daten als verfälscht einzustufen und deshalb zu ignorieren (keine Weitergabe). Die Prüfbyte-Information wird auch mit FCS (Frame Check Sequence) oder als Blocksicherung bezeichnet.

Die Datenpakete, die auch *Ethernet-Frames* (engl. frame = Rahmen) genannt werden, beginnen mit einer Starterkennung von 8 Bytes Umfang, die im wesentlichen der Synchronisation (Gleichlauf) der Netzwerkkartenoszillatoren dienen.

17.1.5 Internet Protokoll (IP)

17.1.5.1 IP-Adressen

Aus den MAC-Adressen der Ethernetkarten kann man kein weltweites Adressierungssystem herleiten, da diese Kartenadressen je nach Hersteller und Kaufdatum zufällig verteilt sind. Das ist eine Festlegung, die man nicht mehr abändern kann oder will. Auch der einfache Austausch einer Netzwerkkarte würde zu einer Adressenänderung führen. Man ist daher gezwungen, ein System übergeordneter *logischer Adressen* der sog. *IP-Adressen* (Internet Protokoll Adressen) einzuführen. Diese bestehen beim Internet Protokoll Version 4 (IPv4) aus 4 Bytes, die meist als vierstellige Dezimalzahlen (0...255) dargestellt werden und durch Punkte getrennt sind. Offizielle, d.h. weltweit gültige IP-Adressen werden nur von sog. Providern fest oder auch nur dynamisch (für die Zeit einer Datenübertragung) vergeben. In privaten IP-Netzen, z.B. innerhalb des Intranets einer Firma, ist die Zuweisung von IP-Adressen für die Computer völlig frei.

Die Internetsadresse unterteilt sich in die Net-ID und Host-ID, wobei die Net-ID zur Adressierung des Netzes und die Host-ID zur Adressierung des Netzteilnehmers innerhalb eines Netzes dient.

Alle Rechner, die an einem gemeinsamen Ethernet-Segment angeschlossen sind, müssen eine gemeinsame IP-Adresse haben, deren Netzwerkteil gleich ist. Der Benutzerteil oder Hostteil der IP-Adresse kann zum Durchnummerieren der Rechner innerhalb des Ethernet-Segments verwendet werden.

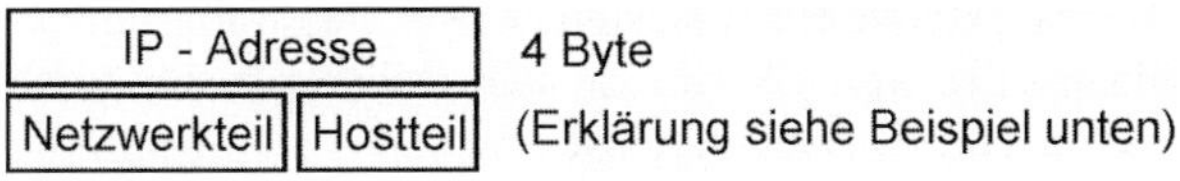

Bei der Adressierung von Netzen unterscheidet man drei Netzwerkklassen:

Class A: wenige Netze mit vielen Teilnehmern

Das erste Byte der IP-Adresse dient der Adressierung des Netzes, die folgenden drei Byte adressieren den Netzteilnehmer.

IP-Adresse: z.B.: 101.16.232.22
Subnetzmaske: 255.0.0.0

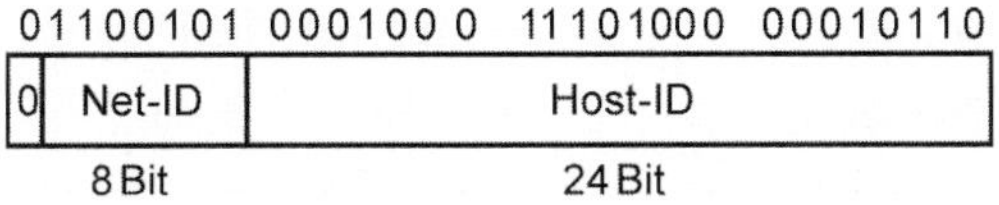

Class B:

Die beiden ersten Byte der IP-Adresse dienen der Adressierung des Netzes und die beiden folgenden Byte adressieren den Netzteilnehmer.

IP-Adresse: z.B.: 181.16.232.22
Subnetzmaske: 255.255.0.0

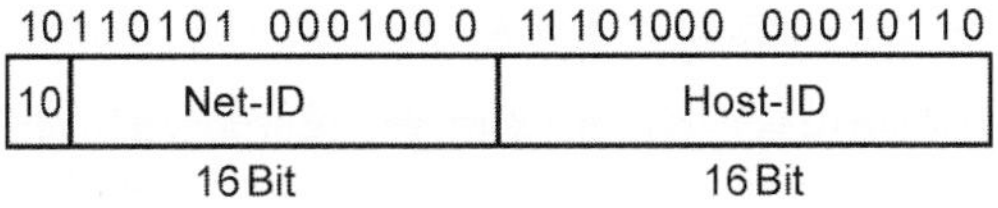

Class C: viele Netze mit wenigen Teilnehmern

Die ersten drei Byte der IP-Adresse dienen der Adressierung des Netzes und das letzte Byte adressiert den Netzteilnehmer.

IP-Adresse: z.B.: 197.16.232.22
Sunnetzmaske: 255.255.255.0

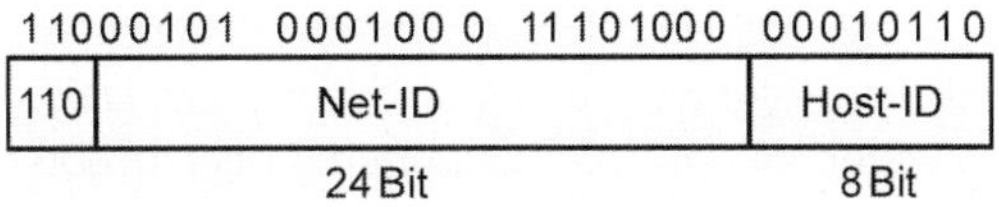

Es gibt besondere IP-Adressen für nur internen und nicht weltweiten Gebrauch. Datenpakete mit diesen IP-Adressen werden von den Routern nicht weiter geleitet.

Class A: 10.x.x.x
Class B: 172.16.x.x bis 172.31.x.x
Class C: 192.168.x.x

Für Telegramme, die sich an alle Teilnehmer eines Subnetzes richten sollen, ist die Host-ID mit dem Wert 255 je Byte zu verwenden.

Subnetzmaske: Die Subnetzmaske ist wie die IP-Adresse eine 4 Byte-Zahl, mit der festgelegt wird, welcher Teil der IP-Adresse der Netzwerkteil und welcher der Hostteil ist. Diejenigen Bits, die bei der IP-Adresse den Netzwerkteil kodieren, sind in der Subnetzmaske von links beginnend auf "1" zu setzen.

Zur Ermittlung der Netzwerkteil-Adresse aus einer IP-Adresse führt der Computer eine UND-Verknüpfung der Binärstellen von IP-Adresse und Subnetzmaske durch. Das Ergebnis der UND-Verknüpfung ist die Netzwerkteil-Adresse.

Beispiel:

Gegeben sind die IP-Adresse eines Rechners (130.80.45.9) und die Subnetzmaske (255.255.255.0). Wie lautet die Subnetz-Adresse des Netzwerkteils, in dem sich der Rechner befindet? Wie viele Rechner könnten sich insgesamt in diesem Subnetz befinden?

Lösung:

IP-Adresse 130.80.45.9 als Dualzahl:	1000 0010.	0101 0000.	0010 1101.	0000 1001
Subnetzmaske 255.255.255.0 als:	1111 1111.	1111 1111.	1111 1111.	0000 0000
UND-Verknüpfung ergibt:	1000 0010.	0101 0000.	0010 1101.	0000 0000
Gesuchte **Subnetzadresse:**	**130.**	**80.**	**45.**	**0**

Für die Rechner des Subnetzes stehen die IP-Adressen 130.80.45.1 ... 130.80.45.254 zur Verfügung. Das sind 254 Host-Adressen für mögliche Rechner in Subnetz. Die Adresse 130.80.45.255 ist die IP-Broadcast-Adresse für einen Rundruf an alle Rechner im Subnetz.

17.1.5.2 IP-Datenpakete

Das Internet Protokoll IP spezifiziert den Aufbau von Internet-Datenpaketen, den sogenannten Datagramms. Man geht davon aus, dass ein zu übertragender Datensatz sehr groß sein kann und es daher zweckmäßig ist, ihn in abgegrenzte Datenpakete zu zerlegen und diese nacheinander durch das Netzwerk an den Empfänger zu übertragen. Das Internet-Protokoll sieht dafür einen **verbindungslosen Dienst** vor, d.h. es wird kein durchgehender, fester Verbindungsweg geschaltet, über den alle Datenpakete nacheinander übertragen werden könnten. Die Datenpakete können auf unterschiedlichen, möglichst günstigen Wegen an das Ziel befördert werden. Mit dieser Konzeption wird Rücksicht genommen auf die ständig wechselnde Netz-Auslastung.

- Das Internet Protokoll sorgt nur dafür, dass der Weg zum Zielteilnehmer gefunden werden kann. Das Ankommen vollständiger Datenpakete in der richtigen Reihenfolge wird jedoch nicht garantiert. IP bietet nur einen verbindungslosen Dienst, also keinen gesicherten Datentransfer, keine Quittung, kein Fehler-Behebungsverfahren.

Die Bildung der Datenpakete erfolgt nach den Vorschriften des schon erwähnten IP-Standards (IP = Internet Protocol Version 4). Die IP-Datagramme oder IP-Pakete sind aus zwei Teilen zusammen gesetzt, dem Bereich IP-Header und dem Bereich IP-Daten, in dem die zu übertragenden Daten untergebracht sind. Das IP-Datagramm wird zur Übertragung im Ethernet-Netz in ein Ethernet-Frame eingefügt.

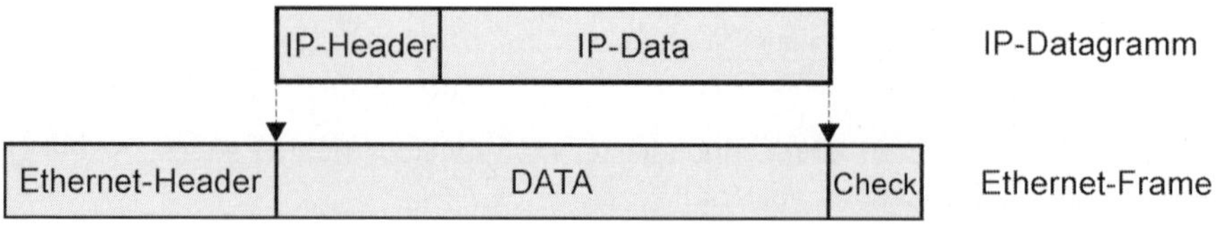

Der IP-Header enthält als wichtigste Angaben:

- die IP-Absenderadresse und die IP-Zieladresse, um einen Weg durch das Netz zu finden;
- die Life-Time für das Datagramm im Netz. Diese vom Sender eingetragene Verweilzeit im Netz, wird von jedem Router, den das Datenpaket durchläuft, reduziert. Sobald der Wert = 0 ist, wird das Paket eliminiert. Man verhindert damit, dass eventuelle Irrläufer ewig im Netz herumgeschickt werden und die „Daten-Autobahnen“ verstopfen;
- die Protokoll-Kennung mit der angegeben wird, welches nächst höhere Protokoll im Empfänger das IP-Datagramm weiterverarbeiten soll;
- die Header-Prüfsumme zur Kontolle, ob der IP-Header korrekt empfangen wurde. Für die eigentlichen Datenbytes verlässt man sich auf die Ethernet-Prüfsumme (CRC).

17.1.5.3 Routing (Wege finden) durch das Netz

Bei der Beschreibung von Kommunikationsvorgängen zwischen Computern, die mit ihrer MAC-Adresse und IP-Adresse in einem komplexen Netz eindeutig identifizierbar sind, ist davon auszugehen, dass kein Teilnehmer Kenntnisse über die Konfiguration des Gesamtsystems haben kann. Zu überlegen ist, welche Bedingungen erfüllt sein müssen, damit trotzdem „Wege durch das Netz“ gefunden werden.

Der physikalische Aufbau von Transportverbindungen zur Übertragung von Daten zwischen den Rechnern A, B und C sieht im allgemeinen Fall so aus, dass sich zwei Rechner innerhalb eines lokalen Netzes befinden (LAN 1) und der dritte Rechner in einem davon getrennten anderen lokalen (entfernten) Netz (LAN n) angeschlossen ist. In den Netzen sind weitere Rechner vorhanden, die im Bild 17.8 aber nicht dargestellt sind.

Die lokalen Netze sind im allgemeinen Fall durch Router an ein globales Netz angeschlossen. *Router* sind Vermittlungskomponenten im Netz und stellen die Verbindung zwischen Subnetzen her. Dabei leiten sie Daten anhand von Netzwerk-Adressen zu den Empfängern weiter (oder zu anderen Routern auf dem Wege dorthin). Einige Router haben sogar die Aufgabe unterschiedliche Übertragungssysteme zu koppeln, wie z.B. Ethernet-ISDN-Router, die eine Verbindung zwischen einem Ethernet-LAN und dem ISDN-Telefonnetz ermöglichen.

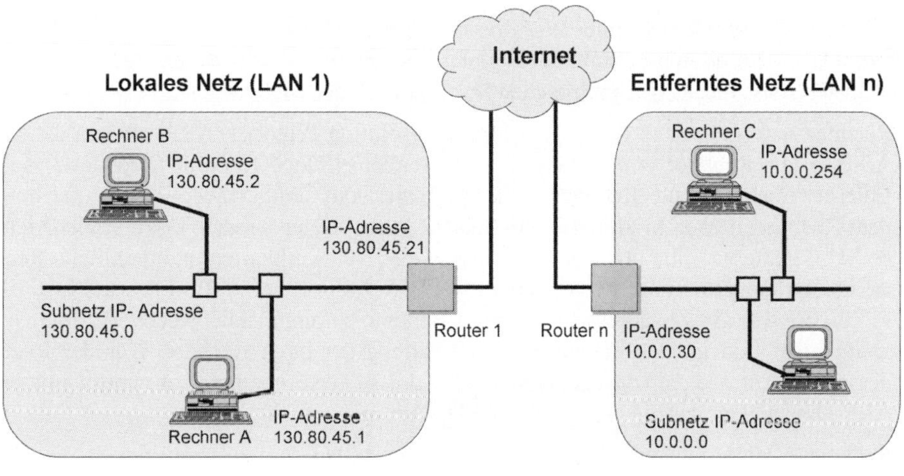

Bild 17.8: Wege finden durch das Netz

Welche Einzelprobleme müssen nun beim „Wege durchschalten" im Ethernet-IP-System gelöst werden?

- Problem 1: Der sendende Rechner A in LAN 1 (s.o. Bild) muss wissen, welche Zieladresse er in die Datenpakete (Telegramme) einsetzen muss, damit die Nutzdaten tatsächlich beim richtigen Rechner ankommen. So müssen z.B. Datenpakete an Rechner B, der sich in dem selben LAN befindet wie Rechner A, mit der MAC-Adresse von Rechner B als Zieladresse versehen werden. Dagegen müssen Datenpakete, die für Rechner C bestimmt sind, mit der MAC-Adresse des Routers 1 abgeschickt werden und nicht etwa mit der MAC-Adresse des Rechners C.
- Problem 2: Router 1 muss wissen, an welche anderen Router er die ihm zugestellten Datenpakete für Rechner C weiterreichen könnte und welcher Weg dabei für jedes Datenpaket aktuell der günstigste ist, weil die Wegeauslastung im Netz sich ständig ändert.
- Problem 3: Router n muss wissen, wie er den Endrechner C erreicht, dazu muss er die MAC-Adresse von Rechner C in Erfahrung bringen und als Zieladresse in die Datenpakete einsetzen.

Insgesamt liegt also das Problem vor, wie ein Ethernet-Sender die benötigte MAC-Zieladresse erfährt, und zwar unter der Bedingung einer fehlenden gemeinsamen Verbindungsprojektierung zwischen den Teilnehmern, die es in einem weltweiten und sich ständig ändernden System nicht geben kann. Die Durchführung der nachfolgend beschriebenen Abläufe wird von dem *IP-Standard (IP = Internet Protocol Version 4)* auf den Rechnern gesteuert. Als Protokoll wird eine Verfahrensvorschrift für die Übermittlung von Daten verstanden. Standard bedeutet hier soviel wie „praktisch weltweit durchgesetzt" oder genormt zu sein.

Vor dem Hintergrund des IP-Adressen/Subnetzmasken-Systems und der Tatsache, dass Netzwerkkarten nur die MAC-Adresse erkennen, wird das Problem „Rechner A will Daten an Rechner B schicken" wie folgt gelöst:

1. Rechner A muss seine eigene IP-Adresse kennen,
2. Rechner A muss die IP-Adresse von Rechner B kennen,
3. Rechner A muss die Subnetzmaske seines eigenen Subnetzes (LAN 1) kennen,
4. Rechner A ermittelt aus seiner IP-Adresse und der Subnetzmaske die Subnetzadresse des Netzes, in dem er sich befindet. Das gleiche Verfahren wendet er auf Rechner B an und stellt fest, dass dieser sich im gleichen Subnetz befindet wie er selbst.
5. Rechner A wendet dann das sog. Address Resolution Protocol (ARP) an, um die MAC-Adresse von Rechner B zu erfahren. Dazu sendet er einen Rundruf (Broadcast) auf der Ethernet-Ebene an alle Rechner im LAN 1 mit dem sinngemäßen Inhalt: „Ich möchte dem Rechner, dessen IP-Adresse 130.80.45.2 lautet, Daten senden. Dazu brauche ich seine MAC-Adresse, bitte um Antwort". Damit alle Netzwerkkarten und damit alle Rechner im LAN 1 den Ruf „hören", verwendet Rechner A die Ethernet-Broadcastadresse FF FF FF FF FF FF als Zieladresse in seinem Sendetelegramm. Alle Netzwerkkarten haben „mitgehört" und melden die genannte IP-Adresse an ihren Rechner. Nur der Rechner, dessen IP-Adresse mit der genannten IP-Adresse übereinstimmt, antwortet mit einem ARP-Datenpaket, das die gewünschte MAC-Adresse enthält.
6. Rechner A kann nun sein Datenpaket zusammenstellen, und zwar mit der MAC-Adresse von Rechner B als Zieladresse.

Lösung des Problems „Rechner A will Daten an Rechner C schicken“:

1. Rechner A muss zusätzlich noch die IP-Adresse seines Standard-Gateways kennen.
2. Rechner A führt dieselben Schritte durch wie oben beschrieben und kommt dabei aber zu dem Ergebnis, dass sich Rechner C nicht im gleichen Subnetz befindet wie er selbst. Daraus schließt Rechner A, dass er eine ARP-Rundruf mit der Zieladresse FF FF FF FF FF FF abschicken muss, jedoch mit der IP-Adresse 130.80.45.21 des Routers.
3. Der Router antwortet mit einem ARP-Datenpaket, das seine MAC-Adresse enthält.
4. Rechner A kann nun das Datenpaket an Rechner C zusammenstellen, und zwar mit der IP-Adresse von Rechner C und setzt dabei als Zieldadresse im Ethernet-Frame die MAC-Adresse von Router 1 ein.
5. Lösung des Problems „Router 1 muss die von Rechner A erhaltenen Daten weiterleiten“. Hier müssen zwei Fälle unterschieden werden:
6. Wenn es sich bei den Routern um sog. Ethernet-ISDN-Router handelt, das globale Netz also ein Telefonnetz ist, ruft der Router 1 auf Grund der IP-Subnetzadresse des fernen Netzwerkes die bei der Projektierung eingetragene Telefonnummer von Router n an.
7. Bei einem Routing im Internet muss Router 1 in einer auf IP-Netzadressen beruhende sog. Routing-Tabelle nachsehen, ob sich dort eine Adresse findet, an die er das Datenpaket schicken kann. Die Beschaffung und Aktualisierung der Routing-Tabellen ist ein Spezialproblem des Routingverfahrens überhaupt: Die Router erkennen Veränderungen in der Netztopologie und informieren sich untereinander!

Lösung des Problems „Router n muss die MAC-Zieladresse von Rechner C ermitteln“:

1. Router n sendet einen Rundruf (Broadcast) mit der MAC-Adresse FF FF FF FF FF FF an alle Teilnehmer seines Subnetzes unter Angabe der IP-Adresse von Rechner C. Dieser wird seine MAC-Adresse mit einem ARP-Datenpaket zurückschicken.
2. Router n bildet ein Datenpaket mit der MAC-Adresse von Rechner C als Zieladresse.

Die Übertragung der Daten erfolgt in Datenpaketen. Das hat den Vorteil der freien Wegewahl zwischen Sender und Empfänger durch die Router, wie im nachfolgenden Bild gezeigt wird. Man bezeichnet dies als *paketvermittelte Kommunikation* oder *Datagramm-Dienst*.

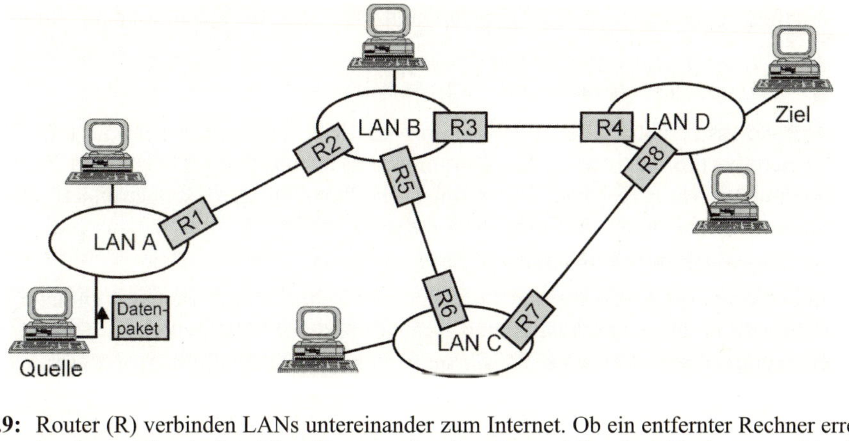

Bild 17.9: Router (R) verbinden LANs untereinander zum Internet. Ob ein entfernter Rechner erreichbar ist, lässt sich mit dem **Ping-Kommando** über Start > Eingabeaufforderung > C:\>ping IP-Adresse prüfen.

17.1.6 Transport-Protokolle (TCP, UDP)

17.1.6.1 Verbindungsorientierter Transportdienst: TCP-Standard

Das angewendete IP-Protokoll garantiert in Zusammenarbeit mit dem Ethernet-Protokoll nur, dass die **tatsächlich** beim Empfänger eingetroffenen IP-Pakete fehlerfrei sind. Nicht sicher ist dagegen, dass alle IP-Pakete auch angekommen sind, denn Router können im Überlastungsfall eintreffende IP-Pakete verwerfen. Das IP-Protokoll hat keine Möglichkeit fehlende IP-Pakete zu entdecken. Ferner bietet das IP-Protokoll auch keine Möglichkeit, die falsche Reihenfolge angekommener Datenpakete zu erkennen. Deshalb ist ein dem Internet Protokoll IP übergeordnetes Transport Protokoll TCP in den Rechnern erforderlich, um die Schwächen des IP-Standards auszugleichen. Dazu soll der übergeordnete TCP-Standard einen **fehlerfreien Softwarekanal** zwischen **zwei Programmen** auf zwei Endrechnern herstellen, der die Übertragungssicherheit einer fest verdrahteten Verbindung aufweist.

Der *TCP-Standard (Transmission Control Protocol)* hat drei Aufgaben zu übernehmen:

1. TCP muss eine Verbindung zwischen dem Datentransportkanal und dem jeweiligen Anwenderprogramm in beiden Rechnern herstellen. Das erfolgt über sogenannte Ports.

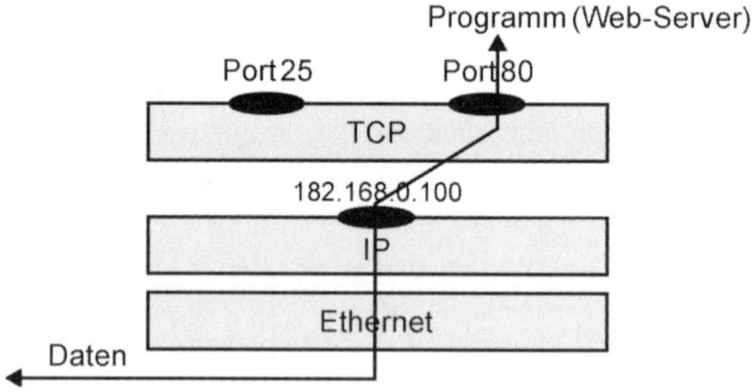

Bild 17.10:
Socket = Port-Nr.+ IP-Adresse

TCP-Ports:

TCP stellt die Verbindung eines Anwenderprogramms mit dem Transportkanal über sog. Ports her. Die Ports sind die Anfangs- und Endpunkte des Kommunikationsweges. Jeder TCP-Kommunikationsteilnehmer ist ein *Endpoint* und wird durch eine besondere Adressangabe gekennzeichnet:

Host-IP-Adresse, Port-Nummer, z.B. 182.168.0.100, 80

Die Host-IP-Adresse steht für den Rechner im Netz. Die Port-Nummer ist die lokal bekannte Adresse für ein bestimmtes Anwenderprogramm, das auf diesem Rechner läuft. Für bekannte Internetprogramme wie HTTP und E-MAIL sind die Port-Nummern standardisiert und als *well known Portnumbers* bekannt. Im SimatcNET-System werden für Automatisierungsprogramme Port-Nummern >2000 verwendet.

Die Kombination von IP-Adresse und Port-Nummer kennzeichnet weltweit eindeutig ein bestimmtes Programm auf einem bestimmten Rechner und wird als Socket (= Stecker) bezeichnet, daher auch der Name "winsock.dll" für die Windows TCP/IP-Treibersoftware.

Die Inanspruchnahme eines Anwenderprogramms durch ein anderes Programm beruht auf dem *Client-Server-Prinzip*. Der Client (Kunde) ist z.B. ein Browser-Programm. Der Server (Diensterbringer) ist dann ein Web-Server-Programm, das eine Webseite anbietet.

2. Es muss ein bidirektionaler Softwarekanal zwischen den zwei Programmen auf den zwei Rechnern hergestellt werden. Das dazu erforderliche Verfahren nennt man einen **verbindungsorientierten Dienst**. Typisch für einen verbindungsorientierten Dienst ist es, dass vor Beginn der Datenübertragung der Softwarekanal zu öffnen ist (Verbindungsaufbau durch "Open") und am Ende des Datentransfers wieder geschlossen werden muss (Verbindungsabbau durch "Close"). Die Datenübertragung selbst erfolgt durch Anwendung von "Send"- und "Receive"-Funktionen.

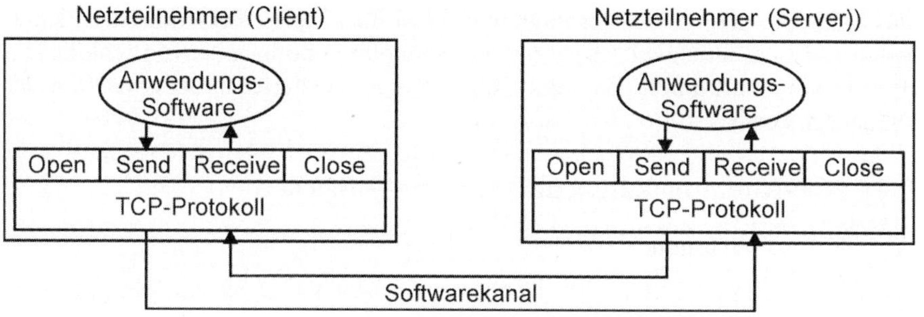

Bild 17.11: Modell einer TCP-Verbindung

3. Zwischen den zwei Programmen muss der bidirektionale **Softwarekanal fehlerfrei** gehalten werden. Als übergeordnete Instanz ist TCP Lieferant bzw. Empfänger von Daten gegenüber IP und beansprucht die Überwachung des Datentransfers. Das schließt ein, dass TCP über Mittel verfügen muss, aufgetretene Fehler zu erkennen und deren Beseitigung veranlassen zu können, z.B.:
   - Erkennen von Übertragungsfehler durch Prüfsummen-Kontrolle,
   - Wiederholte Übertragung von Datenblöcken (TCP-Segmenten) im Fehlerfall,
   - Automatische Sendewiederholung bei ausbleibender Bestätigung im Zeitfenster,
   - Anwendung eines Sequenz-Nummern-Verfahrens auf die Nutzdaten.

TCP-Segmente

Der Aufbau eines TCP-Segments gliedert sich in den TCP-Header und das Nutz-Datensegment. Im TCP-Header sind u.a. die Port-Nummern von Datenquelle und Datenziel untergebracht.

Das nachfolgende Bild zeigt wie im Prinzip die Nutzdatenübertragung bei Ethernet-TCP/IP durch Mehrfachverpackung der Daten gesichert erfolgt. Die Nutzdaten werden beim sendenden Teilnehmer gleichsam in mehrere Briefumschläge gesteckt und beim Empfänger in umgekehrter Reihenfolge wieder geöffnet.

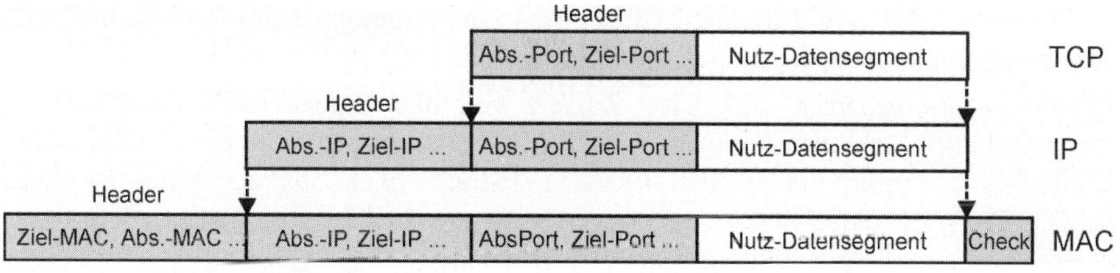

Bild 17.12: Protokollaufbau bei Ethernet-TCP/IP

17.1.6.2 Verbindungsloser Transportdienst: UDP-Standard

Der Transportdienst *UDP (User Datagram Protocol)* bietet an sich nur einen ungesicherten Datagramm-Dienst mit den Port-Nummern, wie bei TCP beschrieben, um die Datenpakete an das richtige Anwenderprogramm weiterzuleiten. Es bleibt dem Anwenderprogramm überlassen, auf Fehler zu reagieren.

Für die Automatisierungstechnik ist UDP trotzdem von Bedeutung, weil dieses einfachere Protokoll schneller ausführbar ist und daher die Echtzeitbedingung im Feldbereich besser erfüllt als TCP. Die dem Anwenderprogramm selbst überlassene Fehlerkorrektur kann entfallen, wenn es sich um eine zyklische Prozessdatenübertragung handelt. Ein fehlerhaft übertragener Prozesswert wird durch den sofort folgenden aktualisierten Prozesswert überschrieben also automatisch korrigiert.

17.1.7 TCP/IP-Kommunikation bei Industrial Ethernet

17.1.7.1 Leistungsmerkmale

Industrial Ethernet (abgekürzt IE) ist die Siemens-Bezeichnung für ein sehr leistungsfähiges offenes industrielles Kommunikationssystem, das oberhalb der Feldbussysteme AS-Interface und Profibus DP positioniert ist. Es ermöglicht die Vernetzung von SPS- und PC-Stationen in einem Automatisierungssystem mit Anbindungsmöglichkeit über Router an übergeordnete Firmennetze (LAN, Intranet) des Bürobereichs.

- Physikalisch ist Industrial Ethernet ein Netz der 100 MBit/s Fast Ethernet und Switching-Technologie in industrieller Ausführung wie unter 17.1.3 beschrieben.
- Kommunikationstechnisch ist Industrial Ethernet ein Multi-Protokoll-Netz für TCP/IP, ISO, SEND-RECEIVE und S7-FUNKTIONEN.
- Informationstechnisch ist Industrial Ethernet in erster Linie ein Netz zur Übertragung großer Datenmengen und zur Nutzung von Internetdiensten wie HTTP, E-MAIL, FTP.
- Automatisierungstechnisch ist Industrial Ethernet zur Vernetzung verteilter Anlagen mit eigenständig arbeitenden Steuerungen vorgesehen, die von einem übergeordneten Leitsystem koordiniert werden. Nicht geeignet ist Industrial Ethernet für die zyklische Prozess-Datenübertragung im Feldbereich. Hier wird zukünftig das neue Kommunikationssystem PROFINET IO positioniert sein (s. Kap. 18), mit dem gleichen Übertragungssystem wie IE.

17.1.7.2 Zugang zu TCP/IP

Für die Kommunikation zwischen zwei Endteilnehmern (SPS- oder PC-Stationen) benötigt man in vereinfachter Betrachtung :

1. Ein Übertragungsystem mit einer vollduplexfähigen Verbindung zwischen den zwei Endteilnehmern, also z.B. Ethernet-TCP/IP. Das Übertragungssystem beginnt und endet in den Kommunikationsbaugruppen des Systemanschlusses (s. Kap. 14.3).
2. Kommunikationsdienste, um einen Zugang von den Datenbereichen der CPU (E/A-Prozessabbild, Datenbausteine) zum TCP/IP-Übertragungssystem zu erhalten. Industrial Ethernet verwendet hierzu SEND/RECEIVE-Funktionen aus der Baustein-Bibliothek (AG_SEND, AG_RECV).
3. Eine Verbindungsstelle, in der das TCP/IP-Übertragungssystem mit den Kommunikationsdiensten zusammenkommt. Das ist die Socket-Schnittstelle von Industrial Ethernet.

17.1.7.3 Socket-Schnittstelle

Das Socket-Prinzip (siehe Kap. 17.1.6.1) kann auch auf eine ausgewählte Industrial Ethernet Verbindung angewendet werden. Die IP-Adresse einer SPS-Station und eine projektierte Portnummer bilden zusammen einen „Socket“, dem die Betriebsart SEND/RECEIVE zugewiesen ist (Default-Einstellung). Die Transport-ID der Verbindung und die Baugruppen-Anfangsadresse sind bei der Programmierung der SEND/RECEIVE-Bausteine zu verwenden, sie stellen den inneren Zusammenhang zwischen dem „Socket“ und der S/R-Schnittstelle im Steuerungsprogramm her.

Die Projektierung der Socket-Schnittstelle verläuft in folgenden Schritten:

- Anlegen einer Kommunikationsverbindung unter Auswahl eines geeigneten Verbindungstyps (s. Kap. 17.2.4),
- Adressierung der Verbindungsendpunkte durch deren IP-Adressen und einer übereinstimmenden Port- bzw. TSAP-Nummmer,
- Bestätigung der Betriebsart SEND/RECEIVE und Beachtung der vergebenen Transport-ID und Baugruppen-Anfangsadresse für die Baustein-Programmierung. Die Betriebsart SEND/RECEIVE dient der Datenübertragung bei Datenpuffern wie E/A-Prozessabbild oder Datenbausteinen.

17.1.7.4 Verbindungstypen

Unter einer Verbindung (Kommunikationsverbindung) wird bei SimaticNET eine logische Zuordnung zweier Kommunikationspartner zur Ausführung von Kommunikationsdiensten auf der Grundlage eines vorhandenen Subnetzes verstanden.

Verbindungstypen für TCP/IP-Subnetze sind:

- o TCP/IP native, das ist Original TCP/IP.
- o ISO-on-TCP, das ist Original TCP/IP ergänzt mit RFC 1006 zur Übertragung von Datenblöcken variabler Länge. Anstelle von Port-Nummern sind TSAP-Nummern anzugeben (SAP = Service Access Point, T = TCP-Protokoll), RFC = Request For Comment.
- o UDP, das ist Original Datagrammdienst für schnelleren aber ungesicherten Datentransfer, anwendbar bei zyklischer Datenübertragung, bei der eventuelle Fehler sofort wieder überschrieben werden.
- o E-MAIL, nur zum Senden von E-Mails mit Prozess-Nachrichten an einen Mail-Server, nicht für Empfang. Das Versenden von E-Mails aus dem Steuerungsprogramm geschieht mit AG_LSEND Baustein und einem Datenbaustein als Datenquelle.

Bei der Projektierung einer Kommunikationsverbindung zwischen zwei Teilnehmern in getrennten Projekten, muss für den fernen Teilnehmer zuerst ein „Stellvertreterobjekt“ angelegt werden (sog. „Andere Station“ oder PC-Station). Danach ist ein Verbindungstyp auszuwählen und mit den Angaben zur Adressierung der Partnerstation zu ergänzen (IP-Adresse und Port-Nummer bei TCP/IP native bzw. IP-Adresse und TSAP bei ISO-on-TCP). Eine entsprechende Projektierung ist auch bei der Partnerstation durchzuführen und ins jeweilige Zielsystem zu laden. Es besteht dann zwischen den Partnerstationen eine logische (virtuelle) Verbindung, wie in Bild 17.13 eingezeichnet. In Wirklichkeit besteht die Verbindung natürlich über die Protokoll-Ausführung von TCP, IP und Ethernet sowie dem Signaltransport im Übertragungsmedium.

Die Verbindungen bei SimaticNET sind *statisch*, d.h. sie werden beim System-Hochlauf aufgebaut und bleiben dauerhaft bestehen, auch wenn zeitweilig keine Nutzdaten übertragen werden.

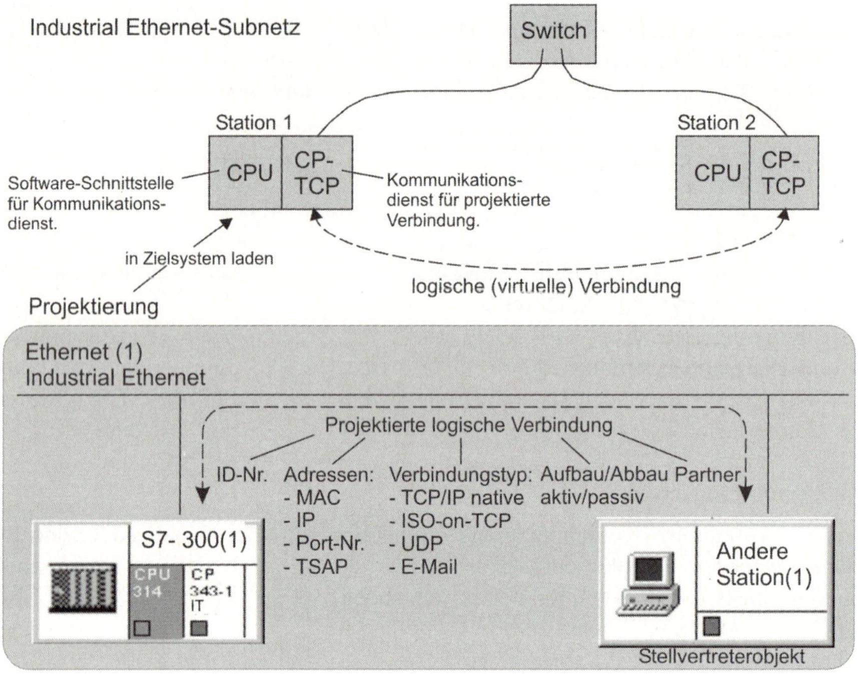

Bild 17.13: Projektieren einer Verbindung für Industrial Ethernet aus Sicht der Station 1

17.1.7.5 SEND-RECEIVE-Schnittstelle

Mit dieser Schnittstelle kann eine CPU-CPU-Verbindung zwischen zwei S7-SPSen zum Zwecke eines Datenaustausches über eine projektierte ISO-on-TCP-Verbindungen bei Industrial Ethernet hergestellt werden.

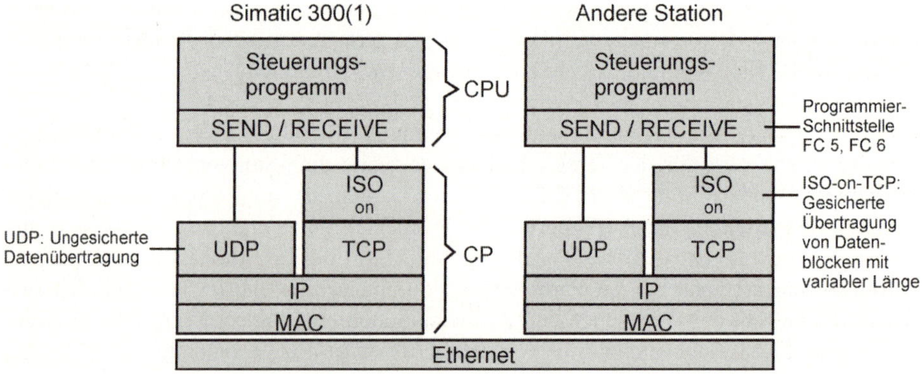

Bild 17.14: Zugang zum Ethernet-TCP/IP Übertragungssystem über SEND/RECEIVE-Bausteine

Im nachfolgenden Bild werden Hinweise für den Einsatz der SEND/RECEIVE-Bausteine im Steuerungsprogramm gegeben. Als Datenziel- und Daten-Quellbereich kommen das E-A-Prozessabbild, ein Merkerbereich oder ein Datenbausteinbereich der SPS in Frage.

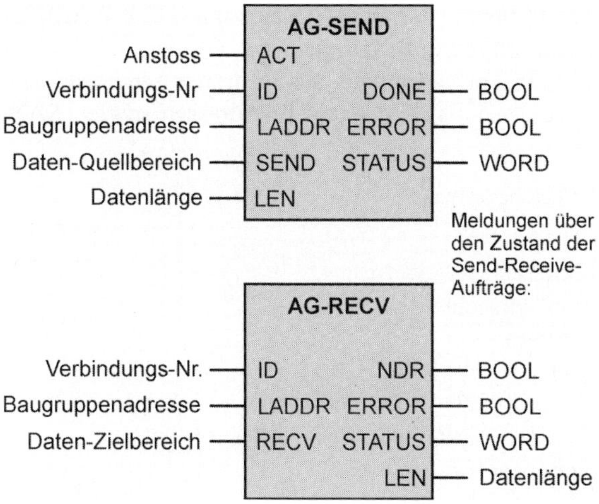

Im Sendebaustein AG-SEND kann mit einem Pointer ein Daten-Quellbereich angegeben werden, aus dem heraus Daten nach einem Auftragsanstoß über eine projektierte und durch ihre ID-Nr. aufgerufene Verbindung an den Sendepuffer des CPs zum Transfer übergeben werden.

Durch zyklische Bausteinaufrufe des AD-RECV kann veranlasst werden, dass über die projektierte und mit ihrer ID-Nr. aufgerufene Verbindung neue Daten aus dem Empfangspuffer des CPs geholt und dem angegebenen Daten-Zielbereich der SPS übergeben werden.

17.1.7.6 Bedeutung der S7-Funktionen im SIMATIC-System

Im gesamten SIMATIC-System gibt es ein durchgängiges Kommunikationsprotokoll, das alle Steuerungskomponenten „verstehen“: die sog. **S7-Funktionen** als Kommunikationsdienste.
Bei PC-Systemanschlüssen sind die S7-Funktionen in den Kommunikationsbaugruppen bereits integriert oder werden mit der Kommunikations-Software mitgeliefert.
Die S7-Funktionen sind **in allen Subnetz einsetzbar**: MPI, PROFIBUS, Industrial Ethernet, jedoch muss eine logische Verbindung zur Partnerstation projektiert werden.
Die S7-Funktionen sind zwar Siemens-spezifisch, bieten jedoch in den allermeisten Fällen die **einfachste Kommunikationslösung**.

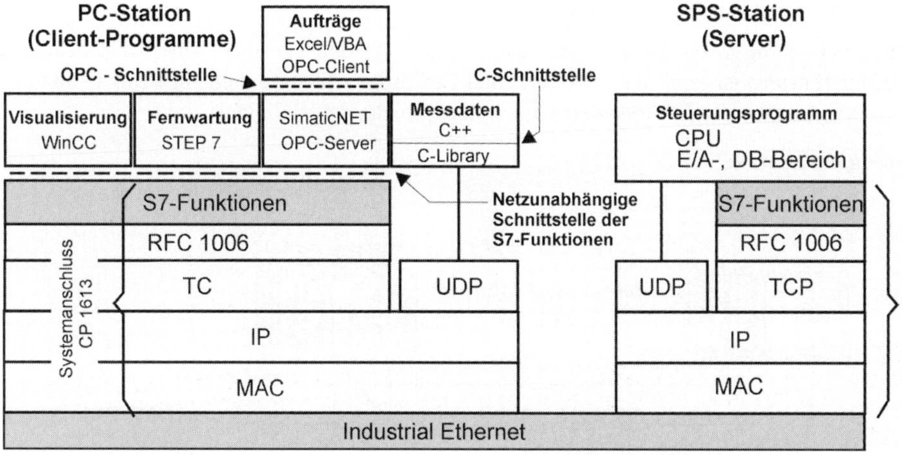

Bild 17.15: Kommunikation zwischen PC-Anwenderprogrammen und S7 SPS über S7-Funktionen. Kommunikationsbaugruppen CP 1613 (PC-Karte mit eigenem Prozessor zur Abarbeitung der Protokolle), Kommunikationsbaugruppe CP 343-1 IT der SPS

17.2 Projektierung Industrial Ethernet

17.2.1 Übersicht

Im Prinzip erfordert die Projektierung eines Industrial Ethernet-Systems mit STEP 7 Arbeitsschritte, die sehr ähnlich sind wie eine Projektierung mit PROFIBUS-DP. Größere Unterschiede bestehen eigentlich nur darin, dass eine Transportverbindung aus mehreren möglichen auszuwählen ist und anstelle von Profibus-Adressen jetzt MAC- und IP-Adressen sowie TSAPs zu verwenden sind.

Arbeitsschritte in der Übersicht:

1. Hardware-Projektierung
   1.1 Station 1 mit CPU und CP projektieren
   1.2 Netzanschluss für „Andere Station" einrichten
2. Verbindungsprojektierung zur fernen Station
   2.1 ISO-on-TCP-Verbindung auswählen
   2.2 Eigenschaften der ISO-on-TCP-Verbindung festlegen
   2.3 Kommunikationsdienste Send/Receive auswählen
3. Datenschnittstelle im Anwenderprogramm einrichten
   3.1 AG-SEND-, AG_RECV-Bausteine projektieren
   3.2 Hinweise zur Inbetriebnahme

17.2.2 Aufgabenstellung: AG-AG-Kopplung in zwei STEP 7-Projekten

Es wird angenommen, dass ein Datenaustausch zwischen zwei selbstständigen Anlageteilen nachträglich eingerichtet werden soll. Jede Anlage verfüge über ein Profibus-Netz. Der Datentransfer soll über ein vorhandenes Ethernet-TC/IP Netz erfolgen. Zu diesem Zweck erhalten die beiden SPS-Stationen einen zusätzlichen Bussystemanschluss für Industrial Ethernet. Eingesetzt werden die Kommunikationsbaugruppen CP 343-1 TCP.

Zur Aufgabenlösung sollen getrennte Projekte angelegt werden, d.h. selbstständige Projekte für die "Station 1" und für die "Andere Station".

Die Aufgabenlösung wird nur für ein Projekt und ohne den Profibus-Anteil dargestellt. Zur Versuchsausführung ist auch das zweite Projekt erforderlich, dass sich im Prinzip nur in der überkreuzten Angabe der IP-Adressen vom ersten Projekt unterscheidet.

Technologieschema:

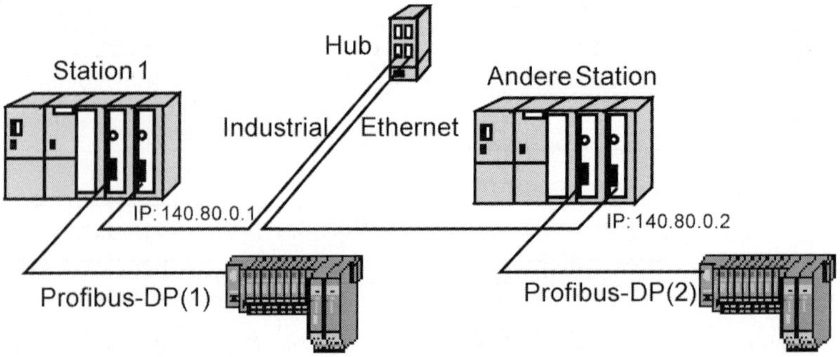

Bild 17.16: Datentransfer zwischen SPS-Stationen über Industrial Ethernet mit SEND-RECEIVE

17.2.3 Arbeitsschritt (1): Hardware-Projektierung

Die Projektierung wird in zwei getrennten Projekten durchgeführt. Es wird nur die Projektierung der Ethernet-TCP/IP-Verbindung beschrieben.

17.2.3.1 Station 1 mit CPU und CP projektieren

- **CPU 314**:

Die S7-Station soll aus einer CPU 314 und 16 Bit zentralen Digitaleingängen sowie 16 Bit zentralen Digitalausgängen bestehen. Es wird eine externe 24 V DC-Stromversorgung eingesetzt, die in der Projektierung nicht erscheint.

- **Ethernet-CP 343-1 TCP**

Als Kommunikationsprozessor wird der CP 343-1 TCP verwendet. Zu seinen projektierbaren Objekteigenschaften gehören die 6 Byte-MAC-Adresse und die 4-stellig IP-Adresse.

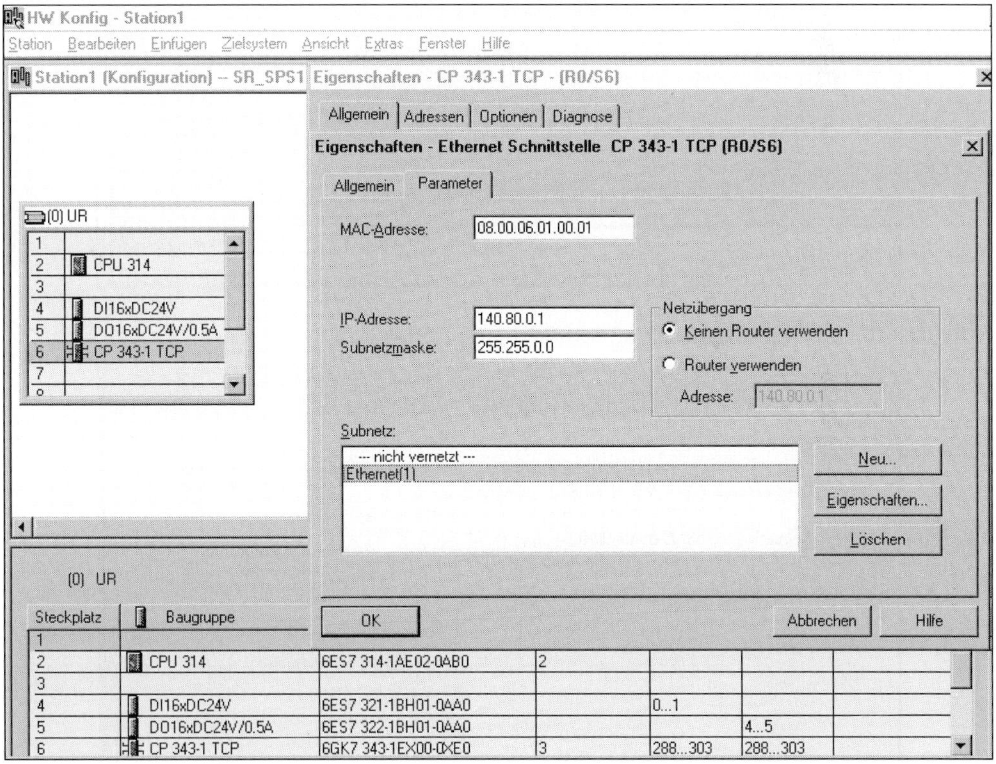

17.2.3.2 Netzanschluss für "Andere Station"

Für die Partnerstation muss in das Projekt ein Stellvertreterobjekt als „Andere Station" (Station2) eingefügt und ihre Schnittstelle als IP-Schnittstelle angegeben und bestätigt werden, wie im nachfolgenden Bild gezeigt. Der Eigenschaftsdialog wird dann in einem weiteren Bild fortgeführt. Hier ist die MAC-Adresse der Station 2 einzutragen und anzugeben, ob ein Router im Netzübergang liegt oder nicht. In diesem Dialogfenster muss ferner die IP-Adresse und der Station 2 eingeben werden. Die vorgeschlagene Subnetzmaske kann man bestätigen.

Industrial Ethernet Anschluss für „Andere Station“:

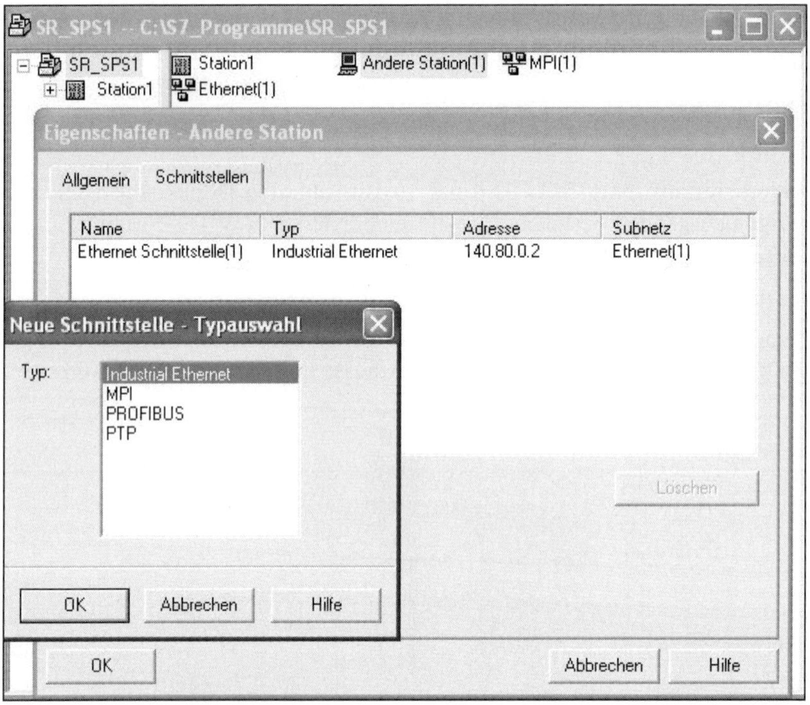

Adressen für „Andere Station“:

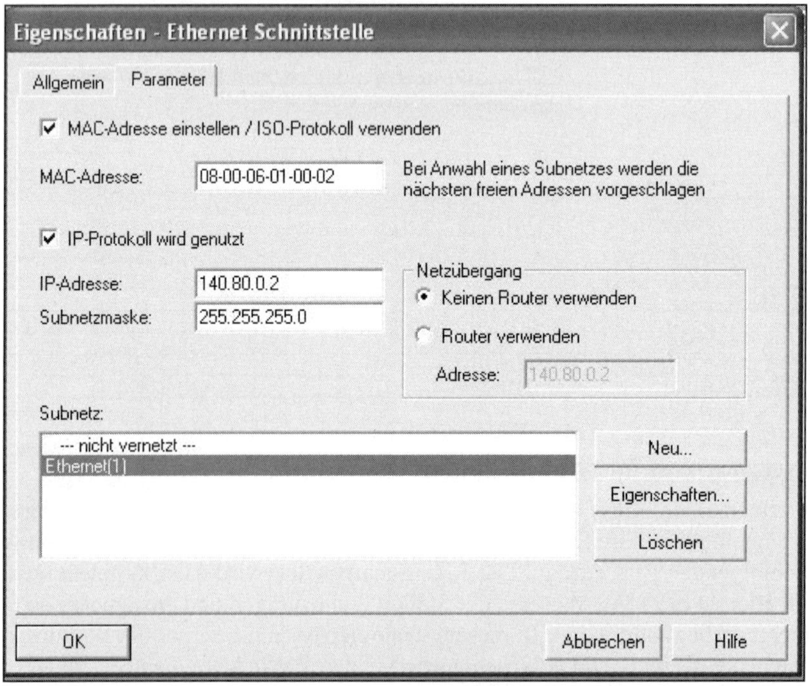

17.2.4 Arbeitsschritt (2): Verbindungsprojektierung zur fernen Station

17.2.4.1 ISO-on-TCP-Verbindung auswählen

Der gewählte Verbindungstyp ISO-on-TCP hat dieselben Eigenschaften wie TCP/IP, benutzt jedoch zusätzlich den Standard RFC1006 für eine Datenblockung.

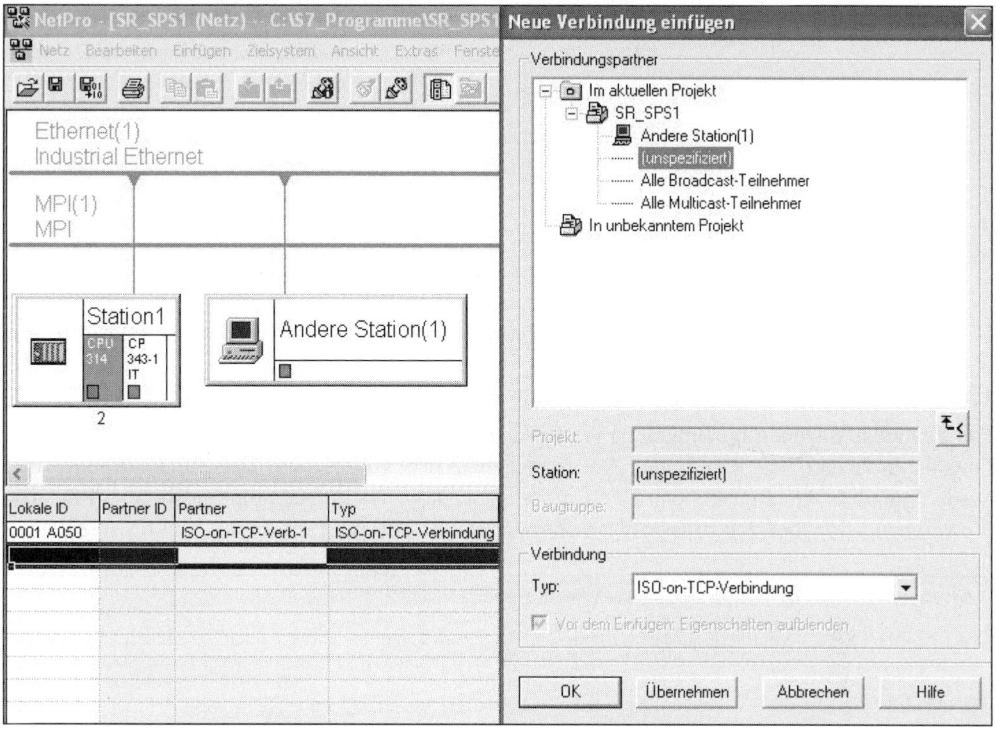

17.2.4.2 Eigenschaften der ISO-on-TCP-Verbindung festlegen

Nach Auswählen des Verbindungstyps ISO-on-TCP öffnet sich ein Eigenschaftsfenster (links), dem nur die beiden Bausteinparameter zu entnehmen sind. Unter Adressen ist die IP-Adresse für die "Andere Station)" einzutragen. Die TSAPs sind die "Port-Nummern" bei ISO-on-TCP.

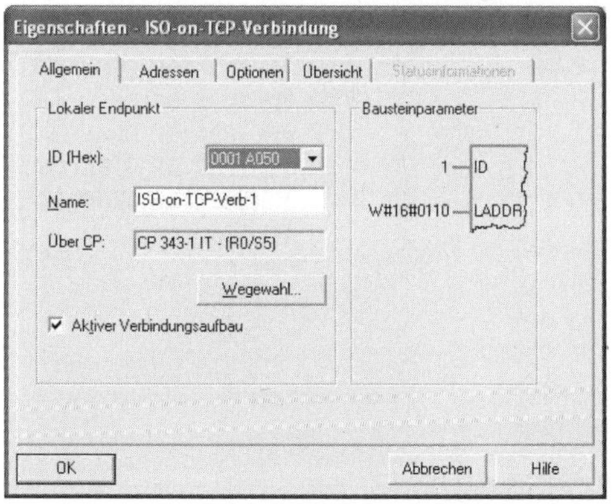

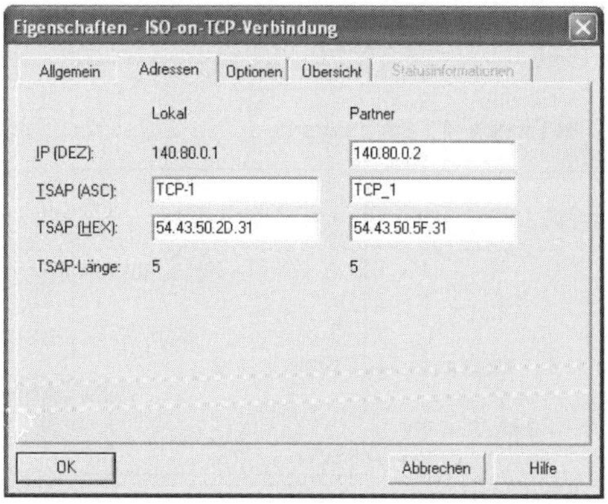

17.2.4.3 Kommunikationsdienste Send/Receive anmelden:

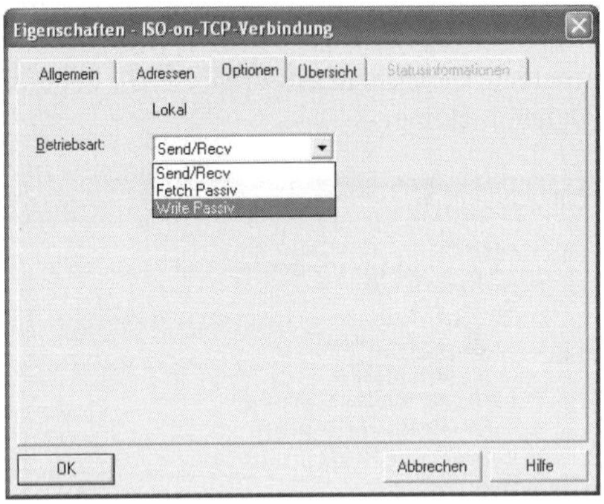

Es darf nicht übersehen werden, dass Ethernet-TCP/IP nur für die gesicherte Datenübertragung zwischen den beiden Endpunkten eines Kommunikationsweges sorgt. Im Anlagenbeispiel liegen diese Kommunikations-Endpunkte innerhalb der Kommunikationsbaugruppen CP 343-1 TCP der SPS-Stationen. Die zu überragenden Daten selbst befinden sich aber im E/A-Prozessabbild bzw. in Datenbausteinen der jeweiligen CPU. Es muss also noch ein Kommunikationsdienst in Anspruch genommen werden, der die Daten zu TCP/IP bringt oder dort abholt: Send/Receive wird mit FC-Bausteinen im Programm realisiert.

17.2.5 Arbeitsschritt (3): Datenschnittstelle im Anwenderprogramm einrichten

17.2.5.1 AG_SEND-, AG_RECV-Bausteine projektieren

Die Sendedaten stehen im Eingangsbyte EB 1 des AG-SEND bereit. Zur Aufnahme der Empfangsdaten ist bei AG_RECV das Ausgangsbyte AB 5 vorgesehen. Der Sendevorgang wird durch Signal E 0.0 angestoßen. Der Empfangsbaustein ist immer empfangsbereit. **Für den Kommunikationsbetrieb muss die "Andere Station" entsprechend eingerichtet sein.**

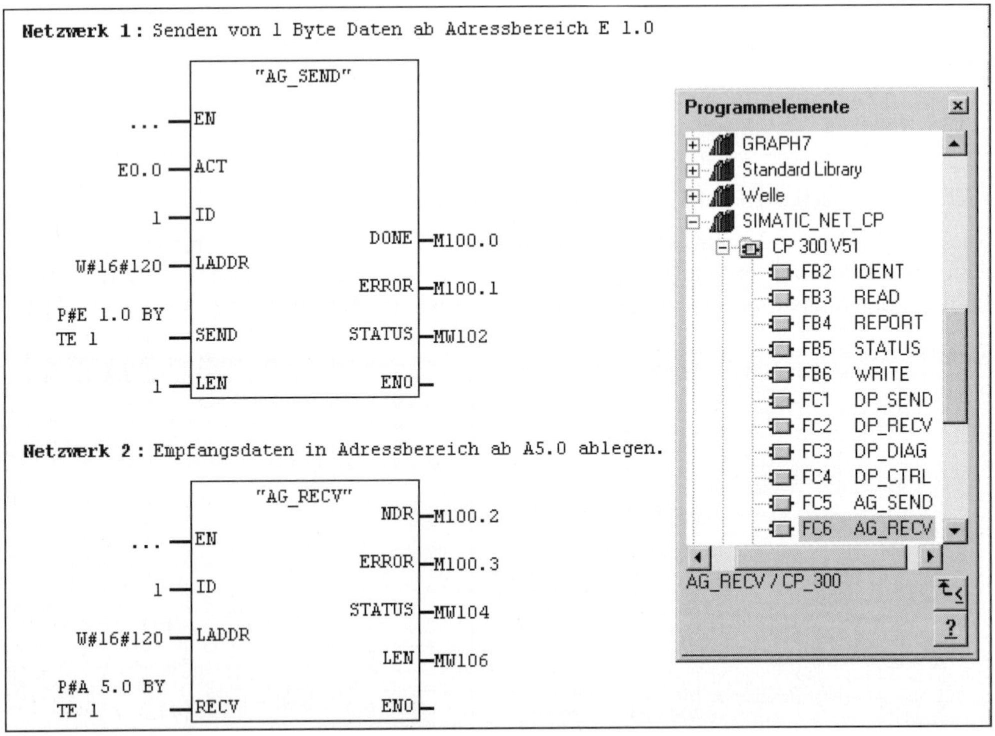

17.2.5.2 Hinweise zur Inbetriebnahme

Jede TCP/IP oder ISO-on-TCP-Verbindung stellt einen gesicherten bidirektionalen Softwarekanal bereit, d.h. es muss nur eine Verbindung zwischen den beiden SPS-Stationen vorhanden sein, über die in beiden Richtungen gesendet und empfangen werden kann.

Die Projektierung der "Anderen Station" in einem eigenen Projekt kann auf dem gleichen PC erfolgen , auf dem sich das Projekt für "Station 1" befindet. Die Projektierung verläuft in den gleichen Schritten wie bei Station 1.

Die Projektierungen müssen in die SPS-Stationen heruntergeladen werden.

Die Formalparameter der Bausteine haben die in den nachfolgenden Tabellen angegebenen Bedeutungen. Die Überwachungs-Ausgangsparameter DONE, ERROR, STATUS werden hier nicht erläutert und der Einfachheit halber nicht ausgewertet.

Erklärung der Baustein-Eingangs-Parameter:

Tabelle für FC-SEND:

INPUT-Parameter	Bedeutung	Datentyp/Wertebereich
ACT	Bei ACT = 1 werden Daten-Byte aus dem unter SEND angegebenen Datenbereich gesendet, und zwar solange in Wiederholung wie ACT = 1 ist. Der Eingang verfügt nicht über eine Flankenauswertung, diese muss im Anwenderprogramm für azyklische Datenübertragung ggf. selbst erzeugt werden.	BOOL // FALSE,TRUE
ID	Nummer der Transportverbindung (siehe Bild bei TSAPs: Lokale ID war dort **0001** A050)	INT // 1 bis z.B 16 je nach CP-Ressourcen
LADDR	Baugruppen-Anfangsadresse	WORD // z.B.: W#16#120
SEND	Angabe von Adresse und Länge des Sende-Datenbereichs	ANY//z.B.: P#A5.0 Byte 1
LEN	Anzahl der Bytes aus dem angegebenen Datenbereich, die gesendet werden sollen.	INT // z.B. 1, wenn von den bei SEND angegebenen Bytes nur das 1. Byte gesendet werden soll.

Tabelle für FC-RECEIVE (Auszug)

INPUT-Paramter RECV	Angabe von Adresse und Länge des Empfangs-Datenbereichs	ANY//z.B. P#E1.0 Byte 1
Output-Parameter LEN	Anzahl der Bytes, die in den angegebenen Datenbereich übernommen wurden.	INT // z.B. in MW106 abgelegt, um ggf. ausgewertet zu werden.

18 PROFINET – Offener Industrial Ethernet Standard

Ethernet TCP/IP ist seit vielen Jahren ein etablierter Standard in der Leitebene der Automatisierungstechnik und hat hier die Anwendung der aus dem Bürobereich bekannten Informations-Technologien ermöglicht. Die Verlängerung von Ethernet TCP/IP bis hinunter in die Feldebene war lange Zeit wegen der fehlenden Echtzeitfähigkeit und eines anerkannten Kommunikationsprotokolls für Prozessdaten umstritten. Inzwischen hat die Entwicklung zu mehreren Ethernet-basierten Automatisierungssystemen geführt.

18.1 Grundlagen

18.1.1 Überblick

Die PROFIBUS Nutzerorganisation PNO hat unter dem Druck der vor Jahren aufgekommenen Feldbusdiskussion die Öffnung der PROFIBUS-Technologie für den Ethernet-Standard eingeleitet. Dabei wurde ein vollständig neues Automatisierungssystem mit dem Namen *PROFINET* (Process Field Ethernet) geschaffen. Die neue Endung *NET* soll im Gegensatz zu *BUS* die Verwendung der Ethernet-Netzwerktechnologien zum Ausdruck bringen.

PROFINET will sich als ein offenes und durchgängiges Konzept für Automatisierungslösungen auf Ethernetbasis anbieten, im Bereich von Einzelmaschinen bis hin zu modular aufgebauten Anlagen mit verteilter Steuerungsintelligenz und dabei durch Einbinden von PROFIBUS DP einen Investitionsschutz gewährleisten. Die PNO ist nur verantwortlich für die PROFINET-Spezifikationen, die der PNO angeschlossenen Firmen leisten die technologische Umsetzung.

Das Grundkonzept besteht aus

- PROFINET IO (dezentrale Feldgeräte) und
- PROFINET CBA (verteilte Automatisierung)

und schließt folgenden Leistungsumfang ein:

- Industrial Ethernet-Netzwerke mit aktiven Netzwerkkomponenten (Switches, Router)
- Integration bestehender Feldbusssysteme (PROFIBUS DP, INTERBUS,...)
- Kommunikationskanäle für anforderungsabhängige Übertragungsleistung
- herstellerübergreifendes Engineeringkonzept (Programmerstellung, Anlagenprojektierung)
- Anwendung von IT-Technologien (Netzwerkadministration, Webserver, E-Mail, OPC,...)
- Sicherheit nach EN 954-1 und IEC 61508 (siehe PROFISafe, Kap. 25.6.3)

18.1.2 PROFINET IO

18.1.2.1 Gegenüberstellung PROFINET IO und PROFIBUS DP

PROFINET IO ist die Kurzbezeichnung für das Steuerungskonzept "Dezentrale Feldgeräte", dass im Industrial Ethernet Netzwerk aus einem zentralen Steuerungsgerät, dem IO-Controller, und einem dezentralen Feldgerätebereich, den IO-Devices, besteht und somit vergleichbar mit PROFIBUS DP ist. Die Nutzdaten der Feldgeräte werden auch zyklisch in Echtzeit in das Prozessabbild des IO-Controllers übertragen oder in umgekehrter Richtung an die IO-Devices ausgegeben. Das verwendete Kommunikationsmodell heißt aber Provider-Consumer-Verfahren und nicht mehr Master-Slave-Verfahren, obwohl der Datenverkehr mit den Feldgeräten in beiden Systemen nach dem gleichen Prinzip abläuft. PROFIBUS regelt jedoch den Buszugriff über die Token-Weitergabe, von der die DP-Slaves ausgeschlossen sind. Im Ethernet-System ist das nicht möglich, weil alle Teilnehmer am Netz beim Buszugriff gleichberechtigt sind. Der Provider sendet seine Daten ohne Aufforderung des Kommunikationspartners. Bei der Hardware-Projektierung eines IO-Systems wird jedoch ein Buszyklus, z.B. 10 ms, eingestellt, den der IO-Controller beim System-Hochlauf seinen IO-Devices mitteilt. Die Eigenschaften der IO-Devices werden durch deren GSD-Datei (General Station Description auf XML-Basis) beschrieben, wie dieses auch von PROFIBUS DP her bekannt ist.

Die Steuerungsintelligenz in Form eines Anwenderprogramms befindet sich bei PROFINET IO oftmals nur im IO-Controller, kann aber auch teilweise in intelligenten IO-Devices (Feldgeräte mit eigener CPU) untergebracht sein, vergleichbar mit PROFIBUS DP.

Das nachfolgende Bild zeigt zusammen mit der anschließenden Gegenüberstellung der Grundbegriffe die Ähnlichkeit beider Systeme auf.

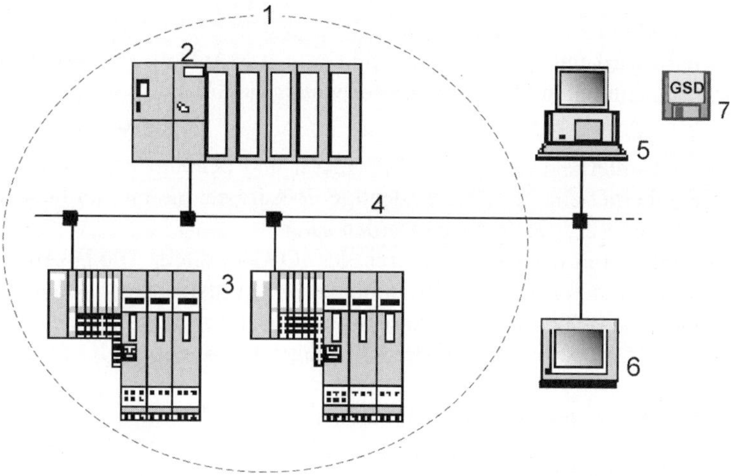

Bild 18.1:
PROFINET IO

Ziffer	PROFINET IO	PROFIBUS DP	Bemerkung
1	IO-System	DP-Mastersystem	Alle Geräte (IO-Controller, IO-Devices) und Kommunikationsverbindungen
2	IO-Controller	DP-Master	Gerät, über das angeschlossene Feldgeräte angesprochen werden
3	IO-Device	DP-Slave	Dezentrale Feldgeräte z.T. mit eigener CPU
4	Industrial Ethernet	Profibus	Netzwerkinfrastruktur mit Switches (im Bild 18.1 nicht dargestellt)
5	IO-Supervisor	PG/PC DP-Master Klasse 2	Programmieren, Inbetriebnahme/Diagnose
6	HMI = Human Machine Interface	HMI	Gerät zum Bedienen und Beobachten mit Zugriff auch auf IO-Devices über Ethernet!
7	GSD (XML-Datei)	GSD (ASCII-Datei)	Gerätebeschreibungsdatei für die IO-Devices und DP-Slaves

18.1.2.2 Gerätemodell und Peripherieadressen

IO-Controller und IO-Devices können modular aufgebaut sein und haben Steckplätzen für Baugruppen/Module über deren Kanäle Prozesssignale eingelesen oder ausgegeben werden.

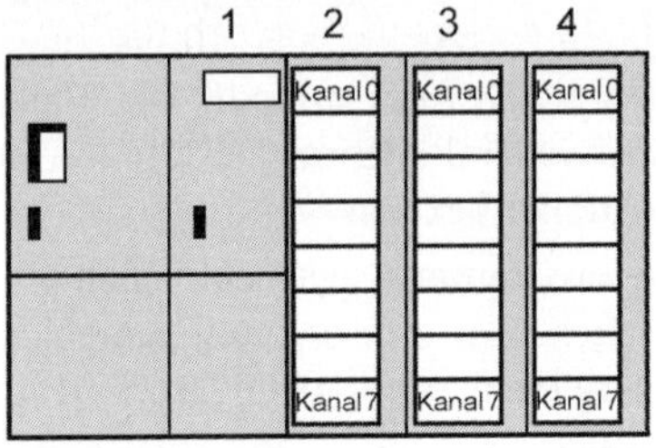

Bild 18.2: PROFINET-Gerätemodell

- Anschaltung (1)
- Steckplatz mit Baugruppe/Modul (2..4)
- Kanäle mit zugeordneter Peripherieadresse gemäß Adressübersicht wie bei PROFIBUS DP

18.1.2.3 Adressen

- **MAC-Adresse:**
  Jedes PROFINET-Gerät wird mit einer weltweit eindeutigen MAC-Adresse ausgeliefert, die aus 3 Byte-Herstellerkennung und 3 Byte-Gerätekennung (laufende Nummer) besteht.
- **IP-Adresse:**
  Jedes PROFINET-Gerät unterliegt dem TCP/IP-Protokoll und benötigt daher für seinen Betrieb am Industrial Ethernet eine im Netz eindeutige IP-Adresse, die mit der herstellerspezifischen Software (z.B. STEP 7) vergeben werden kann.
  Die Adressvergabe beginnt mit dem Konfigurieren des IO-Controllers. Die IP-Adressen der zugeordneten IO-Devices werden danach automatisch in aufsteigender Reihenfolge erzeugt und haben immer dieselbe Subnetzadresse wie der IO-Controller. Diese Adressen werden den IO-Devices aber erst bei Anlauf der CPU zugewiesen. Für ein IO-System ist also nur einmal eine IP-Adresse zu vergeben.
  Eine IP-Adresse besteht aus 4 Dezimalzahlen mit dem Wertebereich 0...255. Die Dezimalzahlen sind durch einen Punkt von einander getrennt (z.B. 255.255.255.10)
  Die IP-Adresse setzt sich zusammen aus:
  - der Adresse des Netzwerkteils oder Subnetzteils (Net-ID) und
  - dem teilnehmerspezifischen Benutzerteils oder Hostteils (Host-ID)
- **Subnetzmaske:**
  Die Eingabe einer Subnetzmaske (z.B. 255.255.255.0) bestimmt die Subnetzadresse, mit der feststellbar ist, welche anderen Netzteilnehmer sich im gleichen Subnetzes befinden.
- **Gerätenamen:**
  IO-Devices werden von ihrem IO-Controller über Gerätenamen angesprochen (vergleichbar mit PROFIBUS-Adressen). Im Auslieferungszustand haben die IO-Devices noch keinen Gerätenamen. Wichtig ist, dass die Gerätenamen direkt in die IO-Devices geladen werden. Bei fehlenden Gerätenamen findet der IO-Controller seine Devices nicht.
- **Default Router:**
  Der Default Router ist der Router, den der Datenabsender ansprechen muss, wenn er Daten zu einem Datenempfänger weiter leiten möchte, der sich nicht im selben Subnetz befindet wie er selbst. Dazu muss der Datenabsender die IP-Adresse seines Default Routers kennen und deshalb bei sich projektieren, durch Markieren "Router verwenden" und der Angabe einer Router-IP-Adresse. Die von STEP 7 vorgeschlagene IP-Adresse ist in der letzten Stelle entsprechend abzuändern.
- **Switches:** Einfache, nicht diagnosefähige Switches bekommen keine IP-Adresse.

18.1.3 Netzaufbau

18.1.3.1 Leitungen und Steckverbinder

PROFINET spezifiziert eine Übertragungstechnik entsprechend dem Fast-Ethernet-Standard mit einer Datenrate von 100 MBit/s.

Bei Einsatz von Kupferkabeln sind diese 2-paarig, symmetrisch (erdfrei), verdrillt und geschirmt ausgeführt (Twisted Pair oder Stern Vierer) mit einem Wellenwiderstand von 100 Ω.

Twisted Pair-Verbindungen sind grundsätzlich Punkt-zu-Punkt-Verbindungen zwischen einem Sender- und einem Empfängerbaustein. Die Maximallänge zwischen einem Endgerät und einer Netzkomponenten (Switch, Router) oder zwischen zwei Netzkomponenten darf 100 m nicht überschreiten.

Netzkomponenten wie z.B. Switches, über die Verbindungen zwischen IO-Controllern und IO-Devices hergestellt werden, führen automatischen den Cross Over durch, sodass zur Verbindung grundsätzlich nur 1:1-Kabel mit beidseitigem Steckeranschluss verwendet werden. Lediglich in dem Ausnahmefall, dass kein Ethernet Netzwerk sondern nur eine einzelne Direktverbindung zwischen einem IO-Controller und einem IO-Device geschaltet werden soll, ist ein besonders zu kennzeichnendes Cross Over-Kabel zu verwenden.

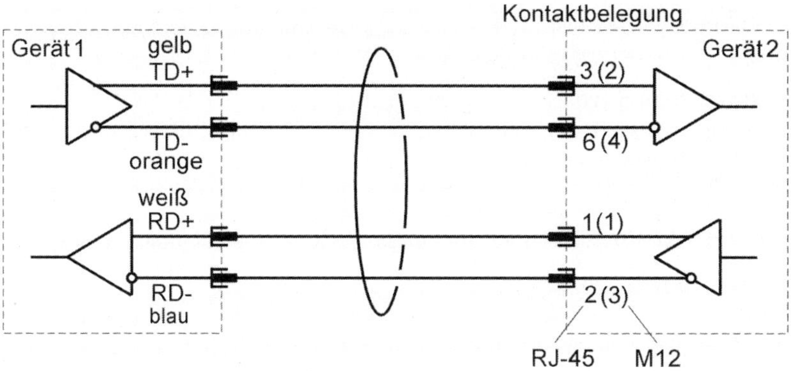

Bild 18.3: Signalübertragung über symmetrische Kupferkabel

Beim Einsatz von Lichtwellenleitern LWL sind diese 2-fasrig auszuführen. Auch Lichtwellenleiter sind grundsätzlich Punkt-zu-Punkt-Verbindungen zwischen elektrisch aktiven Komponenten, wobei ein optischer Sender immer mit einem optischen Empfänger zu verbinden ist.

Die Maximallänge der Verbindung zwischen Endgerät und Netzkomponente bzw. zwischen zwei Netzkomponenten (z.B. Switchports) liegt je nach Herstellerangaben bei Multimode-LWL zwischen 2000 m bis 3000 m und bei Monomode-LWL zwischen 14 km bis 26 km. Ein wichtiger Vorteil der LWL ist ihre Unempfindlichkeit gegenüber elektromagnetischen Störfeldern.

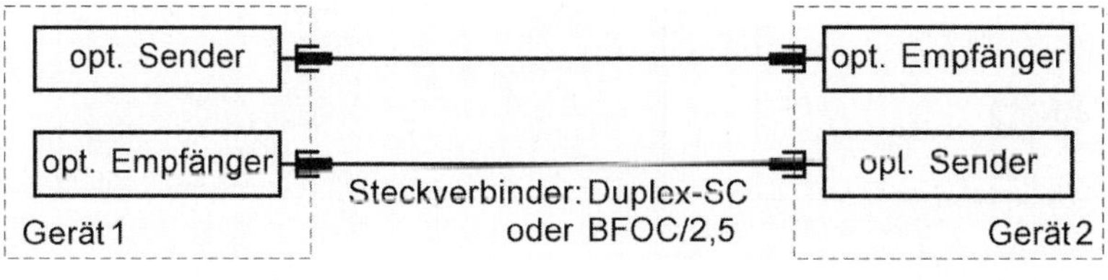

Bild 18.4: Signalübertragung über Lichtwellenleiter

18.1.3.2 Switches

Zur Erinnerung: Profibus ist ein Bussystem und hat daher eine linienförmige Netzstruktur, auch wenn kurze Stichleitung zulässig sind und durch Repeater mehrere Buslinien angelegt werden können. Alle Busteilnehmer sind an der Busleitung parallel angeschlossen.

Im Gegensatz dazu besteht ein Industrial Ethernet Netz aus Punkt-zu-Punkt-Verbindungen zwischen Endgeräten und aktiven Netzkomponenten, den sog. Switches, die über eine bestimmte Anzahl von Anschlüssen (Ports), verfügen. Switches prüfen und regenerieren die an einem Port ankommenden Datentelegramme und verteilen sie anhand der gelesenen Ziel-MAC-Adresse an einen anderen zutreffenden Port, mit Hilfe der im Selbstlernmodus beim Hochlauf angelegten MAC-Adressentabellen. Alle über Switches verbundenen Endgeräte befinden sich in ein und dem selben Netz, einem Subnetz. Ein Subnetz wird physikalisch durch einen Router begrenzt. Wenn Geräte über Subnetze hinaus kommunizieren sollen, muss ein Router projektiert werden.

PROFINET-Switches sind für Fast Ethernet (100 MBit/s) und Full Duplex-Übertragung ausgelegt, bei dem am selben Port gleichzeitig Daten empfangen und gesendet werden können. Bei Nutzung von Switches können keine Kollisionen auftreten. Hubs dürfen auf keinen Fall für den Netzaufbau verwendet werden, da sie die Daten an alle angeschlossenen Geräte weiterleiten. Weiterhin unterstützt ein PROFINET-Switch priorisierte Telegramme, was für die weiter hinten erläuterte Runtime-Kommunikation von großer Bedeutung ist.

18.1.3.3 Netztopologien

Switches dienen der Strukturierung von Netzwerken. Im Bürobereich haben sich stern- und baumförmige Strukturen durchgesetzt. Im Automatisierungsumfeld sind oftmals Linienanordnungen günstiger.

Sterntopologie

Durch den Anschluss der PROFINET-Geräte an **einem** Switch entsteht automatisch eine Sternstruktur.

Linientopologie

Alle Geräte werden in einer Linie hintereinander geschaltet. Bei PROFINET wird die Linienstruktur durch Switches realisiert, die in Endgeräte integriert sind.

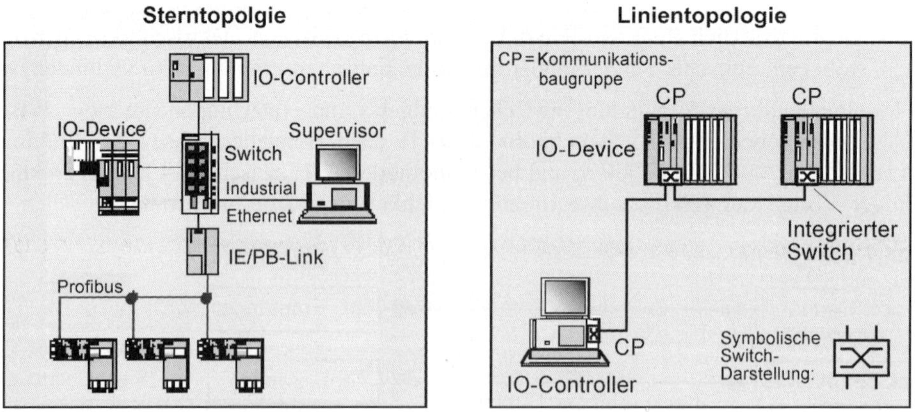

Bild 18.5: Netztopologien bei PROFINET

18.1.4 PROFINET CBA

18.1.4.1 Gegenüberstellung von PROFINET IO und PPROFINET CBA

PROFINET IO ist als Konzept eine Nachbildung von PROFIBUS DP auf Industrial Ethernet Basis und Switching-Technologie. In STEP 7 ist für PROFINET IO weitgehend alles so geblieben wie es von PROFIBUS DP her bekannt ist, bis auf die beiden neuen Adressen MAC und IP sowie dem Gerätenamen für die IO-Devices anstelle der Profibus-Stationsadresse. Somit treten auch keine Änderungen im Anwenderprogramm auf. Die Peripherieadressen für die zentralen und dezentralen Baugruppen werden in der Hardware-Konfiguration automatische vergeben und sind in der Adressübersicht einzusehen. Auch gibt es bei PROFINET IO keine Controller-Controller-Kommunikation, entsprechend der fehlenden Master-Master-Kommunikation bei PROFIBUS DP. Ersatzweise kann eine Send/Receive-Verbindung mit den Bausteinen PNIO_SEND und PNIO_RECV programmiert werden.

PROFINET CBA (Component Based Automation) dagegen ist ein vollständig anderes Konzept für verteilte Automatisierung auf der Basis gekapselter Softwareeinheiten, die mit Unterstützung der Windows-Betriebssystemerweiterung *COM/DCOM* oder zukünftig *.NET* interagieren können. Die Vorteile dieses aus der IT-Technolgie übernommenen Konzepts sind:

- **Modularität:** Modulare (wiederverwendbare oder leicht re-konfigurierbare) sogenannte *technologische Komponenten* bestehen aus der Hardware-Konfiguration der Steuerung, dem Anwenderprogramm und einer technologischen Schnittstelle. PROFINET CBA gestattet durch den Einsatz eines herstellerspezifischen *Komponentengenerators* die Erzeugung von PROFINET Komponenten. Für jede Komponente wird eine Komponentenbeschreibung PCD (PROFINET Component Description) im XML-Format erzeugt, deren Aufbau im PROFINET-Standard genau festgelegt ist. Bild 18.6 zeigt einen modularen Anlagenaufbau.

- **Grafische Kommunikations-Projektierung:** Die PROFINET-Komponenten werden durch Ziehen von grafischen Verbindungslinien zwischen den technologischen Schnittstellen zu einer Gesamtanlage zusammengefügt. Diese einfache grafische Kommunikations-Projektierung erfolgt bei PROFINET CBA durch den Einsatz eines herstellerübergreifenden *Verschaltungseditors*. Die Verbindungslinien repräsentieren die vom Verschaltungseditor angelegten Kommunikationsbeziehungen zwischen den Komponenten.

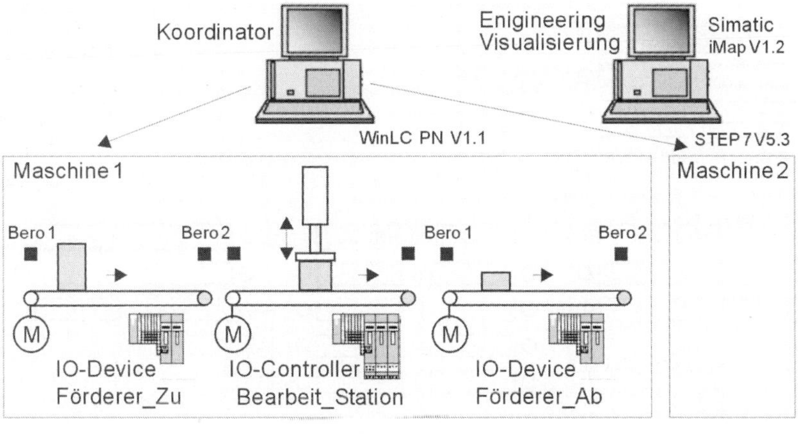

Bild 18.6: PROFINET CBA mit drei Komponenten: Förderer_Zu, Bearbeit_Station, Förderer_Ab

18.1.4.2 PROFINET-Komponente bilden

PROFINET-Komponenten werden mit *herstellerspezifischen* Projektierungswerkzeugen erzeugt. Das sind die bekannten SPS-Programmiersysteme, soweit sich diese Hersteller der PNO angeschlossen haben. Diese Projektierungstools müssen um einem sog. *Komponentengenerator* erweitert sein, der die PCD-Dateien erzeugen kann. Alternativ kann aber auch der *hersteller-unabhängige PROFINET Component Editor* gegen Bezahlung genutzt werden, der auf der Website www.profibus.com angeboten wird.

Zum Erstellen einer PROFINET-Komponente in STEP 7 sind im Prinzip folgende Schritte erforderlich:

1) Vorbereitend: Aufteilen der Anlage in technologische Komponenten bestehend aus den Teilen: Mechanik + Elektrik/Elektronik + Software. Der Softwareteil für sich wird als PROFINET-Komponente bezeichnet. PROFINET-Komponenten werden von Geräten mit eigener CPU gebildet und bestehen aus einem Steuerungsprogramm und einer technologischen Schnittstelle mit verschaltbaren Eingängen und Ausgängen. Im Sonderfall kann eine PROFINET-Komponente auch von einem Gerät mit fester Funktionalität gebildet werden, also von einfachen IO-Devices mit ihren Ein-/Ausgängen. In diesem Fall besteht die PROFINET-Komponente nur aus einer technologischen Schnittstelle, wobei die Signaleingänge direkt auf die Schnittstellenausgänge und die Schnittstelleneingänge direkt auf die Signalausgänge führen.
2) Vorbereitend: Festlegen der technologischen Schnittstellen der PROFINET-Komponenten durch Bestimmung ihrer erforderlichen Eingänge und Ausgänge mit Name, Datentyp sowie Anfangswert und Kommentar.
3) Anlegen eines S7-Projekts zur Bildung einer PROFINET-Komponente bestehend aus:
   - Hardware-Konfiguration der Geräte,
   - Interface-DB (Global DB 100) als technologischer Schnittstelle, wobei unter Objekteigenschaften bei Attribut und Wert bestimmte Einträge zu machen sind, die diesen Datenbaustein als Interface-Schnittstelle kennzeichnen,
   - S7-Anwenderprogramm erstellen und mit Online-Hilfe zwei Bausteine PN_IN und PN_OUT zur Datenübergabe zwischen der CPU und dem Interface-DB anlegen.
4) PROFINET-Komponente bilden mit S7-Menübefehl *PROFINET Komponente erstellen*. Die Komponente enthält keine Adressen und ist nicht auf ein spezielles Projekt festgelegt.

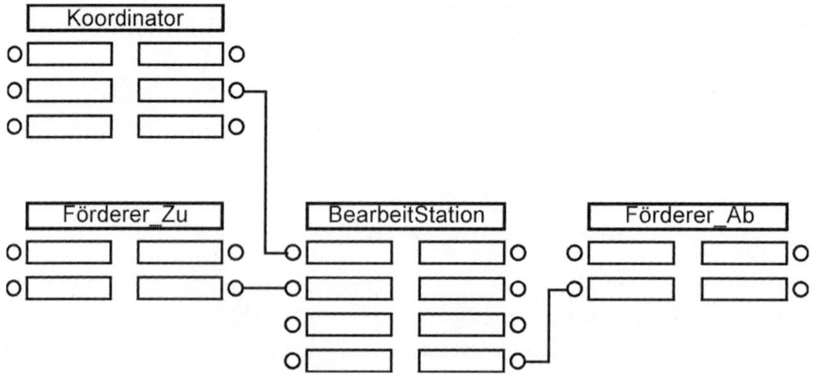

Bild 18.7: Die abstrakte Komponentensicht auf eine Anlage zeigt nur die technologischen Beziehungen

18.1.4.3 PROFINET-Komponenten verschalten

Ein *Verschaltungseditor* muss nach PROFINET Vorgabe ein herstellerübergreifendes Software-Werkzeug sein, mit dem PROFINET-Komponenten zu einer Anlage zusammen geführt werden können. Der Verschaltungseditor muss über eine Anlagensicht und eine Netzsicht verfügen. In der *Anlagensicht* werden die Komponenten zu einer logischen Struktur verbunden, also welche Eingänge auf welche Ausgänge führen. In der *Netzsicht* wird die topologische Struktur der Komponenten gebildet, also wo die Geräte in welchen Netzwerksegmenten liegen und über welche Adressen sie anzusprechen sind.
SIMATIC iMap ist ein nach PROFINET-Spezifikationen entwickelter Verschaltungseditor der Firma Siemens. Ein entsprechendes Produkt bietet auch die Firma Hilscher an. Die PNO selbst hat nur die Spezifikation für den herstellerübergreifenden Verschaltungseditor erstellt.
Zum Verschalten der Komponenten in iMap sind im Prinzip folgende Schritte erforderlich:

1) Eine Bibliothek in iMap anlegen und die erstellten PROFINET-Komponenten importieren. Die Komponenten erscheinen in einem Bibliotheksfenster und können dort markiert werden, um über zwei Schaltflächen entweder als technologische Schnittstelle mit deren Eingängen und Ausgängen (Anlagensicht) oder als am Netz angeschlossenes Gerät (Netzsicht) im Vorschaufenster dargestellt zu werden.
2) PROFINET-Komponenten aus dem Bibliotheksfenster im Modus Netzsicht in das Projekt einfügen und Adressen zuweisen. Es müssen genau die IP-Adressen und Subnetzmasken eingetragen werden, die in der STEP 7-Projektierung vergeben wurden.
3) Verschalten der technologischen Schnittstellen der Komponenten in der Anlagensicht.
4) Verschaltungs-Projekt generieren.
5) Anlagenaufbau und Download der Programme und Verschaltungen in die Geräte.

18.1.4.4 Diagnose

Wenn iMap online mit der Anlage verbunden ist, kann im Diagnosefenster unter Anlagensicht oder Netzsicht der Status der PROFINET-Kommunikationsteilnehmer bzw. der Betriebszustand der Geräte (abhängig vom Gerätetyp) beobachtet werden. Eventuelle Störmeldungen, die im Verschaltungsbereich liegen, werden eingeblendet. Es wird keine STEP 7-Diagnose benötigt.

18.1.4.5 Prozessdaten über OPC visualisieren:

In iMap können mit dem Menübefehl *Extras > OPC-Symboldatei erstellen* für das Projekt zwei OPC-Symboldatei (_TAGFILE_.SSD und _TAGFILE_.WSD) erzeugt werden, die Informationen über alle Prozessdaten enthalten.
Dann muss dem PN OPC-Server von SimaticNET die Symboldatei bekannt gemacht werden:

- Start > SIMATIC > SIMATIC NET > Einstellungen > PC-Station einstellen
- und dort unter *Applikationen > OPC-Einstellungen* den Ordner *Symbolik* öffnen und die OPC-Symboldatei _TAGFILE_.SSD suchen. Mit Hilfe einer weiteren speziellen Einstellung können auch nicht verschaltbaren Anschlüsse abgefragt werden.
- Ferner müssen noch unter *OPC Einstellungen > OPC-Protokolle* die Protokolle *S7* und *PROFINET* markiert werden, damit der auf einem PC laufende PN OPC-Server weiß, mit welchem Protokoll er auf die unterlagerte Steuerung zugreifen soll..

Mit einem OPC-Client Programm kann dann aus der Office-Welt heraus auf die Daten der PROFINET-Geräte zugegriffen werden, ebenso auch mit jeder OPC-fähigen Visualisierungs-Software. Auch steht mit dem OPC Scout ein fertiger OPC-Diagnose-Client zu Testzwecken zur Verfügung (Einführung in OPC siehe Kap. 20).

18.1.5 Feldbusintegration

Das Einbinden von Profibus DP-Segmenten in das Ethernet-basierte PROFINET-System ist aus Gründen des Investitionsschutzes ein sehr wichtiger Aspekt. Es bestehen mehrere Kopplungsmöglichkeiten:

1) Verwendung einer SPS mit einer CPU und je einem separaten Kommunikationsprozessor für Industrial Ethernet und Profibus DP. Diese Möglichkeit hat auch schon vor PROFINET bestanden.
2) Verwendung einer neuen CPU mit integrierten Kommunikationsprozessoren für Industrial Ethernet und Profibus DP, z.B. CPU 315-2 PN/DP. Die CPU kann in diesem Fall sowohl IO-Controller und auch DP-Master sein.
3) Verwendung eines Industrial Ethernet/Profibus-Links mit Proxy-Funktionalität.

In den Varianten 1) und 2) bleibt das Profibus-Segment lokal und ist am Industrial Ethernet nicht sichtbar.

Neu ist Variante 3) mit dem IE/PB-Link. Ein Link ist ein intelligentes Gerät, das mit einem Dual-Port-RAM ausgerüstet ist und die beiden unterschiedlichen Netzsysteme mit ihren sehr verschiedenen Datenraten durch diesen Zwischenspeicher verbinden und eine Protokollumsetzung bei den Telegramme vornehmen kann. Ein Link mit Proxy-Funktionalität kann darüber hinaus noch eine Stellvertreter-Funktionalität für die Profibus DP-Slaves ausüben, d.h. die DP-Slaves im Industrial Ethernet Netz als IO-Devices erscheinen lassen. Für den IO-Controller ist nicht sichtbar, ob er in Wirklichkeit einen DP-Slave ansteuert. Das IE/PB-Link in Bild 18.8 ist zur Profibusseite hin der DP-Master und zur Ethernetseite der Stellvertreter der 3 DP-Slaves.

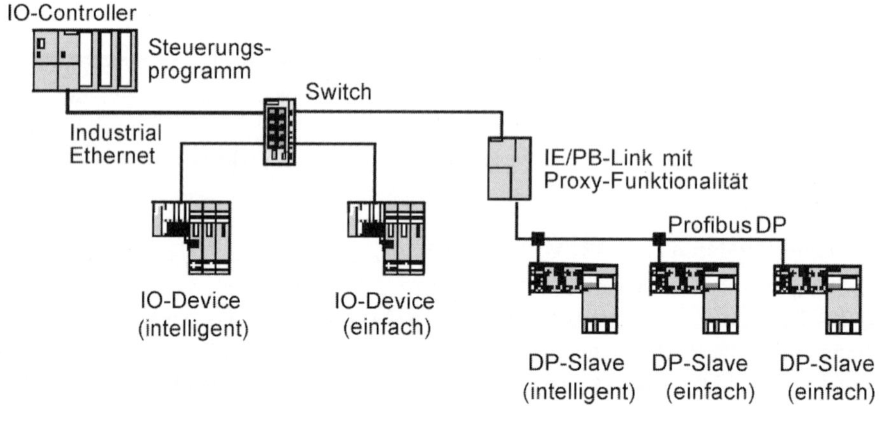

Bild 18.8: Ankopplung einer Profibus-Linie an PROFINET über ein PROFINET-Link (Proxy)

Das in Bild 18.8 gezeigte PROFINET IO-System kann auch in eine PROFINET-Komponente verwandelt werden, um mit anderen Komponenten über deren Interfaces zu kommunizieren.

Für das PROFINET-System ist vorgesehen, dass sich auch beliebige andere Feldbussysteme ankoppeln lassen. Wenn das mit einem Link als Koppelgerät geschehen soll, muss unterschieden werden, ob die Profibus-Slaves als Einzelgeräte oder als eine PROFINET-Komponente angeschlossen werden sollen. Für den Fall von Profibus DP stehen zwei unterschiedliche Varianten von IE/PB-Links zur Verfügung.

18.1.6 PROFINET-Kommunikationskanäle

Die PROFINET-Kommunikation findet über Industrial Ethernet statt und dabei werden die folgende *Übertragungsarten* unterstützt:

1) Zyklische Übertragung von zeitkritischen Daten (Nutzdaten)
2) Azyklische Übertragung von Engineering-Daten (Verschaltungsdaten) und zeitunkritische Parametrierungs-, Konfigurierungs- und Diagnose-Daten.

Für die genannten Übertragungsarten werden unterschiedliche *Transportprotokolle* verwendet, die man sich vereinfacht als Transportkanäle unterschiedlicher Leistungsstufen vorstellen kann:

- **TCP/UDP-IP-Kanal** (Standard-Transportprotokoll der IT-Welt) für die Übertragung zeitunkritscher PROFINET-Daten. Dieser Transportkanal steht auch zur generellen Anbindung der Automatisierungssysteme an die übergeordneten Ethernet-Netze wie den firmeneigenen Intranets und dem öffentlichen Internet zur Verfügung.
- **SRT-Kanal** (Soft Real Time) für zeitkritische PROFINET-Daten. Hierbei handelt es sich um ein spezielles Transportprotokoll von PROFINET, um die im Feldbusbereich geforderte Echtzeitkommunikation zu ermöglichen. Werden Aktualisierungszeiten von ca. 10 ms bei zyklischer Datenübertragung gefordert, wird von „weicher" Echtzeitbedingung gesprochen. Das SRT-Transportprotokoll wird als Software auf Basis vorhandner Controller realisiert.
- **IRT-Kanal** (Isochrone Real Time) für ganz besonders anspruchsvolle Anforderungen an die Übertragung von PROFINET-Daten wie beispielsweise für Antriebssteuerungen. Hier sind „harte" Echtzeitbedingungen einzuhalten, d.h. Aktualisierungszeiten von ca. 1 ms bei einer garantierten Taktgenauigkeit bis auf 1 µs. Die IRT-Kommunikation ist zeitschlitzgesteuert und setzt eine entsprechende Konfigurierung mit IRT-fähigen Geräten einschließlich der Switches voraus. IRT-fähige Switches schalten die Verbindungen zeitsynchronisiert (nicht adressgesteuert) bereits vor dem Eintreffen der Ethernet-Telegramme durch. Die Realisierung des IRT-Transportprotokolls erfolgt auf Hardware-Basis durch einen ASIC.

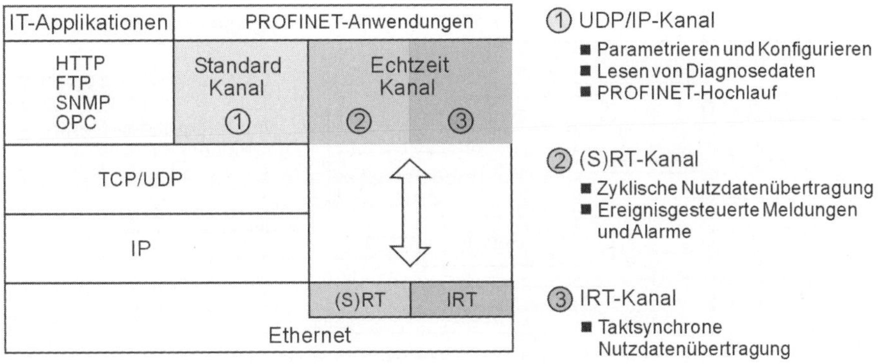

Bild 18.9: Kommunikationskanäle bei PROFINET
Nicht dargestellt ist die Objektkommunikation über Microsoft DCOM bei PROFINET CBA.

PROFINET nutzt auch das Prinzip der "Telegramm-Priorisierung", um die Übertragung der Daten durch das Ethernet-Netzwerk zu verbessern. Vordringlichere Telegramme sollen die weniger eiligen Telegramme überholen können. Netzwerkkomponenten wie Switches können den Datenfluss priorisierter Telegramme steuern, dazu verwenden sie ihre Zwischenspeicher.

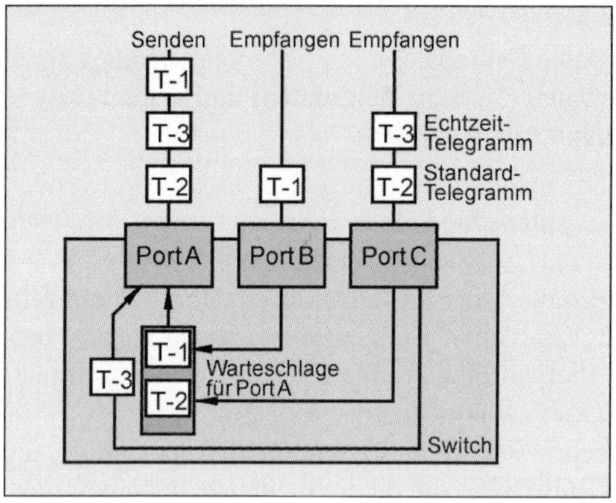

Bild 18.10: Telegramm-Priorisierung Echtzeit-Telegramm "überholt" Standard-Telegramm. PROFINET-Switches unterstützen Telegramm-Priorisierung.

18.1.7 PROFINET-Web-Integration

Die Web-Integration wird bei PROFINET unter den Aspekten Ferndiagnose und Remote-Engineering gesehen. Mit der Webintegration sollen für PROFINET die aus dem IT-Bereich bekannten Vorteile wie die Nutzung von Browsern als einheitliche Bedienoberfläche, der ortsunabhängige Zugriff auf Informationen von einer beliebigen Anzahl von Clients und die Plattformunabhängigkeit der Clients (Hardware und Betriebssystem) nutzbar gemacht werden.

Die Web-Integration ist bei PROFINET **optional**. Die Basiskomponente der Web-Integration ist der Web-Server. Neu hinzu kommen sog. Web Services für die maschinelle Weiterverarbeitung der abgerufenen Daten.

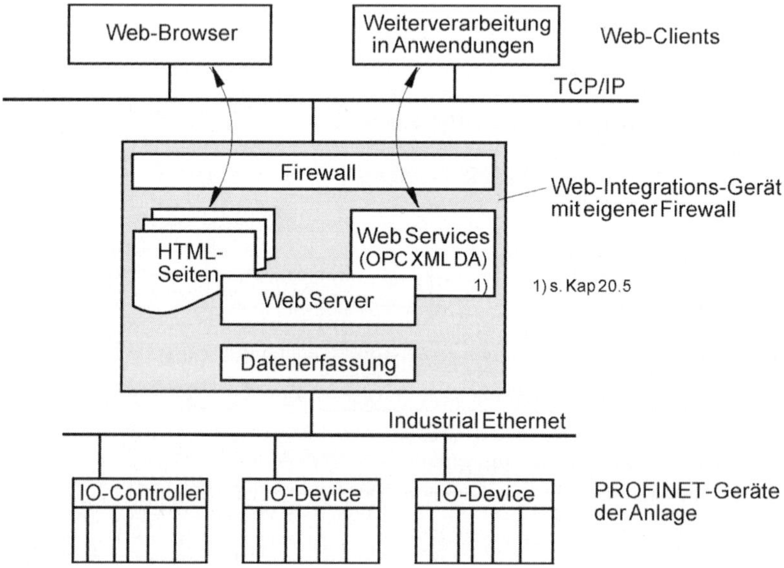

Bild 18.11: Struktur der Web-Integration und Bestandteile eines Web-Integrations-Gerätes.

18.2 Projektierung PROFINET IO

18.2.1 Übersicht

Die Projektierung eines PROFINET IO Systems mit STEP 7 erfordert Arbeitsschritte, die denen einer PROFIBUS DP Projektierung sehr ähnlich sind. Größere Unterschiede bestehen eigentlich nur in der Einstellung der Stationsadresse bei den IO-Devices.

Arbeitsschritte in der Übersicht:

1. Hardware-Projektierung.
   1.1 Hardwarekonfiguration der SPS-Station projektieren. Im Rahmen der Schnittstellen-Parametrierung ein Ethernet-Subnetz einfügen und eine IP-Adresse zuweisen.
   1.2 An das IO-System alle benötigten IO-Devices anbinden und gegebenenfalls die Module der IO-Devices konfigurieren.
   1.3 Für jedes IO-Device: Gerätenamen kontrollieren bzw. neu vergeben und die Parameter einstellen.
2. Adressen den IO-Devices zuweisen und Projektierung laden.
   2.1 Jedem IO-Device wird der projektierte Gerätename zugewiesen.
   2.2 Im Betriebszustand STOP der CPU die Hardwarekonfiguration laden.
3. Software erstellen.
   3.1 Ermittlung der E/A-Adressen.
   3.2 Anwender-Testprogramm.
4. Inbetriebnahme Test und Diagnose.

Im Anlauf überträgt die CPU über die PROFINET-Schnittstelle die Projektierung auf die jeweiligen IO-Devices. Diese werden anhand des Gerätenamens identifiziert und erhalten implizit die zugehörigen IP-Adressen. Wie bei PROFIBUS DP gelten auch hier parametrierbare Überwachungszeiten „Fertigmeldung durch Baugruppen“ und „Übertragung der Parameter an Baugruppen“.

Im folgenden sind die grundlegenden Schritte beschrieben, wie ein PROFINET IO System projektiert und in Betrieb genommen wird.

18.2.2 Aufgabenstellung

Es ist das abgebildete PROFINET IO-System, bestehend aus einer S7-SPS-Station und zwei IO-Devices, zu projektieren. Die CPU der SPS-Station hat einen PROFINET CP integriert.

Technolgieschema:

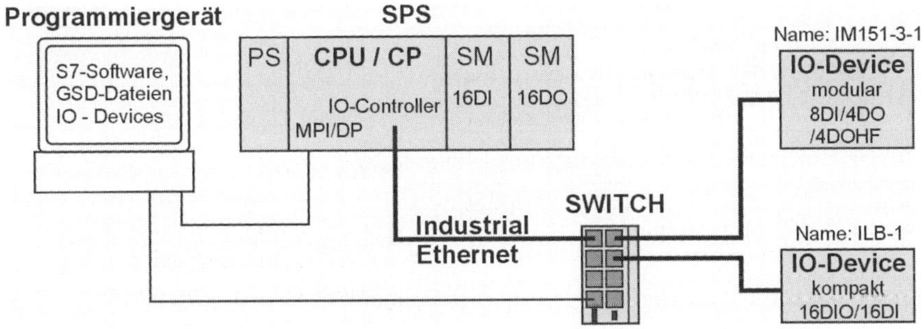

Bild 18.12: Feldbussystem mit PROFINET IO

Die S7-Station besteht aus einer Stromversorgung PS, einem Steuerungsprozessor CPU315-2PN/DP und zwei Signalmodulen SM16DI sowie SM16DO.

Das IO-Device mit dem Namen IM151-3-1 ist ein modulares IO-Device (ET200S IM131-3). Folgende Module sind einzufügen:
1x Power-Modul PME,
1x Modul 4DI DC24V ST,
1x Modul 4DI DC24V HF,
1x Modul 4DO DC24V/0,5A ST und
2x Modul 2DO DC24V/0,5A HF (ST = Standard; HF = High Feature).

Das IO-Device mit dem Namen ILB-1 (ILB PN 24 DI16 DIO16-2TX Firma PHOENIX CONTACT) ist kompakt mit 16 Digital-Eingängen und 16 Digital-Ein/Ausgängen (16 DIO) aufgebaut.

18.2.3 Arbeitsschritt (1): Hardware-Projektierung

Die Hardware-Projektierung kann in die Einzelschritte S7-Station projektieren, IO-Devices an das IO-System anbinden und Parametrierung untergliedert werden.

18.2.3.1 Hardwarekonfiguration der S7-Station

Die S7-Station besteht aus einer CPU 315-2PN/DP, 16 Digitaleingänge DI und 16 Digitalausgängen DO. Beim Einbinden der CPU ist ein Ethernet-Subnetz neu zu erstellen.

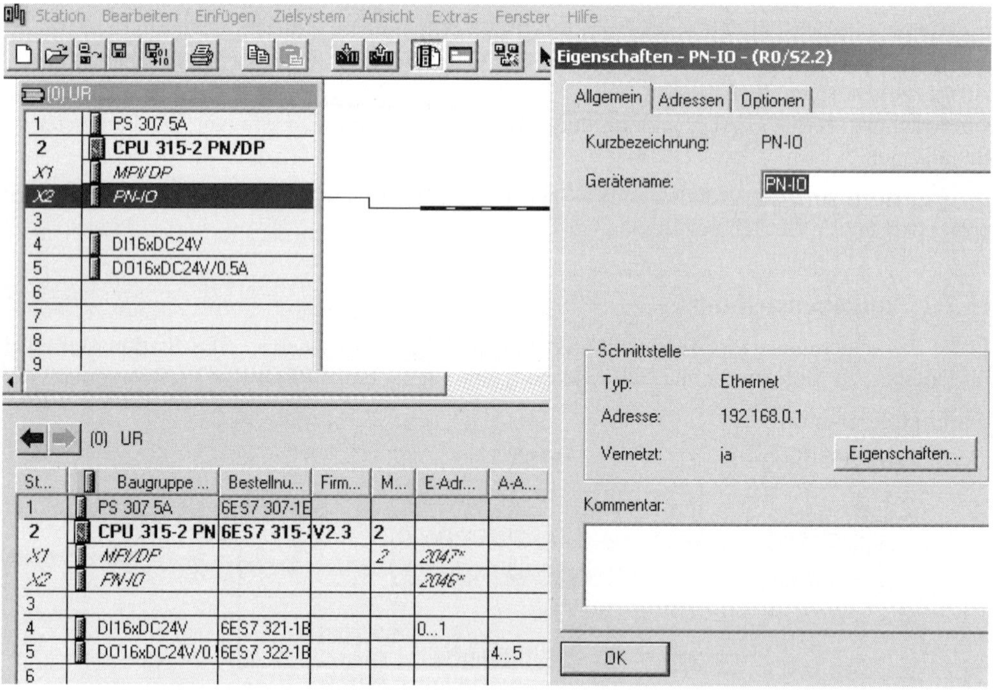

Die vorgeschlagenen Eigenschaften des Ethernet-Subnetzes sowie des PROFINET IO-Systems wurden unverändert übernommen. Auch die vorgeschlagene IP-Adresse 192.168.0.1 wurde beibehalten.

18.2.3.2 IO-Devices anbinden und Module konfigurieren

Das Auswählen und Anordnen von IO-Devices wird im Wesentlichen gehandhabt wie bei PROFIBUS DP.

Die IO-Devices müssen sich im Katalog-Abschnitt „PROFINET IO“ befinden oder die entsprechende GSD-Datei ist zu importieren. Sofern es sich um ein modulares IO-Device handelt, sind die benötigten Baugruppen bzw. Module noch zu projektieren.

Mit Drag & Drop werden die IO-Devices an das IO-System angebunden. Im Stationsfenster werden dann die IO-Devices als Symbole (ähnlich wie Slaves bei PROFIBUS DP) dargestellt.

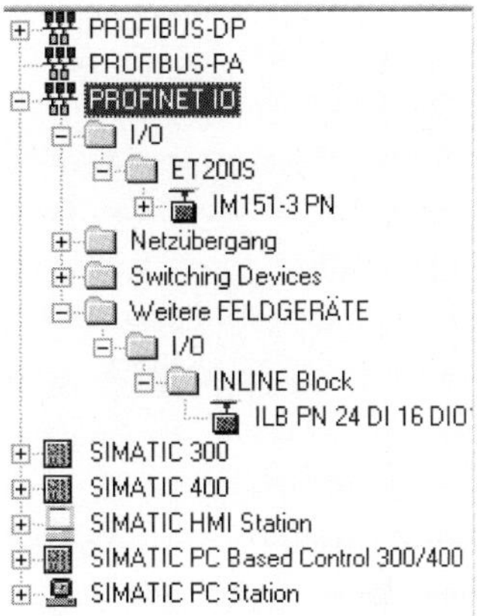

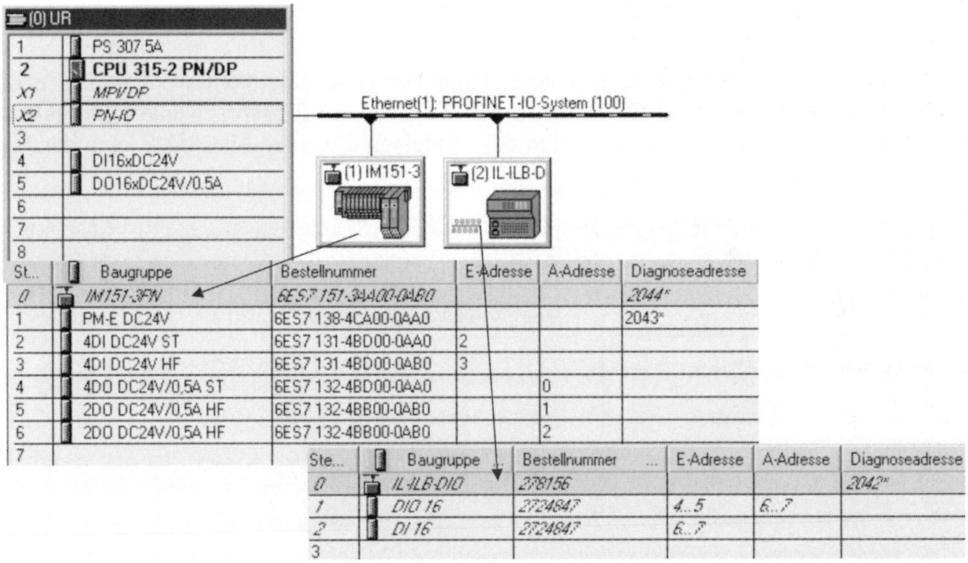

Beim Platzieren eines IO-Devices wird automatisch der Gerätename aus der GSD-Datei vergeben. Das Siemens ET200S-Gerät erhielt den Namen „IM151-3PN“ und das Phönix-Contact Inline Block IO Modul den Namen „IL-ILB-DIO“. Werden weitere Geräte des gleichen Typs eingebunden, so werden die Modulnamen durch eine Ziffer ergänzt (z.B. IM151-3PN-1).

18.2.3.3 Gerätenamen und Parameter einstellen

IO-Devices haben Eigenschaftsdialoge zur Abänderung der von STEP 7 automatisch beim Einfügen vergebenen Adressierungsinformation (Gerätenummer und Gerätename) sowie der Diagnoseadresse. Es sollen die Namen der beiden IO-Devices wie folgt geändert werden: Statt IM151-3PN neu IM151-3-1 und statt IL-ILB-DIO neu ILB-1. Durch Aktivieren des Moduls und rechten Mausklick kann der Eigenschaftsdialog geöffnet werden.

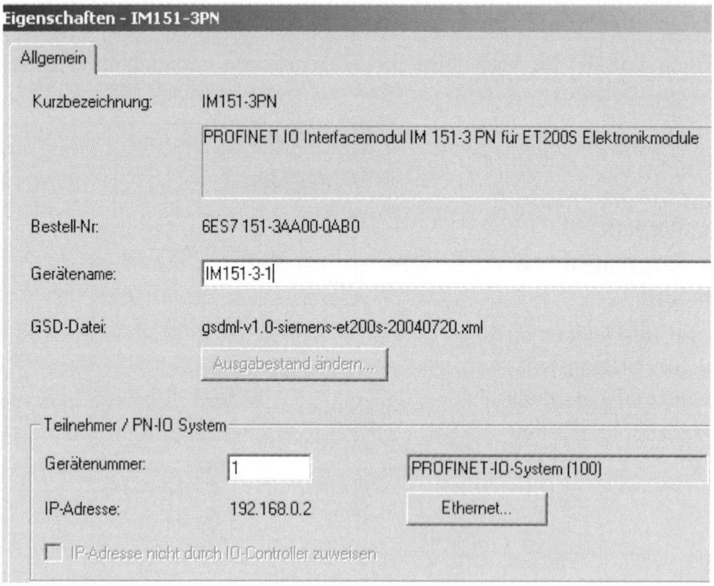

Über die Schaltfläche „Ethernet“ kann der Dialog zur Änderung der Schnittstelle und der Subnetzeigenschaften geöffnet werden. Die angezeigte IP-Adresse lässt sich dann ebenfalls ändern.

Die Eigenschaften der Module können über Parameterwerte eingestellt werden. Bei dem ET200S-Modul 2DO DC24V/0.5A HF wird die Diagnose für Drahtbruch und Kurzschluss nach Masse eingeschaltet. Durch Aktivieren des Moduls und rechten Mausklick kann der Eigenschaftsdialog geöffnet werden.

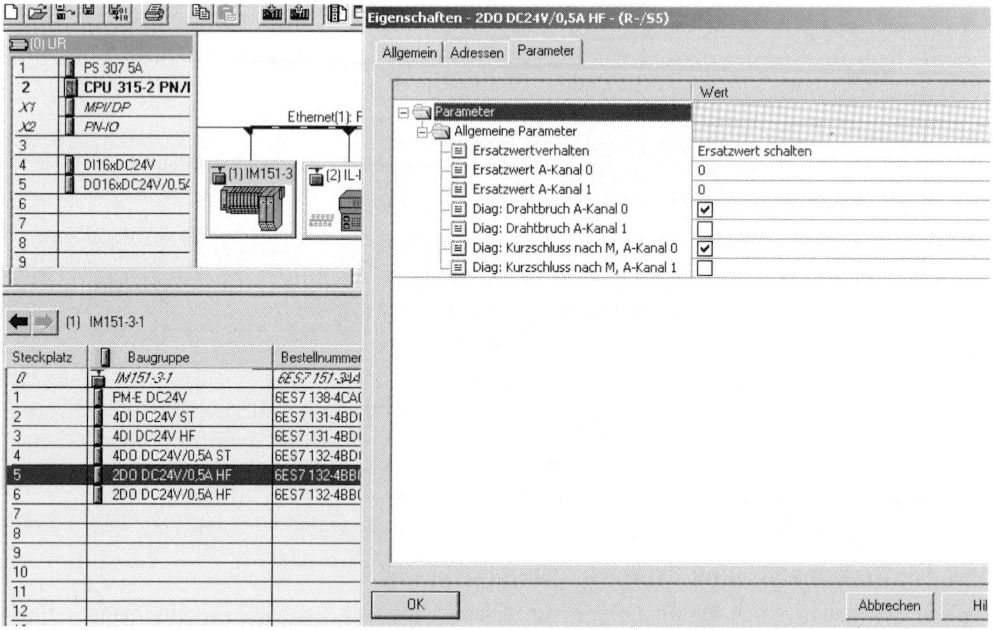

Auf diese Art und Weise können alle möglichen Parameter, wie beispielsweise Diagnosedaten oder Ersatzwerte der IO-Devices geändert werden. Welche Parameter dabei vorhanden und einstellbar sind, ist abhängig von der Leistungsfähigkeit des jeweiligen Moduls.

18.2.4 Arbeitsschritt (2): Gerätenamen zuweisen und Projektierung laden

18.2.4.1 Gerätenamen laden

Die bis jetzt nur in der Projektierung existierenden Gerätenamen müssen den I/O-Devices zugewiesen werden. Für den Online-Zugriff auf die PROFINET IO-Geräte über Ethernet muss die PG/PC-Schnittstelle auf eine TCP/IP-Schnittstellenkarte eingestellt werden. Die Eigenschaften der Ethernet-Schnittstelle müssen ggf. in der Systemsteuerung des PCs angepasst werden.

Zum Übertragen bzw. Ändern des Gerätenamens gibt es in STEP 7 mehrere Möglichkeiten.

- Über das Fenster „Erreichbare Teilnehmer“

Wird das Fenster „Erreichbare Teilnehmer anzeigen“ vom SIMATIC Manager aus geöffnet, werden alle am Netz gefundenen Geräte aufgelistet. Angezeigt werden S7-CPs, S7-CPUs, SIMATIC-PC-Stationen, PROFINET-Geräte und IE/PB-Link mit den unterlagerten DP-Slaves.

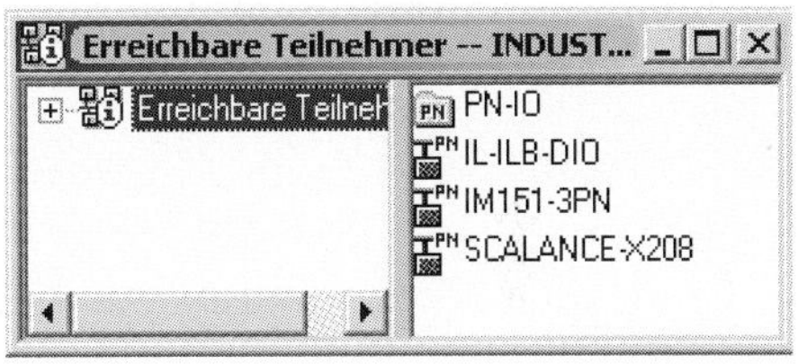

Über den Menübefehl **Zielsystem > Ethernetadresse vergeben** kann dann jedem IO-Device eine (andere) IP-Adresse und ein anderer Name zugewiesen werden.

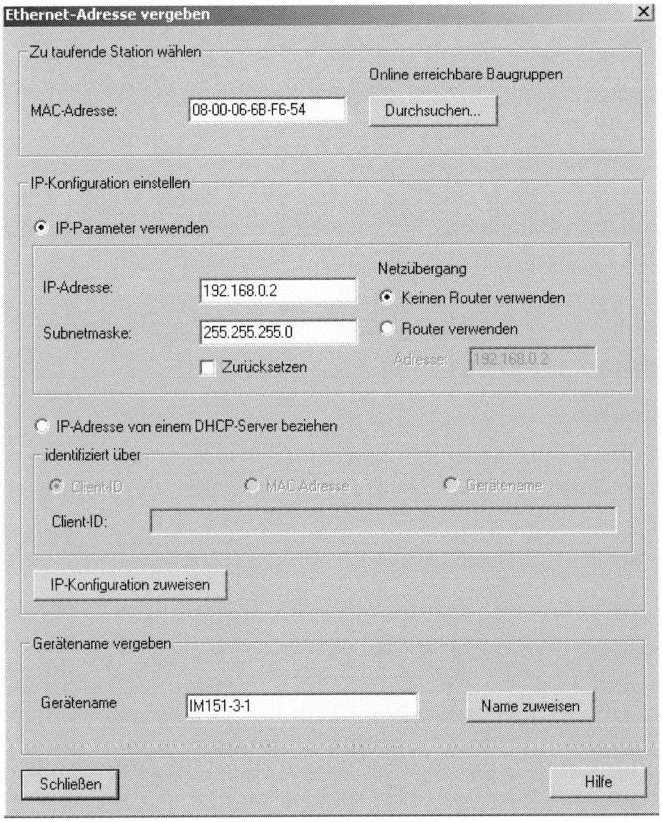

Mit der Schaltfläche „Durchsuchen“ werden alle im Netz befindlichen IO-Geräte angezeigt. Aus dieser Liste kann dann das entsprechende IO-Device ausgewählt werden.

Durch Betätigen des Buttons „Name zuweisen“ wird dem IO-Device der im zugehörigen Eingabefeld eingetragene Gerätename zugewiesen.

- Über das Fenster „Hardware-Konfiguration“

Im aktiven Fenster Hardware Konfiguration kann über den Menübefehl **Zielsystem > Ethernet > Gerätenamen vergeben** ein projektierter Gerätename ausgewählt und dem gewählten IO-Device zugewiesen werden.

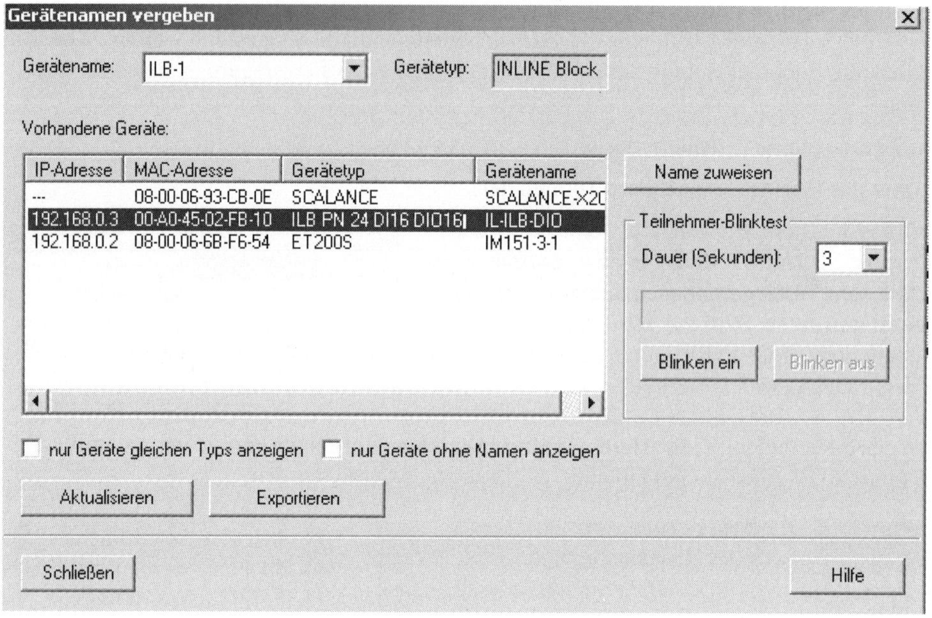

18.2.4.2 Hardwarekonfiguration laden

Vor dem Laden der Hardware-Konfiguration ist eine Konsistenzprüfung durchzuführen. Über den Menübefehl **Zielsystem > Laden in Baugruppe** wird die fehlerfreie Konfiguration in die CPU geladen. Als Schnittstelle kann entweder MPI oder Ethernet verwendet werden. Auf die entsprechende Einstellung der PG/PC-Schnittstelle ist dabei zu achten.

18.2.3 Arbeitsschritt (3): Software erstellen

18.2.3.1 Ermittlung der EA-Adressen

Die EA-Adressen der Baugruppen auf dem „RACK-300“ und der IO-Devices können im Fenster „Hardware-Konfiguration“ abgelesen und auch verändert werden. Die Systemvorgabe ergab dabei folgende Zuordnung:

RACK-300	Steckplatz 4:	DI16xDC24V	EB0; EB1
RACK-300	Steckplatz 5:	DO16xDC24V/0,5A	AB4; AB5
IO-Device IM151-3-1	Steckplatz 2:	4DIDC24VST	EB2
IO-Device IM151-3-1	Steckplatz 3:	4DIDC24VHF	EB3
IO-Device IM151-3-1	Steckplatz 4:	4DODC24V/0.5AST	AB0
IO-Device IM151-3-1	Steckplatz 5:	2DODC24V/0.5AHF	AB1
IO-Device IM151-3-1	Steckplatz 6:	2DODC24V/0.5AHF	AB2
IO-Device ILB-1	Steckplatz 1:	DIO16	EB4, EB5, AB6, AB7
IO-Device ILB-1	Steckplatz 2:	DI16	EB6, EB7

18.2.3.2 Anwender-Testprogramm

Da mit dem Testprogramm nur die Kommunikation überprüft werden soll, wird über Lade und Transferfunktionen eine Zuweisung der Digitaleingänge zu den Digitalausgängen unterschiedlicher Module programmiert.

```
OB1: Anwender-Testprogramm
L  EB 0  //Signalmodul Rack
T  AB 0  //IO-Device IM151-3-1
T  AB 6  //IO-Device ILB-1
L  EB 1  //Signalmodul Rack
T  AB 1  //IO-Device IM151-3-1
T  AB 7  //7 IO-Device ILB-1

L  EB 2  //IO-Device IM151-3-1
L  EB 3  //IO-Device IM151-3-1
SLW 4
OW
T  AB 4  //Signalmodul Rack
L  EB 6  //IO-Device ILB-1
T  AB 2  //IO-Device IM151-3-1
```

18.2.4 Arbeitsschritt (4): Inbetriebnahme, Test und Diagnose

Nach erfolgreicher Übertragung der Adressen und Parameter gehen die PROFINET-Geräte in den zyklischen Datenaustausch und zeigen dies durch eine gelbe Signalleuchte an. Ist die Übertragung nicht erfolgreich, geht die CPU nach Ablauf der Überwachungszeiten je nach Einstellung des Parameters „Sollausbau ungleich Istausbau“ (unter Eigenschaften der CPU „Anlauf“) in den STOP- oder RUN-Zustand. In jedem Fall leuchtet aber die rote BF-LED.

Mit dem geladenen Anwender-Test-Programm kann die Funktionsweise der einzelnen Ein- und Ausgänge der Module überprüft werden.

Die Diagnosewege, die in STEP 7 für PROFIBUS DP-Komponenten zur Verfügung stehen, stehen auch bei PROFINET IO zur Verfügung. Die Vorgehensweise ist identisch. Über den Menübefehl **Station > Online öffnen** im Fenster Hardware-Konfiguration können neben den S7-Stationen auch PROFINET IO-Geräte diagnostiziert werden. Der nachfolgende Bildausschnitt zeigt die Diagnosemeldung, wenn am angesteuerten Digitalausgang A 1.0 des PROFINET I/O-Device IM151-3-1 ein Kurzschluss gegen Masse auftritt.

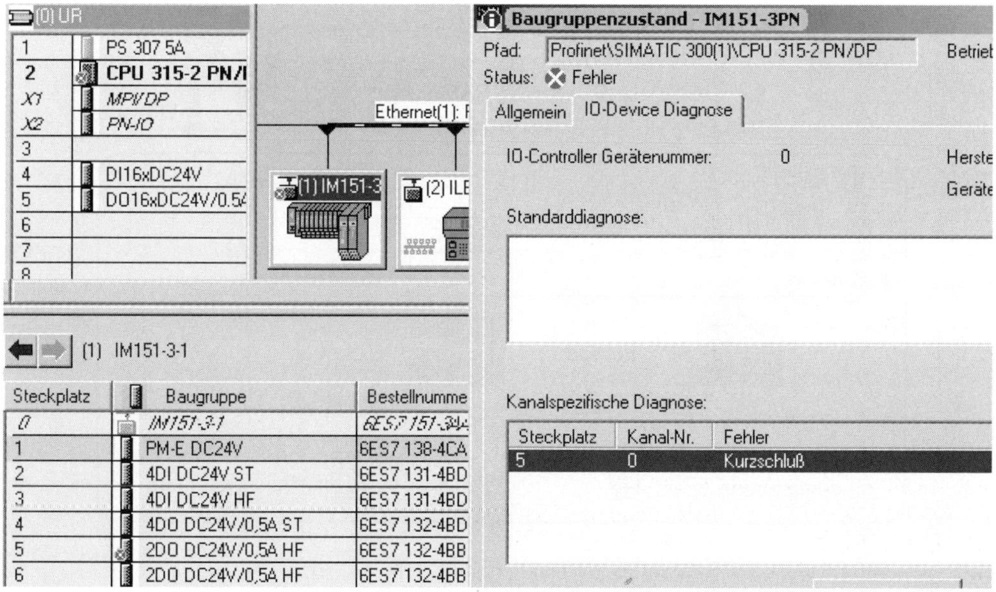

VI Informationstechnologien zur Integration von Betriebsführungs- u. Fertigungsabläufen

19 Industrielle Kommunikation – Überblick

19.1 Informationsstrukturen moderner Automatisierungssysteme

Büro- und Fertigungsabteilungen waren ursprünglich getrennt arbeitende Unternehmensbereiche, deren Kommunikation über Auftragszettel oder andere schriftlich Mitteilungen ablief. Was früher getrennt war, muss jetzt zusammenwachsen. Die neuen Möglichkeiten dazu liefern Ethernet-TCP/IP-Netze und Informationstechnologien wie Internetdienste und OPC-Schnittstellen.

Nach derzeitigem Stand der Entwicklung ist ein hierarchisch gegliedertes, leistungsmäßig abgestuftes Kommunikationssystem mit Datendurchlässigkeit im Bereich der Fertigungs-/Prozesstechnik üblich. Das hat technische und wirtschaftliche Gründe. Es gibt jedoch auch Bestrebungen, das in der Bürowelt etablierte Ethernet-TCP/IP-Bussystem auf den Automationsbereich auszudehnen, wie das schon am Beispiel PROFINET in Kap. 18 dargestellt wurde. Das entscheidende Kriterium ist aber die geforderte Verfügbarkeit der Informationen.

Das folgende Bild zeigt Informationsstrukturen wie sie in einem modernen Automatisierungssystem vorkommen können.

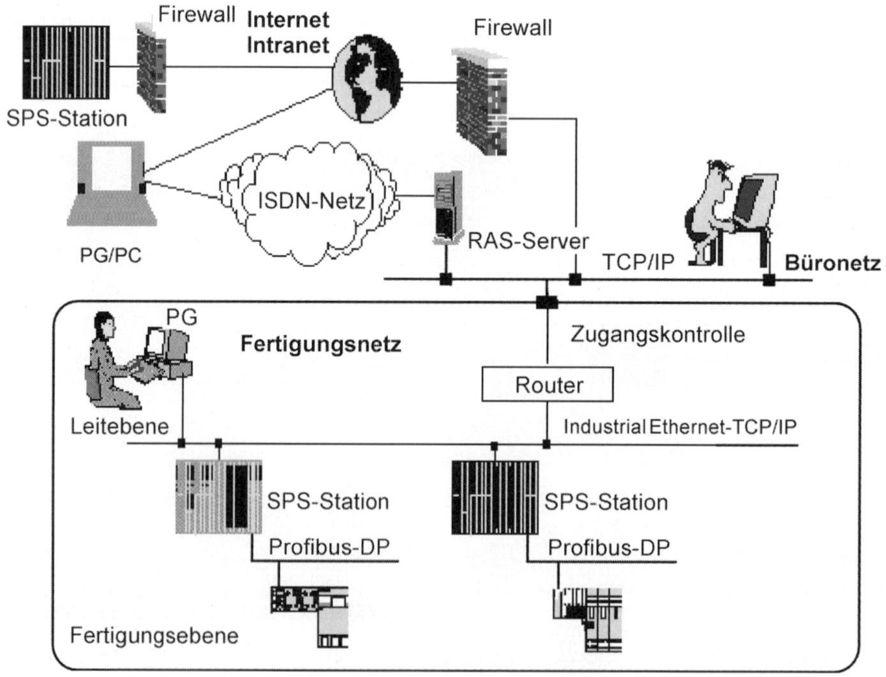

Bild 19.1: Informationsstrukturen mit Büro- und Fertigungsnetz

Als Aufgaben der in Bild 19.1 gezeigten Fertigungs-Leitebene seinen beispielhaft genannt:

- o Bedienen und Beobachten des Fertigungsprozesses,
- o Störungserkennung durch Auswerten von Meldungen und Alarmen,
- o Auswertung von Mess- und Produktionsdaten sowie deren Archivierung,
- o Optimieren von Prozessabläufen.

Die Aufgaben der im Bürobereich angesiedelten Betriebsleitebene können mit dem Begriff der "integrierten Betriebsführung" umschrieben werden:

- o Auftragswesen,
- o Qualitätskontrolle,
- o Instandhaltungsplanung,
- o Materialverwaltung,
- o Produktionsplanung.

19.2 Horizontale Kommunikation in der Fertigungsebene

Komplexere Automatisierungssysteme sind gekennzeichnet durch eine verteilte Steuerungs-Intelligenz. Mehrere SPS-Stationen erledigen eigenständig Teilaufträge des Anlagenprozesses. Die Aktoren und Sensoren in den Anlagenteilen oder Maschinen sind über einen Feldbus mit einer SPS-Station verbunden. Klassische elektromechanische Bedienfelder mit Schalter und Leuchten befinden sich unmittelbar an den Maschinen. Werden moderne Bedienpanels eingesetzt, so sind auch diese am Feldbus angeschlossen.

Der übergeordnete Datenaustausch zwischen den SPS-Stationen betrifft die gelegentliche Übertragung größerer Datensätzen und erfolgt daher in der Regel asynchron im Gegensatz zu dem zyklischen Datenverkehr auf Feldbusebene. Das trifft auch zu für die Programmierung und Diagnose der SPS-Stationen vom PC der Fertigungs-Leitebene aus. Diese übergeordneten Datentransfers werden über ein Industrial-Ethernet Netz abgewickelt, das auch den Anschluss dieses Fabriknetzes an das Büronetz ermöglicht.

Als Transport-Protokoll für die gesicherte Datenübertragung zwischen Kommunikations-Endpunkten stehen zwei Systeme zur Verfügung. Erstens das klassische TCP/IP-System (s. Kap. 17) und das neue PROFINET-System mit TCP/IP und Realtime-Übertragung (s. Kap. 18).

Aus Sicht der Kommunikation zwischen den Geräten fehlt noch die Erklärung, wodurch sich die Geräte tatsächlich „verstehen", denn Ethernet-TCP/IP sorgt nur für den sicheren Datentransport zwischen Kommunikations-Endpunkten. Die nachfolgende Zusammenstellung zeigt die bereits in den Kapiteln 17 und 18 vorgestellten Protokolle als "Verständigungssprachen" für Industrial Ethernet-Netze:

- o Send-Receive-Kommunikation zwischen S7-CPUen bei Industrial Ethernet,
- o S7-Kommunikation (S7-Funktionen) mit den Diensten Read und Write,
- o Send-Receive-Kommunikation zwischen IO-Controllern bei PRORFINET IO,
- o DCOM-Kommunikation zwischen PROFINET-Komponenten bei PROFINET CBA.

Das gemeinsame Merkmal dieser Datentransfers ist es, dass im Prinzip gleichartige "Gesprächspartner" miteinander Daten austauschen, weshalb man dies auch als *horizontale Kommunikation* bezeichnet. Dabei ist es gleichgültig, ob sich die Kommunikationspartner in demselben oder in verschiedenen Subnetzen befinden. Nicht zur horizontalen Kommunikation zählt man jedoch die Feldbus-Kommunikation auf der Basis Master-Slave bei PROFIBUS DP bzw. Controller-Device bei PROFINET IO.

19.3 Vertikale Kommunikation für betriebliche Abläufe

Eine vollkommen andere Betrachtungsweise liegt bei der sog. *vertikalen Kommunikation* vor. Hier handelt es sich um das Problem der Verständigung zwischen Anwenderprogrammen der Betriebsleitebene (z.B. Excel) mit Anwenderprogrammen der Fertigungsebene (SPS), oder anders ausgedrückt: Wie kommen SPS-Prozessdaten in eine Excel-Tabelle? Zwar hat die vertikale Kommunikation auch etwas mit der Datenübertragung zu tun, eventuell sogar durch heterogene Netze, aber das Hauptproblem liegt auf der Software-Ebene: Es gibt so viele verschiedene SPS-Systeme und Netzzugänge zu deren CPU wie es Anbieter von Automatisierungssystemen gibt. Hinzu kommt, dass SPS-Systeme üblicherweise nicht unter dem Betriebssystem Windows arbeiten. Das Problem wurde klassisch gelöst durch herstellerspezifische Treiberprogramme oder seit einigen Jahren auch durch eine standardisierte OPC-Schnittstelle (s. Kap. 21).

19.4 Dienste im ISO-OSI-Kommunikationsmodell

Von der "Internationalen Standardisierungsorganisation" (ISO) wurde ein Modell für die Beschreibung von Kommunikationsvorgängen zwischen Rechnern herausgegeben. Dieses Modell heißt "Open Systems Interconnection" (OSI). Sinn war es, die bei der Rechnerkommunikation über LAN-Grenzen hinaus auftretenden Probleme in Problembereiche, sog. Schichten oder Layer, zusammenzufassen. Jede der insgesamt sieben Schichten beschreibt einen Problembereich, für den verschiedene technische Realisierungen möglich sind. Die Schichten sind so gedacht, dass eine andere technische Lösung einer "niedrigeren" Schicht keine Änderung in einer "höheren" Schicht nach sich ziehen darf.

Im Sinne des ISO-OSI-Kommunikationsmodells (ISO-OSI-Schichtenmodells) bietet jede Schicht einen bestimmten Dienst an, den die darüber liegende Schicht nutzen kann, sodass der höchsten Schicht der volle Dienstumfang zur Verfügung steht.

Das Modell beschreibt nicht einen neuen Kommunikations-Standard, sondern legt nur fest, was ein Standard definieren muss, damit er OSI-konform ist. Es ist nicht vorgeschrieben, dass ein realisiertes Kommunikationssystem über alle Schichten verfügen muss. Schichten, die nicht benötigt werden, können entfallen.

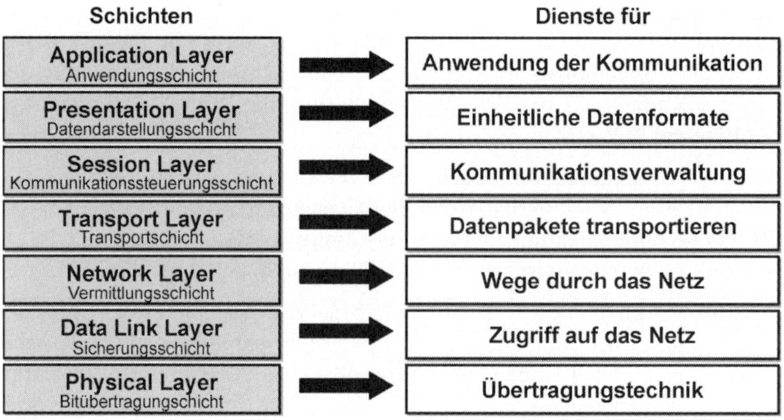

Bild 19.2: Leistungsangebot der Schichten im ISO-OSI-Kommunikationsmodell

Die Schichten 1-4 bezeichnet man als transportorientiert und die Schichten 5-7 als verarbeitungsorientiert. Die bisher in den Kapiteln 17 und 18 beschriebenen technischen Realisierungen der Datenübertragung lassen sich den Schichten 1-4 im ISO-OSI-Modell zuordnen.

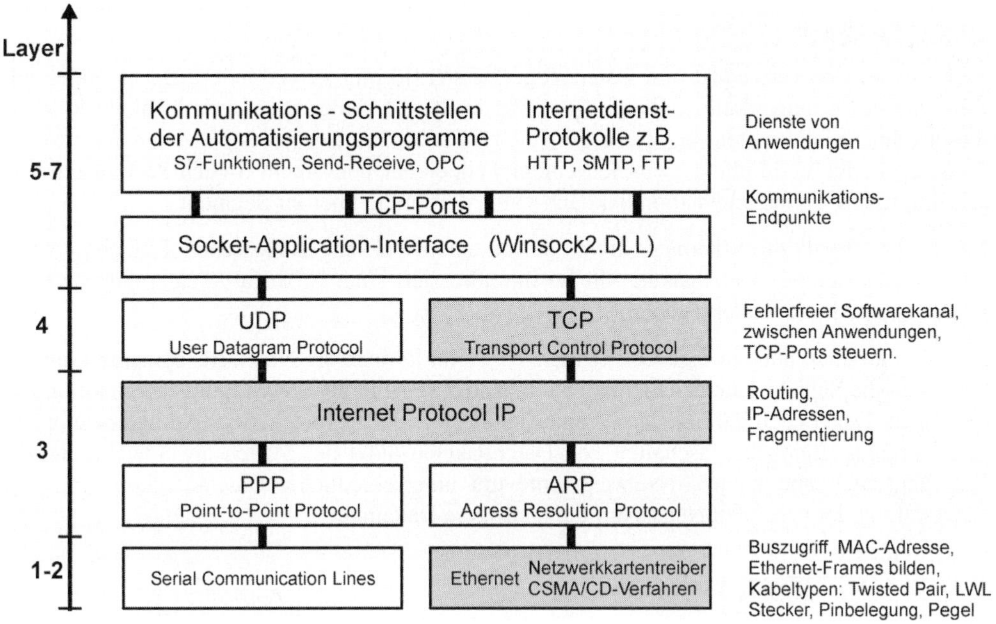

Bild 19.3: Auffüllen des (leeren) ISO-OSI-Schichtenmodells mit Ethernet-TCP/IP in Schicht 1-4 und Schnittstellen von Anwenderprogrammen sowie Internetdienst-Protokollen in Schicht 5-7

Internetdienste sind Leistungsangebote im Internet. Diese werden grundsätzlich von einem Server angeboten und von einem Client genutzt. Client- und Server-Programme sind die Akteure im Internet. Damit die Akteure ihre Rollen auch „spielen" können, muss ein bestimmtes Regelwerk existieren, dass den genauen Ablauf festlegt. Dieses Regelwerk heißt Protokoll, dessen Ausführung nennt man eine Prozedur, erbracht wird ein Dienst.

Jeder Internetdienst beruht nach dem ISO-OSI-Kommunikationsmodell auf einem speziellen Schicht-7-Protokoll (unter Einschluss von Dienstmerkmalen der Schichten 5 und 6). Genau genommen ist zwischen einem Internetdienst und dem Protokoll zur Durchführung des Dienstes zu unterscheiden, siehe nachfolgende Auswahl:

Internetdienst	WWW	E-Mail	Dateitransfer
Protokolle	HTTP Hyper Text Transfer Protokoll	SMTP Simple Mail Transfer Protokoll POP3 Post Office Protokoll 3	FTP File Transfer Protokoll
Beschreibung	Dokumentenaufruf und Präsentation (Webseiten) mit Verweisen (Links)	Elektronische Post, Versenden und Empfangen von Nachrichten	Kopieren (Übertragen) von Dateien zwischen Rechnern

19.5 Netzkomponenten im ISO-OSI-Kommunikationsmodell

Für Netzkopplungen werden Switches, Router und Gateways benötigt auf Grund von Unterschiedlichkeiten der zu verbindenden Teilnetze.

19.5.1 Switches

Switches werden verwendet, um Datenendgeräte sternförmig zu verbinden. Dabei findet eine Filterung des Datenverkehrs anhand der Adressen statt. Lokaler Datenverkehr bleibt lokal. In diesem Sonderfall entsteht ein *kollisionsfreies Ethernet-Netz*, da jedes Netzsegment zu einer Punkt-zu-Punkt-Verbindung zwischen einem Teilnehmer und einem Switch-Port zusammenschrumpft. Die Teilnehmerstation hat dann volle Verfügung über ihr Segment.

Ein Switch "lernt" die Ethernet-Adresse des an einem Port angeschlossenen Teilnehmers und leitet dorthin nur die Datenpakete, die an ihn adressiert sind. Broadcast-Telegramme werden jedoch an alle Ports weitergegeben.

Switches arbeiten auf der ISO-OSI-Schicht 2. Somit können sie Netzwerksegmente koppeln, bei denen die Schicht 1 unterschiedlich ist, beispielsweise in der Übertragungsgeschwindigkeit der Daten. Der Switch hat in jedem Eingangsport einen Pufferspeicher zur Aufnahme empfangener Frames. Beim Durchschalten von Datenpaketen nützt der Switch die Speicherung der Empfangsdaten und kann so Netzsegmente mit unterschiedlicher Datenrate koppeln, ohne Rückstufung des gesamten Netzes auf die niedrigere Datenrate

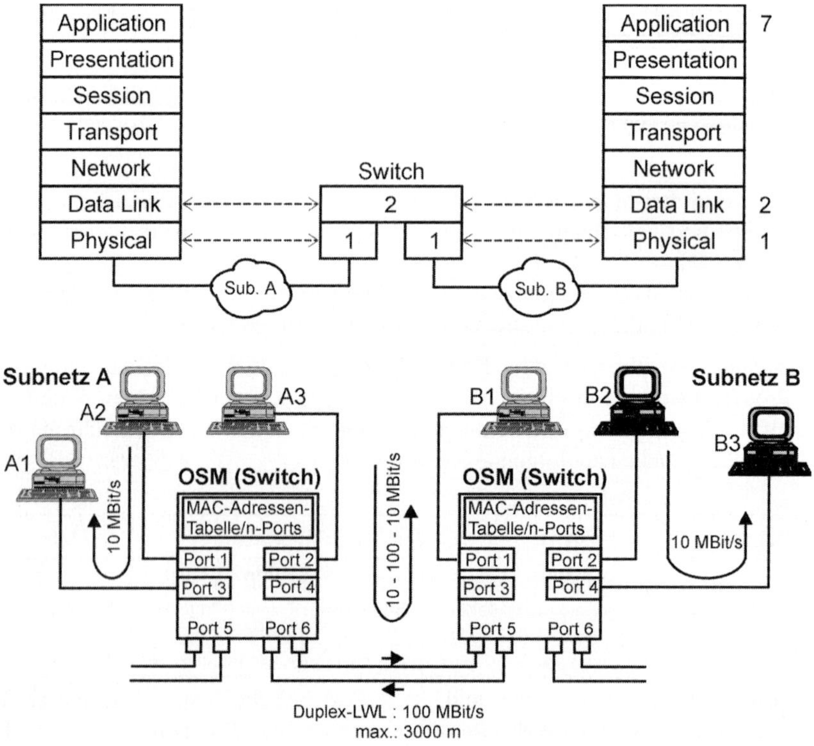

Bild 19.4: Einordnung von Switches im ISO-OSI-Kommunikationsmodell

19.5.2 Router

Router dienen zur Verbindung von Subnetzen, die sich in den Schichten 1 und 2 unterscheiden können, was bei einem Ethernet-ISDN-Router am stärksten deutlich wird. Router entscheiden in Abhängigkeit von IP-Adresse, welche Datenpakete in ein anderes Subnetz weiterzuleiten sind. Routing ist die Wegesteuerung einer Nachricht durch das Netzwerk. Router arbeiten protokollspezifisch auf der Schicht 3 (Netzwerkschicht) des ISO-OSI-Kommunikationsmodells, sie können auch sog. Multiprotokoll-Router sein, die nicht auf ein einziges Schicht 3-Protokoll festgelegt sind.

Die Router-Adressen-Tabellen müssen so aufgebaut sein, dass der Router aus der IP-Zieladresse im Datenpaket seine Entscheidung treffen kann. Dazu gehören die IP-Zielsubnetz-Adressen, die IP-Adresse und zugehörige MAC-Adresse des nächsten Netzknotens, an den das Datenpaket weiterzuleiten ist, sowie eine Default-Adresse für „unlösbare Fälle". Broadcast-Telegramme werden von Routern nicht in andere Subnetze weiter geleitet.

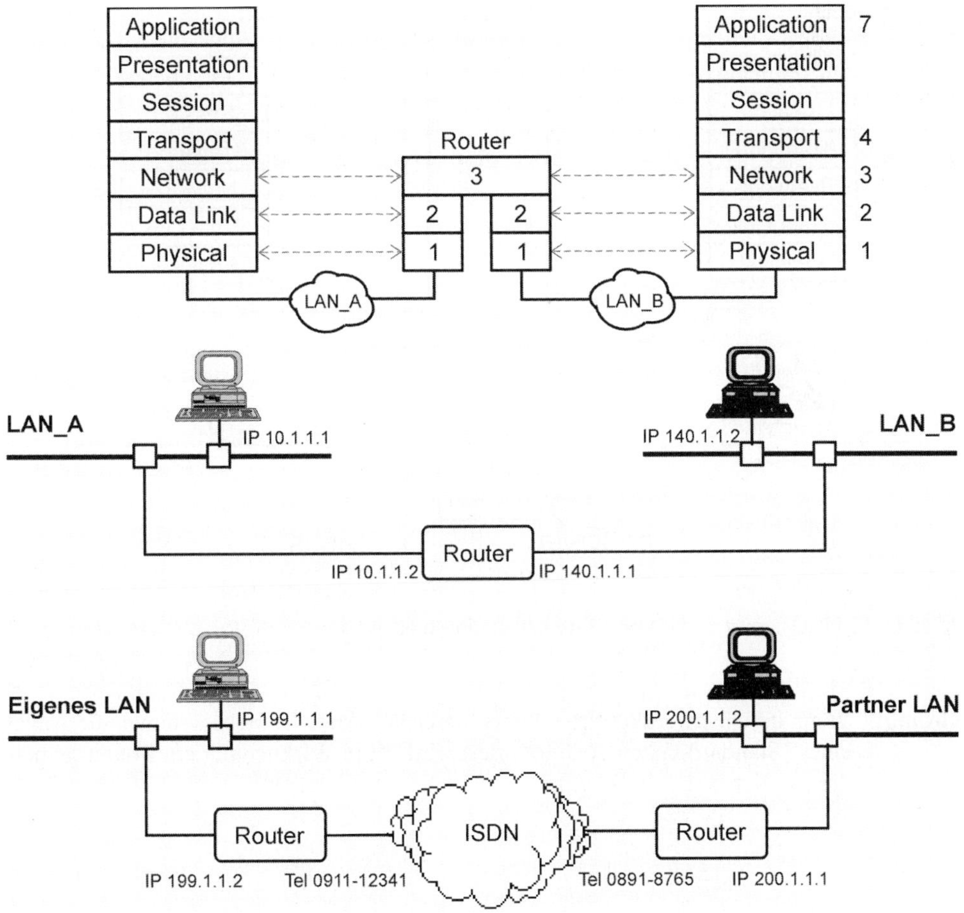

Bild 19.5: Einordnung von Routern im ISO-OSI-Kommunikationsmodell und Einsatz verschiedener Routertypen

19.5.3 Gateway

Gateways werden zur Kopplung von Subnetzen mit unterschiedlicher Protokoll-Architektur verwendet, d.h. durch sie können zwei beliebige, sich in allen Schichten unterscheidende Subnetze verbunden werden.

Es gibt Anwendungsfälle, in denen eine Gateway-Funktionalität erforderlich ist. Will der Besucher eines Internet-Cafes sich seine E-Mails auf den dortigen Computer laden, ist technisch gesehen ein sog. HTTP-POP3-Gateway erforderlich (HTTP = Übertragungsprotokoll für Webseiten im Internet, POP3 = Post Office Protocol, um E-Mails vom E-Mail-Server abzuholen). Das Gateway muss hier zwei unterschiedliche Protokolle übersetzen.

Auch in der Automatisierungstechnik müssen manchmal Gateways eingesetzt werden. Im PROFINET-System werden zum Zwecke der Integration von PROFIBUS-DP-Netzen sog. Industrial Ethernet/PROFIBUS-DP-Links eingesetzt. Das sind Gateways, die protokollfremde Netze miteinander verbinden können.

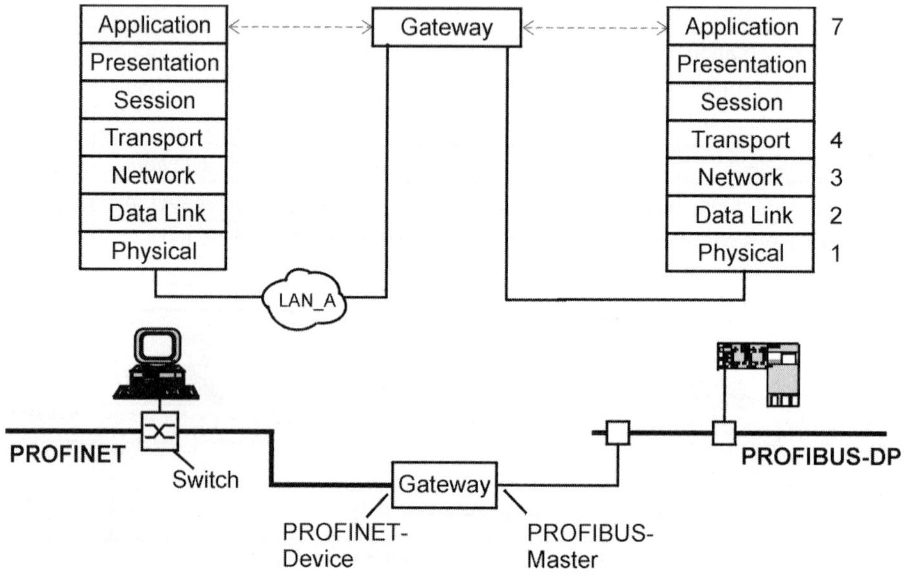

Bild 19.6: IE/PB-Gateway im ISO-OSI-Kommunikationsmodell

Achtung: Wenn bei Netzwerkkonfigurationen unter Windows-Betriebssystemen die Angabe eines "Standard-Gateways" gefordert wird, ist in Wirklichkeit ein Router gemeint, der das Netzwerk abschließt.

20 Web-Technologien in der Automatisierungstechnik

Die Anwendung von Web-Technologien ist auch für die Automatisierungstechnik von Bedeutung. Dabei geht es weniger um die Einbeziehung des Internets sondern um die Nutzung der Standards. Web-Technologien sind nicht auf eine bestimmte Computer-Hardware oder ein Betriebssystem festgelegt. Vorteilhaft für Anwender ist auch die weitgehende Einheitlichkeit der Benutzerinterfaces.

Anwendungsgebiete für Web-Technologien in der Automatisierungstechnik sind z.B.:

- Webbasierte Bedien- und Beobachtungsgeräte,
- Web-Server in SPS-Kommunikationsbaugruppen für Diagnose/Wartung von Anlagen,
- SMS-gestützte Meldesysteme,
- WebCam-Anlagenüberwachungen,
- Web-Server als Informationspool in der Anlage.

20.1 Grundlagen

20.1.1 Technologien

Was sind nun Web-Technologien? Im Allgemeinen wird unter einer Technologie ein Verfahren verstanden, mit dem aus Rohstoffen Fertigprodukte erzeugt werden. Bezüglich des World Wide Webs sind Technologien Verfahren, mit denen Informationen jeder Art (Wissens-Ressourcen) effizient zugänglich gemacht werden können. In diesem Kapitel werden die folgenden Web-Technologien genutzt:

- **HTTP**, das Übertragungsprotokoll für den Dienst World Wide Web,
- **HTML**, die Beschreibungssprache zur Erzeugung von Hypertext-Dokumenten,
- **Java Applets**, externe Programmkomponenten für Interaktionen in HTML-Dokumenten,
- **JavaScript**, eine Skriptsprache zur Erzeugung von Interaktionen in HTML-Dokumenten.

20.1.2 Akteure im Netz: Client und Server

Die Akteure in einem Netzwerk (Internet) werden als Client und Server bezeichnet. Ein Client ist der Nutzer eines vom Server erbrachten Dienstes. Bekannt sind die Beziehungen Web-Client und Web-Server, E-Mail-Client und E-Mail-Server, FTP-Client und FTP-Server, OPC-Client und OPC-Server.
Die Kommunikation zwischen Client und Server wird grundsätzlich von Client initiiert. Er erzeugt eine Anfrage und wartet auf die Lieferung der angeforderten Ressource. Client und Server sind *Prozesse* in Rechnern, die wartend, bereit, aktiv oder beendet sein können. Die Prozesse konkurrieren um die Betriebsmittel des Rechners, der zu einem Zeitpunkt immer nur einen Prozess ausführen kann. Wenn von einem Web-Server gefordert wird, dass er „gleichzeitig" mehrere Web-Browser bedienen soll, die unterschiedliche Webseiten bei ihm anfordern, kann das Problem dadurch gelöst werden, dass für jeden Auftrag ein eigener *Prozess* mit einem eigenen Prozessstatusblock erzeugt wird, der Speicherplatz beansprucht. Das Betriebssystem des Rechners muss für eine gute Verteilung der Prozessorzeit auf alle Prozesse sorgen. Jeder Prozessstatusblock kann im Prinzip als ein *virtueller Prozessor* angesehen werden.

Web-Browser sind interaktive Anwenderprogramme zur Präsentation von Webseiten und ermöglichen dem Benutzer das "Blättern" in Informationsbestände.

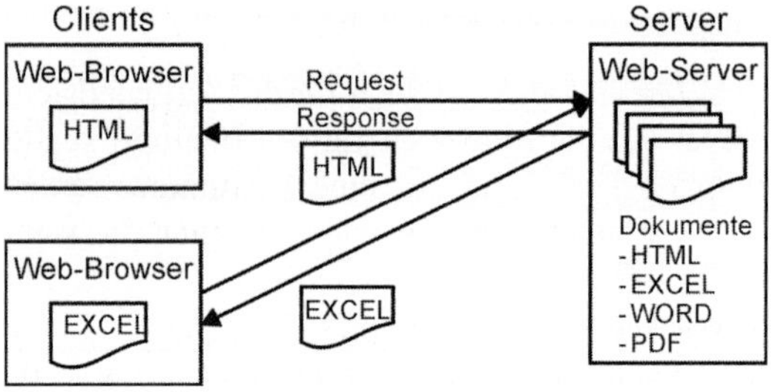

Bild 20.1: Client-Server-Beziehung

20.1.3 Netz-Infrastruktur und Protokolle

Die wichtigste Voraussetzung für den Aufbau einer Client-Server-Beziehung ist, dass die Rechner am Netz (LAN, Intranet, Internet) angeschlossen sind. Die Kommunikation zwischen Client und Server erfolgt über Protokolle, das sind vor allem die für die Übertragung wichtigen TCP/IP-Protokolle der Netz-Infrastruktur und die darauf aufsetzenden Dienst-Protokolle.

Anfangs- und Endpunkte des Übertragungsweges sind die TCP-Ports. Die IP-Adresse kennzeichnet den Rechner im Netz und die Port-Nummer ein bestimmtes Protokoll, bei dessen Inanspruchnahme ein entsprechender Dienst zur Nutzung angeboten wird. Die Kennzeichnung ist weltweit eindeutig. Einige Port-Nummern sind als *well known Portnumbers* standardisiert.

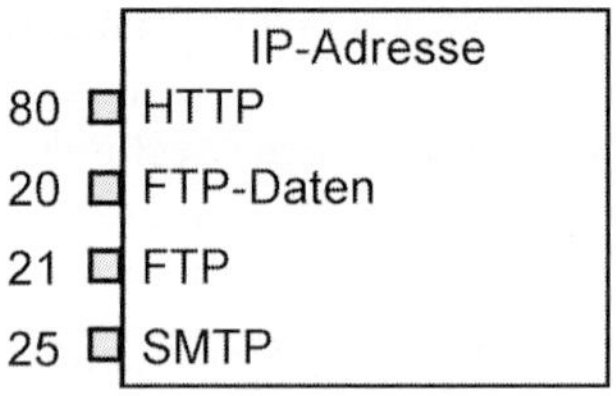

Anstelle einer genauen Verlaufsdarstellung der Übertragung von Datenpakte zwischen Client und Server zur Ausführung von Diensten im Netz verwendet man die abstraktere Beschreibungsform des ISO-OSI-Schichtenmodells. Die Grundidee der Schichtung ist, dass ausgehend von der untersten Schicht jede höhere Schicht neue Dienste hinzufügt. Eine Anwendung, die auf die Dienste der obersten Schicht zugreift, verfügt damit indirekt über den vollen Dienstumfang.

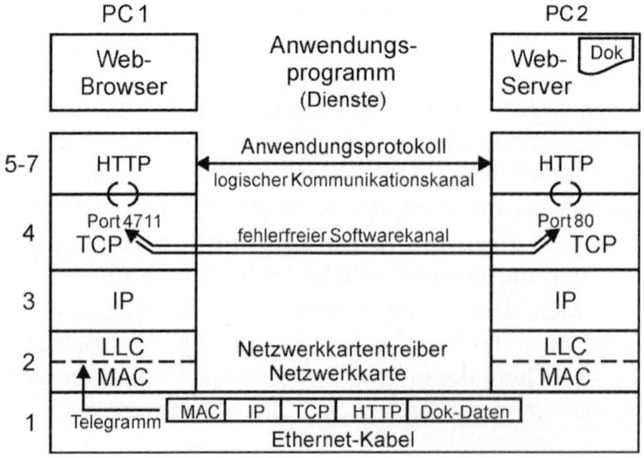

Bild 20.2:
Das Anwendungsprotokoll HTTP im ISO-OSI-Schichtenmodell.

Zwischen den Teilnehmern besteht ein scheinbar vorhandener, d.h. logischer Kommunikationskanal, weil die Teilnehmer die verwendeten Kommandos kennen und in vorgeschriebener Weise reagieren. Ausgeführt wird unter dem HTTP-Protokoll der WWW-Dienst (Webseiten).

20.1.4 HTTP

HTTP ist die Abkürzung für *HyperText Transfer Protocol*, es ist das Anwendungsprotokoll des Word Wide Web. HTTP legt die gemeinsame "Sprache" zur Verständigung zwischen einem Web-Client und einem Web-Server für den Austausch von Daten beliebiger Formate fest. Der Datentransfer erfolgt in vier Schritten, wie in Bild 20.3 gezeigt wird:

1. Der Web-Client baut eine TCP-Verbindung zum Web-Server auf: **Open**
2. Der Web-Client schickt einen HTTP-Request zum Web-Server: **Send**
3. Der Web-Server sendet einen HTTP-Response zum Web-Client: **Receive**
4. Der Web-Server baut die TCP-Verbindung wieder ab: **Close**

   Punkt 4 kann jedoch auch anders geregelt sein. Die meisten Web-Browser beantragen beim Server, die Verbindung für mehrere Anforderungen offen zu halten. Dies wird als "HTTP-Keep-Alive" bezeichnet. Es handelt sich dabei um eine HTTP-Spezifikation, die eine deutlich verbesserte Serverleistung ermöglicht. Ohne Keep-Alive würde ein Browser für ein Dokument mit mehreren Elementen, wie z.B. Grafiken, zahlreiche Verbindungsanforderungen stellen müssen. Jedes Element könnte eine separate Verbindung erfordern. Bei der Web-Server-Konfiguration wird HTTP-Keep-Alive standardmäßig aktiviert. Darüber hinaus gibt es auch noch ein sog. "Verbindungs-Timeout", das ist die Zeitspanne, nach deren Ablauf der Server einen inaktiven Browser automatisch trennt.

Im nachfolgenden Bild sind die Vorgänge ausführlicher dargestellt. In der Adressleiste des Browser-Programms wird http://142.1.5.2/index.htm eingegeben.

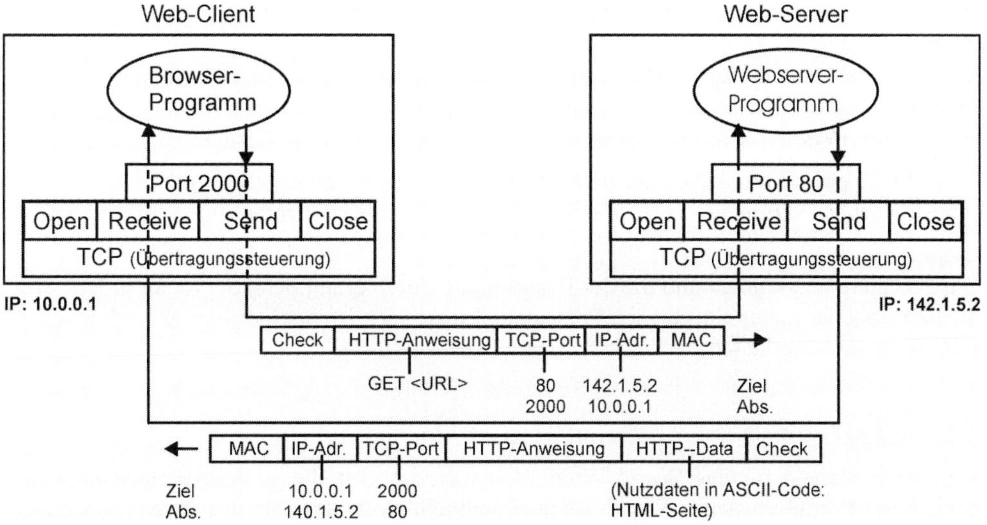

Bild 20.3: Softwarekanal zwischen zwei Programmen. Das Browser-Programm setzt automatisch die Portnummer 80 ein und verwendet den GET-Befehl. Der Web-Server liefert die Daten der Webseite an Port 2000 an, die der Browser willkürlich festgelegt und für Antwortzwecke mitgeliefert hat.

HTTP verwendet das Request-Response-Verfahren. Der Web-Server liefert nur dann die gewünschte Webseite mit seinem Response, wenn der Web-Client (Browser) diese mit einem Request angefordert hat. Der Web-Client muss die Information „ziehen".

Mit dem HTTP-Protokoll können nicht nur HTML-Dokumente sondern auch solche mit Word-, PDF- oder Excel-Dateien und multimediale Daten wie Bilder, Musik, Videosequenzen in bestimmten Dateiformaten übertragen werden. Der Browser, der ein empfangenes Dokument präsentieren soll, stellt zunächst einmal den Ressourcentyp fest. Im HTTP-Header hat der Web-Server eine "MIME"-Information mitgeliefert, die Aufschluss darüber gibt, um welchen Dateityp es sich bei dem betreffenden Dokument handelt. Danach kann der Browser entscheiden, ob er das Dokument selber in einem Fenster präsentiert, weil es sich um ein echtes HTML-Dokument handelt oder ob er dazu ein Hilfsprogramm startet oder als letzten Ausweg, wenn beide Varianten nicht möglich sind, die Datei einfach abspeichert. Als Hilfsprogramme stehen dem Browser die auf dem Rechner installierten Programme wie z.B. MS Word oder MS Excel oder der Acrobat Reader zur Verfügung. Dem Betrachter erscheint die Präsentation des auf einem entfernten Rechner liegenden Dokuments genauso, als wenn er das Dokument auf seinem lokalen Rechner mit dem entsprechenden Programm geöffnet hätte.

MIME ist ein Internet-Standard zum Senden von Multimediadaten und steht für *Multipurpose Internet Mail Extension* bezüglich des E-Mail-Dienstes oder für *Multipurpose Internet Message Extension* bei anderen Internetdiensten. Die MIME-Typen dienen der Beschreibung des Inhalts einer Datei, sodass der Client zwischen den verschiedenen Arten von Daten unterscheiden kann. Für die Übertragung von Dokumenten mit dem HTTP-Protokoll mussten MIME-Typen vereinbart werden, weil es zu bestimmten Dateitypen bei verschiedenen Rechnern/ Betriebssystemen unterschiedliche Dateinamen-Extensionen gibt, z.B. JPEG, JPG, JIF für JPEG Images (Bilder).

Wird von einem Server ein Bild im JPEG-Format geladen, liefert er auch den MIME-Typ mit, in diesem Fall "image/jpeg". Der Browser kennt diesen MIME-Typ und kann seine Präsentation darauf abstellen.

Bei einer PDF-Datei (**P**ortable **D**ocument **F**ormat) heißt die Datei-Extension immer PDF und der MIME-Typ dazu wird mit "application/pdf" notiert, damit weiß der Browser, dass er ein Hilfsprogramm starten muss, in diesem Fall das PlugIn des Acrobat-Readers.

Der MIME-Typ zur Inhaltsbeschreibung einer HTML-Datei lautet "text/html". Der Browser kann ein solches Dokument mit Hilfe seines HTML-Interpreters anzeigen.

Besonders wichtig werden MIME-Typen bezüglich der multimedialen Daten, die in Dokumenten eingelagert sein können und die der Browser zur Übertragung beim Server anfordert. Multimedia-Hersteller bieten PlugIns zur Präsentation ihrer spezifischen Formate an und erweitern so die Browser-Fähigkeiten.

20.1.5 HTML

Eines der Probleme für das World Wide Web war zunächst die Vielzahl unterschiedlicher Rechner und Betriebssysteme. Es gab keine einheitliche Software-Schnittstelle auf Anwenderebene. So entstand die Notwendigkeit, eine auch für Laien einfach zu bedienende Oberfläche zu schaffen, mit der sich Dokumente auf verschiedenen Rechnern in einheitlicher Weise darstellen lassen. Das führte zur Entwicklung von HTML und von Browsern mit HTML-Interpreter.

HTML ist die Abkürzung für *Hyper Text Markup Language*. Dabei bedeutet *Markup*, dass es sich um eine Markierungs- oder Auszeichnungssprache handelt, die als solche die Aufgabe hat, Strukturen eines Dokuments zu beschreiben. Dazu gehören strukturelle Elemente wie z.B. Überschriften, Absätze, Tabellen, Aufzählungen und Querverweise (Links) zu anderen Dokumenten. Für diese strukturellen Elemente stehen sog. *Tags* zur Verfügung in Form von spitzen Klammern “<“ und “>“, in denen die HTML-Befehle eingeschlossen sind. Die Web-Browser interpretieren die Tags und erzeugen damit die vorgegebene Dokumentenstruktur.

Für HTML-Tags gilt ein bestimmtes Schema:

- Einzelne Tags sind in spitzen Klammern eingeschlossen
- Das Tag kann durch Angabe von Attributen erweitert werden: <HTML-Tag=“...“>
- Zu jedem HTML-Tag gibt es ein entsprechendes Ende-Tag mit vorangestelltem Schrägstrich: </HTML-Tag>
- Die durch ein Tag festgelegten Eigenschaften gelten für alles, was zwischen dem Tag und dem Ende-Tag steht: <HTML-Tag> Gültigkeitsbereich </HTML-Tag>
- Bei HTML-Tags wird nicht zwischen Groß- und Kleinschreibung unterschieden

Grundsätzlicher Aufbau einer HTML-Datei:

Jede HTML-Seite besteht prinzipiell immer aus dem nachfolgend gezeigten einfachen Grundgerüst, welches nach Bedarf ausgebaut werden kann.

Allgemeine Form eines HTML-Dokuments:

```
<html>
 <head>
  <title>Visualisierung einer Anlage</title>
 </head>
<body>
 Eigentlicher Inhalt der Seite
</body>
</html>
```

- Der gesamte Inhalt einer HTML-Seite wird in die Tags **<html>** und **</html>** eingeschlossen. Das html-Element wird auch als **Wurzelelement** einer HTML-Datei bezeichnet.
- Hinter dem einleitenden HTML-Tag folgt das einleitende Tag für den Kopf **<head>**. Zwischen diesem Tag und seinem Gegenstück **</head>** werden die Kopfdaten notiert.
- Die wichtigste Angabe in den Kopfdaten ist der Titel der HTML-Datei, markiert durch **<title>** und **</title>**.
- Es folgt der Textkörper, markiert durch **<body>** und **</body>**. Dazwischen wird dann der eigentliche Inhalt der Datei notiert, also das, was im Anzeigfenster des Web-Browsers angezeigt werden soll.

Bedeutung von Hyper Text

Hyper Text bedeutet, dass ein Verweis in einem Dokument zu einem anderen Dokument hinführt. Das hat den Vorteil, dass der Empfänger des Dokuments den Inhalt des anderen Dokuments in Erfahrung bringen kann, ohne dass dieser Inhalt im ersten Dokument mit übertragen werden musste. Klickt der Anwender auf ein “verlinktes“ Inhaltselement, so wird er auf eine andere Webseite geleitet. Das Pfadattribut des Tags *<a href=“Pfadangabe“>* kann die Pfadangabe entweder in absoluter Form durch den kompletten *URL* (s. nachfolgendes Kapitel) oder in relativer Form durch einfache Angabe des Dateinamen enthalten. Die Datei wird dann im gleichen Verzeichnis gesucht, in dem sich auch die HTML-Datei befindet.

Einbinden von Bildern

Ein HTML-Dokument kann außer Text auch Bilder enthalten, jedoch sind diese nicht direkt Bestandteil des HTML-Dokuments. Im Dokument wird nur festgelegt, woher die Bilder geladen werden (Verweis), an welcher Stelle sie darzustellen sind (Position) und welche Abmessungen sie haben sollen (Größe). Die Bilder werden durch separate Anfragen der Web-Clients bei dem betreffenden Web-Server geladen. Zum Einbinden von Bilddateien stellt HTML das *<img>* Tag (img steht für image) zur Verfügung, wobei über das Attribut *scr* (scr steht für source) der Name und die Quelle der Bilddatei angegeben werden.

Eingabe von Informationen

Die Interpretation eines HTML-Dokuments im Browser führt zu einer statischen Anzeige im Bildschirm und zu der Frage, ob der Anwender auch Informationen an den Web-Server zurückgeben kann? Als Lösung bietet HTML die Möglichkeit an, Formulare anzuzeigen, die vom Anwender ausgefüllt werden können. Die so eingegebenen Daten können durch Anklicken eines “Submit-Buttons“ vom Browser zum Server gesendet werden. Sämtliche zum Formular gehörenden Elemente sind zwischen dem einleitenden *<form>* Tag und dem abschließenden *</form>* Tag durch die Attribute *method*, *action* und *name* anzugeben. Das funktioniert jedoch nur, wenn der Web-Server auf ein entsprechendes Bearbeitungsprogramm für die im Formular eingegebenen Daten zurückgreifen kann. Die Eingabeelemente werden über das *<input>* Tag festgelegt, welches wiederum Attribute hat wie z.B. *text* (Texteingabefeld) und *submit* (Button zum Abschicken und Zurücksetzen des Formulars).

Beispiele für Gestaltungselemente von HTML-Seiten

Die folgende Auflistung gibt einen kurzen Überblick über einfache HTML-Tags zur Gestaltung und Formatierung einer HTML-Seite. Zum Erlernen der Beschreibungssprache sei auf die Online-Dokumentation SelfHTML von Stefan Münz verwiesen (www.teamone.de).

Tag	**Beschreibung**
 	Zeilenumbruch im Text
<p>...</p>	Textabsatz
<i>...</i>	Kursivschrift
<b>...</b>	Fettschrift
<u>...</u>	Text unterstreichen
<h1>...</h1>	Überschrift der Größe 1 (1= groß, 6 = klein)
<font face=“Arial“>...</font>	Auswahl der Schriftart, weitere Attribute möglich: size, color
<body bgcolor= »red >	Hintergrundfarbe der HTML-Seite
<img src=”logo.gif”>	Einbinden des Bildes „logo.gif“ (img src von image source)
<hr size=”2”/>	Horizontale Linie mit 2 Pixel Stärke
<a href=”Seite.html”>…</a>	Link auf eine andere HTML-Seite

HTML-Editoren

Rein äußerlich betrachtet besteht ein HTML-Dokument aus reinem Text in Form von ASCII-Zeichen. Dadurch sind HTML-Dateien unabhängig vom benutzten Betriebssystem des Rechners. Plattformabhängig ist dagegen die Präsentations-Software (Web-Browser). Um eine HTML-Datei zu erstellen, reicht ein einfacher ASCII-Texteditor aus. Komfortabler sind spezielle HTML-Editoren wie z.B. das Freeware-Programm “htmledit“.

20.1.6 Ressourcenadresse: URL

Ressourcen sind hier die zur Nutzung angebotenen „Informationsbestände" wie z.B. Web seiten, die an einen anfragenden Client geliefert werden können, aber auch serverseitige Programme, die vom Client gestartet und als Resultat meistens mit einer HTML-Seite beantwortet werden.

Ressourcen stehen im Netz bereit und müssen gefunden werden. Die Adressierung jeder Art von Internet-Ressourcen erfolgt durch einen sogenannten *URL (Uniform Resource Locator)*, der folgende Angaben beinhaltet:

1. das Übertragungsprotokoll für den Zugriff auf die Ressource:
   http://
2. den Namen des Servers:
   hostname oder IP-Adresse des Servers
3. die Position der Ressource auf dem Web-Server:
   /pfadname/filename?weitere parameter

Die allgemeine Syntax für einen URL lautet:

http://hostname[:port][/pfadname][/filename][?weitere parameter]

Beispiel:

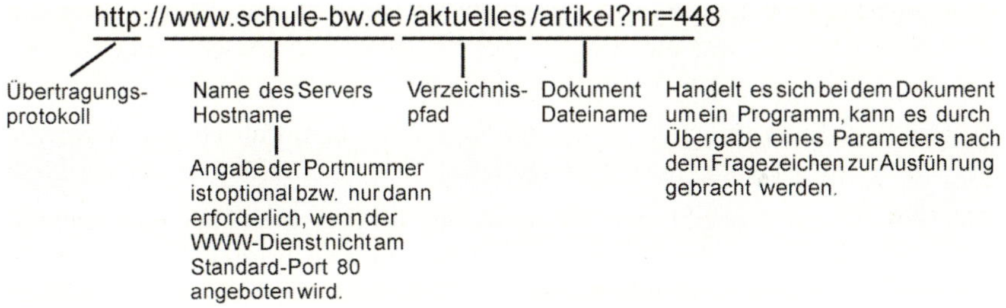

Die Syntax für den obigen URL ohne Ressourcenangabe lautet

http://www.schule-bw.de

und führt auf ein voreingestelltes oberstes Verzeichnis des Web-Servers.

Für eine Webseite auf dem Web-Server einer SPS-Kommunikationsbausgruppe kann der URL beispielsweise lauten:

http://192.168.0.10/user/visu.htm

Darin ist /user ein Verzeichnis im Dateisystem der Kommunikationsbaugruppe und /visu.htm das HTML-Dokument (Webseite). Die IP-Adresse 192.168.0.10 wurde bei der Projektierung der Kommunikationsbaugruppe vergeben. Die Portnummer 80 wird vom Browser eingefügt.

20.1.7 Web-Server

Was ist ein Web-Server?

Umgangssprachlich versteht am unter einem *Webserver* (Zusammenschreibung) einen Computer, der von einem Systemadministrator oder Internetdienstanbieter verwaltet wird und auf Anforderung eines Browsers mit einem HTTP-Dienst reagiert.

Im engeren Sinne ist ein *Web-Server* (Getrenntschreibung) ein Server-Dienst, der Daten in Form von Dateien (Webseiten) über das HTTP-Protokoll zur Verfügung stellt, die sich über eine HTTP-URL adressieren lassen. Der Web-Server liefert die Datei zusammen mit dem MIME-Typ an den Web-Browser.

Die Funktion eines Web-Server in vereinfachter Sicht

In der Programmausführung, gesteuert durch ein Multitasking-Betriebssystem, läuft ein Web-Server-Prozess, der zunächst nur ein *Master-Server-Prozess* ist, mit der Aufgabe, den TCP-Port 80 zu beobachten. Bei Eintreffen einer Web-Client-Anfrage erzeugt der Master-Server-Prozess einen *Child-Prozess*. Der Child-Prozess kommuniziert fortan mit dem Browser und bedient dessen Auftrag, während der Master-Prozess am Port 80 auf weitere Anfragen wartet. Hat der Child-Prozess die Browser-Anfrage durch Ausliefern der Webseite abgearbeitet, beendet er sich selbst und damit die HTTP-Verbindung.

Erheblich komplizierter ist die Dienstausführung, wenn nicht eine statische (fertige) Webseite sondern eine interaktive Webseite mit aktualisierbaren Daten zu erstellen ist. In diesem Fall ist zunächst zu unterscheiden, wer die Aufgabe der aktuellen Datenbeschaffung zu übernehmen hat.

1. Ist dies der Web-Browser selbst, so müssen ihm neben dem statischen Teil einer Webseite auch die Mittel zur Datenbeschaffung zugeliefert werden. Hierfür gibt es zwei Methoden.
   - Der Web-Server übergibt eine Webseite, die mit Programmcode angereichert ist, wie z.B. JavaScript. Die Ausführung des Programmcode erfolgt durch einen im Web-Browser integrierten Java-Interpreter.
   - Der Web-Server liefert zusammen mit der Webseite sog. Java Applets im Sinne von ausführbaren Programm-Komponenten (mobiler Code), die im Browser laufen und auf Datenquellen über den Web-Server zugreifen können. Am Schluss werden die Java-Applets wieder aus dem Web-Browser entfernt.
2. Muss jedoch der Web-Server für die aktuelle Datenbeschaffung sorgen, so kann er das nur durch Inanspruchnahme anderweitiger Programme erledigen. Dazu muss der Web-Server aus der Browser-Anfrage erkennen, welches Programm er auffordern muss. Gegenüber diesem Programm kommt der Web-Server in die Rolle eines Clients, der um Datenlieferung nachfragt, um sie in die Webseite zu integrieren. Die Anmeldung in Frage kommender serverseitiger Hilfsprogramme erfolgt an einer spezifischen Schnittstelle des Web-Servers, beim Microsoft Internet Information Server ist das die ISAPI-Schnittstelle.

Web-Server einer SPS-Kommunikationsbaugruppe

Im SIMATIC-System werden auch sog. IT-Kommunikationsbaugruppen angeboten wie z.B. der CP 343-1 IT (IT = Internet Technologie). Leistungsmerkmale dieser Baugruppe sind:

1. Web-Server für den HTTP-Dienst,
2. S7-Applet-Archiv,
3. Speicherplatz zur Ablage von HTML-Seiten,

4. FTP-Server (FTP = File Transfer Protokoll). FTP ist ein weiterer wichtiger Dienst im Internet, welcher die Möglichkeit bietet, Daten in Form von Dateien zu übertragen. So kann z.B. die auf einem PC erstellte Webseite zum Web-Server einer SPS-Kommunikationsbaugruppe) übertragen werden. Auf der PC-Seite benutzt man dazu einen FTP-Client, z.B. die kostenfreien Programme "WS-FTP" oder "WISE-FTP";

HTML-Prozesskontrolle

Das folgende Bild 20.4 zeigt einen Anwendungsfall für eine Web-Server-Applikation in der SPS-Technik. Wichtige Prozessdaten aus einer SPS-gesteuerten Anlage sollen mit einem fernen Rechner (PC 2) überwacht werden.

Vorausgesetzt ist, dass sich die beiden PCs und die Kommunikationsbaugruppe der SPS im gleichen Subnetz befinden, also entsprechende IP-Adressen und Subnetzmasken bei der Projektierung vergeben wurden. Anderenfalls müssten Router zwischengeschaltet sein.

- Auf dem PC 1 wird mit Hilfe eines HTML-Editors eine Webseite mit Referenzen zu S7-Applets angelegt. Diese befinden sich jedoch im Dateiverzeichnis "Applets" der Kommunikationsbaugruppe. Das HTML-Programm wird unter dem Dateinamen "visu5.html" auf dem PC 1 abgespeichert.
- Die Datei "visu5.html" kann mit dem FTP-Dienst in das Verzeichnis "user" der Kommunikationsbaugruppe kopiert werden. Der CP 343-1 IT habe bei der Hardware-Projektierung der SPS die IP-Adresse 192.168.0.10 und die Subnetzmaske 255.255.255.0 erhalten.
- Will man mit einem Web-Browser des PC 2 die Webseite ansehen, so ist in seiner Adressleiste der URL http://192.168.0.10/user/visu5.html einzugeben.

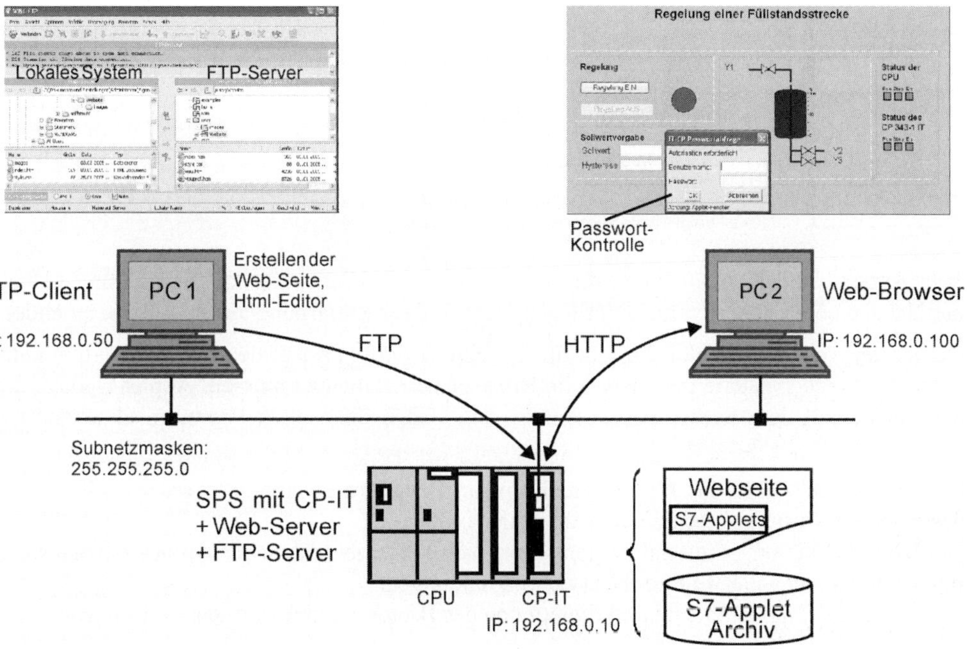

Bild 20.4: HTML-Prozesskontrolle

20.1.8 Java Applets / S7-Applets

Mobile Programm-Komponenten

Java ist eine Prozessor- und Betriebssystem-unabhängige Programmiersprache. Diese Eigenschaft hat den Vorteil, dass ein Java-Programm auch auf jedem anderen Rechnertyp (anderer Prozessor, anderes Betriebssystem) ausgeführt werden kann und nicht nur auf dem Systemtyp, auf dem es entwickelt und kompiliert wurde. Vorausgesetzt wird jedoch, dass auf dem beliebigen Rechner ein sog. virtueller Prozessor installiert ist, der "Java Vitual Machine" (JVM) genannt wird. JVM ist auf den meisten Web-Browser vorhanden und ermöglicht so das Ausführen von Java Befehlen.

Die Plattformunabhängigkeit wird dadurch erreicht, dass Java-Programmcode beim Kompilieren in einen neutralen Zwischencode (Bytecode) übersetzt wird. Der Bytecode ist auf keinem Prozessor bzw. Betriebssystem direkt ausführbar, sondern nur in dem erwähnten virtuellen Prozessor, der den Java-Bytecode für einen betreffenden Rechner interpretiert.

Java Applets[1)] sind Programm-Komponenten, die für den Einsatz in Internet ausgelegt sind, um interaktive (dynamische) HTML-Seiten bilden zu können. Dazu liegen die Java Applets analog zu Bildern in Dateiform auf einem Web-Server bereit. In den HTML-Dokumenten (Webseiten) werden die Java Applets nur "erwähnt" durch Angabe ihrer URL (Ort, woher sie zu beziehen sind) sowie Bestimmung ihrer Position und Größe im Dokument, ansonsten sind sie völlig unabhängig von HTML.

Fordert ein Web-Browser ein HTML-Dokument mit Java Applet-Bezug an, so wird die HTML-Seiten als Datei übertragen und separat dazu auch die Java Applet-Datei. Die anschließende Kommunikation zwischen Web-Browser und Web-Server erfolgt durch HTTP-Requests, die von den Java Applets initiiert werden. Die Applets sorgen für die aktuelle Datenbeschaffung beim Server und interpretieren dessen HTTP-Response.

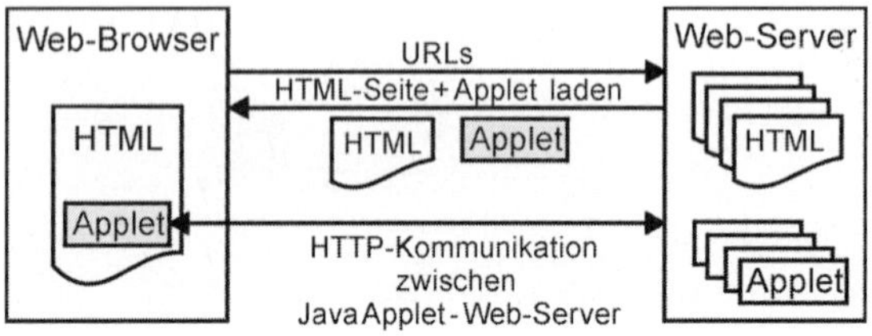

Bild 20.5: HTML-Seite mit Java Applets

Java Applets sind Komponenten, die in einer Browser-Umgebung zur Ausführung gebracht und dabei einem Lebenszyklus unterliegen, der mit ihrer Entfernung aus dem Browser endet.

Der Vorteil von Java Applets besteht für den Nutzer darin, dass er deren Funktionalität nutzen kann, ohne eine spezielle Installation im Browser vornehmen zu müssen. Applet-Updates werden zentral auf dem Server vorgenommen und stehen dann allen Browsern aktualisiert zur Verfügung.

Da Java Applets über das Netz geladen und in Browsern ausgeführt werden, gelten für sie besondere Sicherheitsvorschriften, dazu zählen:

- Kommunikation ist nur zulässig mit dem Web-Server, von dem das Applet geladen wurde.
- Kein Aufbau anderweitiger Netzwerkverbindungen.
- Nur Zugriff auf Elemente und Funktionen des Browsers, nicht auf dessen Dateien.

1) „Applet“ steht für „Application snippel“ (Anwendungsschnipsel)

Einbinden von Java-Applets in HTML-Seiten

Ein Java Applet wird durch einen speziellen HTML-Tag in eine HTML-Dokument eingefügt:

<applet> ... </applet>

Java Applets haben normalerweise die Datei-Extension **.class**, davor der Name des Applets, z.B. hello.class

Das <applet>-Tag benötigt noch weitere Attribute, einige seien hier erwähnt:

- code= "..." Verweis auf einzubindendes Applet z.B. hello.class
  Es darf nur der Dateiname mit der Extension genannt werden, auch wenn sich das Applet in einem anderen Verzeichnis als die Webseite befindet.
- codebase="..." Falls die class-Datei in einem anderen Verzeichnis oder Rechner liegt, kann hier der URL des Verzeichnisses angegeben werden, z.B.: http://192.168.0.100/applets
- width="..." Attribut für die Anzeigebreite des Java Applets, z.B. 100
- heigth="..." Attribut für die Anzeigehöhe des Java Applets, z.B. 60

Beispiel: HTML-Dokument

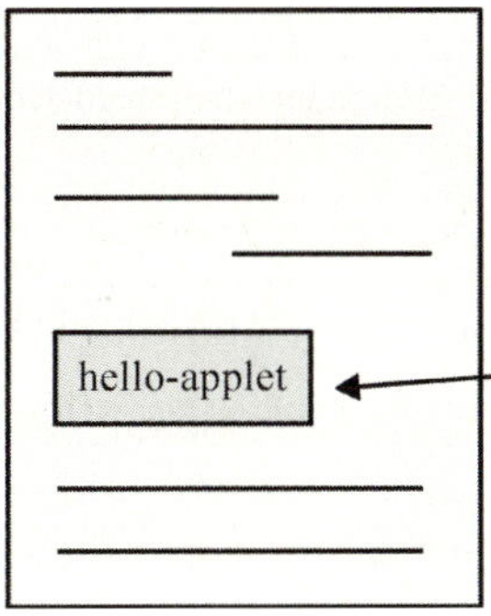


```
<html>
  <head>
    <title>Java-Applet</title>
  </head>
  <body>
    ......
      <applet code="hello.class"
              width="100"
              height="60">
      </applet>
    ......
  </body>
</html>
```

S7-Java Applets

S7-Applets (Siemens) sind spezielle Applets, die über die Kommunikationsbaugruppe CP-IT lesende bzw. schreibende Zugriffe auf eine S7-CPU der SPS ermöglichen.

Die folgende Tabelle zeigt die vier verfügbaren S7-Applets und wie diese in eine HTML-Seite eingebunden werden können zusammen mit Beispielen wie S7-Applets zwecks Zuweisung von Attributen mit dem Schema **<param name**="..." **value**="..."> parametriert werden.

S7-Applet	Leistungsbeschreibung
StatusApplet	Den Status von S7–Baugruppen wie z.B. Run/Stop anzeigen. **Beispiel:** Run/Stop-Anzeige der Kommunikationsbaugruppe anzeigen <**applet** code="de.siemens.simaticnet.itcp.applets.S7StatusApplet.class" **codebase**="/applets/" **archive**="s7applets.jar,s7api.jar"width="70"heigth="40" name="StateCP"> <**param name**="RACK" **value**="0"> (Rack=Baugruppenträger-Nr.) <**param name**="SLOT" **value**="6"> (SLOT=Steckplatz des CP-IT) <**param name**="CYCLETIME" **value**="5000"> (Zykluszeit für Leseauftrag) <**param name**="BACKGROUNDCOLOR" **value**="#C0C0C0"> (hellgrau) </**applet**>

GetApplet Adressierung der SPS-Daten über ANY-Zeiger: P#DB 10 DBX 0.0 BYTE 1	Prozessdaten zyklisch lesen; z.B. Datenwort aus Datenbaustein. Die Prozessdaten • werden symbolisch oder absolut adressiert; • können grafisch dargestellt werden durch Java Beans (Hinweis nach der Tabelle) **Beispiel:** Lesen von Byte 0 in DB10, Applet unsichtbar, Wert geht an „name" und soll mit clientseitigem JavaScript-Code ausgewertet werden <**applet** code="de.siemens.simaticnet.itcp.applets.S7GetApplet.class" **codebase**="/applets/" **archive**="s7applets.jar,s7api.jar"width="0"heigth="0" name="GetBits"> <**param name**="RACK" **value**="0"> <**param name**="SLOT" **value**="2"> <**param name**="CYCLETIME" **value**="1000"> <**param name**="VARTYPE" **value**="0x02"> (0x02 für Datentyp BYTE) <**param name**="VARCNT" **value**="1"> (Anzahl zu lesender Variablen) <**param name**="VARAREA" **value**="0x84"> (0x84 für Speicherbereich: DB) <**param name**="VARSUBAREA" **value**="10"> (Datenbaustein-Nummer) <**param name**="VAROFFSET" **value**="0"> (Angabe der Byte-Nummer) <**param name**="FORMAT" **value**="\S"> (S = Bit-String-Format) </**applet**>
PutApplet Adressierung der SPS-Daten über die symbolische Variable, die im CP343-1 IT vereinbart wurde: Regler-Sollwert _W(0/2)	Prozessdaten in HTML–Seite eingeben und in die Steuerung übertragen/schreiben; z.B. Datenwort in Datenbaustein. Die Prozessdaten werden symbolisch oder absolut adressiert. **Beispiel:** Eingabe einer Dezimalzahl für eine symbolische Variable in der SPS <**applet** code="de.siemens.simaticnet.itcp.applets.S7PutApplet.class" **codebase**="/applets/" **archive**="s7applets.jar,s7api.jar"width="0"height="0"name="PutSollwert" <**param name**="RACK" **value**="0"> <**param name**="SLOT" **value**="2"> <**param name**="BACKGROUNDCOLOR" **value**="#C0C0C0"> <**param name**="SYMBOLNUM" **value**="1"> (Variablenanzahl) <**param name**="SYMBOL1" **value**="Regler.Sollwert_W(0/2)"> (symbol.Variable) <**param name**="SYMFORMAT1" **value**="F"> (F = Floating Point-Format) </**applet**>
IdentApplet	Bestellnummer einer angesprochenen Baugruppe durch Eingabe ihrer Steckplatz-Nr. im Rack zusammen mit dem Ausgabestand identifizieren. **Beispiel:** <**applet** code="de.siemens.simaticnet.itcp.applets.S7IdentApplet.class" **codebase**="/applets/" **archive**="s7applets.jar,s7api.jar" ... </**applet**>

Hinweise:

Jedes Applet benötigt einen Namen (s. obige Beispiele). Wird ein Applet mehrmals im Programm benötigt, müssen verschiedene Namen vergeben werden.

Es gibt für das S7GetApplet auch drei bildliche Darstellungen, um einen Wert anzuzeigen:

1) Analog-Anzeige (Zeigerinstrument): <**param** name="CLTacho"
2) Analog-Anzeige (Behälter-Füllstand): <**param** name="CLLevel"
3) Analog-Anzeige (Temperaturwert): <**param** name="CLThermo"

Die Skalierung der Anzeigen erfolgt mit den Parametern "MINVAL" und "MAXVAL"

Die in der voranstehenden Tabelle gezeigten Parametrierungen sind nur beispielhaft und beziehen sich auf das nachfolgende Projektierungsbeispiel. Es ist im Rahmen dieses Buches leider nicht möglich, die umfangreiche Beschreibungsliste der vorhandenen Applet-Attribute darzustellen. Die Anwendung der Applets für ein eigenes Programm ist jedoch ohne den Zugriff auf diese Informationen nicht möglich. Im Projektierungsbeispiel werden noch einige Erklärungen beigesteuert, jedoch nur soweit, wie es zum Verständnis des Beispiels erforderlich ist. Die ausführlichen Beschreibungen der S7-Java Applets siehe Siemens-Handbuch „Programmierhilfe für S7Beans / Applets für IT-CPs“ (s. S. 791: Literatur und Downloads).

20.1.9 JavaScript

JavaScript ist eine objektbasierte Programmiersprache zur Ergänzung von HTML, deren Programmzeilen direkt in ein HTML-Dokument eingeben werden. Die Code-Ausführung erfolgt durch einen im Browser vorhandenen Interpreter.

Mit JavaScript kann bei entsprechenden Kenntnissen des Dokumenten-Erstellers die Funktion von HTML-Seiten und darin die Interaktion mit dem Benutzer erweitert werden. So lässt sich z.B. eine sofortige Eingabeüberprüfung nach Ausfüllen eines Formulars realisieren oder die Anzeige eines Dialog-Fensters mit interaktiven Abfragen nutzen. Ferner können die Java Applets eines HTML-Dokuments mit JavaScript in Verbindung gebracht werden.

Da HTML lediglich eine Beschreibungssprache ist und somit auch nicht über Kontrollstrukturen verfügt, kann bei anstehenden Logik-Entscheidungen JavaScript-Code in das HTML-Dokument eingefügt werden, dabei muss das spezielle S7-Applet über seinen Namen ausgewählt werden.

Die Aufgabe dieses kleinen Abschnitts soll nur darin bestehen, den Einbau von JavaScript in eine HTML-Seite in Verbindung mit dem Zugriff auf die Daten eines S7-Java Applets insoweit zu zeigen, wie es für das Verständnis des nachfolgenden Projektierungsbeispiels erforderlich ist. Zur Einarbeitung in JavaScript muss auf die spezielle Literatur verwiesen werden.

Erläuterungen:

1. Da JavaScript-Code Bestandteil eines HTML-Dokuments ist , muss für den Browser die Unterscheidung von HTML-Code und JavaScript-Code erkenntlich gemacht werden durch das Script-Tag mit einem Attribut zur Bestimmung der zu verwendenden Skriptsprache:

```
<script language="javascript">
  ......
</script>
```

2. Die Kommentar-Tags bewirken, dass ein Browser, der Script-Tags nicht verarbeiten kann, den eingeschlossenen Code einfach anzeigt:

```
<!- -
  ......
//- ->
```

3. Die Definition einer Funktion wird mit dem Schlüsselwort *function* eingeleitet, gefolgt vom einem Bezeichner der Funktion und einem runden Klammerpaar. Das Klammerpaar kann formale Parameter enthalten, die beim Funktionsaufruf mit den Werten initialisiert werden. Eine allgemeine Funktion ist nicht an ein bestimmtes Formular gebunden und kann deshalb im HEAD-Abschnitt der HTML-Seite stehen:

```
function AndereLeuchte()
```

4. Der Funktionskörper enthält in einem geschweiften Klammerpaar die auszuführende Anweisungsfolge:

```
{
  .......
}
```

5. Eine lokale Variable innerhalb der Funktion muss mit dem Schlüsselwort *var* vereinbart werden und ihr Gültigkeitsbereich ist an die Funktion gebunden. Im Beispiel liest getValue über das S7GetApplet mit dem Namen GetBits 1 Byte und übergibt dieses an die Variable valueBits:

```
var valueBits = document.GetBits.getValue ();
```

6. Bei den Kontrollstrukturen stehen für Verzweigungen die *if-Anweisung* und die *switch-Anweisung* zur Verfügung. Im Beispiel wird die *if-Anweisung* angewendet, um einen Bildaustausch für eine Anzeigeleuchte H1 als Farbumschlag von „grün" auf „rot" in Abhängigkeit vom Zustand eines Bits im empfangenen Datenbyte zu steuern. Das in den Anweisungen vorkommende vordefinierte JavaScript-Objekt *„document"* ermöglicht die Abfrage einzelner Elemente in einer HTML-Seite und ihrer Darstellung im Browser-Fenster.

allgemein	**Beispiel für LED H1 grün/rot**
if (boolescher Ausdruck)	if (valueBits & 0x02)
Anweisung	document.H1.scr = " ./images/LEDgruen.gif";
else	else
Anweisung	document.H1.scr = "./images/LEDrot.gif";

7. Mit der Methode *setTimeout ()* kann eine zeitverzögerte Ausführung einer Anweisung vorgegeben werden, z.B. ein Funktionsaufruf:

```
setTimeout ('AndereLeuchte()',1000 );
```

Beispiel : JavaScriptfunktion im <head> eines HTML-Dokuments:

```
<script language ="javascript">
<!-- Eingangskommentar
function AndereLeuchte()
   {
   var valueBits = document.GetBits.getValue();
   // LED H1 grün/rot
   if( valueBits & 0x02 )
      document.H1.src = "./images/LEDgruen.gif";
   else
      document.H1.src = "./images/LEDrot.gif";

   setTimeout( 'AndereLeuchte()', 1000 );
   }
//--> Ausgangskommentar
</script>
```

getValue liest 1 Byte über S7GetApplet GetBits

Bit 1 (DBX0.1) ausmaskieren

wenn Bit 1 gesetzt, dann rote Leuchte im <img> H1 anzeigen

Funktion AndereLeuchte() ruft sich nun selbstständig alle 1000ms auf.

20.2 Projektierung einer SPS-Webseite

20.2.1 Aufgabenstellung

Auf dem Web-Server einer SPS-Kommunikationsbaugruppe soll eine Webseite zur Verfügung stehen, die es berechtigten Mitarbeitern nach einer Passwortkontrolle erlaubt, den CPU-Status und einen wichtigen Prozesswert der SPS-gesteuerten Anlage zu beobachten und auf eine Störmeldung hin mit verschiedenen Maßnahmen zu reagieren:

- Umschalten zum Anlagenschema, dass den aktuellen Zustand der Anlage zeigt,
- Veränderung von Sollwertvorgaben,
- Abschalten der Anlage.

Der Zugang erfolgt über einen Web-Browser unter URL http://192.168.0.10/user/visu5.html.

Das Beispiel hat für das Lehrbuch nur den Zweck, den Aufbau einer HTML-Seite unter Einschluss von Java Applets und JavaScript zu zeigen. Die Java Applets “S7StatusApplet“, “S7GetApplet“ und “S7PutApplet“ sind auf der Kommunikationsbaugruppe verfügbar und in Kap 20.1.8 erläutert. Auf die benötigten JavaScript-Befehle wird in Kap. 20.1.9 eingegangen.

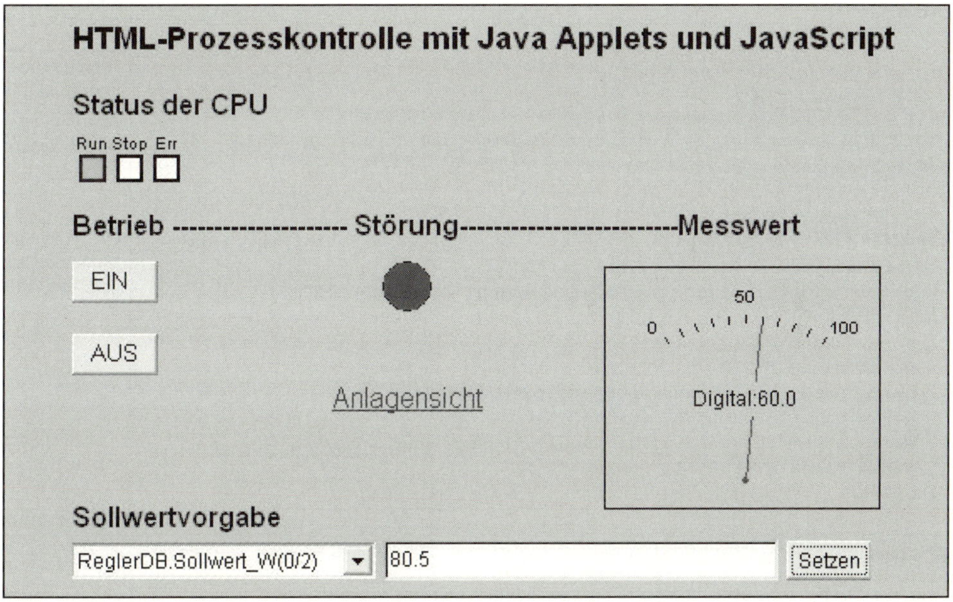

20.2.2 Quelltext

Nachfolgend ist der Quelltext der Webseite (Datei „visu5.html“) dargestellt, der im Web-Browser als Benutzeroberfläche, wie im voranstehenden Bild gezeigt, präsentiert wird. Der Messwert wird in grafischer und textlicher Darstellung angezeigt, um die beiden Ausgabemöglichkeiten des S7GetApplets zu demonstrieren. Durch Anklicken des Zeigerinstrumentbildes öffnet sich ein Dialogfenster, dass Einzelheiten der Parametrierung zeigt und z.B. für die Einstellung andere Skalenendwerte genutzt werden kann. Bei der Sollwertvorgabe kann auch auf die ReglerDB.Hysterese_H(0/2) umgeschaltet werden. Die Klammerangaben (0/2) sind erforderlich und bedeutet bei der eingesetzten S7-SPS, dass sich die CPU im Rack 0 und Slot 2 befindet.

HTML-Programm

```
<html>
<head>
 <title>Regelung einer Füllstandsstrecke</title>
 <link rel="stylesheet" type="text/css" href="style.css">
 <script language="javascript">
 <!--JavaScript
 function AndereLeuchte()
  {
  var valueBits = document.GetBits.getValue();

  // LED H1 grün/rot
  if( valueBits & 0x02 )
    document.H1.src = "./images/LEDgruen.gif";
  else
    document.H1.src = "./images/LEDrot.gif";

  setTimeout( 'AndereLeuchte()', 1000 );
  }
 //-->
 </script>
</head>
```

Hinweise

Kopfdaten:
-Titel
-Stildefinition
-Scriptsprache

Scriptfunktion

Script-Variable

Auswertung eines Einzel-bits zur Farbum-schaltung der Meldeleuchte.

Zyklischer Aufruf der Funktion alle 1000 ms

```
<body bgcolor="#COCOCO" onload="AndereLeuchte()">

 <div style="position:absolute; top:10px; left:50px;">
 <h3>HTML-Prozesskontrolle mit Java Applets und JavaScript</h3>
 </div>
 <!-- Verstecktes Put-Applet, das mit JavaScript angesprochen wird -->
 <!-- Betrieb EIN/AUS -->
 <applet code="de.siemens.simaticnet.itcp.applets.S7PutApplet.class"
  codebase=http://192.168.0.10/applets
  archive="s7applets.jar, s7api.jar" width="0" height="0"
  name="PutCtrl">
   <param name="RACK" value="0">
   <param name="SLOT" value="2">
   <param name="BACKGROUNDCOLOR" value="0xCOCOCO">
   <param name="SYMBOLNUM" value="1">
   <param name="SYMBOL1" value="ReglerDB.Regelung_E_A(0/2)">
   <param name="SYMFORMAT1" value="S">
 </applet>
```

Hintergrund, Scriptfunktion

Ausrichtung der Überschrift

Put-Applet mit Name PutCtrl und seine URL

1 SPS-Variable
Variablenname
1 Byte (String)

```
 <!-- Verstecktes Get-Applet, das mit JavaScript angesprochen wird -->
 <!-- Lese Bitwerte mit Störmelde-Bit 1 -->
 <applet code="de.siemens.simaticnet.itcp.applets.S7GetApplet.class"
  codebase=http://192.168.0.10/applets
  archive="s7applets.jar, s7api.jar" width="0" height="0"
  name="GetBits">
   <param name="RACK" value="0">
   <param name="SLOT" value="2">
   <param name="CYCLETIME" value="1000">
   <param name="VARTYPE" value="0x02">
   <param name="VARCNT" value="1">
   <param name="VARAREA" value="0x84">
   <param name="VARSUBAREA" value="10">
   <param name="VAROFFSET" value="0">
   <param name="FORMAT" value="\S">
 </applet>
```

Get-Applet mit Name GetBits und seine URL

Datentyp: Byte
1 SPS-Variable
Datenbaustein Nr. 10 (DB 10)
Byte 0
1 Byte (String)

HTML-Programm (Fortsetzung)	Hinweise

```
</applet>
<!-- Aufbau der Seite -->
<!-- Status der CPU -->
<div style="position:absolute; top:50px; left:50px;">
<p>
<strong>Status der CPU</strong><br />
<applet
 code="de.siemens.simaticnet.itcp.applets.S7StatusApplet.class"
 codebase=http://192.168.0.10/applets
 archive="s7applets.jar, s7api.jar" width="68" height="40"
 name="StateCP">
  <param name="RACK" value="0">
  <param name="SLOT" value="2">
  <param name="CYCLETIME" value="5000">
  <param name="BACKGROUNDCOLOR" value="#C0C0C0">
</applet>
</p>
</div>
```

Hinweise: Position von Status der CPU; Status-Applet und seine URL

```
<!-- Betrieb EIN/AUS -->
<div style="position:absolute; top:120px; left:50px;">
<p>
<b>Betrieb ---------------------
   Störung-------------------------Messwert</b><br /></p>
</div>
<div style="position:absolute; top:150px; left:50px;">
<input type="button" value=" EIN   "
 onClick="document.PutCtrl.setValue( '1' )">
<br /><br />
 <input type="button" value=" AUS "
 onClick="document.PutCtrl.setValue( '0' )">
</p>
```

Hinweise: Positionen: Textzeile; EIN-Button; AUS-Button

```
<!-- Sollwertvorgabe -->
<p>
<br><br><br>
<b>Sollwertvorgabe</b><br />
<applet code="de.siemens.simaticnet.itcp.applets.S7PutApplet.class"
 codebase=http://192.168.0.10/applets
 archive="s7applets.jar, s7api.jar" width="475" height="30"
 name="PutSollwert">
  <param name="RACK" value="0">
  <param name="SLOT" value="2">
  <param name="BACKGROUNDCOLOR" value="0xC0C0C0">
  <param name="SYMBOLNUM" value="2">
  <param name="SYMBOL1" value="ReglerDB.Sollwert_W(0/2)">
  <param name="SYMFORMAT1" value="F">
  <param name="SYMBOL2" value="ReglerDB.Hysterese_H(0/2)">
  <param name="SYMFORMAT2" value="F">
</applet>
</p>
</div>
```

Hinweise: Textabsatz-Anf. Zeilenumbruch; Put Applet mit Name Put-Sollwert und URL; 2 SPS-Variable Symbolname 1 Floating Point, Symbolname 2 Floating Point; Textabsatz-Ende

HTML-Programm (Fortsetzung)	Hinweise

```
<!-- Messwertanzeige/analog -->
<div style="position:absolute; top:-12px; left:305px;">
<P ALIGN=Center></P>
<applet code="de.siemens.simaticnet.itcp.applets.S7GetApplet.class"
 codebase=http://192.168.0.10/applets
 archive="s7applets.jar, s7api.jar" width="200" height="160"
 name="GetIstwert1">
  <param name="RACK" value="0">
  <param name="SLOT" value="2">
  <param name="CYCLETIME" value="1000">
  <param name="BACKGROUNDCOLOR" value="0xC0C0C0">
  <param name="DISPLAY" value="CLTacho">
  <param name="MINVAL" value="0">
  <param name="MAXVAL" value="100">
  <param name="Edit" value="true"
  <param name="DIMENSION" value="%">
  <param name="SYMBOL" value="ReglerDB.Istwert_X(0/2)">
  <param name="FORMAT" value="\F">
</applet>
</div>
```

Hinweise: Position GetApplet mit Name GetIstwert1 und URL

Applet in grafischer Ausgabe Skalierung 0...100, Parametrierbar durch Anklick, Symbolname der Variablen

```
<!-- Messwertanzeige/digital -->
<div style="position:absolute; top:70px; left:355px;">
<applet code="de.siemens.simaticnet.itcp.applets.S7GetApplet.class"
 codebase=http://192.168.0.10/applets
 archive="s7applets.jar, s7api.jar" width="100" height="20"
 name="GetIstwert2">
  <param name="RACK" value="0">
  <param name="SLOT" value="2">
  <param name="CYCLETIME" value="1000">
  <param name="BACKGROUNDCOLOR" value="0xC0C0C0">
  <param name="MINVAL" value="0">
  <param name="MAXVAL" value="100">
  <param name="Edit" value="true"
  <param name="DIMENSION" value="%">
  <param name="SYMBOL" value="ReglerDB.Istwert_X(0/2)">
  <param name="FORMAT" value="Digital:\F">
</applet>
</div>
```

Hinweise: Position GetApplet mit Name GetIstwert2 und URL

Applet in Text-Ausgabe Skalierung 0...100, parametrierbar durch Anklick, Symbolname der Variablen

```
 <!-- Störmeldeanzeige -->
 <div style="position:absolute; top:150px; left:235px;">
   <img name="H1" src="./images/LEDgruen.gif" width="29" height="29"
   border="0">
 </div>

 <div style="position:absolute; top:220px; left:205px;">
 <a href="Anlage.htm"> Anlagensicht</a>
 </div>
</body>
</html>
```

Hinweise: Image benötigt Namen Y1 für if ...else Script-abfrage.

Hyperlink “Anlagensicht“ führt zur Seite “Anlage.htm“.

20.2.3 Projektierung der S7-Steuerung

Zum Austesten der Web-Server-Funktion benötigt man die SPS mit Kommunikationsbaugruppe CP sowie Ein-Ausgabe-Baugruppen zur Werteeingabe und Werteausgabe. Auf die E-/A-Baugruppen könnte verzichtet werden, wenn man dafür Signale mit PLCSIM simuliert.

Hardwarekonfiguration

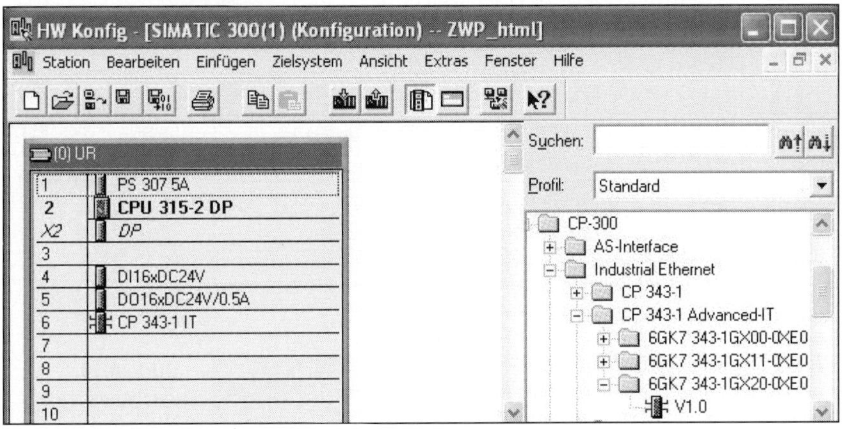

Bild 20.6

IP-Adresse, Subnetzmaske

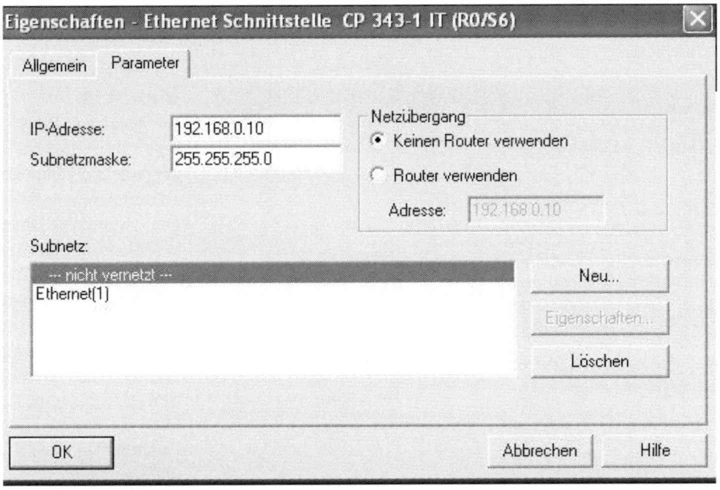

Bild 20.7

Die Kommunikationsbaugruppe CP 343-1 IT ist für den Anschluss an das Industrial Ethernet Netz vorzubereiten.
Es wird eine Netzkonfiguration angenommen, wie in Kap. 20.1.7 und dort in Bild 20.4 dargestellt. Auf dem PC 1 wird die Webseite programmiert und mit FTP auf den Web-Server des CP 343-1 IT kopiert. Mit dem Web-Browser des PC 2 wird die Webseite dargestellt.

Benutzerrechte

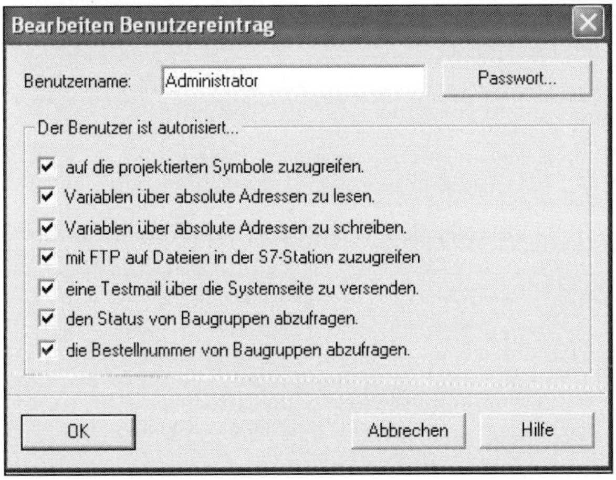

Bild 20.8

7 Benutzerrechte für den Administrator

So sieht die Abfrage des Passwortes aus im Web-Browser, nach Eingabe der Webseiten - URL und vor dem Laden der Applets:

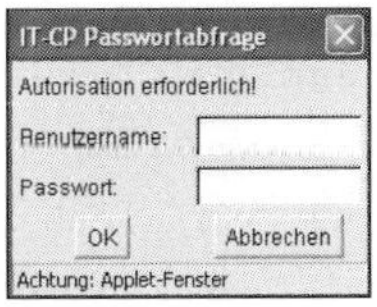

Datenbaustein DB 10

Adres:	Name	Typ	Anfangswert	Kommentar
0.0		STRUCT		
+0.0	Regelung_E_A	BOOL	FALSE	Regelung EIN/AUS
+0.1	Stoerung_Y1	BOOL	FALSE	Stoerung Y1
+2.0	Sollwert_W	REAL	0.000000e+000	Sollwert
+6.0	Istwert_X	REAL	4.000000e+001	Istwert
+10.0	Hysterese_H	REAL	2.500000e+000	Hysterese
=14.0		END_STRUCT		

Bild 20.9
Die Eingabe der Variablen in den Datenbaustein DB muss vor der Eingabe von Symbolnamen im CP 343-1 IT erfolgen.

Symboleditor

S7-Programm(1) (Symbole) -- ZWP_html\SIMATIC 300(1)\CPU 315-2 DP

	Status	Symbol	Adresse	Datentyp	Kommentar
1		ReglerDB	DB 10	DB 10	
2					

Bild 20.10
Symbolischer Name für DB 10

Symbole im CP 343-1 IT

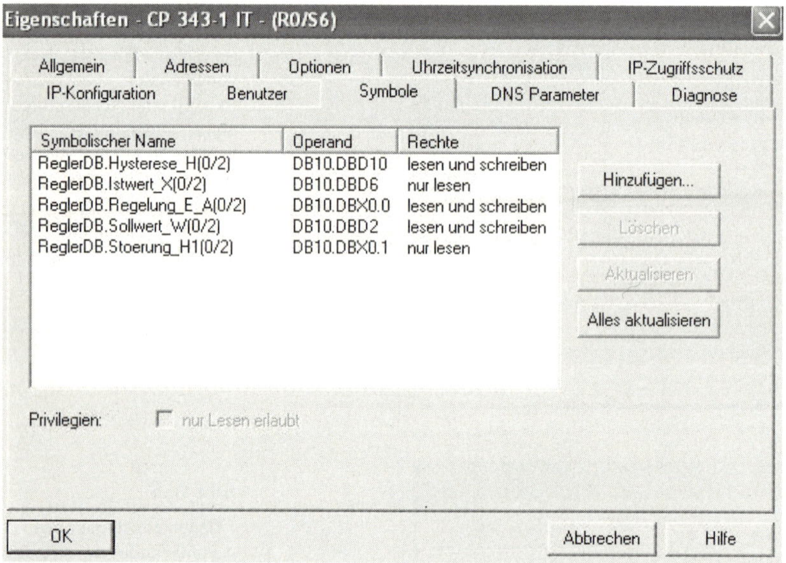

Bild 20.11
Im Register Symbole sind die gezeigten 5 Symbole zu definieren.
Die Symbole im HTML-Programm und im CP343-1-IT müssen übereinstimmen und den Anhang (0/2) für Rack = 0 und CPU-Slot = 2 bekommen Die Symbole im Datenbaustein sind ohne Anhang.

Programm

OB 1

```
Netzwerk 1: Von Web-Browser an SPS
  L   "ReglerDB".Sollwert_W
  RND                 // REAL in DINT
  T   MD 100
  T   AB 4
  U   "ReglerDB".Regelung_E_A
  =   A 5.0
```

```
Netzwerk 2: Von SPS an Web-Browser
  L   EB  0
  ITD            // INT in DINT
  DTR            // DINT in REAL
  T   "ReglerDB".Istwert_X
  U   E  1.0
  =   "ReglerDB".Stoerung_H1
```

21 OPC-Kommunikation – Zugang zu Prozessdaten

21.1 Grundlagen

21.1.1 Der Nutzen von OPC

OPC bietet eine standardisierte, offene und herstellerunabhängige Software-Schnittstelle an zur durchgängigen Datenkommunikation zwischen Komponenten der Automatisierungstechnik (SPS) und OPC-fähigen Windows-Applikationen wie z.B. von Excel und Visual Basic.

Für die OPC-Schnittstelle gibt es verschiedene Spezifikationen, deren grundlegendste näher betrachtet werden soll:

➢ *OPC Data Access*, die Schnittstellen-Spezifikation für den Prozessdatenaustausch zum Zugriff auf Prozessdaten über Variablen, deren Werte gelesen, geändert oder überwacht werden können. Die Quellen der Prozesswerte sind herstellerspezifisch.

OPC ist die Kurzbezeichnung für *OLE for Process Control*, wobei *OLE* wiederum für *Object Linking and Embedding* steht.

Näher betrachtet ist OPC ein Kommunikationsstandard zur Anbindung von Automatisierungssystemen unterschiedlicher Hersteller an übergeordnete Programme der Betriebsleitebene für

- Prozessvisualisierung (Überwachung einzelner Produktionslinien mit Datenquerverkehr),
- integrierte Betriebsführung (Auftragswesen, Qualitätskontrolle, Instandhaltung, Materialverwaltung, Produktionsplanung).

Aus Sicht der in höheren Programmiersprachen wie C++ und Visual Basic erstellten Anwenderprogramme ist OPC eine Brücke zu Prozess- und Gerätedaten der Automatisierungssysteme. Auf Seiten der Gerätehersteller ist die Entwicklung eines OPC-Servers erforderlich anstelle von speziellen Treibern. Für den Softwareentwickler besteht der Vorteil, geräteunabhängige Applikationen schreiben zu können. Anwender wiederum haben mehr Freiheit bei der Auswahl von Geräten und Softwareprodukten.

Bild 21.1 zeigt in einem Übersichtsbild die Grundlagen von OPC Data Access, die nachfolgend erklärt werden.

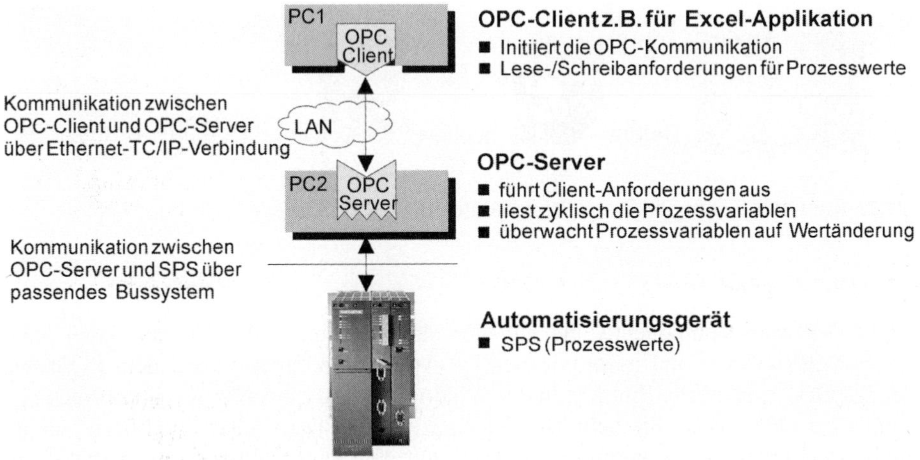

Bild 21.1: Grundlagen von OPC Data Access

21.1.2 Client-Server-Prinzip

Die OPC-Kommunikation beruht auf der Anwendung des Client-Server-Prinzips. Dabei handelt es sich um die klassische Arbeitsteilung bei Softwarevorgängen. Der Client (Kunde) ergreift die Initiative und stellt eine Anforderung an den Server (Anbieter von Diensten). Das Prinzip ist einfach: Der Client fragt an und verlangt etwas, der Server antwortet, führt aus oder liefert. Der dazu erforderliche Verbindungsaufbau geht immer vom OPC-Client aus. Der OPC-Server verfügt über eine Zugriffmöglichkeit auf die Prozessdaten des Automatisierungssystems.

Normalerweise befindet sich das Anwenderprogramm mit dem OPC-Client nicht auf demselben PC wie der OPC-Server mit seinem Zugang zu den Automatisierungsgeräten über das unterlagerte industrielle Kommunikationsnetz. Das nachfolgende Bild zeigt die typische Konfiguration mit zwei PCs. Der untere PC verfügt über den OPC-Server und die Ankopplung an das industrielle Kommunikationsnetz mit den angeschlossenen Automatisierungsgeräten. Auf dem oberen PC läuft das Anwenderprogramm, welches die Prozessdaten verarbeitet oder darstellt. Die beiden PCs sind über das firmeneigene Intranet verbunden.

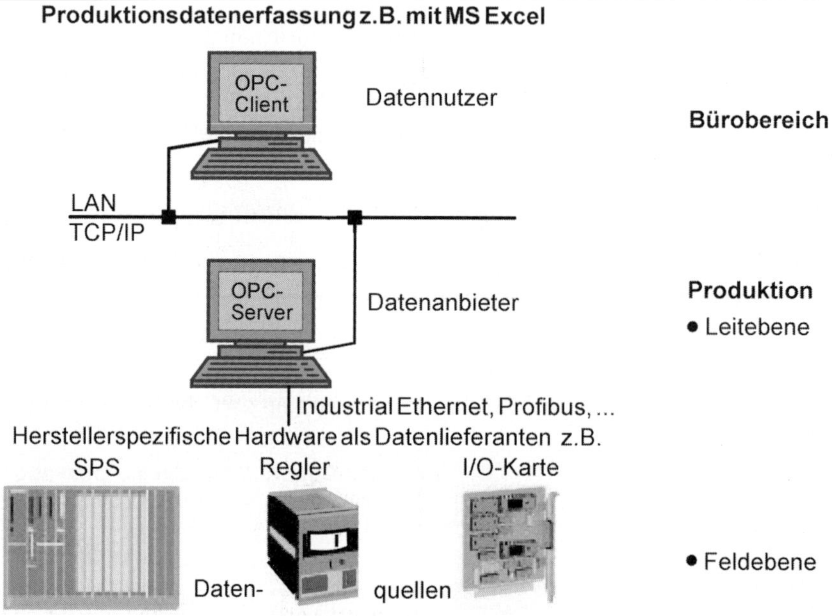

Bild 21.2: Ein OPC-Client greift auf Prozessdaten des OPC-Servers zu

21.1.3 OPC-Server

Eine OPC-Software-Komponente, die auf Veranlassung eines OPC-Clients Daten anbieten kann, heißt *OPC-Server* und muss wie richtige Anwenderprogramme auf dem PC installiert werden, da OPC-spezifische Einträge in der Windows-Regstry erforderlich sind. Nach „oben“ unterstützt der OPC-Server die Schnittstellen-Spezifikation Data Access und nach „unten“ ist er durch ein unterlagertes Kommunikationsnetz mit dem angeschlossenen Automatisierungssystem als eigentlicher Datenquelle verbunden.

Server-Name und Servertypen

OPC-Server werden von den Geräteherstellern angeboten und haben einen lesbaren Namen, den sogenannten ProgrammIdentifier (ProgID), z.B. "OPC.SimaticNET" sowie eine aus 32 Ziffern bestehende Hex-Zahl als sog. ClassID zur eindeutigen Identifizierung. Aus Sicht eines OPC-Clients unterscheiden sich die OPC-Server durch ihre Positionierung im verbindenden Netzwerk (Intranet), und zwar als lokal oder remote (entfernt) befindlich. Die OPC-Server selbst unterscheiden sich nicht. Für den Betrieb als Remote-Server muss der PC vom Anwender (Netzwerkbetreuer) entsprechend konfiguriert werden.

Namensraum und Objekthierarchie

Dem OPC-Server muss mitgeteilt werden, auf welche SPS-Variablen er zugreifen soll. Im Normalfall ist dies nicht der gesamte Adressbereich der SPS, sondern nur ein ausgewählter Teil, der als Namensraum bezeichnet wird.

Für den OPC-Server (Data Access) ist ein *Namensraum* festzulegen:

- Die Variablenauswahl erfolgt mit Hilfe eines Projektierungstools (bei SimaticNET ist dies der Symboldatei-Konfigurator).

Für den OPC-Server (Data Access) ist eine *Objekthierarchie* zu spezifizieren:

- In der untersten Ebene befinden sich die sog. *OPC-Item* Objekte. Den OPC-Items sind die Variablen des Namensraumes zuzuordnen. Die OPC-Items unterscheiden sich durch ihre *ItemID*, das ist eine genaue Namensangabe zur Identifizierung der dahinter stehenden Prozessvariablen. Beim OPC-Server von SimaticNET lautet die Syntax:

  ItemID = Protokoll-ID:[Verbindungsname]Variablenname
  Beispiel: Merkerbyte 40 über S7-Verbindung: S7:[S7-Verbindung_1]MB40, 1
- Die den OPC-Items übergeordneten OPC-Objekte heißen *OPC-Group*, sie dienen der Strukturierung der OPC-Items zu Gruppen.
- Das oberste OPC-Objekt ist das Objekt *OPCServer* (ohne Bindestrich geschrieben). Dies ist nicht die auf dem PC installierte Software-Komponente OPC-Server (mit Bindestrich geschrieben) sondern das oberste OPC-Objekt. Eine Aufgabe des Objekts OPCServer ist die Verwaltung der OPC-Group Objekte. Des weiteren ermöglicht das Objekt OPCServer das Durchsuchen (Browsen) des Namensraumes nach erreichbaren Prozessvariablen.

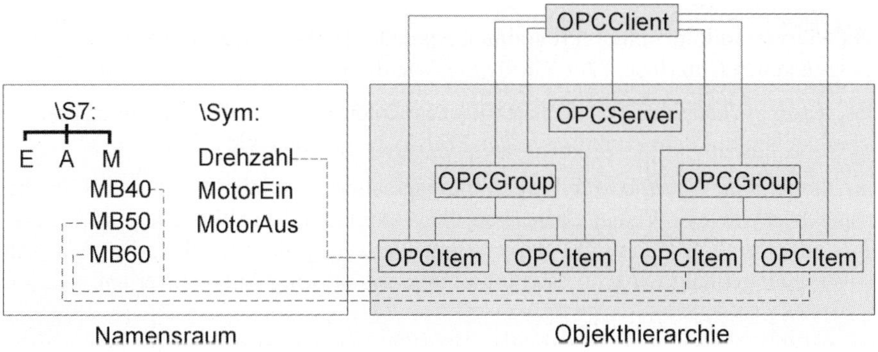

Bild 21.3: Namensraum und Objekthierarchie eines OPC-Servers. Die Verbindungslinien in der Objekthierarchie deuten die Zugriffswege des OPC-Clients auf lesbare oder beschreibbare Objekte an und gelten nur für die später beschriebene sog. Automation-Schnittstelle.

Lesen, Schreiben und Überwachen von Werten

Der OPC-Server unterstützt OPC-Clients beim

- Variablenwerte lesen (Methode Read),
- Variablenwerte ändern (Methode Write),
- Variablenwerte überwachen, hierbei hat der Client die Beobachtung einer Variablen auf den Server übertragen. Der Server prüft, ob sich der Wert von Variablen geändert hat. Wenn ein neuer Wert vorliegt, meldet das der Server an den Client. Mit dieser änderungsgetriggerten Datenübertragung kann die gleiche Performance erzielt werden, wie bei Einsatz herstellerspezifischer Treiber.

Mit der vom Client vorgegebenen *UpdateRate* wird bestimmt in welchen Zeitabständen der Server die Variablenwerte zu aktualisieren hat. Der Server hält die aktuellen Werte in einem Zwischenspeicher zur Verfügung.

Bei den Leseaufrufen, die sich auf den Zwischenspeicher oder direkt auf das Automatisierungsgerät beziehen können, ist zu unterscheiden:

- Synchrones Lesen: Das Clientprogramm hält solange an, bis der Server den angeforderten Wert geliefert hat.
- Asynchrones Lesen: Das Clientprogramm erhält sofort eine Eingangsbestätigung des Leseauftrags und kann weiterarbeiten. Der neue Variablenwert wird durch eine Ereignismeldung vom Server an den Client nachgeliefert.

Beim Datenaustausch zwischen Client und Server wird für jedes gelesene oder geschriebene Item neben dem Datenwert (Value) vom Server auch noch eine Statusinformation (Quality) und ein Zeitstempel (TimeStamp) geliefert.

21.1.4 OPC-Client

OPC-Komponenten, die einen OPC-Server als Datenquelle nutzen, heißen OPC-Clients. Ein OPC-Client ist in der Regel ein erst zu konfigurierender Bestandteil eines Anwenderprogramms. Für den Anwender stellt sich somit die Frage nach der geeigneten OPC-Schnittstelle.

OPC-Schnittstellen für Hochsprachen-Clients

Der OPC-Server soll mit einer Programmiersprache angesprochen werden. Es stehen zwei OPC-Schnittstellen (Interfaces) zur Verfügung, wie das nachstehende Bild zeigt.

- Das *Custom-Interface* (kundenspezifisches Interface) für Programmiersprachen, die Schnittstellen mit dem Funktionszeiger-Prinzip ansprechen wie z.B. C/C++.
- Das *Automation-Interface* für Programmiersprachen, die Schnittstellen mit Objektnamen ansprechen wie z.B. Visual Basic. Um die Automation[1)]-Schnittstelle nutzen zu können, muss zuvor eine von den OPC-Server-Herstellern mitgelieferte DLL, die auch Automation-Wrapper genannt wird, in das Programmiersystem eingebunden werden.

1) Der Begriff *Automation* in der Schnittstellenbezeichnung hat nichts mit Automatisierung im Sinne von SPS-Technik zu tun, sondern entstammt der Microsoft-Terminologie OLE-Automation, die ausdrückte, dass eine Anwendung (OLE-Automation-Client) auf eine andere Anwendung (OLE-Automation-Server) programmiert zugreifen kann.

Das nachfolgende Bild zeigt die beiden OPC-Hochsprachen-Schnittstellen. Die Interaktion zwischen OPC-Client und OPC-Server findet innerhalb des Betriebssystems Windows statt. Das sog. *Component Object Model (COM)* von Microsoft ist ein Standard für die Zusammenarbeit von Software-Komponenten innerhalb eines Rechners. Befinden sich OPC-Client und OPC_Server auf verschiedenen Rechnern, die einem Intranet angehören, sorgt der Standard *Distributed Component Objekt Model (DCOM)* für die Interoperabilität.

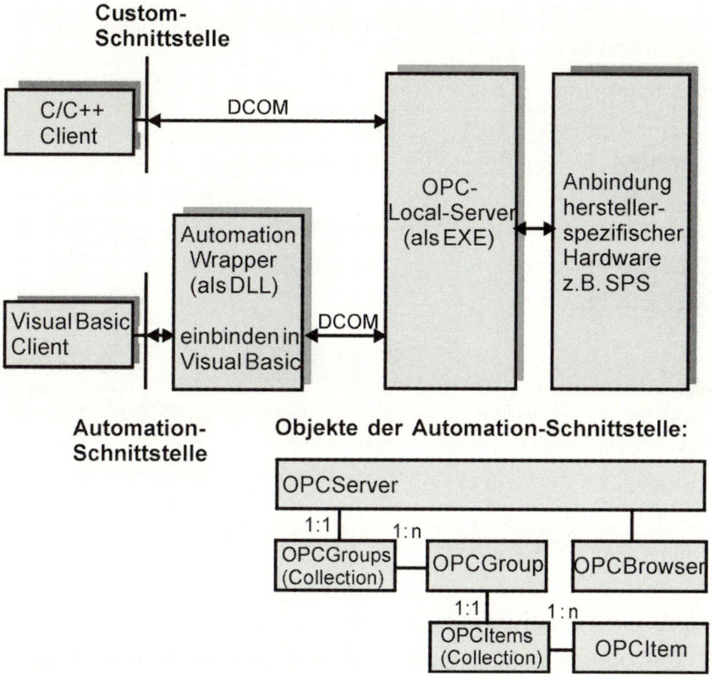

Bild 21.4: OPC-Schnittstellen für Hochsprachen-Clients

OPC-Schnittstelle mit OPC Data Control

OPC Data Controls sind OPC-Clients mit vordefinierter OPC-Schnittstelle. Bei dieser Lösung ist dem Anwender die Schnittstellen-Programmierung weitgehend abgenommen, da das OPC Data Control des Starten des OPC-Servers, das Anlegen der OPC-Objekte sowie das Empfangen und Schreiben von Daten selbstständig abwickelt. Übrig bleibt im wesentlichen nur noch die Konfigurierung des OPC Data Controls und die Verschaltung mit den Bedien- und Anzeige-Controls, die für die Benutzeroberfläche der Client-Applikation benötigt werden. Diese Controls sind Programmiersprachen-unabhängige Software-Komponenten, denen gemeinsam ist, dass sie nicht eigenständig ablaufen können, sondern zur Ausführung einen Container wie z.B. Visual Basic oder Visual C++ benötigen. Dazu müssen diese Controls zunächst in die Werkzeugsammlung z.B. von Excel-VBA oder Visual Basic als Ergänzung der dort schon vorhanden Steuerelemente eingefügt werden. Die im Bild 21.5 angedeutete Verschaltung der Bedien- und Anzeige-Controls mit dem OPC Data Control zeigt an, dass die Bedien- und Anzeige Controls selbst keinen direkten Kontakt zu den Prozessvariablen des Automatisierungssystems haben, sondern auf die Verschaltung mit einem OPC Data Control angewiesen sind.

OPC Data Controls sind firmenspezifische, OPC-kompatible Softwarekomponenten, die auf das Custom-Interface von OPC-Servern zugreifen.

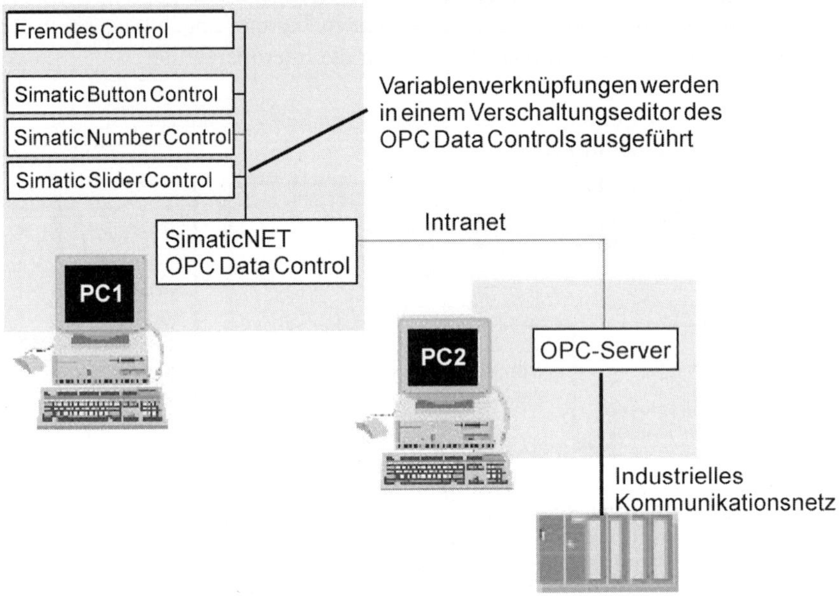

Bild 21.5: OPC Data Control als OPC-Client

OPC-Schnittstellen in Visualisierungssoftware

Industrielle SCADA-Softwareprodukte (Supervision, Control And Data Acquisition) verfügen neben speziellen Kommunikationskanälen zu firmeneigenen Steuerung und zu Steuerungen von Fremdanbietern auch über integrierte OPC-Clients und OPC-Server, um in heterogen vernetzten Automatisierungslösungen einsetzbar zu sein. Solche Visualisierungsprogramme können nebenher sowohl OPC-Server als auch OPC-Client sein und somit Prozessdaten aus einem Automatisierungsbereich mit dem Server für andere Clients bereitstellen, wie auch umgekehrt in der Funktion als Client, Prozessdaten aus anderen Automatisierungsbereichen abrufen. In diesem Visualisierungskonzept ermöglicht die OPC-Kommunikation eine sonst nur schwer zu realisierende *horizontale und vertikale Integration* verschiedener selbstständig arbeitender Automatisierungsinseln.

In Bild 21.6 wird ein Beispiel für horizontale und vertikale Integration gezeigt. Der Datenaustausch zwischen den beiden Visualisierungsapplikationen ist die horizontale Integration. Der Zugriff des Excel-Programms auf die beiden Visualisierungsanwendungen ist die vertikale Integration. Eine solche Konfiguration ist möglich, weil ein OPC-Server mehreren OPC-Clients den Datenzugriff ermöglicht und ein OPC-Client auch auf mehrere OPC-Server zugreifen kann.

Bild 21.6 zeigt auch zwei Beispiele wie eine Visualisierungsapplikation mit einer unterlagerten Steuerung verbunden sein kann. Die S7-SPS2 ist mit der auf dem PC2 laufenden WinCC-Applikation über die standardisierte OPC-Schnittstelle gekoppelt, während die S7-SPS1 mit der auf dem PC1 laufenden WinCC-Anwendung über einen firmenspezifischen S7-TCP/IP-Kanal der Simatic S7-Protocol Suite kommuniziert. Eine solche spezielle SPS-Treiber-Lösung wird auch heute noch dann bevorzugt verwendet, wenn es sich um firmengleiche Hard- und Software-Produkte handelt. Auf die OPC-Kopplung wird dann zurückgegriffen, wenn Fremdprodukte zu verbinden sind.

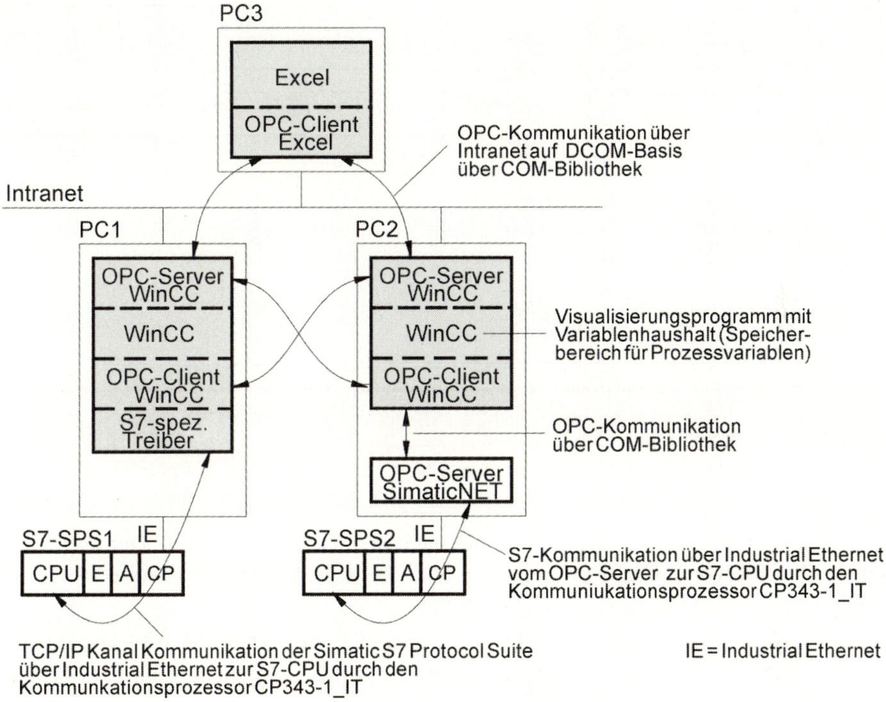

Bild 21.6: Horizontale und vertikale Integration durch OPC-Kommunikation

Die Einrichtung eines OPC-Clients in einem Prozessvisualisierungsprogrammen umfasst im Prinzip nur drei Schritte:

1. Auswählen des gewünschten OPC-Server; angezeigt werden alle erkannten Lokal- und Remote-Server
2. Festlegen der OPC-Items unter Verwendung der Browsing-Funktionalität
3. Verbinden der OPC-Items mit den Gerätesymbolen der Visualisierung

Test-Clients mit Browser-Funktionalität

Hardware-Hersteller, die für ihre Automatisierungsprodukte auch OPC-Server anbieten, stellen zusätzlich OPC-Clients für Testzwecke zur Verfügung. Diese Komponenten sind sehr nützlich, denn beim Einrichten einer OPC-Kommunikation möchte man schrittweise vorgehen und zuerst prüfen, ob die Ankopplung einer Hardware-SPS an den auf einem PC eingerichteten OPC-Server funktioniert. Dazu benötigt man einen funktionsfertigen OPC-Client, mit dem man den Namensraum des OPC-Servers untersuchen (browsen) und einzelne Variablen auch lesen oder ändern (schreiben) kann.

Test-Clients werden durch Öffnen ihrer Datei gestartet. Im Gegensatz zu den OPC-Servern müssen OPC-Clients nicht in der Windows-Registrierung angemeldet sein.

- Im SimaticNET-System gibt es den sog. OPC-Scout mit dem man beliebige OPC-Server ansprechen kann, die das OPC Automation Interface unterstützen

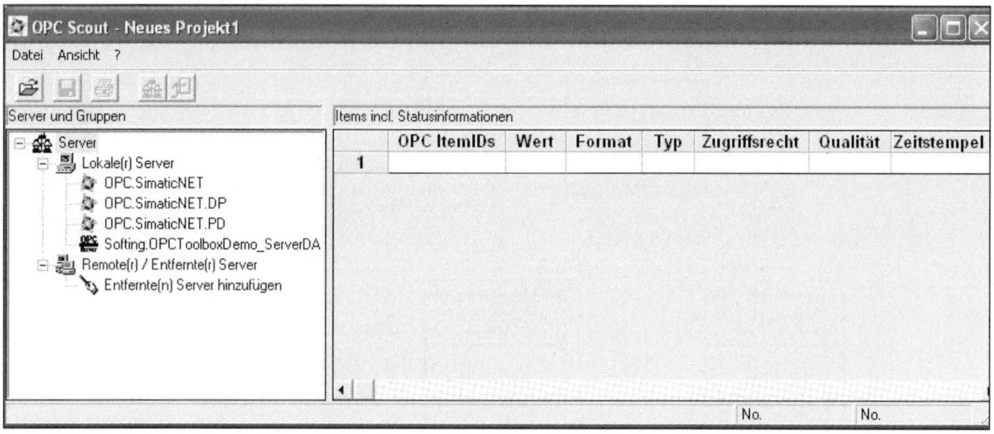

Bild 21.7: OPC-Scout von SimaticNET

Bild 21.7 zeigt die Oberfläche des OPC-Scout nach dem Öffnen der Datei. Der OPC-Scout hat vier lokale OPC-Server auf dem PC gefunden hat. Die weitere Vorgehensweise ist vielschrittig und soll hier nur prinzipiell angesprochen werden:

1. Auswahl eines OPC-Servers, z.B. OPC.SimaticNET mit rechter Maustaste anklicken. Im Kontextmenü "Verbinden" anklicken. Es erscheint die Aufforderung eine "OPC-Gruppe" mit einem Gruppennamen einzuführen.
2. Doppelklick auf Gruppennamen öffnet den "OPC-Navigator", der die Auswahl der Prozessvariablen ermöglicht, deren Werte gelesen oder geändert werden sollen.

21.1.5 OPC XML – Internettauglich und Betriebssystem-unabhängig

Zur Erinnerung: *OPC Data Access* spezifiziert OPC-Schnittstellen für den Prozessdatenaustausch innerhalb lokaler Netze und zwischen Windows-basierten Anwendungen auf Grundlage der COM/DCOM-Technologie von Microsoft. Diesen Schnittstellen wird jetzt eine weitere, jedoch internettaugliche und Betriebssystem-unabhänge Schnittstelle zur Seite gestellt mit der Bezeichnung *OPC XML Data Access* auf Grundlage der XML Web Service-Technologie.

Web Services sind Softwarekomponenten, die eine Dienstleistung anbieten und durch ihre URL-Adresse (Uniform Resource Locator) im Internet eindeutig identifizierbar sind. Namhafte Softwarefirmen wie IBM, Microsoft und Sun propagieren derzeit eine neue Dienst-orientierte Architektur von Komponenten-Software, in denen mächtige Applikationen nach dem Baukastenprinzip durch interagierende Web Services entstehen könnten. Web Services stellen Informationen zur automatischen Weiterverarbeitung in anderen Anwendungen zur Verfügung und liefern eine Beschreibungsdatei zur Nutzung der Dienste mit. Dagegen dienen HTML-Websites der Informationsvermittlung und Interaktion mit Menschen unter Einsatz von Web-Browsern.

Das nachfolgende Bild 21.8 zeigt das Prinzip der Dienst-orientierten Software-Architektur mit einem allgemein zugänglichen Service-Verzeichnis, in dem nach geeigneten Dienstangeboten gesucht werden kann.

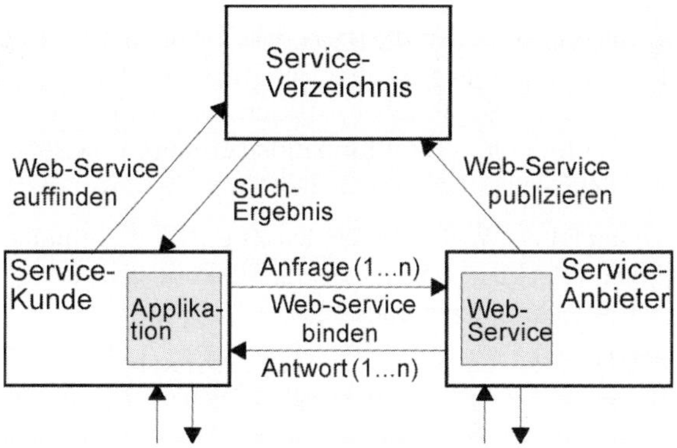

Bild 21.8: Service-orientierte Architektur (SOA) von Komponenten-Software

Die der Dienst-orientierten Architektur zu Grunde liegende Netzwerktechnologie für die Kommunikation zwischen Anwenderprogrammen basiert auf den Internetprotokollen SOAP, XML, HTTP und WSDL und wird durch das W3C (World Wide Web Consortium) standardisiert. Diese Netzwerktechnologie ist Internet-tüchtig sowie unabhängig von Programmiersprachen, Betriebssystemen und Hardware-Plattformen. In den XML Web Services hat OPC eine neue Basistechnologie für den Datenaustausch gefunden.

Das nachfolgende Bild 21.9 soll einen Überblick geben, wie OPC-Kommunikation über das Internet möglich gemacht wird:

- Mit *SOAP* als Interaktionsmechanismus wird ein *XML-Dokument* verpackt und über einen *HTTP-Kanal* zum *Web Service* übertragen, der sich auf dem Computer hinter der Firewall befindet. Die Firewall kann gegen unberechtigte Zugriffe administriert werden, um das sonst beträchtliche Sicherheitsrisiko für die Automatisierungsanlage zu verringern. Der Web-Service antwortet mit einer XML-Nachricht, die in einem SOAP-Telegramm verpackt an den OPC XML-Client gesendet wird.

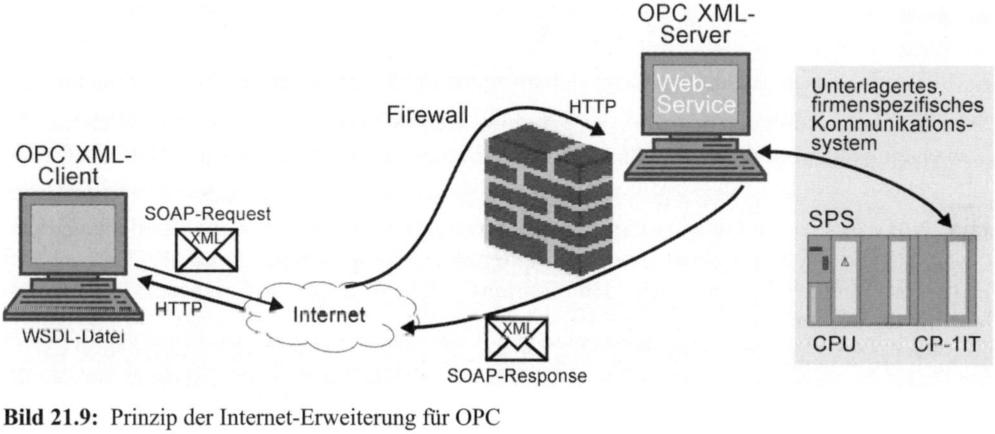

Bild 21.9: Prinzip der Internet-Erweiterung für OPC

Nachfolgend sind einige kurzgefasste Hinweise zu den angewendeten Internet-Protokollen und den ersten industriellen Anwendungen von OPC XML aufgeführt:

XML (eXensible Markup Language) ist wie HTML eine Auszeichnungssprache. Beide Sprachen verwenden sog. Tags als Strukturierungsinformationen (also das, was zwischen den spitzen Klammern steht). Bei HTML sollen die Tags dem Browser mitteilen, wie die Informationen zu präsentieren sind, z.B. als Überschrift. Bei XML werden die Tags nicht zu Layout-Zwecken verwendet, sondern zur Beschreibung dessen, was die Informationen bedeuten. XML gestattet, eigene Tags zu definieren. Der Informationsaustausch zwischen zwei Softwarekomponenten erfolgt durch solche selbst-beschreibenden, (maschinen)-lesbaren XML-Dokumente.

➢ Bei OPC XML DA bietet ein Web Service den Zugriff auf ein unterlagertes Kommunikationssystem an, indem es XML-Nachrichten als Funktionsaufrufe empfängt und Ergebnisse in Form von XML-Nachrichten zurücksendet.

WSDL (Web Service Definition Language) ist eine Auszeichnungssprache im XML-Format zur Beschreibung der vom Web Service angebotenen Dienste. Für die neue OPC-Schnittstelle gibt es eine spezielle WSDL-Dienste-Beschreibung. Diese Datei muss jedem OPC XML-Client durch Installation oder Anforderung beim OPC XML Server bekannt sein, um die SOAP-Telegramme zu ergänzen.

SOAP (Simple Object Access Protocol, jetzt nur noch Akronym: SOAP) ist ein plattformunabhängiges Protokoll und hat die Aufgabe, die XML-Nachrichten für den Datenaustausch zu verpacken und die Aufrufreihenfolge zwischen den Kommunikationspartnern zu regeln. Das wichtigste Transportprotokoll für SOAP ist das weit verbreitete HTTP, sodass auch durch Firewalls hindurch kommuniziert werden kann. Der HTTP-Dienst verwendet den URL des Web Service als Internet-Adresse.

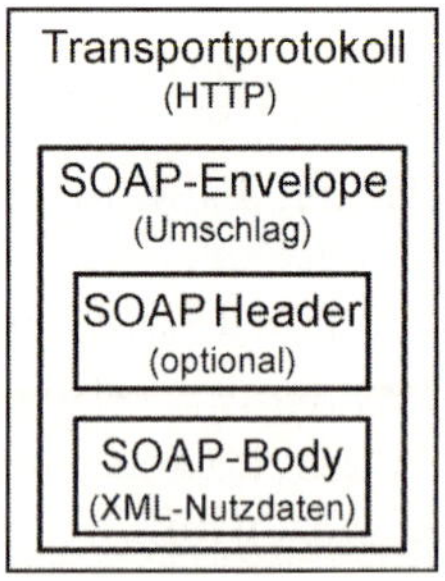

Bild 21.10: SOAP-Telegramm

Webdienste der Spezifikation OPC XML DA haben einen an OPC Data Access angelehnten Funktionsumfang. Der wichtigste Unterschied ist, dass es noch nicht die Möglichkeit der automatischen Prozesswert-Überwachung gibt. Vorgesehen sind folgende Webdienste:

- GetStatus, um zu erfahren, ob der Web Service funktioniert.
- Browse, um den Namensraum zu durchsuchen.
- Read
- Write
- Subscribe, Ersatz für automatisches Überwachen mit änderungsgesteuerter Rückmeldung.

.NET ist die Nachfolgetechnologie von Windows **DCOM**. Zur Ausführung einer Web Service Anwendung muss auf dem Computer ein .NET-Framework installiert werden. Diese Software-Komponente ist kostenfrei bei Microsoft erhältlich.

OPC XML-Server sind nötig, wenn Automatisierungsgeräte mit OPC-Schnittstelle nicht unter einem Standard Windows-Betriebssystem laufen, wie z.B. das Multi Panel MP 370 von Siemens mit WinCC flexible unter dem Betriebssystem Windows CE (spezielle Windows-Version für Kleingeräte).

OPC XML-Clients sind noch eine Seltenheit, werden aber schon verwendet wie z.B. bei WinCC V6.0 SP2 von Siemens. Häufiger eingesetzt wird die Lösung mit einem OPC DA-Client mit nachgesetzten OPC Gateway für die Protokollumsetzung von DCOM nach XML.

21.2 Projektierung einer Excel-SPS-Verbindung über OPC

21.2.1 OPC-Server mit unterlagerter SPS einrichten

Jedes Beispiel für OPC-Kommunikation setzt einen Anlagenaufbau voraus, der aus einem OPC-Server mit einer unterlagerten Datenquelle besteht. Der OPC-Server ist auf einem PC unter Windows-Betriebssystem zu installieren. Eine S7-SPS ist die Datenquelle. Um den Geräteaufwand zu begrenzen, soll der PC gleich mehrere Aufgaben übernehmen:

- Die Programmiergerätefunktion zur Erstellung der SPS- und PC-Projektierung. Dazu muss auf dem PC die STEP7-Software installiert sein. Im SIMATIC-Manager wird ein unten näher beschriebenes S7-Projekt angelegt.
- Die OPC-Serverfunktion mit Kommunikationsverbindung zur SPS. Dazu muss auf dem PC die OPC-Serverkomponente und die Protokollsoftware zur Verbindung mit der Netzwerkkarte installiert sein.
- Die Applikation mit OPC-Client (wird erst im OPC-Projekt, Teil 2 ausgeführt)

Bild 21.11 zeigt die Struktur der Anlage und die dazu verwendeten Software- und Hardware-Komponenten.

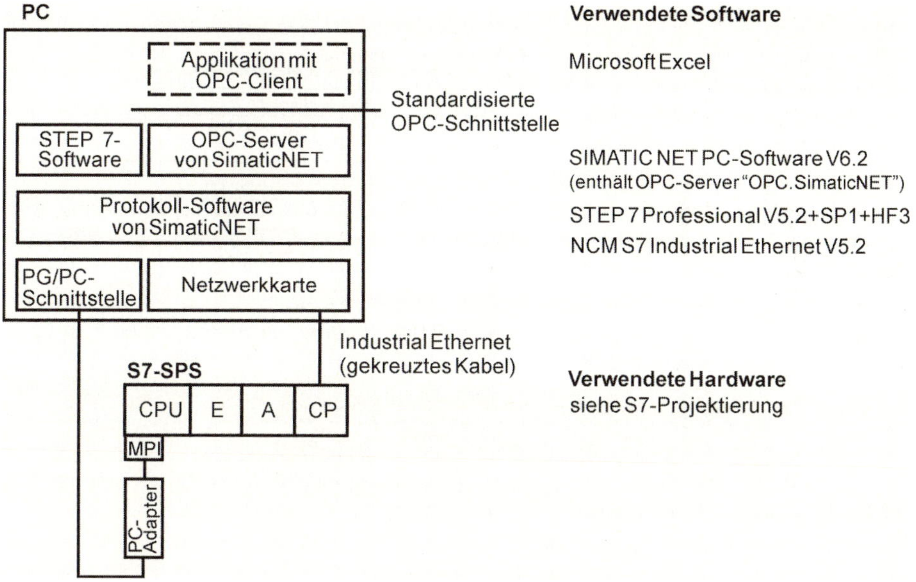

Bild 21.11: Projektstruktur bestehend aus PC und SPS

Bild 21.12 zeigt die wichtigsten Einzelheiten des anzulegenden **Projekts**, bestehend aus einer

- **SPS-Projektierung**, die bei Einstellung der PG/PC-Schnittstelle auf "PC Adapter (MPI)" über den zwischengeschalteten PC-Adapter in die SPS-CPU zu laden ist, und einer
- **PC-Projektierung**, für deren Download (PCStation > Konfiguration öffnen > Speichern und Übersetzen > Laden in Baugruppe) die PG/PC-Schnittstelle auf "PC internal (local)" umgestellt werden muss. Beim Download der PCStation-Konfiguration werden die Daten der Baugruppen "IE Allgemein (Index 1)", "OPC Server (Index 2)" und des sogenannten "Stationsmanagers (Index 125)" übertragen.

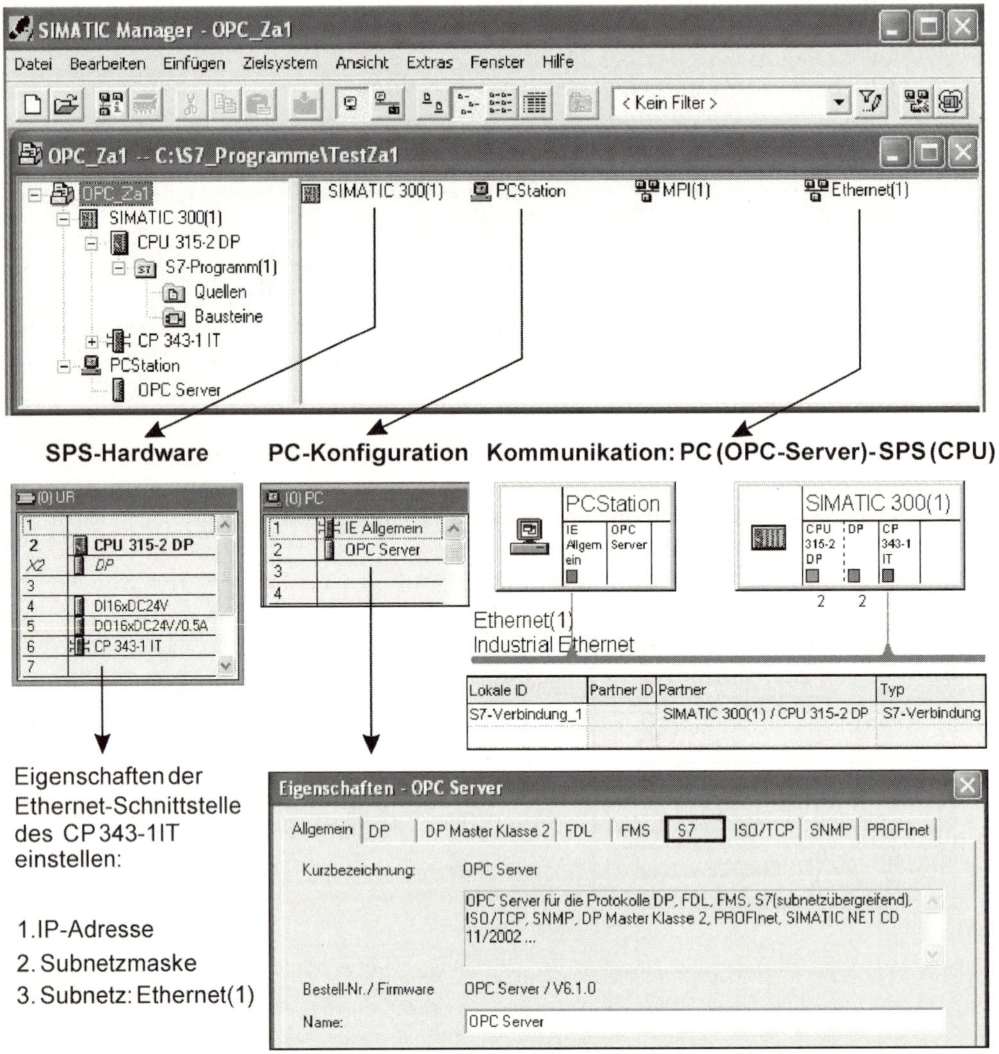

Bild 21.12: SPS- und PC-Projektierung

Für den Kommunikationsprozessor der SPS und für die Netzwerkkarte des PC müssen die erforderlichen IP-Adressen und Subnetzmasken vergeben werden, z.B.:

Gerät	IP-Adresse	Subnetzmaske
CP 343-1IT (SPS)	192.168.0.10	255.255.255.0
Netzwerkkarte (PC)	192.168.0.100	255.255.255.0

Hinweis zur PCStation-Projektierung:

Die PC-Projektierung beginnt mit dem Einfügen einer SIMATIC PC-Station in das S7-Projekt und umbenennen von SIMATIC PC Station (1) in **PCStation** (s. Bild 21.12). Anschließend ist durch Doppelklick auf das Symbol  in der Taskleiste der Komponenten-Konfigurator zu öffnen. Der Komponenten-Konfigurator ist die Benutzeroberfläche des Stationsmanagers und ermöglicht den Zugriff auf die Komponentenverwaltung der PCStation. Unter Index 1 ist die Netzwerkkarte "IE Allgemein" und unter Index 2 der "OPC Server" über Button „Hinzufügen..." anzumelden. Der im Komponenten-Konfigurator verwendete Stationsname muss mit **PCStation** aus dem SPS-Projekt übereinstimmen.

Danach im Projekt die PC-Station markieren und durch Doppelklick auf die erschienene Komponente "Konfiguration" den HWKonfig-Editor öffnen. Im Rack sind in Übereinstimmung mit den Einträgen im Komponenten-Konfigurator die Netzwerkkarte "IE Allgemein" und der "OPC Server" zu konfigurieren. Beide Komponenten findet man im Hardwarekatalog unter SIMATIC PC Station. Die "IE Allgemein" muss auf die IP-Adresse der Netzwerkkarte eingestellt werden. Unter Objekteigenschaften des OPC-Servers wird die firmenspezifische S7-Kommunikation (S7-Protokoll) ausgewählt, über die der OPC-Server mit der S7-CPU die Prozessdaten austauscht.

Nach den beiden bereits beschriebenen Download-Vorgängen (zur SPS-Station und PC-Station, siehe Text vor Bild 21.12), muss dem OPC-Server noch bekannt gemacht werden, mit welchem Transport-Protokoll er über die unterlagerte Kommunikationsverbindung auf die Prozessdaten der SPS-CPU zugreifen soll. Dazu ist die Konfigurationskonsole "PC-Station einstellen" zu öffnen:

Start > SIMATIC > SIMATIC NET > Einstellungen > PC-Station einstellen

Unter Applikationen > OPC-Einstellungen wird bei "OPC-Protokollauswahl" das Protokoll "S7" markiert, in Übereinstimmung mit der Projektierung für die PCStation (s. Bild 21.12).

21.2.2 Auftragssteuerung unter Excel mit OPC-Automation-Schnittstelle

Es ist eine Auftragssteuerung als Excel-Applikation auszuführen: Farbmischungen sollen nach Eingabe der Auftragsnummer gemäß festgelegter Rezeptur in bestimmter Menge produziert werden.

Schritt 1: Auftragsblatt und Steuerungsblatt in Excel anlegen

Bild 21.13 zeigt das Excel-Auftragsblatt mit drei Aufträgen, wobei Auftrag 1 bereits ausgeführt wurde. Die Aufträge sind durch AuftragsNr, Kunde, Eingangsdatum, RezeptNr und Soll-Menge beschrieben. Unter Ist-Menge und Produktdatum sind die produzierten Mengen und der Produktionstermin eingetragen.

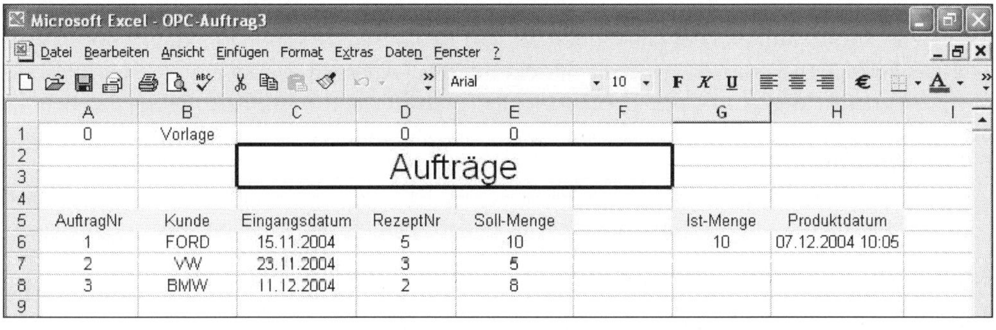

Bild 21.13: Aufträge im Excel-Auftragsblatt

Bild 21.14 zeigt die Bedienoberfläche der eigentlichen Auftragssteuerung. Durch Eingabe der Auftragsnummer in Zelle C8 werden Rezeptnummer und Soll-Menge automatisch aus dem Auftragsblatt geholt und in die Zellen C10 und C12 eingetragen. Die Übergabe der Auftragsdaten an die unterlagerte Steuerung erfolgt durch Betätigung des Buttons "Auftrag starten". Die Steuerung meldet Zwischenstände der produzierten Ist-Menge und ein Produktdatum fortlaufend an die Auftragssteuerung zurück. Ist die Soll-Menge erreicht oder wird die Produktion von der übergeordneten Auftragssteuerung vorzeitig beendet, kann der Auftrag quittiert werden, dabei muss die Ist-Menge zusammen mit dem Produktionsdatum in das Auftragsblatt übertragen und der Auftrag gelöscht werden.

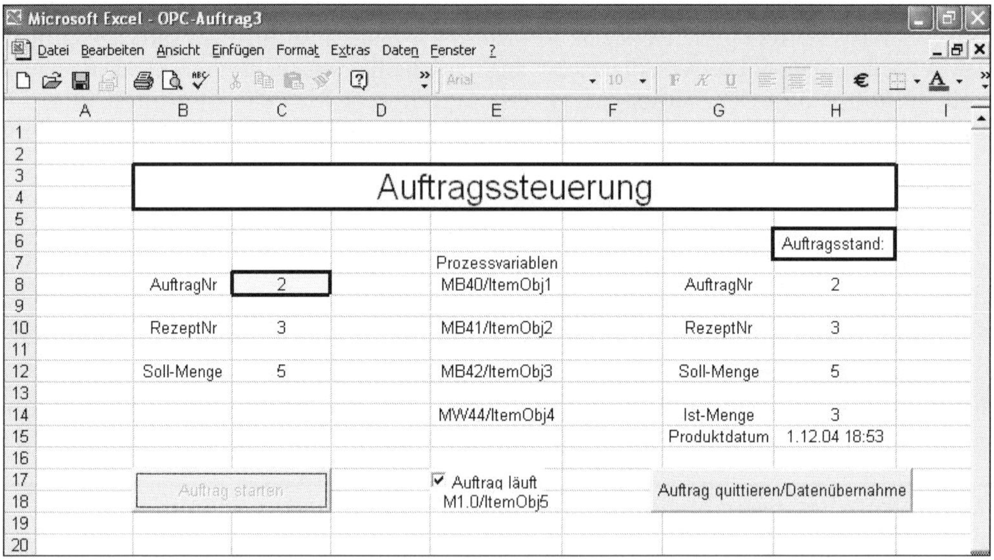

Bild 21.14: Excel-Steuerungsblatt nach Ausführung des Auftrags (linker Button "Auftrag starten" ist noch deaktiviert und erscheint deshalb blass, da der Auftrag noch nicht quittiert ist).

Für das automatische Einfügen von Werten in Excel-Zellen mit Hilfe einer Funktion wird im Steuerungsblatt die Zelle C10 markiert, in der die Rezeptnummer durch Wirkung der Funktion eingetragen werden soll. Dann wird unter dem Menüpunkt "Einfügen" der Unterpunkt "Funktion ..." gewählt. Es erscheint ein Fenster "Funktion einfügen". Dort wird unter der Kategorie "Funktionskategorie" die Kategorie "Matrix" und unter "Name der Funktion" die Funktion "Verweis" ausgewählt und der OK-Button betätigt, um die ausgewählte Funktion zu bestätigen und das Fenster zu verlassen. Es erscheint ein Fenster "Argumente auswählen". Hier wird die Syntax-Version "Suchkriterium; Ergebnisvektor" gewählt und mit OK bestätigt. Im neu erscheinenden Fenster sind für die Übernahme der Rezeptnummer folgende Einträge zu machen:

Suchkriterium : C8 (dort ist die Auftragsnummer eingetragen)
Suchvektor: Aufträge!A:A ? (dort wird in der Spalte A nach der Auftragsnummer gesucht)
Ergebnisvektor: Aufträge!D:D ? (dort wird in der Spalte D die Rezeptnummer gefunden)

Entsprechende Wiederholung für die Übernahme der Soll-Menge nach Zelle C12:

Suchkriterium : C8
Suchvektor: Aufträge!A:A
Ergebnisvektor: Aufträge!E:E

Schritt 2: OPC-Client Programm für Automation Interface

Zuerst muss die Automation-Wrapper DLL in Visual Basic (VBA) bekannt gemacht werden, sie enthält die OPC-Objektklassen, aus denen die OPC-Objekte für das Schnittstellen-Programm abgeleitet werden. Man findet diese DLL durch Umschalten von Excel zu Visual Basic über *Extras/Makro/VisualBasic-Editor* und dort unter *Extras/Verweise.* Im sich öffnenden Fenster *Verfügbare Verweise* markiert man die "OPC Siemens DAAutomation".

Nachfolgend ist das vollständige Programm der Auftragssteuerung angegeben. Die mit dem seitlichen Strich versehenen Programmteile beinhalten die eigentlichen OPC-Client Funktionen.

```
'OPC Automation 2.0
'---------------------------------------------------------------------------
Option Explicit
Option Base 1
'---------------------------------------------------------------------------
'Interface Objects
'---------------------------------------------------------------------------
Private ServerObj As OPCServer
1 Private WithEvents GroupObj As OPCGroup
Private GroupColl As OPCGroups
Private ItemObj1 As OPCItem
Private ItemObj2 As OPCItem
Private ItemObj3 As OPCItem
Private ItemObj4 As OPCItem
Private ItemObj5 As OPCItem
Private ItemColl As OPCItems
'---------------------------------------------------------------------------
Private Auftragsmerker As Boolean
```

```
Private Sub AuftragStarten_Click()

    Set ServerObj = New OPCServer
2   ServerObj.Connect ("OPC.SimaticNet")
    Set GroupColl = ServerObj.OPCGroups
    Set GroupObj = GroupColl.Add("MyGroup")
    GroupObj.IsSubscribed = True
    GroupObj.UpdateRate = CLng(Cells(23, 5))

    Set ItemColl = GroupObj.OPCItems

    Set ItemObj1 = ItemColl.AddItem("S7:[S7-Verbindung_1]MB40", 8)
    ItemObj1.Write CLng(Cells(8, 3))
    Set ItemObj2 = ItemColl.AddItem("S7:[S7-Verbindung_1]MB41", 10)
    ItemObj2.Write CLng(Cells(10, 3))
    Set ItemObj3 = ItemColl.AddItem("S7:[S7-Verbindung_1]MB42", 12)
    ItemObj3.Write CLng(Cells(12, 3))
    Set ItemObj4 = ItemColl.AddItem("S7:[S7-Verbindung_1]MW44", 14)
    Set ItemObj5 = ItemColl.AddItem("S7:[S7-Verbindung_1]M1.0", 17)
    Auftragsmerker = True
    ItemObj5.Write Auftragsmerker
    CheckBox1 = Auftragsmerker

    AuftragStarten.Enabled = False
    AuftragQuittieren_Datenübernahme.Enabled = True

End Sub
```

```
Private Sub AuftragQuittieren_Datenübernahme_Click()

    Dim IstMenge As Variant
    Dim IstDatum As Variant
    Dim AuftragNr As Variant

    If Not ItemObj5 Is Nothing Then
3       Auftragsmerker = False
        ItemObj5.Write Auftragsmerker
        CheckBox1 = Auftragsmerker
    End If

    AuftragNr = ThisWorkbook.Sheets("Steuerung").Cells(8, 8)
    IstMenge = ThisWorkbook.Sheets("Steuerung").Cells(14, 8)
    IstDatum = ThisWorkbook.Sheets("Steuerung").Cells(15, 8)
    ThisWorkbook.Sheets("Aufträge").Cells(AuftragNr + 5, 7).Value = IstMenge
    ThisWorkbook.Sheets("Aufträge").Cells(AuftragNr + 5, 8).Value = IstDatum
    ThisWorkbook.Sheets("Steuerung").Cells(8, 8) = ""
    ThisWorkbook.Sheets("Steuerung").Cells(10, 8) = ""
    ThisWorkbook.Sheets("Steuerung").Cells(12, 8) = ""
    ThisWorkbook.Sheets("Steuerung").Cells(14, 8) = ""
    ThisWorkbook.Sheets("Steuerung").Cells(15, 8) = ""

    AuftragStarten.Enabled = True
    AuftragQuittieren_Datenübernahme.Enabled = True


If Not ServerObj Is Nothing Then
        ServerObj.OPCGroups.RemoveAll
4       ServerObj.Disconnect
        Set ServerObj = Nothing
End If

End Sub
```

```
Private Sub GroupObj_DataChange(ByVal TransactionID As Long,
                                ByVal NumItems As Long,
5                               ClientHandles() As Long,
                                ItemValues() As Variant,
                                Qualities() As Long,
                                TimeStamp() As Date)

    Dim Item As OPCItem

    Set ItemColl = GroupObj.OPCItems
        For Each Item In ItemColl
            Cells(Item.ClientHandle, 8) = Item.Value
        Next Item

    Cells(15, 8) = TimeStamp()

End Sub
```

Die Einarbeitung in das vorstehende OPC-Client Programm erscheint wegen der vielen Details als ein mühsames Unterfangen. Zu bedenken ist jedoch, dass nur die mit dem seitlichen Strich gekennzeichneten Teile zur eigentlichen Schnittstellen-Programmierung gehören, zu der nachfolgend einige Erläuterungen gegeben werden.

Schritt 3: Erläuterungen zur Programmierung der OPC-Objekte

- **Zu Strich 1: Deklaration von Objektvariablen, Beispiele**

Private ServerObj As OPCServer
ServerObj ist als Objektvariable deklariert mit der Objektklasse OPCServer als Datentyp.

Private WithEvents GroupObj As OPCGroup
GroupObj ist eine Objektvariable mit der Objektklasse OPCGroup als Datentyp. Objekte in Visual Basic, die Ereignisse empfangen sollen, müssen mit WithEvents deklariert werden. Bei OPC betrifft dies das automatische Einlesen nach Werteänderungen bei beobachteten Variablen.

- **Zu Strich 2: Automation-Objekte erzeugen, Beispiele**

Set ServerObj = New OPCServer
Die Set-Anweisung weist der Objektvariablen ein Objekt zu. Das Objekt selbst wird durch die Verwendung des Schlüsselwortes *New* aus der Objektklasse OPCServer erzeugt. Die Objektvariable ServerObj kann genauso behandelt werden wie das Objekt OPCServer selbst.

ServerObj.Connect ("OPC.SimaticNET")
Am ServerObj wird die Methode Connec*t* aufgerufen, um eine Verbindung mit dem richtigen OPC-Server von SimaticNET aufzubauen. Der OPC-Server von SimaticNET ist eine vom Hersteller gelieferte Software-Komponente, die mit dem unterlagerten Automatisierungssystem als der eigentlichen Datenquelle verbunden ist.
Durch Ausführung dieses Befehls wird der OPC-Server von SimaticNET gestartet. Das ist im Simatic-System in der Konfigurationskonsole *PC-Station einstellen* unter *OPC-Einstellungen* und dort bei *OPC-Server beenden* nachprüfbar. Dort wird angezeigt: OPC-Server läuft.

Set GroupColl = ServerObj.OPCGroups
Mit der Set-Anweisung wird der Objektvariablen GroupColl das Collection-Objekt OPCGroups zugewiesen, das der Erzeugung und Verwaltung von OPC-Gruppen dient. Das Collection-Objekt OPCGroups selbst wird vom OPC-Server-Objekt beim erfolgreichen Connect-Aufruf automatisch erzeugt.

Set GroupObj = GroupColl.Add("MyGroup")
Die Set-Anweisung weist der Objektvariablen GroupObj ein Group-Objekt zu, das durch Aufruf der Methode „ADD" am Collection-Objekt OPCGroups erzeugt und der Collection zugewiesen wird. Der Name der Gruppe soll „MyGroup" heißen. Group-Objekte dienen der Strukturierung der noch anzulegender Item-Objekte zu sinnvollen Einheiten.

Set ItemColl = GroupObj.OPCItems
Mit der Set-Anweisung wird der Objektvariablen ItemColl das Collection-Objekt OPCItems zugewiesen, das der Erzeugung und Verwaltung von OPCItem-Objekten dient. Das Collection-Objekt OPCItems wird bei der Erzeugung eines Group-Objekts automatisch angelegt.

Set ItemObj1 = ItemColl.AddItem("S7:[S7-Verbindung_1]MB40", 8)
Die Set-Anweisung weist der Objektvariablen ItemObj1 ein Item-Objekt zu. Das Item-Objekt selbst wird durch den Aufruf der Methode ADD am Collection-Objekt OPCItem erzeugt und der Collection hinzugefügt. Dem ItemObj wird die ItemID (die genaue Angabe, über welche Verbindung die Prozessvariablen MB40 zu finden ist) und der ClientHandle (in welche Spalte des Excel-Steuerungsblattes der Prozesswert einzutragen ist, hier Spalte 8) übergeben. Die Festlegung der Excel-Zelle erfolgt erst beim Lesen des Prozesswertes durch Angabe der Zeile.

- **Zu Strich 2+3: Überschreiben von Prozessdaten, Beispiele**

ItemObj1.Write CLng(Cells(8, 3))
Die Methode "Write" bedeutet "Synchrones Schreiben", d.h. der Server gibt die Kontrolle erst nach Ausführung der Anweisung im Automatisierungsgerät wieder an das Client-Programm zurück. Das ItemObj1 (Repräsentant des Merkerbyte MB 40) erhält den Zahlenwert der Excel-Zelle C8. *CLng( )* bedeutet Umwandlung in den Datentyp *Long* (4 Byte-Integer).

ItemObj5.Write Auftragsmerker
Das ItemObj5 (Repräsentant des Merkers M 1.0) erhält den logischen Wert *False* durch die Variable *Auftragsmerker*.

- **Zu Strich 4: Automation-Objekte löschen**

ServerObj.OPCGroups.RemoveAll
Der OPC-Client muss die Automation-Objekte, die er erzeugt hat, auch wieder löschen.

Der Aufruf der Methode RemoveAll am Collection-Objekt OPCGroups löscht alle Objekte der Klassen OPCGroup und OPCItem, um das Herunterfahren des OPC-Servers vorzubereiten.

ServerObj.Disconnect
Der Aufruf der Methode Disconnect am Objekt OPCServer baut die Verbindung zum OPC-Server ab, um das Server-Objekt anschließend löschen zu können.

Set ServerObj = Nothing
Das Server-Objekt wird durch Verwendung des Schlüsselwortes *Nothing* gelöscht.

- **Zu Strich 5: Automatisches Einlesen bei Wertänderung**

Private Sub GroupObj_DataChange(ByVal Transaction As Long, ByVal NumItems As Long, ClientHandles() As Long, ItemValues() As Variant, Qualities() As Long, TimeStamps() As Date)
Eingelesen wird nur auf Grund von Werte- oder Zustandsänderungen. Der DataAccess-Server übermittelt die neuen Werte an den OPC-Client durch einen Methodenaufruf mit Übergabe verschiedener Parameter für alle OPCItems der beobachteten OPCGroup. Der Automation-Wrapper löst daraufhin das Ereignis *DataChange* aus und teilt damit dem Client mit, dass sich bei einem oder mehreren OPCItems der Wert oder der Zustand (good, bad) geändert hat. Die Objektvariable *GroupObj* ist durch die Deklaration mit dem Schlüsselwort *WithEvents* für die Aufnahme von Ereignissen eingerichtet:

ByVal : Soll ein Parameter in Form eines Wertes (einer Kopie) an eine Funktion oder Prozedur übergeben werden, ist in Visual Basic das Schlüsselwort ByVal voranzustellen.

NumItems: Anzahl der OPCItems in der Group

ClientHandle: Objekteigenschaft des Objekts OPCGroup. Mit dieser Eigenschaft kann ein Client schnell die Lokalisierung der Daten z.B. auf einem Excel-Tabellenblatt bestimmen
Bei der Instanziierung eines OPCItems wird bereits angegeben, in welcher Zeile ein einzulesender Wert später eingetragen werden soll. Die entsprechende Spalte wird erst beim Vorgang des Daten-Einlesens festgelegt. Der ClientHandle bringt dann einen Vorteil, wenn eine Gruppe viele Items verwaltet und deren Werte in Tabellenform in einer Spalte untereinander einzutragen sind. Eingespart wird die sonst erforderliche (umständlichere) Koordinatenangabe.

Item: Steuervariable der For Each…Next – Schleife, um alle Item-Werte einzulesen.

Schritt 4: SPS-Simulationsprogramm

Um die Auftragssteuerung testen zu können, muss die unterlagerte SPS ein entsprechendes Steuerungsprogramm ausführen. Es genügt hier ein simulierter Fertigungsprozess: Eine Zählersteuerung übernimmt den Wert der Soll-Menge und zählt mit einem Zeittakt die „gefertigte“ Ist-Menge hoch. Der Auftragsmerker startet und stoppt die „Fertigung“.

STEP7 Programm

FC10

Deklarationstabelle

Name	Datentyp
IN	
Takt	Bool
Auftragsmerker	Bool
Soll-Menge	Byte

Name	Datentyp
OUT	
Ist-Menge	Word

Name	Datentyp
TEMP	
Ist-Menge_Dual	Word
Ist-Menge_Int	Int
Soll-Menge_Int	Int
Stopp	Bool

Funktionsplan

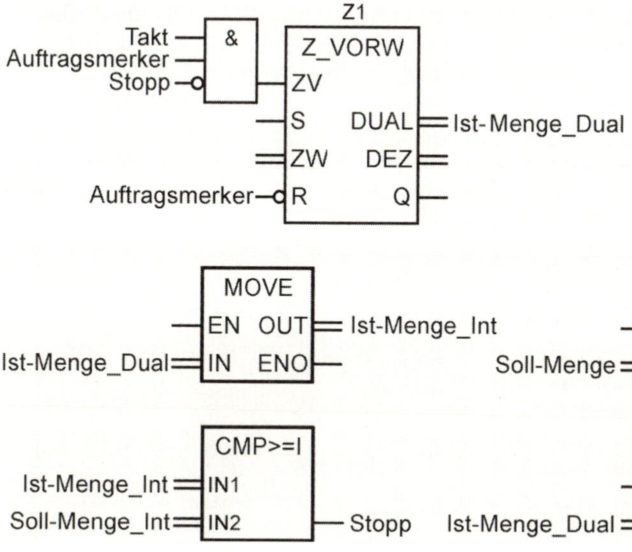

OB 1

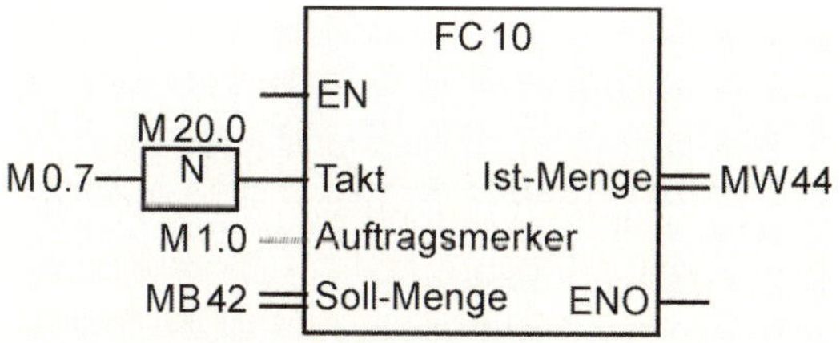

M 0.7 = CPU-Taktmerker: 0,5 Hz

21.2.3 Auftragssteuerung unter Excel mit OPC-Data Control

In Kap. 21.1.4 wurden bereits sog. OPC-Data Controls erwähnt, die als Software-Komponenten erhältlich sind und in die Werkzeugsammlung von Visual Basic als Steuerelemente mit visueller Erscheinung aufgenommen werden können. Diese Controls können die OPC-Schnittstellen-Programmierung ersetzen. Nachfolgend wird gezeigt, wie eine alternative Lösung der Auftrags-Steuerungsaufgabe aussehen könnte und welche Einschränkungen und Abänderungen gegenüber der ursprünglichen Lösung dabei eventuell hingenommen werden müssen.

Bild 21.15 zeigt die Bedienoberfläche der Auftragssteuerung, die nun auf einer UserForm unter Excel-VBA angelegt wurde. Links oben ist das SimaticNET OPC Data Control zu erkennen, das die Ausführung der OPC-Kommunikation mit einem OPC-Server übernimmt. Darunter befindet sich ein S7Number Control für die Eingabe der Auftragsnummer, die durch Betätigung des Häckchens übernommen wird und automatisch die zum Auftrag gehörende Rezeptnummer und Soll-Menge in die darunter liegenden Textfelder einfügt. Durch Betätigen der Schaltfläche „Auftrag starten“ werden die Angaben auf die rechte Seite zum Auftragsstand übernommen und der unterlagerte „Produktionsprozess“ in der SPS angestoßen. In der Check-Box erscheint ein Häkchen und zeigt an, dass der Auftrag läuft. Gleichzeitig wird die linke Schaltfläche deaktiviert und die rechte Schaltfläche mit einer dann erscheinenden Beschriftung „Auftrag quittieren/Datenübernahme“ zur Betätigung freigegeben. Die produzierte Ist-Menge wird zusammen mit dem Produktionsdatum aktuell angezeigt. Wird der Auftrag durch Quittieren abgeschlossen, erfolgt die Datenübernahme in das Auftragsblatt wie bereits vorne beschrieben mit anschließendem Löschen der Einträge in der Bedienoberfläche.

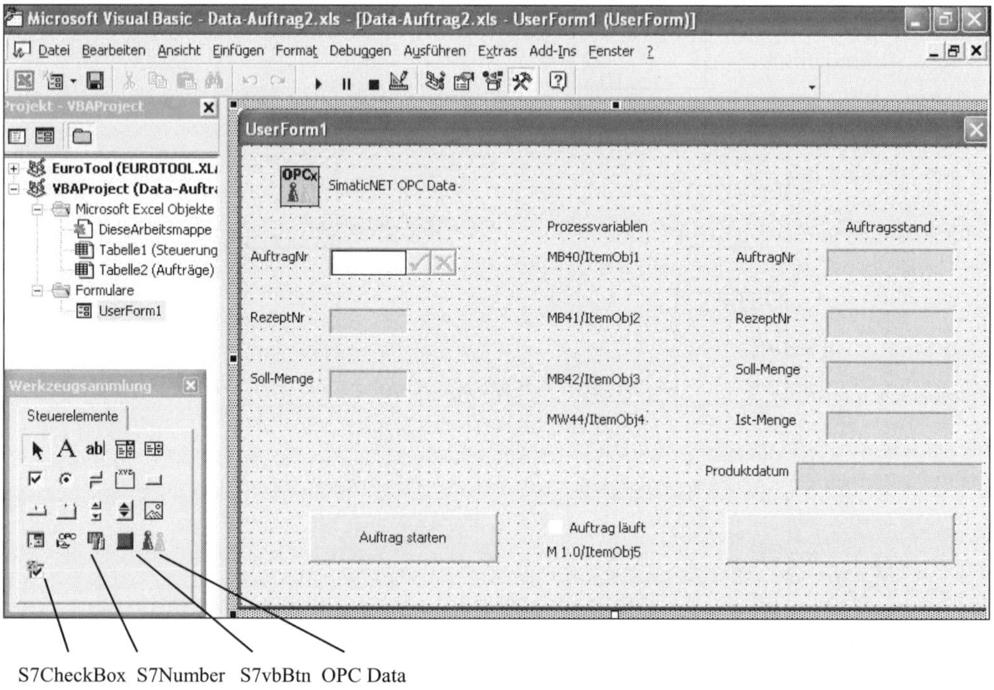

Bild 21.15: Auftragssteuerung mit dem Steuerelement SimaticNET OPC Data als OPC-Client

An die Stelle der OPC-Client Programmierung, wie unter 21.2.2 gezeigt, tritt jetzt eine rein grafische Eigenschaften-Einstellung für das OPC Data Control:

Anklicken des Data Controls mit der rechten Maustaste und Aufrufen des Eigenschaftsdialogs. Im sich öffnenden Fenster kann über den Button „Suchen" der gewünschte OPC-Server ausgewählt werden, hier: OPC.SimaticNET.

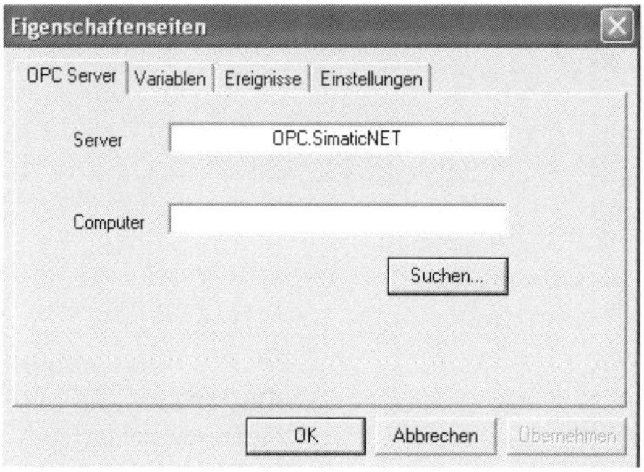

Bild 21.16:
Auswahl OPC-Server

In einem weiteren Schritt muss die Variablenzuordnung der Bedien- und Anzeige-Elemente vorgenommen werden. Im Bild 21.17 wird gezeigt, wie das S7Number Bedienelement mit dem Merkerbyte MB 40, 1Byte, über die S7-Verbindung_1 verknüpft wird. Entsprechende Verknüpfungen sind für alle anderen Bedien- und Anzeigeelemente vorzunehmen.

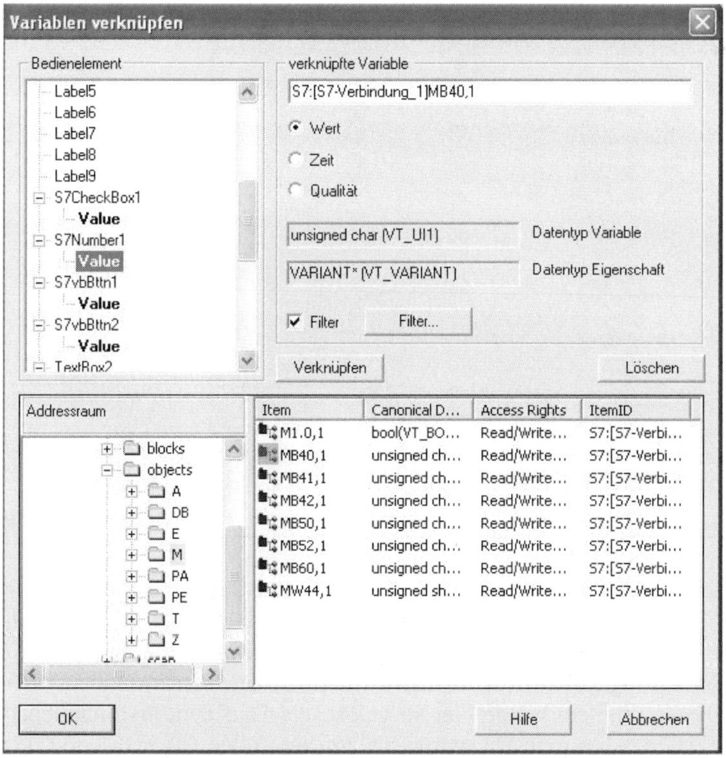

Bild 21.17
Verschaltungseditor

Dem OPC Data Control wird in einer weiteren Einstellung vorgegeben, das es sich automatisch mit dem OPC-Server verbinden soll. Neue Werte sollen unter der Bedingung einer Werteänderung von mindestens 5% automatisch eingelesen werden, also arbeitet das OPC Data Control im Beobachtungsmodus, der auch bei der Automation-Schnittstelle angewendet wurde. Die Werteüberwachung wurde, wie im nachfolgenden Bild gezeigt, auf 100 ms Abtastzeit eingestellt.

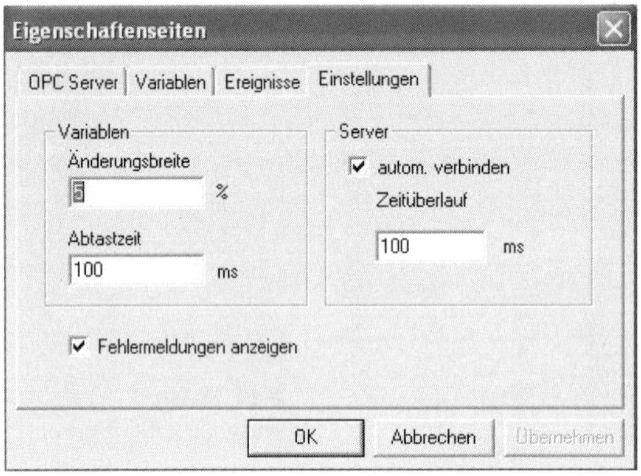

Bild 21.18:
Betriebseinstellungen für den OPC-Client

Visual Basic kann über „Sub/UserForm ausführen" in den Run-Modus zur Programm-Ausführung versetzt werden. In der Bedienoberfläche verschwindet dann das OPC Data Control. Im nachfolgenden Bild wird auch gezeigt, dass der Auftrag läuft und bereits 7 Einheiten „produziert" wurden.

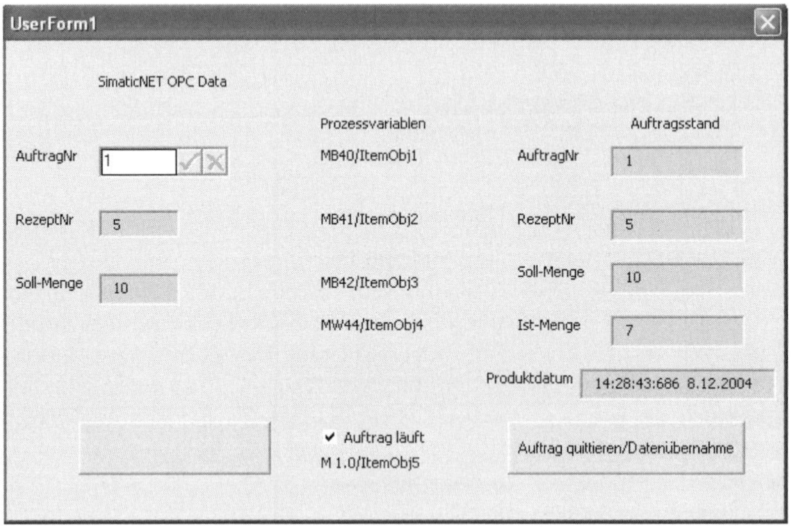

Bild 21.19
Auftragsausführung

Die Kommuikation zwischen Excel-VBA und der S7-CPU läuft, ohne dass eine einzige Zeile OPC-Programmierung nötig war. Nach wie vor erforderlich ist jedoch eine Hintergrund-Programmierung der reinen Bedienfunktionen z.B. für das automatische Einlesen der Auftragsdaten nach Eingabe der Auftragsnummer, denn man verfügt auf der UserForm nicht über die Excel-Funktionalität. Dieses Problem wurde hier so gelöst, dass auf dem ursprünglichen Steuerungsblatt (siehe Bild 21.14) alles gelöscht wurde bis auf die Zellen C8, C10 und C12.

Ebenfalls gelöscht wurde die hinter diesem Blatt stehenden gesamte Programmierung, wie sie voranstehend gezeigt wurde. Vom S7Number-Element wird die Auftragsnummer an die Zelle C8 verwiesen und deren Ergebnisse aus den Zellen C10 und C12 an die Textfelder der Userform übertragen. Das eigentliche Auftragsblatt (siehe Bild 21.13) bleibt unverändert.

Die noch erforderliche Hintergrund-Programmierung ist nachfolgend abgebildet.

```
Private Sub S7Number1_Change()
Cells(8, 3) = S7Number1.Text
TextBox7.Text = ThisWorkbook.Sheets("Steuerung").Cells(10, 3)
TextBox8.Text = ThisWorkbook.Sheets("Steuerung").Cells(12, 3)
End Sub
```

```
Private Sub S7vbBttn1_Click(Value As Boolean)
S7vbBttn1.Enabled = False
S7vbBttn2.Enabled = True
End Sub
```

```
Private Sub S7vbBttn2_Click(Value As Boolean)
Dim AuftragNr As Variant
Dim IstDatum As Variant
Dim IstMenge As Variant

AuftragNr = TextBox2.Text
IstMenge = TextBox5.Text
IstDatum = TextBox6.Text
ThisWorkbook.Sheets("Aufträge").Cells(AuftragNr + 5, 7).Value = IstMenge
ThisWorkbook.Sheets("Aufträge").Cells(AuftragNr + 5, 8).Value = IstDatum
TextBox2.Text = 0  'ebenso für die anderen Textfelder
S7Number1.Value = 0

S7vbBttn1.Enabled = True
S7vbBttn2.Enabled = False
End Sub
```

Erwähnt werden muss noch, dass man bei Verwendung der OPC Data Controls keine allgemein gültige Lösung bekommt. Die OPC Data Controls verschiedener Anbieter sind firmenspezifische aber OPC-kompatible Lösungen. Das OPC Data Control der Firma Softing ist abgestellt auf die Verwendung von Visual Basic 6.0 und kann unter Excel-VBA im grafischen Modus nicht genutzt werden. Beim SimaticNET OPC Data Control ist man angewiesen auf die Siemens Steuerelemente, wie z.B. das S7Number Control. Es können nur solche Steuerelemente im Verschaltungseditor mit den Prozessvariablen verknüpft werden, die über die Value-Eigenschaft oder bei Textfeldern über die Text-Eigenschaft verfügen. Bei der obigen Lösung mussten für die ursprünglich verwendeten Microsoft Command-Button (Taster) das Siemens Steuerelement S7vbBtn (Umschalter) verwendet werden, weil der Command-Button nicht mit dem OPC Data Control verschaltbar ist. Um die Tasterfunktion nachzubilden, wurde eine gegenseitige Verriegelungen erforderlich.

Beachtet werden muss eventuell auch die etwas andere Betriebsweise der OPC Data Controls. Wird die UserForm in den Run-Modus geschaltet, wird die OPC-Kommunikation sofort aufgenommen, wobei unter Umständen Altdaten eingelesen werden, die man gar nicht sehen will.

Die Anbieter von OPC Data Controls empfehlen den Einsatz ihrer Komponenten für kleinere OPC-Anwendungen.

VII Sicherheit von Steuerungen

Jede Maschinensteuerung ist mit einem Fehlerrisiko behaftet, dass sich durch besondere Maßnahmen bei der Entwicklung, Fertigung, Inbetriebnahme und Bedienung verringern aber nicht völlig ausschließen lässt. Fehlerursachen sind technisches oder menschliches Versagen .

Sicherheitsrelevante Maßnahmen sind nicht allein unter dem Aspekt der technischen Funktion (Wie funktioniert die Sicherheitsmaßnahme?) sondern besonders auch unter rechtlichen Gesichtspunkten (Welche Sicherheitsvorschriften gelten?) zu sehen. Hinter allem aber steht eine soziale Verantwortung des Geräteherstellers und Betreibers, der sich bewusst sein sollte, dass der Werker an einer Maschine davon ausgeht, dass diese sicher ist.

22 Aufbau des sicherheitstechnischen Regelwerkes

Für die Sicherheitstechnik von Maschinensteuerungen sind europäische Richtlinien (RL) und Normen (EN), internationale Normen (IEC) und das VDE-Vorschriftenwerk zutreffend. Hinzu kommen noch staatliche Arbeitsvorschriften sowie die Unfallverhütungsvorschriften der Berufsgenossenschaften, die die Betriebe als Betreiber von Maschinen einzuhalten haben. Maßgebend sind hier zumindest Betriebssicherheitsverordnung (BetrSichV), BGV A1 (Allgemeine Vorschriften, bisherige VBG 1) und BGV A3 (Elektrische Anlagen und Betriebsmittel, bisherige VBG 4).

22.1 Europäische Richtlinien

Mit Schaffung des europäischen Wirtschaftsraumes durch die EWG-Verträge muss der Leitgedanke der europäischen Gemeinschaften „Freier Warenverkehr im Binnenmarkt ohne nationale Sonderbestimmungen" realisiert werden. Diesem Zweck dienen die europäischen Binnenmarkt-Richtlinien, die gemäß Art 95 (bisher 100a) des EG-Vertrages erlassen wurden. Die EG-Richtlinien dienen in erster Linie dazu, eine einheitliche und verbindliche Rechtsgrundlage zu schaffen. Sie enthalten als „Rahmengesetze" nur relativ allgemein gehaltene Schutzziele („grundlegende Sicherheits- und Gesundheitsanforderungen") und legen nur wenige technische Details fest. Sie müssen von den Mitgliedstaaten in nationales Recht umgesetzt werden. Damit hierbei keine neuen Handelsbarrieren aufgebaut werden, dürfen im Rahmen der Umsetzung keine abweichenden Anforderungen gestellt werden. Drei für die Steuerungstechnik wichtige EG-Richtlinien seien hier besonders erwähnt:

- Niederspannungsrichtlinie 73/23/EWG: Schutz vor Gefahren durch elektrischen Strom bei Niederspannungsgeräten im Spannungsbereich 50...1000 VAC, 75...1500 VDC, CE-Kennzeichnungspflicht seit 1997.
- Maschinenrichtlinie 89/392/EG, letzte Fassung 98/37 EG: Grundlegende Anforderungen an die Sicherheit der Maschinen zum Schutz der Gesundheit des Betreibers. Inzwischen gilt diese Richtlinie auch für Sicherheitsbauteile, CE-Kennzeichnungspflicht seit 1995.
- EMV-Richtlinie 89/336/EWG (Elektromagnetische Verträglichkeit): Zwei grundlegende Anforderungen an die Geräte sind die sehr allgemein gehaltenen Grenzen für Störaussendung und Störfestigkeit bei Einstrahlung, CE-Kennzeichnungspflicht seit 1996.

22.2 Europäisches Normenwerk zur Sicherheit von Maschinen

Die nationalstaatliche Normung in Bezug zur Sicherheit von Maschinen ist in der europäischen Union (EG) eingestellt worden. Auf diesem Gebiet lösen europäische Normen die bisherigen nationalen Normen ab. EG-Normen werden in die nationalen Normenwerke der Mitgliedstaaten übernommen, und zwar inhaltlich unverändert. Nationale Normen mit Inhalten, die den EG-Normen entgegenstehen oder mit diesen konkurrieren, werden zurückgezogen. Zunehmend werden Sicherheitsnormen auf ISO-Ebene, also weltweit erarbeitet. Diese Normen werden in Deutschland mit der Bezeichnung DIN EN ISO ... veröffentlicht.

Die europäischen Normen zur Sicherheit von Maschinen weisen eine dreigeteilte hierarchische Struktur auf:

- Typ A-Normen: Enthalten Gestaltungsleitsätze, die für alle Maschinen gültig sind, z.B. DIN EN 1050: Sicherheit von Maschinen, Leitsätze zur Risikobeurteilung, DIN EN ISO 12100 (früher: DIN EN 292): Sicherheit von Maschinen, Grundbegriffe, allgemeine Gestaltungsleitsätze.
- Typ B-Normen: Sind Sicherheits-Gruppennormen, die auf unterschiedliche Maschinengruppen anwendbar sind. Diese sind noch einmal unterteilt in B1-Normen und B2-Normen. B1-Normen behandeln konstruktive und funktionale Aspekte für eine ganze Reihe von Maschinen wie z.B. DIN EN 954-1: Sicherheitsbezogene Teile von Steuerungen, DIN EN 60204-1: Elektrische Ausrüstung von Maschinen. B2-Normen behandeln spezielle Sicherheitseinrichtungen, wie z.B. DIN EN 418: NOT-AUS-Einrichtungen.
- Typ C-Normen: Sind Sicherheits-Fachnormen und beschreiben konkrete Anforderungen an einzelne Maschinenarten, z.B. DIN EN 201: Spritzgießmaschinen. Existiert für einen Maschinentyp eine C-Norm, so werden die zugehörigen B-Normen zweitrangig, soweit sie dort nicht in Bezug genommen werden.

Für Normen von Typ C gilt das „Vermutungsprinzip“, d.h. bei Einhaltung dieser Normen darf vermutet werden, dass die Anforderungen der betreffenden EG-Richtlinien erfüllt sind.

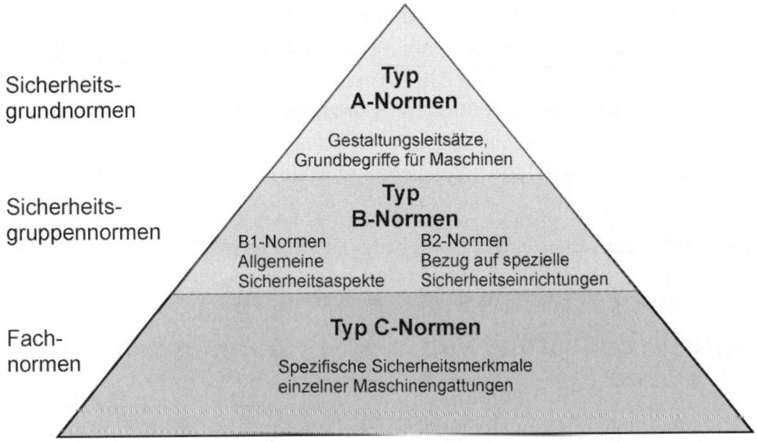

Bild 22.1: Hierarchie des europäischen Normenwerkes für Sicherheit von Maschinen

Die europäische Normungsorganisation für den Bereich der Elektrotechnik ist das „Europäische Komitee für elektrotechnische Normung (CENELEC). Es erarbeitet keine neuen Bestimmungen, sondern übernimmt fast unverändert die weltweit geltenden Publikationen der „International Electrotechnical Commission“ (IEC). Dadurch wird erreicht, dass der europäische Binnenmarkt auch offen für den Weltmarkt ist und umgekehrt, dass europäische Produkte weltweit akzeptiert werden.

22.3 Rechtliche Bedeutung europäischer Richtlinien und Normen

Die Umsetzung der EU-Richtlinien zur Maschinen- und Gerätesicherheit erfolgt in Deutschland über das *Geräte- und Produktsicherheitsgesetz* (*GPSG*, vormals Gerätesicherheitsgesetz GSG), das die gesetzliche Grundlage für den Erlass von *Verordnungen* bietet, z.B.:

- Niederspannungs-Verordnung,
- Maschinen-Verordnung.

Die Vorschriften der einzelnen Verordnungen sind inhaltsgleich von den Festlegungen der zugeordneten europäischen Richtlinien abgeleitet. Damit wird für den „Inverkehrbringer technischer Arbeitsmittel“ (Gerätehersteller) definiert, welche technischen Anforderungen einzuhalten sind.

Eine Sonderstellung nimmt die EMV-Richtlinie ein, die sowohl Beschaffenheitsanforderungen als auch Betriebsbestimmungen beschreibt und die in Deutschland in Form eines eigenständigen Gesetzes (Gesetz über die elektromagnetische Verträglichkeit von Geräten – EMVG) umgesetzt worden ist.

Um die Sicherheitsanforderungen und Schutzziele zu konkretisieren, aber auch um Wettbewerbsverzerrungen im internationalen Handel wegen unterschiedlicher Sicherheitsstandards zu begegnen, sind in den EG-Normen prüfbare und damit nachweisbare Anforderungen festgeschrieben. Bei vollständiger Anwendung zutreffender Fachnormen (C-Normen) gehen die Mitgliedstaaten davon aus, dass die erforderlichen Sicherheitsanforderungen und Schutzziele an den betreffenden Maschinen konstruktiv eingehalten sind (Vermutungsprinzip). Wenn noch keine C-Norm für eine einzelne Maschinenart vorliegt, muss der Maschinenkonstrukteur selbst auf Grund einer *Gefahrenanalyse* die Höhe des Risikos abschätzen und Maßnahmen zur Risikoverminderung ergreifen, prüfen und dokumentieren. Dazu wird ihm mit der A-Norm DIN EN 1050 ein Schema an die Hand gegeben. Die Anwendung der europäischen Normen ist jedoch nicht zwingend, sie ist freiwillig. Ihre Anwendung erleichtert jedoch dem Hersteller die Entscheidung der auf Grund der Gefahrenanalyse zu treffenden Sicherheitsmaßnahmen sowie den Nachweis über die Erfüllung der grundlegenden Anforderungen. Die Normen können dabei als die anzulegende „Messlatte“ angesehen werden.

Hinweis: Die DIN EN 954-1 enthält ein Verfahren zur Gefährdungsbeurteilung auf Basis der EN 1050, um die Kategorien für die Steuerung zu ermitteln. Die DIN EN 1050 enthält die Gefahrenbeurteilung allgemein.

22.4 Rechtliche Bedeutung von VDE-Bestimmungen

Bisher war eine DIN-VDE-Norm eine DIN-Norm, die zugleich VDE-Bestimmung ist. VDE-Bestimmungen enthalten sicherheitstechnische Festlegungen für das Errichten (Herstellen) und Betreiben elektrischer Anlagen (Betriebsmittel) und können Festlegungen darüber enthalten, wie ein einwandfreies und zuverlässiges Betriebsverhalten elektrischer Anlagen und Betriebsmittel erreicht werden kann. VDE-Bestimmungen bilden zur Zeit ihrer Aufstellung einen Maßstab für einwandfreies technisches Handeln und gelten auch nach dem Geräte- und Produktsicherheitsgesetzes (GPSG) als „allgemein anerkannte Regeln der Technik". Bei Einhaltung der VDE-Bestimmungen wird somit auch im Sinne des Geräte- und Produktsicherheitsgesetzes (GPSG) grundsätzlich die „ordnungsgemäße Beschaffenheit" eines technischen Arbeitsmittels angenommen (s. VDE 0022).

Im Zuge der europäischen Normen-Harmonisierung besteht die Verpflichtung EG-Normen sowie sog. Harmonisierungsdokumente (HD) inhaltlich unverändert zu übernehmen. Dadurch ergeben sich einige Bezeichnungsvarianten für entsprechende harmonisierte DIN-Normen, in denen auch „nationale Vorworte und Anhänge" von Bedeutung sein können, z.B.:

- DIN EN 60204-1 (VDE 0113 Teil 1): 1998-11 bedeutet: Diese Norm enthält die deutschsprachige Fassung der europäische Norm EN 60204-1: 1997, die im November 1998 den Status einer deutschen Norm erhalten hat und zugleich die aktuelle VDE-Bestimmung VDE 0113 Teil 1 und somit Teil des VDE-Vorschriftenwerks geworden ist.

  Diese Norm enthält ein „nationales Vorwort", das auf wesentliche Abweichungen von der deutschen Vorgängernorm hinweist. Dabei geht es u.a. darum, dass in Fällen, in denen andere Normen andere technische Lösungen zulassen als in der DIN EN 60204-1 festgelegt sind, diese anderen technischen Lösungen auch zur Anwendung kommen dürfen. Ein solcher Fall liegt z.B. für die NOT-AUS-Einrichtung mit elektronischen Betriebsmitteln vor, wenn diese unter Anwendung der DIN EN 954-1 (Risikoanalyse) die gleiche Sicherheit erbringt, wie in DIN EN 60204-1 gefordert.

- DIN VDE 0100-510 (VDE 0100 Teil 510): 1997-01 bedeutet: Diese Norm enthält die deutsche Fassung des europäischen Harmonisierungsdokuments HD 384.5.51 S2:1996 und ist zugleich die aktuelle VDE-Bestimmung VDE 0100 Teil 510 und somit Teil des VDE-Vorschriftenwerkes.

  Diese Norm enthält ein „nationales Vorwort", das auf Bestimmungen im abgedruckten Harmonisierungsdokument hinweist, die in Deutschland jedoch für unzulässig erklärt werden, z.B. die durchgehend hellblaue Kennzeichnung mit zusätzlicher grün-gelber Markierung für PEN-Leiter. In Deutschland ist die Farbe des PEN-Leiters durchgehend grün-gelb mit zusätzlicher hellblauer Markierung an den Leiterenden

Fehlen europäische Normen, so kann sich ein Gerätehersteller auf die noch bestehenden nationalen Normen beziehen.

22.5 Bedeutung von Symbolen

22.5.1 CE-Kennzeichen (Konformitätszeichen)

Die Kennzeichnung eines Produkts mit dem CE-Symbol (CE= Communauté Europóene = Europäische Gemeinschaft) muss in Selbstverantwortung oder nach Baumusterprüfung vom Hersteller angebracht werden. Er bestätigt damit, dass aus seiner Sicht die Sicherheits- und Gesundheitsanforderungen der jeweils zutreffenden EG-Richtlinien erfüllt sind. Durch Ausstellen einer EG-Konformitätserklärung muss dies dokumentiert werden. Inhaltlich enthält die Konformitätserklärung typischerweise das Fabrikat mit Typenbezeichnung und Hersteller sowie die Aufzählung der betroffenen EG-Richtlinien und angewendeten europäischen und nationalen Normen.

Die CE-Kennzeichnung gilt nicht für jedes Produkt, sondern nur für solche, die in den Anwendungsbereich einer EG-Richtlinie fallen. Ohne CE-Kennzeichen dürfen entsprechende

Produkte, Bauteile, Geräte und Anlagen nicht in den Verkehr gebracht werden, das gilt auch für Importwaren. Dabei ist das CE-Kennzeichen jedoch kein Qualitäts- oder Gütezeichen mit dem geworben werden kann, da es für alle entsprechenden Waren Pflicht ist.

Im Grunde ist die CE-Kennzeichnung eine haftungsbegründende Aussage, mit der vom Gesetzgeber die Sicherheit am Arbeitsplatz und im privaten Bereich verbessert werden soll. Das angebrachte CE-Kennzeichen selbst beweist nicht, dass eine Konformität vorliegt.

CE-Kennzeichen (Konformitätszeichen)	VDE-Prüfzeichen (Gütezeichen)
CE	

22.5.2 VDE-Prüfzeichen (Gütezeichen)

Der Verband Deutscher Elektrotechniker (VDE) hat ein Prüf- und Zertifizierungswesen entwickelt. Dieses umfasst:

- die Prüfung elektrotechnischer Erzeugnisse auf der Grundlage der VDE-Bestimmungen oder von anderen allgemein anerkannten Regeln der Technik, zu denen auch die europäischen Normen und Harmonisierungsdokumente (HD) des CENELEC (Europäisches Komitee für Elektrotechnische Normung) gehören;
- die Zertifizierung durch VDE-Prüfzeichen und VDE-Gutachten und anderen Konformitätsnachweisen bei Übereinstimmung mit VDE-Bestimmungen oder mit anderen allgemein anerkannten Regeln der Technik,
- die Überwachung der Fertigung und Überprüfung von Erzeugnissen, für die Genehmigungen zum Verwenden eines VDE-Prüfzeichens erteilt worden sind, auf Einhalten der Prüfbestimmungen.

VDE-Prüfzeichen dürfen nur mit Genehmigung der VDE-Prüfstelle benutzt werden. Bei Geräten als technische Arbeitsmittel im Sinn des Geräte- und Produktsicherheitsgesetzes (GPSG) kann das VDE-Verbandszeichen auch in Verbindung mit dem GS-Zeichen (geprüfte Sicherheit) verwendet werden. Das VDE-Prüfzeichen ist ein Gütezeichen beruht aber auf Freiwilligkeit, die Prüfung erfolgt im Rahmen der Festlegungen der VDE 0024 (Satzung).

22.6 Arbeitssicherheit/Unfallverhütung

Die zuvor behandelten EU-Richtlinien und Normen wenden sich mit ihren Beschaffenheitsanforderungen an die Hersteller. Lediglich für Maschinen, die nicht in den Anwendungsbereich der Maschinenrichtlinie fallen (Altbestand, i.d.R. bei Inbetriebnahme vor 1995), sind bezüglich der Beschaffenheit die inzwischen außer Kraft gesetzten Unfallverhütungsvorschriften der Berufsgenossenschaften zu beachten.

Inzwischen werden auch EU-Richtlinien erlassen, die auf den sicheren Betrieb von (u.a.) Maschinen eingehen. Nach Umsetzung in nationales Recht ist hier zuerst die Betriebssicherheitsverordnung (BetrSichV) zu nennen, die über Maschinen (also auch Maschinensteuerungen) hinaus den Umgang mit “Arbeitsmitteln“ regelt. Des Weiteren sind in der Betriebssicherheitsverordnung Mindestanforderungen an den Maschinenaltbestand gestellt, die anzuwenden sind, soweit nicht bereits gleichwertige Regelungen in den Unfallverhütungsvorschriften bestanden.

23 Grundsätze der Maschinensicherheit

23.1 Maschinenbegriff

Im Sinne der EG-Maschinenrichtlinie gilt als „Maschine" eine Gesamtheit von miteinander verbundenen Teilen oder Vorrichtungen, von denen mindestens eines beweglich ist. Die für die elektrische Ausrüstung von Maschinen wichtige DIN EN 60204-1 (VDE 0113 Teil 1) enthält im Anhang A (informativ) eine Auflistung von Maschinen, die durch diese Norm abgedeckt sind. Trotzdem gibt es immer wieder Grenzfälle, bei denen zwischen einer Maschine und einer Anlage nach VDE 0100 zu unterscheiden ist. Bestehen hierbei Zweifel, so wird in den „Technischen Informationen" von Firmen dazu geraten, trotzdem auch die DIN EN 60204-1 (VDE 0113) anzuwenden. Der zusätzliche Aufwand gegenüber der VDE 0100 umfasst u.a.:

- Hauptschalter,
- Steuertransformatoren,
- Risikobewertung,
- definierte Leiterfarben,
- Schutz gegen automatischen Anlauf und
- spezifische Anforderungen an „Handlungen im Notfall".

Die Sicherheit einer Maschine ist nicht nur im Hinblick auf die verwendete Steuerung (z.B. SPS) zu sehen, sondern sie ergibt sich aus der Gesamtheit aller Betriebsmittel an und außerhalb der Maschine. Jede Maschine ist als eine Funktionseinheit zu betrachten.

23.2 Sicherheitsbegriff

Der Begriff *Sicherheit eines Steuerungssystems* ist auf die möglichen Folgen von auftretenden Fehlern bezogen, die Personen und Sachen betreffen. Davon zu unterscheiden ist der Begriff der *Verfügbarkeit* eines technischen Systems, die zwischen 0 und 100 % liegen kann, unabhängig von der Bedeutung der möglichen Folgen eines Ausfalls.

Vor allem die Maschinenrichtlinie und die zugehörigen Normen DIN EN ISO 12100-1 und DIN EN 1050 katalogisieren die unterschiedlichen Arten von Gefährdungen, denen der Hersteller durch geeignete Sicherheitsmaßnahmen zu begegnen hat, z.B. die mechanischen oder elektrischen Gefährdungen. Auf Gefährdungen durch fehlerhafte Steuerungen wird in DIN EN 954-1 eingegangen. Dort wird eine Verknüpfung hergestellt zwischen Bauteilen und deren Zusammenwirken zu einer Funktion.

Die *elektrische Sicherheit* ist der Schutz vor Gefährdung durch Elektrizität und die *funktionale Sicherheit* ist der Schutz vor einer nicht korrekten Funktion an der Maschine. Im Bereich der Maschinensicherheit behandelt die DIN EN 954-1 speziell sicherheitsrelevante Teile von Steuerungen und konzentriert sich damit auf die funktionale Sicherheit.

Um funktionale Sicherheit einer Maschine zu erreichen, ist es erforderlich, dass die sicherheitsbezogenen Teile der Schutz- und Steuereinrichtungen korrekt funktionieren und sich im Fehlerfall so verhalten, dass die Maschine in einem sicheren Zustand bleibt oder dorthin gebracht wird.

Das Maß für die erreichte funktionale Sicherheit wird in den Normen mit unterschiedlichen Begriffen ausgedrückt, und zwar mit:

- Safety Integrity Level in IEC 61508: SIL 1 bis SIL 4 (Höchsstufe)
- Kategorien in der DIN EN 954-1: KAT 1 bis KAT 4 (Höchststufe)

23.3 Wege zur sicheren Steuerung

Es soll eine Maschine konstruiert werden

Fachnorm liegt vor

Es ist die für die Maschinenart zutreffende Typ C - EN-Norm bei der Konstruktion anzuwenden. Mit einer ausreichend konkret gefassten Norm kann überprüft werden, ob das angemessene Niveau der Sicherheit erreicht wird.
Die im Anhang I der Maschinenrichtlinie eingeforderte Gefahrenanalyse ist auch bei Anwendung von C-Normen durchzuführen, es vereinfacht sich lediglich die Maßnahmenfindung.

Fachnorm fehlt

Es ist eine Gefahrenanalyse für die Maschine vorzunehmen, um in Abhängigkeit von der Technologie für die sicherheitsrelevanten Teile der Maschine eine Kategorie festzulegen. Eine Hilfestellung dabei gibt die Typ B - Norm DIN EN 954-1.
Es sind weitere Typ B - Normen zu beachten, z.B.:

DIN EN 418
- NOT_AUS-Einrichtungen...

DIN EN 574
- Zweihandschaltungen

DIN EN 1037
- Vermeiden von unerwartem Anlauf

DIN EN 60204-1 (VDE 0113 Teil 1)
- Elektrische Ausrüstung von Maschinen

Weitere Normen
im Zusammenhang mit DIN EN 60204-1, da diese Norm auch auf alternative technische Lösungen mit einer tabellarischen Übersicht im europäischen Vorwort hinweist.

23.4 Risiko-Beurteilung

Die Zielgruppe der nachfolgenden Normen sind C-Normensetzer und Ersteller von Werksnormen sowie Maschinenkonstrukteure und Steuerungstechniker, insbesondere wenn sie für ihre Arbeit noch nicht auf Typ C-Normen zurückgreifen können.

Die Maschinenrichtlinie verlangt für jede Maschine eine Risikobeurteilung und ggf. eine Risikominderung bis das Restrisiko kleiner als das tolerierbare Risiko ist. Für das Verfahren der Risikobeurteilung sind zwei europäische Normen anzuwenden:

- **DIN EN ISO1100: Sicherheit von Maschinen, Grundbegriffe, allgemeine Gestaltungsleitsätze**

  Das Wichtigste in Kürze:

  1. Risikoverminderung durch Konstruktion z.B.:
     a) eigensichere Techniken für explosionsgeschützte Betriebsmittel,
     b) Fehlererkennung durch automatische Überwachung (Testung),
     c) gefährdendes Maschinenverhalten wie unerwarteter Anlauf oder unkontrollierte Geschwindigkeitsänderung durch sicheren Steuerungsaufbau ausschließen.
  2. Risikoverminderung durch technische Schutzeinrichtungen, wenn die konstruktiven Maßnahmen an der Maschine nicht ausreichen, z.B.:
     a) trennende Schutzeinrichtungen (Schutztüren) anbringen,
     b) Zweihandschaltungen vorsehen.
  3. Vor Restrisiko warnen: Hinweisschilder, deutliche Hinweise in der Betriebsanleitung.
  4. Zusätzliche Vorsichtsmaßnahmen vorsehen, z.B.:
     a) mehrere NOT-AUS-Einrichtungen anbringen,
     b) Maßnahmen zur Befreiung von Personen.

□ **DIN EN 1050: Leitsätze zur Risikobeurteilung**

Das Wichtigste in Kürze:

Schritt 1: Gefährdungsanalyse z.B. über Checkliste

Gefährdung	Ereignis	Ja	Nein
mechanisch	Quetsche Scheren/Schneiden Erfassen/Einziehen Stoßen/Stechen Reiben Hochdruckspritzen Wegschleudern von Teilen Rutschen/Stolpern/Stürzen		
elektrisch	direktes Berühren indirektes Berühren Elektrostatik Thermische/chemische Vorgänge bei Kurzschluss/Überlastung		
thermisch	Verbrennungen/Verbrühungen Kälte/Hitze in der Umgebung		
Lärm	Gehörschädigung Stress/Müdigkeit Beeinträchtigung der Kommunikation (Warnsignale)		
Vibration	Nerven- und Gefäßstörungen Durchblutungsstörungen Knochengelenkschäden		
Strahlung	Lichtbogen IR/UV-Strahlung Laser elektromagnetische Strahlung hochfrequente Magnetfelder (Mikrowellen) ionisierende Strahlung		
Stoffe	durch Kontakt oder Einatmen Explosion/Feuer biologisch/mikrobiologisch		
Vernachlässigung der Ergonomie	physiologische Überlastung mentale Überlastung Fehlverhalten (z.B. Umgehen)		
Ausfall Fehlfunktion	Ausfall der Energieversorgung Bauteilausfall (Steuerungsausfall) Immission		

Schritt 2: Risikoeinschätzung, wie z.B. Risikobewusstsein, Ausbildungsstand und Zeitdruck der Arbeitskräfte

Schritt 3: Risikoverminderung, wie z.B. Verwendung von Schutzeinrichtungen, kein Zutritt für Unbefugte.

Schritt 4: Risikobewertung, z.B.: Ist die Kategorie nach DIN EN 954-1 für Schaltungen richtig gewählt?

☐ **DIN EN 1088: Verriegelungseinrichtungen in Verbindung mit trennenden Schutzeinrichtungen**

Das Wichtigste in Kürze:

1. Die Norm beschreibt Prinzipien für die Auswahl und Gestaltung der Verriegelungseinrichtungen und deren Anbindung an die Schutztüre bzw. an den Steuerstromkreis.
2. Es wird zwischen Ausführung mit und ohne Zuhaltung unterschieden.
3. Zuhaltung der Schutztüre erforderlich, wenn Anhaltezeit der Maschine > Zugangszeit.
   Funktionsweise:
   Stopp-Befehl, Wartezeit, Maschine steht, Schutztüre auf, keine Gefährdung.
4. Ohne Zuhaltung der Schutztüre, wenn Anhaltezeit der Maschine < Zugangszeit.
   Funktionsweise: Türe auf, Spannung aus, keine Gefährdung.

☐ **DIN EN 954-1: Sicherheitsbezogene Teile von Steuerungen**

Die DIN EN 954-1[1)] gilt für die Steuerungsebene und einschließlich der Ausgänge der Leistungssteuerungselemente. Eine Risikominderung kann durch eine angemessene Ausführung der sicherheitsbezogenen Teile der Steuerung erfolgen. Je mehr die Risikoverminderung von den sicherheitsbezogenen Teilen der Steuerung abhängt, desto höher muss deren Widerstandsfestigkeit gegen Fehler sein. Über die Auswahl der Kategorien lässt sich eine geeignete Schaltung für die Steuerungsebene finden.

Risikograph:

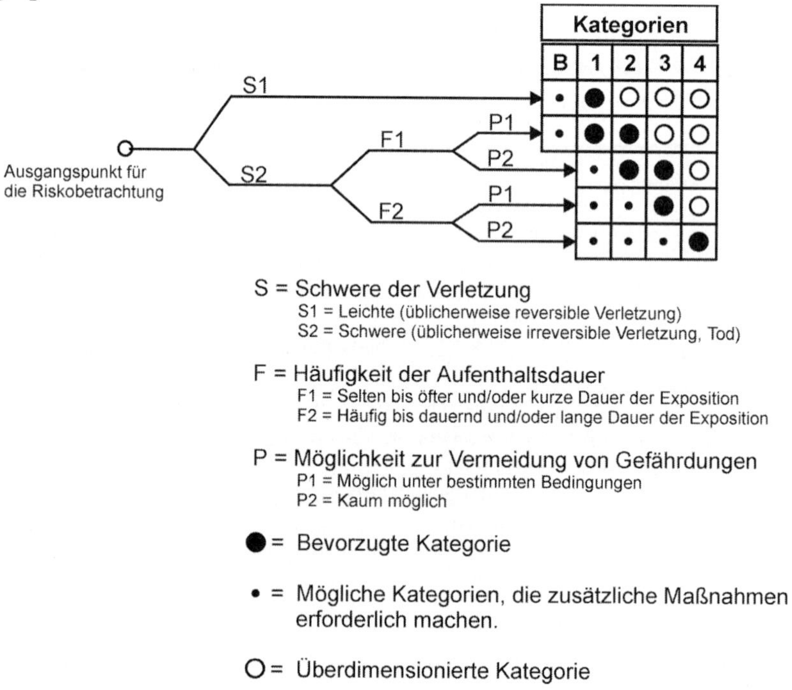

Bild 23.1: Auswahl der Kategorien für sicherheitsbezogene Teile von Steuerungen

---

1) Verfahren zur Validierung von Sicherheitsfunktionen und Kategorien sind in DIN EN ISO 13849-2 enthalten. Die DIN EN 954-1 befindet sich in Überarbeitung und wird danach als DIN EN ISO 13849-1 veröffentlicht werden.

Beschreibung der Anforderungen für Sicherheitskategorien

Kategorie	Kurzfassung der Anforderungen	Systemverhalten	Maßnahmen
B	□ Sicherheitsbezogene Teile von Steuerungen nach dem Stand der Technik. □ Bauteile müssen den zu erwartenden Einflüssen standhalten.	Das Auftreten eines Fehlers kann zum Verlust der Sicherheitsfunktion führen.	z.B. 1-kanaliger Sicherheitskreis, Erdung des Steuerstromkreises
1	□ Anforderungen von „B" müssen erfüllt sein. □ Einsatz bewährter Bauteile und Sicherheitsprinzipien.	Das Auftreten eines Fehlers kann zum Verlust der Sicherheitsfunktion führen, aber höhere Zuverlässigkeit als in Kategorie B.	zusätzlich z.B.: zwangsöffnende und zwangsgeführte Kontakte
2	□ Anforderungen von „B" müssen erfüllt sein. Einsatz bewährter Bauteile und Sicherheitsprinzipien. □ Testung der Sicherheitsfunktion in angemessenen Zeitabständen durch die Steuerung.	Das Auftreten eines Fehlers kann zum Verlust der Sicherheitsfunktion zwischen den Prüfungsabständen führen. Der Verlust der Sicherheitsfunktion wird durch die Prüfung erkannt.	zusätzlich z.B.: Funktions-/ Anlauftestung
3	□ Anforderungen von „B" sind zu erfüllen, Einsatz bewährter Bauteile und Sicherheitsprinzipien. □ Einfehler-Sicherheit: Ein einzelner Fehler führt nicht zum Verlust der Sicherheitsfunktion. □ Der einzelne Fehler wird erkannt mit der Einschränkung „wann immer und in angemessener Weise durchführbar".	Wenn der einzelne Fehler auftritt, bleibt die Sicherheitsfunktion immer erhalten. Einige aber nicht alle Fehler werden erkannt. Eine Anhäufung unerkannter Fehler kann zum Verlust der Sicherheitsfunktion führen.	zusätzlich z.B.: 2-kanalige Ausführung von Sicherheitskreisen
4	□ Anforderungen von „B" sind zu erfüllen, Anwendung bewährter Prinzipien. □ 1-Fehlersicherheit ist gewährleistet. □ Erkennung des einzelnen Fehlers vor oder bei nächster Anforderung an die Sicherheitsfunktion (Selbstüberwachung). □ Falls die Erkennung des einzelnen Fehlers nicht möglich ist, darf eine Anhäufung von Fehlern nicht zum Verlust der Sicherheitsfunktion führen.	Wenn Fehler auftreten, bleibt die Sicherheitsfunktion immer erhalten. Die Fehler werden rechtzeitig erkannt, um einen Verlust der Sicherheitsfunktion zu verhindern.	zusätzlich z.B.: Selbstüberwachung der Sicherheitskreise, Querschlusserkennung

DIN EN 61508: Funktionale Sicherheit sicherheitsbezogener elektrischer/elektronischer/ programmierbarer elektronischer Systeme

Die DIN EN 61508 (IEC 61508) verlangt eine Risikoreduzierung bis unter ein Restrisiko, das aus technischen und wirtschaftlichen Gründen toleriert werden muss. Der erreichbare „Saftey Integrity Level" (SIL) wird im Bereich von SIL 1 bis SIL 4 von den Prüfinstituten vergeben und ist definiert als „Zielmaß der Versagenswahrscheinlichkeit einer Sicherheitsfunktion, die einem sicherheitsrelevanten System zugeordnet ist."

- Sicherheitsrelevante Systeme können für abnehmende Versagenswahrscheinlichkeit 1-kanalig, 2-kanalig oder mehrkanalig aufgebaut sein.
- Die Sicherheitsfunktionen einer Anlage dienen dazu, einen sicheren Zustand zu erhalten oder wieder herzustellen, wenn auf Grund eines Fehlers oder einer Störung in der Anlage ein gefährliches Ereignis einzutreten droht.
- Die Definition einer Sicherheitsfunktion umfasst immer die genaue Beschreibung der Funktion selbst, zusammen dem aus einer Risikoanalyse abgeleiteten SIL.
- Jede Sicherheitsfunktion umfasst die ganze Kette von Informationserfassung, Informationsauswertung und Aktionsausführung.

□ **DIN EN 1037: Vermeidung von unerwartetem Anlauf**

Das Wichtigste in Kürze:

1. Eine Maschine muss während des Eingriffs einer Person in den Gefahrenbereich gegen unerwarteten Anlauf gesichert sein (Unfälle bei Einrichtarbeiten oder Fehlersuche).
2. Geräte zum Abschalten der Energie müssen die Schaltstellung des Trennelements klar anzeigen, z.B. über die Stellung des Bedienteils und abschließbar sei.
3. Sobald gespeicherte Energie Anlass zu Gefahren geben kann, müssen Energieableitungen oder Energierückhaltungen (Bremsen für bewegliche Teile, Ventile für Druckbehälter,...) vorgesehen werden, die mit der Energietrennung einhergehen.
4. Es sind weitere Maßnahmen erforderlich, falls Energietrennung und Energieableitung nicht für alle Eingriffe geeignet ist, z.B. Vermeidung zufällig erzeugter Startbefehle durch versenkte Betätigungsschaltfläche.

□ **DIN EN 574: Zweihandschaltungen**

Das Wichtigste in Kürze:

1. Die Zweihandschaltung ist eine Sicherheitseinrichtung, die verhindert, dass der Bediener die Gefahrenbereiche während der gefährlichen Vorgänge erreichen kann.
2. Welche Maschinen eine Zweihandschaltung erfordern und welcher Art diese sein muss, erfährt man aus der jeweiligen Typ C-Norm bzw. durch die Risikowertung (s.o.).
3. Die Norm unterscheidet drei Typen I...III anhand der Mindest-Sicherheitsanforderungen:

Anforderungen (Auswahl)	Typen				
	I	II	III		
			A	B	C
Benutzung beider Hände	x	x	x	x	x
Ausgangssignal nur, solange beide Eingangssignale da sind	x	x	x	x	x
Loslassen eines oder beider Stellteile beendet Ausgangssignal	x	x	x	x	x
Kein einfaches Umgehen der Schutzwirkung möglich	x	x	x	x	x
Erneutes Ausgangssignal nur nach Loslassen beider Stellteile		x	x	x	x

□ **ISO 13850/DIN EN 418: Not-Aus-Einrichtungen, funktionelle Aspekte**

Das Wichtigste in Kürze: Hinweis: Handlungen im Notfall: Kap 24.3.10

1. Die Handlung im Notfall (NOT-AUS-Funktion) soll aufkommende oder bestehende Gefahren für Personen und Schäden an der Maschine oder am Arbeitsgut abwenden oder mindern. Gefahren sind u.a. funktionale Unregelmäßigkeiten, Fehlfunktionen der Maschine, nicht hinnehmbare Eigenschaften des Materials und menschliche Fehler.
2. NOT-AUS ist eine unterstützende Maßnahme und kein Ersatz für fehlende Schutzmaßnahmen.
3. Die NOT-AUS-Wirkung wird durch eine einzige Handlung einer Person ausgelöst.
4. Die Reaktion der Maschine auf den NOT-AUS-Befehl darf keine zusätzliche Gefährdung auslösen.
5. Die Wirksamkeit von Sicherheitseinrichtungen darf nicht beeinträchtigt werden. Das schließt auch das Befreien von Personen aus dem Gefahrenbereich mit ein.
6. Rückstellung bzw. Entriegelung der NOT-AUS-Einrichtung ist erforderlich.

24 Elektrische Ausrüstung von Maschinen nach DIN EN 60204-1

Im Sinne der harmonisierten europäischen Normen ist die vormalige VDE 0113 T1 eine Typ B-Sicherheitsgruppennorm, die inhaltlich identisch ist mit der IEC 204-1. Daraus folgt, dass eine nach DIN EN 60204-1(VDE 0113 T1) ausgerüstete Maschine weltweit Akzeptanz finden kann.

Die Anwendung dieser Norm dient der Erreichung der Schutzziele der EG-Maschinenrichtlinie und der EG-Niederspannungsrichtlinie und ist damit Voraussetzung, um bei entsprechenden Maschinen das CE-Konformitätszeichen anbringen zu dürfen.

Diese Norm berücksichtigt nicht alle Anforderungen, die in anderen Normen enthalten und die auch zur Einhaltung der Schutzziele anzuwenden sind.

24.1 Netzanschlüsse und Einrichtungen zum Trennen &Ausschalten

24.1.1 Einspeisung

Die Ausrüstung, die von dieser Norm abgedeckt ist, beginnt an der Netzanschlussstelle. Die Speiseleitung sollte direkt an den Eingangsklemmen des Hauptschalters angeschlossen sein.

- Anzustreben ist nur **eine** Netzeinspeisung, andere Spannungen sollten aus dieser erzeugt werden.
- Ein Neutralleiter darf nur mit Zustimmung des Betreibers benutzt werden. Daraus ergeben sich folgende Konsequenzen:
  1. Die Benutzung des N-Leiters sollte vermieden werden.
  2. Wenn der N-Leiter verwendet wird, muss eine getrennte, isolierte und mit „N“ bezeichnete Klemme vorgesehen werden.
  3. Innerhalb der elektrischen Ausrüstung der Maschine darf weder eine Verbindung zwischen dem Neutralleiter und dem Schutzleitersystem noch eine PEN-Klemme innerhalb des Gehäuses verwendet werden.
  4. Hilfsspannungen, z.B. für Steckdosen und Beleuchtung in Schaltschränken sollten zweckmäßigerweise über Transformatoren erzeugt werden.
- An jeder Netzanschlussstelle muss in der Nähe der zugehörigen Außenleiterklemmen eine Klemme für den Anschluss der Maschine an den externen Schutzleiter vorgesehen und mit „PE“ gekennzeichnet werden. Jeder Schutzleiter-Anschlusspunkt eines Maschinenteils ist durch Verwendung des grafischen „Erdesymbol“ oder mit „PE“ oder mit den Farben „GRÜN-GELB“ zu kennzeichnen.

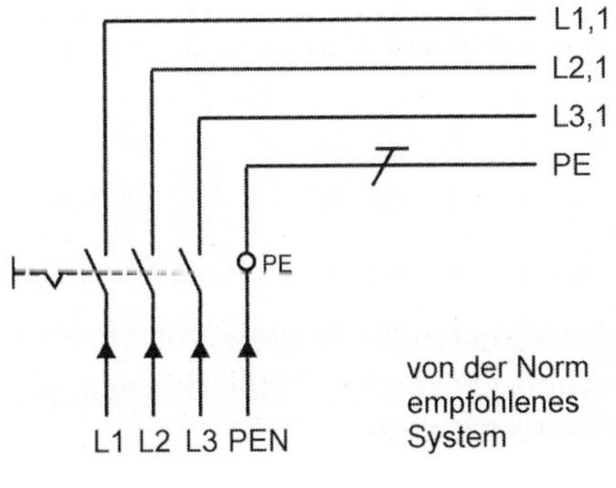

von der Norm empfohlenes System

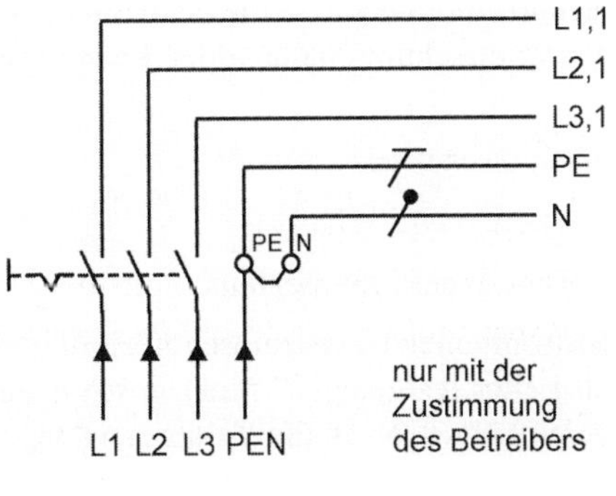

nur mit der Zustimmung des Betreibers

24.1.2 Netz-Trenneinrichtung

Für die elektrische Ausrüstung von Maschinen ist ein Hauptschalter zum Freischalten der elektrischen Ausrüstung vorgeschrieben; in bestimmten Fällen (z.B. Kleinmaschinen) sind aber auch Steckvorrichtungen zulässig.

Die wichtigsten Eigenschaften der Hauptschalter sind:

- nur eine AUS- und eine EIN-Stellung, die mit den Symbolen „O" und „I" gekennzeichnet sind; eine „AUSGELÖST"-Stellung" gilt nicht als Schaltstellung.
- abschließbar in AUS-Stellung,
- das Ausschaltvermögen ist so ausreichend, dass der Strom des größten Motors im blockierten Zustand zusammen mit der Summe der üblichen Betriebsströme aller anderen Motoren/Verbraucher abschaltbar ist,
- alle aktiven Leiter werden vom Netz getrennt.

Zweck des Hauptschalters ist an sich die komplette Abschaltung der elektrischen Ausrüstung. Durch den Hauptschalter nicht abzuschaltende Stromkreise können sein: Licht- und Steckdosenkreise, die ausschließlich für Instandhaltungsarbeiten an der Maschine benötigt werden. Ebenso Unterspannungsauslöser, die nur der automatischen Ausschaltung bei Netzausfall dienen.

24.2 Schutz der Ausrüstung

24.2.1 Überstromschutz

Überstromschutz muss vorgesehen werden, wo der Strom den Bemessungswert eines Bauteils oder die Strombelastbarkeit der Leiter übersteigen kann und ist vorzusehen in:

- allen aktiven Leitern von Hauptstromkreisen,
- den Zuleitungen der direkt oder über Steuertransformatoren angeschlossenen Steuerstromkreise. Im Sekundärstromkreis geerdeter Steuertransformatoren muss nur der nicht geerdete Anschluss abgesichert werden,
- Steckdosenkreisen für allgemeine Anwendungen und zur Versorgung der Instandhaltungsausrüstung,
- allen ungeerdeten Leitern von Beleuchtungsstromkreisen mit Überstromschutz im Sekundärkreis und bei
- Transformatoren, um Erhöhungen der Wicklungstemperatur bei sekundärseitigem Kurzschluss zur vermeiden.

Überstromschutz ist ein Sammelbegriff für Kurzschluss- und Überlastschutz. Die klassische Überstromschutzeinrichtung ist die Sicherung. Sicherungen können vermieden werden durch Einsatz von Motorschutzschalter oder Leistungsschaltern, die zudem noch weitere Vorteile bieten:

- allpoliges Freischalten,
- schnelle Wiederbereitschaft,
- Verhinderung von Einphasenlauf.

Der Einstellstrom einer Überstromschutzeinrichtung wird durch die Strombelastbarkeit der zu schützenden Leiter festgelegt. Überstromschutzeinrichtungen werden dort angebracht, wo die zu schützenden Leitungen an die Versorgung angeschlossen werden.

24.2.2 Überlastschutz von Motoren

Jeder Motor mit einer Bemessungsleistung über 0,5 kW muss gegen Überlast geschützt sein. Überlastschutz von Motoren kann durch Verwendung von Überlastschutzeinrichtungen, Temperaturfühlern oder Strombegrenzern erzielt werden.

24.2.3 Spannungsunterbrechung und Spannungswiederkehr

Veränderungen in der Energiezufuhr dürfen nicht zu Gefahr bringenden Zuständen werden:

Fehler	Maßnahme
Selbsttätiger Wiederanlauf nach Spannungsunterbrechung und Spannungswiederkehr bzw. bei Wiedereinschalten	Unterspannungsauslöser vorsehen, um die Maschine abzuschalten.

24.3 Steuerstromkreise und Steuerfunktionen

24.3.1 Versorgung von Steuerstromkreisen

Zur Versorgung von Steuerstromkreisen müssen Transformatoren mit getrennten Wicklungen verwendet werden. Transformatoren sind nicht vorgeschrieben für Maschinen mit einem einzigen Motoranlasser und höchstens zwei Steuergeräten (z.B. Start-Stopp-Bedienstation).

24.3.2 Steuerspannung

Schützspulen benötigen für den Anzug eine bestimmte zugeführte Leistung. Je höher die Spannung, desto kleiner der erforderliche Strom und damit wiederum der Spannungsabfall an einem eventuell vorhandenen Kontaktwiderstand, mit welchem die Schützspule geschaltet werden soll. Die Schaltsicherheit nimmt im Quadrat der Spannungshöhe zu. Die Nennspannung darf nach Norm jedoch 277 V nicht übersteigen. Industrielle Sicherheitsschaltgeräte arbeiten häufig mit Betriebsspannung von 24 VDC, 24 VAC, 230 VAC.

24.3.3 Anschluss von Steuergeräten

Ist eine Seite des Steuerstromkreises mit dem Schutzleitersystem verbunden, muss ein Anschluss der Betätigungsspule jedes elektromagnetisch betätigten Gerätes oder eines anderen elektrischen Gerätes direkt mit dieser Seite des Steuerstromkreises verbunden sein mit einer näher beschriebenen Ausnahme.

24.3.4 Überstromschutz

Steuerstromkreise müssen mit einem Überstromschutz ausgerüstet werden.

24.3.5 Maßnahmen zur Risikoverminderung im Fehlerfall

- Verwendung von erprobten Schaltungstechniken und Komponenten, wie z.B.:
  1. Funktionserdung des Steuerstromkreises
  2. Stillsetzen durch Entregung
  3. Schalten aller aktiven Leiter beim Verbrauchergerät im Hauptstromkreis
  4. Verwendung von zwangsläufig öffnenden Kontakten
  5. Selbstüberwachende Schaltungstechniken

- Vorsehen von Redundanz, d.h. Anwendung von mehr als einem Gerät um sicherzustellen, dass bei Ausfall eines Gerätes ein anderes verfügbar ist, um die Funktion zu erfüllen.
- Anwendung von Diversität, d.h. Verwendung unterschiedlicher Gerätetypen oder verschiedener Funktionsprinzipien für dieselbe Aufgabe.
- Vorsehen von Funktionsprüfungen, d.h. entweder automatisch oder von Hand durchzuführen beim Anlauf oder in festgelegten Zeitabständen.
- Schutz gegen fehlerhaften Betrieb durch Erdschlüsse, Spannungsunterbrechungen und Verlust der elektrischen Durchlässigkeit:
  1. Erdschluss im Steuerstromkreis darf nicht zum unbeabsichtigten Anlauf führen oder das Stillsetzen einer Maschine verhindern. Gegenmaßnahmen sind Funktionserdung oder Einsatz einer Isolationsüberwachungseinrichtung.
  2. Kurzzeitige Spannungsunterbrechungen dürfen in Steuersystemen nicht zum Verlust von Speicherinhalt führen (Pufferung).
  3. Ein Verlust der elektrischen Durchgängigkeit von sicherheitsbezogenen Steuerstromkreisen, die Schleifkontakte enthalten, kann z.B. durch Verdopplung der Kontakte vermindert werden.

24.3.6 Schutzverriegelungen

- Das (Wieder)-Schließen oder Rückstellen einer verriegelten Schutzeinrichtung darf keine Gefahr bringenden Maschinenbewegungen oder Zustände auslösen.
- Das Überfahren von Endstellungen muss mit Positionsmelder oder Endschalter verhindert werden, die geeignete Steuerfunktionen auslösen.
- Verriegelung zwischen verschiedenen Betriebsfunktionen und gegenläufigen Bewegungen sind vorzusehen. Wendeschütze müssen so verriegelt sein, dass beim Schalten kein Kurzschluss entstehen kann. Bei Motoren mit mechanischer Bremseinrichtung muss beim Aktivieren der Bremse der Antrieb ausgeschaltet werden.
- Bei Gegenstrombremsungen eines Motors muss verhindert werden, dass der Motor am Ende der Bremsung in der Gegenrichtung anläuft. Für diesen Zweck ist die Verwendung eines Gerätes, das rein zeitabhängig arbeitet, nicht zulässig.

24.3.7 Startfunktionen

- Start-Funktionen müssen durch Erregen des entsprechenden Kreises erfolgen. Alle Schutzvorrichtungen müssen angebracht und funktionsbereit sein, bevor der Betriebsstart möglich ist. Einrichtbetrieb fällt nicht hierunter.
- Bei Maschinen mit mehreren Steuerstellen sind besondere Schutzmaßnahmen erforderlich. Jede Steuerstelle muss eine manuell zu betätigende Starteinrichtung haben; alle Starteinrichtungen müssen in Ruhestelle sein, bevor ein Start möglich ist; alle Starteinrichtungen müssen gemeinsam betätigt sein; die Bedingungen für den Maschinenbetrieb müssen erfüllt sein.

24.3.8 Stoppfunktionen

Stopp-Funktionen müssen durch Entregen des Kreises erfolgen und haben Vorrang vor zugeordneten Start-Funktionen. Das Rücksetzen der Stopp-Funktion darf keinen Gefahr bringenden Zustand einleiten. Bei den Stopp-Funktionen werden die Kategorien 0, 1 und 2 unterschieden. Stopp-Funktionen der Kategorien 0...2 müssen dort vorgesehen werden, wo sie auf Grund einer Risikoanalyse erforderlich sind. Falls Schutzeinrichtungen oder Verriegelungen ein Anhalten der Maschine verursachen (z.B.Öffnen einer Schutztür), kann es nötig sein, dies der Steuerungslogik zu signalisieren.

Anforderungen der Stopp-Kategorien:

1. **Kategorie 0** ist ein Stillsetzen durch sofortiges Abschalten der Energiezufuhr zu den Antrieben, d.h. ein *ungesteuertes Stillsetzen*, z.B. durch Betätigung des Motor Leistungsschalters und aller Bremsen (mechanischer Stillsetzeinrichtungen).

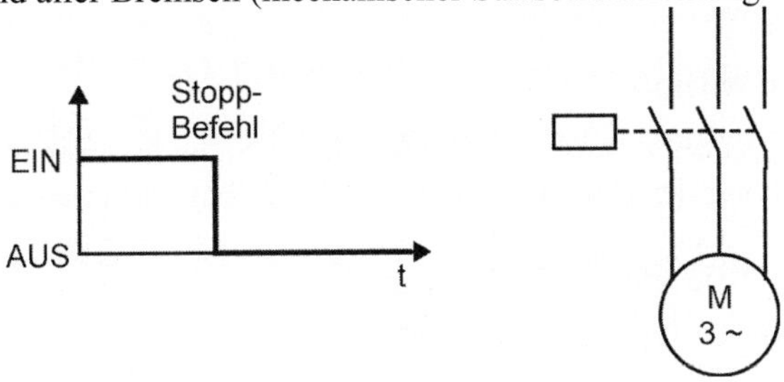

2. **Kategorie 1** ist ein *gesteuertes Stillsetzen*, bei dem die Energiezufuhr zu den Maschinenantrieben beibehalten wird, um das gesteuerte Stillsetzen ausführen zu können. Die Energiezufuhr wird erst dann unterbrochen, wenn der Stillstand erreicht ist, z.B. Gegenstrombremsung von Drehstrommotoren.

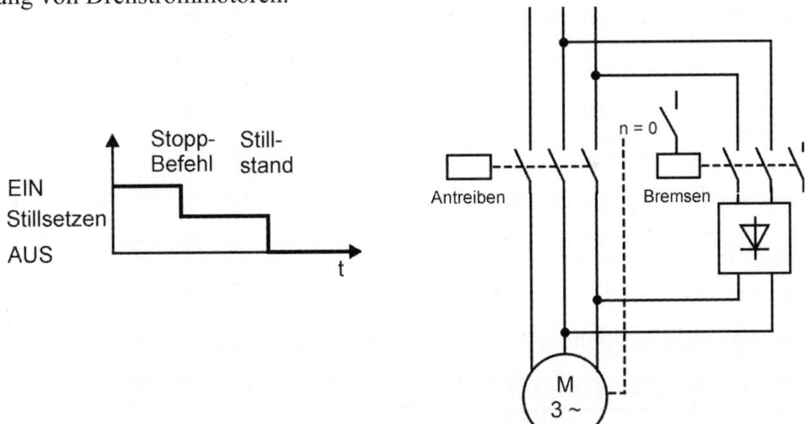

3. **Kategorie 2** ist ein *gesteuertes Stillsetzen*, bei dem die Energiezufuhr zu den Maschinenantrieben erhalten bleibt, z.B. Anhalten durch Vorgabe von Sollwert „0“.

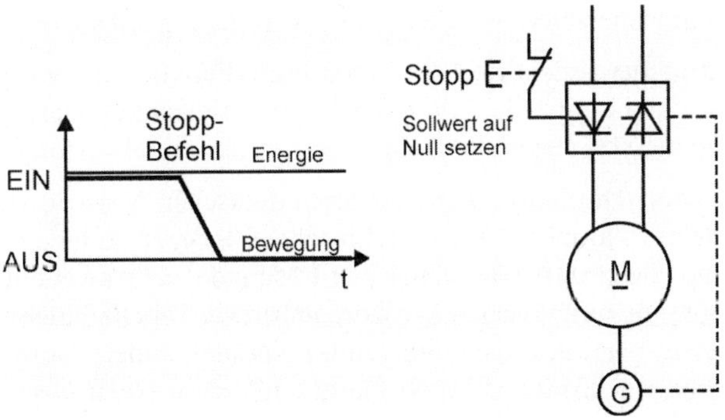

24.3.9 Betriebsarten

Jede Maschine kann eine oder mehrere Betriebsarten haben. Der Zugang zur Betriebsartenwahl muss durch geeignete Mittel verhindert werden (Schlüsselschalter, Zugangscode), sofern durch die Betriebsartenwahl eine Gefahr bringende Situation entstehen kann.

Die Betriebsartenwahl allein darf den Maschinenbetrieb nicht auslösen. Hierzu muss eine getrennte Handlung durch den Bediener erforderlich sein. Eine Anzeige der gewählten Betriebsart muss vorgesehen sein.

24.3.10 Handlungen im Notfall

Der neue Begriff *Handlungen im Notfall* ist Teil eines neuen Sicherheitskonzepts und steht für eine differenzierte Betrachtung der Handlungen, die im Notfall auszuführen sind. Im informativen Anhang der Norm wird das noch in der Beratung befindliche Konzept erläutert. Eine Handlung im Notfall schließt einzeln oder in Kombination ein:

1. Stillsetzen im Notfall (Risiko durch einen Prozessablauf oder eine Bewegung)
2. Ingangsetzen im Notfall!
3. Ausschalten im Notfall (Risiko durch elektrische Gefährdung)
4. Einschalten im Notfall!

Die Norm macht nur Aussagen über *Stillsetzen im Notfall* sowie *Ausschalten im Notfall* und bestimmt, dass beide durch eine einzige menschliche Handlung auszulösen sind.

Anmerkung: In der Norm DIN EN 60204-1 (VDE 0113 Teil 1) wird der gängige Begriff NOT-AUS nicht mehr verwendet, wohl aber in der EN 418: Geräte für das Stillsetzen im Notfall (NOT-AUS-Einrichtungen). Demgemäß wird auch nicht mehr von NOT-AUS-Schaltern, sondern von *Geräte für das Stillsetzen im Notfall* bzw. von *Geräte zum Ausschalten im Notfall* gesprochen. In neuen Katalogen und Applikationshandbüchern der Industrie findet man aber immer noch die bekannten Bezeichnungen wie *NOT-AUS-Befehlsgerät* und *NOT-AUS-Schaltgerät*. Teilweise werden auch neue Begriffe wie NOT-HALT, NOT-EIN, NOT-START verwendet.

Es besteht eine enge Anbindung der Notfallsignale an die Stoppkategorien:

- *Stillsetzen im Notfall* muss entweder als Stopp der Kategorie 0 oder 1 wirken und über die Risikoanalyse bestimmt werden.

  Für das Stillsetzen im Notfall der Kategorie 0 dürfen nur festverdrahtete, elektromechanische Betriebsmittel verwendet werden. Zusätzlich darf die Funktion nicht von einer elektronischen Schaltlogik (Hardware oder Software) oder von der Übertragung von Befehlen über ein Kommunikationsnetzwerk oder eine Datenverbindung abhängen.

  Bei der Stopp-Funktion der Kategorie 1 für die Stillsetz-Funktion im Notfall muss die endgültige Abschaltung der Energie der Maschinen-Antriebselemente sichergestellt sein und muss durch Verwendung von elektromechanischen Betriebsmitteln erfolgen.

  Anmerkung der Norm: Die Norm weist in ihrem deutschen Vorwort daraufhin, dass in Fällen, in denen andere Normen andere technische Lösungen zulassen als in DIN EN 60204-1 festgelegt ist, diese anderen technischen Lösungen zur Anwendung gelangen dürfen! Dazu wird auf die im europäischen Vorwort abdruckte Tabelle hingewiesen, wo zu einer Reihe von Themen, u.a. auch „Handlungen im Notfall“, andere Normen genannt werden, die zutreffen können. Damit ist auch klargestellt, dass elektronische Betriebsmittel doch für NOT-AUS-Einrichtungen unabhängig von der Stopp-Kategorie eingesetzt werden dürfen, wenn diese unter Anwendung der Normen DIN EN 954-1 (Risikoanalyse) und/oder IEC 61508 die gleiche Sicherheit erfüllen, wie nach DIN EN 60204-1 gefordert.

- *Ausschalten im Notfall* sollte vorgesehen werden, wo ein Schutz gegen direktes Berühren aktiver Stromkreisteile (z.B. Schaltgeräte in elektrischen Betriebsräumen) nur durch Abstand oder Hindernisse erreicht wird oder wo es die Möglichkeit einer anderen Gefährdung durch elektrische Energie gibt.

  Ein Ausschalten im Notfall wird durch Abschalten der Maschine von der Versorgung erreicht mit der Folge eines ungesteuerten Stillsetzens (Stopp-0-Kategorie) der Maschine. Ist das nicht zulässig, kann es notwendig sein, einen anderen Schutz z.B. gegen direktes Berühren vorzusehen, sodass ein Ausschalten im Notfall nicht notwendig ist.

24.4 Elektronische Ausrüstung

Gültig für alle Arten von elektronischen Geräten einschließlich programmierbarer elektronischer Ausrüstung.

24.4.1 Anwendung der Norm bei sicherheitsbezogenen Funktionen

- Programmierbare Steuerungen müssen die entsprechenden IEC-Normen erfüllen (erwähnt werden Teile der SPS-Norm DIN IEC 61131-1 und -2).
- Programmierbare elektronische Ausrüstung darf nicht für Kategorie 0 *Stillsetzen im Notfall* verwendet werden. Für alle anderen sicherheitsbezogenen Stopp-Funktionen ist die Verwendung von festverdrahteten elektromechanischen Betriebsmitteln vorzuziehen (d.h. die Funktion sollte nicht vom Betrieb der programmierbaren elektronischen Ausrüstung abhängen). Wo für solche Funktionen eine programmierbare elektronische Ausrüstung verwendet wird, müssen geeignete Maßnahmen zur Verhinderung des Risikos angewendet werden.

  Anmerkung der Norm: Es sei gegenwärtig (1998) schwierig festzustellen, ob der Einsatz einer einkanaligen programmierbaren elektronischen Ausrüstung als zuverlässig anzusehen sei. Bis zur Klärung der Situation sei es nicht ratsam, sich allein auf den fehlerfreien Betrieb einer Einkanal-Einrichtung zu verlassen.

24.4.2 Hinweis auf IEC 61508, Safety Integrity Level (SIL), Risikobeurteilung

Die Norm DIN EN 60204-1 verweist auch auf die IEC 61508, die vollkommen andere Grundsätze für die Risikobeurteilung anlegt (s. Kap. 23.4), auf die sich Hersteller sog. „fehlersichere Steuerungen“ beziehen. deren wichtigste Merkmale sind:

- Eine fehlersichere CPU, die den fehlersicheren CPU-Zustand mit Eigentests feststellt,
- Verwendung vorgefertigter, vom TÜV abgenommener Programm-Bausteine für sicherheitsgerichtete Funktionen,
- fehlersichere Peripherie-Baugruppen
  a) zentral,
  b) dezentral über ein Sicherheits-Bussystem oder über einen Standardbus mit Sicherheits-Übertragungsprotokoll (siehe Kap. 25.6).

Darüber hinaus werden auch sog. „fehlersichere und hochverfügbare Steuerungen“ angeboten, die über einen redundanten Aufbau verfügen, also mehrkanalig arbeiten.

25 Sicherheitstechnologien

Grundsätzlich ist ein Maschinenhersteller verpflichtet sich mit der Maschinenrichtlinie und den einschlägigen Normen gründlich zu beschäftigen, um die funktionale Sicherheit seiner Maschine auf Grund der verpflichtend vorgeschriebenen Gefahrenanalyse (siehe Kap. 23.3) planen zu können. Die Kenntnis der Normen und Vorschriften ist dabei die eine Sache, die gerätetechnische Umsetzung eine andere.

Schwerpunktmäßig lässt sich das Angebot an sicherheitsgerichteten Geräten für den Personen- und Maschinenschutz für die Steuerungstechnik (ohne Antriebssysteme und CNC-Steuerungen) in fünf Bereiche gliedern:

- Klassische Relais- und Schütz-Sicherheitstechnik,
- Sicherheitsschaltgeräte zur Überwachung von NOT_AUS, Schutztüren und Pressen,
- Auswertegeräte für berührungslose wirkende Schutzeinrichtungen, z.B. Lichtvorhänge,
- programmierbare Sicherheitssteuerungen,
- sichere Bussysteme.

Bei Einsatz solcher baumustergeprüften Geräte geht zumindest ein Teil der Verantwortung auf den Ausrüster über, was ein nicht zu unterschätzender rechtlicher Aspekt ist. Denn die Verantwortung für die sicherheitstechnischen Anforderungen liegt auf Grund des Geräte- und Produktsicherheitsgesetzes (GPSG) beim Maschinenhersteller:

Ein Produkt, das einer Rechtsverordnung (z.B. zur Umsetzung von EU-Richtlinien) unterliegt, darf nur in den Verkehr gebracht werden, wenn es u.a. den dort vorgesehenen Anforderungen an Sicherheit und Gesundheit entspricht und Sicherheit und Gesundheit der Verwender oder Dritter (oder sonstige Rechtsgüter) bei bestimmungsgemäßer Verwendung oder vorhersehbarer Fehlanwendung nicht gefährdet werden (§4 Abs. 1 GPSG).

25.1 Bewährte Prinzipien elektromechanischer Sicherheitstechnik

25.1.1 Zwangsöffnende Schaltkontakte

Zwangsöffnung ist eine Öffnungsbewegung, die sicherstellt, dass die Hauptkontakte eines Schaltgerätes die Offenstellung auch erreicht haben, wenn das Bedienteil in AUS-Stellung steht, ohne dass die Kontakttrennung z.B. von Federbewegungen abhängt. Zwangsöffnung von Schaltgliedern wird von DIN EN 1088 in allen Sicherheitskreisen gefordert. Die Notwendigkeit der Zwangsöffnung der Öffner-Schaltkontakte in Notfall-Situationen ist bei NOT-AUS-Befehlsgeräten zwingend vorgeschrieben. Voraussetzung ist, dass der Abschaltbefehl stets den Sicherheitskreis durch Entregung unterbrechen muss (s.a. Ruhestromprinzip).

25.1.2 Zwangsgeführte Kontakte

Eine Zwangsführung von Kontakten ist dann gegeben, wenn alle Kontakte eines Schaltgerätes mechanisch so miteinander verbunden sind, dass stets Öffner und Schließer nicht gleichzeitig geschlossen sein können. (Zwangsführung nicht verwechseln mit Zwangsöffnung).

25.1.3 Freigabekontakte

Freigabekontakte sind Sicherheitskontakte einer Sicherheitsschaltung, die immer als zwangsgeführte Schließer ausgeführt sind. Die Freigabekontakte liegen direkt im Hauptstromkreis von Maschinen oder schalten in Sonderfälle redundante Schütze. Falls eine Sicherheitsschaltung aktiviert (freigeschaltet) ist, müssen die Freigabekontakte geschlossen sein.

25.1.4 Rückführkreis

Ein Rückführkreis dient der Überwachung nachgeschalteter Hauptschütze mit zwangsgeführten Kontakten. Diese Schütze sollen Verbraucher schalten. Als Rückführkreis bezeichnet man eine Reihenschaltung von Öffnerkontakten der zu überwachenden Schütze mit dem Bereitschafts-EIN-Taster der Steuerung. Verschweißt z.B. ein Schließer-Hauptkontakt, so kann, wegen der Konstruktion der zwangsgeführten Kontakte, der im Überwachungskreis liegende Öffnerkontakt des Schützes nicht geschlossen sein. Damit ist sichergestellt, dass ein erneutes Aktivieren der Sicherheitsschaltung nicht mehr möglich ist, da dies nur bei geschlossenem Rückführkreis geht.

25.1.5 Ruhestromprinzip, Drahtbrucherkennung

Überwachungsprinzip in einem Sicherheitskreis. Solange der Ruhestrom fließen kann, ist kein gefährdender Eingriff erfolgt (z.B. Schutztür ist geschlossen). Die Unterbrechung des Ruhestromes signalisiert eine Betätigung eines Schaltkontaktes, z.B. eines Endschalters oder einen Drahtbruch (Drahtbrucherkennung!).

25.1.6 Verriegelung gegensinnig wirkender Signale

Gegensinnig wirkende Eingangsbefehle werden über den Öffner des Gegenschaltgerätes verriegelt. Dabei hat jeder Taster einen Öffner- und einen Schließerkontakt. Bei Betätigung öffnet zuerst der Öffner bevor der Schließerkontakt schließt.

Gegensinnig wirkende Ausgangsbefehle werden über den Öffner des Gegenschützes verriegelt. Damit wird verhindert, dass z.B. bei einer Wendesteuerung gleichzeitig das Rechtslauf- und Linkslaufschütz angezogen sein können. Diese Art der Verriegelung ist in der SPS-Technik zwingend vorgeschrieben, da das "Klebenbleiben" von Schützen und Programmierfehler nicht ausgeschlossen werden können.

25.1.7 Zweikanaligkeit

Das Prinzip besagt, dass noch ein weiterer Sicherheitskreis vorhanden ist. Ein zweikanaliger NOT-AUS-Taster versagt nicht, wenn ein Kanal durch einen äußeren Einfluss ausfällt. Zweikanaligkeit für NOT-AUS-Schaltungen ist bei Pressen der Metallbearbeitung vorgeschrieben.

25.1.8 Redundanz und Diversität

Redundanz ist vorhanden, wenn mehr Steuer- oder Antriebsstränge vorhanden sind als zur Erfüllung einer Funktion benötigt wird. Durch Redundanz ist es möglich, die Wahrscheinlichkeit zu verringern, dass ein einziger Fehler zum Verlust der funktionalen Sicherheit führt. Diversität bedeutet die Verwendung verschiedener Funktionsprinzipien, um die Wahrscheinlichkeit von Fehlern zu verringern, z.B. Verwenden von Kombinationen aus Öffner- und Schließerkontakten.

25.2 Relais- und Schütz-Sicherheitstechnik

Beispiel: Stellungsüberwachung einer Schutztür (DIN EN 954-1-Kategorie 1)

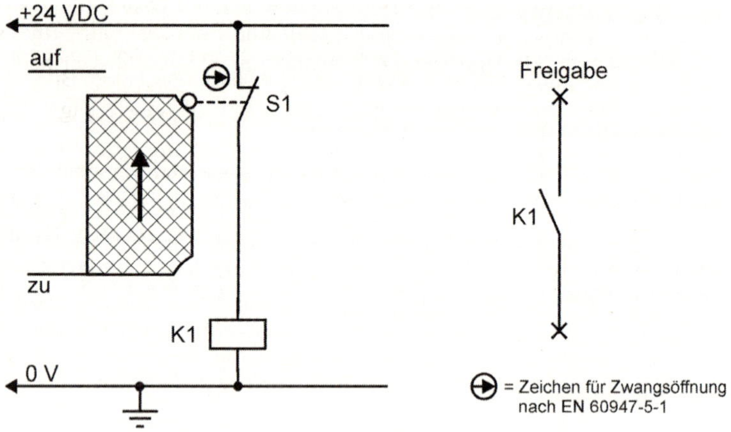

Schutzziele und Grenzen der erreichbaren Sicherheit:
1. Gefahrbringende Bewegungen oder Zustände bei der durch eine Schutztür gesicherten Maschine werden bei Türöffnung durch das Hilfsschütz K1 unterbrochen.
2. Verlust der Sicherheitsfunktion bei Bauteilausfall (z.B. K1-Kontakt öffnet nicht bei Entregung des Hilfsschützes). Nur bauteilbedingte Zuverlässigkeit.
3. Das Entfernen der Schutzeinrichtung wird nicht erkannt.
4. Keine Maßnahmen zur Fehlererkennung vorgesehen.

Konstruktive Sicherheitsmerkmale:
1. Ruhestromprinzip (Drahtbruchsicherheit), Erdung des Steuerstromkreises (Erdschluss vor K1 führt zum Kurzschluss, Abschalten durch Sicherung).
2. Schalter S1 ist ein zwangsöffnender Positionsschalter nach EN 1088. Vorgeschrieben für alle Sicherheitskreise.
3. Betätigungselement und Positionsschalter sind gegen Lageänderung zu sichern.

Beispiel: Stellungsüberwachung einer Schutztür (EN 954-1-Kategorie 3)

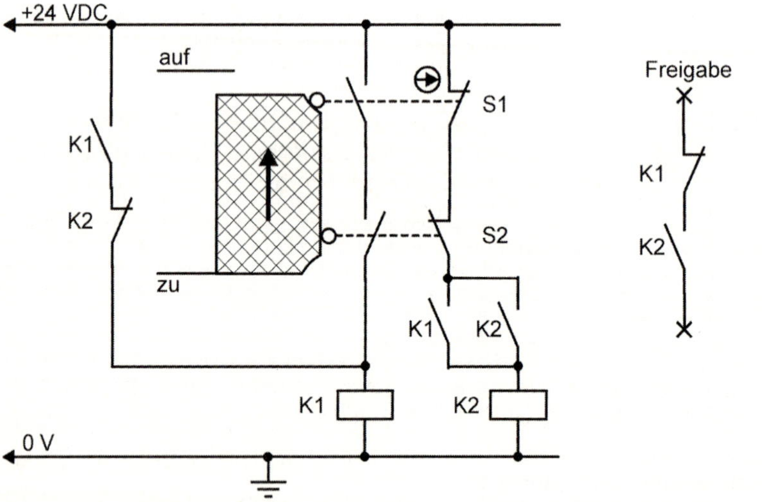

Schutzziele und Grenzen der erreichbaren Sicherheit:
1. Gefahrbringende Bewegungen oder Zustände werden bei geöffnetem Schutzgitter durch Öffner - Schließer-Kombinationen unterbrochen bzw. verhindert.
2. Bei Ausfall eines Bauteils bleibt die Sicherheitsfunktion erhalten (z.B. K1-Kontakt öffnet nicht bei Entregung von Hilfsschütz K1). Eine Anhäufung mehrerer Fehler kann zum Verlust der Sicherheitsfunktion führen.
3. Entfernen der Schutzeinrichtung wird durch S2 erkannt.
4. Freigabe erfolgt nur, wenn Schutztür geöffnet und dann wieder geschlossen wird (Fehlererkennungsmaßnahme).

Konstruktive Sicherheitsmerkmale:
1. Ruhestromprinzip (K2), Erdung des Steuerstrom-stromkreises. Redundanz (2 Öffner im Sicherheitskreis K2).
2. Schalter S1 ist ein zwangsöffnender Positionsschalter nach EN 1088.
3. Schalter S2 und Steuerschütze K1 und K2 haben zwangsgeführte Kontakte (Öffner und Schliesser können nicht gleichzeitig geschlossen sein..
4. Getrennte Verlegung der Zuleitungen zu Positionsschaltern

25.3 Sicherheitsschaltgeräte für NOT-AUS-Überwachung

Unter dem Begriff *Sicherheitsschaltgeräte* oder *Sicherheitskombinationen* versteht man einsatzfertige steuerungstechnische Komponenten, die nicht der betriebsmäßigen Steuerung einer Maschine sondern vorwiegend der Realisierung der durch eine Risikoanalyse ermittelten Sicherheitsfunktionen dienen. Dazu gehört die Überwachung von Befehlsgeräten des Sicherheitskreises und das zur Verfügung stellen von potenzialfreien Freigabekontakten, die als fehlersichere Ausgänge in den Hauptstromkreis eingeschleift werden, um dort so zu wirken, dass die gefährliche Maschine in einen sicheren Zustand gebracht wird. Der Einsatz solcher Sicherheitsschaltgeräte legt eine entsprechende Strukturierung der Steuerungsaufgabe nahe. So können z.B. die nicht sicherheitsgerichteten Betriebsabläufe durch eine einkanalig arbeitende Standard-SPS ausgeführt und die kritischen Sicherheitsfunktionen einem geeigneten Sicherheitsschaltgerät übertragen werden.

Sicherheitskreise sind solche Stromkreise in denen hauptsächlich Befehlsgeräte wie NOT-AUS-Schalter und Positionsschalter von Schutztüren betrieben werden. Das Ziel ist die sichere Ausführung der geplanten Schutzmaßnahme.

Sicherheitsschaltgeräte ersetzen heute weitgehend den diskreten Aufbau bekannter Schütz-Sicherheitsschaltungen, die man auch als Sicherheitsketten bezeichnet hat. Die prinzipielle Wirkungsweise solcher Sicherheitsschaltgeräte wird im nachfolgenden Bild gezeigt.

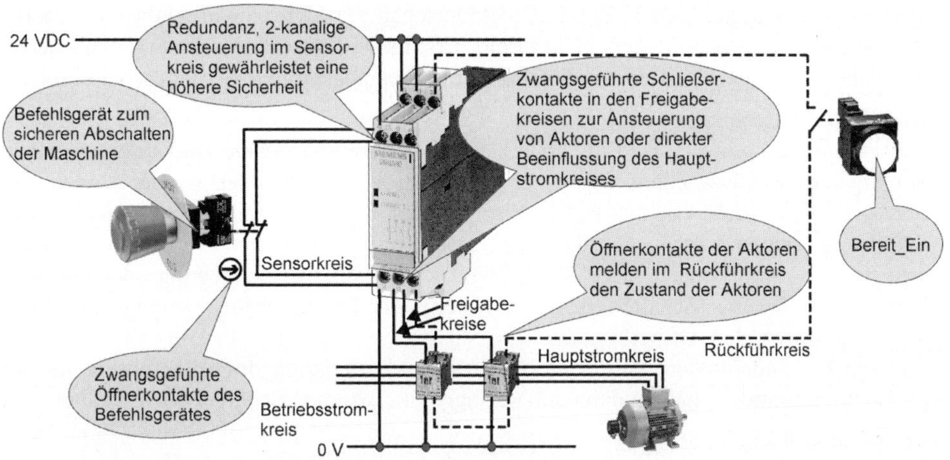

Bild 25.1: Wirkungsprinzip eines Sicherheitsschaltgerätes

Die Sicherheitsschaltgeräte weisen eine Fülle von Beschaltungsmöglichkeiten auf, die jedoch nicht alle bei jedem Gerät vorhanden sein müssen.

- 1-und 2-kanalige Eingangsbedingungen:
  Die 1-kanalige Beschaltung mit nur einem Überwachungs-Öffnerkontakt für den NOT-HALT oder die Schutztüre erfüllt die Forderung der DIN EN 60204-1 (VDE 0113). Die 2-kanalige Ansteuerung mit zwei getrennten Öffnerkontakten kann so ausführt werden, dass es bei Ausfall eines Kontaktes zu keinem Verlust der Sicherheitsfunktion führt. Die einkanalige Beschaltung führt nur zu den Sicherheits-Kategorien 1 bis 2, die zweikanalige Variante ist Voraussetzung für die Kategorien 3 bis 4.

- Freigabevarianten:
  Es handelt sich hier um das Signal „Bereit-Ein“, das dem eigentlichen „Start“ der Maschine bzw. Anlage vorausgehen muss/kann. Freigegeben werden die Freigabekontakte, die in den Hauptstromkreis der Maschine eingeschleift werden oder die auf ein der Schaltverstärkung dienendes externes Schütz führen, dessen zwangsgeführte Kontakte im Hauptstromkreis der Maschine liegen, um diese im Notfall stillsetzen zu können. Man unterscheidet:

  1. Manuelle Bereitschaft
  Die Freigabe der Sicherheitskombination wird erst nach Erfüllung der Eingangsbedingungen für 1- oder 2-kanaligen Betrieb und zusätzlicher Betätigung eines Bereit-Ein-Tasters aktiviert. Diese Beschaltung wird normalerweise bei NOT-AUS-Funktionen oder Schutztür-Überwachungen als zusätzliche Handlung vor dem „Start“ angewendet.

  2. Überwachte Freigabe
  Der Ausgang wird erst nach Erfüllung der Eingangsbedingungen und nach Schließen sowie anschließendem Öffnen des Bereit-Ein-Tasters aktiviert. Durch diese Beschaltungsweise wird im Zusammenhang mit der Innenschaltung des Sicherheitsschaltgerätes eine Überbrückungsmanipulation am Bereit-Ein-Taster verhindert (Überlistungssicherheit). Bei vorhandenem Bereitschaftstaster entspricht diese Beschaltung in der Wirkung der manuellen Freigabe.

- Anlauftestung
  Werden Sicherheitsschaltgeräte mit Anlauftest-Funktion bei geschlossener Schutztür an die Betriebsspannung gelegt, z.B. durch den Hauptschalter, so wird die Freigabe auch nach Betätigung des Bereit-Ein-Tasters nicht erteilt. Erst muss die geschlossene Schutztür geöffnet und dann wieder geschlossen werden, bevor die Freigabekontakte durchgeschaltet werden.

- Kontaktvervielfachung
  Die Freigabekontakte können als potenzialfreie Ausgangskontakte zum direkten Schalten von sicherheitsüberwachten Lasten im Hauptstromkreis benutzt werde, soweit deren Schaltvermögen dies erlaubt. Bei Bedarf können in diese Freigabekreise auch externe Schütze geschaltet werden, die dann jedoch mit zwangsgeführten Kontakten ausgestattet sein müssen. Man benutzt diese Möglichkeit zur Kontaktvervielfachung oder zur Schaltleistungsverstärkung (Schalten größerer Lasten). Zur Funktionsüberwachung dieser externen Schütze werden Öffnerkontakte der Schütze in den Rückführkreis der Sicherheitsschaltgeräte eingebunden. Durch die überwachende Funktion des Rückführkreises bleibt die Sicherheitsstufe erhalten, denn ein Versagen des externen Schützes wird erkannt.

- Querschluss-Erkennung
  Ein Querschluss hebt die Wirksamkeit eines 2-kanaligen Sensoranschlusses auf und kann nicht erkannt werden, wenn die beiden Schadensstellen auf gleichem elektrischen Potenzial liegen, da zwischen Punkten gleichen Potenzials kein Strom fließt. Erlaubt die Beschaltung des Sicherheitsschaltgerätes eine Reihenfolgenvertauschung von Öffnerkontakt und Schütz, so ergibt sich im Querschlussfall ein auswertbarer Kurzschluss.

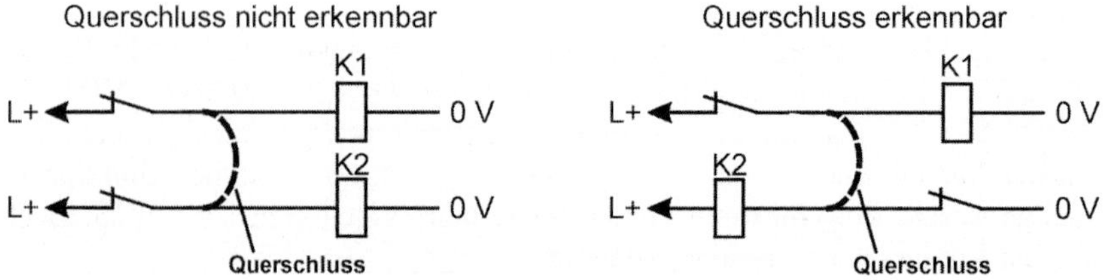

Beispiel: 1-kanalige NOT-AUS-Schaltung mit Sicherheitsschaltgerät, EN 954-1, KAT 2

Das Beispiel zeigt den Einsatz eines Sicherheits-Schaltgerätes mit Rückführkreis zur Überwachung der externen Schütze und einer überwachten Freigabe mit einem Bereit-Ein-Taster.

Zur Beachtung: Das Beispiel dient nur der Veranschaulichung einiger Grundsätze der DIN EN 60204-1 (VDE 0113 Teil 1) sowie der Einsatzmöglichkeit von Sicherheitsschaltgeräten und erhebt nicht den Anspruch einer vollständigen und geprüften Lösung!

Bild 25.2

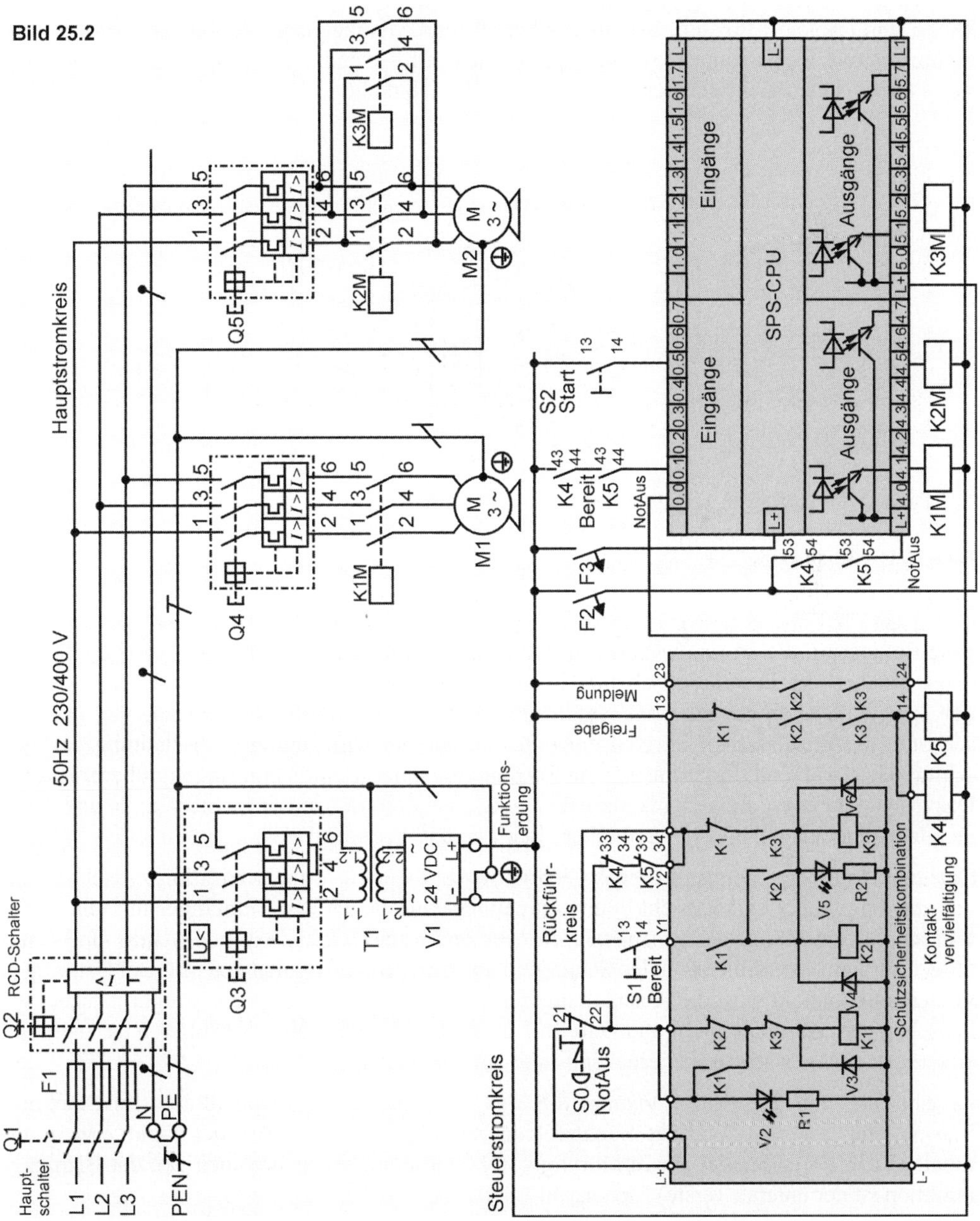

25.4 Auswertegeräte für Lichtvorhänge

Als Beispiel für berührungslos wirkende Schutzeinrichtungen seien sog. Lichtvorhänge genannt. Lichtvorhänge sind berührungslos wirkende fotoelektronische Schutzeinrichtungen und als Alternative zu trennenden Schutzeinrichtungen (Gitter mit Schutztür) einsetzbar. Bei korrekter Montage entsprechend den gültigen Vorschriften (EN 61496-1,-2) nimmt das Lichtsystem, das aus dem Lichtvorhang und dem Auswertegerät besteht, eine Person (Finger, Hand, Körperteil) bei Eintritt in die Gefahrenzone einer Maschinen wahr und gibt den Stopp-Befehl für den gefährlichen Bewegungsablauf der Maschine. Typische Einsatzgebiete für Lichtvorhänge sind (Abkant)-Pressen, Stanzen, Schweiß- und Montagelinien (Roboter), Bestückungsautomaten und Verpackungsmaschinen. Störende Einflüsse anderer Lichtquellen, auch in Form von Funken, beeinträchtigen den fehlersicheren Betrieb nicht.

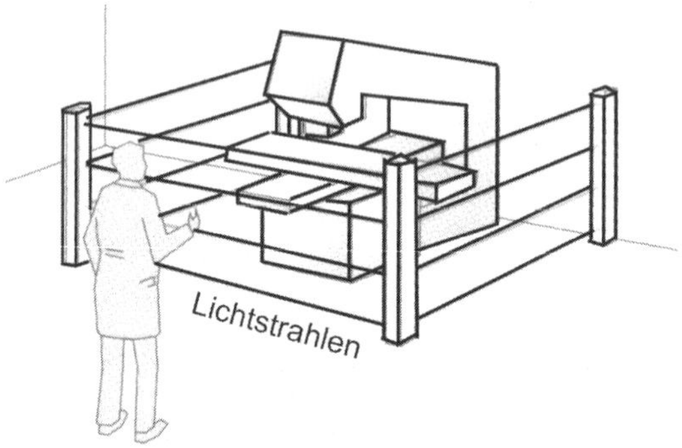

Bild 25.3: Lichtvorhang

Eine Betriebsart, die *Mutingbetrieb* genannt wird, gestattet das Hineinbringen von Gütern oder Gegenständen des Produktionsablaufs in den Gefahrenbereich, ohne dass die Maschine angehalten wird. Voraussetzung ist, dass durch zusätzliche Anbringung von i.a. vier Mutingsensoren das unzulässige Eintreten einer Person erkannt wird und zur Abschaltung der Maschine führt, während der Lichtvorhang im Zeitraum einer Materialeinbringung überbrückt ist. Das Prinzip dabei ist die gleichzeitig Erkennung „langer Teile" in der Lichtschranke und damit die Unterscheidungsfähigkeit gegenüber einer Person.

Der unterste (erste) Lichtstrahl eines Lichtvorhangs dient zur Synchronisation zwischen Sender und Empfänger und versieht beim erstmaligen Einschalten den Empfänger mit einem Zufallscode, der während des gesamten Betriebes überwacht wird. Zwischen Sender und Empfänger wird ein zweidimensionales Schutzfeld aus Infrarotlichtstrahlen erzeugt. Bei Eindringen in dieses Schutzfeld wird die Abschaltung der Maschine veranlasst. Die Verzögerungszeit, die zwischen dem Abschaltbefehl und dem Stillsetzen der Maschine einzukalkulieren ist, muss mit einem geeignet gewählten Sicherheitsabstand vereinbar sein.

Es gibt auch eine *Blanking-Funktion*, d.h. das Ausblenden von Lichtstrahlen. Im Blanking-Betrieb sind feste Bereiche des Schutzfeldes unterbrochen, ohne dass der Lichtvorhang abschaltet (z.B. Förderbänder zur Zuführung von Materialien). Ausgenommen von der Blanking-Funktion ist der unterste (erste) Lichtstrahl.

Zur sicheren Weiterverarbeitung der Ausgangssignale von Lichtvorhängen ist ein *Auswertegerät* erforderlich. Dieses realisiert die Funktionen wie Wiederanlaufsperre und Schützkontrolle, automatische Testung der Lichtvorhänge und Muting. Eine integrierte Diagnose-Schnittstelle (RS232) erlaubt zusammen mit Diagnose-Software die Visualisierung und das Aufzeichnen der Ein- und Ausgangssignale der Auswertegeräte. Zur Einrichtung der Blanking-Funktion wird ein Programmiergerät und Software sowie weiteres Zubehör benötigt.

Beispiel: Anschluss eines Lichtvorhangs an ein Auswertegerät, EN 954-1-Kategorie 4

Das Beispiel zeigt den 2-kanaligen Anschluss eines Lichtvorhangs an ein Auswertegerät mit überwachter Freigabe des Bereit-Ein-Tasters und einer Schützkontrolle durch den Rückführkreis. Man erkennt die Ähnlichkeit mit dem bereits beschriebenen Verfahren der Sicherheitsschaltgeräte für NOT-AUS und Schutztüren.

Zur Beachtung: Das Beispiel dient nur der Veranschaulichung einiger Grundsätze der DIN EN 60204-1 (VDE 0113 Teil 1) sowie der Einsatzmöglichkeit von Sicherheitsschaltgeräten und erhebt nicht den Anspruch einer vollständigen und geprüften Lösung!

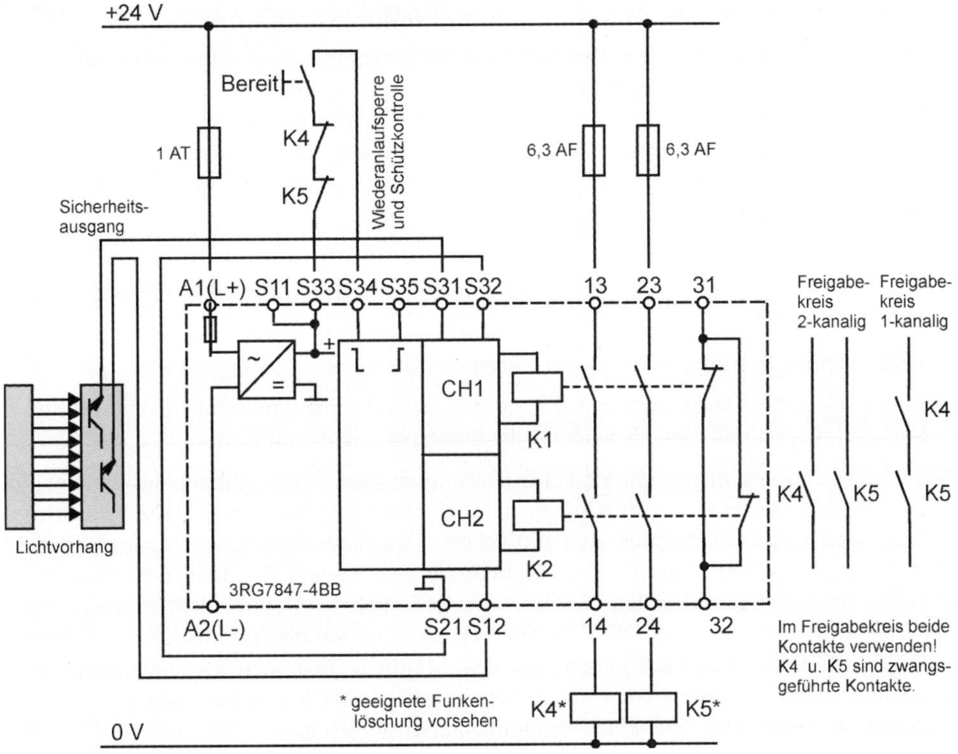

Bild 25.4: Zweikanaliger Anschluss eines Lichtvorhangs oder -gitters an ein Auswertegerät (Siemens)

25.6 Fehlersichere Kommunikation über Standard-Bussysteme

25.6.1 Überblick

In sicherheitstechnischer Betrachtung ist beispielsweise ein Buskabel selbst nicht sicher und eine absolute Vermeidung von Fehlern sogar unmöglich. Es lässt sich deshalb fragen, wie mit Netzkomponenten und Geräten, die trotz hoher Qualitätsansprüche versagen können, Sicherheit in Feldbussystemen überhaupt erzeugt werden kann. Die Antwort liegt darin, dass unter Sicherheit letzten Endes nur das Erkennen und Beherrschen von auftretenden Fehlern zu verstehen ist.

Die klassische und von den Sicherheitsvorschriften geforderte Lösung zur Ausführung sicherheitsgerichteter Maßnahmen wie z.B. den NOT-AUS-Schaltungen beruhte anfänglich nur auf dem Einsatz von Sicherheits-Schützschaltungen, die später von anschlussfertigen Sicherheits-Schaltgeräten abgelöst wurden. Mit dem Aufkommen der dezentralen Feldbustechnik wurden auch neue Lösungen für die sicherheitsgerichteten Schaltmaßnahmen entwickelt. Seitdem gibt es in der Feldbustechnik zwei unterschiedliche Sicherheitsansätze:

- **Sicherheitsbus:**

  Einsatz eines Sicherheitsbussystems nur für die sicherheitsgerichteten Funktionen als Ersatz für elektromechanische Sicherheits-Schaltgeräte. Daneben werden die eigentlichen Steuerungsfunktionen der Anlage über einen Standard-Feldbus ausgeführt.

  Das Sicherheits-Bussystem verwendet spezielle Sicherheitssteuerungen (Sicherheits-SPS) mit einer mehrkanalige Signalverarbeitung, z.B. durch drei unterschiedliche Prozessorsysteme verschiedener Hersteller, die parallel arbeitend zum gleichen Ergebnis kommen müssen. Erst dann wird das Ausgabesignal an die Feldgeräte weitergeleitet, anderenfalls wird der Anlagenteil in einen sicheren Zustand gesteuert. Für das Sicherheits-Steuerungsprogramm sind nur geprüfte Funktionsbausteine zugelassen, um Programmierfehler auszuschließen.

  Als Beispiel für einen echten Sicherheitsbus, der hier nicht näher behandelt werden soll, sei auf den SafetyBUS p der Firma PILZ verwiesen

- **Fehlersichere Kommunikation über Standardbus:**

  Einsatz eines Standardbussystems mit zusätzlicher Sicherheitsfunktionalität sowohl für die Standard-Kommunikation als auch für die Sicherheits-Kommunikation.

  Lange Zeit musste die dezentrale Feldbustechnik mit der Einschränkung auskommen, dass alle sicherheitsrelevanten Funktionen nur mit elektromechanischen Betriebsmitteln wie den Sicherheits-Schaltgeräten oder mit echten Sicherheits-Bussystemen vorschriftsmäßig zu realisieren waren. Aus Sicht der Feldbusse war das ein Nachteil, weil eine Zusatzkosten verursachende Parallel-Installation erforderlich war. Unter dem Einfluss neuerer Sicherheitsnormen wie der DIN EN 954-1 (Risikoanalyse) und IEC 61508 (Verfahren zur Software-Entwicklung) eröffneten sich die Möglichkeiten, den „Systembruch" in der Feldbustechnik zu überwinden und dabei die Sicherheits-Kommunikation und die Standard-Kommunikation über eine Busleitung laufen zu lassen.

In den beiden nachfolgenden Kapiteln werden Beispiele für Standardfeldbussysteme mit zusätzlicher Sicherheit dargestellt. Beim AS-Interface Saftey at Work wird die Sicherheit durch zusätzliche Sicherheitskomponenten erzeugt, während bei PROFIBUS-DP das zusätzliche Anwendungsprofil PROFISafe zu einer integrierten Sicherheitslösung führt.

25.6.2 AS-Interface Safety at Work

Zu den bekannten AS-i-Bus-Komponenten wie Master, Slaves, Netzteil und Repeater kommen nun noch zwei Sicherheits-Komponenten hinzu, die *Sicherheitsmonitor* und *Sicherheits-Slaves* genannt werden und die an demselben AS-i-Netzwerk betrieben werden können.. Damit bleibt der AS-i-Bus als Standardbus unverändert, er kann jedoch bei Bedarf sicherheitsgerichtet aufgerüstet werden.

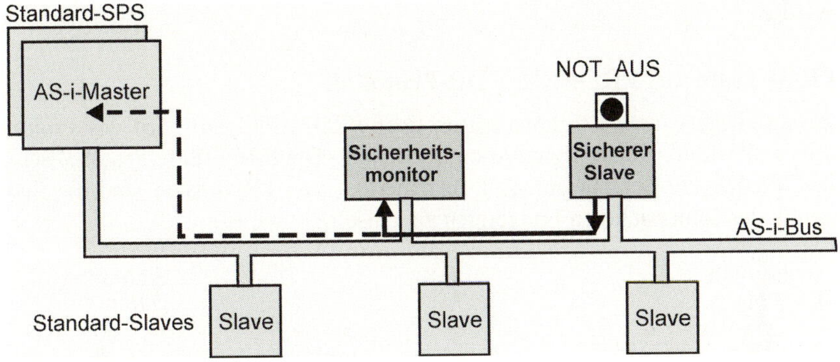

Bild 25.5: Der Sicherheitsmonitor und sichere Slaves machen das AS-Interface „sicher".

Der AS-i-Master betrachtet die neuen Sicherheits-Slaves wie alle übrigen Slaves und bindet sie wie die konventionellen Slaves in das Netzwerk ein. Die notwendige Sicherheit wird durch eine zusätzliche Signalübertragung zwischen dem Sicherheitsmonitor und den Sicherheits-Slaves erreicht. Der Sicherheitsmonitor überwacht nicht nur die Schaltsignale der Sicherheitssensoren, sondern prüft auch ständig die korrekte Funktion der Datenübertragung. Dazu erwartet er von jedem Sicherheits-Slave pro Zyklus ein spezifisches Telegramm, das sich nach einem definierten Algorithmus kontinuierlich ändert. Trifft durch eine Störung oder durch einen Alarmfall das erwartete Telegramm nicht ein, so schaltet der Sicherheitsmonitor nach spätestens 35 ms über seinen 2-kanalig ausgeführten Freischaltkreis die sicherheitsgerichteten Ausgänge ab. Die Anlage wird sicher stillgesetzt und eine Alarmmeldung an den Master ausgegeben, die jedoch lediglich der Information dient. Damit wird deutlich, dass der Sicherheitsmonitor im Prinzip ein busfähig gemachtes Sicherheitsschaltgerät ist, wie es im Kapitel 25.3 dargestellt wurde.

Die Sicherheits-Slaves sind mit zwei „sicheren" Eingängen ausgestattet. Im Betrieb bis Schutzkategorie 2 können beide Eingänge separat belegt werden, ist Sicherheitskategorie 4 erforderlich, kann nur ein 2-kanaliger Sensor angeschlossen werden. Sicherheits-Slaves für den Direktanschluss an den AS-i-Bus stehen ebenfalls zur Verfügung in Form von NOT-AUS-Taster, Positionsschalter für Schutztür-Überwachung und Lichtvorhänge.

Der Sicherheitsmonitor ist das entscheidende Gerät von *Safety at Work* (Bezeichnung für den Sicherheitszusatz des AS-i-Systems). Die Konfiguration des Sicherheitsmonitors erfolgt mit einem PC und einer speziellen Software. Dabei muss angegeben werden, welche Slaves „sichere Slaves" sind und welche Codetabelle sie enthalten. Die Codetabellen wurden vom BIA (Berufsgenossenschaftlichcs Institut für Arbeitssicherheit) festgelegt. Eine Codetabelle besteht aus einer Folge von 4 Bit-Zeichen und wird bei der Herstellung der sicheren Slaves nach einem Zufallsverfahren fest eingegeben. Weitere Konfigurationsschritte können die NOT-AUS-

Funktion oder die Zweihandbedienung sowie die Auswahl von Stopp-Kategorie 0 oder 1 betreffen. Dem Sicherheitsmonitor kann wahlweise eine AS-i-Adresse (1-31) zugeordnet werden oder nicht. Die Adressenvergabe ist erforderlich, wenn die Diagnosemöglichkeiten für den Sicherheitsmonitor beansprucht werden sollen.

Der AS-i-Bus ist also kein echter Sicherheitsbus sondern ein um Sicherheitsfunktionen erweiterter Standardbus, der jedoch die Sicherheitskategorie 4 gemäß EN 954-1 erfüllt und von TÜV und BIA zertifiziert ist. Bestehende AS-i-Bussysteme können sicherheitstechnisch hochgerüstet werden.

25.6.3 PROFISafe auf PROFIBUS DP-Protokoll

Für die sicherheitsgerichtete Kommunikation über PROFIBUS DP wird das Protokollprofil PROFISafe der Profibus Nutzerorganisation verwendet. Die PROFISafe-Protokollschicht setzt auf der PROFIBUS DP-Schicht auf. Zur Realisierung von PROFISafe sind die Sicherheitsmaßnahmen in den fehlersicheren Endgeräten zu kapseln.

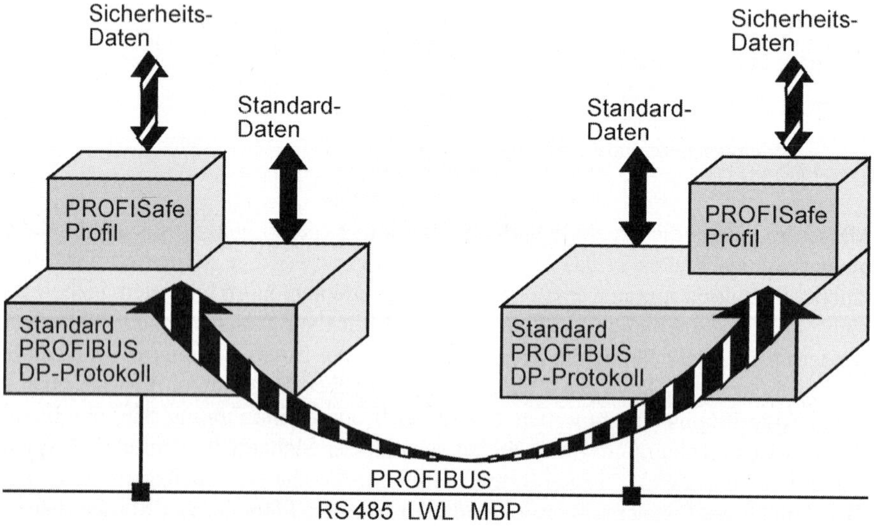

Bild 25.6: Die PROFISafe-Funktionalität ist in den Endmodulen gekapselt. Das PROFIsafe-Konzept ist Busmedium-unabhängig und soll auch bei PROFINET auf Industrial Ethernet angewendet werden.

Das wichtigste Ziel bei der Definition des PROFISafe-Profils war die Koexistenz der neu zuschaffenden sicherheitsgerichteten Kommunikation mit der bewährten Standardkommunikation auf ein und demselben Buskabel. Diese Forderung bedeutet, dass fehlersichere Busteilnehmer wie Steuerungen mit eine F-CPU und Feldgeräte wie Laserscanner, Lichtgitter, Motorstarter und I/O-Geräte mit F-Peripherie in Koexistenz mit der PROFIBUS-Standardtechnik betrieben werden können, also unter Verwendung der PROFIBUS-Übertragungstechnik RS 485/LWL bei PROFIBUS DP und MBP für PROFIBUS PA einschließlich der Kabel und Stecker.

Da auch PROFISafe nicht verhindern kann, dass die Kommunikation über den Bus versagt, so muss zumindest der Ausfall oder die Störung der Nachrichtenübermittlung sofort erkannt werden.

Zu den Sicherheitsmaßnahmen von PROFISafe zählen:

- die fortlaufende Durchnummerierung der Sicherheitstelegramme (Lebenszeichen),
- eine Zeitüberwachung für Quittierungssignale (Time-out),
- eine Kennung zwischen Sender und Empfänger (Losungswort) und
- eine zusätzliche Datensicherung (CRC) über die F-Nutzdaten und F-Parameter.

Alle genannten Sicherheitsmaßnahmen müssen in den fehlersicheren Busteilnehmern realisiert werden. PROFISafe sorgt nur dafür, dass sich der zusätzliche Telegrammverkehr der fehlersicheren Busteilnehmer untereinander nicht störend auf den Standard-Telegrammverkehr auswirkt bzw. nicht zu Verwechselungen führen kann. Dies wird dadurch erreicht, dass die PROFISafe-Telegramme in der „Data-unit" der Standardtelegramme verpackt werden. Ein Standard-Telegramm enthält in der „Data-unit" nur Standard-Nutzdaten (vergl. Kap. 16.1.7). Ein Sicherheits-Telegramm enthält in der „Data-unit" die fehlersicher zu übertragenden Nutzdaten (F-Nutzdaten) und zusätzliche Sicherheitsheitsinformationen sowie auch nichtsicherheitsrelevante Standard-Nutzdaten, z.B. für Diagnose.

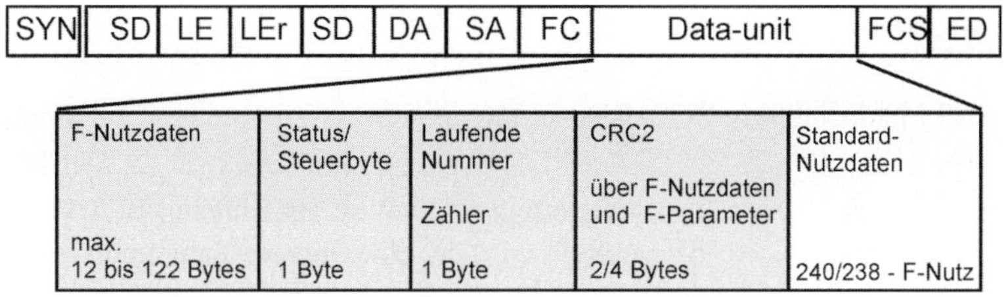

Bild 25.7: PROFISafe-Telegramme sind in Standard-Telegrammen verpackt

Die bei PROFIBUS DP angewendete Master-Slave-Kommunikation findet auch zwischen dem F-Master und seinen F-Slaves mit zyklischen Polling statt. Dies wird als zusätzlicher Sicherheitsfaktor gewertet, da ein ausgefallener Teilnehmer sofort erkannt wird (vergleichbar dem „Ruhestromprinzip" der Sicherheitstechnik).

Eine sicherheitstechnische Nachrüstung einer bestehenden PROFIBUS-Anlage erfordert den gezielten Austausch von aktiven Komponenten. Im SIMATIC-S7 System sind Komponenten für Sicherheitsanwendungen mit dem Kennbuchstaben F (F = Fehlersicher) versehen:

CPU 315-2DP > CPU 315F-2DP
IM151-7 CPU > IM151-F CPU (Anschaltbaugruppen für DP-Slave ET 200S)

Aus der Sicht des ISO/OSI-Kommunikationsmodells (s. Kap. 19) befinden sich die Sicherheitsmaßnahmen oberhalb der Schicht 7 im PROFISafe-Layer. Das PROFISafe-Konzept wurde nach der neuen Richtlinie IEC 61508 (s. Kap. 23.4) entworfen und muss die erreichte Sicherheitsstufe durch Ausfall-Wahrscheinlichkeiten nachweisen. Um dies nicht für jede Netzkonfiguration einzeln tun zu müssen, wurde ein sog. SIL-Monitor softwaremäßig realisiert. Er berücksichtigt alle vorstellbaren Fehlereinflüsse und löst eine Reaktion aus, wenn die Anzahl der Störungen oder Fehler ein bestimmtes Maß pro Zeiteinheit übersteigt. Die Zahl der zulässigen Fehler pro Zeiteinheit ist abhängig von der SIL-Sicherheitsstufe.

Mit PROFISafe wird eine Kommunikationssicherheit bis SIL 3 nach IEC 61508 oder KAT 4 nach DIN EN 954-1 erreicht. SIL 3 ist die höchste Sicherheitsstufe, die für die Prozess- und Fertigungstechnik als erforderlich angesehen wird (SIL 4 für Atomkraftwerkstechnik).

Anhang

I Zusammenstellung der Bibliotheks-Bausteine

1. Eingabe, Normierung, Formatumwandlung

FC 39: (BCD-CHECK) Überprüfung eines vierstelligen BCD-Wertes Seite 202 Beispiel 6.5

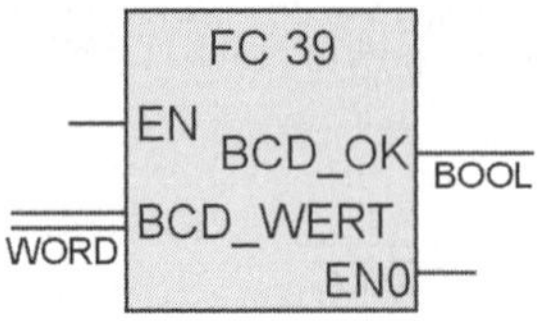

Die vierstellige BCD-Zahl am Eingang BCD_WERT wird auf Pseudotetraden überprüft. Liegt in einer der vier Ziffern eine Pseudotetrade vor (z. B. 1110) erhält der Ausgang BCD_OK „0"-Signal.

FC 40: (BCD4_INT) Umwandlung BCD-Wert in Integerwert Seite 213 Beispiel 6.9

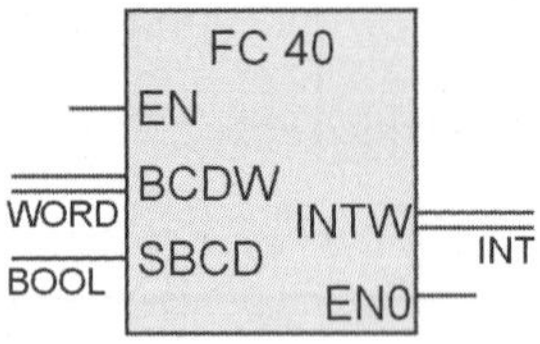

Der vierstellige BCD-Wert am Eingang BCDW von 0 bis + 9999 wird in eine Integer-Zahl unter Berücksichtigung des am Eingang SBCD liegenden Vorzeichens („0" = positiv) gewandelt und an den Ausgang INTW gelegt.

FC 42: (BCD4_REAL) Umwandlung BCD-Wert in Gleitpunktzahl Seite 218 Beispiel 6.11

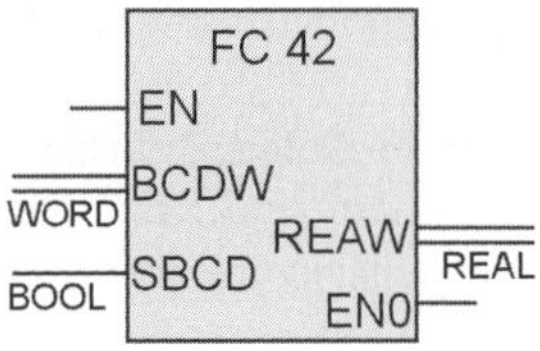

Der vierstellige BCD-Wert am Eingang BCDW wird in eine Gleitpunktzahl unter Berücksichtigung des am Eingang SBCD liegenden Vorzeichens („0" = positiv) gewandelt und an den Ausgang RAEW gelegt. Der Eingangsbereich von –9999 bis + 9999 wird dabei in den Gleitpunktzahlenbereich von –9.999 bis + 9.999 proportional umgeformt.

FC 50: (BCD_REALN) Umwandlung BCD-Wert in Gleitpunktzahl mit wählbarer Obergrenze Seite 525 Beispiel 12.3

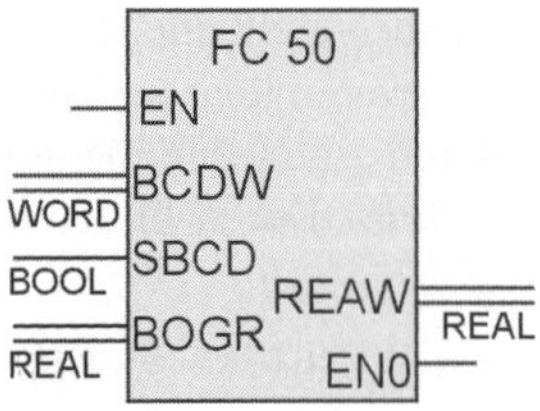

Der vierstellige BCD-Wert am Eingang BCDW wird in eine Gleitpunktzahl unter Berücksichtigung des am Eingang SBCD liegenden Vorzeichens („0" = positiv) in eine Gleitpunktzahl gewandelt und an den Ausgang RAEW gelegt. Der Eingangsbereich von –9999 bis + 9999 wird in den Gleitpunktzahlenbereich umgeformt, dessen Obergrenze der Parametereingang BOGR vorgibt.

FC 48: (AE_REALN) Universelle Normierungsfunktion Seite 321
Beispiel 7.3

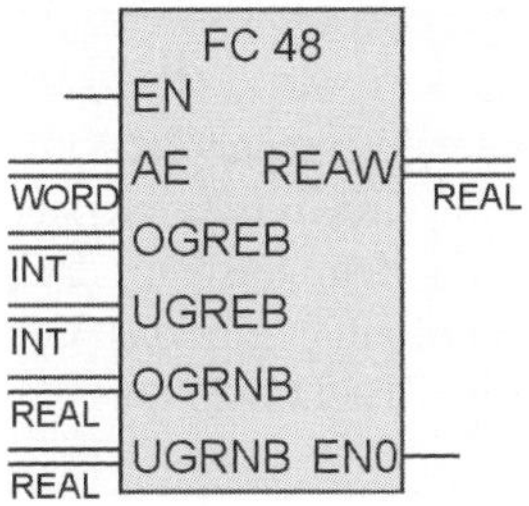

Der Eingabewert in der Zweierkomplementdarstellung am Eingang AE wird in eine Gleitpunktzahl gewandelt und an den Ausgang REAW gelegt. Der Bereich der Eingabewerte wird durch die Eingangs-Parameter OGREB und UGREB vorgegeben. Der Bereich, in den der digitalisierte Analogwert gewandelt werden soll (Normierungsbereich), wird durch die Eingangs-Parameter OGRNB und UGRNB angegeben.

FC 44: (BYTE7_INT) Umwandlung Vorzeichen-Betragsdarstellung in Integer Seite 224
Beispiel 6.13

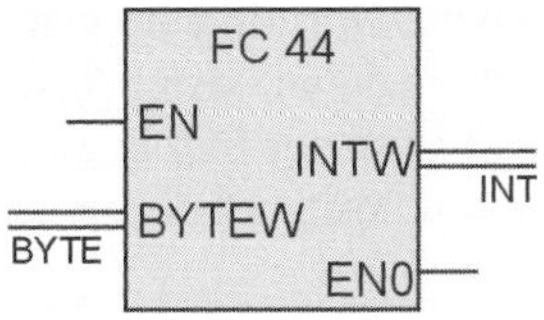

Der Zahlenwert in der Vorzeichenbetragsdarstellung an BYTEW wird in einen Integerwert gewandelt und an den Ausgang INTW gelegt. Beispiel: Das Bitmuster 0000 0111 ergibt die Integerzahl +7 und das Bitmuster 1000 0111 ergibt die Integerzahl –7.

FC 35: (BCD_ZEIT1) Zeitvorgabe mit dreistelligem BCD-Zifferneinsteller Seite 194
Beispiel 6.3

Der dreistellige BCD-Wert am Eingang BCDW wird in das Zeitformat S5TIME gewandelt und an den Ausgang ZEITW gelegt. Beispiel: Der Wert von 123 entspricht dabei einem Zeitwert von 12,3 Sekunden.

FC 36: (BCD4_ZEIT) Umwandlung vierstelliger BCD-Werte in das Datenformat S5-TIME Seite 291
Beispiel 6.25

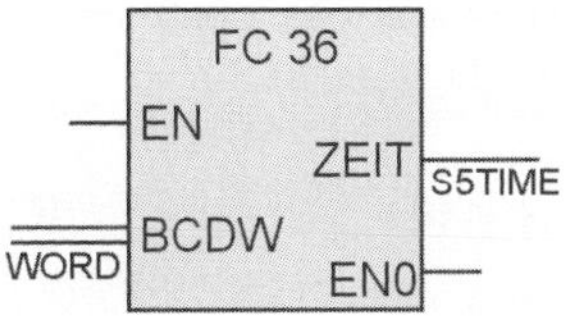

Der vierstellige BCD-Wert am Eingang BCDW, der eine Zeit in Sekunden angibt, wird in das Datenformat S5TIME gewandelt und an den Ausgang ZEIT gelegt. Beispiel: Der Wert von 1234 entspricht dabei einem Zeitwert von 1234 Sekunden.

FB 42: (ZIFF_EINGABE) Werteingabe mit Zifferntasten Seite 537
Beispiel 12.6

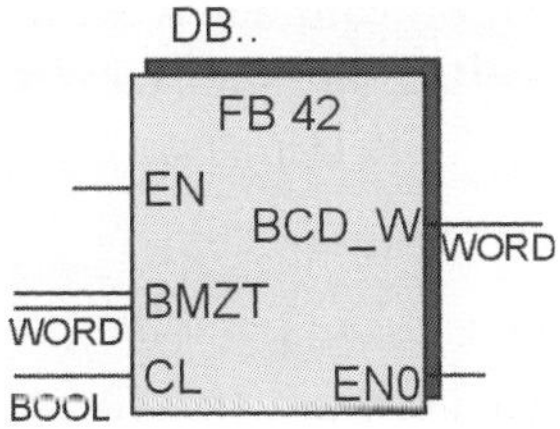

Mit 10 Zifferntasten von 0 ... 9 kann in die Ausgabe BCD_W eine vierstellige BCD-Zahl geschrieben werden. Dazu werden die Binärstellen der Zifferntasten in einem Wort zusammengefasst und an den Eingang BMZT gelegt. Bei Betätigung einer Zifferntaste wird die zugehörige Ziffer rechtsbündig in den Ausgang BCD_W geschrieben. Die bisherigen Ziffern werden um eine Stelle nach links geschoben. Ein „1"-Signal am Eingang CL bewirkt das Löschen der BCD-Zahl. Der Ausgang BCD_W hat dann den Wert 0000.

2. Ausgabe, Normierung, Formatwandlung, Auswahl

FC 41: (INT_BCD4) Umwandlung Integer-Wert in vierstelligen BCD-Wert — Seite 217, Beispiel 6.10

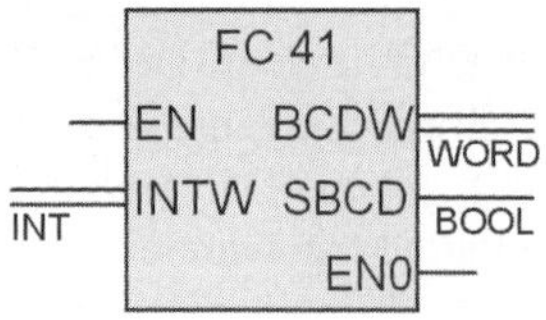

Die am Eingang INTW liegende Integer-Zahl im Bereich von –9 999 bis + 9 999 wird in eine vierstellige BCD-Zahl gewandelt und an den Ausgang BCDW gelegt. Der Parameterausgang SBCD gibt das Vorzeichen an. (Integer-Zahl positiv: SBCD = „0“.

FC 43: (REAL_BCD4) Umwandlung einer Gleitpunktzahl in einen vierstelligen BCD-Wert — Seite 221, Beispiel 6.12

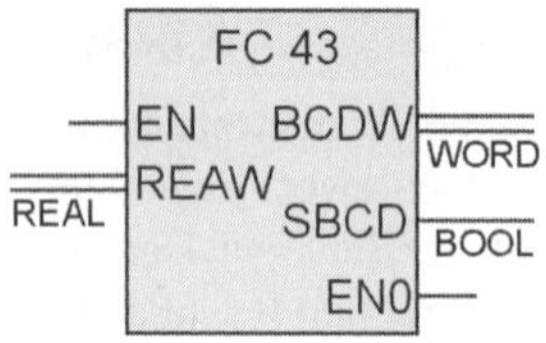

Die am Eingang REAW liegende Gleitpunktzahl im Bereich von – 9.999 bis + 9.999 wird in eine vierstellige BCD-Zahl gewandelt und an den Ausgang BCDW gelegt. Der Parameterausgang SBCD gibt das Vorzeichen an. (Gleitpunktzahl positiv: SBCD = „0“.

FC 51: (REALN_BCD) Umwandlung einer Gleitpunktzahl, die in einem wählbarer Bereich liegt, in einen vierstelligen BCD-Wert — Seite 525, Beispiel 12.3

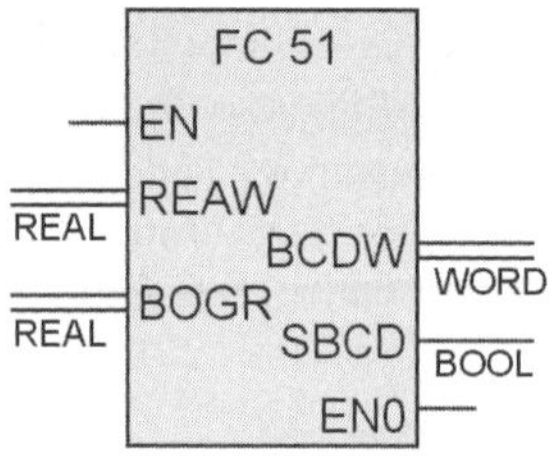

Die am Eingang REAW liegende Gleitpunktzahl wird in eine vierstellige BCD-Zahl gewandelt und an den Ausgang BCDW gelegt. Der Bereich, in dem die Gleitpunktzahl liegen darf, wird durch die positive Bereichsobergrenze an BOGR angegeben. Beispiel: BOGR = 10.0, die Zahlen im Bereich von –9.999 bis +9.999 werden in BCD-Werte gewandelt. Für Werte außerhalb des Bereichs erhält der Ausgang BCDW „FFFF“. Der Ausgang SBCD gibt das Vorzeichen an. (Gleitpunktzahl positiv: SBCD = „0“)

FC 45: (AE_ANZ) Anzeige eines Analogwertes — Seite 230, Beispiel 6.15

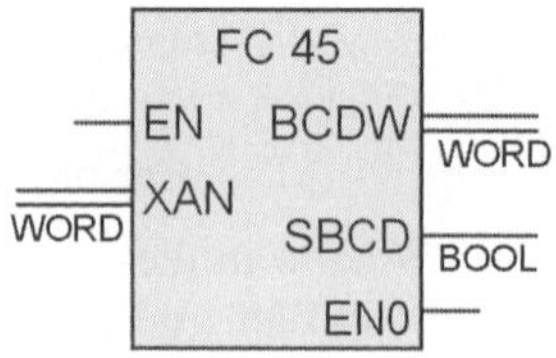

Ein Analogeingabewert im Bereich von –32 768 (–10V) bis +32 767 (+10V) am Eingang XAN wird in eine vierstellige BCD-Zahl gewandelt und an den Ausgang BCDW gelegt. Damit wird der Wert in mV angezeigt. Der Ausgang SBCD gibt das Vorzeichen an. (Analogspannung positiv: SBCD = „0“)

FC 47: (REAL_AA) Analogwertausgabe wählbarer Bereich liegt, in einen vierstelligen BCD-Wert — Seite 317, Beispiel 7.2

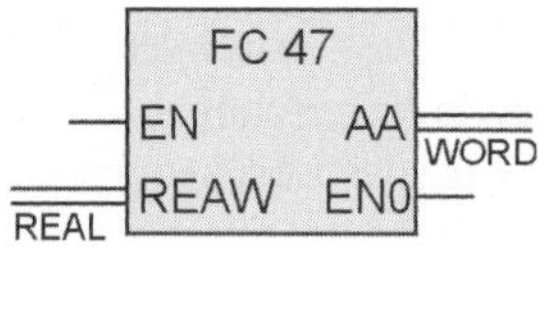

Eine Gleitpunktzahl im Bereich von –10.0 bis +10.0 am Eingang REAW wird für eine Analogausgabebaugruppe in den Bereich von –27 648 bis +27 648 gewandelt und an den Funktionsausgang AA gelegt.

FC 49: (REALN_AA) Universelle Ausgabefunktion für Analogwerte Seite 329 Beispiel 7.5

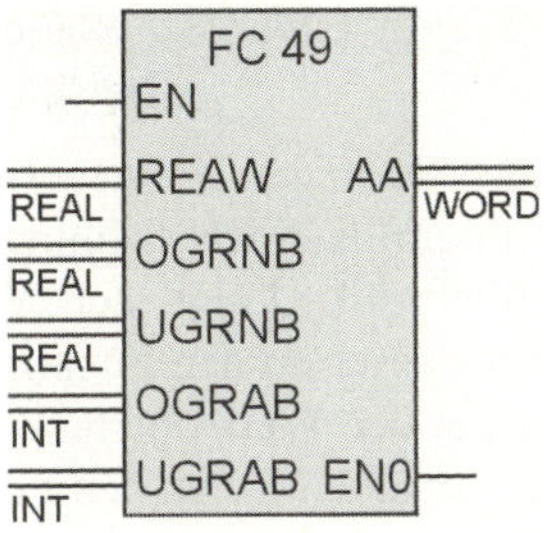

Eine Gleitpunktzahl am Eingang REAW in einem durch OGRNB und UGRNB bestimmten Bereich wird für eine Analogausgabe in einen von der Analogausgabebaugruppe abhängigen Bereich, der durch OGRAB und UGRAB bestimmt ist, gewandelt und an den Ausgang AA der Funktion gelegt.

FC 37: (ZEIT_BCD4) Umwandlung des Datenformats S5-TIME in einen vierstelligen BCD-Wert Seite 291 Beispiel 6.25

Der am Eingang ZEIT liegende Wert im Datenformat S5TIME wird in einen vierstelligen BCD-Wert umgewandelt und an den Ausgang BCDW gelegt. Die Anzeige entspricht dem Zeitwert in Sekunden.

FC 61: (REZN_REZW) Rezeptwerte auslesen Seite 549 Beispiel 12.10

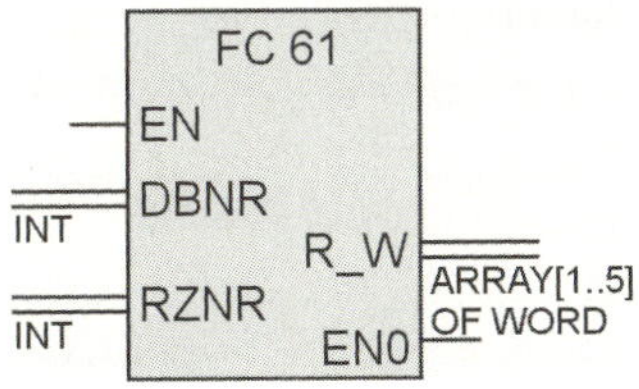

Aus einem Datenbaustein, dessen Nummer durch den Eingang DBNR bestimmt ist, sollen vier Rezeptwerte einer Rezeptur ausgelesen werden. Die Rezepturnummer ist durch den Eingang RZNR bestimmt. Die vier ausgelesenen Rezeptwerte (INT, INT, REAL und S5TIME) werden in einem Datenfeld ARRAY[1..5] of WORD an den Ausgang R_W gelegt.

FC 80: (BCD1_4) BCD-Anzeigenauswahl 1 aus 4 Seite 167 Beispiel 5.8

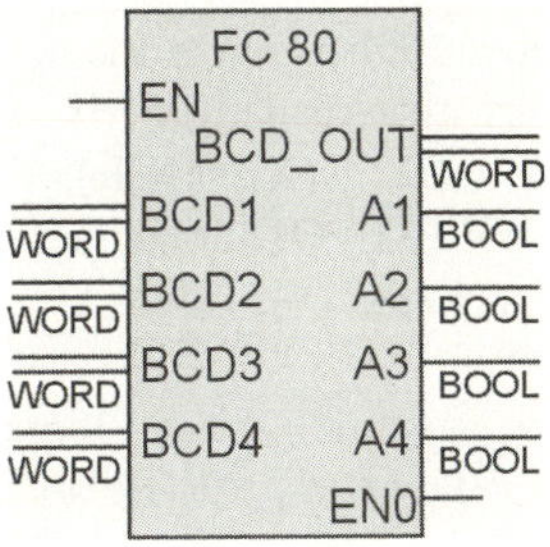

Nach jeder 0 → 1 Flanke am Eingang EN wird der jeweils nächste BCD-WERT der Parametereingänge BCD1 bis BCD4 an den Parameterausgang BCD_OUT gelegt. Die vier binären Ausgänge A1 bis A4 zeigen an, welcher BCD-Wert gerade durchgeschaltet ist.

FB 41: (BCD_MPA) Multiplexanzeige Seite 530 Beispiel 12.4

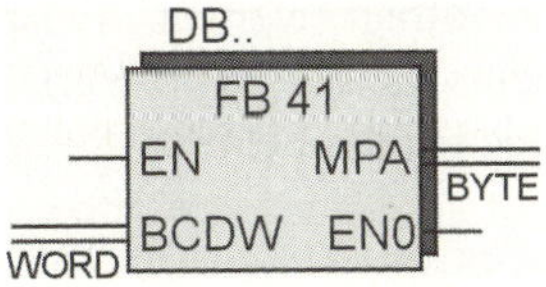

Mit 12 Taktimpulsen am Eingang EN wird der am Parametereingang BCDW liegende BCD-Wert über den Parameterausgang MPA an eine vierstellige Multiplexanzeige gelegt.

3. Datenoperationen

FC 30: (LIMIT_IND) Wertbegrenzung Seite 189
Beispiel 6.2

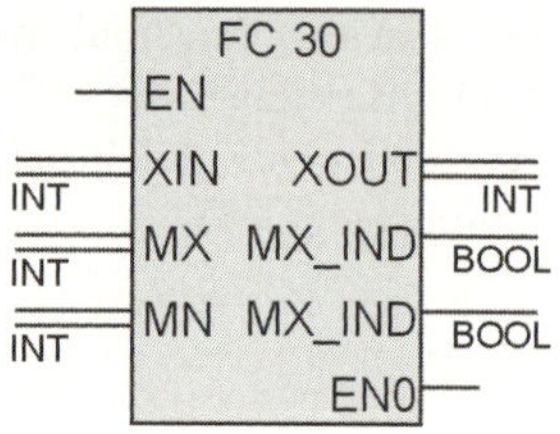

Der am Funktionseingang XIN liegende Integerwert wird auf die an MX (Maximum) und MN (Minimum) vorgegebenen Grenzen überprüft. Liegt der Wert innerhalb der Grenzen, wird dieser an den Funktionsausgang XOUT gelegt. Liegt der Wert oberhalb der Vorgabe an MX, wird die Vorgabe MX an den Funktionsausgang XOUT gelegt und dies vom binären Ausgang MX_IND der Funktion angezeigt. Bei Unterschreiten des an MN gelegten Vorgabewertes gilt Entsprechendes.

FC 31: (SEL) Bedingte Operandenauswahl Seite 523
Beispiel 12.2

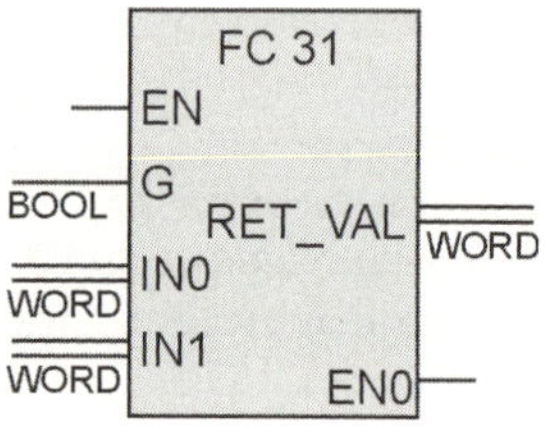

Abhängig vom Funktionseingang G wird eine der beiden an den Funktionseingängen IN0 bzw. IN1 liegenden Bitkombinationen an den Funktionsausgang RET_VAL durchgeschaltet.

FC 71: (COMP_3) Vergleicher mit Dreipunktverhalten Seite 543
Beispiel 12.8

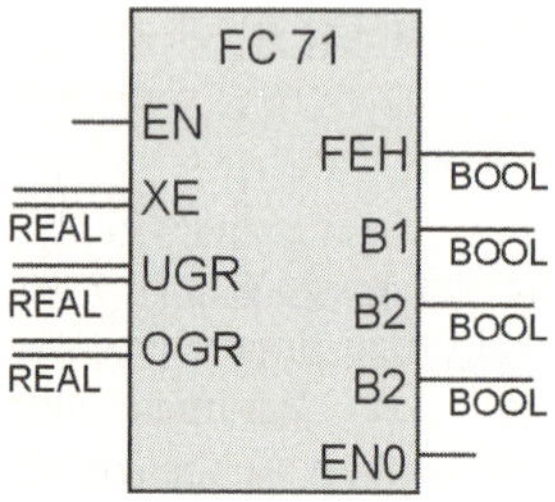

Der Wert am Funktionseingang XE wird daraufhin überprüft, in welchem Bereich er sich befindet. Die Untergrenze des Bereichs wird am Funktionseingang UGR und die Obergrenze am Funktionseingang OGR festgelegt. Ist die angegebene Obergrenze kleiner als die Untergrenze, wird dies am Ausgang FEH angezeigt. Die Ausgänge B1 (XE<UGR), B2 (UGR<XE<OGR), und B3 (XE>OGR) zeigen den Bereich an, in dem der Wert liegt.

FC 38: (BITAUS) Bitauswertung von Wortvariablen Seite 203
Beispiel 6.6

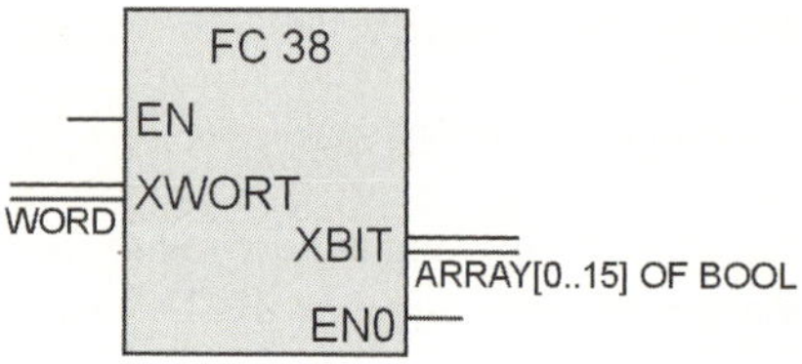

Mit der Funktion FC 38 können einzelne Bits der am Funktionseingang XWORT liegenden Variablen innerhalb des am Funktionsausgang liegenden Feldes abgefragt werden. Beispiel: Das 5. Bit von rechts in der Wort-Variablen entspricht der Abfrage [4] des Feldes.

FC 62: (SORT) Sortieren von REAL-Werten Seite 552 Beispiel 12.11

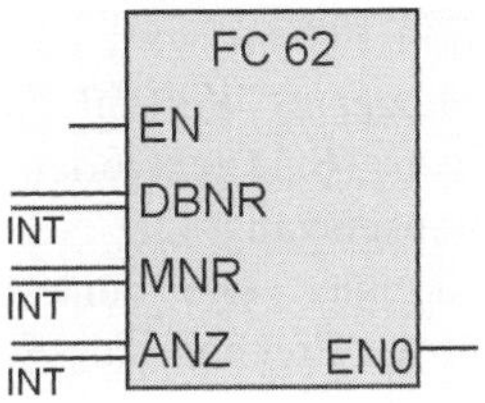

Mit dem Aufruf der Funktion FC 62 werden die in einem Datenbaustein befindlichen Gleitpunktzahlen der Größe nach sortiert. Am Funktionseingang DBNR wird die Datenbaustein-Nummer angegeben. Mit den Angaben an den Funktionseingängen MNR (Daten-Nummer-Anfang, ab der sortiert werden soll) und ANZ (Anzahl der Daten, die sortiert werden sollen) wird der Sortierbereich vorgegeben.

FC 63: (MINMAX) Minimum, Maximum und arithmetischer Mittelwert von REAL-Werten in einem Datenfeld Seite 555 Beispiel 12.12

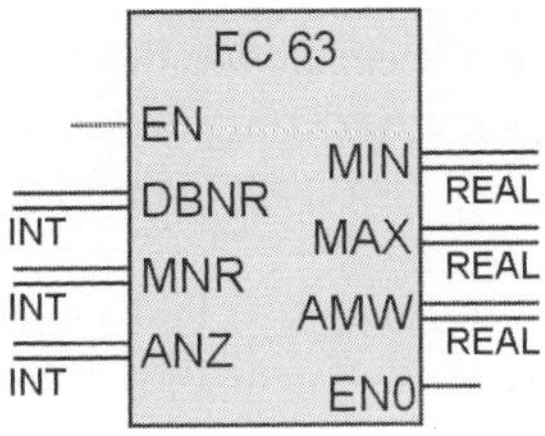

Mit dem Aufruf der Funktion FC 63 werden aus den in einem Datenbaustein befindlichen Gleitpunktzahlen das Minimum, das Maximum und der arithmetische Mittelwert bestimmt und die entsprechenden Werte an die Funktionsausgänge MIN, MAX und AMW gelegt. Am Funktionseingang DBNR wird die Datenbaustein-Nummer angegeben. Mit den Angaben an den Funktionseingängen MNR (Daten-Nummer-Anfang) und ANZ (Anzahl der Daten) wird der Datenbereich im Datenbaustein vorgegeben.

FC 64: (SET_DB) Datenbereich in einem Datenfeld auf einen Wert setzen Seite 533 Beispiel 12.5

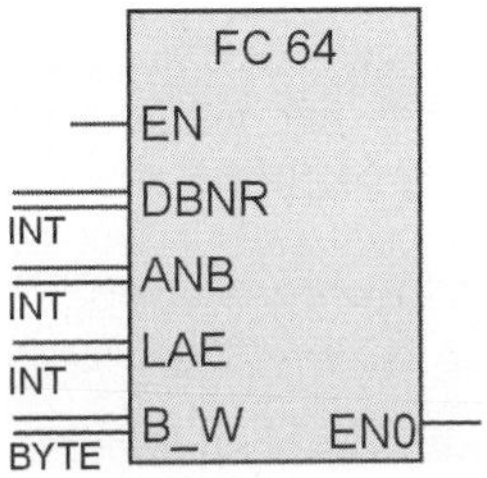

Mit dem Aufruf der Funktion FC 64 wird der Inhalt eines Datenbausteins byteweise auf den am Funktionseingang B_W vorgegebenen Wert gesetzt. Am Funktionseingang DBNR wird die Datenbaustein-Nummer angegeben. Mit den Angaben an den Funktionseingängen ANB (Anfangsbyte) und LAE (Länge) wird der Bytebereich im Datenbaustein vorgegeben.

FC 65: (WR_MNR) Einlesen von Werten in 16 vorgebbare Datenwörter Seite 280 Beispiel 6.24

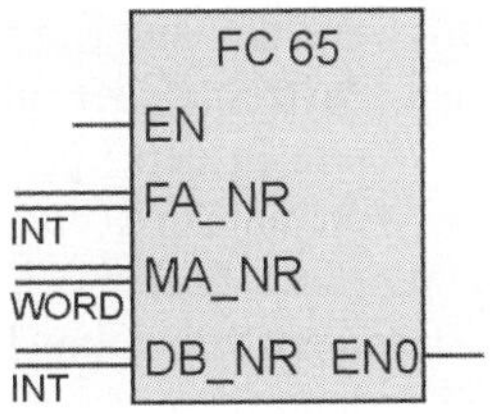

Mit dem Aufruf der Funktion FC 65 wird der am Funktionseingang MA_NR liegende Wert in das Datenwort eines Datenbausteines geschrieben, das am Eingang FA_NR angegeben ist. Der Wert am Funktionseingang DB_NR bestimmt die Datenbaustein-Nummer.

FC 66: (SU_MNR) Suchen von Werten in 16 Datenwörtern eines Datenbausteins — Seite 280, Beispiel 6.24

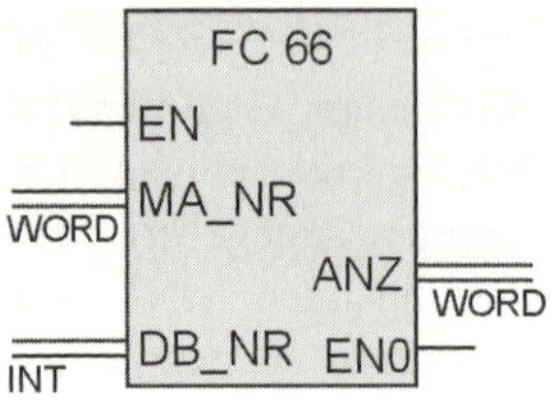

Mit dem Aufruf der Funktion FC 66 wird der am Funktionseingang MA_NR liegende Wert in einem Datenbaustein im Bereich von 16 Datenworten gesucht. Die Zahl am Funktionseingang DB_NR bestimmt die Datenbaustein-Nummer. Der Funktionsausgang ANZ (WORD) gibt als Ergebnis des Suchvorganges die Bits mit „1“-Signal an, an deren Stelle der Wert im Datenbaustein gefunden wurde.

FB 31: (AEND) Auswertung von Wertänderungen — Seite 521, Beispiel 12.1

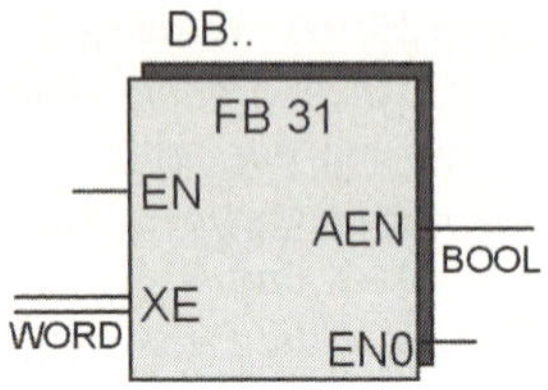

Tritt am Parametereingang XE gegenüber dem vorherigen Programmdurchlauf eine Änderung des angelegten Wertes auf, wird an den Parameterausgang AEN ein „1“-Signal gelegt.

FB 32: (STUFE) Zu- und Abschaltung von Leistungsstufen — Seite 541, Beispiel 12.7

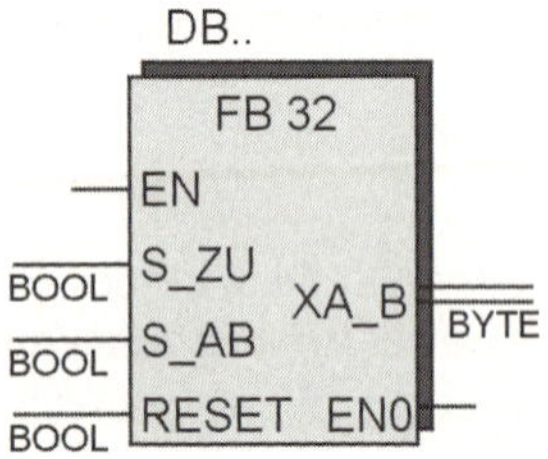

Mit dem Funktionsbaustein wird die stufenweise Zu- bzw. Abschaltung von bis zu 8 Leistungsstufen ausgeführt. Ein 0 → 1 Wechsel am Eingang S_ZU führt zur Zuschaltung einer Stufe. Für den Eingang S_AB gilt Entsprechendes. Mit dem Eingang RESET werden alle Stufen gelöscht. Die Zahl der eingeschalteten Stufen ist am Ausgang XA_B durch die Anzahl der „1“-Werten angegeben.

FB 60: (FIFO) Pufferspeicher FIFO — Seite 574, Beispiel 13.2

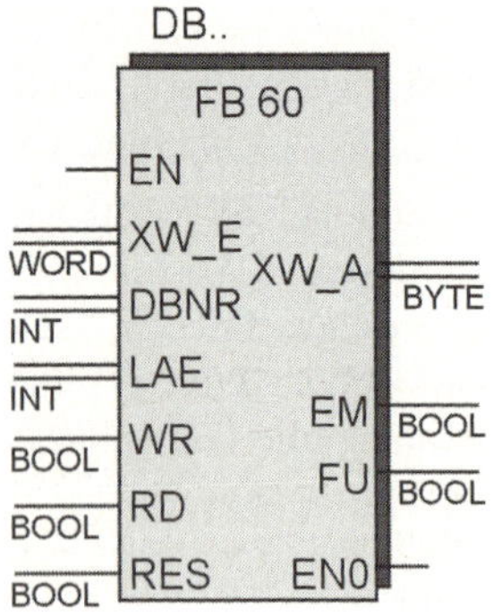

Der Funktionsbaustein stellt zusammen mit einem wählbaren Datenbaustein (DBNR) einen FIFO-Pufferspeicher dar. Bei einem 0 → 1 Zustandswechsel am Eingang WR (Schreiben) wird der am Eingang XW_E liegende Wert in den Pufferspeicher übernommen. Es können so viele Werte in den Speicher geschrieben werden, wie der Wert an LAE vorgibt. Das Auslesen eines Wertes aus dem Pufferspeicher erfolgt durch einen 0 → 1 Zustandswechsel am Eingang RD. Der ausgelesene Wert liegt dann am Funktionsbausteinausgang XW_A. Die beiden binären Ausgänge EM (LEER) bzw. FU (FULL) signalisieren, wenn der Pufferspeicher leer bzw. voll ist.

4. Zeiten, Zähler, Schieberegister

FC 100: (TAKT) Takt-Funktion Seite 121
Beispiel 4.24

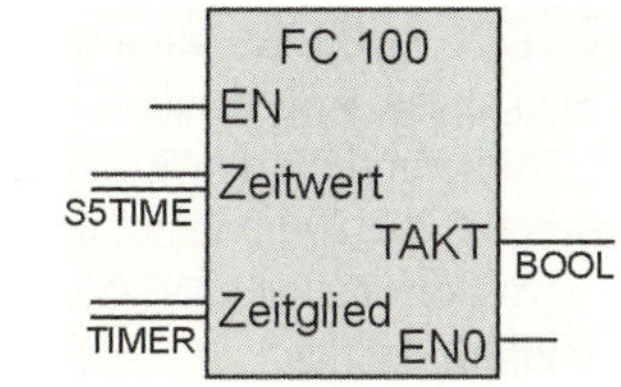

Der am Funktionseingang Zeitwert liegende Wert bestimmt die halbe Periodendauer der Rechteckimpulse am Funktionsausgang TAKT. An dem zweiten Funktionseingang Zeitglied ist ein Zeitoperand anzugeben.

FC 101: (TAKT6) 6–Stufen-Taktgenarator Seite 146
Beispiel 5.2

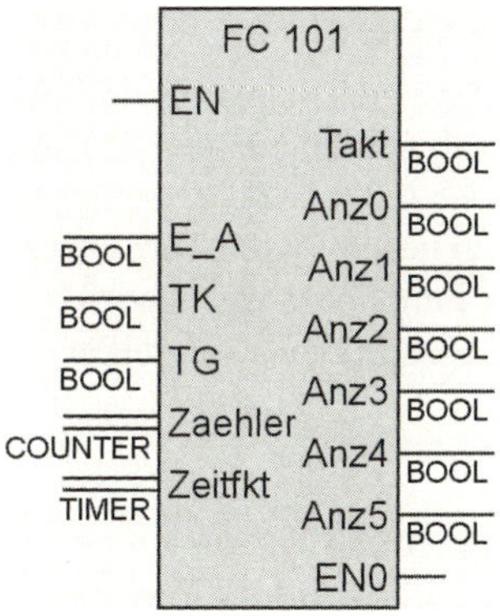

Mit dem Funktionsbaustein kann die Taktzeit der Rechteckimpulse am Funktionsausgang TAKT stufenweise verdoppelt oder halbiert werden. Ein 0 → 1 Signalwechsel am Eingang TK (Taktzeit kleiner) führt zur Halbierung der Taktzeit. Ein 0 → 1 Signalwechsel am Eingang TG (Taktzeit größer) führt zur Verdoppelung der Taktzeit. Die längste Taktzeit beträgt 32 s und die kürzeste 1 s. Die Ausgänge Anz0 bis Anz5 zeigen an, welche Taktzeit gerade aktuell ist. Am Eingang E_A wird der Taktgenerator ein- bzw. ausgeschaltet

FC 82: (AUFABZ) AUF-AB-Zähler Seite 234
Beispiel 6.16

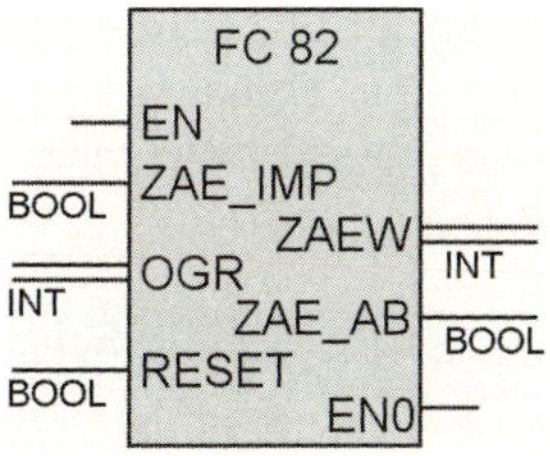

Mit jedem Flankenimpuls am Eingang ZAE_IMP wird der Wert des Ausgangs ZAEW um 1 bis zu dem am Eingang OGR angegebenen Wert hochgezählt. Nach Erreichen der Obergrenze wird wieder bis zum Wert 0 abwärts gezählt. Ein „1"-Signal am Eingang RESET setzt den Zählwert auf null. Der Ausgang ZAE_AB zeigt die Zählrichtung an.

FC 102: (BYROT) Byte-Rotieren Seite 206
Beispiel 6.7

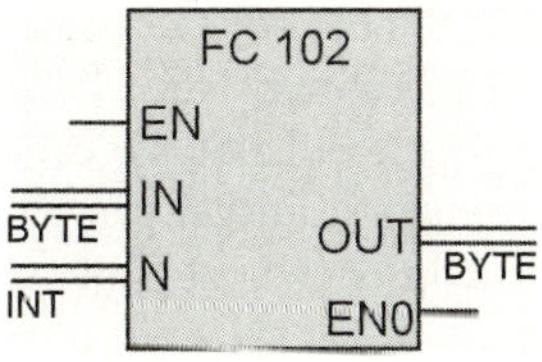

Mit jedem 0 → 1 Zustandswechsel am Eingang EN wird das Bitmuster am Funktionseingang IN um eine bestimmte Stellenzahl rotiert. Die Anzahl der Bits, um die rotiert wird, wird am Funktionseingang N vorgegeben. Der Ausgang OUT enthält das rotierte Bitmuster.

5. Regelungs-Bausteine

FC 72: (ZWP) Zweipunktregler Seite 368

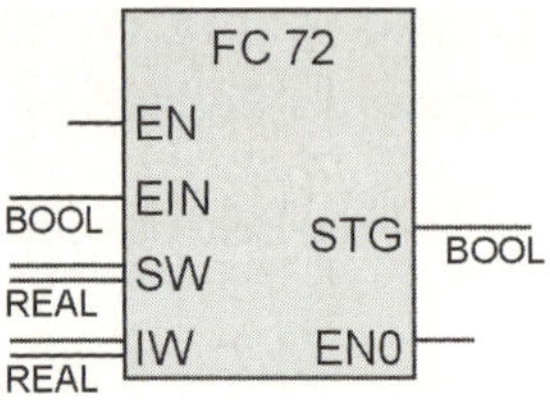

Über den Funktionseingang EIN wird die Zweipunktreglerfunktion ohne Schalthysterese eingeschaltet. An den Eingang SW ist der Sollwert und an den Eingang IW ist der Istwert im Bereich 0.0 bis 100.0 anzulegen. Die Stellgröße liegt am Funktionsausgang STG. Ist die Reglerfunktion ausgeschaltet, hat STG „0"-Signal.

FC 73: (DRP) Dreipunktregler Seite 374

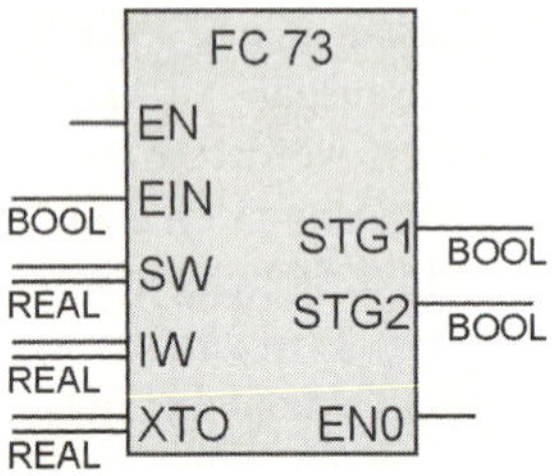

Über den Funktionseingang EIN wird die Dreipunktreglerfunktion ohne Schalthysterese eingeschaltet. An den Eingang SW ist der Sollwert und an den Eingang IW ist der Istwert im Bereich 0.0 bis 100.0 anzulegen. Der Funktionseingang XTO bestimmt die Totzone des Dreipunktreglers. An den Funktionsausgängen STG1 und STG2 sind die beiden Stellgrößen abzugreifen.

FC 74: (ZWPH) Zweipunktregler mit Schalthysterese Seite 369

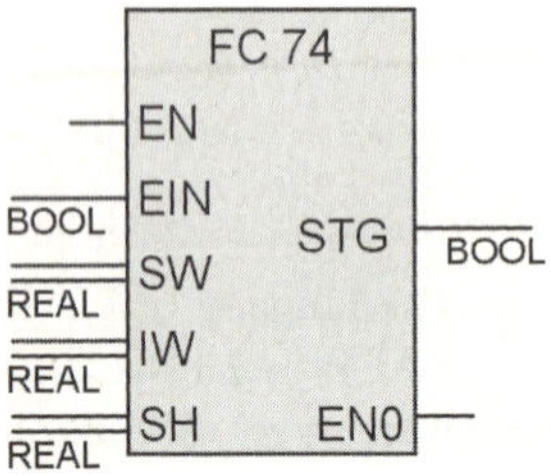

Über den Funktionseingang EIN wird die Zweipunktreglerfunktion mit Schalthysterese eingeschaltet. An den Eingang SW ist der Sollwert und an den Eingang IW ist der Istwert im Bereich 0.0 bis 100.0 anzulegen. Über den Eingang SH wird die Schalthysterese vorgegeben. Die Stellgröße liegt am Funktionsausgang STG. Ist die Reglerfunktion ausgeschaltet, hat der Funktionsausgang „0"-Signal.

FC 75: (DRPH) Dreipunktregler mit Schalthysterese Seite 376

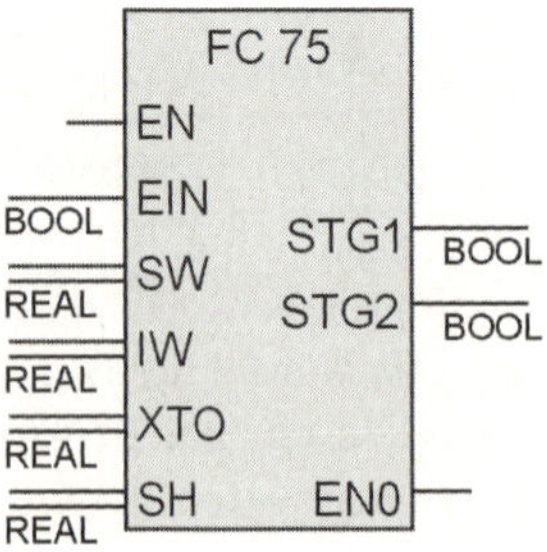

Über den Funktionseingang EIN wird die Dreipunktreglerfunktion mit Schalthysterese eingeschaltet. An den Eingang SW ist der Sollwert und an den Eingang IW ist der Istwert im Bereich 0.0 bis 100.0 anzulegen. Der Funktionseingang XTO bestimmt die Totzone und der Funktionseingang SH die Schalthysterese des Dreipunktreglers. An den Funktionsausgängen STG1 und STG2 sind die beiden Stellgrößen abzugreifen.

FB 70: (PID) PID-Regler-Baustein Seite 383

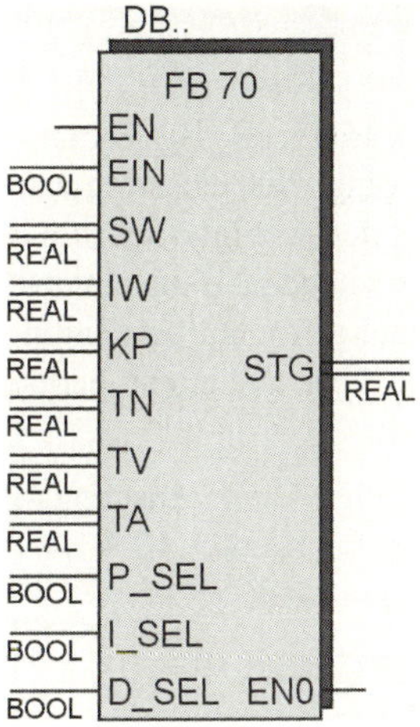

Über den Funktionseingang EIN wird der PID Reglerbaustein eingeschaltet. An den Eingang SW ist der Sollwert und an den Eingang IW ist der Istwert im Bereich von 0.0 bis 100.0 anzulegen. Die Regelparameter Proportionalverstärkung, Nachstellzeit, Vorhaltezeit und Abtastzeit sind an die Funktionseingänge KP, TN, TV und TA zu legen. Über die binären Eingänge P_SEL, I_SEL und D_SEL können der P-Anteil, I-Anteil und D-Anteil der PID-Regelfunktion einzeln zu- oder abgeschaltet werden. Das Ergebnis der PID-Regelfunktion liegt am Ausgang STG. Ist die Reglerfunktion ausgeschaltet, hat der Ausgang STG den Wert 0.0 und alle internen Speicher werden zurückgesetzt.

FB 72: (PISR) PI-Schrittregler-Baustein Seite 392

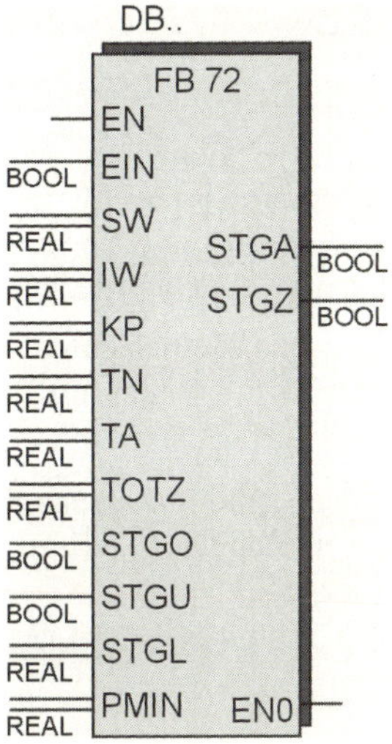

Über den Funktionseingang EIN wird der Schrittreglerbaustein eingeschaltet. An den Eingang SW ist der Sollwert und an den Eingang IW ist der Istwert im Bereich von 0.0 bis 100.0 anzulegen. Die Regelparameter Proportionalverstärkung, Nachstellzeit, und Abtastzeit sind an die Funktionseingänge KP, TN, TV und TA zu legen. An die beiden binären Eingänge STGO und STGU sind die Geber für den oberen und unteren Anschlag des Stellgliedes anzulegen. Das Ergebnis der PI-Schrittreglerfunktion liegt in Form von Pulsen an den Ausgängen STGA (Stellglied AUF) bzw. STGZ (Stellglied ZU) vor. Wird die Reglerfunktion ausgeschaltet, hat der Ausgang STGZ solange „1"-Signal, bis das Stellglied an den unteren Endanschlag gefahren ist (Meldung des Gebers an STGU).

FB 40: (SWN) Sollwertnachführung Seite 240
Beispiel 6.17

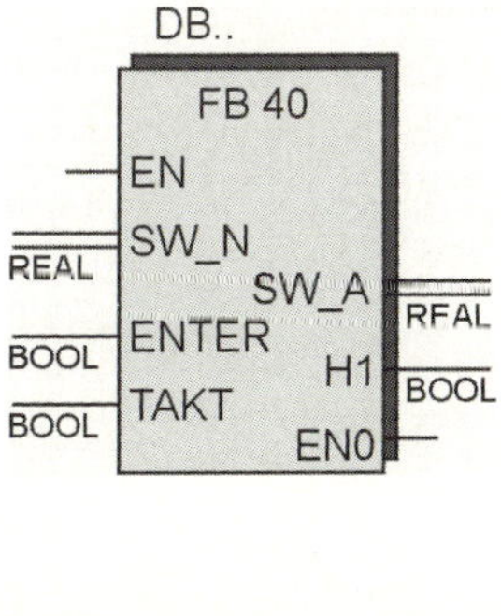

Der am Ausgang SW_A liegende Wert wird nach einem 0→1 Signalwechsel an ENTER nach einer PT1-ähnlichen Funktion auf den Wert geführt, der an den Eingang SW_N angelegt ist. Die Geschwindigkeit der Nachführung wird durch die Periodendauer der Impulse am Eingang TAKT bestimmt. Der Ausgang H1 zeigt das Ende der Nachführung an. Erst danach ist die Übernahme eines neuen Wertes möglich.

6. Ablaufsteuerungen

FB 15 (KoB_10) Ablaufkette ohne Betriebsartenwahl Seite 451

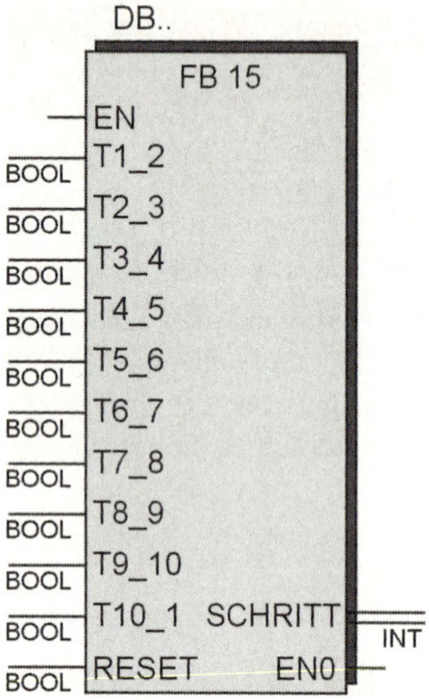

Im Funktionsbaustein FB 15 (KoB_10) ist das Programm einer Schrittkette ohne Betriebsartenwahl mit 10 Schritten realisiert. Werden weniger Schritte benötigt, so müssen die entsprechenden Bausteineingänge für die Weiterschaltbedingungen nicht beschaltet werden. Die Weiterschaltung über die nicht benötigten Schritte erfolgt automatisch.

Die Bedeutung der Eingangs- und Ausgangs-Parameter ist der Beschreibung in Kapitel 10.4.1 zu entnehmen.

FB 25: (KET_10) Ablaufkette mit Betriebsartenwahl Seite 474

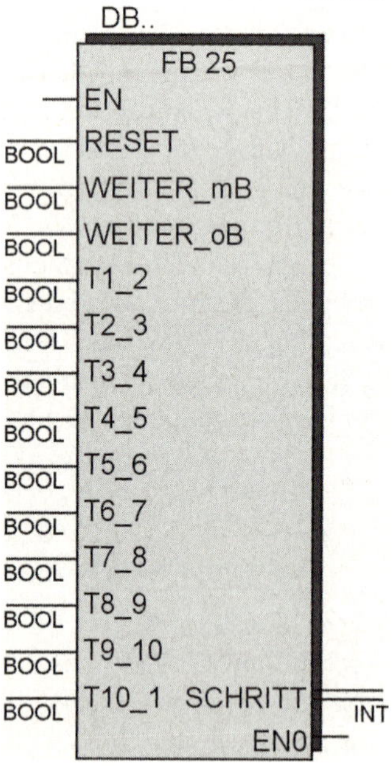

In dem Funktionsbaustein FB 25 (KET_10) ist wie beim Schrittkettenbaustein FB15 das Programm einer Schrittkette mit 10 Schritten realisiert. Für den Ablauf der Schrittkette in verschiedenen Betriebsarten, sind zusätzlich die Parametereingänge „Weiter_mB" und „Weiter_oB“ vorhanden.

Die Bedeutung der Eingangs- und Ausgangs-Parameter ist der Beschreibung in Kapitel 10.5.5 zu entnehmen.

FB 24: (BETR) Betriebsartenteil Seite 473

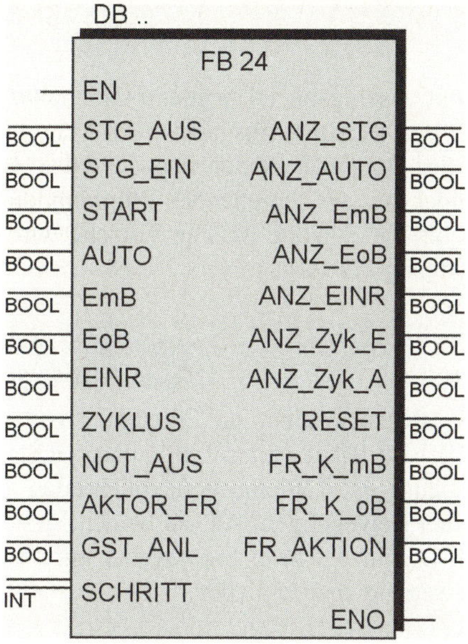

Im Funktionsbaustein FB 24 (BETR) ist das Programm des Betriebsartenteils für das Bedienfeld mit vier wählbaren Betriebsarten realisiert.

Die Funktionsweise des Betriebsartenteils und die Bedeutung der Eingangs- und Ausgangs- Parameter ist der Beschreibung in Kapitel 10.5.4 zu entnehmen.

FB 30: (MELD) Meldefunktionsbaustein Seite 197
Beispiel 6.4

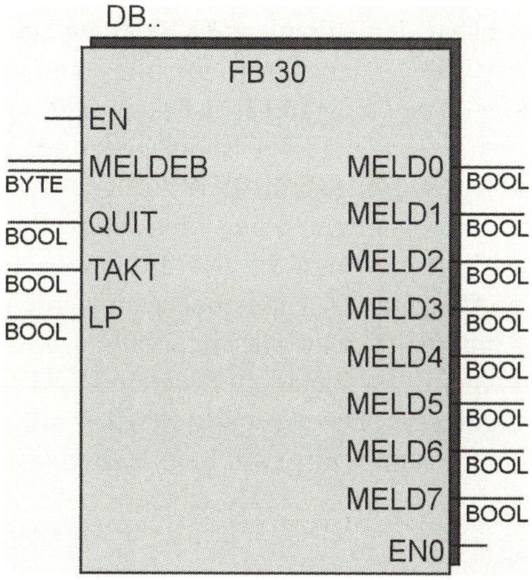

Der Meldefunktionsbaustein dient zur Auswertung von 8 binären Meldesignalen am Eingang MELDEB. Jede neu auftretende Meldung wird an dem zugehörigen Ausgang MELD0 ... MELD1 durch Blinken angezeigt. Nach einem 0 →1 Signalwechsel am Eingang QUIT geht das Blinklicht in Dauerlicht über. Ist die Meldung nicht mehr vorhanden, erhält der zugehörige Ausgang „0"-Signal. An den Eingang TAKT ist ein Taktsignal für das Blinken zu legen. Mit einem „1"-Signal am Eingang LP können alle an die Ausgänge MELD0 ... MELD1 angeschlossenen Meldeleuchten getestet werden.

7. Sonderfunktionsbausteine

FC 70: (TOTZ) Totzone Seite 255
Beispiel 6.20

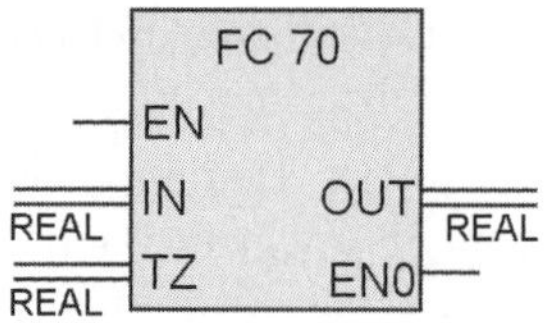

Die am Funktionseingang IN liegende Gleitpunktzahl wird nur an den Funktionsausgang OUT weitergegeben, wenn der Betrag der Änderung der Gleitpunktzahl gegenüber dem vorhergehenden Programmdurchlauf größer als die Totzone ist. Die Totzone wird am Funktionseingang TZ vorgegeben.

FB 20: (RIDI) Richtungserkennung Seite 89
Beispiel 4.16

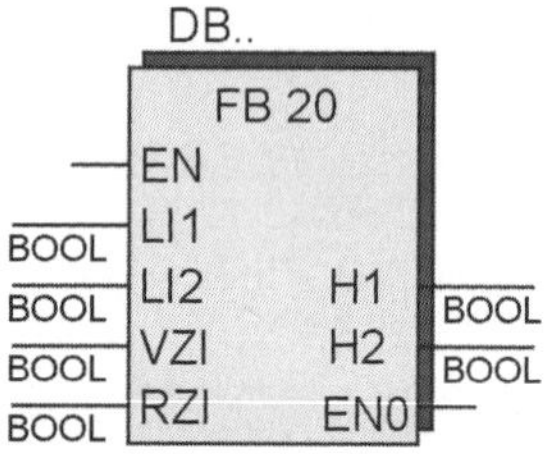

Der Funktionsbaustein dient zur Erzeugung von Vorwärts- (VZI) bzw. Rückwärtszählimpulsen (RZI) zur richtungsabhängigen Zählung von rotierenden oder reversierenden Bewegungen. An die beiden Eingänge IN1 bzw. IN2 sind die zwei Signalgeber zur Ermittlung der Bewegung anzuschließen.

FB 21: (SCHLUPF) Schlupferkennung Seite 246
Beispiel 6.18

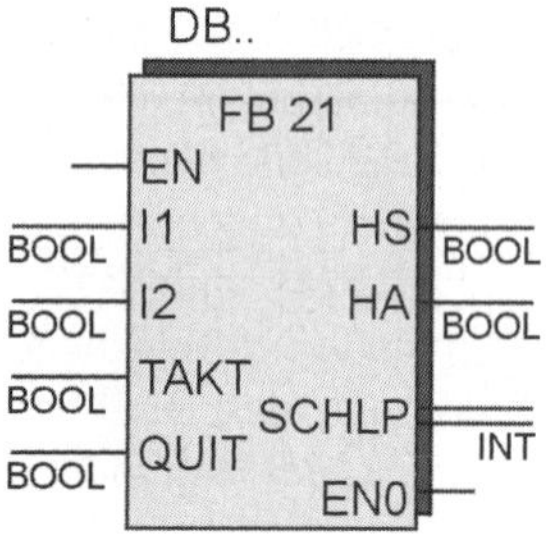

Der Funktionsbaustein dient zur Berechnung des Schlupfes zwischen einer Antriebsrolle und einer Umlenkrolle. An den Eingang I1 ist der Impulsgeber der Antriebsrolle und an I2 der Impulsgeber der Umlenkrolle zu legen. Bei jedem 0 → 1 Signalwechsel am Eingang TAKT beginnt ein Messintervall. Der Ausgang HS zeigt an, wenn die Schlupfüberwachung aktiv ist. Am Ausgang HA kann abgelesen werden, ob der Schlupf innerhalb eines Messintervalls größer als 3 % ist. Mit einem „1"-Signal am Eingang QUIT wird die Anzeige gelöscht. Der Ausgang SCHLP gibt den Wert des Schlupfes in % mit zwei Kommastellen an.

FB 22: (KOMPEN) Blindstromkompensation Seite 93
Beispiel 4.17

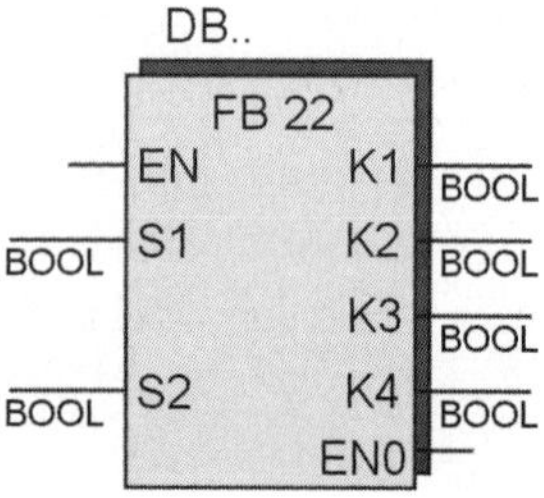

Bei jeder 0 → 1 Flanke am Eingang S1 wird ein Ausgang K1 ... K4 beispielsweise zur Kompensation dazugeschaltet. Umgekehrt wird bei jeder 0 → 1 Flanke am Eingang S2 der zuletzt eingeschaltete Ausgang K1 ... K4 wieder ausgeschaltet.

II Operationslisten der Steuerungssprache STEP 7

1. AWL-Operationen

1.1 Nach Art bzw. Funktion sortiert (nähere Beschreibung siehe unter 1.2)

Art / Funktion	Operationen
Binäre Abfragen und Verknüpfungen	U; UN; O; ON; X; XN; =
Zusammengesetzte logische Grundverknüpfungen	U(; UN(; O(; ON(; X(; XN(;)
Speicherfunktionen	R; S
Flankenauswertung	FN; FP
Zeiten	FR; L; LC, R; SI; SV; SE; SS; SA
Zähler	FR; L; LC; R; S; ZV; ZR
Veränderung des VKE	NOT; SET; CLR; SAVE
Sprungoperationen	SPA; SPL; SPB; SPBN; SPBB; SPBNB; SPBI; SPBIN; SPO; SPS; SPZ; SPN; SPP; LOOP
Programmsteuerungsoperationen	BE; BEB; BEA; CALL; CC; UC
Datenbausteinoperationen	AUF; TDB; L DBLG; L DBNO; L DILG; L DINO
Lade- und Transferfunktionen	L; LAR1; LAR2; T; TAR; TAR1; TAR2
Akkumulatorfunktionen	TAK; PUSH; POP; ENT; LEAVE; INC; DEC; +AR1; +AR2; BLD; NOP 0; NOP 1; TAW; TAD
Vergleichsfunktionen	==; <>; >; <; >=; <=
Digitale Verknüpfungen	UW; OW; XOW; UD; OD; XOD
Schiebe- Rotierfunktionen	SSI; SSD; SLW; SRW; SLD; SRD; RLD; RRD; RLDA; RRDA
Umwandlungsfunktionen	BTI; ITB; BTD; ITD; DTB; DTR; INVI; INVD; NEGI; NEGD; NEGR; TAW; TAD; RND; TRUNC; RND+; RND_
Arithmetische Funktionen	+; +I; +D; +R; -I; -D; -R; *I; *D; *R; /I; /D; /R; MOD
Numerische Funktionen	ABS; SQR; SQRT; EXP; LN; SIN; COS; TAN; ASIN; ACOS; ATAN

1.2 Alphabetisch sortiert

Operation	Beschreibung	Art / Funktion
=	Zuweisung	Bitverknüpfung
)	Verzweigung schließen	Bitverknüpfung
*D	Multipliziere AKKU 1 und AKKU 2	Festpunkt-Funktion (32 Bit)
*I	Multipliziere AKKU 1 und AKKU 2	Festpunkt-Funktion (16 Bit)
*R	Multipliziere AKKU 1 und AKKU 2	Gleitpunkt-Funktion (32 Bit)
/D	Dividiere AKKU 2 durch AKKU 1	Festpunkt-Funktion (32 Bit)
/I	Dividiere AKKU 2 durch AKKU 1	Festpunkt-Funktion
/R	Dividiere AKKU 2 durch AKKU 1	Gleitpunkt-Funktion (32 Bit)
==D	AKKU 2 gleich AKKU 1	Vergleicher Festpunktzahl (32 Bit)
<>D	AKKU 2 ungleich AKKU 1	Vergleicher Festpunktzahl (32 Bit)
>D	AKKU 2 größer AKKU 1	Vergleicher Festpunktzahl (32 Bit)
<D	AKKU 2 kleiner AKKU 1	Vergleicher Festpunktzahl (32 Bit)
>=D	AKKU 2 größer gleich AKKU 1	Vergleicher Festpunktzahl (32 Bit)
<=D	AKKU 2 kleiner gleich AKKU 1	Vergleicher Festpunktzahl (32 Bit)
==I	AKKU 2 gleich AKKU 1	Vergleicher Festpunktzahl (16 Bit)
<>I	AKKU 2 ungleich AKKU 1	Vergleicher Festpunktzahl (16 Bit)
>I	AKKU 2 größer AKKU 1	Vergleicher Festpunktzahl (16 Bit)
<I	AKKU 2 kleiner AKKU 1	Vergleicher Festpunktzahl (16 Bit)
>=I	AKKU 2 größer gleich AKKU 1	Vergleicher Festpunktzahl (16 Bit)
<=I	AKKU 2 kleiner gleich AKKU 1	Vergleicher Festpunktzahl (16 Bit)
==R	AKKU 2 gleich AKKU 1	Vergleicher Gleitpunktzahl (32 Bit)
<>R	AKKU 2 ungleich AKKU 1	Vergleicher Gleitpunktzahl (32 Bit)
>R	AKKU 2 größer AKKU 1	Vergleicher Gleitpunktzahl (32 Bit)
<R	AKKU 2 kleiner AKKU 1	Vergleicher Gleitpunktzahl (32 Bit)
>=R	AKKU 2 größer gleich AKKU 1	Vergleicher Gleitpunktzahl (32 Bit)
<=R	AKKU 2 kleiner gleich AKKU 1	Vergleicher Gleitpunktzahl (32 Bit)
+	Addiere Ganzzahlkonstante	Festpunkt-Funktion (16, 32 Bit)
+AR1	Addiere AKKU 1 zum Adressregister 1	Akkumulator
+AR2	Addiere AKKU 1 zum Adressregister 2	Akkumulator
+D	Addiere AKKU 1 und AKKU 2	Festpunkt-Funktion (32 Bit)
+I	Addiere AKKU 1 und AKKU 2	Festpunkt-Funktion (16 Bit)
+R	Addiere AKKU 1 und AKKU 2	Gleitpunkt-Funktion (32 Bit)

-D	Subtrahiere AKKU 1 und AKKU 2	Festpunkt-Funktion (32 Bit)
-I	Subtrahiere AKKU 1 und AKKU 2	Festpunkt-Funktion (16 Bit)
-R	Subtrahiere AKKU 1 und AKKU 2	Gleitpunkt-Funktion (32 Bit)
ABS	Absolutwert der in AKKU 1 stehenden Gleitpunktzahl nach IEEE-FP	Gleitpunkt-Funktion (32 Bit)
ACOS	Bilden des Arcuscosinus	Gleitpunkt-Funktion (32 Bit)
ASIN	Bilden des Arcussinus	Gleitpunkt-Funktion (32 Bit)
ATAN	Bilden des Arcustangens	Gleitpunkt-Funktion (32 Bit)
AUF	Aufschlage Datenbaustein	Datenbaustein
BE	Bausteinende	Programmsteuerung
BEA	Bausteinende absolut	Programmsteuerung
BEB	Bausteinende bedingt	Programmsteuerung
BLD	Bildbefehl (Nulloperation)	Akkumulator
BTD	BCD wandeln in Ganzzahl (7 St.; VZ)	Umwandler (32 Bit)
BTI	BCD wandeln in Ganzzahl (3 St.; VZ)	Umwandler (16 Bit)
CALL	Bausteinaufruf	Programmsteuerung
CC	Bedingter Bausteinaufruf	Programmsteuerung
CLR	Rücksetze VKE (=0)	Bitverknüpfung
COS	Bilden des Cosinus eines Winkels	Gleitpunkt-Funktion (32 Bit)
DEC	Dekrementiere AKKU 1	Akkumulator
DTB	Ganzzahl in BCD wandeln (7 St.; VZ)	Umwandler (32 Bit)
DTR	Ganzzahl wandeln in Gleitpunktzahl	Umwandler (32 Bit)
ENT	Enter AKKU-Stack	Akkumulator
EXP	Bilden des Exponentialwerts	Gleitpunkt-Funktion (32 Bit)
FN	Flanke Negativ	Bitverknüpfung
FP	Flanke Positiv	Bitverknüpfung
FR	Freigabe Timer, Zähler	Zeiten / Zähler
INC	Inkrementiere AKKU 1	Akkumulator
INVD	1-Komplement Ganzzahl	Umwandler (32 Bit)
INVI	1-Komplement Ganzzahl	Umwandler (16 Bit)
ITB	Ganzzahl wandeln in BCD (3 St.; VZ)	Umwandler (16 Bit)
ITD	Ganzzahl wandeln in Ganzzahl	Umwandler (16 Bit / 32 Bit)
L DBLG	Lade Länge Global-DB in AKKU 1	Datenbaustein
L DBNO	Lade Nummer Global-DB in AKKU 1	Datenbaustein
L DILG	Lade Länge Instanz-DB in AKKU 1	Datenbaustein

L DINO	Lade Nummer Instanz-DB in AKKU 1	Datenbaustein
L	Lade Lade aktuellen Zeit- / Zählerwert als Ganzzahl in AKKU 1	Laden/Transferieren Zeiten / Zähler
L STW	Lade Statuswort in AKKU 1	Laden/Transferieren
LAR1	Lade Adressregister 1	Laden/Transferieren
LAR2	Lade Adressregister 2	Laden/Transferieren
LC	Lade aktuellen Zeit- / Zählerwert als BCD-Wert in AKKU 1	Zeiten / Zähler
LEAVE	Leave AKKU-Stack	Akkumulator
LN	Bilden des natürlichen Logarithmus	Gleitpunkt-Funktion (32 Bit)
LOOP	Programmschleife	Sprünge
MCR(	Sichere VKE im MCR-Stack, Beginn MCR-Bereich	Programmsteuerung
)MCR	Beende MCR-Bereich	Programmsteuerung
MCRA	Aktiviere MCR-Bereich	Programmsteuerung
MCRD	Deaktiviere MCR-Bereich	Programmsteuerung
MOD	Divisionsrest Ganzzahl	Festpunkt-Funktion (32 Bit)
NEGD	2-Komplement Ganzzahl	Umwandler (32 Bit)
NEGI	2-Komplement Ganzzahl	Umwandler (16 Bit)
NEGR	Vorzeichenwechsel einer Gleitpunktzahl	Umwandler (32 Bit)
NOP 0	Nulloperation 0	Akkumulator
NOP 1	Nulloperation 1	Akkumulator
NOT	Negiere VKE	Bitverknüpfung
O	ODER bzw. UND vor ODER	Bitverknüpfung
O(	ODER mit Verzweigung	Bitverknüpfung
OD	ODER-Doppelwort	Wortverknüpfung (32 Bit)
ON	ODER NICHT	Bitverknüpfung
ON(	ODER NICHT mit Verzweigung	Bitverknüpfung
OW	ODER-Wort	Wortverknüpfung (16 Bit)
POP	Akkumulatoren nach unten schieben	Akkumulator
PUSH	Akkumulatoren nach oben schieben	Akkumulator
R	Rücksetze	Bitverknüpfung
R	Rücksetze Timer / Zähler	Zeiten / Zähler
RLD	Rotiere links Doppelwort	Schieben/Rotieren (32 Bit)
RLDA	Rotiere Akku 1 links über A1-Anzeige	Schieben/Rotieren (32 Bit)

RND	Runden einer Gleitpunktzahl zur Ganzzahl	Umwandler
RND-	Runden einer Gleitpunktzahl zur nächstniederen Ganzzahl	Umwandler
RND+	Runden einer Gleitpunktzahl zur nächsthöheren Ganzzahl	Umwandler
RRD	Rotiere rechts Doppelwort	Schieben/Rotieren (32 Bit)
RRDA	Rotiere Akku 1 links über A1-Anzeige	Schieben/Rotieren (32 Bit)
S	Setzen	Bitverknüpfung
S	Setze Zählerstartwert	Zähler
SA	Starten Zeit als Ausschaltverzögerung	Zeiten
SAVE	Sichere VKE im BIE-Bit	Bitverknüpfung
SE	Starten Zeit als Einschaltverzögerung	Zeiten
SET	Setze VKE (=1)	Bitverknüpfung
SI	Starten Zeit als Impuls	Zeiten
SIN	Bilden des Sinus eines Winkels als Gleitpunktzahlen	Gleitpunkt-Funktion (32 Bit)
SLD	Schiebe links Doppelwort	Schieben/Rotieren (32 Bit)
SLW	Schiebe links Wort	Schieben/Rotieren (16 Bit)
SPA	Springe absolut	Sprünge
SPB	Springe, wenn VKE = 1	Sprünge
SPBB	Springe, wenn VKE = 1 und rette VKE ins BIE	Sprünge
SPBI	Springe, wenn BIE = 1	Sprünge
SPBIN	Springe, wenn BIE = 0	Sprünge
SPBN	Springe, wenn VKE = 0	Sprünge
SPBNB	Springe, wenn VKE = 0 und rette VKE ins BIE	Sprünge
SPL	Sprungleiste	Sprünge
SPM	Springe, wenn Ergebnis < 0	Sprünge
SPMZ	Springe, wenn Ergebnis <= 0	Sprünge
SPN	Springe, wenn Ergebnis <> 0	Sprünge
SPO	Springe, wenn OV = 1	Sprünge
SPP	Springe, wenn Ergebnis > 0	Sprünge
SPPZ	Springe, wenn Ergebnis >= 0	Sprünge
SPS	Springe, wenn OS = 1	Sprünge

SPU	Springe, wenn Ergebnis ungültig	Sprünge
SPZ	Springe, wenn Ergebnis = 0	Sprünge
SQR	Bilden des Quadrats einer Gleitpunktzahl	Gleitpunkt-Funktion (32 Bit)
SQRT	Bilden der Quadratwurzel einer Gleitpunktzahl	Gleitpunkt-Funktion (32 Bit)
SRD	Schiebe rechts Doppelwort	Schieben/Rotieren (32 Bit)
SRW	Schiebe rechts Wort	Schieben/Rotieren (16 Bit)
SS	Starten Zeit als speichernde Einschaltverzögerung	Zeiten
SSD	Schiebe Vorzeichen rechts Ganzzahl	Schieben/Rotieren (32 Bit)
SSI	Schiebe Vorzeichen rechts Ganzzahl	Schieben/Rotieren (16 Bit)
SV	Starten Zeit als Zeit als verlängerter Impuls	Zeiten
T	Transferiere	Laden/Transferieren
TAD	Tausche Reihenfolge der Bytes im AKKU 1	Umwandler (32 Bit)
TAK	Tausche AKKU 1 mit AKKU 2	Akkumulator
TAN	Bilden des Tangens eines Winkels als Gleitpunktzahlen	Gleitpunkt-Funktion (32 Bit)
TAR	Tausche Adressregister 1 mit 2	Laden/Transferieren
TAR1	Transferiere Adressregister 1	Laden/Transferieren
TAR2	Transferiere Adressregister 2	Laden/Transferieren
TAW	Tausche Reihenfolge der Bytes im AKKU 1-L	Umwandler (16 Bit)
TDB	Tausche Global-DB und Instanz-DB	Datenbaustein
TRUNC	Runden einer Gleitpunktzahl durch Abschneiden	Umwandler
U	UND	Bitverknüpfung
U(	UND mit Verzweigung	Bitverknüpfung
UC	Unbedingter Bausteinaufruf	Programmsteuerung
UD	UND-Doppelwort	Wortverknüpfung (32 Bit)
UN	UND NICHT	Bitverknüpfung
UN(	UND NICHT mit Verzweigung	Bitverknüpfung
UW	UND-Wort	Wortverknüpfung (16 Bit)
X	Exklusiv-ODER	Bitverknüpfung
X(	Exklusiv-ODER mit Verzweigung	Bitverknüpfung
XN	Exklusiv-ODER-NICHT	Bitverknüpfung

XN(	Exklusiv-ODER-NICHT mit Verzweigung	Bitverknüpfung
XOD	Exklusiv-ODER-Doppelwort	Wortverknüpfung (32 Bit)
XOW	Exklusiv-ODER-Wort	Wortverknüpfung (16 Bit)
ZR	Zählen rückwärts	Zähler
ZV	Zählen vorwärts	Zähler

2. FUP-Operationen Alphabetisch sortiert

Operation	Beschreibung	Art / Funktion
&	UND-Verknüpfung	Bitverknüpfung
>=	ODER-Verknüpfung	Bitverknüpfung
=	Zuweisung	Bitverknüpfung
#	Konnektor	Bitverknüpfung
--|	Binärer Eingang	Bitverknüpfung
--o|	Binärer Eingang negiert	Bitverknüpfung
==0	Ergebnisbitabfrage	Statusbit
<>0	Ergebnisbitabfrage	Statusbit
>0	Ergebnisbitabfrage	Statusbit
<0	Ergebnisbitabfrage	Statusbit
>=0	Ergebnisbitabfrage	Statusbit
<=0	Ergebnisbitabfrage	Statusbit
ABS	Bilden des Absolutwertes	Gleitpunkt-Funktion (32 Bit)
ACOS	Bilden des Arcuscosinus	Gleitpunkt-Funktion (32 Bit)
ADD_DI	Ganzzahlen addieren	Festpunkt-Funktion (32 Bit)
ADD_I	Ganzzahlen addieren	Festpunkt-Funktion (16 Bit)
ADD_R	Gleitpunktzahlen addieren	Gleitpunkt-Funktion (32 Bit)
ASIN	Bilden des Arcussinus	Gleitpunkt-Funktion (32 Bit)
ATAN	Bilden des Arcustangens	Gleitpunkt-Funktion (32 Bit)
BCD_DI	BCD wandeln in Ganzzahl (7 St.; VZ)	Umwandler (32 Bit)
BCD_I	BCD wandeln in Ganzzahl (3 St.; VZ)	Umwandler (16 Bit)
BIE	Störungsbitabfrage des BIE-Registers	Statusbit
CALL	Bausteinaufruf	Programmsteuerung
CEIL	Gleitpunktzahl in nächsthöhere Ganzzahl wandeln	Umwandler
CMP==D	IN1 gleich IN2	Vergleicher Festpunktzahl (32 Bit)

CMP<>D	IN1 ungleich IN2	Vergleicher Festpunktzahl (32 Bit)
CMP>D	IN1 größer IN2	Vergleicher Festpunktzahl (32 Bit)
CMP <D	IN1 kleiner IN2	Vergleicher Festpunktzahl (32 Bit)
CMP >=D	IN1 größer gleich IN2	Vergleicher Festpunktzahl (32 Bit)
CMP <=D	IN1 kleiner gleich IN2	Vergleicher Festpunktzahl (32 Bit)
CMP ==I	IN1 gleich IN2	Vergleicher Festpunktzahl (16 Bit)
CMP <>I	IN1 ungleich IN2	Vergleicher Festpunktzahl (16 Bit)
CMP >I	IN1 größer IN2	Vergleicher Festpunktzahl (16 Bit)
CMP <I	IN1 kleiner IN2	Vergleicher Festpunktzahl (16 Bit)
CMP >=I	IN1 größer gleich IN2	Vergleicher Festpunktzahl (16 Bit)
CMP <=I	IN1 kleiner gleich IN2	Vergleicher Festpunktzahl (16 Bit)
CMP ==R	IN1 gleich IN2	Vergleicher Gleitpunktzahl (32 Bit)
CMP <>R	IN1 ungleich IN2	Vergleicher Gleitpunktzahl (32 Bit)
CMP >R	IN1 größer IN2	Vergleicher Gleitpunktzahl (32 Bit)
CMP <R	IN1 kleiner IN2	Vergleicher Gleitpunktzahl (32 Bit)
CMP >=R	IN1 größer gleich IN2	Vergleicher Gleitpunktzahl (32 Bit)
CMP <=R	IN1 kleiner gleich IN2	Vergleicher Gleitpunktzahl (32 Bit)
COS	Bilden des Cosinus eines Winkels	Gleitpunkt-Funktion (32 Bit)
DI_BCD	Ganzzahl in BCD wandeln (7 St.; VZ)	Umwandler (32 Bit)
DI_R	Ganzzahl wandeln in Gleitpunktzahl	Umwandler (32 Bit)
DIV_DI	Dividiere IN1 durch IN2	Festpunkt-Funktion (32 Bit)
DIV_I	Dividiere IN1 durch IN2	Festpunkt-Funktion
DIV_R	Dividiere IN1 durch IN2	Gleitpunkt-Funktion (32 Bit)
EXP	Bilden des Exponentialwerts	Gleitpunkt-Funktion (32 Bit)
FLOOR	Gleitpunktzahl in nächstniedrigere Ganzzahl wandeln	Umwandler
I_BCD	Ganzzahl wandeln in BCD (3 St.; VZ)	Umwandler (16 Bit)
I_DI	Ganzzahl wandeln in Ganzzahl	Umwandler (16 Bit / 32 Bit)
INV_DI	1-Komplement Ganzzahl	Umwandler (32 Bit)
INV_I	1-Komplement Ganzzahl	Umwandler (16 Bit)
JMP	Springe im Baustein	Sprünge

JMPN	Springe im Baustein wenn 0	Sprünge
LABEL	Sprungmarke	Sprünge
LN	Bilden des natürlichen Logarithmus	Gleitpunkt-Funktion (32 Bit)
MCR>	MCR ausschalten	Programmsteuerung
MCR<	MCR einschalten	Programmsteuerung
MCRA	MCR Anfang	Programmsteuerung
MCRD	MCR Ende	Programmsteuerung
MOD_DI	Divisionsrest Ganzzahl	Festpunkt-Funktion (32 Bit)
MOVE	Wert übertragen	Laden / Transferieren
MUL_DI	Multipliziere IN1 und IN2	Festpunkt-Funktion (32 Bit)
MUL_I	Multipliziere IN1 und IN2	Festpunkt-Funktion (16 Bit)
MUL_R	Multipliziere IN1 und IN2	Gleitpunkt-Funktion (32 Bit)
N	Flanke 1→0 abfragen	Bitverknüpfung
NEG	Signalflanke 1→0 abfragen	Bitverknüpfung
NEG_DI	2-Komplement Ganzzahl	Umwandler (32 Bit)
NEG_I	2-Komplement Ganzzahl	Umwandler (16 Bit)
NEG_R	Vorzeichenwechsel einer Gleitpunktzahl	Umwandler (32 Bit)
OPN	Datenbaustein öffnen	DB-Aufruf
OS	Störungsbit Überlauf gespeichert	Statusbits
OV	Störungsbit Überlauf	Statusbits
P	Flanke 0→1 abfragen	Bitverknüpfung
POS	Signalflanke 0→1 abfragen	Bitverknüpfung
R	Rücksetzen	Bitverknüpfung
RET	Springe zurück	Programmsteuerung
ROL_DW	Rotiere links Doppelwort	Schieben/Rotieren (32 Bit)
ROR_DW	Rotiere rechts Doppelwort	Schieben/Rotieren (32 Bit)
ROUND	Runden einer Gleitpunktzahl zur Ganzzahl	Umwandler
RS	Speicher rücksetzdominant	Bitverknüpfung
S	Setzen	Bitverknüpfung
SA	Zeit als Ausschaltverzögerung starten	Zeiten
SAVE	Sichere VKE im BIE-Bit	Bitverknüpfung
S_AVERZ	Zeit als Ausschaltverzögerung parametrieren und starten	Zeiten

SE	Zeit als Einschaltverzögerung starten	Zeiten
S_EVERZ	Zeit als Einschaltverzögerung parametrieren und starten	Zeiten
SHL_DW	Schiebe links Doppelwort	Schieben/Rotieren (32 Bit)
SHL_W	Schiebe links Wort	Schieben/Rotieren (16 Bit)
SHR_DI	Schiebe rechts Ganzzahl	Schieben/Rotieren (32 Bit)
SHR_DW	Schiebe rechts Doppelwort	Schieben/Rotieren (32 Bit)
SHR_I	Schiebe rechts Ganzzahl	Schieben/Rotieren (16 Bit)
SHR_W	Schiebe rechts Wort	Schieben/Rotieren (16 Bit)
SI	Zeit als Impuls starten	Zeiten
S_IMPULS	Zeit als Impuls parametrieren und starten	Zeiten
SIN	Bilden des Sinus eines Winkels als Gleitpunktzahlen	Gleitpunkt-Funktion (32 Bit)
SQR	Bilden des Quadrats einer Gleitpunktzahl	Gleitpunkt-Funktion (32 Bit)
SQRT	Bilden der Quadratwurzel einer Gleitpunktzahl	Gleitpunkt-Funktion (32 Bit)
SR	Speicher setzdominant	Bitverknüpfung
SS	Zeit als speichernde Einschaltverzögerung starten	Zeiten
S_SEVERZ	Zeit als speichernde Einschaltverzögerung parametrieren und starten	Zeiten
SUB_DI	Subtrahiere IN1 und IN2	Festpunkt-Funktion (32 Bit)
SUB_I	Subtrahiere IN1 und IN2	Festpunkt-Funktion (16 Bit)
SUB_R	Subtrahiere IN1 und IN2	Gleitpunkt-Funktion (32 Bit)
SV	Zeit als Zeit als verlängerter Impuls starten	Zeiten
S_VIMP	Zeit als Zeit als verlängerter Impuls parametrieren und starten	Zeiten
SZ	Zähleranfangswert setzen	Zähler
TAN	Bilden des Tangens eines Winkels als Gleitpunktzahlen	Gleitpunkt-Funktion (32 Bit)
TRUNC	Runden einer Gleitpunktzahl durch Abschneiden	Umwandler
UO	Störungsbit ungültige Operation	Statusbit
WAND_DW	UND-Doppelwort	Wortverknüpfung (32 Bit)
WAND_W	UND-Wort	Wortverknüpfung (16 Bit)

WOR_DW	ODER-Doppelwort	Wortverknüpfung (32 Bit)
WOR_W	ODER-Wort	Wortverknüpfung (16 Bit)
WXOR_DW	Exclusive-ODER-Doppelwort	Wortverknüpfung (32 Bit)
WXOR_W	Exclusiv-ODER-Wort	Wortverknüpfung (16 Bit)
XOR	Exklusiv-ODER	Bitverknüpfung
ZAEHLER	Parametrieren und vorwärts- / rückwärtszählen	Zähler
ZR	Rückwärtszählen	Zähler
Z_RUECK	Parametrieren und rückwärtszählen	Zähler
ZV	Vorwärtszählen	Zähler
Z_VORW	Parametrieren und vorwärtszählen	Zähler

3. SCL-Anweisungs- und Funktionsübersicht

3.1 Operatoren

Darstellung	Operator	Klasse	Priorität
:=	Zuweisung	Zuweisung	11
**	Potenz	Arithmetik	2
+	unäres Plus (Vorzeichen)	Arithmetik	3
-	unäres Minus (Vorzeichen)	Arithmetik	3
*	Multiplikation	Arithmetik	4
/	Division	Arithmetik	4
MOD	Modulo-Funktion	Arithmetik	4
DIV	Ganzzahlige Division	Arithmetik	4
+	Addition	Arithmetik	5
-	Subtraktion	Arithmetik	5
<	Kleiner	Vergleich	6
>	Größer	Vergleich	6
<=	Kleiner gleich	Vergleich	6
>=	Größer gleich	Vergleich	6
=	Gleichheit	Vergleich	7
<>	Ungleichheit	Vergleich	7
NOT	Negation	Logisch	3
AND; &	UND	Logisch	8
XOR	Exclusiv-ODER	Logisch	9

OR	ODER	Logisch	10
( )	Klammerung	Klammerung	1

3.2 Kontrollanweisungen

Name	Beschreibung
IF	Die IF-Anweisung ist eine bedingte Anweisung (BOOL-Wert).
CASE	Die CASE-Anweisung dient der 1 aus n Auswahl eines Programmteils. Diese Auswahl beruht auf dem laufenden Wert eines Auswahl-Ausdrucks (INT-Wert).
FOR	Eine FOR-Anweisung dient zur Wiederholung einer Anweisungsfolge, solange eine Laufvariable innerhalb des angegebenen Wertebereichs liegt. Die Laufvariable muss der Bezeichner einer lokalen Variable vom Typ INT oder DINT sein.
WHILE	Die WHILE-Anweisung erlaubt die wiederholte Ausführung einer Anweisungsfolge unter der Kontrolle einer Durchführungsbedingung. (Logische Ausdruck).
REPEAT	Eine REPEAT-Anweisung bewirkt die wiederholte Ausführung einer zwischen REPEAT und UNTIL stehenden Anweisungsfolge bis zum Eintreten einer Abbruchbedingung (Logische Ausdruck).
CONTINUE	Eine CONTINUE-Anweisung dient zum Abbruch der Ausführung des momentanen Schleifendurchlaufes einer Wiederholungsanweisung (FOR, WHILE oder REPEAT) und zum Wiederaufsetzen innerhalb der Schleife.
EXIT	Eine EXIT-Anweisung dient zum Verlassen einer Schleife (FOR, WHILE oder REPEAT) an beliebiger Stelle und unabhängig von Gültigkeit der Abbruchbedingung.
GOTO	Mit einer GOTO-Anweisung können Programmsprünge innerhalb desselben Bausteins realisiert werden.
RETURN	Eine RETURN-Anweisung bewirkt das Verlassen des aktuell bearbeiteten Bausteins (OB, FB, FC) und die Rückkehr zum aufrufenden Baustein bzw. zum Betriebssystem, wenn ein OB verlassen wird.

3.3 Bausteinaufrufe

Bausteinart:	Funktion
Beschreibung:	Der Aufruf einer Funktion erfolgt unter Angabe des Funktionsnamens (FC-, SFC-BEZEICHNUNG oder BEZEICHNER), sowie der Parameterliste. Der Funktionsname, der den Rückgabewert bezeichnet, kann absolut oder symbolisch angegeben werden:

Beispiele:	FC31 (X1:=5, Q1:=Quersumme) ; // Absolut
	ABST (X1:=5, Q1:=Quersumme) ; // Symbolisch
	LAENGE:= ABST (X1:=-3, Y1:=2); // Zuweisung des Rückgabewertes

Bausteinart:	Funktionsbaustein
Beschreibung:	Beim Aufruf eines Funktionsbausteins können sowohl globale Instanzdatenbausteine als auch lokale Instanzbereiche des aktuellen Instanzdatenbausteins benutzt werden. Der Aufruf eines FB als lokale Instanz unterscheidet sich vom Aufruf als globale Instanz in der Speicherung der Daten. Die Daten werden hier nicht in einem gesonderten DB abgelegt, sondern in dem Instanzdatenbaustein des aufrufenden FB.

Beispiele:	// Aufruf als lokale Instanz
	MOTOR(X1:=5, X2:=78);
	// Aufruf als globale Instanz (Aufruf FB10 mit Instanzdatenbaustein DB20)
	FB10.DB20(X1:=5, X2:=78.....) ; // absolut
	ANTRIEB.EIN(X1:=5, X2:=78.....) ; // symbolisch

3.4 Zählfunktionen

Name	Funktion	Aufruf	Datentyp
S_CUD	Vor- Rückwärtszähler	BCD_ZAEHLW := S_CUD (C_NO:= Zähloperand, CU:= Vorwärtszählen, CD:= Rückwärstzählen S:= Setzeingang , PV:= Zählwert, R:= Rücksetzen , CV:= Zählwert_dual , Q:= Status Zähloperand);	WORD COUNTER BOOL BOOL BOOL WORD BOOL WORD BOOL
S_CU	Vorwärtszähler	... := S_CU (... Ohne CD:= ..)	
S_CD	Rückwärtszähler	... := S_CD (... Ohne CU:= ..)	

3.5 Zeitfunktionen

Name	Funktion	Aufruf	Datentyp
S_PULSE	Zeit als Impuls starten	BCD_ZEITW := S_PULSE (T_NO:= Zeitoperand, S:= Starteingang, PT:= Zeitdauer, R:= Rücksetzen , BI:= Zeitwert_dual , Q:= Status Zeitoperand);	WORD TIMER BOOL S5TIME BOOL WORD BOOL
S_PEXT	Zeit als verlängerter Impuls starten	… := S_PTEXT (...)	
S_ODT	Zeit als Einschaltverzögerung starten	… := S_ODT (...)	
S_ODTS	Zeit als speichernde Einschaltverzögerung starten	… := S_ODTS (...)	
S_OFFDT	Zeit als Ausschaltverzögerung starten	… := S_OFFDT (...)	

3.6 Konvertierungsfunktionen

Funktionsname	Konvertierungsregel
BOOL_TO_BYTE	Ergänzung führender Nullen
BOOL_TO_DWORD	Ergänzung führender Nullen
BOOL_TO_WORD	Ergänzung führender Nullen
BYTE_TO_DWORD	Ergänzung führender Nullen
BYTE_TO_WORD	Ergänzung führender Nullen
CHAR_TO_STRING	Transformation in einen String (der Länge 1), der das gleiche Zeichen enthält.
DINT_TO_REAL	Transformation in REAL entsprechend IEEE-Norm. Der Wert kann sich – wegen der anderen Genauigkeit bei REAL – ändern.
INT_TO_DINT	Das höherwertige Wort des Funktionswertes wird bei einem negativen Eingangsparameter mit 16#FFFF, sonst mit Nullen aufgefüllt. Der Wert bleibt gleich.
INT_TO_REAL	Transformation in REAL entsprechend IEEE-Norm. Der Wert bleibt gleich.
WORD_TO_DWORD	Ergänzung führender Nullen
BYTE_TO_BOOL	Kopieren des niedrigstwertigen Bits
BYTE_TO_CHAR	Übernahme des Bitstrings

CHAR_TO_BYTE	Übernahme des Bitstrings
CHAR_TO_INT	Der im Eingangsparameter vorhandene Bitstring wird in das niedrigerwertige Byte des Funktionswertes eingetragen. Das höherwertige Byte wird mit Nullen aufgefüllt.
DATE_TO_DINT	Übernahme des Bitstrings
DINT_TO_DATE	Übernahme des Bitstrings
DINT_TO_DWORD	Übernahme des Bitstrings
DINT_TO_INT	Kopieren des Bits für das Vorzeichen.
DINT_TO_TIME	Übernahme des Bitstrings
DINT_TO_TOD	Übernahme des Bitstrings
DWORD_TO_BOOL	Kopieren des niedrigstwertigen Bits
DWORD_TO_BYTE	Kopieren der 8 niedrigstwertigen Bits
DWORD_TO_DINT	Übernahme des Bitstrings
DWORD_TO_REAL	Übernahme des Bitstrings
DWORD_TO_WORD	Kopieren der 16 niedrigstwertigen Bits
INT_TO_CHAR	Übernahme des Bitstrings
INT_TO_WORD	Übernahme des Bitstrings
REAL_TO_DINT	Runden des IEEE-REAL-Wertes auf DINT
REAL_TO_DWORD	Übernahme des Bitstrings
REAL_TO_INT	Runden des IEEE-REAL-Wertes auf INT
STRING_TO_CHAR	Kopieren des ersten Zeichens des Strings
TIME_TO_DINT	Übernahme des Bitstrings
TOD_TO_DINT	Übernahme des Bitstrings
WORD_TO_BOOL	Kopieren des niedrigstwertigen Bits
WORD_TO_BYTE	Kopieren der niedrigstwertigen 8 Bits
WORD_TO_INT	Übernahme des Bitstrings
WORD_TO_BLOCK_DB	Das Bitmuster von WORD wird als Datenbausteinnummer interpretiert
BLOCK_DB_TO_WORD	Die Datenbausteinnummer wird als Bitmuster von WORD interpretiert
ROUND	Runden einer REAL-Zahl (Bilden einer DINT-Zahl)
TRUNC	Abschneiden einer REAL-Zahl (Bilden einer DINT-Zahl)

3.7 Mathematische Funktionen

Funktionsname	Datentyp		Beschreibung
	Eingangs-Parameter	Funktionswert	
ABS	ANY_NUM	ANY_NUM	Betrag
SQR	ANY_NUM	REAL	Quadrat
SQRT	ANY_NUM	REAL	Wurzel
EXP	ANY_NUM	REAL	e hoch IN
EXPD	ANY_NUM	REAL	10 hoch IN
LN	ANY_NUM	REAL	Natürlicher Logarithmus
LOG	ANY_NUM	REAL	Dekadischer Logarithmus
ACOS	ANY_NUM	REAL	Arcus-Cosinus
ASIN	ANY_NUM	REAL	Arcus-Sinus
ATAN	ANY_NUM	REAL	Arcus-Tangens
COS	ANY_NUM	REAL	Cosinus
SIN	ANY_NUM	REAL	Sinus
TAN	ANY_NUM	REAL	Tangens

3.8 Schieben und Rotieren

Aufruf	Datentyp	Beschreibung
Ergebnis:= SHL(IN := Eing_Wert N := Schiebezahl)	BOOL, BYTE, WORD; DWORD BOOL, BYTE, WORD; DWORD INT	Das im Parameter IN vorhandene Bitmuster wird um so viele Stellen nach links geschoben, wie der Inhalt des Parameters N angibt
Ergebnis:= SHR(IN := Eing_Wert N := Schiebezahl)	BOOL, BYTE, WORD; DWORD BOOL, BYTE, WORD; DWORD INT	Das im Parameter IN vorhandene Bitmuster wird um so viele Stellen nach rechts geschoben, wie der Inhalt des Parameters N angibt
Ergebnis:= ROL(IN := Eing_Wert N := Schiebezahl)	BOOL, BYTE, WORD; DWORD BOOL, BYTE, WORD; DWORD INT	Der im Parameter IN vorhandene Wert wird um so viele Bitstellen nach links rotiert, wie der Inhalt des Parameters N angibt
Ergebnis:= ROR(IN := Eing_Wert N := Schiebezahl)	BOOL, BYTE, WORD; DWORD BOOL, BYTE, WORD; DWORD INT	Der im Parameter IN vorhandene Wert wird um so viele Bitstellen nach rechts rotiert, wie der Inhalt des Parameters N angibt

Weiterführende Literatur und Downloads (Stand 07/2005)

1. Automatisieren mit STEP 7 in AWL und SCL, Berger, Hans, (Hrsg.) Siemens AG, Erlangen, 2004

2. Bussysteme in der Automatisierungs- und Prozesstechnik, Schnell, Gerhard (Hrsg.), Vieweg Verlag, Wiesbaden 2003

3. Bustechnologien für die Automation, Kriegel, W. , Heimbold, T., Telschow, D., Hüthig Verlag, Heidelberg 2000

4. Das PROFINET IO-Buch, Popp, Manfred, Hüthig Verlag, Heidelberg 2005

5. OLE for Process Control, Grundlagen Implementierung und Anwendung, Iwanitz, Frank; Lange, Jürgen, Hüthig Verlag, Heidelberg, 2005

6. Web-Technologien, Konzepte – Programmiermodelle – Architekturen, Wöhr, Heiko, dpunkt.verlag, Heidelberg, 2004

7. Siemens-Homepage: www.support.automation.siemens.com
   unter Produkt Support >Dokumententyp>Handbücher/BA:
   - Industrielle Kommunikation mit PG/PC ID: 2044387
   - S7Beans / Applets für IT-CPs, Programmierhilfe ID: 16832609
   - Safety Integrated, Applikationshandbuch ID: 1771888

8. Softing-Homepage: www.softing.de
   unter Technologien&Dienstleistungen>Downloads>Produktdemos:
   - OPC Demo Client
   - OPC Demo Server

9. Profibus-International-Homepage: www.profibus.com
   unter Downloads>Technical Description&Books>PROFINET Technologie and Application:
   - 4131_dNovember 2003-German pdf

10. 3S-Smart Software Solutions-Homepage; www.3s-software.com
    unter Download CoDeSys Demo> nach Registrierung und Passwortmitteilung>Enter download area:
    - CoDeSys Version 2.3 Service Pack 4 (IEC 61131-3 Programmiersystem)
    - CoDeSys Benutzerhandbuch für Version 2.3
    - CoDeSys Kurzanleitung "Erste Schritte mit CoDeSys"

11. Speicherprogrammierbare Steuerungen, DIN EN 61131-3, 1994, Beuth Verlag, Berlin 1994

Sachwortverzeichnis

T

U

Download der Bausteinbibliothek und STEP 7-Lösungen der Beispiele

Die Bausteinbibliothek (s. Anhang I) mit nachfolgender Verzeichnisstruktur wurde in der Datei **„BUCH_BIB03“** mit STEP 7 archiviert.

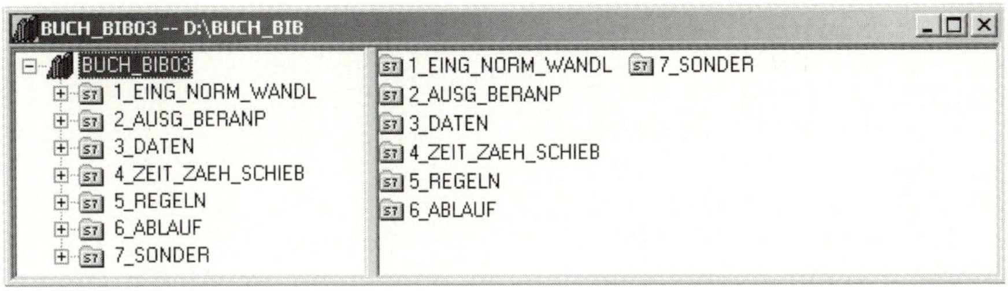

Alle Programmbeispiele der Kapitel 4 bis Kapitel 13 sind in einem S7-Projekt in Verzeichnissen zusammengefasst, die das Kapitel und die Beispielnummer angeben. Das Projekt wurden in einer Datei mit dem Namen **„Bsp_V3“** mit STEP 7 archiviert.

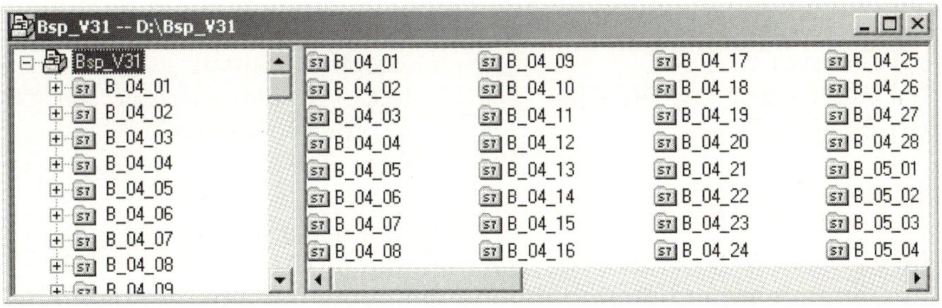

Beide Dateien, sowie weitere Projektierungsbeispiele können über das Internet heruntergeladen werden.

Die Download-Adresse ist: ***http://www.automatisieren-mit-sps.de***

Vorgehensweise beim Dearchivieren:

Im STEP 7 SIMATIC-MANAGER können die Archive der Bibliotheken bzw. S7-Projekte über den Menübefehl. **Datei > Dearchivieren** dearchiviert werden.

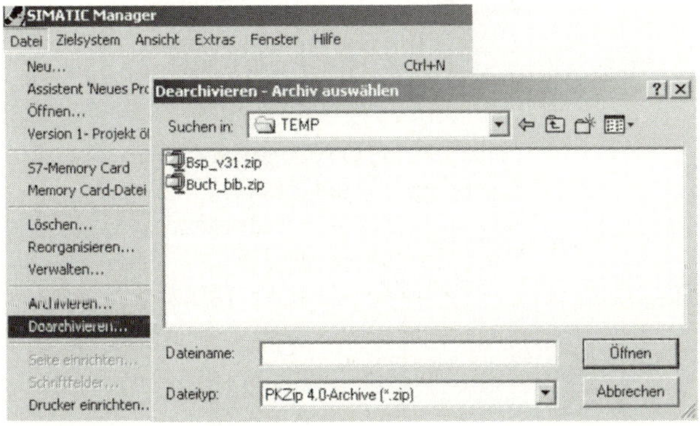

Nach der Auswahl des entsprechenden Archivs muss das Zielverzeichnis auf dem Rechner ausgewählt werden.

Die dearchivierten Bibliotheken bzw. Projekte werden in die Bibliotheks bzw. Projektliste aufgenommen.